国家电网公司
生产技能人员职业能力培训专用教材

变电运行(750kV) 上

国家电网公司人力资源部　组编
颜永强　主编

中国电力出版社
CHINA ELECTRIC POWER PRESS

内容提要

《国家电网公司生产技能人员职业能力培训教材》是按照国家电网公司生产技能人员模块化培训课程体系的要求，依据《国家电网公司生产技能人员职业能力培训规范》（简称《培训规范》），结合生产实际编写而成。

本套教材作为《培训规范》的配套教材，共72册。本册为专用教材部分的《变电运行（750kV）》，全书共8个部分49章188个模块，主要内容包括数字化变电站，电气试验，基本技能，监视、巡视与维护，倒闸操作，异常处理，事故处理，班组管理。

本书可作为供电企业变电运行（750kV）工作人员的培训教学用书，也可作为电力职业院校教学参考书。

图书在版编目（CIP）数据

变电运行：750kV. 上/国家电网公司人力资源部组编. —北京：中国电力出版社，2010.11（2022.10 重印）

国家电网公司生产技能人员职业能力培训专用教材

ISBN 978-7-5123-0944-9

Ⅰ. ①变… Ⅱ. ①国… Ⅲ. ①变电所–电力系统运行–技术培训–教材 Ⅳ. ①TM63

中国版本图书馆 CIP 数据核字（2010）第 201190 号

中国电力出版社出版、发行

（北京市东城区北京站西街19号 100005 http://www.cepp.sgcc.com.cn）

廊坊市文峰档案印务有限公司印刷

各地新华书店经售

*

2010年12月第一版 2022年10月北京第三次印刷

880毫米×1230毫米 16开本 42.5印张 1335千字

印数 5001—5500册 定价 **169.00** 元（上、下册）

《国家电网公司生产技能人员职业能力培训专用教材》

编　委　会

国家电网公司
生产技能人员职业能力培训专用教材

前　　言

为大力实施"人才强企"战略，加快培养高素质技能人才队伍，国家电网公司按照"集团化运作、集约化发展、精益化管理、标准化建设"的工作要求，充分发挥集团化优势，组织公司系统一大批优秀管理、技术、技能和培训教学专家，历时两年多，按照统一标准，开发了覆盖电网企业输电、变电、配电、营销、调度等34个职业种类的生产技能人员系列培训教材，形成了国内首套面向供电企业一线生产人员的模块化培训教材体系。

本套培训教材以《国家电网公司生产技能人员职业能力培训规范》（Q/GDW 232—2008）为依据，在编写原则上，突出以岗位能力为核心；在内容定位上，遵循"知识够用、为技能服务"的原则，突出针对性和实用性，并涵盖了电力行业最新的政策、标准、规程、规定及新设备、新技术、新知识、新工艺；在写作方式上，做到深入浅出，避免烦琐的理论推导和验证；在编写模式上，采用模块化结构，便于灵活施教。

本套培训教材涵盖34个职业的通用教材和专用教材，共72个分册、5018个模块，每个培训模块均配有详细的模块描述，对该模块的培训目标、内容、方式及考核要求进行了说明。其中：通用教材涵盖了供电企业多个职业种类共同使用的基础、专业基础、基本技能及职业素养等知识，包括《电工基础》、《电力安全生产及防护》等38个分册、1705个模块，主要作为供电企业员工全面系统学习基础理论和基本技能的自学教材；专用教材涵盖了单一职业种类专用的所有专业知识和专业技能，按照供电企业生产模式分职业单独成册，每个职业分为Ⅰ、Ⅱ、Ⅲ等3个级别，包括《变电检修》、《继电保护》等34个分册、3313个模块，可以分别作为供电企业生产一线辅助作业人员、熟练作业人员和高级作业人员的岗位技能培训教材，也可作为电力职业院校的教学参考书。

本套培训教材的出版是贯彻落实国家人才队伍建设总体战略，充分发挥企业培养高技能人才主体作用的重要举措，是加快推进国家电网公司发展方式和电网发展方式转变的迫切要求，也是有效开展电网企业教育培训和人才培养工作的重要基础，必将对改进生产技能人员培训模式，推进培训工作由理论灌输向能力培养转型，提高培训的针对性和有效性，全面提升员工队伍素质，保证电网安全稳定运行、支撑和促进国家电网公司可持续发展起到积极的推动作用。

本套教材共72个分册，本册为专用教材部分的《变电运行（750kV）》。

本书中第一部分数字化变电站，由陕西省电力公司冯涛编写；第二部分电气试验，由陕西省电力公司曹轩、李满元，甘肃省电力公司杨华，华北电网有限公司吴刚，四川省电力公司杨帆编写；第三部分基本技能，由西北电网有限公司文江海、李云阁、于峥、王政亭，青海省电力公司井晓君，山东电力集团公司陶苏东编写；第四部分监视、巡视与维护，由西北电网有限公司王轶慧、颜永强，甘肃省电力公司郝安顺，重庆市电力公司唐继跃编写；第五部分倒闸操作，由西北电网有限公司郭英、张海利，青海省电力公司柏爱民、井晓君，陕西省电力公司李满元编写；第六部分异常处理，由西北电网有限公司金正洪，甘肃省电力公司郝安顺，河北省电力公司卢国华编写；第七部分事故处理，由西北电网有限公司余华兴、文江海、杨震强，甘肃省电力公司郝安顺，黑龙江省电力有限公司郭会成编写；第八部分班组管理，由西北电网有限公司余华兴，东北电网有限公司刘宝忠编写。全书由西北电网有限公司颜永强担任主编，西北电网有限公司李云阁担任副主编。甘肃省电力公司孙世耀担任主审，国家电网公司生产技术部彭江、甘肃省电力公司赵传阳参审。

由于编写时间仓促，本套教材难免存在疏漏之处，恳请各位专家和读者提出宝贵意见，使之不断完善。

国家电网公司
生产技能人员职业能力培训专用教材

目 录

第四部分 监视、巡视与维护

下　册

第五部分　倒　闸　操　作

第六部分 异 常 处 理

第七部分　事　故　处　理

第八部分　班　组　管　理

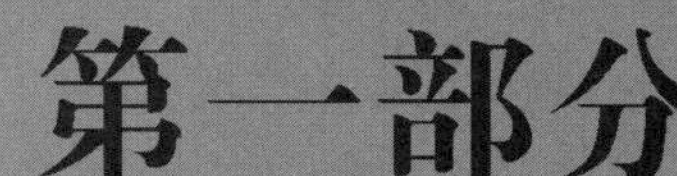

第一部分

数字化变电站

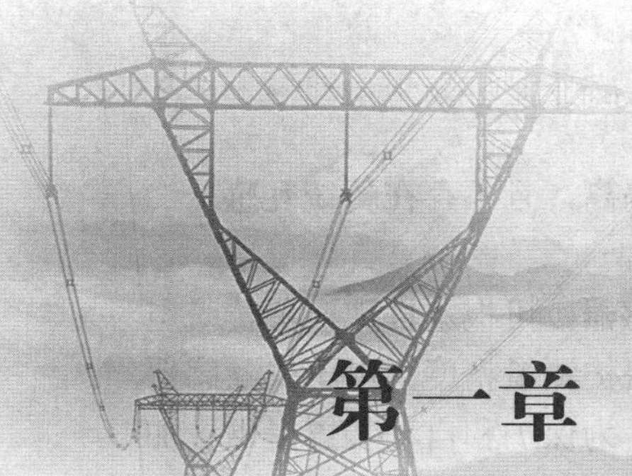

第一章　数字化变电站的概念与应用

模块 1　数字化变电站介绍（GYBD00101001）

【模块描述】本模块主要介绍了数字化变电站的情况。通过要点归纳介绍，掌握数字化变电站发展的基本背景、基本概念和特征，了解数字化变电站的主要优势。

【正文】

一、数字化变电站产生的背景

20 世纪 90 年代以来，随着综合自动化系统的不断应用，变电站初步具备了数字化和自动化的特征，但人们也发现实施中的一些问题：① 各设备之间大多独立运行，不同厂家的设备之间受通信规约等的限制无法共享信息资源；② 通信标准缺乏一致性，导致设备之间不具备互操作性，系统的扩展受到限制；③ 二次回路电缆数量多、接线复杂，容易遭受电磁干扰、过电压等因素的影响，降低了系统运行的可靠性。

进入 21 世纪后，随着电子技术、网络通信技术的发展，各种数字化技术和装备逐步在电力系统中得到应用和实践，给变电站带来很大的变化。以光互感器为代表的电子式互感器利用数字化输出使二次系统技术逐步与一次系统技术融合。IEC 61850 的出台为变电站建立了完整的新一代变电站网络通信体系，可有效解决不同系统间的信息互通、互操作、自定义、可扩展性等问题。网络通信技术为变电站提供了信息数字化通信的手段，改变了变电站二次系统的结构，解决了系统中信息传输与共享的机制，使信息的集成化应用成为可能。随着这些技术的成熟和应用，变电站自动化的发展进入了一个新的阶段，数字化变电站和数字化电网逐步被提了出来，并在不断的应用实践中得到认可。全国各地的电网中各个电压等级的数字化变电站工程试点应用正在实施。

二、数字化变电站的基本概念及特征

数字化变电站是以变电站一、二次设备为数字化对象，依靠统一数据模型和高速网络通信平台，通过对数字化信息进行标准化，实现智能设备之间信息共享和互操作的现代化变电站。随着信息技术、网络通信技术的不断发展，数字化的内涵仍在不断丰富和扩充。

数字化变电站的特征可理解为以下几个方面：

（1）一次设备的数字化和智能化。数字化变电站的标志性特征为电子式互感器替代传统的电磁式互感器，实现了反映电网运行电气量的数字化输出，为变电站的网络化、信息化以及一次设备的数字化和智能化奠定了基础。

（2）二次设备的数字化和网络化。数字化变电站的二次设备除了具有传统数字式设备的特点外，其二次信号变为基于网络传输的数字化信息，功能配置、信息交换通过网络实现，网络通信成为二次系统的核心，设备成为整个系统中的一个通信节点。

（3）变电站通信网络和系统实现标准统一化。数字化变电站利用 IEC 61850 的完整性、系统性、开放性保证了设备间具备互操作性的特征，解决了传统变电站因信息描述和通信协议差异而导致的信号识别困难、互操作性差等问题，实现了变电站信息建模标准化。

三、数字化变电站的优势

由于数字化变电站采用了电子式互感器、网络化通信等主要技术，因此在建设、运行、维护和管理等方面有其独特的优势。主要表现在：

（1）实现一、二次系统的有效电气隔离，安全性得到提高。数字化变电站采用电子式互感器实现信号的测量，其绝缘结构简单，避免了传统互感器采用油绝缘而可能导致的漏油、易燃、易爆等危险。

电子式互感器的二次侧由光纤连接，可以实现与高压一次侧有效的电气隔离，且不存在传统互感器二次侧 TA 开路、TV 短路或者两点接地等危险。

（2）测量的精度和动态范围大为提高。数字化变电站采用电子式互感器，可根本性地避免传统电磁式互感器由于采用铁芯而导致的饱和与铁磁谐振等因素的影响，提高保护测量精度。电子式互感器频率响应宽、动态性能好，可进行暂态电流、高频大电流和直流的测量，为保护和自动装置提供更加准确的电气暂态特性。

（3）二次回路简单，信号传送的抗干扰能力强。电子式互感器输出的数字化电气量可通过光缆以数字量的形式传输，极大地增强了变电站信号传输环节的抗干扰能力，解决了传统变电站存在的二次回路复杂、信号传输环节较多、电缆损耗大、电磁干扰、施工工艺等问题。无须校验电流或电压互感器极性，不存在测试回路绝缘电阻、二次接线检查等问题，二次回路及安装、调试、试验工作都大为简化，提高了二次系统的安全性和可靠性。

（4）网络化通信提高了信号传输和共享效率。数字化变电站利用光纤和以太网实现设备连接，所有设备均能从网络获取所需信息，并向其他设备传输输出信息和控制命令，而且站内保护、测控、计量、监控、远动可共享一个网络信息平台，对于涉及多个间隔的功能不需配备专门物理设备，避免了设备重复设置，提高了信息传输和共享效率。

（5）容易实现设备间的互操作。数字化变电站采用 IEC 61850 对智能电子设备的信息描述与访问方法进行了全面的定义和规范，形成了统一的通信规约平台。由于设备采用统一的功能模型、数据模型和通信协议，解决了设备间的互操作问题。

（6）信息共享与集成提高了系统的可靠性与经济性。常规变电站不同类型的装置因交流采样精度差异、二次回路负荷等问题而造成了信息应用上的分离，存在多信息源的问题，而且二次回路负荷重、接线复杂、硬件重复配置，需通过冗余配置来满足系统的高可靠性要求。数字化变电站提供了数据和信息的集中采集、统一传送、不同功能共享的模式，而且采用面向对象技术将原来分散的二次系统进行了合理的功能集成，使系统更加简单、信息的共享容易实现，通过信息的集成可综合判断设备的状态，进行保护等功能的冗余配置，从而大大提高了整个系统的可靠性和经济性。

（7）提高了系统的可观性、可控性和自动化水平。数字化变电站内智能设备均具备或配备了相应的监测和自检功能，通过站内信息平台能够实时查看各设备的运行状况，实时自检，便于维护和监控，极大地提高了变电站运行的可观性、可控性。变电站通信可以实时、可靠地交换所有设备的完整信息，利用高级软件能自动生成报表、操作票和操作记录、系统拓扑图、设备检修通知、故障分析报告等，实现管理自动化与智能化决策。

（8）大大提高了变电站的经济性。电子式互感器取代电磁式互感器、光缆取代电缆以及网络通信等技术的采用，使得数字化变电站工程占地面积减少，电缆沟土建工程量减少；二次回路的简化、智能设备的使用又极大地减少了建设和调试的工作量，缩短了建设工期。由于设备的互操作性，在设备选型时可选择技术经济性最优的设备；基于逻辑的建模可以避免物理设备的重复设置，减少了设备采购量；在系统扩展或部分设备更换时，其他设备的软硬件基本不变，达到了保护投资的目的。

数字化变电站的这些优势和特点，将在技术、运行和管理水平上较传统变电站有一个全面的提升，对减少投运后运行成本、促进减员增效、提高自动化水平具有重大的技术意义和经济效益。

【思考与练习】

1. 什么是数字化变电站？
2. 数字化变电站的主要特征是什么？
3. 与常规变电站比较，数字化变电站具有哪些优势？

模块 2 数字化变电站的系统架构及技术特征（GYBD00101002）

【模块描述】本模块主要介绍了数字化变电站的基本结构和主要技术特征。通过对比讲解、图例展示，掌握数字化变电站的系统构成和主要技术特征。

【正文】

一、数字化变电站的系统架构

1. 数字化变电站的基本结构

数字化变电站的结构继承了传统变电站分层分布式的特点，依然由一次设备和二次设备分层构成，由于一次设备的智能化和二次设备的网络化，数字化变电站的一、二次设备之间的结合更加紧密。IEC 61850 按照变电站自动化系统所要完成的控制、监视、保护三大功能提出了变电站内按功能分层的概念，从逻辑上将变电站功能划分过程层、间隔层和变电站层，如图 GYBD00101002-1 所示。

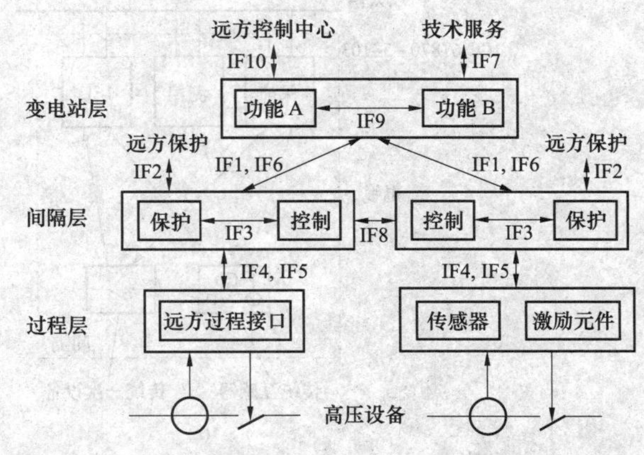

图 GYBD00101002-1　数字化变电站的基本结构及总线接口

（1）过程层。过程层是一次设备与二次设备的结合面，或者说是智能化一次设备的智能化部分。其主要实现所有与一次设备接口相关的功能，包括：实时电压、电流等电气量检测，进行运行设备的状态参数检测与统计，完成包括断路器、隔离开关的合分控制、变压器分接头调节、直流电源充放电控制操作等在内的控制执行与驱动。

（2）间隔层。间隔层的功能是利用本间隔的数据对本间隔的一次设备产生作用，如线路保护设备和间隔单元控制设备就属于这一层。其主要功能有：汇总本间隔过程层实时数据信息，实施对一次设备的保护控制，实施本间隔的操作闭锁，实施操作同期及其他控制功能，控制数据采集、统计计算及控制命令的优先级，同时高速完成与过程层及站控层的网络通信。

（3）变电站层。变电站层主要通过两级高速网络汇总全站的实时数据信息，不断刷新实时数据库，按时登录历史数据库，按既定规约将有关数据信息送向调度或控制中心，接收调度或控制中心有关控制命令并转间隔层、过程层执行。它应具有以下功能：在线可编程的全站操作闭锁控制功能；站内当地监控、人机联系功能，如显示、操作、打印、报警，图像、声音等多媒体功能；可对间隔层、过程层诸设备进行在线维护、在线组态、在线修改参数；同时，能完成变电站故障记录、故障分析和操作培训。

2. 数字化变电站的逻辑接口及总线

在数字化变电站的三层中有 10 类逻辑接口，分别接入两类总线：过程总线以及变电站总线。表 GYBD00101002-1 概括了它们之间的关系。

表 GYBD00101002-1　　逻辑接口与总线之间的关系

逻辑接口	说　明	过程层	间隔层	变电站层	总　线
IF4	过程层和间隔层之间 TV 和 TA 暂态数据交换	√	√		过程总线
IF5	过程层和间隔层之间控制数据交换	√	√		
IF3	间隔层内数据交换		√		变电站总线
IF8	间隔层之间直接数据交换			√	
IF1	间隔层和变电站层之间保护数据交换			√	
IF6	间隔层和变电站层之间控制数据交换			√	
IF9	变电站层内数据交换			√	
IF7	变电站层与远方工程师数据交换			√	

注　“√”表示横向内容与纵向内容有关联。

3. 数字化变电站与传统变电站结构对比

从图 GYBD00101002-2 可以看出，传统变电站与数字化变电站的物理结构几乎没有差别，但两者的功能和接口结构以及系统运行则具有完全不同的特性。传统变电站功能完成和信息传递由连接和设备物理结构限定，而数字化变电站则完全通过网络来分配和交换信息，两者存在巨大差异。

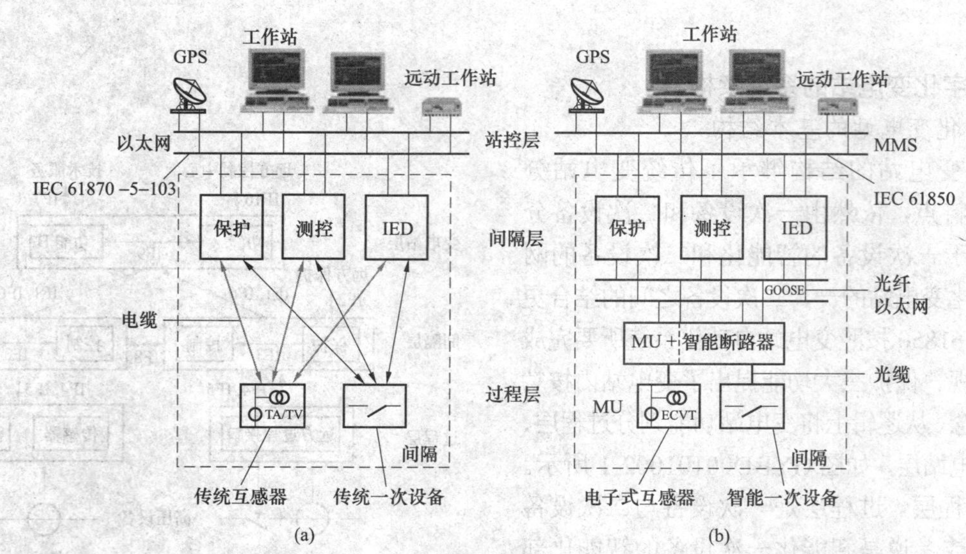

图 GYBD00101002-2 传统变电站与数字化变电站结构对比

（a）传统变电站；（b）数字化变电站

二、数字化变电站的主要技术特征

1. 数据采集数字化

数字化变电站采集和传输数字化电压、电流等电气量，不仅实现了一、二次有效的电气隔离，而且大大扩展了测量的动态范围与精度，使变电站的信息共享和集成应用成为可能。

2. 系统分层分布化

数字化变电站采用了 IEC 61850 提出的变电站过程层、间隔层、站控层的三层功能分层结构。过程层主要指站内的变压器、断路器、互感器等一次设备；间隔层一般按照断路器间隔划分，通常由各种不同的间隔装置组成，直接通过局域网络或串行总线与变电站层联系；变电站层包括监控主机、远动通信机等，设现场总线或局域网，实现变电站层以及与间隔层之间的信息交换。这种分层分布结构实现了按站内一次设备面向对象的分布式配置，不同的设备均单独安装具有测量、控制和保护功能的元件，任一元件故障不会影响整个系统正常运行。采用分层分布式结构大大降低了对处理器的要求，而且具有自诊断功能，可以灵活地进行扩充。

3. 系统结构紧凑化

紧凑型组合电器、智能化断路器等智能化一次设备集成了的更多的部件和功能，体积更小，这使得变电站的占地面积大幅减小，设备布置更加紧凑。各种体积小、重量轻、精度高、数字化的互感器、传感器的应用，不仅简化了一次设备的结构，而且通过数字化测量数据的网络传输和共享，实现了二次回路连接的简化，甚至可以取消信号电缆。由于智能化断路器的出现，实现了一、二次设备的集成，控制与保护等越来越靠近过程对象，并可有机地集成在间隔或小室并靠近一次设备布置。过程层的数字化和网络化以及IEC 61850的采用，使得整个变电站的功能和配置可以灵活地映射和分配到各个IED（智能电子设备），许多功能的实现不再依赖独立的专用设备，这样系统的结构将更加简单紧凑，性能和可靠性越来越高。

4. 系统建模标准化

数字化变电站采用了 IEC 61850 对一、二次设备统一建模，定义了统一的建模语言、设备模型、信息模型和信息交换模型，采用全局统一规则命名资源，使变电站内及变电站与控制中心之间实现了无缝通信与信息共享。通过系统建模的标准化，消除了各种“信息孤岛”，实现了设备的互联开放，从而简化了系统维护、配置、扩展以及工程实施。

5. 信息交互网络化

数字化变电站各层、各设备间信息交换都依赖高速网络通信完成，网络成为系统内各种智能电子装置以及与其他系统之间实时信息交换的载体。在过程层与间隔层之间，数字化的各种智能传感器的采样数据通过网络传输到间隔层，利用多播技术将数据同时发送至测控、保护、故障录波及相角测量等单元，进而实现了数据共享。因此二次设备不再出现功能重复的数据与 I/O 接口，而是通过采用标准以太网技术真正实现了数据及资源共享。

6. 信息应用集成化

数字化变电站对常规变电站监视、控制、保护、故障录波等分散的二次系统装置进行了信息集成及功能优化。将间隔层的控制、保护、监视、操作闭锁、诊断与计量等功能和运行支持系统集成到统一的装置中，间隔内、间隔间以及间隔与变电站层的通信采用光纤总线连接。凡是过程层能完成的功能不再由间隔层处理，凡是间隔层能执行的功能不再由变电站层执行，各项功能通过网络组合在系统中，变电站层只是进行各功能的协调，不再需要传统变电站中完成不同任务的分隔系统及相应的通信网络，从而简化了网络结构和通信规约化。

7. 设备检修状态化

在数字化变电站中，电压和电流的采集、二次系统设备状况、操作命令的下达和执行完全可以通过网络实现信息的有效监测，可有效地获取电网运行状态数据以及各种 IED 的故障和动作信息，监测操作及信号回路状态，设备状态特征量的采集没有盲区，设备检修策略可以从常规变电站设备的定期检修变成状态检修，从而大大提高了系统的可用性。

8. 设备操作智能化

智能一次设备不仅可以获取整个系统及关联设备状态，而且可监测设备内部电、磁、温度、机械、机构动作状态，随着电子技术和控制技术的不断发展，采用新型传感器、电子控制、新控制方法构建参数确定、动作可靠迅速、状态可控可测可调的智能操作回路成为可能。

【思考与练习】

1. 数字化变电站的结构如何组成？有什么特点？
2. 数字化变电站中各层的作用是什么？分别有什么特征？
3. 数字化变电站的主要技术特征是什么？

模块 3 数字化变电站的基本应用（GYBD00101003）

【模块描述】本模块介绍数字化变电站的技术实现基础和常规设备接入方案。通过归纳讲解、方案介绍，了解建设数字化变电站应注意的问题和常规设备的接入方式。

【正文】

数字化变电站的发展是个长期的过程，技术成熟度、方案可行性均需逐步完善，因此通常采取分步走的策略：① 第一阶段结合 IEC 61850 标准先在测控部分实施，以积累网络通信协议的应用经验；② 第二阶段采用非常规互感器技术实现信息采集、处理、传输数字化应用；③ 第三阶段通过变电站总线与过程层总线的集成，实现数字化变电站集成型自动化的应用。

一、过程层常规设备的接入

常规设备主要指互感器和断路器设备，过程层常规设备的接入方式主要有 3 种基本模式：常规互感器和常规断路器，常规互感器和智能断路器（含智能断路器控制器），非常规互感器和常规断路器。过程层常规设备的接入方案见图 GYBD00101003-1。

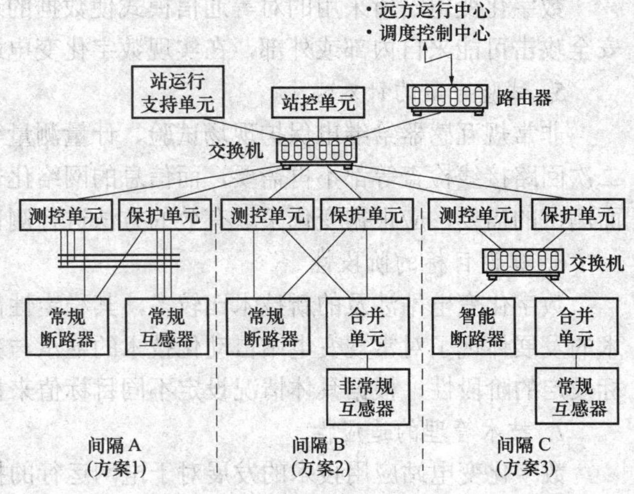

图 GYBD00101003-1 过程层常规设备接入方案

（1）方案 1。间隔层采用常规互感器和常规断路器，只使用了变电站总线，采用传统的点对点硬接线方式接入常规互感器和常规断路器，实现保护装置和监控单元信息交互。

（2）方案 2。间隔层采用非常规互感器和常规断路器，没有过程总线，但使用了合并单元，模拟量采样基于 IEC 61850-9-1 的单向多路点对点串行通信连接方式。

（3）方案 3。间隔层采用常规互感器和智能断路器（或智能断路器控制器），采用了过程总线，通过合并单元将常规传感器模拟量以多播方式发布到过程总线。

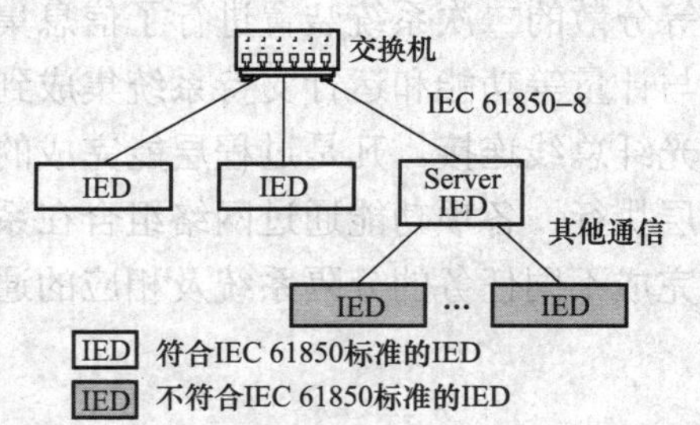

图 GYBD00101003-2 间隔层常规 IED 接入方案

二、间隔层常规 IED 的接入

间隔层常规 IED 的接入方案见图 GYBD00101003-2。符合 IEC 61850 标准的 IED 将支持以太网方式的 GOOSE 信息交互机制，常规变电站间隔层还有大量非 IEC 61850 标准的 IED 设备，因此需要通过网关实现 IEC 61850 标准的转换，以实现接入变电站内部局域网 GOOSE 信息传输机制。图 GYBD00101003-2 说明了间隔层接入常规 IED（或系统）的方案，其中 Server IED 起到 IEC 61850 网关的作用。这样，非 IEC 61850 标准的 IED 也可被接入数字化变电站中，因此非 IEC 61850 标准的监控单元和保护单元需要通过网关接入变电站局域网。

数字化变电站技术发展过程中可以实现对常规变电站技术的兼容，这意味着可以实现应用上的平稳发展和逐步突破，使新技术的应用能有机地结合电网的发展，未来在数字化变电站应用技术成熟的基础上将促进新一代数字化电网的实现。

三、数字化变电站技术的应用基础

数字化变电站应用技术给变电站带来了巨大的变革，然而大量新技术和新标准的采用也带来一定的不确定性，在实际应用中应重点关注以下几个方面。

1. 数据采集的稳定性

非常规互感器因存在微信号测量、光学系统而容易出现温度对精度的影响、振动对精度的影响、长期稳定性、电磁兼容等问题，影响整个系统数据的准确性和稳定性。

2. 二次系统的冗余性

二次系统的冗余性主要体现在合并单元、网络拓扑结构性、控制系统的冗余性等方面。合并单元是系统的数据源，必须考虑合并单元或相关系统引起的系统可靠性降低甚至功能丧失的问题，对其进行冗余考虑。数字化变电站内的信息交互高度依赖以太网，须选择合适的网络通信的架构以保证信道和通信网络的冗余性。由于具备保护、测控一体化应用的条件，控制系统可实现测控单元的双重化，设备之间的联/闭锁可以实现冗余配置与应用。

3. 设备的互操作性

互操作性是实现变电站内无缝通信理念的重要保障机制。为保证互操作性，需要开展两类试验与测试：一致性测试和性能测试。

4. 网络通信的安全性

数字化变电站所采用的对等通信模式使数据的通信更加简便、有效，但也带来了信息的安全问题，安全攻击可能来自内部或外部，在实现数字化变电站时须考虑信息的安全性问题。

5. 试验方案的针对性

非常规互感器给继电保护现场试验、计量测量等方面带来根本性的变化。一些常规的极性测试、二次回路接线检查等都不再需要，而信息的网络化却带来了采样数据测试、变电站事件快速传输等方面测试的需要，应根据变化采取有效的方法进行测试和试验。

6. 建设目标的阶段性

数字化变电站涉及的新技术比较多，其稳定性需要经过一定的应用检验。同时，数字化变电站技术的发展体现了对常规变电站自动化技术的继承与突破，因此必须在兼顾技术成熟度的前提下实现目标设定的阶段性，根据具体情况设定不同目标值来推进工程化应用。

7. 技术管理的适应性

数字化变电站应用技术的发展对于电网运行的技术管理体制带来巨大的冲击，继电保护与自动化专业分工将不复存在；现有二次系统的设计、试验、运行标准规程将很难适用，需要重新制定；需要针对数字化变电站技术特征制订相应的二次系统检修策略，建立符合新技术特点的检修机制；由于网络化的功能配置以及一次设备的机电一体化，需针对新技术应用对安全考核、评估、保障机制进行必要的调整、补充或修订。

【思考与练习】

常规设备如何接入数字化变电站？

国家电网公司
生产技能人员职业能力培训专用教材

第二章　数字化变电站的组成与实现

模块 1　IEC 61850 标准综述（GYBD00102001）

【模块描述】本模块介绍 IEC 61850 标准的产生背景、标准的组成、主要术语及主要特点等内容。通过背景介绍、标准阐述、要点讲解，了解标准的概况，掌握标准的组成和特点。

【正文】

一、IEC 61850 标准的制定

1. 标准制定的背景

为适应变电站自动化系统发展的需要，实现控制和管理系统中所有设备之间的信息自由交换，IEC（国际电工委员会）先后制定了 IEC 60870-5-101、IEC 60870-5-102、IEC 60870-5-103、IEC 60870-5-104（基于以太网）等规约。随着技术发展和标准应用的不断扩展，人们发现这些标准存在许多问题，如：标准对二次设备缺乏统一的功能和接口规范，一致性测试又没有相应的标准，造成不同厂家设备之间无法实现互操作；整个标准的形成和完善持续了 10 年时间，规范产生滞后，许多厂家已通过其他总线协议或专有协议实现设备之间的互联，并形成一定的规模，因此新规范颁布后实施困难；IEC 60870-5-103 规约在制定的过程中基于 RS485 串行通信，属问答式规约，无法满足网络通信对信息量和速度的要求；规约在制定的过程中对过程层设备间的通信问题未过多考虑，很难适应电子式互感器、智能化一次设备不断发展的需要。由于这些问题的存在，造成了变电站不同厂家的 IED 之间不能互操作和互联，系统扩展困难，用于解决协议转换和通信连接的工程造价越来越高，严重地制约了变电站自动系统的发展。

针对以上问题，IEC 开始制定关于变电站自动化系统的通信网络和系统的国际标准，旨在统一目前各成一体的变电站自动化通信系统，提高系统的维护性、开放性和扩展性，促进电力系统网络化、信息化的发展，解决技术更新和生命周期之间的矛盾。

2. 标准的发展过程

IEC 61850 系列标准的全称是《变电站通信网络和系统》。1995 年，IEC 第 57 委员会开始研究该标准的制定。期间吸纳了美国电力科学院研究制定的 UCA2.0 中关于数据模型和服务的成果。标准于 1999 年提出草案发布，目前已经全部通过为国际标准。我国的标准化委员会对 IEC 61850 系列标准进行了同步的跟踪和翻译工作，并等同采用为国家标准。

IEC 61850 标准目前是全世界唯一的变电站网络通信标准，也将成为从调度中心到变电站、变电站内、配电自动化无缝自动化标准，还有望成为通用网络通信平台的工业控制通信标准。当前，国外各大公司都在围绕 IEC 61850 开展工作，并提出 IEC 61850 的发展方向是实现“即插即用”，在工业控制通信上最终实现“一个世界、一种技术、一个标准”。

二、IEC 61850 标准简介

1. 标准制定的目的

变电站自动化标准化的目的是制定一套满足功能和性能要求的通信标准，确保不同设备间能够自由的交换信息，并支持将来技术的发展。

（1）互操作性。不同制造厂家的智能设备可交换信息和使用这些信息执行特定功能。

（2）可自由配置。可将功能自由灵活地分配到各装置中，满足变电站自动化系统功能和性能的要求，支持用户集中式系统（如 RTU）和分散式系统的各种要求。

（3）长期稳定性。支持未来的技术发展，并可伴随系统需求而发展。

2. IEC 61850 标准的组成

IEC 61850 共分为 10 部分，从内容上可以分为四大部分。

（1）系统部分。包括了标准的 1～5 部分。主要介绍了标准制定的出发点，从系统工程管理、质量保证、系统模型等方面进行叙述，使标准能更好地应用于电力系统。

（2）配置部分。定义了变电站系统和设备配置、功能信息及变电站配置描述语言。

（3）数据模型、通信服务和映射部分。从技术实现角度描述了 IEC 61850 的信息模型、通信服务接口模型以及信息模型与实际通信网络的映射方法，从而实现了系统信息模型的统一、通信服务的统一和传输过程的统一。

（4）测试部分。定义了验证互操作性的一致性测试方法、等级、环境和设备要求等。

3. IEC 61850 标准的特点

IEC 61850 引入了诸多先进的网络通信技术和信息处理技术，是一个开放的、面向未来的新一代变电站自动化系统通信协议。它具有以下的特点：

（1）开放性。由于电力市场的发展，实现电力过程控制的各种设备和系统必须集成为一个自动化系统，要求设备和系统必须是互操作的，接口、协议和数据模型必须是兼容的，并有足够的开放性。IEC 61850 就是为了实现这一个大目标而制定的。

（2）信息分层的变电站结构。标准将站内通信体系分为变电站层、间隔层、过程层，定义了信息分层概念和层与层之间的通信接口，使系统能在统一结构下进行信息的传输和利用。

（3）面向对象的数据对象统一建模。IEC 61850 采用面向对象技术，定义了基于客户机/服务器结构的数据模型。模型的构成不仅仅是数据集，而是数据与功能服务的聚会，模型中数据和功能服务相互对应，数据的交换必须通过对应的功能服务来实现。任何一个客户都可通过抽象服务接口和服务器通信来访问数据对象。数据与功能服务的紧密结合使模型具备了良好的稳定性、可重构性和易维护性。由于在信息源处进行建模，避免多余的中间数据模型转换，减少同一信息多处定义，限制多重数据管理，给投运、运行、维护、扩建带来了方便，调试容易可节约大量人力物力，为电力系统统一建模、实现无缝连接打下基础。

（4）采用面向对象、面向应用开发的自我描述的方法。以往的通信标准采用面向点的数据描述，数据收发方必须事先对数据库进行约定并一一对应，这样才能正确反映现场设备的状态，如需增、删某些信息，必须对协议进行修改，这就限制了新功能的应用和系统的扩充。IEC 61850 采用了面向对象的数据自描述，在数据源对数据本身进行自我描述，接收方收到的数据都带有自我说明，不需要再进行数据的工程物理量对应或标度转换。这种自描述数据是互操作的基础，并简化了数据的管理与维护工作。IEC 61850 提供了 80 多种逻辑节点名字代码和 350 多种数据对象代码、23 个公共数据类，涵盖了变电站所有功能核数据对象，提供了扩展新逻辑节点方法，规定了一套数据对象代码组成方法和一套面向对象服务，三者有机结合解决了面向对象自我描述的问题。

（5）采用抽象通信服务接口。IEC 61850 设计了独立于网络和应用层协议的抽象通信服务接口，定义了 14 类抽象通信服务接口模型，每类模型都由若干抽象通信服务组成，每个服务又都定义了服务的对象和方式。模型中通信服务通常分为两类：① 客户机/服务器结构主要应用在针对控制、读写数据值等服务中；② 发布者/订阅者模式主要应用在如采样值传输、通用变电站事件等快速和可靠的数据传输服务中。由于接口与所采用的通信技术、协议栈无关，用户可以应对和分享通信技术和网络技术迅猛发展带来的挑战与好处。

（6）定义了变电站配置语言。IEC 61850-6 定义和解释了基于 XML（可扩展标记语言）的变电站配置语言，标准化了变电站系统和装置配置的描述方法，可以描述变电站自动化系统内 IED 以及它们的相互关系，对变电站系统和装置的功能需求实现唯一表示。

【思考与练习】

1. IEC 组织制定 IEC 61850 的背景和目的是什么？与变电站自动化系统哪些问题和要求相关？

2. IEC 61850 由哪些部分组成？各自在标准中起什么作用？

模块2 数字化变电站的通信网络（GYBD00102002）

【模块描述】本模块介绍了数字化变电站内数据流及其特点、采用的主要网络技术以及组网方案。通过要点分析、图例说明、方案介绍，了解数字化变电站系统核心通信的概况。

【正文】

数字化变电站的功能完成依赖于通信，构建高速、可靠和开放的通信网络是数字化变电站的前提条件和核心技术之一。在数字化变电站中，由于过程网络的出现，数字化变电站通信网络在数据流、网络结构、功能和性能要求等方面与传统变电站存在较大差异。

一、变电站通信网络中的数据流

根据变电站的分层结构，需要传输的数据流有如下几种：过程层与间隔层之间的信息交换，过程层的各种智能传感器和执行器与间隔层的装置交换信息，间隔层内部的信息交换，间隔层之间的通信，间隔层与变电站层的通信，变电站层的内部通信。

在数字化变电站网络中，各种数据流在不同的运行方式下有不同的传输响应速度和优先级的要求。对于经常传输各种测量量，如母线电压、频率、有功电量累计值等监视信息以及断路器位置、继电保护的投入与退出等状态信息，变压器、避雷器等的状态监视信息，数据的传输要求并不是很高，要求达到毫秒至秒级，有时允许有一定的延时；对于突发事件产生的信息，又分为需要快速响应的事故时断路器的位置信号、正常操作所引起的状态变化信息和允许延时发送的继电保护动作的状态信号和事件顺序记录、事故录波数据等带时标的扰动数据；对于过程层设备与间隔层设备交换信息，如光电电流互感器及直接采集的数字量等采样数据需以微秒至毫秒级高速传输且保证传输可靠性，而温度、压力等状态量要求并不高。此外，还包括报警、视频等大容量的非实时信息。

二、变电站自动化系统通信网络的基本要求

1. 功能要求

通信网络是连接智能电子设备（IED）的纽带，因此须支持各种标准化通信接口，须有足够的带宽和速度来存储和传送事件、电量、操作、故障以及录波等数据。为改善电压运行质量，无人值班变电站要求通信网络具有电压无功自动调节功能、系统对时功能等。另外，自诊断、自恢复以及远方诊断、在线状态检测则是针对运行维护而提出的几项功能要求。

2. 性能要求

通信网络是变电站实时信息交换不可或缺的功能载体，对其要求是可靠、实时、开放。

（1）可靠性。由于电力生产的连续性和重要性，站内通信网络的可靠性是第一位的，应避免一个装置损坏导致站内通信中断的情况。

（2）开放性。站内通信网络除了保证站内IED设备互联、便于扩展外，还应服从调度自动化的总体设计，硬件接口应为国际标准，选用国际标准的通信协议，方便用户系统集成。

（3）实时性。因测控数据、保护信号、遥控命令等都要求实时传送，虽然正常工作时站内数据流不大，但出现故障时要传送大量的数据，要求信息能在站内通信网络上快速传送。

三、数字化变电站中的以太网技术

以太网是目前应用最广泛的互联网络，在商业领域得到广泛应用。近年来，以太网技术也广泛应用到电力系统中，变电站层和远动中心之间的网络就是基于以太网的，而数字化变电站的分层结构以及网络技术的发展也决定了以太网技术是数字化变电站中的主要网络技术。

1. 以太网技术概述

以太网是一种采用总线竞争式介质访问的设备互联局域网组网技术，自诞生以来一直在不断创新，带宽从10Mbit/s发展到1Gbit/s，传输介质由同轴电缆发展出双绞线、光纤和无线。其控制协采用载波侦听多路访问/冲突检测，具有发前先听、边发边听、碰撞后退避时延等特征，可有效减少网络冲突。以太网的网路拓扑结构主要有星型、环型、总线型三种。快速和交换式以太网的出现使以太网性能得到

显著提升，并在工业现场得到应用与推广。

2. 对数字化变电站中以太网的特征要求

由于数字化变电站的特殊性，用于变电站的以太网与一般以太网存在较大区别，主要体现在网络规模、节点数目、安装环境、实时性要求、可靠性、故障自恢复以及安全性等方面。

（1）网络规模和环境要求。基于 IEC 61850 的变电站网络的规模由 IED 的数目及其分别位置，通常要求其支持的节点数目达到 100 或更多，需划分不同网段和子网。同时，覆盖范围也应能达到 5～1000m。IEC 61850 针对变电站网络环境的特殊性，制订了电磁干扰、温度变化范围、机械振动、污染和腐蚀、湿度和大气压等方面一系列的要求，并推荐解决方案。

（2）网络实时性要求。为了达到实时性的设计目标，提出了评估的量化指标，对报文类型进行了详细分类。将报文分为保护控制和计量与电能质量两类。在给定变电站内，并不需要全部通信连接支持同一性能类型，变电站总线和过程总线可独立选择，过程总线内可根据间隔内设备数量和通信速率选择不同性能类型。IEC 61850 还根据实现功能和对实时性要求的不同，将变电站自动化系统中的报文分为快速、中速、低速、原始数据、文件传输、时间同步以及存取控制命令 7 种类型，每类报文都规定了相应的传输时间要求。

（3）网络可靠性与信息安全要求。基于以太网的分层分布式网络可靠性应能实现故障预防、故障监测、故障允许、故障弱化与在线排除。IEC 61850 的开放性和标准性会带来安全性问题，应保证网络及二次系统信息保密性、完整性及确定性，需要采取报文加密与数字签名、调度专网、安装防火墙、划分功能子网、限定报文传输范围等信息安全防护措施。

3. 以太网实时性改进

以太网应用于变电站中最大的瓶颈是实时性问题，其载波侦听多路访问/冲突检测介质访问控制带来了时间不确定问题；而且节点采用事件驱动访问网络，造成了多点共享网络数据冲突问题；报文不支持优先级设定，节点冲突退避机制相同且时间随机。为了解决这些问题，一方面可通过合理分配或组合网络流量，减少数据冲突发生概率；另一方面可采取措施提高实时性或使其具有延时确定性。目前采用的技术主要有：具有微网段和全双工传输的特性交换式以太网技术，采用带优先级标签以太网数据帧解决实时和非实时数据竞争的 IEEE 802.1p 技术，按照逻辑关系划分成网段的虚拟局域网（VLAN）技术，解决广播数据包引起无限循环而导致的网络阻塞的快速生成树协议（IEEE 802.1w）。

四、数字化变电站通信网络组建

数字化变电站通信网络的组建是在实现自动化系统各项功能并满足传输时间要求的基础上，通过网络结构和节点分布的优化，提高网络实时性、可靠性、安全性和信息共享水平。IEC 61850 将变电站自动化系统划分为变电站层、间隔层和过程层，这种划分主要是用来在逻辑上表示变电站自动化功能的分类，实际上有些自动化设备涵盖了多层功能，因此，远动网络、变电站层与间隔层之间的站级网络、间隔层与过程层之间的过程网络的划分也只是用来在逻辑上表示网络承载的不同功能，实际网络的组建可不必拘泥于分层的划分，组网方法也无明确规定。

1. 网络拓扑结构

以太网有总线型、环型和星型三种基本拓扑结构。总线型具有较好扩展性，但缺乏可靠性；环型具有较好安全稳定性，但扩展性差、设备投资大；星型兼顾了网络的安全稳定性和可扩展性，且易于布线。通常可根据变电站的重要程度、网络节点数目、地理位置和建设资金，选择合理的结构。对于输电变电站的站级网络采用环型拓扑结构，单台交换机故障时只影响单个间隔；配电变电站的站级网络采用星型拓扑结构；过程层网络需根据不同间隔或功能划分成多个子网且子网的节点数目有限，通常采用星型拓扑结构。输电间隔要求保护装置双重化配置，因此间隔的过程层网络采用双星型拓扑结构；为了提高网络可靠性，避免出现单点故障，根据 IED 网络接口数目，站级网络和配电间隔的过程层网络也可采用双环或双星型拓扑结构。

2. 过程层总线的组网

过程层总线的组网与数据流要求、可靠性要求、安装时的实际情况密切相关，IEC 61850 中列举

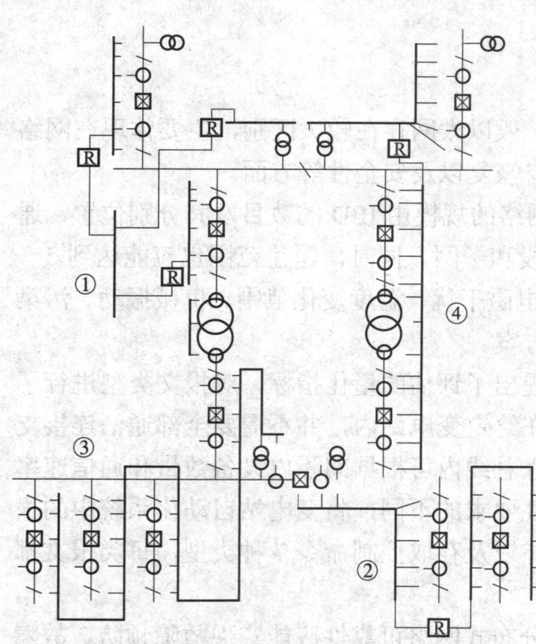

图 GYBD00102002-1 过程层总线组网的基本方案

了过程层总线组网的 4 种基本方案，体现了不同的组网原则，可以满足不同的数据流要求及可靠性要求，并可应用于不同场合，如图 GYBD00102002-1 所示。

（1）方案①：面向间隔。每个间隔有其自身总线段，继电保护和控制设备可从多个段取得数据，同时还装设独立的全站统一总线连接各间隔的总线段，设备的互操作性、互换性既可在 IED 层面获得，也可在间隔层面获得。面向间隔的组网方案结构清晰、易于维护，但需较多的交换和路由设备，成本较高。该方案适用于 220kV 及以上系统以及重要间隔。

（2）方案②：面向位置。每个间隔总线段覆盖了多个间隔。当 IED 的安装位置处于多个传感器的安装位置的中心时，从高压端到 IED 的光纤传输距离最短。另外，220kV 双母线接线多采用母线电压互感器，该互感器可以为多个间隔所共用，从而减少了安装数量。

（3）方案③：单一总线。所有设备都连接到全站单一总线，节省了交换机，成本较低，但可靠性差，需要较高的总线速率，适用于网络负荷较轻、对实时性要求不高的中低压系统。

（4）方案④：面向功能。总线段是按照保护区域来设置的，其突出优点是总线段之间的数据交换量最小。虽然需要路由器，但是段的安排能够减少段之间的传输的数据。

3. 变电站总线的组网

变电站总线的组网与变电站的类型相关。小型配电变电站只要求非常简单的连接间隔层和远方通信接口的通信总线，无间隔与间隔间的通信；中型的输、配电变电站，变电站层包括简单人机接口、远方控制网关，可能还包括电压自动控制功能等，要求变电站通信总线可以处理所有类型的报文，需要采用大的通信网络；大型输、配电变电站，变电站层包括全部人机联系功能，能够控制全部开关，可以传输全部单个的告警。变电站和控制中心之间通信可能由主链路和备用链路组成。变电站层总线要求由路由器或者桥连接的分段通信总线去处理所连接的设备的大量数据。为了限制每个段连接的节点数目，减少通过路由器传输快速报文，通信网络可能分成几段，甚至还需要双冗余的通信网络。

【思考与练习】

1. 支撑数字化变电站网络通信的核心技术有哪些？
2. 数字化变电站中传输的主要数据有哪些？特征是什么？
3. 数字化变电站网络通信组网的方案有哪些？各有什么特点？
4. 数字化变电站的以太网与其他网络有什么异同？

模块 3 电子式互感器基本原理及技术（GYBD00102003）

【模块描述】本模块介绍电子式互感器的基本原理、特点及构成等内容。通过结构分析、原理讲解、图片示意、应用举例，了解数字化变电站系统中一次设备的变化。

【正文】

互感器是为电力系统进行电能计量、测量、控制、保护等提供电流/电压信号的重要设备，其精度及可靠性与电力系统的安全、稳定和经济运行密切相关。随着电压等级的不断升高以及自动化技术的不断发展，传统的电磁式互感器已不能适应发展的需求。近年来，随着光电式、数字测量技术的发展和应用，各种光电式、纯光学电子互感器逐步走向成熟并得到应用，成为推动变电站过程层数字化的主要动力，为数字化变电站奠定了基础。

一、电子式互感器概况

1. 传统互感器的主要不足

传统的电流和电压互感器大多具有类似变压器的结构，属电磁感应式。随着电力系统电压等级的升高和传输容量的不断增大，传统的充油电磁式互感器暴露出一系列的缺点：绝缘结构复杂，造价高，在故障电流下铁芯易饱和，动态范围小，频带窄，受电磁干扰，二次侧开路会产生高电压，会产生铁磁谐振，易燃易爆，占地面积大等。

此外，电磁式互感器的额定参数主要是为了能为电磁式继电器提供足够的驱动，而目前广泛使用的微机保护从原理上只能接受弱电信号的输入，不得不在装置内增加电压、电流变换器，既增大了装置的复杂性，又降低了系统的可靠性。

2. 电子式互感器种类

电子式互感器泛指区别于传统电磁式互感器的电子化测量和数字化输出方式的互感器，涵盖不同的测量原理、方法以及测量传输方式。目前主要有利用光纤传输和采用光学方法测量两大类型。光纤传输型电子式互感器主要利用光纤传输经过电子测量回路转换的数字信号，并作为电子测量部分激光供电通道，解决了高低压隔离的问题。光学测量型电子式互感器采用磁光等原理直接测量电压、电流，光纤为主要测量元件。

目前，电子式互感器分类和对比的主要手段为量测量和测量原理。电子式电流互感器主要采用罗戈夫斯基线圈、光学装置或低功耗铁芯绕组等实现一次电流信号的转换。电子式电压互感器主要采用电阻分压器、电容分压器、串联感应分压器或光学原理等实现一次电压信号的转换。

此外，根据传感头部分是否提供电源，电子式互感器主要可分为有源式和无源式两类。根据安装方式，电子式互感器又可分为独立支撑型、GIS 型、套管型及独立悬挂型，其中前两种为主要应用方式，分别应用在敞开式变电站及 GIS 变电站。

3. 电子式互感器的主要优点

与常规互感器比较，电子式互感器主要有以下特点：

（1）高低压完全隔离，安全性高，具有优良的绝缘性能和优越的性价比。电子式互感器取消了铁芯，将高压侧信号通过绝缘性能很好的光纤传输到二次设备，这使得其绝缘结构大大简化，电压等级越高其性价比优势越明显。电子式互感器利用光缆而不是电缆作为信号传输工具，实现了高低压的彻底隔离，不存在电压互感器二次回路短路或电流互感器二次开路给设备和人身造成的危害，且光信号有电信号无法比拟的电磁兼容性能、安全性和可靠性。

（2）不含铁芯，消除了磁饱和和铁磁谐振等问题。电磁式互感器采用了包含铁芯的电磁感应原理，铁芯的存在不可避免地存在磁饱和及铁磁谐振等问题。电子式互感器在原理上与传统互感器有着本质的区别，一般不用铁芯做磁耦合，因此消除了磁饱和及铁磁谐振现象，从而使互感器运行暂态响应好，稳定性好，保证了系统运行的高可靠性。

（3）电磁式互感器需要提供较多绕组供不同的二次设备使用，而电子式互感器提供的是数字信号，二次设备可以共享电压、电流信号，减小了体积，节省了资源。

（4）动态范围大，测量精度高。电网正常运行时，电流互感器流过的电流并不大，但短路电流一般很大，而且随着电网容量的增加，短路电流越来越大。电磁式电流互感器因存在磁饱和问题，难以实现大范围测量，一台互感器很难同时满足高精度计量和继电保护的需要。电子式互感器有很宽的动态范围，一台电子式互感器可同时满足计量和继电保护的需要。

（5）频率响应范围宽。电子式互感器频率响应范围较宽，可以测出高压电力线上的谐波，还可进行电网电流暂态、高频大电流与直流的测量。

（6）没有因充油而存在易燃、易爆炸等潜在危险。电子式互感器的绝缘结构相对简单，一般不采用油作为绝缘介质，不会引起火灾和爆炸等危险。

（7）体积小、质量轻。电子式互感器质量与体积较电磁式互感器小很多，给运输和安装带来很大方便。

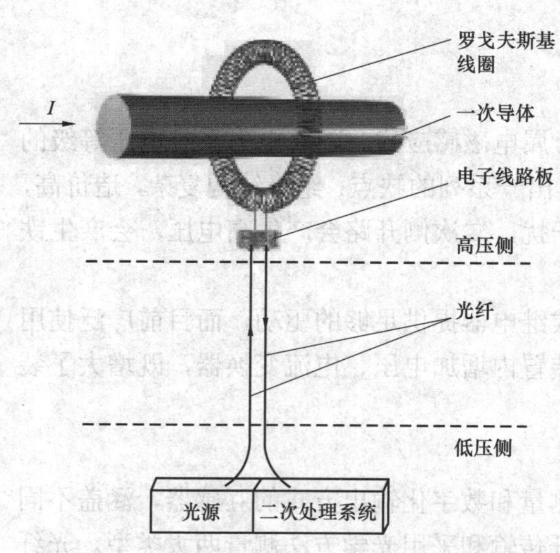

图 GYBD00102003-1 罗戈夫斯基线圈电流互感器系统示意图

二、电子式互感器的基本原理

（一）有源式电子互感器

因测量电压、电流的传感器由电子电路构成，需要供电，因此称为有源式电子互感器。根据空芯绕组和低功率绕组原理测量电流，根据分压原理（电阻、电感、电容）测量电压。相对来说，有源式电子互感器原理成熟，已经在国内外有了一定的应用。

1. 罗戈夫斯基线圈电流互感器

罗戈夫斯基线圈是缠绕在环状非磁性骨架上的空芯线圈，图 GYBD00102003-1 所示为罗戈夫斯基线圈电流互感器系统示意图，它是一种空气环形线圈，从根本上解决了铁芯线圈电流互感器的磁路饱和问题。根据相关电磁关系，一次电流通过罗戈夫斯基线圈环内的一次导线时，线圈两端的电压 $e(t)$ 与一次电流 I 的关系为

$$e(t)=-\frac{\mathrm{d}\Phi}{\mathrm{d}t}=-\frac{\mu_0 Nh}{2\pi}\cdot\ln\frac{R_a}{R_j}\cdot\frac{\mathrm{d}I}{\mathrm{d}t} \qquad (GYBD00102003\text{-}1)$$

式中 μ_0——真空磁导率；

N——线圈匝数；

h——非磁性骨架材料的高度；

R_a、R_j——非磁性骨架材料的内径、外径。

可见，罗戈夫斯基线圈的输出电压与电流变化率成正比关系，因此通过输出电压的积分即可获取一次电流大小。法拉第电磁感应原理是罗戈夫斯基线圈电流互感器的传感基础，它决定了罗戈夫斯基线圈电流互感器不能测量稳恒直流，对于变化比较缓慢的分量，比如非周期分量，也不能保证测量精度。很显然，罗戈夫斯基线圈电流互感器是存在测量频带问题的电流互感器。其优点是：动态范围广，线性度极好，无铁芯，不发生饱和且质量轻，仅用一路互感器即可完成计数和保护功能，可长时间保持精度稳定。其缺点是需在传感电压输出后加积分器重构电流信号。

为了减少测量信号的传输损耗，简化绝缘结构和降低绝缘费用，悬挂式罗戈夫斯基线圈电流互感器采用光纤信号传输方式，在高压端完成电光转换，然后通过光纤传输到低压端，传感头采用自供电和光纤有源供电方式。应用于 GIS 中的罗戈夫斯基线圈电流互感器，不需要高压端的电光转换，可直接在输出端进行数字变换，输出数字测量信号。

2. 带铁芯的低功率电流互感器（LPCT）

带铁芯的低功率电流互感器（LPCT）是常规感应式电流互感器的发展。由于现代电子设备要求的输入功率很低，因此不用像常规感应式电流互感器那样要考虑功率输出而设计出体积很小但测量范围却很广的变换器。常规电流互感器与 LPCT 应用系统示意图对比如图 GYBD00102003-2 所示。

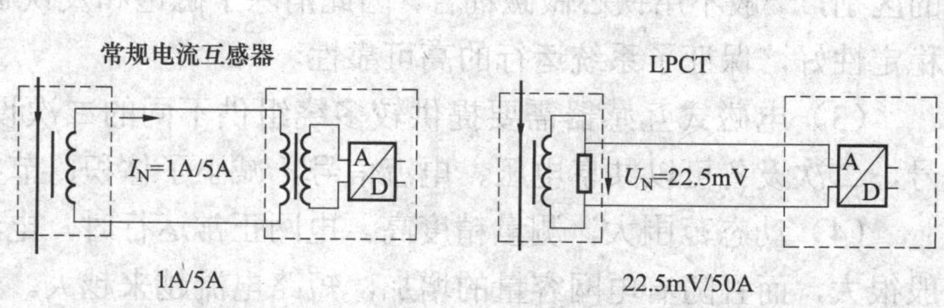

图 GYBD00102003-2 常规电流互感器系统示意图

LPCT 包含一次绕组、较小的铁芯和损耗极小的二次绕组，后者连接分流电阻，二次电流在分流电阻上产生的电压 U_s 在幅值和相位上正比于一次电流。分流电阻集成于 LPCT 中，所选分流电阻使其对互感器的功耗近于零，因而极大地扩大了测量范围，电流互感器在极高（或偏移）一次电流下会饱和的特性将得到极大改善，测量和保护也可能使用同一互感器。

3. 电阻电容分压式电压互感器

纯电阻分压器最大只能测量 132kV 的交流电（由于热效应和接地电阻的影响）。电容分压器精度高、线性好，且有很好的频率范围，因此被长期用于测试领域和 GIS 中的电压测量。基于电容分压原

理的电子式电压互感器主要应用于 GIS 和 PASS 等设备，它是将柱状电容环套在导电线路上以实现电压测量，原理如图 GYBD00102003-3 所示。为提高电压测量的精度，改善电压测量的暂态特性，在电容分压器的输出端并联一小电阻，它可降低积聚电荷及温度变化等因素对低压电容 C_2 的影响。电容分压器的输出信号 $u_o(t)$ 与被测电压 $u_i(t)$ 有如下关系

$$u_o(t)=RC_1\frac{du_i}{dt} \qquad (GYBD00102003\text{-}2)$$

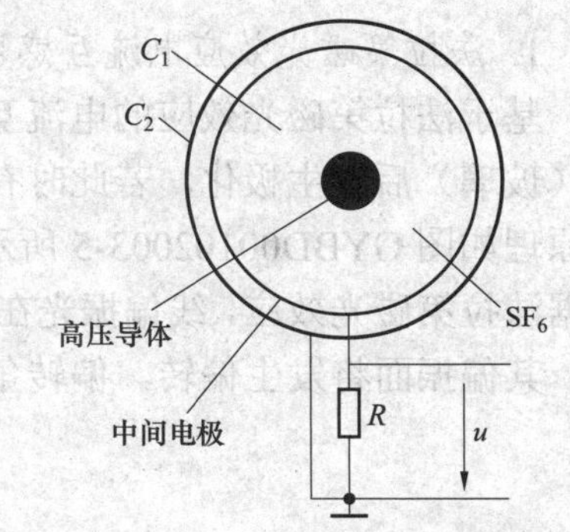

图 GYBD00102003-3 电容式分压器原理

C_1—高压电容；C_2—低压电容

根据式（GYBD00102003-2），利用电子电路对电压传感器的输出信号进行积分变换便可求得被测电压。

电阻电容分压器能在高压环境下运作且可直接充当电子仪器中的高输入阻抗。如果电容式分压器和高阻分压器并联安装，若固定电荷保持不变，可避免轻微相移和测量错误等问题。

4. 串联感应分压电压互感器

基于串联感应分压原理的电子式电压互感器主要应用于户外敞开式变电站中，原理如图 GYBD00102003-4 所示，N1 为分压主绕组，N2 为平衡绕组，N3 为耦合绕组。它参照了串级式电压互感器的原理，由多级不饱和电抗器串联而成，输出电压信号从串联在电路中的小电抗上取出，根据需要，信号可以在高压端取出，也可以在分压器接地端取出。平衡绕组和耦合绕组的作用是保证感应分压器在不同电压、不同负荷（允许范围内）时，它的各个电抗器单元的磁通势平衡，而使各个单元承受电压均衡。该串联感应分压器的外绝缘采用硅橡胶复合材料，有很强的抗环境变化能力。内绝缘为固体绝缘材料，整个装置中无油、无气，可靠性强、安全性高。

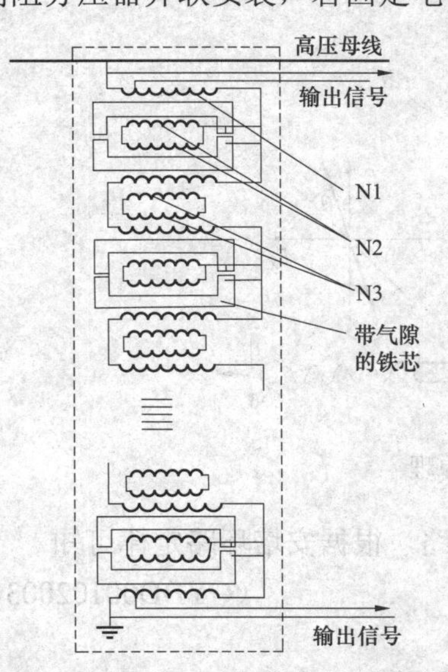

图 GYBD00102003-4 串联感应分压器原理

5. 高压侧电子电路供能

有源电子式互感器需要向高压侧的有源电子电路供电，而供电的稳定性及可靠性将直接影响整个系统的工作稳定和特性，因此高压侧的电子器件供电成为有源电子式互感器测量系统的一项关键技术。

常见的高电压侧电子电路供能方式有两种：

（1）利用电磁感应原理从母线取电的供能方式。由普通铁磁式互感器从高压母线上感应得到交流电电能，经过整流、滤波、稳压后为高压侧电路供电。该方式绕组处在高压端，绝缘要求低，能大大简化设计，造价较低。缺点是母线未供电时或电流很小时（<5%），这种供电方式失效。此外，电力系统负荷变化很大，母线电流随之变化很大，母线短路瞬时电流可超过几十倍额定电流。如此大的工作范围为电源变压器和稳压电路的工作带来严重困难。

（2）激光供能方式。采用激光或其他光源从地面低电位侧通过光纤将光能量传送到高电位侧，由光电转换器件（光电池）将光能量转换成为电能量，再经过 DC-DC 变换后，提供稳定的电压输出。这种供电方式在实际使用中的可靠性比较高。其缺点主要是目前光电器件的价格比较高。另外，其主要部件激光晶闸管的工作寿命有限，如果长时间工作在驱动电流比较大的状态，激光晶闸管容易发生退化等现象，导致工作寿命迅速降低。

因此实际应用中常将上述两种供能方式结合起来，即在高压侧供能模块内设计一个自动切换电路，在正常负荷时选择绕组取电供能，否则采用激光供能方式。除了上述两种供能方式外，还有高压电容分压器供电、蓄电池供能、太阳能供电等方式。

（二）无源式电子互感器

与有源式电子互感器相比，无源式电子互感器的传感模块利用光学原理，由纯光学器件构成，不再含有电子电路，其有着有源式无法比拟的电磁兼容性能。

1. 法拉第磁光效应电流互感器

基于法拉第磁光效应的电流互感器（OCT）一直是光学电流传感技术的主流。单色光透过晶体结构（玻璃）后发生极化，若此时有磁场穿过，则单色光的转角将随磁场的大小而变化。法拉第磁光效应原理如图 GYBD00102003-5 所示。它通过测量由被测电流 i 引起的磁场强度的线积分来间接测量 i。根据法拉第磁光效应，线偏振光在与其传播方向平行的外界磁场的作用下通过介质（晶体或光学玻璃）时，其偏振面将发生偏转，偏转角 θ 为

$$\theta = \mu V \int_L H \cdot \mathrm{d}l \qquad \text{(GYBD00102003-3)}$$

式中 μ——法拉第磁光材料的磁导率；

V——磁光材料的 Verdet 常数，与介质的特性、光源波长、外界温度等有关；

H——作用于磁光材料的磁场强度；

L——通过磁光材料的偏振光的光程长度。

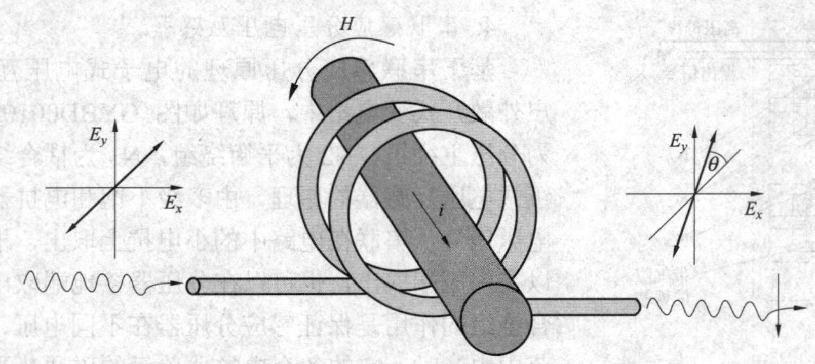

图 GYBD00102003-5 法拉第磁光效应原理

为求出上述积分而实现电流测量，可使线偏振光围绕 i 形成回路，根据安培环路定律可知

$$\theta = VNi \qquad \text{(GYBD00102003-4)}$$

式中 N——线偏振光围绕 i 的环路数。

法拉第磁光效应原理具有良好的测量线性度，不仅可以测量变化电流，而且可以测量稳恒电流。很明显，基于法拉第磁光效应原理的光学电流互感器在测量原理上不存在测量频带问题。它具有动态范围大、线性度好（50A 以下至 5kA，0.2 级）、无铁芯、不会发生饱和、可获得 0.1 级的高精度等特点，但容易受温度和机械因素的影响，还需要在使用期考核其精度的稳定性。

2. 普克尔电光效应电压互感器

这种互感器利用了普克尔效应原理，电压互感器的电压主要加在一种特殊的普克尔晶体的两侧，当偏振光穿过晶体时，光的极化偏振角度将随表面电压大小的变化而变化。这种电流的估算与通过法拉第磁光效应来测量电流的方法相类似。普克尔电光效应原理如图 GYBD00102003-6 所示。

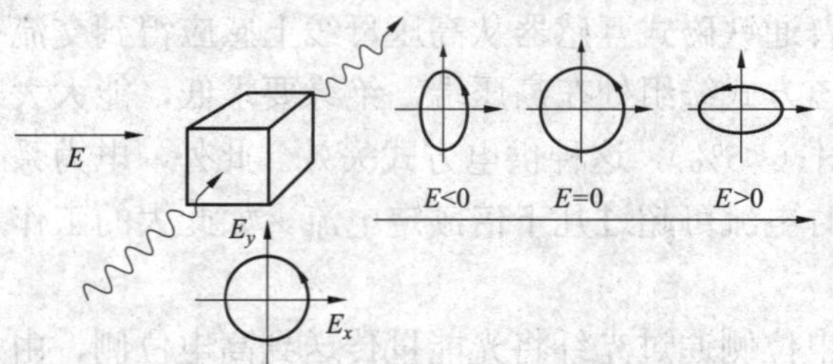

图 GYBD00102003-6 普克尔电光效应原理

三、电子式互感器的应用

电子式互感器以其优越的性能受到了普遍关注，国内外从 20 世纪 70 年代就开始了电子式互感器的研究与应用试验工作，ABB、西门子、阿海珐，NxtPhase 公司以及美国和日本的各大公司纷纷加入到研究的行列中并制造了相关产品。我国清华大学、中国电力科学院、南京南瑞继保电气有限公司（简称南瑞继保）、许继集团有限公司（简称许继）等单位也开始了这方面的研究工作。随着电子互感器的不断成熟，各种各样的电子互感器逐渐被应用到系统中，并在运行中得到了考验。

1. PCS-9250 电子式互感器

PCS-9250 电子式互感器是南瑞继保研发的电子互感器，包括 10～500kV 不同电压等级的独立型电子式电流电压互感器及 GIS 用电子式电流电压互感器。

（1）GIS 用电子式电流电压互感器。GIS 用电子式电流电压互感器主要由一次结构主体、一次传感器、远端模块三部分组成。其结构示意如图 GYBD00102003-7 所示。一次结构主体包括互感器罐体、变径法兰、绝缘盆子、一次导体等，内装电流电压传感器等部件，一次导体与互感器罐体间充 SF_6 绝缘气体。一次传感器包括两套完全相同的传感元件，每套传感元件包括一个低功率电流互感器（LPCT）、一个空芯绕组、一个同轴电容分压器。低功率电流互感器用于传感测量用电流信号，空芯绕组用于传感保护用电流信号，电容分压器用于传感电压信号。远端模块接收并处理低功率电流互感器、空芯绕组及电容分压器的输出信号，远端模块输出的数字信号由光缆传送至合并单元。

图 GYBD00102003-7 GIS 用电子式电流电压互感器结构示意图

1—低功率电流互感器；2—空芯绕组；3—中间电极；4—远端模块；5—一次罐体；6—变径法兰；7—一次导体

110kV GIS 用电子式电流电压互感器为三相共箱结构，用于三相共箱 GIS 中，220、330kV 及 500kV GIS 用电子式互感器为单相结构。图 GYBD00102003-8 为 220kV GIS 用电子式电流电压互感器实物照片。

图 GYBD00102003-8 220kV GIS 用电子式电流电压互感器

（2）电流电压组合互感器。独立型电子式电流电压组合互感器由低功率电流互感器（LPCT）、空芯绕组、取能绕组、远端模块、电容分压器、光纤绝缘子及合并单元等部分构成，其结构示意和实物如图 GYBD00102003-9 所示。

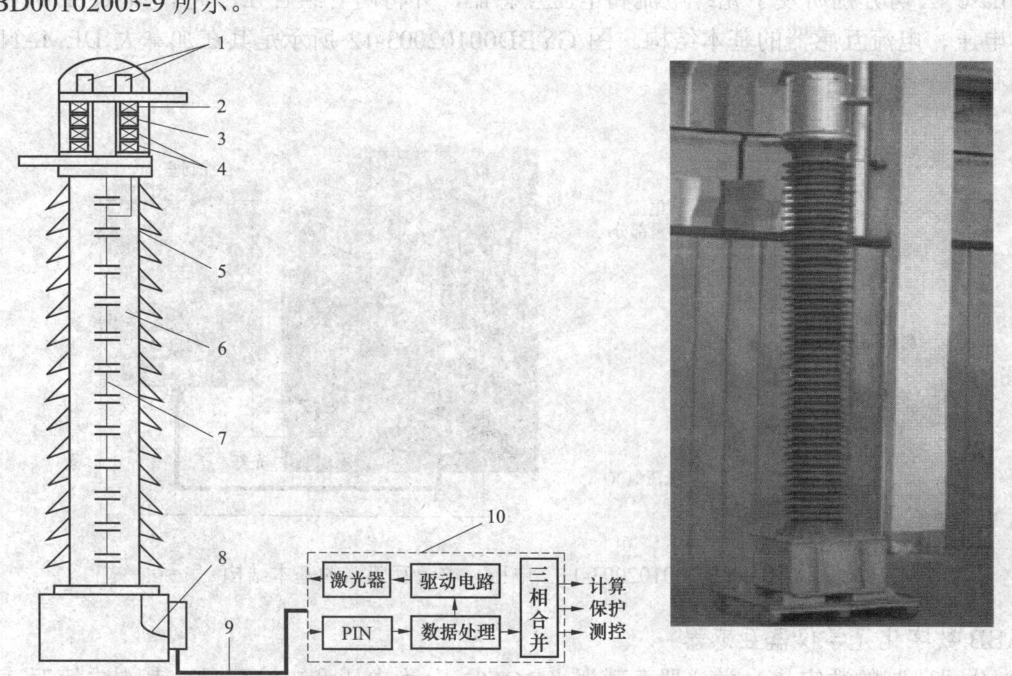

图 GYBD00102003-9 独立型电子式电流电压组合互感器

1—远端模块；2—取能绕组；3—LPCT；4—空芯绕组；5—光纤复合绝缘子；6—绝缘油；7—电容分压器；8—光纤；9—光缆；10—合并单元

2. LDGDZB 磁光电流互感器

西安同维集团公司研发的电流互感器采用磁光效应工作原理，其中所采用的磁光玻璃 TW863D 解决了灵敏度系数随温度变化的问题，将工作范围扩展到了–40～80℃。其结构示意和实物图如图 GYBD00102003-10 所示。

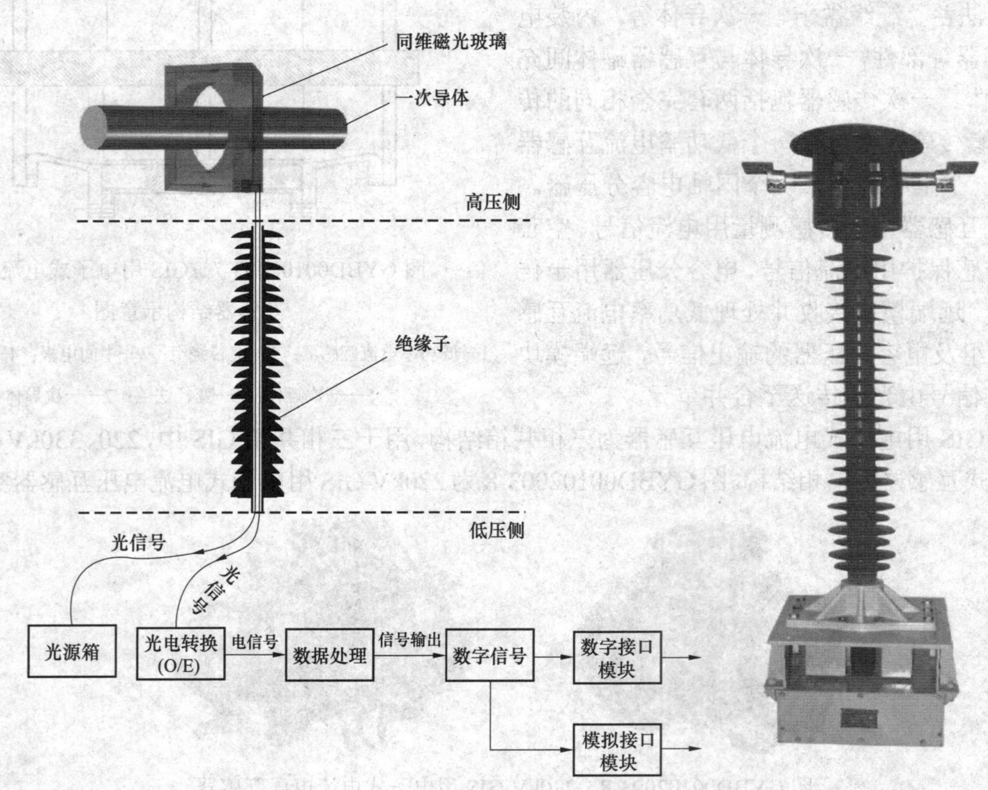

图 GYBD00102003-10 同维 LDGDZB 磁光电流互感器

3. NVXCT/NVXPT 电流电压互感器

NxtPhase 公司分别研发了光纤电流和电压互感器，并将两者组合在一起。图 GYBD00102003-11 所示是其电压、电流互感器的基本结构。图 GYBD00102003-12 所示是其在加拿大 DEMAND 应用的情况。

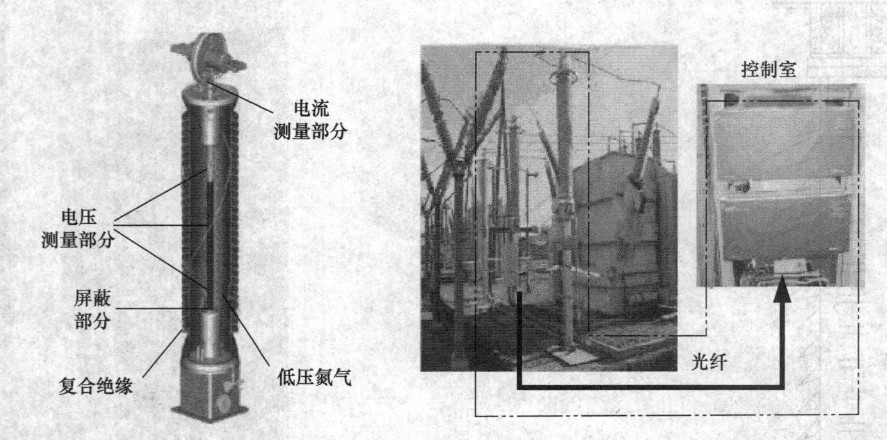

图 GYBD00102003-11 电压、电流互感器的基本结构

4. ABB 数字化光学仪器互感器

ABB 公司研制的数字化光学仪器互感器（DOIT）分为电压和电流两种。其中电流互感器采用罗戈夫斯基线圈方式测量，利用光纤传输和为测量部分供电；电压互感器采用电容电阻分压、光纤传输和供电方式。图 GYBD00102003-13 所示为其实物图及在实际中的应用情况。

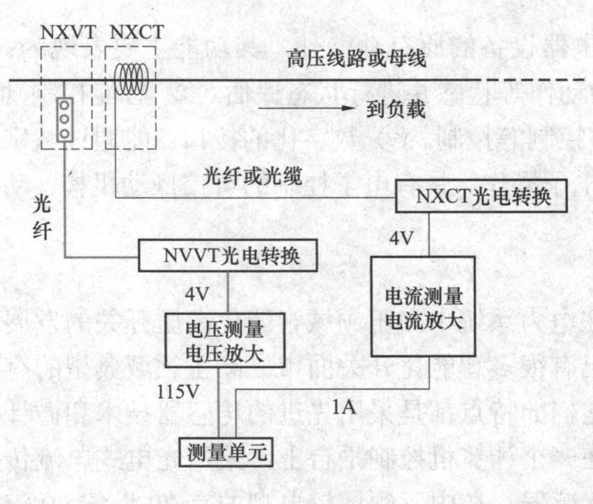

图 GYBD00102003-12　电压、电流互感器的应用

图 GYBD00102003-13　数字化光学仪器互感器

【思考与练习】

1. 电子式互感器的优缺点是什么？
2. 常见的电子式互感器的工作原理有哪些？各有什么特色？适用范围如何？

模块 4　智能化电器设备（GYBD00102004）

【模块描述】本模块主要介绍开关智能化的基本内容，智能化开关基本结构、特点、设备的应用模式以及和二次系统的连接。通过概念讲解、图片示意、实例介绍，了解智能化开关系统，掌握智能化开关控制的内容。

【正文】

智能化开关设备是指配有电子设备、数字通信接口、传感器和执行器，不但具有分合闸基本功能，而且在监测和诊断方面具有附加功能的开关设备。智能化开关设备是变电站过程层数字化的重要组成部分。

一、智能化开关设备的概念

近年来，随着电气技术、自动化技术、通信技术的不断发展，出现了将保护、监测、控制等功能集成为一体的开关设备，有些还能检测自身运行工况，进行运行状态自诊断和操作过程智能控制，实现智能操作。因此，把这些配有电子设备、传感器和执行器，不仅具有开关设备的基本功能，还在监测和诊断方面具有较高性能的开关设备和控制设备称为智能化电器设备或智能化开关设备。

一般来说，智能化电器设备除满足常规电器设备的原有功能外，其功能主要表现为：① 在线监视功能。监测电、磁、温度、开关机械、机构动作等状态并进行状态评估。② 智能控制功能。能够完成最佳开断、定相位合闸、定相位分闸、顺序控制等控制。③ 数字化的接口。能通过数字化接口传输位置信息、其他状态信息、分合闸命令。④ 电子操作。具有电子控制的可控操动机构，动作可靠性和寿命高。

二、智能化开关设备的现状

近年来，世界上先进的工业国家都看好在电力系统中高压领域智能化高压开关的发展前景和潜在的效益，加大了研究的投入和开发的力度，已有很多智能化开关面市。高压领域典型的有东芝公司的C-GIS和ABB公司的EXK型智能化GIS，它们的特点都是采用先进的传感器技术和微计算机处理技术，使整个组合电器的在线监测与二次系统在一个计算机控制平台上，采用光电式电流传感器和电压传感器替代传统的电磁式电流互感器和电压互感器。在中压领域较典型的有20世纪90年代初的富士公司的智能式真空断路器及VM1型真空断路器。富士公司的智能式真空断路器包括了自动保护功能、早期维护功能和信息传递功能；VM1型真空断路器除了新颖的一体化绝缘结构外，最显著的特色是采用了永磁操动机构和新型传感器。

三、智能化开关设备相关技术

1. 开关工作状态的监测与诊断

监测与诊断是智能化开关设备的重要环节，计算机技术、传感技术与微电子技术的进步，使智能化开关的监测与诊断的要求得以实现。它包含了以下具体功能：

（1）灭弧室电寿命的监测与诊断。通过监测累计开断电流和合分次数，根据每次开断电流计算不同开断电流下的磨损量，就可以预测和评估灭弧系统的电寿命。通常可采用记录合分次数、开断电流加权累计值，逾限报警的方法来监测电寿命。对于真空断路器来讲，灭弧室除了电寿命外，还有真空度的监测。

（2）机械故障的监测与诊断。大量统计资料表明，高压开关事故的70%～80%出在操动机构和控制回路。开关的机械部分比较复杂，且长期不动作，监测较为困难，常需要监测分合闸回路电特性、分合闸机械特性、关键部分的机械振动波形信号等状态，采用多种技术综合判断。

（3）绝缘状态的监测。监测气体压力、局部放电，用以预报绝缘等事故。

（4）载流导体及接触部位温度的监测。利用红外光辐射或感温元件测量温度信号，测量导体和母线连接处因接触电阻增大而导致的温度增加。

2. 开关的智能操作

开关的智能操作是智能化开关最典型的应用，它是将智能化技术引入开关的电气性能中，使开关能更好地完成开断任务和提高开断的可靠性，提高其综合技术性能，无论是对生产运行还是研究制造都具有十分重要的作用和价值。

（1）智能操作的内涵。目前认为，智能操作包括以下两方面：

1）要求开关的操作过程可根据电网或设备的不同工况自动选择和调整，使系统处于最理想的工作条件。如对于自能式开关的分断操作，小负荷时触头以较低的速度分断，既可保证所需的灭弧能量，又可减少机械损耗；而在接到短路信号时则以全速分断，获得电气和机械性能上的最佳开断效果。这种变速操作打破了传统开关单一分闸特性的概念，实际上是操作过程的智能化。

2）要求开关在零电压下关合，在零电流下分断，即开关的同步分断与选相合闸。同步分断可以大大提高开关的分断能力，一台低成本的小容量开关可分断10倍以上容量的电流；选相合闸可以避免系统的不稳定，克服容性负荷的合闸涌流与过电压。

总的来看，智能化开关的操作过程为：不断从电力系统采集特定信息，据此判别开关的工作状态并随时处于操作准备状态。当继电保护装置向开关发出分闸信号或正常操作命令后，控制单元根据一定的算法求得开关操动机构最佳过程，并驱动操动机构调整至该状态，从而实现最优操作。

（2）开关的同步分断与选相合闸。现代传感器可方便地取到交流电压或电流变化率的零点信号，从而控制操作信号发出时刻。选相合闸是指采用一定技术使开关在指定相角处合闸，同步开断是在电压或电流的指定相位完成电路的断开或闭合，它们都能大幅度降低合闸操作过程中的过电流和过电压，从而提高开关的寿命和整个电力系统的稳定性。

（3）程序控制操作。为了降低开关操作复杂程度，提高操作效率和可靠性，减少人为操作失误引起的电网事故，出现了一种对紧凑型开关设备实现程序化控制的应用。在紧凑型开关柜中，对开关柜的开关分合闸、开关手车的移进移出、接地开关开合等操作，可以实现电动式控制，其控制可以由计算机软件完成。即将所有操作步骤固化在程序中，并按照编排的程序和闭锁条件逐批逐模块执行。采用程序化控制可大大简化操作，自动判断约束条件，避免误操作。

（4）电子操作。电子操作是一种尽可能地用电子控制取代机械传动、联锁与脱扣的机构。它依赖电力电子器件，保证了执行指令的时间精度可达到微秒级，使机构的响应时间可控，能在所希望的相位上动作，解决了目前高压开关的操动机构因环节多、累计运动公差大而导致响应时间分散性大的问题。此外，电子操作能直接与数字电路接口，驱动电路简单，所需功率很小。目前，电子操动机构主要有电容励磁直流电磁机构、永磁操动机构。

实现电子操作首先要解决能量转换问题。中压开关使用储存于弹簧中的机械能作为动作能量，能量释放时间控制分散性大，而经典直流电磁机构的电磁铁励磁时间很短，仅几毫秒到十几毫秒，但对电源功率要求高，经济性和可控性都比较差。而在脉冲功率技术中的电容器放电条件下，直流电磁机构的要求很容易实现，且电容器的充电电源功率可以很小，交直流灵活。同时，电容器储存电能的效率及可控性均远优于力学储能形式，用电容器做励磁电源的改进型直流电磁机构可以用于开关的精确操作。

电子操作的反应速度和完善的功能还要求彻底改造传统机构的传动系统，应用新的机理减少环节。永磁操动机构就是利用永磁铁实现锁扣功能，大大减少了传动环节。永磁铁通过磁路的闭合提供了锁扣的力量，励磁绕组通电时可改变磁路中的合成磁通，并驱动铁芯运动形成另一闭合的磁路，使传统机构数以百计的传动零件减少到几个零件，大大提高了反应速度、精度以及整机可靠性。永磁操动机构出现的初衷正是以简化部件、提高可靠性为目的，但它更深远的意义是大大提高了机构的可控性，由原来毫秒级的机构控制时间分散性进步到微秒级的电信号控制，由机械储能、机械脱扣进步到电储能、电信号直接触发动作。

四、智能化开关设备

（一）PASS 组合式智能化开关

1. 概述

PASS（Plug And Switch System）开关是一种组合式智能化电器设备，它由金属外壳封闭，把 SF_6 气体绝缘的断路器、隔离开关、接地开关、电流互感器及复合绝缘套管分相组合，并由传感器与传动结构处理接口进行数据采集、处理以及通过光纤与外部交互信息。PASS 集成了 GIS 的优点，具有结构简单紧凑、占地面积小、可靠性高、安装方便、免维护等特点。图 GYBD00102004-1 为 PASS 智能化开关系统和组合开关结构图。

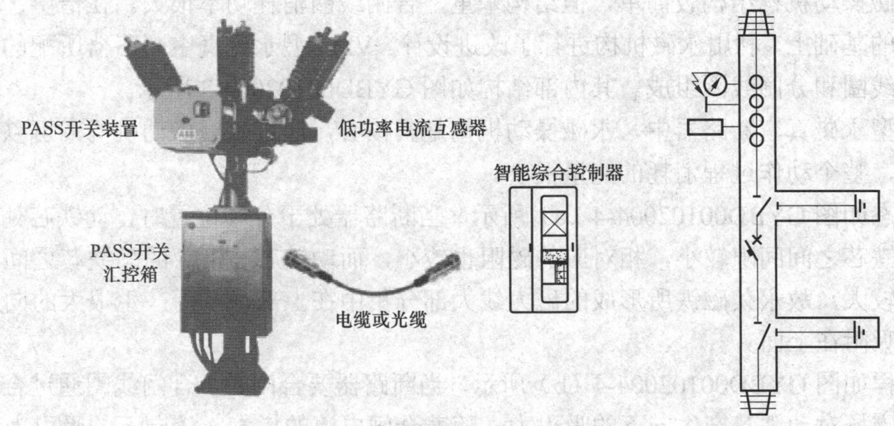

图 GYBD00102004-1　PASS 智能化开关系统图和组合开关结构图

从结构与性能上，它具有以下特点：

（1）所有一次部分均设计在同一 SF_6 气室中，取消出线隔离开关及接地开关等，继承了GIS的优点，同时简化了设备，价格比GIS便宜。所有操作功能都融合在一个操作箱内，可动元件少，布置紧凑。

（2）在一次设备中采用了智能化传感器技术和微处理技术，通过数字通信实现对设备的在线监测、诊断、过程监视和站内计算机监控。从PASS开关到继电保护、测量计量及监控系统均采用光缆连接，二次电缆少。

（3）用一次设备的在线监测、自动状态校核和缺陷报警等代替传统的定期检查试验和预防性试验，将定期检查改变为状态检修，运行人员可根据设备运行状况及趋势分析结果，安排检修和维护时间。这样既减少了设备停电检修的几率和时间，减少了运行成本，也减少了人为因素造成的设备损坏。

（4）检修时整体更换，无须拆装和调试，减少了停电时间。

2. PASS的智能化设计

采用带铁芯的低功率电流互感器来代替常规的电流互感器，将常规的保护、测控单元直接就地安装，将PASS开关装置、采集开关状态物理量的传感器和智能综合控制器组合起来，采用屏蔽电缆或者光纤连接，实现PASS开关智能化。

（1）采用带铁芯的低功率电流互感器（LPCT）。PASS开关上采用带铁芯的低功率电流互感器（LPCT），可以为此实现体积很小但测量范围却很广的设计。

（2）采用监控传感器。采用的传感器有：气体密度测量传感器，测量电压电流的传感器，用于监测断路器、隔离开关、接地开关的传感器，反映物理现象的传感器（如电弧放电、温度、湿度等）。这些传感器必须满足高可靠性和寿命要求。

（3）PASS开关智能综合控制器。PASS智能控制系统主要由以下几部分组成：PASS开关运行状态和运行参数信息采集系统，PASS开关就地控制和保护单元，PASS开关运行状态分析系统，光纤通信系统，信息记录、故障分析和定位单元。各个功能部分由独立的智能模块各自完成，并通过通信有机连成一体，同时通过互为热备用的双光纤以太网接口，与变电站的上一级监控系统连接，完成数据交换和控制功能。它可以完成断路器、隔离开关的一切在线监测功能，本间隔内所有综合自动化要求的保护、测控、“五防”、通信功能，显示人机界面等功能。

（二）VM1型永磁真空断路器

VM1型永磁真空断路器是一种采用永磁操动机构的真空断路器，它将浇铸在环氧树脂中的免维护真空灭弧室、免维护电子控制器以及传感器结合起来，配以新的永磁操动机械，形成了一种智能化的新型断路器，其基本结构如图GYBD00102004-2所示。

1. 永磁机构的构成及动作原理

传统的操动机构有弹簧操动机构和电磁操动机构。弹簧操动机构由弹簧储能、合闸、保持合闸和分闸几个部分组成，优点是不需要大功率的电源，缺点是结构复杂、制造工艺复杂、成本高、可靠性较难保证。电磁操动机构结构较简单，但结构笨重，合闸线圈消耗功率很大。在借鉴了以上两种操动机构的优缺点的基础上，利用永磁机构进行了改进设计。VM1型永磁真空断路器所配的永磁机构由永久磁铁、合闸线圈和分闸线圈组成。其内部结构如图GYBD00102004-3所示。

在VM1型永磁真空断路器中，永磁操动机构是其核心，通过永磁操动机构，可以实现断路器的分、合和保持，整个动作过程消耗的能量很小。

其分闸状态如图GYBD00102004-4（a）所示，当断路器处于分闸位置时，动铁芯处于上部，动铁芯与上部的静铁芯之间间隙较小，相对应的磁阻也较小，而动铁芯与下部的静铁芯之间间隙较大，相对应的磁阻也较大，故永久磁铁所形成的磁力线大部分集中在上部，从而产生很大的向上吸引力，将动铁芯紧紧地吸附在上面。

其合闸过程如图GYBD00102004-4（b）所示，当断路器要合闸时，合闸线圈通过合闸电流，产生感应磁场，该磁场对动铁芯产生向下的吸引力，随着合闸电流的增大，该向下的吸引力由小变大，当合闸电流到达某一临界值时，动铁芯受到的合力方向向下，开始向下运动。

其合闸状态如图 GYBD00102004-4（c）所示，当动铁芯到达下部时，永久磁铁和合闸线圈两者产生的磁场将动铁芯牢牢地吸附在下部。几秒钟以后，合闸电流消失，此时永久磁铁产生的磁场将动铁芯保持在下部位置。至此，断路器完成合闸操作。

基于同样的原理，当分闸线圈得电后，动铁芯向上运动，同样由永久磁铁将它保持在分闸位置。

由以上动作原理可知，永久磁铁与分合闸线圈相配合，较好地解决了合闸时需要大功率能量的问题，因为永久磁铁可以提供磁场能量，作为合闸之用，合闸线圈所需提供的能量便相对可以减少，这就可以减小合闸线圈的尺寸和工作电流。

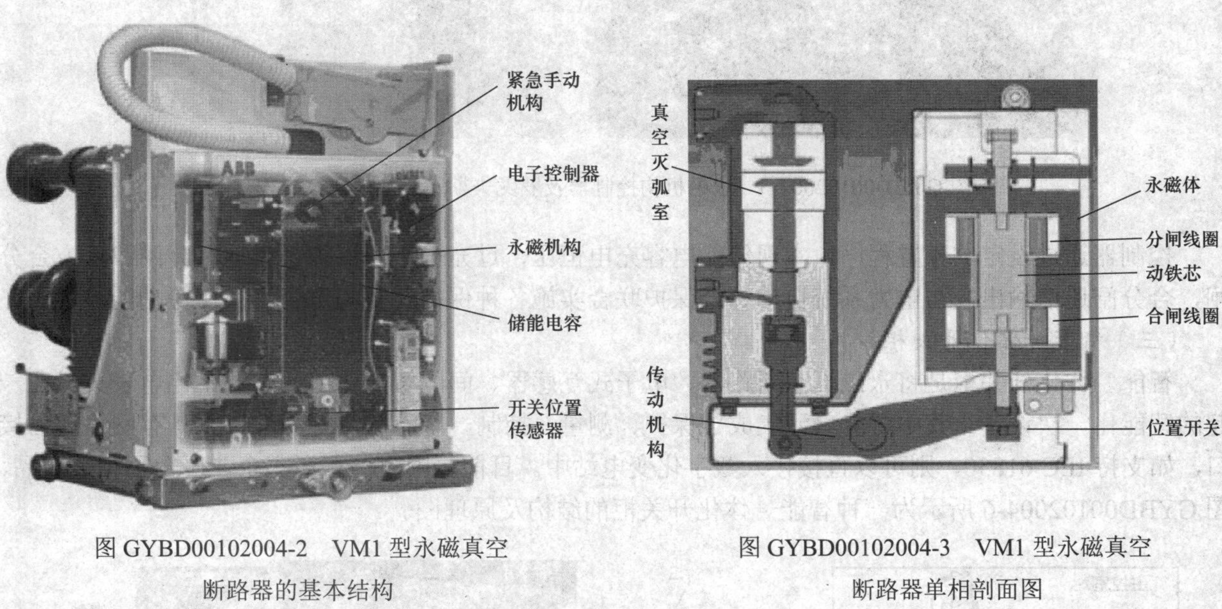

图 GYBD00102004-2　VM1 型永磁真空断路器的基本结构

图 GYBD00102004-3　VM1 型永磁真空断路器单相剖面图

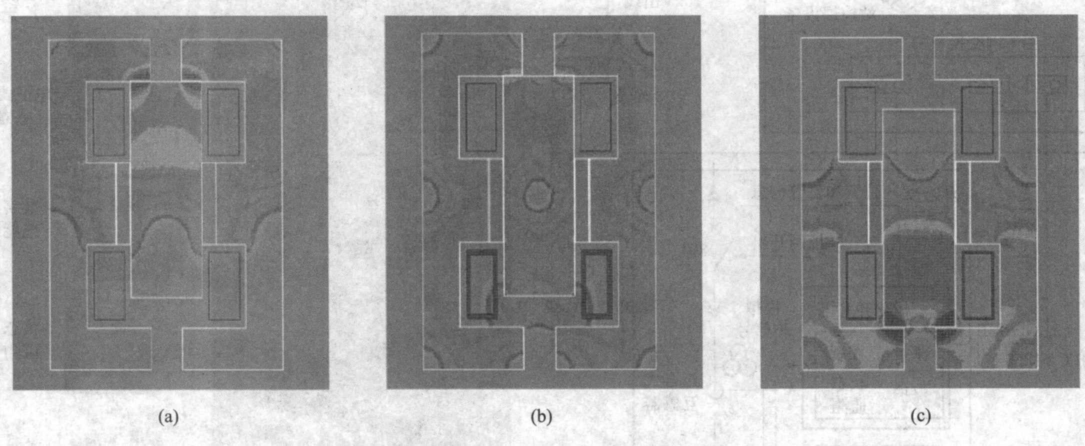

图 GYBD00102004-4　永磁机构磁场分布与位置图

（a）分闸位置；（b）临界位置；（c）合闸位置

2. 永磁机构的控制部分

永磁操动机构控制器是永磁机构真空断路器的核心控制单元，用以采集信号和执行控制命令，包括电源模块、驱动模块、保护测量模块及其他功能模块，采用按钮和遥控装置进行断路器的分、合闸。具有防跳跃、三次重合、欠电压保护、过电流和速断等功能，并且可以智能识别，有效躲避合闸涌流。图 GYBD00102004-5 为永磁机构控制器及罗戈夫斯基线圈电流互感器。

电源模块的输入电压允许一定波动范围，输出电压则稳定在 80V，这就避免了系统低电压或过电压时断路器无法正常工作的问题。储能电容器用于储存能量，当合分闸时，它向合闸线圈或分闸线圈提供高达 2600W 的脉冲电能，使断路器完成合分闸操作。每次放电后，它能在 10s 内被重新充电。晶体管和晶闸管等电力半导体用于分合闸电流的控制。当分合闸线圈突然失电时，由于分合闸线圈属电感性元件，电流不能突变，会产生过电压，这时采用续流二极管可以很好地解决这一问题。

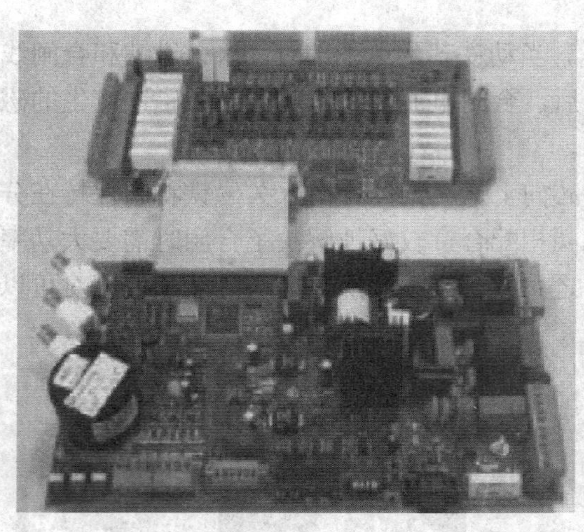

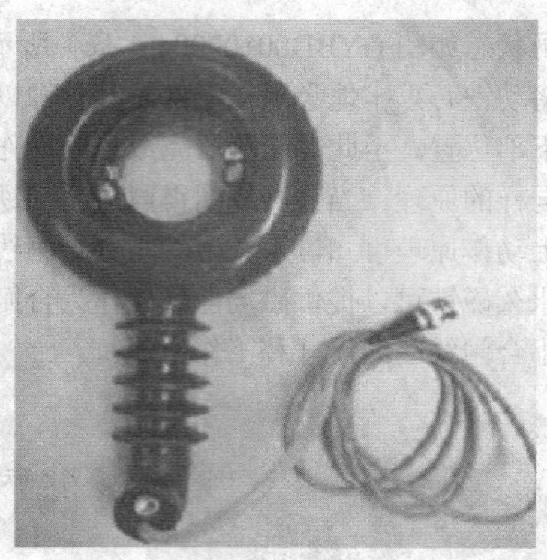

图 GYBD00102004-5 永磁机构控制器及罗戈夫斯基线圈电流互感器

控制器通过设定的预置程序，实现储能电容充电恒压，过充电截压保护，就地合分闸和远方合分闸，合分闸遥信输出，与电力系统自动综合保护联合实施各种保护合闸和重合闸操作等功能。

（三）智能一体化开关柜

智能一体化开关柜是将永磁真空断路器、电子式互感器、间隔智能化单元、数字化电表集成在一起的智能化一次设备。其中智能单元集成了保护、测量、控制、状态监测等功能，并具有网络通信接口，如支持 IEC 61850，则可以直接接入数字化变电站中。目前，国内已有多家企业研发了相关产品，图 GYBD00102004-6 所示为一种智能一体化开关柜的结构及原理图。

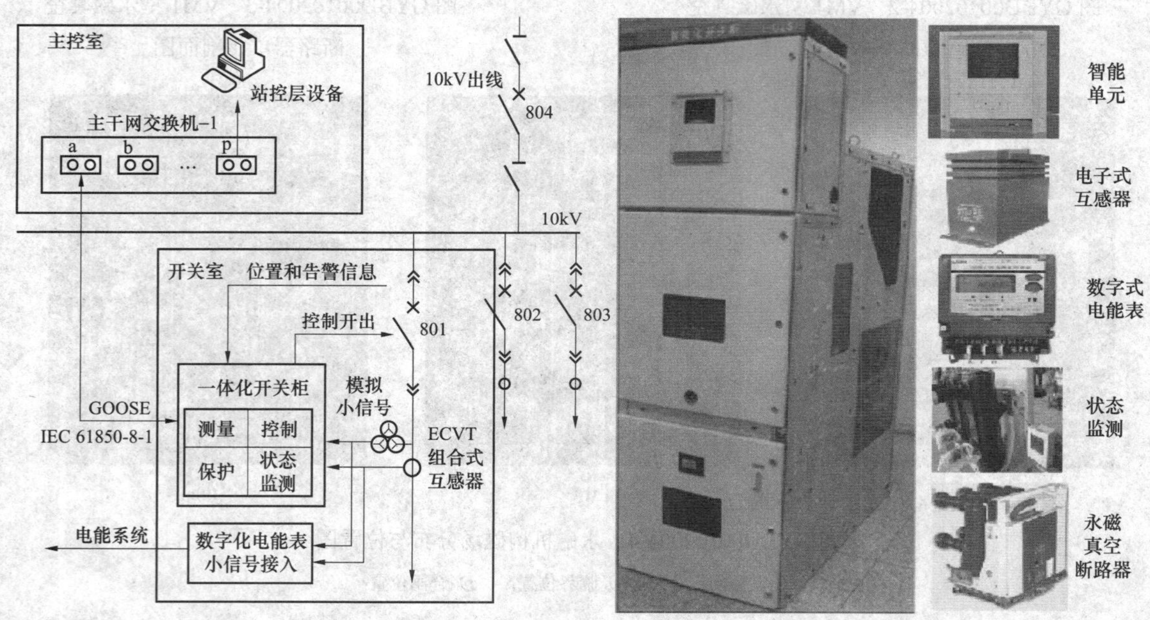

图 GYBD00102004-6 一种智能一体化开关柜结构及原理图

五、应用前景展望

智能化开关设备是将计算机、信息技术与传统开关设备组合，而具有智能功能的开关设备，是国际上最近才兴起的一种产品，由于有明显技术优势，发展速度比较快。目前国内在高档开关柜中（组装柜），智能化率已达到 50%以上，今后随着智能化技术更成熟，智能化单元、传感器等价格降低，会逐步在整个开关柜中普及。

【思考与练习】

1. 什么是智能化开关系统？
2. 开关智能化控制的内容有哪些？

模块5　数字化变电站的实现（GYBD00102005）

【模块描述】本模块介绍数字化变电站的信息应用模式，实现数字化变电站的几个关键因素、几种技术方案等内容。通过要点归纳讲解、图片示意、方案介绍，掌握数字化变电站的实现方式和信息应用。

【正文】

一、数字化变电站的基本方案

根据变电站的规模、等级、要求和投资，可以选择不同数字化变电站实现方案。通常有4种形式的实现方案。

1. 两层式数字化变电站

过程层采用常规的一次设备，一、二次设备间用电缆连接，间隔层和变电站层之间采用以太网实现IEC 61850协议，对时采用SNTP协议或IRG-B。图GYBD00102005-1所示为该方案的基本结构。

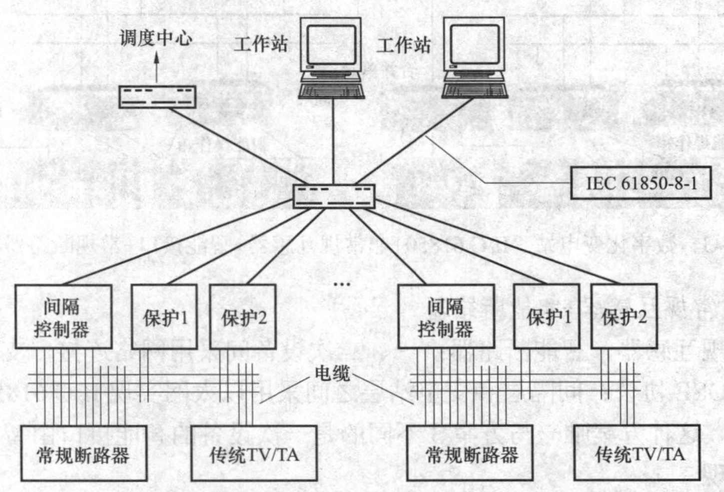

图GYBD00102005-1　两层式数字化变电站方案的基本结构

2. IEC 61850+非常规互感器

过程层采用非常规互感器和常规断路器，一、二次设备间采用电缆、网络混合连接，支持IEC 61850-9-1/IEC 61850-9-2协议，间隔层和变电站层之间采用以太网实现IEC 61850协议。图GYBD00102005-2所示为这种方案的基本结构。

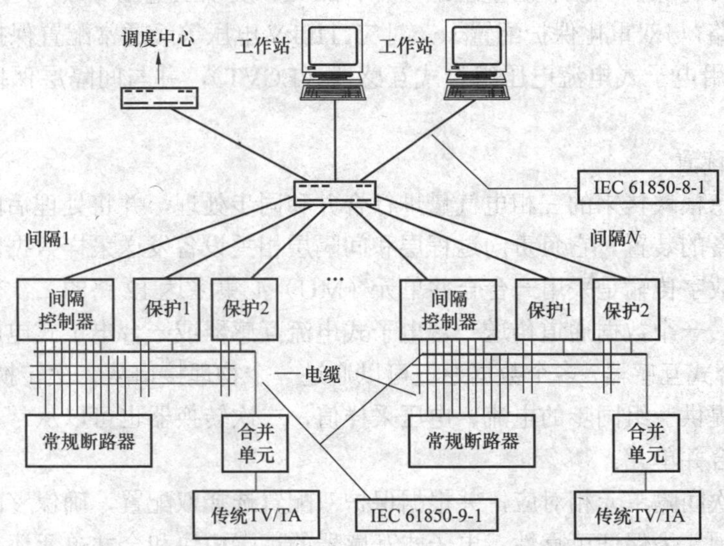

图GYBD00102005-2　数字化变电站“IEC 61850+非常规互感器”方案的基本结构

3. IEC 61850+非常规互感器+智能接口+常规断路器

过程层采用非常规互感器+智能接口+常规断路器；一、二次设备间采用网络连接，支持 IEC 61850-9-1/IEC 61850-9-2 标准协议、IEC 61850 GOOSE 协议；间隔层和变电站层之间采用以太网实现 IEC 61850 标准协议。图 GYBD00102005-3 所示为这种方案的基本结构。

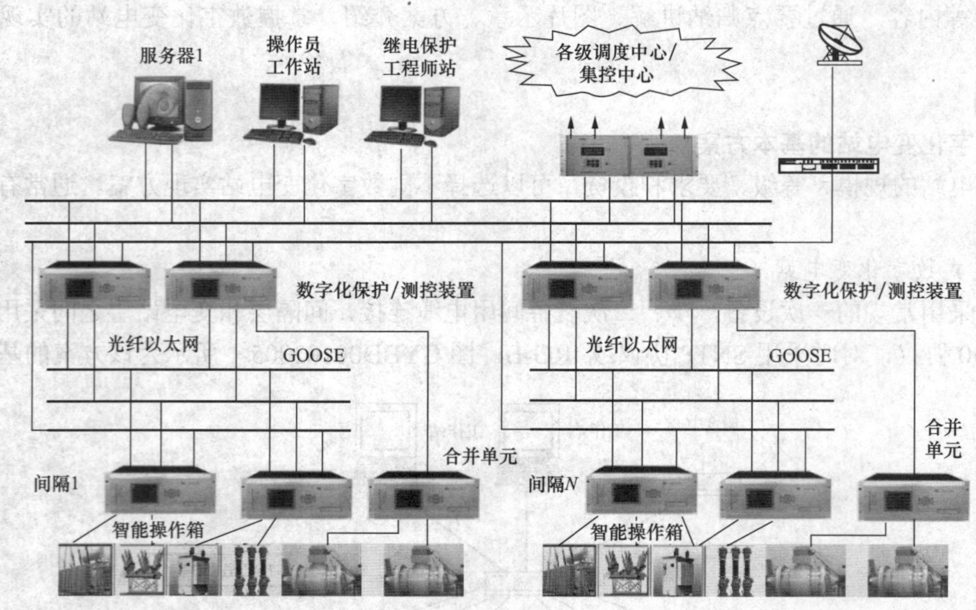

图 GYBD00102005-3 数字化变电站“IEC 61850+非常规互感器+智能接口+常规断路器”方案的基本结构

4. IEC 61850+非常规互感器+智能断路器

过程层采用非常规互感器、智能断路器；一、二次设备间采用网络连接，支持 IEC 61850-9 标准协议，IEC 61850 GOOSE 协议；间隔层和变电站层之间采用以太网实现 IEC 61850 标准协议。可参见图 GYBD00102005-3。这种方案唯一与方案 3 不同的是一次设备的智能接口由智能断路器本身完成。

二、过程层的实现

过程层设备主要包括电子式互感器和智能一次设备。可以选用电子式互感器或传统互感器加智能终端实现模拟量数字化。

1. 电子式互感器的配置

互感器配置原则是保证一套系统出问题不会导致保护误动，也不会导致保护拒动，基本按间隔配置，每个开关间隔配置一组电流互感器。每段母线配置一组电压互感器。通常可依精度要求引出计量、测量、保护抽头，也可将保护绕组和测量绕组分开。220kV 及以上电压等级，通常设保护双绕组，并设独立的数据采集电路，与双重化保护配置一一对应。110kV 电压等级通常配置保护单绕组。而 35/10kV 及以下电压等级则采用电子式电流电压组合式互感器（ECVT），并与间隔层保护测控装置、电能表采用弱电接口方式。

2. 合并单元及其配置

合并单元是对传感模块传来的三相电气量进行合并和同步处理，并将处理后的数字信号按特定的格式提供给间隔级设备的装置。它负责向过程层和间隔层相关设备发送采样数据，是过程层的电子式互感器数据源。通常数字传输是采用一台合并单元（MU）汇集多达 12 路的二次转换器数据通道的采样值并由以太网输出，一个数据通道传送一台电子式电流互感器或一台电子式电压互感器采样测量值的数据流。多相或组合式互感器，多个数据通道可以通过一个物理接口从二次转换器传输到合并单元。合并单元对二次设备提供一组同步的电流、电压采样值，二次转换器也可以从常规电流、电压互感器获取信号，并汇集到合并单元。

通常其配置与一次间隔单元相对应，并根据保护双配置选择双配置，确保整间隔数字化系统局部故障时不扩大故障范围。为保证可靠性，电子式互感器的远端模块和合并单元还需要冗余配置，远端模块中电流也需要冗余采样，经冗余配置的合并单元分别连接冗余的电子式互感器远端模块，合并单元可安装在断路器附近或保护小室。图 GYBD00102005-4 为一种变电站合并单元配置图。

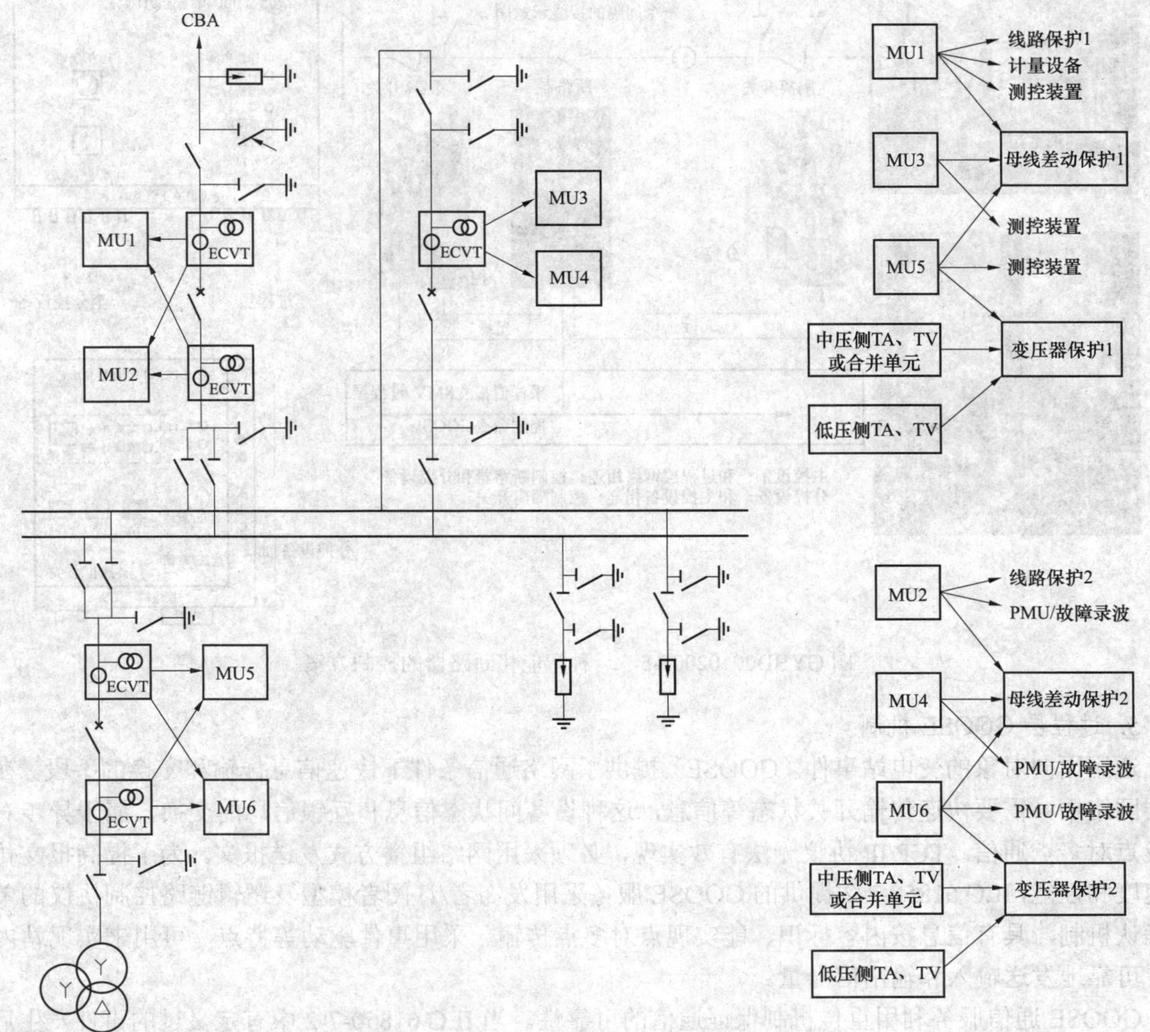

图 GYBD00102005-4　一种变电站合并单元配置图

MU—合并单元

3. 采样数据的传送与同步

目前，过程层数据的传送与分发中有两种传送的标准可供选择：① IEC 电子式电流互感器标准 IEC 60044-8，为串行数据格式，采用点对点光纤串行数据接口，具有传输延时确定，可以采用再采样技术实现同步采样，而且硬件和软件实现简单，较适合保护要求；② IEC 61850-9（网络数据接口），采用以太网数据格式，既可点对点，又可点对多的数据传输，但传输延时不确定，对交换机要求极高，不同间隔间数据到达时间不确定，不利于母线差动、变压器等保护的数据处理，较适合测控、电能仪表一类。

过程层采样数据还需考虑数据的同步。这是因为：常规互感器与电子式互感器会并存，如电压与电流之间、变压器不同的电压等级之间；三相电流、电压采样必须同步；变压器差动保护、母线差动保护从多个间隔或不同电压等获取数据存在同步问题；线路纵差保护线路两端数据采样也存在同步。解决同步采样有两种方案：一种是基于 GPS 秒脉冲同步的同步采样，另一种是二次设备通过再采样技术实现同步。

4. 开关设备智能化接入

完全满足数字化变电站需要的智能化开关设备还较少，为使开关设备适应过程层数字化的要求，目前多采用数字化智能终端装置＋传统断路器，完成智能断路器的功能，或在低压部分直接采用智能化开关柜。智能终端通过过程层网络，给间隔层设备提供一次设备信息，接受间隔层设备的控制命令。图 GYBD00102005-5 是一种实现智能化开关的控制方案。

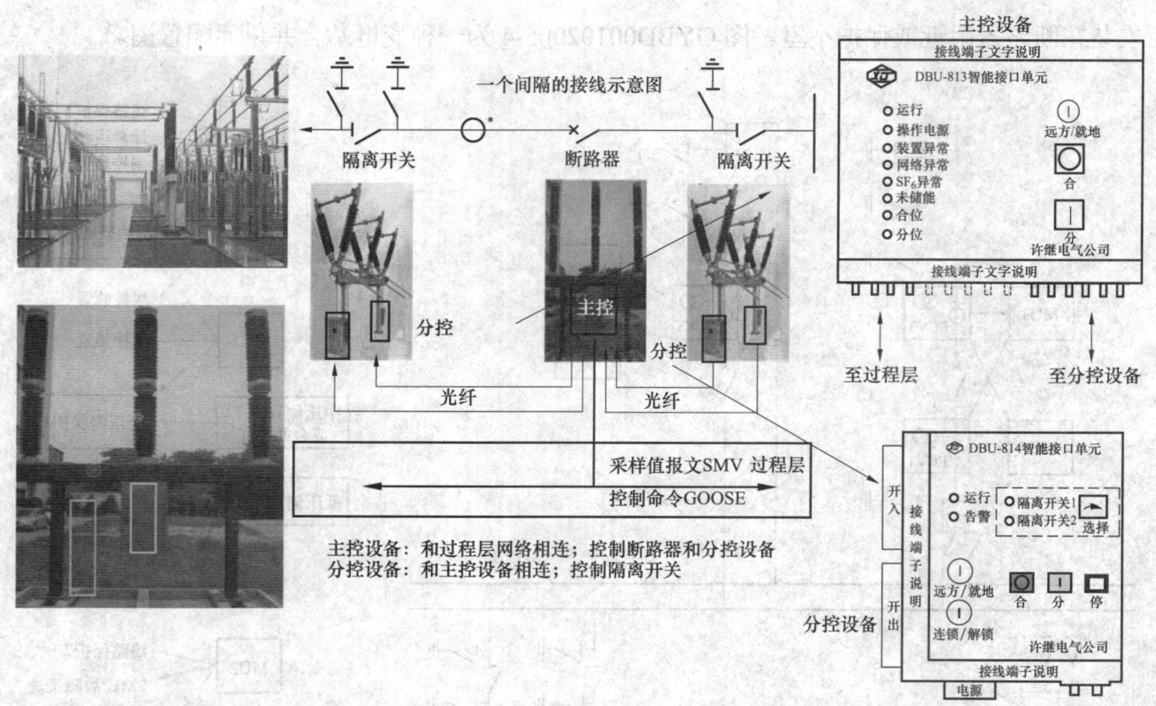

图 GYBD00102005-5 一种智能化断路器的控制方案

5. 过程层 GOOSE 机制

通用面向对象的变电站事件（GOOSE）提供了网络通信条件下快速信息传输和交换的手段。在过程层网络中，需要快速传输开关状态等信息，这种设备间状态信息和互锁信息的交换，属于异步对等以及点对多点通信，TCP/IP 协议无法有效实现，必须采用网络组播方式发送报文。为了提高报文传输的速度和性能，IEC 61850-7-2 提供的 GOOSE 服务采用发布者/订阅者模型及逻辑链路控制协议的单向无确认机制，具有信息按内容标识、能实现点对多点传输、采用事件驱动等特点，可用来实现站内快速、可靠地发送输入和输出信号量。

GOOSE 通信服务利用重传机制保证通信的可靠性。当 IEC 61850-7-2 中有定义过的事件发生后，GOOSE 服务器生成一个发送 GOOSE 命令的请求，该数据包将按照 GOOSE 的信息格式组包方式发送。为保证可靠性一般重传若干次，在顺序传送的每帧信息中包含存活时间参数，它提示接收端接收数据最大等待时间。如果在约定时间收不到相应的包，接收端可认为连接丢失。通过 GOOSE 服务，满足了过程层对速度和信息传输可靠性要求，对于一些重要的应用场合，可以单独设立 GOOSE 网络，或采用先进网络交换，保证信息传输的实时和可靠性。

三、间隔层与站控层实现

间隔层设备主要包括保护及测控装置、电能计量装置等。所有通信数据按照 IEC 61850 建模，与站控层之间采用以太网通信。保护测控装置完成变电站内所有一次设备的保护控制，可自由配置，保证了保护功能的选择性、快速性、可靠性。非电量保护由智能终端装置直接完成。

站控层设备包括远动工作站、监控主机、监控软件等。站控层设备基于 IEC 61850 模型，采用以太网通信，主要为变电站提供运行、管理界面，记录变电站内的运行信息，将站内信息转换成相应的远动规约，实现调度中心远程监视与控制。

四、数字化变电站的应用情况

自 IEC 61850 制定以来，ABB、西门子、阿海珐等公司在全球范围内就开展了数字化变电站的示范工程建设。2004 年 11 月，西门子在瑞士建成了世界上第一个应用 IEC 61850 的变电站。随后 ABB 也在全球完成了几十项基于 IEC 61850 的变电站。

国内自 2000 年开始进行相关的研究，2004 年开始也进行了数字化变电站建设的试验，国调中心先后组织了 9 家变电站自动化设备生产厂家进行了 4 次 IEC 61850 标准的互操作试验。2005～2007 年，先后有山东阳谷、云南翠峰、江苏园石、陕西少陵及曹里村、内蒙古杜尔伯特等数字化变电站投运。

2005年初，山东建成了全部使用电子式互感器的110kV阳谷冷轧薄板厂变电站，互感器至合并器采用光缆，规约为IEC 61850，而间隔至站控层则采用103规约。2006年3月，云南曲靖翠峰变电站投运，全部采用电子式互感器及智能转化模块，一、二次设备间采用符合IEC 61850标准的光纤通信技术，但间隔层至站控层仍采用103规约。2006年3月、6月陕西投运了分别采用国电南自和北京四方综自系统的数字化变电站，保护、测控均按IEC 61850标准设计，并利用两站检验了各厂家IED之间的互操作能力。2007年，内蒙古建设了220kV杜尔伯特数字化变电站，采用了电子式互感器，通过智能终端实现开关智能化，间隔层与变电站层、过程层与间隔层均采用光纤双重化网络进行通信。

随着数字化变电站技术的不断成熟，各种电子互感器、智能化开关设备不断得到应用，各地在建设中纷纷采用数字化变电站建设方案，目前500kV及以上的数字化变电站建设也在不断的探索中，可以预见，数字化变电站将成为今后变电站技术发展的主流方向。

【思考与练习】

1. 数字化变电站的实施方案有哪些？各有什么特点？
2. 数字化变电站的过程层总线怎样构建？有哪些特点？

第二部分

电气试验

第三章 电气设备试验周期、标准及方法

模块1 电气试验标准（GYBD00701001）

【模块描述】本模块介绍电气设备交接试验和状态检修的意义和标准。通过概念解释、要点讲解和流程介绍，了解开展电气设备交接试验和状态检修的重要性，熟悉电气设备交接试验的标准，状态检修的概念，开展状态检修的原则、指导思想，掌握进行状态检修的基本流程。

【正文】

一、电气设备交接试验的意义

电气试验可以掌握电气设备绝缘劣化情况，及早发现设备绝缘存在的缺陷，指导相应维护与检修的实施，以免运行中的设备绝缘在工作电压或过电压作用下击穿，造成事故及设备损坏。

电气装置由于制造部门设计不合理、工艺方面缺陷、运输过程中损坏、安装施工工艺不良等都会导致其绝缘等电气性能下降、电气参数不能满足运行条件等。当这些性能不良的装置投入运行后，往往难以保证电网的安全生产，可能导致装置本身、电力系统甚至人身事故的发生，给电力生产带来很大的损失，对人身安全造成很大的威胁。国内发电、输变电工程竣工投产过程中以及运行中，由于电气装置的缺陷造成的各类事故也屡见不鲜，为了避免这种事故的发生，必须在电气装置交接时对其各种性能进行检验。

二、电气设备交接试验标准

目前的电气设备交接试验标准适用于500kV及以下电压等级新安装的、按照国家相关出厂试验标准试验合格的电气设备交接试验。它不适用于安装在煤矿井下或其他有爆炸危险场所的电气设备。

不同的电气设备，其交接试验标准也不尽相同，电气设备交接试验标准中规定了同步发电机及调相机、直流电机、中频发电机、交流电动机、电力变压器、电抗器及消弧线圈、互感器、油断路器、空气及磁吹断路器、真空断路器、六氟化硫断路器、六氟化硫封闭式组合电器、隔离开关、负荷开关及高压熔断器、套管、悬式绝缘子和支柱绝缘子、电力电缆线路、电容器、绝缘油和SF_6气体、避雷器、电除尘器、二次回路、1kV及以下电压等级配电装置和馈电线路、1kV以上架空电力线路、接地装置、低压电器等25类设备交接试验标准，部分设备根据其型式不同，进行的交接试验项目也有差别，但均包含在电气设备交接试验标准中，且有明确规定。

三、状态检修的意义

设备检修是生产管理工作的重要组成部分，对提高设备健康水平，保证电网安全、可靠运行具有重要意义。

长期以来开展的定期检修模式有自身的科学依据和合理性，在多年的实践中有效减少了设备的突发事故。电气设备定期检修的项目、周期及标准值均执行DL/T 596—1996《电力设备预防性试验规程》的规定。随着电网的快速发展，电力设备品种、参数和技术性能都有了较大的发展，一些新的绝缘试验方法和诊断技术已经逐步得到应用和推广。随着用户对供电可靠性要求的逐步提高，传统的基于周期的设备检修模式已经不能适应电网发展的要求，迫切需要在充分考虑电网安全、环境、效益等多方面因素情况下，研究、探索提高设备运行可靠性和检修针对性的新的检修管理方式。状态检修是解决当前检修工作面临问题的重要手段。

目前，通过开展状态检修工作，能有效提高检修的针对性和有效性，检修质量得到提高，可以做到设备状态的全过程控制，提高设备的运行水平。在设备运行过程中，更好地落实设备管理责任制，在装备水平较好的情况下，提高了设备可用率，减少了检修工作量。

四、开展状态检修的基本原则

（一）状态检修的概念

状态检修是企业以安全、环境、效益等为基础，通过设备的状态评价、风险分析、检修决策等手段开展设备检修工作，达到设备运行安全可靠、检修成本合理的一种设备检修策略。其中：安全是指由于各种原因可能导致的人身伤害、设备损坏、运行可靠性下降、电网稳定破坏等危及电网安全、可靠运行的情况；环境是指电网运行对社会、国民经济、环境保护等产生的影响；效益是指企业成本、收益以及事故情况下可能造成的直接、间接经济损失等经济效益。

（二）状态检修开展的指导思想

状态检修开展的指导思想是：以科学发展观为指导，紧密围绕“一强三优”现代公司的发展目标，按照“集团化、集约化、精益化、标准化”的基本要求，在充分保证电网安全运行和可靠供电的条件下，以制度建设为基础，以安全水平提升为目标，以设备状态评价为核心，以加强基础管理为手段，规范设备管理流程，落实安全责任，强化设备运行监视和状态分析，提高设备检修、维护工作的针对性和有效性，推进状态检修工作规范、有序开展。

（三）状态检修开展的基本原则

开展状态检修必须坚持“安全第一”，以提高设备的可靠性和管理水平为目的，通过对设备状态的掌握和跟踪，及时发现设备缺陷，合理安排检修计划和项目，提高检修效率和运行可靠性。

必须坚持体系建设先行，对状态检修相关工作各环节进行规范。

必须以对设备的状态评价为基础，全面掌握设备真实健康水平。

必须坚持试点先行、循序渐进、持续完善、保证安全的基本方针。

五、状态检修的基本流程

状态检修的基本流程主要包括设备信息收集、设备状态评价、设备风险评估、检修策略、检修计划、检修实施及绩效评估等七个环节。

（1）设备信息收集是开展状态检修的基础，要在设备制造、投运、运行、维护、检修、试验等全过程中，通过对投运前基础信息、运行信息、试验检测数据、历次检修报告和记录、同类型设备的参考信息等特征参量进行收集、汇总，为设备状态的评价奠定基础。

（2）设备状态评价主要依据《国家电网公司输变电设备状态检修试验规程》、《输变电设备状态评价导则》等技术标准，依据收集到的各类设备信息，确定设备状态和发展趋势。设备状态评价是开展状态检修工作的基础，必须通过持续、规范的设备跟踪管理，综合离线、在线等各种分析结果，才能够准确掌握设备运行状态和健康水平，为开展状态检修下一阶段工作创造条件。

（3）设备风险评估是开展状态检修工作的重要环节。其目的就是要按照《国家电网公司输变电设备风险评价导则》的要求，利用设备状态评价结果，综合考虑安全、环境和效益等三个方面的风险，确定设备运行存在的风险程度，为检修策略和应急预案的制订提供依据。

（4）检修策略以设备状态评价结果为基础，参考风险评估结果，在充分考虑电网发展、技术进步等情况下，对设备检修的必要性和紧迫性进行排序，并依据《输变电设备状态检修导则》等技术标准确定检修方式、内容，并制订具体检修方案。

（5）检修计划依据设备检修策略制订。主要分为两个部分：覆盖整个设备寿命周期内的长期检修、维护计划，用于指导设备全寿命周期内的检修、维护工作；与公司资金计划相对应的年度检修计划和多年滚动计划、规划，用于指导年度检修工作的开展，以及未来一定时期内检修工作安排和资金需求。

（6）检修实施是依据检修计划开展，对电气设备全寿命周期内开展的检修和维护工作，确保设备运行于良好状态，并将运行趋势控制于良好范围内。

（7）绩效评估是在状态检修工作开展过程中，依据《国家电网公司输变电设备状态检修绩效评估标准》，对工作体系的有效性、检修策略的适应性、工作目标实现程度、工作绩效等进行评估，确定状态检修工作取得的成效，查找工作中存在的问题，提出持续改进的措施和建议。

六、设备试验项目及周期

《国家电网公司输变电设备状态检修试验规程》规定了110～750kV变压器、开关、线路等各类高压电气设备巡检、检查和试验的项目、周期和技术要求，以巡检、例行试验、诊断性试验替代了原有定期试验，明确了基于设备状态的试验周期和项目双向调整方法，提出了警示值和不良工况、家族缺陷等新概念以及显著性差异和纵横比分析的新方法。规程内容涵盖巡检、例行试验、诊断性试验、在线监测、带电检测、家族缺陷、不良工况等状态信息，吸收了最新的现场试验项目和分析方法，充分考虑了各单位设备状态、地域环境、电网结构等特点，是状态检修工作的基础性技术文件。

该试验规程把设备的试验项目分为巡检、例行试验和诊断试验三种类型。巡检周期较短，检查项目少。例行试验通常按基准周期定期进行，试验项目相对比较简单。若适宜轮试，应轮试。诊断性试验只在诊断设备状态时根据情况有选择地进行。这样，能根据不同设备状态开展维修，减少停电时间，有效提高设备可靠性。

【思考与练习】

1. 简述电气设备交接试验的意义。

2. 简述状态检修的意义。

3. 状态检修开展的基本原则是什么？

4. 状态检修的基本流程包含哪几个环节？

模块2 常规电气试验（GYBD00701002）

【模块描述】本模块介绍变电主要设备常规的电气试验项目。通过要点讲解，了解绝缘电阻、泄漏电流、介质损耗、工频耐压和绝缘放电等常规项目的试验目的、内容和方法。

【正文】

变电设备常规试验项目包括绝缘电阻测试、泄漏电流测试、介质损耗测试、工频交流耐压试验等。

一、绝缘电阻测试

1. 试验目的

测量变电设备的绝缘电阻能有效地检查设备绝缘整体受潮、部件表面受潮或脏污以及贯穿性的集中性缺陷，如绝缘子破裂、引线靠壳、器身内部有金属接地、线圈绝缘严重老化、绝缘油严重受潮等缺陷。

2. 试验内容

（1）变压器绕组连同套管对地绝缘电阻的测试。

（2）变压器铁芯对地绝缘电阻的测试。

3. 试验方法

在现场普遍使用绝缘电阻表（俗称兆欧表）测量绝缘电阻。绝缘电阻表按其额定电压分为500、1000、2500、5000V等几种。应根据被试品的额定电压来选择绝缘电阻表，绝缘电阻表的额定电压过高，可能在测试中损坏被试品绝缘。

（1）测量变压器绕组连同套管对地绝缘电阻：

1）若变压器额定电压在10kV及以下，额定容量在4000kVA及以下者，宜采用2500V/2500MΩ的绝缘电阻表。

2）若额定电压在35kV及以上，额定容量在4000kVA及以下者，宜采用2500V/5000MΩ的绝缘电阻表。

3）若额定电压在35kV以上，额定容量在4000kVA以上者，宜采用5000V/10 000MΩ的绝缘电阻表。

（2）测量变压器铁芯对地绝缘电阻时，变压器进行预防性试验宜采用1000V的绝缘电阻表。交接或大修后试验宜采用2500V的绝缘电阻表。

（3）对用于测量变压器绝缘电阻、吸收比（极化指数）的绝缘电阻表，应选用最大输出电流为3mA及以上的绝缘电阻表，以得到较准确的测量结果。

二、泄漏电流测试

1. 试验目的

泄漏电流测试是通过测量绝缘的相应泄漏电流，根据电流的大小及电流与电压的关系曲线，分析和判断设备绝缘的性能。

2. 试验方法

（1）对于少油断路器，可以采用在三角箱加压、断口外侧接地来测量整个单元的泄漏电流。

（2）测量应在天气良好时进行，且空气相对湿度不高于 80%。若遇天气潮湿、套管表面脏污，则需要进行“屏蔽”测量。

（3）根据试验电压的大小、现有试验设备的条件，选择合适的试验设备及试验接线方式，并正确绘出试验接线图。

三、介质损耗测试

1. 试验目的

当电气设备的绝缘普遍受潮、脏污或老化以及绝缘中有气隙发生局部放电时，流过绝缘的有功电流分量 I_R 将增大，$\tan\delta$ 也增大。这样通过测量绝缘的 $\tan\delta$ 值，可以反映出整个绝缘的分布性缺陷。在绝缘预防性试验中，介质损耗试验是一种使用较多，而且是判断绝缘性能较为有效的方法。

2. 试验内容

对电机、电缆这类电气设备的绝缘，因为运行中的缺陷多为集中性的，加之整体绝缘体积较大，$\tan\delta$ 法反映缺陷的效果较差，所以在预防性试验中通常不作这项试验。而对于套管绝缘，因为整体体积小，$\tan\delta$ 不仅可以反映套管绝缘的全面情况，而且有时可以检查出其中的集中性缺陷，所以对于套管绝缘，$\tan\delta$ 法就是一项必不可少的有效试验。此外，测量 $\tan\delta$ 对于检查电力变压器、互感器、电力电容器等设备的绝缘缺陷也有一定的效果。

3. 试验方法

现场一般采用西林电桥法进行测试。

西林电桥正接线时，电桥处于低压端，操作比较安全方便，而且电桥内部不受强电场干扰，所以准确度较高。反接线时，被试品一端接电桥测量端，另一端接地。反接线在现场一般用于被试品无“末屏”的电气设备（如变压器、分级绝缘的电压互感器等）。但是这种接线的标准电容器外壳等均处于高压下，所以为了保证安全，操作者应站在绝缘垫上进行操作，且电桥外壳必须可靠接地。

四、工频交流耐压试验

1. 试验目的

交流耐压试验对绝缘的考验是相当严格的，通过这项试验，可以发现很多绝缘缺陷，尤其是对集中性绝缘缺陷的检查更为有效，可以鉴定电气设备的耐电强度，判断电气设备能否继续运行。交流耐压试验是保证电气设备绝缘水平、避免发生绝缘事故的重要手段。

2. 试验内容

工频交流耐压试验是对电气设备绝缘施加高出它的额定工作电压一定值的工频试验电压，并持续一定的时间（一般为 1min），观察绝缘是否发生击穿或其他异常情况。

3. 试验方法

被试物在交流耐压试验中，一般以不发生击穿为合格，反之为不合格。

【思考与练习】

1. 电气设备绝缘电阻测试的目的是什么？
2. 泄漏电流测试的方法有哪些？
3. 简述工频交流耐压试验的目的。

模块 3 特殊电气试验（GYBD00701003）

【模块描述】本模块介绍设备特殊的电气试验项目及其目的。通过要点讲解，了解电力变压器特殊性试验、电流互感器特殊性试验、电容式电压互感器特殊性试验、氧化锌避雷器特殊性试验、六氟化硫断路器特殊性试验的试验项目内容和试验目的要求。

【正文】

一、电力变压器特殊性试验

1. 试验项目

（1）绕组所有分接方式的电压比。

（2）低电压空载电流和空载损耗。

（3）绕组变形测试。

（4）绕组连同套管的局部放电测量。

（5）绕组连同套管的交流耐压试验。

2. 试验目的

（1）对核心部件或主体进行解体性检修之后，或怀疑绕组存在缺陷时，进行绕组所有分接方式的电压比测试。

（2）诊断铁芯结构缺陷、匝间绝缘损坏等可进行低电压空载电流和空载损耗试验。试验电压尽可能接近额定值。试验电压值和接线应与上次试验保持一致。测量结果与上次相比，不应有明显差异。对单相变压器相间或三相变压器两个边相，空载电流差异不应超过10%。分析时一并注意空载损耗的变化。

（3）诊断绕组是否发生变形时进行绕组变形测试。应在最大分接位置和相同电流下测量。试验电流可用额定电流，也可低于额定值，但应不小于5A。

（4）验证绝缘强度，或诊断是否存在局部放电缺陷时进行绕组连同套管的局部放电测量。

（5）需要诊断绕组连同套管的绝缘时要进行交流耐压试验。

二、电流互感器特殊性试验

1. 试验项目

（1）交流耐压试验。

（2）局部放电测量。

2. 试验目的

（1）需要确认设备绝缘介质强度时应进行交流耐压试验。一次绕组的试验电压为出厂试验值的80%，二次绕组之间及末屏对地的试验电压为2kV，时间为60s。

（2）需要检验是否存在严重局部放电时进行局部放电测量。

三、电容式电压互感器特殊性试验

1. 试验项目

（1）交流耐压试验。

（2）局部放电测量。

2. 试验目的

（1）诊断是否存在严重局部放电缺陷时进行局部放电测试。试验在完整的电容式电压互感器上进行。试验前把电磁单元与电容分压器分开，若因产品结构原因在现场无法拆开的可不进行耐压试验。试验电压为出厂试验值的80%，或按设备技术文件要求进行，时间为60s。

（2）需要验证绝缘强度时进行交流耐压试验。

四、氧化锌避雷器特殊性试验

1. 试验项目

（1）工频参考电流下的工频参考电压。

（2）均压电容的电容量。

2. 试验目的

（1）诊断内部电阻片是否存在老化、检查均压电容等缺陷时，进行工频参考电压测试。对于单相多节串联结构，试验应逐节进行。

（2）如果金属氧化物避雷器装备有均压电容，为诊断其缺陷，可进行均压电容的电容量测试。对于单相多节串联结构，试验应逐节进行。

五、六氟化硫断路器特殊性试验

1. 试验项目

（1）交流耐压试验。

（2）套管式电流互感器的试验。

2. 试验目的

对核心部件或主体进行解体性检修之后，或必要时，进行交流耐压试验。试验包括相对地（合闸状态）和断口间（罐式、瓷柱式定开距断路器，分闸状态）两种方式。试验在额定充气压力下进行，试验电压为出厂试验值的80%，频率不超过300Hz，耐压时间为60s。

【思考与练习】

1. 电力变压器特殊性试验项目有哪些？

2. 电流互感器特殊性试验项目有哪些？

3. 六氟化硫断路器特殊性试验项目有哪些？

模块4 SF_6气体检漏、密度继电器校验（ZY1400803002）

【模块描述】本模块包含SF_6气体检漏的意义、方法及密度继电器校验的主要操作步骤。通过要点讲解、计算举例、结构分析、操作技能训练，掌握SF_6气体检漏原理、方法和密度继电器校验的步骤等操作技能及作业注意事项。

【正文】

一、SF_6断路器的检漏

1. SF_6断路器检漏的意义

对于充装SF_6气体的断路器，必须具有良好的密封性能，不能产生泄漏，原因是：

（1）SF_6气体担负着绝缘和灭弧的双重任务，所以为了保证设备安全可靠运行，就要求不能漏气。

（2）密封结构越好，设备外部水蒸气往内部渗透量也越小，所充SF_6气体的含水量的增长就越慢，因此也必须要求漏气量越小越好。

任何一种电气设备，无论密封结构如何优良，也不能达到绝对不漏气，只是程度大小的差别。所以正常使用的气体压力是一个给定的范围，最高值为额定压力，最低值为闭锁压力，两者之差通常不超过0.1MPa，在接近闭锁压力值的位置给出一个报警压力值。当设备内部气体泄漏到报警压力值时，由密度继电器发出电信号进行报警，这时必须对设备补气。每一种产品的技术条件中都规定了本产品的年漏气量。

从原理上讲，对SF_6断路器应监视SF_6气体的密度，而不是监视气体的压力。但是在工程实践中要监视其密度是非常困难的事情。只能测量气体的压力，再通过一定的压力—温度修正，比较粗略地估计SF_6气体是否漏气。在现行的有关运行规程中规定，运行人员在记录气体压力的同时，要记录环境温度，再根据环境温度下的压力折算到20℃时的压力是否发生变化，通过比较来判断SF_6气体是否泄漏。

2. SF_6电气设备的检漏方法

SF_6电气设备的检漏有两种方法：① 定性检测；② 定量检测。

（1）定性检测。定性检漏只能确定SF_6电气设备是否漏气，判断是大漏还是小漏，不能确定漏气量，也不能判断年漏气率是否合格。定性检测的主要方法是检漏仪检测法，采用校验过的SF_6气体检漏仪，沿被测面以大约25mm/s的速度移动，无泄漏点发现，则认为密封良好。这种方法一般用于SF_6设备的日常维护。

（2）定量检测。可以判断产品是否合格，确定漏气率的大小，主要用于设备制造、安装、大修和验收。根据国家标准规定，SF_6漏气程度的大小可以用绝对漏气率F和相对年漏气率F_y表示。绝对漏气率F，简称漏气率，它是单位时间内的漏气量，以$MPa \cdot m^3/s$为单位。相对年漏气率F_y，简称年漏气率，它是设备或隔室在额定充气压力下，在一定时间内测定的漏气量换算成一年时间的漏气量与总充气量之比，以年漏气百分率表示。定量检测有四种方法：

1）扣罩法（整体检测法）。扣罩法即用塑料薄膜、塑料大棚、密封房等把试品罩住（塑料薄膜可以制成一个塑料罩，内有骨架支撑，塑料罩不得漏气），也可以采用金属罩。扣罩前吹净试品周围残余的 SF_6 气体。试品充 SF_6 气体至额定压力后不少于 6～8h 才可以扣罩检漏。扣罩 24h 后用检漏仪测试罩内 SF_6 气体的浓度。测试点通常选在罩内上、下、左、右、前、后，每点取 2～3 个数据，最后取得罩内 SF_6 气体的平均浓度，计算其累计漏气量、绝对泄漏率、相对泄漏率等。

使用塑料薄膜封闭被检测产品时，罩子的高度尺寸应比试品高度大一些，这样便于用物品将罩子底边压在地面上，同时还应当避免空气流动速度太大，只有这样才能使罩子内部气体不与上部空气产生交换作用，以保证定量检测结果的准确性。多次实践证明，这种用塑料薄膜罩定量检测的方法对安装在露天场所的产品是不适宜的。其原因是罩子的体积较大，重量又轻，就是在微风的天气条件下，塑料薄膜罩也会产生不同程度的摆动，使罩子内外气体不停地交换，使检测结果超出误差范围，甚至达到不可相信的程度。

2）挂瓶法。SF_6 开关设备的密封结构形式主要有三种：① 平面密封，例如瓷套管两端连接处，瓷套管与瓷套管之间连接处以及各种箱、罐的孔盖等的密封形式都是平面密封，在一台设备中大部分属于这种密封形式。② 滑动密封，例如断路器的绝缘拉杆下部伸出支持瓷套外部的连杆处的密封结构就属于此种密封形式。③ 各种测量仪表和控制信号系统的管路密封。一种 SF_6 设备能否使用挂瓶法进行检漏，主要由它的平面密封结构形式决定。下面先分析平面密封结构情况，从而引出挂瓶法检漏法的原理。

图 ZY1400803002-1 所示是一种平面密封结构的剖视图，这种密封结构是在一个法兰盘平面上加工一方形截面的圆槽，通常称为密封槽，槽的加工精度很高。在槽中放置一个光滑的软橡胶圈，当另一个平面很光滑的法兰与之压紧时，起到密封高压力气体的作用。因为这种密封采用两个法兰平面压紧一个橡胶圈，所以称为平面密封。上面已经叙述过，无论密封结构的密封性能多么优良，也会存在程度不同的漏气现象，在这种密封结构情况下，设备内部的 SF_6 气体还是会从密封性能薄弱点透过橡胶圈向各个方向的大气中散发。有的平面密封具有两个密封圈，这种结构的设计意图是，里面的一个密封圈起主要作用，当微量的气体从内部泄漏到两道密封圈之间的小气隙后，外层密封圈又起到密封作用，使从设备内部泄漏过来的气体只有极微量泄漏到大气中去，这样使得总的密封性能在一道密封圈的基础上得到了加强。

另外，还有一种平面密封结构，如图 ZY1400803002-2 所示，它与上面叙述的密封结构基本相同，不同之处是在两个密封圈中间有一个孔通向外部大气。当试品内部的 SF_6 气体的微量部分通过内层密封圈以后，在里外两层密封圈之间的空间聚集并从小孔流向设备外部大气，这时如果在气流出口处连接一个容积数为已知的容器，等待一定时间，用前述的任何一种检漏仪检测该容器内的气体含 SF_6 成分的浓度值，就可以计算出此密封面的漏气率。

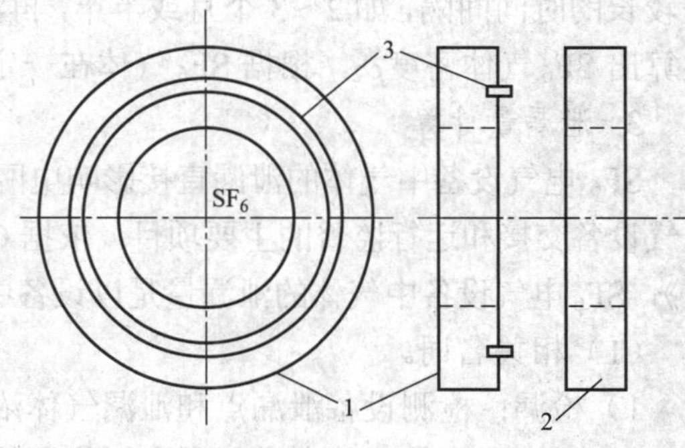

图 ZY1400803002-1　平面密封结构剖视图
（不可使用挂瓶法）
1、2—法兰盘；3—密封槽以及密封圈

这种密封结构只有内层的密封圈起到密封作用，外层密封圈仅仅是为了检测漏气率而设置的，如果一种 SF_6 开关设备的各个平面密封结构都是如此，则可以同时检测出各个密封面的漏气率，这种检测方法称为分部检测方法，又因为通常用一个塑料瓶与所检测部位出气孔连接起来，使 SF_6 气体流入瓶内，再进行检测，所以将此种方法称为挂瓶法。很显然，前面一种平面密封结构的设备不能用挂瓶法检测。

挂瓶法所用的检漏瓶，是在一个塑料瓶的瓶盖上钻一个孔，通过塑料瓶接头与一段约 100mm 长的软橡胶管连接，而橡胶管的另一端与被检测部位的螺孔连接上，等待预定的时间 t 后，拆下检漏瓶，用检漏仪的探头吸嘴对准瓶盖上的橡皮管口，测量瓶中的 SF_6 气体浓度，再计算出漏气率的数值。

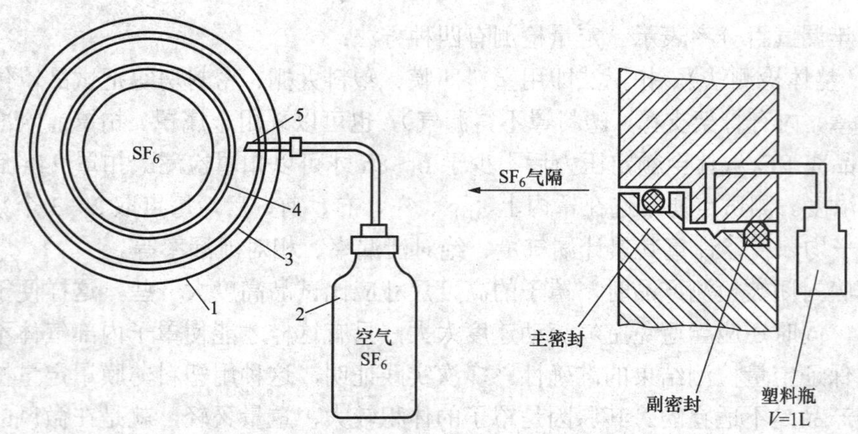

图 ZY1400803002-2 平面密封结构（可使用挂瓶法）

1—法兰；2—检漏瓶；3—外层密封圈；4—内层密封圈；5—与外部相通的孔

现场挂瓶检漏的方法和程序如下：

a. 将检漏瓶用氮气或压缩空气吹洗干净并用检漏仪检查确空无 SF_6 气体，检查瓶盖连接胶管、连接螺钉密封良好。

b. 将瓶子挂在试品检漏孔上，拧紧螺钉，并记好挂瓶时间。

c. 挂瓶 33min（约 2000s）后取下瓶子，摇动检漏瓶使瓶内 SF_6 气体充分搅匀，用灵敏度不低于 0.01×10^{-6}（体积分数）的、经校验合格的检漏仪，测量挂瓶内 SF_6 气体的浓度。根据测得的浓度计算试品累计的漏气量、绝对泄漏率、相对泄漏率等。

3）局部包扎法。局部包扎法一般用于组装单元和大型产品的情况。其原理跟扣罩法基本相同。包扎时可采用 0.1mm 厚的塑料薄膜按被试品的几何形状围一圈半，使接缝向上，包扎时尽可能构成圆形或者方形。经整形后，边缘用白布带扎紧或用胶带沿边缘粘贴密封。塑料薄膜与被试品间保持一定的间隙，一般为 5mm。包扎一段时间（一般为 24h）后，用检漏仪测量包扎腔内 SF_6 气体的浓度。根据测得的浓度计算漏气率等指标。

4）压力降法。压力降法适用于设备气室漏气量较大的设备检漏，以及在运行中用于监督设备漏气的情况。它的原理是测量一定时间间隔内设备的压力差，根据压力降低的情况来计算设备的漏气率。方法是：先测定压降前的 SF_6 气体压力 p_1，根据 p_1 和当时的温度（T_1）换算出 SF_6 气体密度 ρ_1，过一段较长的时间间隔，如 2～3 个月或半年，再测定压降后的 SF_6 气体压力 p_2，根据 p_2 和当时的温度（T_2）换算出 SF_6 气体密度 ρ_2，根据 SF_6 气体在一定时间间隔内密度的改变计算漏气率。

3. 泄漏量计算

SF_6 电气设备中气体的泄漏直接影响电网的安全运行和人身安全，所以 SF_6 气体泄漏量检查是 SF_6 电气设备交接和运行监督的主要项目。依据 GB/T 8905—1996《六氟化硫电气设备中气体管理和检测导则》，SF_6 电气设备中气体的泄漏量是以设备中每个气室的年漏气率来衡量的，规定年漏气率应≤0.5%。

（1）相关名词。

1）检漏：检测设备泄漏点和泄漏气体浓度的手段。

2）累计泄漏量：整台设备所有漏气量的总和。

3）绝对泄漏率：单位时间内气体的泄漏量，以 $Pa\cdot m^3/s$ 或 g/s 表示。

4）相对泄漏率：设备在额定充气压力下的绝对泄漏量与总充气量之比，以每年的泄漏百分率表示（%/年）。

5）补气间隔时间：从充至额定压力起到下次必须补充气体的间隔时间。

（2）漏气量以 $Pa\cdot m^3/s$ 表示的计算法。若用扣罩法检查设备的泄漏情况，以 F_0 表示单位时间的漏气量，F_y 表示年漏气率，则计算如下

$$F_0=\frac{\varphi(V_m-V_1)p_s}{\Delta t} \quad (ZY1400803002\text{-}1)$$

式中 F_0——单位时间漏气量，Pa·m³/s；

φ——扣罩内 SF_6 气体的平均浓度（体积分数），10^{-6}；

V_m——扣罩体积，m³；

V_1——SF_6 设备的外形体积，m³；

Δt——扣罩至测量的时间间隔，s；

p_s——扣罩内的气体压力，MPa。

$$F_y = \frac{F_0 t}{V(p_r + 0.1)} \times 100\% \quad \text{(ZY1400803002-2)}$$

式中 F_y——年泄漏率，%；

V——设备内充装 SF_6 气体的容积，m³；

p_r——SF_6 设备气体充装压力（表压），MPa；

t——以年计算的时间，每年等于 31.5×10^6s。

（3）漏气量以 g/s 表示的计算法。若用局部包扎法来检查设备的泄漏情况，假设共包扎了 n 个部位，单位时间内的漏气量以 F_0 表示，年泄漏率以 F_y 表示，计算如下

$$F_0 = \frac{\sum_{i=1}^{n} \varphi_i V_i \rho}{\Delta t} \quad \text{(ZY1400803002-3)}$$

式中 ρ——SF_6 气体的密度（6.16g/L）；

φ_i——每个包扎部位测得的 SF_6 气体泄漏浓度（体积分数），10^{-6}；

V_i——每个包扎腔的体积，m³；

Δt——包扎至测量的时间间隔，s。

$$F_y = \frac{F_0 t}{Q} \times 100\% \quad \text{(ZY1400803002-4)}$$

式中 t——以年计算的时间，每年等于 31.5×10^6s；

Q——设备内充入 SF_6 的气体总量，g。

（4）压力降法检查泄漏的计算法。若以压力降法检查设备的漏气情况，要考虑 SF_6 的温度、压力和密度三者的关系，按两次检查记录的设备 SF_6 气体压力和检查时的环境温度算出 SF_6 气体的密度，据此计算年泄漏率 F_y 如下

$$F_y = \frac{\Delta\rho}{\rho_1} \times \frac{t}{\Delta t} \times 100\% \quad \text{(ZY1400803002-5)}$$

$$\Delta\rho = \rho_1 - \rho_2$$

式中 $\Delta\rho$——SF_6 气体在两次检查时间间隔内的密度变化；

ρ_1——第一次检查设备压力时换算出的气体密度；

ρ_2——第二次检查设备压力时换算出的气体密度；

Δt——两次检查之间的时间间隔，月；

t——以年计算的时间，每年等于 12 个月。

（5）计算举例。采用局部包扎法检测 SF_6 电气设备年漏气率。已知包扎部位与检测浓度见表 ZY1400803002-1。

表 ZY1400803002-1 包扎部位与检测浓度

项 目	V_1	V_2	V_3	V_4	V_5	V_6	V_7
体积（L）	10	10	10	10	10	1	1
浓度（10^{-6}）	40	30	36	60	80	20	30

设备内 SF_6 气体填充量为 24kg，间隔时间 24h，则

$$F_0=\frac{\sum_{i=1}^{n}\varphi_i V_i \rho}{\Delta t}$$
$$=\frac{2510\times10^{-6}\times6.16}{60\times60\times24}=1.78\times10^{-7}\ (\text{g/s})$$
$$F_y=\frac{F_0 t}{Q}\times100\%$$
$$=\frac{1.78\times10^{-7}\times31.5\times10^{6}}{24\times10^{3}}\times100\%=0.02\ （\%/年）$$

4. 注意事项

（1）现场检测方法的选择。通过以上论述和举例，可以看到，目前 SF_6 气体泄漏检测，其方法还比较粗略，检测的精度还比较低。

就几种检测方法相对比较而言，扣罩法比较准确，但由于被测设备体积大，在现场应用有一定难度。扣罩体积大，泄漏气体浓度相应降低，对检漏仪的精度要求相应提高，因此扣罩法一般只适用于生产厂家对出厂产品做密封试验时使用。

压力降法受压力表精度限制，要求两次检测时间间隔要长，这对设备安装大修后要求立即进行检漏是不适用的，只能作为一般的日常监测。

挂瓶法作为检漏的一种方法，也比较准确，但对电气设备的密封结构有特殊要求。这种方法仅仅适用于法兰面有双道密封槽并留有检漏孔的 SF_6 电气设备，一般电气设备无法应用。所以现场 SF_6 电气设备的检漏目前应用较多的还是局部包扎法。

局部包扎法在现场使用简单易行，包扎体积紧凑，泄漏气体易于检测。但包扎法的密封性差，检测精度相对较低。

（2）现场检测误差来源。扣罩法、局部包扎法、挂瓶法、压力降法测得的结果与实际泄漏值都有一定的误差。引起误差的主要原因有：

1）收集泄漏 SF_6 气体的腔体不可能做到绝对密封，泄漏气体有外泄的可能。

2）扣罩法、局部包扎法在估算收集腔体积时存在误差，包扎腔不规则，估算体积不准确。

3）环境中残余的 SF_6 气体带来影响。

4）检漏仪的精度影响造成检测误差。

（3）现场检测注意事项。为了减少测量误差，在现场进行 SF_6 电气设备气体泄漏检测时，要求做到以下事项：

1）SF_6 电气设备充气至额定压力，经过 12～24h 之后方可进行气体泄漏检测。

2）为了消除环境中残余的 SF_6 气体的影响，检测前应该吹净设备周围的 SF_6 气体，双道密封圈之间残余的气体也要排尽。

3）采用包扎法检漏时，包扎腔尽量采用规则的形状，如方形、柱形等，使易于估算包扎腔的体积。在包扎的每一部位，应进行多点检测，取检测的平均值作为测量结果。

4）采用扣罩法检漏时，由于扣罩体积较大，应特别注意扣罩的密封，防止收集气体的外泄。检测时应在扣罩内上下、左右、前后多点测量，以检测的平均值作为测量结果。

5）定性检漏可以比较直观的观察密封性能，对于定性检漏有疑点的部位，应采用定量检漏确定漏气的程度。经检查，如发现某一部位漏气严重，应进行处理，直到合格。

6）定量检漏的标准是按每台设备年漏气率小于 0.5%来控制的。这个标准是比较宽的。设备生产厂家一般对每个密封部位的密封性能有不同的要求。现场检漏可参照生产厂家要求执行。

二、密度继电器校验

由于 SF_6 气体密度继电器是通过设备内 SF_6 气体与一个密封在小气室内的纯 SF_6 气体的压力比较，而得到控制信息的。同时 SF_6 电气设备绝对禁油，也不允许混入其他气体，因此，使用油或其他气体

校验 SF_6 气体密度继电器是不允许的，只能以 SF_6 气体作为检测介质。为避免采用设备本体中的气体，要求校验仪器能自带 SF_6 气罐，并且压力可调。同时，又要求仪器最好能对现场校验结果自动进行温度换算。

1. 密度继电器校验台的基本构造

密度继电器校验台主要由储气缸、压力显示屏、气路连接部分和触点连接部分四部分组成。如图 ZY1400803002-3 所示，为某型号 SF_6 气体密度继电器校验台。

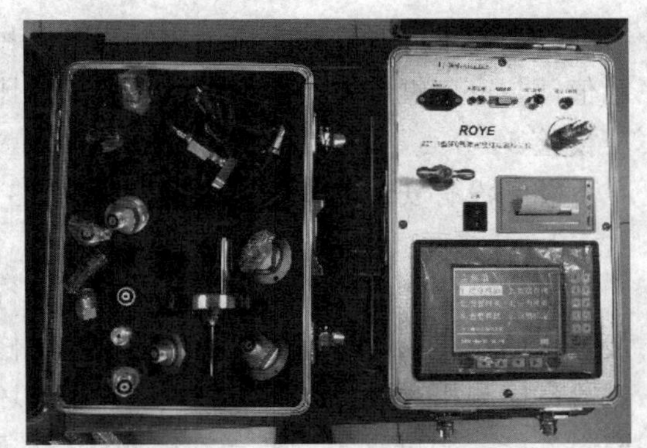

图 ZY1400803002-3　某型号 SF_6 气体密度继电器校验台

（1）储气缸。储气缸内充有一定的气体（压力在 0.7MPa 左右），调节缸内的气体压力可以上升或者下降。

（2）压力显示屏。指示气体压力，同时可提供换算到 20℃时的气体压力。

（3）气路连接部分。与密度继电器的气路连接。

（4）触点连接部分。与密度继电器的触点连接。

2. 校验步骤

密度继电器校验台与 SF_6 电气设备的气路和触点的连接如图 ZY1400803002-4 所示。

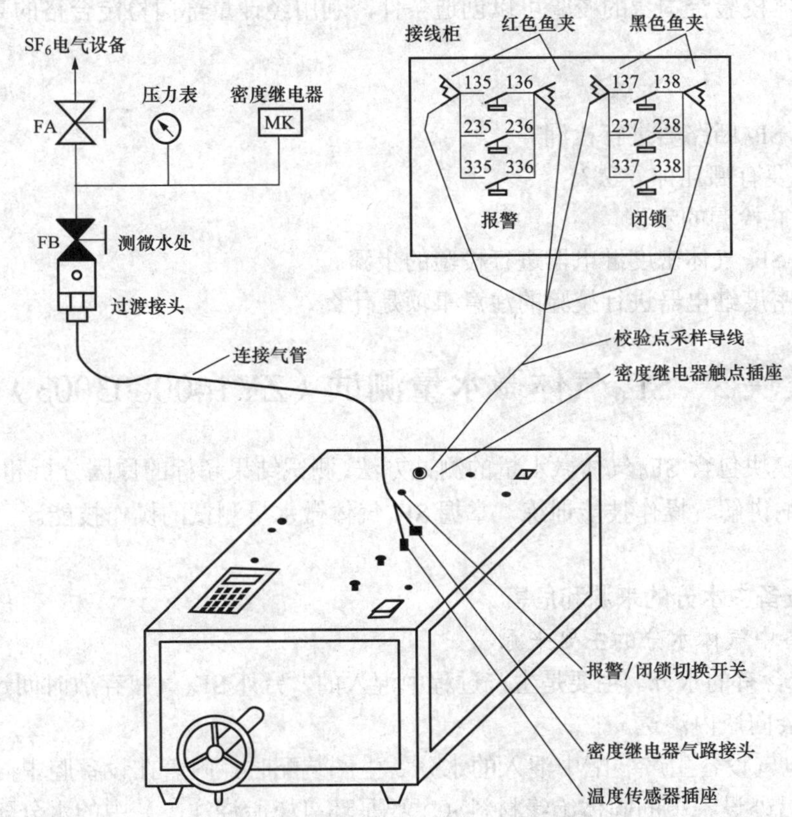

图 ZY1400803002-4　密度继电器校验台与 SF_6 电气设备的气路和触点的连接

（1）将被测设备的密度继电器气路与设备本体气路切断。

（2）将被测设备的密度继电器控制回路电源切断。

（3）将密度继电器校验台气路连接部分与被测密度继电器的气路连接。

（4）将密度继电器校验台触点插座接到被测密度继电器的相应触点上。

（5）调节密度继电器校验台储气缸的压力，使其达到被测密度继电器的报警或闭锁压力。

（6）记录密度继电器达到报警或闭锁的动作值或返回值（记录数值应校正到 20℃时的压力值）。

（7）对于同时安装有压力表的设备，校验报警或闭锁的动作值或返回值时，可同时记录压力表的示值，与密度继电器校验台的给出压力值比对（另外可按需要增校 2～4 点不同压力值）。每块压力表应校验 5～8 点。

（8）没有安装的密度继电器校验按（3）～（6）执行。

3. 注意事项

（1）密度继电器的校验可以在现场进行，也可以把密度继电器拆下来校验。但建议在条件允许时最好现场校验，这是因为：现场的安装检修时间一般都安排比较紧张，从设备上拆下密度继电器拿到试验室检测相对浪费时间，而且这样做破坏了设备原有的密封情况，校验后重新安装不能保证原有的密封性能；密度继电器属于精密器件，校验后经过运送达到现场，安装后不一定能保持准确性和稳定性。

（2）在现场校验的密度继电器，由于是利用校验台的气缸中气体的压缩来升高或降低气体的压力，所以校验前应该首先断开密度继电器与设备主体的气路联系。没有断开可能的设备无法在现场校验。

（3）密度继电器校验台利用了 SF_6 气体的 p–V–T 的关系，在显示压力的同时，还可以将校验数据换算成 20℃的压力值。所以可以同时对密度继电器的压力表进行校验。

（4）校验时应该注意的问题是触点的连接。应该根据设备继电保护图，选择适当的连接位置。避开动合或动断的位置。

（5）密度继电器校验台本身的校验可以创造条件，利用经计量部门检定合格的高精度的压力表来传递校验。

【思考与练习】

1. 为什么要对 SF_6 断路器进行检漏？
2. 定量检测主要有哪几种方法？
3. 简述现场挂瓶检漏的步骤。
4. 简述现场对 SF_6 气体密度继电器进行校验的步骤。
5. 对 SF_6 气体密度继电器进行校验的注意事项是什么？

模块 5 SF_6 气体微水量测试（ZY1400803003）

【模块描述】本模块包含 SF_6 气体微水量的测试方法、测试结果超标的原因分析和相应的处理工艺。通过知识要点的归纳讲解、操作技能训练，掌握 SF_6 气体微水量测试的操作技能。

【正文】

一、SF_6 电气设备中水分的来源和危害

1. SF_6 电气设备中气体水分的主要来源

（1）SF_6 新气中含有的水分。主要是生产过程中混入的，另外 SF_6 气瓶存放时间过长，气体密封不严，大气中水分也会向瓶内渗透。

（2）SF_6 高压电气设备生产装配中混入的水分。生产装配时，附着在设备腔中内壁上的水分不可能完全排除干净；另外设备中的固体绝缘材料（主要是环氧树脂浇注品）中的水分随时间延长也可以逐步地释放出来。

（3）大气中的水汽通过 SF_6 电气设备密封薄弱环节渗透到设备内部。

2. SF_6 气体中的水分对设备的危害

SF_6 电气设备中气体含有的水分可与 SF_6 分解产物发生水解反应产生有害物质，可能影响设备性能，并危及运行人员的安全，因此国内外对于 SF_6 气体中微量水分的分析、监测和控制都十分重视。

（1）水解反应生成氢氟酸、亚硫酸，严重腐蚀电气设备。

（2）加剧低氟化物分解。

（3）使金属氟化物水解，并进一步水解成剧毒物质。

（4）在设备内部结露，容易产生沿面放电（闪络）而引起事故。

二、危险点分析及控制措施

作业中的危险点分析及控制措施见表 ZY1400803003-1。

表 ZY1400803003-1 作业中的危险点分析及控制措施

序号	危险点	控制措施
1	误入、误登带电间隔	（1）工作前向作业人员交代清楚临近带电设备，并加强监护。 （2）工作人员应走指定通道，在遮栏内工作，严禁擅自移动和跨越遮栏。 （3）严禁攀登运行设备构架
2	有毒气体毒害作业人员	（1）周围环境相对湿度≤80%；工作区空气中 SF_6 气体含量不得超过 1000μL/L。 （2）如果室内工作，需在工作前开启强力通风装置，工作人员需做好防护措施，如穿好防护服
3	高空坠落	在装、拆试验接线时，必须系好安全带。使用绝缘梯子时，必须有人扶持或绑牢
4	带电设备出现故障	（1）尽量避免对带电设备进行测试，特别是对于止回阀结构的设备，建议在停电状态下进行微水量的检测。 （2）必须带电检测时，如发现 SF_6 气体压力异常，应立即关闭控制阀门
5	触电	在设备带电情况下进行检测时，试验人员应了解带电区域和范围，注意安全距离；临近高压电测试时，工作地点附近隔离并接地

三、测试前的准备

1. 资料准备

查阅被试设备历年试验数据、设备运行情况记录和编写作业指导书。

2. 测试仪器、设备的准备

选择合适的水分仪、测试线、温度表、湿度表、梯子、安全带、安全帽等。

3. 办理工作票并做好试验现场安全和技术措施

向其余试验人员交代工作内容、带电部位、现场安全措施、现场作业危险点，明确人员分工及试验程序。

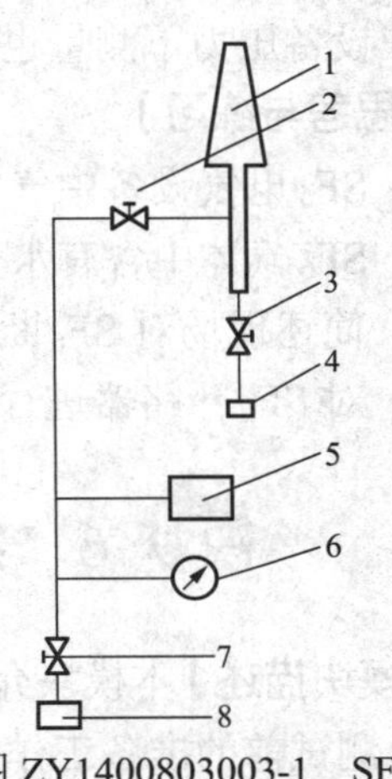

图 ZY1400803003-1 SF_6 高压断路器的气路系统

1—断路器本体；2—截止阀（常开）；3、7—截止阀（常闭）；4—SF_6 充放气口；5—SF_6 密度继电器；6—SF_6 压力表；8—气体检查口

四、现场测试步骤及要求

1. 测试仪器和设备的连接

本模块以 SF_6 高压断路器为例，气路系统如图 ZY1400803003-1 所示。

2. 测试步骤

（1）将仪器与被测设备经设备检测口、连接管路、接口相连接。

（2）接通气路，用 SF_6 气体短时间的吹扫和干燥连接管路与接口。

（3）测试仪器开机检测，待仪器读数稳定后读取结果，同时记录检测时的环境温度和湿度。

五、测试结果分析

1. 测试标准

SF_6 电气设备在 20℃时气体湿度的允许值见表 ZY1400803003-2。

表 ZY1400803003-2 SF_6 电气设备气体湿度的允许值（20℃时）

隔室	有电弧分解物的隔室（μL/L）	无电弧分解物的隔室（μL/L）
交接验收值	≤150	≤250
运行允许值	≤300	≤500

注 六氟化硫设备中气体压力在 0.1MPa 表压以下湿度允许值可以放宽。由供需双方商定。

2. 测试结果分析

（1）露点式水分仪读取的露点值，需查冰面的饱和水蒸气压 p_W（MPa），然后通过计算即得体积分数。

（2）将测试值换算到 20℃时的数值。

六、注意事项

（1）检测工作应尽可能安排在环境温度为20℃左右时进行（至少应考虑在10～30℃检测），并且每次测量时的季节和环境温度应尽可能接近。

（2）每次检测尽可能使用同一仪器、固定检测人员，以便于测量结果的分析与比较，提高测量数据的准确度和可比性。

（3）对变压器和互感器等有线圈的气室，如用露点仪检测的结果有疑问，应换用其他原理的仪器进行检测（如电解法或阻容法水分仪），以避免其他杂质（如烃类）对测量结果的影响。

（4）必要时，可在采样管道中加装过滤装置，以去除粉尘杂质对测量结果的影响。

（5）注意加强对微水量测试仪这类精密仪器的日常维护与保养。

（6）生产、研制、开发单位应根据现场使用情况进一步改进仪器的性能、连接气管的材质、取样阀、接头的密封性等，以提高测试结果的准确性，真正反映设备的运行情况。

（7）新安装的设备，SF_6气体充气至额定压力，24h以上后方可进行气体湿度检测。

（8）推荐在一个大气压下检测。推荐使用不锈钢、铜、聚四氟乙烯材质的连接管路与接口。

（9）由于受SF_6的液化温度的影响，对较干燥的气体，露点式水分仪不能得到确切的测试数值，即使在设备压力下测量也无法避免，此时建议不要使用露点式水分仪，推荐使用阻容式水分仪测量。

【思考与练习】

1. SF_6电气设备中气体水分的主要来源有哪些？
2. SF_6气体中含有水分对SF_6断路器的危害是什么？
3. 简述现场对SF_6断路器进行微水量测试的步骤。
4. 对SF_6断路器进行微水量测试的注意事项是什么？

模块6 红外热成像的测试与分析（ZY1800303001）

【模块描述】本模块介绍红外热成像的测试与分析。通过测试工作流程的介绍，掌握红外热成像的原理，测试前的准备工作和相关安全、技术措施、测试方法、技术要求及测试数据分析判断。

【正文】

一、红外热成像的原理及测试目的

（一）红外热成像的原理

红外热成像是利用红外探测器、光学成像物镜接收被测目标的红外辐射信号，经过光谱滤波、空间滤波使聚焦的红外辐射能量分布图形反映到红外探测器的光敏源上，对被测物的红外热像进行扫描并聚焦在单元或分光探测器上，由探测器将红外辐射能转换成电信号经放大处理转换成标准视频信号，通过电视屏或监视器显示红外热像图，并推断被测目标表面温度的一种技术。

（二）测试目的

红外热成像技术引入电力设备故障诊断后，为电力设备状态维护提供了有力的技术支持。它能在不影响电力设备正常运行的情况下，准确有效地检测运行设备的温度状况，从而判断设备运行是否正常。它有着高效、快捷、准确、不受外界干扰正常运行等诸多优点。

二、测试仪器、设备的选择

对红外成像仪主要参数选择如下：

（1）不受测量环境中高压电磁场的干扰，图像清晰、稳定，具有图像锁定、记录和必要的图像分析功能。

（2）具有较高的像素，一般不小于240×340。

（3）测量时的响应波长，一般在8～14μm。

（4）空间分辨率应满足实测距离的要求，一般对变电站内电气设备实测距离不小于500m，对输电线路实测距离不小于1000m。

（5）具有较高的测量精确度和合适的测温范围，一般精确度不小于0.1℃，测温范围为−50～600℃。

三、危险点分析及控制措施

1. 防止人员误触电

应注意与带电设备的安全距离，移动测量时应小心行进，避免跌碰。红外检测人员在测量过程中不得随意进行任何电气设备操作或改变、移动、接触运行设备及其附属设施。当需要打开柜门或移开遮栏时，应在变电站站长（专责）监护下进行。

2. 防止仪器损坏

强光源会损伤红外成像仪，严禁用红外成像仪测量强光源物体（如太阳、探照灯等）。检测时应注意仪器的温度测量范围，不能把摄温探头随意长时间对准温度过高的物体。

四、测试前的准备工作

1. 了解测量现场情况及试验条件

搜集需监测变电站内设备或线路的负荷周期，选择高峰负荷时段进行红外监测，查阅相关技术资料、相关规程等，了解缺陷情况。

2. 测试仪器、设备准备

检查红外成像仪存储卡空间是否足够，电池电能是否足够，并查阅测试仪器检定证书的有效期。

3. 办理工作票并做好试验现场安全和技术措施

进入试验现场后，办理工作票并做好试验现场安全措施，并向其余试验人员交代工作内容、带电部位、现场安全措施、现场作业危险点，以及明确人员分工。

五、现场测试步骤及要求

（1）开机后设备自检正常，根据环境温度调整仪器背景温度（记录环境温度）。

（2）在仪器上调整受检目标发射率，按表 ZY1800303001-1 进行，并设置色标温度量程。

表 ZY1800303001-1　　常用材料发射率的参考值

材　料	温度（℃）	发射率近似值	材　料	温度（℃）	发射率近似值
抛光铝或铝箔	100	0.09	棉纺织品（全颜色）	—	0.95
轻度氧化铝	25～600	0.10～0.20	丝绸	—	0.78
强氧化铝	25～600	0.30～0.40	羊毛	—	0.78
黄铜镜面	28	0.03	皮肤	—	0.98
氧化黄铜	200～600	0.59～0.61	木材	—	0.78
抛光铸铁	200	0.21	树皮	—	0.98
加工铸铁	20	0.44	石头	—	0.92
完全生锈轧铁板	20	0.69	混凝土	—	0.94
完全生锈氧化钢	22	0.66	石子	—	0.28～0.44
完全生锈铁板	25	0.80	墙粉	—	0.92
完全生锈铸铁	40～250	0.95	石棉板	25	0.96
镀锌亮铁板	28	0.23	大理石	23	0.93
黑亮漆（喷在粗糙铁上）	26	0.88	红砖	20	0.95
黑或白漆	38～90	0.80～0.95	白砖	100	0.90
平滑黑漆	38～90	0.96～0.98	白砖	1000	0.70
亮漆（所有颜色）	—	0.90	沥青	0～200	0.85
非亮漆	—	0.95	玻璃（面）	23	0.94
纸	0～100	0.80～0.95	碳片	—	0.85

（3）再将仪器测量距离调至较远（根据变电站大小或线路远近调整），进行大范围的一般检测，寻找可疑的发热点。

（4）将背景温度和测量距离调整至适当值，对可疑发热点做精确检测，以区分是电压或电流引起的发热及综合致热。

（5）对可疑发热点进行拍摄时，应有设备整体成像、发热点的局部成像以及可供参考的同类正常设备的对比成像。

（6）成像后应记录成像设备的编号、相别以及发热点的方位，并与图像编号相对应。

（7）收集发热设备的实时负荷情况及最高负荷情况。

六、测试注意事项

（1）应尽量选择在阴天或夜间进行测量，晴天时应选择在背光面进行测量，强日照天气严禁测量。晴天测试时阳光在设备表面形成反射（尤其是绝缘子表面），红外成像仪会误测反射表面温度（通常会在200℃以上）。室内检测宜闭灯进行，被测物应避免灯光直射。

（2）测量时环境的温度不宜低于5℃，空气相对湿度不宜大于85%。不应在有雷、雨、雾、雪及风速超过5m/s的环境下进行检测。

（3）针对不同的检测对象选择不同的环境温度参照体。

（4）测量设备发热点、正常相的对应点及环境温度参照体的温度值时，应使用同一仪器相继测量。

（5）应从不同方位进行检测，测出最热点的温度值。

（6）记录异常设备的实际负荷电流和发热相、正常相及环境温度参照体的温度值。

七、测试结果分析及测试报告编写

（一）测试结果分析

1. 测试标准及要求

根据DL/T 664—2008《带电设备红外诊断技术应用导则》规定：

（1）对电流致热设备判断见DL/T 664—2008附录A。

（2）对电压致热设备判断见DL/T 664—2008附录B。

（3）高压开关设备和控制设备各种部件、材料和绝缘介质的温度和温升极限判断见DL/T 664—2008附录C。

2. 测试结果分析

一般来说运行设备发热可分为：电流通过导体引起发热（如电气设备与金属部件的连接、金属部件与金属部件的连接的接头和线夹等）、运行设备在电压下绝缘受潮或劣化引起发热（如电流互感器、电压互感器、耦合电容器、移相电容器、高压套管、充油套管、氧化锌避雷器、绝缘子、电缆头等）、涡流引起设备金属表面发热（变压器、电抗器等）等三大类。

（1）表面温度及温升判断法：温升是指被测设备表面温度和环境温度参照体表面温度之差。一般用于电流或电磁效应引起的发热，根据测得的设备表面温度值，及环境气候条件、负荷大小结合DL/T 664—2008附录C进行分析判断。凡温度（或温升）超过标准者可根据设备温度超标的程度、设备负荷率的大小、设备的重要性及设备承受机械应力的大小来确定设备缺陷的性质。

（2）温差判断法：温差值是指不同被测设备或同一被测设备不同部位之间的温度差。对与电压致热的设备（如电压互感器、耦合电容器、避雷器等），根据同类设备的正常及异常状态的热成像图，结合DL/T 664—2008附录B进行分析判断。必要时可配合色谱及电气试验结果综合分析，确定缺陷的性质及处理意见。一旦温差值超过标准，视为危急缺陷。

（3）相对温差判断法：对电流致热型设备，若发现设备的导流部分热态异常，应按式（ZY1800303001-1）算出相对温差值，再按DL/T 664—2008附录A，进行分析判断，即

$$\delta_t = \frac{\tau_1 - \tau_2}{\tau_1} \times 100\% = \frac{T_1 - T_2}{T_1 - T_0} \times 100\% \qquad (ZY1800303001\text{-}1)$$

式中 τ_1、T_1——发热点的温升和温度；

τ_2、T_2——正常相对应点的温升和温度；

T_0——环境参照体的温度。

（4）同类比较判断法：是根据同组三相设备、同相设备之间及同类设备之间对应的温差，结合温差判断法、相对温差判断法进行比较分析、判断。

模块6 ZY1800303001

（5）档案分析判断法：对同一设备不同时期的温度场进行分析，找出设备致热参数的变化，判断设备是否正常。

（6）实时分析判断法：在一段时间内连续检测被测设备，找出被测设备温度随负荷、时间等因素的变化。

（7）在现场测量时由于环境温度不断变化，当环境温度高于 40℃时，DL/T 664—2008 附录 C 中所列“温升”作为参考值，以“温差”作为判断值。

（8）某些设计制造不合理的电气设备用导磁材料作外壳，而且没有采取限制磁通的措施，因涡流损耗大而发热。对涡流引起设备金属表面发热在分析时，可用表面温度判断法进行分析判断。

（9）在现场测量时，根据表 ZY1800303001-2 中所列的现象，判断风速的大小，以便进行一般检测和精确检测。

表 ZY1800303001-2 风级、风速与表象

风级	风速（m/s）	地面现象
0	0～0.2	静烟直上
1	0.3～1.5	烟能表示风向，树叶略有摇动
2	1.6～3.3	人脸感觉有风，树叶有微响，旗开始飘动
3	3.4～5.4	树叶和很细的树枝摇动不息，旗展开
4	5.5～7.9	能吹起地面的灰尘和纸张，小树枝摇动
5	8.0～10.7	有叶的小树摇摆，内陆水面有水波
6	10.8～13.8	大树枝摆动，电线有呼呼声，举伞困难
7	13.9～17.1	全树摆动，迎风步行不便

一般检测时环境温度一般不低于 5℃，相对湿度一般不大于 85%，天气以阴天、多云为宜，最好在夜间进行，在室内或晚上检测应避开灯光直射，宜闭灯检测。风速一般不大于 5m/s，应尽量避开视线中的封闭遮挡物。检测电流致热设备，最好在高峰负荷下进行。否则，一般应在不低于 30%的额定负荷下进行，同时应充分考虑小负荷电流对测试结果的影响。

精确检测时除了满足上述要求外，还应满足：风速一般不大于 0.5m/s；设备通电时间不小于 6h，最好在 24h 以上；检测期间天气为阴天、夜间或晴天日落 2h 后；被检测设备周围应具有均衡的背景辐射，应尽量避开附近热辐射源的干扰，在某些设备被检时还应避开人体热源等的红外辐射；避开强电磁场，防止强电磁场影响红外热像仪的正常工作。

（二）测试报告编写

测试结束后应对图片进行分析处理，形成报告。测试报告内应包含测量时环境条件（包括风速、环境温度、湿度）、日期、时间、发热设备整体热图、发热局部热图、可对比的成像热图，还应有热成像仪的编号、测试距离等，发热设备的编号、相别、发热位置的方位以及所在线路的实时负荷、最高负荷和额定负荷情况，试验人员等。

八、案例

某变电站 2 号主变压器 110kV 侧避雷器三相红外热成像图如图 ZY1800303001-1 所示，其中从前至后分别为 W、V、U 相，U 相 26.5℃，V 相 25.6℃，W 相 25.5℃。

通过分析，其 U 相与 V 相“相间温差”是 0.9℃，与 W 相“相间温差”是 1.0℃，接近或等于 DL/T 664—2008 附录 B 中的规定值（0.5～1.0），立即通过带电监测发现，V、W 相总泄漏电流及阻性分量均正常，U 相总泄漏电流略有增长，但阻性电流达 1700μA，严重超出避雷器阻性电流规定值，立即进行了更换。

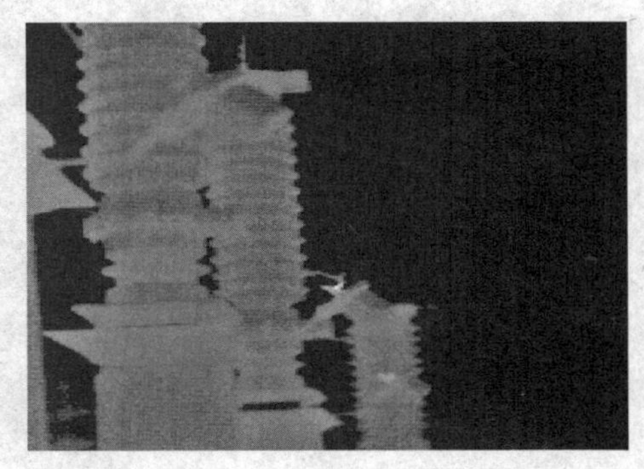

图 ZY1800303001-1 避雷器三相红外热成像图

【思考与练习】

1. 如何选择红外热成像测试的时间？
2. 红外热成像测试报告中应包含哪些信息？
3. 解释温差、温升的含义。

第四章 数据采集及分析

模块1 电气设备在线监测（GYBD00702001）

【模块描述】本模块介绍电气设备常用在线监测的原理和结构。通过要点讲解、分析，了解变压器油的在线监测、变压器局部放电在线监测、电力设备温度实时在线监测的内容、方法和装置原理，熟悉电气设备在线监测与预防性试验的关系。

【正文】

随着传感器技术、信号处理技术、计算机技术的发展与应用，集中型绝缘在线监测技术有了很大发展。目前，集中型绝缘在线监测装置不仅可以连续自动监测电容型设备的绝缘参数，还可以监测环境温度、湿度和系统谐波、频率、电压等非绝缘参数。监测所得的参数经相应的软硬件综合处理分析，可以对被监测设备绝缘状况进行定时监视或随时监视。当有设备出现“超标”等异常情况时，监测系统可立即自动报警，将绝缘监测从预防性阶段进入到预知性阶段，使测试的有效性、灵敏性都大大提高。集中连续自动的绝缘在线监测是高压电力设备绝缘监测的重要手段，也是输变电设备开展状态检修的重要支撑。

一、检测参数的分类和选择

1. 检测参数分类

检测参数根据被监测设备分类如下：

（1）变压器类。主要为充油式电力变压器或电抗器。主要的检测量有油中溶解气体（单一组分或多种组分）、铁芯接地电流、油中微水、油温、绕组温度、局部放电、漏抗等。

（2）电容性设备。包括电容式套管、电流互感器、电容式电压互感器、电容器等。主要的检测量有介质损耗、泄漏电流、等值电容等。

（3）金属氧化物避雷器。检测量有总电流、阻性电流。

（4）高压断路器。包括油断路器、SF_6断路器（含GIS内的断路器）、真空断路器。主要检测量有遮断电流，合、分闸线圈电流，机械特性相关参数、振动，动态回路电阻，SF_6气体的压力、泄漏、湿度监测等。

（5）GIS（气体绝缘金属封闭电器）。主要检测量有SF_6气体的压力、泄漏、湿度监测，SF_6断路器机械特性和局部放电检测等。

（6）输电线路。检测量有覆冰，微气象，导线弧垂，导线温度，导、地线振动等。

（7）绝缘子。检测量有泄漏电流等。

（8）电缆。检测量有温度、局部放电等。

2. 宜采用的检测参数

在线监测实施时宜选用成熟、可靠的检测参数。在决策是否选用时还需结合被监测设备的重要性、监测系统的可靠性、维护量及其投入成本等作综合考虑。

（1）油中溶解气体。典型变压器油中溶解气体成分反映的变压器故障情况见表GYBD00702001-1。

表 GYBD00702001-1　典型变压器油中溶解气体成分反映的变压器故障情况

被测气体	诊断
5%或更少的O_2	密封变压器处于正常运行状态
多于5%的O_2	检查变压器密封状态

续表

被测气体	诊断
CO_2、CO，或 CO 和 CO_2 同时存在	变压器过载或过热，检查运行条件
H_2	电晕放电、水电解或铁锈
H_2、CO 和 CO_2	电晕放电涉及绝缘纸或变压器严重过负荷
H_2、CH_4 和少量的 C_2H_4、C_2H_6	火花放电或别的不严重故障，主要是由油中放电引起的
H_2、CH_4、CO 和 CO_2 及少量其他气体，通常不存在 C_2H_2	火花放电或别的不严重故障，但已涉及固体绝缘
大量的 H_2 及其他烃类气体（包括 C_2H_2）	内部存在高能量的电弧放电，引起油快速劣化
大量的 H_2、CH_4、C_2H_4 及少量的 C_2H_2	小区域的高温过热，通常由于接地不良引起，故障未涉及固体绝缘
大量的 H_2、CH_4、C_2H_4 及少量的 C_2H_2，另外还有 CO 和 CO_2	小区域的高温过热，通常由于接地不良引起，故障已涉及固体绝缘

目前，油中溶解气体在线监测系统基本上有两种类型：一种是单一组分型或简易型，主要测 H_2 或 C_2H_2 的含量及增长率，用于对变压器早期故障的报警或预警；另一种是多气体组分型，可监测氢气、甲烷、乙烷、乙烯、乙炔、一氧化碳、二氧化碳等多种气体，以便对变压器的故障进行在线分析。油中溶解气体在线监测可以实现对设备状态的连续监测，其检测周期可以短到数小时，利于及早发现故障征兆，并及早采取纠正措施，这样既可减少故障漏报的风险和损失，又可减少人工测量所需的工作量。将在线监测系统与人工测量相结合，可准确地分析变压器运行状况。

（2）变压器铁芯接地电流。由于变压器铁芯接地电流的大小随铁芯接地点多少和故障严重的程度而变化，因此，可把铁芯接地电流作为诊断大型变压器铁芯短路故障的特征量。规程规定，如发现铁芯的对地绝缘电阻与前次相比数据变化较大但不能判断原因时，应在运行中检测铁芯接地电流，如果超过 0.1A，应采取相应措施。对于铁芯和上夹件分别引出油箱外接地的变压器，可分别测出铁芯和夹件对地的电流，如果二者相等，且数值在数安以上时，往往是铁芯与夹件有连接点；如果前者远大于后者，且数值在数安以上时，往往是铁芯有多点接地；如果后者远大于前者，且数值在数安以上时，往往是夹件有多点接地。

铁芯或夹件接地电流数量级在几十毫安到几安甚至更大，检测量程比较宽，且主要是阻性电流，因此测量技术相对比较容易实现，一般都作为变压器状态监测的常选项之一。

（3）电容型设备的电容量与介质损耗。电容型设备主要是指油浸式电流互感器、电容式套管、耦合电容器等。

$\tan\delta$ 的测量对于整体性的绝缘劣化（如受潮、老化、杂质等）比较敏感，而电容量的测量对于套管、电容式电压互感器和电流互感器内部发生电容屏间短路的缺陷非常有效。

在设备运行额定电压下进行电容量与介质损耗因数的监测比低电压下的检测结果更加真实准确，该技术已相对比较成熟。如测变压器套管、电流互感器的 $\tan\delta$ 一般是通过末屏外接监测单元检测绝缘电流，并与就近的电压互感器等所测取的电压量进行比较，从而计算出绝缘介质的等值电容量与介质损耗因数。通过测量等值电容量与介质损耗因数能够较有效地反映其内部缺陷，多数的潜在故障都有可能通过它们检测出来。因此可将 $\tan\delta$ 和等值电容量作为电容型设备的常规在线监测参数，将绝缘电流作为辅助测量参数。

（4）金属氧化锌避雷器总电流和阻性电流。对金属氧化物避雷器在运行电压下监测其阀片总电流的阻性电流分量，可较灵敏地反映阀片的潜在故障。原因为：金属氧化物避雷器在运行中长期直接承受电力系统运行电压的作用，阀片将逐渐产生劣化；结构不良导致密封不严，使阀片在运行中容易受潮；无间隙的避雷器，当阀片受潮后阀片电流增大又会加剧劣化，从而进一步导致电流增大，电流中的阻性分量使阀片温度上升，产生有功损耗，形成热崩溃，严重时将导致避雷器损坏或爆炸。

可将总电流和阻性电流分量作为高压避雷器的常规在线监测项目。当测到的阻性电流受相别影响较大时，需注意与该相的历史数据相比较。如果阻性电流测量时包含瓷套表面污秽电流，也可将分开后的瓷裙表面污秽电流选作辅助监测参量。

（5）局部放电。对于很多绝缘材料，特别是有机绝缘材料，局部放电是衡量绝缘性能劣化的重要指标。局部放电水平的突然增长是某些突发绝缘故障的先兆，因此对局部放电实现在线监测非常必要。局部放电剧增会加速绝缘老化，但局部放电强度与绝缘的剩余寿命间明确的对应关系还难以确定。在内绝缘设计中，一般考虑在运行电压下应无有害的局部放电。

局部放电特性是衡量电力变压器绝缘系统质量的重要指标：110kV 以上的电力变压器，在出厂试验中每台都要作局部放电试验；220kV 以上的电力变压器在安装后的交接试验中，也需要通过现场局部放电试验的考核；在运行中发现油中含气量等超标时，一般也要做局部放电试验进行检查。变压器局部放电在线监测就是在设备运行时进行局部放电的连续监测，局部放电的在线监测的技术难点是现场情况下如何抑制或辨别干扰，从而有效提取信号。

局部放电特性也是衡量 GIS 绝缘系统质量的重要指标。研究表明，GIS 中的局部放电会在 GIS 内部空腔及外壳对地之间产生超高频电磁波，使接地线上有放电脉冲电流流过。局部放电还会使通道气体压力骤增，在 GIS 气体中产生声波，并传递到金属外壳上，在外壳上出现各种纵波、横波和表面波等。目前，现场已有通过测量超高频或超声局部放电信号来寻找放电部位，并在实践中进一步积累应用经验。

（6）断路器的累计开断电流和分合闸线圈电流。对于断路器，预防性试验规定的导电回路电阻测量、分合闸线圈直流电阻测量等试验目前较难实现在线测量，而行程和速度特性的在线测量由于传感器安装及可靠性问题往往也受到了一定限制。通过测量断路器的累计开断电流（据此计算触头累计磨损量）有助于实现判断触头状态和灭弧室绝缘状态的目的，这是一种较为可行的在线监测方法。通过监测和记录断路器操作时分合闸线圈的电流波形，进一步分析可判断操动机构的状态变化。

（7）绝缘子的泄漏电流（尚在积累经验，可试点采用）。绝缘子表面泄漏电流是电压、气候、污秽三要素的综合反映，绝缘泄漏电流在线监测的原理是通过特殊的引流装置卡采集沿绝缘子表面的泄漏电流，在线实时测量输电线路上绝缘子串的泄漏电流，经计算求得一段周期内泄漏电流的峰值平均值、峰值最大值及最大泄漏电流脉冲数等。

绝缘子泄漏电流在线监测系统能够对运行中绝缘子的泄漏电流和环境温度、湿度等进行在线实时监测，理论上可综合泄漏电流值、局部放电强度及气象条件等参数，得出等值附盐密度、零值电流、污秽发展趋势等的判断。该在线监测技术目前还没有大量运行经验证明监测系统运用在实际输电线路中的可靠性，主要问题有：① 检测数据分散性较大；② 对泄漏电流如何反映绝缘子的污秽程度尚没有明确的判据，仍在积累经验。

（8）其他参数。如变压器的油温、SF_6 密度、压力和微水检测装置等作为主设备的附件而引入的检测量。

（9）环境参数。变电站现场的环境参数（如温度、湿度等）可为诊断提供参考信息。

二、系统构成

在线监测系统的主要功能可实现对电力设备状态的参数的连续检测、传输、处理分析，并可实现越限报警，提示设备可能有潜在缺陷。根据设备状态综合诊断的需要，在线监测系统一般宜采取对多个状态量进行综合监测的方式，并可扩展到整个变电站。

根据实际需要，在线监测系统可以进行必要的简化配置，如仅由检测单元组成，有的就地显示监测数据（如避雷器泄漏电流表）或通过通信设备实时远传数据，或定期采集数据等。

（1）检测单元：实现被监测参数的采集、信号调理、模数转换和数据的预处理功能，由检测单元实现。

（2）数据传输单元：实现监测数据的传输，由通信和控制单元实现。

（3）数据的处理、分析和设备状态预警单元：实现监测数据的处理、计算、分析、存储、打印、显示及预警，由主站单元实现。主站计算机系统通用功能包含人工召唤数据、定时自动轮询数据、对监测装置进行对时、更新数据浏览、历史数据浏览、特征参数趋势图显示、特征参数越限告警、重要状态变位告警、运行报表浏览及打印输出等。

对于在线监测系统所获取的数据，应进行综合比较和分析，并结合被监测设备的运行工况、交接和预防性试验数据及其他信息，进行全面分析。

三、运行管理

1. 基本要求

（1）运行单位应根据国家电网公司《输变电设备在线监测系统技术导则》、在线监测装置使用手册等编写在线监测系统现场运行规程，并建立在线监测系统设备台账和运行履历。

（2）应注意监视在线监测系统的运行状况，及时发现并报告其存在的缺陷。

（3）应注意在线监测系统监测数据的采集、存储和备份，数据的变化趋势的初步判断，报警值的管理等。

（4）如果在线监测数据发现异常，应及时报告。

2. 运行巡视

（1）检查检测单元的外观应无锈蚀，密封良好，连接紧固。

（2）电（光）缆的连接无松动和断裂。

（3）管路接口应无渗漏。

（4）就地显示面板显示正常。

（5）数据通信情况正常。

（6）主站计算机运行正常。

（7）在电源电压超出监测系统规定的范围或进行电源切换时，应及时检查系统工作是否正常。

（8）检查监测数据是否在正常范围内，如有异常，及时汇报。

（9）在特殊情况下，如被监测系统遭受雷击、短路等大扰动后，或被监测设备监测数据异常，以及在大负荷、异常天气等情况时，应加强巡视。

3. 报警值管理

（1）根据相关标准规范或运行经验由运行单位制定各报警值。报警值不应随意修改。

（2）发生在线监测系统报警时由运行人员及时汇报。

（3）发生在线监测系统报警后应尽快安排检查和开展以下工作：

1）报警值的设置是否变化。

2）外部接线、网络通信是否出现异常中断。

3）是否有异常天气。

4）是否有强烈的电磁干扰源发生，如开关操作、外部短路故障等。

5）监测装置及系统是否异常。

6）进行在线监测数据变化的趋势和横向比较分析。

（4）如确认在线监测系统工作正常，报警后应视具体情况对主设备采取进一步的诊断和处理。

（5）如确认在线监测系统发生误报警，应及时退出报警功能，查明原因并处理后再投入运行。当不能完全确认系统发生误报警，不应将装置退出运行。

4. 日常维护

（1）不得随意更改主站系统监测软件的设置，任何改动应在系统管理员认可后方可进行。

（2）主站单元宜专机专用，其网络设置不应随意更改，不能安装无关应用软件。

（3）监测软件处于常运行状态，不应随意关闭。

（4）被测设备检修时，应对检测单元进行必要的检查和试验。

1）检查检测单元与被监测设备本体连接部位良好，无渗漏、锈蚀和受潮等异常现象。

2）检查电（光）缆连接正常，接地引线、屏蔽牢固。

3）按制造厂技术要求，对无法承受负压状态的油气分离薄膜式传感器，在变压器放油或油处理前，应首先关紧传感器的阀门；在变压器吊罩时，将监测装置拆除，妥善保存。

4）在套管、电流互感器、耦合电容器、避雷器等设备大修或更换时，应将监测装置拆除，妥善保存，拆、卸和安装应按制造厂技术要求进行。

（5）当检测单元工作异常或数据异常，应进行人工复位后再采集。

（6）如出现主站计算机异常或“死机”，需根据维护手册要求重新启动系统。

（7）当通信异常时，要检查与主站通信线插头是否松动，或通信母板是否故障。

（8）对该系统操作前，应熟悉使用手册、软件使用指南，出现问题应按照维护指南进行。

（9）出现硬件和软件故障，按维护指南无法解决时，应及时通知厂家派人维护。

（10）定期对在线监测系统的电源进行检查。

【思考与练习】

1. 变压器类设备检测参数主要有哪些？

2. 在线监测设备的主要构成部分有哪些？

3. 在线监测系统报警值管理有何要求？

模块 2　相关电气试验数据分析（GYBD00702002）

【模块描述】本模块介绍电气试验和在线监测运行数据综合分析。通过要点讲解、综合分析和应用示例，熟悉试验数据的分析方法，掌握试验结论和处置原则及设备状态评价方法。

【正文】

状态量是指直接或间接表征设备状态的各类信息，如数据、声音、图像、现象等。检测是获取设备状态量的重要手段之一，主要包括测量、试验、化验、分析、探伤、检查等多种方法，例如变压器的电气试验、油中溶解气体的检测分析、红外检测等。检测又可根据设备所处的运行状态分为带电检测、离线检测和在线监测等多种。本模块主要介绍电气试验数据的分析判断。

一、试验数据的分析方法

利用不同的方法获得检测数据只是判断设备状态的第一步，如何利用检测结果中的有效信息进行设备状态的识别更为重要。通常对试验数据分析有计算机智能故障诊断和人工分析两类，其中人工分析是运行人员应掌握的基本技能。常用的试验数据分析有以下几种，但并不限于此。

1. 阈值判断法

所谓阈值可以简单理解为临界值，在此指有关规程规定的限制。阈值判断法是最常用的试验数据分析方法之一。通常情况下，有了试验结果后，首先对照规程的规定，分析比对有无超过规程规定值的数据，即有无“超标”数据，由此判断试验项目是否合格。

阈值判断虽然是最基本的方法，但并不是试验数据不超标的设备就一定是完好设备，有些数据并未超标，但劣化的速率极快，同样存在风险。因此，数据分析一般需要应用多种方法，综合分析判断数据的变化趋势，正确得出设备的状态结论。

2. 显著性差异分析法

当设备的状态量明显不同于其他设备时，可以通过显著性差异分析法找出与其他同类设备有明显差异的设备。根据数理统计理论，同一批设备，由于设计、工艺和材质都相同，各台设备的同一状态量应该视为源自同一母体的不同样本，如果被分析设备的状态量值与其他设备存在显著性差异，必然有其原因，且很可能是早期缺陷的信号。

3. 纵横比较分析法

（1）纵比是指设备的当前试验数据与上次试验数据进行比较，横比是指同台（组）设备不同相间数据进行比较，分析判断设备的当前试验值是否正常。一般不超过±30%可判为正常，否则应进一步分析判断原因。

（2）当利用相邻两次或更多次试验数据相比较，仍然难以给出定论时，需要用当前数据与该设备的试验数据初值比较，进一步分析判断，得出设备的试验结论。

（3）试验数据初值是指能够代表状态量原始值的试验值。初值可以是出厂值、交接试验值、早期试验值、设备核心部件或主体进行解体检修、更换之后的首次试验值等。对于易受安装环境影响的试验数据选择交接或首次预试值作为初值，不受安装环境影响的试验数据选出厂试验值作为初值，受大修影响的试验把大修后首次试验值作为初值。

4. 状态量的显著性差异分析

在相近的运行和检测条件下，同一家族设备的同一状态量不应有明显差异，否则应进一步分析判断原因。

家族设备是指同厂、同批次或属于同一设计、材质、工艺在不同工厂生产的设备。

5. 易受环境影响状态量的纵横比分析

本方法可作为辅助分析手段。如U、V、W三相设备的上次试验值和当前试验值分别为U_1、V_1、W_1和U_2、V_2、W_2，在分析设备当前试验值U_2是否正常时，根据$U_2/(V_2+W_2)$与$U_1/(V_1+W_1)$相比有无明显差异进行判断，一般不超过±30%可判为正常。

二、试验结论和处置原则

每项试验工作结束，试验人员都应给出明确的试验结论。运行人员应能根据试验数据审核其结论的正确性。同样，运行人员也应具备根据试验数据独立给出试验结论的能力，并根据试验结论采取相应的处理措施。

1. 试验结论

设备试验的结论分为合格和不合格两种，但对单项试验数据又可分为正常值、注意值和警示值三种。

（1）正常值是指试验所获得数据量值大小、发展趋势以及相互平衡程度等均在规程规定的限值之内的数据

（2）注意值是指当试验数据达到该数值时，设备可能存在或可能发展为缺陷。例如变压器绕组绝缘电阻应不小于6000MΩ，吸收比应不低于1.3，极化指数应不低于1.5等。

（3）警示值是指状态量达到该数值时，设备已存在缺陷并有可能发展为故障。例如变压器的直流电阻相间互差不大于2%等。

2. 试验结果的处置原则

（1）各项试验数据为合格的设备为正常设备，执行正常的巡视、检修和试验周期。

（2）试验结果有注意值项目的设备，若当前试验值超过注意值或接近注意值的趋势明显，对于正在运行的设备，应加强跟踪监测；对于停电设备，如怀疑属于严重缺陷，不宜投入运行。

（3）试验结果有警示值项目的设备，若当前试验值超过警示值或接近警示值的趋势明显，对于运行设备应尽快安排停电试验。对于停电设备，消除此隐患之前，一般不应投入运行。

三、试验数据分析

设备的试验一般分为例行试验和诊断性试验两种。例行试验是为获取设备状态量，评估设备状态，及时发现事故隐患，定期进行的各种带电检测和停电试验。而诊断性试验是发现设备状态不良或经受了不良工况、受家族缺陷警示或连续运行了较长时间，为进一步评估设备状态进行的试验。例行试验通常按周期进行，诊断性试验只在诊断设备状态时根据情况有选择地进行。

下面以变压器有关试验为例，介绍试验数据的分析。

1. 变压器例行试验数据分析

油浸式电力变压器（电抗器）例行试验数据分析见表GYBD00702002-1。

表GYBD00702002-1 油浸式电力变压器（电抗器）例行试验数据分析

例行试验项目	基准周期	规　定	要求和分析
红外热像检测	330kV及以上：1月 220kV：3月 110kV/66kV：半年	无异常	红外热像图显示应无异常温升、温差和相对温差
油中溶解气体分析	330kV及以上：3月 220kV：半年 110kV/66kV：1年	（1）乙炔：≤1μL/L（330kV及以上），≤5μL/L（其他）（注意值）。 （2）氢气：≤150μL/L（注意值）。 （3）总烃：≤150μL/L（注意值）。 （4）绝对产气速率：≤12mL/d（密封式，注意值）或≤6mL/d（开放式，注意值）。 （5）相对产气速率：≤10%/月（注意值）	若有增长趋势，即使小于注意值，也应缩短试验周期。烃类气体含量较高时，应计算总烃的产气速率。当怀疑有内部缺陷时，应进行额外的取样分析

续表

例行试验项目	基准周期	规　定	要求和分析
绕组电阻	3 年	（1）相间互差不大于 2%（警示值）。 （2）同相初值差不超过±2%（警示值）	有中性点引出线时，应测量各相绕组的电阻；若无中性点引出线，可测量各线端的电阻，然后换算到相绕组电阻。要求在扣除原始差异之后，同一温度下差值不超过规定值
绝缘油例行试验	330kV 及以上：1 年 220kV 及以下：3 年	见表 GYBD00702002-3	见表 GYBD00702002-3
套管试验	3 年	见表 GYBD00702002-4	见表 GYBD00702002-4
铁芯绝缘电阻	3 年	≥100MΩ（新投运 1000MΩ）（注意值）	除注意绝缘电阻的大小外，要特别注意绝缘电阻的变化趋势。夹件引出接地时，应分别测量铁芯对夹件及夹件对地绝缘电阻
绕组绝缘电阻	3 年	（1）绝缘电阻无显著下降。 （2）吸收比≥1.3 或极化指数≥1.5，或绝缘电阻≥10 000MΩ（注意值）	不同温度下测量的绝缘电阻应进行温度修正。绝缘电阻下降显著时，应结合介质损耗因数及油质试验进行综合判断
绕组绝缘介质损耗因数（20℃）	3 年	330kV 及以上：≤0.005（注意值） 220kV 及以下：≤0.008（注意值）	测量绕组绝缘介质损耗因数时，应同时测量电容值，若此电容值发生明显变化，应予以注意。分析时应注意温度对介质损耗因数的影响
有载分接开关检查（变压器）	每年 1 次	按有关规程和产品说明书规定	按有关规程和产品说明书规定

2. 变压器诊断性试验数据分析

油浸式电力变压器（电抗器）诊断性试验数据分析见表 GYBD00702002-2。

表 GYBD00702002-2　　油浸式电力变压器（电抗器）诊断性试验数据分析

诊断性试验项目	目　的	要求和分析
空载电流和空载损耗测量	诊断铁芯结构缺陷、匝间绝缘损坏等	试验电压值和接线应与上次试验保持一致。测量结果与上次相比，不应有明显差异。应注意同时分析空载损耗变化
短路阻抗测量	诊断绕组是否发生变形	应在最大分接位置和相同电流下测量。试验电流可用额定电流，也可低于额定值，但不应小于 5A。初值差不超过±3%（注意值）
绕组频率响应分析		绕组频率响应曲线应与原始的各个波峰、波谷点所对应的幅值及频率基本一致
感应耐压和局部放电测量	验证绝缘强度，或诊断是否存在局部放电缺陷	（1）感应耐压：出厂试验值的 80%。 （2）局部放电：$1.3U_m/\sqrt{3}$ 下，≤300pC（注意值）
外施耐压试验		仅对中性点和低压绕组进行，耐受电压为出厂试验值的 80%，时间为 60s
绕组各分接位置电压比	验证核心部件或主体进行解体检修、更换后接线是否正确，或验证绕组是否存在缺陷	结果应与铭牌标识一致。初值差不超过±0.5%（额定分接位置）；其他分接不超过±1.0%（警示值）
直流偏磁水平检测	验证变压器声响、振动等异常是否由直流偏磁引起	符合有关规程规定
纸绝缘聚合度测量	诊断绝缘老化程度	聚合度≥250（注意值）
绝缘油诊断性试验	检验绝缘油质量	新油或例行试验后怀疑油质有问题时进行，应符合有关规程规定
整体密封性能检查	检验整体密封状况	采用储油柜油面加压法，在 0.03MPa 压力下持续 24h，无油渗漏
铁芯及夹件接地电流测量	检查铁芯是否多点接地	≤100mA（注意值），当铁芯与夹件分别接地时应分别测量
声级及振动测定	检验噪声是否异常	符合设备技术文件要求，振动波主波峰的高度应不超过规定值，且与同型设备无明显差异
绕组直流泄漏电流测量	检验绝缘是否存在受潮等缺陷	泄漏电流与初值比应没有明显增加，与同型设备比没有明显差异

3. 绝缘油例行试验数据分析

变压器（电抗器）绝缘油例行试验数据分析见表GYBD00702002-3。

表GYBD00702002-3　　变压器（电抗器）绝缘油例行试验数据分析

例行试验项目	规定值	要求和分析
视觉检查	透明，无杂质和悬浮物	淡黄色为好油，黄色为较好油，深黄色为轻度老化的油，棕褐色为老化的油
击穿电压	≥50kV（警示值），500kV及以上 ≥45kV（警示值），330kV ≥40kV（警示值），220kV ≥35kV（警示值），110kV/66kV	击穿电压值达不到规定要求时，应进行处理或更换新油
水分	≤15mg/L（注意值），330kV及以上 ≤25mg/L（注意值），220kV及以下	测量时应尽量在顶层油温高于60℃时取样。怀疑受潮时，应随时测量油中水分
介质损耗因数（90℃）	≤0.02（注意值），500kV及以上 ≤0.04（注意值），330kV及以下	按有关规程规定
酸值	≤0.1mg（KOH）/g（注意值）	0.03mg（KOH）/g为新油，0.1mg（KOH）/g为可继续运行，0.2mg（KOH）/g为下次维修时需进行再生处理，0.5mg（KOH）/g为油质较差。当酸值大于注意值时，应进行再生处理或更换新油
油中含气量（体积比）	330kV及以上变压器、电抗器：≤3%	当油中含气量接近或超过规定值时，应查明原因，并采取相应措施

4. 高压套管例行试验数据分析

高压油纸电容式套管例行试验数据分析见表GYBD00702002-4。

表GYBD00702002-4　　高压油纸电容式套管例行试验数据分析

例行试验项目	基准周期	规定	要求和分析
红外热成像检测	330kV及以上:1个月 220kV：3个月 110kV/66kV：半年	无异常	红外热像图显示应无异常温升、温差和相对温差
绝缘电阻	3年	（1）主绝缘：≥10 000MΩ（注意值）。 （2）末屏对地：≥1000MΩ（注意值）	包括套管主绝缘和末屏对地绝缘的绝缘电阻
电容量和介质损耗因数（20℃）（电容型）	3年	（1）电容量初值差不超过±5%（警示值）。 （2）介质损耗因数符合以下要求： 1）500kV及以上，≤0.006（注意值）。 2）其他（注意值）： 油浸纸，≤0.007； 聚四氟乙烯缠绕绝缘，≤0.005； 树脂浸纸，≤0.007； 树脂黏纸（胶纸绝缘），≤0.015	如果测量值异常时，可测量介质损耗因数与测量电压之间的关系曲线。介质损耗因数的增量应不大于±0.003，且介质损耗因数不超过0.007（U_m≥550kV）、0.008（U_m为363kV/252kV）、0.01（U_m为126kV/72.5kV）。分析时应考虑测量温度影响

5. 高压套管诊断性试验数据分析

高压油纸电容式套管例行试验数据分析见表GYBD00702002-5。

表GYBD00702002-5　　高压油纸电容式套管诊断性试验数据分析

诊断性试验项目	规定	要求和分析
油中溶解气体分析（充油）	乙炔：≤1μL/L（220kV及以上），≤2μL/L（其他）（注意值） 氢气：≤500μL/L（注意值） 甲烷：≤100μL/L（注意值）	当怀疑绝缘受潮、劣化，或者怀疑内部可能存在过热、局部放电等缺陷时进行本项目。取样时，应注意设备技术文件的特别提示（是否允许取油等），并检查油位应符合设备技术文件的要求
末屏（如有）介质损耗因数	≤0.015（注意值）	当套管末屏绝缘电阻不能满足要求时，可通过测量末屏介质损耗因数作进一步判断
交流耐压和局部放电测量	（1）交流耐压：出厂试验值的80%。 （2）局部放电（$1.05U_m/\sqrt{3}$）： 油浸纸、复合绝缘、树脂浸渍、充气，≤10pC； 树脂黏纸（胶纸绝缘），≤100pC（注意值）	需要验证绝缘强度，或诊断是否存在局部放电缺陷时进行本项目。如有条件，应同时测量局部放电。交流耐压为出厂试验值的80%，时间60s。 对于变压器（电抗器）套管，应拆下并安装在专门的油箱中单独进行

续表

诊断性试验项目	规　　定	要求和分析
气体密封性检测（充气）	≤1%/年或符合设备技术文件要求（注意值）	当气体密度表显示密度下降或定性检测发现气体泄漏时，进行本项试验
气体密度表（继电器）校验（充气）	符合设备技术文件要求	数据显示异常或达到制造商推荐的校验周期时，进行本项目。校验按设备技术文件要求进行
SF_6 气体成分分析（充气）	按有关规程规定	怀疑 SF_6 气体质量存在问题，或者配合事故分析时，可选择性地进行 SF_6 气体成分分析

6. 在线监测装置数据分析

在线监测装置是在设备正常运行的条件下，对设备的某些状态量数据进行连续监测的装置。它具有智能化程度高，可以自动记录、分析、报警、组网、信息远传等功能，是智能化设备和电网的重要组成部分。

随着技术的发展，在线监测装置的功能和种类越来越多，目前应用比较广泛的有油色谱、避雷器全电流或阻性电流、容性设备绝缘、局部放电、瓷绝缘泄漏电流、连接点温度测量以及断路器性能等在线监测装置。

在线监测装置的监测数据与离线检测数据分析方法相同，由于在线监测装置设有不同级别的越限报警，当监测数据达到设定值时会自动报警，具有很高的智能化水平。运行中应对在线监测数据与离线检测数据经常进行比对分析，掌握二者数据差异的程度和规律。当在线监测装置报警后，应及时查明原因，尽快利用其他检测方法对报警数据进行确认。

四、设备状态评价

设备状态评价是根据收集到的各类状态信息，依据相关标准，确定设备的状态和发展趋势。设备状态评价需要综合运行、检修、管理、检测、不良运行工况、家族缺陷等多方面的设备状态信息，在线和离线试验数据只是设备的部分状态信息。

设备状态评价一般通过状态检修辅助决策系统或其他智能化故障诊断系统按规定程序自动完成，也可以按照设备评价标准人工进行评价。设备状态一般分为正常状态、注意状态、异常状态和严重状态四种。

1. 正常状态

运行数据稳定，所有状态量符合标准，各种状态量处于稳定且在规程规定的标准限值以内，可以正常运行的设备状态。

2. 注意状态

单项或多项状态量变化趋势朝接近标准限值方向发展，但未超过标准限值，仍可以继续运行，但应加强运行监视的设备状态。

3. 异常状态

单项重要状态量变化较大，或几个状态量明显异常，已接近或略微超过标准限值，已影响设备的性能指标或可能发展成严重状态，设备仍能继续运行但应监视运行，并应适时安排停电检修的设备状态。

4. 严重状态

单项或几个重要状态量严重超过标准限值，需要尽快安排停电检修的设备状态。

【思考与练习】

1. 如何用阈值判断法分析设备试验数据？
2. 如何用纵横比较分析法分析设备试验数据？
3. 对于试验结果有警示值项目的设备应如何处置？
4. 举例说明什么是试验数据的注意值。

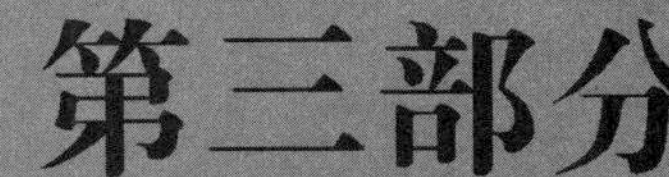

第三部分

基本技能

第五章 常用仪器、仪表、安全工器具的使用及维护

模块1 常用仪器、仪表使用（GYBD00201001）

【**模块描述**】本模块介绍万用表、绝缘电阻表、接地电阻仪、钳形电流表、直流电桥的使用方法。通过使用方法介绍和注意事项讲解，掌握常用仪器和仪表的使用。

【**正文**】

常用仪器、仪表有万用表、绝缘电阻表、接地电阻仪、钳形电流表、直流电桥，其工作原理在基础知识中已介绍，这里仅介绍其使用。

一、万用表

万用表是一种具有多种用途和多个量程的携带式直读式仪表。一般的万用表可以用来测量电阻、直流电流、直流电压、交流电压，并可用来检验电路的通断情况，对半导体器件简单的测试，有的还可以测量电容、电感等。由于万用表具有用途广、量程多和使用方便等优点，得到广泛应用。

（一）万用表的结构

常用的万用表有指针式（模拟式）和数字式两种。指针式万用表是由一个磁电式测量机构（又称表头）、测量线路和转换开关三个基本部分组成的。

1. 表头

表头采用高灵敏度的磁电式测量机构组成，其满刻度偏转电流为几微安到几百微安。满刻度偏转电流越小，表头的灵敏度就越高，测量电压时的电阻也就越大，特性就越好。

2. 测量线路

测量线路是万用表用来实现多种电量、多种量程测量的部分。它是由测量直流电流的线路、测量直流电压的线路、测量交流电压的线路、测量电阻的线路等几种线路组合而成。组成测量线路的主要元件是各种电阻（绕线电阻、碳膜电阻、金属膜电阻）。为了测量交流电压，在测量线路中还装有整流二极管。

3. 转换开关

以上各种测量线路，是经转换开关的切换来实现的。转换开关是由许多固定触头（又称作掷）和可动触头（又称作刀）组成，通常它是由多个刀和十几甚至几十个掷，如MF30型万用表就有三个刀、十八个掷。转动转换开关时，其刀跟着转动，在不同的挡位上与响应的固定触头相接触，从而接通对应的测量线路。

另外，在万能表的面板上还装有标度盘、转换开关的旋钮、指针机械零位调节器、零欧姆调节旋钮以及接线柱（或插孔）等。MF30型万用表的外形如图GYBD00201001-1所示。

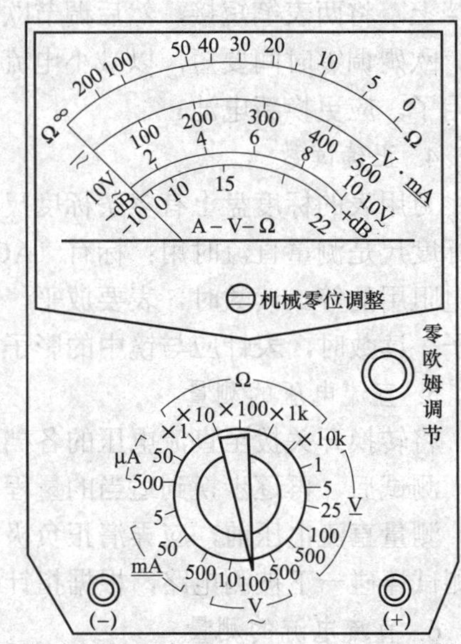

图GYBD00201001-1 MF30型万用表的外形

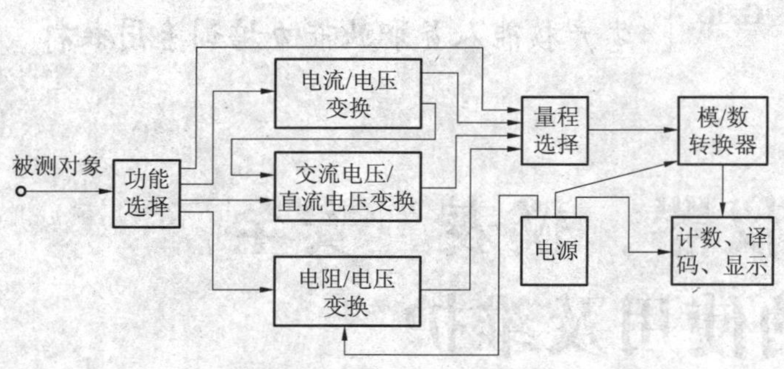

图 GYBD00201001-2 数字万用表原理框图

数字万用表是数显技术与新型大规模集成电路技术的结晶。数字万用表具有很高的灵敏度和准确度，显示清晰直观，功能齐全，性能稳定，过载能力强，便于携带。因此，在电子测量、电工检测及检修等工作领域中，得到迅速推广和普及，显示出强大的生命力，并在许多情况下正逐步取代模拟式万用表。数字万用表最基本的功能是对电流、电压和电阻的测量，其原理框图如图 GYBD00201001-2 所示。

（二）万用表使用方法

1. 正确使用接线柱（或插孔）

红色表笔的进线应接到万用表的红色接线柱上或标有“＋”号的插孔内，黑色表笔的进线应接到万用表的黑色接线柱上或标有“–”号的插孔内。测量直流时应用红色笔接正极、黑色笔接负极，这样可以避免因极性反而烧坏表头或打弯指针。使用欧姆挡测量电阻时，因使用表内的电池，其红表笔是接电池的负极、黑表笔接电池的正极。这一点在测试晶体二极管和三极管时更要注意。有的万能表还有专用的欧姆挡接线柱，或专用的交、直流 2500V 的接线柱或大电流接线柱等。它们的另一共有柱都用黑色接线柱。测电流时，表计应和电路串联，而测电压时，表计应和电路并联。

2. 正确选择挡位

万用表挡位包括测量种类的选择和量程的选择，挡位选择错了，就有可能烧坏万用表，例如测电压时，将挡位错放在欧姆挡或电流挡。有的万用表面板上有两个挡位旋钮，一个选择测量种类，另一个选择量程，使用时，应先选择测量种类，后选择量程。另外，为了使测量结果准确，量程的选择应使读数在标度尺的一定刻度范围之内。例如，在测量电流和电压时，应使指针的偏转在满刻度偏转的 1/2 以上；测量电阻时，应使被测电阻尽量接近标度尺的中心等。

若用万用表欧姆挡测试晶体管参数时，不要用 $R\times1$ 挡，此时电流过大：或 $R\times10\text{k}$ 挡，此挡电压过高，损坏晶体管。

万能表在使用完毕后，应把转换开关旋至“OFF”挡或交流电压的最高挡，这样，可以防止下次测量时，由于粗心而发生烧表事故。

3. 测量之前要调零

为了测量准确，在测量之前要看万能表的指针是否指在零位上，如不指零，应调整表盖上的机械零位调节器，使之指零。在测量电阻之前，还要进行欧姆调零。欧姆调零是将转换开关旋至相应的电阻挡上，将两表笔短接，然后调节欧姆调零旋钮，使指针指向零欧姆。每次换欧姆挡都要重复这一步骤。欧姆调零时间要短，以减小电流的消耗。如果调不到欧姆零位，则说明电池电压已经太低，不能再用了，应更换新电池。

4. 正确读数

万用表的标度盘上有多条标度尺，它们分别在测量不同对象时使用。例如，标有“DC”或“－”的标度尺是测量直流时用；标有“AC”或“～”的标度尺是测量交流时用；标有“Ω”的标度尺是测量电阻用的等。读数时，表要放平，目光应与表面垂直。有的万用表在表面的刻度线下还有一条弧形镜子，读数时，表针应与镜中的影子重合，读数才准确。

5. 直流电压的测量

将转换开关拨至直流电压的各挡范围内，若事先不知被测量的大致范围，应先选用最大的量程测量，测试后，再逐步换到适当的量程，尽可能使被测值达到量程的 1/2 或 2/3 范围内。

测量直流电压前，应弄清正负极，以免指针倒转伤表，如预先不知正负极，应置于较高量程挡，用测试棒碰一下被测电路，根据指针的动向确定正负极性。

6. 直流电流的测量

将转换开关拨至直流电流各挡范围内，测量时应将测试棒串接在被测电路之中，红棒接正端，黑棒接负端。量程的选择方法与测直流电压时相同。

7. 交流电压的测量

将转换开关拨至交流电压各挡范围内，测量方法与测直流电压相似，但不必分极性。测量 250V 及以上的电压时，应注意安全，最好养成一只手操作的习惯，另一只手不要摸被测设备。有的表能测 1000V 以上的高压，测量高电压时应使用专测高压的测试棒，并使用绝缘手套、绝缘垫等安全保护工具，确保人身安全。

8. 电阻的测量

将转换开关拨至电阻各挡范围内，并将两根测试棒短接，调整Ω旋钮，使指针指在电阻刻度的零位，然后进行测量。改变量程时，应重新调整零点。调不到零时应更换电池。

MF30 型万用表内的一节 1.5V 五号电池，是供Ω×1～Ω×1k 四个量程使用的；另有一个 15V 的层叠电池，是专供Ω×10k 一挡使用的。

测量电路中的电阻时，应先切断电源，切勿带电测量电阻。选择倍率时，应尽量使指针位于刻度中间位置附近。表头上的读数乘以所用电阻挡的倍率，才是所测的电阻值。

（三）使用万用表注意事项

（1）测试时不要用手触及表笔的金属部分，以保证安全和测量的准确度。

（2）测试高电压或大电流时，不能在测试时旋动转换开关，避免转换开关的触头产生电弧而损坏开关。

（3）使用Ω×1 挡时，调整零欧姆调整器的时间尽量要短，以延长电池寿命，因这时表内电池的电流很大，可达 100mA 左右。

（4）万用表测量完毕，应将转换开关拨到空挡或交流电压的最大量程挡，以防测电压时忘记拨转换开关，用电阻挡去测电压，将万用表烧坏。不用时不要把转换开关置于电阻各挡，以防测试棒短接时使电池放电。

（四）万用表的维护与保养

（1）保持清洁、干燥，不要放在高温和有强磁场的地方，以免永久磁钢退磁，降低测量精度。

（2）携带、使用时要轻拿轻放，避免振动，以免造成测量机构机械部分的损坏和退磁。

（3）转换开关易发生接触不良，印刷电路板制成的转换开关使用时间长后，易被磨下的金属屑短路，发现接触有问题时，可用脱脂棉蘸无水酒精清洗。

二、绝缘电阻表

绝缘电阻表是测量线路和电气设备绝缘电阻，判别其绝缘状况好坏的一种携带式仪表，测量读取的数据以兆欧（MΩ）为单位。绝缘电阻表俗称为摇表、兆欧表。

（一）绝缘电阻表的使用

1. 绝缘电阻表的选择

绝缘电阻表的额定电压，应根据被测电气设备的额定电压来选择。绝缘电阻表选择不当，如电压选得过低，则测得结果不准确；电压选得过高，有可能损坏设备的绝缘。此外，选择绝缘电阻表时，还应注意它的测量范围与被测的绝缘电阻数值相适应，以免引起过大的读数误差。绝缘电阻表电压的选择见表 GYBD00201001-1。

表 GYBD00201001-1　　绝缘电阻表电压的选择

被测绝缘电阻的设备	被测设备的额定电压（V）	选用绝缘电阻表的电压（V）
各种线圈	500 及以下	500
	500 以上	1000
电机、变压器绕组	380 及以下	1000
	500 以上	1000～2500
电气设备绝缘	500 及以下	500～1000
	500 以上	2500
绝缘子、母线、开关		2500～5000

2. 使用前的检查

在摇测前，对绝缘电阻表先做一次开路和短路检查试验。先将 E 和 L 端钮两根连线开路。摇动手柄达到发电机的额定转速（120r/min），观察指针是否指到“∞”处，再将两根连线短路，慢慢加速绝缘电阻表，观察指针是否指“0”处，如两次试验指针指示不对，则说明绝缘电阻表本体内有故障需调修后再使用。

3. 接线方法

绝缘电阻表有三个接线柱：线路（L）、接地（E）、屏蔽（或称保护环）（G）。根据不同的测量对象，应做相应的接线。

测量设备对地绝缘电阻时，E 端接于地线上，L 端接被测的线路上。

测量电动机或电气设备外壳绝缘电阻时，E 端接在被测设备的外壳上，L 端接在被测导线或绕组的一端。如果泄漏电流过大，则应将 G 端接于导线与外壳之间的绝缘介质上，以消除漏电流。

测量电动机、变压器及其他设备的绕组相间绝缘电阻时，将 E 与 L 端分别接于被测两相的导线或绕组上。

测量电缆芯线时，将 E 端接在电缆的外表皮（铅套）上，L 端接芯线，G 端接在芯线最外层的绝缘包扎层上，以消除表面泄漏电流而引起的读数误差。

测量绝缘电阻时的接线如图 GYBD00201001-3 所示。

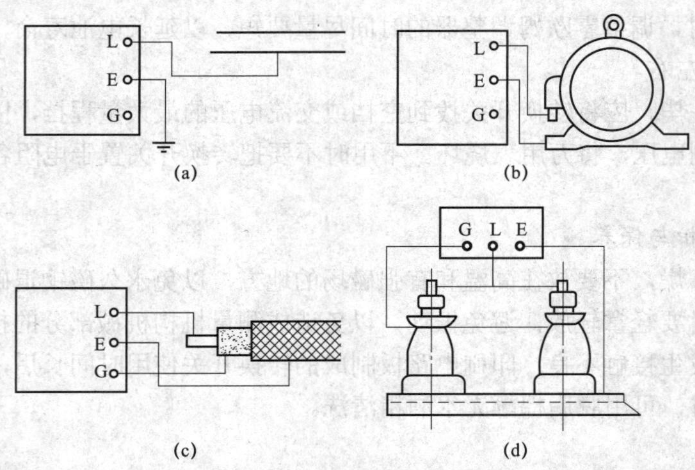

图 GYBD00201001-3 测量绝缘电阻时的接线

（a）测量线路对地绝缘电阻；（b）测量电动机绝缘电阻；（c）测量电缆的绝缘电阻；（d）测量变压器的绝缘电阻

（二）测量绝缘电阻时的注意事项

（1）应根据被测量对象选用不同电压的绝缘电阻表。

（2）测量时绝缘电阻表要放置平稳，与表计端钮相连接的导线不能用双股绝缘线或绞线，应当用单股线分开单独连接，以免双股线或绞线绝缘不良引起误差。

（3）摇柄的转速应由慢到快，至 120r/min 左右时发电机输出额定电压。此时摇转速度应均匀稳定，不要时快时慢。待指针稳定后，表针的指示就是所测得的绝缘电阻值。

（4）测量前应对绝缘电阻表进行必要的检查。先使表计端钮处于开路状态，转动摇柄观察指针是否在“∞”位，再将 E 端和 L 端连接起来，慢慢转动摇柄，观察指针是否在“0”位。

（5）为保证安全，测量之前应断开设备电源。对容性负载要进行放电，测量完后，也应当进行放电。放电时间一般不应少于 2～3min。对于高电压、大电容的电缆线路，放电时间还应适当延长。

（6）测量过程中，如果指针指向“0”位，表明被测物绝缘已经失效，应停止转动摇柄，以免损坏绝缘电阻表。

（7）测量要尽可能在被测设备刚停电时进行，目的是为了使测量时的温度尽可能接近于实际运行温度。

（三）绝缘电阻表使用中的常见问题

（1）使用绝缘电阻表测量高压设备绝缘时，应由两人担任。测量用导线，应选用绝缘导线，其端部还应有绝缘套；测量绝缘时，必须将被测设备从各方面断开，验明无电并确认设备上无人工作后方可进行。测量中禁止其他任何人接近设备。

在测量绝缘后，必须将被试设备对地放电。在有感应电压的线路上（同杆架设的双回线路或单回线路与另一线路有平行段）测量绝缘时，必须将另一线路同时停电方可进行；雷电时严禁测量线路绝缘。

在带电设备附近测量绝缘电阻时，测量人员和绝缘电阻表安放位置必须选择适当，保持安全距离，以免绝缘电阻表引线或引线支持物触碰带电部分；移动引线时，必须注意监护，防止工作人员触电。

（2）当使用绝缘电阻表进行测量时，开始它的指示值会逐渐增大。这是因为表计内为直流电源，而被测试物又大都均存在一定的电容。在摇测刚开始时，被试物呈现充电状态。此时充电电流较大，故表计的指示数值也就较小。随着摇测的时间增长，被测试物的充电逐步达到饱和状态。在这种情况下流过表计内的充电电流便不断减小，所以表针指示的绝缘电阻值便会逐步增大，然后稳定在某一数值。一般规定，以摇测时间约 1min 时的读数取为所测得的绝缘电阻值。

（3）用绝缘电阻表测量绝缘电阻时，被试物处于充电状态。当手柄停摇后，被试物即行放电，使通过表计的电流与前相反。此时，指针便会向无穷大方向偏转。

对于电压越高、容量越大的设备，指针便更易偏转过度（超过“∞”标记）。因此在测量完后，要先脱开线路端线头，再停止手柄转动，从而保证表计指针不因偏转过度而损坏。

（4）摇测线路绝缘接近于零值的测量结果可能是由多种因素引起的，要根据现场实际情况具体分析、判断，可能是：

1）线路接地。

2）供电线路在雷雨天气里，由于绝缘子潮湿而导致漏电严重。

3）供电线路过长，绝缘子很多，因多个绝缘子污秽而引起泄漏电流值很大。

4）供电线路相当长，线路对地电容大，测量时充电电流便较大，易使测得读数近于零。

5）绝缘电阻表使用方法不当，如采用较长的绞合线作为与测量端子相接的引线等，使测得的绝缘值下降很多或近于零。

三、接地电阻仪

1. 接地电阻的概念

为了保证电气设备的正常工作和安全，按照规定，电气设备的某些部分必须接地。例如变压器的中性点接地、仪用互感器的二次侧接地、避雷装置的接地等。实现接地的方法，是用接地线将电气设备需要接地的部分和埋在土壤中的接地体连接起来。接地线和接地体都用金属导体制成，统称为接地装置。因此，接地装置的接地电阻包括接地线电阻、接地体电阻、接地体和土壤的接触电阻以及接地散流电流途径的土壤电阻等。在这些电阻中，接地线和接地体的电阻很小，常可略去不计。

当接地体上有电压时，就有电流流入地中。接地电流 I 是从接地体向四周散射的，见图 GYBD00201001-4，因此，离开接地体越远，电流通过的截面就越大，电流密度就越小，到达一定的距离时，电流密度实际上可以认为等于零。由于地中电流通过的截面的变化，在电流途经单位长度上的电阻是不同的，在接地体附近电阻最大，离接地体越远则电阻越小。因此，电流途经单位长度上的电压降也是不同的，离接地体越远，单位长度上的电压降也越小。在距离接地体 15～20m 处，电压降已极小，实际上可认为电位为零，如图 GYBD00201001-4 所示。

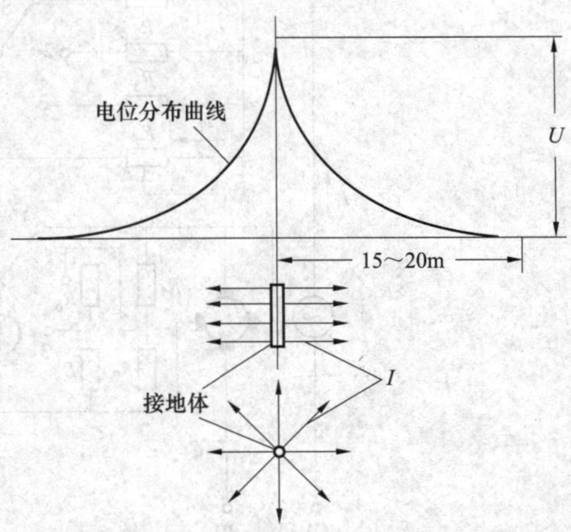

图 GYBD00201001-4　接地电流和电位分布

接地电阻主要是土壤对所通过的电流的散流电阻，也就是从接地体到零电位之间的土壤电阻，即接地电阻

$$R=\frac{U}{I} \quad \text{(GYBD00201001-1)}$$

式中 U——接地体和零电位点之间的电压；

I——接地电流。

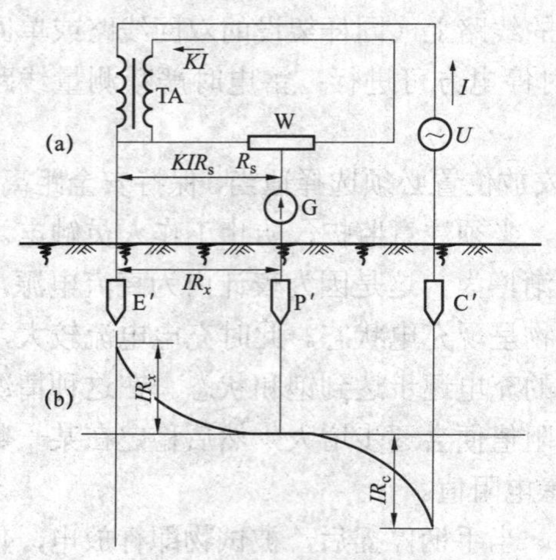

图 GYBD00201001-5 用补偿法测接地电阻的原理电路和电位分布图

（a）原理电路图；（b）电位分布图

在进行接地电阻的实际测量时，考虑到距离接地体15～20m 处的电位为零，所以只要测量从接地体起到 20m远范围内的土壤电阻即可。

2. 用补偿法测接地电阻的原理

图 GYBD00201001-5（a）为用补偿法测接地电阻的原理电路。图中E′为接地体，P′和C′分别为电位辅助电极和电流辅助电极。它们分设在距离接地体不小于 20m 和 40m处。交流电源 U 经电流互感器 TA 的一次线圈接到接地体E′和电流辅助极C′上，并经地构成闭合回路。接地电流在地中散流的结果，形成了如图 GYBD00201001-5（b）所示的电位分布。电位辅助极P′的电位为零，因此E′和P′之间的电压为 IR_x。

电流互感器的二次侧经电位器 W 构成闭合回路，其电流为 KI（K 为电流互感器 TA 的变比）。电位器的滑动接点经检流计G和电位辅助极P′相连。调节电位器使检流计指零，则

$$IR_x = KIR_s$$

所以

$$R_x = KR_s \qquad \text{(GYBD00201001-2)}$$

可见被测的接地电阻值，可通过变比 K 和电位器的电阻 R_s 来确定，而和辅助电极C′的接地电阻 R_c 无关。

需要指出，第二个辅助电极C′用来构成接地电流的通路是完全必要的。如果只有一个辅助电极，则测量结果将不可避免地将辅助电极的接地电阻包括在内，这显然是不正确的。还要指出，接地电阻的测量一般都采用交流进行。这是因为，土壤的导电主要依靠地下电解质的作用，如果采用直流就会引起化学极化作用，以致严重地歪曲测量的结果。

3. ZC-8 型接地电阻测量仪

ZC-8 型接地电阻测量仪是按补偿法的原理做成的，内附手摇交流发电机作为电源，其原理电路和外形如图 GYBD00201001-6 所示。它的外形和绝缘电阻表相似，所以又称为接地绝缘电阻表。这种

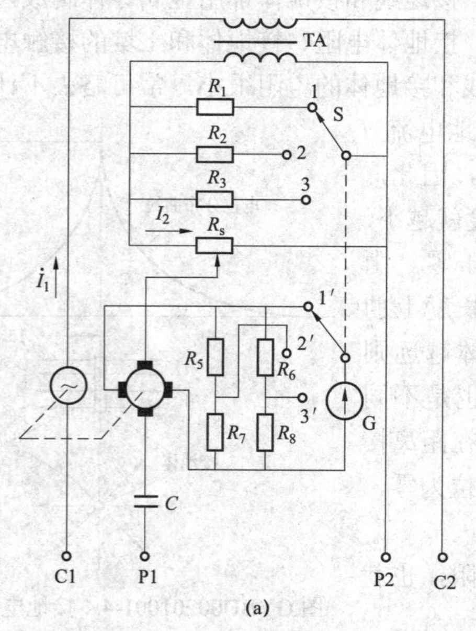

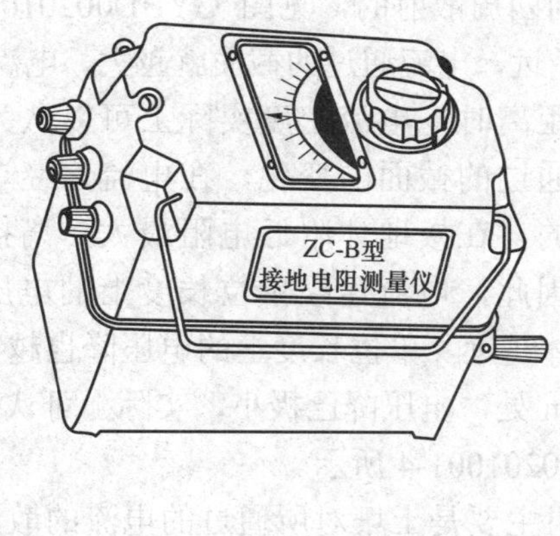

图 GYBD00201001-6 ZC-8 型接地电阻测量仪

（a）原理电路图；（b）外形（三端钮式）

测量仪的端钮有三个和四个两种。有四个端钮时，应将P2和C2短接后再接至被测的接地体。三端钮式测量仪的P2和C2已在内部短接，故只引出一个端钮E，测量时直接将E接至被测接地体即可。端钮P1和C1分别接上电位辅助探针和电流辅助探针，探针应按规定的距离插入地中，以构成电位和电流辅助电极。为了扩大仪表的量限，电路中接有三组不同的分流电阻 $R_1 \sim R_3$ 以及 $R_5 \sim R_8$，用以实现对电流互感器的二次电流以及检流计支路的分流。分流电阻的切换利用联动的转换开关S同时进行。对应于转换开关的三个挡位，可以得到0～1Ω、0～10Ω和0～100Ω三个量限：当转换开关置于“1”挡时，相当于 $I_2=I_1$（即 $K=1$）；置于“2”挡时，$I_2=I_1/10\left(即K=\dfrac{1}{10}\right)$；置于“3”挡时，$I_2=I_1/100\left(即K=\dfrac{1}{100}\right)$。

由于采用磁电系检流计做指零仪，仪表备有机械整流器或相敏整流器，以便将交流发电机的115Hz交流转换为检流计所需的直流电流，并可消除地中工频杂散电流对测量的影响。此外，为了防止地中直流杂散电流的影响，在电位探针P1的回路中还串联了一个电容 C，以隔断直流。

ZC-8型接地电阻测量仪的准确度：在额定值的30%以下时，为额定值的±1.5%；在额定值的30%至额定值时，为额定值的±5%。

4. 接地电阻测量仪的使用

（1）测量前将仪表放平，然后调零，使指针指在红线上。

（2）三端钮式测量仪的接线如图GYBD00201001-7（a）所示，即将被测接地体E′和端钮E连接，电位探针P′和电流探针C′分别与端钮P、C接后，沿直线相距20m插入地中。四端钮式测量仪的接线如图GYBD00201001-7（b）所示。

（3）将倍率开关放在最大倍数上，缓慢摇动发电机的手柄，同时转动测量标度盘以调节 R_s，直至指针停在中心红线处。当检流计接近平衡时，即加快发电机的转速至其额定转速（120r/min），调节测量标度盘使指针稳定地指在红线位置，然后即可读数。则

$$接地电阻=倍率（K）×标度盘读数（R_s）$$

（4）如测量标度盘的读数小于1，应将倍率开关放在较小的一挡，然后重新测量。

（5）被测接地电阻小于1Ω时，为了消除接线电阻和接触电阻的影响，宜采用四端钮测量仪。测量时将端钮C2和P2的短接片打开，分别用导线接到接地体上，并使端钮P2接在靠近接地体的一侧，如图GYBD00201001-7（c）所示。

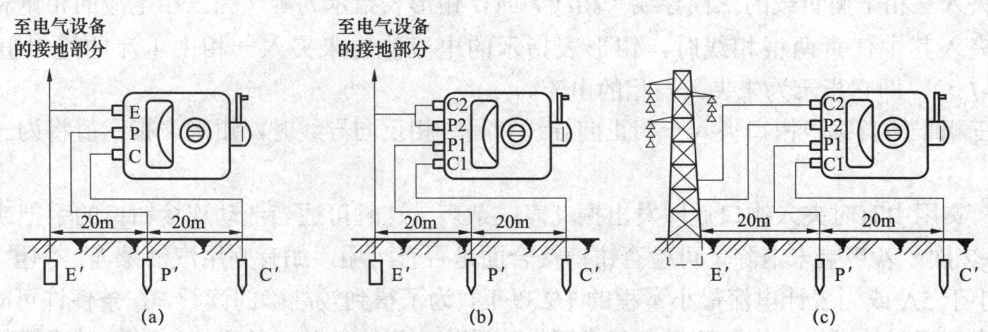

图GYBD00201001-7　接地电阻测量仪的接线

（a）三端钮式测量仪的接线；（b）四端钮式测量仪的接线；（c）测量小接地电阻时的接线

四、钳形电流表

用一般电流表测量电路电流时，需要切断电路将仪表串入。钳形表则可在不切断电路的情况下进行测量，且使用和携带都很方便。它是线路及变压器等设备检修、运行监视中常用的一种携带式电工仪表。

1. 钳形表的结构原理

钳形表的外形与结构如图GYBD00201001-8所示。它实质上是电流表与电流互感器的组合，其钳

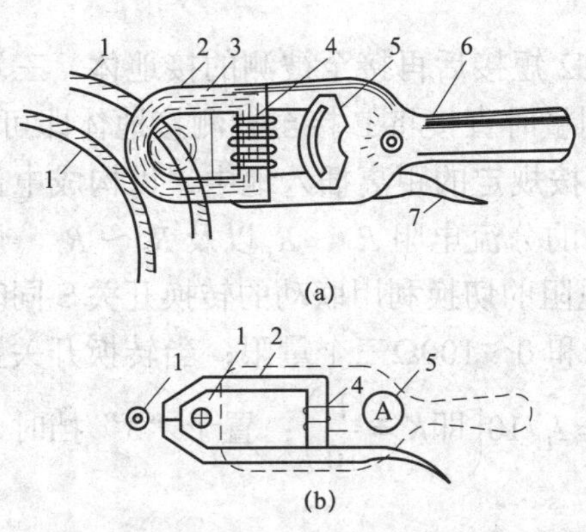

图 GYBD00201001-8 钳形表的外形与结构

（a）外形及使用图；（b）结构原理图

1—电线；2—铁芯；3—磁通；4—二次线圈；5—电流表；6—量程旋钮；7—开钳口手柄

形铁芯可以开闭，当钳形电流表的钳口卡入带电导线时，就相当于有了一次线圈。此时，工作电流就会在钳形电流表的铁芯内产生磁通，该磁通匝链（穿透）二次绕组便感应出二次电势，同时二次负载中也就会存在一定的电流。这个二次电流的大小与一次实际工作电流成正比例，这样表头指示的数值便可间接地反映出一次工作电流的大小。所以，钳形电流表的最主要特点是可以在不需要断开电路的情况下测出交流电流的大小。

2. 使用时的注意事项

（1）用钳形表测量交流电流时，应事先将表计柄擦干净。电工手部要干燥或戴绝缘手套。钳口接合要保持良好。

（2）低压钳形电流表只应该用来测量低电压交流电流，而不能用于高压带电测量。

（3）测量时要选择合适的量程挡，以防止误用小量程挡测量大电流而损坏表计。具体可估计被测电流大小，将量程转换开关置于合适挡，或先置于最高挡，根据读数大小逐次向低挡切换。并尽可能使指针在全刻度的一半左右，以得到较准确的读数（测量前要先把电流零位调好）。

（4）测量过程中决不能切换电流量程挡。因为表内二次匝数很多，测量时又相当于短路状态（忽略表头内阻），一旦在测量中切换量程，就会造成二次瞬间开路，这时绕组中将会感应出高电压，导致绕组绝缘击穿。

（5）测量时应逐相进行，要尽量将导体置于钳口中央，同时不得触及任何接地的导线或其他带电导体，以防引起接地或短路。

（6）测量低压母线电流时，应先将邻近各相用绝缘板隔离，以防止钳口张开时可能引起相间短路。

（7）有些型号的钳形电流表还附有交流电压测量挡，测量电流与电压时应分别进行，切不能同时测量。

（8）在读取表计读数时要注意安全，切勿触及其他带电部分。测量后最好把转换开关放在最大电流量程位置，以免下次使用时未经选择量程而造成仪表损坏。

3. 测量结果的一般规律

（1）钳形表钳口夹入任何一相导线时，表计将指示该相电流的大小。

（2）夹入三相平衡负载的三根导线（相线）时，钳形表指示为零（因三相电流的相量和等于零）。

（3）夹入其中任意两根相线时，钳形表指示的电流值与未夹入一相中电流的绝对值相等（如 $\dot{I}_U + \dot{I}_V = -\dot{I}_W$），即它指示为未夹入一相的电流。

（4）三相平衡负载，钳口夹入一相正向导线和另一相反向导线时，钳形表指示值将为一相电流的1.731倍。

此外，实用中有时夹入钳口后即发出振动声或杂声，这时可适当活动连接钳口的手把或将钳口重新开合1～2次。若声响未消除，可检查钳口接合面是否有污垢，如有则用汽油擦净；测量小电流时，若电流值小于5A或为表计电流最小量程的1/2以下，为了得到较准确的读数，在条件许可时，可将被测导线多绕几圈再放进钳口进行测量，但实际电流数值应为读数除以放进钳口内的导线根数（圈数）。

由于钳形表测量时不串入线路，故其准确度不高，误差较大，实际工作中可作为一般性监测用。

五、直流电桥

直流电桥是一种比较仪表，能精确地测量电阻值。常用它测量电气设备的线圈电阻、绕组电阻、触头的接触电阻和电阻元件的阻值等。能精确测量电阻值的原因，一方面是由于测量时是将被测电阻和标准电阻直接比较来决定其数值的，标准电阻的准确度可以做得很高（达 10^{-4} 以上）；另一方面目前检流计的灵敏度也可制作得很高，这样就能更确切地保证平衡条件，以获得相当高的测量精度。

1. 单臂与双臂电桥的测量范围

直流电桥有单臂电桥（又称惠斯登电桥）与双臂电桥（又称开尔文电桥或汤姆逊电桥）之分，通常简称为单桥和双桥。在需要测量 1Ω以下的小电阻时，连接导线的电阻及接头的接触电阻将给测量带来不允许的误差。因此，必须想办法消除或减小接线电阻及接触电阻对测量结果的影响。这一点单臂电桥是无法解决的，因用它测定时，被测电阻和接线电阻、接触电阻同接于电桥的一臂，故测量误差较大，必须用双臂电桥进行精确测量。通常单臂电桥可测 1～10^7Ω的电阻，而双臂电桥则可测 10^{-6}～10Ω的电阻。

2. 电桥的使用步骤及注意事项

应用电桥测量电阻值是相当精密的测量方法。若使用不当，非但不能获得应有的精确结果，还可能会损坏该测量设备。电桥正确使用的步骤及有关注意事项如下：

（1）应根据被测电阻的粗略范围和对测量准确度的要求，选择合适的电桥。电桥的准确度分为 0.02、0.05、0.1、0.2、1.0、1.5、2.0 和 5.0 八个等级。如准确度为 1.0 级，表明电桥在有效量限范围内，误差不超过 1%。所选电桥的误差应略小于被测电阻的允许误差。

（2）电桥一般具有内部电源（QJ23 型为 1.5V 电池三节），如需外接电源，可将电压符合说明书规定的直流电源接于外接电源的+、–接线柱上。

（3）将被测电阻连接到电桥上时，应尽量采用短而粗的导线，以减少引线电阻和接触电阻，并要接牢，以免碰掉时电桥严重不平衡，损坏检流计。

（4）将检流计锁扣轻轻打开（向下拨），若指针不在零点，可转动调零旋钮调至零位。

（5）估计被测电阻的大小，选择适当的比率，使比较臂的电阻各挡均被充分利用，以提高测量精度。

（6）测量时应先用左手中指按下电源按钮 B，再以食指按下检流计按钮 G，若检流计指针按正的方向偏转，则应加大电阻，反之应减小电阻，如此将检流计指针调到指零为止。

（7）测量后应先松开按钮 G，再松开按钮 B。以免测量具有电感性绕组的电阻时产生较大的自感电势，会冲击检流计，使检流计指针打弯甚至烧坏测量线圈。

（8）读数并计算被测电阻的数值。此时 R_x=比率×比较臂的读数。

（9）使用完毕后应将检流计的锁扣锁住（即向上拨）。

（10）在使用双臂电桥时，被测电阻与电流接头和电位接头的接法如图 GYBD00201001-9 所示。外接电源最好采用容量较大的蓄电池（电压为 2～4V）。

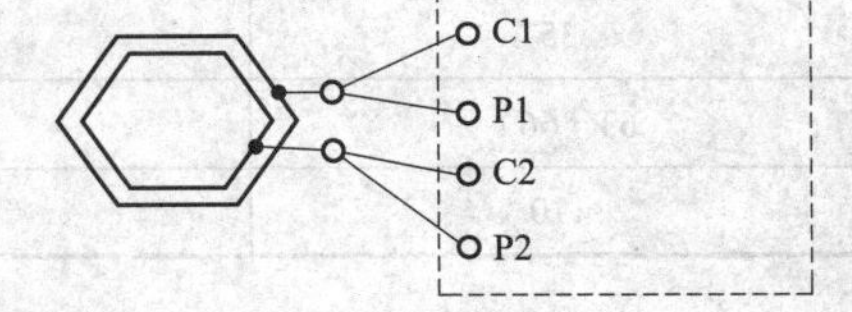

图 GYBD00201001-9　被测电阻与电流接头和电位接头的接法

【思考与练习】

1. 如何选用绝缘电阻表的电压？
2. 试述单臂电桥和双臂电桥的测量范围和使用步骤。
3. 绝缘电阻表测量绝缘电阻时的注意事项有哪些？

模块 2　安全工器具使用与维护（GYBD00201002）

【模块描述】本模块介绍电气安全用具分类、绝缘安全用具、一般防护用具、安全标识、安全用具等内容。通过结构描述、使用方法介绍和注意事项讲解，能正确使用电气安全工器具。

【正文】

一、电气安全用具分类

为了防止电气工作人员发生触电、灼伤、高处摔跌、煤气中毒等事故，必须正确使用相应的电气安全用具，这是保证人身安全的基本条件之一。电气安全用具分一般防护安全用具和绝缘安全用具两大类。

一般防护安全用具：安全带、安全帽、安全照明灯具、防毒面具、护目眼镜、标示牌和临时遮栏等。

绝缘安全用具：绝缘杆、绝缘夹钳、绝缘台、绝缘手套、绝缘靴（鞋）、绝缘垫、验电笔、携带型接地线等。绝缘安全用具又可分为如下两类：

（1）基本安全用具。它的绝缘强度大，能长时间承受电气设备的工作电压，并能在该电压等级产生内部过电压时保证工作人员的人身安全，如绝缘杆、绝缘夹钳及验电器等。

（2）辅助安全用具。它的绝缘强度小，不能承受电气设备的工作电压，只是用来加强基本安全用具的保安作用，能防止接触电压、跨步电压和电弧对操作人员的伤害，如绝缘台、绝缘手套、绝缘靴（鞋）及绝缘垫等。

二、绝缘安全用具

（一）绝缘杆的使用

绝缘杆也称绝缘棒、操作杆，主要用来闭合或断开高压隔离开关（俗称刀闸）、跌落式熔断器（俗称保险），安装和拆除携带型接地线，以及进行测量和试验等工作，要求具有良好的绝缘性能和机械强度。

1. 主要结构

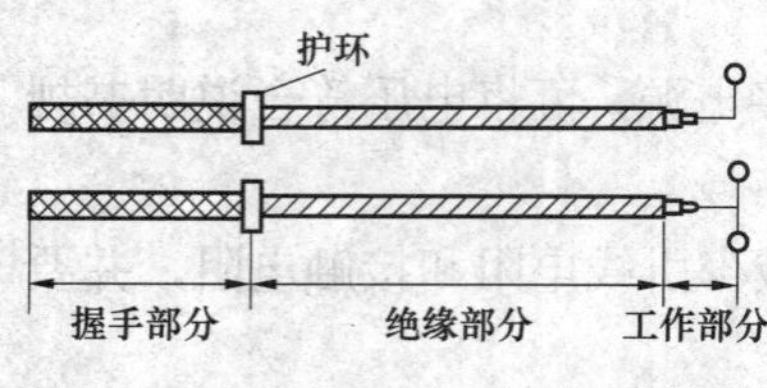

图 GYBD00201002-1 绝缘杆的结构

绝缘杆主要由工作部分、绝缘部分和握手部分构成，如图 GYBD00201002-1 所示。绝缘杆的工作部分一般用金属制成，用来直接接触带电设备，绝缘部分与握手部分以护环相隔开，它们用浸过绝缘漆的木材、硬塑料、胶木或玻璃钢制成。绝缘杆握手部分和绝缘部分的最小长度，可根据使用电压的高低及使用场所的不同而定。根据《国家电网公司电力安全工作规程（变电部分）》规定，绝缘杆有效绝缘不得小于表 GYBD00201002-1 的规定。

表 GYBD00201002-1 绝缘杆有效绝缘长度

电压等级（kV）	绝缘操作杆（m）	电压等级（kV）	绝缘操作杆（m）
10	0.7	220	2.1
35	0.9	330	3.1
63（66）	1.0	500	4.0
110	1.3		

绝缘部分的有效长度，不包括与金属工作部分镶接的一段长度。工作部分金属钩的长度，在满足工作需要的情况下，应该做得尽量短些，一般在 5～8cm，以免由于过长而在操作时引起相间短路或接地短路。

2. 使用和保管注意事项

（1）使用前，应先检查是否超过试验有效期，检查绝缘杆的表面是否完好，各部分的连接是否可靠。

（2）操作前，杆表面应用清洁的干布擦拭干净，使杆表面干燥、清洁。

（3）操作者的手握部位不得越过护环。

（4）绝缘杆的规格必须符合被操作设备的电压等级，切不可任意取用。

（5）为防止因绝缘杆受潮而产生较大的泄漏电流，危及操作人员的安全，在使用绝缘杆拉合隔离开关或经传动机构拉合隔离开关和断路器时，均应戴绝缘手套。

（6）雨天使用绝缘杆时，应在绝缘部分安装一定数量的防雨罩，以便阻断顺着绝缘杆流下的雨水，使其不致形成连续的水流柱而大大降低湿闪电压。同时可保持一定的干燥表面，保证湿闪电压合格。另外，雨天使用绝缘杆操作室外高压设备时，还应穿绝缘靴。

（7）当接地网接地电阻不符合要求时，晴天操作也应穿绝缘靴，以防止接触电压、跨步电压的伤害。

（8）绝缘杆应统一编号，存放在特制的木架上。

3. 检查与试验

（1）绝缘杆一般应每 3 个月检查 1 次。检查时要擦净表面，检查有无裂纹、机械损伤、绝缘层损坏。

（2）绝缘杆一般每年必须试验1次，根据《国家电网公司电力安全工作规程（变电部分）》规定，试验标准见表GYBD00201002-2。

表 GYBD00201002-2 绝缘杆的试验标准

器具	额定电压（kV）	试验周期	试验长度（m）	工频耐压（kV）	时间（min）
绝缘杆	10	1年	0.7	45	1
	35		0.9	95	1
	63		1.0	175	1
	110		1.3	220	1
	220		2.1	440	1
	330		3.2	380	5
	500		4.1	580	5

（二）绝缘夹钳的使用

绝缘夹钳是用来安装和拆卸高压熔断器或执行其他类似工作的工具，主要用于35kV及以下电力系统。

1. 主要结构

绝缘夹钳由工作钳口、绝缘部分（钳身）和握手部分（钳把）组成。各部分所用材料与绝缘杆相同，只是它的工作部分是一个强固的夹钳，并有一个或两个管形的钳口，用以夹紧熔断器，如图GYBD00201002-2所示。

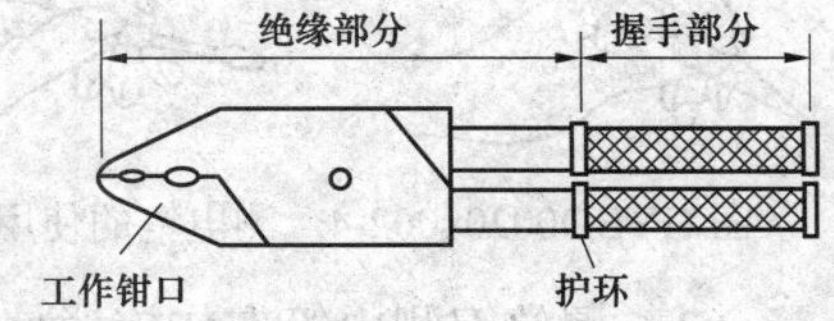

图 GYBD00201002-2 绝缘夹钳的结构

它的绝缘部分和握手部分的最小长度不应小于表GYBD00201002-3的数值，主要依电压和使用场所而定。

表 GYBD00201002-3 绝缘夹钳的最小长度 m

电压（kV）	户内设备用		户外设备用	
	绝缘部分	握手部分	绝缘部分	握手部分
10	0.45	0.15	0.75	0.20
35	0.75	0.20	1.2	0.20

2. 使用和保管注意事项

（1）绝缘夹钳必须按规定进行定期试验。

（2）绝缘夹钳上不允许装接地线，以免在操作时，由于接地线在空中游荡而造成接地短路和触电事故。

（3）在潮湿天气只能使用专用的防雨绝缘夹钳。

（4）作业人员工作时，应戴护目眼镜、绝缘手套和穿绝缘靴（鞋）或站在绝缘台（垫）上，手握绝缘夹钳要精力集中并保持平衡。

（5）绝缘夹钳要保存在专用的箱子里或匣子里，以防受潮和磨损。

3. 检查与试验

绝缘夹钳和绝缘杆一样，应每年试验1次，其耐压试验标准见表GYBD00201002-4。

表 GYBD00201002-4 绝缘夹钳耐压试验标准

器具	试验名称	试验周期	额定电压（kV）	试验长度（m）	工频耐压（kV）	持续时间（min）
绝缘夹钳	工频耐压试验	1年	10	0.7	45	1
			35	0.9	95	1

（三）验电器的使用

验电器分为高压和低压两类，是检验电气设备、电器等是否有电的一种专用安全工具。

1. 低压验电器

低压验电器也称为测电笔，有钢笔式和螺丝刀式两种，如图 GYBD00201002-3 所示。

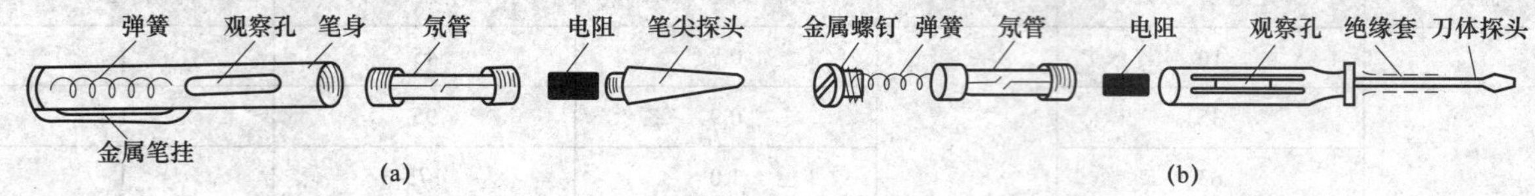

图 GYBD00201002-3 测电笔

（a）钢笔式；（b）螺丝刀式

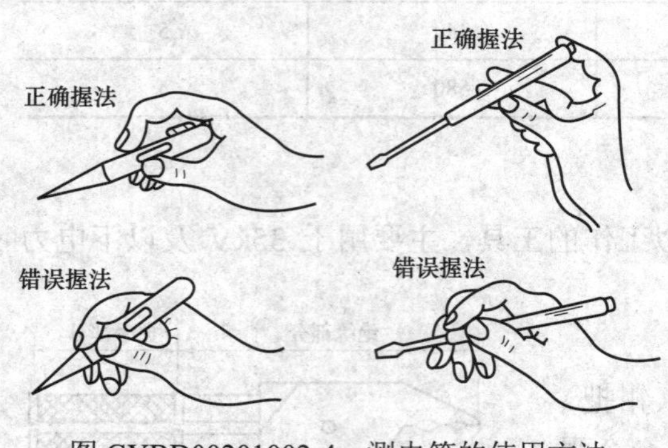

图 GYBD00201002-4 测电笔的使用方法

测电笔的使用方法如图 GYBD00201002-4 所示。

低压测电笔是用来在低压回路中测试用电器具及电气装置是否带电的工具，以确保维护检修工作的安全。

用测电笔验电时要注意下列几点：

（1）测试前需先在带电体上测试一下，以检验测电笔是否发光完好。

（2）测试时手指不要触及测试触头，防止发生触电。螺丝刀测电笔测试触头上部的金属管要套以绝缘管，以防触电和在测试时触及地线或其他相线而发生短路。

（3）螺丝刀测电笔在作旋凿使用时，不能过分用力，只能用以旋小螺钉，以防损坏。

（4）有些设备特别是测试仪表，其外壳常会因感应带电，验电时氖泡也发亮，但不一定构成触电危险。此时可用万用表测量等其他方法以判断是否真正带电。

2. 高压验电器

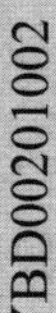

（1）验电器的结构。验电器由指示部分、绝缘部分和握柄三部分组成，高压验电器的结构如图 GYBD00201002-5 所示。指示部分包括金属接触电极和指示器。绝缘部分和握手部分（握柄）一般是用环氧玻璃布管制成，在两者之间标有明显的标志或装设保护环。目前常用的高压验电器主要有声光型和回转带声光型两种。

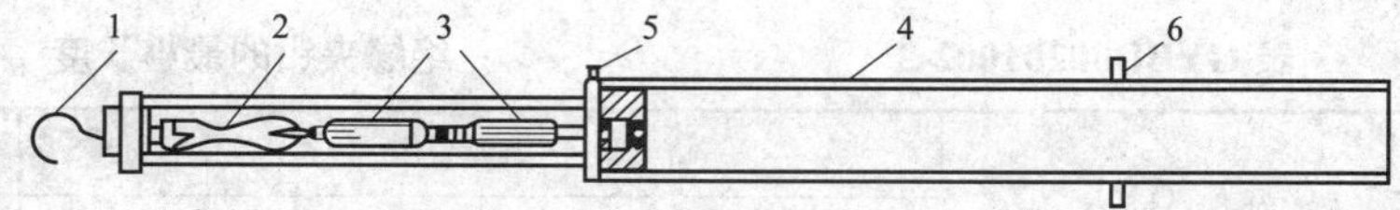

图 GYBD00201002-5 高压验电器的结构

1—工作触头；2—氖灯；3—电容器；4—支持器；5—接地螺钉；6—隔离护环

（2）高压验电器使用注意事项：

1）必须使用电压和被验设备电压等级相一致的合格验电器。验电操作顺序应按照验电“三步骤”进行，即在验电前，应将验电器在带电的设备上验电，以验证验电器是否良好，然后在装设接地线或合接地开关（装置）处对各相分别验电。

2）验电时，应戴绝缘手套，验电器应逐渐靠近带电部分，直到氖灯发亮为止，验电器不要立即直接触及带电部分。

3）验电时，验电器不应装接地线，除非在木梯、木杆上验电，不接地不能指示者，才可装接地线。

4）验电器用后应存放于匣内，置于干燥处，避免积灰和受潮。

（3）检查与试验。

1）每次使用前都必须认真检查，主要检查绝缘部分有无污垢、损伤、裂纹；检查指示氖泡是否损坏、失灵；检查声音是否正常等。

2）对高压验电器应每年试验 1 次，一般验电器的试验分发光电压试验和耐压试验两部分，试验标准见表 GYBD00201002-5。

表 GYBD00201002-5 电容型验电器的试验标准

验电器额定电压（kV）	试验周期	启动电压试验	试验长度（m）	工频耐压（kV）	
				1min	5min
10	1年	启动电压不高于额定电压的 40%，不低于额定电压的 15%	0.7	45	
35			0.9	95	
63（66）			1.0	175	
110			1.3	220	
220			2.1	440	
330			3.2		380
500			4.1		580

（四）绝缘手套和绝缘靴（鞋）的使用

1. 绝缘手套

绝缘手套是在高压电气设备上进行操作时使用的辅助安全用具，也是低压带电设备上工作时的基本安全用具。绝缘手套可使人的两手与带电物绝缘，是防止工作人员同时触及不同极性带电体而导致触电的安全用具。

（1）使用及保管注意事项：

1）使用绝缘杆时，戴上绝缘手套，可提高绝缘性能，防止泄漏电流对人体的伤害。

2）使用绝缘手套前，应检查是否超过试验有效期。

3）使用前，应进行外部检查，查看橡胶是否完好，查看表面有无损伤、磨损或破漏、划痕等。如有粘胶破损或漏气现象，应禁止使用。具体方法为：将手套朝手指方向卷曲，当卷到一定程度时，内部空气因体积减小，压力增大，手指若鼓起，为不漏气者，即为良好，如图 GYBD00201002-6 所示。

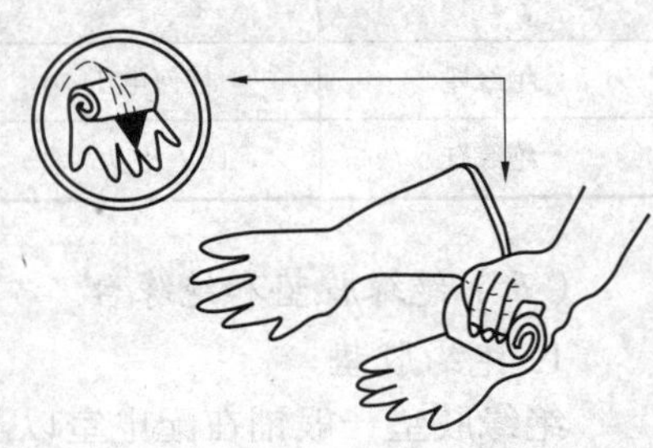

图 GYBD00201002-6 绝缘手套使用前的检查

4）使用绝缘手套时，操作人应将外衣袖口放入手套的伸长部分里。

5）因为对绝缘手套有电气的要求，所以不能用医疗或化学用的手套代替绝缘手套，同时也不应将绝缘手套用作其他用途。

6）绝缘手套使用后应擦净、晾干，最好洒上一些滑石粉，以免粘连。

7）绝缘手套应统一编号，现场使用的绝缘手套最少应保持两副。

8）绝缘手套应存放在干燥、阴凉、专用的柜内，与其他工具分开放置，其上不得堆压任何物件，以免刺破手套。

9）绝缘手套不允许放在过冷、过热、阳光直射和有酸、碱、药品的地方，以防胶质老化，降低绝缘性能。

（2）试验及标准。绝缘手套应每半年试验 1 次，其试验标准见表 GYBD00201002-6。

表 GYBD00201002-6 绝缘手套的试验标准

名　称	电压等级（kV）	试验周期	试验电压（kV）	泄漏电流（mA）	持续时间（min）
绝缘手套	高压	半年	8	≤9	1
	低压		2.5	≤2.5	

2. 绝缘靴（鞋）

绝缘靴（鞋）的作用是使人体与地面绝缘。绝缘靴是高压操作时用来与地保持绝缘的辅助安全用具，绝缘鞋用于低压系统中，两者都可作为防护跨步电压的基本安全用具，如图 GYBD00201002-7 所示。

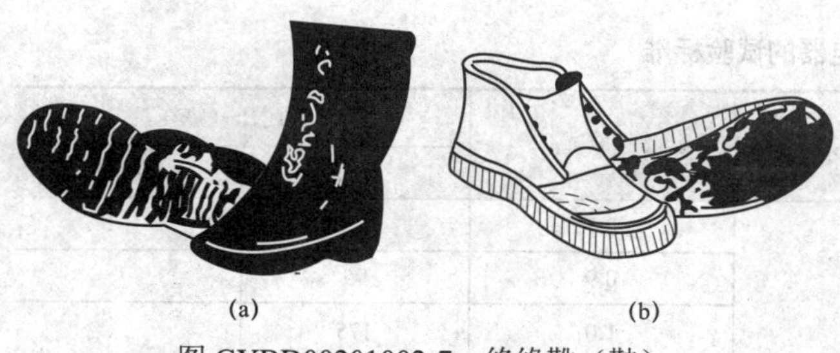

图 GYBD00201002-7 绝缘靴（鞋）

（a）绝缘靴；（b）绝缘鞋

（1）使用及保管注意事项：

1）使用绝缘靴前，应检查绝缘靴是否完好，是否超过试验有效期。

2）绝缘靴应统一编号，现场使用的绝缘靴最少应保持两双。

3）绝缘靴不得当作雨鞋或作其他用，其他非绝缘靴也不能代替绝缘靴使用。

4）绝缘靴如试验不合格，则不能再穿用。

5）绝缘靴在每次使用前应进行外部检查，查看表面有无损伤、磨损或破漏、划痕等。如有砂眼漏气，应禁止使用。

6）绝缘靴应存放在干燥、阴凉、专用的柜内，要与其他工具分开放置，其上不得堆压任何物件。

7）绝缘靴不允许放在过冷、过热、阳光直射和有酸、碱、药品的地方，以防胶质老化，降低绝缘性能。

（2）试验及标准。绝缘靴、鞋的试验标准见表 GYBD00201002-7。

表 GYBD00201002-7 绝缘靴、鞋的试验标准

名 称	电压等级	试验周期	工频耐压（kV）	泄漏电流（mA）	持续时间（min）
绝缘靴	任何电压	半年	15	≤7.5	1
绝缘鞋	1kV 及以下		3.5	≤2	

（五）绝缘胶垫和绝缘台

1. 绝缘胶垫

绝缘胶垫一般铺在配电室以及控制屏、保护屏两侧的地面上，其作用与绝缘靴基本相同。当进行带电操作时，可增强操作人员的对地绝缘，避免或减轻发生单相接地或电气设备绝缘损坏时接触电压与跨步电压对人体的伤害。在低压配电室地面上铺绝缘胶垫，可代替绝缘鞋，起到绝缘作用，因此在 1kV 及以下时，绝缘胶垫可作为基本安全用具；而在 1kV 以上时，仅作辅助安全用具。

（1）使用及保管注意事项：

1）在使用过程中，应保持绝缘垫干燥、清洁，注意防止与酸、碱及各种油类物质接触，以免受腐蚀后老化、龟裂或变黏，从而降低其绝缘性能。

2）绝缘胶垫应避免阳光直射或锐利金属划刺，存放时应避免与热源（暖气等）距离太近，以防加剧老化变质，从而使绝缘性能下降。

3）使用过程中要经常检查绝缘胶垫有无裂纹、划痕等，发现有问题时要立即停止使用，并及时更换。

4）绝缘胶垫应每半年用低温肥皂水清洗 1 次。

（2）试验及标准。绝缘胶垫每年应试验 1 次，试验标准见表 GYBD00201002-8。

表 GYBD00201002-8 绝缘胶垫的试验标准

名 称	电压等级	试验周期	工频耐压（kV）	持续时间（min）
绝缘胶垫	高压	1 年	15	1
	低压		3.5	

2. 绝缘台

绝缘台用在各电压等级的电力装置中作为带电工作时的辅助安全用具。它的台面是干燥的、涂过绝缘漆的木板或木条做成，脚用绝缘瓷件作台脚。绝缘台其作用与绝缘胶垫、绝缘靴相同。

（1）使用及保管注意事项：

1）绝缘台多用于变电站和配电室内。如用于户外，应将其置于坚硬的地面，不应放在松软的地面或泥草中，以避免台脚陷入泥土中造成站台面触及地面而降低绝缘性能。

2）绝缘台的台脚绝缘瓷件应无裂纹、破损，木质台面要保持干燥清洁。

3）绝缘台使用后应妥善保管。

（2）试验及标准。绝缘台一般3年试验1次。不得随意登、踩或作板凳坐。绝缘台试验标准与使用电压等级无关，试验时加交流电压40kV，持续时间为2min。

三、一般防护用具

（一）携带型短路接地线

当高压设备停电检修或进行其他工作时，为了防止停电设备突然来电和邻近高压带电设备对停电设备所产生的感应电压对人体的危害，需要用携带型接地线将全部停电的电气设备上，向可能来电的各侧装设地线，同时设备上的残余电荷对地放掉。实践证明，接地线对保证人身安全十分重要。现场工作人员常称携带型接地线为“保命线”。

携带型接地线主要由短路各相的导线（即三相短路线）、接地用的导线（即接地线）及将上述两种导线接到设备停电部分和接地装置上的连接器（也称线卡或线夹）等三部分组成，如图GYBD00201002-8所示。短路各相用的导线采用多股软铜线，其截面积应能满足短路时热稳定的要求，即在较大短路电流通过时，导线不会因产生高热而熔化。为了保证有足够的机械强度，截面积应不小于25mm²。

为了保证接地线、各连接器与设备的导电部分均接触良好，一般在安装设备时，将设备的导电部分和接地装置的接地干线以及可能装设接地线的地方擦拭干净，并在表面镀锡，作为标志。

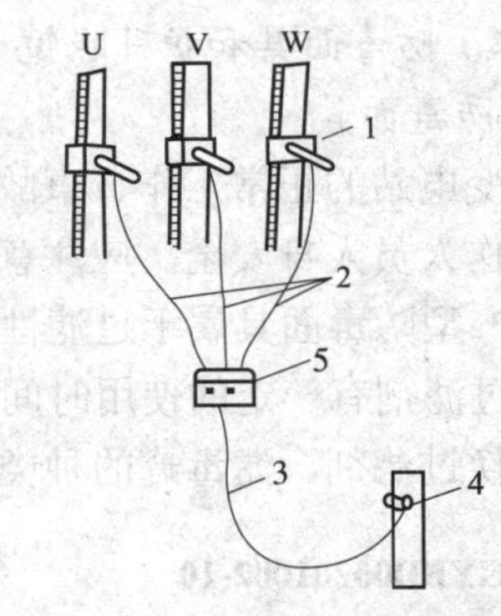

图GYBD00201002-8 接地线的组成

1、4、5—专用线夹；2—三相短路线；3—接地线

1. 携带型接地线的使用和保管注意事项

（1）接地线装拆顺序的正确与否很重要。装设接地线必须先接接地端，后接导体端，且必须接触良好；拆接地线的顺序与此相反。

（2）使用时，接地线的连接器（线卡或线夹）装上后接触应良好，并有足够的夹持力，以防短路电流幅值较大时，由于接触不良而熔断或因电动力的作用而脱落。

（3）应检查接地铜线和三根短接铜线的连接是否牢固，一般应由螺钉拴紧后，再加焊锡焊牢，以防因接触不良而熔断。

（4）装设接地线必须由两人进行，装、拆接地线均应使用绝缘杆和戴绝缘手套。

（5）接地线在每次装设以前应经过详细检查，损坏的接地线应及时修理或更换，禁止使用不符合规定的导线作接地线或短路线之用。

（6）接地线必须使用专用线夹固定在导线上，严禁用缠绕的方法进行接地或短路。

（7）每组接地线均应统一编号，并存放在固定的地点，存放位置亦应编号。接地线编号与存放位置编号必须一致，以免在较复杂的系统中进行部分停电检修时，发生误拆或忘拆接地线而造成事故。

（8）接地线和工作设备之间不允许连接隔离开关或熔断器，以防它们断开时，设备失去接地，使检修人员发生触电事故。

2. 试验及标准

携带型短路接地线操作棒工频耐压试验见表GYBD00201002-9。

表GYBD00201002-9 携带型短路接地线操作棒工频耐压试验

器具	项目	周期	要求	说明
携带型短路接地线	成组直流电阻试验	不超过5年	在各接线鼻之间测量直流电阻，对于25、35、50、70、95、120mm² 的各种截面，平均每米的电阻值应分别小于0.79、0.56、0.40、0.28、0.21、0.16mΩ	同一批次抽测，不少于2条，接线鼻与软导线压接的应做该试验

续表

器具	项目	周期	要求				说明
			额定电压（kV）	试验长度（m）	工频耐压（kV）		
					1min	5min	
携带型短路接地线	操作棒的工频耐压试验	5年	10	—	45	—	试验电压加在护环与紧固头之间
			35	—	95	—	
			63（66）	—	175	—	
			110	—	220	—	
			220	—	440	—	
			330	—	—	380	
			500	—	—	580	

（二）防毒面具和护目眼镜

1. 防毒面具

在变电站的正常工作、事故抢修与灭火工作中，难免要接触有害气体时，必须使用防毒面具，以保障工作人员人身安全。应注意使用防毒面具时要有人监护。

MP 型防毒面具属于过滤性防毒面具，在滤毒罐内装入不同的过滤剂，分别可使多种毒气被过滤吸收。过滤剂有一定的使用时间，一般为 30～100min。当它失去作用时，面具内便会有特殊气味，此时应更换过滤剂。滤毒罐的种类、防护范围和使用时间见表 GYBD00201002-10。

表 GYBD00201002-10　　滤毒罐的种类、防护范围和使用时间

型号	颜色	防护范围	防护举例	使用时间（min）
MP-1	草绿+白道	氢氰酸及其衍生物、砷化物、毒烟、毒雾	氢氰酸、化氢、双光气、二氯甲砷、路易氏、溴甲烷、光气	>50
MP-2	绿	氢氰酸及其砷化物、各种有机气体和蒸汽	氢氰酸、砷化氢、路易氏气、芥子气	>90
MP-3	褐	各种有机气体和蒸汽	苯、氯、丙酮、醇类、苯胺类、二硫化碳、氯仿、四氯化碳、溴甲烷、硝基烷、氯甲烷	>35～60
MP-4	灰	氨	氨、硫化氢	>60～100
MP-5	白	一氧化碳	一氧化碳	>70
MP-6	黑+黄条	汞	汞	
MP-7	黄	各种酸性气体	卤化氢、氢、光气、硫的氧化物	>35

正压式消防空气呼吸器是一种专为个人配备的用于呼吸保护的装备。用在有浓烟、毒气、蒸汽或缺氧的各种环境中安全有效地进行灭火、抢险救灾、救护和维修等工作。配备有视野广阔、明亮、与人的面部贴合紧密且具有良好密封性能的全面罩；使用过程中，全面罩内的压力始终大于周围环境的大气压力，能有效地防止外界有毒有害气体的侵入，同时配备了气瓶余压报警器，用于提醒佩戴者安全及时的撤离作业现场。因此本产品具有使用安全可靠、佩戴舒适的特点。RHZKF 正压式消防空气呼吸器的技术参数和规格见表 GYBD00201002-11。

表 GYBD00201002-11　　RHZKF 正压式消防空气呼吸器的技术参数和规格

序号	技术参数	规格型号			
		RHZKF9.0/30（H2001-9.0）	RHZKF6.8/30（H2001-6.8）	RHZKF4.7/30（H2001-4.7）	RHZKF8×2/30（H2001-6.8×2）
1	整体质量（kg）	≤12	≤10	≤8.5	≤17
2	外形尺寸（长×宽×高，mm×mm×mm）	650×270×225	600×270×210	600×270×200	600×350×210
3	适用环境温度（℃）	−30～60			
4	气瓶额定工作压力（MPa）	30			

续表

序号	技术参数	规格型号			
		RHZKF9.0/30（H2001-9.0）	RHZKF6.8/30（H2001-6.8）	RHZKF4.7/30（H2001-4.7）	RHZKF8×2/30（H2001-6.8×2）
5	气瓶容积（水容积）（L）	9.0	6.8	4.7	6.8×2
6	气瓶最大储气量（L）	2700	2040	1410	4080
7	供气特点	正压式特点			
8	最大吸气阻力（Pa）	≤500			
9	最大呼气阻力（Pa）	≤1000			
10	余气报警压力（MPa）	5～6			
11	报警发声声级（dB）	≥90			
12	吸入气体中二氧化碳含量（%）	≤1			

2. 护目眼镜

在维护电气设备和进行检修工作时，为保护工作人员的眼睛不受电弧灼伤，以及防止灰尘、铁屑等脏杂物落入眼内，必须使用护目眼镜，如图 GYBD00201002-9 所示。

图 GYBD00201002-9 护目眼镜

护目眼镜应是封闭型的，镜片玻璃要能耐热、耐压（即能承一定的机械力作用）。

（三）隔离板和临时遮栏

为了限制工作人员作业中的活动范围以保证安全距离，防止工作人员误入带电间隔、误登带电设备发生触电伤害事故，在工作地点邻近带电设备处和工作地点周围安装隔离板、临时遮栏或其他隔离装置进行防护，同时也可防止非检修人员进入检修区受到伤害。

隔离板用干燥的木板做成，高度一般不小于 1.8m，下部边沿离地面不超过 10cm。板上有明显的警告标志“止步，高压危险”。隔离板要求轻便，制作牢固、稳定，不易倾倒。隔离板也可做成栅栏形状，既轻便又省料。

在室外进行高压设备部分停电作业时，用线网或绳子拉成遮栏，称为临时遮栏。这种遮栏要求对地距离不小于 1m。

（四）安全带和安全帽

1. 安全带

在变电站及电力线路上，登高类的工作较多，特别是电气设备安装和检修，常免不了要在高处工作。按照《国家电网公司电力安全工作规程》规定：在没有脚手架或在没有栏杆的脚手架上工作，高度超过 1.5m 时，必须使用安全带或采取其他可靠的安全措施。安全带是预防高空作业人员坠落伤亡最有效的防护用品，特别是对登杆作业的人员，只有在系好安全带后，两只手才能同时进行作业工作。

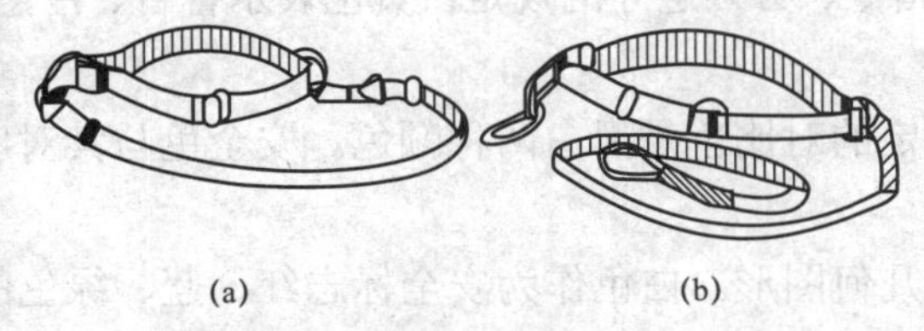

(a) (b)

图 GYBD00201002-10 安全带类型

（a）围杆带；（b）悬挂带

安全带由带子、绳子和金属配件组成，如图 GYBD00201002-10 所示。根据 GB 6095—2009《安全带》生产的锦纶安全带，其优点是强度高、延伸率高、回缩率强以及耐腐、耐磨、耐蛀、耐碱和质量小。

（1）使用和保管注意事项：

1）安全带使用前，必须作 1 次外观检查，如发现破损、变质及金属配件有断裂者，应禁止使用，平时不用时也应 1 个月作 1 次外观检查。

2）安全带应高挂低用或水平拴挂。高挂低用就是将安全带的绳挂在高处，人在下面工作；水平拴挂就是使用单腰带时，将安全带系在腰部，绳的挂钩挂在和带同一水平的位置，人和挂钩保持差不多等于绳长的距离。使用时应将活梁卡子系紧，切忌低挂高用。

3）安全带使用和存放时，应避免接触高温、明火和酸类物质，以及有锐角的坚硬物体和化学药物。

4）安全带可放入低温水中，用肥皂轻轻擦洗，再用清水漂干净，然后晾干，不允许浸入热水中，以及在日光下暴晒或用火烤。

5）安全带上的各种部件不得任意拆掉，更换新绳时要注意加绳套，带子使用期为3～5年，发现异常应提前报废。

（2）试验及标准。安全带的试验周期为1年，试验标准见表GYBD00201002-12。

表GYBD00201002-12　　安全带的试验标准

名称		试验静拉力（N）	载荷时间（min）	试验周期	说明
安全带	围杆带	2205	5	1年	牛皮带试验周期为半年
	围杆绳	2205	5		
	护腰带	1470	5		
	安全绳	2205	5		

2. 安全帽

安全帽是对人体头部受外力伤害起防护作用的安全用具，由帽壳、帽衬、下颏带、吸汗带、通气孔后箍等组成。电报警安全帽是我国近几年研制的一种新型产品，如接近带电设备至安全距离，安全帽会自动报警，从而起到提示作业人员，避免人身触电事故发生的作用。电报警安全帽在接近高压报警距离范围时，必须再按下帽内自检开关，若能发出自检声音，方可进入高压区域作业。当发现自检报警音调明显降低时，表明电池已快耗尽，应换新的电池。更换时应注意极性。当环境湿度大于90%时，报警距离的准确度要受影响，使用时请注意。

安全帽应放置在室内干燥、通风并远离电源线0.5m不漏电的地方。

安全帽的试验标准见表GYBD00201002-13。

表GYBD00201002-13　　安全帽的试验标准

名称	项目	试验周期	要求	使用寿命
安全帽	冲击性能试验	按规定期限	受冲击力小于4900N	从制造之日起： 塑料帽小于或等于2.5年， 玻璃钢帽小于或等于3.5年
	耐穿刺性能试验	按规定期限	钢锥不接触头模表面	

四、安全标识

1. 安全色

安全色是表达安全信息含义的颜色，表示禁止、警告、指令、提示等。国家规定的安全色有红、蓝、黄、绿四种颜色。红色表示禁止、停止；蓝色表示指令、必须遵守的规定；黄色表示警告、注意；绿色表示指示、安全状态、通行。

为使安全色更加醒目的反衬色称为对比色，国家规定的对比色是黑白两种颜色。安全色与其对应的对比色是：红—白、黄—黑、蓝—白、绿—白。

黑色用于安全标志的文字、图形符号和警告标志的几何图形。白色作为安全标志红、蓝、绿色的背景色，也可用于安全标志的文字和图形符号。

在电气上涂成红色的电器外壳是表示其外壳有电；灰色的电器外壳是表示其外壳接地或接零；线路上黑色代表工作零线。明敷接地扁钢或圆钢涂黄绿双色。用黄绿双色绝缘导线代表保护零线；直流电中红色代表正极，蓝色代表负极，信号和警告回路用白色。

2. 安全标志

安全标志是提醒人员注意或按标志上注明的要求去执行，保障人身和设施安全的重要措施。安全标志一般设置在光线充足、醒目、稍高于视线的地方。

隐蔽工程（如埋地电缆）在地面上要有标示桩或依靠永久性建筑挂标示牌，注明工程位置。容易被人忽视的电气部位，如封闭的架线槽、设备上的电气盒，要用红漆画上电气箭头。

在电气工作中还常用标示牌，在电气设备上悬挂标示牌，用来警告作业人员不得接近设备的带电部分，提醒作业人员在工作地点采取的安全措施，指明应检修的工作地点，以及警示值班人员禁止向某设备合闸送电等。

标示牌根据其用途可分为警告类、允许类、提示类和禁止类等四类共六种，每种标示牌的式样及悬挂处如表 GYBD00201002-14 所示。标示牌类型如图 GYBD00201002-11 所示。

表 GYBD00201002-14　　标示牌式样及悬挂处

名　称	悬　挂　处	式　样		
		尺寸（长×宽，mm×mm）	颜　色	字　样
禁止合闸，有人工作！	一经合闸即可送电到施工设备的断路器（开关）和隔离开关（刀闸）操作把手上	200×160 和 80×65	白底，红色圆形斜杠，黑色禁止标志符号	黑体黑字
禁止合闸，线路有人工作！	线路断路器（开关）和隔离开关（刀闸）把手上	200×160 和 80×65	白底，红色圆形斜杠，黑色禁止标志符号	黑体黑字
禁止分闸！	接地开关与检修设备之间的断路器（开关）操作把手上	200×160 和 80×65	白底，红色圆形斜杠，黑色禁止标志符号	黑体黑字
在此工作！	工作地点或检修设备上	250×250 和 80×80	衬底为绿色，中有直径 200mm 和 65mm 白圆圈	黑体黑字，写于白圆圈中
止步，高压危险！	施工地点临近带电设备的遮栏上、室外工作地点的围栏上、禁止通行的过道上、高压试验地点、室外构架上、工作地点临近带电设备的横梁上	300×240 和 200×160	白底，黑色正三角形及标志符号，衬底为黄色	黑体黑字
从此上下！	工作人员可以上下的铁架、爬梯上	250×250	衬底为绿色，中有直径 200mm 白圆圈	黑体黑字，写于白圆圈中
从此进出！	室外工作地点围栏的出入口处	250×250	衬底为绿色，中有直径 200mm 白圆圈	黑体黑字，写于白圆圈中
禁止攀登，高压危险！	高压配电装置构架的爬梯上，变压器、电抗器等设备的爬梯上	500×400 和 200×160	白底，红色圆形斜杠，黑色禁止标志符号	黑体黑字

在此工作

从此上下

图 GYBD00201002-11　标示牌类型

五、安全用具的检查与存放

1. 检查

电工安全用具是直接保护人身安全的，必须保持良好的性能。因此，使用前应对其进行以下外观检查：

（1）安全用具是否符合《国家电网公司电力安全工作规程（变电部分）》要求。

（2）安全用具是否完好，表面有无损坏和是否清洁；有灰尘的应擦拭干净；损坏的和有炭印的不得使用。

（3）安全用具中的橡胶制品，如橡胶制的绝缘手套、绝缘靴和绝缘垫不得有外伤、裂纹、漏洞、气泡、毛刺、划痕等缺陷，发现有缺陷的应停止使用并及时更换。

（4）安全用具的瓷元件，如绝缘台的支持绝缘子有裂纹或破损者不许使用。

（5）检查安全用具的电压等级与拟操作设备的电压等级是否相符（安全用具的电压等级等于或高于拟操作电气设备的电压等级）。

2. 存放

安全用具使用完毕后，应存放于干燥通风处，并符合下列要求：

（1）绝缘杆应悬挂或架在支架上，不应与墙接触。

（2）绝缘手套应存放在密闭的橱内，并与其他工具仪表分别存放。

（3）绝缘靴应放在橱内，不应代替一般套鞋使用。

（4）绝缘垫和绝缘台应经常保持清洁、无损伤。

（5）高压试电笔应存放在防潮的匣内，并放在干燥的地方。

（6）安全用具和防护用具不许当作其他工具使用。

【思考与练习】

1. 电气安全用具是如何分类的？
2. 安全用具的存放有哪些要求？
3. 携带型接地线的使用和保管注意事项有哪些？
4. 高压验电器使用注意事项有哪些？

第六章　变电站主接线及运行方式

模块 1　750kV 变电站主接线（ZY1300101001）

【模块描述】本模块介绍 750kV 变电站各电压等级的各种接线及各种接线方式的优缺点。通过归纳讲解、图示分析、案例介绍，掌握 750kV 变电站各种主接线方式的特点。

【正文】

变电站的电气主接线是由变压器、断路器、隔离开关、互感器、避雷器等一次电气设备，以及连接线、母线所组成的输送、汇集和分配电能的电路。为了清晰和方便，主接线图一般用单线图表示，并标出主要电气设备的型号和主要技术参数。电气主接线直接影响着变电站的安全、经济、稳定、灵活运行。

一、750kV 变电站各种主接线

目前，我国 750kV 变电站电气主接线一般采用线路—变压器组接线、3/2 断路器接线、双母线接线、单母线接线等方式。

（一）线路—变压器组接线

线路—变压器组接线如图 ZY1300101001-1 所示，这是最简单的接线方式。750kV 变电站建设初期一般采用线路—变压器组接线。在 750kV 系统中，此接线方式为 3/2 断路器接线的过渡接线。线路与变压器之间只安装一台断路器，断路器两侧安装有隔离开关。其优点是设备少、投资省、高压配电装置简单、操作也比较简单，尤其是在 750kV 网架形成初期比较经济。缺点是灵活性和可靠性较差，线路、变压器、断路器等任何设备故障或检修时，一般情况下，回路中断对外供电。

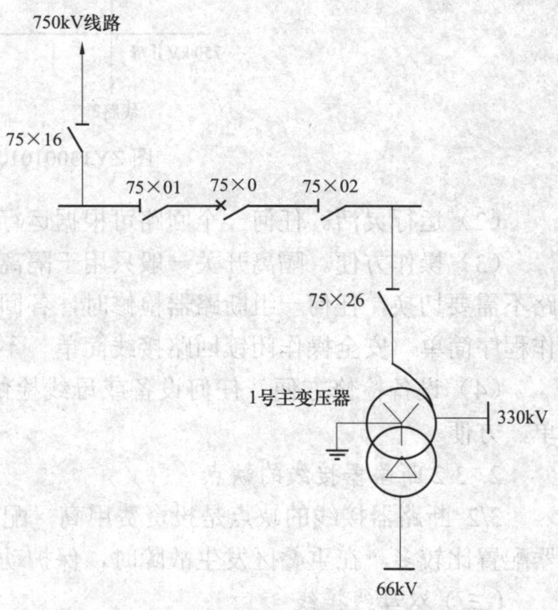

图 ZY1300101001-1　线路—变压器组接线

（二）3/2 断路器接线

3/2 断路器接线如图 ZY1300101001-2 所示，750kV 变电站中应用最多的就是 3/2 断路器接线方式。该接线有两条主母线，在两条主母线之间串接 3 组断路器，组成一个完整串。在每串中两组断路器之间引出一回出线（线路或变压器），每条线路（或每组变压器）有 3/2 个断路器，故称为 3/2 断路器接线。通常有完整串（即一串中有 3 组断路器带两条线路）和不完整串（即一串中只有 2 组断路器带一条线路）。每串中还配有隔离开关、接地隔离开关、电流互感器、避雷器等。

当 750、330kV 系统采用 GIS 设备时，为了减少占地面积，通常采用一字形布置，即母线和线路间隔平行布置，如图 ZY1300101001-3 所示。此种布置方式与敞开式、按常规方式布置的 3/2 断路器接线相比，比较紧凑，节省占地面积，但不直观，它只是把 3 组断路器纵向串接变成了横向串接。

1. 3/2 断路器接线的优点

（1）供电可靠。每条线路都由 2 组断路器带，在母线故障或者单台断路器故障检修时，不影响线路供电。对于完整串，即使是双母线都故障停电，也可以通过中间断路器将两条线路连接，从而大大提高了供电的可靠性。

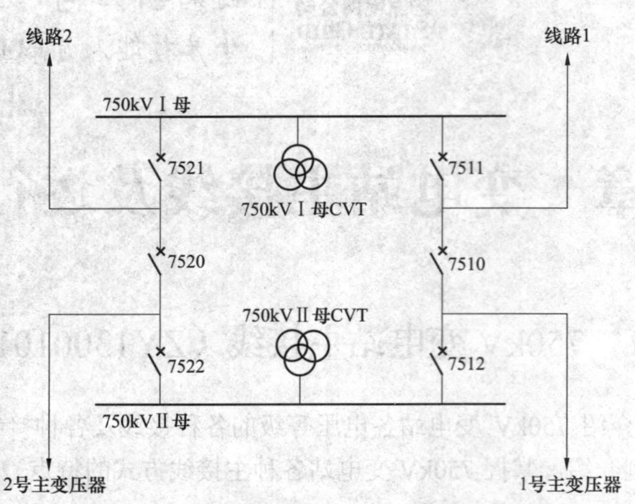

图 ZY1300101001-2　3/2 断路器接线

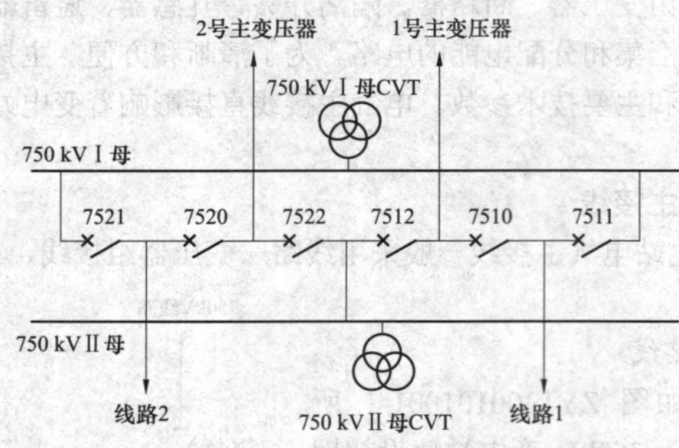

图 ZY1300101001-3　GIS 3/2 断路器接线

（2）运行灵活。任何一个回路可根据运行的需要接在不同的母线中。

（3）操作方便。隔离开关一般只用于隔离电源，不需切换母线，当任何一条母线停电检修时，回路不需要切换，任何一组断路器检修时，各回路仍按原接线方式运行，也不需要切换。隔离开关的操作程序简单。安全操作闭锁回路接线简单。不容易发生误操作。

（4）设备检修方便。任何设备或母线检修，都不会影响其对外供电。被检修设备的隔离操作简单、方便。

2. 3/2 断路器接线的缺点

3/2 断路器接线的缺点是投资费用高、配电装置的占地面积大、二次接线复杂。特别是电流互感器配置比较多。在重叠区发生故障时，保护动作繁杂。

（三）双母线接线

双母线接线如图 ZY1300101001-4 所示，双母线接线中共有两组母线，每一出线通过一组断路器和两组隔离开关连接到两条母线上，两条母线间通过母联断路器连接。根据需要，每一出线可以通过

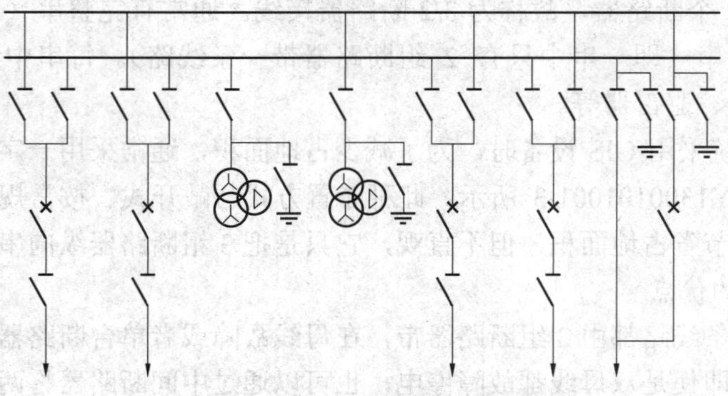

图 ZY1300101001-4　双母线接线

母线隔离开关连接到任意一条母线上，并可以通过母联断路器使两组母线并列运行。

1. 双母线接线的优点

（1）供电可靠性高，当一条母线故障时，将非故障元件倒换到无故障母线上，可以迅速恢复供电。

（2）检修母线隔离开关时，只需停该隔离开关所对应的出线和母线，其余出线倒换至另一条母线，不影响其他元件供电。

（3）在母线检修时，可以在任何出线不停电的情况下轮流检修母线，不影响各元件正常运行。

（4）运行和调度灵活。根据系统运行的需要，各元件可灵活地连接到任一母线上，实现系统的合理接线。

2. 双母线接线的缺点

（1）当母线或者母线隔离开关故障时，倒闸操作复杂，容易发生误操作。

（2）母线隔离开关多，投资较大。

（3）隔离开关操作闭锁接线复杂。

（4）母联断路器故障检修时，两条母线需要全部停电。

（5）二次电压回路接线复杂。

（四）单母线接线

单母线接线如图 ZY1300101001-5 所示。单母线接线是变电站中最简单的一种接线方式。在750kV 变电站中，单母线接线主要用在低压侧 66kV 系统中，母线上接有无功补偿装置和站用变压器。每条进出线均经过断路器和母线隔离开关接到一条母线上。其优点是接线简单、清晰，采用设备少、投资低，操作方便，容易扩建。缺点是可靠性不高，运行方式单一，任一出线断路器检修时该回路必须停电。当发生母线故障（包括母线上的元件，如电压互感器、母线隔离开关等）、任意出线故障、断路器拒动时，都将会造成整个配电装置全停。母线或母线隔离开关正常检修时，整个配电装置亦将全停。

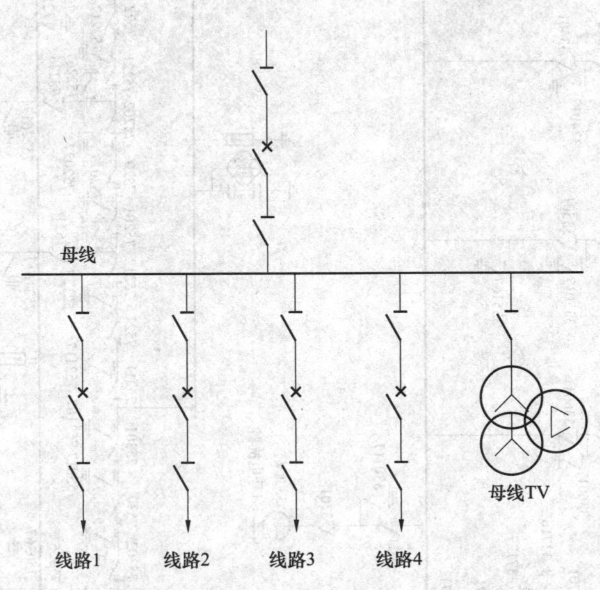

图 ZY1300101001-5　单母线接线

二、750kV 变电站主接线举例

某 750kV 变电站主接线如图 ZY1300101001-6 所示。

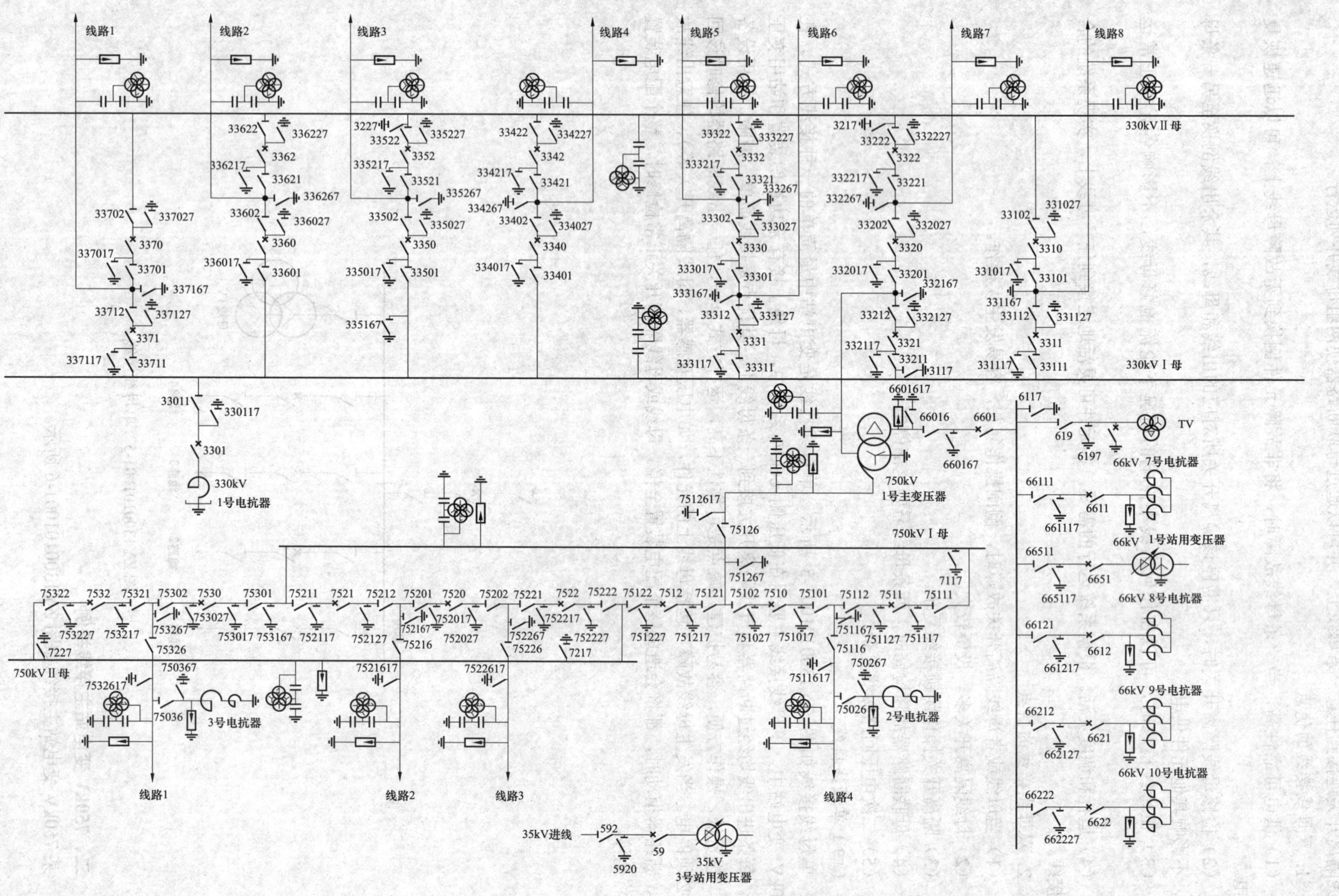

图 ZY1300101001-6 某 750kV 变电站主接线图

【思考与练习】

1. 750kV 变电站常见的主接线方式有哪几种？各有什么优缺点？
2. 画出 3/2 断路器接线方式的接线图，并说出其优缺点。
3. 什么是双母线接线？双母线接线有什么优缺点？
4. 什么是单母线接线？单母线接线有什么优缺点？
5. 请默画出你所在变电站的电气一次主接线图。

模块 2　750kV 变电站设备的典型运行方式（ZY1300101002）

【模块描述】本模块包含 750kV 设备典型布置及运行方式的概述。通过实例分析介绍，熟悉 750kV 一次设备布置方式。

【正文】

设备布置应满足安全生产、方便管理的要求，工艺流程合理，并满足防火和环境保护的要求。

设备的运行方式是指系统中各电气设备的运行状态及其相互连接的方式。由于电力系统的负荷经常发生变化、输变电设备停电检修、处理设备缺陷或系统故障等原因，所以在运行过程中要经常改变设备的运行方式。

设备的运行方式分为正常运行方式和特殊运行方式。正常运行方式是经常性的运行方式，是指系统在无故障的情况下，最合理、经济、可靠、灵活的运行方式。特殊运行方式是指在系统发生异常或设备损坏、设备试验检修时，为了减少对外停电而采取的一种运行方式。

一、750kV 设备典型布置

750kV 系统为西北电网主网架，750kV GIS 设备布置一般选用断路器一字形布置（直列式布置）方案。一字形布置纵向尺寸小，与主变压器、330kV 配电装置的配合较好，工艺流程合理。750kV 配电装置间隔宽度一般为 45m，主变压器构架高一般为 27m，750kV 出线门形架高度一般为 32m。设备纵向尺寸根据检修要求、导线受力等情况确定。

750kV GIS 设备典型布置图如图 ZY1300101002-1 所示，750kV GIS 设备断面布置图如图 ZY1300101002-2 所示。

二、750kV 变电站设备运行方式

（一）线路—变压器组接线

1. 正常运行方式

正常运行时，变压器和 750kV 线路同时运行。

2. 线路或变压器故障时的运行方式

当线路或者线路电抗器发生故障时，线路保护或者电抗器保护动作，跳开线路两侧断路器，若在短时间内能恢复供电，可在变压器不停电的情况下尽快恢复线路运行。若短时间内不能恢复运行时，为了减少变压器损耗，可将变压器转为热备用状态，拉开线路侧隔离开关，对 750kV 线路或线路电抗器进行检修，待检修完毕后将变压器和 750kV 线路恢复运行。同样，当主变压器故障时，变压器相应保护动作，跳开主变压器三侧断路器，此时，750kV 线路对侧断路器在合闸位置，线路仍带电，若在短时间内主变压器能恢复供电，线路仍可带电运行，待变压器故障处理完毕后，用主变压器中压侧断路器给变压器充电正常后合上变压器高压侧断路器合环运行。

3. 线路或变压器检修时的运行方式

当线路或者变压器检修时，由于检修时间一般比较长，为了避免变压器和线路长时间空载运行时不必要的损耗，将变压器或者线路也停止运行。此方式下，一般由调度安排在年度检修工作时变压器和线路同时进行停电检修。

（二）3/2 断路器接线

1. 正常运行方式

正常运行时，两组母线同时运行，所有断路器和隔离开关均合上，线路（变压器）和断路器均投入运行。

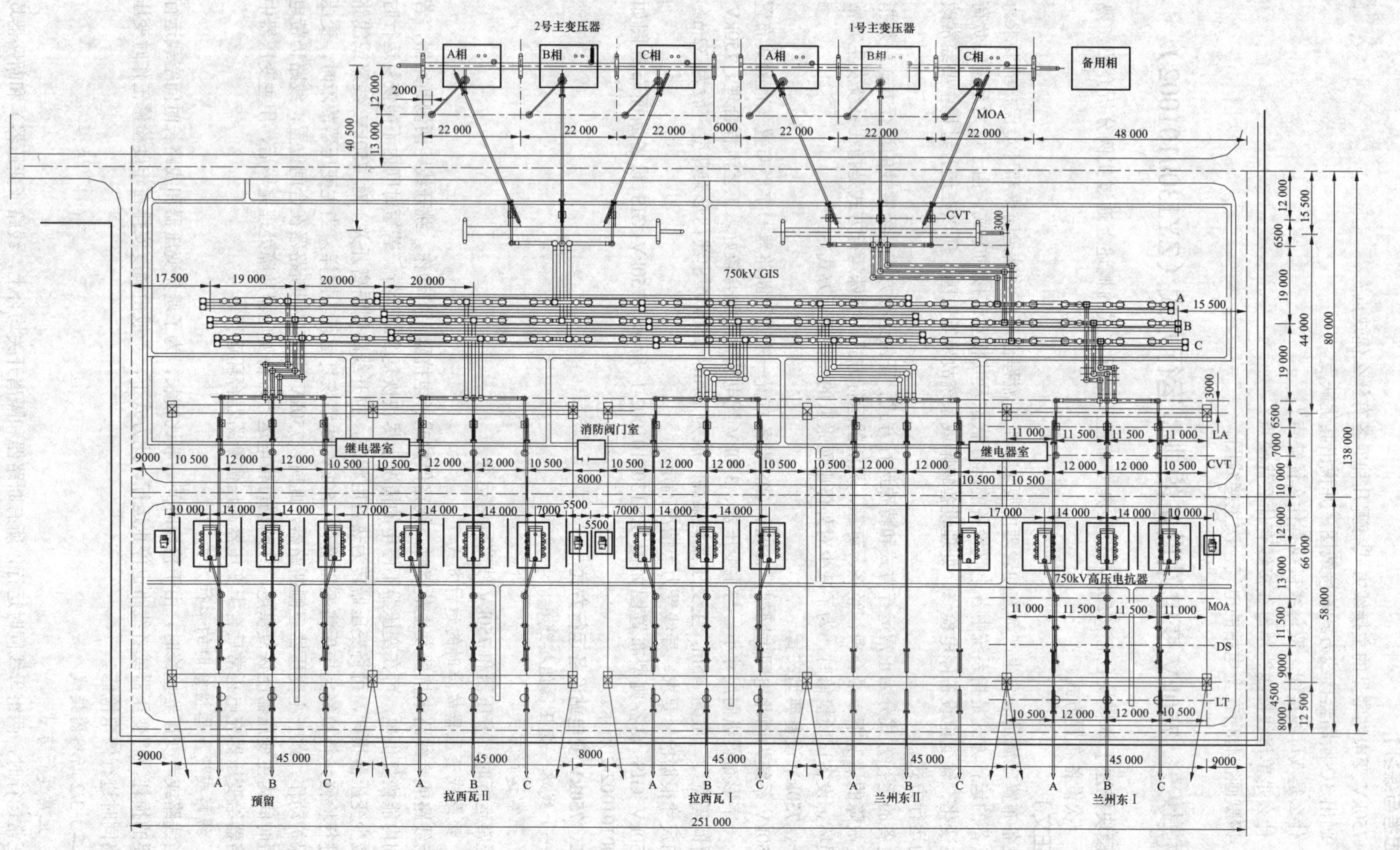

图 ZY1300101002-1 750kV GIS 设备典型布置图

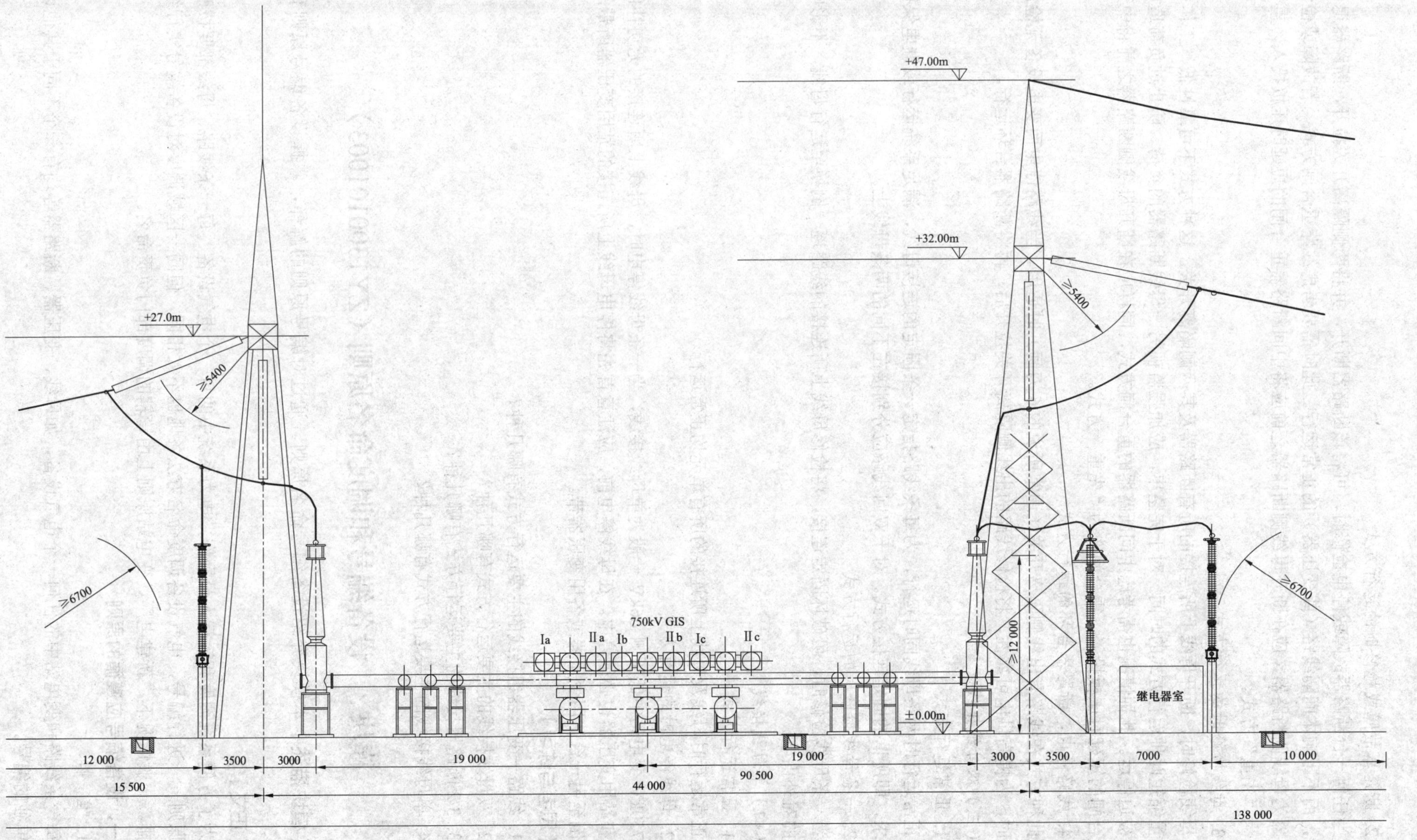

图 ZY1300101002-2　750kV GIS 设备断面布置图

2. 断路器故障或检修时的运行方式

当任何一台断路器故障或停电检修时，可将该断路器断开，并将两侧隔离开关拉开，断路器退出运行，而不影响本间隔线路（或变压器）的正常运行。此时需要考虑线路重合闸方式，若故障或检修断路器为母线侧断路器，应在断开母线侧断路器之前应将中间断路器重合闸的短延时压板投入，重合闸选为“先重”方式。

3. 母线检修时的运行方式

母线检修时，断开母线上所连接的所有断路器及其两侧隔离开关。这种方式下可靠性低，工作中应尽量缩短此种运行方式的时间。对于完整串，应加强监视另一母线断路器的负荷，防止过负荷造成线路被迫停运。此种情况也需考虑中间断路器的重合闸方式，同样应在断开母线侧断路器之前将中开关重合闸的短延时压板投入，重合闸选为“先重”方式。

4. 线路停电，断路器合环的运行方式

此种方式在线路有出线侧隔离开关（通常所说的 6 刀闸）时适用。当线路停电而变电设备无检修工作时，为提高供电可靠性，将检修线路的出线侧隔离开关拉开后，再将断路器合环运行。

（三）双母线接线

1. 正常运行方式

正常运行时两条母线同时运行，为每条线路指定一条固定的连接母线，满足系统运行或继电保护的要求，即所谓的固定连接方式。对于双回线路应分别接在不同的两条母线上。

2. 一条母线检修时的运行方式

当一条母线检修时，可破坏固定连接，将检修母线上所连接的线路逐一倒换至运行母线，不影响线路的对外供电。

（四）单母线接线

1. 正常运行方式

正常运行时母线及母线上所连接的所有单元均正常运行。

2. 母线停电时的运行方式

750kV 变电站中低压侧 66kV 一般为单母线接线，当一条母线停电时，母线上所连接的无功补偿装置和站用变压器也必须停电。在母线停电前，应注意首先将停电母线上所连接的站用变压器所带的负荷倒至另一台站用变压器或备用变压器带。

【思考与练习】

1. 线路—变压器组接线的主要运行方式有哪几种？
2. 双母线接线的主要运行方式有哪几种？
3. 3/2 断路器接线的主要运行方式有哪几种？
4. 单母线接线的主要运行方式有哪几种？

模块 3 设备编号和调度命名原则（ZY1300101003）

【模块描述】本模块介绍设备编号命名原则。通过对编号原则的解释，掌握设备编号原则和方法。

【正文】

为了方便系统调度和运行人员操作，电力系统中的每一个电气设备、每一条线路、母线都要按照同一原则一一进行编号，电气设备调度命名方法各地也不太相同，但同一区域调度对设备编号实行统一编排。一般情况下，新建电厂、变电站原则上由管辖的调度部门负责命名。

一、设备编号应遵循的原则

1. 唯一性

每一条线路和变电站中的任何一个电气设备，如母线、变压器、断路器等均有一个不同于其他设备的单独的编号。

2. 规律性

线路或设备的编号按照一定的规则进行编排，其目的不仅是防止重复编号，还有利于记忆。

750kV 设备实行双重编号，即由设备名称和编号两部分组成。下面以西北电网调度为例，说明 750kV 变电站设备编号的原则和方法。

二、电气设备编号调度命名原则（以西北电网调度命名为例）

1. 线路编号

线路名称一般以该线路两端厂（站）名称的简称命名，编号由 4 位或者 5 位数字组成，其中第 1 位代表电压等级，“7”代表 750kV，“3”代表 330kV，第 2、3 位代表该线路投入运行的年度，第 4 位（或第 4、5 位）代表该条线路是本年度内本电压等级线路投入的次序。例如：750kV 示范工程线路名称为“#7051 官东Ⅰ线”，其中“7”代表电压等级是 750kV，“05”代表是 2005 年投入运行的，“1”代表是 2005 年投入的 750kV 电压等级的第 1 条线路。如果是 2009 年投入的第 16 条 750kV 线路，则该线路编号为“#70916××线”（××为该线路两端厂站名称的简称）。

2. 变压器设备（包括电抗器）编号

变压器设备（包括电抗器）编号以变电站为单位，按照间隔顺序分别为#×变压器（或#×电抗器）,如#1 变压器、#2 电抗器。站用变压器也按顺序分别为#1 站用变、#2 站用变。

3. 母线编号

变电站母线用电压等级及母线顺序号来表示。如单母线，称 1 号母线。双母线，分别称 1 号、2 号母线（#1M、#2M）。如 750kVⅠ母、330kVⅡ母。

4. 断路器编号

断路器编号用 4 位数字表示。前两位数字代表电压等级。对 3/2 断路器接线，第 3 位数字表示该断路器所在的串数。第 4 位数字表示此断路器所连接的母线，断路器连接在Ⅰ母，则第 4 位数字为 1，断路器连接在Ⅱ母，则第 4 位数字为 2，中间断路器的数字为 0。不论是完整串还是不完整串，编号都由断路器安装的实际位置决定，按照完整串的编号法编号。例如 750kV 第二串 3 个断路器的编号分别为 7521（靠近Ⅰ母）、7520（中间）、7522（靠近Ⅱ母）。

5. 隔离开关编号

隔离开关按照断路器隶属关系进行编号，用 5 位数字表示，前 4 位数字表示该隔离开关所连断路器的编号，最后一位数字表示该隔离开关靠近Ⅰ母还是Ⅱ母侧，“1”代表接在Ⅰ母侧，“2”代表接在Ⅱ母侧，“6”代表线路侧隔离开关。如 75101 隔离开关表示 7510 断路器靠近Ⅰ母侧的隔离开关，75102 隔离开关表示 7510 断路器靠近Ⅱ母侧的隔离开关。

6. 接地开关编号

接地开关用 4 位、6 位或者 7 位数字表示。

（1）母线上接地开关用 4 位数字表示。母线接地开关由“电压等级＋母线编号＋组别＋7”4 位数组成。如 7127 表示 750kV 第一组母线上的第二组接地开关。

（2）断路器侧接地开关编号用 6 位数字表示，前 5 位数字表示隔离开关的编号，最后 1 位数字用“7”来表示，代表是断路器侧接地开关。如 751017 代表 7510 断路器与 75101 隔离开关之间的接地开关。

（3）线路侧接地开关用 6 位或 7 位数字表示。对于 3/2 断路器接线的设备，当进出线没有单独的线路隔离开关时，用 6 位数字表示线路接地开关，其中前 4 位表示该出线断路器，后 2 位“67”代表线路接地开关，如 331167 代表 3311 断路器所带线路的线路接地开关。当进出线有单独的出线隔离开关时，用 7 位数字来表示线路侧接地开关，其中前 5 位数字表示该线路出线隔离开关的编号，最后加“17”来代表线路侧（或变压器侧）接地开关，如 7511617 代表线路出线隔离开关名称为 75116 隔离开关所在线路的线路接地开关。

【思考与练习】

1. 设备编号应遵循的原则是什么？

2. 750kV 变电站各断路器、隔离开关的编号是如何规定的？

3. 线路的编号是如何规定的？

4. 线路接地开关的编号是如何规定的？

模块4 设备运行状态的分类（ZY1300101004）

【模块描述】本模块介绍一、二次设备运行状态的分类。通过定义描述、状态转换列表说明，掌握一、二次设备运行状态的分类及各种状态之间的转换操作步骤。

【正文】

一次设备运行状态分为运行、热备用、冷备用、检修4种形式，继电保护装置的运行状态分为投入、退出和信号3种方式，为了系统运行及设备检修等工作的需要，经常在各种状态之间进行倒换操作。

一、电气设备运行状态

1. 运行

运行状态是指设备的隔离开关及断路器都在合闸位置，即将电源端至受电端间的电路接通（包括电压互感器、避雷器等），设备带有规定电压，继电保护及二次设备按规定投入的状态。

2. 热备用

热备用状态是指设备只靠断路器断开，而隔离开关仍在合闸位置。其特点是断路器一经合闸即将设备投入运行，此状态下如无特殊要求，设备保护均应在运行状态。线路电抗器、电压互感器等无单独断路器的设备均无热备用状态。一次设备热备用时，保护及二次设备不允许退出运行。

3. 冷备用

冷备用状态是指设备的断路器及两侧隔离开关都在断（拉）开位置，无安全措施，可以随时投入运行的状态。一般情况下，一次设备冷备用时，要退出相应的继电保护。

（1）断路器冷备用是指断路器及其各侧隔离开关均在断（拉）开位置。手车断路器冷备用状态是指手车断路器在试验位置。

（2）线路冷备用是指线路两侧线隔离开关拉开，两侧接地开关在拉开位置。对无线路隔离开关的线路，指线路断路器及其隔离开关处于断（拉）开状态。

（3）变压器冷备用是指变压器各侧隔离开关均在拉开位置。对无变压器隔离开关的变压器，指变压器各侧断路器及其隔离开关均在断（拉）开位置。

（4）母线冷备用是指母线侧所有断路器及其隔离开关均在断（拉）开位置。

（5）电抗器冷备用是指电抗器各侧断路器及隔离开关均在断（拉）开位置。对于无断路器的电抗器，指电抗器各侧隔离开关均在拉开位置。

（6）电压互感器冷备用是指电压互感器高低压侧均在断开位置。

4. 检修

检修状态是指断路器及两侧隔离开关均断（拉）开，接地开关合上的状态。设备在检修状态时，要退出相应的继电保护。

（1）断路器检修是指断路器及其各侧隔离开关均在断（拉）开位置，断路器失灵保护停运，在断路器各侧合上接地开关（或挂接地线）。

（2）线路检修是指线路两侧线隔离开关拉开，两侧接地开关在合上位置（或挂接地线）。对于无线路隔离开关的线路，线路两侧断路器及其隔离开关断（拉）开，两侧接地开关在合上位置（或挂接地线）。

（3）变压器检修是指变压器各侧隔离开关均在拉开位置，并在变压器各侧合上接地开关（或挂上接地线），断开变压器冷却器电源。对无变压器隔离开关的变压器，是指变压器各侧断路器及其隔离开关均在断（拉）开位置，并在变压器各侧合上接地开关（或挂上接地线），断开变压器冷却器电源。

（4）母线检修是指母线侧所有断路器及其隔离开关均在断（拉）开位置，母线电压互感器低压侧断开，合上母线接地开关（或挂接地线）。

（5）电抗器检修是指电抗器各侧断路器及其隔离开关均在断（拉）开位置，并合上电抗器接地开关（或挂接地线），断开冷却器电源。对于无断路器的电抗器，指电抗器各侧隔离开关均在拉开位置，并合上电抗器接地开关（或挂接地线），断开冷却器电源。

（6）电压互感器检修是指电压互感器（电压互感器或电容式电压互感器）高低压侧均在断开位置，并合上电压互感器接地开关（或挂接地线）。

二、继电保护装置运行状态

继电保护装置的运行状态分为投入、退出和信号 3 种方式。

投入状态是指装置功能压板和出口压板均按要求正常投入，把手置于对应位置。

退出状态是指装置功能压板、出口压板全部断开，把手置于对应位置。

信号状态是指装置功能压板投入，出口压板全部断开，把手置于对应位置。

三、电气设备运行状态之间的转换

1. 电气设备 4 种运行状态之间的转换

（1）电气设备由运行转为热备用是指断开该设备的断路器，而隔离开关还在合闸状态，所有保护在投入状态。在将断路器由运行转为热备用之前需要考虑线路重合闸问题，以及站用电的负荷倒换。

（2）电气设备由热备用转为冷备用是指将已经断开的断路器两侧的隔离开关拉开，电压互感器有隔离开关时将隔离开关拉开，并断开二次小开关。

（3）电气设备由冷备用转为检修是指根据需要按照检修设备的实际情况布置安全措施，包括验明确无电压，装设临时接地线或合上接地开关，断开断路器、隔离开关的二次控制电源、操作电源小开关，悬挂标示牌及装设遮栏。

（4）检修设备待检修工作结束后投入运行的步骤与上述顺序相反。

2. 电气设备 4 种状态相互倒换操作步骤

电气设备 4 种状态相互倒换操作步骤见表 ZY1300101004-1。

表 ZY1300101004-1　　电气设备 4 种状态相互倒换操作步骤

设备状态	倒换后状态			
	运　行	热备用	冷备用	检　修
运行		（1）断开断路器。 （2）检查断路器确已断开	（1）断开断路器。 （2）检查断路器确已断开。 （3）拉开隔离开关。 （4）检查隔离开关确已拉开	（1）断开断路器。 （2）检查断路器确已断开。 （3）拉开隔离开关。 （4）检查隔离开关确已拉开。 （5）在检修设备两侧分别验明确无电压。 （6）装设接地线或合上接地开关。 （7）检查接地开关确已合好
热备用	（1）合上断路器。 （2）检查断路器确已合好		（1）检查断路器确在断开位置。 （2）拉开隔离开关。 （3）检查隔离开关确已拉开	（1）检查断路器确在断开位置。 （2）拉开隔离开关。 （3）检查隔离开关确已拉开。 （4）在检修设备两侧分别验明确无电压。 （5）装设接地线或合上接地开关。 （6）检查接地开关确已合好
冷备用	（1）检查检修设备上无接地线（或接地开关确在拉开位置）。 （2）检查断路器确在断开位置。 （3）合上隔离开关。 （4）检查隔离开关确已合好。 （5）合上断路器。 （6）检查断路器确已合好	（1）检查检修设备上无接地线（或接地开关确在拉开位置）。 （2）检查断路器确在断开位置。 （3）合上隔离开关。 （4）检查隔离开关确已合好		（1）检查断路器确在断开位置。 （2）检查隔离开关确在拉开位置。 （3）在检修设备两侧分别验明确无电压。 （4）装设接地线或合上接地开关。 （5）检查接地开关确已合好

续表

设备状态	倒换后状态			
	运行	热备用	冷备用	检修
检修	（1）拆除检修设备间隔所有接地线或拉开接地开关。 （2）检查接地开关确在拉开位置。 （3）检查断路器确在断开位置。 （4）合上隔离开关。 （5）检查隔离开关确已合好。 （6）合上断路器。 （7）检查断路器确已合好	（1）拆除检修设备间隔所有接地线或拉开接地开关。 （2）检查接地开关确在拉开位置。 （3）检查断路器确在断开位置。 （4）合上隔离开关。 （5）检查隔离开关确已合好	（1）拆除检修设备间隔所有接地线或拉开接地开关。 （2）检查接地开关确在拉开位置。 （3）检查断路器确在断开位置。 （4）检查隔离开关确在拉开位置	

【思考与练习】

1. 电气设备的运行状态有哪几种？并解释说明。
2. 请说出设备由运行状态转为热备用状态时的操作步骤。
3. 请说出设备由热备用状态转为检修状态时的操作步骤。
4. 请说出设备由检修状态转为运行状态时的操作步骤。

国家电网公司
生产技能人员职业能力培训专用教材

第七章 750kV 电气设备

模块 1 750kV 电气距离（ZY1300102001）

【模块描述】本模块介绍 750kV 外绝缘的各种距离知识。通过分析讲解、计算举例，了解 750kV 电气距离基本概念，以及外绝缘的海拔修正。

【正文】

一、概述

配电装置的整个结构尺寸，是综合考虑设备外形尺寸、检修和运输的安全距离等因素而决定的。配电装置的最小电气距离（也称最小安全净距）是指在这一距离下，在各种电压（工频、操作、雷电）作用下都不致空气间隙击穿的距离。对于敞开在空气中的配电装置，有关最小电气距离分别表示为 A、B、C、D 值，其中最基本的是带电部分对地和不同相带电部分之间的最小电气距离，即 A_1 和 A_2 值，其他值均由 A 值派生而来。配电装置最小电气距离代表符号及含义见表 ZY1300102001-1。室外配电装置最小电气距离示意如图 ZY1300102001-1～图 ZY1300102001-3 所示。

表 ZY1300102001-1 配电装置最小电气距离代表符号及含义

符　号	含　义	符　号	含　义
A_1	（1）带电部分至接地部分之间。 （2）网状和板状遮栏向上延伸线距地 2.5m 处，与遮栏上方带电部分之间	B_2	网状遮栏至带电部分之间
A_2	（1）不同相的带电部分之间。 （2）断路器和隔离开关的断口两侧带电部分之间	C	无遮栏裸导体至地（楼）面之间
B_1	（1）栅状遮栏至带电部分之间。 （2）交叉的不同时停电检修的无遮栏带电部分之间	D	平行的不同时停电检修的无遮栏裸导体之间

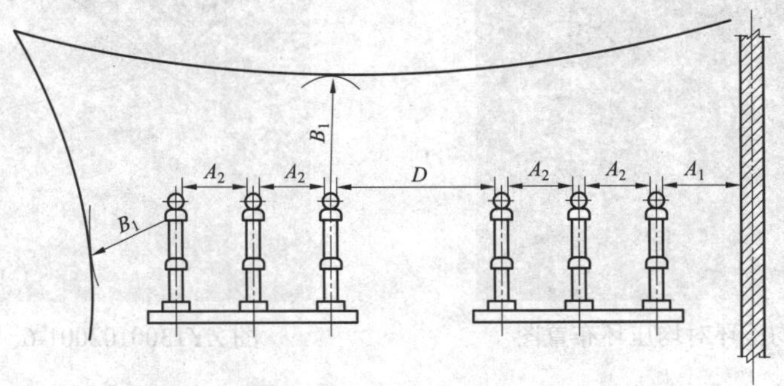

图 ZY1300102001-1 室外配电装置 A_1、A_2、B_1、D 值示意图

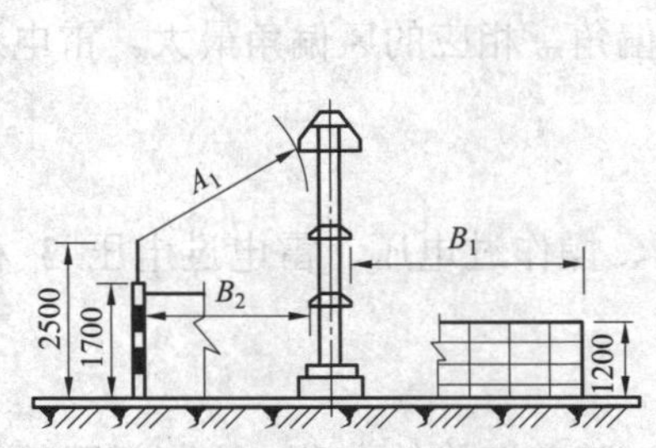

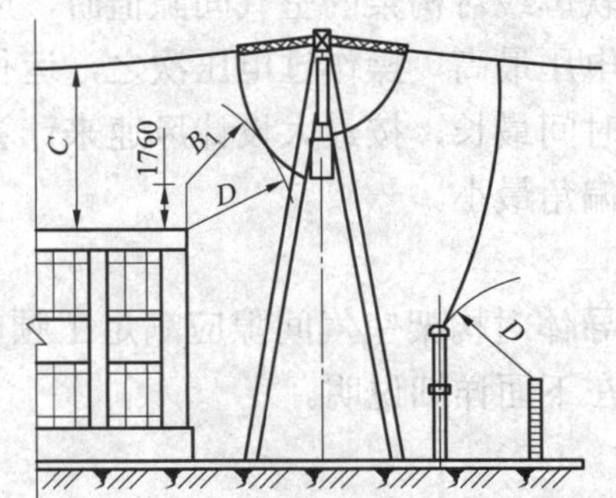

图 ZY1300102001-2 室外配电装置 A_1、B_1、B_2、C、D 值示意图

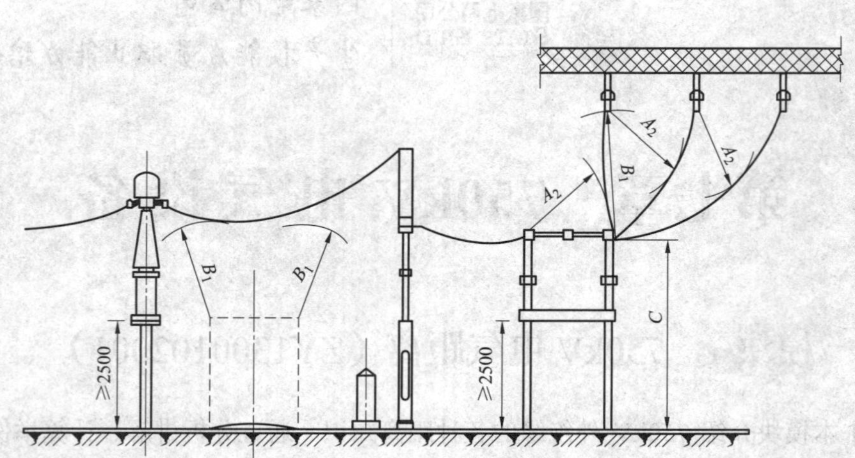

图 ZY1300102001-3 室外配电装置 A_2、B_1、C 值示意图

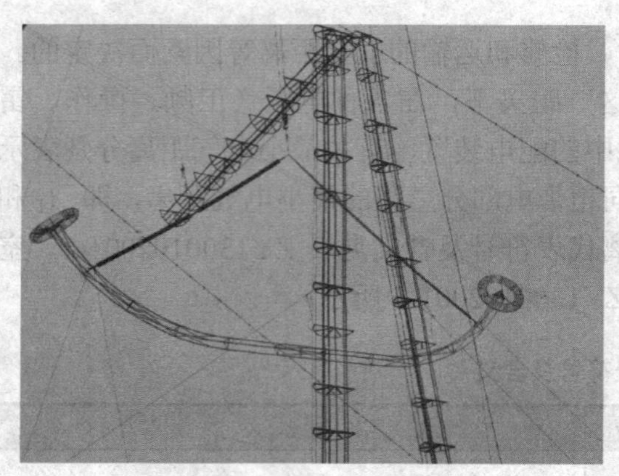

图 ZY1300102001-4 导线对人字构架布置图

二、影响因素

影响配电装置空气最小安全距离的因素有电极形状、风偏、电压类型、海拔等因素。

1. 电极形状

变电站带电导体电极形状繁多，电极形状对空气间隙的放电电压影响很大。一些国家在确定空气间隙值时进行实际电极形状全尺寸的放电电压试验，绘成了多种电极形状空气间隙放电电压曲线，可供选用。我国原武汉高压研究院进行了大量的 750kV 全尺寸放电试验，具体布置见图 ZY1300102001-4～图 ZY1300102001-6。如采用与实际电极形状不同的放电电压曲线，通常在计算中引入电极形状校正系数。

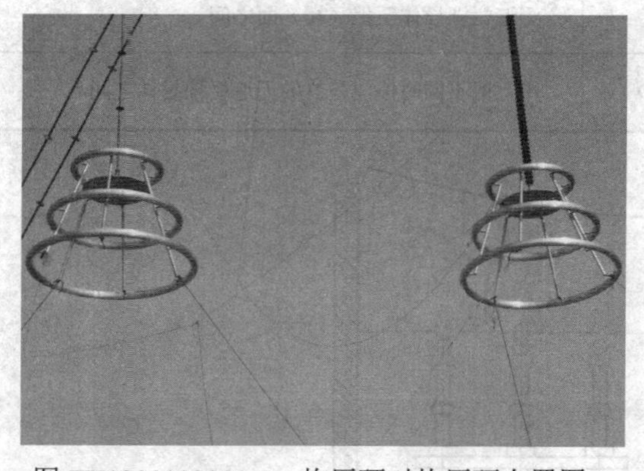

图 ZY1300102001-5 均压环对均压环布置图

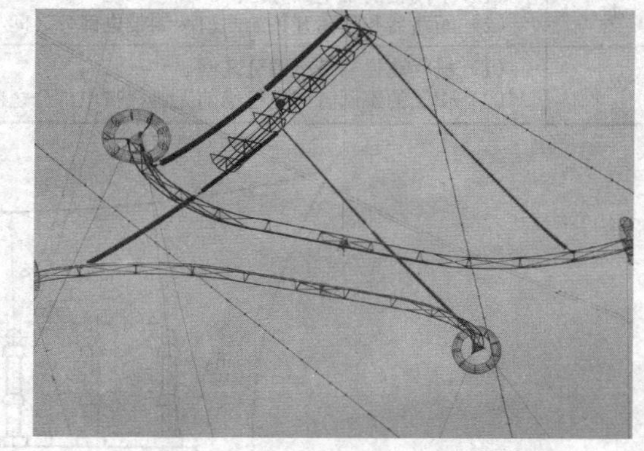

图 ZY1300102001-6 导线对导线布置图

2. 风偏

确定变电站软母线对构架的空气间隙值时，应考虑母线受风力产生的摇摆。从间隙承受的电压幅值来看，雷电过电压最高，操作过电压次之，运行工频电压最低，但电压作用时间长短刚好相反。由于工频电压作用时间最长，按最大设计风速来计算风偏角，相应的风偏角最大。雷电过电压持续时间最短，相应的风偏角最小。

3. 电压类型

变电站带电导体对构架空气间隙应满足工频电压、操作过电压、雷电过电压 3 种电压作用的要求，具体情况将在下面详细说明。

4. 海拔

海拔对外绝缘（空气间隙）的放电电压影响较大，随着海拔的上升，空气间隙的放电电压减小，因此，需要进行放电电压的海拔修正。如果设备将在高海拔地区运行，而高压试验在低海拔地区进行，试验电压应乘一修正系数 K。

不同标准推荐的修正方法存在差异，目前主要有 4 种海拔修正方法：① DL/T 620—1997《交流电气装置的过电压保护和绝缘配合》推荐的方法；② GB 311.1—1997《高压输变电设备的绝缘配合》推荐的方法；③ IEC 71–2《绝缘配合　第二部分：使用导则》（1996 年 12 月）推荐的方法；④ 原武汉高压研究院在《高海拔地区变电外绝缘特性研究》报告中推荐的海拔修正方法。

当空气间隙在 6m 附近时，DL/T 620—1997 推荐的海拔修正因数存在突变，GB 311.1—1997 推荐的海拔修正方法忽视了不同放电电压的差异。目前我国 750kV 外绝缘设计基本采用原武汉高压研究院推荐的修正方法。

（1）雷电冲击海拔校正。

校正因数与 GB 311.1—1997 推荐一致，公式为

$$K=\frac{1}{1.0-H\times10^{-4}} \tag{ZY1300102001-1}$$

式中　H——海拔，m。

（2）操作冲击海拔校正。

校正因数为

$$K=\frac{1}{1.0-mH\times10^{-4}} \tag{ZY1300102001-2}$$

式中　m ——修正因子，U<1130kV 时取 $m=1.0$，1130kV<U<1588kV 时取 $m=2.73-0.001\,53U$，U>1588kV 时取 $m=0.3$；

U ——操作冲击电压，kV。

（3）工频电压的海拔校正。

校正因数与 IEC 71–2 推荐一致，公式为

$$K=e^{\frac{H}{8150}} \tag{ZY1300102001-3}$$

三、空气间隙距离计算

1. A_1 值

与 A_1 值有关的距离有两种：① 带电导体至接地构架的最小电气距离 A_1'；② 带电设备至接地构架的最小电气距离 A_1''。通常情况下，确定 A_1' 后即可很容易地确定 A_1''。下面说明在不同电压作用下 A_1' 值的计算方法。

（1）工频电压。电力设备带电导体对构架空气间隙的 50%工频放电电压 U_g 应等于电网运行工频电压（对中性点直接接地电网为 $U_m/\sqrt{3}$，对中性点不接地或经消弧线圈接地电网为 U_m，其中 U_m 为系统最高运行电压）乘以系数 K，即对中性点直接接地系统有

$$U_g=K\frac{U_m}{\sqrt{3}}$$

对中性点不直接接地系统，有

$$U_g=KU_m$$

当 U_m>252kV 时，取 $K\geqslant1.40$；当 66kV<$U_m\leqslant$252kV 时，取 $K\geqslant1.35$；对 66kV 及以下电网，取 $K\geqslant1.20$。

对 750kV 配电装置而言，$U_m=800$kV，取 $K=1.4$，则 $U_g=646.6$kV。

（2）操作过电压。带电导体对构架空气间隙的正极性操作过电压 50%放电电压应大于或等于金属氧化物避雷器（MOA）操作过电压保护水平再乘以系数 K，有风偏时取 $K\geqslant1.1$，无风偏时取 $K\geqslant1.18$。目前 750kV 的 MOA 操作过电压保护水平有 1194kV 和 1289kV 两种。

（3）雷电过电压。带电导体对构架空气间隙的正极性雷电过电压 50%放电电压应大于或等于 MOA 雷电冲击保护水平乘以系数 K，有风偏时取 $K\geqslant1.4$，无风偏时取 $K\geqslant1.45$。目前 750kV 的

MOA 雷电过电压保护水平有 1380kV 和 1491kV 两种。

确定上述放电电压之后，从相应的放电曲线上可查得空气间隙距离。

2. A_2 值

A_2 值为带电导体相间最小电气距离，其确定过程与 A_1 值相同，首先应确定不同类型的电压值，再查相应的放电曲线。

（1）工频电压。变电站相间空气间隙 50%工频放电电压等于最高电压乘以系数 K。对 750kV 变电站，取 $K=1.4$。

（2）操作过电压。相间 50%操作冲击放电电压应等于 MOA 操作冲击保护水平乘以系数 K。750kV 变电站一般取 $K=1.9$。

（3）雷电过电压。根据经验，雷电过电压的相间空气间隙可取相应的相对地间隙的 1.1 倍。

确定上述放电电压之后，从相应的放电曲线上可查得空气间隙距离。

3. B_1 值

B_1 值为带电部分至栅状遮栏之间、运输设备的外廓至无遮栏带电部分之间的最小电气距离。一般运行人员手臂误入栅栏时臂长不大于 75cm，汽车运行时的摆动也在 75cm 左右，此外，导线垂直交叉且要求不同时停电检修时检修人员在导线上活动的范围也不超过 75cm，因此 $B_1=A_1+75\text{cm}$。

4. B_2 值

B_2 值指带电部分对网栏的最小电气距离。一般运行人员手指误入网栏时的指长不大于 7cm，另考虑 3cm 的施工误差，因此 $B_2=A_1+10\text{cm}$。

5. C 值

C 值为裸导体至地面之间最小电气距离。对于 330kV 及以下电压等级，C 值是无遮栏裸导体至地面之间的安全净距，$C=A_1+230\text{cm}+20\text{cm}$。即当人举手时，手与带电裸导体之间的净距不小于 A_1。一般运行人员举手后的总高度不超过 230cm，另考虑户外配电装置场地的施工误差 20cm。在积雪严重地区，还应考虑积雪的影响，该距离适当加大。

对于 500kV 及以上系统，按上述方法确定 C 值不能满足静电感应场强控制要求，因此 C 值按静电感应场强控制。750kV 变电站静电感应场强的设计标准是：地面场强不超过 10kV/m，少部分地区可允许达到 15kV/m，推荐 C 值为 12m。

6. D 值

D 值为平行的不同时停电检修的无遮栏裸导体之间的最小电气距离。当一导线带电，另一导线停电检修时，检修人员与相邻带电导线之间的基本净距不应小于 A_1 值，一般检修人员和工具的活动范围不超过 180cm，再加上 20cm 的裕度，因此，$D=A_1+180\text{cm}+20\text{cm}$。此外，要求带电部分至围墙顶部和建筑物边沿部分之间的净距不小于 D 值，这也是考虑当有人爬到上述建（构）筑物顶部时不致触电。

四、750kV 配电装置的最小电气距离

根据上述计算原则，当在海拔 1000m 以下时，750kV 配电装置的 A 值见表 ZY1300102001-2。从表 ZY1300102001-2 中可以看出，对于 750kV 系统，决定 A 值的因素的是操作过电压。以该值为基础，可确定 B、C、D 值，见表 ZY1300102001-3。将表 ZY1300102001-3 中数据修正为海拔 2000m 时的情况，见表 ZY1300102001-4，表中同时附有该海拔下其他电压等级的最小电气距离。

表 ZY1300102001-2 不同电压作用下 750kV 配电装置最小电气距离（海拔 1000m 以下）

序 号	放电电压类型	A_1		A_2 (m)
		A_1' (m)	A_1'' (m)	
1	工频放电电压	2.30		3.75
2	正极性操作过电压	4.80	5.50	7.20
3	正极性雷电过电压	4.30	4.60	4.80
4	推荐值	4.80	5.50	7.20

表 ZY1300102001-3　　750kV 配电装置最小电气距离（海拔 1000m 以下）

符　号		含　义	推荐值（m）
A	A_1'	带电导体至接地构架	4.80
	A_1''	带电设备至接地构架	5.50
	A_2	带电导体相间	7.20
B_1		（1）带电导体至栅栏。 （2）运输设备外轮廓线至带电导体。 （3）不同时停电检修的垂直交叉导体之间	6.25
C		带电导体至地面	12
D		（1）不同时停电检修的两平行回路之间水平距离。 （2）带电导体至围墙顶部。 （3）带电导体至建筑物边缘	7.50

表 ZY1300102001-4　　750kV 配电装置最小电气距离（海拔 2000m）

符号	适 用 范 围	额定电压（kV）					
		66		330		750	
		标准值（mm）	海拔2000m修正值（mm）	标准值（mm）	海拔2000m修正值（mm）	标准值（mm）	海拔2000m修正值（mm）
A_1	（1）带电部分至接地部分之间（A_1'）。 （2）网状遮栏向上延伸距地面 2.5m 处遮栏上方带电部分之间（A_1''）	650	750	2500	2950	$A_1'=5000$ $A_1''=5710$ （带电设备至接地构架）	$A_1'=5400$ $A_1''=5950$
A_2	（1）不同相的带电部分之间。 （2）断路器和隔离开关的断口两侧引线带电部分之间	650	750	2800	3300	7470	8000
B_1	（1）设备运输时，其外廓至无遮栏带电部分之间。 （2）交叉的不同时停电检修的无遮栏带电部分之间。 （3）栅状遮栏至绝缘体和带电部分之间。 （4）带电作业时的带电部分至接地部分之间	1400	1500	3250	3700	6460	6700
B_2	网状遮栏至带电部分之间	750	850	2600		6460	
C	（1）无遮栏裸导线至地面之间。 （2）无遮栏裸导体至建筑物、构筑物顶部之间	3100	3250	5000	5450	12 000	12 000
D	（1）平行的不同时停电检修的无遮栏带电部分之间。 （2）带电部分与建筑物、构筑物的边沿部分之间	2600	2750	4500	4950	7710	7950

【思考与练习】

1. 当 A_1、A_2、C 代表电气距离时，说明其具体的含义。
2. 在确定配电装置最小电气距离时，在不同电压作用下，风偏是如何考虑的？
3. 在确定配电装置最小电气距离时，应考虑哪些类型的电压？
4. 电压等级较低时，C 值［无遮栏裸导体至地（楼）面之间］如何确定？750kV 配电装置 C 值如何确定？

模块2 750kV变压器（ZY1300102002）

【模块描述】本模块介绍750kV变压器。通过概念描述、图片示意、结构分析，掌握750kV变压器的原理和结构。

【正文】

变压器是电力系统中最重要的电气设备之一。变压器利用电磁感应原理工作，将一个等级的交流电压和电流变成频率相同的另一个或几个等级的电压和电流。

一、基本概念

（一）表示符号

变压器分类及其代表符号见表ZY1300102002-1。

表ZY1300102002-1　　变压器分类及其代表符号

项　目	分　类	代表符号
绕组耦合方式	自耦	O
相数	单相 三相	D S
冷却方式	油浸自冷（ONAN） 油浸风冷（ONAF） 油浸水冷（ONWF） 强迫油循环风冷（OFAF/ODAF） 强迫油循环水冷（OFWF/ODWF）	J（或不标） F S FP SP
绕组数	双绕组 三绕组	 S
绕组导线材质	铜 铝	 L
调压方式	无载调压（无励磁调压） 有载调压	 Z

变压器型号用上述符号的组合及表示容量和电压等的数字来表示，它们出现的顺序和规则如下：

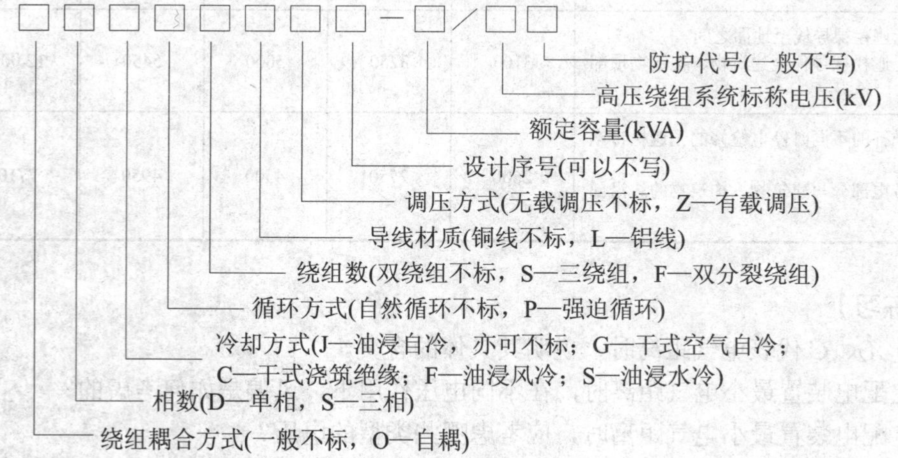

根据上述规则，SFZ—10000/110表示的变压器为：三相、自然循环风冷、有载调压、额定容量10 000kVA、高压绕组系统标称电压110kV。ODFPS—500000/750表示的变压器为：自耦、单相、强迫油循环、风冷、三绕组、无载调压、额定容量500 000kVA、高压绕组系统标称电压为750kV。

（二）联结组

1. 同名端

每个绕组有两个线端，称为绕组的首端和末端。在任何瞬间，当通过同一磁通时两个绕组中电动势极性相同的两个端子称为同名端。习惯上，同一字母的大、小写表示的端子为同名端，如 A、Am 和 a 为同名端（不包括字母 m）。

2. 同侧绕组联结法

三相变压器同一电压等级的三个相绕组，或组成三相组的三台单相变压器同一电压等级的绕组联结成星形或三角形。

（1）星形联结。

1）绕组联结：首端向外引出，将末端联结在一起成为中性点，如图 ZY1300102002-1（a）所示。

2）代表符号：高压绕组为 Y 或 YN（有中性点引出），低压绕组为 y 或 yn（有中性点引出）。注意，此处 Y 表示星形联结，不表示 B 相绕组的一端。

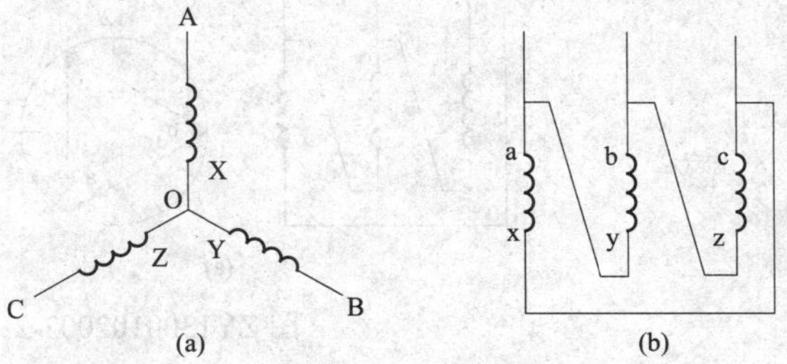

图 ZY1300102002-1 常见变压器联结示意图

（a）星形联结；（b）三角形联结

（2）三角形联结。

1）绕组联结：由于电网统一运行的需要，我国电力系统变压器三角形接线的顺序为 ax—cz—by［低压，见图 ZY1300102002-1（b）］，或 AX—CZ—BY（高压）。

2）代表符号：高压绕组为 D，低压绕组为 d。

单相变压器没有绕组之间的联结，代表符号为 I。

3. 两侧电压相位关系——相位移时钟序数

变压器各侧的绕组分别联结后，不同侧间电压相量有角度差，这种角度差用绕组间的相位移时钟序数表示。用分针表示高压线端与中性点间（三角形联结为虚设的中性点）的电压相量，且固定指向 0 点；用时针表示低压线端与中性点间的电压相量，则时针所指的小时数就是绕组的相位移时钟序数。

4. 联结组标号

变压器的联结组标号＝高压绕组联结符号＋（中压绕组联结符号＋中压绕组相位移时钟序数＋）低压绕组联结符号＋低压绕组相位移时钟序数。图 ZY1300102002-2（a）为 YNyn0d5 联结的接线和时钟序数示意图，其中 YN 表示高压绕组为星形联结，中性点引出；yn0 表示中压绕组为星形联结，中性点引出，且与高压绕组没有相位差；d5 表示低压绕组为三角形联结，联结组别为 5。

对于自耦联结的一对绕组，高、低压绕组没有相位差。为了反映自耦这一情况，低压绕组的联结符号为 a，相位移时钟序数为 0。图 ZY1300102002-2（b）为 YNa0d11 联结的接线和时钟序数示意图，其中 YN 表示高压绕组为星形联结，中性点引出；a0 表示中压绕组与高压绕组自耦联结，且与高压绕组没有相位差；d11 表示低压绕组为三角形联结，联结组别为 11。

单相变压器不同侧绕组的电压相量位移为 0°或 180°，但通过选择适当的同名端，通常使电压端子电压相量位移为 0°，因此相位移时钟序数为 0。单相变压器的联结组标号为：高压绕组为 I，中压（或低压）绕组为 i0。目前，我国 750kV 变压器联结组标号均为 Ia0i0，表示该变压器为单相，高、中压绕组自耦，中压、低压绕组与高压绕组没有相位差。3 个单相 750kV 变压器在外部按 YNa0d11 联结为三相变压器组。

二、变压器结构

变压器主要部件是绕组和铁芯。绕组是变压器的电路，铁芯构成变压器主磁路，两者组成变压器的核心即电磁部分。除此之外，变压器还有油箱、变压器油、冷却装置、储油柜、绝缘套管、分接开关、测温元件等。

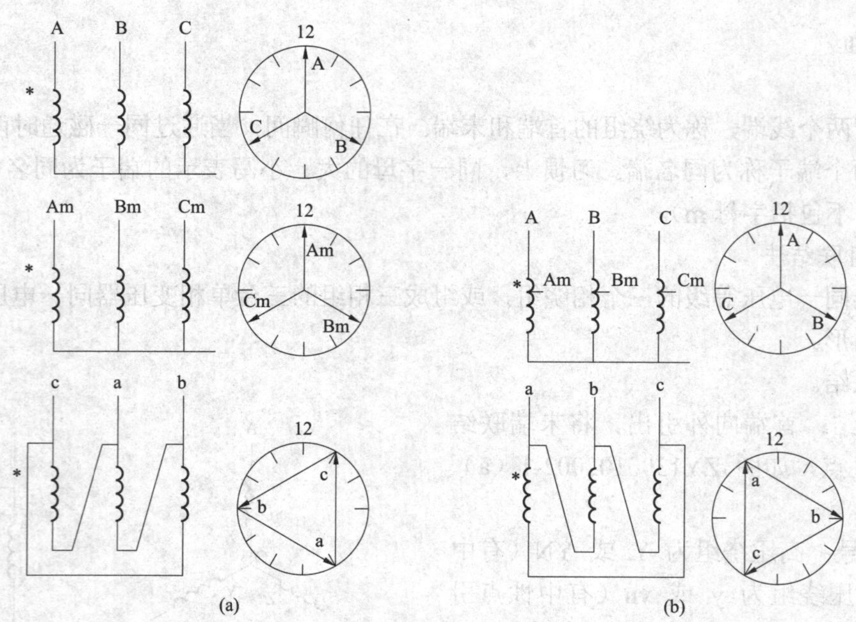

图 ZY1300102002-2 三相变压器联结组标号举例

（a）YNyn0d5；（b）YNa0d11

（一）铁芯

铁芯是励磁电流产生的主磁通的闭合回路。铁芯由硅钢片（也叫铁芯片）叠成。对铁芯的基本要求是具有良好的导磁性和较差的导电性。导磁性好则励磁电流小，相应的铁芯损耗低，变压器吸收的无功少；导电性差，铁芯的涡流损耗小。

1. 铁芯形式

变压器的铁芯有壳式和芯式两种，图 ZY1300102002-3 为几类常见的变压器铁芯示意图。

壳式变压器的铁芯截面为长方形卧放，绕组截面亦为长方形，套在铁芯柱上卧放，两边有旁铁轭，铁芯包围绕组。芯式变压器的铁芯柱截面为圆形立放，高低压绕组截面亦为圆形（实为环形），同心地套在铁芯柱上，绕组包围铁芯。国内大型电力变压器普遍采用芯式铁芯，国产 750kV 变压器全部采用芯式铁芯。

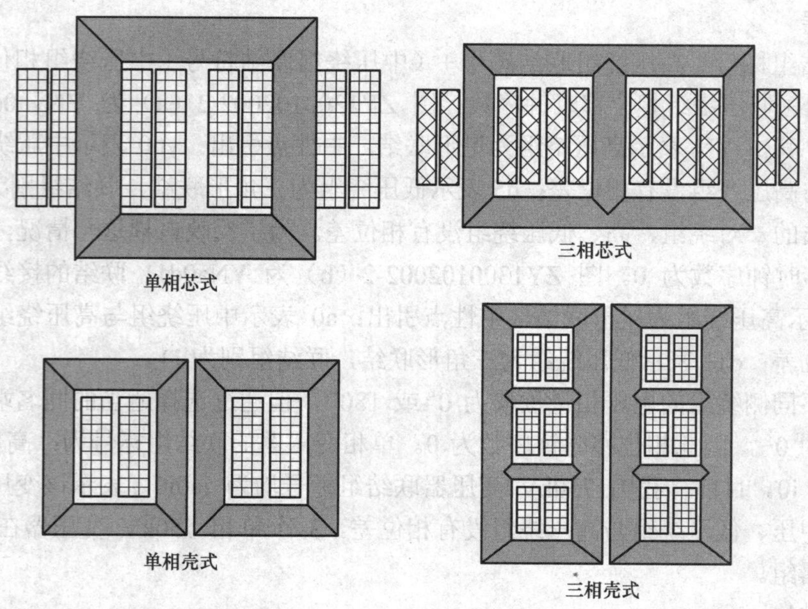

图 ZY1300102002-3 几类常见变压器铁芯示意图

2. 铁芯片叠装

变压器的铁芯由铁芯片叠装而成。变压器铁芯片内磁通密度高，涡流产生的热量使铁芯温度上升。通过在铁芯片上涂绝缘漆膜，使铁芯片之间互相绝缘，涡流限制在一铁芯片内流动，大大限制了铁芯的涡流损耗和温度。如两片间没有绝缘，就等于是一片，涡流损耗将增大 4 倍。

铁芯及其金属件在变压器中所处的电场位置不同，产生的感应电位也不同。当两点电位差足够高时，其间绝缘被击穿，电弧产生的高温使变压器油分解，导致事故发生。为了避免上述情况的出现，铁芯及其他金属件（夹件、绕组压板等）必须与油箱连接，然后接地，使它们同处于等电位（零电位）。铁芯如有穿心螺杆，由于电容耦合作用，与铁芯基本等电位，不必单独接地。由于同样的原因，尽管铁芯片间有绝缘膜，仍可认为整个铁芯接地。对于大型变压器通常在铁芯某处插入一金属片，通过套管引出变压器油箱后接地。例如图 ZY1300102002-4 所示为一大型变压器铁芯和夹件的接地。

图 ZY1300102002-4　铁芯和夹件接地

3. 铁芯柱截面形状

小型变压器铁芯柱截面多为方形或者矩形，而大型变压器铁芯柱截面为阶梯形，如图 ZY1300102002-5 所示。变压器容量越大，其铁芯级数越多。铁芯叠片间留有间隙（纵向或横向），称为油道。通过油道中油的流动，铁芯得到冷却。

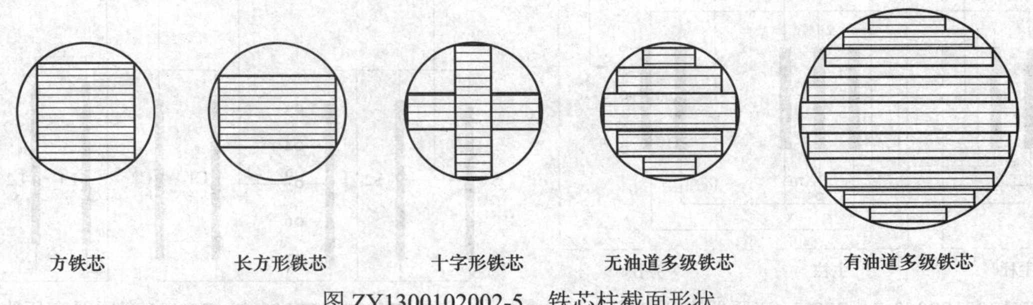

图 ZY1300102002-5　铁芯柱截面形状

750kV 变压器单相容量大，目前我国 750kV 变压器单相容量范围为 500～700MVA。为确保变压器能顺利运输，运输宽度应满足道路的相关要求。变压器铁芯采用单相四柱式结构，如图 ZY1300102002-6（a）所示。左边芯柱与右边芯柱截面相同，上下铁轭的截面和旁柱截面为主柱的二分之一，相应磁通为主柱的二分之一［见图 ZY1300102002-6（b）］，容量也为主柱的二分之一。变压器长度虽然增加，但宽度减小、高度降低，保证了运输尺寸满足要求。

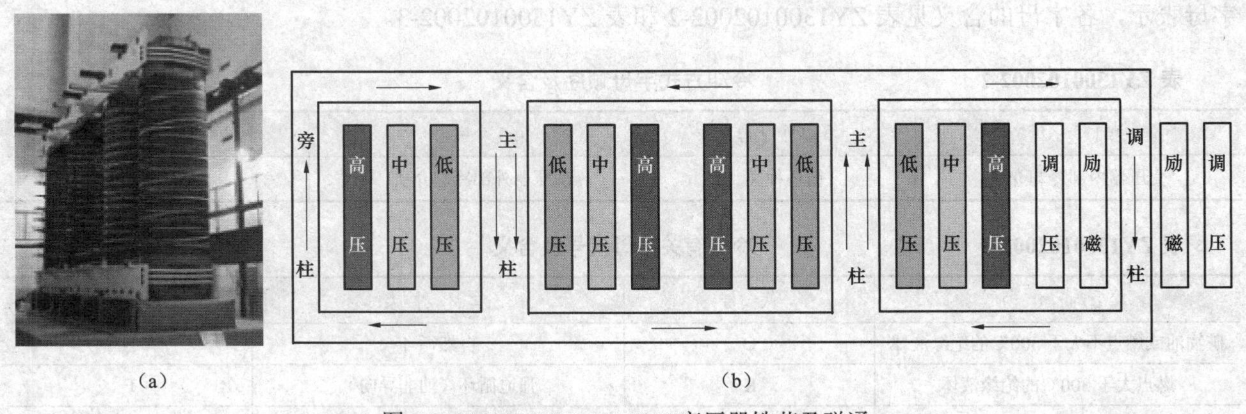

图 ZY1300102002-6　750kV 变压器铁芯及磁通

（a）铁芯；（b）磁通

（二）绕组

绕组是变压器主要组成部分之一，是变压器的电路部分。它由表面包有绝缘的铜（以前曾用过铝）导线绕制而成，套装在变压器的铁芯柱上。变压器绕组应具有足够的绝缘强度、机械强度和耐热能力。

我国生产的电力变压器以芯式居多，绕组同心地布置在铁芯柱上。绕组的排列方式主要考虑阻抗电压适当、出线方便和绝缘结构合理等因素。对于大型电力变压器，一般情况下将低压绕组放在最里面靠近铁芯处，因为它们之间的绝缘距离比较小；高压绕组放在外面，出线方便。除此之外，绕组采用并联或串联往往与厂家的特长有关。

750kV 变压器的一种绕组布置方式可参见图 ZY1300102002-6（b）。中间两个铁芯柱分别套有高、中、低压绕组，两个旁柱其中一个套有低压励磁绕组和调压绕组，左边旁轭不套绕组。同时由于调压绕组单独排列，主柱和调柱上的绕组安匝排列平衡，横向漏磁减小，绕组横向漏磁引起的涡流损耗小，轴向短路机械力小。

750kV 变压器高压绕组串联如图 ZY1300102002-7 所示，调压绕组在中压绕组线端，中、低压绕组采用并联接线，旁柱上的励磁绕组和低压绕组并联。调压绕组套在旁柱上，串联在高压和中压绕组之间，使主柱器身外径减小，油箱宽度缩小。

750kV 变压器高压绕组并联如图 ZY1300102002-8 所示，调压绕组在中压绕组线端，中压绕组采用并联接线，低压绕组采用串联接线。

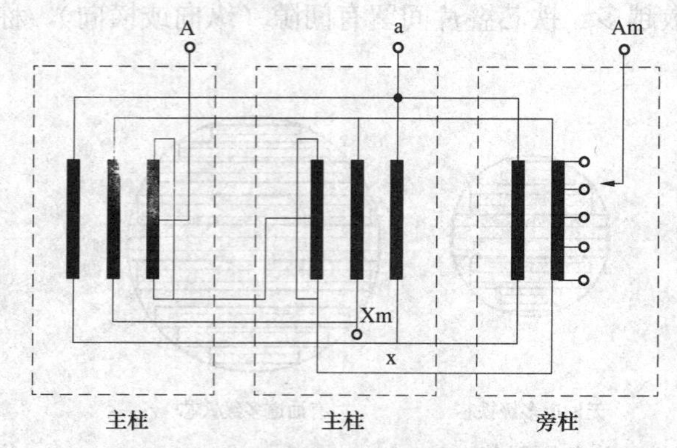

图 ZY1300102002-7 750kV 变压器高压绕组串联

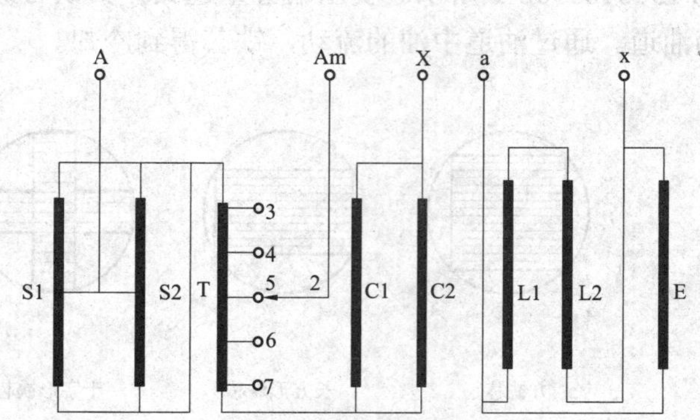

图 ZY1300102002-8 750kV 变压器高压绕组并联

L—低压绕组；C—中压绕组（公共绕组）；
S—高压绕组（串联绕组）；T—调压绕组；E—励磁绕组

（三）温升和冷却系统

1. 冷却系统

为了保证变压器温度不至于太高，每台变压器都有一套冷却系统。变压器的冷却方式通常用 4 个字母表示，各字母的含义见表 ZY1300102002-2 和表 ZY1300102002-3。

表 ZY1300102002-2 冷却方式字母顺序及含义

第 1 个字母	第 2 个字母	第 3 个字母	第 4 个字母
变压器内部冷却介质	循环种类	变压器外部冷却介质	循环种类

表 ZY1300102002-3 冷却有关字母代号及含义

冷 却 介 质	代 号	循 环 种 类	代 号
矿物油或燃点不大于 300℃的绝缘液体	O	自然循环	N
燃点大于 300℃的绝缘液体	K	强迫循环（油非导向）	F
燃点不可测出的绝缘液体	L	强迫导向油循环	D
气体	G		
水	W		
空气	A		

变压器常用的冷却方式有：油浸自冷［ONAN（oil natural，air natural）］，油浸风冷［ONAF（oil natural，air forced）］，强迫油循环风冷［OFAF（oil forced，air forced）］，强迫油循环水冷［OFWF （oil forced，water forced）]，强迫导向油循环风冷或水冷［ODAF（oil directed，air forced），或 ODWF（oil directed，water forced）]。

750kV 变压器通常采用的冷却方式为 OFAF 或 ODAF。

冷却系统由冷却器（热交换器）、风扇、潜油泵、油流继电器组成，通风控制箱和变压器内的油道也是冷却系统的一部分。潜油泵将变压器的热油打入热交换器，风扇加速热交换器中热油与空气间的热量交换，油流继电器指示油流情况。变压器热油从变压器上部流出，经热交换器、油流继电器后从变压器下部流回变压器。

（1）冷却器。冷却器将变压器油中的热量传递到冷却介质。变压器运行中如全部冷却器突然停止运行，在额定负荷下允许变压器再运行 20min，如此时温度未达到限值，可继续运行，但不允许运行超出 1h。

（2）潜油泵。潜油泵的作用为强制将变压器油从油箱上部抽出，热油经过冷却器后从变压器下部返回变压器。潜油泵可安装在冷却器的上部或下部。

（3）油流继电器。油流继电器用来指示油的流向，以监视油泵转动是否正常、阀门是否打开、管路是否堵塞。油流继电器一般在冷却器下部，以便巡视。若潜油泵因故停止运行，或油流量减少到一定程度，油流继电器发出报警信号。常见油流继电器外形和连接如图 ZY1300102002-9（a）和图 ZY1300102002-9（b）所示。

油流继电器的结构如图 ZY1300102002-9（c）所示。油流继电器由联管和本体两部分组成，本体由传动部分、电器部分和指示部分组成。潜油泵启动后，冷却系统中油开始流动。当油流速达到额定流速的 3/4 时，挡板 2 被冲动，与挡板 2 在同一轴上的磁铁 9 一起转动。由于磁铁之间的吸引力，在薄壁另一侧的磁铁随之转动，使微动开关 4 的动断触点打开、动合触点闭合，发出“正常工作”信号，指针 6 指向正常流动位置。如果油流量减少到额定流量 1/2 时，挡板 2 借助弹簧作用力返回，磁铁 9 也随之返回，指针 6 指向油停止流动位置，微动开关 4 的动合触点打开、动断触点闭合，发出故障信号。

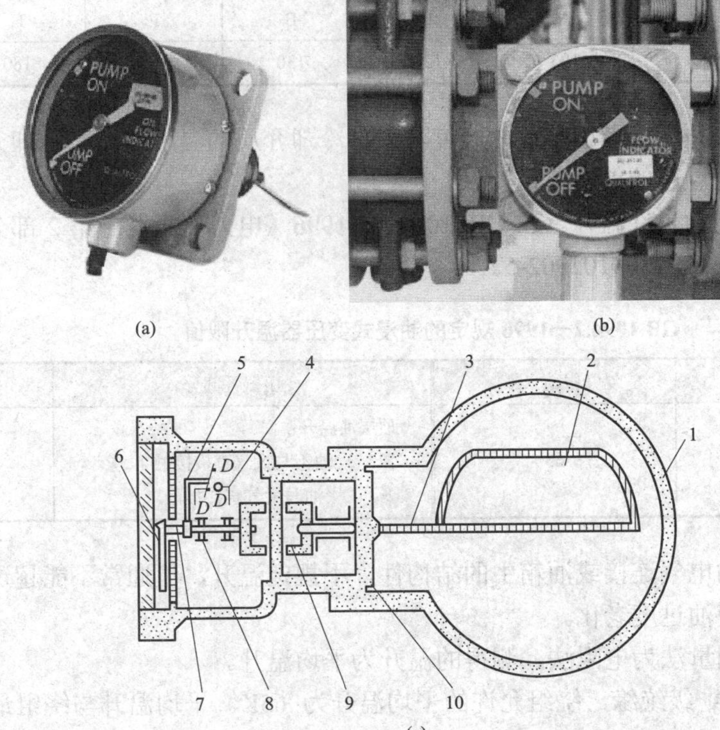

图 ZY1300102002-9 油流继电器

（a）外形；（b）连接；（c）结构

1—油管；2—挡板；3—旋转轴；4—微动开关；5—液体；6—指针；7，8—旋转轴；9—磁铁；10—外壳

图 ZY1300102002-10 大型变压器铁芯中的油道

（4）油道。为了保证将绕组、铁芯中产生的热量快速散发出去，在绕组、铁芯中设置散热油道。大型变压器铁芯中的油道如图 ZY1300102002-10 所示。

变压器绕组中的油道可分为无导向油道和有导向油道，无导向油道有垂直油道、垂直兼有水平油道两种。

垂直油道用于层式绕组中，在两层绕组间用撑条或瓦楞纸板隔开形成垂直油道，冷油从绕组的底部向上流动，将绕组中的热量带出。

垂直兼有水平油道用于饼式绕组，用撑条构成垂直油道，每两个线饼间用垫块隔开构成水平油道。油在绕组中循环没有设定路线，按照自然阻力无定向循环，因此，散热效果不很理想。

为了避免无导向油道形成死油区而导致局部过热，对于容量较大的变压器，通过在绕组之间（包括在不同铁芯柱上的最外层绕组之间）装设阻挡油的绝缘纸筒来设置导向油道。冷却的油从绕组的底部有规律地定向进入绕组内部，保证所有绕组中都有冷却油流过，所以散热效果比较理想。同时，这些绝缘纸筒也是不同绕组之间、绕组和铁芯或油箱之间的主绝缘。

2. 温升

变压器在运行时，铁芯、绕组中要产生损耗，这些损耗都要转变为热量，从而引起变压器发热和温度升高。因此，绕组应该有足够的耐热能力。一是在长期运行中的热作用下，绕组绝缘寿命应不少于规定的期限；二是如发生突然短路，绕组应能承受规定的短路电流产生的热冲击。

（1）绝缘材料的耐热等级。绝缘材料的耐热等级表示绝缘材料的最高允许温度。在这样的温度下，能在经济使用寿命期限内维持其绝缘性能。绝缘材料按耐热等级分为 7 个等级，见表 ZY1300102002-4。变压器常用的油浸绝缘纸材料和变压器油的耐热等级为 A 级。

表 ZY1300102002-4　　绝缘材料的耐热等级

耐热等级	Y	A	E	B	F	H	C
最高允许温度（℃）	90	105	120	130	155	180	180 以上

（2）变压器的温升。温升为所考虑部位的温度与外部冷却介质的温度差。当冷却介质为空气时，温升为各部位的温度与环境温度的差，单位为 K。

变压器各个部件有不同的允许温升。在 GB 1094.2—1996《电力变压器　第 2 部分：温升》中，油浸式变压器温升限值见表 ZY1300102002-5。

表 ZY1300102002-5　　GB 1094.2—1996 规定的油浸式变压器温升限值

变压器各部分	温升限值（K）	变压器各部分	温升限值（K）
绕组平均温升	65	顶层油温升： 油不与大气直接接触 油与大气直接接触	 60 55

对于铁芯、绕组以外的电气连接或油箱中的结构件，不规定温升，但通常不能超过 80K，以免使其相邻部件受到热损坏或使油过度老化。

由于传统的绕组温升测量法为电阻法，测得的温升为平均温升。

油浸式配电变压器属 A 级绝缘，绕组允许的平均温升为 65K。平均温升与绕组最热点温升之差假定为 13K，在年平均温度为 20℃时，A 级绝缘绕组最热点温度为 20＋65＋13＝98（℃），此时 A 级绝缘具有正常寿命。在正常周期性负荷下，顶层油温限制在 105℃，热点温度及与绝缘材料接触的金属表面限制在 120℃。即使损失的寿命不多，A 级绝缘绕组最热点温度不能超过 140℃，否则油会分解出气体而影响绝缘强度和运行安全。

实际上环境温度并不都是 20℃。夏天气温高，绕组绝缘的运行温度高于 98℃，实际寿命损失要大些；冬天气温低，绕组绝缘运行温度低于 98℃，实际寿命损失要小些，两者大致是互相补偿的。

在理想情况下，油浸式变压器不同部分的温升同时达限值。但实际上，油面温升与绕组温升很难同时到达极限允许值，一般不能根据油面顶层温升来判断绕组平均温升，因此，大容量变压器同时装有油面温度指示仪与绕组温度指示仪。

750kV 变压器的温升限值更低，运行中温度控制应以变压器厂提供的参数为准。典型 750kV 变压器温升限值见表 ZY1300102002-6。

表 ZY1300102002-6　　典型 750kV 变压器温升限值（海拔 2000m）

项　目	OFAF	ODAF	项　目	OFAF	ODAF
环境温度　（℃）	20	20	油平均温升　（K）	33	
热点温升　（K）	72	70	顶层油温升　（K）	35	43
绕组平均温升　（K）	58	65	底部油温升　（K）	29	

（四）分接开关

变压器在正常运行时，由于负载变动或电源电压变化，使得设备上的电压不等于额定电压，产生电压偏移。电压偏移无法避免，但不能太大，否则设备的电气性能、寿命都会受到较大影响，也影响电网的安全运行。因此，要求变压器具有分接头，在一定范围内能够调压。

分接开关是连接、切换变压器绕组分接头的装置。通过改变绕组运行的匝数，改变变压器变比，从而达到调节电压的目的。

分接开关有两种类型：① 如果改变分接抽头时必须将变压器从系统中切除，即变压器不能带电，这种调压方式叫无载调压（无励磁调压），相应的分接开关叫无载调压分接开关或无励磁调压分接开关，变压器叫无载调压变压器或无励磁调压变压器；② 在变压器正常运行过程可改变分接头，这种调压方式叫有载调压，相应的分接开关叫有载调压分接开关，变压器叫有载调压变压器。

1. 有载调压分接开关

随着对供电可靠性要求的提高，很多情况下停电调压不仅不方便，甚至不可能，因此采用有载调压方式。要保证在正常供电情况下切换变压器的分接头，切换过程中必须要有过渡电抗或电阻。电抗式分接开关体积大、耗材多、触头烧损严重，已不再生产。电阻式分接开关耗材少、体积小、电弧时间短，弧触头寿命长。

不同厂家生产的有载调压分接开关切换过程不尽相同，但切换的基本原理相同：首先将过渡电阻接入两个分接头之间，然后将变压器的输出从前一分接头切换到下一分接头，最后切除过渡电阻。由于在切换分接头过程中过渡电阻中通过较大电流，存在灭弧过程，因此有载调压分接开关切换过程复杂，结构也复杂。

有载调压分接开关的优点是调压时不影响供电，电压调整范围大，用于对电压质量要求比较严和电压需要经常调整的地方；其缺点是体积大、结构复杂、造价高、检修维护要求高。

2. 无载调压分接开关

常用无载调压分接开关有线性调节、单桥接、双桥接、串并联调节等形式，其原理如图 ZY1300102002-11 所示。

750kV 变压器常采用的调压方式为无励磁、中压线端（330kV 线端）调压，使用的典型无载调压分接开关如图 ZY1300102002-12 所示。该开关采用线性调压，4 层并联，有 5 个分接位置。

无载调压分接开关的缺点是调压时必须停止供电，电压质量较差，电压调整范围小；优点是体积小、结构简单、价格低、检修维护方便，用于电压不需要经常调整的场合。

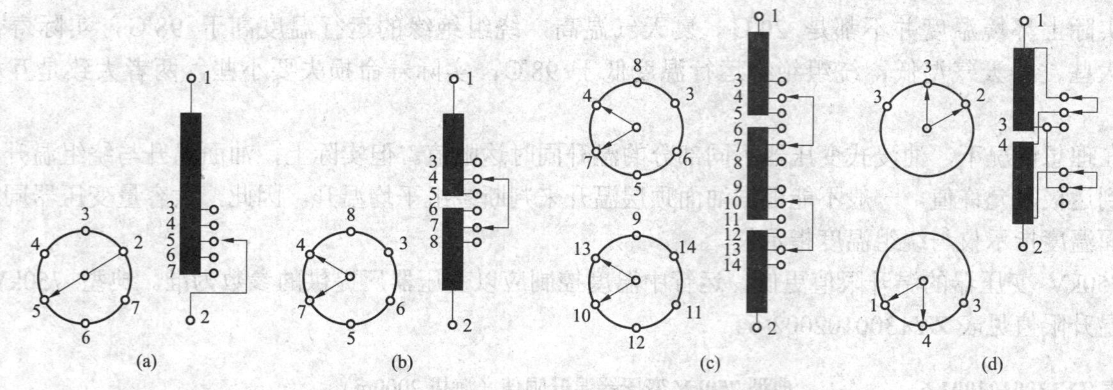

图 ZY1300102002-11 无载调压分接开关形式

（a）线性调压；（b）单桥接调压；（c）双桥接调压；（d）串并联调压

图 ZY1300102002-12 750kV 主变压器使用的无载调压分接开关

（五）成套出线装置

在变压器引线中，绕组线端与套管连接的引出线装置结构最为复杂。对于 500kV 及以上变压器，为了提高电气性能，绕组线端与套管连接的引出线装置往往使用成型绝缘件。典型变压器 750kV 侧成套出线装置如图 ZY1300102002-13 所示。从图 ZY1300102002-13（a）所示的剖面图看出，出线装置总体可分为 3 部分：上端［见图 ZY1300102002-13（c）］、中部、下端［见图 ZY1300102002-13（d）］。上端绝缘材料为多层、弧形，下端则为多层同心圆筒形，这种结构确保绝缘材料的形状与电力线平行，使电场分布均匀［如图 ZY1300102002-13（b）所示］，绝缘上承受的电压均匀。同时，成套出线装置还控制了因漏磁而产生的局部过热。

（六）变压器油

大型变压器内部器身周围充满绝缘油，称变压器油。变压器油的作用为：① 变压器油耐压值很高，起很好的绝缘作用；② 变压器油的比热容较大，作为散热介质，通过变压器油的循环，将绕组中产生的热量传递冷却器进行冷却；③ 变压器油有熄灭电弧的能力，在有载调压开关内当作熄弧介质使用。

当变压器油变脏、老化、受潮等，其绝缘性能下降，影响变压器的正常运行，故大型变压器油箱下部有取油样阀门，以便从中定期取油检验。

变压器油有 DB-25 和 DB-45 两种牌号。前者凝固点为−25℃，也称 25 号变压器油。后者凝固点为−45℃，也称 45 号变压器油，用于寒冷地区。根据变压器安装地点的最低温度，应选择合适的油品。

测量变压器油的电气绝缘强度即击穿电压，通常用标准油杯在工频电压下进行。对 750kV 变压器油的击穿电压要求如下：投入运行前大于或等于 70kV，运行中大于或等于 60kV。

（七）辅助设备

1. 套管

变压器套管将变压器内部的高、低压引线引到油箱外部。套管不仅是引线的对地绝缘部件，而且担负着固定引线的作用。目前高电压变压器都采用瓷质套管，瓷套外表面有伞裙，以增大外绝缘爬电距离。750kV 变压器各电压侧套管都装设有套管型电流互感器，用于测量电流。套管中间部分是固定用法兰，以及为安装电流互感器而需要的延长部分。

为了使 110kV 及以上电压等级的变压器套管的辐向和轴向场强均匀，其绝缘结构一般采用电容型，即在导电杆上包上许多绝缘纸，其间夹有多层铝箔，组成一组同心圆柱形电容器，经真空干燥和真空浸油处理之后，称为油纸电容芯子，这种套管称为油纸电容套管。油纸电容芯子最外层铝箔即

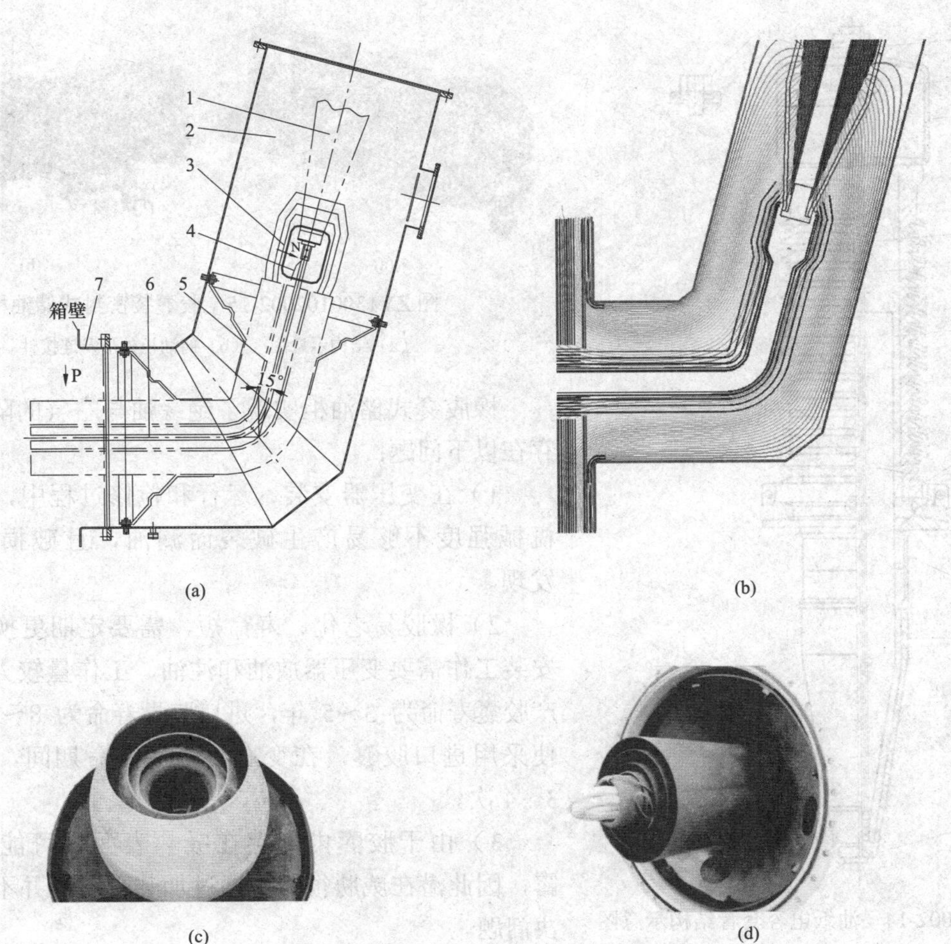

图 ZY1300102002-13　典型变压器 750kV 侧出线装置

（a）出线装置结构；（b）出线装置的电场分布；（c）出线装置上端［与套管连接，图 ZY1300102002-13（a）中从上端向下看入］；（d）出线装置下端［与绕组连接，图 ZY1300102002-13（a）中从下端水平看入］

1—高压套管；2—升高座；3—均压球；4—等电位连线；5—均压管；6—引线；7—变压器本体

末屏通过小套管引出，以便进行试验。对 750kV 变压器套管而言，导电杆与末屏间的电容、末屏对地电容大致相等。因此，在变压器运行中套管末屏必须接地。否则，将在末屏与地之间形成很高的悬浮电压，造成末屏对地放电，烧毁附近的绝缘物。图 ZY1300102002-14 为油纸电容套管结构示意图。

2. 储油柜

储油柜也叫油枕，通常为圆筒形，安装在变压器的箱盖上，或在变压器旁边高于变压器上盖的位置。储油柜中充有变压器油，储油柜的容积一般为总油量的 10%左右。储油柜有以下作用：① 调节油的热胀冷缩；② 保证变压器油箱内经常充满油，防止油面降低时露出铁芯和绕组而影响散热和绝缘；③ 变压器上层油温高，容易氧化，储油柜的油面比油箱的油面小，这样可以减少油和空气的接触面，防止油被过速氧化。

早期变压器使用自由呼吸式储油柜，环境空气与储油柜内的空气自由交换。为了延缓绝缘老化，现储油柜均采用密封结构，使变压器油与外界空气彻底隔离。常用的密封结构有橡胶囊密封、橡胶隔膜密封和金属波纹密封。

（1）橡胶囊密封式储油柜。橡胶囊式储油柜是在敞开式储油柜的基础上，内部加装了用于隔离空气的橡胶囊，囊内通过呼吸管及吸湿器与大气接触。当变压器油箱中油膨胀或收缩导致储油柜油面上升或下降时，橡胶囊向外排出气体或向内吸气以平衡囊内外压力，起到呼吸作用。这种储油柜通常采用磁针式油位计。橡胶囊密封式储油柜如图 ZY1300102002-15 所示。

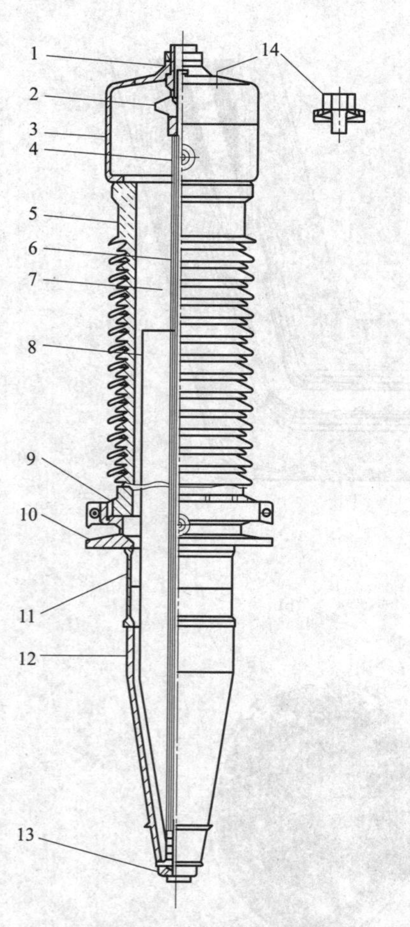

图 ZY1300102002-14 油纸电容套管结构示意图

1—顶部螺母；2—软连接；3—头部油室；4—油位计（带螺栓和密封垫）顶；5—绝缘瓷套（空气侧）；6—预压管；7—变压器油；8—电容芯子；9—夹环；10—安装法兰；11—安装电流互感器的延伸部；12—绝缘瓷套（油侧）；13—底部螺母；14—密封塞

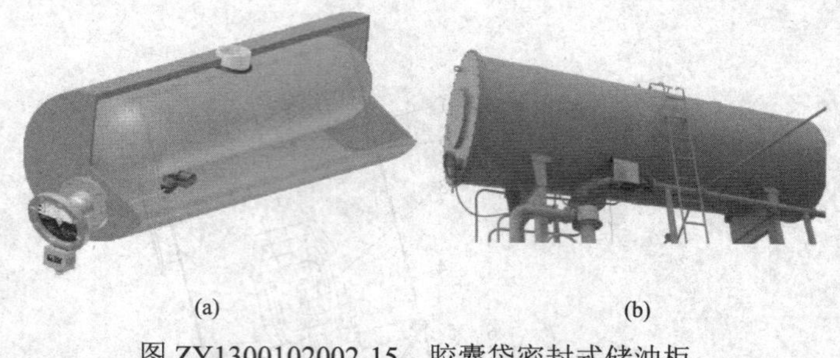

(a) (b)

图 ZY1300102002-15 胶囊袋密封式储油柜

（a）结构示意图；（b）储油柜外形及连接件

橡胶囊式储油柜实现了绝缘油与空气的隔离，但也存在以下问题：

1）在变压器安装、运行和检修过程中，胶囊因其机械强度不够易产生破裂而漏油，且破损后不易被发现。

2）橡胶易老化、寿命短，需要定期更换，且更换安装工作需要变压器放油和注油，工作量较大。一般国产胶囊寿命为 3～5 年，进口胶囊寿命为 8～10 年，即使采用进口胶囊，在变压器预期寿命期间，也要更换 3～4 次。

3）由于胶囊内部存在吸热表面，可能会形成凝露，因此潜在威胁很大，通过加装吸湿器并不能彻底解决问题。

4）胶囊伸展不良时易出现呼吸堵塞，造成事故。

5）由于橡胶囊机械强度低，当变压器抽真空时，要采用内外平衡压力的方法，如果安装操作不当，胶囊极易损坏，影响设备的正常运行。

橡胶囊密封式储油柜是 750kV 变压器采用较多的储油柜形式。

（2）橡胶隔膜密封式储油柜。橡胶隔膜密封式储油柜由两个半圆桶体组成，中间通过法兰夹装一个橡胶隔膜，隔膜浮在油面上，将空气隔离。在橡胶囊式储油柜中橡胶材料存在的问题，同样存在于橡胶隔膜式储油柜。橡胶隔膜式储油柜的另一弱点是其本身密封结构问题。由于隔膜被压在上下壳体之间，密封尺寸大，密封性能不可靠，当绝缘油超过中间部位后容易渗漏，而油位较低时又容易吸入空气和水分。

（3）金属波纹密封式储油柜。金属波纹密封式储油柜是新一代全密封型储油柜，采用不锈钢波纹补偿技术，在实现绝缘油体积补偿的同时，能可靠地确保绝缘油与空气的隔离，并具有工作寿命长、无老化、抗破损和免维护等特点。金属波纹密封式储油柜可分为内油式和外油式两种。由于价格较高，金属波纹密封式储油柜使用较少。

3. 油位计

油位计是用来指示变压器储油柜内部油位高低的指示器，目前较多使用玻璃油位计和磁铁式油位计。

玻璃式油位计在储油柜的一端，结构简单，通常用于中小变压器。

磁铁式油位计结构示意图如图 ZY1300102002-16 所示，当储油柜油面升降时，浮子也随之升降，通过连杆使永久磁铁转动，吸引玻璃板另一侧的磁铁转动，从而带动指针转动，指针在表盘上位置反映储油柜中的油面位置。

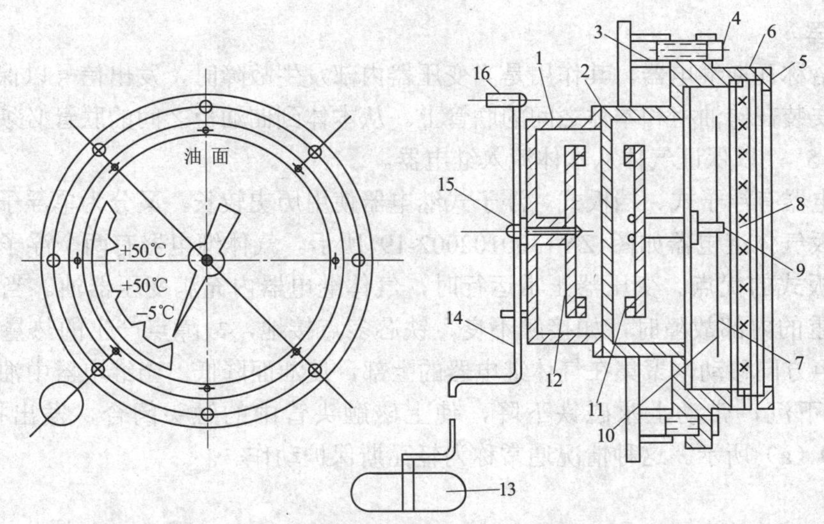

图 ZY1300102002-16　磁铁式油位计结构示意图

1—端盖；2—表座；3—密封垫圈；4—螺栓；5—表盖；6—密封垫圈；7—表盘；8—玻璃板；9—轴；10—指针；11，12—永久磁铁；13—浮子；14—连杆；15—轴；16—平衡锤

4. 吸湿器

为了防止储油柜胶囊内空气与大气直接接触，胶囊内的空气经过一个吸湿器（也叫呼吸器）与外界空气相连通，如图 ZY1300102002-17 所示。当空气不流动时，油杯里的变压器油可使内外空气隔离，防止外部水分进入吸湿器内。当吸入空气时，进入吸湿器的空气首先通过油杯，将空气中的浮尘截留在油杯里的变压器油中。然后空气中进入吸湿剂，空气中水分被吸湿剂吸收。通常用氯化钴浸过的变色硅胶作为吸湿剂，它在干燥情况下呈蓝色，吸收潮气后渐渐变为粉红色，此时即说明硅胶失去效能。已失效的硅胶经 140℃干燥 8h 后可继续使用。吸湿剂也可采用氯化钙等其他吸湿物质。

5. 压力释放阀

当变压器发生内部严重短路故障时，变压器油分解产生大量气体，使变压器内部压力猛增，此时压力释放阀动作，排气泄压，以避免变压器箱壳因受高压而发生爆裂。图 ZY1300102002-18 所示为压力释放阀的外观。

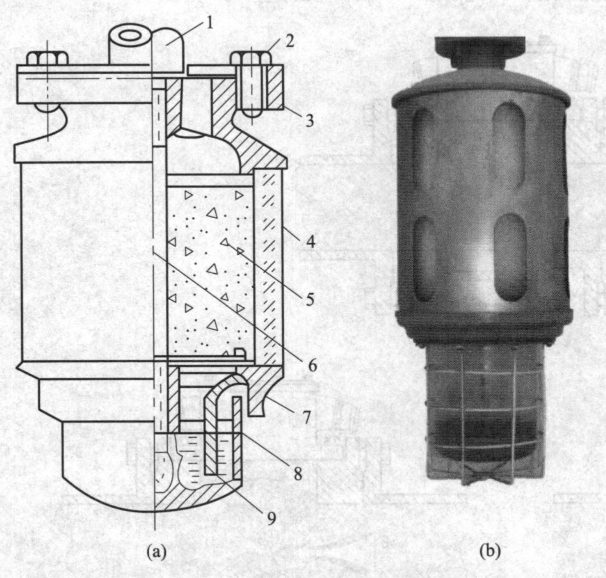

图 ZY1300102002-17　吸湿器结构及外形

图 ZY1300102002-18　压力释放阀的外观

（a）吸湿器结构；（b）吸湿器外形

1—连接管；2—顶板紧固螺钉；3—连接法兰盘；4—透明玻璃管；5—硅胶；6—长螺杆；7—底座；8—低罩；9—油封

6. 气体继电器

气体继电器俗称瓦斯继电器，其作用是当变压器内部发生故障时，发出信号以保护变压器。

气体继电器安装在储油柜和本体之间的联管上。从本体到储油柜之间的联管必须向上倾斜，角度为大于 0°且小于 5°，以保证气体从本体流入继电器。

常用气体继电器有浮子式、挡板式。浮子式继电器使用历史较长，又分为单浮子和双浮子两种。

双浮子—挡板气体继电器如图 ZY1300102002-19 所示。气体继电器有两个浮子和一个挡板，综合了浮子式和挡板式的优点。变压器正常运行时，气体继电器内充满变压器油。当变压器出现不剧烈、性质不很严重的内部故障时，如接触不良、铁芯多点接地，故障点产生的热量使油分解产生气体。气体向储油柜方向移动，聚集在气体继电器的上部，使油面降低。当继电器中油面降低到一定程度后，上浮子便下沉，带动上永磁铁下降，使上磁触头管中的触头闭合，发出报警信号，如图 ZY1300102002-20（a）所示。这种情况通常称为轻瓦斯保护动作。

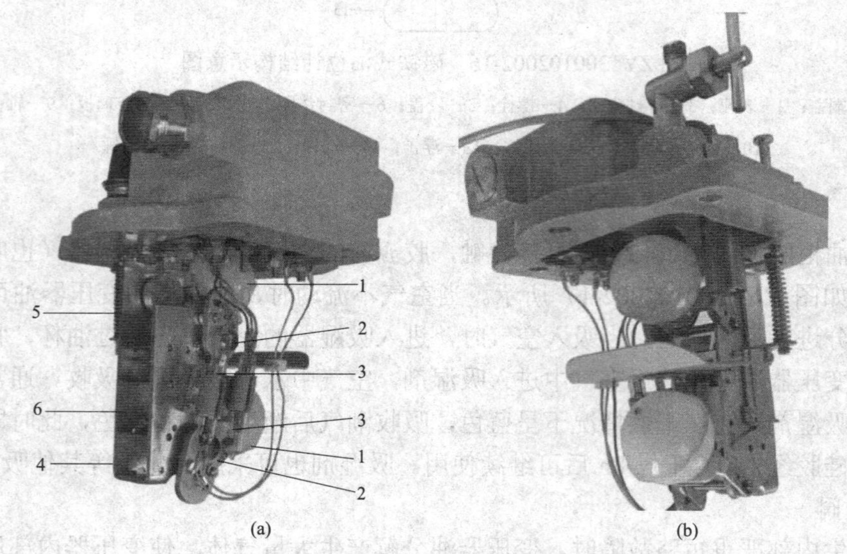

图 ZY1300102002-19 双浮子—挡板气体继电器

（a）正面；（b）背面

1—浮子；2—永磁铁；3—磁触头管；4—金属框；5—机械测试装置；6—挡板

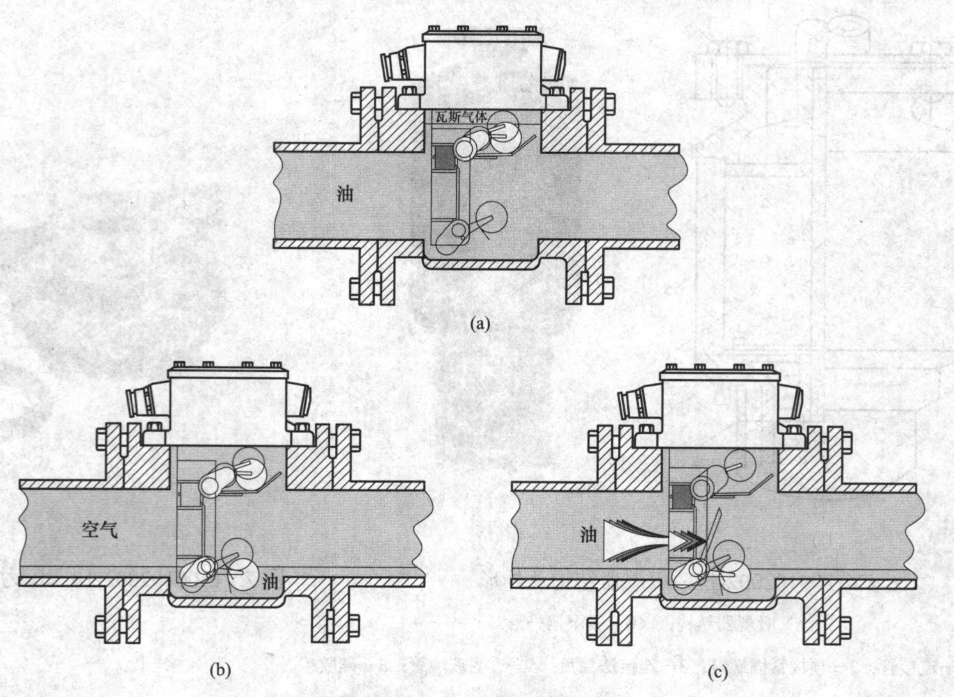

图 ZY1300102002-20 气体继电器动作

（a）继电器内有一定气体，上浮子发报警信号；（b）变压器漏油，下浮子发跳闸信号；（c）油流冲动挡板，下浮子发跳闸信号

如果变压器漏油，当继电器中油面降低到一定程度后同样发出报警信号。如果变压器继续漏油，储油柜、联管、气体继电器中几乎无油时［如图 ZY1300102002-20（b）所示］，下浮子便下沉，带动下磁铁下降，该磁铁吸引下磁触头管中的触头闭合，发出跳闸信号，将变压器从系统中隔离。

如果变压器内部发生严重故障，将在短时间内产生大量的热能，使油迅速分解出大量气体，气体带动变压器油向储油柜方向流动。油流冲击挡板，使之偏转，如图 ZY1300102002-20（c）所示。挡板偏转时带动下磁铁下降，使下磁触头管中的触头闭合，发出断路器跳闸信号，将变压器隔离。

7. 测温装置

变压器运行过程中温度的变化通过测温装置来监视。中小型变压器一般只安装油面温度计，大型变压器还装有绕组平均温度计。750kV 变压器每台装有油面温度计 2 只，绕组温度计 1 只。大型变压器使用的温度计都接入检测和控制回路，因此也称为温度控制器。

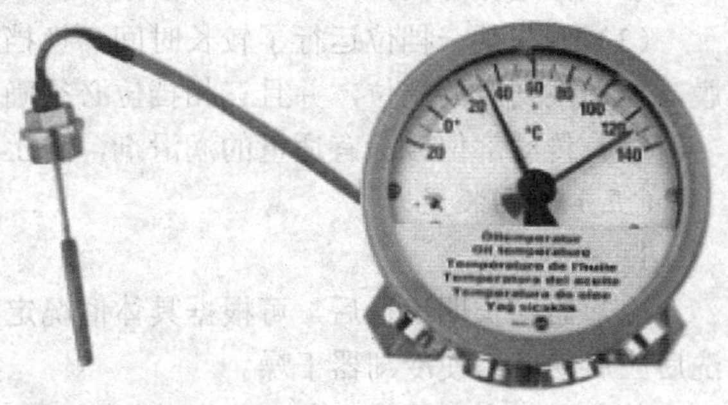

图 ZY1300102002-21　油面温度控制器

图 ZY1300102002-21 所示为油面温度控制器。其本体由 4 个部件组成：温包、毛细管、布登管、压敏电阻。4 个元件组成一个封闭的管系统，内充高压液体。温度升高时，高压液体膨胀，将压力的变化传送到布登管。布登管连接到指针心轴，驱动心轴转动，从而将温度值显示在刻度盘上。这种压力式温度控制器不需要外部提供功率，属自动式仪表，但不适宜信号远传。为了满足信号远传的需要，在温包内另有一只 Pt100 热电阻温度计，将其两端通过电缆连接到主控室，在监控系统中显示油或绕组温度。

三、变压器运行维护

（一）变压器本体

（1）变压器的运行电压一般不应高于该运行分接额定电压的 105%。

（2）当变压器有较严重的缺陷时（如冷却系统不正常、严重漏油、有局部过热现象、油中溶解气体分析结果异常等），不宜超额定电流运行。

（3）变压器过负荷应符合下列规定：

1）变压器的过负荷倍数和持续时间要视变压器热特性参数、绝缘状况、冷却装置能力等因素来确定。

2）强油循环风冷变压器过负荷运行时，应投入全部冷却器（包括备用冷却器）。

3）变压器在过负荷时，应加强对变压器的温度及分接头的监视。

（二）绝缘油

（1）变压器需用添加油时，尽量使用同油源同牌号的合格油，或必要时先做混油试验确认可行后方可添加。

（2）对油中气体色谱分析的规定：

1）正常情况下 750kV 变压器油色谱检测周期宜为每月 1 次。

2）油浸式电容式套管的取样原则按制造厂规定进行，或必要时进行。

3）变压器在规定的绝缘试验前后都应进行油的色谱分析。

4）对有隐患的老旧变压器，应适当缩短油色谱取样周期。

5）在变压器承受近区故障后，应对变压器本体油取样分析。

6）变压器在夏季高峰高负荷运行后，宜进行变压器油色谱分析。

7）运行中发现油色谱或含气量数据明显增大时，应进行油色谱跟踪分析。

（三）电容式套管

（1）运行中应密切注意套管油位的变化，如果发现油位过高或过低，应及时查明原因和处理。如套管没有设置取样阀，一般不取油样进行分析。

（2）运行时应确保套管的各部位密封良好。

（3）备品套管存放抬高角度应符合制造厂要求，以防止电容芯子露出油面而受潮。

（4）套管渗漏油时，无论是内渗还是外渗，都应及时处理，防止内部受潮而损坏。

（5）套管每次取油样和注油后必须更换取样口和注油口处的密封垫并涂厌氧胶。

（6）对保存期超过 1 年且不能确认电容芯子浸在油中的 66kV 及以上套管，安装前应进行局部放电试验或介质损耗因数试验。

（四）无载分接开关

（1）运行维护、挡位调整必须严格参照说明书的要求，以防止开关切换不到位。

（2）在进行开关挡位的切换并锁紧后，必须经电压比和直流电阻测量合格后方可投入运行。

（3）如在某一挡位运行了较长时间，换挡运行时应先反复进行全程操作，以便消除触头上的氧化膜，再切换到新的挡位，并且三相挡位必须确保一致。

（4）传动部位应涂有适量的润滑剂，防止开关长时间不操作后卡涩、生锈。

（五）冷却装置

1. 冷却器

冷却器经长期运行后，可根据具体情况定期进行清洗。一般可用 500kPa 压力的水进行冲洗，水洗后应启动风扇使冷却器干燥。

若发现风扇有异常现象，如振动加剧、运行声音异常、电流增大等，均应及时检修，排除故障后方可投入运行。

电动机轴承的维护、更换应根据使用情况确定。

停放 1 年以上或检修后的冷却器，使用前要进行测量、运转试验，试验时风扇应转动灵活、轻快、无杂音。

2. 油泵

发现有异常现象时，如振动加剧、运行声音异常、电流增大、严重渗漏油等，均应及时检修，排除故障后方可投入运行。

应采用 E 级或 D 级轴承，选用较低转速（小于 1500r/min）油泵。

停放 1 年以上或检修后的变压器油泵，在使用前应进行测量和运转试验。

应特别注意油泵停止运行时负压区出现的渗漏油。如负压区渗漏油，必须及时处理防止空气和水分进入变压器。

3. 油流继电器

如运行中继电器指针出现抖动，应尽快查明原因并处理，防止脱落的挡板进入变压器本体内。

（六）测温装置

（1）确保现场温度计指示的温度及控制室温度显示装置、监控系统的温度三者基本保持一致，误差一般不超过 5℃。

（2）温度计座内应注有适量的变压器油。

（3）绕组温度计变送器的电流值必须与变压器用来测量绕组温度的套管型电流互感器电流相匹配。由于绕组温度计是间接的测量，在运行中仅作参考。

（七）气体继电器

（1）继电器应具备防振、防雨和防潮功能。

（2）当气体继电器发信或动作跳闸时，应进行气体分析或电气试验，综合判断变压器故障性质，决定是否停运。

（八）压力释放阀

（1）采取有效措施防潮防积水。

（2）运行中的压力释放阀动作后，应将释放阀的机械电气信号手动复位。

（九）储油柜

（1）运行中应加强储油柜油位的监视，特别是温度或负荷异常变化时。

（2）磁铁油位计靠机械转换和传动来指示油位，应定期校核实际油位，防止出现假油位现象。

（十）吸湿器

（1）吸湿器内的硅胶宜采用同一种变色硅胶。当较多硅胶受潮变色时，需要更换硅胶。对单一颜色硅胶，受潮硅胶不超过 2/3。

（2）运行中应监视吸湿器的密封是否良好，当发现吸湿器内的上层硅胶先变色时，可以判定密封不好。

（3）注入吸湿器油杯的油量要适中，过少会影响净化效果，过多会造成呼吸时冒油。

（十一）油色谱在线监测装置

（1）必须将在线监测装置视为变压器的组部件之一，定期对其进行巡视、维护。对刚刚投入运行的在线监测装置宜增加巡视次数。

（2）做好监测装置数据上传网络维护。

（3）在线监测装置暂不能替代原有的离线取样测试，装有监测装置的单位还应根据常规周期进行取样分析。当在线监测装置反映变压器色谱出现异常时，应立即进行离线取样测试，并以后者为主要依据。

（4）当发现传感器与变压器本体连接部位有渗漏油、数据不显示、黑屏等情况，按设备缺陷管理流程及时上报。

（5）变压器放油前应关闭在线监测取油阀门，然后再放油。

（6）变压器吊罩时，将监测装置拆除，妥善保存。拆卸、安装装置时应按制造厂技术要求进行。

【思考与练习】

1. 750kV 变压器与 330kV 变压器有何不同？
2. 750kV 变压器通常采用的冷却方式有哪些？
3. 为什么铁芯采用四柱芯柱可降低 750kV 变压器的高度？
4. 变压器型号中有关字母和数字的含义是什么？
5. 冷却器全停，对变压器运行的时间要求有哪些？

模块 3　750kV 高压电抗器（ZY1300102003）

【模块描述】本模块介绍 750kV 高压电抗器。通过概念描述、图片示意、结构分析，掌握 750kV 高压电抗器的原理和结构。

【正文】

电抗器是特高压、超高压远距离输变电系统中的重要设备，其主要作用是限制过电压、减小潜供电流。

一、电抗器的作用

1. 限制工频电压升高

在图 ZY1300102003-1（a）所示交流 L、C 串联电路中，电源电压为 E，回路电流为 I，电感 L 上的电压为 U_L，电容 C 上的电压为 U_C。U_L 和 U_C 总是反相位，因此有 $E=|U_L-U_C|$。

如果 L 的感抗大于 C 的容抗，则 $U_L>U_C$，有 $U_L=E+U_C$，相量图如图 ZY1300102003-1（b）所示，此时电容 C 上的电压小于电源电压 E，没有过电压出现。如果 L 的感抗小于 C 的容抗，则 $U_L<U_C$，有 $U_C=E+U_L$，相量图如图 ZY1300102003-1（c）所示，此时电容 C 上的电压大于电源电压 E，在 C 上出现工频过电压。

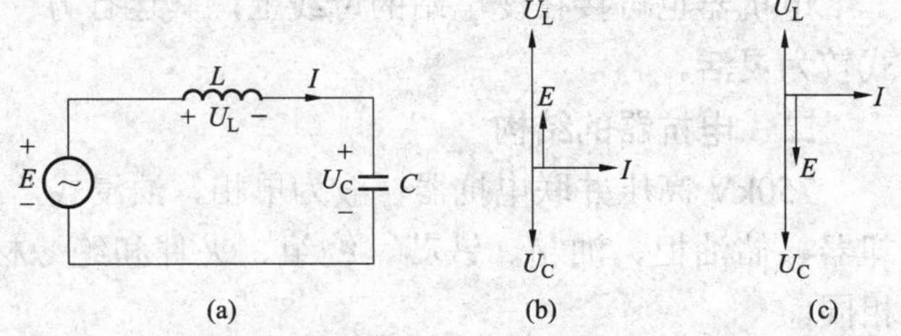

图 ZY1300102003-1　L、C 串联电路及相量图

（a）L、C 串联近似等效电路；（b）$U_L>U_C$ 时的相量图；（c）$U_L<U_C$ 时的相量图

对于空载高压输电线路，整条线路可以看成为一个电容，系统近似等效电路如图

ZY1300102003-1（a）所示，其中 L 表示系统阻抗，且此时有 $U_L<U_C$。因此线路末端电压大于首段电压，这种现象叫容升效应。如果线路较长，容升效应导致的电压升高会损坏设备的绝缘，尤其是当线路发生单相接地时。

在我国超高压、特高压电网中，解决容升效应的方法是在线路一端或两端安装电抗器，用其电抗补偿线路电容，相当于给图 ZY1300102003-1（a）中的电容 C 并联一电抗，并联后等效容抗减小，因此电容 C 上的电压减小。超高压、特高压线路的补偿度一般为 70%～90%。

2. 限制潜供电流

统计数据表明，在 110kV 以上系统中，短路故障中 70%以上是单相接地短路。特别是 220kV 以上的架空线路，由于线间距离大，单相接地故障占所有故障的 90%左右。在这种情况下，如仅将发生故障的一相断开，然后再进行单相重合闸，而未发生故障的两相在重合闸周期内仍然继续运行，能大大提高供电的可靠性和系统运行的稳定性。因此在 220kV 以上的系统中，广泛采用单相重合闸。

在高压远距离输电线路上，当发生单相（如 C 相）暂时性接地故障时，线路两侧 C 相的断路器跳开，故障点的短路电流虽被切断，但非故障的其他两相仍处在工作状态，由于相间存在电容，所以 A、B 两相将通过电容向故障点供给容性电流，如图 ZY1300102003-2 所示。同时，由于各相之间存在互感，所以带有负荷电流的 A、B 两相将对故障相感应一电动势，该电动势通过故障点及相对地的电容形成回路，向故障点供给一感性电流，这两部分电流分量的总和构成潜供电流。

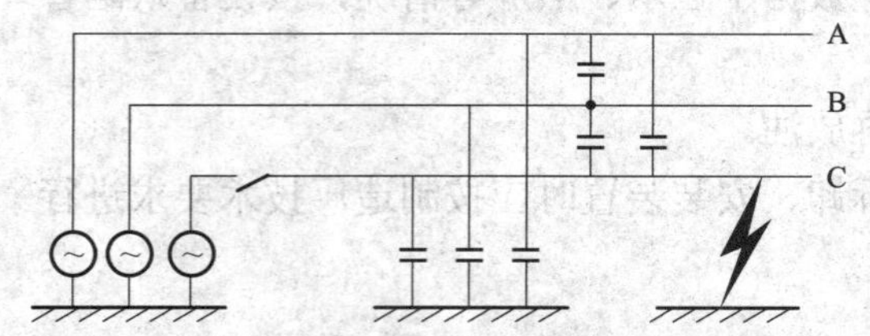

图 ZY1300102003-2 潜供电流的电容分量

当潜供电流过大时，短路处的电弧不能自熄。如果采用快速单相重合闸，这将再次造成线路短路接地，使线路单相重合闸失败。因此，为了保证单相重合闸成功，必须将潜供电流限制在一定数值以下，使得在重合闸之前故障点的电弧能够自熄。

在线路上安装并联电抗器，能够减小潜供电流的电容分量。潜供电流电容分量由非故障相通过相间电容和相对地电容耦合所形成。从理论上讲，对于相间电容耦合，可在线路上安装三角形接线的电抗器来抵消其耦合效果；对于相对地电容耦合，可在线路对地之间并联电抗器来抵消其耦合效果，如图 ZY1300102003-3（a）所示。但是，该方法在线路的一端需要 6 台电抗器，电抗器数量多，而且相间电抗器绕组首尾两端都处在高电位，须采用全绝缘结构，成本很高。因此，将相间电抗器和相对地电抗器等效为如图 ZY1300102003-3（b）的星形接线形式，电抗器的数量也减少为 4 台。其中接地的这台电抗器通常称为中性点小电抗，其结构与其他 3 台基本相同，但体积小很多。

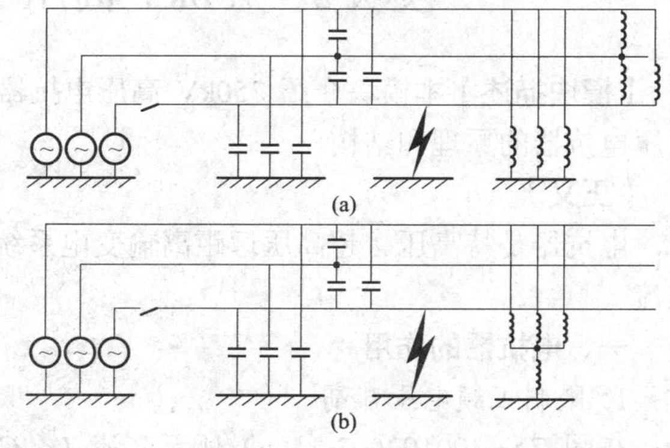

图 ZY1300102003-3 电抗器限制潜供电流原理示意图

（a）用电抗器抵消相间电容耦合和相对地电容耦合；（b）将电抗器等效为星形接线

电抗器也可接在变电站的母线上，其运行方式较为灵活。

二、电抗器的结构

750kV 高压并联电抗器一般为单相、油浸式，总体结构与油浸式变压器基本相同，包括套管、冷却器、储油柜、油箱、铁芯、绕组、夹件和绝缘材料等部件，各部件的功能与对应变压器部件功能相同。

电抗器的运行维护也与变压器基本相同。不同之处在于，线路电抗器一般须与输电线路同时投退。750kV 高压电抗器一般不配备断路器，而采用隔离开关，便于在电抗器需要检修、检查时将其隔离。

本模块仅介绍电抗器与变压器结构的不同之处。

1. 铁芯

电抗器与变压器最大的不同点在于铁芯。为了保证电抗器的电抗值在较大电压范围内为线性，电抗器使用带有气隙的铁芯，而变压器的铁芯没有气隙。并联电抗器的铁芯结构如图 ZY1300102003-4 所示，由铁芯柱、旁柱和上下铁轭组成。

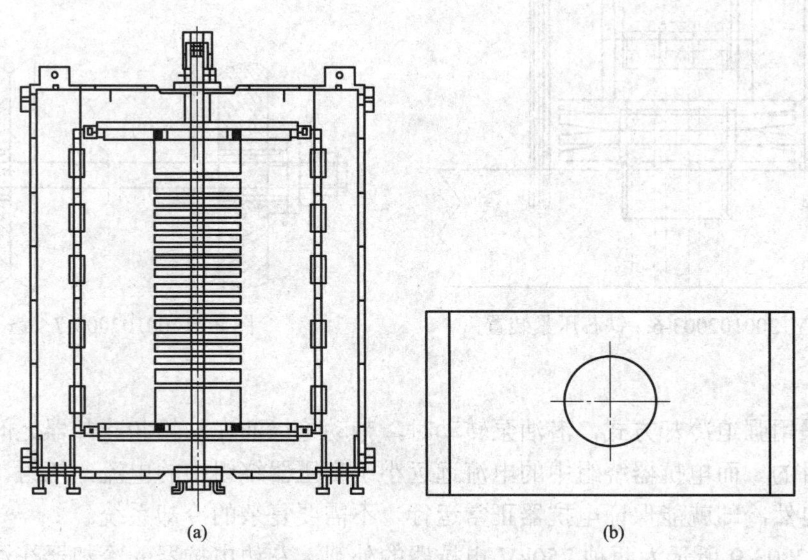

图 ZY1300102003-4 并联电抗器的铁芯结构

（a）正视图；（b）俯视图

铁芯柱由若干个铁芯饼和气隙垫块叠装而成。铁芯饼由硅钢片叠成（使用高磁导率、低电导率超薄晶粒取向冷轧硅钢板，顺磁通剪切），多采用扇形叠片组装的径向辐射形式，如图 ZY1300102003-5 所示。饼间用弹性模数很高的硬质垫块（通常用陶瓷或石质小圆柱）同铁饼粘接形成气隙。

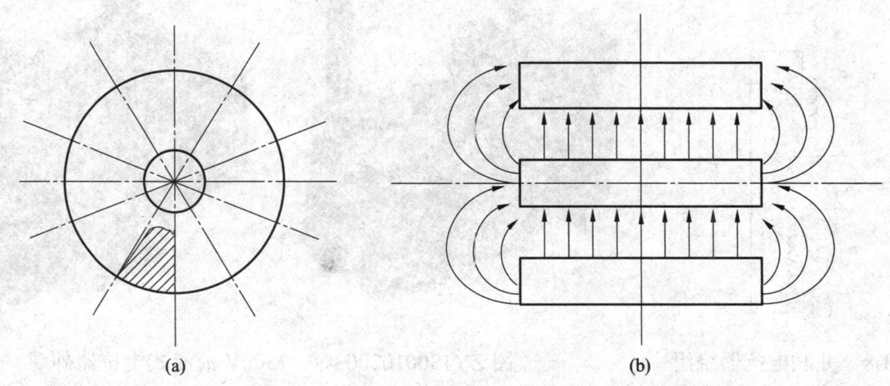

图 ZY1300102003-5 铁芯饼结构和磁路

（a）扇形叠片组装的径向辐射式铁芯饼；（b）铁芯饼间磁路

由于电抗器铁芯的特殊结构，在运行中其振动、噪声都大于同电压等级的变压器。因此，发热、振动、噪声控制是电抗器设计、制造的关键环节。

电抗器铁芯由穿心拉杆和特制碟簧阀片、螺母组成的压紧减振装置压紧，如图 ZY1300102003-6 所示。铁芯夹件为板式结构，撑板采用厚钢板，以减小铁芯的振动，如图 ZY1300102003-7 所示。

电抗器的旁柱和上、下铁轭采用螺杆夹紧。铁芯夹件和铁芯通过接地套管分别引出接地。

2. 绕组

与变压器不同，电抗器只有一个高压绕组。750kV 高压电抗器通常采用中部出线方式，如图 ZY1300102003-8 所示。电抗器绕组结构、绕制方法与变压器绕组相同。不同厂家生产的 750kV 电抗器绕组形式不一，圆筒式、连续式、纠结式都已采用。

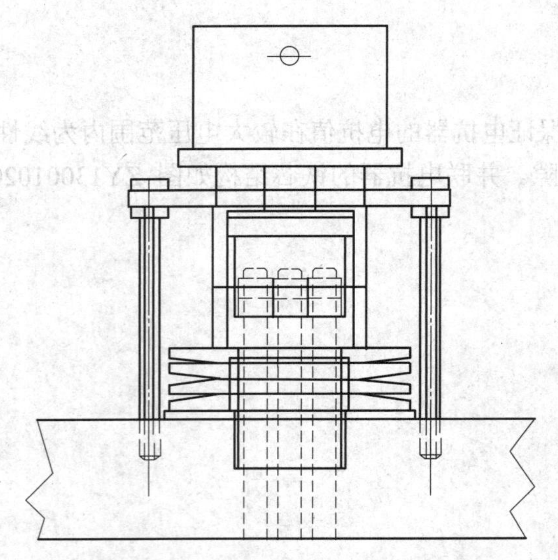

图 ZY1300102003-6 铁芯压紧装置

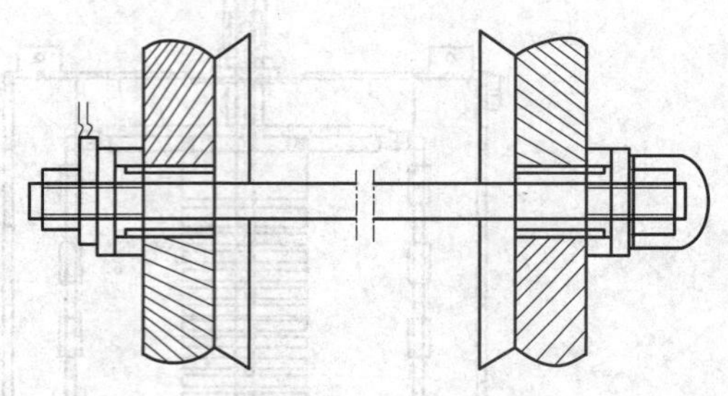

图 ZY1300102003-7 铁芯夹件

3. 冷却器

大型变压器采用强迫冷却方式，潜油泵转动时，带动绝缘油在油箱和冷却器之间循环，从而达到迅速交换热量的目的。而电抗器绕组中的电流远远小于变压器绕组中的电流，绕组、铁芯的发热大为减少，一般采用自然冷却就能保证电抗器正常运行，不需要复杂的冷却系统。

图 ZY1300102003-9 所示为两种 750kV 电抗器的外观，左边电抗器的冷却器在油箱的一侧，而右边电抗器的冷却器在油箱的两侧。

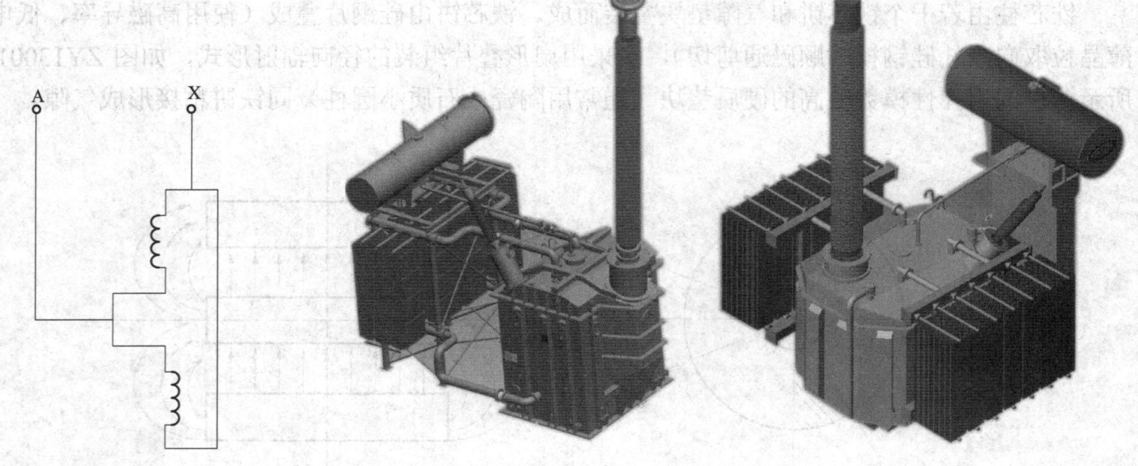

图 ZY1300102003-8 并联电抗器绕组接线原理示意图

图 ZY1300102003-9 750kV 油浸式电抗器外观

三、防止局部过热的措施

由于主磁路中气隙的存在，电抗器漏磁通较多，可能在油箱、夹件等处导致局部过热。为了减弱局部过热，高电压等级电抗器采用全方位漏磁屏蔽系统，即为全部漏磁通提供高磁导率、低电导率的完整回路，在器身和油箱上设计屏蔽系统，使漏磁通在磁屏蔽中流通而无法进入夹件和油箱钢板等结构件，以免导致钢件过热，磁分路示意图如图 ZY1300102003-10 所示。

750kV 电抗器在结构上采取了以下措施防止局部过热：

（1）大饼厚轭铁芯。铁芯中有大直径的过渡铁芯饼，过渡铁芯饼能收集绕组端部的磁通量，使铁轭各级间的磁通量均匀分布，油箱、结构元件中的磁通量减少。磁通量均匀分布还可降低振动和噪声。

（2）采取特殊的夹件防热结构。根据漏磁场计算合理布置结构，钢结构件全部采用低磁钢板。

（3）采用特殊的铁芯饼形状。铁芯饼形状既有利于降低振动和减小噪声，又能防止铁芯饼磁力线过分集中，减小过磁区域，避免芯饼过热。

（4）采用高磁导率、大电阻率的低损耗超薄型晶粒取向冷轧硅钢片，铁轭多级步进叠装，铁芯饼和铁轭磁通密度适当。

如果上述措施得当，不用在油箱上设计磁屏蔽系统就可有效地解决油箱出现的局部过热问题。

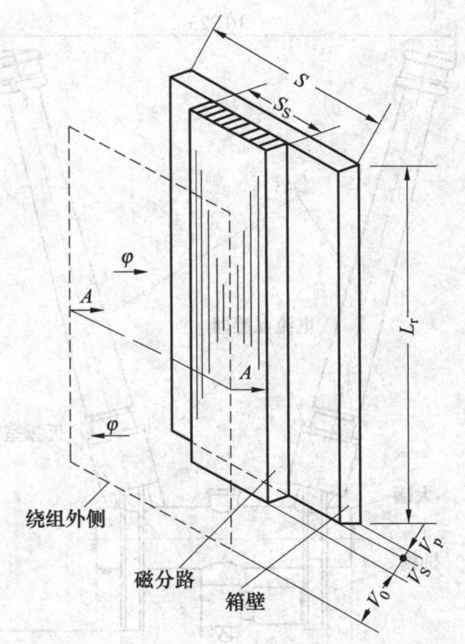

图 ZY1300102003-10 750kV 电抗器采用的垂直磁分路示意图

四、减小振动的措施

750kV 电抗器在减小振动方面可采取以下措施：

（1）采用铁芯强力压紧装置。

（2）器身采用强力定位和减振装置。在器身与油箱底的连接处设置减小振动、防止位移的强力定位和减振装置，既能减小振动，又使产品能承受冲击加速度。

（3）采用高磁导率、大电阻率的低损耗超薄型晶粒取向冷轧硅钢片，铁轭多级步进叠片，铁芯饼和铁轭磁通密度适当。

（4）铁芯夹件构成高强度的稳定框架。上下夹件、压梁、侧梁等形成一个机械强度高、不失稳的刚性框架。

（5）散热器的总油管与油箱间采用金属软管连接。

通过采取上述措施，铁芯的固有频率可下降为 10Hz 以下，远离由交流电所引起的铁芯饼电磁振荡频率 100Hz，不易发生共振。

【思考与练习】

1. 什么是输电线路的容升效应?
2. 高压电抗器限制工频电压升高的原理是什么？
3. 解释高压电抗器能够限制潜供电流、保证线路重合闸成功的原因。
4. 为什么高压电抗器使用带气隙的铁芯？
5. 在高压电抗器中采用的防止局部过热的措施有哪些？

模块 4 750kV 断路器（ZY1300102004）

【模块描述】本模块介绍 750kV 断路器。通过概念描述、图片示意、结构分析，掌握 750kV 断路器的原理和结构。

【正文】

800kV 断路器采用 750kV 等级，以下以 800kV 断路器为例说明。

一、基本结构

目前，800kV 敞开式断路器都采用三相分体、落地罐式，总体可分为套管、大罐、操动机构和气体系统几个部分。800kV 断路器的基本结构及典型尺寸如图 ZY1300102004-1 所示。800kV GIS 中的断路器除没有进出线套管外，与常规 800kV 罐式断路器没有实质性区别。套管和电流互感器的描述见 GIS 有关模块。

二、大罐

800kV 罐式断路器大罐中安装灭弧室（断口）、传动箱、合闸电阻、并联电容，其内部基本结构如图 ZY1300102004-2 所示。

1. 断路器分闸

断路器的功能为开断正常或短路电流。在开断过程中，在断口间产生电弧，如不迅速将电弧熄

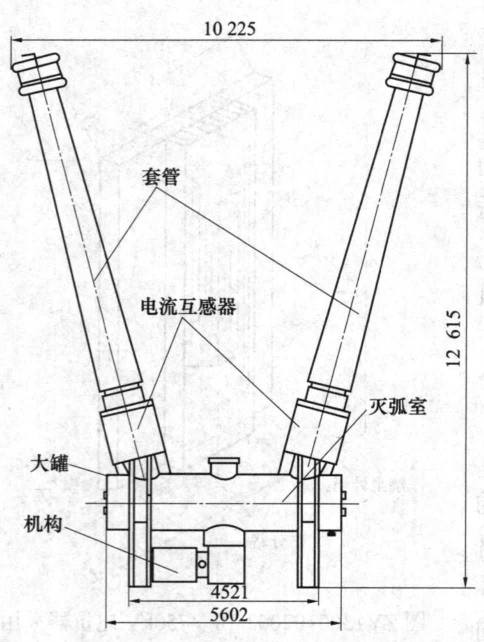

图 ZY1300102004-1 800kV 断路器的基本结构及典型尺寸

灭，可能导致断路器爆炸。为了满足快速熄弧的要求，800kV 断路器为双断口结构，断路器内充有 0.60MPa 的 SF_6 气体，满足绝缘和灭弧性能。

断路器的分闸过程示意图如图 ZY1300102004-3 所示。灭弧室由静弧触头、动弧触头、静主触头、动主触头、压气缸、活塞以及其他部件组成。首先断路器处于合闸状态，静弧触头、动弧触头紧密接触，静主触头、动主触头也紧密接触，如图 ZY1300102004-3（a）所示。分闸操作时，活塞杆带动压气缸、动主触头、动弧触头和喷口运动，动主触头和静主触头分离，电流转移到动弧触头与静弧触头。随着活塞的继续运动，动弧触头与静弧触头分离，其间产生电弧。与此同时压气缸中 SF_6 气体被压缩，高压气流通过喷嘴喷出，将电弧熄灭，如图 ZY1300102004-3（b）所示。断路器的动、静触头不再接触，断路器被打开，如图 ZY1300102004-3（c）所示。

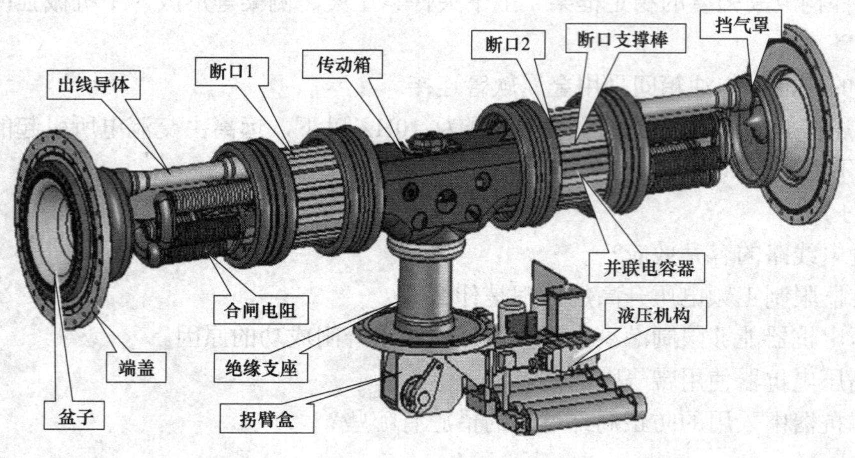

图 ZY1300102004-2 断路器大罐内部基本结构

2. 合闸电阻和断路器合闸

为了限制合闸时产生的操作过电压，800kV 断路器装设合闸电阻，其阻值在 500～600Ω之间。

断路器的合闸过程示意图如图 ZY1300102004-4 所示。图 ZY1300102004-4（a）中断路器位于断开状态，其主端口、辅助断口均在断开位置。在绝缘拉杆的推动下，压气缸和合闸电阻动触头向左运动，辅助断口的合闸电阻静触头和合闸电阻动触头接触，合闸电阻被接入回路［如图 ZY1300102004-4（b）所示］，限制了合闸过电压。合闸电阻接入（10±2）ms 之后，灭弧室动弧触头与静弧触头接触，合闸电阻被短接。活塞继续运动，动主触头和静主触头接触，合闸操作完成，如图 ZY1300102004-4（c）所示。

由于合闸电阻通过弹簧接入回路，这种机理能够保证断路器分闸时灭弧室动、静弧触头先于合闸电阻动、静触头分离，因此合闸电阻不限制分闸过电压。

3. 并联电容器

多断口断路器通常在断口间并联电容器，见图 ZY1300102004-2。当断路器开断时，由于断口并联电容器的作用，每个断口上承受的恢复电压基本相等，不至于因为电压在断口间分布不平衡导致重燃。

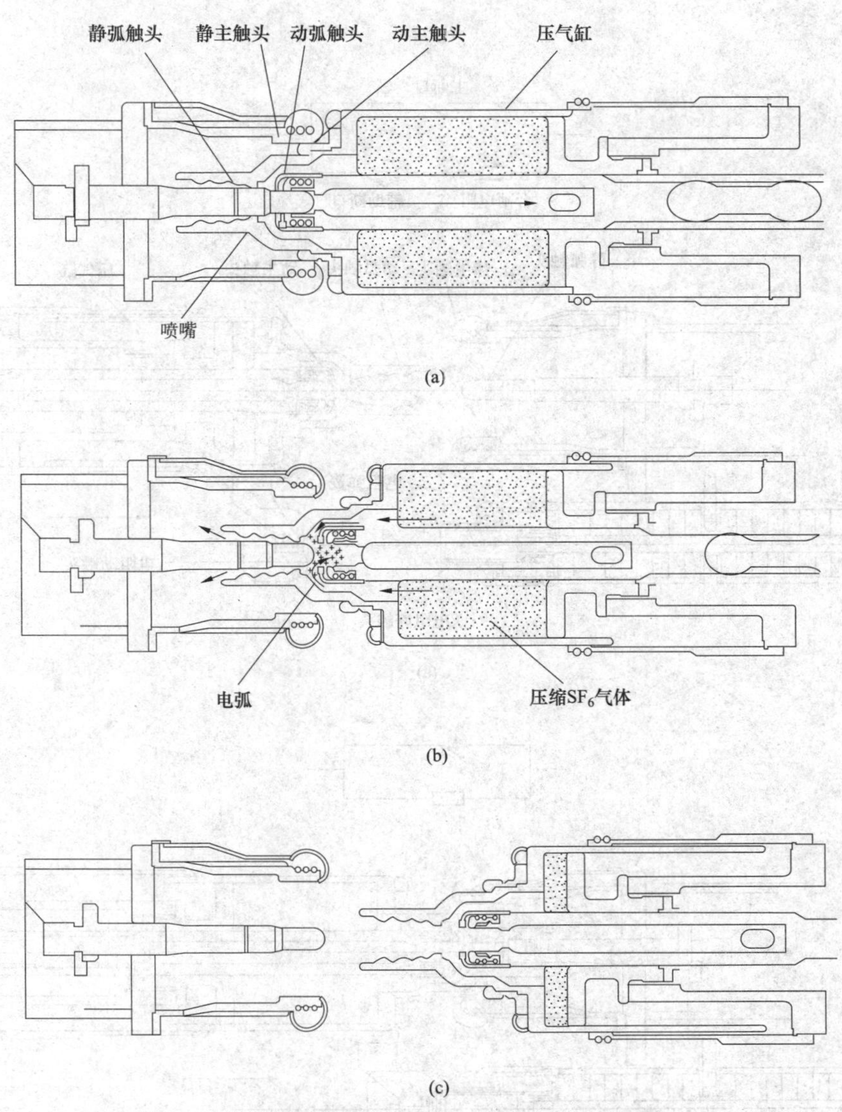

图 ZY1300102004-3　断路器分闸过程示意图

（a）合闸状态；（b）分闸过程；（c）分闸状态

三、操动机构

800kV 断路器配用操作功大的液压操动机构，可分为两个子类，即液压氮气操动机构和液压弹簧操动机构。在液压氮气操动机构中，氮气储能，液体传递能量。在液压弹簧操动机构中，弹簧储能，液体传递能量。液压氮气操动机构比液压弹簧操动机构体积大。图 ZY1300102004-5 为液压氮气操作系统结构示意图。而在液压弹簧操动机构中，图 ZY1300102004-5 中的储压器换成了弹簧。

（一）液压氮气操动机构

不同液压氮气操动机构的工作原理基本相同。800HGS50 型液压操动机构实物照片如图 ZY1300102004-6 所示。下面以该操动机构为例说明液压机构动作过程，如图 ZY1300102004-7 所示。

1. 合闸操作

合闸线圈接到合闸信号以后，吸紧合闸电枢，挂钩脱落，合闸导向阀轴向下移动，结果主阀 A 室的低压油转换成高压油，主阀轴向下侧移动，操作活塞 B 室的低压油转变成高压油，活塞向下运动，进行合闸。

2. 分闸操作

分闸线圈接到分闸信号以后，吸紧分闸电枢，挂钩脱落，分闸导向阀轴向下移动，结果主阀 A 室的高压油转换成低压油，主阀轴向上侧移动，操作活塞 B 室的高压油转变成低压油，活塞向上运动，进行分闸。

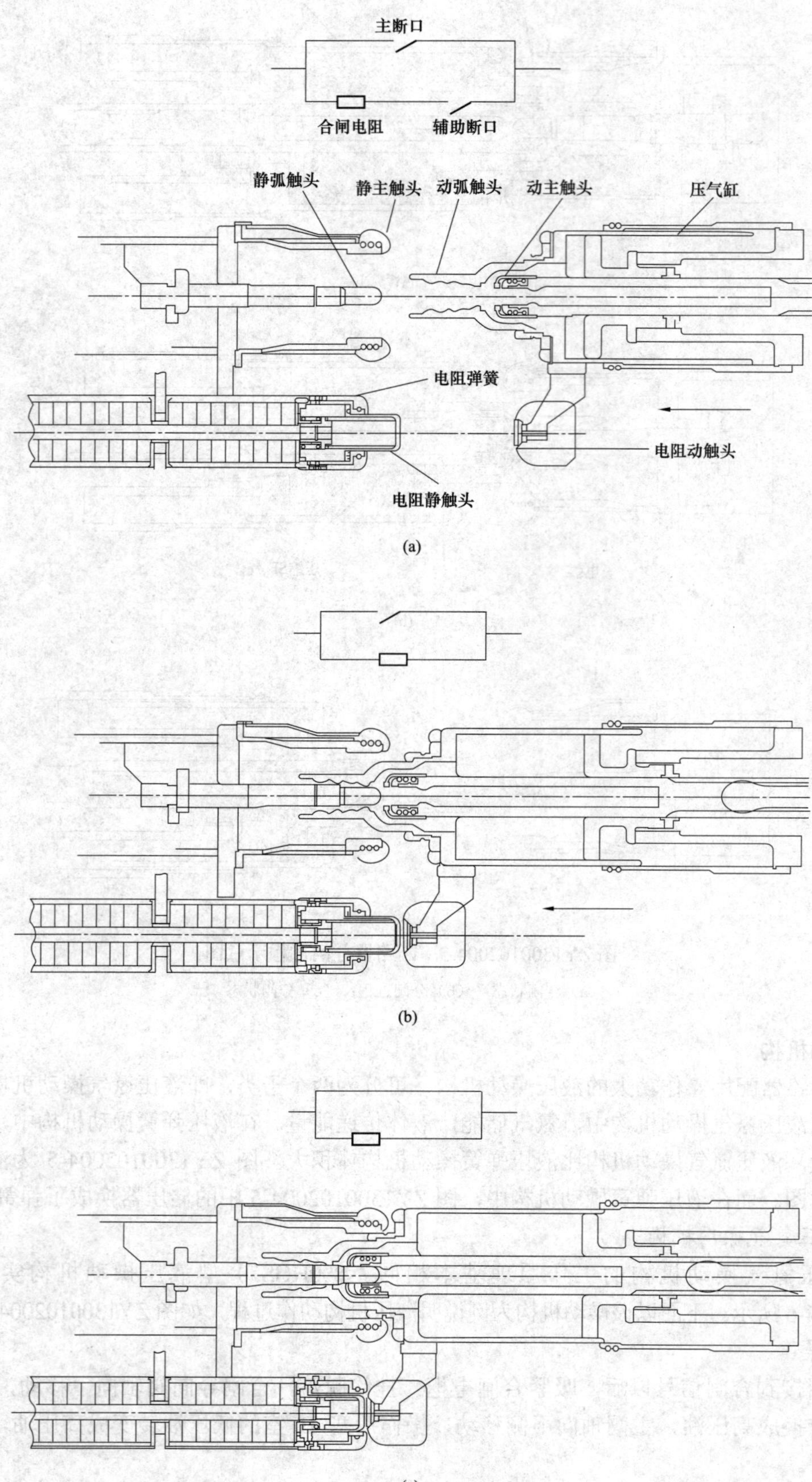

图 ZY1300102004-4 断路器的合闸过程示意图

（a）分闸状态；（b）合闸电阻接入；（c）合闸状态

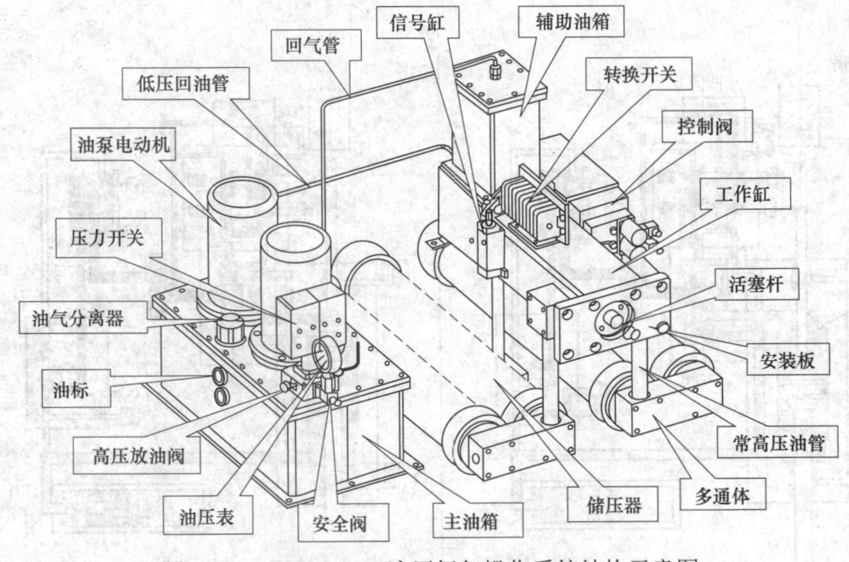

图 ZY1300102004-5 液压氮气操作系统结构示意图

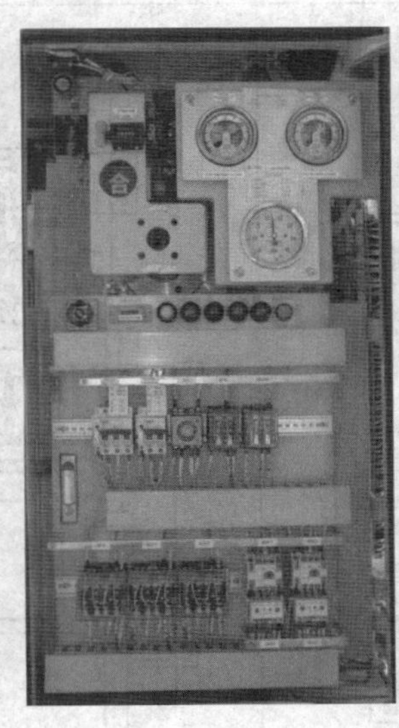

图 ZY1300102004-6 800HGS50 型液压操动机构实物照片

800HGS50 型液压操动机构安装在两个灭弧室下方中间，在分合闸过程中，操作力由垂直转换为水平，灭弧室动触头相向运动。而 HDA-8 型液压操动机构安装在断路器的一侧，如图 ZY1300102004-8 所示，在分合闸过程中，操作力水平传递，两个灭弧室动触头同向运动，操作功损耗小，振动、噪声小，相应操动机构体积也小很多。

（二）液压弹簧操动机构

在 800kV 断路器液压弹簧操动机构中，储能单元采用碟簧。图 ZY1300102004-9 所示为一种液压弹簧操动机构结构示意图（分闸位置）。

1. 储能过程

接通油泵电动机回路，电动机带动油泵运转，油泵输出的高压油同时进入三个储能活塞的上端，推动储能活塞向下运动压缩弹簧进行储能。储能到位后，弹簧行程开关切断油泵电动机，油泵停转，储能过程结束。当操作后或泄漏到一定值时，弹簧行程开关接通油泵电动机再次补压到油泵停转位置。

2. 分闸操作

操动机构接到分闸命令后，分闸控制阀动作，换向阀切换至分闸位置，差动活塞高压油通过换向阀连通至低压油箱，在差动活塞上端常高压的作用下，活塞快速向下运动分闸，并带动辅助开关切换，切断分闸回路，为下次合闸作好准备。

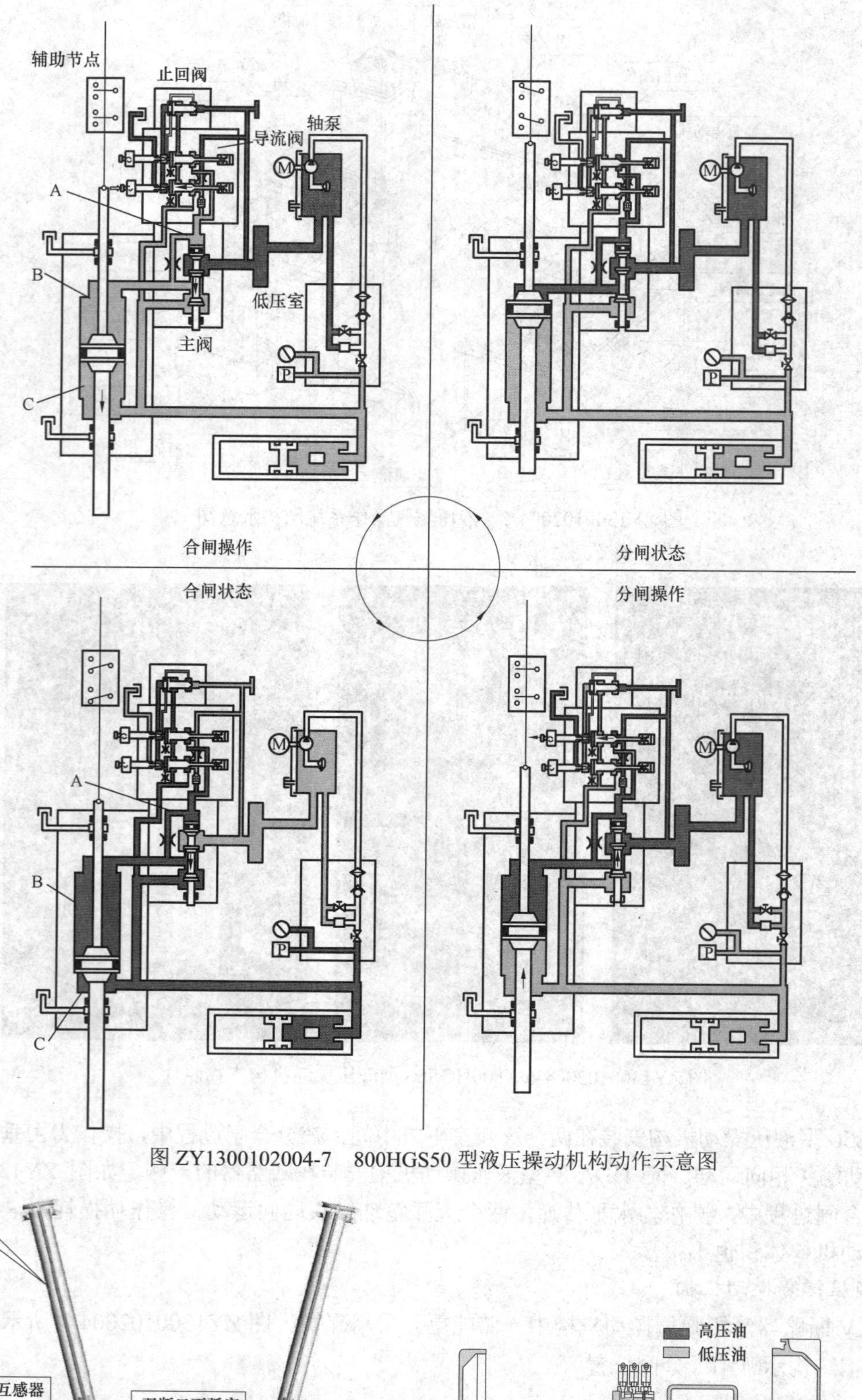

图 ZY1300102004-7 800HGS50 型液压操动机构动作示意图

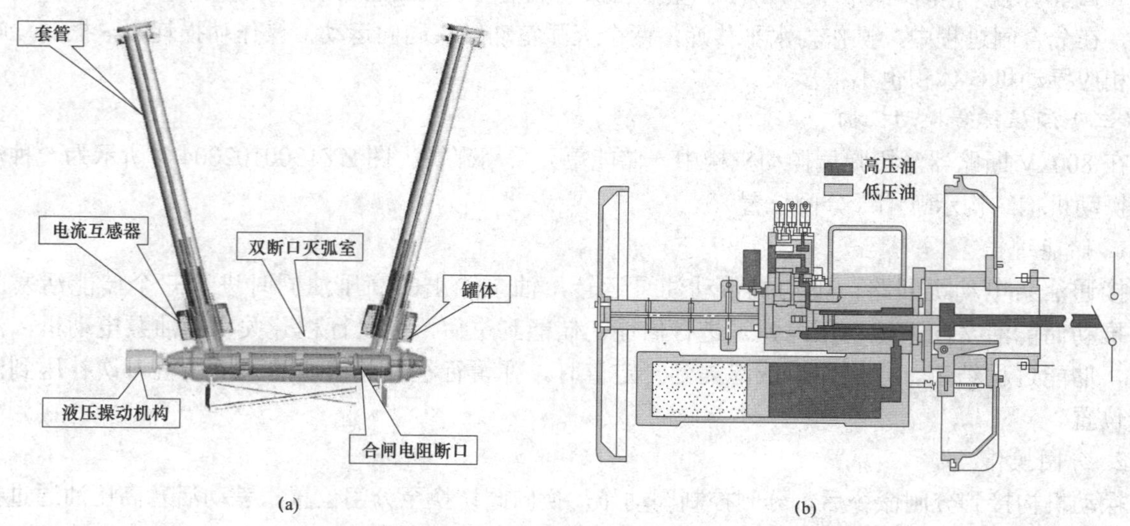

图 ZY1300102004-8 安装在断路器侧面的操动机构

（a）整体结构；（b）操动机构

3. 合闸操作

操动机构接到合闸命令后，接通合闸控制阀，换向阀切换至合闸状态，常充压差动活塞的底部与高压油接通，在差动原理作用下，快速向上合闸并带动辅助开关切换，断开合闸回路，为分闸作好准备。

（三）报警及闭锁

液压机构正常工作在其额定压力下。如液压系统压力过高，压力释放阀动作，使液压降低。如液压系统压力过低，在不同液压值时闭锁不同的功能，如重合闸、合闸、分闸等。800HGS50 型液压操动机构压力特性汇总如图 ZY1300102004-10 所示。

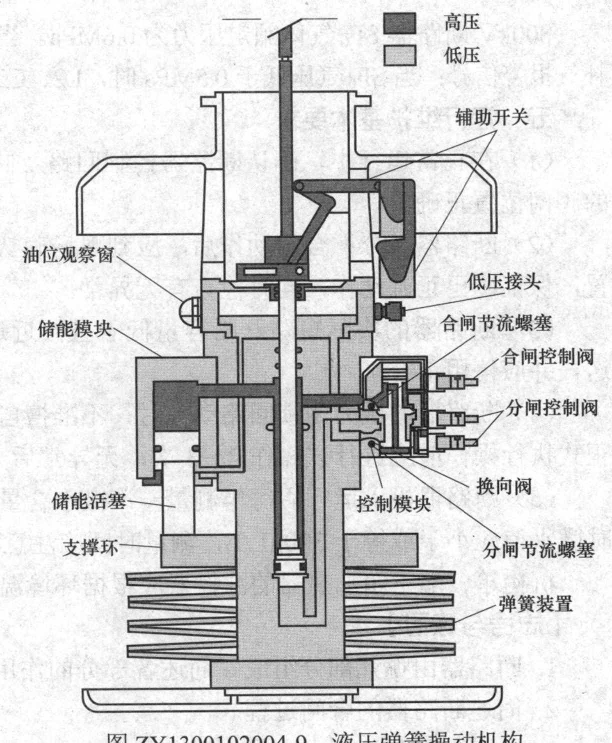

图 ZY1300102004-9　液压弹簧操动机构结构示意图（分闸位置）

四、SF_6 气体系统

800kV 断路器三极 SF_6 气体系统各自独立，每极气体系统如图 ZY1300102004-11 所示。气体由充气孔充入大罐，SF_6 密度继电器与大罐连通，指示气体压力。SF_6 气体的检验也在充气孔部位进行。

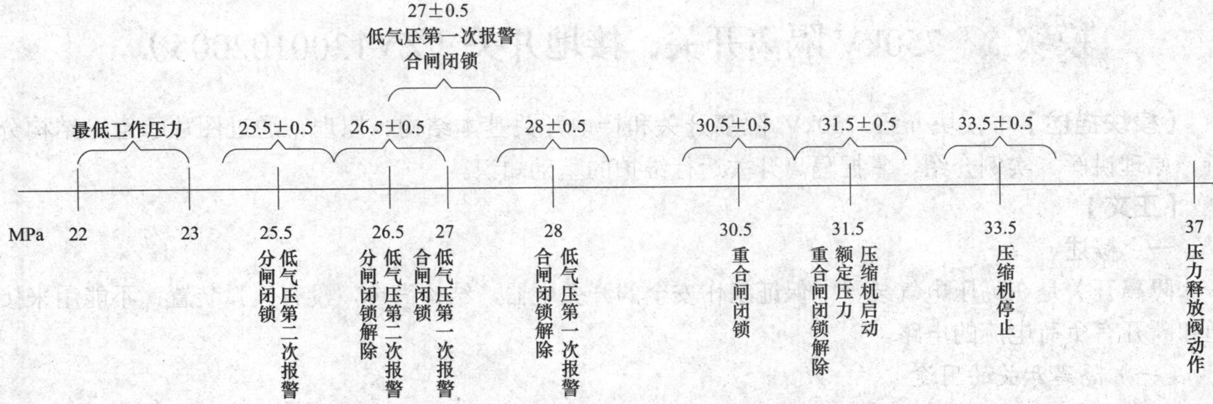

图 ZY1300102004-10　800HGS50 型液压操动机构压力特性汇总

800kV 断路器所用 SF_6 密度继电器结构如图 ZY1300102004-12 所示，其内部有温度补偿装置，在−25～60℃范围内自动修正环境温度的影响。因此，SF_6 气压直接按表计（通常为指针式）示值读取。

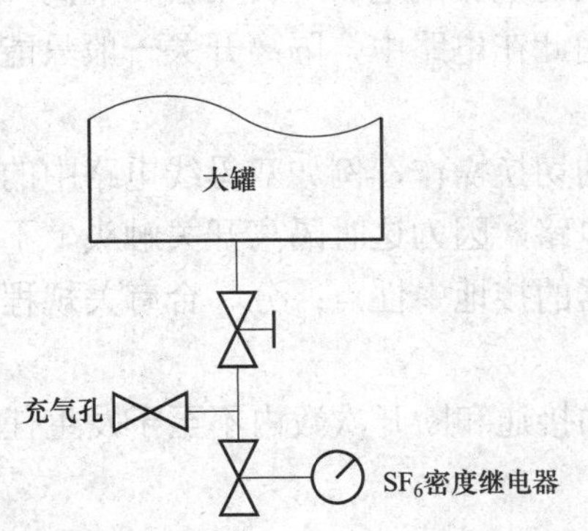

图 ZY1300102004-11　SF_6 每极气体系统

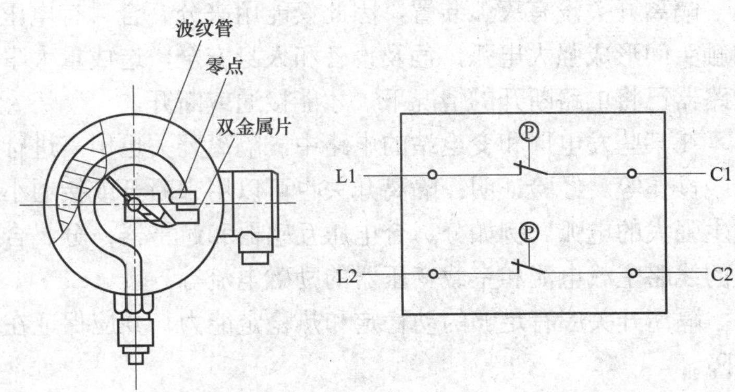

图 ZY1300102004-12　SF_6 密度继电器结构和原理

800kV 断路器 SF_6 气体额定压力为 0.6MPa。当 SF_6 气压低于 0.55MPa 时，L1、C1 节点接通，发出补气报警信号；当 SF_6 气压低于 0.5MPa 时，L2、C2 节点接通，切断分、合闸回路，禁止断路器操作。

五、运行维护基本要求

（1）在正常运行中，确认断路器控制回路及储能回路正常，气体、液体压力正常，SF_6 气体回路的阀门位置正确。

（2）断路器（分）合闸动作后，应到现场确认本体和机构（分）合闸指示器以及拐臂、传动杆位置，保证确已正确动作，同时检查有无异常。

（3）断路器的实际短路开断容量低于且接近运行地点的短路容量时，在短路故障开断后禁止强送，并应停用重合闸。

（4）断路器的压力闭锁回路动作时，不准擅自解除闭锁进行操作。停运超过 6 个月的断路器，在正式执行操作前应进行试操作 2～3 次，无异常后方可正式操作。

（5）断路器投入运行后每年测量一次微水含量。交接验收时微水值应小于或等于 150μL/L，运行时微水值应小于或等于 300μL/L，测量时间应注意温度对测量值的影响。

机构箱、端子箱加热器的温控器应根据环境温度的变化进行投退。

【思考与练习】

1. 断路器由哪几部分组成？简述各部分的作用。
2. 简述断路器的合闸过程。
3. 合闸电阻和均压电容的作用各是什么？
4. 简述液压机构的合闸操作过程。

模块 5　750kV 隔离开关、接地开关（ZY1300102005）

【模块描述】本模块介绍 750kV 隔离开关和接地开关基本结构、原理。通过图片示意、结构分析、原理讲解、实例介绍，掌握隔离开关运行维护的基础知识。

【正文】

一、概述

隔离开关是在高压电气装置中保证工作安全的开关电器，结构简单，没有灭弧装置，不能用来接通和断开有负荷电流的电路。

（一）隔离开关的用途

隔离开关的主要用途是保证高压电气装置检修工作的安全。用隔离开关将需要检修的部分与其他带电压的部分可靠地断开隔离，这样工作人员可以安全地检修电气设备，不影响其余部分的工作。

隔离开关的触头全部敞露在空气中，这可使断开点明显可见。隔离开关的动触头和静触头断开后，两者之间的距离应大于被击穿时所需的距离，避免在电路中发生过电压时断电发生闪络，以保证检修人员的安全。

隔离开关没有灭弧装置，因此仅能用来分、合只有电压没有负荷电流的电路，否则会在隔离开关的触头间形成强大电弧，危及设备和人身安全，造成重大事故。因此在电路中，隔离开关一般只能在断路器已将电路断开的情况下，才能接通或断开。

在某些发电厂和变电站的电路中，隔离开关也用来进行电路的切换操作，例如双母线电路中的倒母线操作等。经验证明：隔离开关也可以用来断开或接通小电流电路，因为这时隔离开关触头上不会发生强大的电弧。例如分、合电压互感器和避雷器；分、合变压器的接地中性点；分、合有关规程规定的线路空载电流和空载变压器的励磁电流等。

隔离开关应有足够的动稳定和热稳定能力，并应保证在规定的接通和断开次数内不至于发生任何故障。

（二）隔离开关的分类

（1）按绝缘支柱的数目分类，可分为单柱式、双柱式、三柱式等。

（2）按闸刀的运动方式分类，可分为水平旋转式、垂直旋转式、摆动式、剪刀式和插入式等。

（3）按有无接地开关分类，可分为无接地开关、有接地开关（单接地开关、双接地开关）等。

（4）按装设地点分类，可分为户内式、户外式。

（5）按操动机构分类，可分为手动式、电动式、气动式等。

（6）按极数分类，可分为单极式、三极式等。

（三）户外式隔离开关的结构

户外隔离开关工作条件比较恶劣，应保证在风、雪、雨、水、灰尘、严寒和酷热条件下可靠地工作，因此在绝缘和机械强度方面均有比较高的要求。户外隔离开关基本结构可分为单柱式、双柱式和三柱式三种。

1. 双柱式隔离开关

图 ZY1300102005-1 所示为 GW4-220D 型双柱式隔离开关的一极，它由底座、棒形绝缘支柱和导电部分组成，每极有两个绝缘支柱，分装在底座两端的轴承座上，并用交叉连杆相连，可以转动。导电闸刀分成相等的两段，分别固定在绝缘支柱的顶端，触头结构如图 ZY1300102005-2 所示，其上装有防护罩，用以防雨、冰雪及尘土。

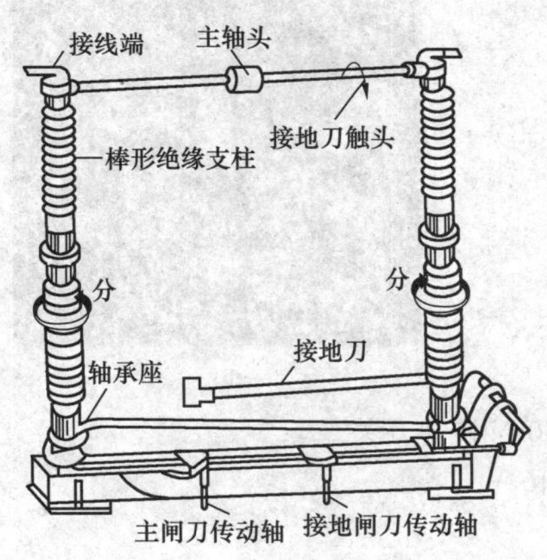

图 ZY1300102005-1　GW4-220D 型双柱式隔离开关的一极

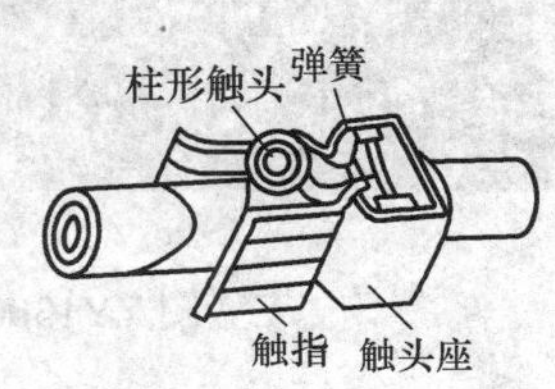

图 ZY1300102005-2　GW4-220D 型隔离开关触头结构

隔离开关的分、合闸操作，由传动轴通过连杆机构带动两侧棒形绝缘支柱沿相反方向各自回转 90°，使闸刀在水平面上转动，实现分、合闸。

在底座两端可以装设一把或两把接地闸刀，当主闸刀分开后，利用接地闸刀将待检修线路或设备接地，以保证安全。

2. 三柱式隔离开关

三柱式隔离开关具有结构简单、运行可靠、维修工作量少、机械强度较高和绝缘强度较强等优点。

GW7 系列为三柱双断点水平转动式隔离开关，GW7-330D 型隔离开关的结构如图 ZY1300102005-3 所示，每相有 3 组绝缘支柱，为了改善电场分布情况，每相绝缘支柱顶部装有均压环，两端的绝缘支柱是固定不动的，顶部均装有静触头，中间绝缘支柱可转动 70°，由紫铜管制成的动闸刀固定在中间绝缘支柱的顶部。隔离开关的分、合是由操动机构带动中间绝缘支柱转动来实现的。

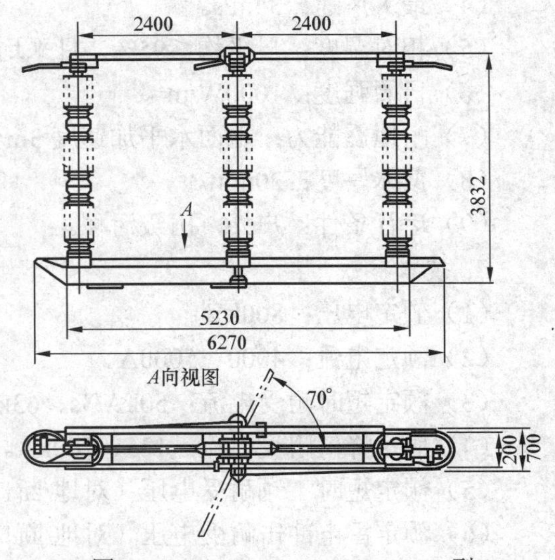

图 ZY1300102005-3　GW7-330D 型隔离开关的结构

（四）隔离开关的操动机构

隔离开关的操动机构可分为手力式和动力式两类。应用操动机构操作的隔离开关，操作方便、省力和安全，且便于在隔离开关和断路器间实现闭锁，以防止误操作。当使用动力式操动机构时，可以对隔离开关实现远方控制和自动控制。

1. 手力式操动机构

手力式操动机构结构简单、价格便宜，使用比较广泛。手动杠杆式操动机构，是利用手柄通过传动杠杆带动闸刀运动，对隔离开关实现分、合闸操作，一般应用于额定电流 3000A 以下的户内或户外式隔离开关。手动蜗轮式操动机构，是利用摇把转动蜗杆和蜗轮，通过传动系统使隔离开关分闸或合闸，应用于额定电流大于 3000A 的户内式重型隔离开关。

2. 动力式操动机构

当需要对隔离开关进行远距离操作时，可采用动力式操动机构。动力式操动机构包括电动操动机构、压缩空气操动机构和电动液压操动机构。

二、750kV 隔离开关技术参数及结构

图 ZY1300102005-4 所示为某变电站的 750kV 隔离开关的图片。

(a)

(b)

图 ZY1300102005-4 某变电站 750kV 隔离开关

（a）运行中；（b）检修中

750kV EV-800 型隔离开关结构如图 ZY1300102005-5 所示。

（一）750kV 隔离开关典型技术参数

1. 环境条件

（1）海拔：≥2000m。

（2）周围空气温度：−25～+40℃。

（3）最大日温差：20K。

（4）最大风速：34m/s。

（5）相对湿度：日平均≤95%，月平均≤90%。

（6）日照强度：1000W/m^2。

（7）耐地震能力：地面水平加速度 3m/s^2，垂直加速度 1.5m/s^2。

（8）覆冰厚度：20mm。

（9）运行条件：户外，Ⅲ级污秽。

2. 技术参数

（1）额定电压：800kV。

（2）额定电流：4000、5000A。

（3）额定短时耐受电流：50kA/3s、63kA/2s。

（4）额定峰值耐受电流：125、160kA。

（5）额定短时工频耐受电压（对地/断口）：1086kV/1438kV。

（6）额定雷电冲击耐受电压（对地/断口）：2373kV/2373kV（+520kV）。

（7）额定操作冲击耐受电压（对地/断口）：1705kV/1456kV（+728kV）。

（8）开合小电流能力：电容电流，2A；电感电流，0.5A。

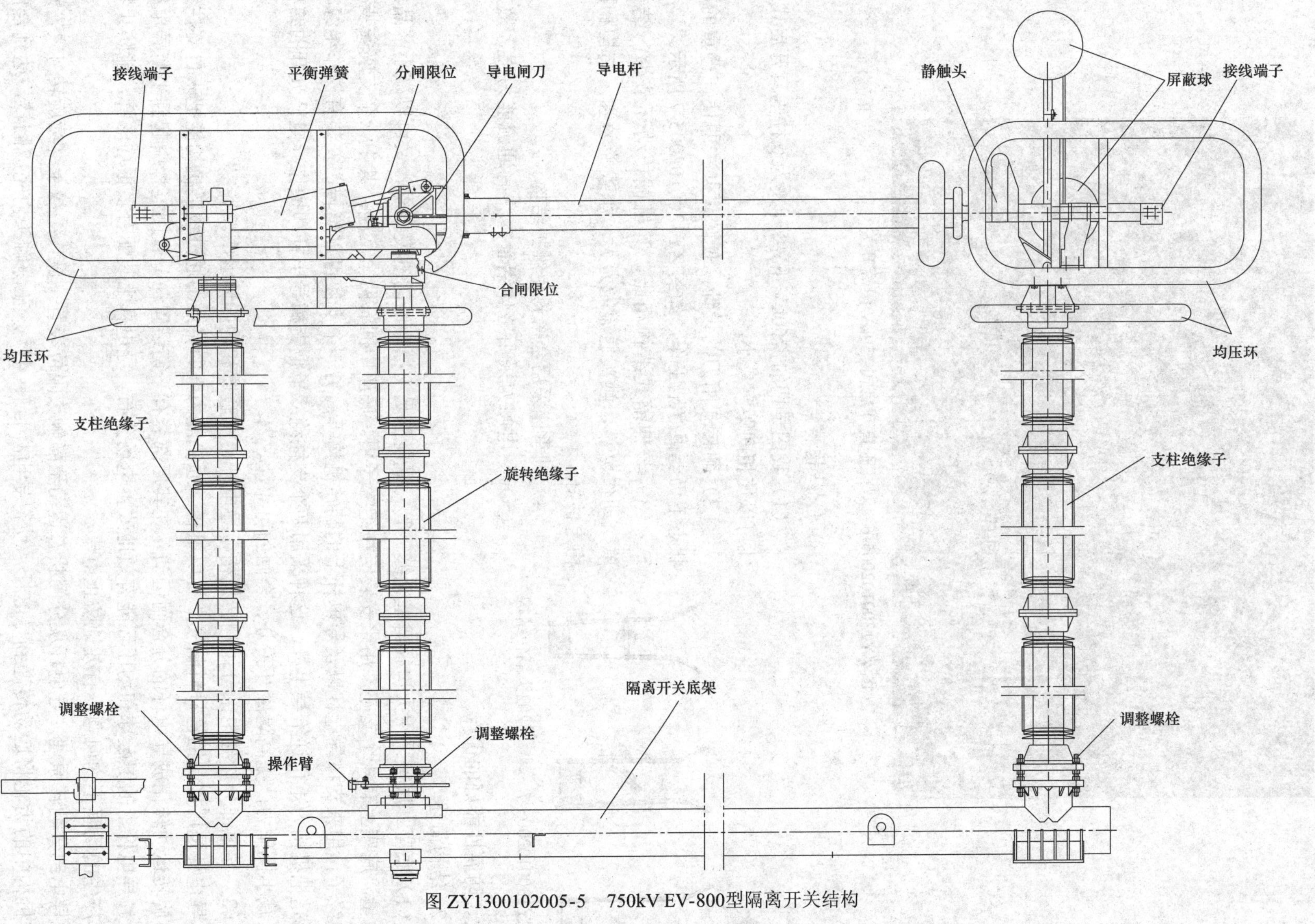

图 ZY1300102005-5　750kV EV-800型隔离开关结构

（9）接地开关开合感应电流：静电感应，12kV/3A；电磁感应，2.4kV/90A。

（二）双柱垂直开启式750kV隔离开关结构

某变电站双柱垂直开启式750kV隔离开关见图ZY1300102005-6。

图ZY1300102005-6 双柱垂直开启式750kV隔离开关

1. 结构特点

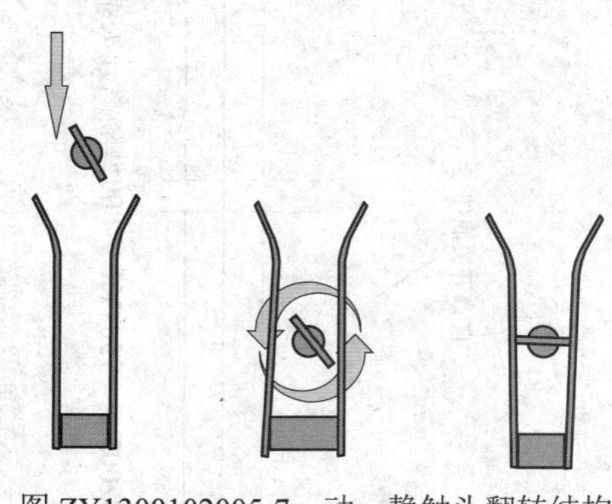

图ZY1300102005-7 动、静触头翻转结构

（1）我国早期的750kV隔离开关为双柱垂直开启式，因此可以使相间距离最小。

（2）翻转式闸刀的设计，使隔离开关即使在严重的冰冻状态下仍能很好地工作，如图ZY1300102005-7所示。

（3）与伸缩式结构相比，其机械传动环节少，结构简单，动作可靠，触头通流能力大，承载能力强，结构稳固，稳定性好。

（4）轴承座采用全密封免维护结构。

（5）导电闸刀采用整体铝管，具有通流能力强、散热面积大、防腐性能好的优点。

2. 结构简述

（1）底座。底座采用大口径薄壁无缝钢管，既能满足支撑产品的刚度要求，又可以减小产品的整体质量。底座上有4个支座，用来安装支柱绝缘子用。底座中间有两个支座：其中一个支座安装有支持绝缘子，用来支撑导电杆以及导电杆上的翻转机构等；另一个支座可以旋转，安装有操作绝缘子，作用是把机构力矩传递给导电杆。这种采用两个支柱绝缘子把支撑导电杆和操作导电杆分开的结构，可以减小操作力，提高隔离开关分、合闸的可靠性。

（2）导电部分。导电部分由翻转机构、导电杆、屏蔽罩和均压环组成。

导电杆是用挤制铝管材料制成，有质量轻、通流能力强的特点。通过铰链机构能把来自支柱绝缘子的旋转运动转化成导电杆的分合闸运动。在其后部装有平衡装置在分合闸过程中起到平衡导电杆的作用。导电杆上的屏蔽球和均压环能有效地改善电场分布。导电杆上装配有多根均压管，能防止特高压下产生的场强不均问题，有效地防止电晕。

导电部分翻转原理：导电杆从分闸状态运动至静触头限位装置，操作绝缘子继续旋转45°，通过翻转机构中的齿轮将运动传递到导电杆，使得导电杆自转45°，在静触头内完成翻转，达到合闸状态。触头翻转示意图如图ZY1300102005-8所示。

（3）接地开关。接地开关结构与主刀相似，为直立合闸的翻转式刀闸设计。考虑到特高压产品特点，为保证接地开关在分、合闸运动过程中与断口一侧带电体有效绝缘距离，产品配装的接地开关与

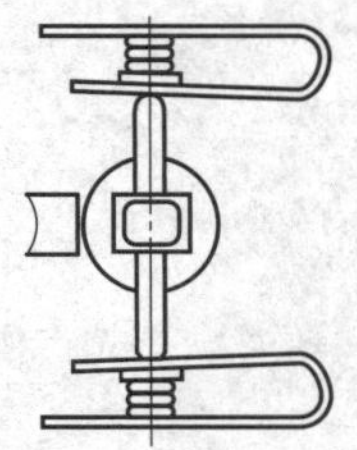
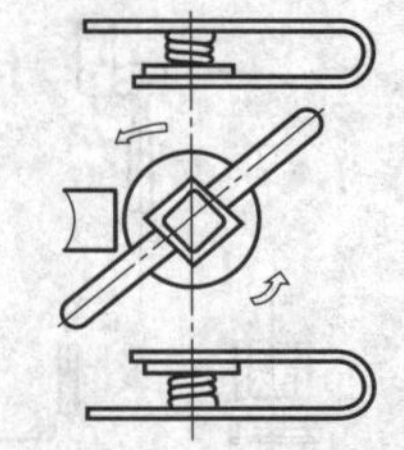
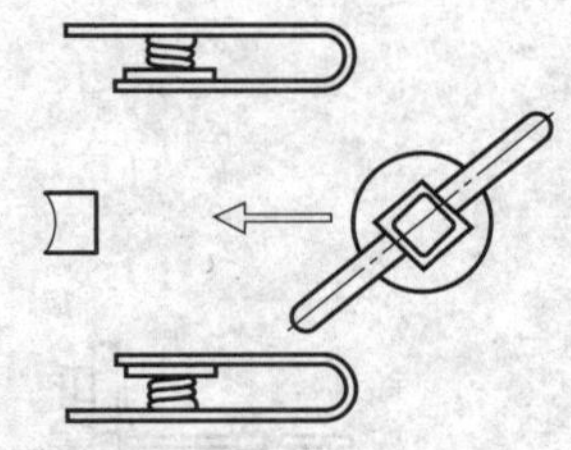

图 ZY1300102005-8　触头翻转示意图

底座倾斜成 10°夹角，做成一个独立的单元，装配在产品本体底座上。

接地开关机构输出轴和隔离开关机构输出轴之间设有装配式机械联锁装置，能保证主分—地合、地分—主合的顺序动作。接地开关能通过与隔离开关相同的动热稳定电流。

（三）隔离开关用操动机构

隔离开关用操动机构图片如图 ZY1300102005-9 所示。

图 ZY1300102005-9　隔离开关用操动机构图片

1. 技术参数

电动操动机构典型技术参数见表 ZY1300102005-1。

表 ZY1300102005-1　　电动操动机构典型技术参数

项　　目		参　　数
电动机	额定电压（V）	AC 380
	额定功率（W）	1000
	额定转速（r/min）	1400
分、合闸线圈控制电压（V）		AC 220 或按用户要求
分、合闸线圈电流（A）		小于 5
额定输出转矩（N·m）		3300
分、合闸时间（s）		22～24

2. 结构特点

机构箱体采用不锈钢铆接结构，无焊点防腐性能好。传动系统采用双蜗轮蜗杆全密封减速机构，噪声小，润滑性好。二次元件采用进口或中外合资产品，免于维护。

三、切合感应电流接地开关

（一）原理

将接地开关底架与隔离开关底架隔离，保证满足 100kV（工频 20s）的绝缘；在接地回路串联 126kV SF_6 断路器的灭弧室，保证接地开关开合感应电流在 SF_6 灭弧室完成。接地开关动、静触头间不进行有载开合。切合感应电流接地开关外形安装如图 ZY1300102005-10 所示。接地开关的开合及断路器的开断由接地开关的机构控制。

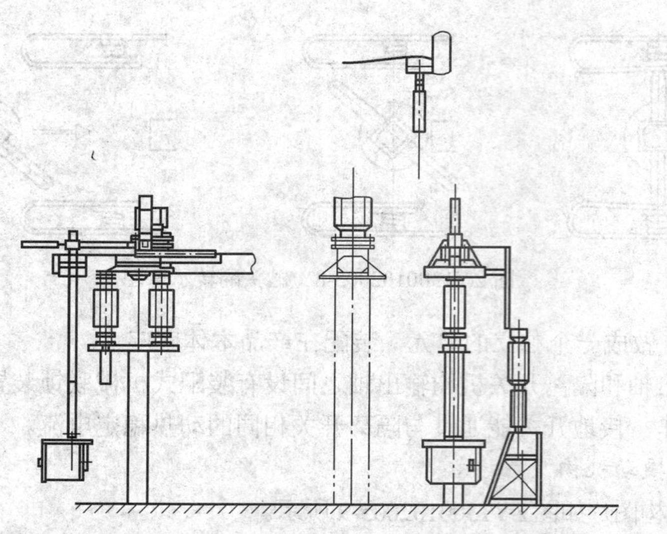

图 ZY1300102005-10 切合感应电流接地开关外形安装图

（二）技术参数

切合感应电流接地开关典型技术参数见表 ZY1300102005-2。

表 ZY1300102005-2 切合感应电流接地开关典型技术参数

序 号	额 定 参 数	单 位	参 数
1	额定电压	kV	126
2	额定频率	Hz	50
3	额定电流	A	1250
4	额定短路开断电流	kA	40
5	额定短时耐受电流（4s）	kA	40
6	额定峰值耐受电流	kA	100
7	额定短路关合电流（峰值）	kA	100
8	开断时间	ms	60
9	分闸时间	ms	≤30
10	合闸时间	ms	≤150
11	分一合闸时间	ms	≥300
12	合一分闸时间	ms	40～50

四、使用与维护项目

隔离开关必须在线路负荷切断后方可进行操作，运行 5 年左右定期进行检查，如遇严重短路故障，应在故障后立即检查。

（一）安装调试后检查项目

（1）隔离开关和接地开关分别手动操作 3～5 次，操作平稳，接触良好，分、合闸位置正确。

（2）电动机构在电动机 85%及 110%额定电压下操作 3～5 次，分、合闸正常。

（3）隔离开关合闸后触头与触片接触良好，测量主回路电阻（两侧出线端之间），数值不超过 120μΩ（参考值）。

（4）检查所有传动、转动部分是否润滑，所有轴销螺栓是否紧固可靠。

（5）检查隔离开关与接地开关间的机械联锁是否可靠。

（二）常规检查项目

（1）清除导电部分及支柱绝缘子表面污秽，接线端子与母线连接平面及中间触头、触指接触面清理干净，并涂上一层导电脂。

（2）检查所有紧固件如圆锥销螺栓是否有松动现象。

（3）检查各销孔连接、传动连接部分是否有卡滞现象，并在所有转动部位涂润滑脂。

（4）仔细检查支柱绝缘子不得有划伤及裂纹，如发现应予更换。

（5）检查电动机构，机构输出轴转动 180°时，辅助开关能否正确动作，接触是否良好。

（6）电动机构检修详见其专用安装使用说明书。

（7）检查在分闸或合闸位置时，机构终点位置与辅助触点位置是否正确，是否正常切换。

（三）VM-1-216 型电动操动机构的操作

1. 手动操作

（1）压下制动装置的控制臂。

（2）用摇柄的端部把安全开关的控制臂顶开。

（3）把摇柄的端部套在六方轴上。

（4）手动操作操动机构。

2. 电动操作

（1）完成隔离开关和电动操动机构的调试工作。

（2）确认手动操作隔离开关时和单独电动操作电动操动机构时，机构的转角一致。

（3）把机构操作到分合闸的中间位置，抽掉手动摇柄。

（4）分闸或合闸操作隔离开关，确认电动机构电源相序正确后，电动操作隔离开关。

五、操作注意事项

（1）应先检查相应回路的断路器在断开位置，以防止带负荷拉、合隔离开关。

（2）线路停、送电时，必须按顺序拉合隔离开关。停电操作时，先断开断路器，后拉线路侧隔离开关，再拉母线侧隔离开关，送电时相反。这是因为发生误操作时，按上述顺序可缩小事故范围。

（3）隔离开关操作时，应有值班员在现场逐相检查其分、合位置，同期情况，触头接触深度等项目，确保隔离开关动作正常、位置正确。

（4）隔离开关操作一般应在主控室进行，当远控操作失灵时，可在现场就地进行电动或手动操作，但必须征得站长或技术负责人的同意，并有现场监督才能进行。

（5）隔离开关、接地开关和断路器之间安装有防误操作的电气、电磁和机械闭锁装置，倒闸操作时一定要按顺序进行。如果闭锁装置失灵或隔离开关和接地开关不能正常操作时，必须严格按闭锁要求的条件，检查相应的断路器、隔离开关的位置状态，核对无误后才能解除闭锁进行操作。

六、运行维护注意事项

（1）必须在线路负荷切断后方可进行操作。

（2）运行 5 年左右后应定期进行检查，如遇严重短路故障，应在故障后立即检查。

（3）检修清扫时清除导电部分及支柱绝缘子表面污秽，接线端子与母线连接平面及中间触头、触指接触面清理干净，并涂上一层导电脂。

（4）检修时应检查所有紧固件（如圆锥销、螺栓）是否有松动现象。

检修时应检查各销孔连接，传动连接部分是否有卡滞现象，并在所有转动部位涂润滑脂。（5）

（6）仔细检查支柱绝缘子不得有划伤及裂纹，如发现应予更换。

（7）检查电动机构，机构输出轴转动 180°时，辅助开关能否正确动作，接触是否良好。

（8）电动机构检修应根据制造厂商不同，参考对应的安装使用说明书。

（9）检查在分闸或合闸位置时，机构终点位置与辅助触点位置是否正确，是否正常切换。

【思考与练习】

1. 隔离开关如何分类？
2. 双柱垂直开启式 750kV 隔离开关的结构组成是什么？
3. 隔离开关的常规检查项目有哪些？
4. 隔离开关的运行维护要求一般有哪些？

模块 6 750kV 快速接地开关（ZY1300102006）

【模块描述】本模块介绍 750kV 快速接地开关。通过概念描述、图片示意、结构分析，掌握 750kV 快速接地开关的原理和结构。

【正文】

超高压输电线路故障的 90%以上是单相接地故障，其中约有 80%为瞬时性故障。我国 750kV 线路采用单相重合闸来消除单相接地故障，提高供电可靠性和系统稳定性。

单相重合闸的成功与否取决于故障点的潜供电弧能否熄灭。熄灭潜供电弧主要有两种方法：线路超高压电抗器加中性点小电抗、快速接地开关（High Speed Grounding Switches，HSGS）。前者在国内外已得到广泛应用；后者在日本的特高压系统中使用，也是韩国 800kV GIS 的标准配置。

GIS 中快速接地开关采用与隔离开关相同的电动弹簧操动机构，其工作原理如图 ZY1300102006-1 所示，叙述如下：

（1）单相接地短路故障发生，产生一次电弧，如图 ZY1300102006-1（a）所示。

（2）故障相两端断路器跳闸，一次电弧熄灭，潜供电弧（二次电弧）产生，如图 ZY1300102006-1（b）所示。

（3）故障相线路 HSGS 接地，潜供电弧熄灭，如图 ZY1300102006-1（c）所示。

（4）HSGS 打开，如图 ZY1300102006-1（d）所示。

（5）断路器重合闸，如图 ZY1300102006-1（e）所示。

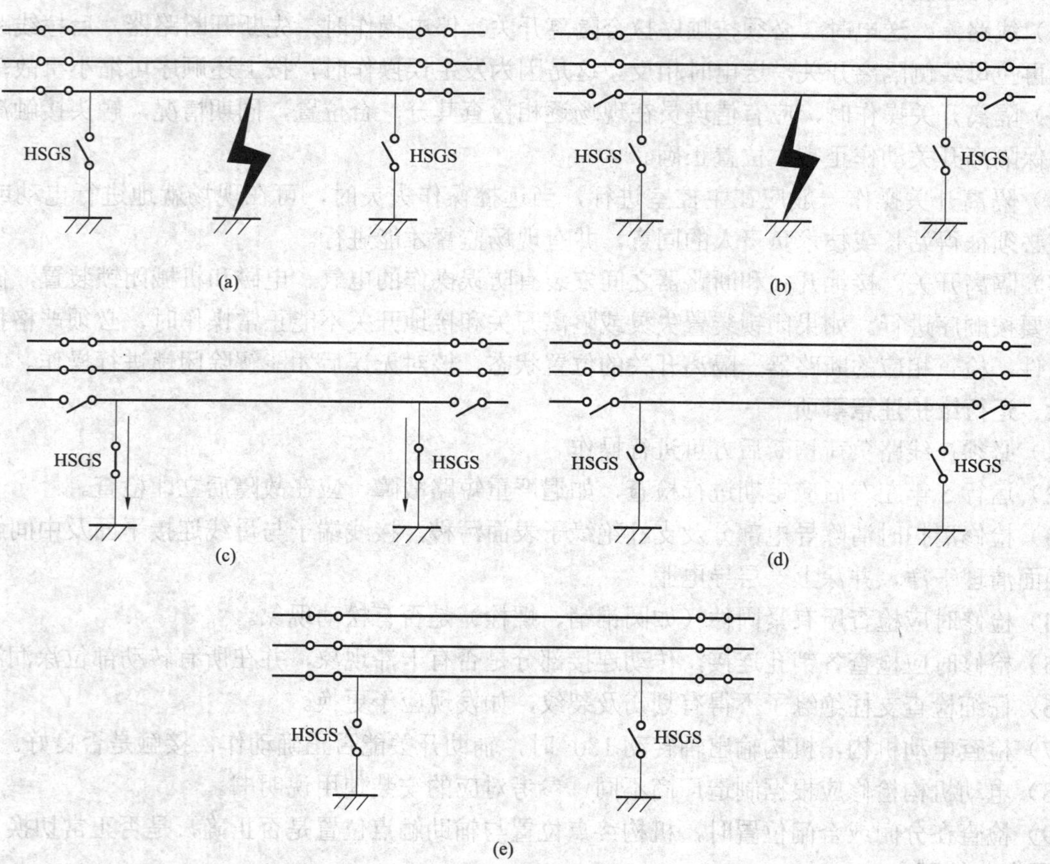

图 ZY1300102006-1 快速接地开关的工作原理

（a）故障发生；（b）断路器跳闸；（c）HSGS 接地；（d）HSGS 打开；（e）断路器重合闸

快速接地开关的典型工作时序如图 ZY1300102006-2 所示。

我国 750kV 输电线路采用高压电抗器加中性点小电抗器来限制潜供电流。尽管在部分 750kV GIS 的线路出线间隔安装有快速接地开关，但不依靠其限制潜供电流。

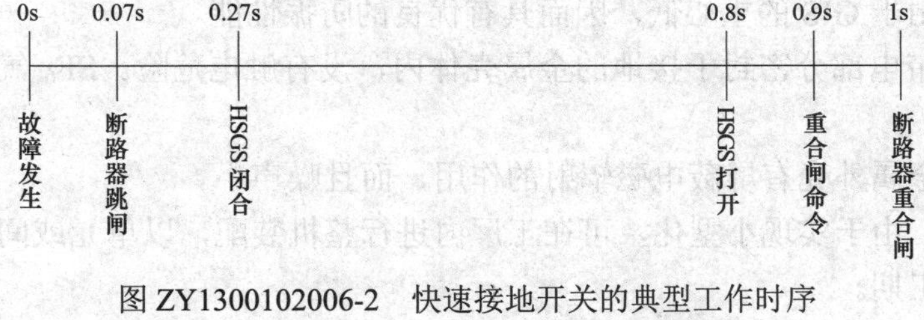

图 ZY1300102006-2　快速接地开关的典型工作时序

【思考与练习】

简述快速接地开关熄灭潜供电流的过程。

模块 7　750kV GIS 设备（ZY1300102007）

【模块描述】本模块介绍 750kV GIS。通过要点概述、原理讲解、图片示意、结构分析，掌握 750kV GIS 的原理和结构，了解 GIS 快速暂态过电压的产生机理。

【正文】

一、GIS 综述

高压配电装置可分为 3 种：① 所有设备以空气为外绝缘的常规配电装置，简称 AIS。AIS 的所有设备之间的接线和母线裸露在空气中，断路器可用瓷柱式或罐式。② SF_6 封闭式组合电器，又称为气体绝缘开关设备，简称 GIS。它包括断路器、隔离开关、接地开关、电压互感器、电流互感器、避雷器、母线、进出线套管等，经优化设计有机地组合成一个整体，并全部封闭在金属外壳中，壳内充有 SF_6 气体作为绝缘和灭弧介质。为了降低成本，有的 GIS 不包括线路避雷器和电压互感器，参见图 ZY1300102007-1。③ 混合式配电装置，简称半 GIS 或 HGIS，是前两种方式的综合。母线采用敞开式，开关类设备（包括断路器、隔离开关、接地开关）为 SF_6 气体绝缘装置。

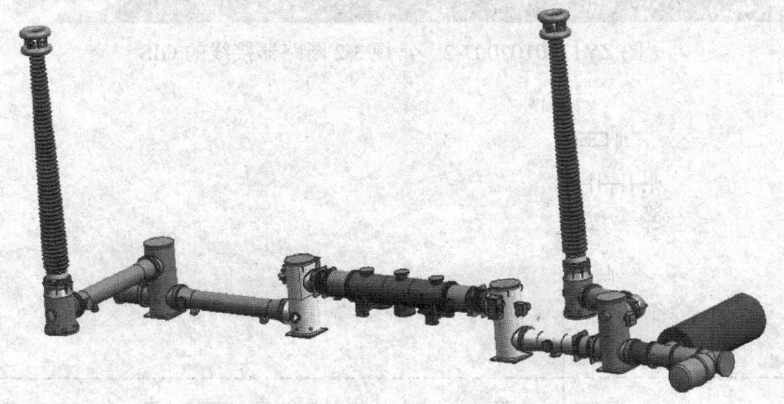

图 ZY1300102007-1　GIS 各部分组成

20 世纪 60 年代中期，美国制造了第一套 GIS 设备，使高压电器发生了质的飞跃，也给配电装置带来了一次革命。多年来，GIS 设备发展很快。在南非、韩国有 750kV GIS 设备投入运行。我国 GIS 设备的研制工作起步于 20 世纪 60 年代，与世界其他国家基本同步。现在，我国几大断路器生产厂家都生产 750kV GIS。

按结构形式分，GIS 分为分相式和三相共筒式。分相式 GIS 的三相设备在三套互不连通的金属圆筒中，不需考虑相间绝缘。电压较高的产品，如 750kV GIS 采用分相式。三相共筒式 GIS 的三相设备在同一金属圆筒中，需要考虑相间绝缘。电压较低的产品常采用共筒式。

GIS 有以下特点：

（1）小型化。GIS 采用性能卓越的 SF_6 气体作为绝缘和灭弧介质，能大幅度缩小变电站占地面积，只有常规式设备的 15%～35%，实现小型化。

（2）可靠性高。GIS 带电部分密封于 SF_6 气体中，不受外界环境如大气、外力等的影响，大大提高了可靠性。此外，由于 GIS 的重心低，因而具有优良的防振性能。

（3）安全性好。带电部分密封于接地的金属壳体内，没有触电危险。SF_6 气体为不燃烧气体，所以无火灾危险。

（4）环境良好。金属外壳有屏蔽电磁辐射的作用，而且噪声小。

（5）安装周期短。由于实现小型化，可在工厂内进行整机装配，以单元或间隔的形式运达现场，因此可缩短现场安装工期。

（6）维护方便，检修周期短。因其结构布局合理，提高了产品的使用寿命，因此检修周期长，维修工作量小，而且由于小型化，离地面低，因此日常维护方便。

GIS 的主接线与常规变电站没有太多区别，通常采用单母线、双母线、3/2 断路器、桥形和角形等多种接线方式，750kV GIS 常采用 3/2 断路器接线。图 ZY1300102007-2 中变压器两侧的 GIS 均采用串与母线垂直的常规 3/2 断路器接线，图 ZY1300102007-3 所示为串与母线平行的直线 3/2 断路器接线。GIS 的优点之一是结构紧凑、占地较小，但出线门形架的绝缘物质为空气，门形架的尺寸无法减小，在此情况下，直线布置的 3/2 断路器接线 GIS 的长度可与门形架较好配合。

图 ZY1300102007-2　常规 3/2 断路器接线的 GIS

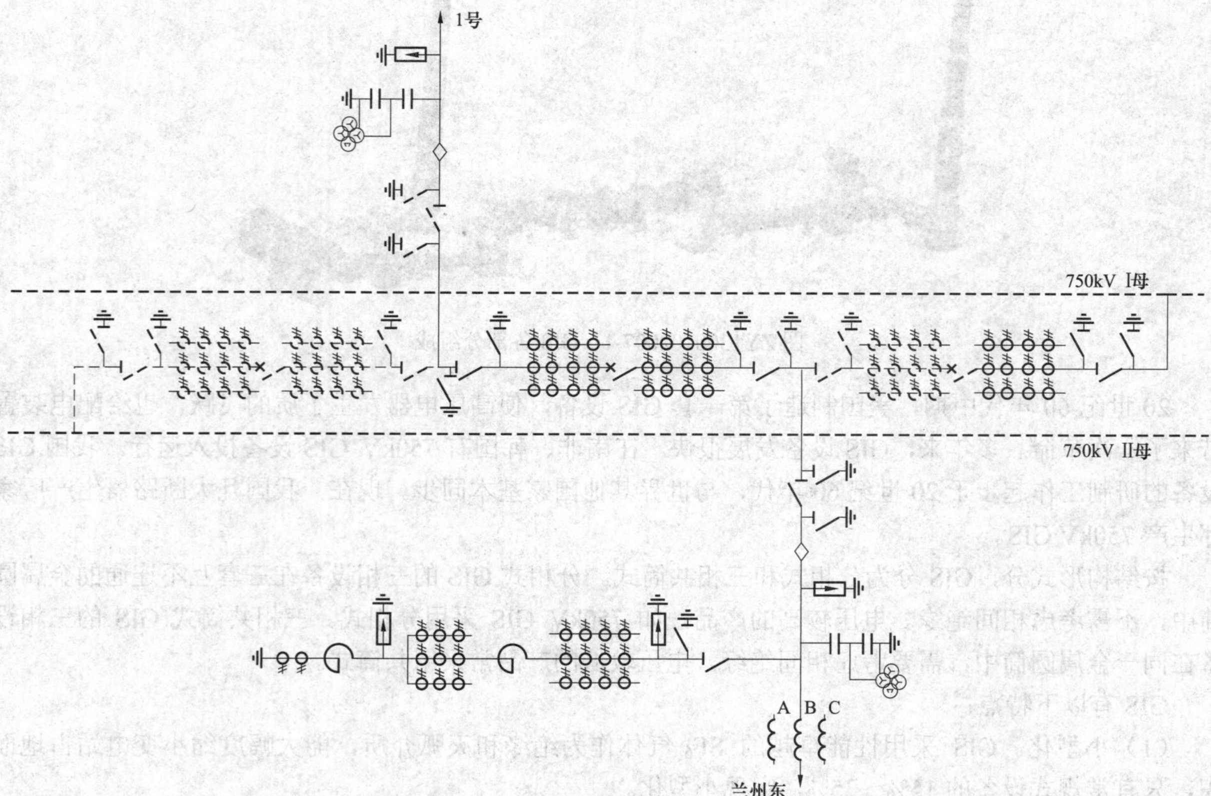

图 ZY1300102007-3　串与母线平行的直线 3/2 断路器接线 GIS

本模块介绍 750kV GIS 的结构原理。GIS 中断路器与常规罐式断路器区别不大，其结构参见模块 ZY1300102004。

二、GIS 的结构

为了制造、运输、安装、运行、维护和检修方便，GIS 中的断路器、隔离开关、接地开关、电压互感器等元件在不同的气室中，气室之间用盆式绝缘子隔离。图 ZY1300102007-4 所示为一 750kV 变电站 GIS 效果图。

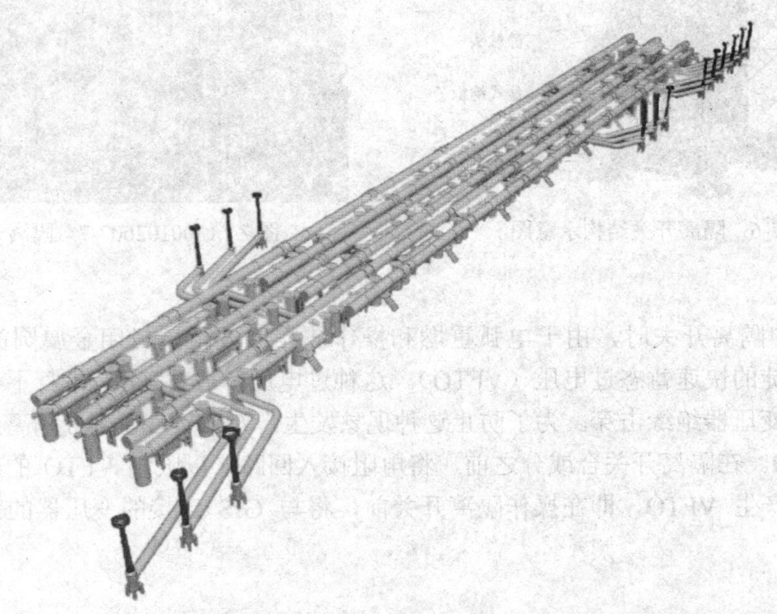

图 ZY1300102007-4 某 750kV 变电站 GIS 效果图

（一）金属外壳

GIS 的金属外壳是所有 GIS 元件和 SF_6 气体的容器。通常情况下，断路器单元的额定气压为 0.6MPa，其他气室的额定气压为 0.5MPa。异常压力情况下，如 GIS 内部产生电弧时，GIS 内部气体压力将迅速、大幅增长，因此对 GIS 外壳有耐压要求。

（二）断路器

除没有进出线套管外，750kV GIS 中的断路器与常规的罐式断路器没有实质性区别。图 ZY1300102007-5 中为操动机构外形不同的两种断路器。断路器详细结构参见模块 ZY1300102004。

图 ZY1300102007-5 750kV GIS 中的断路器

（三）隔离开关

尽管 GIS 中的断路器与常规的罐式断路器区别不大，但 GIS 中的隔离开关和接地开关与传统设备有很大不同。图 ZY1300102007-6 为 750kV GIS 中隔离开关（带接地开关）结构示意图，其主要部件包括动触头、静触头、合分闸电阻、屏蔽罩、传动机构。图 ZY1300102007-7 为隔离开关现场照片。

1. 触头

与敞开式隔离开关不同，GIS 中隔离开关采用动、静触头插入式连接。为了降低触头间的接触电阻，以免电流通过时发热，触头都进行了镀银处理，而且使用弹簧保持它们之间适当压紧。

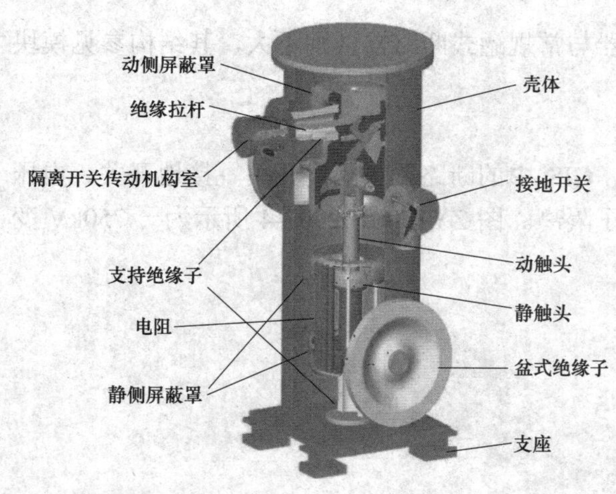

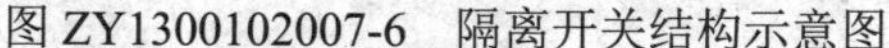
图 ZY1300102007-6 隔离开关结构示意图

图 ZY1300102007-7 隔离开关现场照片

2. 合分闸电阻

在操作 GIS 中隔离开关时，由于电弧重燃和操作波在低波阻抗封闭金属圆筒内发生多次折返射，会产生波头很陡的快速暂态过电压（VFTO）。这种过电压一般对 GIS 本身不会造成影响，但会导致与 GIS 连接的变压器绝缘击穿。为了防止这种现象发生，750kV GIS 部分隔离开关断口上装有电阻，通常约为 500Ω。在隔离开关合或分之前，将电阻接入回路，以限制 VFTO 的产生。另外还可以从运行方式上避免产生 VFTO，即在操作隔离开关前，将与 GIS 连接的变压器的三侧断路器全部断开，彻底切断电源。

3. 屏蔽罩

SF_6 气体对电场的均匀性非常敏感，电场局部不均匀可导致绝缘强度大幅降低。屏蔽罩将隔离开关金属部分的尖角进行屏蔽，使电场分布比较均匀。

4. 操动机构

750kV GIS 中隔离开关通常采用电动弹簧操动机构，当操动机构门打开或机械闭锁时，不能在远方进行操作。当有操作电源且满足电气闭锁条件时，可对弹簧储能并进行操作。如没有操作电源，不论电气闭锁是否满足，可手动对弹簧储能并进行操作。现以 800GDSV 隔离开关为例说明其操作过程。

（1）合闸操作。合闸操作过程如图 ZY1300102007-8 所示，力量的传递过程为 A→B→C→D→E→F。

1）电动操作。电动机转动时，通过蜗轮和蜗齿压缩弹簧。当压缩弹簧超过中间水平位置时，弹簧突然释放，凸轮转动，带动驱动轴转动，进行合闸操作。

2）手动操作。手柄转动斜轮，带动蜗齿，以后的操作与电动操作相同。

（2）分闸操作。分闸操作与合闸操作基本相同，只是转动方向相反。

（四）检修用接地开关

检修用接地开关的结构简单，其主要部件包括动触头、静触头、传动机构，如图 ZY1300102007-9 所示。除用于接地外，必要时还可直接把接地开关当作从导体内部引出的端子使用，以进行主回路绝缘电阻、接触电阻等的测量。检修用接地开关具有关合短路电流的能力。

1. 触头

接地开关的触头与隔离开关的触头类似，但体积要小很多，因为正常情况下触头间没有电流。

2. 接地

当接地开关在合位时，接地通路为：静触头、动触头、接地内引线、小套管、接地外引线。

3. 操动机构

750kV GIS 中检修接地开关通常采用电动操动机构，有机械闭锁装置，防止检查和检修时误动。现以 800GESM 电动接地开关为例说明其操作过程。

（1）合闸操作。合闸操作过程如图 ZY1300102007-10 所示，力量的传递过程为 A→B→C→D。

1）电动操作。电动机 1 转动时，通过蜗齿 2 和蜗轮 3，带动凸轮 4 转动，进行合闸操作。

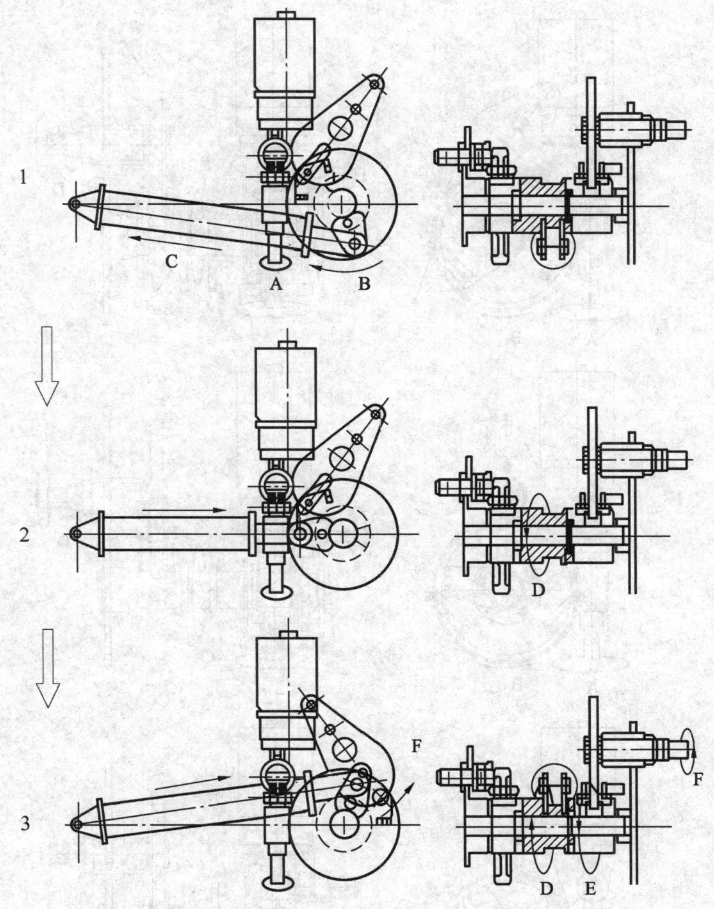

图 ZY1300102007-8 800GDSV 电动弹簧隔离开关合闸操作

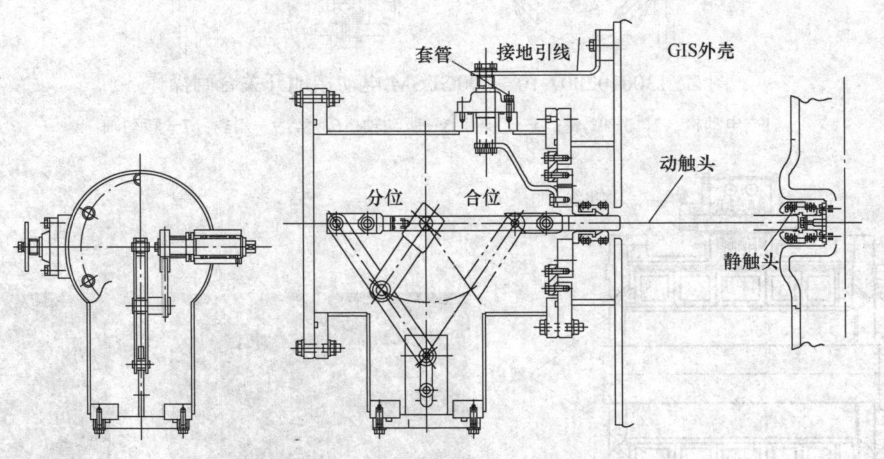

图 ZY1300102007-9 检修用接地开关结构示意图

2）手动操作。手柄转动轴 7 转动时，斜轮 8 和 9 转动，带动蜗齿 2 转动，以后的操作与电动操作相同。

(2) 分闸操作。分闸操作与合闸操作基本相同，只是转动方向相反。

当操动机构的门打开或机械闭锁时，不能在远方进行操作。

（五）电流互感器

GIS 中电流互感器的结构原理与传统罐式断路器中电流互感器没有区别，位于断路器两侧，但 GIS 中的电流互感器通常水平布置，如图 ZY1300102007-11 所示。电流互感器的气室和断路器的气室没有连通。互感器二次侧有 0.2S 级、0.5 级、5P20 和 TPY 等绕组。

（六）SF_6 气体/空气套管

目前，750kV GIS 通过 SF_6 气体/空气套管与线路连接。套管有瓷套管和复合套管两种。前者使用

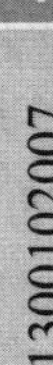

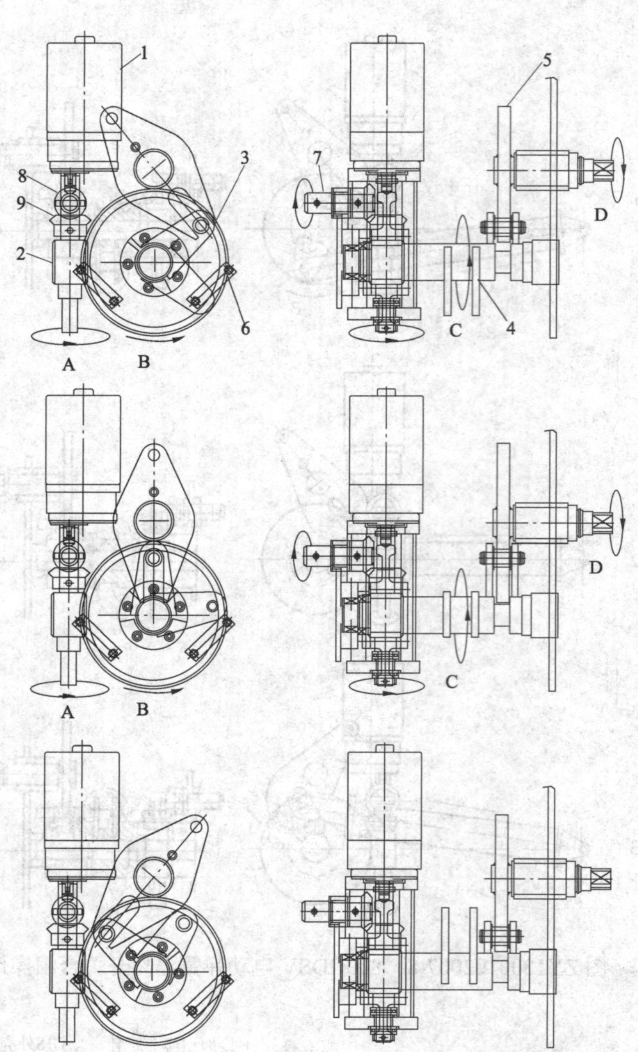

图 ZY1300102007-10 800GESM 电动接地开关合闸操作

1—电动机；2，3—蜗轮；4—凸轮；5—驱动轴；6，8，9—斜轮；7—转动轴

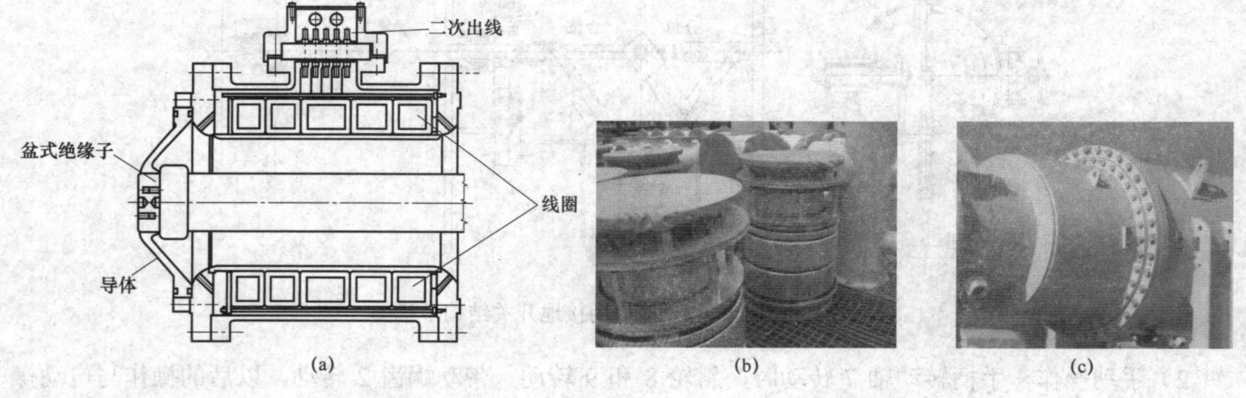

图 ZY1300102007-11 电流互感器

（a）结构示意图；（b）准备安装；（c）安装后

较多，其典型结构如图 ZY1300102007-12 所示，复合套管结构与之类似。套管中心为一空心的导流金属杆。在套管内部靠近法兰处，有均压金属圆筒，图 ZY1300102007-12 中箭头所指为其放大部分。套管内部充有 SF_6 气体，并与套管下方底座内的 SF_6 气体连通。套管的外绝缘裸露在空气中，需进行海拔修正。

（七）伸缩节

伸缩节又称为波纹管，是 GIS 中必不可少的元件，其作用类似于缓冲弹簧，主要包括：

（1）吸收基础和 GIS 制造、安装过程中的误差。

（2）吸收基础和 GIS 外壳的热伸缩。

（3）发生事故时，容易将 GIS 进行拆卸和重新组装。

（4）减少传递到外壳的振动。

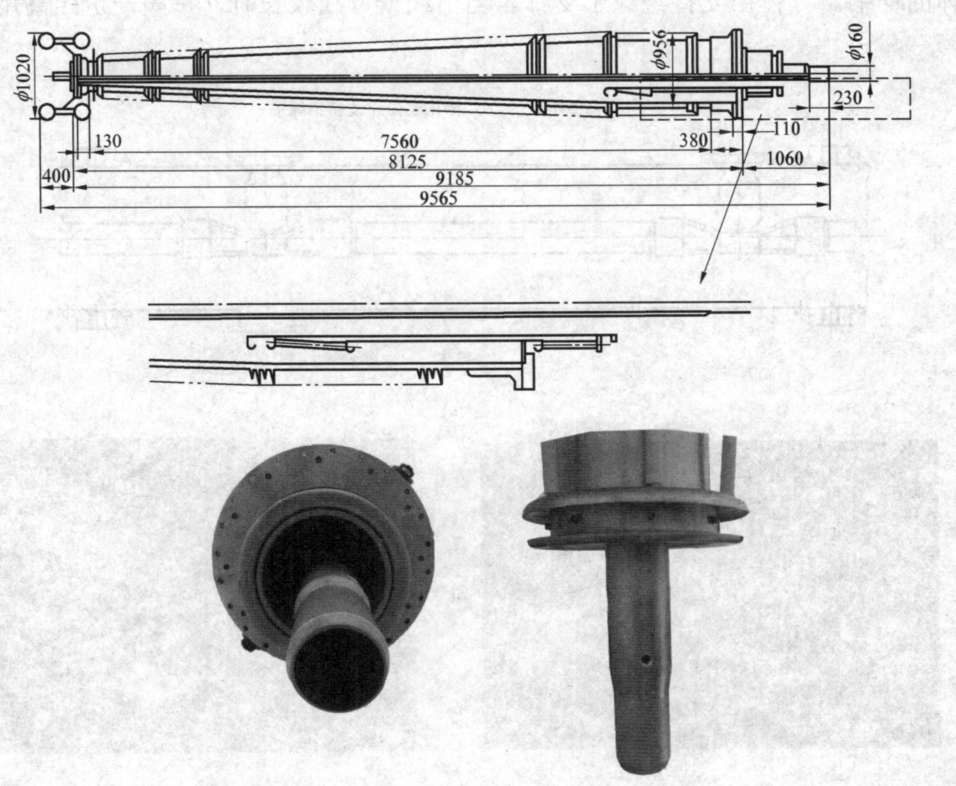

图 ZY1300102007-12　GIS 套管典型结构

（5）缓冲地震、下沉等地质变化。

伸缩节形状也与弹簧类似，其结构如图 ZY1300102007-13 所示，内部正中间是载流导体。

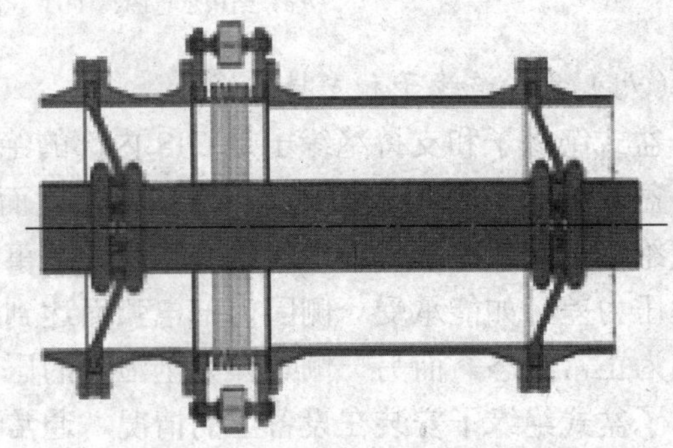

图 ZY1300102007-13　伸缩节的结构

GIS 中伸缩节的安装位置要经过计算确定。如位置或预应力选择不当，在气温变化时 GIS 长度变化无法吸收，导致漏气。750kV GIS 中，在元件之间安装有伸缩节，在比较长的出线或母线上也有伸缩节，见图 ZY1300102007-14。

(a)

(b)

图 ZY1300102007-14　安装在 GIS 中的伸缩节

（a）伸缩节与隔离开关连接；（b）伸缩节安装在母线上

（八）出线、母线

750kV GIS 的出线和母线的结构相同，外面为金属外壳，壳体中心为金属导体，见图 ZY1300102007-15。为了制造、运行、安装、检修的方便，外壳或导体不是一个整体，而是进行了分段。分段外壳用螺栓连接，必要时需串接伸缩节。分段导体端头有凸头和凹头，以方便串接，并补偿因温度变化引起的导体的伸缩。导体由支持绝缘子支撑。当出线或母线较长时，每隔一定距离用盆式绝缘子分隔。

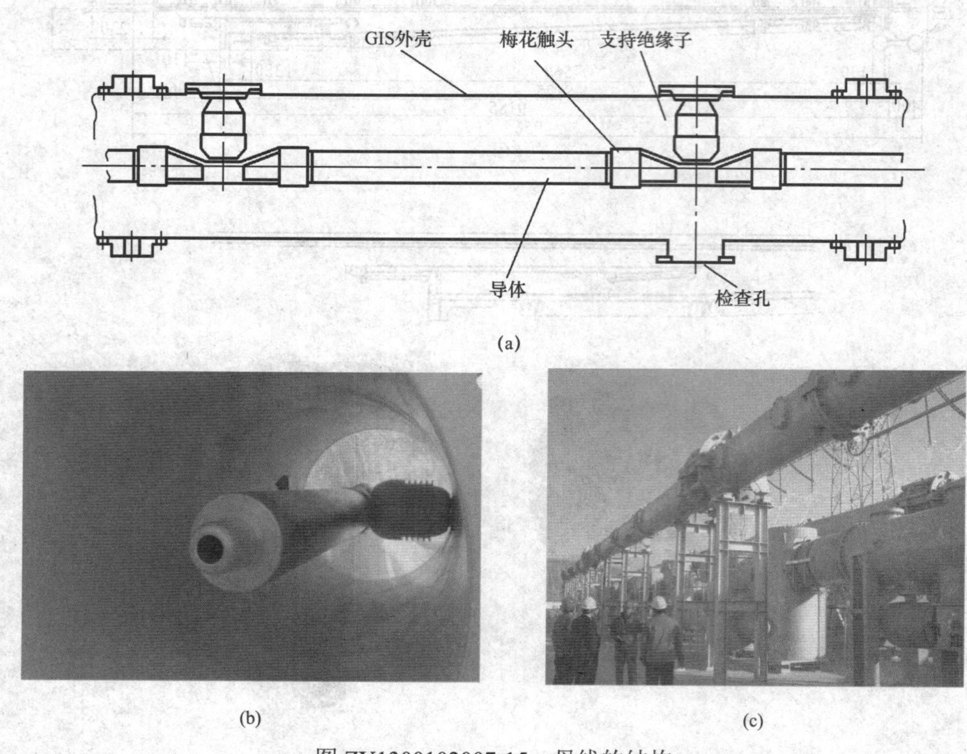

图 ZY1300102007-15 母线的结构

（a）结构示意图；（b）导体、端头及支持绝缘子；（c）现场照片

（九）盆式绝缘子和支持绝缘子

盆式绝缘子和支持绝缘子是 GIS 内部的绝缘件，用环氧树脂制成，内部不能有气隙。

盆式绝缘子因其形状类似日常生活用盆而得名，如图 ZY1300102007-16 所示。在正常情况下，盆式绝缘子起气室隔离或电气绝缘作用。在事故情况下，盆式绝缘子能够承受相邻两气室可能出现的最大压力差，如能承受一侧因内部电弧而达到最大压力，而另一侧为正常状态时的压力差；也能承受一侧为正常状态，而另一侧气体完全泄防的压力差。图 ZY1300102007-6 和图 ZY1300102007-7 中显示出了盆式绝缘子安装在设备上的情况，通常在 750kV GIS 的盆式绝缘子边缘涂以鲜亮颜色。

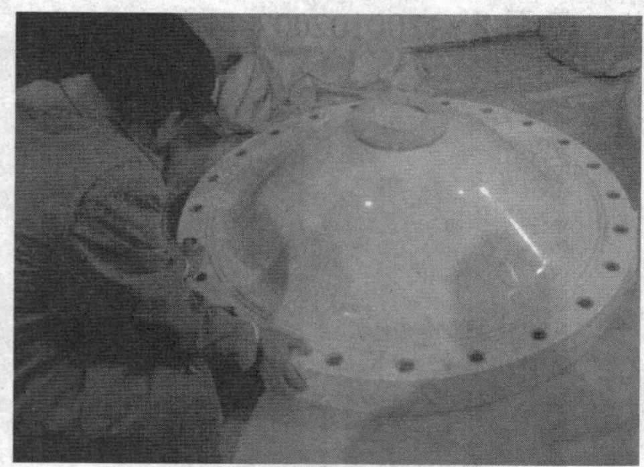

图 ZY1300102007-16 盆式绝缘子

支持绝缘子仅用于支持导体，如图 ZY1300102007-17 所示。为了增加爬距，支持绝缘子上可以有棱，以提高闪络电压。支持绝缘子在 GIS 中安装情况如图 ZY1300102007-15（b）所示。在支持绝

缘子安装位置的导体通常做成枕形，如图 ZY1300102007-18 所示。

图 ZY1300102007-17 支持绝缘子

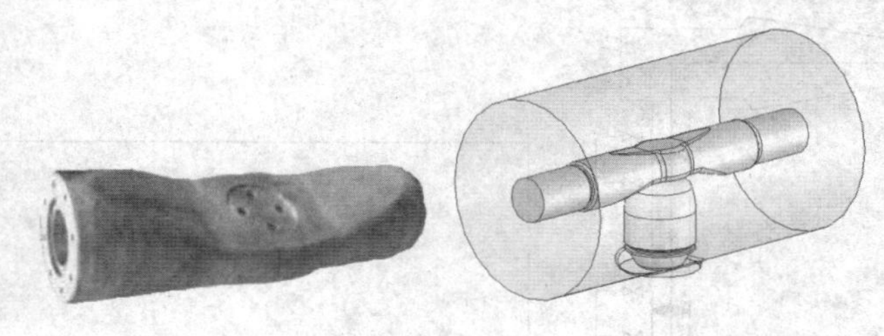

图 ZY1300102007-18 枕形导体

（十）导电系统的连接

GIS 内部需要大量的触手式连接，用于导电杆之间、导电杆和盆式绝缘子的连接等，如图 ZY1300102007-19 所示。750kV 盆式绝缘子上的连接头如图 ZY1300102007-20 所示。

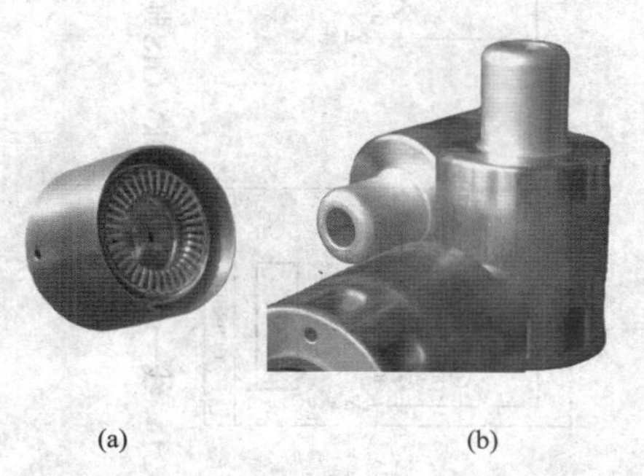

(a) (b)

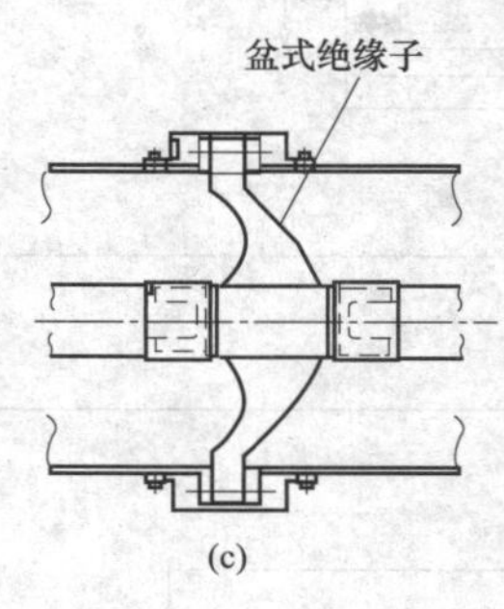

(c)

图 ZY1300102007-19 GIS 中导电系统的连接

（a）凹头；（b）凸头；（c）连接示意图

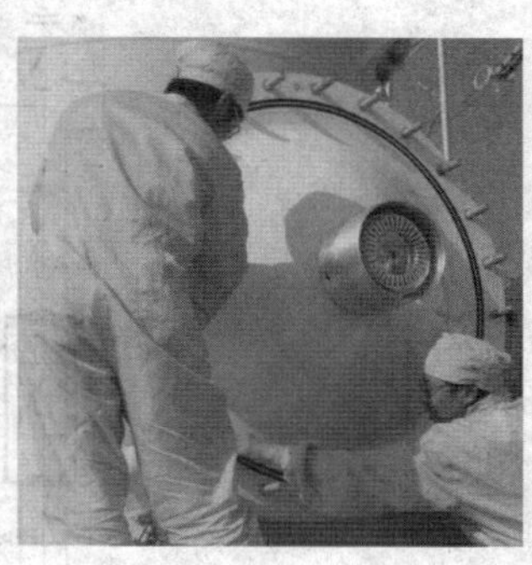

图 ZY1300102007-20 盆式绝缘子上的连接头

（十一）气体系统

在设计 GIS 时，如同常规的配电装置，按主接线将其分为若干个间隔。所谓一个间隔，是一个具有完整的送电和其他功能（控制、计量、保护等）的一组元器件。每个间隔分为若干气隔。气隔划分应考虑以下因素：

（1）不同额定气压的元件必须分开。如断路器因需要灭弧，SF_6 气压较高，一般为 0.6MPa；母线只需绝缘，要求 SF_6 气压较低，通常为 0.5MPa。

（2）便于安装、运行、维护、检修。当发生故障时，应尽可能将停电范围限制在一组母线和一回线的区域，须注意以下几点：

1）主母线与备用母线气室应分开。

2）主母线与主母线侧的隔离开关气室应分开，以便于检修主母线。

3）考虑当主母线发生故障时，能尽可能缩小波及范围和作业时间，当间隔数较多时，应将主母线分成若干个气室。

4）为了防止电压互感器、避雷器发生故障时波及其他元件，以及为了现场试验和安装作业之方便，通常将电压互感器和避雷器单独设气室。

5）要合理确定气室的容积。

6）有电弧分解物产生的元件与不产生电弧分解物的元件分开。

遵循以上原则，750kV GIS 的断路器、隔离开关、电流互感器通常放在单独的气室中。图 ZY1300102007-21 所示为线—变串结构 750kV GIS 典型的气室分布，每相被分割为 7 个气隔。断路器气室有两个 SF_6 密度继电器，其他气室有一个。

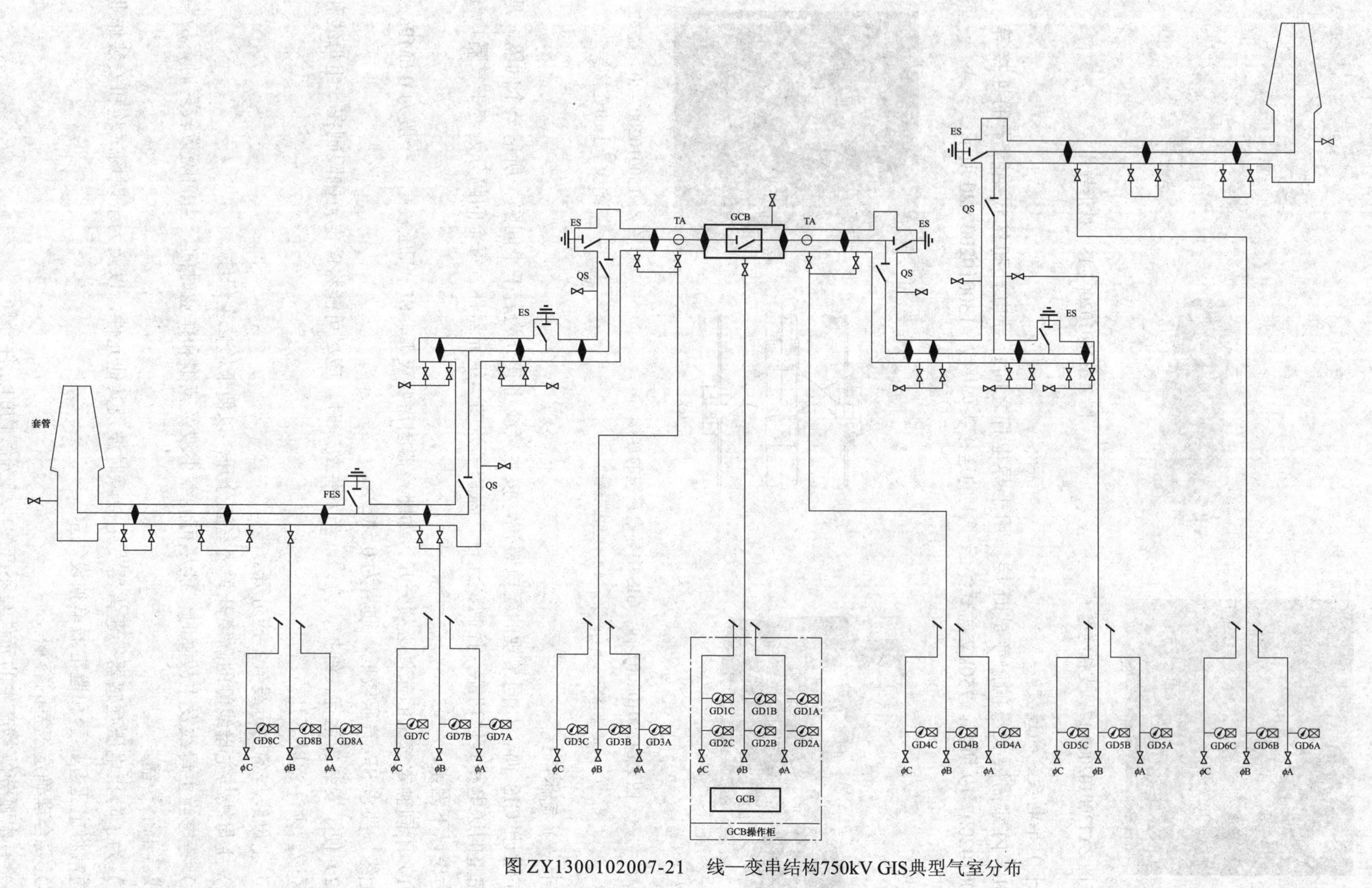

图 ZY1300102007-21 线一变串结构750kV GIS典型气室分布

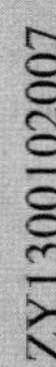

图 ZY1300102007-22 750kV GIS 的外壳密封

GIS 外壳的密封通常在盆式绝缘子处，采用双或单橡胶圈，保证年漏气率小于 1%，如图 ZY1300102007-22 所示。

如果 SF_6 气体泄漏造成气室压力下降，绝缘性能和断路器的灭弧能力均受影响。气压下降时 GIS 会发出报警信号，压力继续下降时有关操作被禁止，典型数据见表 ZY1300102007-1。

（十二）接地系统

为了保证人身安全，电气设备的金属外壳都需要接地。GIS 的外壳接地方式有两种，一种是一点接地，另一种是多点接地。

1. 一点接地

顾名思义，一点接地方式就是在 GIS 外壳每个分段中只有一个接地点。串联的壳体之间在盆式绝缘子处绝缘，对地之间是在壳体支座处绝缘。这种接地方式的优点是：因为外壳中没有电流通过，因此即使导体中电流很大，外壳损耗较小（但存在涡流损耗），温升较低；因为没有电流流入基础，故基础金属结构中没有温升。一点接地方式的缺点也很明显，外界环境中的磁场较强，当事故发生时外壳上感应电压较高。目前国内 GIS 一般不采用这种外壳接地方式。

表 ZY1300102007-1 各气室 SF_6 气体压力报警数据 MPa

状态	断路器气室（额定压力：0.6MPa）		其他气室（额定压力：0.5MPa）	
	低气压第一次报警	低气压第二次报警并闭锁	低气压第一次报警	低气压第二次报警
动作	0.55±0.2	0.5±0.2	0.45±0.2	0.4±0.2
复位	0.57±0.2	0.52±0.2	0.47±0.2	0.42±0.2

2. 多点接地

多点接地是在 GIS 外壳的一个分段内，采用两点或以上接地的方式。串联的壳体本来在盆式绝缘子处绝缘，但用铝排将其连为一体。设备的支座与外壳不绝缘，并与基础中的导体连接接地。另外，在 GIS 多处将三相外壳连接之后接地。多点接地的优点是：外壳和导体中电流大小在同一数量级，方向相反，因此外部漏磁少；感应过电压低，安全性高。由于外壳中有感应电流流过，因此外壳中的温升和损耗比一点接地方式大，但在工程中可以忽略。

GIS 的所有不带电部件均需可靠接地，如汇控柜、接线盒、接地开关、金属支架。图 ZY1300102007-23 所示为汇控柜和金属支架的接地。750kV GIS 的接地线通常为铜线，两头为压接的接线端子，接线端子与金属外壳和接地排通过螺栓连接。

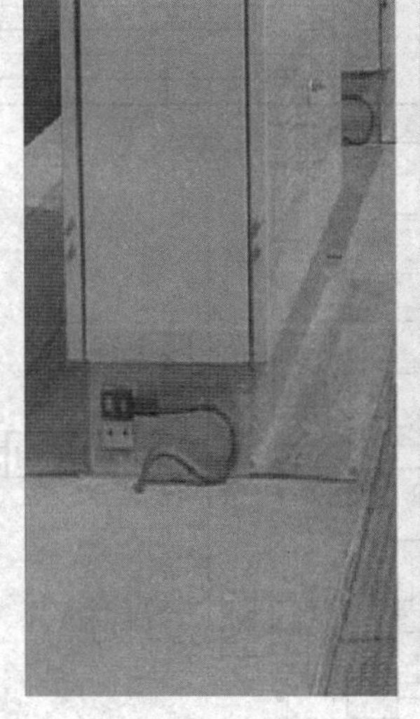

图 ZY1300102007-23 汇控柜和金属支架的接地

（十三）汇控柜

在变电站内，GIS 的操作、控制可在不同的 4 个等级上进行：操作箱、汇控柜、保护小室、主控。在操作箱内可对单元件进行操作，如一台断路器。在汇控柜上可对一个间隔的设备进行操作，如一组断路器、一组接地开关。汇控柜上有该间隔的主接线图，主接线图上的开关类元件（断路器、隔离开关、接地开关）不仅仅是一个电气符号，而是有位置指示的、可以操作的操作开关。除此之外，

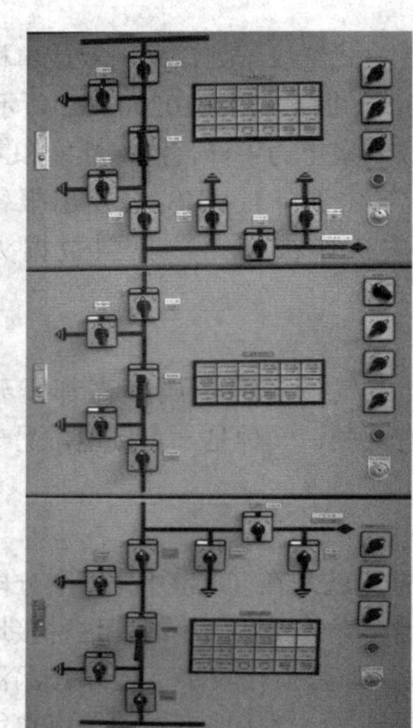

图 ZY1300102007-24 汇控柜的典型操作面板

还有就地/远方操作转换开关、辅助继电器、报警装置等。图 ZY1300102007-24 所示为汇控柜的典型操作面板。

为了减小连接电缆的漏磁影响，电缆盒需接地。汇控柜有通风口，以便空气循环，口上有防虫网罩。为防止汇控柜内部凝结水分，柜内装有温度和湿度控制的电热器。为方便试验，汇控柜内有解除隔离开关和接地开关电气闭锁的装置。

（十四）操作逻辑

GIS 中断路器、隔离开关、接地开关的操作具有复杂的电气闭锁关系。750kV GIS 各设备闭锁关系见表 ZY1300102007-2。其中：QS—隔离开关；QF—断路器；ES—接地开关；FES—快速接地开关；BSG—套管。

除此之外，设备的操作还要考虑电源、液压（气压）、就地/远方把手位置等的闭锁逻辑。断路器、隔离开关、接地开关的操作逻辑分别见图 ZY1300102007-25～图 ZY1300102007-27。

表 ZY1300102007-2　　750kV GIS 中各设备闭锁关系

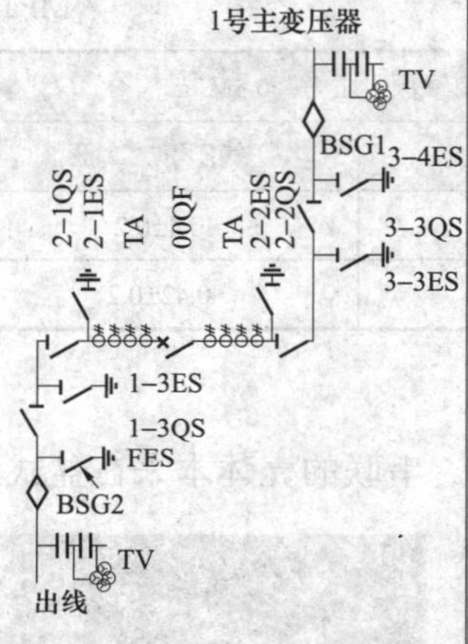

1号主变压器　TV　BSG1　3–4ES　2–1QS　2–1ES　TA　00QF　TA　2–2ES　2–2QS　3–3QS　3–3ES　1–3ES　1–3QS　FES　BSG2　TV　出线

	闭锁触点												
设备		1–3QS	1–3ES	FES	00QF	2–1QS	2–2QS	2–1ES	2–2ES	3–3QS	3–3ES	3–4ES	TV
1–3QS			○‿○	○‿○	○‿○								
1–3ES		○‿○				○‿○							
FES		○‿○											○‿○
00QF		○‿○				○‿○	○‿○			○‿○			
2–1QS			○‿○		○‿○			○‿○					
2–2QS					○‿○				○‿○		○‿○		
2–1ES	○│					○‿○	○‿○						
2–2ES	│												
3–3QS					○‿○						○‿○	○‿○	
3–3ES							○‿○			○‿○			
3–4ES										○‿○			○‿○

（a）

防跳继电器动作 → 1（非）
控制电源投入
QF在分闸位置
液压压力＞27MPa
SF₆气体压力(20℃)＞0.5MPa
QS正在合闸过程中（89X继电器励磁） → 1（非）
非全相继电器动作 → 1（非）
就地/远方切换开关　就地　远方
就地控制柜分合闸转换开关　合
远方分合
保护继电器有动作输出 如OCR，LCGR，DCR等 → 1（非）
重合闸动作输出
液压压力＞31.5MPa
& 　& 　& 　≥1 　& 　&
QF进行合闸

（b）

控制电源投入
QF在合闸位置
液压压力＞25.5MPa
SF_6气体压力(20℃)＞0.5MPa
就地/远方切换开关　就地　远方
就地控制柜分合闸转换开关　分
远方分闸
保护有动作输出 如OCR，LCGR，DCR等
非全相继电器动作
& 　& 　& 　& 　& 　≥1
QF进行分闸

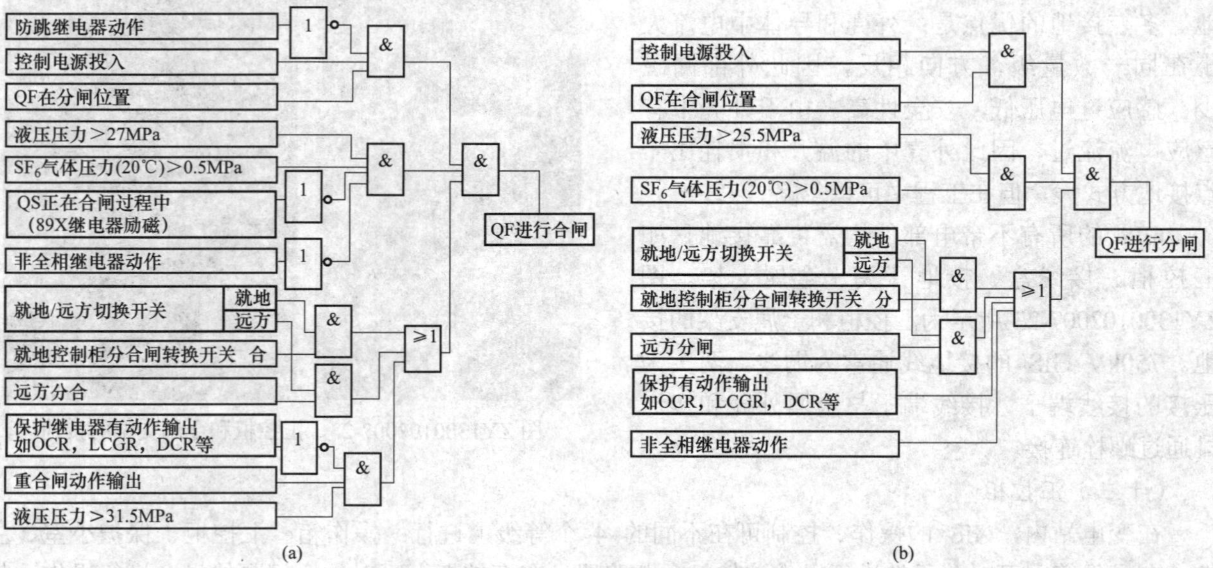

图 ZY1300102007-25　断路器的操作逻辑

（a）断路器（合）；（b）断路器（分）

说明：—[&]—，与；—[≥1]—，或；—[1]o—，非。下同。

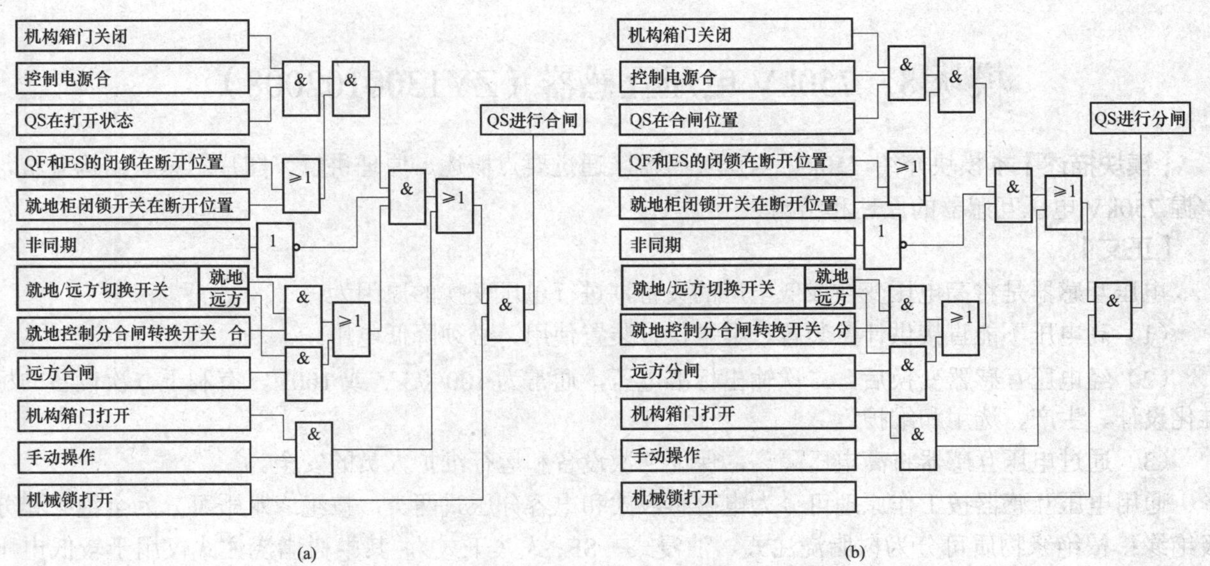

图 ZY1300102007-26 隔离开关的操作逻辑

（a）合 QS；（b）打开 QS

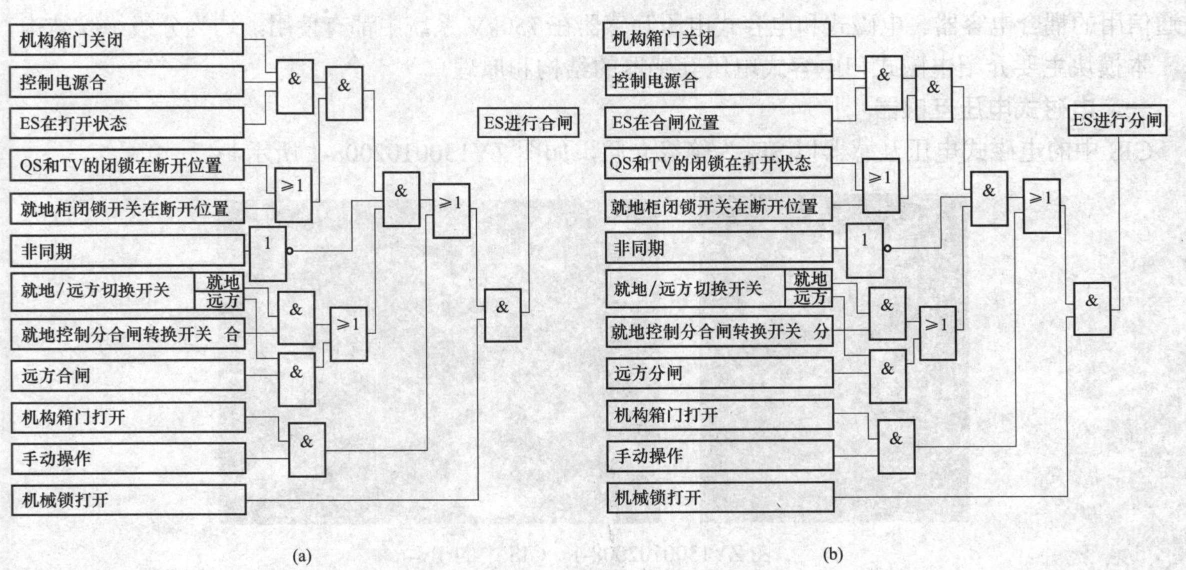

图 ZY1300102007-27 接地开关的操作逻辑

（a）合 ES；（b）打开 ES

三、GIS 运行维护基本要求

气体系统及液压系统的各种阀门开关状态要与图纸一致，运行中不能随意操作气体或液压阀门。

SF_6气体的年泄漏率应小于 1%。

注意观察液压系统的压力，每天打压次数应符合规定。

运行中 SF_6气体水分含量为：断路器气室应小于 300μL/L，其他气室小于 500μL/L。

当环境温度低于 0℃时，打开控制柜内的电热装置。

注意温度变化对 GIS 的影响，尤其是对轴向尺寸的影响，必要时作好标记以便进行对比。

设备发生意外爆炸或严重漏气时，值班人员接近设备要谨慎。对户外设备，尽量选择从上风接近设备，必要时要戴防毒面具、穿防护服。

【思考与练习】

1. 简述 GIS 的结构组成。
2. GIS 中的伸缩节的作用是什么？
3. GIS 运行中，SF_6气体的年泄漏率和 SF_6气体水分含量的注意值为多少？
4. GIS 中的 VFTO 是如何产生的？如何限制 VFTO？

模块 8 750kV 电压互感器（ZY1300102008）

【模块描述】本模块介绍 750kV 电压互感器。通过要点概述、原理讲解、图片示意、结构分析，掌握 750kV 电压互感器的原理和结构。

【正文】

电压互感器是将高电压变换成低电压的设备，进行电压变换的原因为：

（1）高电压不能直接供计量装置、继电保护装置使用，必须降低电压。

（2）经电压互感器变换后，二次输出标准电压，通常为 $100/\sqrt{3}$ V 或 100V，有利于二次设备的标准化设计、生产、选用和维护。

（3）通过电压互感器将高电压隔离，保证二次设备和运行维护人员的安全。

通用电压互感器按工作原理可分为电磁感应式和电容分压式两类；按绝缘水平可分为全绝缘和分级绝缘；按绝缘物质可分为树脂浇注式、油浸式、SF_6 式（干式），其中树脂浇注式仅用于较低电压等级。不同等级、同类型电压互感器的基本结构类似。

电压互感器英文简称为 TV，电容式电压互感器英文简称为 CVT。电容式电压互感器还可兼作载波通信用的耦合电容器。电磁式和电容式电压互感器在 750kV 系统中都有使用，均为分级绝缘结构。

本模块主要介绍电磁式和电容式电压互感器的结构和原理。

一、电磁式电压互感器

GIS 中的电磁式电压互感器以 SF_6 为绝缘介质，如图 ZY1300102008-1 所示。

图 ZY1300102008-1 GIS 中的 TV

电磁式电压互感器的基本结构与变压器相同，包括 3 个部分：铁芯、一次绕组、二次绕组。其工作原理、等效电路也与变压器相似。它与变压器的主要区别为：电压互感器的二次侧负荷主要是采集装置、仪表、继电器线圈等，它们的阻抗很大，通过的电流很小，因此互感器二次额定容量很小，通常只有几十到几百伏安，如果二次负荷过大，二次电压会降低，误差增大。

电磁式电压互感器精度较高，但体积较大、造价高。除此之外，由于互感器铁芯的伏安特性为非线性，容易发生铁磁谐振。在中性点不接地系统中，较多使用电磁式电压互感器。在断路器、隔离开关分合闸、瞬时接地等扰动下，容易激发铁磁谐振。在中性点接地系统中，在断路器、隔离开关分或合瞬间，变电站母线电磁式电压互感器与母线对地电容和断路器断口电容之间构成串联谐振电路，会引起铁磁谐振的发生。谐振与系统电容大小、分合闸时相位、互感器铁芯的伏安特性等因素有关。谐振造成电压升高、电流增大等现象，对电力设备的安全稳定运行造成极大危害。因此在条件许可时应考虑采用电容式电压互感器，并在操作中做好防止铁磁谐振的措施。

二、电容式电压互感器

随着电力系统的发展，超高压已成主要网架，特高压电网正在发展之中，传统的电磁式电压互感器由于其原理和结构的限制，绝缘问题十分突出，其体积和造价随电压等级提高成倍增加，也容易引起铁磁谐振而造成互感器损坏甚至爆炸。除具备电磁式电压互感器的作用外，电容式电压互感器还可以兼作耦合电容器，与电力系统载波机相连，作为高频载波通道使用。220kV 及以上电容式电压互感器的造价比电磁式电压互感器低。

（一）电容式电压互感器基本结构

不同电压等级电容式电压互感器结构基本相同，电容式电压互感器由电容分压器和电磁单元组合而成，其外形和接线如图 ZY1300102008-2 所示。

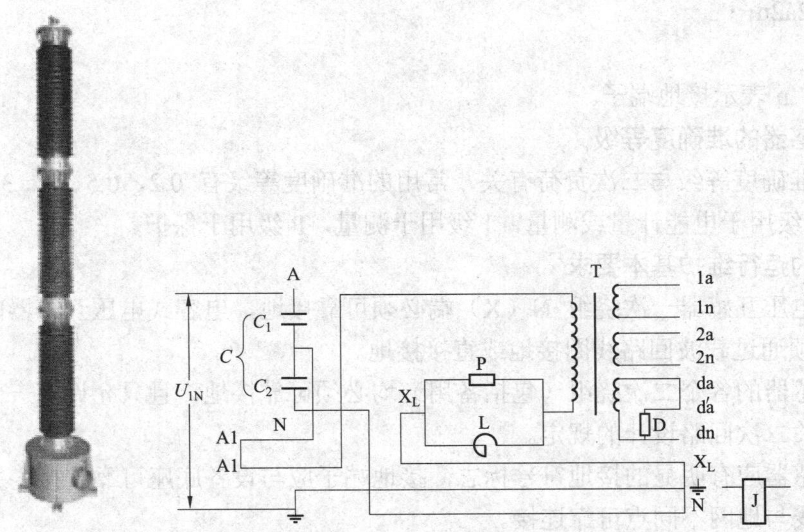

图 ZY1300102008-2 电容式电压互感器外形和接线

电容分压器由多节耦合电容器串联叠装而成，300kV 电容式电压互感器一般由 3 节耦合电容器串联而成，750kV 电容式电压互感器通常为 4 节。每节耦合电容器由瓷套和装在其中的若干串联电容器组成，瓷套内充满保持正压的电容器油。

电容分压引线（中间电压端子）在最下节耦合电容器中，它将电容分为 C_1 和 C_2 两部分。分压引线穿过电磁单元油箱上的套管进入电磁单元，与中间变压器 T 的一次绕组连接。对于分装式结构的电容式电压互感器，中间电压端子和中间变压器一次绕组的连接在油箱外部进行。

电磁单元置于充油钢制箱体内，油箱顶部空间充氮，此油箱通常亦作为电容分压器的底座。电磁单元的主要组件有：中间变压器 T、氧化锌避雷器 P、补偿电抗器 L、阻尼器 D（电阻型、谐振型、速饱和型、电子型）。

电容式电压互感器有多个二次绕组，二次出线端子及载波端子通过油箱侧壁的二次出线盒引出。

（二）电容式电压互感器工作原理

电容式电压互感器的一次电压为 U_{1N}，根据电容分压原理，从电容分压器抽取的中间电压为

$$U_d = \frac{C_1}{C_1 + C_2} U_{1N} \qquad \text{(ZY1300102008-1)}$$

式中，U_d 一般为 10～20kV。

电容分压器内阻近似为

$$Z_c = \frac{1}{2\pi f (C_1 + C_2)} \qquad \text{(ZY1300102008-2)}$$

该值较大，因此采用一电感 L 来补偿（即补偿电抗器）Z_c。

电容式电压互感器工作原理简而言之为：耦合电容器分压，中间变压器降压，电抗器补偿。

中间变压器的非线性电感和电容有时会在互感器内引起铁磁谐振，因而用阻尼装置抑制谐振。阻尼装置由电阻和电抗器组成，跨接在二次绕组上，如图 ZY1300102008-2 中 D 所示。正常情况下阻尼装置有很高的阻抗，当铁磁谐振引起过电压时，电抗器饱和，成了电阻负载，使振荡能量很快被吸收。

三、电压互感器的端子标识

对于全绝缘电压互感器，端子标识如下：

一次 AX

二次 1a1x、2a2x…

对于分级绝缘电压互感器，端子标识如下：

一次 AN

二次 1a1n、2a2n…

剩余 dadn

其中端子 N、n 表示接地端子。

四、电压互感器的准确度等级

电压互感器准确度等级与二次负荷有关，常用的准确度等级有 0.2、0.5、1、3P。一般 0.2 级用于电能计量，0.5 级用于电能计量或测量，1 级用于测量，P 级用于保护。

五、互感器的运行维护基本要求

（1）电磁式电压互感器一次绕组 N（X）端必须可靠接地，电容式电压互感器的电容分压器低压端子（N、J）必须通过载波回路线圈接地或直接接地。

（2）电压互感器的各个二次绕组（包括备用）均必须可靠接地，且只允许有一个接地点，接地点的布置应满足有关二次回路设计的规定。

（3）电压互感器应有明显的接地符号标志，接地端子应与设备底座可靠连接，并从底座接地螺栓用两根接地引下线与地网不同点可靠连接。

（4）电压互感器二次绕组所接负荷应在准确度等级所规定的负荷范围内。

（5）停运半年及以上的电压互感器应按有关规定试验检查合格后方可投运。

（6）在使用中电压互感器二次绕组不得短路，否则互感器将被烧毁。

（7）电压互感器允许在 1.2 倍额定电压下连续运行。中性点有效接地系统中的互感器，允许在 1.5 倍额定电压下运行 30s。中性点非有效接地系统中的电压互感器，允许在 1.9 倍额定电压下运行 8h。

（8）电压互感器二次回路，除剩余电压绕组和另有专门规定者外，应装设快速接地开关或熔断器。主回路熔断电流一般为最大负荷电流的 1.5 倍，各级熔断器熔断电流应逐级配合，自动开关应经整定试验合格方可投入运行。

（9）在电压互感器进行工作时，应将互感器两侧同时断开，以保证人身安全。

【思考与练习】

1. 按工作原理，电压互感器如何分类？其原理有什么不同？
2. 与电磁式电压互感器比较，电容式电压互感器有什么优点？
3. 为什么运行中电压互感器二次侧严禁短路？
4. 对电压互感器二次侧的接地有哪些规定？

模块 9　750kV 避雷器（ZY1300102009）

【模块描述】本模块介绍 750kV 避雷器。通过要点归纳、图片介绍，了解避雷器在电力系统中的作用，掌握避雷器的原理、结构。

【正文】

一、概述

1. 分类

避雷器有管式和阀式两大类，阀式避雷器分为碳化硅阀式避雷器和金属氧化锌避雷器，750kV 电压等级的避雷器均为金属氧化锌避雷器。

2. 作用

金属氧化锌避雷器的基本工作元件密封在瓷套内的氧化锌阀片。氧化锌阀片具有比碳化硅好得多的非线性伏安特性，在持续工作电压下仅流过微安级的泄漏电流，动作后无续流。因此金属氧化锌避雷器不需要火花间隙，从而使结构简化，并具有动作响应快、耐多重雷电过电压或操作过电压作用、能量吸收能力大、耐污秽性能好等优点。

3. 结构原理

避雷器由主体元件、绝缘底座、接线盖板和均压环等组成。避雷器内部采用氧化锌电阻片作为主要元件。当系统出现大气过电压或操作过电压时，氧化锌电阻片呈现低阻值，使避雷器的残压被限制在允许值以下，从而为电力设备提供可靠的保护；而在系统正常运行电压下，电阻片呈高阻值，使避雷器只流过很小的电流。

避雷器采用微正压结构，内部充有高纯度干燥氮气或六氟化硫气体。避雷器带有压力释放装置，当避雷器在异常情况下动作而使内部气压升高时，能及时释放内部压力，避免瓷套炸裂。为改善电位分布，避雷器外部带有均压环。

避雷器一般配装有避雷器监测器，串联在避雷器低压端，用来监测避雷器泄漏电流的变化、动作次数。

避雷器能释放雷电或兼能释放电力系统操作过电压能量，保护电力设备免受瞬时过电压危害，又能截断续流，不致引起系统接地短路。避雷器通常接于带电导线与地之间，与被保护设备并联。当过电压达到规定的动作电压时，避雷器立即动作，流过电荷，限制过电压幅值，保护设备绝缘；电压值正常后，避雷器又迅速回复原状，以保证系统正常供电。

二、运行维护注意事项

1. 检查项目及内容

设备停运时的检查项目包括：

（1）检查瓷套、基座及法兰是否出现裂纹，瓷套表面是否有放电烧伤痕迹。

（2）复合绝缘外套及瓷外套的 RTV 涂层憎水性是否良好。

（3）水泥结合缝及其上的油漆是否完好。

（4）密封结构金属件是否良好。

（5）避雷器、计数器的引线及接地端子上以及密封结构金属件上是否有不正常变色和熔孔。

（6）与避雷器连接的导线及接地引下线有无烧伤痕迹或断股现象，避雷器接地端子是否牢固，是否可靠接地，接地引下线是否锈蚀。

（7）各连接部位是否有松动现象，金具和螺钉是否锈蚀。

（8）动作计数器连接线是否牢固，内部是否有积水现象。

（9）充气并带压力表的避雷器的气体压力值是否变化。

（10）带串联间隙的金属氧化物避雷器放电间隙是否良好等。

设备停运时的检查，主要要求检查人员通过视觉观察，必要时可辅以简单的试验，如复合绝缘外套及 RTV 涂料涂层的憎水性检查，发现设备存在的缺陷或隐患。停电检查比运行巡视，对发现避雷器的一些隐患更加直接有效，如瓷套、基座及法兰是否出现裂纹。

2. 检查要求及维护原则

避雷器的停电检查工作完成后，应进行记录。对于检查发现的问题也应在设备的异常与缺陷记录中进行详细记载，同时向上级汇报后按缺陷的处置原则进行处置。

结合停电检查，应着重做好避雷器的外绝缘处理工作。由于避雷器表面积污后，造成电位分布畸变，形成阀片与瓷套间的纵向电位差，会对阀片造成危害。而运行中是很难对避雷器外绝缘进行处理的。

【思考与练习】

1. 简述金属氧化避雷器在电力系统中的功能与作用。
2. 简述金属氧化锌避雷器的结构原理。
3. 避雷器的停运检查项目有哪些？
4. 避雷器的停运维护原则有哪些？

第八章 750kV 变电站继电保护

模块 1 继电保护配置原则（ZY1300103001）

【模块描述】本模块介绍超高压系统继电保护及自动装置双重化配置的意义和原则。通过分析讲解、要点介绍，掌握 750kV 系统继电保护双重化配置及二次回路特点。

【正文】

继电保护在电力系统中扮演着重要角色，由于其配置不同，运行方式和运行中注意事项也不同，继电保护在变电运行工作中是大家感觉较难掌握的一项内容。变电值班员必须具备一定的继电保护专业的基本技能，在变电站设备巡视和发生异常故障时能够正确判断设备的运行工况，以便及时发现设备缺陷及不安全因素，确保设备安全运行。

一、超高压系统继电保护配置原则

1. 超高压系统继电保护配合应考虑的问题

（1）输送功率大，稳定问题严重，要求保护的可靠性及选择性高、动作快。

（2）采用大容量发电机、变压器，线路采用大截面分裂导线及不完全换位所带来的影响。

（3）线路分布电容电流明显增大所带来的影响。

（4）系统一次接线的特点及装设串联补偿电容器和并联电抗器等设备所带来的影响。

（5）采用带气隙的电流互感器和电容式电压互感器后，二次回路的暂态过程及电流、电压转变的暂态过程所带来的影响。

（6）高频信号在长线路上传输时衰耗较大及通道干扰电平较高所带来的影响，以及采用光纤、微波迂回通道时所带来的影响。

（7）长线路、重负荷，电流互感器变比大，二次电流小对保护装置的影响。

（8）交直流混合电网所带来的影响。

2. 主保护配置原则

（1）设置两套完整、独立的全线速动主保护。

（2）两套主保护的交流电流、电压回路和直流电源彼此完全独立。

（3）每一套主保护对全线路内发生的各种类型故障（包括单相接地、两相短路、两相接地、三相短路、非全相运行故障及转移故障等），均能无时限动作切除故障。

（4）每套主保护应有独立选相功能，实现分相跳闸和三相跳闸。

（5）断路器有两组跳闸线圈，每套主保护分别启动一组跳闸线圈。

（6）两套主保护分别使用独立的远方信号传输设备。

1）若保护采用专用收发信机，其中至少有一个通道完全独立，另一个可与通信复用。若采用复用载波机，两套主保护应分别采用两台不同的载波机。

2）两套保护均为光纤保护时，一般一个通道采用两站直连光纤，另一通道采用迂回光纤连接。

（7）对要求实现单相重合闸的线路，两套全线速动保护应有选相功能，线路正常运行中发生接地故障时，保护应有选相能力，并正确动作跳闸。

3. 后备保护配置原则

（1）线路保护采用近后备方式。

（2）每条线路都应配置能反应线路各种类型故障的后备保护。

（3）对相间短路，后备保护宜采用阶段式距离保护。

（4）对接地短路，应装设接地距离保护并辅以阶段式或反时限零序电流保护，对中长线路，若零序电流保护能满足要求时，也可只装设阶段式零序电流保护。接地后备保护应保证在接地电阻不大于300Ω时，能可靠有选择性地切除故障。

二、750kV 系统继电保护配置原则

（一）750kV 系统的特点

为了使 750kV 线路达到最佳运行状态和提高传输能力，需尽可能减少输电线路单位长度的电阻和电感，增大电容。

（1）采用多分裂导线，使电容电流增大，其电容电流可达330kV 线路的3倍，约200A每 100km，而传送自然功率时电流约 1700A。对于 750kV 线路，电容电流可达传送自然功率时电流的 20%，对于更长的线路，不加电容电流补偿的分相电流差动保护不能满足灵敏度的要求。

（2）线路的分布电容增大，感抗减小。分布电容在暂态过程中将引起各种高频自由振荡分量，在稳态过程中将引起电压、电流相位和幅值严重畸变，谐波含量最大可达 50%。当线路负荷比较小，发生接地短路且过渡电阻较大时，波形畸变就更严重。

（3）750kV 线路本身的衰减时间常数比 330kV 线路本身的大约 1 倍，为 65ms 左右。采用大容量并联电抗器使短路电流中含有的附加非周期分量成分更大，750kV 系统衰减时间常数可达 500ms，而且通过线路两端继电保护装置的非周期分量数值不同。在大功率传输中母线附近发生短路时，电流互感器饱和的问题更加严重。

（4）750kV 变压器主要由于绝缘和运输问题做成单相式，750kV 系统过电压问题严重，可能会出现变压器过励磁。

（二）750kV 电网继电保护关键技术

1. 线路保护

750kV 系统一般输电线路较长，加之都采用分裂导线，所以输电线路的电容电流较大，输电线路两侧电容电流方向相同，将对电流纵联差动保护产生影响。

（1）电容电流的影响。电容电流是从线路内部流出的电流，因此它构成动作电流。由于负荷电流是穿越性的电流，它只产生制动电流。因此在空载或轻载下电容电流最容易造成保护误动。

解决方法：

1）用启动电流定值躲本线路电容电流，这将降低内部短路的灵敏度。

2）若启动电流定值躲不过电容电流，软件中需进行电容电流补偿。

（2）重负荷情况下线路内部经高电阻接地短路，灵敏度可能不够。负荷电流是穿越性的电流，它只产生制动电流而不产生动作电流。经高电阻短路，短路电流很小，因此动作电流很小，而为躲电容电流启动电流又较大，因而灵敏度可能不够。

解决方法：

1）采用工频变化量比率差动继电器和零序差动继电器。

2）对电容电流补偿以降低启动电流。

2. 变压器保护

（1）励磁影响。750kV 变压器工作磁密度高，易处于过励磁工作状态，如当变压器区外故障切除恢复时会出现过电压的情况。

（2）励磁涌流影响。变压器在空投时产生的励磁涌流、区外故障切除后产生的恢复性涌流以及和应涌流下，差动保护不能误动。

解决方法：

1）任一相满足励磁涌流判据时，闭锁三相差动保护，使空投于变压器内部故障时（尤其是匝间短路）差动保护动作速度慢。

2）采用△—Y变换调整变压器差动各侧电流互感器二次电流相位使之更为合理。非故障相不会延误故障相的动作速度而且使励磁涌流更加容易识别。

3）采用三相差电流中的 2 次、3 次谐波的含量即谐波制动来识别励磁涌流，或利用波形畸变识

模块1

ZY1300103001

别励磁涌流。

3. 电抗器保护

（1）TA饱和问题（与变压器保护相同）。

（2）匝间短路灵敏度问题。纵联差动保护不能反应匝间短路，采用零序方向来构成匝间短路保护。当短路匝数很少时，零序电压与零序电流可能较小，为提高灵敏度，须对零序电压进行补偿，零序电压补偿的零序方向保护中零序电压补偿引入固定门槛和浮动门槛。

4. 母线保护

750kV系统非周期分量的衰减时间常数大，更易引起TA饱和，因此母线差动保护既要在母线外部短路TA饱和时不误动，又不能因引入TA饱和判据闭锁而影响母线内短路的动作速度。

解决方法：母线内部故障时，工频变化量比率差动元件与故障检测元件同时动作，可得到保护动作所需的较高加权值；而发生母线外故障时，由于故障起始TA尚未进入饱和，工频变化量比率差动元件的动作滞后于故障检测元件，最多只能得到较小的加权值，保护不会误动作。

（三）保护配置原则

充分考虑继电保护可靠性（包括可信赖性和安全性）、选择性、灵敏性和快速性的要求，被保护设备在各种故障状态时都有一套保护快速切除故障，在满足超高压系统继电保护配置原则的前提下还应充分考虑750kV系统特点。

1. 线路继电保护配置

（1）在保证可靠运行的基础上，配置两套光纤纵差（使用专用光纤芯）。对于两套光纤保护尽可能一个通道采用两站直连光纤，另一通道采用迂回连接光纤，750kV保护按照两套光端机配置。

（2）断路器失灵远跳就地判别装置配置两套，采用不同原理，远跳命令通过线路光纤保护装置利用保护通道传输。

（3）因系统过电压后果严重，要配置双套过电压保护。断路器失灵保护、电抗器保护、过电压保护均启动远跳。

2. 元件继电保护配置

（1）750kV主变压器保护采用双主、双后配置，变压器非电量装置按一套配置。变压器主保护为差动保护，后备保护一般为复合电压闭锁方向过电流或阻抗保护、方向零序电流保护、过励磁保护、过负荷保护等。非电量保护包括变压器瓦斯，释压器、冷却器全停，温度异常，油位异常等跳闸或报警功能。非电量保护与电量保护电源必须分开。

（2）750kV电抗器保护采用双主、双后配置，主保护包括差动保护和匝间保护，后备保护一般为相过电流保护、零序电流保护、过负荷保护，配置一套电抗器非电量保护。

（3）750kV母线保护采用双套配置，主保护为差动保护，并配有失灵启动跳闸功能。对3/2断路器主接线系统充电时采用断路器保护中的充电保护。

3. 其他配置

750kV系统采用3/2断路器接线，在主接线系统有出线隔离开关的需配置短引线保护，按双套配置；故障录波器按线路、变压器各配置一套；750kV线路行波测距、故障定位应配置一套；每个750kV变电站配置继电保护信息和故障录波远传及事故分析系统一套，信息可送省调、网调或国调。

三、继电保护双重化配置原则及目的

（一）保护双重化配置原则

1. 超高压系统输电线路保护

（1）设置两套完整、独立的全线速动主保护。

（2）两套全线速动保护的交流电流、电压回路，直流电源互相独立（对于双母线接线，两套保护可以合用交流电压回路）。

（3）每一套全线速动保护对全线路内发生的各种类型故障，均能快速动作切除故障。

（4）对要求实现单相重合闸的线路，两套全线速动保护应有选相功能，线路正常运行中发生单相接地故障时，保护应有尽可能强的选相能力，并能正确动作跳闸。

（5）每套全线速动保护应分别动作于断路器的一组跳闸线圈。

（6）每套全线速动保护应分别使用互相独立的远方信号传输设备。

（7）具有全线速动保护的线路，其主保护的整组动作时间应为：对近端故障，≤20ms；对远端故障，≤30ms（不包括通道传输时间）。

2. 超高压系统母线保护

（1）对于 3/2 断路器接线，每条母线应装设两套保护。

（2）每套保护应能正确反应母线保护区的各种类型故障，并动作于跳闸。对各种类型区外故障，母线保护不应由于短路电流中非周期分量引起电流互感器的暂态饱和而误动作。

（3）每套母线保护仅实现三相跳闸出口，应分别动作于断路器的一组跳闸线圈，且应允许接于本母线的断路器失灵保护共用其跳闸出口回路。

（4）每套母线保护动作后，除 3/2 断路器接线外，对不带分支且有纵联保护的线路，应采取措施，使对侧断路器能速动跳闸。

（二）保护双重化配置目的

（1）防止一套保护因检修或消缺退出运行失去保护，线路或母线发生故障危机系统稳定和使事故扩大。

（2）防止一套保护的交流电流、电压回路，直流电源以及控制回路（包括断路器跳闸线圈）在运行过程中出现异常或故障时系统中线路或母线发生故障不至于没有保护。

【思考与练习】

1. 一般设置两套完整的主保护在交流回路和直流回路上有哪些要求？

2. 750kV 输电线路分布电容较大对线路电流纵联差动保护主要有何影响？

3. 继电保护双重化配置的目的是什么？

模块 2　变压器保护（ZY1300103002）

【模块描述】本模块介绍变压器保护的配置和基本原理。通过概念描述、公式分析、原理讲解，掌握变压器保护的动作特性。

【正文】

变压器作为电力系统中的主设备，其运行情况直接关系着系统安全稳定运行和可靠供电，变压器保护的配置和运行尤为重要。

一、750kV 变压器配置原则

变压器配置两套主变压器保护，每套主变压器保护均包含完整的主保护和后备保护功能。变压器非电量保护按一套配置。

二、变压器差动保护

（一）变压器差动保护不平衡电流的影响

变压器差动保护不同于线路差动保护，是因为变压器差动保护的不平衡电流远大于线路差动保护的不平衡电流，因此变压器差动保护的灵敏度及可靠程度都存在问题。变压器差动保护不平衡电流产生的原因主要有以下几方面。

（1）稳态情况下的不平衡电流。

1）由于变压器各侧电流互感器型号不同，即各侧电流互感器的饱和特性和励磁电流不同而引起的不平衡电流。它必须满足电流互感器的 10%误差曲线的要求。

2）由于实际的电流互感器变比与计算变比不同引起的不平衡电流。

3）由于改变变压器调压分接头引起的不平衡电流。

4）由于变压器运行过励磁而引起的不平衡电流。

（2）暂态情况下的不平衡电流。

1）由于短路电流的非周期分量主要为电流互感器的励磁电流，使其铁芯饱和，误差增大而引起

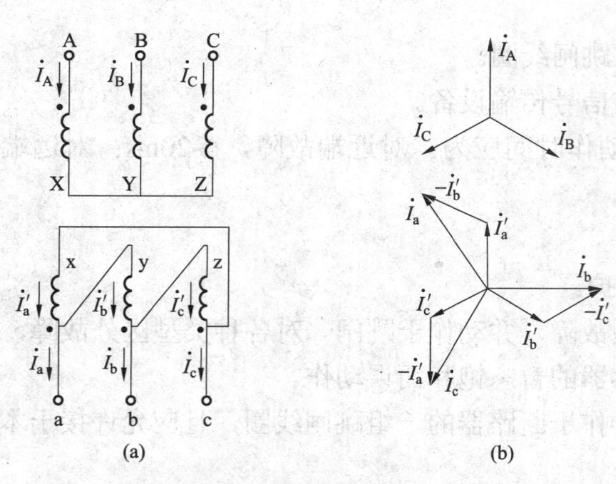

图 ZY1300103002-1 变压器接线及电流相位关系

（a）YNyn0d11 接线；（b）高低压侧电流的相位关系及相量图

不平衡电流。

2）变压器空载合闸的励磁涌流，仅在变压器一侧有电流。

不平衡电流最主要是由励磁电流而引起的。

（二）变压器的接线组别与相位关系

变压器常用的接线组别为 YNyn0d11，接线及电流相位关系如图 ZY1300103002-1 所示。

从相量图可见，低压侧线电流超前高压侧线电流 30°。这种不平衡电流对差动保护影响很大，应当避免这种情况的发生。微机型主变压器保护装置采用软件计算补偿方式来修正变压器接线组别而产生的不平衡电流。

（三）微机变压器保护各侧电流相位差与平衡补偿

1. 电流互感器接线方法

变压器各侧电流互感器采用星形接线（也可采用常规接线），二次电流直接接入本装置，均以母线侧为极性端。

2. 平衡系数的计算

基准侧的选取及非基准侧的平衡系数计算均由软件完成。

3. 各侧电流相位补偿

变压器各侧电流互感器二次电流相位由软件自校正，采用在Y侧进行校正相位方法。以 YNyn0d11 接线为例，其校正方法如下

$$\left.\begin{aligned} I'_A &= (\dot{I}_A - \dot{I}_B)/\sqrt{3} \\ I'_B &= (\dot{I}_B - \dot{I}_C)/\sqrt{3} \\ I'_C &= (\dot{I}_C - \dot{I}_A)/\sqrt{3} \end{aligned}\right\} \qquad (ZY1300103002\text{-}1)$$

式（ZY1300103002-1）中，$\dot{I}_A$、$\dot{I}_B$、$\dot{I}_C$ 为Y侧 TA 二次电流，$\dot{I}'_A$、$\dot{I}'_B$、$\dot{I}'_C$ 为Y侧校正后的各相电流。其他接线方式依次类推。变压器微机保护装置可通过变压器接线方式整定控制字选择接线方式。

差动电流和制动电流的相关计算，都是在电流相位校正和平衡补偿基础上进行的。

三、变压器后备保护

（一）距离、零序、过电流保护

变压器距离保护、零序方向保护原理跟线路保护类同，在这简单说明一下，具体将在线路保护中详细介绍。

1. 距离保护

通常距离保护装设在断路器侧，方向指向变压器，作为变压器高（中）压侧绕组及对侧母线相间短路故障的后备保护，但如果需要作为本侧母线的后备保护，可以装设在主变压器套管侧，方向指向本侧母线。但是，装设距离保护应注意采取防止电压断线导致误动作的措施，其通常的应对措施有以下两方面：

（1）装设电压断线闭锁装置。

（2）装设电流增量元件或负序电流增量元件作为启动元件。

2. 零序保护

对于中性点直接接地运行的主变压器都采取中性点零序过电流保护。对于自耦变压器，在高压侧接地故障的情况下，其中性点零序电流受系统零序阻抗的影响。

3. 过电流保护

变压器过电流保护通常是作为主变压器内部故障及相邻设备不对称故障的后备保护，如果在过电

流保护灵敏度不足的情况下，一般采用复合电压闭锁过电流保护，其与过电流保护相比有以下优点：

（1）在后备保护范围内发生不对称短路时，有较高的灵敏度。

（2）在变压器后发生不对称短路时，电压启动元件的灵敏度与变压器的接线方式无关。

（3）由于电压启动元件只接在变压器的一侧，故接线比较简单。

对于变压器高压侧和中压侧的复合电压过电流保护，其各侧的复合电压元件均可引入。对于低压侧的复合电压过电流保护，只引入本侧复合电压元件。

经多侧复合电压元件闭锁的过电流保护，当某侧 TV 断线时，仅退出该侧复合电压元件，其他侧复合电压元件仍投入，即某侧 TV 断线的结果不会影响其他侧复合电压元件的动作情况。在所有侧元件对应的 TV 均断线时，退出复合电压过电流保护；当微机保护选择了“TV 断线不退出相应段保护”时，即在所有侧复合电压元件对应的 TV 均断线时，复合电压过电流为纯过电流保护。

（二）其他后备保护

1. 过励磁保护

750kV 变压器必须装设过励磁保护。过励磁保护由定时限和反时限组成，其中定时限设告警段，反时限动作跳闸。根据变压器的电压表达式$U=4.44fNBS\times10^{-8}$，可以写出变压器的工作磁密 B 的表达式为

$$B=\frac{10^8}{4.44NS}\times\frac{U}{f}=K\frac{U}{f} \qquad \text{(ZY1300103002-2)}$$

式中　f——频率；

N——绕组匝数；

S——铁芯截面积；

K——对于给定的变压器，K 为常数，即

$$K=\frac{10^8}{4.44NS} \qquad \text{(ZY1300103002-3)}$$

通常可能导致主变压器过励磁的原因有以下几点：

（1）750kV 超高压远距离输电线路，由于突然丢失负荷而发生过电压。

（2）事故时随着切除故障而将补偿设备同时切除，使充电功率过剩而导致过电压；补偿设备本身故障而被切除时引发的过电压。

（3）事故解列后而造成局部地区在维持电压的同时，频率大幅下跌。

（4）操作不当而引起的过电压。

（5）铁磁振荡或 LC 振荡而引起的过电压。

（6）变压器分接头连接不正确。

过励磁保护的动作特性曲线应当尽量与被保护设备的过励磁倍数曲线相配合，但各种变压器的过励磁曲线很不一致，要使保护特性与之配合很不容易。

2. 过负荷保护

主变压器的过负荷主要表现为主变压器绕组的温升、发热，主变压器的过负荷能力与环境温度、过负荷前所带负荷情况、冷却介质温度、主变压器负荷曲线及主变压器设备状况等因素有关。通常情况下主变压器过负荷保护采用温度参数的反时限特性保护，而不应使用定时限保护，这是因为：

（1）它不能充分发挥设备的过负荷能力。

（2）当过负荷在保护整定值上下波动时保护反复动作，但又不能消除过负荷的状况。

（3）过负荷状况变化时，不能反映变化前的温升情况。

特别对于自耦变压器，过负荷保护应能够反应各侧的过负荷情况。一般变压器过负荷保护设有过负荷报警、启动通风、过负荷闭锁调压等保护，其保护检测变压器高、中压侧及三相电流中的最大值。

四、变压器非电量保护

1. 非电量保护概述

非电量保护，顾名思义就是指由非电气量反映的故障动作或发信的保护，一般是指保护的判据不

是电量（如电流、电压、频率、阻抗等），而是非电量，如瓦斯保护（通过油速整定）、温度保护（通过温度高低整定）、防爆保护（压力）、防火保护（通过火灾探头等）、超速保护（速度整定）等。变压器非电量保护一般包括瓦斯（本体瓦斯、有载瓦斯）、压力释放、温度（绕组温度、油面温度）冷控失电。

2. 非电量保护投退一般原则

压力释放规程规定宜投入跳闸，但压力释放阀可靠性不高，一般投入信号，没有强制投入跳闸。绕组温度是间接测量，不是真实温度，也投入信号。油温高输出如果是模拟量也不投入跳闸，开关量可以投入跳闸，但一般主变压器的油温达不到那么高，除非冷却系统故障。冷控失电（冷却器全停）规定有两种方式：① 冷控失电延时 20min 接点串联油温高接点跳闸；② 冷控失电延时 60min 接点直接跳闸。

【思考与练习】

1. 变压器稳态情况下的不平衡电流产生的原因主要有哪几方面？
2. 通常可能导致变压器过励磁的原因是什么？
3. 简述变压器瓦斯保护的工作原理。

模块 3 电抗器保护（ZY1300103003）

【模块描述】本模块介绍 750kV 高抗及 66kV 电抗器保护的配置和基本原理。通过原理讲解、保护动作特性分析，掌握电抗器保护的动作特性和现场运行特点。

【正文】

对油浸式高压电抗器（高压电抗器简称高抗）保护，与变压器保护基本相同，前面已经介绍了，这里主要介绍电抗器特殊的匝间保护、绕组开断保护。

一、电抗器保护配置原则

750kV 高压电抗器保护配置与变压器保护配置和要求一致，66kV 电抗器为干式电抗器，保护配置为一套电抗器保护，其主要功能包括二段式定时限过电流保护、过电流反时限保护、过负荷保护（报警或跳闸）、零序过电流保护、零序过电压保护。

二、电抗器匝间保护

匝间短路是电抗器常见的一种内部故障形式，下面以容错复判自适应匝间保护为例介绍。该原理采用主电抗器末端自产零序电流、电抗器安装处的自产零序电压组成的零序功率方向继电器，并容错复判各相关电气量。由于电抗器内部匝间短路时，对应的末端测量值总是满足零序电压超前零序电流，而且此时零序电抗的测量值为系统的零序电抗。当电抗器外部（系统）故障时，对应的零序电压滞后于零序电流，此时零序电抗的测量值为电抗器的零序阻抗。所以，利用电抗器末端零序电流和电抗器安装处零序电压的相位关系来区分电抗器匝间短路、内部接地故障和电抗器外部故障。当短路匝数很少时，由于零序电压源很小，相应在系统零序阻抗（系统的零序阻抗远小于电抗器的零序阻抗）上产生的零序电流和零序电压很小，因此为了更好地判别小匝数的匝间故障，必须要对零序电压进行补偿。

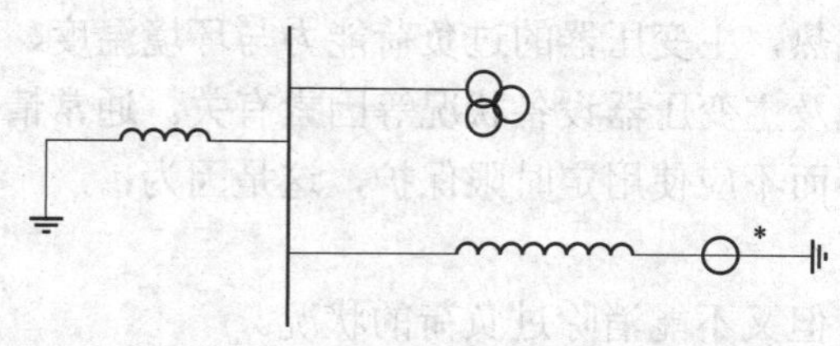

图 ZY1300103003-1 零序电流、电压正方向定义

零序电压和零序电流的正方向的定义如图 ZY1300103003-1 所示。

零序功率方向元件的动作方程为

$$0° < \arg \frac{3\dot{U}_0 + KZ3\dot{I}_{02}}{3\dot{I}_{02}} < 180°$$

式中 $3\dot{U}_0$、$3\dot{I}_{02}$ ——电抗器安装处 TV 的自产零序电压和电抗器末端 TA 的自产零序电流；

Z ——电抗器的零序阻抗（如有接地电抗器，则包括接地电抗器的零序阻抗）；

K ——自适应补偿系数，取 0～0.8。

在线路非全相运行、带线路空充电抗器、线路发生接地故障后重合闸动作重合、线路两侧断路器跳开后的 LC 振荡、开关非同期、区外故障及非全相伴随系统振荡时，为了提高匝间保护的可靠性，增加各电气量的突变量判据和稳态量判据作为辅助判据，在保证匝间保护灵敏性的同时，大大提高了匝间保护抗区外故障的可靠性。

为了保证匝间保护的可靠运行，设有 TA 异常和 TV 异常检测元件。当 TA 或者 TV 异常时，退出容错复判自适应匝间保护。

三、电抗器绕组开断保护

通常，高压并联电抗器每相由多个饼串联而成，在运行中由于较强的振动，电抗器可能发生一次连线的断线（运行现场已发生过多起饼与饼之间连线开断的事故）。电抗器一次断线后，会造成中性点小电抗器过负荷发热、系统出现零序负序电流、系统电压升高等后果，一般不允许长期运行，保护装置将跳闸或发信号。

若电抗器某一相饼与饼之间的连线松动，该相的电流将减小，连线完全断开时该相电流减小到零。当装置判断电抗器某一相首末端电流同时减小到某一定值，而首末端自产零序电流都较大且零序电压较小时，认为发生电抗器绕组开断故障。判断出绕组开断故障后保护跳闸还是发信号，当一相完全断线后，小电抗器零序过电流保护也会带延时跳闸。

【思考与练习】

1. 高压电抗器与变压器保护基本相同，指出何为电抗器特别设置的保护类型？
2. 750kV 高压电抗器与 66kV 低压干式电抗器保护配置的最大区别是什么？

模块 4　母线保护（ZY1300103004）

【模块描述】本模块介绍母线保护和短引线的配置和基本原理，母线差动保护及短引线保护的保护范围。通过原理讲解、保护动作特性分析，掌握母线差动保护、短引线的用途和现场应用与运行操作注意事项。

【正文】

母线上发生短路的概率比输电线路小得多，若母线短路不能快速切除，会对电力系统产生严重影响，为了快速、有选择地将故障母线切除，在高压电网中装设专门的母线保护装置。

一、母线保护配置

对 750kV 母线均按双重化原则配置双套母线保护装置，每套母线保护装置均包含有差动和失灵保护逻辑功能。

二、母线差动保护

母线差动（简称母差）保护原理与变压器差动保护相似，在电力系统中，短路电流含有直流分量，直流分量会随着时间以衰减时间常数衰减。电压等级越高，系统阻抗角越大，L/R 常数就越大，直流分量在短路电流中存在的时间就越长。目前所有高电压母线保护装置动作速度快，大都在直流分量还未衰减至零之前就出口，电流互感器的暂态工作过程对继电保护的影响和继电保护应采取的对策对了解母线差动保护尤为重要。

三、短引线保护

1. 概述

在 3/2 断路器接线、角形接线及双断路器接线的同一串内断路器，有出线间隔隔离开关的接线方式下，如图 ZY1300103004-1 所示，当一串中一条线路（变压器）L 停用，断路器合环运行，线路侧的隔离开关 QS 断开，此时电压互感器 TV 停用，线路主保护退出运行，当该范围短引线故障，没有快速保护切除故障，为此，须设置短引线保护。应按照双重化要求配置两套短引线保护，分别为电流差动保护和过电流保护。

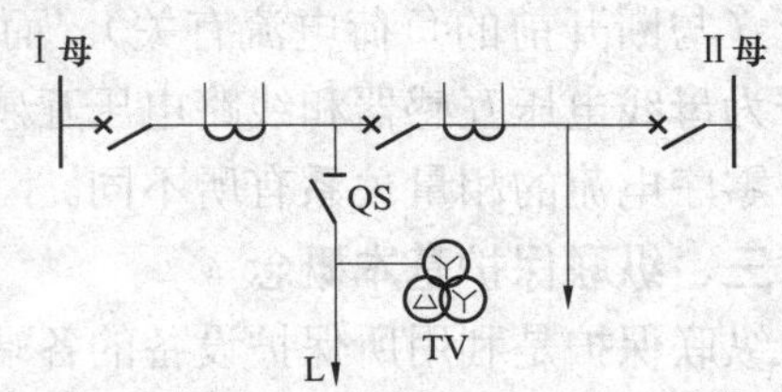

图 ZY1300103004-1　3/2 接线方式的一串断路器

2. 短引线的应用和运行操作注意事项

（1）短引线保护经隔离开关辅助触点控制，控制短引线保护装置的电源或逻辑开入，也可以采用短引线保护屏柜的压板控制，隔离开关打开（压板投入），短引线保护功能正常，隔离开关闭合（压板退出），短引线保护功能退出。

（2）当短引线保护退出运行时也应将该短引线保护的跳闸压板退出。

（3）在线路（变压器）停用而对应的断路器合环运行时，现场应将短引线保护的跳闸压板投入，然后由隔离开关或压板控制投入短引线保护。

【思考与练习】

1. 母线保护有哪些特殊要求？

2. 联系实际，试述短引线保护的应用和运行操作注意事项有哪些。

模块5 线路保护（ZY1300103005）

【模块描述】本模块介绍线路保护的配置和基本原理。通过原理讲解、特点介绍，掌握距离保护、零序保护、纵联保护、光纤保护的基本原理和动作特性。

【正文】

线路保护是对输电线路设置的，对断路器起辅助保护功能的一种保护。下面主要对距离保护、零序保护、纵联保护、光纤保护基本原理和组成及各自的特点分别进行介绍。

一、距离保护

1. 距离保护的基本概念

距离保护是以距离测量元件为基础构成保护装置，其动作和选择性取决于本地测量参数（阻抗、电抗、方向）与设定的被保护区段参数的比较结果，而阻抗、电抗又与输电线的长度成正比。

2. 构成距离保护装置的基本条件

（1）测量部分。用于对短路点的距离测量和判别短路故障的方向。

（2）启动部分。用来判别系统是否处在故障状态。当短路故障发生时，瞬时启动保护装置。有的距离保护装置的启动部分还兼有后备保护的作用。

（3）振荡闭锁部分。用来防止系统振荡时距离保护误动作。

（4）二次电压回路断线失压闭锁部分。用来防止电压互感器二次回路断线失压时，由于阻抗继电器动作而引起的保护误动作。

（5）逻辑部分。用来实现保护装置应具有的性能和构成保护各段的时限。

二、零序保护

1. 零序保护的基本概念

接地短路时必有零序电流，而在正常负荷状态下，零序电流没有或很小，因此采用反应零序电流的接地保护将能获得较高灵敏度，而且三相只需要一个电流继电器，使接地保护装置非常简单。

2. 零序保护的特点

当同一故障点发生单相接地故障和两相接地故障时，保护安装处感受到的零序电流是不一致的，其与故障发生点的正序阻抗和零序阻抗的大小有关，与发电机组开启的多少有关，通常发电机组开启的越多，零序电流也就越大。

在系统发生单相断线（即非全相运行）时，在断线的断口处能产生纵向不对称的零序电压与零序电流（与断开前的负荷电流有关）。而在实际应用中由于系统接线方式的不同，电压互感器安装的地点分为母线电压互感器和线路电压互感器。安装位置的不同导致在断路器发生非全相运行时，零序电压与零序电流的相量关系有所不同。

三、纵联保护基本概念

纵联保护是利用所保护设备的各端的信息量综合判断区内外故障。纵联差动保护的两侧所交换的信息内容，按照其内容可以分为以下3种：

（1）闭锁信号。它是阻止保护动作于跳闸的信号。换言之，无闭锁信号是保护作用于跳闸的必要条件。只有同时满足本端保护元件动作和无闭锁信号两个条件时，保护才能作用于跳闸，其逻辑框图如图 ZY1300103005-1（a）所示。

（2）允许信号。它是允许保护动作于跳闸的信号。换言之，有允许信号是保护动作于跳闸的必要条件。只有同时满足本端保护元件动作和有允许信号两个条件时，保护才动作于跳闸，其逻辑框图如图 ZY1300103005-1（b）所示。

（3）跳闸信号。它是直接引起跳闸的信号。此时与保护元件是否动作无关，只要收到跳闸信号，保护就作用于跳闸，逻辑框图如图 ZY1300103005-1（c）所示。远方跳闸式保护就是利用跳闸信号。

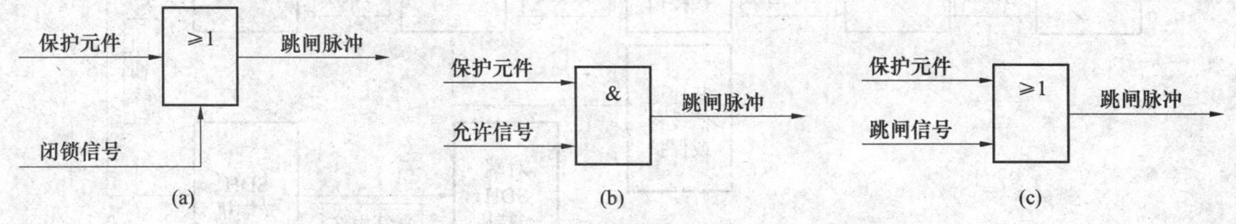

图 ZY1300103005-1　纵联差动保护信号逻辑框图

（a）闭锁信号；（b）允许信号；（c）跳闸信号

四、光纤保护

（一）光纤保护基本原理

光纤保护是纵联方向保护的一种，原理基本相同，只是信号传输媒介采用光纤。利用光纤通道将本侧电流的波形或代表电流相位的信号传送到对侧，每侧保护根据两侧电流的幅值和相位比较结果来区分是区内还是区外故障。可见，这类保护在每一侧都直接比较两侧的电气量，类似于差动保护，因此成为纵联差动保护。750kV 系统线路保护绝大多数采用光纤差动保护，重点介绍光纤保护。

光纤电流差动保护是在电流差动保护的基础上演化而来的，基本保护原理也是基于基尔霍夫电流定律，它能够理想地使保护实现单元化，原理简单，不受运行方式变化的影响，而且由于两侧的保护装置没有电联系，其灵敏度高、动作简单可靠快速、能适应电力系统振荡、非全相运行等优点是其他保护形式所无法比拟的。

（二）通道联系方式

1. 基本光纤通信系统

一个基本光纤通信系统应由发送调制、光源、光纤连接器、光纤通道、光纤接收器、接收解调这几部分组成，如图 ZY1300103005-2 所示。对于长线路，光纤通道中间应增设一个或多个光中继设备，如果线路距离比较短，光纤保护采用直连方式时，无须增设中继设备。

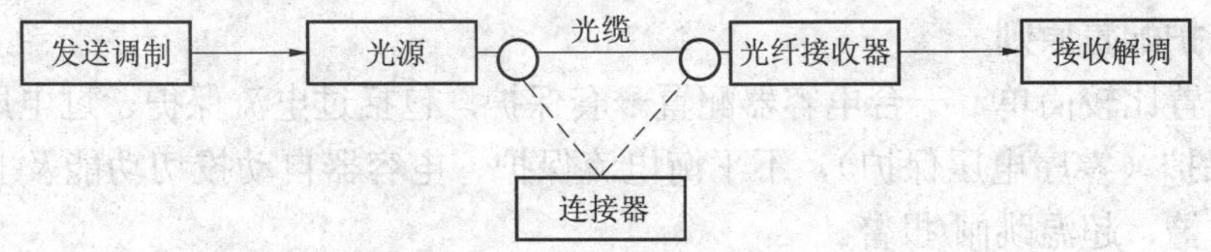

图 ZY1300103005-2　基本光纤通信系统

发送调制就是将所需传送的保护信号（模拟电流信号或跳闸命令信号）变换成能够采用光纤通道传输的脉冲信号方式，常用的调制方式有脉码调制（PCM）、脉宽调制（PWM）、移频键控制（FSK）等；光源为 LED；光纤接收器为 PIN-FET；接收解调即将有关脉冲方式的信号还原成相应的保护信号形式。

2. 具体几种连接方式

（1）保护装置直接连接方式，如图 ZY1300103005-3 所示，适用于距离比较短的线路。

图 ZY1300103005-3　通道直连方式光纤保护

（2）利用专用的光纤通信接口装置连接方式，如图 ZY1300103005-4 所示，一般适用于距离不长的输电线路。

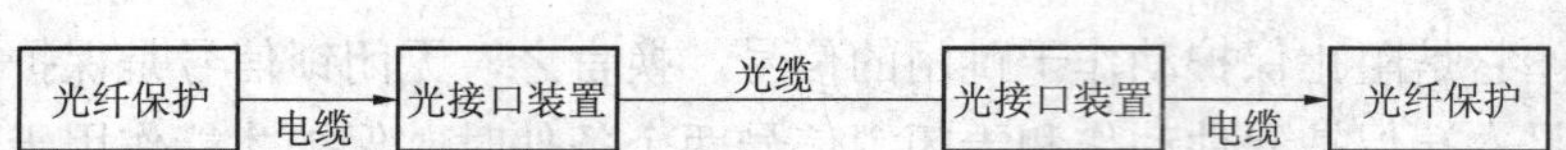

图 ZY1300103005-4 光纤接口装置与纵联保护配合构成专用光纤纵联

（3）复用光纤通信形式，如图 ZY1300103005-5 所示，适用于长距离线路保护，采用 2Mbit/s 传输方式时无须 PCM 基群设备，继电保护信号数字复用接口选用 MUX-2M 即可。

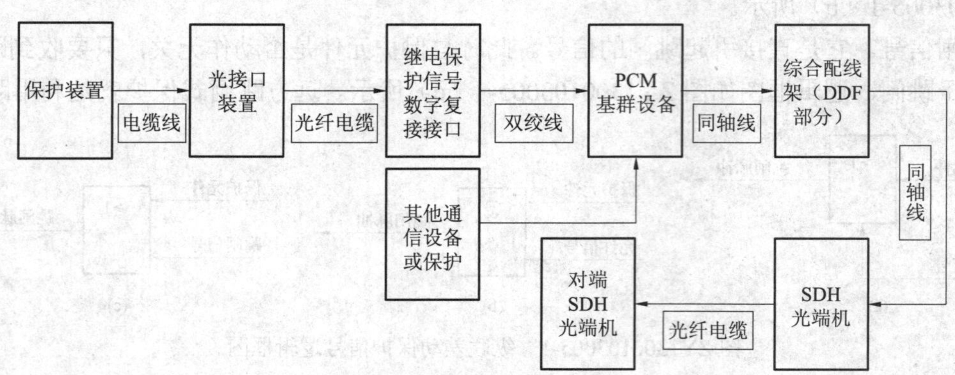

图 ZY1300103005-5 复用光纤通信

（三）光纤通信器件

在光纤通信系统中，必须要有光/电、电/光能量转换器件，将电信号变成光信号，在光纤中传输，并将光纤中的光波信号还原成电信号。通常将电信号变成光信号的器件称为光纤发射器件或光源，将光信号转换为电信号的器件称为光纤接收器件。

【思考与练习】

1. 距离保护装置的主要组成元件是什么？
2. 纵联保护按两侧所交换的信息内容可以分为哪几种？
3. 简述光纤保护有哪几种连接方式。
4. 简述光纤差动保护的优点。

模块 6 电容器保护（ZY1300103006）

【模块描述】本模块介绍电容器保护的配置和基本原理。通过要点归纳、原理讲解，掌握电容器保护的动作特性。

【正文】

一、电容器保护配置原则

电容器保护配置比较简单，一台电容器配置一套保护，包括过电流保护、过电压保护、低电压保护、不平衡电压保护（零序电压保护）、不平衡电流保护、电容器自动投切功能及非电量保护的重瓦斯跳闸、轻瓦斯报警、超温跳闸/报警。

二、保护基本原理

（1）过电流保护。过电流保护设置三段定时限（其中第三段可整定为反时限）。

（2）过电压保护。为防止系统稳态过电压造成电容器损坏，设置过电压保护。

（3）低电压保护。系统故障后线路断开，引起电容器失去电源，有的电容器接在母线上，线路重合又使母线带电，使电容器承受合闸过电压而损坏，因此设置低电压保护。

（4）不平衡保护。不平衡电压保护和不平衡电流保护主要反应电容器组中电容器的内部击穿。

（5）自动投切。电容器自投切是一种母线电压调节方式，母线电压偏高时装置自动切除电容器，母线电压偏低时，装置自动合上电容器。要求电容器内部故障、就地/远方分闸都会闭锁电容器自动投切。为避免电容器频繁自动投切造成对电容器的损害，保护装置内部限定了充电时间，装置未充电，电容器自投切功能退出。

（6）电容器非电量保护。电容器非电量保护跟其他元件非电量保护基本相同，电容器还设置一个隔离网门跳闸保护功能，防止在运行过程中人员误入电容器隔离网内造成事故，在运行过程中一旦打开网门，网门行程开关动作给保护装置一个开入量，断路器立即跳闸。

【思考与练习】

1. 在电容器保护中是否配置重合闸，为什么？

2. 电容器保护配置非电量保护的意义是什么？

模块 7 断路器辅助保护（ZY1300103007）

【模块描述】本模块介绍断路器辅助保护的配置和基本原理。通过要点归纳、图形示意、原理讲解，掌握断路器失灵保护、三相不一致、重合闸、充电保护动作特性和运行中注意事项。

【正文】

断路器辅助保护是对断路器起辅助保护功能，保护功能包括失灵保护、三相不一致、重合闸、充电保护。

一、断路器保护配置原则

断路器保护一般按每台断路器配置一套保护，包括自动重合闸、失灵和三相不一致保护。750kV 系统采用单相重合闸方式，三相不一致保护多采用断路器机构内部的三相不一致功能。

二、保护原理

（一）失灵保护

1. 失灵保护概述

失灵保护是对在故障时保护装置正确动作，断路器主触头卡死或结构失灵，跳闸线圈损坏以及保护装置出口至跳闸线圈之间的回路出现断线或接线松动等原因拒动，借助其他断路器来隔离故障点。

另外，在一些特定的区域发生故障时，由于故障点特殊，即使保护动作，断路器正确动作，但无法切除故障，只能依靠失灵保护动作来隔离故障点。例如在母线断路器与 TA 之间发生故障时，故障在母线差动保护动作范围内，但母线差动保护动作后，母线断路器虽跳开，对线路来说，故障依然存在，但不在线路保护范围之内，线路保护无法动作，必须依靠失灵保护动作来跳开相应的断路器（如故障点在 D1、D2 区域），如图 ZY1300103007-1 所示。此时，母线差动保护一直在动作状态，母线差动保护的动作触点去启动该母线断路器的失灵保护，失灵保护动作启动远方跳闸跳开对方断路器隔离故障点。

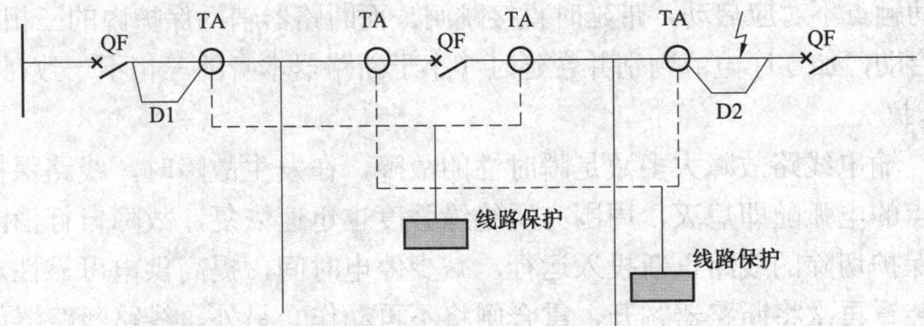

图 ZY1300103007-1 特殊故障区域失灵保护动作

2. 相邻断路器的范围

若某个断路器失灵，失灵保护的动作是跳开其相邻的断路器以隔离故障点。对双母线接线的变电站来说，相邻断路器就是其所在母线上其他所有断路器以及和本断路器连接的线路的对侧断路器。对 3/2 断路器接线的边断路器失灵，除了上述外，还包括其相邻的中间断路器；对 3/2 断路器接线的中间断路器，其相邻断路器是此中间断路器对应的两个边断路器和线路（或主变压器）的对侧断路器。

3. 失灵保护的跳闸方式

（1）中间断路器失灵，失灵保护动作，除跳开相邻的两母线侧断路器之外，还要通过远方跳闸，跳开与拒动断路器相连的两条线路对侧断路器，如图 ZY1300103007-2 所示。

（2）母线侧断路器失灵，失灵保护动作，除跳开相邻的中间断路器之外，还要通过远方跳闸，跳开与拒动断路器相连的线路对侧断路器，并启动该母线的母差出口跳开该母线上所连的所有断路器。如图 ZY1300103007-3 所示，当母线断路器 1 失灵时，向中间断路器 4 及 I 母母线差动保护发出启动命令，由 I 母母线差动保护发跳闸命令跳开 I 母线所连接的断路器 2 和 3，启动线路 5 的远方跳闸保护跳开相应断路器。

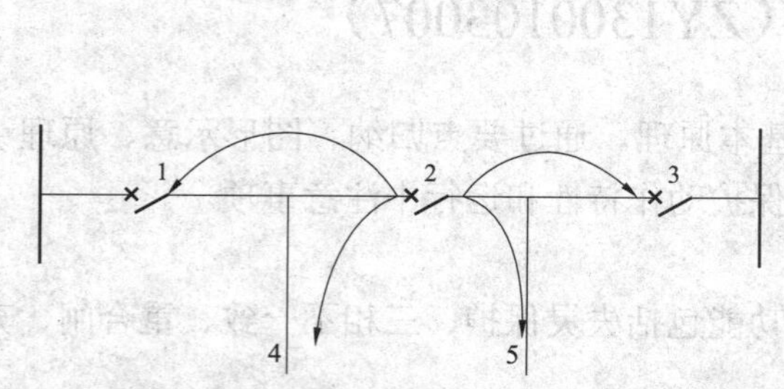

图 ZY1300103007-2 中间断路器失灵跳闸命令示意图

1，3—母线侧断路器；2—中间断路器；4，5—线路

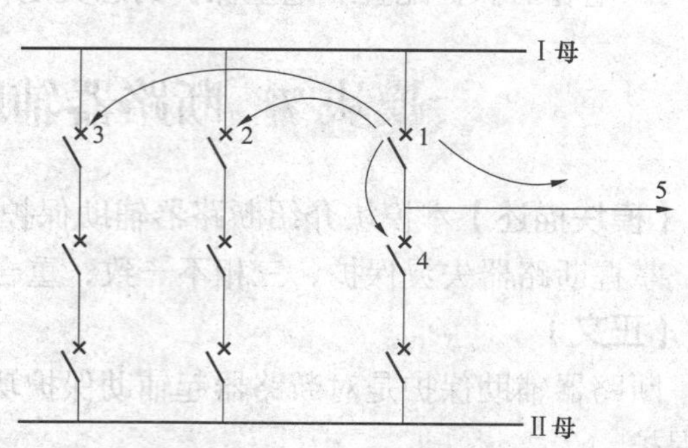

图 ZY1300103007-3 母线侧断路器失灵跳闸命令示意图

1，2，3—母线侧断路器；4—中间断路器；5—线路

失灵保护是按相启动，电流元件按相判别，这样既起到了拒动相的选择作用，也起到保护触点拒返回时闭锁失灵误动的作用。失灵保护启动后，瞬时动作向本断路器拒动相跳闸线圈再发一次跳闸命令，经短延时向本断路器跳闸线圈发出三跳命令，长延时向有关断路器发出三跳命令，并启动远跳装置发远跳命令。

（二）三相不一致保护

三相不一致保护是防止断路器某相合闸线圈断线或某相合闸机构失灵，三相不能全部合闸，或者断路器在合闸状态时一相或两相偷跳没有重合成功，造成非全相运行，使电网出现不对称分量，引起其他保护误动而配置的保护。长期非全相运行是不允许的，该保护是由断路器辅助触点不对应启动，零序电流判别并带有大于重合闸时间的延时，当断路器非全相运行时，达到整定值即动作跳开非全相运行的断路器。

目前大多数装置三相不一致保护是断路器跳闸位置开入为 0 保持 30s 以上，若有一相或两相断路器跳闸位置开入认为断路器三相不一致，而且对应跳闸位置开入相无电流，则判为断路器三相不一致。

750kV 断路器有两套三相不一致保护。断路器本身的三相不一致保护装设在断路器机构内或汇控柜内，由断路器辅助触点不对应启动，带延时直接跳闸。而断路器辅助保护内的三相不一致保护由断路器辅助触点不对应启动，加零序电流判别并带延时（小于断路器本身的三相不一致保护时间）动作。

（三）重合闸保护

运行经验证明，输电线路故障大多数是瞬时性的故障，在发生故障时，线路保护快速动作，跳开相应断路器，短路点的电弧随即熄灭，周围介质绝缘强度也迅速恢复，故障自行消除，这时采用自动重合闸就可以将被保护切除的线路重新投入运行，减少停电时间，提高供电可靠性。如果重合到永久性故障线路，保护装置再次将断路器跳开，重合闸将不再动作。另外，线路断路器如发生误碰跳闸、保护误动作时，重合闸就可以予以纠正。除主变压器的母线侧断路器未安装重合闸装置外，其余每条线路的断路器均安装重合闸装置。

（四）充电保护

充电保护为在线路或母线投运时设置的一种过电流保护，此保护不带方向，一般整定得比较灵敏，确保线路或母线在投运时发生故障能快速切除。一般在充电正常 0.5s 后自动退出，为了确保充电保护可靠性，运行人员在实际工作中仍然需要对压板进行操作。

【思考与练习】

1. 断路器配置失灵保护的作用是什么？
2. 针对 3/2 断路器接线中间断路器失灵时，描述失灵保护是如何动作的。

国家电网公司 STATE GRID CORPORATION OF CHINA | 国家电网公司 生产技能人员职业能力培训专用教材

第九章 750kV 变电站继电保护的功能及保护范围

模块 1 变压器保护（ZY1300104001）

【模块描述】本模块介绍变压器各保护的功能及保护范围，保护时限及动作行为。通过要点概述、图形示意、分析讲解，掌握变压器保护工作原理特性和运行中注意事项。

【正文】

750kV 变压器工作磁密度高，易处于过励磁工作状态，当变压器区外故障切除恢复时会出现过电压的情况，同时 750kV 变压器在空投时产生的励磁涌流、区外故障切除后产生的恢复性涌流以及和应涌流下，差动保护不能误动。

一、SGT-752 型变压器保护

1. 装置概述

SGT-752 型数字式变压器保护装置是由微机实现的数字式高压变压器成套保护装置。该装置提供一台变压器所需的全部电量保护，主保护包括差动保护、辅助差动保护，后备保护包括复合电压闭锁过电流、零序方向过电流、零序过电流、相间偏移阻抗、接地偏移阻抗、过励磁、中性点过电流、公共绕组过负荷、过负荷等保护。该装置还具备 TV 断线、TA 断线、差流越限、保护动作、装置告警、电源消失、调压闭锁等异常报警功能。

2. 保护装置运行注意事项

（1）装置投入运行后，任何人不得再对装置的带电部位触摸或拔动设备插件，不允许随意按动触摸屏上的键盘进行任何操作。

（2）运行中要停用装置的所有保护，要先断开跳闸压板再断直流电源。运行中要停用装置的一种保护，只要退出该保护压板即可。

（3）运行中直流电源消失，应首先退出跳闸压板。

（4）运行中若出现告警，应记录告警信息通知保护人员检查处理，如需要检修，则汇报调度，申请退出该套保护装置。

3. 保护异常处理

（1）需要及时汇报调度，申请退出该套保护装置，记录异常信息并通知保护人员检查处理的异常报文名称及含义见表 ZY1300104001-1。

表 ZY1300104001-1　　异常报文名称及含义

报文名称	报文含义	报文名称	报文含义
EV_RAM_ERR	RAM 错误	EV_FLASH_ERR	闪存错误
EV_DOC_ERR	DOC 电子盘错误	EV_EEP_ERR	EEPROM 错误
EV_AD_POW_LOW	内部电源偏低	EV_AD_ERR	AD 错误
EV_ZERO_SHIFT	零漂越限		

（2）需要及时记录异常信息并通知保护人员检查处理的异常报文名称及含义见表 ZY1300104001-2。如需要检修，则向调度汇报，申请退出保护装置。

表 ZY1300104001-2　　异常报文名称及含义

报文名称	报文含义	报文名称	报文含义
EV_POWER_ON	装置上电	EV_SUB_COM_ERR	子模件通信异常
EV_SE 电流互感器_ERR	无效定值区	EV_EXT_COM_ERR	扩展 I/O 通信异常
EV_SET_ERR	定值校验错误	EV_GPS_ERR	GPS 信号异常
EV_INI_ERR	系统文件错误	EV_HMI_COM_ERR	HMI 通信异常
EV_DI_ERR	开入异常	EV_AD_SYN_ERR	AD 同步采样异常
EV_DO_ERR	开出异常	EV_WDG_RST	看门狗复位
EV_CFG_ERR	配置错误	EV_FILE_ERR	文件错误
EV_GRP_SCAN_ERR	逻辑图扫描错误	EV_GRP_INIT_ERR	逻辑图解析错误

二、RCS-978HB 型变压器保护

1. 概述

RCS-978HB 型变压器保护装置适用于 500kV 及以上系统自耦变压器，高压侧 3/2 断路器接线或双母线带旁路接线，中压 220kV 侧 3/2 断路器接线或双母线带旁路接线，低压侧双分支，后备保护可用单独 TA。

2. 保护装置运行注意事项

（1）装置正常运行状态。

1）“运行”灯为绿色，装置正常运行时灯亮，熄灭表明装置不处于工作状态。

2）“报警”灯为黄色，装置有报警信号时灯亮。

3）“跳闸”灯为红色，当保护动作并出口时灯亮。

（2）装置闭锁与报警。

1）当 CPU 检测到装置本身硬件故障时，发装置闭锁信号，闭锁整套保护。硬件故障包括 RAM 异常、程序存储器出错、EEPROM 出错、定值无效、光电隔离失电报警、DSP 出错和跳闸出口异常等，此时装置不能够继续工作。

2）当 CPU 检测到装置长期启动、不对应启动、传动试验报警、装置内部通信出错、面板通信出错、TA 断线或异常、TV 异常时，发出装置报警信号，此时装置还可以继续工作。

3. 保护异常处理

（1）在装置出现装置闭锁现象或装置报警现象时，应及时查明情况并打印当时装置的自检报告、开入变位报告，并结合保护装置的面板显示信息进行事故分析，及时通告继电保护工作人员处理，不要轻易按保护屏上的复归按钮。

（2）在装置动作（跳闸）后，应及时查明情况（可打印当时装置的故障报告、保护置的定值、自检报告、开入变位报告并结合保护装置的面板显示信息）进行事故分析。

（3）不论异常报警是否引起差动保护启动，均说明差动回路或定值存在问题，应该受到同等重视。例如，当差流回路断线时，在轻负荷情况下不会引起差动启动，但会引起差流报警，如果及时处理，就可以避免负荷增加后或者区外故障引起的差动保护动作（在不闭锁情况下）。

三、RCS-974C 型非电量保护

1. 装置概述

RCS-974C 型装置可以完成变压器的非电量保护、非全相保护及断路器失灵启动等功能，其中现场一般非全相保护及断路器失灵启动功能不用。组成装置的插件有：电源插件、交流插件、低通滤波插件、CPU 插件、通信插件、24V 光耦插件、高压光耦插件、信号插件、跳闸出口插件、非电量继电器插件、显示面板等。非电量保护工作原理比较简单，非电量保护动作基本原理框图如图 ZY1300104001-1 所示。

图 ZY1300104001-1　非电量保护动作基本原理框图

2. 装置使用及运行说明

变压器和电抗器在运行中滤油、补油、更换潜油泵或更换净油器的吸附剂以及当油位计的油面异常升高或呼吸系统有异常，需要打开放气阀门时，应先将重瓦斯跳闸压板改接于信号位置，待工作完毕，变压器无异常时，将重瓦斯跳闸压板恢复至跳闸位置。

装置面板有“运行”、“报警”、“电量跳闸”、“非电量延时跳闸”、“1，2，3，…，16”信号指示灯。

（1）“运行”灯为绿色，装置正常运行时灯亮，熄灭表示装置处于不工作方式。

（2）“报警”灯为黄色，装置有异常时灯亮。

（3）“非电量延时跳闸”灯为红色，当非电量延时保护动作并出口时灯亮。

（4）“1，2，3，…，16”等灯为红色，当外部非电量信号触点闭合时，对应的红色信号灯亮。当装置“报警”灯亮后，待异常情况消失后会自动熄灭。“电量跳闸”、“非电量延时跳闸”和“1，2，3，…，16”等信号灯只在按下“信号复归”按钮或远方复归后才熄灭。

3. 保护异常处理

装置始终对硬件回路和运行状态进行自检。当 CPU 检测到装置本身硬件故障时，发装置闭锁信号，闭锁整套保护，此时装置不能够继续工作。需要及时汇报调度，申请退出该套保护装置，并记录异常信息，通知保护人员检查处理的异常有：存储器出错、程序区出错、定值出错、DSP 定值出错、跳闸出口异常、DSP 采样异常、CPU 异常等。

当 CPU 检测到装置长期启动、不对应启动、装置内部通信出错等异常时，发出装置报警信号，此时装置还可继续工作。需要及时记录异常信息并通知保护人员检查处理的异常有定值区失效、光耦失电、装置长启动等。如需要检修，则向调度汇报，申请退出保护装置。

【思考与练习】

1. 变压器保护装置出现装置闭锁现象或装置报警现象时如何处理？

2. 变压器在运行中滤油、补油等工作时，需要打开放气阀门时，对瓦斯保护如何处理？

模块 2 电抗器保护（ZY1300104002）

【模块描述】本模块以 WKB-801A 型电抗器保护和 CSC-330 型电抗器保护为例，介绍 750kV 电抗器保护基本原理。通过要点概述、逻辑分析讲解，掌握电抗器保护工作原理特性和运行中注意事项。

【正文】

本模块只针对油浸式高压电抗器的保护装置进行介绍。

一、WKB-801A 型电抗器保护

（一）装置概述

WKB-801A 型微机并联电抗器保护装置适用于 500kV 及其以上各种电压等级的并联电抗器。装置集成了一台并联电抗器的全部电气量保护，可满足各种电压等级并联电抗器的双主双后配置及非电量保护完全独立的配置要求。这些保护包括：分相差动保护、零序差动保护、匝间保护、主电抗器过电流保护、主电抗器零序过电流保护、中性点小电抗器过电流保护。

（二）装置软件

主要介绍电抗器较变压器特殊的保护。

1. 过负荷保护

并联电抗器所接系统如果电压异常升高，可造成电抗器过负荷，应装设过负荷保护。电流输入量取电抗器首端 TA 三相电流。

当电抗器首端任一相电流大于动作电流整定值时，动作于告警。

2. 小电抗器过电流和过负荷保护

为限制单相重合闸时的潜供电流，提高单相重合闸的成功率，三相并联电抗器的中性点经一小电抗器接地。小电抗器过电流和过负荷保护作为此电抗器的过电流和过负荷保护。电流输入量取电抗器

中性点侧零序 TA 电流，当电抗器中性点侧无零序 TA 时，则取电抗器尾端自产零序电流。

当小电抗器零序电流大于过电流保护的动作电流时，带时限动作于跳闸。

当小电抗器零序电流大于过负荷保护的动作电流时，带时限动作于告警。

（三）保护装置运行注意事项

与变压器保护装置类同。

（四）保护异常处理

与变压器保护装置类同。

二、CSC-330 型电抗器保护

（一）装置概述

CSC-330 型数字式电抗器保护装置是基于 DSP 和 MCU 合一的 32 位单片机，采用一体化设计。装置的开入回路检测采用了新方法，开入状态经两路光隔同时采集后判断，提高了判断的准确性。装置可对其中电源模块的各级输出电压进行实时监测；对机箱内温度进行实时监测；可满足各种电压等级并联电抗器的双主双后配置及非电量类保护完全独立的配置要求。这些保护包括：分相差动保护、零序差动保护、匝间保护、主电抗器过电流保护、主电抗器零序过电流保护、中性点小电抗器过电流保护。现就软件特殊之处作一介绍。

（二）装置软件

1. 比率制动差动保护

装置的比率制动差动保护采用三段式折线特性，并具有 TA 饱和检测和电抗器空投判据，不仅保证了内部故障时保护可靠动作，而且提高了电抗器空投时直流分量导致 TA 饱和的制动能力。装置具有完善的 TA 异常判据。如果用户选择 TA 异常闭锁纵联差动保护，在 TA 似断非断的情况下，保护不会误动。

为防止高压并联电抗器内部线圈及其引出线单相接地或相间短路故障，装置提供纵联差动保护，电抗器的比率制动纵差由差动速断、比率制动特性组成，其中比率制动采用三段折线特性。

大型的电抗器通常为单相式，故对每相采用上述的差动特性。

2. 异常检测和一些判别

由于电抗器在空投过程中，空充电流的暂态波形中含有较大的非周期分量，会导致 TA 饱和的情况出现。如果电抗器两端 TA 一侧饱和、另一侧不饱和，差动保护很可能会误动。为了躲开空投时差动回路中出现的较大不平衡量，一方面软件设置有 TA 饱和检测功能，采用新的波形识别原理并辅以谐波分析，进行容错复判，当判出存在空投直流饱和时，则闭锁差动保护，而在内部故障饱和时保护能快速出口；另一方面设置空投判据，当检测到空投时，自动抬高定值。

（三）保护装置运行注意事项

与变压器保护装置类同。

（四）保护异常处理

与变压器保护装置类同。

三、非电量保护

与变压器非电量保护装置类同。

【思考与练习】

电抗器保护装置与变压器保护装置相比较，较特殊的是哪种保护？

模块 3 母线保护（ZY1300104003）

【模块描述】本模块以 WMH-801A 型母线保护和 RCS-915E 型母线保护为例，介绍 750kV 母线保护的基本原理。通过要点概述、原理分析讲解，掌握母线保护工作原理特性和运行中注意事项。

【正文】

母线保护主要是以差动为原理的保护，相对其他保护比较简单。

一、WMH-801A 型母线保护

（一）装置概述

WMH-800A 型微机母线保护装置适用于各种主接线方式的母线，作为发电厂、变电站母线的成套保护装置。

（二）装置软件

1. 差动保护

母线差动保护为分相式比率制动差动保护，设置大差及各段母线小差。大差由除母联（分段）外母线上所有元件构成，每段母线小差由每段母线上所有元件（包括母联和分段）构成。大差作为启动元件，用以区分母线区内外故障，小差为故障母线的选择元件。大差、小差均采用具有比率制动特性的分相电流差动算法，如果大差和某段小差都满足动作条件，判为母线内部故障，母线保护动作，跳开故障母线上的所有断路器。单母线分段母线互联时同样按单母线处理。

对单母线和 3/2 断路器接线，不存在大差和小差之分。对单母分段接线方式，大差和小差的概念及意义与双母线一致。

2. 自检功能

装置设置了完善全面的自检功能，在硬件及软件自检中设有程序求和自检、定值区号自检、定值地址自检、定值求和自检、开出自检、采样自检等。

（三）保护装置运行注意事项

1. 保护装置正常时液晶显示

（1）保护装置正常运行时，液晶为屏幕保护状态，屏幕是黑屏。

（2）保护装置异常、动作时，液晶显示异常、故障报文。

2. 装置面板灯说明

（1）“运行监视”：对应于每个 CPU 均配置有“运行监视”绿色发光灯，CPU 及保护程序正常工作时闪烁。

（2）“动作信号”：红色灯，表示动作。动作信号有：Ⅰ母差动、Ⅰ母失灵、充电动作。

（3）“预告信号”：黄色灯。预告信号有：电流互感器断线、自检错误、识别错误。

（4）“稳压电源指示”：表示稳压电源指示正常。

（5）“通信信号”：在保护柜背面，每个通信模件口上端有红、绿发光二极管指示通信收、发状态，在主、从机 CPU 通信期间或保护柜与上层监控通信期间闪烁。

3. 装置运行规定

母线差动保护回路有新的元件接入时，保护应先退出，待作好二次回路接线检查，相量图及差动回路不平衡电压、电流测试并合格后，方可投入运行。

母线保护启动断路器失灵保护的压板在母线保护投入运行时要相应地投入，母线保护要检验和异常时应退出。

（四）保护异常处理

（1）运行中直流电源消失，应首先退出跳闸压板。

（2）运行过程中装置发出异常时，及时申请退出保护。

二、RCS-915E 型微机母线保护

1. 装置概述

RCS-915E 型微机母线保护装置，主要适用于 3/2 断路器主接线方式，母线上允许所接的线路与元件数最多为 9 个，装置采样率为每周波 24 点，在故障全过程对所有保护算法进行并行实时计算，使得装置具有很高的固有可靠性及安全性。

2. 装置软件

（1）装置启动元件。装置保护板和管理板对每种保护功能都设有启动元件，管理板启动后开放出口正电源。

（2）工频变化量比例差动元件。为提高保护抗过渡电阻能力，减少保护性能受故障前系统功角关

系的影响，本保护除采用由差流构成的常规比率差动元件外，还采用工频变化量电流构成了工频变化量比率差动元件，与制动系数固定为 0.2 的常规比率差动元件配合构成快速差动保护。

3. 保护装置运行注意事项

装置面板上设有九键键盘和 4 个信号灯，信号灯说明如下：

（1）“运行”灯为绿色，装置正常运行时灯亮。

（2）“母差动作”灯为红色，母线差动保护动作跳母线时灯亮。

（3）“失灵动作”灯为红色，断路器失灵保护动作时灯亮。

（4）“断线报警”灯为黄色，当发生交流回路异常时灯亮。

（5）“报警”灯为黄色，当发生装置其他异常情况时灯亮。

4. 保护异常处理

同 WMH-801A 型母线保护异常处理。

【思考与练习】

1. WMH-801A 型母线保护装置“预告信号”灯在什么情况下亮？

2. 母线差动保护回路有新的元件接入时的正确处理方法是什么？

模块 4 线路保护（ZY1300104004）

【模块描述】本模块以 CSC-103A 型线路保护和 RCS-931B 型线路保护为例，介绍 750kV 线路保护基本原理。通过图解说明、原理分析讲解，掌握线路保护工作原理特性和运行中注意事项。

【正文】

线路保护是保护中最复杂的一种保护，在运行中对其要求比较高。

一、CSC-103A 型线路保护

（一）装置概述

CSC-103A 型数字式超高压线路保护装置适用于高压输电线路，其主保护为纵联电流差动保护，后备保护为三段式距离保护、四段式零序电流保护等。

（二）装置软件

1. 保护程序整体结构

正常时运行主程序，主程序完成装置的硬件自检、投切压板、固化定值、上送报告等功能。每隔一个采样间隔时间执行一次采样中断程序，进行电气量的采集、录波、突变量启动判别等。故障处理中断也是每隔固定时间执行一次，完成保护功能的逻辑和 TV 异常、TA 异常判别等。如果有异常，则发出相应的告警信号和报文。

对于一般性的异常告警（告警Ⅱ），发出信号提示运行人员注意检查处理；对于危及保护安全性和可靠性的严重告警（告警Ⅰ），在发出告警信号的同时，立即闭锁保护出口。

2. 检测功能和其他判别

（1）TV 断线检测。TV 断线后报“TV 断线告警”，在 TV 断线条件下所有距离元件、负序方向元件、带方向的零序保护也退出工作，纵联电流差动保护不受 TV 断线的影响，可以继续工作，差动保护的动作值自动抬高 0.25 倍。装置将继续监视 TV 电压，一旦电压恢复正常，各元件将自动重新投入运行。

（2）跳闸位置自检。若有跳位开入，且对应相有电流，延时 2s 确认后，报“跳位 A（B、C）开入异常”。

（3）保护装置自检。装置在运行过程中实时自检，当确认某一部分有问题时，发出告警信息，同时闭锁保护。有严重告警时，差动保护对侧保护会报“对侧保护退出”，保护恢复正常后对侧报“对侧保护恢复”，告警信号自动复归。当差动投入压板一侧在投入，另一侧在退出位置时装置报“差动压板不一致”。

3. 纵联电流差动保护功能说明

电流差动保护配有分相式电流差动保护和零序电流差动保护，用于快速切除各种类型故障。

（1）数字电流差动保护系统的构成如图 ZY1300104004-1 所示。

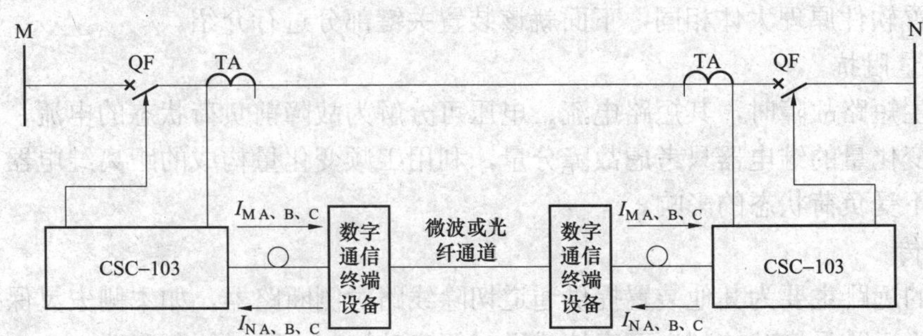

图 ZY1300104004-1　数字电流差动保护系统的构成示意图

图 ZY1300104004-1 中 M、N 两端均装设 CSC-103 型高压线路保护装置，保护与通信终端设备间采用光缆连接。

（2）差动保护的启动元件有以下 3 种：

1）相电流差突变量启动元件。

2）零序电流突变量启动元件。

3）零序辅助启动元件。

当两侧差动保护启动元件均启动时，才允许分相电流差动和零序电流差动保护动作跳闸。

（3）远传命令。保护装置设有两个经光电隔离的远传命令开入端子，即〈远传命令 1〉和〈远传命令 2〉，装置借助数字通道，利用每帧数据中的控制字向对侧传送，对侧保护收到远传命令后不是直接跳闸，而是输出空触点与远跳接地判别装置配合实现跳闸功能。

（4）远方跳闸。为使母线故障及断路器与电流互感器之间故障时对侧保护快速跳闸，装置设有一个远方跳闸开入端子，在本端启动元件启动情况下用于传送母线差动、断路器失灵、电抗器等保护的动作信号，对侧保护收到此信号后驱动远跳。

（5）差动保护的压板。差动保护只有在两侧压板都处于投入状态时才能动作，两侧压板互为闭锁。

（6）电流差动保护的通信。线路两侧保护根据本侧和对侧电流计算差动电流和制动电流，并根据计算结果判别区内外故障，为此，两侧保护需借助通信通道双向传输电流数据，供两侧保护计算。

差动保护采用先算后送的方式，两侧电流差动保护对输入的各相电流模拟量，经过同步采样、傅氏滤波，并将各相电流模拟量变换成 50Hz 基波分量的虚部 $jI\sin\varphi$ 和实部 $I\cos\varphi$，保护两侧的分相电流以相量虚部和实部数字数据形式组帧进行数据双向传输。

（三）保护装置运行注意事项

（1）差动保护装置对 A、B 两个通道的状态及丢帧（误码）数进行实时显示，对每个通道最近 6 天的丢帧（误码）数进行分时段存储，并对每个通道的累计丢帧（误码）数进行存储，运行人员在巡视时可以通过“通道信息”子菜单进行查看，发现丢帧（误码）数增加时通知保护人员，此时装置如果没有告警不必将保护退出。

（2）对于双通道保护在某一通道出现严重误码时，通知保护人员检查，不必将保护退出运行。

（四）保护异常处理

（1）运行中直流电源消失，应首先退出跳闸压板。

（2）运行中装置发出差动通道告警时应申请退出差动保护。

二、RCS-931B 型线路保护

（一）装置概述

RCS-931B 型线路保护装置是由微机实现的数字式超高压线路成套快速保护装置，包括以分相电流差动和零序电流差动为主体的快速主保护，由工频变化量距离元件构成的快速Ⅰ段保护，由三段式相间和接地距离及多个零序方向过电流构成的全套后备保护，可用作高电压等级输电线路的主保护及后备保护。

（二）装置软件

线路保护装置软件原理大体相同，下面就该装置关键部分进行介绍。

1. 工频变化量阻抗

电力系统发生短路故障时，其短路电流、电压可分解为故障前负荷状态的电流、电压分量和故障分量，反应工频变化量的继电器只考虑故障分量，利用工频变化量构成的距离继电器来反应故障点距离，此保护功能不受负荷状态的影响。

2. 远跳及远传

（1）该装置的远跳主要为其他装置提供通道切除线路对侧断路器，如本侧失灵保护动作，跳闸信号经远跳，结合“远跳受启动控制”可直接或经对侧启动控制，跳对侧断路器。

（2）该装置还设有远传 1、远传 2，是利用通道提供简单的触点传输功能，如本侧失灵保护动作，跳闸信号经远传 1（2），结合对侧就地判据跳对侧断路器。

（三）保护装置运行注意事项

（1）投检修态压板，其设置是为了防止在保护装置进行试验时，有关报告向监控系统发送相关信息而干扰后台监控系统的正常运行。一般在装置检修时，将该压板投入，在此期间进行试验的动作报告不会通过通信口上送，但本地的显示、打印不受影响。运行时应将该压板退出。

（2）闭重三跳压板，其意义是：

1）沟通三跳，即单相故障保护也三跳。

2）闭锁重合闸，如本装置重合闸投入则放电。

此压板在运行中退出。

（四）保护异常处理

（1）和通道有关的报文有以下几种：“通道异常”、“数据异常”、“严重误码”、“纵联码接收错”、“长期有差流”、“容抗整定出错”。有任何一个报警，液晶均有相应的报文显示，有“通道异常”或“纵联码接收错”告警时，均应退出差动保护。

（2）运行中直流电源消失，应首先退出跳闸压板。

三、光纤差动保护通道连接方式

以 RCS-931 系列光纤保护装置为例来讲述保护装置通道连接方式，装置可采用“专用光纤”或“复用通道”。在纤芯数量及传输距离允许范围内，优先采用“专用光纤”作为传输通道。当功率不满足条件时，可采用“复用通道”。

（1）专用光纤方式下的保护连接方式如图 ZY1300104004-2 所示。

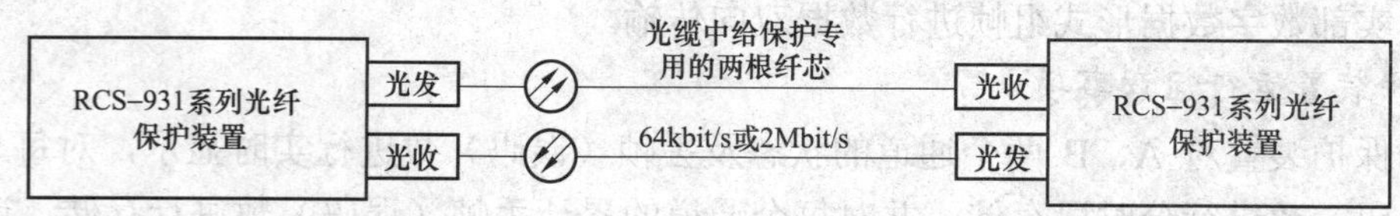

图 ZY1300104004-2 专用光纤方式下的保护连接方式

（2）64kbit/s 复用的连接方式如图 ZY1300104004-3 所示。

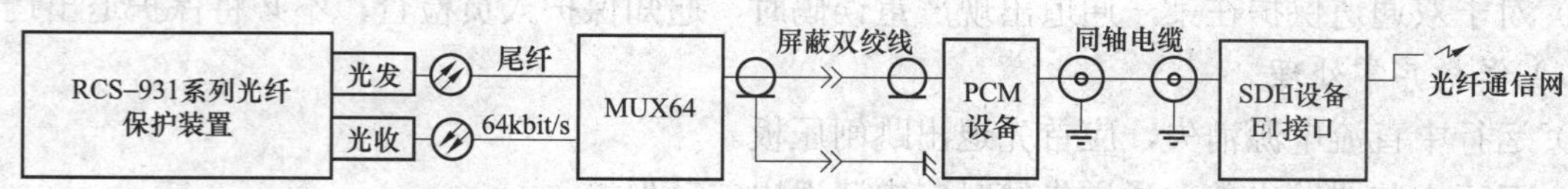

图 ZY1300104004-3 64kbit/s 复用的连接方式

（3）双通道 2048kbit/s 复用的连接方式如图 ZY1300104004-4 所示。

双通道差动保护也可以两个通道都采用专用光纤；或一个通道复用，另外一个通道采取专用光纤，这种情况下，通道 A 优先选用专用光纤。

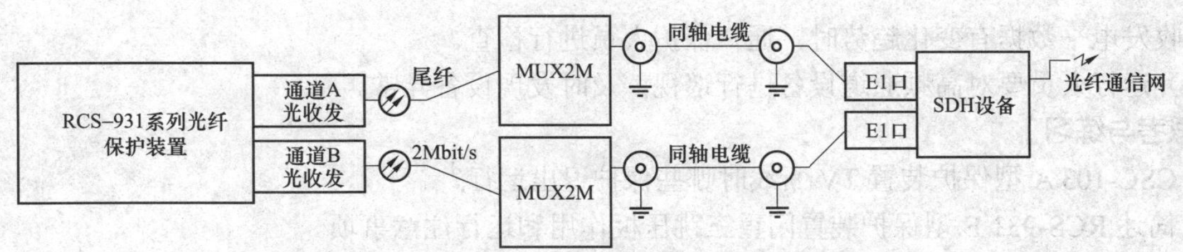

图 ZY1300104004-4 双通道 2048kbit/s 复用的连接方式

四、高频保护装置

这里只介绍高频保护装置的高频部分，其他的跟别的装置基本一致。

（一）装置与各种通道接口的配合及相关问题

纵联保护可适用于 3 种通道方式：专用收发信机闭锁式、允许式、非专用收发信机闭锁式（复用闭锁式）。

1. 专用收发信机闭锁式

采用专用收发信机闭锁式时，要求为单频制，即线路两侧的收发信机都同时接收本侧及对侧的信号。保护输出发信触点和停信触点，保护启动时发信触点闭合、停信触点打开，判为正方向后发信触点返回、停信触点闭合。

（1）远方启动发信。当收到对侧闭锁信号后，如本侧跳闸位置没有开入，则立即发信 10s；如本侧断路器在跳闸位置，则延时 160ms 发信。由保护实现远方启动发信功能时，必须解除收发信机的远方启信回路。

（2）手动通道试验。按下通道试验按钮，手动检查通道端子有开入时，本侧发信，200ms 后本侧停信。对侧保护收到闭锁信号立即连续发信 10s，本侧保护收到对侧闭锁信号达 5s 后，本侧再次发信 10s 后通道试验结束。同时有收信输入和收发信机告警信号，则报告纵联通道 3dB 告警；长期有收信输入或通道自检过程中收信有缺口，则报告纵联通道故障；若没有进行通道自检，有收发信告警信号，则报告纵联通信设备告警。

（3）定时通道试验。用户通过整定控制字，可以选择每天固定的整点时间自动进行纵联通道试验，其动作过程与手动通道试验一样。此功能仅在纵联保护投入时有效。

（4）其他保护动作停信。其他保护停信端子有开入时，保护即停信，且在开入消失后停信展宽 120ms，且只有在保护启动状态才起作用。

（5）三跳位置停信。三相跳闸位置端子都有开入时，当收到对侧闭锁信号后，则停信 160ms 再发信。

2. 允许式

允许式可采用各种通道，包括复用载波通道、微波通道、光纤通道等。在这种方式下，采用各种复用接口设备时，要求每侧都只接收对侧传来的命令信号。允许式只有发信触点，在保护判为正方向故障时，发允许信号，允许对侧跳闸。本侧接受到对侧允许信号，且保护判为正方向时，就动作跳闸。

3. 复用闭锁式

复用闭锁式可采用各种通道，包括复用载波通道、微波通道、光纤通道等。在这种方式下，采用各种复用接口设备时，要求每侧都只接收对侧传来的命令信号。闭锁式只有发信触点，在保护判为反方向故障时，发闭锁信号，闭锁对侧跳闸，反方向元件返回时，收回闭锁信号，对侧判为正方向故障，又收不到闭锁信号，就可以跳闸。保护与通信设备间的接口方法为：通信设备接入保护的发信触点，保护接入通信设备的收信触点。其他保护停信和三跳位置停信等功能均可由保护完成。

装置与复用载波机接口配合且采用闭锁式时，由反方向元件控制发信是国外保护的传统做法，复用载波机接口装置也正是按此设计的。装置与专用收发信机配合时一定不能采用复用闭锁式。

（二）保护装置运行注意事项

（1）运行人员对闭锁式高频收发信机每天进行人工启动交换一次数据，对收发电平要进行记录，当发现收发电平数据有变化趋势时，通知保护人员进行检查。

（2）运行人员要对高频通道设备进行巡视，及时发现设备异常。

【思考与练习】

1. CSC-103 A 型保护装置 TV 断线时哪些保护退出运行？

2. 简述 RCS-931 B 型保护装置闭重三跳压板作用和运行注意事项。

3. 画出光纤差动保护光纤双通道复用 2Mbit/s 的连接方式。

4. 高频纵联保护通道一般有哪几种连接方式？

模块 5 断路器辅助保护（ZY1300104005）

【模块描述】本模块以 CSC-121A 型断路器辅助保护和 PSL-632（C）型断路器辅助保护为例，介绍 750kV 断路器保护的基本原理。通过要点概述、原理分析讲解，掌握断路器保护工作原理特性和运行中注意事项。

【正文】

断路器辅助保护对断路器起辅助保护功能，保护功能包括失灵保护、三相不一致、重合闸、充电保护。

一、CSC-121A 型断路器辅助保护

（一）装置概述

CSC-121A 型数字式综合重合闸及断路器辅助保护装置包括综合重合闸、失灵保护、死区保护、充电保护、三相不一致保护等功能元件，可以满足 3/2 断路器接线中综合重合闸和断路器辅助保护按断路器装设的要求。对于 3/2 断路器接线方式，无论是中间断路器还是边断路器，装置的软、硬件都是相同的。

（二）装置软件

1. 综合重合闸功能

装置提供单相重合闸、三相重合闸、综合重合闸、重合闸停用 4 种方式可选。可接入断路器两侧的启动重合闸回路，满足 3/2 断路器接线的中间断路器要求。

（1）沟通三跳。由于重合闸装置的原因不允许保护装置选跳时，由重合闸箱体输出沟通三跳空触点。沟通三跳信号与保护跳闸信号串联引入操作箱的三跳回路，实现任何故障跳三相，在以下情况下，装置输出沟通三跳触点：

1）重合方式把手在三重位置或停用位置。

2）重合闸未充好电。

3）装置失电及严重告警。

（2）重合闸的先合闭锁后合逻辑。为了防止先重侧重合于故障，保护跳开后，后重侧又去重合，可采取以下方法之一：

1）线路保护发出的永跳触点直接引入断路器操作箱的永跳回路，用操作箱的永跳触点闭锁重合闸。

2）装置设置了一个开入，如果在重合闸启动过程中，监视到有开入之后，又有任意跳闸信号开入，则装置不重合，放电。如果相邻断路器也采用 CSC-121A 型装置，可将相邻断路器的后加速触点引入本断路器 CSC-121A 型装置的开入。

3）线路保护发出的永跳（闭重）触点直接引入闭锁重合闸。

常用第一种接线方法。对于第二种接线方法，仅仅用在线路保护无永跳或闭重触点的特殊场合。

2. 失灵保护

失灵保护提供了 3 个阶段跳闸逻辑，即瞬时重跳本断路器、线路保护单跳未断开断路器延时三跳本断路器、断路器失灵延时跳相关断路器。

3. 死区保护

死区保护是专门为电流互感器与断路器之间的死区段设计的保护元件。当电流互感器与断路器之间发生故障时，线路保护快速动作，如不能切除故障，此时死区保护的过电流元件动作，同时收到三跳命令和断路器的三跳位置触点，死区保护延时动作断开相关断路器。现场一般不用此功能。

4. 三相不一致保护

由三相不一致开入启动，可经零序电流、负序电流、跳位等元件开放，也可经单重启动闭锁三相不一致。

5. 充电保护

线路投运或失去保护时投入该充电保护，经充电保护压板控制投退。设有两段，可以由控制字控制分别投退，并可设置手合充电短时投入或长期投入。

充电保护Ⅰ段只在手动合闸后短时内投入之后 0.5s 就自动退出。

（三）保护装置运行注意事项

（1）运行过程中装置出现“TA 断线”、“跳位开入错”、“三相不一致开入”时装置均不闭锁出口，通知继电保护工作人员检查，不必将保护退出运行。

（2）运行中要停用装置的有关保护，只需退出该保护的压板即可。

（3）投入运行后，任何人不得再触摸装置的带电部位或拔插设备及插件，不允许随意按动面板上的键盘，不允许操作如下命令：开出传动、修改定值、固化定值、装置设定、改变装置在通信网中地址等。

（4）根据运行方式变化对本断路器保护重合闸“短延时投入压板”进行及时切换。

（四）保护异常处理

运行中直流电源消失，应首先退出跳闸压板。

二、PSL632（C）型断路器辅助保护

（一）装置概述

该装置适用于高电压等级的 3/2 断路器接线与角形接线的断路器保护。

（二）装置软件

PSL632（C）型保护装置是由微机实现的数字式断路器保护与自动重合闸装置，装置功能包括断路器失灵保护、三相不一致保护、死区保护、充电保护、过电流保护和自动重合闸。

1. 综合重合闸功能

重合闸由两种方式启动：① 由保护跳闸启动重合闸；② 由位置不对应启动重合闸。重合闸方式分为单重方式、综重方式、三重方式及停用方式 4 种。

（1）“先合重合闸”与“后合重合闸”。先合重合闸通过“短延时投入”压板来控制，“短延时投入”压板投入为短延时合闸，即先合重合闸；退出为长延时合闸，即后合重合闸。重合闸启动后，对于后合重合闸，重合延时未到，如果再收到线路保护的跳闸命令或闭锁重合闸信号，立即放电不重合闸。这可以确保护先合断路器合于故障时，后合断路器不再重合。

（2）重合闸的充放电。为了避免多次重合，必须在充电准备完成后才能启动合闸回路。该装置重合闸逻辑中设有一软件计数器，模拟重合闸的充放电功能。

（3）对于后合重合闸，在单跳启动重合时，在先合重合闸未合闸时，如再收到且仅收到线路保护同名相的跳闸信号，重合闸则重新计时；如果收到线路两个异名相的跳闸信号，则后合重合闸放电不合。在先合重合闸合闸后，且后合重合延时未到时，若再收到任一跳闸命令，则后合重合闸放电不合；若收到线路保护三相跳闸信号，立即放电不重合。在三跳启动重合时，先合重合闸合闸后，且后合重合延时未到时，若再收到任一跳闸命令，则后合重合闸放电不重合。以上处理可以确保先合断路器合于故障时，后合断路器不再重合。

2. 失灵保护

为了增加失灵保护的可靠性，该装置设置了两种启动元件（突变量启动、零序电流启动）来开放失灵保护（发电机—变压器失灵保护除外）。断路器失灵保护的失灵保护跳闸逻辑分三级。

（1）第一级。收到保护跳闸信号且相应相电流大于失灵电流定值，瞬时重跳本断路器相应相。

（2）第二级。判断本断路器未能断开时，经整定值“失灵跳本断路器延时”出口跳本断路器三相，并闭锁重合闸。

（3）第三级。判断本断路器未能断开时，经整定值“失灵保护延时”出口跳开相邻断路器，并闭锁重合闸。

3. 三相不一致保护

由于引入了断路器的分相位置触点［任一相 TWJ（跳闸位置继电器）动作且无流时确认该相断路器在跳闸位置］，当任一相或任两相在跳闸位置，而三相不全在跳闸位置时，则认为三相不一致。

4. 充电保护

充电保护可以设定为短时或长时投入（可以由控制字选择投入）两种，两种充电保护共用电流定值，现场一般整定为短延时，且都是无方向的过电流保护，装置启动后开放时间为 0.5s 后自动退出。

（三）保护装置运行注意事项

与 CSC-121A 型断路器辅助保护相同。

（四）保护异常处理

与 CSC-121A 型断路器辅助保护相同。

【思考与练习】

1. 对于 3/2 断路器接线，中间断路器装置中的“短延时投入压板”在什么情况下进行切换？
2. 简述重合闸启动方式。
3. 失灵保护跳闸逻辑分为哪三级？

模块 6 保护及故障录波报告的调用及分析（ZY1300104006）

【模块描述】本模块介绍保护及故障录波报告调用及分析。通过对报告调用及分析过程的详细介绍，能正确、熟练调用保护及故障录波信息，并能够分析事故性质、原因，保护是否正确动作。

【正文】

在设备发生故障保护动作后，为尽快分析故障性质和保护动作行为，变电运行人员应该掌握如何调取保护及故障录波报告，并能进行简单分析。

一、保护装置报告调用分析

750kV 保护装置均为汉化的操作系统，调取动作报告操作顺序一般为：首先进入主菜单，选打印→“确认（SET）”→报告→“确认（SET）”→动作报告→“确认（SET）”→提示打印报告序号，选后按“确认（SET）”。下面以 CSC-103C 型保护装置及 RCS-931BMM 型保护装置为例，介绍动作报告分析。

（一）CSC-103C 型保护装置动作报告分析

图 ZY1300104006-1 所示是 A 相接地故障时 CSC-103C 型保护装置动作报告，前部分是动作报告，后面是波形图。从波形图可看出，它可以记录整个故障过程中（包括故障前、故障后）电压、电流的波形，并且可以记录开关量信息（包括跳合闸信号、保护内部开关量信号等，该图只选 15 路）。报告波形图分析如下：

（1）故障绝对时间：2009 年 5 月 21 日 17 时 35 分 47 秒 550 毫秒。

（2）表格第 1 行：保护启动时间 3ms，实际为开放出口继电器的时间。

（3）表格第 2 至 4 行：两个通道状态、丢帧数、采样同步状态。

（4）表格第 5 行：差动保护动作时间，装置判断故障相别，故障时装置采样。

（5）表格第 6 行以后：保护动作报文序列，按动作时间顺序排列，格式为毫秒（相对时间）、动作报文（如 13ms 分相差动出口）、数据来源、差动电流、制动电流及测距等。

（6）表格下面是录波的模拟量、开关量的定义，接下去为比例尺，说明如下。

满量程：└┘ 151.0V/3.78A，表示录波图上电压模拟量通道一格代表 151.0V，电流模拟量通道一格代表 3.78A。横坐标依次为模拟量波形、开关量波形（按定义顺序），每 8 路开关量为一组，当某路开关量有信号时，本路信号为粗线条，可以明显地反映出开关量的变化。纵坐标表示时间（毫秒），记录从开关量事件前 50.5ms 开始记录。

间隔名称:凉东Ⅰ　　装置地址:4B

故障绝对时间:2009-05-21 17:35:47.550　　打印时间:2009-05-21 17:44:34

相对时间	动作元件	跳闸相别	动作参数
3ms	保护启动		
	通道A通,丢帧;		0 0 0
	通道B通,丢帧;		0 0 0
	采样已同步		
13ms	分相差动出口	跳A相	I_A=1.570A I_B=0.0108A I_C=0.0054A
	数据来源通道B		
19ms	Ⅰ段阻抗出口	跳A相	X=0.1216Ω R=0.4160Ω A相
	三相差动电流		I_A=3.344A I_B=0.0162A I_C=0.0162A
	三相制动电流		I_A=1.477A I_B=0.1133A I_C=0.3086A
	对侧差动出口		
	测距阻抗		X=0.0640Ω R=0.1338Ω A相
	测距		L=0.8750km A相

时间：2009-05-21 17:35:47.550

模拟量：01-I_a　02-I_b　03-I_c　04-$3I_0$　05-U_a　06-U_b　07-U_c　08-$3U_0$自产

开关量：01-保护启动　02-跳A　03-跳B　04-跳C　05-永跳　06-沟通三跳开入　07-跳位A　08-跳位B　09-跳位C　10-远方跳闸出口　11-远传命令1开出　12-远传命令2开出　13-远方跳闸开入　14-远传命令1开入　15-远传命令2开入

满量程：└┘ 151.0V/3.78A

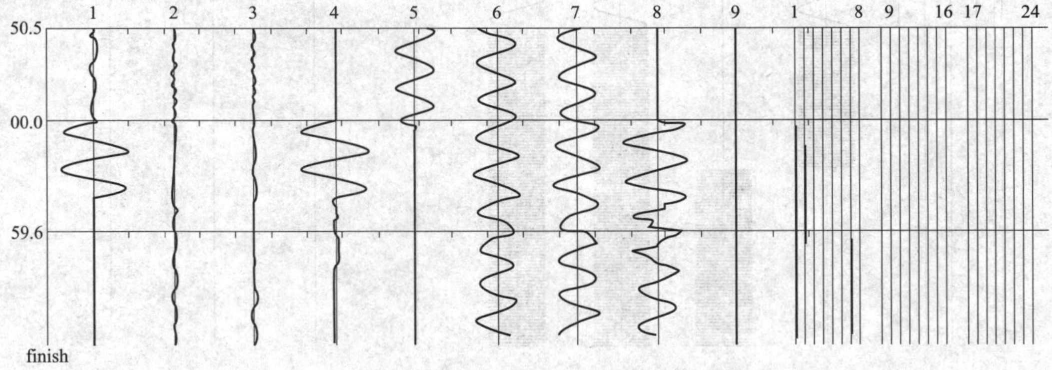

图 ZY1300104006-1　A 相接地故障时 CSC-103C 型保护装置动作报告

（二）RCS-931BMM 型保护装置动作报告分析

图 ZY1300104006-2 所示是 A 相接地故障时 RCS-931BMM 型保护装置动作报告，前部分是动作报告，后面是波形图。保护装置的动作报告内容还包括启动时自检状态、启动时开关量状态、启动后自检及开关量变化，这几部分用二进制来表示。这里只截取了动作报告和波形图。

报告波形图分析与 CSC-103C 型保护装置相似，在波形图中开关量变位以跃变来反应。

二、故障录波器报告调用分析

电力系统故障录波装置是常年投入监视运行状况的一种自动记录装置。它的主要功能在于分析故障状态下该保护装置动作正确与否，另外，经过对录波数据分析可以发现系统装置的缺陷。下面以

装置编号:南继保　　线路编号:凉东一　　装置地址:00010　　打印时间:2009-05-21 17:36:30

报告序号	启动时间	相对时间	动作相别	动作元件
079	2009-05-21 17:35:47:552	00000ms		保护启动
		00008ms	A	工频变化量阻抗
		00011ms	A	电流差动保护
		00015ms	A	距离Ⅰ段动作
故障选相				A
短路位置				0000.5kN
最大故障电流				002.43A
最大零序电流				002.55A
最大差动电流				003.42A

RCS-931BMM超高压光纤电流差动保护V4.00——故障波形

装置编号:南继保　　线路编号:凉东一　　装置地址:00010　　打印时间:2009-05-21 17:36:57

各路波形幅值(启动后0.5～1.5之间的一个周波内有效值):

零序电压($3U_0$)	093.96V	电压A相(U_A)	001.61V
电压B相(U_B)	067.23V	电压C相(U_C)	070.29V
外接零序电流($3I_0$)	002.62A	电流A相(I_A)	002.49A
电流B相(I_B)	000.06A	电流C相(I_C)	000.15A

标度组00(通道01～04):	074.71V	/格
标度组01(通道05～08):	001.95A	/格
瞬时值录波时间标度T:	020.00ms	/格

跳闸位说明:
1:CPU启动　　2:跳闸A相(A)　　3:跳闸B相(B)
4:跳闸C相(C)　　5:重合闸动作

1 2 3 4 5 $3U_0$ U_A U_B U_C $3I_0$ I_A I_B I_C

图 ZY1300104006-2　A 相接地故障时 RCS-931BMM 型保护装置动作报告

WGL9000 型和 SH2000 型故障录波器为例介绍。

（一）WGL9000 型故障录波器

1. 录波文件调取

WGL9000 型故障录波器启动后，在“WGL 录波管理软件”界面，点击“本机文件”标签页，文件列表包括启动时刻、文件名称、文件大小、启动原因、是否有故障、开关是否变位等信息，备注栏为关于故障的简单描述，分析无故障时为空。录波启动后生成的文件信息应完整正确。

根据故障启动时刻定位到录波文件，单击右键选择“查看故障简报”，程序弹出故障简报，检查分析简报是否正确完整。双击录波启动后的文件条目，可以打开波形文件，检查录波文件时标是否正确，波形和相位差是否正确。

2. 故障报告打印

第一步：在“管理机文件”页面的故障文件列表中，根据“故障时间”或者“启动原因”确定故障文件，双击打开该文件，记录下需要打印的波形通道号和开关量通道号/线路名称。

第二步：选择“文件”菜单，单击“打印”按钮，在弹出的对话框中选择“波形打印”，单击“确定”。

第三步：在“选择打印通道”对话框中选择“按选择通道打印”、“按选择对象打印”，按键盘上的 Ctrl 键选择刚记录下的模拟量、开关量通道/线路（被选择的通道以蓝色显示），按对话框提示单击“确定”，打印机打印选择的波形。

3. 故障报告简单分析的要点

在发生故障后，运行人员要向调度汇报，为能正确及时汇报故障情况和保护动作情况，运行人员要对录波报告中的关键部分进行汇报，以图 ZY1300104006-3 为例进行说明。

（1）故障发生时间：2009 年 05 月 21 日 14 时 55 分 41.370 秒。

（2）故障线路：凉东Ⅰ线。

（3）故障持续时间：36ms。

（4）故障后最大电流有效值（一次）：3.503kA。

（二）SH2000 型故障录波器

1. 录波文件调取

当鼠标使用没有响应时，说明键盘已锁，直接在键盘上按“Ctrl＋Alt→S→H→2→0→0→0”键方可解锁进行操作。在软件的主界面单击菜单“分析计算（W）”选择“波形分析”选择“文件（F）”选择“打开（O）”，在“打开”窗口中按故障发生的时间查找相对应的数据，双击即可打开。

2. 故障报告打印

第一步：用光标选择“波形分析”子菜单，进入波形分析模块。

第二步：显示器显示波形分析窗口，用光标选择“文件（F）”子菜单下拉菜单中“打开（O）”，窗口显示录波文件列表，目录是按故障时间顺序排列的，可以用光标选择所需要的数据名称，选定后，选择“打开（O）”，回到波形分析窗口。

第三步：在波形分析窗口下单击鼠标右键，出现下拉菜单中选择“故障报告”，窗口显示此次故障的故障分析报告，用光标选择“打印”，打印机开始打印故障报告。

3. 故障报告简单分析的要点

要点在前面已经作了介绍，目前所使用的不同录波器的操作方法基本相同。

【思考与练习】

1. 试分析图 ZY1300104006-1 所示动作报告中有哪些开关量动作了。

2. 简述 WGL9000 型故障录波器故障报告打印步骤。

WGL9000故障录波装置故障分析报告

装置名称:750kV平凉变 装置编号:0

一、故障发生时间:2009年05月21日14时55分41.370秒

二、启动量(启动原因):

凉东Ⅰ线931保护跳闸开关启动

三、故障分析:

故障线路名称	凉东Ⅰ段电流	
故障相别	A相接地	
故障开始时间	−19	ms
故障持续时间	36	ms
断路器跳闸时间	17	ms
二次侧的电抗	0.769	Ω
二次侧的电阻	−1.266	Ω
一次侧故障距离	10.999	km
一次侧过渡电阻	3.875	Ω
直流分量衰减时间常数	0.000	ms

四、故障后最大电流值(一次):凉东Ⅰ线电流3104.955kA(峰值),3.503kA(有效值),相对时标:−13.6ms

五、故障前后故障线路各模拟量有效值列表(以下为一次值):

通道名称	单位	故障前			故障后				
		第1周波	第2周波	第3周波	第1周波	第2周波	第3周波	第4周波	第5周波
凉东Ⅰ线电压U_a	kV	439.019	438.963	438.998	13.402	2.141	7.373	26.598	42.106
凉东Ⅰ线电压U_b	kV	440.221	440.195	440.207	482.643	443.676	436.852	439.457	439.227
凉东Ⅰ线电压U_c	kV	438.540	438.561	438.567	487.014	439.513	440.699	440.048	440.948
凉东Ⅰ线电压$3U_0$	kV	0.573	0.603	0.555	1039.926	784.770	765.450	775.097	766.773
凉东Ⅰ线电流I_a	kA	0.312	0.312	0.312	2.778	0.030	0.001	0.003	0.002
凉东Ⅰ线电流I_b	kA	0.308	0.309	0.307	0.230	0.293	0.287	0.291	0.291
凉东Ⅰ线电流I_c	kA	0.316	0.317	0.318	0.434	0.303	0.307	0.307	0.308
凉东Ⅰ线电流$3I_0$	kA	0.006	0.005	0.006	3.033	0.199	0.213	0.217	0.215

六、保护、安全自动装置及开关量动作情况一览表:

时间	对象	事件
2009年05月21日14时55分41.369秒	凉东Ⅰ线931保护跳闸	闭合
2009年05月21日14时55分41.371秒	凉东Ⅰ线103保护跳闸	闭合
2009年05月21日14时55分41.379秒	7512断路器A相跳闸	闭合
2009年05月21日14时55分41.381秒	7512断路器921保护跳闸	闭合
2009年05月21日14时55分41.398秒	7512断路器A相分闸位置	闭合
2009年05月21日14时55分41.410秒	凉东Ⅰ线931保护跳闸	断开
2009年05月21日14时55分41.420秒	7512断路器921保护跳闸	断开
2009年05月21日14时55分41.422秒	凉东Ⅰ线103保护跳闸	断开
2009年05月21日14时55分42.229秒	7512断路器921保护重合闸动作	闭合
2009年05月21日14时55分42.260秒	7512断路器A相分闸位置	断开
2009年05月21日14时55分42.348秒	7512断路器921保护重合闸动作	断开

第1页, 共2页　　打印时间:2009/05/21 15:04:23

(a)

图ZY1300104006-3　WGL9000型故障录波报告（一）

（a）WGL9000型故障录波报告第1页

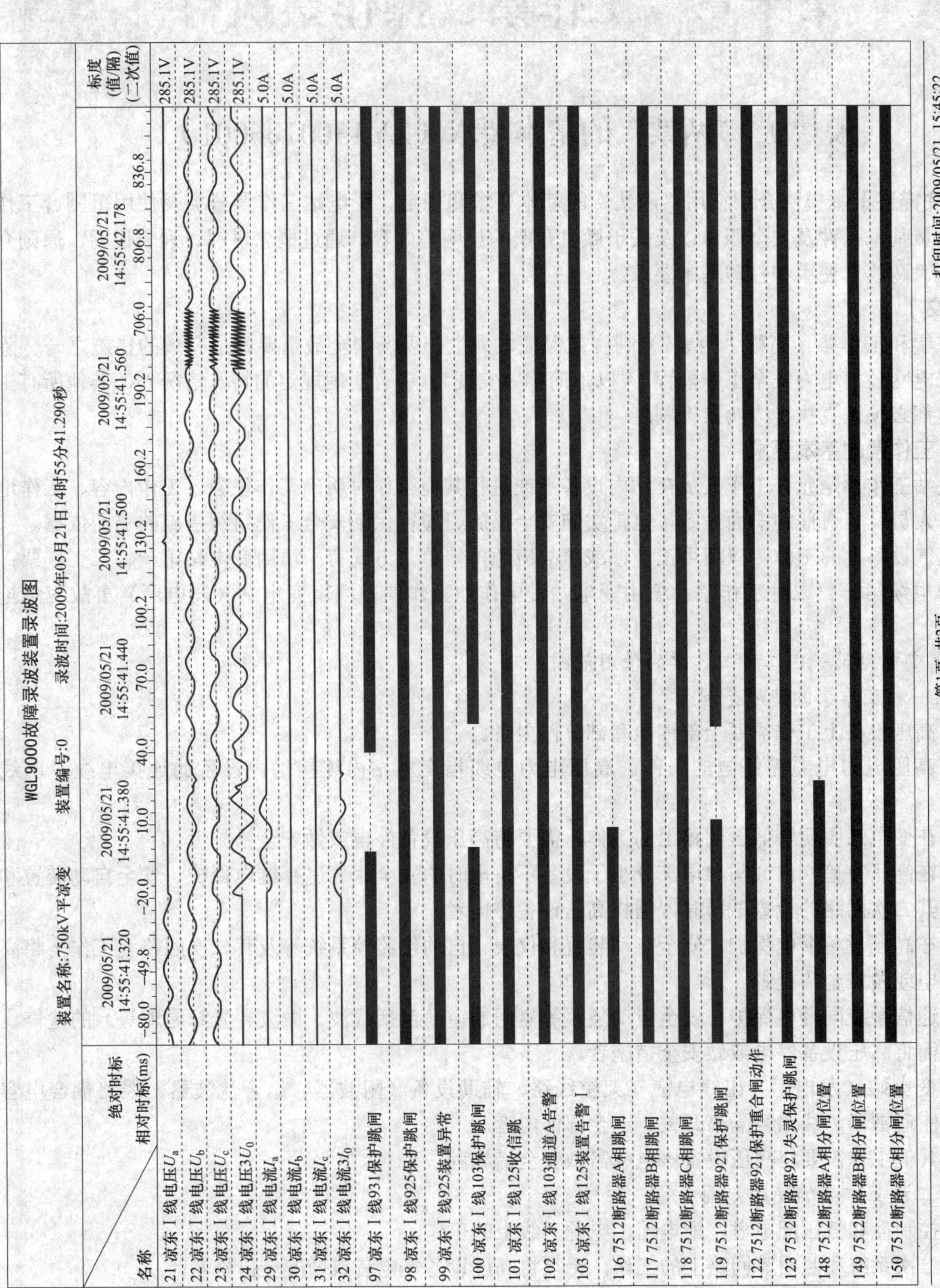

(b)

图 ZY1300104006-3　WGL9000型故障录波报告（二）

（b）WGL9000型故障录波报告第2页

第十章　工作票、操作票执行

模块1　“两票”的基本要求（ZY1300106001）

【模块描述】本模块介绍使用“两票”的基本要求和规定、变电站工作票分类及使用范围、工作票所列人员基本条件及安全职责以及关于微机开票的说明等内容。通过概念讲解、列表说明、原则介绍，掌握“两票”使用和管理基本要求。

【正文】

操作票和工作票（简称“两票”）制度是保证电力生产现场安全最重要、最有效的措施之一。除了《国家电网公司电力安全工作规程》（以下简称《安规》）中有明确规定的特殊情况外，其他所有工作和操作都必须认真执行“两票”制度。

一、工作票的基本要求

变电站工作票是允许工作人员在站内设备上或进行其他工作时明确工作任务、工作内容、工作地点、工作人员及其责任的书面命令，也是实施安全措施、履行保证安全工作组织措施的书面依据。

在电气设备上的工作，应填用工作票或事故应急抢修单，方式有：填用变电站第一、二工作票；填用电力电缆第一、二种工作票；填用变电站带电作业工作票；填用变电站（发电厂）事故应急抢修单。

（一）变电站第一、二种工作票的使用范围

1. 第一种工作票的使用范围

（1）高压设备上工作需要全部停电和部分停电者。

（2）高压电力电缆需停电的工作。高压电力电缆指变电站内连接站内设备的连接电缆、出线电缆。

（3）在变电站照明等低压回路上的工作，需要将高压设备停电或做安全措施者。

（4）在高压室遮栏内或与导电部分小于设备不停电时的安全距离进行继电保护、安全自动装置和仪表等及其二次回路的检查试验时，需将高压设备停电者。

（5）在高压设备继电保护、安全自动装置和仪表、自动化监控系统等及其二次回路上工作需将高压设备停电或做安全措施者。

（6）通信系统同继电保护、安全自动装置等复用通道（包括载波、微波、光纤通道等）的检修、联动试验需将高压设备停电或做安全措施者。

（7）变电站（发电厂）出线电缆（架空线路）辅助设备（阻波器、结合滤波器、线路耦合电容器、线路侧避雷器、线路侧隔离开关）上全部停电者。

（8）其他工作需要将高压设备停电或需做安全措施者。

2. 第二种工作票的使用范围

（1）控制盘和低压配电盘、配电箱、电源干线上的工作。

（2）二次系统和照明等回路上的工作，无须将高压设备停电者或做安全措施者。

（3）转动中的发电机、同期调相机的励磁回路或高压电动机转子电阻回路上的工作。

（4）非运行人员用绝缘棒和电压互感器定相或用钳形电流表测量高压回路的电流。

（5）大于表 ZY1300106001-1 所示距离的相关场所和带电设备外壳上的工作以及无可能触及带电设备导电部分的工作。

（6）高压电力电缆不需停电的工作。

表 ZY1300106001-1　　设备不停电时的安全距离

电压等级（kV）	安全距离（m）	电压等级（kV）	安全距离（m）
10 及以下（13.8）	0.70	330	4.00
20、35	1.00	500	5.00
63（66）、110	1.50	750	7.20
220	3.00		

（二）事故应急抢修单的使用范围

事故应急抢修是设备在运行中发生了故障被迫紧急停止运行，需短时间内恢复的抢修和排除故障工作。事故应急抢修可不用工作票，但为保证在处理事故时的安全组织措施，确保抢修过程中的人身安全，应使用事故应急抢修单，并应作好记录，履行工作许可手续。事故后连续进行的善后、修复工作应使用工作票并履行许可手续。

（三）工作票所列人员基本条件及安全职责

1. 基本条件

工作票签发人、工作负责人、工作许可人的条件应满足《安规》规定的要求，并且应是经工区（变电站、供电公司）生产领导书面批准的有一定相关工作经验的人员，其名单应书面公布。修试及基建单位的工作票签发人及工作负责人名单应事先送有关设备运行管理单位备案。专责监护人员应该具备工作负责人的资质。

2. 安全职责

（1）工作票签发人。负责审核工作必要性和安全性；工作票上所填安全措施是否正确完备；所派工作负责人和工作班人员是否适当和充足。

（2）工作负责人（监护人）。负责正确安全地组织工作，根据成员精神状态和技术水平合理安排分工；检查工作票所列安全措施是否正确完备和工作许可人所做的安全措施是否符合现场实际条件，必要时予以补充；工作前对工作班成员进行危险点告知，交代安全措施和技术措施，并确认每一个工作班成员都已知晓；严格执行工作票所列安全措施，督促、监护工作班成员遵守规程、正确使用劳动防护用品和执行现场安全措施。

（3）工作许可人。负责审查检修任务及内容是否与调度批准的相符，检修工期是否在批准的检修期内；负责审查工作票所列安全措施是否正确、完备，是否符合现场条件；负责现场安全措施的正确实施和完善，检查检修设备有无突然来电的危险；对工作票所列内容即使发生很小疑问，也应向工作票签发人询问清楚，必要时应要求作详细补充。

（4）专责监护人。应明确被监护人员和监护范围，工作前对被监护人员交代安全措施，告知危险点和安全注意事项，监督被监护人员遵守《安规》和现场安全措施，及时纠正不安全行为。

（5）工作班成员。应熟悉工作内容、工作流程，掌握安全措施，明确工作中的危险点，并履行确认手续；严格遵守安全规章制度、技术规程和劳动纪律，对自己在工作中的行为负责，互相关心工作安全，并监督《安规》的执行和现场安全措施的实施；正确使用安全工器具和劳动防护用品。

（四）工作票使用的基本原则

（1）使用前工作票应事先按类型连续编号，按编号顺序使用，且一年之内不得有重复编号。计算机生成的票应在正式出票前连续编号。

（2）一个工作负责人只能发给一份工作票。工作票上所列的工作地点以一个电气连接部分为限。

（3）一张工作票中，工作票签发人、工作负责人和工作许可人三者不得互相兼任，工作票签发人可以作为工作班成员参加工作。

（4）如施工设备属于同一电压等级，位于同一平面场所，同时停、送电，且不会触及带电导体时，则允许在几个电气连接部分使用一张第一种工作票。全站全停或变压器停电检修，其断路器也配合检修时可使用一张第一种工作票。

（5）在几个电气连接部分上依次进行不停电的同一类型的工作，可以使用一张变电站第二种工作票，但工作任务中应详细写明在哪些设备进行何种工作。

（6）若至预定时间，一部分工作尚未完成，仍继续工作而不妨碍送电者，在送电前应按照送电后现场设备带电情况办理新的工作票，布置好安全措施后方可继续工作。

（7）第一种工作票所列工作地点超过两个或有两个及以上不同的工作单位在一起工作时，可采用总工作票、分工作票，并同时签发。

（8）作废的工作票加盖“作废”印章，执行完毕后加盖“工作票终结”印章。已执行的工作票应保存1年。

二、操作票的基本要求

电气设备分为运行、冷备用、热备用、检修四种状态。将电气设备从一种运行状态转换到另一种运行状态所进行的一系列操作的过程叫倒闸操作。倒闸操作是变电站值班人员最主要的工作任务之一。

倒闸操作票是变电站值班人员根据调度下达的操作任务和要求，遵照电气设备的操作原则，按照有关规程规定自行填写的一系列操作项目的序列组合，是现场操作的书面依据，也是正确进行倒闸操作的基础和关键。

（一）操作票的使用范围

除事故应急处理、拉合断路器的单一操作可以不用操作票外，变电站的其他操作均应填用操作票。不使用操作票操作时仍应设有监护人，并严格执行倒闸操作的要求，操作项目应分别记入运行记录本或操作记录本（单项操作记录本）内，事故应急处理应保存原始记录。

当事故或异常紧急操作已告一段落，如必须进一步将设备转为检修状态，已有充足的时间填写操作票时，必须使用操作票进行操作。

（二）操作票所列人员的基本条件及安全职责

1. 基本条件

倒闸操作人员应经过安全教育和技术培训，熟悉有关的规程规定，熟悉变电站设备和接线方式，掌握基本的操作方法和注意事项，并经过操作权考试合格后才方可以承担倒闸操作工作。

倒闸操作由两到三人进行，一人监护、一人操作、另一人辅助操作。由对设备较为熟悉者做监护人，特别重要和复杂的倒闸操作，由主值或熟练的值班员操作，值班长或站长监护。进行遥控操作时为了减少操作时间和主操作人的操作量，一般可设置辅助操作人，主要负责检查设备实际位置和状态、工具的准备等。

2. 安全职责

（1）值班负责人。指站长、当值值班长或主值班员，负责接受、回复调度指令，向本次操作人员布置操作任务和下达操作命令，审查操作票并对其正确性负责，监督规范化操作的执行。

（2）监护人。监护人是倒闸操作期间的主要负责人，操作之前认真审核操作票，并对正确性负责；负责按规范化操作的要求高质量地监护操作人、辅助操作人正确、顺利地完成本次倒闸操作工作，并负责对倒闸操作的全过程进行录音。

（3）操作人。操作人是主要操作人员，在操作前正确填写操作票，对操作票的正确性负责，在监护人的监护下，按照操作票填写的顺序完成所列的各项操作任务。

（4）辅助操作人。负责在倒闸操作期间进行各种配合、协助工作，工具的检查和准备；清楚本次操作的具体步骤，在操作过程中根据监护人的命令负责检查断路器、隔离开关等一次设备的实际位置并对检查的正确性负责；操作过程中协助操作人搬运验电器、接地线等，不得进行操作票所列项目的实际操作。

（三）操作票使用的基本原则

（1）同一变电站的操作票应事先连续编号，计算机生成的票应在正式出票前连续编号，按编号顺序使用，且一年之内不得有重复编号。

（2）作废的操作票应加盖“作废”印章，未执行的应加盖“未执行”印章，已操作的操作票应加盖“已执行”印章。已执行的操作票应保存一年。

（3）变电站内部的电气设备停电检修时，调度员只负责下令将设备转至检修申请要求的状态，即可许可开工；一切相关的安全措施均由设备所在单位负责。检修工作结束，变电站应将内部自做的安全措施拆除，将设备恢复至开工状态，方可向调度员汇报完工。以上操作必须有操作票，根据具体工作任务自行拟订。

（4）操作时，若调度员下达的是综合指令，为一个操作任务，则所有操作可填用一份操作票。若为分项指令，操作票应按调度指令分别填写。在事故情况下，值班调度员为加快事故处理速度，也可以口头下达事故操作令对一、二次设备进行操作，此时现场运行值班人员在接受该命令后，可以不写操作票，立即进行操作。

所谓一个操作任务指的是根据同一个操作命令，且为了相同的操作目的而进行的一系列相互关联并依次进行的操作过程。如至涉及一个站，根据一个操作命令所进行的母线和变压器停送电等综合指令的操作，均可采用一张操作票。若为逐项指令，操作任务与操作项目应按调度指令分别填写，如750kV 某条线路停电必须要经过“750kV××××、××××断路器运行转热备用”—“拉开#××750kV××线线路隔离开关”—“合上#××750kV××线线路接地隔离开关”—“750kV××××、××××断路器热备用转热检修”等步骤才能完成一个操作目的，这时就要分成4张操作票准备，在执行每张操作票时根据调度命令逐项进行。

三、微机开票的规定

（1）用计算机开出的操作票、工作票应与手写格式一致。

（2）微机开票时系统应具备自动编号和执行记忆功能，应连续编号，便于检查操作票、工作票执行情况。

（3）使用微机填写的“两票”，其工作票签发人、工作负责人、工作许可人、专职监护人、操作人、监护人、值班负责人及安全措施交底确认栏应手工或电子签名。

（4）在微机“五防”系统机开票时，微机防误系统功能要达到规定要求，并经过验收后投入正常使用。开票宜采用“图文”（手工开票）的开票方式，不得使用只要输入操作任务就自动生成操作票的方式。开票系统各级人员必须要有权限限制，使用不同的密码，开出的操作票也必须要经过审核合格后才能执行。

【思考与练习】

1. 变电站第一、二种工作票的使用范围分别是什么？
2. 工作许可人的安全职责是什么？
3. 哪些情况下可以不用填写操作票？
4. 倒闸操作对操作人员有什么要求？

模块2 工作票填写标准及执行程序（ZY1300106002）

【模块描述】本模块介绍变电站第一、二种工作票填写要求及执行程序。通过概念描述、列表说明、流程讲解、案例介绍，掌握工作票填写要求和执行程序。

【正文】

运行人员既是电气工作的工作许可人，也是安全措施的执行者，其工作贯穿于整个工作票执行的全过程，对工作票执行的正确性负直接责任。运行人员必须严格遵守和执行工作票制度，通过工作票明确安全职责，执行安全组织措施，向工作人员进行安全交底，履行工作许可手续，工作间断、转移和终结手续。

一、工作票的填写规定

1. 工作票填写要求

（1）工作票应使用钢笔或圆珠笔填写与签发，一式两份，内容应正确，使用统一的设备名称和操作术语。

（2）填写应清晰，不得任意涂改，如有个别错、漏字需要修改，应使用规范的符号，字迹应清楚。

（3）工作票中所填写的设备名称和编号应按设备管辖权限，分别由各级调度以正式文件批准公布，并与实际设备名称和编号相符。

（4）用计算机生成或打印的工作票应使用统一的票面格式，由工作票签发人审核无误，手工或电子签名后方可执行。

（5）工作票中的所有时间均应填写 24h 制和双位数字，如××××年××月××日××时××分。

2. 工作票填写标准

工作票填写应根据现场实际逐项填写完整，并符合《国家电网公司电力安全工作规程》（简称《安规》）的要求，下面以变电站第一种工作票为例介绍工作票填写的一些通用要求，如表 ZY1300106002-1 所示。

表 ZY1300106002-1　　变电站第一种工作票填写标准

<table>
<tr><th>序号</th><th colspan="2">工作票所列各项内容</th><th>填 写 标 准</th></tr>
<tr><td>1</td><td colspan="2">工作负责人</td><td>应为经公司书面公布批准的工作负责人</td></tr>
<tr><td>2</td><td colspan="2">工作班成员</td><td>（1）只有一个班组工作，则填写全部工作人员名称，在不能全部填写的情况下，可填写×××、×××等共几人。
（2）几个班同时进行工作时，可只填写各班的负责人等几人，不必一一列出人员名单。
（3）有厂家人员或特殊工作人员（吊车司机等）应注明厂家或特殊工种名称</td></tr>
<tr><td>3</td><td colspan="2">变（配）电站名称和设备双重名称</td><td>应填写变电站电压等级、名称及设备名称、编号，如××750kV 变电站 750kV ××断路器</td></tr>
<tr><td rowspan="2">4</td><td rowspan="2">工作任务</td><td>工作地点及设备双重名称</td><td>（1）工作地点及设备双重名称栏和工作内容栏应对应填写。
（2）主控室内工作应填写主控室、屏（柜）名称和编号，保护室内工作应填写电压等级、保护室名称、屏（柜）名称和编号，室外设备上工作应填写电压等级、设备（间隔）名称和编号。
（3）两个以上班组在几个地点工作使用一张总工作票时，工作地点及设备双重名称栏和工作内容栏应以一个电气连接部分为限一一对应填写，并与工作任务相对应</td></tr>
<tr><td>工作内容</td><td>填写具体工作内容，如断路器小修、保护传动试验等</td></tr>
<tr><td>5</td><td>批准工作时间</td><td colspan="2">为调度部门批准的停电检修计划时间</td></tr>
<tr><td>6</td><td>计划工作时间</td><td colspan="2">为检修计划工作时间</td></tr>
<tr><td rowspan="5">7</td><td rowspan="5">安全措施</td><td>应拉开断路器、隔离开关</td><td>（1）填写应拉开的断路器和隔离开关，保证工作地点各侧有明显断开点。
（2）对于手车断路器应填明其准确位置状态，如“××手车拉至试验位置”等</td></tr>
<tr><td>应装接地线、应合接地开关</td><td>填写应装设接地线的确切地点、编号以及合上接地开关的编号、名称</td></tr>
<tr><td>应设遮栏、应挂标示牌及防止二次回路误碰等措施</td><td>（1）填写装设绝缘板、一次和二次设备遮栏（围栏）的确切位置，悬挂标示牌的位置、内容及数量，防止二次回路误碰、误动措施。
（2）标示牌悬挂应按《安规》中相关要求执行</td></tr>
<tr><td>工作地点保留带电部分或注意事项</td><td>由工作票签发人注明临近工作地点的带电部分、应退的压板和应断开的装置电源、工作地点特殊的危险点、在工作中的特殊要求等，并及时签名和填写签发日期</td></tr>
<tr><td>补充工作地点保留带电部分安全措施</td><td>由工作许可人填写需要补充的检修设备间隔上、下、左、右、前、后保留带电部位的具体位置和设备编号及安全措施</td></tr>
<tr><td>8</td><td>收到工作票时间</td><td colspan="2">由运行人员审核合格后填写收到工作票的具体时间</td></tr>
<tr><td>9</td><td>确认本工作票1～7项</td><td colspan="2">现场许可后由工作许可人填入工作许可时间</td></tr>
<tr><td>10</td><td>确认工作负责人布置的任务和本施工项目安全措施</td><td colspan="2">工作票许可后全体工作班成员确认无疑问后逐一在工作票上签名，不允许代签</td></tr>
<tr><td>11</td><td>工作负责人、工作人员变动情况</td><td colspan="2">（1）填写工作负责人变动时间并签名。
（2）工作人员变动由工作负责人在工作票内填写人员变动情况和变动时间</td></tr>
</table>

续表

序号	工作票所列各项内容	填写标准
12	工作票延期	延期由工作许可人填入延期时间，经双方签名后生效
13	每日开工和收工时间	（1）使用一天的工作票不必填写。 （2）多日工作间断，由工作许可人填写每日收工、开工许可时间并双方签字
14	工作终结	全部工作完毕，检查验收合格后，由工作许可人在两张工作票上填入工作结束时间，并分别签字
15	工作票终结	全部工作完毕后，由工作许可人填写向调度汇报的未拆除的接地线、未拉开的接地开关的具体编号和数量，填写终结时间
16	备注	由工作票签发人或工作负责人填写指定专责监护人姓名、被监护对象姓名、监护范围及具体工作

二、工作票执行程序及要求

如图 ZY1300106002-1 所示为工作票在现场执行的基本流程，在工作票的执行过程中一定要按流程认真执行，确保工作的安全顺利进行。

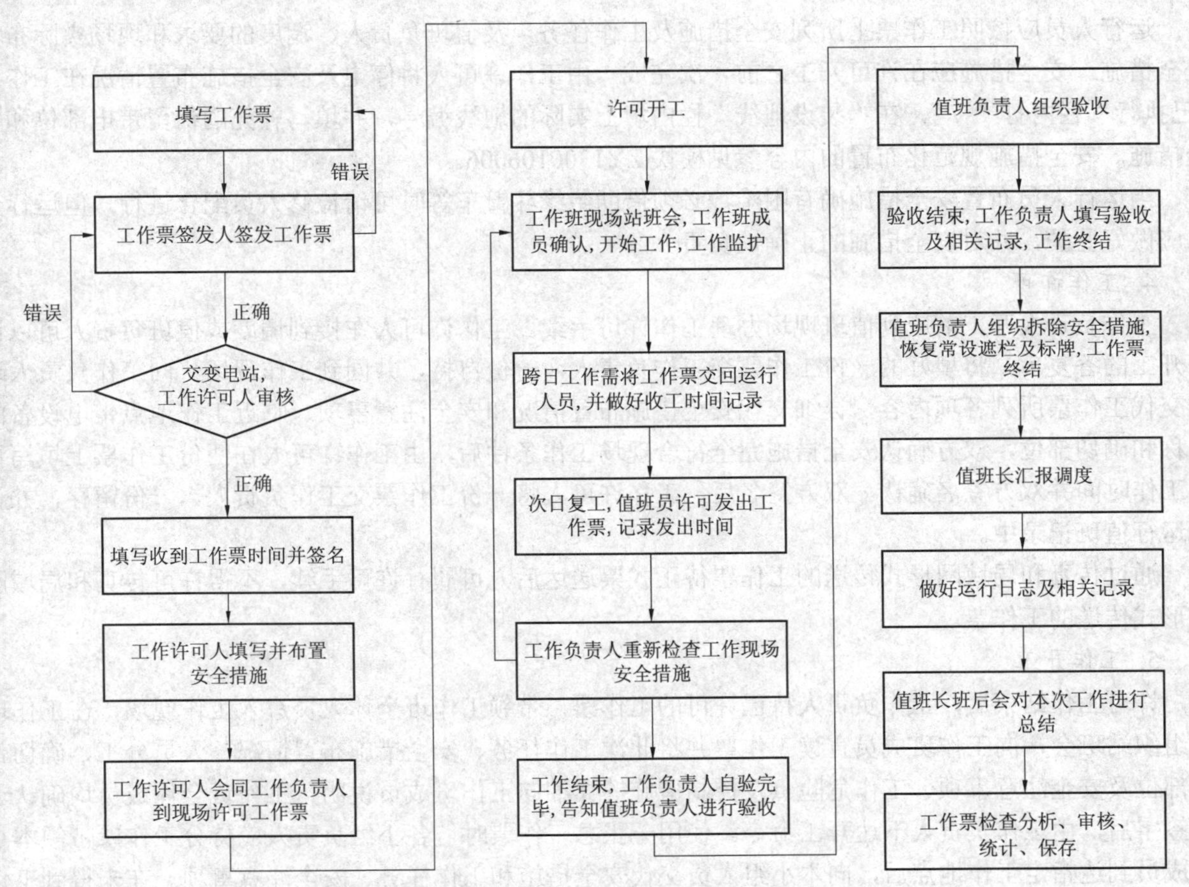

图 ZY1300106002-1　工作票在现场执行的基本流程

1. 工作票签发

工作票签发人在收到工作负责人填写好的工作票后应对其所填全部内容认真进行审核，检查所填写的工作任务与工作地点、停电设备是否相符，现场安全措施是否完善，工作班成员是否安排合理等，并认真核对一次接线图、继电保护等资料，在工作票中详细填明工作地点保留带电部位或注意事项。对各项审核无误后在一式两份工作票上签名。对审核不合格的工作票，签发人应向工作负责人退回，说明原因并要求重新填写，重新履行审核手续，直至审核合格为止。工作票签发人严禁签发空白工作票。使用一总、分工作票时，总、分工作票应由同一个签发人签发。

工作票签发人使用电话方式签发工作票时，工作负责人应将工作票上所填内容告知工作票签发人，签发人应在另一张空白工作票上记录工作负责人填写的所有内容，无误后由工作负责人在两张工作票上填入签发人姓名（注明电话签发字样）、签发日期。

承发包工程中，基建和外来施工单位在变电站进行工作的工作票一般要进行“双签发”，即由施工单位和运行管理单位共同签发后才能许可。双方工作票签发人各自承担相应的安全责任。

2. 工作票接收

第一种工作票应在工作前一日预先送达运行人员，可直接送达或通过传真、局域网传送，但传真的工作票许可应待正式工作票到达后履行。临时工作或因故无法送达工作票时可在工作开始前直接交给工作许可人。第二种工作票应在开工前交给运行人员。

变电站运行人员收到工作票后，应对工作票全部内容认真进行审查，尤其是安全措施是否符合现场实际、是否正确完备，工作任务和时间是否与调度批准的相符，工作任务与工作地点是否相符等，确认无误后填写收到时间并签名，在运行记录本（工作票登记本）上进行登记。通过传真和局域网等形式传送的工作票应待正式票送达后填写签收时间并签名。

对收到的工作票有疑问时应向工作票签发人询问清楚，确有问题需时应拒收工作票，要求重新填写。

3. 安全措施规范化布置

运行人员应按照工作票上所列安全措施及工作任务，及值班负责人、调度的要求和现场实际布置安全措施。安全措施应在许可开工之前一次完成，由工作许可人将停电及安全措施布置情况在工作票“已执行”栏内打“√”，在“装设地线”栏内填上实际的地线编号，并填写补充的保留带电部位和安全措施。安全措施规范化布置的内容参见模块 ZY1300106006。

当运行人员布置安全措施确有困难，必须借助绝缘斗臂车等时可请检修人员配合进行，但运行人员应做好监护，并对安全措施的正确性负责。

4. 工作许可

工作负责人开工前应到值班现场办理工作许可手续。工作许可人在接到调度或值班负责人可以许可开工的答复后，将填好的一份工作票交工作负责人，一份自持，共同到工作现场，向工作负责人逐一交代工作票所列各项内容，详细交代安全措施布置情况和安全注意事项、临近工作地点带电设备的名称和确切部位，双方确认安全措施完全符合现场工作条件后，由工作许可人在两份工作票上填写许可工作时间并双方签名确认。双方签名后，工作许可人将一份工作票交工作负责人，一份留存，并记入运行值班记录中。

通过传真和局域网形式传送的工作票待正式票送达后方可履行许可手续，不得许可传真和局域网等形式传送的工作票。

5. 工作开工

许可工作结束后，工作负责人持已许可的工作票，带领工作班全体人员进入工作现场，在工作现场组织站班会，向工作班成员宣读工作票并将此次工作任务、安全措施布置情况、人员分工、确切带电部位及安全注意事项、工作危险点及控制措施等详细向工作班成员说明，工作班全体成员均确认无疑签字后，由工作负责人下达开工命令。使用一张总工作票时，各小组负责人应持分工作票带领本小组成员到达指定工作地点后，向本小组人员交代安全措施和工作任务、安全注意事项。在未得到工作负责人的开工命令之前，任何人不得进入现场。

开工后，工作负责人、工作许可人任何一方不得擅自变更有关检修设备的运行接线方式、安全措施，工作中如有特殊情况需要变更时，应先取得对方的同意。变更情况及时记录在值班日志内。如需变更或增设安全措施者应填用新的工作票，并重新履行工作许可手续。工作中不允许随意扩大工作范围和增添工作任务，不得进行票外工作。如需在原工作票停电范围内增加工作任务时，应由工作负责人征得工作票签发人和工作许可人、调度员同意，并在工作票上增填工作项目。

多班组同时工作时，在工作过程中工作班组要求试拉、合断路器，合上操作、信号电源等操作时应征得其他班组的同意，并且断路器的遥控操作应由运行值班人员遵照监护复诵的制度进行，操作前应通知现场工作人员引起注意，以免引起人员伤亡事件。间隔内有高压试验工作时同间隔的其他工作票应收回，暂停其他工作。

6. 工作监护

在工作中，工作负责人、专责监护人必须始终在工作现场，对工作班成员的工作进行认真监护，及时纠正违反安全规定的行为。工作负责人在全部停电时，可以参加工作班工作。在部分停电时，只有在安全措施可靠，人员集中在一个工作地点，不致误碰有电部分的情况下，方能参加工作。

工作票签发人或工作负责人应根据现场安全条件、施工范围、工作需要等具体情况，增设专人监护，确定被监护的人数、工作范围及具体作业。专责监护人不得兼做其他工作，临时离开时，被监护人员停止工作或离开工作现场，待专责监护人回来后方可恢复工作。工作期间工作负责人因故暂时离开工作地点时，应指定能胜任工作的人员临时代替，离开前应将工作现场交代清楚，并告知工作班成员。原工作负责人返回工作地点，应履行同样的交接手续。

运行人员应不定时到工作现场检查现场安全措施是否完善，工作人员有无违章现象，如发现工作人员有违反《安规》或任何危及人员、设备的不安全情况时，应向工作负责人提出改正意见，必要时可暂停工作。工作班成员或其他人员发现上述问题时，也应及时提出改正意见。

7. 工作负责人变更和工作班成员变动

工作期间，非特殊情况不得变更工作负责人。若因故工作负责人必须长时间离开工作现场时，应由工作票签发人变更工作负责人。工作负责人允许变更一次。

需要变动工作班成员时，须经工作票负责人同意，工作负责人对新工作人员进行安全交底手续确认签名后，方可进行工作。

8. 工作间断和转移

当日短时工作间断，工作班所有成员应从工作现场撤出，所有安全措施保持不动，工作票仍由工作负责人执存，间断后继续工作，无须通过许可人。如遇特殊情况间断工作时，工作票应交至工作许可人处，开工时由工作票许可人填写收工、开工时间并双方签字。

多日工作间断，每日收工时应清理工作现场，并将工作票交至工作许可人处，次日开工前应经工作许可人许可，取回工作票，由工作许可人填写每日收工、开工许可时间并双方签字。工作前工作负责人必须重新认真检查安全措施，确认符合工作票的要求，召开班前会，方可恢复工作。

在工作间断期间，若有紧急需要，运行值班人员可在工作票未交回的情况下合闸送电，但应先通知工作负责人，在得到工作班全体人员已经离开工作地点、可以送电的答复后方可执行，并应采取措施防止人员误入已带电的间隔。

用同一张工作票依次在几个工作地点转移工作时，全部安全措施应由工作许可人在开工前一次做完，无须办理转移手续。在转移到新的工作地点时，工作负责人应向工作班成员交代带电范围、安全措施和注意事项。转移中，无工作负责人带领，工作班成员不得进入新的工作现场。

9. 工作票延期

由于特殊原因，工作负责人对所负责的工作任务确认不能在计划时间内完成时，应办理工作票延期手续。若延期在批准工作时间内，由工作负责人向运行值班负责人提出申请，运行值班负责人根据批准工作时间充分考虑操作时间后通知工作许可人办理；若延期超过调度批准工作时间时，工作负责人应提前向值班负责人提出申请，由值班负责人向值班调度员申请，在得到值班调度员批准延期的通知后，由运行值班负责人通知工作许可人办理。

延期由工作许可人填入延期时间，经双方签名后生效。运行人员应将联系延期的相关联系过程录音并记录在运行值班日志中。

10. 工作终结

全部工作完毕后，工作负责人应带领工作人员全面清理、检查工作现场，做到工完、场地清后带领工作班全体成员撤离工作现场，再向工作许可人交代所修项目、发现的问题、试验结果和存在问题等。由工作负责人与工作许可人分别持工作票共同检查设备状况、有无遗留物件、是否清洁等，检查验收合格后，由工作许可人在两张工作票上填入工作结束时间，并分别签字，表示此项工作终结。

对于多班组同时进行的工作的总工作票，值班人员可根据分工作负责人的要求对其所负责的分工作按要求进行验收，并填写验收记录。工作终结后所有的设备状态应恢复到许可前状态。

11. 工作票终结

全部工作结束后，工作许可人将工作票所列临时遮栏（围栏）、标示牌全部拆除，恢复全部常设遮栏（围栏），在工作票内记入未拆除的接地开关和接地线的编号、数目，并汇报值班负责人，由其向调度值班员汇报。工作许可人在留存的工作票上填写工作票结束时间并签名后，加盖“工作票终结”印章。

三、案例

以下以××750kV 变电站 1 号主变压器（简称主变）小修工作为例，介绍变电站第一种工作票的填写。填用并执行后的工作票如表 ZY1300106002-2 所示。

运行方式：主接线如图 ZY1300106002-2 所示，1 号主变压器三侧断路器分别为 7510、7512、3321、3320、6601 断路器，750kV 侧主变压器隔离开关为 75126 隔离开关，330kV 侧无单独的主变压器隔离开关。

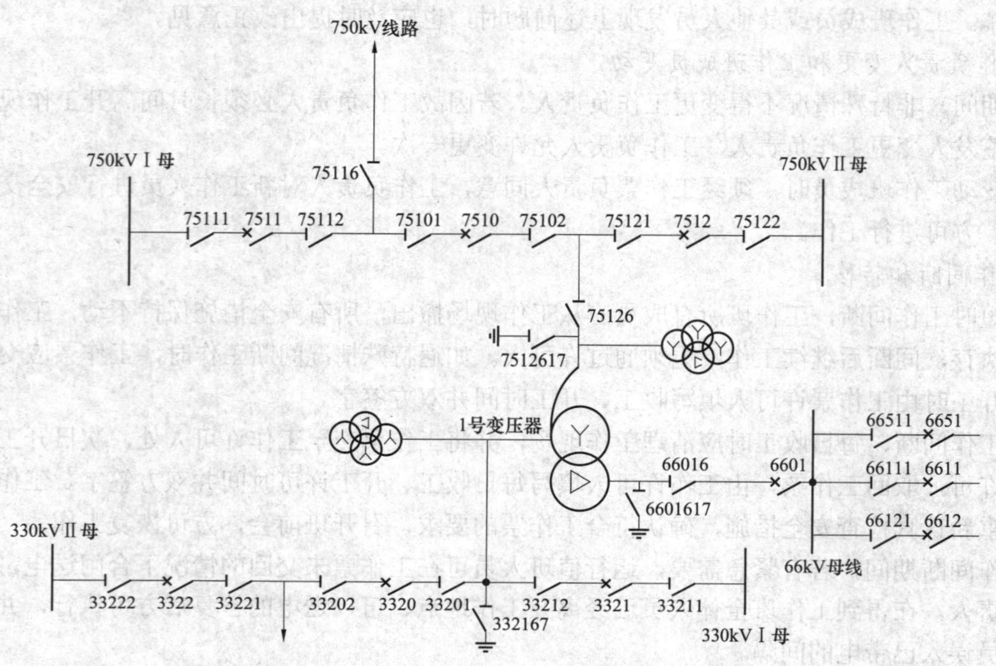

图 ZY1300106002-2 ××750kV 变电站 1 号主变压器系统线图

表 ZY1300106002-2　　××750kV 变电站 1 号主变压器小修工作票

变电站（发电厂）第一种工作票

单位：××电力科学试验研究院　　　　编号：201001001

1. 工作负责人（监护人）：李××	班组：调试一班
2. 工作班成员（不包括工作负责人）：闫××　俞××　张××　王××　斗臂车司机：郭×× 共 5 人	
3. 工作的变配电站名称及设备双重名称：××750kV 变电站 750kV 1 号变压器	
4. 工作任务：	
工作地点及设备双重名称	工作内容
室外主变压器设备区：750kV 1 号变压器本体 A、B、C 相及备用相处	小修
5. 批准工作时间：自 2010 年 01 月 25 日 08 时 00 分至 2010 年 01 月 31 日 18 时 00 分	
6. 计划工作时间：自 2010 年 01 月 25 日 10 时 00 分至 2010 年 01 月 31 日 16 时 00 分	

续表

7. 安全措施（必要时可附页绘图说明）：

应拉断路器（开关）、隔离开关（刀闸）：	已执行 *
应断开：3320、3321、6601 断路器	√
应拉开：75126、33211、33212、33201、33202、66016 隔离开关	√
应装接地线、应合接地隔离开关（注明确实地点、名称及接地线编号 *）：	已执行
应合上 7512617、332167、6601617 接地开关	√
应设遮栏、应挂标示牌及防止二次回路误碰等措施：	已执行
应在 3320、3321、6601 断路器及 75126、33211、33212、33201、33202、66016 隔离开关汇控箱、测控柜处悬挂“禁止合闸，有人工作！”标示牌 12 块	√
应在监控后台机操作站 3320、3321、6601 断路器及 75126、33211、33212、33201、33202、66016 隔离图形显示操作处设置“禁止合闸，有人工作！”标示牌	√
应在 1 号主变压器 A、B、C 相，备用相与临近运行设备之间装设遮栏，并向内悬挂“止步，高压危险！”标示牌 60 块，在遮栏出入口处悬挂“从此进出！”标示牌 1 块	√
应在 1 号主变压器 A、B、C 相，备用相爬梯上悬挂“从此上下！”标示牌共 4 块	√
应在 1 号主变压器 A、B、C 相，备用相本体及 A、B、C 相本体端子箱、风冷控制箱上悬挂“在此工作！”标示牌共 8 块	√
应在 1 号主变压器 A、B、C 相及备用相爬梯上悬挂“禁止攀登，高压危险！”标示牌共 4 块	√
应断开 75126、33211、33212、33201、33202、66016 隔离开关操作电源开关	√
应断开 3320、3321、6601 断路器操作电源开关	√
应断开 1 号主变压器Ⅰ、Ⅱ路通风交流电源开关	√
应退出 1 号主变压器保护一、保护二所有保护压板	√

* 已执行栏目及接地线编号由工作许可人填写

工作地点保留带电部分或注意事项（由工作票签发人填写）：	补充工作地点保留带电部分和安全措施（由工作许可人填写）：
应断开 1 号主变压器 750kV 侧、330kV 侧 CVT 二次空气断路器	相邻的 2 号主变压器在运行状态，严禁攀登！

工作票签发人签名：景××　　签发日期：2010 年 01 月 24 日 15 时 30 分

8. 收到工作票时间：2010 年 01 月 24 日 17 时 10 分
运行值班人员签名：何××　　工作负责人签名：李××

9. 确认本工作票 1 至 7 项
工作负责人签名：李××　　工作许可人签名：何××
许可开始工作时间：2010 年 01 月 25 日 10 时 10 分

10. 确认工作负责人布置的任务和本施工项目安全措施。
工作班组人员签名：闫××　俞××　张××　王××　郭××　汪××

11. 工作负责人变动情况：原工作负责人 李×× 离去，变更 贾×× 为工作负责人。
工作票签发人签名：景××　　2010 年 01 月 27 日 14 时 15 分

续表

12. 工作人员变动情况（增添人员姓名、变动日期及时间）：
2010 年 01 月　26　日　16　时 05 分　汪××进入此票
工作负责人签名：　李××

13. 工作票延期：　有效期延长到 2010 年 02 月 02 日 18 时 00 分
工作负责人签名：　李××　　　2010 年 01 月 27 日 12 时 06 分
工作许可人签名：　赵××　　　2010 年 01 月 27 日 12 时 06 分

14. 每日开工和收工时间（使用一天的工作票不必填写）：

收工时间				工作负责人	工作许可人	开工时间				工作许可人	工作负责人
月	日	时	分			月	日	时	分		
01	25	19	30	李××	何××	01	26	09	25	何××	李××

15. 工作终结：全部工作于 2010 年 02 月 02 日 14 时 35 分结束，设备及安全措施已恢复至开工前状态，工作人员已全部撤离，材料工具已清理完毕，工作已终结。
工作负责人签名：　贾××　　　工作许可人签名：　朱××

16. 工作票终结：
临时遮栏、标示牌已拆除，常设遮栏已恢复。未拆除或未拉开的接地线编号 无 等共 0 组、接地开关（小车）共 3 副（台），已汇报调度值班员。
工作许可人签名：　朱××　　　2010 年 02 月 02 日 14 时 50 分

17. 备注：
1）指定专责监护人 闫×× 负责监护 斗臂车司机郭××斗臂车起降工作
（地点及具体工作）
2）其他事项：　无

【思考与练习】

1. 工作票填写时对工作任务和地点的要求有哪些？
2. 变电站接收工作票后应做哪些工作？
3. 如何在现场许可工作票？
4. 工作票延期如何办理？

模块 3　操作票填写标准及执行程序（ZY1300106003）

【模块描述】本模块介绍操作票填写原则和执行基本要求，调度标准操作指令和术语的规定，设备状态的界定等内容。通过归纳讲解、列表说明、概念描述、案例介绍，掌握操作票填写原则和执行要求。

【正文】

电气设备都有一定的特点，在操作时应根据设备的特性，按照一定的规律进行，否则就会造成严重的后果，因此在填写操作票和操作执行过程中都应特别注意不要违背操作的原则，遵循一定的规范和规律按序执行，才能有效杜绝误操作事故的发生。

一、操作票填写的基本原则

倒闸操作票是电气倒闸操作中防止误操作的有效措施，正确填写操作票是正确操作的前提。填写倒闸操作票应遵从以下原则：“五防”的原则；预防事故、有利保护动作的原则；设备状态逐步变化的原则；一次与二次相配合、防止继电保护误动或拒动事故的原则；在不违背操作原则的前提下，优化操作步骤的原则；使用规范操作术语的原则。

1.“五防”的原则

（1）防止带负荷拉合隔离开关。在拉合隔离开关前必须检查相应断路器确在分闸位置。

（2）防止带电挂（合）接地线（接地开关）。在装设接地线或合接地开关之前必须直接或间接验明设备确无电压。

（3）防止带接地线合闸。在合闸送电前必须检查该间隔内所有的接地线确已拆除、接地开关确已拉开、确无遗留物件。

（4）防止误拉合断路器。填写和执行操作票时应认真核对操作任务和操作设备是否相符。

（5）防止误入带电间隔。操作票执行中认真核对设备名称、编号、位置，表示设备断开和允许进入间隔的信号，经常接入的电压表等，如果指示有电，禁止在该设备上工作。

2. 预防事故、有利保护动作的原则

为了保证在操作过程中发生事故时保护装置能快速动作、断路器可靠跳闸，避免事故的扩大，减轻事故对人身和设备的伤害和便于确定故障范围，及时作出判断和处理，在填写操作票时应遵从以下原则：

（1）停电操作时，先停一次设备，后停保护、自动装置；送电操作时，先加用保护、自动装置，后投入一次设备。

（2）停电操作按照断路器→负荷侧隔离开关→电源侧隔离开关的顺序依次进行，送电操作与之相反。

（3）主变压器停电操作按从负荷侧到电源侧，送电从电源侧到负荷侧的顺序进行。

（4）断路器控制电源在设备检修送电前先合上，在设备检修停电后最后断开。

3. 设备状态逐步变化的原则

运行、热备用、冷备用、检修4种状态是构成操作票填写的基本要素，填写操作票必须要严格按设备状态的规定逐步进行变化，才能保证操作流程脉路清晰、规范有序。如“750kV××断路器运行转检修”要经过“运行转热备用”、“热备用转冷备用”、“冷备用转检修”等过程才能达到最终的状态。设备状态的含义见表ZY1300106003-1。

表ZY1300106003-1　　设备状态的含义

设备状态	含　义
运　行	设备的隔离开关及断路器都在合上位置，继电保护及二次设备按规定投入，设备带有规定电压的状态（所连接的避雷器、电压互感器无特殊情况均应投入）
热备用	设备的断路器断开，而隔离开关仍在合上位置。此状态下如无特殊要求，设备保护均应在运行状态。线路高压电抗器、电压互感器（TV或CVT）等无单独断路器的设备均无热备用状态
冷备用	设备没有故障，各侧接地开关确在拉开位置、无接地线、无其他安全措施，隔离开关及断路器都在断开位置，可以随时投入运行的状态。无特殊要求，设备保护均应在退出状态
检　修	设备的所有断路器、隔离开关均断开，并装设好接地线或合上接地开关的状态

4. 防止保护不正确动作的原则

变电站电气倒闸操作不仅是一次设备状态变化的过程，同时也是继电保护进行严格配合的变化过程，如果在操作中没有充分考虑二次的配合，就有可能造成保护及自动装置误动或拒动的严重后果，如断路器位置停信、状态转换开关、重合闸、母差方式的选择等均应配合一次设备运行方式的改变而进行相应的操作。

5. 优化操作步骤的原则

在填写操作票时，操作人可在不降低安全系数和违背操作原则的前提下，根据现场设备布置的具体情况合理确定操作顺序，选择最优的路线进行，尽可能减轻操作劳动量，从而提高操作人员的安全系数。

6. 使用规范操作术语的原则

操作术语是为了规范和准确划分操作命令、操作行为的一系列用语的组合，包括统一设备命名、设备编号、规范的调度指令等。填写操作票使用规范的操作术语可以使各项操作任务更明确清晰，形成统一的标准，更利于操作票的执行和管理。在与调度联系工作和操作中均应使用正规的操作术语。表 ZY1300106003-2 所列的是常用的一些操作术语举例。

表 ZY1300106003-2 常用操作术语举例

被操作对象	操 作 术 语	举 例 说 明
断路器	“合上”或“同期合上”、“断开”	合上（或同期合上）/断开××断路器
隔离开关或接地开关	“合上”、“拉开”	合上/拉开××隔离开关或接地开关
保护压板	“投入”或“退出”	投入/退出××断路器××保护×××压板
熔断器	“放上”或“取下”	“放上”或“取下”××熔断器
小开关	“合上”或“断开”	合上/断开××小开关
切换开关	由“××”切至“××”位置	将××保护柜××切换开关（或转换把手）由“××”切至“××”位置
接地线	“装设”或“拆除”	在××设备与××设备之间验明确无电压装设接地线一组（Y#） 拆除××设备与××设备之间接地线一组（Y#）
断路器的位置检查	确已“合好/断开”，确在“断开位置/合闸位置”，必须分相进行	检查××断路器确已合好/断开 检查××断路器确在断开/合闸位置
隔离开关位置检查	确已“合好/拉开”，确在“拉开位置/合闸位置”，必须分相进行检查	检查××隔离开关三相确已合好/拉开

二、应填入操作票的内容

（1）应拉合的设备（断路器、隔离开关、接地开关等）。合断路器应填明是同期合还是无压合。

（2）验电，装拆接地线（对于无法直接验电的设备必须将检查项单独列项填写，如检查隔离开关确在拉开位置、电压指示为零等）。

（3）安装或拆除控制回路或电压互感器回路的熔断器，切换保护回路和自动化装置及检验是否确无电压等。

（4）拉合设备（断路器、隔离开关、接地开关）等后检查设备的位置。

（5）进行停、送电操作时，在拉合隔离开关、手车式断路器拉出推入前，检查断路器确在分闸位置。

（6）在进行倒负荷或解、并列操作前后，检查相关电源运行及负荷分配情况（主变压器及联络线等操作时，在操作票中应明确填写所检查设备断路器编号及表计指示的数值）。

（7）设备检修后合闸送电前，检查送电范围内接地开关已拉开，接地线已拆除。

（8）切换“远方/就地”切换开关。

三、操作执行过程的基本要求

1. 操作的基本条件

运行的 750kV 设备宜采用遥控、监护操作，遥控操作应在满足防误闭锁条件下进行。倒闸操作时应根据值班调度员或运行值班负责人的指令进行，操作中应持有事先审核合格的操作票。

倒闸操作现场设备应具有与现场一次设备和实际运行方式相符的一次系统模拟图（包括各种电子接线图）；操作设备应具有明显的标志，包括命名、编号、旋转方向、分合指示、切换位置的指示及设备相序标志等；设备应有完善的电气防误闭锁装置并保证完好，不得随意退出运行。750kV GIS 设备还应具备电气防误操作联锁回路，联锁回路不应解除。

操作中所使用的安全工具和个人防护用具的数量和规格应符合规程规定的要求，经外观检查没有破损并经试验合格，在试验周期内。安全工具应有编号和电压等级的标志，必要时配有防雨罩。所有安全工器具的存放应满足规程规定的要求，存放地点应有防潮和烘干设备并应定期开启，避免绝缘工具受潮、结露。

2. 执行操作的简要流程

执行一项操作的简要流程是：值班负责人接受调令或设备检修批复通知→值班负责人安排操作任务→备票、审票→值班负责人接受调度正式操作指令→值班负责人下达操作命令→模拟操作→现场实际操作→操作结束，全面复查，汇报值班负责人→向调度员回复操作指令，操作终结。

在执行操作流程中，一定要做到接受操作任务时明确操作目的、操作方法、操作顺序；填写操作票时过写、审、批“三关”；执行操作票时做到“一模拟、二核实、三唱票、四复诵、五监护、六执行、七检查”，做到不核对设备不操作，没有监护不操作，操作间断或转移后不重新核对设备不操作。操作中注意检查有无异常情况，查有无误操作，查有无漏洞，并在发生疑问时应立即停止操作，向值班负责人或调度询问清楚，不得随意更改操作票，不得擅自解除闭锁装置。

四、案例

下面以 750kV××L1 线 7512、7510 断路器运行转热备用操作为例填写一张操作票。3/2 断路器主接线图如图 ZY1300106003-1 所示。

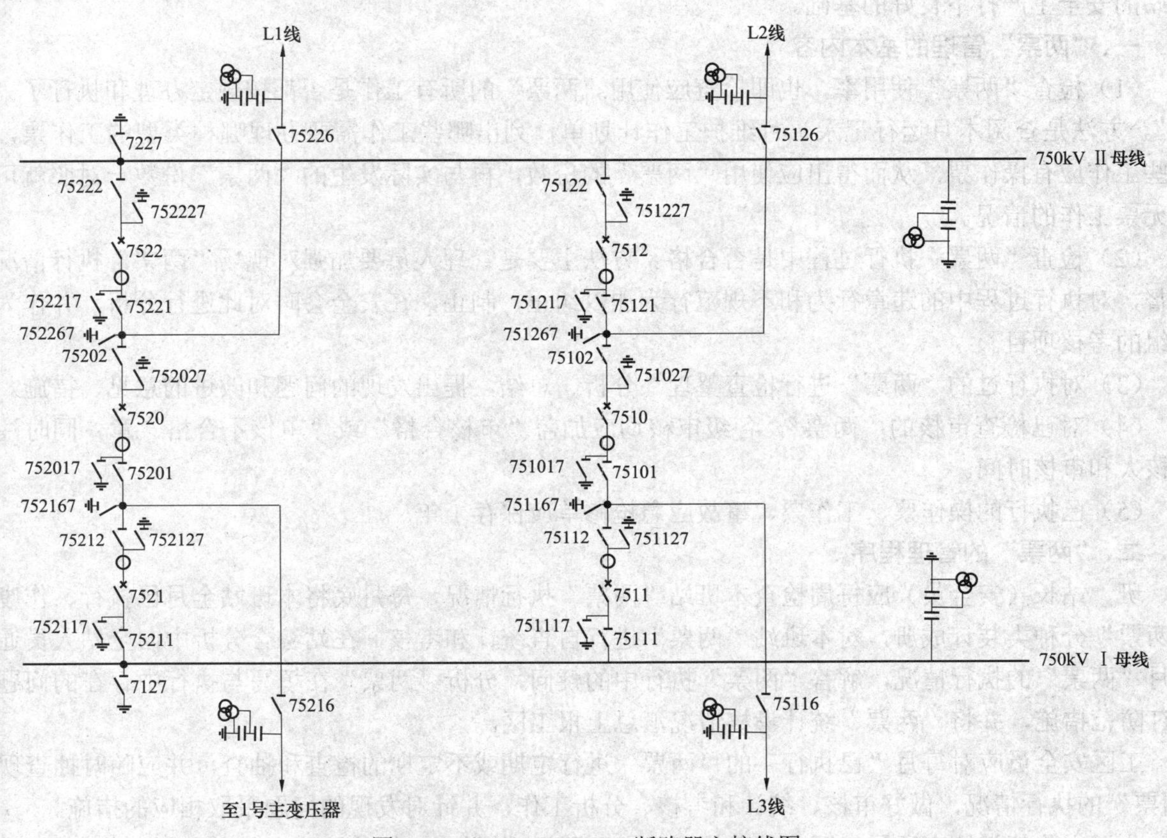

图 ZY1300106003-1　3/2 断路器主接线图

操作任务：750kV××L1 线 7512、7510 断路器运行转热备用。

操作项目：

（1）模拟操作。

（2）检查 7511 断路器带负荷正常（$I=$　　A）。

（3）断开 7510 断路器。

（4）检查 7510 断路器确已断开。

（5）断开 7512 断路器。

（6）检查 7512 断路器确已断开。

（7）核对以上全部操作设备无误。

【思考与练习】

1. 填写操作票应掌握哪些原则？
2. “运行”、“热备用”、“冷备用”、“检修”4 种状态的具体含义是什么？
3. 怎样操作才能预防事故，有利于保护动作？
4. “五防”指什么？怎样做才能在操作中有效预防误操作的发生？
5. 750kV 的一条联络线路停电检修应该如何准备操作票？

模块 4 “两票”检查与考核内容及合格率统计（ZY1300106004）

【模块描述】本模块介绍“两票”检查与考核内容，“两票”合格率、作废率计算方法，“两票”常见错误的分析与“两票”管理。通过要点归纳讲解、案例介绍，掌握“两票”管理方法。

【正文】

变电站“两票”的现场执行情况及管理一般要经过班站、工区及公司安监部门进行监督、统计、分析和评价。对“两票”的管理应做到全过程的闭环管理，才能逐步提高“两票”执行的情况，为变电站的安全生产打下良好的基础。

一、“两票”管理的基本内容

（1）检查“两票”使用率，也即检查应使用“两票”的所有工作是否都按规定办理和执行了“两票”。方法是查阅本月运行记录、月维护工作计划单，列出哪些工作需要办理哪种类型的工作票，有哪些工作应有操作票，从而得出应使用“两票”的份数，再与实际发生的“两票”份数一对照就可发现无票工作的情况。

（2）检查“两票”执行过程中是否合格。方法主要是管理人员要加强对现场“两票”执行情况的监督，对执行过程中的违章行为和不规范行为加以纠正、制止，在安全会时对此进行分析，并作为对班组的考核项目。

（3）对执行过的“两票”进行检查整理、分析、总结，提出发现的问题和改进的意见、措施。

（4）对已检查审核的“两票”，各级审核均应加盖“审核合格”或“审核不合格”章，同时注明审核人和审核时间。

（5）已执行的操作票、工作票、事故应急抢修单应保存 1 年。

二、“两票”的管理程序

班、站长（安全员）应每周检查本班站“两票”执行情况，每月底将本班站全月已执行、作废的“两票”分种类装订成册，对本班站“两票”进行自查统计和考核，在站综合分析中向全站人员通报本月“两票”的执行情况，解答“两票”执行中的疑问，分析“两票”在填写与执行中存在的问题，制订防范措施，并将“两票”统计考核情况汇总上报工区。

工区安全员应对每月“已执行”的“两票”进行定期或不定期的检查和抽查，并应随时抽查现场“两票”的执行情况，做好审核、统计和考核、分析工作，并针对发现的问题采取相应的措施。

公司安监部门抽查所属工区全部已执行的“两票”，并做好审核统计、考核和分析工作。

三、“两票”合格率统计

1. 工作票合格率统计

对已执行的工作票是否合格检查的主要内容有：工作票内容是否填写正确、规范、全面；票面是否整洁无污损、严重刮改；工作票执行程序是否规范；现场安全措施是否布置得完善、合理；现场安全监护是否到位等。

凡填写要求和执行过程不符合《国家电网公司电力安全工作规程》（简称《安规》）和有关规定要求的工作票均应统计为不合格工作票。工作票应按不同的种类分别计算合格率，计算方法为

工作票合格率＝已执行票中合格工作票数÷已执行的工作票总数×100%

如本月执行第一种工作票共 10 张，第二种工作票共 20 张，第一种工作票 1 张不合格，第二种工作票 2 张不合格，则本月第一种工作票的合格率为

$$(10-1)\div 10\times 100\%=90\%$$

第二种工作票的合格率为

$$(20-2)\div 20\times 100\%=90\%$$

2. 操作票合格率统计

对已执行的工作票是否合格检查的主要内容有：操作票填写的内容是否正确、规范、全面；操作

执行程序是否符合标准化操作的要求；操作过程是否录音；操作后质量检查是否到位等。

凡填写要求和执行过程不符合《安规》和有关规定要求的操作票均统计为不合格操作票。操作票合格率计算方法为

$$操作票合格率=已执行票中合格操作票数\div已执行的操作票总数\times100\%$$

如本月执行操作票共 40 张，其中 2 张不合格，则操作票合格率为

$$(40-2)\div40\times100\%=95\%$$

四、“两票”执行常见错误举例

1. 工作票常见错误

（1）工作票在填写中常见的错误有：

1）票面字迹不清或对设备编号、设备名称、接地线编号等关键字段涂、刮、改；

2）工作任务或工作地点不清楚，未填写设备双重名称；

3）安全措施填写与现场实际不符，内容不齐全、不确切；

4）批准、计划、签发、许可、延期、终结等时间填写不相符；

5）应填写的项目（时间、地点、名称、编号等）未填写；

6）保留带电部分和补充安全措施一栏应填写而未填写或填写不全；

7）安全措施栏中，装设的接地线未注明地点、编号或应挂的标示牌未写明具体内容及位置、数量，地线编号与现场所装设接地线编号不符或与操作票所填接地线编号不符。

（2）工作票在执行和管理中常见的错误有：

1）无统一编号或编号混乱；

2）所使用工作票与本工作不相符；

3）工作票签发人、工作负责人、工作许可人不符合规定或三者有互相兼任；

4）工作票签发人签发空白工作票；

5）工作现场开工前不宣读工作票；

6）未履行许可手续即开工；

7）未全部执行工作票上所列的安全措施；

8）擅自扩大工作任务或工作范围；

9）擅自变更工作票中所列的安全措施；

10）工作负责人未指定临时代替人员而擅自离开工作现场；

11）工作负责人或专责监护人不履行监护职责；

12）同一时间内，一个工作负责人持有两张及以上工作票；

13）工作票延期或工作负责人变动而未办理手续继续工作；

14）工作票已执行完后，未盖“工作票终结”印章等。

2. 操作票常见错误

操作票在填写和执行中常见的错误有：

（1）无编号或编号混乱，未按编号顺序使用，有漏页、撕页；

（2）无操作开始，结束时间或填写时间不真实；

（3）无操作任务，操作任务未写明双重编号；

（4）操作任务与操作项目不符或操作术语不规范；

（5）操作票中的设备名称、编号与实际名称、编号不相符；

（6）一张操作票填写两个及以上操作任务；

（7）操作票顺序颠倒、漏项、并项、添项；

（8）操作中未按规定打“√”；

（9）未按规定签名或互相代替签名；

（10）未按规定加盖印章；

（11）应使用操作票而无票操作；

（12）有续页而未写“接下页”、“承接上页”；

（13）操作票填写正确，但执行错误（如不进行模拟操作、不持票、无监护、不核对设备、不唱票复诵、混岗操作、不验电、不检查、不按项打勾等）等。

发生上述情况，无论是否构成事故、障碍，该操作票均应按不合格处理。

【思考与练习】

1.“两票”管理的内容有哪些？

2. 如何统计操作票和工作票的合格率？

3. 怎样检查“两票”的使用率？

模块5 规范化操作（ZY1300106005）

【模块描述】本模块介绍规范化操作的意义、规范化操作要求及组织。通过流程介绍、归纳讲解、举例分析，掌握规范化操作的程序。

【正文】

规范化倒闸操作就是按照一定的程序和要求，在操作的任何一个过程和细节中根据技术措施和组织措施的要求对操作行为进行规范、约束，使操作更安全、更科学的一种倒闸操作流程，是防止误操作事故的有效手段和基本要求。

一、规范化操作基本流程

图 ZY1300106005-1 所示是变电站倒闸操作的基本流程。

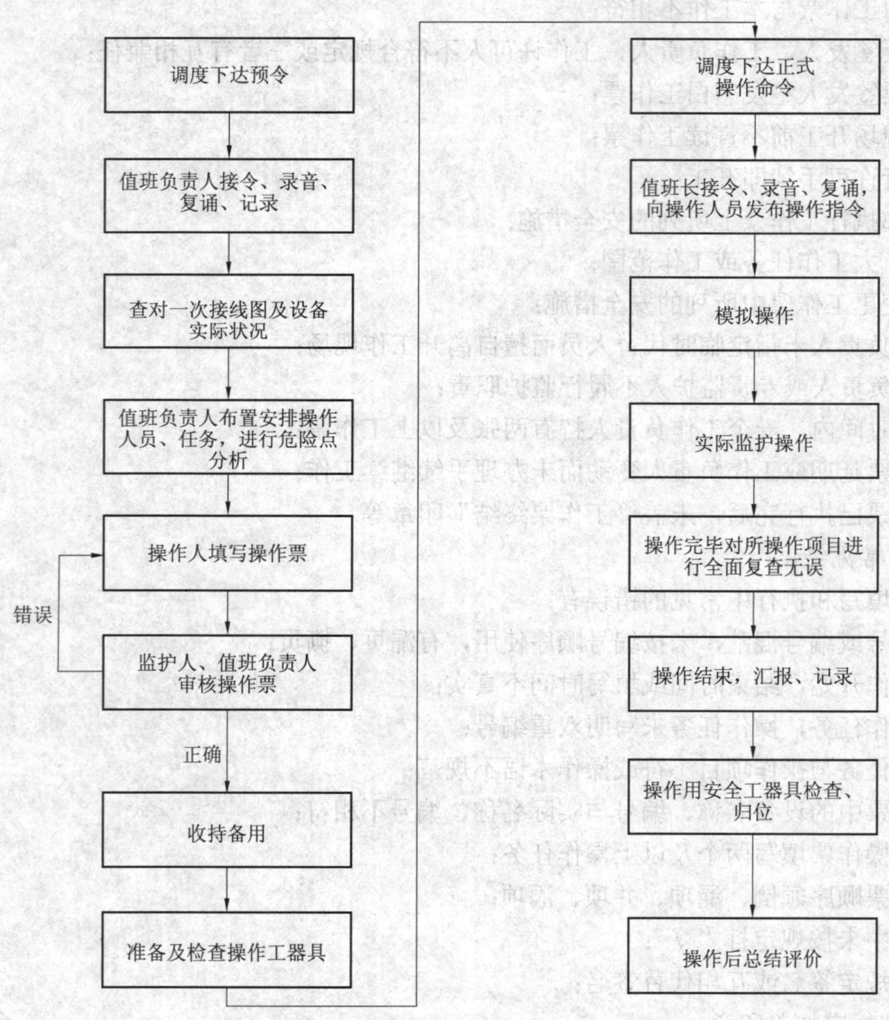

图 ZY1300106005-1 变电站倒闸操作基本流程

二、规范化操作的要求

1. 接受调令或设备检修批复通知

为了保证倒闸操作的正确性，在操作之前作好充分的准备，一般调度员会在正式操作前向变电站预先通知操作任务、操作目的及停电申请批准的大致停、送电时间，这种指令通常称为调度预令。预令仅作为现场填写操作票的参考依据，不能代替正式操作指令。值班负责人可根据调度预令安排准备操作票。实际操作以调度下达的正式操作指令为准，通常称之为调度动令。调度动令在值班负责人复诵无误得到值班调度员“正确，执行”的命令后执行。

无论是动令还是预令，值班负责人在接受时双方均应互通单位及姓名，如“你好，我是××变值班长×××”。接令时应随听随记，并全过程录音。接令结束应将记录的全部内容（包括指令内容、指令执行时间、指令令号、指令发布人和发布单位等，如“×调××号令，内容是750kV××断路器运行转热备用，时间是××时××分”）向下令人复诵无误，并得到下令人的认可后将操作任务记入运行记录中。接令应严肃、认真，复诵应使用标准术语和设备双重名称。受令人接受指令应明确操作任务、范围和时间、安全措施、设备状态，如果认为指令不正确应向下令调度员报告，由调度员决定原调度指令是否执行。但当执行该项指令将威胁人身、设备安全或直接造成停电事故时，应当拒绝执行并将拒绝执行指令的理由报告调度员和本单位领导。

2. 操作前准备

（1）值班负责人安排操作任务，进行危险点分析，制订预控措施。倒闸操作既有其典型性，又有其特殊性，运行方式、主接线的不同，继电保护及自动装置配置的差异以及不同的操作任务，都将影响倒闸操作的具体步骤。因此，针对不同的典型操作，分析其潜在的危险点，了解容易引起误操作的重要环节，掌握其正确的方法及步骤，对防范误操作事故的发生有很现实的指导作用。所以值班负责人在接受预令后应组织全班成员对本次操作的危险点进行分析，制订控制措施，确定操作方案。对大型复杂操作，站长应组织全站人员进行分析，制订操作方案和分析操作中会出现的问题、注意事项和应采取的措施。

值班负责人应根据人员状态合理指派操作人、监护人和辅助操作人，详细交代操作任务、操作顺序、运行方式和操作中的安全注意事项。操作人员应认真听取值班负责人交代的操作事宜，问清不明白的地方，并复诵操作任务，正确无误后，值班负责人下达备票命令。

（2）填写操作票。操作人应根据值班调度员或运行值班负责人下达的操作任务，核对设备运行方式、模拟图逐项填写操作票。

填写操作任务时，应写明所操作的设备名称及其编号（即双重编号）。如“750kV××线××断路器运行转检修”。

填写的操作项目应与操作任务相符，操作术语符合规定，设备名称、编号应与实际相符。操作项目顺序不得有颠倒、漏项、添项。断路器、隔离开关、接地断路器、接地线、连接片、切换把手、保护直流、操作直流、信号直流、电流回路切换连片（每组连片）等均应视为独立的操作对象，填写操作票时一般不允许并项。备注栏内不允许填写操作项目，可填写未执行某一操作项的原因、操作票未执行完中止操作的原因、操作票执行后统计不合格的原因、管理人员审核意见等。

（3）操作工具的准备。操作人员在接受操作预令后应根据此次操作任务准备合适合格的安全工器具和个人防护用品，确保所使用的安全工器具电压等级合适、试验合格、无破损，所要使用的钥匙、照明设备、接地线、仪器仪表等数量充足、符合使用要求。

3. 操作票审核

操作票填写完毕后操作人先对其进行自审，无误后交监护人和值班负责人审核，对系统运行有重大影响的操作票还应经站长审核，对操作票的正确性负责。审核操作票应对照与实际相符的模拟图进行，如有错误应退回操作人重新填写。审核无误的操作票收执在专用票夹中以备操作。

4. 下达正式操作指令

值班负责人在接受调度发布的正式操作指令后在操作票中填写发令人姓名及下令时间，然后对操作人、监护人同时下达正式操作指令。

5. 模拟操作

实际操作前，监护人、操作人持经审核后的有效操作票进行核对性模拟操作，核对所填写的操作项目。模拟操作应由监护人根据操作票所列项目逐项下达操作口令，操作人复诵无误后在模拟图板或在微机防误系统一次接线图上进行。模拟操作前、后均应核对模拟图与运行方式相符。

模拟无误后将上述操作步骤传输入电脑防误钥匙，以备操作。模拟操作全过程应录音。如果模拟操作发现操作票有问题应停止操作，将模拟图恢复原状，并重新填写操作票。

6. 现场实际操作

现场实际操作由监护人手持操作票，操作人和辅助操作人手拿操作工具，按操作人、监护人、辅助操作人的顺序列队进入操作现场。在实际操作过程中的走位应始终保持队列整齐。操作中监护人的站位应在不影响操作、有利于看到操作人行为及设备状态变化情况的地方。

在综合自动化系统后台主机上操作时，由操作人手持鼠标进行操作，监护人对操作人行为进行监视，辅助操作人根据监护人的安排到现场实际要操作的设备处检查设备实际位置。监护人与辅助监护人之间通过对讲机发布和回复操作检查指令。

每项操作前均应核对所操作的设备名称、编号、位置、状态与操作票相符。经核对无误后，监护人应按操作票所列顺序逐项大声唱票，操作人指被操作设备核对设备编号、名称进行复诵，监护人确认复诵无误后下令“正确，执行”，操作人听到此指令后方可进行操作。

每项操作完毕后，操作人员应认真检查操作质量，应符合操作票的要求，在确认无误后由监护人在打勾栏打红色“√”。电气设备操作后的位置检查通常以设备的实际位置为准，对于无法看到实际位置的设备，如 GIS、SF_6 充气柜等设备位置的检查可以通过机械指示位置、电气指示、仪表及各种遥测、遥信信号，带电显示装置的指示的变化等判断，应有且至少有两个及以上的指示已同时发生对应变化才能确认该设备操作到位。

对于重要的操作项目（如主要设备启停、并列、解列，联络线拉、合，主要保护及安全自动装置的投退），在该项操作完成之后，应及时将操作的结束时间记入该项之后。操作中因故中断应将中断时间及重新恢复操作的时间记入操作票，并在备注栏内填写中断操作原因。

7. 操作完毕，检查汇报

全部操作完毕后，监护人和操作人应共同全面复查所操作的设备正常后填写操作结束时间，在操作票上加盖“已执行”印章，向值班负责人汇报。值班负责人向当值调度汇报操作结束时间，并做好记录和录音。

操作完毕应及时回传电脑防误钥匙数据，以使设备实际状态与监控后台机状态对应。操作人员在电脑钥匙回传完毕后对监控机设备状态进行检查，查看是否与一次设备状态相对应，数据是否刷新。除此之外，操作人还应将此次操作中使用工器具、钥匙等归位，并作好接地线装拆记录、运行值班日志等记录。

8. 总结

操作完毕后值班负责人应及时组织全班人员对本次操作的不足和问题进行总结，点评此次规范化操作的执行情况和危险点预控措施的落实情况，提出改进意见。

【思考与练习】

1. 规范化操作流程是什么？
2. 操作前准备工作包括哪几方面？
3. 在实际操作中如何执行监护复诵制？
4. 哪些项目应填入操作票？
5. 进行现场规范化操作的实际演练。

模块 6 安全措施规范化设置（ZY1300106006）

【模块描述】本模块介绍现场安全措施规范化设置意义，现场安全措施规范化设置的要求及组织实施。通过归纳讲解、列表说明、案例介绍，掌握现场安全措施规范化设置。

【正文】

变电站检修现场安全措施是确保工作人员在维护、检修过程中人身、设备安全的基本要求，对防止误入带电间隔，误登带电设备，误动、误碰设备都起到了重要保证作用。运行人员是变电站检修现场安全措施布置的执行人，应根据具体的工作任务和现场设备的实际情况，分析作业现场的安全条件，合理制订安全措施的布置方案，以使现场布置的安全措施既能可靠的满足工作的要求，便于现场工作的开展，又能整齐、美观、醒目和规范。

一、安全措施内容

在运行人员已根据工作任务将所有一次、二次设备操作至工作所需的状态后，在作业现场还要进行检查或布置的安全措施主要内容包括：根据具体工作任务核定接地线的位置和数量，对不满足工作要求的应补充装设地线；在工作现场合理设置遮栏，或采取与运行设备隔离的措施，包括一次和二次的隔离措施，如装设绝缘隔板、设置硬围栏、拆除相关回路的二次线等；在检修设备和临近运行设备悬挂适量的标示牌；根据需要采取其他安全措施，如在检修现场放置检修现场示意图、工作危险点和注意事项等。

二、安全措施布置要求

（一）接地

装设接地线是保护工作人员在工作地点防止突然来电的最有效的安全措施，它可以迅速放尽设备的残余电荷，并将检修设备上的感应电和设备突然来电时的电荷导入大地从而确保工作人员的安全，因此运行人员应根据检修试验工作的具体任务和要求，将可能送电至停电设备的各方面可靠三相短路并接地，始终保证工作人员在接地线的保护范围内工作，并保证所装接地线摆动时与带电部分仍符合安全距离的规定，同时应作好接地线装、拆记录，交接班时应交代清楚。

当验明设备确无电压后，应立即将检修设备接地并三相短路。电缆及电容器接地前应逐项充分放电，星形接线电容器的中性点应接地，串联电容器及与整组电容器脱离的电容器应逐个放电，装在绝缘支架上的电容器外壳也应放电。对装设接地线的一般要求如下：

（1）对于因平行或临近带电设备导致检修设备可能产生感应电压时，应加装接地线或工作人员使用个人保安线，加装的接地线应登录在工作票上，个人保安线由工作人员自装自拆。所装接地线的截面应满足短路电流的要求。

（2）在门形架构的线路侧进行停电检修，如工作地点与所装接地线的距离小于 10m，工作地点虽在接地线外侧，也可不另装接地线。

（3）检修部分若分为几个在电气上不相连接的部分［如分段母线以隔离开关（刀闸）或断路器（开关）隔开分成几段］，则各段应分别验电接地短路。降压变电站全部停电时，应将各个可能来电侧的部分接地短路，其余部分不必每段都装设接地线或合上接地开关。

（4）接地线、接地开关与检修设备之间不得连有断路器（开关）或熔断器。若由于设备原因，接地开关与检修设备之间连有断路器（开关），在接地开关和断路器（开关）合上后，应有保证断路器（开关）不会分闸的措施。

（5）在配电装置上，接地线应装在该装置导电部分的规定地点，这些地点的油漆应刮去，并有黑色标记。

（6）接地线应采用三相短路式接地线，若使用分相式接地线，应设置三相合一的接地端。

（7）750、330kV 采用敞开式设备的，由于设备布置较高，加挂地线需借助绝缘斗臂车等工具，此时装设接地线应戴绝缘手套、系好安全带，防止接地线摆动，注意保持接地线与带电设备的安全距离。装设导体端时应先用接地线夹轻轻靠近并接触装设点进行放电（地线不得接触操作人员的身体），然后再将导体端装设在合适的位置，确保接触良好。运行人员装拆确有困难时，可以由检修人员自行加挂个人保安地线。

（二）装设围栏（遮栏）

作业现场装设的遮栏是一道检修设备与其他运行设备之间的安全警戒线，它具有不可逾越的强制性。作业现场设置的遮栏与带电部分的距离应符合《国家电网公司电力安全工作规程》（简称《安规》）中的有关规定，遮栏应装设牢固，并能起到与相邻带电设备有明显的警示标志作用。

1. 室外安全围栏网的装设要求

（1）对小范围的停电检修现场，应在工作地点四周装设围栏，其出入口要围至临近道路旁边，并在进出工作现场的出入口设有“从此进出!”的标示牌。工作地点四周围栏上悬挂适当数量的“止步，高压危险!”标示牌，标示牌必须朝向围栏里面。

（2）若室外的大部分设备停电，只有个别地点保留有带电设备而其他设备无触及带电导体的可能时，可以在带电设备四周装设全封闭围栏，围栏上悬挂适当数量的“止步，高压危险!”标示牌，标示牌必须朝向围栏外面。

（3）安全遮栏的设置应尽量做到规整美观，便于检修工作和日常运行维护工作的进行，不得利用带电设备的构架做遮栏的支架。遮栏应装设牢固，并保持与带电设备的安全距离，满足工作人员工作中正常活动范围与带电设备的安全距离的要求。

（4）电气试验时应在试验设备与临近设备之间设置遮栏并向外悬挂“止步，高压危险！”标示牌。

（5）在已运行的变电站进行扩建且与工作地点无临近的运行中的一、二次设备时，施工地点应用固定式硬围栏将一次带电设备完全隔离，围栏上悬挂适当数量的“止步，高压危险！”标示牌，围栏门运行中全部上锁。

2. 高压室安全网围栏设置的要求

（1）在高压室一次设备进行检修工作时应设置遮栏，留有出口，且必须在检修设备对面、两侧间隔遮栏上、禁止通行的过道处悬挂适当数量的“止步，高压危险！”标示牌。

（2）高压断路器柜内手车断路器拉出后，隔离带电部位的挡板封闭后禁止开启，并设置“止步，高压危险！”的标示牌。

（3）35kV 及以下设备的临时遮栏如因工作特殊需要，可用绝缘隔板与带电部分直接接触。绝缘隔板的绝缘性能应符合《安规》规定的要求。

3. 保护室安全措施的布置要求

将与工作的屏相临近和对面的屏门锁好并悬挂“运行设备”的红布帘，在工作屏前后放置“在此工作！”标示牌。对于同屏多回路而只进行单一回路二次部分工作时，如二次接线、仪器仪表更换等，应采取用红色绝缘塑料带等将工作区域与运行区域做一明显的标记隔开等措施，以防误动、误碰运行设备。

4. 二次回路工作的隔离措施

在保护及自动装置二次回路进行消缺、维护、检修、改造、反措、调试等工作时，为防止造成运行中设备跳闸，除了退出相应的压板、断开相应的二次空气断路器外，还应对回路会涉及的其他保护应采取隔离措施，如打开或恢复连接片（包括软连接）、直流线、交流线、信号线、联锁线和联锁开关等，此措施应由保护人员根据所填写的二次安全措施票仔细核对进行，运行人员应督促或监督保护人员执行全面的隔离措施。

（三）悬挂标示牌

《安规》中规定的安全标示牌的种类共有 8 种，这些悬挂在工作现场的标示牌可以指明工作地点和带电设备、注意事项，起到给工作人员和运行人员一个明确的提示和警告的作用，是保证安全的一项重要技术措施。运行人员在现场安全措施布置时应根据具体的工作任务和现场设备的实际情况使用符合《安规》要求式样的标准标示牌，使用应合理、正确、悬挂牢固，以免因风吹落或人员碰落而引起事故。标示牌的悬挂要求见表 ZY1300106006-1。

表 ZY1300106006-1　　标示牌悬挂要求

标示牌名称	悬挂要求
“禁止合闸，有人工作!”	（1）在一经合闸即可送电到工作地点的断路器和隔离开关的操作把手上（包括远方和就地操作把手）均应悬挂“禁止合闸，有人工作!”标示牌。 （2）在显示屏上进行操作的断路器和隔离开关的操作处均应相应设置“禁止合闸，有人工作!”的标记

模块6 ZY1300106006

续表

标示牌名称	悬 挂 要 求
“禁止合闸，线路有人工作!”	（1）如果线路上有人工作，应在线路断路器和隔离开关操作把手上（包括远方和就地操作把手）悬挂“禁止合闸，线路有人工作!”的标示牌。站内线路隔离开关以外的设备工作均可算作线路工作，如在线路电压互感器、阻波器等设备工作，均应挂此牌。 （2）在显示屏上进行操作的断路器和隔离开关的操作处均应相应设置“禁止合闸，线路有人工作!”的标记。 （3）此标示牌的悬挂和拆除应按调度命令执行
“禁止分闸!”	（1）对由于设备原因，接地开关与检修设备之间连有断路器，在接地开关和断路器合上后，在断路器操作把手上，应悬挂“禁止分闸!”的标示牌。 （2）在显示屏上进行操作的断路器和隔离开关的操作处均应相应设置“禁止分闸!”的标记
“在此工作!”	在工作地点设置“在此工作!”的标示牌。当工作地点为三相时应在每相设备处悬挂，如变压器检修在三相都悬挂，再如分相的断路器、隔离开关、电压互感器等工作均应分相悬挂
“止步，高压危险!”	（1）施工地点临近带电设备的遮栏上。 （2）室外工作地点的围栏上。 （3）禁止通行的过道上。 （4）高压试验地点。 （5）室外构架上。 （6）工作地点临近带电设备的横梁上（可在运行人员的监护下由登高检修人员完成悬挂）
“从此进出!”	在室外工作地点围栏的入口处应悬挂“从此进出!”的标示牌
“从此上下!”	工作人员可以上下的铁架、爬梯上
“禁止攀登，高压危险!”	室外构架上工作，应在临近其他可能误登的带电构架上悬挂

（四）其他要求

为了更明确检修范围，防止工作人员误入带电间隔发生事故，运行人员还可在每个一次设备的检修现场放置停电示意图，在示意图上用不同颜色绘制停电检修部分、安全围栏、带电部分、接地线等，必要时要求工作负责人在旁边写明工作中的危险点及控制措施，以使所有工作人员对现场情况心中有数。

三、案例

下面以××750kV 变电站 7510 断路器小修工作现场为例说明现场安全措施布置情况，3/2 断路器接线如图 ZY1300106006-1 所示。

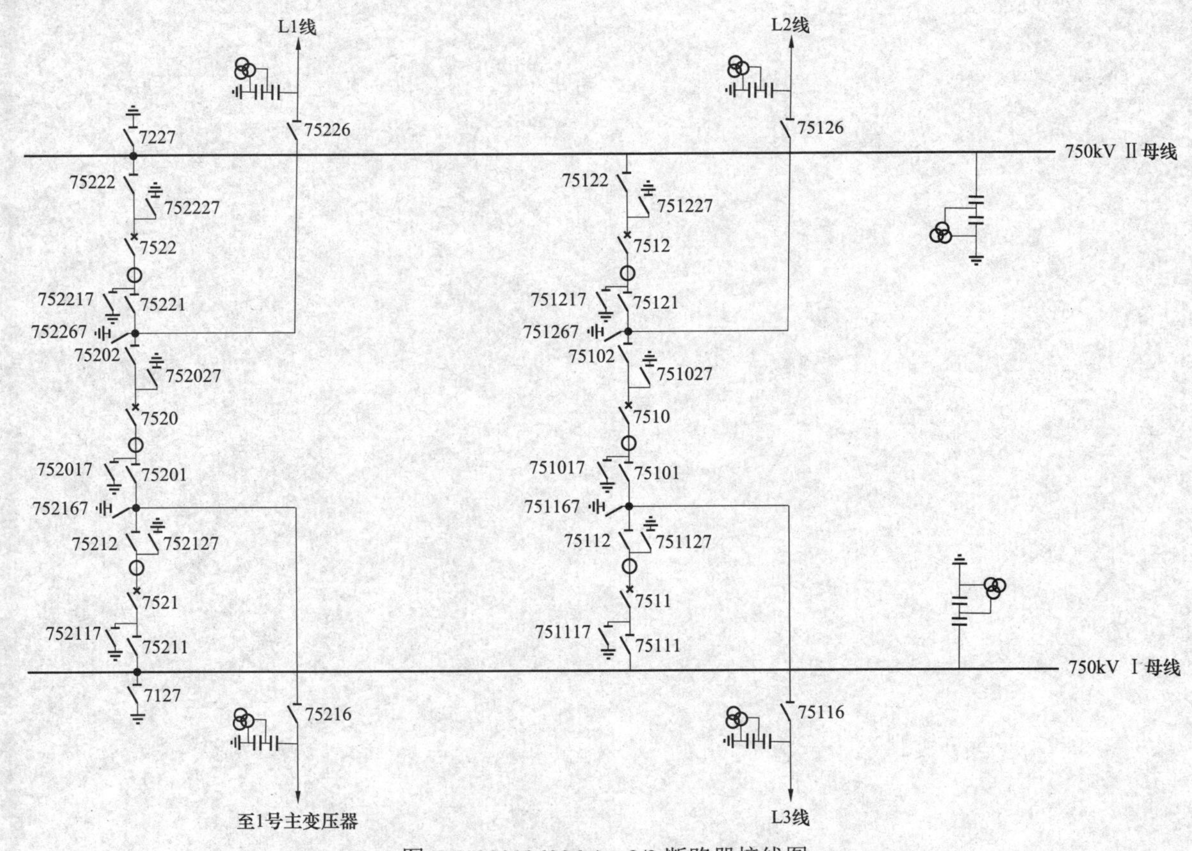

图 ZY1300106006-1　3/2 断路器接线图

（1）应拉断路器（开关）、隔离开关（刀闸）。应断开 7510 断路器；应拉开 75101、75102 隔离开关。

（2）应装接地线、应合接地开关。应合上 751017、751027 接地开关。

（3）应设遮栏、应挂标示牌。应在 7510 断路器与临近带电设备之间装设遮栏并向内悬挂适当数量的“止步，高压危险！”标示牌 6 块，在遮栏入口处悬挂“从此进出！”标示牌 1 块；应在 7510 断路器及 75101、75102 隔离开关汇控箱处悬挂“禁止合闸，有人工作！”标示牌 3 块；在监控后台机 7510 断路器及 75101、75102 隔离开关操作界面上设置“禁止合闸，有人工作！”标记；应在 7510 断路器三相本体处悬挂“在此工作！”标示牌 3 块。

（4）防止二次回路误碰的措施。应断开 7510 断路器操作电源；应断开 7510 断路器及 75101、75102 隔离开关的电机电源；应退出 7510 断路器辅助保护。

（5）其他措施。在 7510 断路器检修现场的适当地点设置设备停电示意图，标明工作内容、批准时间、停电范围、安全措施及危险点预控措施等内容。

【思考与练习】

1. 安全措施的内容有哪些？

2. 室外装设临时遮栏有什么要求？

3. 高压室内如何让设置安全网围栏？

4.《安规》中规定的标示牌有哪几种？各应悬挂在什么位置？

5. 哪些地点应装设接地线？装设接地线有什么要求？

第十一章　生产管理及信息系统使用

模块 1　SG186 生产管理系统构成模块、功能、操作方法（ZY1300105001）

【模块描述】本模块介绍 SG186 生产管理系统构成及各模块的功能，使用及操作方法。通过功能介绍、列表说明、图片示意、举例讲解，掌握各记录的填写及管理方法，正确填写各种记录。

【正文】

“SG186”（指国家电网公司提出的规划，“SG”是“State Grid”的缩写，代表国家电网；“1”表示一体化企业级信息系统；“8”表示 8 大业务应用；“6”表示 6 个信息化保障体系）工程是国家电网公司“十一五”信息化工作的战略部署。生产管理系统（Power Production Management System，PMS）是“SG186”工程 8 大业务应用中最为复杂的应用之一。它是一个纵向贯通、横向集成、覆盖电网生产全过程的标准化生产管理系统，对实现电网生产集约化、精细化、标准化管理，提高电网资产管理水平具有十分重要的意义。

PMS 系统在变电站的应用，取代了过去传统的设备管理、运行管理和安全管理模式，促使班组层面实现工作全程可控的闭环流程，实现班组管理精细化、规范化、作业标准化，加速了班组管理向高效、快速、无纸化的方向发展。

一、PMS 系统的基本结构

“SG186”工程 PMS 系统由设备中心、计划任务中心、运行工作中心、评价中心和标准中心五大中心及围绕这五大中心分布的众多外围应用组成的有机体，如图 ZY1300105001-1 所示，从图中可看出这五大中心之间的主要关系。

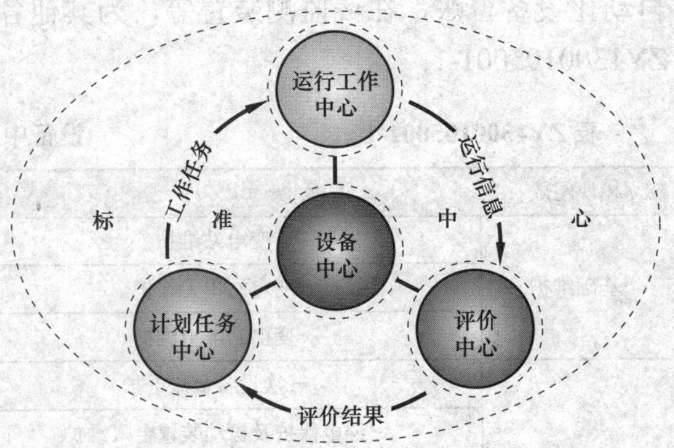

图 ZY1300105001-1　PMS 系统基本构成

五大中心中，设备中心代表了整个电网生产管理的核心对象、基本出发点和最终目标；计划任务中心代表了整个电网生产管理的工作方式和组织策划；运行工作中心代表了整个电网生产管理的执行过程、工作内容及工作结果；评价中心代表了整个电网生产管理的评估监督和价值取向；标准中心代表了整个电网生产管理的规范化和标准化力度和水平。

“SG186”工程整个应用系统的设计均是围绕这五大中心展开，各中心既相互独立又密切联系，具体分工如下：

（1）设备中心是整个 PMS 系统的核心，为其他各中心提供电网设备、电网图形及电网拓扑等基础性数据，是其他各中心实现自身业务功能的关键依赖对象。设备中心的核心内容是各类输变配一、二次设备的台账、图形及拓扑信息的初始化创建和变更维护，以各类电网设备及其相关基础信息的准确、完整和一致为主要目标。

（2）计划任务中心提炼和抽象了电力生产业务的主线，其核心思想是中心内由“任务（Task）”、“计划（Schedule）”和“任务单（Form）”组成的所谓 TaSF 结构和由此结构而延展开的所谓 TaSF 循环。计划任务中心以评价中心的结果为依据，以电网生产运行所需或引发的各种原子任务为源头，周密进行生产计划的制订和平衡，并以此形成并派发出一系列的工作任务单，为运行工作中心提供运行工作的依据。计划任务中心是电网生产管理人员的主要工作平台，其核心内容是任务的完整收集、计划的合理制订和任务单的准确派发，以提高电网生产的计划性、减少停电和提高效益为主要目标。

（3）运行工作中心依据计划任务中心提供的任务单进行工作任务的具体执行及执行信息的反馈，是计划任务中心 TaSF 结构的延展并闭环于 TaSF 结构，同时包含了电网生产日常运行工作。运行工作中心的主要功能包括工作票、停电申请、操作票、作业指导书、修试记录、修试报告、各种运行值班记录等。运行工作中心是电网生产基层人员的主要工作平台，其核心内容是各类运行工作任务执行的流程化、标准化、精细化和闭环化管理，以提高电网运行工作的规范化和精细化水平、提高工作任务完成合格率为主要目标。

（4）评价中心依据运行工作中心提供的各种运行信息，结合计划任务中心和设备中心的相关信息，从多个角度对电网生产运行情况实施评价，其评价结果作为电网生产业务决策的依据。评价中心是电网生产管理决策人员的主要工作平台，其核心内容是各类评价标准的制定和各类专题评价的实施，并将评价结果提供给计划任务中心、设备中心和运行工作中心，并不断修正标准中心的相关模型，以提高计划及指标制定的科学性、提高管理决策水平为主要目标。

（5）标准中心为设备中心和运行工作中心提供标准依据，总体上包括设备管理标准和作业标准两大部分。标准中心的核心内容是电网生产管理标准体系的建立、维护和应用，以不断提升电网生产管理的标准化程度为主要目标。

由上述可见，变电站运行人员工作的主要平台是设备中心、运行工作中心。下面将着重对这两大中心的模块和使用方法予以介绍。

二、设备中心、运行工作中心模块构成及各模块功能

1. 设备中心

设备中心的主要功能是：建立变电设备标准库，便于规范变电各类设备的管理；建立和维护变电站内各类设备台账，如一次设备、继电保护及安全自动装置、直流电源、防误装置、固定电测仪表、自动化设备台账，在线监测装置等，为其他各中心提供基础性数据。设备中心的主要模块组成见表 ZY1300105001-1。

表 ZY1300105001-1　　设备中心主要模块组成

模块组成	模块内容	模块功能
基础维护	变电站维护	变电站及其间隔单元、二次屏进行基本的增、删、改、复制、粘贴以及数据的导出等操作，对主要的属性字段进行批量的修改、更新、维护操作
	变电站单元维护	
	变电站屏柜维护	
设备台账维护	一次设备台账维护	（1）维护变电站一次设备、二次设备及其他仪表的台账信息以及相关的附件信息。 （2）查看并维护变电站下的站内接线图，实现对接线图的基本操作。同时在接线图中实现设备与台账的关联，已关联台账信息的设备可以查看其相应的台账信息以及新建和查看设备缺陷、启动流程等。对于保护图可以查看到其所有的保护室和保护室所对应的设备
	继电保护及自动装置台账维护	
	站内接线图	
	直流系统台账维护	
	防误装置台账维护	
	固定电测仪表设备台账维护	
	在线监测装置	
	自动化设备台账维护	
变电设备查询统计	一次设备查询统计	根据输入查询统计条件，对一、二次设备及电测仪表等的信息进行查询，并得出符合该查询统计结果的设备详细信息
	直流设备查询统计	
	继电保护设备查询统计	
	防误装置查询统计	
	固定电测仪表查询统计	
	一次设备异动查询统计	
设备变更管理	变电设备变更记录管理	管理变电设备的变更（异动）记录，并可根据登记的变更（异动）记录，更新相应设备的台账信息

2. 运行工作中心

运行工作中心的主要功能是：登记运行值班过程中的各种运行记录，并根据一定格式自动生成运行日志；登记电网运行、检修过程中发现的各种缺陷，完成发现缺陷→上报缺陷→审核缺陷→消缺任务安排→缺陷工作登记→缺陷验收等缺陷流程各环节闭环管理；维护设备各类周期性工作，完成周期工作提示→加入任务池→检修计划编制→工作任务单编制→任务单分配→任务处理→修试记录登记→修试记录验收等一系列检修相关的工作。运行工作中心的主要模块组成见表 ZY1300105001-2。

表 ZY1300105001-2 运行工作中心主要模块组成

模块组成	模 块 内 容	模 块 功 能
基础维护	变电站例行工作维护 运行班组岗位及班次设置 避雷器动作检查项目维护 运行方式维护 保护定值单、台账维护 巡视内容配置 工作票、操作票权限配置	（1）查看并维护变电站的例行工作类型，并可为例行工作设置周期相关信息。 （2）配置班组下的岗位名称信息和值班班次信息。 （3）维护避雷器工作检查项目。 （4）维护运行方式。 （5）维护保护定值、台账信息，可查看或修改定值单信息，或将定值单作废。 （6）维护在指定巡视类型下的巡视内容。 （7）按角色配置工作票、操作票权限
周期性工作管理	变电设备周期工作设置 设备超周期查询统计	（1）维护设备的周期相关工作，批量设置设备的上次工作时间、工作周期和提前提示天数。 （2）查询并统计设备周期性工作完成情况，包括是否到期、到期时间、超周期情况
运行值班管理	变电运行日志 运行日志管理 变电运行日志修改 运行日志查询	包括运行日志管理、未执行调令管理、未终结工作票管理、未消除缺陷管理、例行工作管理、当前任务管理等，在运行日志管理中根据变电站管理规范的要求填写站内各种记录，并可查询、修改、批量设置等操作
生产运行记录管理	运行记录查询 避雷器的动作次数查询 变电故障记录查询统计 保护定值单、台账查询 故障信息补录	（1）查询登记的变电运行记录。 （2）查询避雷器的动作次数、泄漏电流等动作记录。 （3）对已经存在的故障信息进行补充或修改。 （4）对保护定值单查询管理，包括对定值单文档的下载
缺陷管理	缺陷流程管理 变电缺陷查询统计 变电缺陷“两率”统计	（1）登记、审核设备及附件缺陷，安排缺陷消除、缺陷验收，消缺登记。 （2）查询统计缺陷信息。 （3）统计缺陷的消缺率、及时率
检修、试验管理	检修、试验记录登记 检修、试验记录查询统计 修试报告填写 修试记录验收	（1）提供对设备修试记录的维护。 （2）对设备的检修、试验记录进行查询统计。 （3）检修人员完成相关修试工作，并登记修试记录和填写相关修试报告。 （4）运行人员对管辖变电站范围内登记的修试记录进行验收
工作票管理	工作票管理 工作票查询 工作票合格率统计 工作票统计 工作票日志	（1）完成工作票的填写、签发、许可、终结等流程。 （2）根据查询条件对工作票进行查询。 （3）统计工作票月度合格率。 （4）根据时间、执行单位对工作票进行统计。 （5）对于工作票的一些重要操作，系统以日志的方式记录
操作票管理	操作票管理 操作票查询 操作票统计 操作票日志	（1）完成操作票的填写、审核、执行、回填等流程。 （2）根据查询条件对操作票进行查询。 （3）根据时间对操作票进行统计。 （4）对于操作票的一些重要操作，系统以日志的方式记录

三、PMS 系统的使用及操作方法

PMS 系统的各生产管理流程都是在原有工作实践中总结、提炼出来的，符合供电企业生产的规律。在实际的应用中只需要根据个人不同的使用权限在不同的操作界面正确地完成相应信息的录入和流程执行，系统即可自动完成相关信息汇总、报送工作。图 ZY1300105001-2 所示为变电站日常运行工作的简要流程，在 PMS 系统中应根据运行工作的流程及时完成相关记录的维护。

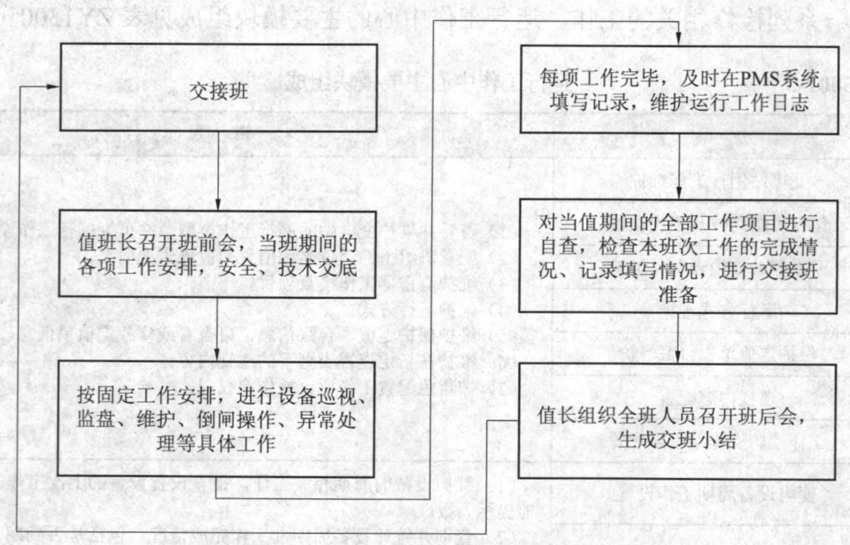

图 ZY1300105001-2　变电站日常运行工作简要流程

下面以 PMS 系统变电站运行日志的使用为例，说明变电站生产管理系统的使用方法及录入各类生产运行数据的步骤。

1. 登录 PMS 系统

打开 IE 浏览器→在 IE 浏览器上部的地址框中输入 PMS 网页地址→回车→ 出现登录界面（如图 ZY1300105001-3 所示），输入“用户名、密码”后回车或单击“登录”按钮→根据个人的角色显示 PMS 系统首页（变电运行日志主界面如图 ZY1300105001-4 所示）。

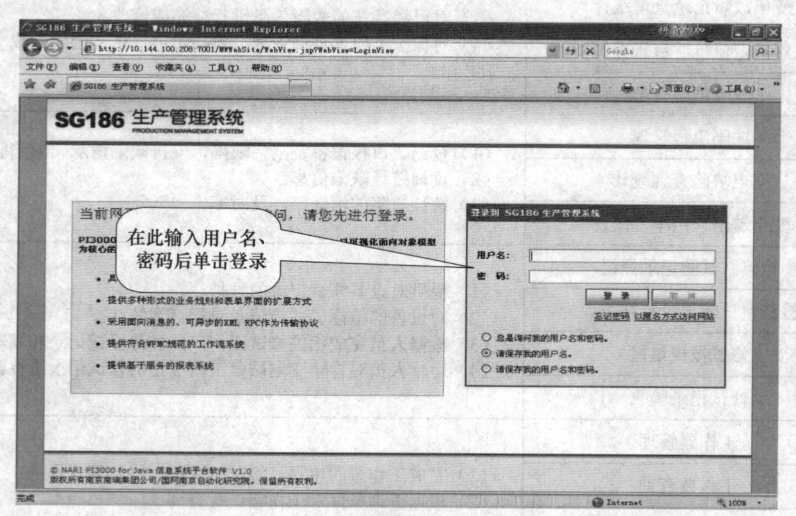

图 ZY1300105001-3　PMS 登录界面

2. 进入运行日志

在浏览器菜单栏里选择“运行工作中心→运行值班管理→变电运行日志”，界面如图 ZY1300105001-4 所示。

3. 运行日志管理

在如图 ZY1300105001-4 所示的运行日志页面，选择“增加记事”，出现图 ZY1300105001-5 所示的界面，选择具体管理项目进行日志登记。运行日志管理的内容及功能见表 ZY1300105001-3。

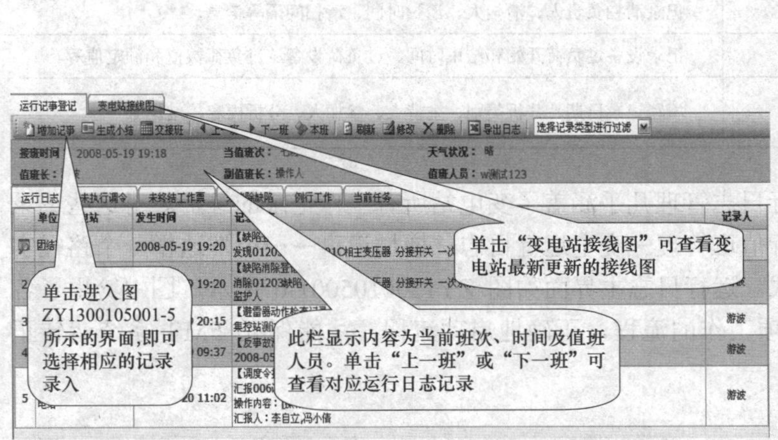

图 ZY1300105001-4　PMS 变电运行日志主界面

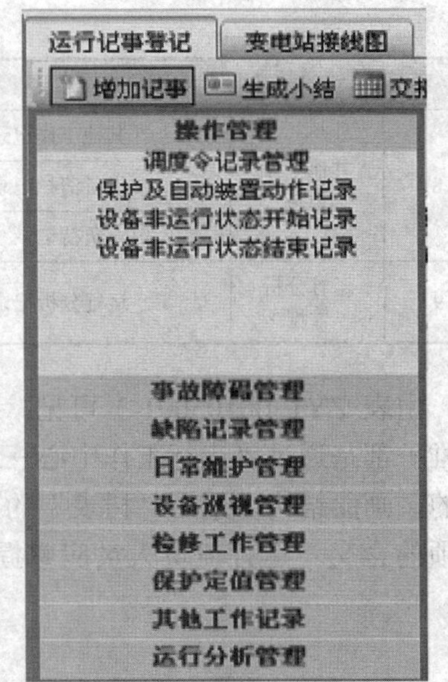

图 ZY1300105001-5　运行日志记录选择界面

表 ZY1300105001-3　　运行日志管理的内容及功能

序号	管理内容		功能
1	操作管理	调度令记录管理	新增逐项令、综合令、即时令，完成受令、操作、回令的流程及记录
		保护及自动装置记录	维护保护及自动装置记录，便于自动生成相关报表、记录
		设备非运行状态开始记录	在运行日志中记录设备非运行状态的开始时间，便于自动生成相关报表、记录
		设备非运行状态结束记录	在运行日志中记录设备非运行状态的结束时间，便于自动生成相关报表、记录
2	事故障碍管理	有人值守站故障记录	维护有人值守站故障记录，包括填写故障设备、时间、原因、现象及处理等信息
		监控中心（操作队）故障记录	维护监控中心（操作队）故障记录，填写变电站、故障设备、时间、原因、现象及处理等信息
		开关故障跳闸记录	维护开关故障跳闸记录，包括动作次数、动作电流、时间、是否重合、动作原因、相别等
3	缺陷记录管理	设备缺陷记录	记录运行时发现的缺陷信息，包括设备类型、名称、缺陷性质、缺陷内容、发现时间、消除情况等
4	日常维护管理	蓄电池检查记录	维护蓄电池检查记录，包括维护时间、蓄电池电压等内容
		设备维护工作记录	维护设备维护工作记录，包括 SF_6 设备压力检查记录、防小动物害检查记录等
		设备测温记录	维护设备测温记录，包括测试人、测试范围、环境温度、发现缺陷等
		收发信机测试记录	维护收发信机测试记录，包括测试人、时间、测试设备、测试情况等
5	设备巡视管理	监控系统巡视检查记录	维护监控系统巡视检查记录，包括巡视类别、时间、巡视人、巡视情况和结论等
		设备巡视检查记录	维护设备巡视检查记录，包括巡视类别、时间、巡视人、巡视情况和结论等
6	检修工作管理	短路接地线（接地开关）装设（合上）记录	维护接地线（接地开关）装设（合上）记录，包括接地开关编号、合上时间、值班长等
		短路接地线（接地开关）拆除（拉开）记录	维护短路接地线（接地开关）拆除（拉开）记录，包括接地开关编号、拉开时间、值班长等
		设备验收记录	维护设备验收记录，完成设备验收流程
7	保护定值单管理	保护定值单调整记录	维护保护定值调整记录，包括新增定值单、间隔名称、下发时间、调整时间、调整人、验收人等
8	其他工作记录	解锁钥匙使用记录	记录解锁钥匙使用人、批准人、使用时间、解锁原因、解锁设备等
		解锁钥匙归还记录	记录解锁钥匙归还人、归还时间等

续表

序号	管理内容		功能
8	其他工作记录	其他工作记录	记录其他在生产管理系统没有设置固定格式和记录的工作
		设备清扫记录	记录清扫负责人、清扫人、清扫时间、清扫间隔等信息
		负荷记录	记录设备过负荷开始和结束时间、过负荷设备、过负荷数值和额定值等
9	运行分析管理	运行分析记录	填写记录日期、分析类别、主持人、参加人、分析内容、结论等

由表 ZY1300105001-3 可见，运行日志管理几乎涵盖了变电站所有工作记录的维护。对这些记录的维护都是通过“运行工作中心→运行值班管理→变电运行日志→增加记事→……”这样一个路径实现的，画面结构多采用“树表”的形式。运行日志主界面如图 ZY1300105001-6 所示，图中给出了各选项的含义。运行值班人员应掌握各项工作的流程，正确地启动流程，才能保证 PMS 系统运转正常。

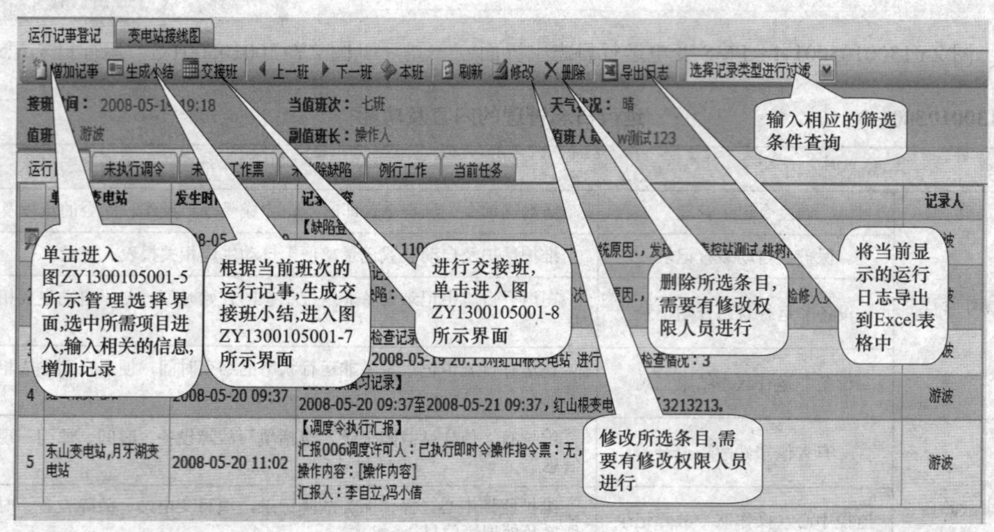

图 ZY1300105001-6　运行日志主界面

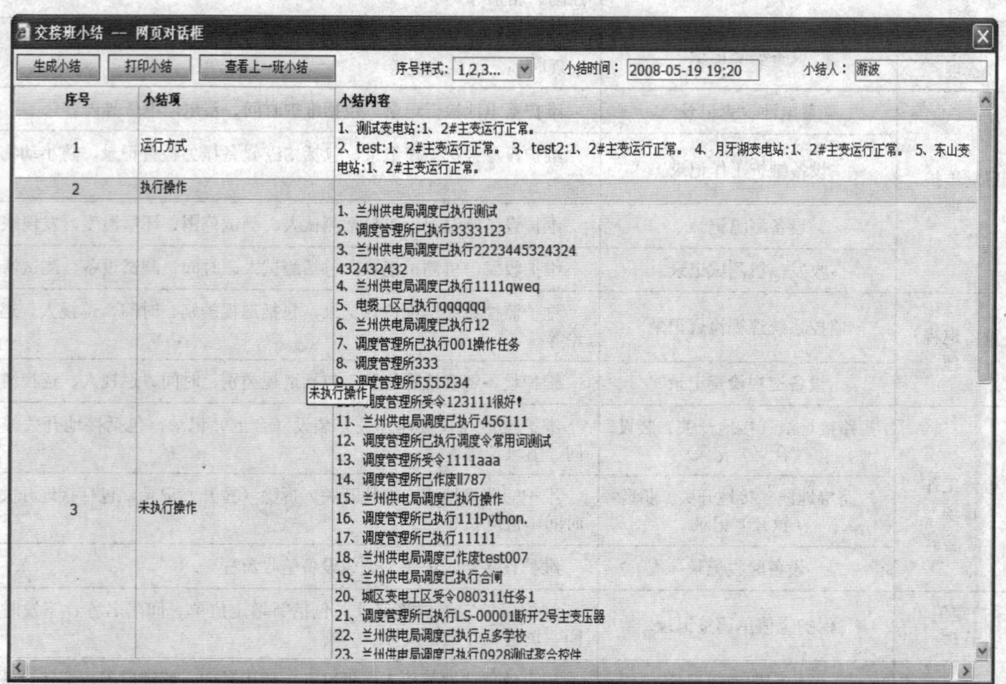

图 ZY1300105001-7　交接班小结界面

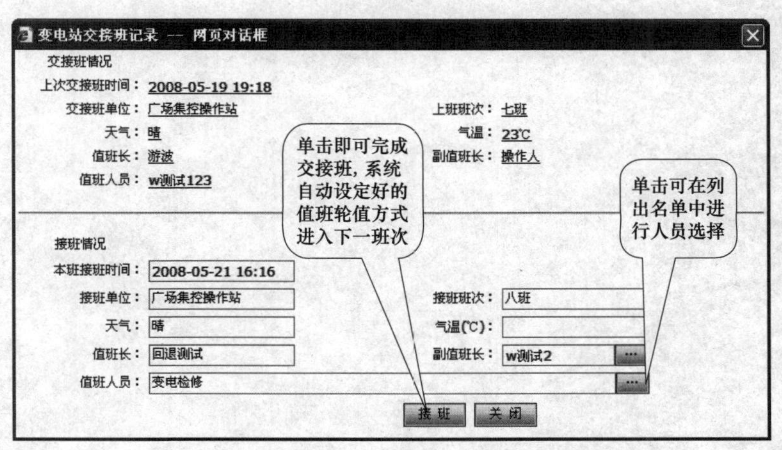

图 ZY1300105001-8　交接班界面

【思考与练习】

1. “SG186”代表什么含义？
2. PMS 由哪几部分组成？
3. 运行工作中心和设备中心的主要功能是什么？
4. 运行日志管理包括了哪些管理内容？
5. 在 PMS 系统中试完成设备缺陷的上报工作和消除流程。

第四部分

监视、巡视与维护

国家电网公司
生产技能人员职业能力培训专用教材

第十二章 运行监视

模块 1 运行工况监视（ZY1300201001）

【模块描述】本模块介绍综合自动化变电站运行工况监视的内容、方法及重点。通过要点介绍、归纳讲解，掌握运行工况监视技能。

【正文】

变电站作为电网的重要组成部分，担负着电能传输、分配的监测、控制和管理的任务。根据自动化程度的不同，变电站分为综合自动化变电站和非综合自动化变电站，它们运行工况监视的方法存在很大区别。非综合自动化变电站主要依靠主控室的仪表、光字牌、事故、预告信号、保护屏信息、现场巡视及技术监督来掌握运行工况；而综合自动化变电站主要依靠综合自动化系统、保护信息管理系统、电能计量管理系统以及现场巡视、技术监督来掌握运行工况。

750kV 网架是未来西北地区的主网架，由于 750kV 变电站在电网中的作用显著，因此自动化程度相对较高，均为综合自动化变电站。本模块重点讲述综合自动化变电站运行工况的监视。

一、监视的内容

运行人员通过对以下几方面信息的监视，掌握变电站的运行工况。

1. 遥信量

（1）变电站一次主接线及一次设备的运行情况。

（2）各种报警信息。

（3）变电站继电保护及自动装置的运行情况。

（4）变电站继电保护及自动装置的投入情况。

（5）变压器分接开关运行挡位。

（6）变电站综合自动化系统网络运行状态。

（7）辅助设施的运行情况。

2. 遥测量

（1）设备的电气运行参数：有功、无功、电压、电流、频率等。

（2）热工及水工运行参数：压力、温度等。

（3）变电站潮流方向。

（4）直流系统的运行情况。

3. 遥视量

（1）一次设备运行情况。

（2）二次设备运行情况。

（3）变电站安防情况。

4. 继电保护信息

（1）保护告警及动作信息。

（2）故障录波信息。

（3）网络运行情况。

5. 在线监测数据

（1）绝缘油色谱。

（2）避雷器泄漏电流。

二、监视的方法

运行人员通常利用综合自动化系统、保护信息管理系统、智能图像监控系统对变电站设备进行实时监视，辅助以现场巡视和技术监督手段，掌握变电站一次和二次设备、站用及直流系统的运行状态。这里仅介绍实时监视部分，现场巡视和技术监督在其他模块中详细说明。

1. 综合自动化系统

运行人员可以通过综合自动化系统主界面及各间隔图查看设备的实时运行数据。如母线电压，各出线的电流、有功、无功、频率，主变压器各侧电流、电压、有功、无功及各相油温、绕组温度等。

（1）运行人员还可以通过报警浏览掌握近期设备运行工况。报警浏览可以对变电站任一时刻发生的事件、事故或遥信变位进行查询。运行人员可以按变电站间隔分类或按类型分类进行检索。按变电站间隔分类检索时，系统会把某一间隔的所有信息列在一个屏幕上；按类型分类检索时，可将变电站内各类信息按遥测量越限、遥信量变位、保护信息、SOE 信息和遥控记录分别检索。通过报警浏览可以掌握一段时间内设备所有的运行工况。

（2）运行人员还可以通过实时报警信息掌握设备当前的运行工况。系统正常运行过程中，当有报警产生时，会自动弹出一个报警窗，提示当前变电站所有变位或动作信息，包括保护动作信息、断路器变位信息、装置告警信息、遥测量越限等，这些信息均以不同的颜色显示于窗口之中，以便运行人员浏览。实时报警信息中还提供了报文信息（报文是计算机网络中各站点的一次性要发送的、长度不限且可变的、代表一定信息内容的数据块），报文信息的文字描述是在变电站建设初期由熟悉变电站设备的人员向综合自动化调试人员提供的，它应该能够正确地反映变电站运行工况。

2. 保护信息管理系统

运行人员可以通过保护管理子站随时查看任何时刻的保护告警及动作信息，该系统提供的保护信息最为详尽，同时可以查看故障录波信息及网络运行情况。

3. 智能图像监控系统

运行人员可以通过智能图像监控系统监视变电站所有一、二次设备实时运行情况，发现在设备巡视中不易发现的缺陷，如变压器冷却器油泵上部漏油，由于安装位置较高，巡视中很难发现，倒闸操作时运行人员可以监视设备操作情况。另外，该系统还具备变电站安防功能，运行人员可以通过该系统监视变电站有无意外入侵者入侵，如果发生入侵，该系统会立即推出报警画面。

以上系统均可对变电站设备进行实时监视，但是有些设备缺陷和异常还要依靠现场巡视和技术监督来发现，技术监督工作主要包括设备定期试验、在线监测（如变压器、电抗器油色谱在线监测，避雷器泄漏电流在线监测）等。通过上述几种监视手段，运行人员能够对变电站运行工况有较好的了解和掌握。

三、监视的重点

综合自动化系统提供的信息非常多，运行人员在进行运行工况监视时应该区分主要信息和次要信息，下面分 3 种情况讲述监视的重点。

1. 正常运行

正常运行时监视的重点是遥测量越限、遥信量变位、保护信息、SOE 信息及在线监测数据。

（1）重点监视电流、电压、有功、无功、频率越限等遥测量越限信息。

（2）重点监视断路器、隔离开关、接地开关、远方闭锁变位、有载调压开关挡位、全站公用信息等遥信量变位信息。

（3）重点监视保护事件、保护告警信息。

（4）重点监视保护装置动作及复位等 SOE 信息。

（5）重点监视在线监测数据有无告警信息。

2. 倒闸操作

倒闸操作时监视的重点是：当前操作的断路器、隔离开关的变位信息是否正确，保护装置有无告警信息，是否有操作不当引发的其他断路器跳闸信息；供电时检查系统潮流变化情况，三相电流是否平衡，所有遥测量上传情况；停电时检查断路器开断的负荷电流大小。

3. 事故、异常

事故情况下监视的重点是事故发生后断路器的变位信息，事故处理过程中故障点的隔离情况，事故未影响到的设备继续运行情况，站用交、直流供电情况，保护装置告警信息，系统潮流变化情况。

异常情况下监视的重点是异常反复的次数、时间间隔，故障录波启动情况，系统冲击情况及系统运行情况。

异常工况视具体情况而定，如线路过负荷重点监视线路的电流值，变压器过负荷重点监视油温、过负荷数值及变压器冷却系统运行情况。

异常天气视具体情况而定，如大风天气重点监视设备区有无漂浮物，机构箱、端子箱有无封闭不严的现象。

【思考与练习】

1. 综合自动化系统日常监视的内容有哪些？
2. 如何通过报警浏览掌握近期设备运行工况？
3. 事故情况下运行工况监视的重点是什么？

模块 2 电能计量装置监视（ZY1300201002）

【模块描述】本模块介绍电能计量装置的监视和电能量计量系统的组成及抄录表计、调用电能数据的方法。通过要点讲解、方法介绍、图示说明，掌握电能计量装置监视的技能。

【正文】

电力系统电能计量分内部计量和外部计量两种，内部计量主要用于成本核算，外部计量主要用于贸易结算。通常在跨区电网及省网联络线上安装关口电能表，这种关口电能表一般为 0.2S 级多功能电能表。在比较重要的线路上通常增设一块关口电能表，它们公用同一套电压互感器、电流互感器和二次回路。事先指定其中一块电能表作为主表，供电量结算使用，另一块电能表作为副表，其电量参考使用，两块电能表一经指定后不得随意变更。

一、电能量计量系统的组成

电能量计量系统是具有数据自动采集、处理、传输、整理、统计、存储等功能的独立的计算机系统。它必须能保证电能量数据的完整、可靠、及时、保密、原始数据健全，使取得的电能量数据高度可信。

电能量计量系统能够实现抄表自动化，能够满足少人值班或无人值班变电站的需要。750kV 变电站人员少、设备多，实现抄表自动化是必然的发展趋势。目前变电站均配备电能量计量系统。

电能量计量系统由电能计量屏、电能表、电量采集器、电能计量监控后台机、用于电能计量的二次回路和光纤通道组成。

750kV 变电站通常采用分层分布式结构布置，电能表安装在保护小室内的电能计量屏上，为了实现抄表自动化和电能表信息的数据远传，需要将电能表的数据收集、处理、传输。图 ZY1300201002-1 是电能计量装置的组网图，粗实线路径及箭头显示了电能表的数据收集、处理和传输的过程。

安装于各保护小室的电能表的读数通过 RS485 接口，经光电转换器转换成光信号，通过光纤传输至主控楼计算机室的计费主站，此时再经过光电转换器将光信号变为原来的电信号，输入图 ZY1300201002-1 中所示的电量采集器，采集器采集到电能表数据后将数据传输至主控室监控主网，监控后台机及电能计量系统的后台机可以调用该数据。为了保证电能表数据远传的可靠性，通常该数据通过两路通道传输至网调和省调，同时为了网络安全，采取了纵向加密的隔离措施。

（一）电能表

1. 工作原理

电能表需要输入三相电压 U_A、U_B、U_C，分别取自需要计量的变压器、线路或母线电压互感器，同时还需要输入三相电流 I_A、I_B、I_C，由被计量设备的对应断路器用于计量的电流互感器提供，对于 3/2 断路器接线，取对应的两个断路器的和电流。

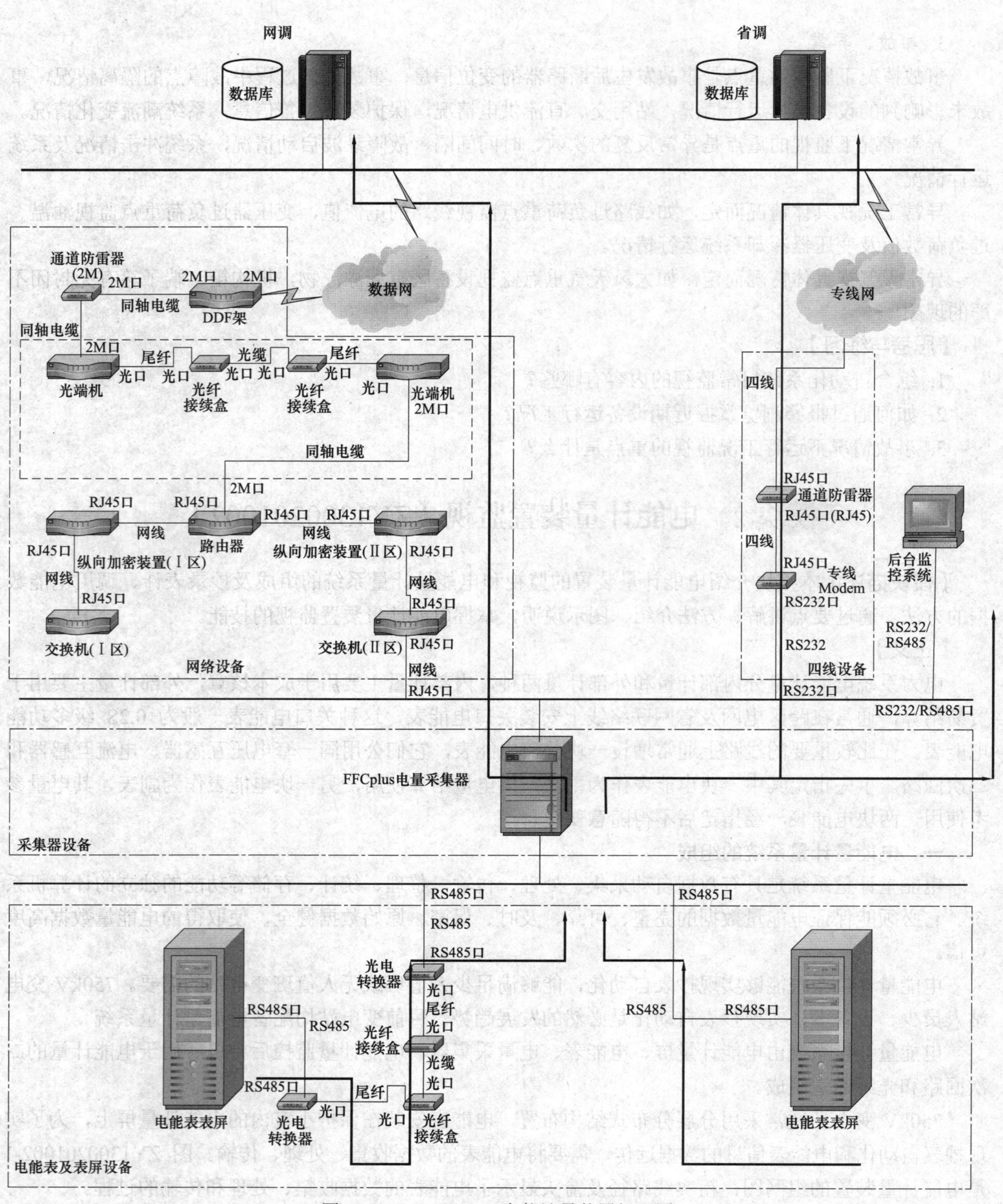

图 ZY1300201002-1 电能计量装置组网图

电能表对输入的电压量和电流量进行计算，有功功率 $P=UI\cos\varphi$，无功功率 $Q=UI\sin\varphi$，得出相应的有功和无功电量，然后按时间进行累计，最终以轮显的方式在电能表的液晶屏幕上显示出来，这就是需要的电能表底数。

2. 使用中的注意事项

（1）电能表的铅封。电能表的铅封不得随意开启，它有 3 个铅封：用户铅封、校验铅封和厂家铅封。正常运行时，任何铅封都不得打开，只有需要更换电池或怀疑表计的通信有问题时，方可由计量人员打开用户铅封进行更换。

（2）电能表工作的有关规定。在电能表的二次回路上工作应遵守二次回路工作的有关规定，防止造成电流互感器二次开路、电压互感器二次短路。

（二）电量采集器

电量采集器是微处理器控制的智能设备，其作用是采集多个表计的电脉冲信号，并转换成数字数据信息记录保存。

（三）电能计量系统监控后台

电能计量系统监控后台调用电量采集器的数据，手动或自动生成电量日、旬、月报表，并统计不平衡率，便于运行人员随时查看、调用全站所有电能表数据。

二、电能表数据的读取

电能表的数据可以通过电能表直接读取，也可以通过电量采集器、电能计量系统监控后台或综合自动化系统调用电能表数据，后者在数据传输过程中可能出现较小的误差。

1. 利用电能表直接读取数据

电子式电能表一般能够提供正向及反向有功和无功电能底数，多费率电能表还会提供总值及峰、平、谷值。电子式电能表提供的数据有瞬时值、零点冻结值和负荷曲线3种，根据需要进行读取。其中瞬时值是运行人员有临时需要时读取的数值，零点冻结值是运行人员每日必须上报调度的数值，负荷曲线是用于查询历史数值的。厂家、型号不同，代码的含义会有所不同，调用电量数据的方法也不同。一般均可进行瞬时值、零点冻结值及负荷曲线查询。

2. 利用电量采集器调用数据

电量采集器的厂家、型号不同，其方法也有所不同。通常是进入“负荷曲线”或“数据查询”菜单，根据数字代码判断代表哪一线路的有功或无功电能。

3. 利用电能计量系统监控后台调用数据

调用电能表数据的方法因厂家不同而有所不同，在电能计量系统监控后台中选择需要的时间和报表类型，按照厂家提供的操作方法，调用电能表数据并自动生成需要的报表。

有的电能计量系统监控后台具有自动生成报表的功能，每日的报表会自动生成并储存在报表文件中。

4. 利用综合自动化系统调用数据

电量采集器采集到的电能表数据会同步传到综合自动化系统，利用综合自动化系统可以随时查看电量报表。

三、电能计量装置的监视

（一）电能表

1. 电源的监视

电能表一般设有主电源、辅助电源和后备电源。

（1）主电源。当线路带电后，电能表可以依靠三相电压工作，而且只要一相电压正常，电能表就可以正常工作。

（2）辅助电源。有时线路由于某种需要可能会停运一段时间，因此电能表又配置了辅助电源，以防止电能表不工作。辅助电源由变电站交流电源提供，有条件的变电站最好采用UPS电源供电，确保电能表不中断工作，随时读取电能表数据。另外还可以采用一种特殊模式，即电能表只用辅助电源供电。

（3）后备电源。电能表内有一个超级电容，用以保持时钟，还可以选用一个外置锂电池作为时钟的备用电源，该电池使用寿命一般为10年，当电能表提示电池电压低时，此时由超级电容单独供电，仍可维持电能表运行20天时间。

运行人员应监视电能表的电源指示灯，如果发现异常，立即处理。

2. 电能表数据监视

电能表正常处于轮显状态，运行人员应监视电能表数据，如果本线路与以往相比，负荷接近而电能表数据差距较大，应引起注意。定期核对主表与副表数据，差值不宜过大。每日计算母线电量不平衡率不超过允许范围。

（二）电量采集器

运行人员应定期检查电量采集器采集的数据，并与现场数据核对，同时检查时间，如果数据误差较大，时间滞后较多，应该要求厂家处理。

（三）电能量计量系统监控后台

运行人员主要监视电能量计量系统监控后台采集数据的时间有无延迟现象，有无告警信息，自动生成的电量报表是否正确。

（四）综合自动化系统

运行人员主要监视综合自动化系统电量报表有无漏点采集的现象，电量数据有无异常，如个别运行线路的电量数据未发生变化等。

【思考与练习】

1. 电能计量装置主要监视哪些方面？

2. 如何读取电能表数据？

模块3 电压、电流、频率分析判断（ZY1300201003）

【模块描述】本模块介绍电压、电流、频率异常及分析判断的相关内容。通过异常现象描述、分析判断讲解，掌握电压、电流、频率异常的规定及分析、判断方法。

【正文】

变电运行中经常出现电压越限、过负荷的现象，有时也会出现频率异常的现象，应该在了解电压、电流、频率异常规定的基础上，掌握电压、电流、频率异常后分析、判断的方法。

一、电压异常

（一）电压异常的规定

根据《国家电网公司电业生产事故调查规程》规定，电压监测控制点电压超出电网调度规定的电压曲线值±5%且延续时间超过1h，或偏差超出±10%且延续时间超过30min，则构成电网一类障碍；电压监测控制点电压超出电网调度规定的电压曲线值±5%且延续时间超过2h，或偏差超出±10%且延续时间超过1h，则构成一般电网事故。

正常运行时按照调度部门规定的变电站各电压等级电压限值掌握，一般750kV母线最高电压不得超过800kV，最低电压不得低于750kV。具体各电压等级的电压限值必须根据调度当月下发的文件执行。

（二）电压异常的现象

运行中可能出现电压升高、电压降低、三相电压不平衡及电压回路断线等异常现象。

1. 电压升高

综合自动化系统监控后台会实时显示各个电压监测点的数值，当电压升高至报警值时，监控后台会发出电压升高的语音报警，同时显示越上限电压值。

2. 电压降低

当电压降低至报警值时，综合自动化系统监控后台会发出电压降低的语音报警，同时显示越下限电压值。

3. 三相电压不平衡

当出现三相电压不平衡时，可以通过综合自动化系统监控后台的遥测值变化情况发现。比较严重时，变压器、电抗器、电压互感器、电动机等运行设备也会发出异常声音。

4. 电压回路断线

个别相电压为零或电压值很小，其他相电压正常。

（三）电压异常的原因分析

1. 电压升高

电压升高的主要原因是电网无功功率过剩和负荷降低。变压器轻负荷时并联电容器组未撤运或者输电线路长距离轻负荷充电功率过剩等会造成电网无功功率过剩，通常夜间或节假日期间负荷较低，此时就会引起电压升高。电网发生事故突然甩负荷时，也会引起电压升高。

2. 电压降低

电压降低的主要原因是电网无功功率不足和负荷增加。变压器重负荷时无功补偿装置未投入运行或容量不足，电网长距离输送无功等原因造成的电网无功功率不足，电网出现高峰负荷，这些情况都可能引起系统电压升高。另外，输电线路导线截面太小也会造成电压降落较大。

运行电压的突然降低一般由事故引起，例如系统发生短路、接地故障时，系统电压会突然出现大幅度的降低；电网事故解列后，部分区域电网大量缺少无功功率，引起运行电压降低等。

3. 三相电压不平衡

在中性点有效接地系统中，三相电压不平衡一般由三相负载不平衡引起。因为三相负载不平衡时，由电源流经输电线路、变压器等供电设备到负载的三相电流也不对称，电流大的相在供电回路上的电压损失大，电流小的相在供电回路上的电压损失小。

4. 电压回路断线

电压回路断线较为常见的原因是电压互感器二次空气断路器跳闸，电压回路存在短路或断路。

二、电流异常

(一) 电流异常的规定

1. 线路的最大允许电流

由于受到导线截面、阻波器额定电流、保护用的电流互感器变比和电网稳定等多方面因素的限制，变电站每一条线路均有最大允许电流限值，运行线路的最大允许电流值由线路所属调度部门综合考虑各种因素制定下发。表 ZY1300201003-1 列举了西北网调直接调管的部分输电线路最大允许电流。

表 ZY1300201003-1　　西北网调直接调管的部分输电线路最大允许电流

序号	线路编号	线路名称	导线型号	线路长度（km）	导线额定电流（A）	阻波器额定电流（A）	保护 TA 变比	保护允许电流（A）	线路允许电流（A）
1	7051	官东Ⅰ线	6×LGJ-400	140.71	4000	3500	2000/1	4070	2000
2	7081	川白东线	6×LGJ-400	393.66	4000	光纤	2000/1	2010	2000
3	3851	安靖Ⅰ线	2×LGJQ-300	126.48	1380	1250	1000/1 1200/1	1820	1200
4	3025	安靖Ⅱ线	2×LGJ-300	118.40	1380	1250	1000/1 1200/1	1900	1250
5	3955	固西线	2×LGJQ-300	150.62	1380	1250	1200/1	1290	1200
6	3987	官西Ⅰ线	2×LGJ-400	102.81	1650	1600	2000/1 1200/1	2290	1130
7	3988	官西Ⅱ线	2×LGJ-400	102.84	1650	1600	2000/1 1200/1	2290	1130

2. 变压器过负荷

变压器过负荷倍数及允许持续运行时间在模块 ZY1300401005 中有详细介绍，这里不再赘述。

(二) 电流异常的现象

电流异常的现象主要有电流越限、电流不稳定、三相电流不平衡等。

1. 电流越限

电流越限主要表现为电流遥测量数值增大，设备或接头发热。

（1）变压器。变压器超额定电流运行是指所带负荷电流超过其任一侧绕组额定电流。主要表现为变压器的某一侧电流遥测量超过额定值，此时过负荷信号启动，变压器的声音增大，且呈沉重的“嗡嗡”声。随着变压器过负荷倍数的增加，负载损耗大幅增加，使得变压器绕组的热点温度升高、油温上升，严重时可能引起变压器轻瓦斯动作，甚至造成变压器损坏事故。另外，还会引起变压器引出线接头发热。

（2）输电线路。输电线路过负荷的现象是线路的电流遥测量数值增大，导线发热，从外观检查可以发现导线弧垂较正常运行时增大。

（3）电流互感器。电流互感器过电流的现象是相应的电流遥测值误差增大。此时，电流互感器的声音也会明显增大。

2. 电流不稳定

电流不稳定的现象表现为电流、有功功率、无功功率的遥测值不稳定。

3. 三相电流不平衡

三相电流不平衡的现象表现为三相电流遥测值不一致，严重时会引起差动等保护出现启动信号。

（三）电流异常的原因分析

1. 电流越限

（1）变压器。变压器过负荷分正常过负荷和事故过负荷两种。正常过负荷主要由于变压器的负载超过额定值、过励磁或运行电压过低等原因造成。事故过负荷主要由于电力系统发生故障或变电站内部故障而导致变压器突然过负荷运行。

（2）输电线路。输电线路过负荷主要由于负荷增大引起。

（3）电流互感器。电流互感器过负荷主要由于系统发生故障、电流互感器二次回路短路或二次负载增大引起。

2. 电流不稳定

电流不稳定的原因一般由大的冲击负荷、大型电机设备启动等引起，例如电弧炉等负载、大功率异步电动机启动等。电流不稳定也可能由于系统振荡、谐振或电流互感器故障引起。

3. 三相电流不平衡

三相电流不平衡一般由负荷不平衡引起，例如电力机车通过、负荷不对称等。

三、频率异常

（一）频率异常的规定

频率偏差是指系统频率的实际值与标称值之差。频率异常是指频率偏差超过允许值。根据《国家电网公司电业生产事故调查规程》规定，系统频率偏差超出表 ZY1300201003-2 所列范围，分别构成一般电网事故和电网一类障碍。

表 ZY1300201003-2 频率异常规定表

序号	频率偏差	持续时间	事故定性
1	超出(50±0.2) Hz	20min 以上	电网一类障碍
	超出(50±0.5) Hz	10min 以上	
2	超出(50±0.2) Hz	30min 以上	一般电网事故
	超出(50±0.5) Hz	15min 以上	

（二）频率异常的现象

当电力系统频率出现异常时，频率遥测值会变大、变小或出现摆动，电动机转速会增大或降低。

（三）频率异常的原因分析

电力系统频率变化是由于电源与负荷失去平衡而引起的。例如电网事故解列，甩掉负荷的电网由于电源提供的动力大于负荷，发电机的转速升高而造成电网频率升高。反之，负荷的突然增加，会使电网提供的动力小于负荷，发电机的转速下降而造成电网频率降低。

【思考与练习】

1. 线路的最大允许电流受哪些方面因素的影响？
2. 电压异常的规定是什么？

模块4 电能计量装置分析判断（ZY1300201004）

【模块描述】本模块讲述了对电能计量装置的分析判断、母线电量不平衡率的计算方法及规定等内容。通过原因分析、计算举例，能够对电能计量装置指示数据的异常作出相应的分析判断。

【正文】

变电站运行人员每日抄录站内所有运行线路的有功及无功电量，并计算母线电量不平衡率，如果母线电量不平衡率超过规定，或者线路两端的电量差距较大，应立即进行分析，判断电能计量装置异常的原因。

一、母线电量不平衡率的计算方法及规定

1. 母线电量不平衡率计算

（1）电量的计算。一个抄表周期内，电能表测得的实际用电量按下式计算

$$W=(W_2-W_1)\times B \quad \text{(ZY1300201004-1)}$$

式中 B——实用倍率；

W_1——前次抄录的电能表底千瓦时数；

W_2——后次抄录的电能表底千瓦时数。

日电量就是当日的电能表底数减去前一日的电能表底数，再乘以倍率，月电量、周电量以此类推。计算电量的关键是明确日期，即使用哪几日的电能表底数相减。

（2）母线电量不平衡率的计算。母线电量不平衡率是指母线输入电量和输出电量之差与母线输入电量的百分比，可由下式计算

$$\text{母线电量不平衡率}=\frac{\text{母线输入电量}-\text{母线输出电量}}{\text{母线输入电量}}\times 100\% \quad \text{(ZY1300201004-2)}$$

2. 母线电量不平衡率的标准

110kV 及以下电压等级，母线有功电量不平衡率不大于 2%；220kV 及以上电压等级，母线有功电量不平衡率不大于 1%；无功功率不参与考核。

二、电能计量装置异常的现象

（1）线路正常运行而电能表数值不变。

（2）母线电量不平衡率超过标准。

（3）综合自动化系统电量报表漏点采集，电能计量装置告警或延迟时间较长。

（4）线路两侧的电量差距较大。

三、电能计量装置异常的原因分析

（一）新建线路电量异常的原因分析

1. 变比错误

电能表的倍率等于电能表用的电流互感器的变比乘以电压互感器的变比，因此，任何一个变比错误都会引起电能表倍率错误。通常电能计量装置的变比错误多发生在电流互感器回路。

2. 表计错误

（1）电能表卡涩或多功能电能表乱码、黑屏。

（2）表计未经过校核，自身误差较大。

3. 回路错误

（1）计量装置电源中断或电压互感器回路失压。

（2）电流互感器二次回路接触不良或开路。

4. 接线错误

（1）电压、电流回路的接线正确，极性错误。

（2）电压回路的接线错误，例如电压量取自其他线路。

（3）电流回路的接线错误，例如电流量取自其他线路。

（4）电压、电流不同相。

（5）电压、电流不是接至变压器的同一侧绕组。

5. 电量报表错误

（1）有功、无功电量正、反向定义错误。

（2）计算母线电量不平衡率公式错误。

（二）已投运线路电量异常的原因分析

1. 人为因素

人为的因素导致表计抄录错误。

2. 表计错误

表计出现了较为严重的问题，发出告警信息，无法正常进行计量工作。

3. 表计回路异常

（1）计量装置电源中断或电压互感器回路失压。

（2）电流互感器二次回路接触不良或开路。

4. 电能计量装置异常

（1）由于装置内部原因，无法远方采集电能表数据，或推迟较长时间上传数据。

（2）电能计量装置与综合自动化系统之间通信中断。

【思考与练习】

1. 电能计量装置异常的现象是什么？

2. 对于新建线路，电能计量装置发生异常可能的原因有哪些？

模块5　电压、电流、频率异常处理（ZY1300201005）

【模块描述】本模块介绍电压、电流、频率异常的处理方法。通过要点讲解、处理方法介绍，能够对电压、电流、频率的异常作出相应处理。

【正文】

运行人员监视到电压、电流、频率异常后，应该立即汇报值班长，进行相应的处理，下面分别讲述电压、电流、频率异常的处理方法。

一、电压异常的处理

（一）电压升高

系统电压升高时，首先进行分析判断，针对不同原因采取不同的处理措施。

（1）当电压升高超过规定的电压上限值时，应立即汇报调度，并继续加强电压监视。

（2）如果电压升高是由于系统无功功率过剩引起，应该在调度的指挥下切除并联电容器组或投入并联电抗器。

（3）当采取投切无功设备措施后，仍然无法将电压调整到合格范围之内时，应汇报调度处理。

（4）变压器采用有载分接开关的变电站，如果母线电压升高不是由于系统无功功率过剩引起，可以采用调整变压器分接头的方式来降低母线电压。变压器采用无载分接开关的变电站，不能采用上述方式调压。750kV 变压器大多采用无载分接开关，因此不能利用调整变压器分接头的方式来降低母线电压。此时应汇报调度，调度通过其他方式进行处理。

（二）电压降低

系统电压降低时，同样应该先进行分析判断，然后针对不同原因采取相应的处理措施。

（1）当电压降低超过调度下发的电压下限值时，应立即向调度汇报电压降低情况，并继续加强对电压的监视。

（2）如果由于系统无功功率不足引起母线电压降低，应该在调度的指挥下退出母线上的并联电抗器或投入并联电容器组。

（3）当本站采取投切无功设备措施后，仍然无法将电压升高到合格范围之内时，应汇报调度处理。

（4）750kV 变压器采用的是无载分接开关，如果母线电压降低不是由于系统无功功率不足引起，也不能利用调整变压器分接头的方式来提高母线电压。此时应汇报调度，调度通过其他方式进行处理。

（三）三相电压不平衡

当系统三相电压不平衡超过允许范围时，应该首先检查电压遥测量是否正确。通过检查电压测量回路、测控装置来确认遥测量误差是否在允许范围内，然后检查电压互感器二次空气断路器是否跳闸。如果电压遥测量正确且非本站设备原因造成，应汇报调度和上级主管部门。如果电压不平衡是由于负载不平衡引起，汇报调度调整用户端负载直至三相电压平衡。

（四）电压回路断线

电压回路断线处理在模块 ZY1300405005“继电保护及自动装置设备异常的处理”中有详细的介绍，这里不再赘述。

二、电流异常的处理

电流异常时，首先应及时汇报调度，分析判断出现异常的原因，对设备进行特殊巡视检查、测温和监视，并记录过负荷数值及持续时间。

（一）电流越限

1. 变压器超额定电流运行

变压器超额定电流运行的主要原因是过负荷运行，处理方法如下：

（1）变压器超额定电流运行时，应该汇报调度，检查变压器油温、油位、温升以及冷却系统运行情况，投入所有冷却器。

（2）如果变压器负荷过大，且持续时间较长，有备用变压器的变电站应投入备用变压器。

（3）申请调度调整运行方式，转移负荷。

（4）如果采取各种措施仍然无法将负荷控制在现场规程规定的允许范围之内，且对变压器的安全运行有不良影响时，应申请调度限制负荷。

2. 输电线路过负荷

输电线路过负荷时，一般申请调度调整电网运行方式、转移或限制负荷，使电流尽快恢复至允许范围之内。

（二）电流不稳定

设备运行时电流不稳定，如果不是由冲击负荷或大功率异步电机设备启动等外部原因引起，且只有电流值不稳定，而功率测量值并不随之变化时，应检查电流测量回路有无故障来判断电流遥测值是否正确。如果电流、功率测量值同时变化，应检查电流互感器二次回路、测量回路以及电流互感器本体有无异常。在检查测量回路时，应采取防止电流互感器二次绕组开路产生高电压的措施。

（三）三相电流不平衡

三相负载电流不平衡时，应监视最大一相的电流不超过设备的额定值。分析判断三相电流不平衡的原因，然后进行相应处理。如果是由于负荷原因引起，则设法对接入该回路的负荷重新进行调整；如果是由于本站电流互感器、表计或测量回路原因引起，应立即上报缺陷，并督促尽快处理。

三、频率异常的处理

频率异常时应立即将异常情况及有关联络线的受送电情况汇报所属调度，同时对变电站频率进行实时监视，立即派人到现场检查所有设备的运行情况、各保护小室故障录波的动作情况，配合调度处理频率异常，在频率恢复正常前应加强对频率变化情况的监视。

【思考与练习】

1. 电压异常如何处理？
2. 变压器过负荷应如何处理？

模块6 电能计量装置异常处理（ZY1300201006）

【模块描述】本模块讲述了电能计量装置异常的处理。通过列表说明、处理方法讲解，能根据表计、采集装置等的异常现象，进行相应的处理。

【正文】

电网关口电量直接关系到企业的经济效益，当关口电能计量装置发生故障时，需要采用一定方法对漏计或多计的电量进行追补，因此电能计量装置发生异常后必须立即处理，并追补电量。下面针对几种情况分别介绍电能计量装置的异常处理。

一、电能表的异常处理

电能表异常的表征因厂家、型号不同有所不同，根据其严重程度分为致命错误、报警和操作告警。将导致电能表不能正确执行计量功能的错误称为致命错误；影响电能表正确测量的电能表内部错误称为报警；电能表外部原因引起的告警称为操作告警。下面以比较常用的电能表为例进行说明。

1. 致命错误

现象：显示器上有一个“FF”在闪烁。部分致命错误代码说明见表ZY1300201006-1。

表ZY1300201006-1 部分致命错误代码说明

序 号	显 示	说 明
1	FF0001000	主存储器出错
2	FF0002000	闪存出错
3	FF0000100	ROM微处理器出错
4	FF0000200	备份数据出错

处理：当电能表出现上述错误时必须更换电能表。

2. 报警

现象：显示器上有一个“FF”在闪烁，报警发光二极管持续发光，还可能有报警输出。通常报警输出持续存在，直至清除报警为止，但是如果在参数设置中设定了报警信号持续时间，到时间后报警信号会自动消失。部分读/写错误代码说明见表ZY1300201006-2。

表ZY1300201006-2 部分读/写错误代码说明

序 号	显 示	说 明
1	FF0004000	测量系统出错
2	FF0008000	时基出错
3	FF0010000	数据分布存储器出错

处理：出现报警时应通知计量专业人员处理，能否通过复位按钮清除报警，取决于参数设置。

3. 操作告警

（1）现象之一：内部情况一直持续，直到情况改正为止（如电池电压低）。此时显示器上将出现一个“FF”和错误代码，报警发光二极管闪烁，报警输出。

处理：根据错误代码，判断是什么原因导致告警，问题处理完毕后（如更换了电池），操作告警信号会被取消。

（2）现象之二：当操作告警故障不再存在，如失相电压“L1”（即A相失压）瞬间打出后自动恢复，则告警信号也会自动消除。这种情况会在事件日志中产生一条记录，报警发光二极管闪烁，报警输出。部分操作告警信息的代码说明见表ZY1300201006-3。

表 ZY1300201006-3　　部分操作告警信息代码说明

序　号	显　示	说　明
1	FF01000000	电池电压低
2	FF02000000	无效的时间和日期
3	FF00000080	传送接点 ID 无效

处理：告警自动复归，无须处理。

二、电能计量回路异常的处理

（1）当发现电能计量装置的变比错误、回路断线或装置内部故障时，应按缺陷流程上报缺陷，进行缺陷分析，并立即通知计量装置管理部门。

（2）当发生计量装置工作电源故障时，应及时查明原因，恢复正常供电。

（3）在电量日报表中发现个别线路在负荷基本保持恒定时电量变化比以往小或无变化，应该立即检查该线路计量回路有无交流失压或电流互感器开路的现象。

1）如果是由于线路电压互感器计量用的二次空气断路器跳闸导致电量不能正常计量，应立即恢复二次空气断路器，如果恢复不上，说明电压回路存在短路或接地现象，应立即查找原因，能处理的自行处理，不能处理的汇报上级有关部门，安排专业人员处理。由于异常未能计入的电量按有关规定追加。

2）如果是由于计量回路存在电流互感器开路现象导致电量不能正常计量，应立即查找开路点，恢复松动的端子，无法确定开路点时汇报上级有关部门，安排专业人员处理。

三、采集装置异常的处理

（1）如果电量采集装置出现漏点采集，首先检查电量采集装置有无告警信息、装置电源是否正常，联系厂家处理。

（2）如果电量采集装置数据采集延时太长，可能是由于数据库空间不足或在数据传输过程中受到阻塞，联系厂家处理。

【思考与练习】

1. 电能表的致命错误有哪些？如何判断表计出现了致命错误？
2. 电能计量装置出现异常如何处理？

模块 7　运行工况监视系统常见异常处理（ZY1300201007）

【模块描述】本模块讲述综合自动化系统在日常监视过程中可能出现的各种异常，如何发现、分析、判断、处理。通过现象描述、处理方法讲解、实例分析，能够对系统运行工况进行综合分析。

【正文】

综合自动化系统出现异常后，无法进行设备运行工况的正常监视，也就无法掌握设备的实际运行状况，因此，在综合自动化系统出现异常后应立即处理。下面介绍综合自动化系统常见异常的分析判断及处理方法。

一、综合自动化系统监控后台机故障

1. 现象

综合自动化系统遥测量数据不更新且无法切换画面或黑屏。

2. 处理方法

变电站因微机监控程序出错、死机及其他异常产生的软故障，一般采用重新启动的方法处理。

（1）若监控系统中的某台计算机完全死机，必须重新启动该计算机，并重新执行监控应用程序。

（2）若监控系统某一应用功能出现软故障，可以重新启动该应用程序。

（3）如果变电站监控网络在传输数据时因数据阻塞造成通信死机，必须重新启动传输数据的集线器（HUB）或交换机。

（4）变电站综合自动化系统一般采用两台监控主机互为备用，当其中一台主机的监控应用程序异常时，可以在另一台主机运行正常的情况下，重新启动异常的监控主机。

二、采集单元异常

1. 现象

（1）在监控系统细节图中，某一间隔的所有遥测数据不更新，且站内通信正常、支持程序运行正常、采集装置运行正常。

（2）日负荷或电压报表中某一间隔的所有报表数据一直未变，且站内通信正常、支持程序运行正常、采集装置运行正常。

2. 处理方法

检查该间隔的测控单元工作是否正常，如有异常，能处理的自行处理。例如装置掉电，可查明原因尽快恢复。如果是由于测控装置内部故障或回路的问题，汇报上级有关部门，安排专业人员处理。综合自动化监控系统中发生设备故障一时无法恢复时，应将该设备从监控网络中暂时退出，并汇报所属调度。

三、通信中断

1. 现象

综合自动化系统站控层与间隔层之间通信中断会发出告警信息，同时“通信一览表”会显示通信中断的间隔。综合自动化系统通信正常时显示绿色，通信中断时会显示红色。有的保护管理子站也会显示通信中断的告警时间及间隔。

2. 处理方法

通信中断时，首先应分析通信中断的原因，是由保护装置、测控装置异常引起的还是由计算机网络异常引起的。

若通信中断是由保护装置异常引起的，一般应同时发“直流消失信号”。

对计算机网络异常引起的通信中断，应按下列步骤处理，处理时不得对保护装置进行断电复位操作：

（1）查看监控后台的“通信一览表”，确认是哪一部分通信中断。

（2）检查各计算机网卡是否运行正常。

（3）检查光缆是否运行正常。

（4）检查光电转换器是否损坏。

1）对于经规约转换的设备，检查转换机运行是否正常。

2）检查中断通信的间隔设备是否仍在运行，运行是否正常。

3）如果发现某一保护小室双网中断，在检查该保护小室内所有继电保护及自动装置运行正常的情况下，应检查安装在该小室内光电转换器和主控制室与该小室对应的光电转换器是否故障。

（5）某测控单元通信网络出现故障时，监控后台不能对其进行正常操作，此时如果调度下令，值班人员应到保护小室进行就地操作，同时汇报上级有关部门派人处理。

【思考与练习】

1. 综合自动化系统通信中断的处理原则是什么？

2. 如何判断综合自动化系统采集单元异常？

第十三章 一次设备巡视

模块1 一次设备巡视要求及规定（ZY1300202001）

【模块描述】本模块介绍设备巡视的一般规定、巡视流程及危险点分析等内容。通过归纳讲解、图解说明、案例分析，掌握一次设备巡视技能。

【正文】

设备巡视是变电运行工作的一项重要内容，也是变电值班员必须具备的基本技能。变电站设备的巡视、检查是为了监视设备的运行情况，以便及时发现和消除设备缺陷及不安全因素，预防事故发生，是确保设备安全运行的一项重要工作。

一、变电站设备巡视的一般规定

（一）设备巡视的目的

变电站设备巡视的目的是为了监视和掌握设备的运行情况、变化情况，及时发现和消除设备缺陷，预防事故发生，确保设备连续安全运行。

（二）设备巡视的基本方法和要求

1. 设备巡视的基本方法

值班人员应至少两人一起巡视，按照巡视路线和现场运行规程中规定的巡视项目，依次检查，不得漏查设备，发现设备缺陷和异常立即停止巡视，汇报后进行相应的处理。

巡视的具体方法有两种：

（1）持卡巡视。巡视人员手持变电站标准化巡视卡，巡视到某一间隔时，首先参照本间隔的巡视项目，逐条核对。没有问题的部分打勾，有缺陷的在相应的巡视卡下面的缺陷一栏中详细填明有关缺陷信息，记录数值型数据，如压力值、泄漏电流。全部巡视完毕后填写巡视人及日期。

（2）使用 PDA（智能巡检装置）。配有 PDA 的变电站，巡视人员应按照 PDA 提供的巡视路线和巡视项目进行巡视，有缺陷的录入该间隔的缺陷记录，巡视完毕将 PDA 放回充电座，PDA 会自动将巡视情况传输至主控室指定的计算机内，通常为生产管理系统。使用 PDA 巡视可以确保运行人员不漏查设备，提醒运行人员设备巡视项目，便于巡视数据的存储。

2. 设备巡视的要求

（1）经主管单位批准允许单独巡视设备的人员巡视高压设备时，不得进行其他工作，不得移开或越过遮栏。

（2）雷雨天气需要巡视室外高压设备时，应穿绝缘靴，并不得靠近避雷器和避雷针。

（3）火灾、地震、沙尘暴、暴风雪、洪水等灾害发生时，如要对设备进行巡视，应得到 750kV 设备运行管理单位主管领导批准，巡视人员应与派出部门之间保持通信联络。

（4）巡视高压设备时，人体与带电导体注意保持足够的安全距离。

（5）巡视时遇有严重威胁人身和设备安全的情况，立即汇报值班长，按照事故处理相关规定进行处理。

（三）设备巡视的分类

变电站的设备巡视一般分为交接班巡视、正常巡视、全面巡视、熄灯巡视和特殊巡视。正常巡视的设备分一次、二次设备（继电保护、自动装置及远动、通信装置），站用交、直流系统，“五防”闭锁装置及辅助设施巡视。

（四）设备巡视的周期

1. 正常巡视周期

（1）750kV 变电站每天对全站设备至少巡视一次，每值使用 PDA 巡检仪巡视一次。

（2）每次交接班巡视一次，重点关注状态发生变化的设备、存在缺陷的设备。

（3）每天进行高频通道测试一次。

2. 全面巡视周期

变电站管理层每周进行一次全面巡视。

3. 熄灯巡视检查周期

每周进行一次熄灯巡视。

4. 特殊巡视检查周期

（1）恶劣天气应及时巡视。

（2）新设备投运或检修后投入运行，应适当增加巡视次数。

（3）设备过负荷或设备异常时，每半小时巡视一次，直至设备正常。

（4）设备检修、试验、改变运行方式或负荷特殊增长时增加巡视次数。

（5）重要节日或按上级指示增加巡视次数。

二、设备巡视的流程

设备巡视应根据巡视的性质各有侧重地进行。巡视时按照巡视卡或巡检仪提示的项目进行巡视，发现异常或缺陷及时汇报值班负责人。值班负责人到现场再次检查确认后汇报上级部门，按照规定的程序登记相应的缺陷。下面以图 ZY1300202001-1 所示某 750kV 变电站设备巡视流程图为例详细介绍。

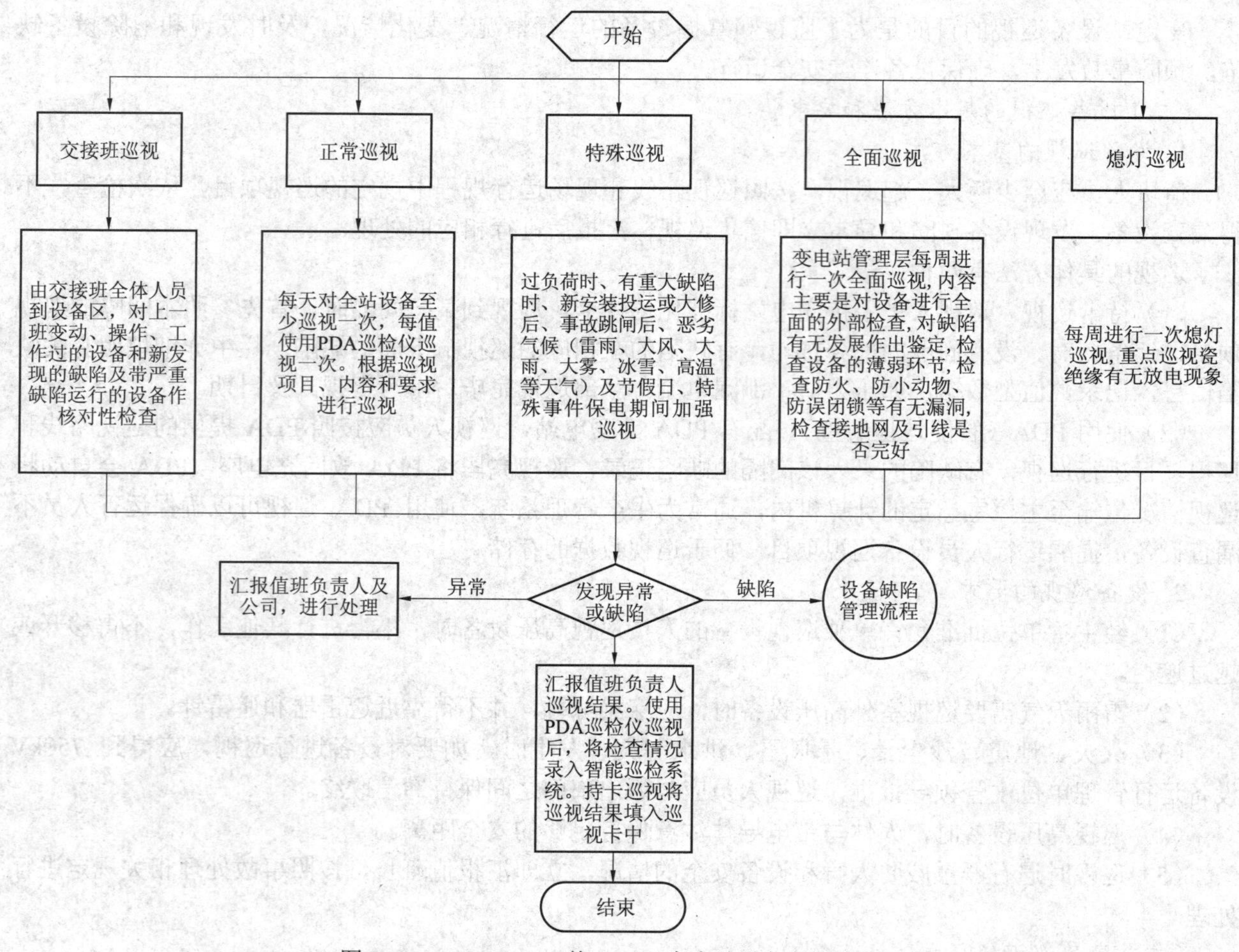

图 ZY1300202001-1 某 750kV 变电站设备巡视流程图

三、案例

案例 1：巡视路线。

变电站应按现场设备的布置建立科学的切合实际的巡视路线。制定巡视路线时应考虑路径简捷、不重复、不遗漏设备，尽量采取 S 形路线，将设备的各个角度都巡视到位。图 ZY1300202001-2 列举了某 750kV 变电站的巡视路线。绿色路径及箭头标明了正常的巡视路线。

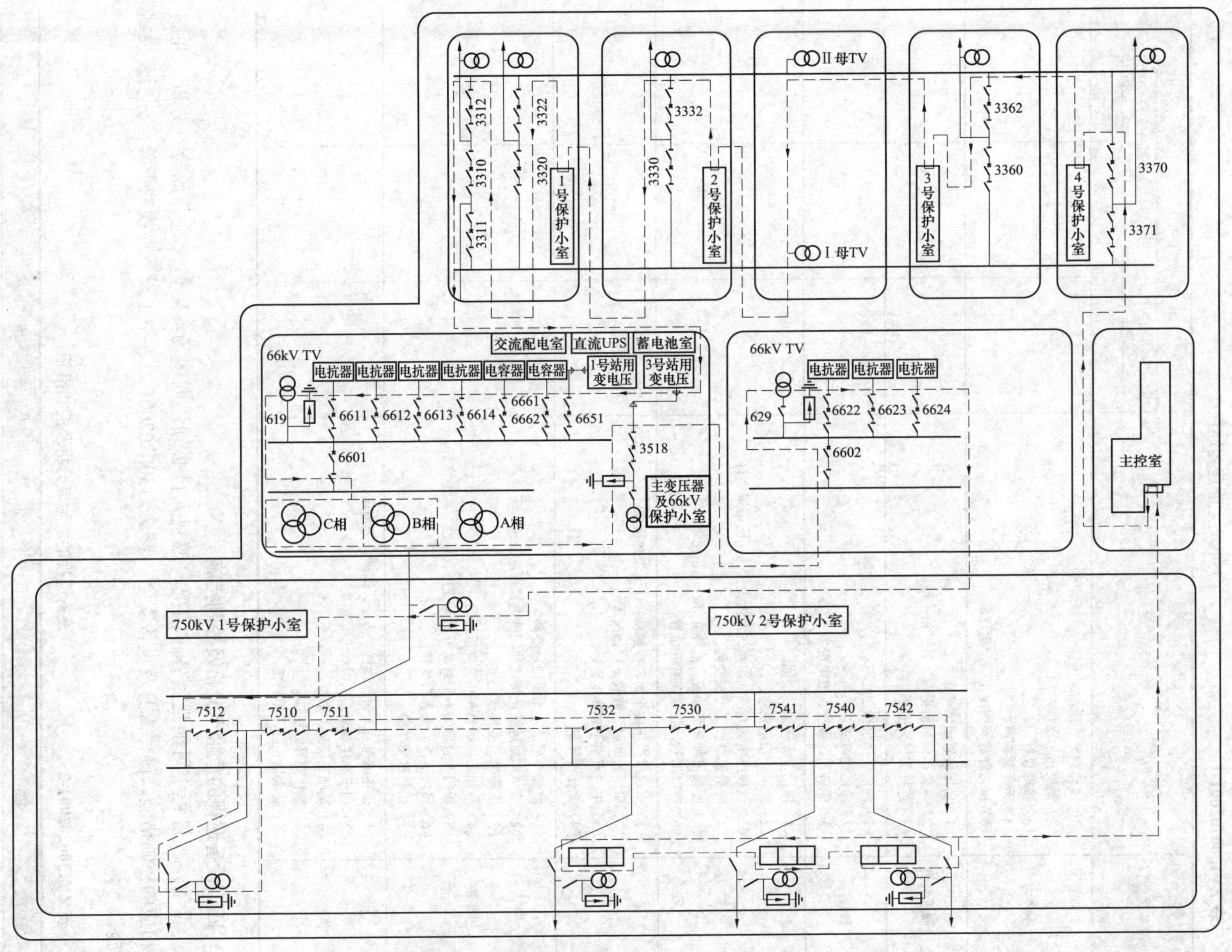

图 ZY1300202001-2　某750kV变电站巡视路线

案例 2：一次设备巡视卡。

巡视卡针对不同设备详细列举了巡视项目，对提高巡视质量会有较大帮助。表 ZY1300202001-1 中列举了 750kV 主变压器巡视卡的所有巡视项目。

表 ZY1300202001-1　　750kV 主变压器巡视卡　　年　月

设备名称	巡视标准	日 时		
		A	B	C
本体	（1）箱体完好、清洁，无锈蚀、无渗漏。 （2）温度指示正常。 （3）接地良好。 （4）无异常响声。 （5）压力释放阀固定牢固，无渗漏			
无载调压装置	（1）调压装置闭锁可靠。 （2）本体挡位指示正确，且三相一致。 （3）连杆完好无变形			
套管	（1）油色、油位指示正常。 （2）清洁无渗漏。 （3）无破损、裂纹、放电现象			
油枕	（1）清洁，无锈蚀、渗漏。 （2）油位计指示正常。 （3）气体继电器充满油，集气盒内无气体；防雨罩完好。 （4）呼吸器硅胶无受潮变色。 （5）呼吸器外部无油迹；油杯完好，油位正常。 （6）呼吸器阀门正常在打开位置			
导引线	（1）引线线夹压接牢固、接触良好，无发热现象。 （2）引线无断股、散股、烧伤痕迹。 （3）中性点引下线接地良好。 （4）无挂落异物			
冷却系统	（1）散热器清洁，无锈蚀、渗漏。 （2）油泵风扇运转正常，油流继电器指示正确，无异声。 （3）变压器温度指示正常。 （4）冷却器控制箱各开关位置正确。 （5）箱门开合自如，密封良好，无变形、锈蚀，接地良好。 （6）箱内清洁，无异常气味。 （7）孔洞封堵严密			
其他	（1）设备编号及一、二次标示齐全、清晰、无损坏。 （2）相序标注清晰。 （3）基础无倾斜、下沉。 （4）架构完好无锈蚀。 （5）防火墙完好，无破损			

四、设备巡视的危险点分析及控制措施

设备巡视过程中可能遇到各种情况，巡视人员必须依据现场实际情况进行危险点分析，并制定相应的控制措施，确保人身及设备安全。表 ZY1300202001-2 列举了设备巡视的危险点分析及控制措施。

表 ZY1300202001-2　　设备巡视的危险点分析及控制措施

危险点	危险源	控制措施
人身伤害	设备爆炸	远离有严重缺陷并可能发生爆炸的设备
	施工机械倒塌	巡视施工区域时，不得站在吊臂或吊物下面，随时注意人员安全
	跨步电压升高	设备区采取接地电阻降低措施，发生系统接地时，穿绝缘靴，并满足《国家电网公司电力安全工作规定》的相关规定

续表

危险点	危险源	控　制　措　施
人身伤害	SF_6气体泄漏	接近发生 SF_6泄漏的设备时，从上风处接近，并不得进入 10m 之内，必要时穿防护服，戴防毒面具
	天气原因	恶劣天气进入户外设备区时，根据天气情况注意自身防护，尽量减少进入户外设备区的次数
	自然灾害	火灾、地震、台风、洪水等灾害发生时，如要对设备进行巡视，应得到设备运行管理单位有关领导批准，巡视人员应与派出部门之间保持通信联络
设备损坏	保护误动	巡视时除复归收发信机外，不得在二次设备上进行其他操作
	断路器跳闸	巡视断路器机构箱时，不得触碰机构箱内任何元件
	隔离开关误分、误合	巡视隔离开关时，不得打开机构箱门
	电流互感器二次开路	巡视端子箱时，不得用力拨动接线端子

【思考与练习】

1. 为什么要进行设备巡视?
2. 设备巡视分为哪几类?
3. 设备巡视的方法有哪些?
4. 特殊性巡视周期是如何规定的?

模块 2　一次设备交接班巡视（ZY1300202002）

【模块描述】本模块介绍一次设备交接班巡视的内容、规定及要点。通过目的讲解、内容解释、重点归纳，掌握一次设备的交接班巡视要求及相关规定。

【正文】

交接班巡视是两个运行值之间的交接。交接的内容要力求全面、正确。接班人员在对交班人员交代的内容充分理解后进行巡视，巡视的范围较大，包括全站一、二次设备，站用交、直流系统及辅助设施等。交接班巡视按正常巡视项目巡视（参见正常巡视模块），但应突出重点。

一、交接班巡视的目的

变电运行是一项连续性的工作，通常设置 2～4 个运行值，各个运行值交替值班，接班前对休息期间设备运行状况不够了解，因此交接班工作显得尤为重要。交接班巡视的目的是对变电站目前设备状况的整体把握，其巡视质量的好坏直接影响接班后的工作。

二、交接班巡视的内容

（一）主控制室、计算机室和通信室

（1）主控制室。检查综合自动化系统一次主接线图与现场实际情况是否相符，检查所有遥测、遥信量；进行告警及事故音响试验；检查“五防”机运行情况是否良好；检查智能图像监控系统运行是否正常，显示器画面是否清晰且切换正常；检查电能计量系统后台机运行是否正常，有无告警信息。

（2）计算机室。检查绝缘油在线监测装置运行情况，数据是否按时上传，有无个别数据越限；保护管理子站运行情况，检查有无告警信息。

（3）通信室。检查光端机运行正常，无告警信息，配线架接线无松动。

（二）一、二次设备

（1）运行中的一、二次设备的运行方式及运行状态，站用交、直流设备运行情况。

（2）热备用的一、二次设备的状态。

（3）所有仪表、表计指示情况。

（三）辅助设施

（1）检查消防设施的运行情况。

（2）检查水处理设施的运行情况。

（四）工作情况

（1）检查两票执行情况。对照工作票检查现场安全措施布置情况。

（2）未处理缺陷的发展情况及新发现的缺陷情况。

（3）检查“五防”装置使用情况。

（4）改建、扩建、检修现场的工作进展情况。

（五）其他

（1）检查上级布置、通知及收到学习资料的情况。

（2）检查工具、仪表、安全用具、钥匙及图纸是否齐全，如有借用，应检查借用登记。

（3）检查站内其他设施（如电瓶车、自行车）是否良好、清洁，通信设备（如对讲机）是否充满电。

三、交接班巡视的重点

（1）重点检查状态发生改变的一次设备，即接班值休班期间执行的倒闸操作中改变状态的断路器、隔离刀闸、接地开关、变压器、电抗器等。

（2）重点检查状态发生改变的继电保护及自动装置，即接班值休班期间执行的倒闸操作中改变状态的保护压板、切换把手、二次空气断路器等。

（3）新发现的缺陷及缺陷发展情况。

（4）对照两票检查操作票的执行情况，重点是电源断开情况以及现场安全措施布置情况。

【思考与练习】

1. 交接班巡视的目的是什么？

2. 交接班巡视的内容有哪些？

模块3 一次设备正常巡视（ZY1300202003）

【模块描述】本模块介绍一次设备正常巡视的内容、规定及要点。通过目的讲解、内容介绍、图形举例、重点归纳，掌握一次设备巡视技能。

【正文】

设备监视、巡视检查是变电站值班员的重要工作之一，及时发现异常和缺陷，对预防事故的发生、确保设备安全运行起着重要的作用。

一、一次设备正常巡视的目的

运行人员每天都应该按照现场运行规程的规定对一次设备进行正常巡视，其目的是为了发现综合自动化系统不能发现的缺陷，如变压器硅胶变色、漏油，设备接头发热等。

二、一次设备正常巡视的内容

（一）变压器、电抗器

1. 变压器

750kV 变压器通常采用分相式变压器，备用相变压器也应与运行设备一样进行巡视。其巡视项目如下：

（1）引线。

1）引线线夹压接牢固、接触良好无发热现象。

2）引线无断股、散股、烧伤痕迹。

3）引线弛度适中。

（2）套管。

1）油位正常。

2）表面清洁，无破损、裂纹、放电现象。

（3）储油柜。

1）表面清洁，无锈蚀、渗漏。

2）油位计指示正常。

3）气体继电器充满油；防雨罩完好；集气盒内部无气体。

4）呼吸器硅胶无受潮变色，外部无油迹，油杯完好，油位正常；阀门正常在打开位置。

（4）压力释放阀固定牢固，无渗漏。

（5）无载调压装置。

1）闭锁可靠。

2）挡位指示正确且三相一致。

（6）有载调压装置。

1）调压装置闭锁可靠。

2）本体挡位指示与有载调压装置控制器及主控室监控后台一致。

3）连杆完好无变形。

（7）本体。

1）箱体完好、清洁，无锈蚀、无渗漏。

2）接地良好。

3）声音无异常。

（8）冷却系统。

1）冷却器控制箱内清洁，无异常气味；箱门开合自如，密封良好，无变形、锈蚀；各开关位置正确；各类指示、灯光、信号正常；孔洞封堵严密。

2）散热器清洁，无锈蚀、渗漏。

3）油泵、风扇运转正常；油流继电器指示正确。

4）温度计指示正常。

（9）绝缘油在线监测装置。

1）电源工作正常，“运行”灯亮。

2）载气压力正常。

3）监测数据上传正常。

（10）母线桥。

1）热缩管无破损。

2）支持绝缘子无破损、裂纹、放电现象。

3）接地点接地良好。

（11）其他。

1）设备编号标示齐全、清晰。

2）相序标注清晰。

3）基础无倾斜下沉。

4）防火墙完好、无破损。

2. 750kV 高压电抗器

为了限制 750kV 线路空载时末端的电压升高，通常在线路的一侧或两侧设有电抗器，其结构与变压器相似，分相布置。三相电抗器的中性点经小电抗器接地。其巡视内容如下：

（1）冷却系统。

1）散热器清洁，无锈蚀、渗漏。

2）阀门开闭位置正确。

3）温度计指示正常；温度报警值设置正确。

（2）本体端子箱。

1）箱门开合自如，密封良好。

2）电抗器本体端子箱开关位置正确。

3）箱内清洁，无异常气味，孔洞封堵严密。

（3）中性点管母线。

1）接头无发热。

2）支持绝缘子表面无破损、裂纹。

3）接地良好。

其他巡视项目同变压器。中性点小电抗器巡视项目与其他电抗器相同。

（二）750kV GIS 设备

750kV GIS 设备包含断路器、隔离开关、接地开关、电流及电压互感器、母线等，其巡视内容如下：

1. 汇控柜

（1）指示正常，无异常信号发出。

（2）各电源开关位置正确，联锁位置指示正常。

（3）操作切换把手与实际运行位置相符。

（4）接地良好。

2. 母线筒

（1）外壳无变形、锈蚀；漆层完整，无脱落。

（2）壳体间跨接铜排连接紧固。

（3）无异常声音、气味。

（4）支撑构架无锈蚀，接地良好；检查滑块位移。

3. 伸缩节

（1）表面无裂纹；螺杆无松动、脱落。

（2）伸缩量变化情况。

4. 套管

无破损、裂纹、放电现象。

5. 气体系统

（1）检查各气室压力并记录；断路器灭弧室额定压力高于其他气室，具体压力值因厂家不同而有所区别。

（2）各连接管道及气室无渗漏。

6. 断路器、隔离开关、接地开关机构箱

（1）箱门开启灵活，密封良好，无变形、锈蚀。

（2）内部清洁，无异常气味，无结露。

（3）分合闸位置指示与实际运行方式一致。

（4）各元件完好，空气断路器接触良好、位置正确。

（5）二次线路无松脱及发热现象。

（6）孔洞封堵严密。

（三）敞开式 SF_6 断路器

敞开式 SF_6 断路器在各个电压等级中均有应用，其结构相似，操动机构有气动、液压、弹簧等多种形式，其巡视内容如下：

1. 均压环

平整牢固。

2. 引线

（1）引线线夹压接牢固、接触良好无发热现象；

（2）引线无断股、散股、烧伤痕迹；

（3）引线弛度适中。

3. 套管

表面清洁，无破损、裂纹、放电现象。

4. 机构箱

（1）箱门关闭严密。

（2）电源开关正确投入，各元器件外观良好，标示齐全。

（3）分、合闸位置指示器与实际运行方式相符。

（4）分合闸线圈无冒烟、异味、变色。

（5）箱内二次线及端子连接良好，无锈蚀，标识齐全、清楚。

（6）机构箱合闸弹簧无锈蚀、断裂；缓冲器无漏油。

（7）加热及防潮装置正确投退。

（8）电缆孔洞封堵严密。

（9）接地良好。

5. SF_6气体压力

检查SF_6气体压力在额定范围，监视压力是否达到报警值或闭锁值。

6. 其他

（1）设备名称、编号等标识齐全。

（2）设备基础完好，无积水、倾斜和下沉现象。

（四）操动机构

1. 液压操动机构（氮气储能）

（1）液体压力在额定范围，监视压力值是否达到报警或闭锁值。

（2）液压系统是否有渗漏油现象。

（3）常压油箱油位计的液面指示在正常范围内。

（4）液压机构动作次数并记录。

（5）接地线、接地螺栓表面无锈蚀。

2. 液压碟簧操动机构

液压碟簧操动机构在 750kV 断路器中应用较多，其液压机构体积小，外部渗漏的可能性较小，其巡视内容如下：

（1）碟簧压缩情况，断路器在分后、合后均储能，碟簧储能位置标志与厂家提供的碟簧压缩示意图相对应。

（2）断路器的分合闸位置指示正确。

（3）拐臂、连杆无变形。

3. 气动操动机构

（1）空气压缩机油位正常，无异味，外壳无渗漏。

（2）接头、管路、阀门无漏气现象。

（3）空气压力表指示在额定范围，监视压力是否达到报警值或闭锁值。

4. 电动及电动弹簧操动机构

目前 750 GIS 的隔离开关及接地开关使用电动及电动弹簧操动机构的较多，其结构比较简单，其巡视内容如下：

（1）机构箱箱门紧闭，闭锁良好。

（2）储能电源开关位置正确，储能电动机运转正常，储能指示器指示正确。

（3）行程开关无卡涩、变形。

（4）传动机构无弯曲、变形、锈蚀，轴销齐全。

（5）电动机及内部元件无过热、冒烟现象。

（五）敞开式隔离开关与接地开关

敞开式隔离开关在各个电压等级中均有应用，结构比较简单，巡视项目较为直观。接地开关通常与隔离开关处在同一构架，隔离开关有一侧带接地开关的，也有两侧带接地开关的，其巡视内容如下：

1. 均压环

平整牢固。

2. 引线

（1）引线线夹压接牢固、接触良好无发热现象。

（2）引线无断股、散股、烧伤痕迹。

（3）引线弛度适中。

3. 瓷绝缘部分

表面清洁，无破损、裂纹、放电现象。

4. 传动部分

连杆、传动机构无弯曲、变形、锈蚀，轴销齐全。

5. 闭锁装置

机械闭锁装置完好、齐全，无锈蚀变形。

6. 机构箱

（1）“就地、远方”切换把手位置正确。

（2）电源开关在合位，加热及防潮装置投（退）正确。

7. 防雨帽

方向正确。

8. 分、合位置

（1）合后检查隔离开关动、静触头接触良好，动触头的偏斜不大于规定数值，触指无变形。

（2）分合检查分闸开距符合要求。

9. 接地开关

（1）位置正确，闭锁良好。

（2）接地杆的高度不超过规定数值；软连接无锈蚀；接地引下线完整可靠接地。

10. 基础和构架

（1）支架及机构箱外壳接地良好。

（2）基础应无下沉和倾斜。

（3）接地引下线无断裂及锈蚀现象。

11. 其他

（1）标示牌名称、编号齐全、完好。

（2）相序标示清晰。

（六）电压互感器

电压互感器分为电磁式和电容式两种，电磁式电压互感器在较低电压等级或 GIS 内部使用较多，330kV 及以上敞开式设备中使用电容式电压互感器（CVT）较多，其巡视内容如下：

1. 均压环

均压环平整无变形，安装牢固。

2. 引线

（1）引线线夹压接牢固、接触良好无发热现象。

（2）引线无断股、散股、烧伤痕迹。

（3）引线弛度适中。

3. 瓷绝缘部分

表面清洁，无破损、裂纹、放电现象。

4. 端子箱

（1）端子箱箱门开闭灵活，密封良好。

（2）快速开关位置正确，切换把手切换正确。

（3）箱内二次线及端子连接良好，无松动、过热、打火现象。

（4）加热防潮投（退）正确；电缆孔洞封堵严密。

5. 本体

无异常振动、异常声音及异味。

6. 其他

（1）标示牌名称、编号齐全、完好。

（2）相序标示清晰。

（3）基础完好，无积水、倾斜和下沉现象。

7. 电容式电压互感器增加项目

（1）电磁单元油色、油位正常，无渗漏油。

（2）经结合滤波器接地良好。

8. 电磁式电压互感器增加项目

（1）金属膨胀器位置指示正常。

（2）电压互感器二次接线防雨措施完好。

（七）电流互感器

电流互感器有套管式的，也有独立的，独立的电流互感器巡视内容如下：

1. 引线

（1）引线线夹压接牢固、接触良好无发热现象。

（2）引线无断股、散股、烧伤痕迹。

（3）引线弛度适中。

2. 瓷绝缘部分

表面清洁，无破损、裂纹、放电现象。

3. SF_6气体绝缘电流互感器增加项目

（1）压力表指示是否在正常规定范围，有无漏气现象，压力是否达到报警值。

（2）复合绝缘套管表面是否清洁、完整、无裂纹。

4. 端子箱

（1）端子箱箱门开闭灵活，密封良好。

（2）箱内二次线及端子连接良好，无松动、过热、打火现象。

（3）加热防潮投（退）正确；电缆孔洞封堵严密。

（八）干式电抗器

干式电抗器作为无功补偿装置使用，其巡视内容如下：

1. 外观

（1）网门正常关闭，外观完整无损，防雨帽完好，无异物。

（2）外包封表面清洁、无裂纹，无爬电痕迹，无油漆脱落现象，憎水性良好。

（3）撑条无错位。

（4）无动物巢穴等异物堵塞通风道。

（5）场地清洁无杂物，无杂草。

2. 引线与支柱绝缘子

（1）引线接触良好，接头无过热，各连接引线无发热、变色。

（2）引线弛度适中。

（3）支柱绝缘子金属部位无锈蚀，支架牢固，无倾斜变形，无明显污染情况。

3. 本体

（1）无异常振动和声响。

（2）设备名称、编号等标识齐全。

（3）基础完好，无积水、倾斜和下沉现象。

4. 接地

接地可靠，周边金属物无异常发热现象。

5. 其他

（1）标示牌名称、编号齐全、完好。

（2）相序标示清晰。

（3）基础完好，无积水、倾斜和下沉现象。

（九）电容器

电容器有户内和户外布置的两种，多用在较低电压等级中，如 66、10kV，作为无功补偿装置使用，其巡视内容如下：

1. 引线

（1）母线及引线是否过紧过松，设备连接处有无松动、过热。

（2）引线无断股、散股、烧伤痕迹。

2. 支持绝缘子

表面清洁，无破损、裂纹、放电现象。

3. 本体

（1）设备外表涂漆是否变色，变形，外壳无鼓肚、膨胀变形。

（2）接缝无开裂、渗漏油现象。

（3）内部无异声。外壳温度不超过 50℃。

（4）电容器编号正确，各接头无发热现象。

（5）熔断器、放电回路是否完好。

（6）设备名称、编号等标识齐全。

（7）基础完好，无积水、倾斜和下沉现象。

4. 接地

接地引线有无严重锈蚀、断股。

5. 电缆

（1）电缆挂牌是否齐全完整，内容正确，字迹清楚。

（2）电缆外皮有无损伤，支撑是否牢固。

（3）电缆和电缆头有无渗油漏胶，发热放电，有无火花放电等现象。

6. 其他

（1）标示牌名称、编号齐全、完好。

（2）相序标示清晰。

（3）基础完好，无积水、倾斜和下沉现象。

（十）避雷器

避雷器各个电压等级都有，主要用于防止过电压，其巡视内容如下：

1. 均压环

平整牢固。

2. 引线

（1）引线线夹压接牢固、接触良好，无发热现象。

（2）引线无断股、散股、烧伤痕迹。

（3）引线弛度适中。

3. 瓷绝缘

表面清洁，无破损、裂纹、放电现象。

4. 本体

（1）内部是否存在异常声音。

（2）设备名称、编号等标识齐全。

5. 表计

（1）泄漏电流表泄漏电流指示在正常区域并记录。

（2）检查计数器是否动作；计数器内部是否有积水。

（3）对带有泄漏电流在线监测装置的避雷器，检查泄漏电流有无明显变化。

6. 接地

接地引线或接地扁铁无严重锈蚀、断股、断裂。

7. 其他

（1）设备编号、标示齐全清晰、无损坏。

（2）相序标注清晰。

（3）构架完好、无裂纹，接地良好。

（4）基础无倾斜、下沉。

（十一）阻波器

阻波器主要用来构成高频通道，在 750、330 kV 电压等级中均有应用，其巡视内容如下：

1. 引线

（1）检查引线有无松股、断股现象。

（2）接头是否发热，螺栓是否松动。

2. 绝缘子

绝缘子应清洁、无破损及放电痕迹，销子、螺栓紧固。

3. 本体

（1）安装应牢固，不摇摆。

（2）阻波器上不应有鸟窝等异物。

（十二）母线

1. 软母线

（1）母线。

1）无松股、断股现象，表面光滑，无发热、烧伤、锈蚀现象。

2）母线上无搭挂杂物。

3）母线连接部位接触紧固，无松动、锈蚀、过热现象。

4）母线无过松、过紧现象。

（2）绝缘子、线夹。

1）耐张绝缘子串连接金具应完整、良好，无磨损、锈蚀、断裂。

2）线夹无发热。

3）相序标志清晰。

2. 硬母线

（1）母线。

1）母线各连接部分螺栓紧固、接触良好，无松动、振动现象。

2）无较大的振动声。

（2）伸缩节。

完好，无断裂、过热现象。

（3）绝缘子。

清洁，无破损、裂纹及放电痕迹。

（4）其他。

1）相序标志清晰。

2）母线名称标识清楚。

三、一次设备正常巡视的重点

1. 变压器类设备

此类设备包括变压器、电抗器，属充油设备，这类设备重点巡视渗漏油情况，呼吸器硅胶变色情况，气体继电器有无气体，油温及绕组温度，以及声音、振动情况。与其他同类设备比较，通常电抗器的振动较大。

2. 开关类设备

此类设备重点巡视操动机构压力变化情况。断路器的厂家、型号不同，则规定的气压及液压标准也有所不同。断路器在出厂时给出了断路器操动机构的相关参数，包括额定操作空气压力、最高操作空气压力、压缩机启动压力、压缩机停止压力、断路器闭锁操作空气压力、重合闸闭锁空气压力、重合闸解除闭锁空气压力、安全阀动作压力及安全阀复位压力。SF_6 气体额定工作压力、补气压力及闭锁压力。

3. 隔离开关类设备

此类设备重点巡视接头发热、绝缘子裂纹及“五防”闭锁情况。

4. 避雷器、互感器设备

避雷器重点巡视接地引下线有无锈蚀、断裂；泄露电流表计指示有无异常增大或降为零；动作次数是否改变。

电压互感器重点巡视油位、油色是否正常，绝缘子有无裂纹。

大部分电流互感器为套管式，低电压等级仍然保留独立的电流互感器，对于充有 SF_6 气体的电流互感器，应重点巡视压力，电流互感器的厂家、型号不同，其标准也有所不同。

5. 其他设备

其他设备按巡视项目检查。

【思考与练习】

1. 隔离开关与接地开关的正常巡视内容有哪些？
2. 电压互感器的正常巡视内容有哪些？
3. 主变压器的正常巡视内容有哪些？

模块 4 一次设备特殊巡视（ZY1300202004）

【模块描述】本模块介绍一次设备特殊巡视的内容、规定及要求。通过概念描述、项目介绍、归纳讲解，掌握一次设备特殊巡视技能。

【正文】

一次设备的特殊巡视是指在电网特殊运行方式、特殊气候条件或设备出现异常等特定情况下进行的设备巡视。由于特殊巡视一般有其特定的针对性，根据不同的巡视目的，巡视项目有不同的侧重。本节介绍一次设备特殊巡视的基本要求和项目。

一、特殊巡视的基本要求

（一）天气异常

（1）大风天气重点检查设备区有无漂浮物，导线摇摆情况；安全措施是否有被风破坏的情况；机构箱、端子箱门是否紧闭。

（2）雷击后检查绝缘子、套管有无闪络，检查避雷器是否动作并记录避雷器动作次数。

（3）大雨天气检查所有小室门、窗是否紧闭，屋顶、墙壁有无渗漏水现象。

（4）大雾天气，重点检查污秽瓷质有无严重放电、污闪现象。

（二）高峰负荷

重点检查主变压器、线路是否过负荷，过负荷设备有无异常。

（三）设备重新投入运行

设备变动后，设备经过检修、改造或长期停运后重新投入系统运行，必须进行特殊巡视，按具体设备的特殊巡视内容巡视。

（四）事故、异常情况

设备发生过负荷或负荷剧增、超温、设备发热、系统冲击、跳闸、有接地故障等情况时必须进行特殊巡视，按具体设备的特殊巡视内容巡视。

二、特殊巡视的项目

下面分别按设备类型讲述设备的特殊巡视项目。

（一）变压器（电抗器）的特殊巡视项目

1. 异常天气

（1）气温骤变时，检查储油柜油位和瓷套管油位是否有明显变化，各侧连接引线是否有断股或接点有无发热现象；各密封处有无渗漏油现象。

（2）雷雨、冰雹后，瓷套管有无放电痕迹及破裂现象。

（3）浓雾、毛毛雨、下雪时，瓷套管有无沿表面闪络和放电。各接头在小雨中和下雪后不应有水蒸气上升或立即融化现象，否则表示该接头运行温度比较高，应用红外线测温仪进一步检查其实际情况。

（4）雷雨天气后应检查瓷绝缘有无放电闪络现象，避雷器放电记录仪动作情况。

（5）大雾天气检查套管有无放电打火现象，重点监视污秽瓷质部分。

（6）下雪天气应根据积雪融化情况检查接头发热部位。检查引线积雪情况，为防止套管因过度受力导致套管破裂和渗漏油等现象，应及时处理引线积雪过多和冰柱。

（7）高温天气应检查油温、油位、油色和冷却器运行是否正常。必要时，可启动备用冷却器。

2. 新投入或大修后

（1）检查变压器声音是否正常，如发现响声特大，不均匀或有放电声，应认为内部有故障。

（2）检查油位变化是否正常，应随温度的增加略有上升，如发现假油面应及时查明原因。

（3）检查温度是否正常，用手触及每一组冷却器，以证实冷却器的有关阀门已打开。

（4）检查油温变化是否正常，变压器带负荷后，油温应缓慢上升。

（5）应对新投运变压器进行红外测温。

3. 设备带缺陷运行

（1）铁芯多点接地且色谱异常时，应安排检修处理。

（2）变压器有部分冷却装置故障，应经常监测温度，具体变压器温度控制应不超过规定。

（3）对其他缺陷的变压器应缩短巡视时间。

（4）近期缺陷有发展时应加强巡视或派专人巡视。

4. 变压器过负荷

（1）变压器过负荷运行时，应检查负荷电流，检查油温和油位的变化情况。

（2）检查变压器声音是否正常，接头是否发热，冷却装置投入量是否足够，运行是否正常，压力释放器是否动作。

（二）高压开关设备的特殊巡视项目

1. 异常天气

（1）大风天气。引线摆动情况及有无搭挂杂物。

（2）雷雨天气。瓷套管有无放电闪络现象。

（3）大雾天气。瓷套管有无放电，打火现象，重点监视污秽瓷质部分。

（4）大雪天气。根据积雪融化情况，检查接头发热部位，及时处理悬冰。

2. 高峰负荷期间

监视设备温度，触头、引线接头，特别是限流元件接头有无过热现象，设备有无异常声音。

3. 节假日期间

监视负荷及增加巡视次数。

4. 事故跳闸后

（1）短路故障跳闸后。检查隔离开关的位置是否正确，各附件有无变形，触头、引线接头有无过热、松动现象，断路器内部有无异声。

（2）设备重合闸动作后。检查设备位置是否正确，动作是否到位，有无不正常的音响或气味。

（三）干式电抗器的特殊巡视项目

1. 异常天气

（1）大风扬尘、雾天、雨天外绝缘有无闪络，表面有无放电痕迹。

（2）冰雪、冰雹外绝缘有无损伤，本体无倾斜变形，无异物。

2. 新设备投运

投运期间用红外测温设备检查电抗器包封内部、引线接头发热情况。

3. 事故跳闸后

应检查干式电抗器线圈匝间及支持部分有无变形、烧坏等现象。

（四）支柱绝缘子的特殊巡视项目

1. 异常天气

（1）雨天及雨后。重点观察高压支柱瓷绝缘子是否存在放电现象。

（2）大风及沙尘天气。重点观察引线与支柱瓷绝缘子间的连接是否良好，高压支柱瓷绝缘子是否倾斜，相与相之间安全距离是否满足规程要求。

2. 设备经过检修、改造或长期停运后重新投入运行

重点观察支柱瓷绝缘子有无放电及各引线连接处是否有发热现象。

（五）避雷器的特殊巡视项目

1. 异常天气

（1）阴雨天及雨后。重点观察避雷器外套是否存在放电现象，对于安装有泄漏电流在线监测装置的避雷器观察泄漏电流变化情况。

（2）大风及沙尘天气。重点观察引流线与避雷器间连接是否良好，是否存在放电声音，垂直安装的避雷器是否存在严重晃动。对于悬挂式安装的避雷器还应观察风偏情况。沙尘天气中还应观察避雷器外套是否存在放电现象。对于安装有泄漏电流在线监测装置的避雷器观察泄漏电流变化情况。

（3）雷电后或系统发生过电压等异常情况后。重点观察避雷器放电计数器的动作情况，观察瓷套与计数器外壳是否有裂纹或破损，与避雷器连接的导线及接地引下线有无烧伤痕迹。对于安装有泄漏电流在线监测装置的避雷器观察泄漏电流变化情况等。

2. 设备带缺陷运行时

存在缺陷的避雷器，视缺陷程度增加巡视频次，着重观察异常现象或缺陷的发展变化情况。如缺陷为泄漏电流异常升高时，应缩短无串联间隙金属氧化物避雷器的带电测试周期，对于安装有泄漏电流在线监测装置的避雷器缩短记录周期。

（六）电容器的特殊巡视项目

1. 异常天气时的巡视

（1）雨、雾、雪、冰雹天气。重点检查瓷绝缘有无破损裂纹、放电现象，表面是否清洁；冰雪融化后有无悬挂冰柱，桩头有无发热；建筑物及设备构架有无下沉倾斜、积水、屋顶漏水等现象。大风后应检查设备和导线上有无悬挂物，有无断线；构架和建筑物有无下沉倾斜变形。

（2）大风后。检查母线及引线是否过紧过松，设备连接处有无松动、过热。

（3）雷电后。应检查瓷绝缘有无破损裂纹、放电痕迹。

（4）环境温度较高时。重点检查接头有无发热现象，断路器压力是否偏高，安全阀有无动作。

2. 事故跳闸后

断路器故障跳闸后应检查电容器有无烧伤、变形、移位等，导线有无短路；电容器温度、音响、外壳有无异常；熔断器、放电回路、电抗器、电缆、避雷器等是否完好。

3. 系统异常时

当系统发生振荡、接地、低周波或铁磁谐振运行时，应检查电容器有无放电，温度、音响、外壳有无异常。

（七）阻波器的特殊巡视项目

（1）雷电后。应检查阻波器内的避雷器是否完好。

（2）大风天气。检查阻波器的摇摆情况，安装是否牢固。

（八）互感器、结合滤波器的特殊巡视项目

1. 异常天气

（1）大风扬尘、雾天、雨天外绝缘有无闪络。

（2）冰雪、冰雹外绝缘有无损伤。

2. 高峰负荷时的巡视

大负荷期间用红外测温设备检查互感器内部、引线接头发热情况。

【思考与练习】

1. 断路器的特殊巡视项目有哪些？

2. 新投入或经过大修的变压器的特殊巡视项目有哪些？

3. 互感器的特殊巡视项目有哪些？

模块 5　一次设备全面巡视（ZY1300202005）

【模块描述】本模块重点讲述防火、防小动物、防误闭锁有无漏洞及接地网及引线是否完好的检查。通过概念描述、目的讲解、内容介绍、重点归纳，掌握一次设备全面巡视技能。

【正文】

全面巡视是指包括变电站一、二次设备和防误闭锁装置、消防系统、防小动物措施以及变电站辅助设施在内的巡视检查。全面巡视主要内容是对设备进行全面的外部检查，对缺陷有无发展作出鉴定，检查防雷接地系统和防火、防小动物以及预防季节性措施有无漏洞等。

一、全面巡视的目的

正常巡视时重点检查了一、二次设备，对辅助设施、防雷接地系统和防火、防小动物等系统的检查不够细致、全面，因此变电站规定站管人员每周对全站设备进行一次全面巡视，以便掌握变电站所有设备的运行情况。

二、全面巡视的内容

（1）主设备按照正常巡视内容巡视，巡视项目详见正常巡视模块。

（2）防火设施的巡视检查。

1）检查全站消防器材是否完好，及时补充更换已使用或到期的灭火器，对新更换的灭火器进行登记，并粘贴合格证。

2）检查全站消防器材的按定置存放是否与安全消防器材平面图要求的编号是否相符，如发现位置移动或缺失，应立即汇报，查明原因，采取措施，恢复原状。

3）检查包括各感烟器、缆式探测器、输入模块、输出模块等在内的火灾报警装置是否正常。

4）每次施工结束后电缆沟防火墙，由变电站验收人员详细检查封堵情况并做好记录，对全站所有防火墙封堵进行定期检查。

5）对于主变压器采用水喷雾消防系统的变电站，应定期利用主变压器停电机会对主变压器水喷雾消防系统启动检查。

6）检查消防管道无渗漏，冬季加热器工作正常；消防泵供电电源正常。

（3）防小动物设施的巡视检查。

1）检查所有设备室的门窗完好严密、无缝隙，防鼠挡板齐全，鼠药投放到位、电猫等其他防鼠器具工作正常。

2）检查通往室外的电缆沟、道封堵是否严密，施工拆动后防小动物设施是否及时恢复。

3）各开关柜、电气间隔、端子箱和机构箱电缆孔洞是否封堵严密。

4）配电室、继电保护室等各设备室不得存放粮食及其他食品。

（4）防误闭锁有无漏洞的巡视。

1）检查全站设备防误装置是否完好。

2）检查现场各设备的闭锁状态应完好。

3）对于新、改、扩建设备，在“五防”闭锁方面严格把关，设备投运前做好“五防”闭锁逻辑的所有验证工作。

4）检查防误闭锁的管理及其落实情况。

（5）接地引下线的巡视。

1）检查设备外壳及构架的接地引下线无锈蚀、断裂。

2）检查接地螺栓无松动、缺失现象。

（6）设备的薄弱环节的巡视。

1）针对本站设备、设施的薄弱环节进行针对性检查，如雨季对变电站场地、设备及构支架基础；冬季低温季节对设备压力、油位、户外端子箱加热、设备积雪、冰凌情况检查，必要时拍摄影像资料，并及时总结、汇报。

2）针对变电站实际情况，掌握设备存在的缺陷情况，对缺陷有无发展作出鉴定。本站可以处理的缺陷应及时安排处理，不能处理应及时上报缺陷，在缺陷处理前应加强运行监视。

三、全面巡视的重点

全面巡视的重点应放在日常巡视中容易忽视的部分，如辅助设施、防误闭锁装置、消防系统、防小动物设施等方面。

【思考与练习】

1. 防小动物设施的巡视检查项目有哪些？
2. 防火设施的巡视检查项目有哪些？

模块 6 一次设备缺陷的分类标准（ZY1300202006）

【模块描述】本模块介绍一次设备缺陷的分类标准。通过概念描述、定义讲解和流程介绍，能够对发现的缺陷进行定性，并按照缺陷流程进行上报。

【正文】

变电站一次设备投运以后会陆续暴露出各种各样的缺陷，运行人员除了及时发现缺陷外，还应该依据缺陷对设备正常运行的影响程度对缺陷进行准确定性，本节重点讲述一次设备缺陷定性的标准。

一、缺陷的分类

运用中的电气一次设备、辅助设施以及外部环境出现影响安全运行和健康水平的硬件或程序软件等方面不可逆的异常状态，均称为缺陷。设备缺陷按其对安全运行的威胁程度，分为危急缺陷、严重缺陷和一般缺陷三类。

1. 危急缺陷

设备或建筑物发生了直接威胁安全运行并需立即处理的缺陷，否则，随时可能造成设备损坏、人身伤亡、大面积停电、火灾等事故。危急缺陷处理不得超过24h。

2. 严重缺陷

对人身或设备有严重威胁，暂时尚能坚持运行但需尽快处理的缺陷。严重缺陷应从速处理，不得超过两周。

3. 一般缺陷

上述危急、严重缺陷以外的设备缺陷，指性质一般，情况较轻，对安全运行影响不大的缺陷。一般缺陷可列入计划检修进行处理。

二、一次设备缺陷的分类标准

（一）变压器（电抗器）的缺陷分类标准

1. 危急缺陷

（1）油浸变压器油中烃、氢类产气速率超过10%/月，且乙炔含量不断上升。

（2）套管破损、裂纹或有严重放电现象。

（3）引线连接除过热、变色，温升达到130K以上者。

（4）主变压器测温装置完全损坏。

（5）油浸变压器大量漏油，油枕油位过低。

（6）有载调压开关动作异常，极限位置闭锁不可靠。

（7）变压器内部有明显的放电声。

（8）气体继电器报警。

（9）压力释放器动作。

（10）冷却装置全停。

2. 严重缺陷

（1）油浸变压器的油简化、微水、介质损耗的数据超标，或油色谱数据中重要数据超标。

（2）油中烃、氢类产气速率超过10%/月。

（3）电气预防性试验主要项目不合格。

（4）两台及以上冷却装置故障。

（5）铁芯接地电流超过200mA。

（6）引线接点发热，温升在50～130K之间者。

（7）绝缘油电气、化学性能不良，色谱数据达到一级报警值。

（8）环境温度及负荷无明显变化，冷却装置工作正常，但温度持续上升。

（9）基础下沉。

3. 一般缺陷

（1）变压器渗油。

（2）附件振动大。

（3）引线接头发热或有严重电晕，且接头温升在20～49K之间者。

（4）单台冷却装置故障。

（5）油位偏低。

（6）呼吸器硅胶变色。

（二）高压开关设备的缺陷分类标准

1. 危急缺陷

（1）安装地点的短路电流超过断路器的额定短路开断电流。

（2）断路器的累计故障开断电流超过额定允许的累计故障开断电流。

（3）导电回路部件有严重过热或打火现象。

（4）瓷套或绝缘子有开裂、放电声或严重电晕。

（5）断口电容有严重漏油现象、电容量或介损严重超标。

（6）液压或气动机构失压到零，或打压不停泵。

（7）控制回路断线、辅助开关接触不良或切换不到位。

（8）控制回路的电阻、电容等零件损坏。

（9）分合闸线圈引线断线或线圈烧坏。

（10）接地引下线断开。

（11）SF_6气室严重漏气，发出闭锁信号。

（12）设备本体内部及管道有异常声音（漏气声、振动声、放电声等）。

（13）落地罐式断路器或GIS防爆膜变形或损坏。

（14）气动机构加热装置损坏，管路或阀体结冰；气动机构压缩机故障。

（15）液压机构油压异常；液压机构严重漏油、漏氮；液压机构压缩机损坏。

（16）弹簧机构弹簧断裂或出现裂纹；弹簧机构储能电动机损坏。

（17）绝缘拉杆松脱、断裂。

2. 严重缺陷

（1）安装地点的短路电流接近断路器的额定短路开断电流。

（2）断路器的累计故障开断电流接近额定允许的累计故障开断电流；操作次数接近断路器的机械寿命次数。

（3）导电回路部件温度超过设备允许的最高运行温度。

（4）瓷套或绝缘子严重积污。

（5）液压或气动机构频繁打压。

（6）断口电容有明显的渗油现象、电容量或介损超标。

（7）分合闸线圈最低动作电压超出标准和规程要求。

（8）接地引下线松动。

（9）SF_6气室严重漏气，发出报警信号；SF_6气体湿度严重超标。

（10）气动机构自动排污装置失灵；气动机构压缩机打压超时。

（11）液压机构压缩机打压超时。

3. 一般缺陷

（1）编号牌脱落。

（2）相色标志不全。

（3）金属部位锈蚀。

（4）机构箱密封不严等。

（三）隔离开关的缺陷分类标准

1. 危急缺陷

（1）操动机构机械闭锁失灵。

（2）瓷件破损严重，有严重放电痕迹。

（3）三相不同期超过规定，触头接触不良。

（4）分闸时分开的角度不满足要求。

（5）额定电流小于负荷电流。

（6）引线接点严重发热，温升达到130K以上。

2. 严重缺陷

（1）隔离开关合闸后，导电杆歪斜。

（2）引线接点或动、静触头接触部位发热，温升在50～130K之间者。

（3）绝缘子有放电痕迹或瓷裙损伤超过$2cm^2$以上。

（4）室外隔离开关防雨罩损坏。

（5）接地开关分合闸不到位。

（6）接地开关与接地点之间的软联断股或锈烂严重。

3. 一般缺陷

（1）支柱绝缘脏污。

（2）操作机构不灵活。

（3）瓷裙损伤超过 $2cm^2$ 以下。

（4）隔离开关、连杆、构架锈蚀。

（四）干式电抗器的缺陷分类标准

1. 危急缺陷

（1）干式电抗器出现突发性声音异常或振动。

（2）接头及包封表面异常过热、冒烟。

（3）干式电抗器出现沿面放电。

（4）绝缘子有明显裂纹。

（5）并联电抗器包封表面有严重开裂现象。

（6）设备的试验主要指标超过规定不能继续运行。

2. 严重缺陷

（1）设备有过热点，接地体发热，围网、围栏等异常发热。

（2）包封表面存在爬电痕迹以及裂纹现象。

（3）支持绝缘子有倾斜变形（或位移），暂不影响继续运行。

（4）有撑条松动或脱落情况。

3. 一般缺陷

（1）设备上缺少不重要的部件。

（2）次要试验项目漏试或结果不合格。

（3）包封表面不明显变色或轻微振动。

（4）支柱绝缘子或包封不清洁，金属部分有锈蚀现象。

（5）干式电抗器内有鸟窝或有异物，影响通风散热。

（6）引线散股。

（7）其他不属于危急、严重的设备缺陷。

（五）电压互感器的缺陷分类标准

1. 危急缺陷

（1）设备漏油，从油位指示器中看不到油位。

（2）设备内部有放电声响。

（3）主导流部分接触不良，引起发热变色，温升达到 130K 以上。

（4）设备严重放电或瓷质部分有明显裂纹。

（5）绝缘污秽严重，有污闪可能。

（6）电压互感器二次电压异常波动。

（7）设备的试验、油化验等主要指标超过规定不能继续运行。

（8）SF_6 气体压力表为零。

2. 严重缺陷

（1）设备漏油。

（2）红外测量设备内部异常发热。

（3）工作、保护接地失效。

（4）瓷质部分有掉瓷现象，不影响继续运行。

（5）充油设备油中有微量水分，呈淡黑色。

（6）二次回路绝缘下降，但下降不超过 30%者。

（7）SF_6 气体压力表指针在红色区域。

3. 一般缺陷

（1）储油柜轻微渗油。

（2）设备上缺少不重要的部件。

（3）设备不清洁、有锈蚀现象。

（4）二次回路绝缘有所下降。

（5）非重要表计指示不准。

（6）其他不属于危急、严重的设备缺陷。

（六）避雷器的缺陷分类标准

1. 危急缺陷

（1）避雷器试验结果严重异常，泄漏电流在线监测装置指示泄漏电流严重增长。

（2）红外检测发现温度分布明显异常。

（3）瓷外套或硅橡胶复合绝缘外套在潮湿条件下出现明显的爬电或桥路。

（4）均压环严重歪斜，引流线即将脱落，与避雷器连接处出现严重的放电现象。

（5）接地引下线严重腐蚀或与地网完全脱开；绝缘基座出现贯穿性裂纹。

（6）密封结构金属件破裂等。

（7）充气并带压力表的避雷器，当压力严重低于告警值等。

2. 严重缺陷

（1）避雷器试验结果异常，红外检测发现温度分布异常，泄漏电流在线监测装置指示泄漏电流出现异常。

（2）瓷外套积污严重并在潮湿条件下有明显放电的现象。

（3）瓷外套或基座出现裂纹；硅橡胶复合绝缘外套的憎水性丧失。

（4）均压环歪斜，引流线或接地引下线严重断股或散股，一般金属件的严重腐蚀。

（5）连接螺栓松动，引流线与避雷器连接处出现轻度放电现象。

（6）避雷器的引线及接地端子上以及密封结构金属件上出现不正常变色和熔孔等。

3. 一般缺陷

（1）避雷器放电计数器的破损或不能正常动作。

（2）基座绝缘下降。

（3）瓷外套积污并在潮湿条件下引起表面轻度放电、伞裙的破损。

（4）硅橡胶复合绝缘外套的憎水性下降。

（5）引流线或接地引下线轻度断股，一般金属件或接地引下线的腐蚀。

（6）充气并带压力表的避雷器，压力低于正常运行值等。

（七）电容器的缺陷分类标准

1. 危急缺陷

（1）套管破裂、发生闪络。

（2）内部有异声。

（3）喷油、着火。

2. 严重缺陷

外壳鼓肚变形。

3. 一般缺陷

（1）单个熔断器熔断。

（2）外壳渗漏油。

三、缺陷管理流程

各单位缺陷管理办法不尽相同，但是管理思路大体一致，都是发现缺陷、缺陷定性、上报缺陷、处理缺陷、缺陷消除归档这样一个过程。下面以图 ZY1300202006-1 所示某 750kV 变电站的缺陷管理流程为例详细介绍。

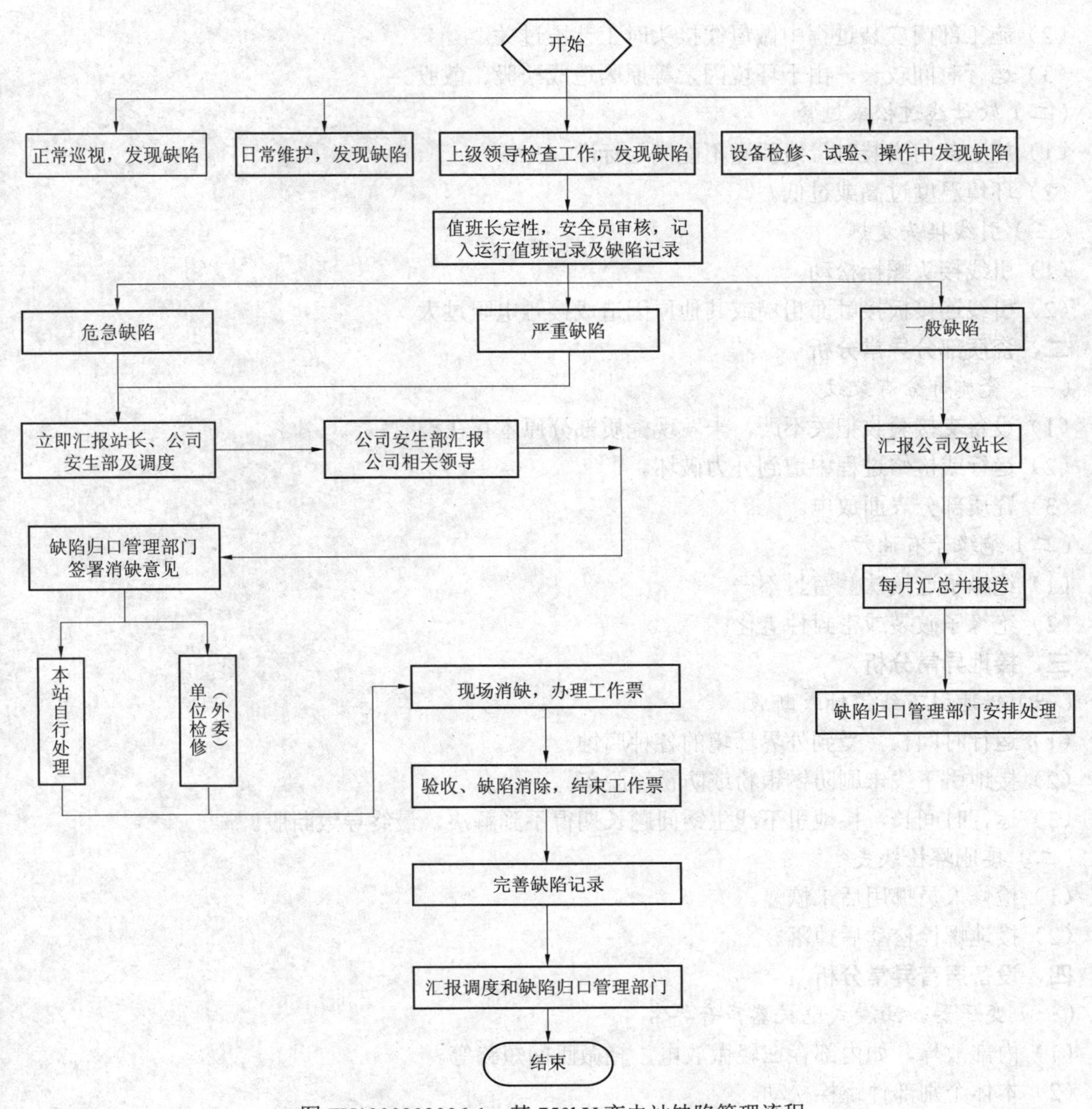

图 ZY1300202006-1 某 750kV 变电站缺陷管理流程

【思考与练习】

1. 什么是严重缺陷？
2. 变压器的一般缺陷有哪些？
3. 断路器的严重缺陷有哪些？

模块 7 一次设备公用部分异常分析（ZY1300202007）

【模块描述】本模块讲述一次设备公用部分的异常分析。通过异常种类介绍和异常分析，能对一次设备巡视中发现的异常进行正确分析。

【正文】

值班人员巡视设备发现异常时，应该首先对异常进行分析，然后进行相应的处理。一次设备的异常分析及处理在相应的异常处理模块中有详细的介绍，本模块仅仅针对异常处理模块中未涉及的一次设备公用部分的异常进行分析。

一、引线异常分析

（一）软母线松股、散股

（1）厂家制造缺陷。

（2）施工部门安装过程中做母线接头时工艺不过关。
（3）运行时间较长，由于环境因素等原因造成松股、散股。
（二）软母线过松或过紧
（1）施工部门安装时母线弧垂不能满足标准。
（2）环境温度过高或过低。
（三）引线接头发热
（1）引线接头螺栓松动。
（2）引线连接板接触面粗糙或其他原因造成接触电阻过大。

二、瓷质部分异常分析

（一）瓷质部分有裂纹
（1）设备交接验收把关不严，未发现瓷质部分原本存在裂纹。
（2）运行或检修过程中遭到外力破坏。
（3）瓷质部分表面放电。
（二）绝缘子有油污
（1）绝缘子连接法兰密封不严。
（2）绝缘子破裂或密封件老化。

三、接地异常分析

（一）接地引下线锈蚀或断股
（1）运行时间长，受到外界环境的各种腐蚀。
（2）接地引下线未刷防锈银粉或防锈漆脱落。
（3）运行时间长，接地引下线生锈问题长期得不到解决，最终导致断股。
（二）接地螺栓缺失
（1）检修人员挪用后未恢复。
（2）接地螺栓松动后掉落。

四、设备声音异常分析

（一）变压器、油浸式电抗器声音异常
（1）内部故障，如内部存在轻微放电、轻微匝间短路等。
（2）本体个别部件螺栓松动。
（二）电流互感器或电压互感器声音异常
（1）电流互感器内部开路、放电或铁芯松动。
（2）电压互感器内部短路、接地或夹紧螺栓松动。

五、表计异常分析

（一）气体压力表计异常
（1）表计的连接管道有存水，气温较低时冻结，不能真实反应气体压力。
（2）表计的连接管阀门开闭位置不正确。
（3）表计损坏或密封不严进水。
（二）液体压力表计（包括水工压力表计）异常
（1）表计的连接管道堵塞。
（2）表计损坏。

六、小室空调或加热装置异常分析

（一）电源异常
（1）电源空气断路器被人为断开或自动跳开。
（2）小室空调的供电回路存在短路或接地。
（二）空调异常
（1）空调损坏。

（2）空调设置错误。

（3）空调外置机结冰。

（三）机构箱、端子箱、小室加热器异常

（1）电源供电不正常。

（2）机构箱、端子箱的加热器内部断线。

（3）小室加热器功率降低或加热器损坏。

【思考与练习】

1. 软母线松股、散股的原因有哪些？

2. 气体压力表计异常的原因有哪些？

模块 8　一次设备特殊巡视要求（ZY1300202008）

【模块描述】本模块介绍重要供电任务保电、迎峰过冬、迎峰度夏的特殊巡视要求。通过归纳讲解，掌握不同情况下的特殊巡视要求。

【正文】

本节重点讲述针对季节性特点及保电、迎峰过冬、迎峰度夏等情况如何制定相应的特殊巡视要求。

一、重要供电任务保电

（1）在保电开始前对全站设备进行一次缺陷普查，对可能影响设备运行的缺陷及时汇报上级部门协调消除。力保设备在节日、重要供电任务期间设备的安全稳定运行。

（2）在保电期间对一次设备进行特巡，特别对大负荷设备、重要负荷设备，应根据负荷变化情况，增加特殊巡视和红外测温次数。

（3）对全站保护及自动装置运行和压板投退情况进行一次全面检查、核对，保证二次设备稳定正确运行。

（4）节日及有重要保电任务期间，应每 24h 进行两次特殊性巡视，全站设备每日进行一次红外线测温并记录。

（5）对“五防”闭锁系统及其各装置运行情况进行一次全面检查，对存在缺陷应及时处理。

（6）检查防小动物措施是否到位，对发现问题及时处理。

（7）加强保安值班和定时巡逻工作，每小时利用图像监控系统对各区域进行扫描检查，发现问题及时处理，定期对保安工作进行监督检查，确保其按照规定对变电站的保卫安全负责。

二、迎峰过冬

冬季的气候恶劣，是线路覆冰及大面积污闪的易发季节，也是冬季负荷的高峰期，因此，在此期间应加强对设备的特殊巡视。

（1）冬季降雪量较大的变电站，在气温稍有回升时应进行特殊巡视，检查是否会出现冰凌。

（2）定期对站内设备进行全面普查，统计上报设备缺陷，督促消缺。未消除的缺陷应在交接班时重点移交，使所有运行人员做到心中有数。

（3）定期对站内所有断路器、隔离开关机构箱、端子箱加热器进行全面普查，及时处理加热器不热缺陷，做好冬季防冻工作。

（4）每日对继电保护等小室空调运行情况进行一次检查，当出现空调因故停止运行无法恢复情况时，应及时采取其他采暖措施。

（5）下雪天气，加强雪中、雪后特巡。雪中利用积雪情况检查设备各接头有无发热；雪后及时处理冰凌，除冰方法应正确，不得造成人员伤害；积雪融化后，及时清擦断路器机构箱上部积水。

（6）增加对全站 SF_6 断路器放水次数，防止冻裂管道或阀门。

（7）继续做好技术监督工作，定期使用红外成像仪测温，对发热部位拍照，加强监视。

（8）定期检查电缆沟内积水及潮湿状况，及时处理。

（9）对全站继电保护装置及自动化装置进行全面检查，重点检查保护压板及切换把手位置核对。

（10）设备区如有扩建工作，对电焊及各种动用明火工作加强监护，防止引发火灾事故。

（11）做好防小动物检查工作，定期检查更换鼠药。对全站电缆孔洞封堵进行全面检查一次，每日巡视检查所有箱门应紧闭，防止鼠害事故的发生。

三、迎峰度夏

夏季气温普遍较高、雨水较多且负荷较大，应重点做好防汛、防潮、防设备及接头发热工作。

（1）加强设备测温工作，要求测温工作必须认真、仔细、到位，并做好记录，进行纵、横向比较。发现发热及时上报，并加强监视及测温工作。

（2）要求全站人员熟练掌握各设备参数，尤其对各断路器、隔离开关、变压器及线路额定电流、允许最大负荷做到心中有数。发现实际电流超过额定电流值时及时汇报，并加强监视，做好相应的事故预案。

（3）加强设备巡视工作，认真按照设备巡视规定按时巡视设备，及时发现、上报设备缺陷。

（4）认真做好设备缺陷的管理工作，对影响变电站安全运行的缺陷及时督促有关部门尽快消除，对已经发现的缺陷进行跟踪处理。

（5）认真做好迎峰度夏期间的特殊事故预案，人人熟悉预案。

（6）加强监盘工作，及时、迅速发现、处理异常现象。

（7）遇到雷雨、暴雨等天气时及时增加设备特巡工作。暴雨过后对设备地基、构支架、建筑物进行认真巡视，发现隐患及时汇报。

（8）针对季节特点，结合现场实际，定期召开安全分析会，专题分析夏季安全保电的措施，针对存在的薄弱环节制定防范措施。

【思考与练习】

1. 如何做好迎峰过冬期间的特殊巡视？

2. 如何做好迎峰度夏期间的特殊巡视？

国家电网公司
生产技能人员职业能力培训专用教材

第十四章　二次设备巡视

模块1　二次设备巡视项目及要求（ZY1300203001）

【模块描述】本模块介绍二次设备的巡视项目及要求。通过概念描述、项目内容介绍、案例介绍，掌握二次设备的巡视项目及相关规定。

【正文】

变电站的二次设备是指对一次设备进行控制、调整、保护、监视和测量的设备。常用二次设备有指示仪表或记录仪表、控制及信号装置、继电保护及安全自动装置、自动化装置、同期装置、电能计量装置、测量装置、计算机系统、通信设备、在线检测装置，操作电源及控制电缆等。

对二次设备的巡视主要是为了掌握设备的运行工况和运行环境等基本运行状态，及时发现和处理设备缺陷和异常，预防事故发生，确保二次设备的安全运行。

一、二次设备巡视规定

（1）必须严格遵守《国家电网公司电力安全工作规程》和企业管理标准有关规定，防止误碰、误动运行设备。

（2）严格遵守设备巡视管理有关规定，不得改变设备运行状态。需要调看运行人员有权查阅的装置信息时，必须有监护人在场监护。

（3）应严格遵守二次设备防电磁干扰有关管理规定。使用手机等无线电通信工具应执行现场运行规程有关规定。

（4）进出继电保护、通信机房等二次设备室应随手将门关好，不允许将食物带入室内。

（5）运行中严禁拉合继电保护回路电源、交流电压回路二次空气断路器，防止装置出现异常。

（6）运行人员不得打开运行中的继电保护装置、自动化装置、电能计量装置等设备封条进行任何作业。

（7）继电保护装置正常运行时，运行人员可根据需要操作屏内的“信号复归”按钮。不允许随意操作面板上的其他按键及“运行/检修”切换把手。

（8）运行人员应对二次设备巡视中发现的异常和缺陷认真分析，正确处理，做好记录并按信息汇报程序及时进行汇报。

（9）二次设备的巡视周期与一次设备巡视周期相同，在巡视一次设备的同时进行二次设备巡视。

（10）巡视二次设备时应严禁烟火。

二、二次设备的巡视分类

二次设备巡视分为交接班巡视、正常（全面）巡视、特殊巡视三种。

1. 交接班巡视

在交接班时进行，由接班人员会同交班人员共同进行。重点检查二次设备的运行状态、声光信号系统的完好性、设备缺陷的变化情况。对运行方式改变的设备和检修状态的设备，还应重点检查压板、切换开关、断路器和熔断器的位置状态以及检修设备的安全措施等。

2. 正常（全面）巡视

二次设备的正常巡视与一次设备正常巡视同时进行。正常巡视是对二次设备运行状态和运行环境进行的全面检查。

3. 特殊巡视

在特殊运行方式、特殊气候条件时，或设备出现严重缺陷、异常等特定情况下对二次设备进行的巡视。

三、二次设备的巡视项目

（一）交接班巡视项目

（1）检查二次设备的工作电源和是否正常，断路器、熔断器、切换开关、压板、连接片的位置是否正确，状态是否良好。

（2）检查装置信号指示是否正确，面板显示信息是否正常，高频保护收发信机面板及信号灯指示是否正确。

（3）若有设备检修工作时，应检查其二次设备的电源、切换开关、连接片、压板等位置状态是否符合规定；二次工作的安全措施是否符合工作票要求。

（4）检查运行当值曾进行过改变二次设备运行方式操作的设备或新投运二次设备的电源、切换开关、连接片、压板等位置状态是否符合规定。

（5）检查二次设备屏柜、端子箱、机构箱的门关闭是否严密。

（6）检查保护小室门窗关闭是否严密；二次设备运行温度、湿度是否在允许范围。

（7）检查原有的二次设备缺陷有无发展和变化。

（8）按规定对各监控通道、通信设备、自动化系统遥测值、遥信量、遥信和音响进行检查试验；检查后台监控系统各类信息、数据刷新、事项窗口显示等功能是否正常等；检查监控系统和辅助设备运行是否正常。

（二）正常（全面）巡视项目

（1）检查二次设备的工作电源和电压是否正常，断路器、熔断器、压板的位置是否正确，状态是否良好。

（2）检查二次设备是否在按规定的运行方式运行。

（3）检查装置的信号灯、监视灯显示是否正确；继电器有无异常声音、振动和触点抖动现象；微机保护循环显示的日期、时间、电压、电流、定值区号、保护投入情况等信息是否与实际相符；检查打印机应电源正常，纸张充足。

（4）检查声光报警系统是否正常。

（5）检查继电保护、自动化、通信等专用电源系统设备的运行状态是否良好，运行参数是否在合理范围之内。

（6）检查二次设备屏柜、端子箱、机构箱的门关闭是否严密，孔洞是否封堵。

（7）检查端子箱、机构箱的加热、防潮装置是否完好，是否按规定投退。

（8）检查继电保护室门窗关闭是否严密，防小动物措施是否完善。

（9）检查二次设备运行环境是否符合要求，温度、湿度是否在允许范围。

（10）检查原有的二次设备缺陷有无发展和变化。

（11）检查二次设备元器件、导线有无过热、变色及焦煳味等。

（12）检查二次设备接地是否符合规定，接触是否良好。

（13）检查二次设备屏柜、装置、操作元器件、二次线端子及电缆等标识是否清晰、齐全。

（14）按规定对各监控通道、通信设备、自动化系统遥测值、遥信量、遥信和音响进行检查试验；检查后台监控系统各类信息、数据刷新、事项窗口显示等功能是否正常等；检查监控系统和辅助设备运行是否正常。

（三）特殊巡视项目

（1）新设备投运的试运行期间或长期停运设备重新投运后，应重点检查装置运行工况是否正常，装置的电源、切换开关、熔断器、连接片、出口压板投退位置是否正确，装置的信号灯、监视灯显示是否正确；继电器有无异常声音、振动和触点抖动现象；微机保护循环显示的日期、时间、电压、电流、定值区号、保护投入情况等信息是否与实际相符。

（2）二次设备检修和校验后，应重点检查装置出口压板投退位置是否正确，装置面板显示是否正常等。

（3）继电保护及安全自动装置动作后，应检查装置动作信号和动作信息，完整、准确记录后台机及全站所有装置的灯光信号，装置液晶屏循环显示的报告内容；收集保护打印的动作报告，并做好记录。检查二次回路有无异常，结合断路器动作情况、故障录波或行波测距等信息，综合分析确定事故性质、范围，初步评价装置动作的正确性，并为输电线路、电缆等专业查找事故点提供必要信息。

（4）运行中的二次设备存在严重缺陷或原有缺陷发生变化时，应重点检查缺陷是否稳定，有无进一步向严重程度发展变化趋势，是否对安全运行构成威胁等。

（5）遇到大风、大雨等恶劣天气前，应重点检查二次室门窗、户外端子箱门等是否关闭严密，防止二次设备受潮、淋雨；大风、大雨后应检查户外端子箱、机构箱有无进水、受潮，房屋有无渗漏水现象等。

（6）高温和低温天气应重点检查空调、采暖设备运行是否正常，二次设备室温度是否在允许范围之内；高温季节户外端子箱、机构箱运行温度是否过高；低温季节加热器是否投运等。

（7）有重要供电任务期间应全面检查二次设备的运行工况，重点检查设备运行有无缺陷、异常和安全隐患。

四、案例

继电保护及自动装置巡视卡。

表 ZY1300203001-1 中列举了部分继电保护及自动装置的巡视项目。

表 ZY1300203001-1 继电保护及自动装置巡视卡

序号	名称	巡视内容	巡视标准
1	CSC-101A 高频允许距离保护	指示灯	“运行”灯亮
			无其他告警信号发出
		液晶显示	正常
		切换开关	断路器检修切换开关位置正确
		保护压板	按规定投入
		端子排	二次接线端子无松动
		电源	空气断路器正常投入
		接地	良好
2	MCD-H2 光纤纵差保护	指示灯	“RUN”灯亮
			无其他告警信号发出
		液晶显示	正常
		切换开关	断路器检修切换开关位置正确
		保护压板	按规定投入
		端子排	二次接线端子无松动
		电源	空气断路器正常投入
		接地	良好
3	RCS-931B 光纤纵差保护	指示灯	“运行”、“充电”灯亮
			无其他告警信号发出
		液晶显示	正常
		切换开关	断路器检修位置切换开关位置正确
		保护压板	按规定投入
		端子排	二次接线端子无松动
		电源	空气断路器正常投入
		接地	良好
4	RCS-901B 光纤纵差保护	指示灯	“运行”、“充电”灯亮
			无其他告警信号发出

续表

序号	名称	巡视内容	巡视标准
4	RCS-901B 光纤纵差保护	液晶显示	正常
		切换开关	断路器检修位置切换开关位置正确
		保护压板	按规定投入
		端子排	二次接线端子无松动
		电源	空气断路器正常投入
		接地	良好
5	PSF-631 高频收发信机	高频电缆	接线正确，备板接线紧固
		指示灯	信号交换时，相应的“发信”、“收信”灯亮
		液晶显示	正常
		电平	通道正常时，发信电平为 40dBm，收信电平为 20dBm
6	RCS-925A 失灵远跳保护	指示灯	“运行”灯亮
			无其他告警信号发出
		液晶显示	正常
		切换把手	通道切换把手在“通道一投入，通道二投入”位置
		保护压板	按规定投入
		端子排	二次接线端子无松动
		电源	空气断路器正常投入
		接地	良好

【思考与练习】

1. 二次设备巡视如何分类？
2. 二次设备巡视的一般规定是什么？

模块2 二次设备缺陷的分类标准（ZY1300203002）

【模块描述】本模块包含二次设备缺陷的分类标准。通过定性讲解，掌握危急缺陷、严重缺陷、一般缺陷的分类标准。

【正文】

继电保护和自动装置是确保电气设备安全稳定运行的重要保护设备，在运行中由于种种原因会出现各种各样的异常和缺陷，本节重点针对各种情况对继电保护和自动装置的缺陷进行定性。

一、继电保护缺陷的分类标准

（一）危急缺陷

（1）设备主保护直流消失，装置异常。

（2）一次设备的主保护装置异常、设备处于无保护状态。

（3）保护通道异常或故障，如高频收发信机、结合滤波器、载波机故障，光纤光缆损坏等，致使线路处于无保护状态。

（4）保护的电压回路异常，失去电压或断线。

（5）二次回路异常，不能有效控制断路器的分合，如跳闸出口中间继电器断线、控制回路断线等。

（6）结合滤波器接地引下线断裂。

（7）重合闸装置故障。

（二）严重缺陷

（1）故障录波装置故障。

（2）两套主保护中的一套被闭锁。

（3）喇叭测试不响。

（三）一般缺陷

（1）继电器外壳有裂纹，尚不影响继电器运行。

（2）指示灯损坏。

（3）其他不影响保护性能的缺陷。

二、自动化、远动及通信设备缺陷的分类标准

（一）危急缺陷

（1）变电站监控系统的测控装置、显示器、通信接口故障，造成综合自动化系统接收不到现场信息或调度接收不到数据，整个变电站监控系统瘫痪。

（2）综合自动化系统后台主机故障，变电站失去监控，网络故障，变电站不能正常监视。

（3）远动设备故障，一时无法恢复。

（4）远动及通信装置电源故障。

（5）变电站通信全部中断。

（6）保护通道设备故障，造成保护无通道运行，如两套光端机全停、光纤接口或载波机故障等。

（二）严重缺陷

（1）联络线及主变压器的断路器、隔离开关信号回路、电能测量回路故障。

（2）遥测单元、遥信单元、I/O 接口单元故障，影响信息量监视。

（3）自动化信号回路故障，引起信号无法监视并影响控制操作。

（4）综合自动化系统能继续运行，但无法执行操作。

（5）前置机主备切换功能故障。

（6）自动化系统 GPS 时钟故障。

（7）自动化系统 UPS 设备故障，可切至旁路继续运行。

（8）断路器位置信号不正确。

（9）继电保护信号上传不正确。

（三）一般缺陷

（1）电能表数据传至自动化系统的遥测量错误。

（2）遥测单元、遥信单元、I/O 接口单元发生单一性故障，影响个别点监测。

（3）自动化测量回路变送器故障，温度、频率测量发生故障。

（4）接入自动化系统的单一信号回路故障，不影响运行控制操作。

（5）变电站内事故总信号动作不正确，继电保护信号频发。

（6）自动化机房的照明、空调故障。

【思考与练习】

1. 哪些缺陷属于继电保护严重缺陷？

2. 常见的自动化、远动及通信设备缺陷有哪些？

模块 3　二次设备巡视中发现的异常分析（ZY1300203003）

【模块描述】本模块介绍二次设备巡视中发现的异常分析。通过异常介绍、要点讲解，能对二次设备巡视中发现的异常进行正确分析。

【正文】

二次设备运行的好坏直接影响到电力系统运行的安全性。在巡视二次设备时应该认真、仔细，及时发现设备异常，并进行分析。

750kV 继电保护及自动装置全部采用微机型保护及自动装置，本模块重点介绍微机型保护及自动装置的常见异常及分析。

一、保护装置常见异常

（一）装置失电压

值班人员巡视时发现某保护装置所有的指示灯熄灭，液晶屏无显示。综合自动化系统显示该装置失电压的告警信息，原因是该装置直流电源空气断路器由于某种原因跳开。如果是很多保护装置同时失电压，可能是该保护室某一段直流电源消失。

（二）电流互感器断线

值班人员巡视时发现某保护装置“告警”灯亮（有的保护装置会同时出现“电流互感器二次断线”灯亮），液晶屏显示电流互感器断线，原因是接入该装置的电流互感器二次回路存在断线现象。

（三）电压互感器断线

值班人员巡视时发现某保护装置“告警”灯亮（有的保护装置会同时出现“电压互感器断线”灯亮），液晶屏显示电压互感器断线，原因是接入该装置的电压互感器二次空气断路器跳闸或对应的一次设备停运。

（四）自检出错

微机保护均具有自检功能，保护装置不同，自检项目会有所区别，下面列举了部分自检出错信息。

1. 保护板（管理板）内存出错

综自系统发出某保护“装置报警”和“装置闭锁”信号，该保护装置液晶屏显示自检出错对应的代码，原因是保护板（管理板）的 RAM 芯片损坏。

2. 保护板（管理板）定值出错

综自系统发出某保护“装置报警”和“装置闭锁”信号，该保护装置液晶屏显示自检出错对应的代码，原因是保护板（管理板）定值区的内容被损坏。

3. 跳闸出口报警

综合自动化系统发出某保护“装置报警”和“装置闭锁”信号，该保护装置液晶屏显示自检出错对应的代码，原因是出口三极管损坏。

4. 光耦失电压

综合自动化系统发出某保护“装置报警”和“装置闭锁”信号，该保护装置液晶屏显示自检出错对应的代码，原因是光耦失去了 24V 正电源。

二、通道异常

目前，750kV 线路保护主要采用光纤纵差保护和高频保护，对应的通道有光纤通道和高频通道两种，通道异常会直接影响到线路保护的正确动作。

（一）光纤通道

光纤纵差保护通道异常时，综合自动化系统会发出某光纤保护通道异常信息。

发生光纤通道异常可能的原因有：

（1）光纤接口松动。

（2）光功率不正常。

（3）光缆出现异常，如断线等。

（二）高频通道

高频通道最常见的异常是通道衰耗过大，此时综合自动化系统会发出某收发信机通道异常信息，巡视检查该收发信机“3dB 告警”灯亮。

发生高频通道异常可能的原因有：

（1）高频电缆绝缘强度降低或断线。

（2）结合滤波器的放电器因多次放电而烧坏，导致绝缘下降。

（3）阻波器调谐元件损坏或失效。

（4）通道中各部分连接阻抗严重失配。

【思考与练习】

1. 保护装置提示“电流互感器断线”的原因是什么？

2. 高频通道异常可能的原因有哪些？

第十五章　站用交、直流系统巡视及维护

模块1　站用交流系统的巡视项目及要求（ZY1300204001）

【模块描述】本模块介绍站用交流系统的巡视项目及要求，站用交流系统主接线和备用电源接线等内容。通过概念描述、要点讲解、图例介绍，掌握站用交流系统巡视项目及相关规定。

本模块还介绍了站用交流系统主接线和备用电源接线图。

【正文】

站用交流系统是变电站构成的重要组成部分，站用交流系统主供变电站操作、变压器冷却系统电源、直流充电电源、检修电源、交流网络、日常照明电源等，750kV 变电站的站用系统更为重要，要求有比较高的可靠性，设计一般采用一套主变压器低压侧站用变压器，一套外接 35～66kV 站用变压器，在外接电源不可靠时，还应增设一台发电机，容量要满足站用负荷要求。发电机应使用专用母线，定期进行启动试验，确保其运行良好。自动状态时，柴油发电机只有在 1 号站用变压器或 3 号站用变压器同时失去电源的情况下，自备发电机才能启动投入。如图 ZY1300204001-1、图 ZY1300204001-2 所示。

一、接线

1. 不完善的站用系统接线

如图 ZY1300204001-1 所示，只有一台站用变压器和一台外接电源站用变压器，所以由柴油发动机供给 3 段母线作为备用。

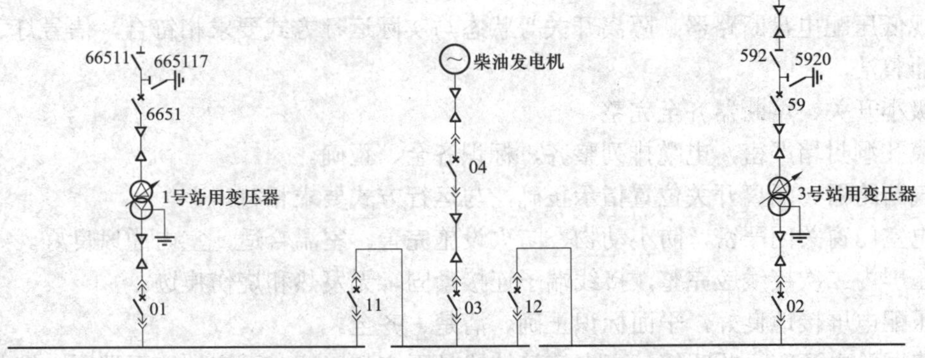

图 ZY1300204001-1　站用变压器与柴油发动机连接

2. 完善的站用系统接线

图 ZY1300204001-2 所示为比较常见的典型站用系统接线。

站用系统交流重要负荷采用双回路供电方式，宜分别装在 380V Ⅰ、Ⅱ段母线上。站用负荷按其重要性分为三级，由 380V 母线供给。

（1）Ⅰ级。主变压器的冷却装置电源、直流充电装置电源、事故照明电源。

（2）Ⅱ级。微机监控系统交流电源、检修电源、通信系统电源、UPS 不间断电源、交流网络电源、操作电源、变压器有载调压装置电源等。

（3）Ⅲ级。生活用电，包括照明、加热等。

二、巡视周期、项目和要求

1. 巡视周期

站用交流系统的巡视周期与一次高压设备的巡视周期大致相同，参见模块 ZY1300202001，这里不做详细介绍。

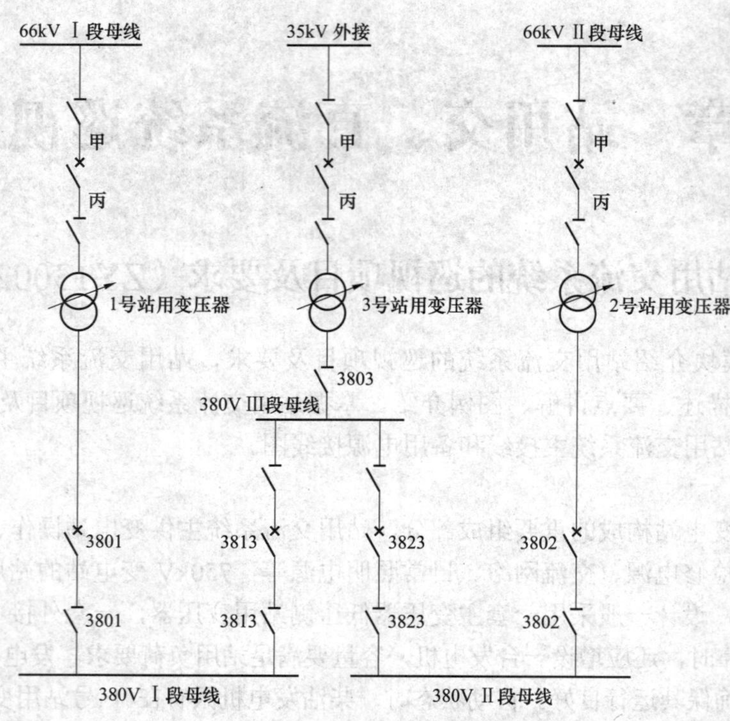

图 ZY1300204001-2 典型站用系统接线

2. 站用系统的巡视项目和要求

站用交流系统巡视内容包括站用变压器、站用交流高压开关设备、380V 配电装置等设备。

站用变压器、站用交流高压开关设备的巡视项目及要求与高压设备巡视大致相同，参见同类一次设备巡视 ZY1300203001 模块。

3. 站用 380V 配电系统的巡视项目和要求

（1）巡视低压配电盘断路器、隔离开关等状态与实际运行方式要求相符合，信号灯、盘表指示正确无误，盘面整洁。

（2）各级小开关、熔断器齐全完整。

（3）电缆孔洞封堵严密，电缆排列整齐，标识齐全、正确。

（4）空气断路器、隔离开关位置指示正确，与运行方式要求相符。

（5）配电室门窗关闭严密，防小动物、防火设施完善。室温合适，室内通风良好。

（6）低压屏内二次接线应完整，接线端子连接紧固，无发热和烧伤痕迹。

（7）低压配电屏接地良好，平面标识正确、清楚、齐全。

（8）检修试验电源箱、照明箱、配电箱等接线是否完整清洁、无烧伤、无裸露，熔断器配置应符合技术要求，电缆标签应齐全正确，保护接零应可靠，漏电保护装置应完好。

（9）电源开关、电源插座应无损伤和裸露现象。

（10）电缆头接触是否良好，有无发热现象。

站用变压器及 380V 配电装置应定期进行清扫维护。站用配电装置应有足够的备品，并应符合现场实际条件，备品备件应定期检查、及时补充更换。

【思考与练习】

1. 站用系统运行方式有什么规定？
2. 站用变压器巡视包括哪些内容，有什么要求？
3. 站用变压器巡视包括哪些项目？
4. 配电系统巡视包括哪些项目，有什么要求？

模块 2　UPS 不间断电源巡视项目及要求（ZY1300204002）

【模块描述】本模块介绍 UPS 不间断电源的巡视项目、要求、操作与运行维护等内容。通过对操作过程的详细介绍和重点讲解，掌握 UPS 不间断电源的巡视项目及相关规定，掌握 UPS 不间断电源的操作与运行维护。

以下内容还包括 UPS 不间断电源的操作与运行维护。

【正文】

750kV 变电站应设置交流不间断电源（简称 UPS），负荷主要有监控系统及远动装置等，它要求启、停和运行全部过程供电不间断。

UPS 不间断电源是变电站自动装置的后备电源，当交、直流系统突然失电的情况下，自动稳压向自动装置供给可靠的保安电源，在超高压变电站有着重要作用。UPS 不间断电源的管理要纳入变电站运行管理的范畴。

一、UPS 的巡视项目及要求

UPS 的巡视周期与变电站其他设备巡视周期相同，参考 ZY1300202001 模块，这里不做详细阐述。

UPS 的巡视项目及要求如下：

（1）检查 UPS 装置电源指示正确，电压指示灯应亮。

（2）检查装置电源是否正常，有无异音、异味。

（3）检查装置接线回路完整，各连接部件无松动、发热变色，各部分表面清洁。

（4）要定期进行切换检查、试验，使之经常保持在良好状态。

（5）USP 正常应处于工作状态，信号电源指示正常，装置无告警信号，电压输出正常，切换回路完善，位置对应，与实际相符，接地良好。

（6）检查所有元件有无损坏，检查所有的接线端子是否紧固。

（7）逆变器控制单元开关在 OFF 位置。整流器控制单元到 OFF 位置，控制单元上的 s1 和 s2 到对应位置。

（8）检查 LCD 显示的所有测量值是否正常，显示清楚。

（9）不得在 UPS 电源装置上接入临时负荷。

（10）UPS 装置不正常运行时，应及时汇报上级主管部门，由专业人员维护处理。

二、UPS 的运行操作

（一）运行

（1）如图 ZY1300204002-1 所示为某型号 UPS 装置控制面板。

图 ZY1300204002-1 中：

1—输入指示灯：市电供电输入指示。

2—旁路指示灯：市电供电输出指示。

3—输出指示灯：逆变器供电输出指示。

4—电池能量指示灯：电池能量即将耗尽指示。

5—超负荷使用指示灯：用户用电量超负荷指示。

6—故障指示灯：UPS 故障指示。

7—LCD 液晶显示器：数据信号显示。

8—UPS 开关机循环按键：UPS 日常开/关机循环按键。

9—翻页键。

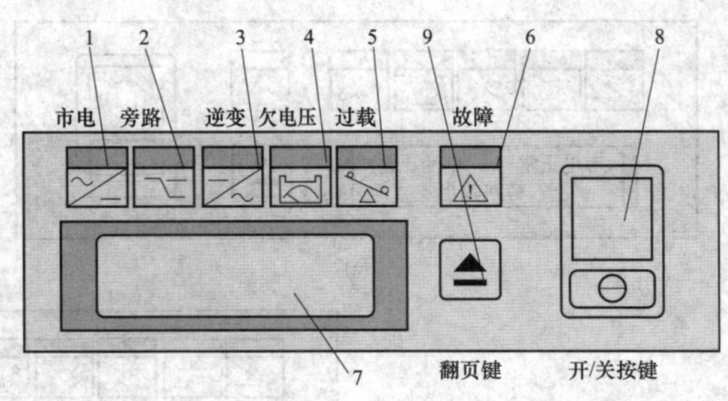

图 ZY1300204002-1　某型号 UPS 装置控制面板

（2）运行程序。

1）当 UPS 初始上电后输入市电经旁路送至静态开关输出。正常运行时，市电电源经输入隔离变压器后，由整流器整成直流电，经逆变器转成纯净的正弦波电源，再经由静态开关断开旁路输出，由纯逆变电源输出送至负荷设备使用。

2）当站用交流电源断电时，UPS 的工作方式是当站用交流电源断电时，由直流源供给逆变器逆变后由静态开关输出，送至设备使用。

3）UPS 一般采用双机配置、一组一备的运行方式。当其中一组故障时，按 UPS 系统故障时的工作方式：其中一台主机出现故障时，该机自动退出系统，不影响他机，由另一台主机输出向设备供电。

4）两组故障时的运行方式。

a. 整个并机系统都出现故障时，整个系统由旁路输出供电。

b. 当主机出现过负荷时，此时整个系统的负荷没有减少，所有单机将退出系统，整个系统将切换到旁路输出，负荷恢复到正常水平，所有的主机将自动返回正常逆变状态，由逆变提供电源。

（二）操作注意事项

1. 开机前准备工作

为使 UPS 能正常无误运转，开机前应确认下列事项：

（1）确认主机后板上空气断路器置于 OFF 处，主机操作面板开关机循环按键置于 OFF 处。

（2）用手摇动输入电源线，看看是否有松动情形，如有松动则再锁紧。

（3）确认并机数据连接线是否连接好。

（4）|电表检查输入电压是否合乎 UPS 所需的电压［220(1±15%)V］。

2. 第一次开机操作程序

如图 ZY1300204002-2 所示，LED 灯符号代表意义如下：■—点亮；□—熄灭。

在确认上列事项无误后，按下列方法开机。

（1）先将主机后板上空气断路器往上扳为 ON。主机操作面板输入指示灯与旁路指示灯同时亮起。

（2）将其中一台主机操作面板开关机循环按键开关按下，如图 ZY1300204002-2（a）所示。操作面板输入指示灯与旁路指示灯持续点亮，LCD 显示市电正常，电池正常，由市电经旁路供电输出。

（3）经过 20s 后操作面板输入指示灯点亮，旁路指示灯熄灭，输出指示灯点亮，LCD 显示市电（AC）正常（OK），电池（BAT）正常（OK），由 UPS 逆变器（INVERTER）供电输出（OUTPUT），如图 ZY1300204002-2（b）所示。

（4）切断 UPS 输入电源，市电指示灯熄灭，LCD 显示市电（AC）断电（LOSS），电池（BAT）正常（OK），由 UPS 逆变器（INVERTER）供电输出（OUTPUT）。UPS 每隔 4s 发出鸣叫声，表示 UPS 目前是使用直流源供电运转。UPS 鸣叫声约 90s 后，自动停止鸣叫，等到直流源电力即将耗尽，会每隔 1s 再发出鸣叫警告声。如图 ZY1300204002-2（c）所示。

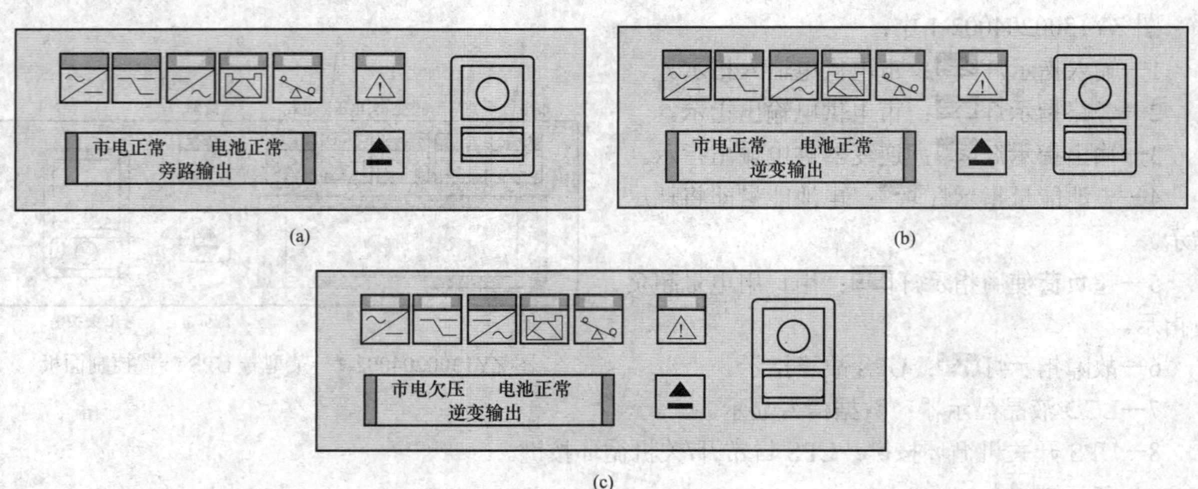

图 ZY1300204002-2 UPS 开机操作程序

（a）～（c）程序（2）～（4）

模块2 ZY1300204002

恢复 UPS 输入电源，市电指示灯亮起，按下 LCD 显示循环切换按钮切换显示项目，检查显示值是否正常，即完成第一次开机程序。

（5）测量输出电压是否为所需电压后，关闭该主机，按上述步骤（1）～（4）操作另一台主机。也可以测量输出电压是否为所需电压后，并联运行两台 UPS 机器，再把负荷接至 UPS 输出端，把输出空气断路器合上，正式启用由 UPS 提供的纯净电源。

（6）按下 LCD 显示循环切换按钮切换显示各项目运行参数是否正常。

3. 日常开关机操作程序

日常使用中如欲开机或关机，按下列方法操作：UPS 日常关机时，按下位于操作面板 UPS 开关机循环按键即可关机。此时 UPS 处于旁路状态，输出由市电供电。UPS 日常开机时，按下 UPS 开关机循环按键即可激活。

4. 长时间不用开关机操作程序

如超过 10 天不使用 UPS 时，应先按下位于操作面板 UPS 开关机循环按键关机后，再将位于主机后板上空气断路器置于 OFF 处。如超过 3 个月以上不使用时，应依照第一次开机方法，让 UPS 运行。

三、运行维护

UPS 维护管理应依照变电站管理要求，具体维护注意事项如下：

（1）防止灰尘堆积，用绝缘的毛刷和真空清洁器清扫。

（2）如果熔断器熔断，必须用同型号、同规格的熔断器替换。

（3）定期检查各点的电压和频率。

（4）UPS 系统应每半年进行一次旁路系统投入运行试验和交流输入电源停电、直流供电切换试验。切换试验时应保证 1 号或 2 号 UPS 在运行状态。

【思考与练习】

1. 为什么要对 UPS 定期进行切换检查？
2. UPS 的作用是什么？
3. UPS 日常维护注意事项是什么？
4. 开机前应做哪些准备工作？

模块 3 柴油发电机的巡视及维护（ZY1300204003）

【模块描述】本模块介绍柴油发动机的巡视项目及运行维护。通过要点讲解和举例介绍，掌握柴油发电机的巡视、维护项目及相关规定。

以下内容还涉及柴油机的运行操作内容。

【正文】

目前，某些变电站采用柴油发电机作为站用备用电源，当变电站发生交流断电的情况下，柴油发电机工作，供给事故照明，维持变电站基本的保安用电。柴油发动机是变电站站用设备的组成部分，要纳入变电站设备管理，定期进行巡视、检查维护，发现缺陷及异常，应及时进行汇报处理。

一、基本要求

柴油发动机的巡视周期参见模块 ZY1300202001 或按变电站自行规定，这里不做详细介绍。其基本要求如下：

（1）柴油发动机的管理应制定相应的现场运行规定，规定要符合柴油机技术要求。润滑油应符合技术标准要求。

（2）柴油发动机要定期试验，保证其始终在良好状态。

（3）柴油发动机周围不得存放易燃、易爆物品和杂物。

（4）柴油机室要有防火标志，并远离火源，有醒目的“严禁烟火”标志。

二、柴油发动机的巡视项目及要求

柴油发电机为变电站主要的备用电源之一，要求按规定、按变电站自行规定周期进行巡视，其巡视内容如下：

（1）检查各开关把手位置是否在对应位置，并符合实际。

（2）检查各信号指示是否指示正确。

（3）外观检查是否清洁，螺栓是否松动、机件是否齐全，是否有渗漏油现象。

（4）通过油表计观察油位是否正常，润滑油、冷却液、机油、燃油是否足够，管路是否有残留空气，定期检查各转动系统是否灵活，定期对机器进行加油。

（5）检查启动油压力是否正常，符合规定。

（6）表面有无锈蚀、脏污现象。

（7）电气连接部分是否完整，接线有无松动和发热烧伤痕迹。

三、运行维护与操作

以 BL576 型柴油机为例，重点介绍其运行维护及操作。

（一）运行维护

（1）首先应按照规定，加足冷却液、机油、燃油，连接好蓄电池，排尽燃油低压系统中的空气，检查各部件连接紧固情况。

（2）超载 10%经 1h 后，断路器会自动跳闸。不得随意调整跳闸机构，否则会发生发电机烧毁的严重事故。正常启动、低温下启动按发动机的使用规定进行。在此之前一定要拉开电力开关。检查控制箱是否复位，启动后油压应正常（未发出油压过低警报信号或压力表上读数不小于规定值）。

（3）卸去负荷空转 5min 后停机。

（4）发电机组不允许长期轻载运行，机组负荷不得小于其额定负荷的 25%～30%，以防止产生烧机油、柴油稀释机油及排气管排机油、气门严重积碳甚至拉缸的事故。如发动机经常在低载下运行，最常见的后果是机油消耗量增大和进、排气管渗机油。

（5）柴油机长期不用时，应定期检查，定期进行试运行一次，保证其完好，随时可以投入运行。

（6）冬季不用的柴油机，应将其油放出，以防油冻而损坏设备，其机械转动部分应定期加入润滑油，防止传动部分故障。

（7）柴油机室要保持清洁，不能堆放易燃易爆物品或杂物。

（二）运行操作

1. 启动操作

（1）柴油发电机组有就地手动和自动启停两种方式，有手动和自动转换开关选择，并可在主控室监控主机上远方启停。当所用工作段失电时延时跳 02 断路器，同时启动电动机驱动柴油机启动。

（2）当柴油机达到额定转速时，24V 直流电压自动接入发电机励磁绕组，发电机启动，再延时使发电机出线开关合闸。第一次启动失败还可第二次、第三次自启动，失败后则发出启动失败信号和声光报警信号，并闭锁自启动回路。当工作段电压恢复时，若停机方式选择开关处于“发信”位置，则同时向控制室和柴油机出线开关柜发出音响和灯光信号，以便运行人员先跳开出线开关。

2. 运行监视

柴油机就地设有机组运行信号、机组三次启动失败信号、运行方式选择开关位置信号、机油油压低和过低信号、冷却水温高和过高信号、燃油箱油位低信号、控制电源故障信号、备用段电源自动投入回路断路器跳闸信号、启动电源电压消失信号、机组故障总信号、机组运行异常信号、机组超速信号、旋转整流二极管故障信号、自动电压调整器故障信号。在监控主机系统上设有机组三次启动失败信号、柴油机启动失败、机组运行信号、机组报警信号、机组停机报警信号。

控制箱能够控制发电机组的自动投入，在操作过程中监控发电机组，并使其在不工作时保持可能的最佳状态，以确保在所用系统停电时能够快速安全地投入。

将锁匙开关转到所需位置。

3. 紧急停机

在遇紧急情况时，按下控制箱上的紧急停机按钮可立即停机。在下次启动前应使此按钮复位。

【思考与练习】

1. 为什么要对柴油机定期进行切换检查？

模块3 ZY1300204003

2. 柴油机的作用是什么？
3. 柴油发电机的启动程序是什么？
4. 柴油发电机的巡视项目有哪些？

模块 4　直流系统、蓄电池、充电机的巡视及维护（ZY1300204004）

【模块描述】本模块介绍直流系统、蓄电池及充电机的巡视及维护项目。通过图形示意、结构分析、要点讲解、案例介绍，掌握直流系统、蓄电池及充电机的巡视及蓄电池充放电等维护项目和相关规定。

本模块还涉及直流系统常见接线方式及直流辅助设备。

【正文】

站用直流系统是变电站操作、控制、监测的中枢神经系统，为各种控制、自动装置、继电保护装置、信号等提供可靠的工作电源和操作电源。当站内交流失电压后，直流电源作为应急的后备电源，提供操作和事故照明。750kV 变电站直流系统应分段运行，采用两组蓄电池分别接于直流Ⅰ、Ⅱ段母线和三台充电装置的运行方式。直流系统的重要负荷，如保护电源、控制电源必须分别接于直流电源Ⅰ、Ⅱ段母线上，备用充电装置应备用于直流电源Ⅰ、Ⅱ段母线上，工作模块必须有充足的备用模块，工作模块和备用模块要定期进行切换，切换周期要纳入变电站固定切换周期一览表中。

一、直流系统结构

（一）典型直流系统接线

典型直流系统接线如图 ZY1300204004-1 所示。直流母线分为两段，正常运行时两段直流宜分段运行，其分段开关断开。当一段电池异常或充电机故障时，可以短时间并列运行。直流母线各段分别有一组蓄电池和充电机，充电机交流电源来自 380V 配电柜，由 380VⅠ、Ⅱ段交流电源供电，交流切换装置对交流Ⅰ、Ⅱ段电源进行切换。当交流Ⅰ、Ⅱ段任一段交流故障时，将自动切换至另一段供电。750kV 变电站宜配第三组充电机，两组工作，第三组备用，充电机直流输出经母线供直流负荷用电和蓄电池浮充电。

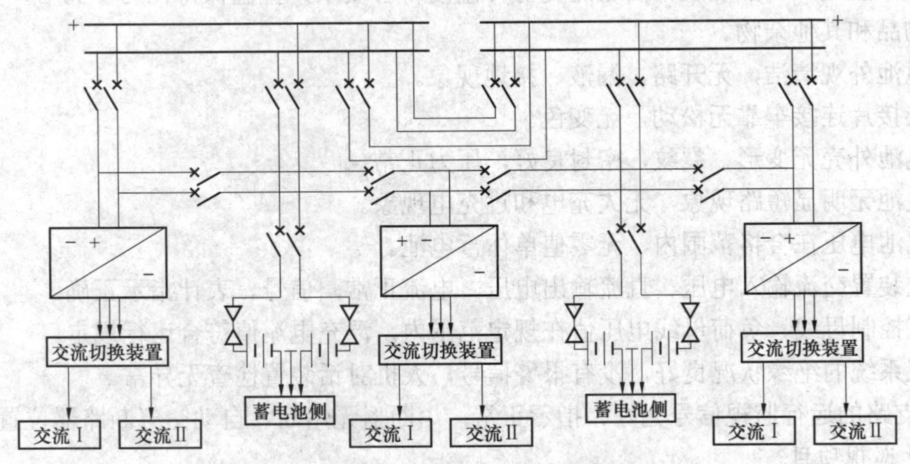

图 ZY1300204004-1　典型直流系统接线

（二）直流负荷分配情况

如图 ZY1300204004-2 所示，直流重要负荷同时接入直流母线Ⅰ、Ⅱ段，如保护电源、保护通信电源、发动机电源等。正常运行时，3DK 或 4DK 投入任一端，1DK 或 2DK 投入对应母线端，实现直流母线的供电和蓄电池的浮充电，当蓄电池放电时，3DK 或 4DK 投入控制母线，1DK 或 2DK 由充电机主供直流负荷，合上放电开关，实现蓄电池的放电。

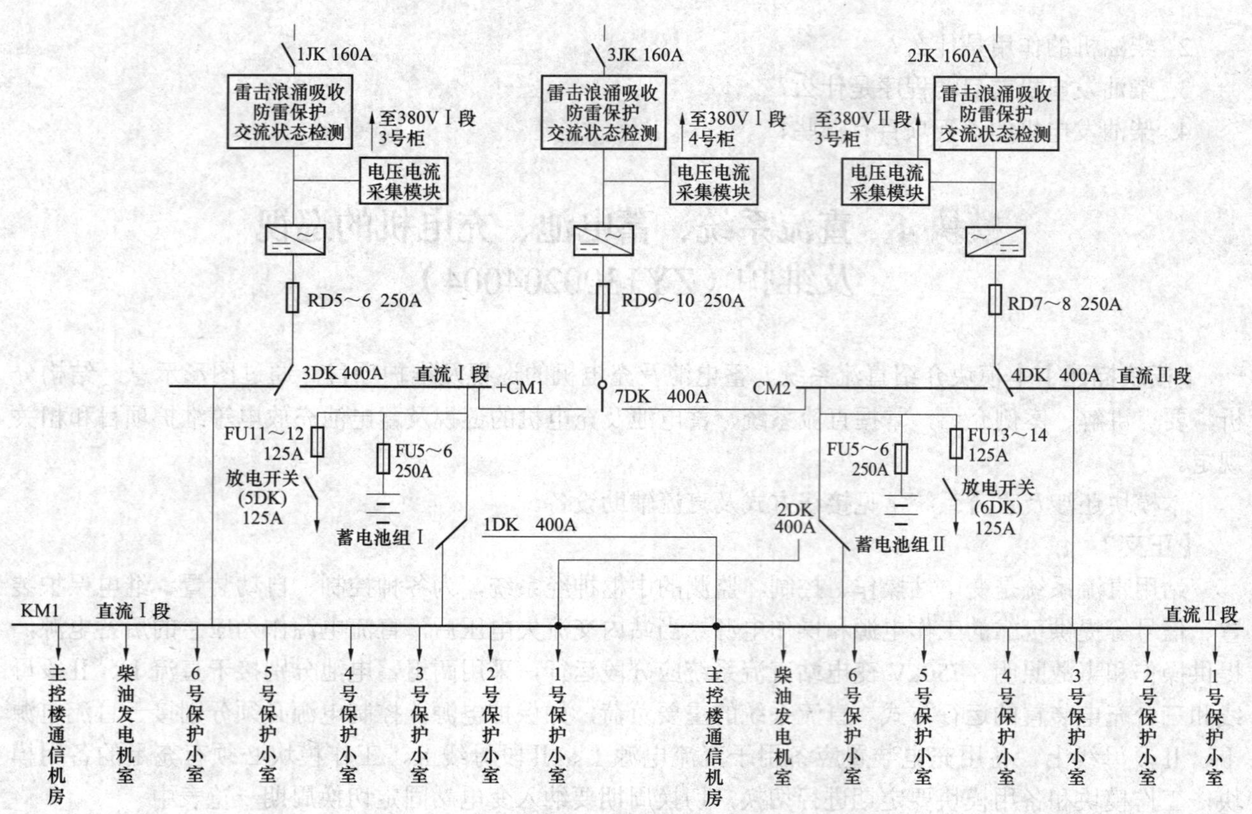

图 ZY1300204004-2 直流负荷分配示意图

二、站用直流系统的巡视

目前，750kV 变电站以阀控铅酸密封蓄电池为主，巡视周期参照一次设备巡视模块。

站用直流系统的巡视设备主要包括蓄电池组、充电机组、蓄电池室及直流绝缘等。按照巡视周期分为交接班巡视、正常巡视、特殊性巡视、持卡巡视等，下面着重介绍正常巡视项目、特殊性巡视项目及要求。

1. 正常巡视项目

（1）蓄电池室通风、照明及消防设施完好，温度符合要求，室温保持在 5～30℃，室内不得存放易燃、易爆物品和其他杂物。

（2）蓄电池外观清洁，无开路、漏液、接地现象。

（3）各连接片连接牢靠无松动，无变色。

（4）蓄电池外壳无变形、裂纹，密封良好，压力正常。

（5）蓄电池无明显短路现象，无欠充电和过充电现象。

（6）蓄电池电压在合格范围内，无零值单体蓄电池。

（7）充电装置交流输入电压、直流输出电压、电流正常，信号、表计指示正确。

（8）直流控制母线、负荷母线电压值在规定范围内，浮充电流值符合运行规定。

（9）直流系统的绝缘状况良好，没有报警信号，人机对话装置检查无异常。

（10）各支路的运行监视信号完好、指示正常，熔断器无熔断，自动空气断路器位置正确。

2. 特殊性巡视项目

（1）新安装、检修、改造后的直流系统投运后应进行特殊性巡视，重点巡视连线板有无过热，各电池电压是否在合格范围内。

（2）蓄电池核对性充放电期间应进行特殊性巡视，重点巡视有无电压过高、过低和电池损坏现象。在进行初充电和核对性充放电时，应设专人对其进行检查和测量；进行均衡充电时，应进行特殊巡视，检查蓄电池或电解液温度，测量蓄电池组和单体蓄电池端电压，检查电池壳体有无变形。

（3）直流负荷发生直流失电压、直流接地、熔断器熔断等异常现象后，应巡视保护范围内各直流回路元件有无过热、损坏和明显故障特征。各接头应不松动，无发热、变色等现象。

（4）直流系统绝缘强度降低或接地时，应检查蓄电池壳体有无裂纹、渗漏液，电缆引线绝缘损伤等绝缘不良现象。检查屏柜内有无绝缘不良和接地现象。

（5）直流系统出现严重缺陷、异常，或原有缺陷有发展趋势时，应重点检查其缺陷、异常的具体情况，分析评估对直流电源系统的影响程度，确定处理方案。

（6）在高温、低温和阴雨等特殊气候条件时，检查设备蓄电池的运行温度、电压等是否在允许范围之内，通风、加热设备运行是否正常，直流系统绝缘是否良好。检查直流充电装置的母线、引线接点无发热，负荷分配是否合理，装置运行声音有无异常。

三、直流系统的运行维护

变电站直流系统运行维护包括运行管理、运行定期充放电和绝缘监视等。

1. 阀控铅酸蓄电池组的运行及维护

（1）蓄电池正常按“浮充”方式运行，单个电池电压应保持在 2.23～2.25V，浮充电压值宜控制在（2.23～2.28）N V、均充电压值宜控制在（2.30～2.35）N V，运行中主要监视蓄电池的端电压、浮充电流、每只电池的电压值、蓄电池组及直流母线的对地电阻值和绝缘状况。浮充总电压超出（2.23±0.05）NV（单体，25℃，N 指单体总数）范围内应进行调整，否则会影响电池寿命。

（2）为了弥补运行中因均充电流调整不当造成蓄电池欠充，造成电池容量的亏损，根据设定时间（一般为 3 个月），充电装置自动进行一次恒流限压充电→恒压充电→浮充电的均衡充电，使电池随时具有满容量，确保安全运行。

（3）在巡视中应检查蓄电池的单体电压值，连接片有无松动和腐蚀现象，壳体有无渗漏和变形，极板和安全阀周围是否有酸雾溢出，绝缘电阻是否下降，电池温度是否过高等。

（4）电池的温度补偿系数受环境温度影响，基准温度为 25℃时，每下降 1℃，浮充电压应提高 3～5mV，电压偏差值范围为±0.05V。

（5）根据现场情况，定期对电池进行外壳清洁工作。

（6）清洗其外表应用肥皂水，不能使用有机溶剂，避免用易产生静电的干布擦拭电池。

（7）运行中的蓄电池禁止松动安全阀。

（8）应定期对蓄电池电压进行一次全面测试。

（9）最佳运行环境温度为 15～25℃，可获得较长的使用寿命，也可在−40～50℃条件下工作。

（10）尽量避免产生过放电及过充电，且放电后应尽快进行充电，否则影响电池使用寿命。

（11）每放电一次应做好放电及充电记录，记录好时间、电压、电流及温度。

（12）蓄电池若需储存，应断开电池组与充电设备及负荷的连接部分并且保持环境阴凉、干燥、通风。

2. 蓄电池的充放电

（1）浮充运行的蓄电池应进行容量检查试验。蓄电池厂家对容量检查试验有具体时间规定时，应按厂家规定执行。运行电压应按蓄电池厂家使用说明书要求调整，使每只电池的浮充运行电压保持在说明书及现场运行规程要求的范围之内。蓄电池厂家没有规定时，应按变电站现场运行规程执行。

（2）处于长期浮充电运行的蓄电池组，如果蓄电池厂家使用说明书有定期均充的要求时，应按要求进行定期均充电，以补偿蓄电池的自放电；厂家使用说明书未做要求时，不再对蓄电池进行定期均充电。

（3）蓄电池浮充运行过程中，每周对蓄电池进行一次抽样测试，测量抽样蓄电池的浮充电压，测量蓄电池组的浮充电压（蓄电池组出口）、浮充电流、环境温度，并做好记录。

（4）进行容量检查试验时，放电电流应选择蓄电池厂家规定的值；如果蓄电池厂家未做具体规定，应按 10h 率电流进行。

（5）放电时，应按蓄电池厂家提供的终止电压值作为判断蓄电池放电终了的依据。

（6）充电时，应按恒压限流方式进行。

（7）测试过程中，应采用必要的手段，使直流母线电压保持在允许的变化范围之内。

3. 蓄电池的核对性充放电

（1）放电周期。新安装和大修后的电池应进行全核对性放电，以后每隔 2～3 年进行一次，运行 6 年以后，每年进行一次核对性充放电。阀控蓄电池在运行中电压偏差值及放电终止电压值应符合表 ZY1300204004-1 的规定。

表 ZY1300204004-1 阀控蓄电池在运行中电压偏差值及放电终止电压值

阀控密封铅酸蓄电池	标称电压（V）		
	2	6	12
运行中的电压偏差值	±0.05	±0.15	±0.3
开路电压最大最小电压差值	0.03	0.04	0.06
放电终止电压值	1.80	5.40 即 1.80×3	10.80 即 1.80×6

（2）两组电池，可对其中一组电池进行核对性放电，用 I_{10} 电流恒流放电，放出全部容量，当任一电池电压降到放电终止电压值（如 2V 电池到 1.8V）时应立即终止放电，隔 1～2h 后，再用 I_{10} 电流进行恒流限压充电→恒压充电→浮充电。当电池容量不足时，可以反复 2～3 次，蓄电池存在的问题也能查出，容量也能得到恢复。若经过 3 次全核对性放充电，蓄电池容量仍达不到额定容量的 80%以上，应安排更换。

4. 直流电源屏的运行

（1）正常运行时，应检查直流电压表、电流表指示正确，各馈路信号灯指示正确，无异常信号发出。

（2）交接班时，应检查直流正负极对地绝缘正常，闪光装置工作正常，浮充电电流正常。每周应检查交直流切换正常。

（3）当直流电压过高或过低时，应及时调整浮充电电流，有端电压调整器者应调节端电压调整器，使母线电压保持在正常范围之内。

（4）端电池有附加电阻回路者，在全浮充运行时，应将附加电阻回路的电流调至与直流正常负荷电流相同。

（5）在对蓄电池进行充电或放电时，禁止操作浮充电电流开关，以防烧坏电流表。

（6）除故障寻找外，在倒换充电装置或改变直流系统运行方式时，不得将蓄电池总隔离开关拉开，使蓄电池组脱离直流母线。

5. 直流绝缘监察装置的运行

（1）直流电源是变电站运行极其重要的操作能源，为了保证继电保护动作的正确性，对直流系统的绝缘有较高的要求，即直流绝缘要保持良好。不允许直流的正、负极中的任何一极长期接地，更不允许直流两点接地。

（2）直流绝缘监察装置，就是用于检查直流系统对地绝缘状况的装置。当监控系统发出“直流母线接地”信号时，说明直流正极或负极接地，液晶显示接地极对地绝缘电阻降低。运行值班人员应按二次回路异常处理中直流异常处理方法进行处理。

6. 微机绝缘检测仪的运行

以 WJY3000A 型微机绝缘检测仪为例，该装置采用非平衡电桥原理，实时监测正负直流母线的对地电压和绝缘电阻，当正负直流母线的对地绝缘电阻低于设定的报警值时，自动启动支路巡检功能。支路巡检采用直流有源 TA，不需向母线注入信号。每个 TA 内含 CPU。被检信号直接在 TA 内部装换为数字信号，由 CPU 通过串行口上传至绝缘监测仪主机，支路检测精度高和抗干扰能力强。采用智能型 TA，所有支路的漏电流检测同时进行，支路巡检速度快。

当发生直流接地故障时，能检测正负母线和支路平衡接地，分别显示故障支路的正负母线接地电阻值。

7. 高频开关电源模块的运行

以 ATC230/115 系列智能高频开关电源模块为例。

（1）工作状态指示灯共有 4 个 LED，其指示的内容见表 ZY1300204004-2。

表 ZY1300204004-2　　工作状态指示灯内容

工作指示灯	指示灯内容
输入	交流输入状态指示灯，模块的交流输入电源正常时该灯亮
均充	均充状态指示灯，模块处于均充状态时该灯亮
正常	输出状态指示灯，直流输出及通信都正常时，该灯闪烁较快且无规律；直流输出正常但通信不正常时，该灯闪烁较慢且有规律；直流输出不正常时该灯不亮
故障	故障状态指示灯，当模块故障时该灯亮，故障消除后自动恢复

（2）限流状态用表 ZY1300204004-3 来说明。

表 ZY1300204004-3　　限流状态指示

限流状态指示灯			
Ⅰ限流值	Ⅱ限流值	Ⅲ限流值	Ⅳ限流值
25%I_{cn}	50%I_{cn}	75%I_{cn}	100%I_{cn}

8. 操作电源的运行维护

以 GZDW42-200/220/-02 型智能高频开关操作电源为例。

（1）正常运行。两路电源工作，一路电源主供，另一路电源备用，经过交流配电单元进行手动、自动切换，经交流空气断路器分路供给各个充电模块。充电通过交流配电单元给整流模块供电。整流模块输出分为两部分，其中几个模块输出通过汇流排汇接后，供给动力负荷和蓄电池使用；另外几个模块输出通过汇流排汇接后，供给控制负荷使用，动力母线与控制母线通过降压硅链连接。

正常情况下，由整流模块给蓄电池充电，同时给动力及控制负荷供电。充电中断时，由蓄电池给动力及控制负荷供电，系统同时发出声光报警。充电恢复时，系统自动恢复正常工作。

充电模块有内置的监控电路，负责对自身状态进行监控和告警，并与系统的监控模块进行通信。监控模块一方面接收配电单元、充电单元、电池监测以及绝缘监测信息，并进行相应的控制；另一方面通过多种通信方式连接后台计算机，以实现集中监控，实现“四遥”功能。若采用 MODEM 方式，电源系统的信息通过电话线路传送到异地远端计算机。

（2）充电模块运行。

1）显示器。显示充电模块的输出电压或电流，显示电压时只有整数，不显示小数，显示电流时有一位小数。

2）显示转换开关。开关拨在相对位置，显示充电模块的输出电流和输出电压。

3）指示灯。绿色指示灯是电源指示；红色指示灯分别为保护和故障指示灯，该灯亮表示充电模块工作不正常，应进行检查处理。

4）电压微调电位器。浮充微调和均充电压，在任何方式，调节该电位器均起作用，因此不可轻易调节这个电位器。

5）手动/自动工作方式。模块在手动工作方式下，调整电压由面板上的电位器控制，顺时针调整电位器，输出电压升高；在自动方式下，模块电压由监控模块指令控制。

（3）运行注意事项。

1）模块热插拔。模块热插拔的条件是模块输出端串接隔离二极管，防止母线上已经存在的电压对模块内未充电的大容量的电容充电，引起母线的瞬时短路和模块内部部分电路瞬时过负荷，严重时甚至毁坏设备。

2）手动/自动工作方式。模块在手动工作方式下，调整电压由面板上的电位器控制，顺时针调整电位器，输出电压升高；在自动方式下，模块电压由监控模块指令控制。

3）模块电源控制。为了方便充电模块的单个维护，模块交流输入应分别设置单独的空气开关，不应直接连接到交流母线上。

【思考与练习】

1. 蓄电池主要巡视项目有哪些？
2. 直流系统巡视包括哪些项目？
3. 蓄电池充电、放电步骤如何规定？
4. 为什么直流系统不得并列运行？

模块 5 站用交、直流系统常见的一般缺陷（ZY1300204005）

【模块描述】本模块介绍站用交、直流系统常见的一般缺陷。通过概念描述、缺陷介绍、归纳讲解，能够在巡视中发现缺陷，并能正确描述缺陷。

【正文】

运行人员要遵照变电站现场运行规程和上级规定，按周期、季节性特点、气候变化情况，对站用交、直流系统认真巡视维护，对巡视中发现设备的缺陷要定性分析，登记上报，并按下列原则进行分类和处理。

一、站用交流系统常见的一般缺陷

站用交流系统一般缺陷分站用高压开关、电缆、站用变压器本身缺陷、低压配电装置缺陷。

其中站用高压开关及高压设备的缺陷参见 ZY1300202006 模块，这里不做详细介绍，下面重点介绍站用变压器本身缺陷、低压配电装置及电缆常见缺陷。

（一）站用变压器

站用变压器的结构一般与主变压器结构基本相似。站用变压器应该在保证站用负荷的方式下运行，并保证其容量充足。当变压器带有缺陷，将会影响其出力水平。站用变压器常见一般缺陷包括以下内容：

（1）由于特殊天气或外力损伤造成的套管裂纹、破损及有放电闪络现象等。

（2）由于机械振动或过负荷运行使接点松动、发热、变色。

（3）站用变压器内部有放电声及其他异常声响。

（4）油枕油位指示过高、过低或看不见油位等。

（5）站用变压器本体及部件有渗、漏油现象。

（6）站用变压器外壳接地引下线严重锈蚀，接地扁铁断裂、锈蚀。

（7）呼吸器的硅胶变色超过 2/3，硅胶桶破损，硅胶桶油封无油。

（8）有载分接开关的油面过高过低，油变色或总烃含量超标。

（9）站用变压器基础下沉、有倾斜现象。

（10）站用变压器遮拦破损，网门关闭不上等。

（二）低压配电装置及电缆

站用 380V 低压配电装置是一个比较庞大的交流网络，包括配电柜、盘表、低压开关设备及 380V 负荷馈线和设备交流网络，任何一点出现异常都将影响站用系统的正常运行，一般最常见的缺陷及异常巡视中即可发现，包括以下内容：

（1）信号灯不亮、仪表指示错误。

（2）分路配置熔断器比干路熔断器大。

（3）工作后电缆标识不全、孔洞封堵不严。

（4）接线不完整，接点有发热和烧伤现象，接线松动，接头发热。

（5）电缆头发热变色，接头接触不良，有发热变色现象。

（6）低压配电屏上隔离开关合不到位，空气断路器控制回路断线或接触不良。

（7）低压配电屏上导线、接头有发热变色。

（8）380V 配电系统测量表计、电能表指示不正确。

（9）交流网络断线。

二、直流系统常见的一般缺陷

站用直流电源系统的正常运行状态是指在额定电压、电流、环境温度等外部环境条件下，能保证连续达到额定运行能力的状态。直流系统的缺陷直接影响其正常运行，直流系统缺陷的发现，一是通过正常巡视、特殊性巡视即可发现，二是在故障或操作情况下才能发现，而最常见的一般缺陷有以下几种：

（1）直流绝缘强度降低、直流接地。

（2）直流母线电压过高、过低超过规定值。

（3）直流信号、指示不正确，表计指示错误。

（4）蓄电池单体电压过低或为零。

（5）蓄电池室温度过高过低、排风不启动、照明不良。

（6）蓄电池端电压太低，接头有发热、锈蚀现象。

（7）蓄电池容量不足。

（8）直流电源空气断路器、熔断器连续断开。

（9）充电机电压异常波动。

（10）充电模块部分损坏。

（11）直流屏元件有损坏、电缆损坏或接头发热等。

【思考与练习】

1. 如何检查蓄电池连接板接头是否发热？

2. 380V 系统常见一般缺陷有哪些？

3. 站用变压器常见一般缺陷有哪些？

4. 直流系统常见一般缺陷有哪些？

模块 6　站用交、直流设备缺陷的分类标准（ZY1300204006）

【模块描述】本模块介绍站用交、直流系统常见设备缺陷的分类标准。通过定性讲解，掌握危急缺陷、严重缺陷、一般缺陷的分类标准，并能按照缺陷流程进行上报。

【正文】

站用交、直流设备缺陷管理应符合变电站设备管理规范，并按照分类原则进行分类上报处理，缺陷大致分为危急缺陷、严重缺陷和一般缺陷三类。

对于站用系统 1000V 及以上设备断路器、变压器等高压设备的缺陷分类参照 ZY1300202006 模块，本文着重对 380V 交流配电装置及直流系统缺陷进行分类。

一、缺陷分类标准

（一）危急缺陷

设备或建筑物发生直接威胁安全运行并需立即处理的缺陷，否则，随时可能造成设备损坏、人身伤亡、大面积停电、火灾等事故。此类缺陷必须尽快消除，或临时采取确保安全的防范措施进行处理。

1. 380V 交流配电装置

380V 交流配电装置发生下列情形，即可判断为危急缺陷：

（1）低压开关合不上闸或合上后不能自动脱扣跳闸。

（2）交流电缆在额定电流、额定电压下运行出现严重发热。

（3）交流网络断线。

（4）380V 配电装置元件损坏迫使停用者。

2. 直流设备

直流发生以下情形，即可判断为危急缺陷：

（1）蓄电池外壳变形鼓肚、连扳发热烧断。

（2）蓄电池单瓶损坏，使蓄电池开路无输出电压等。

（3）直流屏元件严重损坏影响直流系统正常运行。

（4）直流电缆损坏或接头严重发热等。

（5）直流绝缘监察装置损坏。

（二）严重缺陷

对人身或设备有严重威胁，暂时尚能坚持运行但需尽快处理的缺陷。此类缺陷应在短时间内消除，消除前变电站须加强监视、监督。

1. 380V 配电装置

380V 配电装置的严重缺陷有：低压配电装置开关设备容量不匹配，造成发热或降负荷运行；低压电缆容量不满足负荷要求而发热或降低负荷运行；中性点接地不良或接地引下线断裂等。

2. 直流设备

直流设备的严重缺陷有：直流充电设备故障、直流绝缘监察装置不显示或显示不正确、直流接地、蓄电池容量严重不足或缸体破裂；直流屏快分开关容量不满足要求，严重发热或有明显烧伤和焦味；事故照明不切换等。

（三）一般缺陷

上述危急、严重缺陷以外的设备缺陷，指性质一般、情况较轻、对安全生产影响不大的缺陷。此类缺陷应列入年、季检修计划中加以消除。对于设备存在的一般缺陷，要纳入检修计划，通过检修予以消除。对带病运行的设备列入重点监视对象，制定监视措施，加强监视。

1. 380V 配电装置

380V 配电装置除危急和严重缺陷以外的其他缺陷均为一般缺陷，如：设备接触不良引起发热；电压过高或过低；设备接头发热 90℃以下；配电设备有异常声响；配电装置室内温度过高、地面下沉等。

2. 直流设备

直流设备除危急和严重缺陷以外的其他缺陷均为一般缺陷，如：直流绝缘强度降低；蓄电池室温度过高、排风不启动；充电机电压异常波动；直流电压过高或过低等。

二、缺陷管理

站用交、直流系统缺陷要认真加强管理：① 通过缺陷的发现，变电站要组织进行分析，准确地对缺陷定性；② 要分类进行登记，并上报。对于一般缺陷，变电站登记上报，按每月计划安排进行处理。对于严重和危急缺陷，变电站应立即汇报主管单位负责人，及时进行处理。在缺陷没有处理之前，变电站应根据现场条件，采取有效的防范控制措施。当严重和危急缺陷有发展趋势，危及人身和设备安全时，有条件的可申请调度将该设备停电，如倒换运行方式、转移负荷等。

1. 分析定性

750kV 变电站站用交、直流系统相对比较复杂，当运行人员发现缺陷时，应立即汇报变电站站长，由站长组织进行定性分析，将分析的结果登记在运行值班记录，并输入 PMS 管理系统，履行缺陷上报、处理流程。

2. 登记上报

对于一般缺陷应按月登记，汇总上报公司；对于危急和严重缺陷及时上报运行公司。在缺陷未处理之前，变电站应进行运行专题分析，开展事故预想，采取相应措施，防止扩大造成事故。

3. 缺陷消除

缺陷消除后，变电站要组织进行验收，验收应填写验收卡。验收后的设备缺陷要从缺陷记录和 PMS 管理流程中消除，已消除的缺陷运行中还要注意重点观察。

【思考与练习】

1. 站用变压器外壳接地引下线断裂属哪类缺陷？

2. 直流接地属异常还是缺陷？

3. 站用变压器套管有严重裂纹放电现象是哪类缺陷？

4. 蓄电池单瓶电压为零属哪类缺陷，如何处理？

模块 7 站用交、直流系统维护作业指导书（ZY1300204007）

【模块描述】本模块介绍站用交、直流系统维护工作作业指导书。通过归纳讲解、案例介绍，能够编写站用交、直流系统维护工作作业指导书，能够按照作业指导书的要求进行相应的设备维护。

【正文】

变电站运行值班人员在进行站用交、直流系统的维护工作时，应征得值班负责人的同意，变电站非当班人员进行站用交、直流系统的维护工作时，必须办理工作票许可手续。特别是大型和复杂的维护工作，应根据现场实际制定编制维护工作作业指导书。

变电站站用交、直流系统维护使用作业指导书，是为了使其维护工作趋于规范化、标准化和安全可靠，使危险点得到可控、在控。

站用交、直流系统大型维护工作作业指导书的类型大致分为：蓄电池核对性充放电；直流接地查找处理；交直流系统倒负荷；站用系统备用电源自动投入装置切换试验等。

作业指导书的基本内容包括：工作内容，工作负责人和成员，工作开始和终结时间，工作流程，安全技术措施，危险点分析与预控等。

一、蓄电池核对性充放电作业指导书

内容包括前期准备、放充电方案、时间、人员安排、步骤、监控要求、危险点分析与预控等。

（1）前期准备主要有对人员组织合理安排，对充放电工具、仪器等有充分准备。

（2）确定放电方案，内容包括倒负荷，最好使用操作票，确定操作步骤正确。一般有两组蓄电池的话，确定先放哪一组，考虑原则是从负荷较轻的一组先进行放电，以便于减少操作。

（3）充电步骤编写、审核，确保充电步骤的正确性，防止因直流异常而引发事故。

（4）确定危险点和采取预控措施。

二、直流接地查找作业指导书

内容包括范围、负责人、配合人、试拉合顺序及步骤、监控要求、危险点分析与预控等。

（1）确定直流接地范围和性质，根据回路有无人工作、近期是否有过工作、运行中的薄弱环节和气候情况等。

（2）确定该项工作的主要负责人、操作人和监护人。

（3）拉合试验的顺序及要求。

（4）确定危险点和采取预控措施。

三、站用系统备用电源自动投入装置试验作业指导书

站用系统备用电源自动投入装置按规定周期进行切换试验，是一项危险系数比较高的工作。工作前，要结合现场实际，制定符合运行人员执行的有效的作业指导书，内容包括前期准备、断路器的位置、装置压板如何投退、人员分配、开始时间、操作步骤、监控要求、危险点分析与预控等。

四、案例

案例 1：蓄电池充放电作业指导书，表 ZY1300204007-1 列举了某变电站蓄电池充放电作业指导书，以供参考。

表 ZY1300204007-1　某变电站蓄电池充放电作业指导书

一、充放电期间总负责人（站长签名）：______值班负责人（值班长签名）：______成员（值班员签名）______ 二、放电方案 1. 倒负荷 （1）将直流Ⅰ、Ⅱ段分段，将Ⅰ段母线负荷全部倒至Ⅱ段，并在Ⅰ段母线接入放电负荷（要求填写操作票进行）。 （2）停止充电机运行。

续表

2. 调整放电电流 （1）有专用放电仪时，将放电电流调整到第一阶段放电电流值。 （2）无专用放电设备时，找好放电设备，进行计算放电电流。 三、放电 1. 时间 （1）第一阶段放电开始时间和终了时间：_____～_____。 （2）第二阶段放电开始时间和终了时间：_____～_____。 （3）第三阶段放电开始时间和终了时间：_____～_____。 2. 放电过程 （1）放电开始，合上放电开关。 （2）放电监视，每小时测单电瓶电压，监视总电压。 （3）调整放电电流。 3. 放电完成 四、充电 放电完成后，确认已达到标准，立即进行充电，其步骤如下： （1）断开放电开关。 （2）合上充电机开关。 （3）调整充电电流，进行第一阶段充电，依次进行第二、第三阶段的充电，直至充电完成，各单电瓶电压均达到预期标准，充电结束，恢复直流正常运行方式。 五、充放电危险点分析与预控 （1）充放电倒负荷时，容易造成继电保护装置及自动装置失电，要填写操作票认真核对，确保操作的正确性。 （2）充放电时容易出现过放或过充、欠充和爆缸现象，要注意加强监视，按照规程标准，重点调整好各阶段的电流。每小时测量单体电瓶的电压，差异不能超过规定值。

案例 2：表 ZY1300204007-2 列举了某变电站站用备用电源自动投入装置定期试验的作业指导书，以供参考。

表 ZY1300204007-2 某变电站站用备用电源自动投入装置定期试验的作业指导书

试验步骤及负责人			
序号	内容	负责人	打√
1	汇报调度要进行站用变备用电源自动投入装置试验		
2	做好备用电源自动投入装置试验不成功时的应急预案		
3	将运行于 380V Ⅰ段母线上重要的双电源供电负荷进行切换，如：1 号主变压器通风电源由Ⅰ段切换到Ⅱ段		
4	检查××屏站用备用电源自动投入装置联锁开关 1BK、2BK 投入正确		
5	控制室、站用配电室、高压配电室人员到位		
6	由值班负责人监护拉开 1 号站用变压器高压侧断路器（根据实际情况进行）		
7	检查备用电源自动投入装置动作情况，1 号站用变压器低压侧断路器跳闸，绿灯闪光；Ⅰ段备用电源自动投入装置开关合闸，红灯闪光，如果正确继续向下操作，如果不正确，恢复 1 号站用变压器运行，检查备用电源自动投入装置回路		
8	由值班负责人监护合上 1 号站用变压器高压侧断路器		
9	如为手动恢复，则退出站用电备用电源自动投入装置联锁开关 1BK，拉开Ⅰ段备用电源自动投入装置开关后，合上 1 号站用变压器低压侧断路器。检查 380V Ⅰ段母线电压正常后，投入站用备用电源自动投入装置联锁开关 1BK。 如为自动恢复，则检查备用电源自动投入装置动作情况，1 号站用变压器低压侧断路器合闸，红灯闪光；Ⅰ段备用电源自动投入装置开关跳闸，绿灯闪光		

模块7 ZY1300204007

续表

试验步骤及负责人			
序号	内　　容	负责人	打√
10	检查接于380V Ⅰ段母线的负荷运行情况。如果运行不正常，则要进行检查处理，正常后手动送电		
11	恢复380V Ⅰ段母线所切换的重要负荷，如：1号主变压器通风电源由运行于Ⅱ段切换到Ⅰ段		
12	汇报调度站用备用电源自动投入装置试验工作结束		
注 1. 危险点预控方案：试验时在主控、站用配电室、高压配电室三个地点的运行人员应互相联系配合，确保控制室的信号同实际相对应，并且信号正确、无误发和少发。试验中若出现备用电源自动投入装置动作不成功的情况时，应立即恢复原运行方式，待查明原因后再行试验。试验时为了确保重要负荷的正常运行，在试验前应将双电源供电的重要负荷切至非试验的一段母线运行，试验完成后按实际要求投入。 2. 试验前准备：由当值值班长进行人员安排，安排监盘人、操作人、监护人等；填写切换试验全过程操作票；准备好必要的操作工器。 3. 开始和终了时间：_____～_____。			
试验结论：是否正常、存在问题等（若存在问题应按缺陷进行处理）			
试验周期	每年一次	试验负责人	试验日期　年　月　日
备注：380V Ⅱ段母线备用电源自动投入装置试验参照此作业卡，各站根据不同的站用接线方式、设备情况确定试验方法			

【思考与练习】

1. 作业指导书主要包括哪些内容？
2. 如何制作站用变压器消除渗油缺陷的作业指导书？
3. 如何制作直流接地查找的作业指导书？
4. 作业指导书有什么内容？

模块8　站用交、直流系统巡视中发现的缺陷及异常分析（ZY1300204008）

【模块描述】本模块介绍站用交、直流系统巡视中发现缺陷及异常的分析。通过缺陷介绍、原因分析、归纳讲解，能对站用交、直流系统巡视中发现的缺陷及异常进行正确分析。

【正文】

变电站交、直流系统缺陷类型很多，运行中的交、直流设备发现缺陷及异常时，要认真分析，准确定性，根据缺陷管理程序上报处理，异常情况要及时采取措施，防止扩大造成事故。

对于巡视发现的缺陷，要进行定性分析，能处理的及时进行处理，不能处理的要采取必要的措施，防止给人身和设备安全造成威胁，避免缺陷进一步发展。当设备出现接点发热、接触器接触不良等异常时，应监视检查设备发热的严重程度，必要时应倒换运行方式，对发热设备进行处理。当设备有严重缺陷、异常，或原有缺陷有新的变化时，检查缺陷变化情况，分析和限制发展趋势，确定处理方案。

一、站用交流系统缺陷的分析

站用交、直流系统的缺陷分析应按照缺陷分类原则，根据季节性特点、气候情况、设备安装时间长短、运行工况等情况进行分析。站用变压器高压开关设备的缺陷分类参照模块ZY1300203002，本模块主要介绍站用变压器本体、380V低压配电装置及电缆的缺陷分析。

（一）站用变压器本体缺陷及异常分析

巡视中常常可以发现以下类型的异常，要根据实际情况进行分析。

（1）巡视中可发现瓷套管裂纹、破损及放电闪络现象等，其原因可能是：

1）外力破坏。

2）过电压（操作高电压或操作过电压）引起绝缘击穿会出现裂纹或放电。

3）恶劣天气（污秽等特殊天气）绝缘强度降低造成放电。

（2）巡视可发现接头套管引出线发热、变色现象，可能原因是：

1）由于机械振动造成固定螺栓松动，会造成发热。

2）长期满负荷或过负荷运行使接头发热甚至变色，一般为黑褐色。

3）污秽等级严重地区引出线连接板未压紧，出现氧化层。

（3）巡视时听见站用变压器声音异常，可能原因是：

1）内部发出的声音：如果有放电声，可能为内部故障；如果为较大的嗡嗡声，根据负荷情况来综合判断。

2）外部有异常声音，可能是器件松动或间歇放电引起。

（4）油枕油位过高、过低，可能原因是：

1）过高可能是环境温度太高、变压器内部故障油温升高所致，或者出现假油位。

2）油位指示过低或看不见油位，检查是否有漏油。如果没有漏油，可根据气候情况、气温是否很低或者出现假油位判断，不能排除内漏现象时，要注意观察，考虑加油。

（5）本体及部件有渗漏、漏油现象，可能原因是：如果是套管底部渗油可能是密封出现问题；如果是外壳渗油，多属于砂眼问题。

（6）接地引下线断裂，要考虑以下几个因素：

1）接地引下线严重锈蚀。

2）施工开挖时受外力破坏。

3）焊接质量。

（7）呼吸器硅胶变色。一般发现呼吸器内硅胶变色超过 2/3，可认为是一般缺陷，一个原因可能是变压器内部受潮，另一个原因可能是呼吸器油封无油所致。硅胶桶应保持完整，油封盒应冲入密封油。

（8）站用变压器基础下沉、有倾斜现象，检查是否有进水现象。

（二）站用 380V 低压配电系统

（1）信号灯不亮的原因可能是：① 电源故障；② 灯泡损坏。仪表指示错误大致原因是：① 负荷二次回路故障；② 仪表本身故障。

（2）负荷空气断路器合不上，大致原因可能是：① 负荷二次回路有短路故障；② 负荷空气断路器定值小而负荷电流大；③ 负荷空气断路器本身故障。

（3）接线头发热并有烧伤，可能是氧化松动或负荷太大。

（4）交流网络断线，一般原因可能是：① 人为因素所致；② 交流回路有断线。

（三）站用交流电缆严重发热

（1）负荷电流增大。计算负荷（一般以最大负荷电流来计算），根据电缆型号，查该型号电缆所能通过的最大工作电流，进行比较。如果是电缆允许通过最大电流小，而负荷电流大，会引起全电缆发热，应更换电缆。

（2）电缆绝缘老化。电缆使用时间长久，使电缆相与相之间绝缘老化变质，由于漏电引起发热，此类缺陷容易引起电缆击穿或爆炸，应及时更换电缆。

（3）电缆接头未处理好。电缆接头制作工艺不良、压接板没有压紧、压接板缝隙有氧化层等问题引起局部发热，应停电处理。

二、站用直流系统缺陷及异常分析

直流系统在正常运行状态下，由于受环境条件和电场、温度等因素的影响，设备始终处于老化过程。随着时间的推移和外部环境的改变，设备在规定的外部条件下，部分或全部失去运行能力，出现了影响安全运行的严重缺陷，此种状态为设备的缺陷状态。

当直流电源系统出现严重缺陷，已经达不到铭牌出力的状态为缺陷状态。例如蓄电池的容量下降到额度容量的 90%，虽然可以继续运行，但达不到额定容量。此类缺陷应经过核对性充放电进一步检验和恢复容量。而有些缺陷虽然并不影响铭牌出力，但从长期运行的角度考虑，有可能发展成为严重缺陷，甚至发生事故，此类状态的设备也为缺陷设备。下面就直流系统常见缺陷的原因进行分析。

1. 蓄电池缺陷

蓄电池主要缺陷有壳体部分、内部故障和容量降低等。

（1）蓄电池壳体损伤和变形的原因分析。

1）壳体制造过程中的缺陷，运输中受潮，安装遗留缺陷等。

2）在放电时，引起极板电化反应不均匀，胀缩不一致，欠充电或过放电时，由于蓄电池内部产生硫化铅，充电时得不到完全恢复。因此，内部膨胀，外壳出现变形。

3）过充电主要是正常浮充电流过大。大电流充电时，破坏有效物质，不能均匀地起到电化作用，极板容易发生变形。

4）在高温下放电时，会使内部电化反应加快，活性物质迅速转化为硫化铅，比常温下相同时间内放出容量多，充电时活性物质难以恢复，极板膨胀不均匀造成极板容体变形。

（2）蓄电池容量降低缺陷的原因分析。

1）初期充电不足或长期充电不足。

2）电解液密度低、温度低。

3）电解液有杂质。

4）内部或外部短路或正极板已损坏、负极板已收缩。

5）内部极板硫化，隔板电阻增大。

6）长期浮充电运行，为进行放电，活性物质凝结，性能衰退。

（3）蓄电池电压异常缺陷的原因分析。

1）蓄电池内部或外部短路。

2）落后电池未及时纠正更换，造成电压正负转极。

3）极板硫化或接头接触不良。

4）极板大量脱粉或正极已断裂。

5）长期浮充电运行，未进行放电，活性物质凝结，性能衰退。

2. 充电装置电压异常

（1）充电机电压过高，超过额定电压 5%，且调压后也不下降，其原因可能是负荷过小，应增加直流负荷，将全部负荷投入。

（2）充电机电压低于额定电压 10%，且调压后不升高，可能是硅堆元件损坏，无法运行时，改蓄电池单独供电方式。

（3）整流电压不升高，直流满负荷运行时，调整电压不能升高，可能是交流一相熔断器熔断或小开关跳闸，应检查处理。

（4）直流母线电压突然升高，其原因是稳压电源故障引起，应进行检查处理。

3. 直流母线缺陷

（1）直流母线电压过低或过高，可能是：① 蓄电池输出电压不正常；② 直流运行方式不合理；③ 表计指示不正确，可用万用表测量实际电压加以比对。

（2）直流母线设备故障，原因是多方面的，如：二次回路短路造成设备损坏，长期过负荷运行导致电器元件长期承受大电流发热而烧坏。

（3）直流接地是变电站最常见的异常现象，原因很多，当发现直流接地时，运行人员要立即按照模块 ZY1300406003 直流系统的异常分析及处理方法进行处理。

【思考与练习】

1. 交直流缺陷的发现和分析处理流程是什么？
2. 蓄电池容体外壳变形的原因是什么？
3. 蓄电池电压异常的原因是什么？
4. 交流电缆发热的原因是什么？

第十六章　防误装置基本原理及巡视

模块 1　基本原理、巡视内容及要求（ZY1300205001）

【模块描述】本模块介绍防误装置的基本原理。通过原理讲解、图形示意、操作流程介绍，掌握各种防误装置的基本原理、功能和巡视项目。

【正文】

防误装置是防止运行人员进行电气误操作及误入带电间隔的有效技术措施。防误装置包括：微机防误、电气闭锁、电磁闭锁、机械联锁、机械程序锁、机械锁、带电显示装置等。

一、防误装置的功能

（1）防止误分、误合断路器。

（2）防止带负荷拉、合隔离开关。

（3）防止带电挂（合）接地线（接地开关）。

（4）防止带接地线（接地开关）合断路器（隔离开关）。

（5）防止误入带电间隔。

这就是通常所说的“五防”闭锁功能。

二、防误装置的配置要求

（1）变电装置加装防误装置时，应优先采用电气闭锁方式或微机“五防”。

（2）防误装置应不影响断路器、隔离开关等设备的主要技术性能。

（3）防误装置所用的直流电源应与继电保护、控制回路的电源分开，使用的交流电源应是不间断供电系统。

（4）防误装置应做到防尘、防蚀、不卡涩、防干扰、防异物开启。户外的防误装置还应防水、耐低温。

（5）“五防”功能中除防止误分、误合断路器可采用提示性方式，其余“四防”必须采用强制性方式。

（6）对使用常规闭锁技术无法满足防误要求的设备，宜加装带电显示装置达到防误要求。

（7）变电站采用计算机监控系统时，计算机监控系统中应具有防误闭锁功能。

（8）防误装置主机不能和办公自动化系统合用，严禁与因特网互联，网络安全要求等同于电网二次系统实时控制系统。

三、防误装置的使用要求

（1）防误装置必须与主设备同时投运。

（2）防误装置应有专用的解锁工具。

（3）防误装置正常情况下严禁解锁或退出运行。防误装置的解锁工具（钥匙）或备用解锁工具（钥匙）必须有专门的保管和使用制度。

（4）若电气操作时防误装置发生异常，应立即停止操作，及时报告运行值班负责人。在确认操作无误，经运行管理部门防误装置专责人到现场核实无误并签字后，由运行人员报告当值调度员，方可进行解锁操作，并做好记录。

（5）当防误装置确因故障处理和检修工作需要，必须使用解锁工具（钥匙）时，需经变电站负责人同意，做好相应的安全措施，在专人监护下使用，并做好记录。

（6）在危及人身、电网、设备安全且确需解锁的紧急情况下，经变电站负责人同意后，可以对断路器进行解锁操作。

（7）防误装置整体停用应经本单位总工程师批准，才能退出，并报有关主管部门备案。同时，要采取相应的防止电气误操作的有效措施，并加强操作监护。

四、防误装置的基本原理

（一）机械闭锁

机械闭锁是靠机械结构制约而达到预定目的的一种闭锁，即当某一设备操作后利用机械传动来闭锁另一设备的操作。敞开式隔离开关与其接地开关之间全部采用这种闭锁方式。GIS 内部的隔离开关与其接地开关之间不存在机械闭锁。机械闭锁的优点是：结构简单、闭锁可靠。但它存在很大的局限性，只能在同一构架实现隔离开关与接地开关之间的闭锁，不在同一构架的隔离开关与接地开关无法闭锁，更不能实现断路器与隔离开关之间的闭锁。

如图 ZY1300205001-1 所示是 330kV 某一隔离开关及与其同构架的两个接地开关的闭锁挡板，中间的是隔离开关闭锁挡板，左侧、右侧为接地开关的闭锁挡板。图 ZY1300205001-1 的状态：隔离开关在分位，左侧的接地开关在合位，右侧的接地开关在分位。

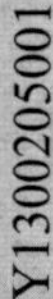

图 ZY1300205001-1 330kV 隔离开关与接地开关机械闭锁挡板

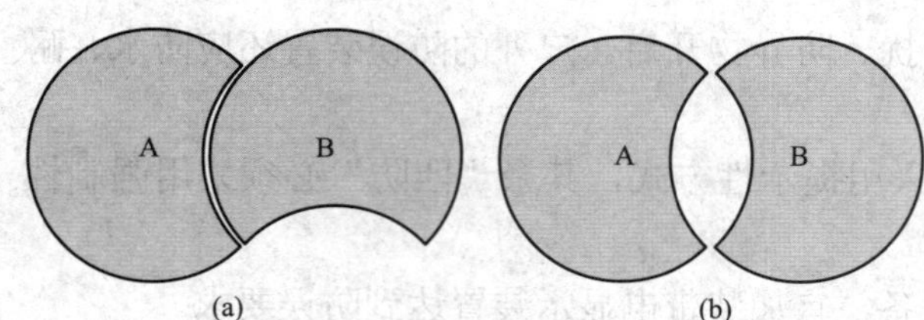

图 ZY1300205001-2 330kV 隔离开关与接地开关机械闭锁示意图

（a）隔离开关在分位，接地开关在合位；

（b）隔离开关在分位，接地开关在分位

A—隔离开关机械闭锁挡板；B—接地开关机械闭锁挡板

下面以配有一个接地开关的隔离开关为例来讲述隔离开关与接地开关之间是如何实现相互闭锁的。

从图 ZY1300205001-2 330kV 隔离开关与接地开关机械闭锁示意图中可以看出：当隔离开关与接地开关均在分位时，隔离开关与接地开关任何一个都可以进行合闸操作，相互不闭锁；当接地开关合上的时候，隔离开关便无法转动，即闭锁合闸操作。这样便可以有效地防止带接地开关合隔离开关；同样，当隔离开关合上之后，接地开关也无法进行合闸操作，即被可靠闭锁，这样可以防止带电合接地开关。

如图 ZY1300205001-3 所示的隔离开关状态：66kV 隔离开关分位，其机械闭锁挡板在水平方向随隔离开关主轴一起运动，接地开关合位，其机械闭锁挡板在竖直方向随接地开关拉杆一起运动，此时接地开关的机械闭锁挡板将隔离开关的机械闭锁挡板挡住了，这样便可以有效地防止带接地开关合隔离开关；同样，当隔离开关合上之后，隔离开关的机械闭锁挡板将接地开关的机械闭锁挡板挡住了，接地开关也无法进行合闸操作，即被可靠闭锁，这样可以防止带电合接地开关。

型号不同的隔离开关，虽然它们的机械闭锁挡板形状会有所不同，但是机械闭锁原理是相同的：机械闭锁挡板固定连接在隔离开关、接地开关转动部分，隔离开关、接地开关任意一个先合上，另外一个就被闭锁，无法进行合闸操作。同时可以看出如果隔离开关与接地开关不在同一构架就无法实现相互闭锁，如母线接地开关与母线隔离开关。

（二）电磁闭锁

电磁闭锁是利用断路器、隔离开关、网门等设备的触点，接通或断开隔离开关、网门电磁锁电源，从而达到闭锁操作的目的。它普遍使用在常规敞开布置的 110kV 及以下的配电装置中。优点：可以实现不同间隔的设备之间的闭锁。缺点：闭锁回路较复杂，而且容易出现故障，影响正常操作；电磁锁本身易损坏，损坏后将失去闭锁作用。鉴于以上原因，750kV 变电站不采用这种闭锁方式，因此不做详细介绍。

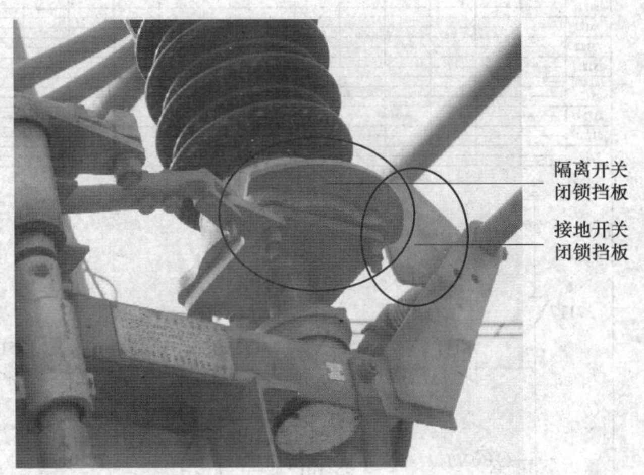

图 ZY1300205001-3　66kV 隔离开关与接地开关机械闭锁

（三）电气闭锁

电气闭锁是利用断路器、隔离开关等设备的辅助触点，接通或断开电气操作电源而达到闭锁目的的一种装置，普遍用于电动隔离开关和电动接地开关的操作控制回路中，750kV GIS 汇控柜就是采用电气闭锁。

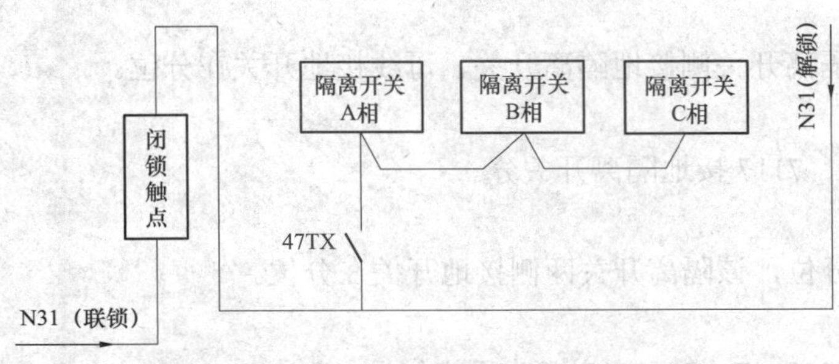

图 ZY1300205001-4　750kV GIS 汇控柜电气闭锁

从图 ZY1300205001-4 可以看出，当电气联锁钥匙处在“联锁”状态时，左下角的 N31 通过一系列联锁触点和 47TX 的动断触点向隔离开关控制回路提供负电。也就是说，如果不满足电气联锁条件，隔离开关控制回路就没有负电，也就无法执行分合闸操作。当电气联锁钥匙在“解锁”状态时，右上角的 N31 通过解锁触点和 47TX 的动断触点直接向隔离开关控制回路提供负电，即不经过一系列联锁触点。但是电气联锁钥匙正常必须放在“联锁”状态，电气联锁钥匙平时取下并与万能钥匙同等对待，封存管理。

图 ZY1300205001-5 列举了采用 3/2 断路器接线方式的 750kV GIS 某一串间隔的电气闭锁逻辑，它代表了 3/2 断路器接线方式的普遍电气闭锁逻辑关系。

电气闭锁条件如下：

1. 边断路器

合闸允许条件：该断路器母线侧隔离开关、该断路器与中断路器之间的隔离开关以及对应的线路隔离开关没有进行分合操作。

例：7511 断路器

允许合闸条件：75111、75112、75116、75101 隔离开关不得有分合操作。

允许分闸条件：无。

2. 中断路器

允许合闸条件：该断路器两侧隔离开关、该断路器所属两条线路隔离开关没有进行分合操作。

例：7510 断路器

允许合闸条件：75101、75102、75116、75126 隔离开关不得有分合操作。

允许分闸条件：无。

3. 断路器两侧隔离开关（母线侧隔离开关除外）

允许分、合闸条件：本断路器在分位，该隔离开关两侧接地隔离开关在分位。

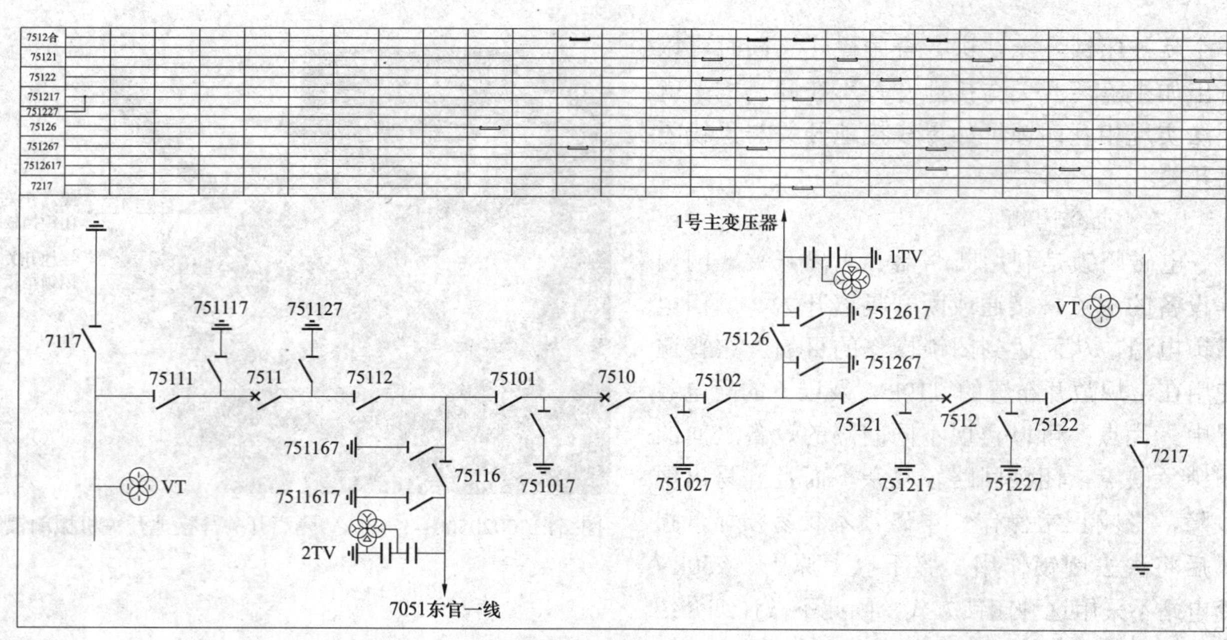

图 ZY1300205001-5 750kV GIS 部分电气闭锁逻辑

例：75101 隔离开关

允许分、合闸条件：7510 断路器和 751017、751167 接地隔离开关分。

4. 母线侧隔离开关

允许分、合闸条件：本断路器在分位，该隔离开关侧接地隔离开关、母线接地开关在分位。

例：75111 隔离开关

允许分、合闸条件：7511 断路器和 751117、7117 接地隔离开关分。

5. 线路侧隔离开关

允许分、合闸条件：该线路对应断路器在分位，该隔离开关两侧接地开关在分位。

例：75116 隔离开关

允许分、合闸条件：7510、7511 断路器和 751167、7511617 接地开关分。

6. 开关侧接地开关

允许分、合闸条件：该断路器两侧隔离开关在分位。

例：751117 隔离开关

允许分、合闸条件：75111、75112 隔离开关分。

7. 线路侧接地开关

允许分、合闸条件：该接地开关直接相邻的所有隔离开关在分位。

例：751167 隔离开关

允许分、合闸条件：75101、75112、75116 隔离开关分。

8. 线路侧快速接地开关

允许分、合闸条件：该线路隔离开关在分位，该线路 TV 无电压。

例：7511617 隔离开关

允许分、合闸条件：75116 隔离开关分，该线路 TV 无电压。

9. 母线接地开关

允许分、合闸条件：该母线隔离开关在分位。

例：7117 隔离开关

允许分、合闸条件：75111 隔离开关分（由于第一串间隔只有一个母线隔离开关）。

（四）微机防误闭锁

微机防误闭锁装置的基本原理是利用预设操作原则与程序来保证倒闸操作顺序的正确性，利用各种编码锁和状态锁来保证操作的正确性，从而实现防误闭锁的功能。

1. 微机防误闭锁装置的配置

微机防误闭锁装置是目前最先进的防误装置，由微机防误装置主机、电脑钥匙、传输适配器和编码锁组成。图 ZY1300205001-6 所示为微机防误装置主机，ZY1300205001-7 所示为传输适配器和电脑钥匙。编码锁有两种，一种是图 ZY1300205001-8 所示的直流电气锁，另一种是图 ZY1300205001-9 所示的机械编码锁。

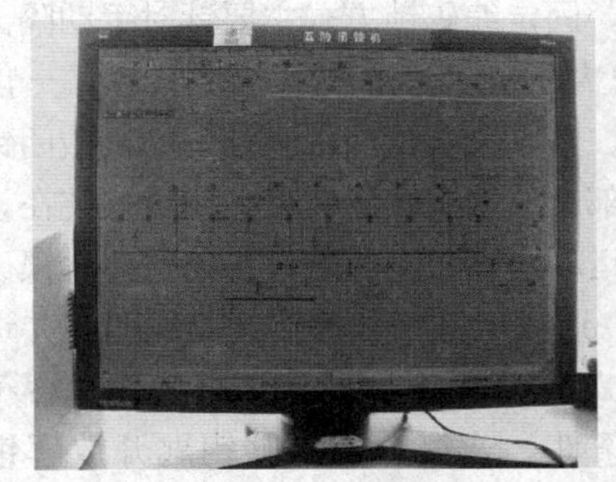

图 ZY1300205001-6　微机防误装置主机

图 ZY1300205001-7　传输适配器和电脑钥匙

图 ZY1300205001-8　直流电气锁

图 ZY1300205001-9　机械编码锁

微机防误装置主机的配置与计算机监控系统的配置相同，所有运行程序全部存储在主机内。该装置可通过计算机模拟接线图（代替传统的模拟屏）完成模拟预演、系统维护、多任务并行操作等功能。同时，该装置应能够与变电站综合自动化监控系统进行通信。微机防误操作系统经微机监测系统通信接口设备将变电站所有相关电气设备的状态量通过以太网获取，并实现对所有相关电气设备的防误闭锁。

微机防误闭锁装置配备的电脑钥匙通常应具有操作语音提示功能，正常操作用的电脑钥匙配备两把，同时还应配备非常操作情况下的紧急解锁钥匙。

在隔离开关及接地开关的机构箱配置固定式机械编码锁，用来闭锁隔离开关和接地开关。

2. 微机防误闭锁装置的闭锁实现原理

（1）断路器闭锁。微机防误闭锁装置在断路器的测控屏配置直流电气编码锁。如图 ZY1300205001-10 所示，直流电气锁接入断路器的控制回路，通过直流电气锁分断断路器的操作回路，并为电脑钥匙提供串入点。正常操作时，如被操作设备的编号和电脑钥匙显示的编号一致，则接通控制回路，闭锁解除，允许操作。若与电脑钥匙提示的不一致，电脑钥匙将拒绝接通控制回路并发出报警信号。

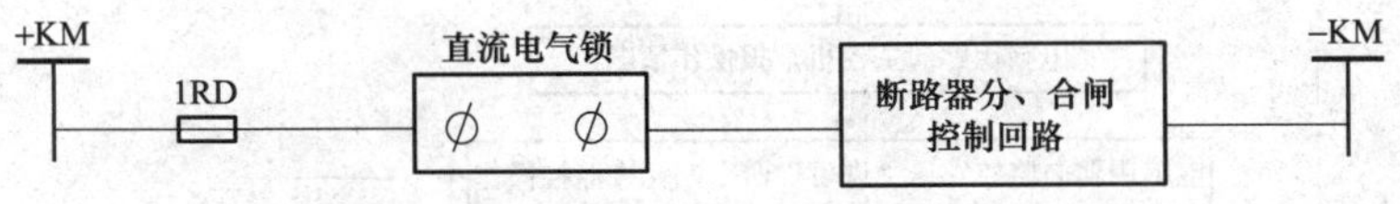

图 ZY1300205001-10　直流电气锁闭锁接入图

（2）电动隔离开关的闭锁。电动隔离开关采用交流电气锁进行闭锁。采用交流电气锁闭锁电动隔离开关时，交流电气锁被串入电动隔离开关分、合控制回路中，由于原有的控制回路被交流锁切断，故未接通时，控制回路失电压，无法操作。正常操作时，须先将电脑钥匙插入电气锁中，如操作设备的编号和电脑钥匙显示的编号一致，则电脑钥匙接通控制回路，闭锁解除，允许操作。合、分操作时，电脑钥匙检测到有操作电流流过，操作完成后，电流消失，电脑钥匙即认为操作结束，接着显示下一项。若操作人员走错位置，电脑钥匙将拒绝接通回路并报警。

该闭锁通常设置在电动隔离开关机构箱内部，有些变电站不设此闭锁。

（3）手动隔离开关、电动机构隔离开关机构箱门等的闭锁。固定编码锁方式主要针对手动隔离开关、接地开关、临时接地线、电动机构隔离开关机构箱门、户内/户外网柜门等设备的闭锁，一般由电脑钥匙、固定编码锁、锁具安装附件共同完成。固定编码锁、锁具安装附件用于设备的机械闭锁，电脑钥匙用于“五防”解锁。闭锁时，利用安装在设备不可动部位的固定编码锁直接闭锁安装在设备可动部位的锁具附件，使设备可动部位与不可动部位无法相对运动，从而实现对设备的整体闭锁。解锁时，通过电脑钥匙检测锁具编码，并进行“五防”逻辑判断，确认该项操作是否符合操作条件。若符合，电脑钥匙开放解锁机构，锁具解锁，允许设备操作；反之，则无法解锁，并发出语音报警。

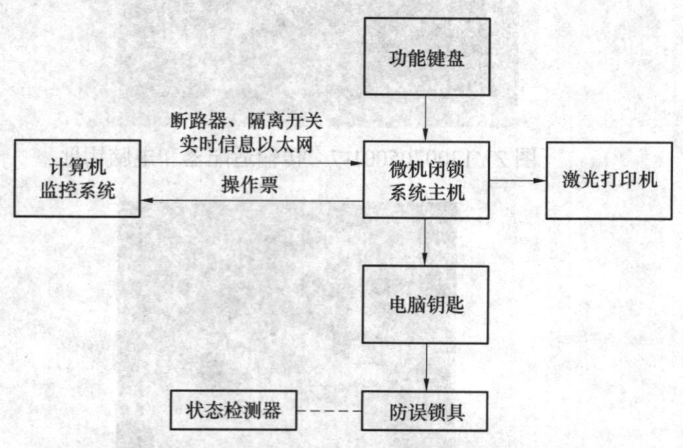

图 ZY1300205001-11 微机防误闭锁装置与综合自动化系统配合图

3. 微机防误闭锁装置的使用

微机防误闭锁装置与综合自动化系统相配合实现操作的“五防”闭锁功能，如图 ZY1300205001-11 所示。

下面重点讲述如何使用微机防误闭锁装置和综合自动化系统进行倒闸操作，操作流程如图 ZY1300205001-12 所示。

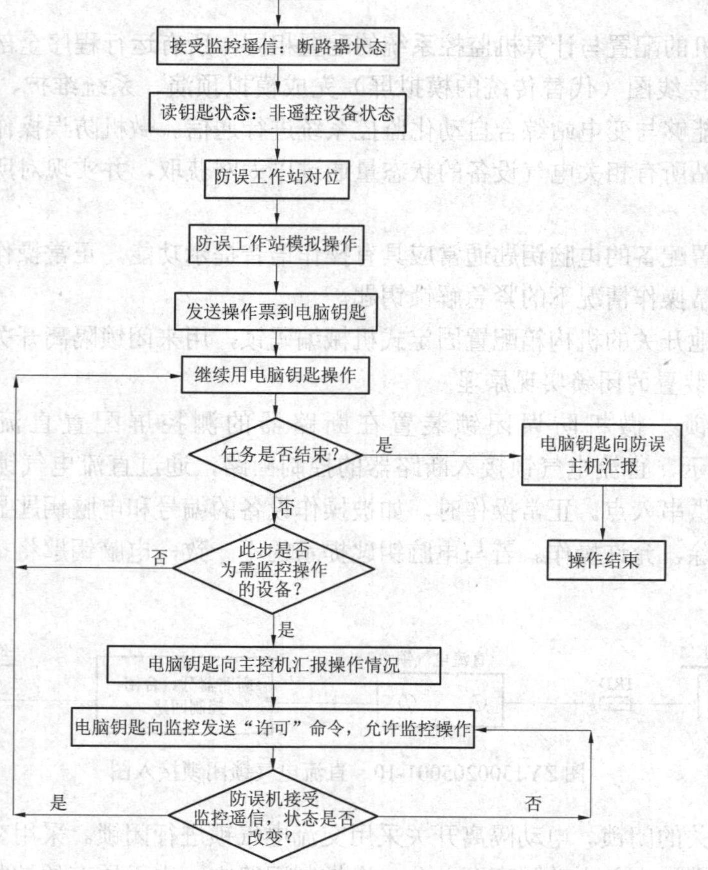

图 ZY1300205001-12 倒闸操作流程

当调度下令操作时，由值班员准备操作票，值班长审核无误后，开始执行。首先在微机防误主机上进行模拟操作，如果不违反"五防"闭锁逻辑，模拟操作会顺利进行下去。模拟完毕后打印操作票，进行"五防"判断，正确后传入电脑钥匙，电脑钥匙接收数据。然后进行现场设备的正式操作，此时有两种情况，一种是在主控室进行的遥控操作，另一种是持电脑钥匙到现场进行就地操作。

从图 ZY1300205001-12 可以看出，进行倒闸操作时，"五防"机首先与现场设备进行对位，确保"五防"机主接线中的断路器、隔离开关分、合状态与实际相符。如果由于某种原因个别设备无法正确对位，此时进行强制对位，然后模拟操作，发送到电脑钥匙。如果是就地操作，持电脑钥匙完成操作任务后，就可以将操作结果进行回传。此时将电脑钥匙插回传输适配器传输口，系统提示操作结束，操作任务中的设备由不确定状态转变成确定状态，电脑钥匙自动关机。如果是遥控操作，电脑钥匙向防误主机汇报准备操作的项目，同时弹出进行该设备操作的对话框，在综合自动化系统进行监护操作，电脑钥匙向综合自动化系统的监控主机发送"许可"的命令，操作指令才能到达该设备的测控屏，即间隔层，然后到达现场设备执行分合操作。操作后的状态信息由测控屏反馈回综合自动化后台机，"五防"机接收综合自动化后台的遥信信息，将所操作的设备状态进行相应改变。

五、防误装置的巡视

（一）微机防误装置的巡视

（1）每天巡视控制室时，检查微机防误操作系统是否运行正常，设备状态与实际位置是否相符。

（2）检查传输适配器（工控机）有无告警信号，电脑钥匙是否充电正常。

（3）锁具应定期进行外观检查，检查锁具安装是否牢固，各部件连接有无松动现象，锁具编码片桩头与实际编码是否相符（无限编码锁除外）；检查锁具及附件、标准件表面是否有锈蚀、发黑及镀层脱落现象。检查防雨罩是否齐全，有无吹落和丢失（无限编码锁除外）。

（二）其他防误装置的巡视

（1）检查电磁锁销子是否全部入位。

（2）检查带电显示器指示是否正常。

（3）检查机械挂锁有无生锈、卡滞。

（4）检查机械闭锁板安装位置是否能够起到闭锁的作用。

【思考与练习】

1. "五防"闭锁装置的作用是什么？

2. 试分析微机"五防"与综合自动化系统在执行倒闸操作时如何配合。

模块 2　微机防误装置常见故障原因分析及处理（ZY1300205002）

【模块描述】本模块介绍防误装置的常见故障处理及日常的运行维护等内容。通过列表说明、归纳讲解，能够处理防误装置的常见故障，并能够正确维护防误装置。

【正文】

微机防误装置在运行中会出现各类故障及异常现象，为了迅速正确地排除故障，确保操作的顺利进行，现将微机防误装置的常见故障分 3 类进行讲解。

一、常见故障处理

（一）电脑钥匙

表 ZY1300205002-1 列举了电脑钥匙的常见故障。

表 ZY1300205002-1　　电脑钥匙常见故障

现　象	原　因	处　理
电脑钥匙不能自学或自学有故障	（1）电池电压不足。 （2）未按正确自学程序操作。 （3）主控设备传输口损坏	（1）给电脑钥匙充电。 （2）按正确自学程序操作。 （3）更换主控设备传输口

续表

现象	原因	处理
机械锁能打开但是开锁程序不能继续进行	（1）电脑钥匙内部 IrDA 器件损坏。 （2）解锁杆位置偏移	（1）将钥匙寄回厂家维修。 （2）重新调整水平位置
电脑钥匙不能接收操作票	（1）电脑钥匙有票未进入接收票状态。 （2）电脑钥匙内部 IrDA 器件损坏。 （3）红外传输罩被脏物严重堵住。 （4）主控设备传输口损坏	（1）将电脑钥匙清票，再插入操作票传输口接票。 （2）将钥匙寄回厂家。 （3）清理脏物，把红外传输罩清理干净。 （4）更换操作票传输口
电脑钥匙已经提示“正确，请操作”，仍不能打开机械锁	（1）锁内部机构卡涩。 （2）锁环被其他外部机构挡住。 （3）电池电压不足。 （4）电脑钥匙内部开锁机构失灵。 （5）机械编码锁损坏	（1）更换机械编码锁。 （2）开锁时，按下开锁按钮后用手抓住锁体轻拉。 （3）操作前保证电脑钥匙充足电。 （4）将电脑钥匙寄回厂家
操作断路器时，电脑钥匙已经提示“正确，请操作”，仍不能拉合断路器	（1）电脑钥匙内部继电器损坏。 （2）电池电压不足。 （3）电脑钥匙与电编码锁接触不良	（1）将电脑钥匙寄回厂家。 （2）操作前保证电脑钥匙充足电。 （3）清理电编码锁导电极，必要时更换电编码锁
电脑钥匙显示“钥匙尚未自学，不能进行操作”	电脑钥匙在进行正常操作前没有先自学	电脑钥匙进行自学
电池在充电座上充满电，结果非常短的时间就损尽	（1）充电座损坏。 （2）电池用的时间太长，已老化。 （3）电脑钥匙内的电池电量检测回路损坏	（1）修理或更换新的充电座。 （2）更换电池。 （3）将电脑钥匙寄回厂家
电池长时间充电后仍不能充满电	（1）电脑钥匙内充电电池老化。 （2）电脑钥匙或充电座出现故障	（1）更换电池。 （2）将电脑钥匙或充电座寄回厂家更换

（二）传输适配器和锁具

表 ZY1300205002-2 列举了传输适配器和锁具的常见故障。

表 ZY1300205002-2　　传输适配器和锁具常见故障

现象	原因	处理
传输适配器报警	电脑钥匙未放好	重新放置
	电脑钥匙内无电池或电池失效	装电池或更换电池
机械编码锁机构不灵活	机械编码锁损坏	更换机械编码锁
电编码锁机构不灵活	电编码锁损坏	调换电编码锁，取下原电编码锁的编码片重做一个，装在新的电编码锁内

（三）防误闭锁主机

表 ZY1300205002-3 列举了防误闭锁主机的常见故障。

表 ZY1300205002-3　　防误闭锁主机常见故障

现象	原因	处理
死机	主机故障	重新启动
开机后不能正常显示	显示器损坏	更换显示器
	传输适配器损坏	更换传输适配器

二、防误装置的运行维护

（一）微机防误装置的运行维护

1. 改变线路名称

当系统中线路名称发生变化时可利用系统中的“改变线路名称”来修改。例如，“7086 东白川线”改为“7086 东白线”，可选择菜单“系统维护”→“接线图维护”→“更改线路名称”后出现线路名称替换窗口，在“原线路名”栏中输入“7086 东白川线”，在新线路名中输入“7086 东白线”，单击“确认”按钮，即可完成更改。

2. 改变设备编号

选择菜单“系统维护”中的“修改设备编号”后出现设备编号替换窗口，在该窗口中输入原设备编号和新设备编号，单击“确认”按钮，即可完成更改。

3. 改变设备的操作条件

即改变设备的闭锁条件，由于闭锁条件是厂家在现场设置好并经过验收的，不允许随意变更，因此在这里不做介绍。

当锁具损坏而芯片完好时更换锁具，并将原来锁具的芯片移至新锁具。如果是芯片损坏，应更换芯片，然后进行采码，电脑钥匙进行自学后方能恢复正常使用。

（二）机械闭锁运行维护

每半年定期对机械闭锁传动部分进行清理并加润滑剂一次，保证闭锁装置的灵活可靠。

【思考与练习】

1. 电脑钥匙不能自学是什么原因，如何处理？
2. 机械编码锁损坏如何处理？

模块 3 “五防”闭锁装置的检修（ZY1400901002）

【模块描述】 本模块包含“五防”闭锁装置的维护及检修的作业流程及工艺要求。通过结构分析、图例展示、要点讲解、操作技能训练，掌握“五防”闭锁装置的基本结构、修前准备、危险点预控、作业步骤、工艺要求及质量标准等操作技能。

【正文】

本模块主要以 KYN28（1B）-12 型高压开关柜为例介绍开关柜的“五防”闭锁装置的维护及检修。

一、高压开关柜的结构及闭锁功能

1. 高压开关柜的结构

KYN28 型高压开关柜用隔板分成 4 个不同功能的单元，分别是断路器室 A、母线室 B、电缆室 C 和低压仪表室 D，柜体的外壳和各功能单元之间的隔板均采用敷铝锌板弯折而成。KYN28（1B）-12 型开关柜的结构剖面如图 ZY1400901002-1 所示。

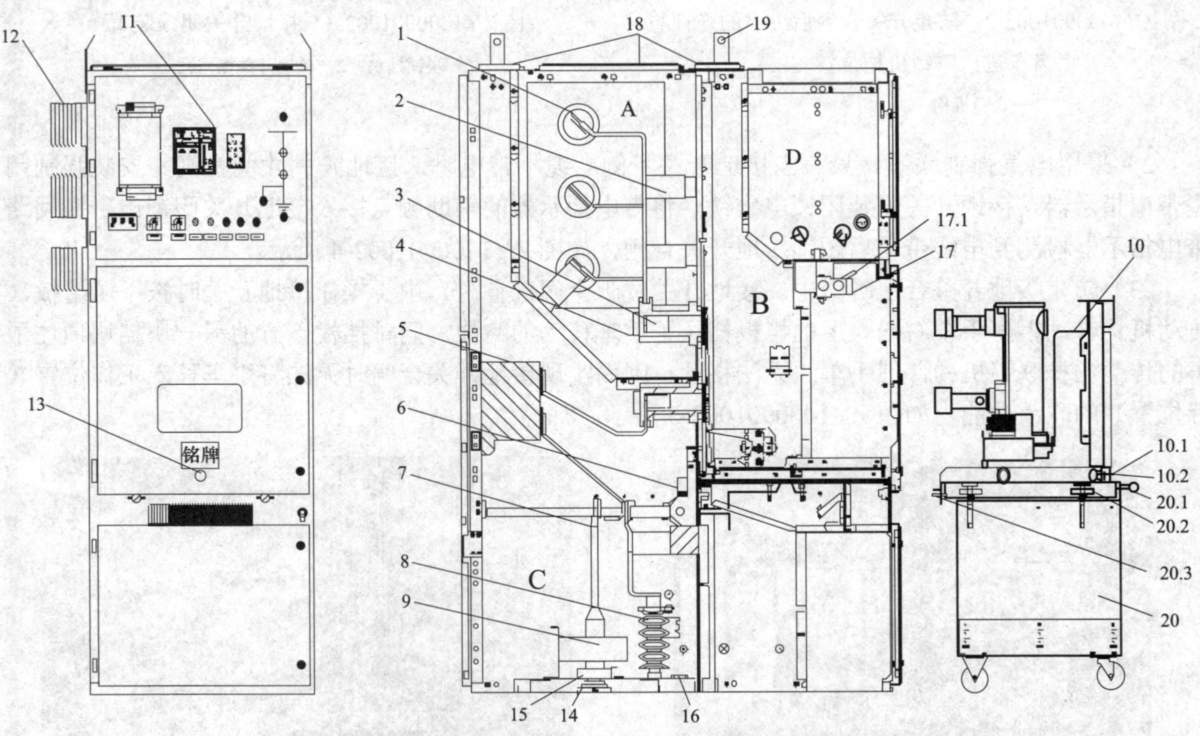

图 ZY1400901002-1　KYN28（1B）-12 型开关柜的结构剖面图

A—母线室；B—断路器室；C—电缆室；D—低压仪表室；

1—母线；2—绝缘子；3—静触头；4—触头盒；5—电流互感器；6—接地开关；7—电缆终端；8—避雷器；9—零序电流互感器；10—断路器手车；10.1—滑动把手；10.2—锁键（连到滑动把手）；11—控制和保护单元；12—穿墙套管；13—丝杆机构操作孔；14—电缆密封圈；15—连接板；16—接地排；17—二次插头；17.1—联锁杆；18—压力释放板；19—起吊耳；20—运输小车；20.1—锁杆；20.2—调节轮；20.3—导向杆

2. 高压开关柜的闭锁功能

（1）防止带负荷操作隔离开关。断路器处于合闸状态时，手车不能推入或拉出，只有当手车上的断路器处于分闸位置时，手车才能从试验位置（冷备用位置）移向工作位置（运行位置），反之也一样。该联锁是通过联锁杆及手车底盘内部的机械装置及合、分闸机构同时实现的，断路器合闸通过联锁杆作用于断路器底盘上的机械装置，使手车无法移动。只有当断路器分闸后，联锁才能解除，手车才能从试验位置（冷备用位置）移向工作位置（运行位置）或从工作位置（运行位置）移向试验位置（冷备用位置）。并且只有当手车完全到达试验位置（冷备用位置）或工作位置（运行位置）时，断路器才能合闸。联锁机构位置如图 ZY1400901002-2 所示。

（2）防止带电合接地开关。只有当断路器手车在试验位置（冷备用位置）及线路无电时，接地开关才能合闸。

1）采用机械强制联锁。断路器手车处于试验位置（冷备用位置）时，接地开关操作孔上的滑板应能按动自如，同时导轨上的挡板和导轨下的挡块应随滑板灵活运动，如图 ZY1400901002-3 所示；手车处于工作位置（运行位置）或工作与试验中间位置时（运行与冷备用中间位置时），滑板应无法按下。

图 ZY1400901002-2 防止开关合闸后进出的连杆与底盘车进出联锁机构位置

1—联锁机构

图 ZY1400901002-3 接地开关闭锁装置

1—联锁挡块；2—接地开关操作孔

2）采用电气强制联锁。只有当接地开关下侧电缆不带电时，接地开关才能合闸。安装强制闭锁型带电指示器，接地开关安装闭锁电磁铁，将带电指示器的辅助触点接入接地开关闭锁电磁铁回路，带电指示器检测到电缆带电后闭锁接地开关合闸，如图 ZY1400901002-4 所示。

（3）防止接地开关合上时送电。接地开关位于合闸位置时，由于操作接地开关时按下了滑板，其传动机构带动柜内手车右导轨上的挡板挡住了手车移动的路线，同时挡板下方的另一块挡块顶住了手车的传动丝杆联锁机构，使手车 3 无法移动。因而实现接地开关合闸时无法将手车移入工作位置（运行位置）的联锁功能，如图 ZY1400901002-5 所示。

图 ZY1400901002-4 接地开关电缆门联锁

1—接地开关传动杆；2—闭锁电磁铁

图 ZY1400901002-5 活门与手车联锁

1—母线侧活门闭锁；2—线路侧活门闭锁

（4）防止误入带电间隔。

1）断路器室门上的开门把手只有用专用钥匙才能开启。

2）断路器手车拉出后，手车室活门自动关上，隔离高压带电部分。

3）活门与手车机械联锁。手车摇进时，手车驱动器压动手车左右导轨传动杆，带动活门与导轨连接杆使活门开启，同时手车左右导轨的弹簧被压缩，手车摇出时，手车左右导轨的弹簧使活门关闭。如图 ZY1400901002-5 所示。

4）开关柜后封板采用内五角螺栓锁定，只能用专用工具才能开启。

5）实现接地开关与电缆室门板的机械联锁。在线路侧无电且手车处于试验位置（冷备用位置）时合上接地开关，门板上的挂钩解锁，此时可打开电缆室门板，如图 ZY1400901002-4 和图 ZY1400901002-6 所示。

6）检修后电缆室门板未盖时，接地开关传动杆被卡住，使接地开关无法分闸，如图 ZY1400901002-7 所示。

图 ZY1400901002-6　接地开关未合闸时后门打不开

1—闭锁把手

图 ZY1400901002-7　后门接地联锁机构，后门未关时，接地开关无法分闸

1—联锁挡块

（5）手车式开关柜有防误拔开关柜二次线插头功能。手车式开关柜的二次线与手车的二次线联络是通过手动二次插头来实现的。只有当手车处于试验位置（冷备用位置）时，才能插上和拔下二次插头。手车处于工作位置（运行位置）时，二次插头被锁定，不能拔下，如图 ZY1400901002-8 所示。

图 ZY1400901002-8　二次插头联锁图

1—二次插头；2—二次插闭锁杆

二、作业内容

（1）KYN28（1B）-12 型高压开关柜活门及活门提升机构的检修。

（2）KYN28（1B）-12 型高压开关柜底盘车的联锁检修。

（3）KYN28（1B）-12 型高压开关柜接地开关联锁功能的检修。

（4）KYN28（1B）-12 型高压开关柜防误拔开关柜二次线插头检修。

（5）开关柜“五防”闭锁装置检修后的验收。

三、作业中危险点分析及控制措施

作业中危险点分析及控制措施见表 ZY1400901002-1。

表 ZY1400901002-1　　作业中危险点分析及控制措施

序号	危险点分析	控 制 措 施
1	防止触电伤害	（1）应由两人进行，一人操作，一人监护。 （2）固定柜母线隔离开关带电时，其操作手柄应设强制闭锁措施，挂警示牌；刀口应用绝缘板隔离防护。 （3）固定柜线路隔离开关操作手柄应设强制闭锁措施，挂警示牌，并设绝缘小车隔离。 （4）手车柜在手车拉出后，插孔应有防护隔板可靠隔离。 （5）将其他运行中的设备门锁死并在相邻间隔挂“止步，高压危险”标示牌，在检修间隔挂“在此工作”标示牌。 （6）使用电气工具，其外壳要可靠接地；施工电源线绝缘良好，按规定串接漏电保护装置。 （7）对于施工电源、直流操作、合闸电源应有防止触电的措施
2	防止机械伤害	（1）事前把所有储能部件能量释放掉。 （2）进行参数测试调整时，严禁将手、脚踩放在断路器的传动部分和框架上。 （3）在进行机械调整时，将控制、保护回路电源断开
3	碰伤头和面部	（1）工作中必须戴安全帽。 （2）工作负责人（监护人）随时提醒作业人员可能碰到的部位

四、检修作业前的准备

1. 检修前的资料准备

（1）检修前应认真查阅设备安装记录、检修记录、设备运行记录、故障情况记录、缺陷情况记录和红外测温结果。对所查阅的资料进行详细、全面的调查分析，以判定隔离开关的综合状况，为现场具体检修方案的制定打好基础。

（2）准备好设备使用说明书、记录本、表格、检修报告等。

2. 检修方案的确定

（1）编制作业指导书。

（2）拟订好检修方案，确定检修项目，编排工期进度。

3. 备品备件、工器具、材料准备

在开工前必须预先准备检修工具、机具、材料、备品备件、试验仪器和仪表等，并运至检修现场。仪器仪表、工器具应试验合格，满足本次施工的要求，材料应齐全。

4. 检修环境（场地）的准备

（1）在检修现场四周设一留有通道口的封闭式遮栏，并在周围背向带电设备的遮栏上挂适当数量的“止步，高压危险”标示牌，在通道入口处挂“从此进出”标示牌。

（2）在作业现场指定位置摆放好检修工具、量具、材料、备品备件和测试仪器及垃圾箱。

五、检修作业前的检查

（1）检查操作电源、电动机储能电源、闭锁电源、照明电源均在断开位置。

（2）检查断路器在试验位置且在分闸状态，电动机未储能。采用手动分合断路器一次确保开关在分闸位置未储能。

（3）检查接地（线挂好）开关应处在合闸状态。可在开关柜体后观察地刀处于合闸位置。

（4）检查指示模拟指示器在分闸位置状态。

（5）检查表计一次电流表无指示，带电显示器无指示，储能、分合闸指示灯无指示。

（6）检查控制把手各操作能源空气断路器在断开位置。

（7）断路器分、合闸后的位置是否与试验和工作位置对应。

（8）手车处于试验位置时，接地开关操作孔上的滑板应能按动自如。

（9）接地开关联动的闭锁电磁铁应完好。

（10）活门与手车机械联锁正确。

（11）电缆室门板的机械联锁正确。

六、“五防”闭锁装置检修作业步骤及质量标准

（一）开关柜的活门及活门提升机构的检修

（1）检查所有机械件及连接件有无变形、损坏，有变形、损坏的及时进行处理或更换。

（2）活门提升机构的更换步骤。

1）按图 ZY1400901002-9（a）～（c）所示，依次拆下拐臂连接处的弹性卡圈、拐臂与转轴连接处的弹性卡圈及垫片。

2）拆下外拐臂。

3）按图 ZY1400901002-9（d）所示，拆下转轴上的钩簧后，即可更换门控机构。

4）安装时，按与上述相反的程序进行。

（3）检查活门机构及活门提升机构上的紧固件有无松动，弹簧卡圈、弹性挡圈、紧固螺钉等有无振动、断裂、脱落。弹簧卡圈、弹性挡圈如弹性不足应更换。

（4）检查机构运动及摩擦部位，对导杆及转轴清理后涂润滑脂。

图 ZY1400901002-9　活门提升机构拆装图

（a）拆弹性卡圈；（b）拆拐臂；（c）拆转轴联；（d）拆下钩簧

1—弹簧卡

（5）检查手车、活门及提门机构。将手车推至柜体试验位置时，活门不应该打开，如图 ZY1400901002-9（a）所示。检查手车在推进过程中应运行自如，无卡涩受阻现象；手车动触头与活门之间应有明显间隙，手车与活门无干涉现象。检查活门是否动作自如，活门在打开时是否保持平衡如图 ZY1400901002-10（a）所示、活门复位后是否遮住触头盒如图 ZY1400901002-10（b）所示。

（二）底盘车的联锁检修

底盘车主要由连杆机构和锁板器构成联锁装置。应检查与底盘车连接的锁板、联锁板、舌板、挡板的固定螺钉是否松脱，各联板有无变形，动作是否可靠。

1. 锁板检查

（1）手车在推进过程中锁板带动四连杆机构锁住合闸机构，使推进过程不能合闸。

（2）在合闸状态下，机构上的滚轮压住锁板，使丝杆在试验位置或工作位置时被锁板锁住不能转动，达到手车不能推进或移出的功能。

2. 联锁板检查

（1）接地开关合上后，底盘车在试验位置不能推进到工作位置。

(a)

(b)

图 ZY1400901002-10 活门联锁

（a）手车移开后，活门打开时断路器室内部视图；（b）手车移开后，活门关闭并遮住一次静触头时断路器室内部视图

（2）在转运过程中底盘车上联锁板如被碰歪不能自由活动，需首先将其校直可自由活动，否则联锁板可能锁住丝杆使其无法运动。

3. 舌板检查

（1）只有当底盘车在试验位置到位后，舌板才能动作，开关才能退出柜体。

（2）底盘车在工作位置时，舌板不能动作，手车不能退出柜体。

4. 挡板检查

只有当操作手柄插入丝杆并扣死时，手柄推动挡板，使六角套与挡板六角孔脱离，丝杆可以转动，手车可以动作。

注意在底盘车推进过程中，如接地开关处于合闸位置，则不能强行推入，否则会破坏导轨联锁；底盘车推进到工作位置后，听到“咔嗒”声或工作位置指示灯亮后需停止推进，不能强行操作，否则丝杆上螺钉断裂不能正常工作。

（三）接地开关联锁功能的检修

1. 检查“防止带电误合接地开关”的联锁功能

（1）断路器手车处于试验位置或移开时，接地开关才能合闸。

（2）断路器手车在工作位置时，接地开关操动机构处的操作压板不能动作，接地开关无法合闸，可防止带电关合接地开关的误操作事故。

（3）接地开关合闸时，断路器不能合闸。接地开关分合闸指示如图 ZY1400901002-11 所示。

1）通过观察接地断路器操动机构所处状态的指示标签来确认。若看到绿色的分闸指示标签（O）[见图 ZY1400901002-11（a）]，则确定接地开关处于分闸状态；若看到红色的合闸指示标签（I）[见图 ZY1400901002-11（b）]，则确定接地开关处于合闸状态。

(a)

(b)

图 ZY1400901002-11 接地开关分合闸指示

（a）接地开关处于分闸位置；（b）接地开关处于合闸位置

2）观察接地开关位置指示装置来确认。若看到绿色的分闸指示牌（O）（见图 ZY1400901002-12），则确定接地开关处于分闸状态；若看到红色的合闸指示牌（I）（见图 ZY1400901002-13），则接地开关处于合闸状态。

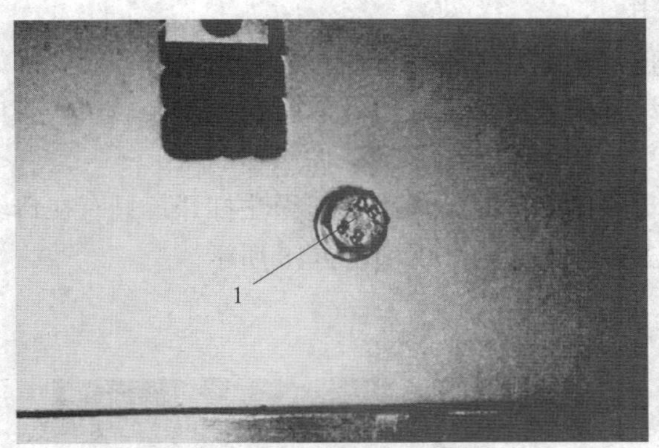

图 ZY1400901002-12　接地开关处于分闸位置

1—绿色的分闸示牌（O）

图 ZY1400901002-13　接地开关处于合闸位置

1—红色的合闸指示牌（I）

（4）采用高压带电显示装置防止带电关合接地开关时，应观察其电压指示氖灯。若指示氖灯发光时，指示馈线带电，操作人员不得关合接地开关；当指示氖灯熄灭后，接地开关才允许关合。

2. 检查“防止接地开关处在闭合位置时关合断路器”的联锁功能

（1）接地开关合闸后，导轨联锁的挡板伸出，当断路器手车处于试验位置时，挡板挡住手车底盘，使手车不能从试验位置移至工作位置，如图 ZY1400901002-14 所示。

（2）当接地开关处于分闸位置时，导轨联锁的挡板缩进，能将断路器手车从试验位置移至工作位置，关合断路器对线路送电，或从工作位置移至试验位置，如图 ZY1400901002-15 所示。

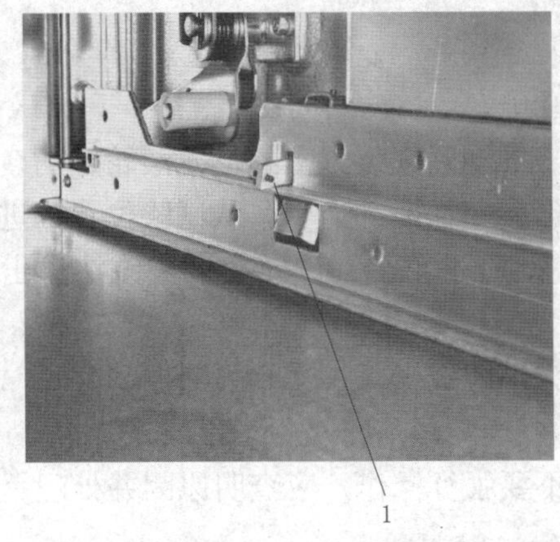

图 ZY1400901002-14　接地开关合闸时导轨联锁的挡板伸出

1—挡板

图 ZY1400901002-15　接地开关处于分闸位置时导轨联锁的挡板缩进

1—挡板

此联锁消除了接地开关接地时送电的可能性，即防止了带接地线合闸的误操作事故。

3. 检查“防止误入带电间隔室”的联锁功能

（1）接地开关与电缆室门的机械联锁装置如图 ZY1400901002-16 所示，图中所示为接地开关合闸时，联锁装置所处状态。

图 ZY1400901002-16　接地开关与电缆室门的机械联锁装置

1—锁套；2—全盘式伞齿轮

模块3　ZY1400901002

（2）接地开关处于分闸位置时，接地开关联锁机构应能准确联锁，即锁套上的偏心锁钩旋转 90°（拉杆式接地开关）或 180°（伞齿轮式接地开关），卡住电缆室门，此时电缆室门应不能打开。

（3）接地开关处于合闸位置时，接地开关联锁机构应能准确解锁，即锁套上的偏心锁钩恢复至如图 ZY1400901002-16 所示位置，此时电缆室门应能打开。

（4）电缆室门未关闭好时，锁套的方形凸台被卡住，接地开关不能分闸；只有当电缆室门关闭好后，锁套上的方形凸台被压入并让开方形锁孔时，接地开关才能分闸，可有效防止工作人员误入带电的馈线柜。

（5）电缆室门装有带电强制闭锁装置的开关柜，母线侧带电时，电缆室门无法打开，只有在母线侧不带电时，电缆室门方可打开，如图 ZY1400901002-17、图 ZY1400901002-18 所示。

图 ZY1400901002-17 母线侧带电时，位于电缆室门上的带电强制闭锁装置所处的状态

1—电缆室观察窗；2—电磁门锁；3—照明灯室

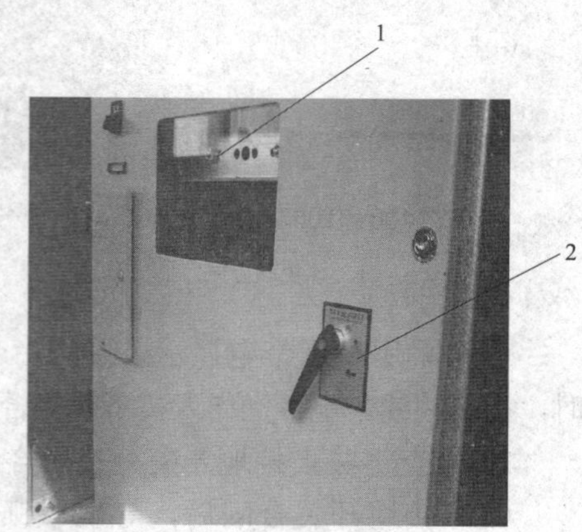

图 ZY1400901002-18 母线侧不带电时，位于电缆室门上的带电强制闭锁装置所处的状态

1—电缆室观察窗；2—电磁门锁

（四）防误拔开关柜二次插头检修

检查“防止手车在工作位置时，插拔二次插头”的联锁功能。

（1）手车推进至试验位置，手车上的“二次插联锁推板”推动联锁装置上的尼龙滚轮转动，可带动同轴的锁钩动作，手车上二次航空插头应能轻松插入或拔出航空插座；当手车从试验位置推进至工作位置时，二次插联锁准确动作，锁杆锁住二次航空插头，此时手车上二次航空插头无法退出航空插座。

（2）此联锁的目的在于保证手车在工作位置时，二次插头不能拔出，在受到强烈振动时，二次插头也不会脱离插座，确保插头可靠动作。

（3）上述联锁功能若存在动作失灵、机构故障等情况，不要强行操作，应查明原因并处理。

（五）“五防”闭锁装置检修后的验收

（1）手车推入柜内后，只有断路器手车已完全咬合在试验或工作位置时，断路器才能合闸。

（2）断路器在试验位置或工作位置合闸后，断路器手车无法移动。

（3）接地开关合闸后，当断路器手车处于试验位置时，手车不能从试验位置移至工作位置。

（4）手车在试验和工作位置之间移动时，断路器处于分闸状态，接地开关不能合闸。

（5）断路器合闸操作完成后，在断路器未分闸时将不能再次合闸。

（6）断路器手车在试验或工作位置而没有控制电压时，断路器不能合闸，仅能手动分闸等。

（7）电缆室门板未盖时，接地开关传动杆应被卡住。

（8）二次插头锁定杆位置应正确。

七、收尾工作

（1）检修工作结束，应关闭电缆室门，操作接地开关至分闸位置，并将断路器手车推至试验或工作位置，使开关柜及手车恢复到维护前的状态。

（2）拆除检修围栏，整理清扫工作现场，检查接地线。

（3）填写检修报告及有关记录，召开班会总结，整理技术文件资料，并存档保管。

（4）接受现场验收，办理工作票终结手续，检修人员全部撤离工作现场。

【思考与练习】

1. 开关柜是如何实现“五防”要求的？
2. 开关柜检修作业前要进行哪些检查？
3. 如何进行开关柜底盘车的联锁检修？
4. 如何检查开关柜的“防止带电误合接地开关”联锁功能？
5. 开关柜“五防”闭锁装置检修完成后，如何进行验收？

第十七章　辅助设施的巡视与维护

模块 1　辅助设施的巡视项目及要求（ZY1300206001）

【模块描述】本模块主要讲述变电站辅助设施的巡视检查项目与维护。通过概念描述、巡视项目介绍、维护要求讲解，掌握辅助设施的巡视检查项目、运行和维护的基本技能。

【正文】

变电站的辅助设施一般包括建筑物、设备构支架、电缆沟（隧）道、消防设施、生活水系统、采暖及制冷设备等。消防设施和生活水系统有单独的模块讲述，因此这里不做介绍。

为了监视和掌握生产建筑物、设备构支架、防雷接地装置、电缆沟、电缆隧道、给排水设施、消防设施、采暖及制冷设备等变电站附属设备和设施的状态，及时发现和处理存在的异常、缺陷，消除安全隐患，预防事故发生，确保全站设备、设施的安全运行，运行人员应该定期巡视变电站辅助设施。

一、巡视的周期

（1）建筑物、设备构支架的基础一般每季至少全面巡视一次；阴雨季节每月至少全面巡视两次；遇有高温、大雨、连阴雨、地震等特殊天气或自然灾害时，应进行特殊巡视，并适当增加巡视次数。

（2）电缆沟的外观检查随设备正常巡视进行。电缆沟是否积水每季至少全面巡视一次；阴雨季节每月至少全面巡视两次；遇有大雨、大风、连阴雨、地震等特殊天气或自然灾害时，应进行特殊巡视，并增加巡视次数。

（3）电缆隧道一般每季至少全面巡视一次；夏季高温季节每月全面巡视一次。

（4）设备构支架、电缆沟道等明设接地体随设备正常巡视时检查。每年雷雨季节前应对全站接地系统进行全面检查一次。

二、巡视的项目

（一）建筑物

（1）建筑物的屋顶、墙壁、门窗、通风孔洞无渗水、漏水现象。

（2）建筑物的屋顶、墙壁、地面应无裂纹，无表层脱落现象。

（3）建筑物基础无下沉、墙体无倾斜现象。

（4）建筑物门口散水良好，无大量积水现象。

（5）建筑物的屋顶排水管应畅通无堵塞现象。

（6）房屋的门窗完好、关闭严密，铁质纱窗完整，且网孔小于 $1cm^2$。

（7）所用配电室通向户外的沟道、管道、孔洞应堵塞严密。与户外连通的电缆沟（隧）道、电缆竖井防火隔墙应完好，符合规定。

（8）生产厂房内无存放的易燃易爆物品。

（9）主控制室、值班室、高压配电室的门口应有防止小动物进入的挡板，其高度不得低于 30cm。

（10）生产厂房内应按规定布置鼠药、鼠械。

（11）生产厂房照明完好。

（二）设备构支架

（1）设备构支架无倾斜、变形，基础无积水和下沉等现象。

（2）设备构支架完好，无倾斜，钢构架无锈蚀、脱焊开裂、螺栓松动现象。钢筋混凝土杆无露筋，裂纹在允许范围之内。

（3）接地良好，接地螺栓无松动、缺失现象。

（三）电缆沟（隧）道

（1）电缆沟道内部应清洁，排水畅通，无积水现象。支架应牢固，无松动、锈蚀，接地良好。

（2）电缆沟盖板摆放整齐、无破损。盖板间无明显缝隙，盖板无漏筋、铁件锈蚀、裂纹，设有防火墙的盖板没有因防火堵料膨胀而隆起现象。

（3）雨后应检查防潮盖板在打开状态进行通风。

（4）电缆排列整齐，电缆孔洞封堵严密。

（四）通风、采暖、制冷系统

（1）有通风设备的小室，开启风机检查，风机电源供电正常，运转声音正常，小室内部风机护网安装牢固、无脱落。

（2）冬季检查中央空调的外置机结冰情况，各小室取暖设备（如加热器加热良好，小室空调运行正常）管道保温层完整。断路器、隔离开关的机构箱、端子箱加热良好。

（3）夏季检查制冷设备工作正常。各小室空调运行正常，断路器、隔离开关的机构箱、端子箱加热装置在退出状态。

（五）户外照明

（1）照明灯塔、灯杆无锈蚀，灯具完好。

（2）草坪灯、投光灯灯罩、灯具完好，电缆外皮完好、无皴裂，电源供电正常，光控装置良好。

（六）防雷设施

（1）独立避雷针、构架或建筑物避雷针不歪斜、锈烂，连接处无脱焊、开裂或螺栓松动现象。

（2）避雷针接地良好，接地引下线无锈蚀、断裂现象。

（七）场地、围墙

（1）设备区场地平整，无塌陷及积水现象，无堆积杂物，杂草高度不超过25cm。

（2）变电站内道路、巡视小道畅通，车道出入口限高标志醒目，标示牌完整、齐全。

（3）围墙无倾斜、裂纹及漆皮脱落现象。

（4）变电站大门完好，无锈蚀及漆皮脱落现象，手动、自动开闭灵活。

三、维护要求

（一）建筑物的维护

（1）每年雨季前后应对高压配电室、继电保护室、控制室等主厂房的沉降观测标志进行一次测量，每季应进行一次检查。遇有大暴雨、连阴雨天气或地震等自然灾害时，应增加对其检查次数。

（2）每年汛期前应全面检查建筑物、围墙基础排水是否畅通。对基础地面下沉、散水破损等缺陷应在汛期到来之前进行处理，及时清理垃圾杂物。

（3）每年雷雨季节前应对建筑物的防雷接地进行一次全面检查，发现缺陷时应及时进行处理。

（4）非工作需要，建筑物的屋面不得上人踩踏，防止造成屋面损坏漏水。当屋面出现渗水时，应及时处理。

（5）高压配电室、继电保护室、控制室等生产厂房通向户外和相邻建筑物的沟道、竖井、孔洞等应封堵严密。当封堵被破坏时应及时封堵。

（6）控制室等生产厂房与户外连通的电缆沟（隧）道、电缆竖井的防火墙应完好。如果敷设电缆等工作需要临时打开时，应及时封堵。

（7）生产厂房门窗不得长期开启。进出主控室及配电室等生产场所时要随手关门。

（二）设备构支架的维护

（1）每次全面巡视设备时，应详细检查构支架有无倾斜、变形，基础应无积水、下沉现象。遇有大暴雨、连阴雨天气或地震等自然灾害时，应增加对其检查次数。当发现缺陷时应及时处理。

（2）设备构支架的金属件、接地引下线等应定期进行防腐处理。

（三）电缆沟（隧）道的维护

（1）每年汛期前应全面检查电缆沟道、隧道的排水设施是否完好。大雨时应及时检查沟道、隧道的排水是否畅通，及时清理积水和杂物。

（2）每季度至少检查一次电缆隧道的照明、通风和防火设施是否完好。高温时每月至少检查一次电缆隧道的通风情况，防止电缆运行的环境温度超过允许值。

（3）每年应对锈蚀金属部件进行防锈处理。连阴雨后的晴好天气或必要时，应对电缆沟进行通风晾晒，减小沟道的空气湿度。

（四）通风、采暖、制冷系统的维护

（1）变电站的轴流风机等通风设备应每月至少进行一次检查，重点检查通风设备运转是否正常，电气回路是否完好，断路器（熔断器）、电缆等元件和触点有无发热现象。

（2）安装在变压器室、蓄电池室及其他配电室的通风设备，应在每次正常（全面）巡视时进行一次投切试验，检查运转是否良好，声音是否正常。

（3）每年应对变电站空调的滤网和户外主机进行清洗，对电源回路进行全面检查维护。空调在运行期间应每月进行一次断电检查维护，清洗空调滤网和户外机的壳体等。

【思考与练习】

1. 变电站辅助设施的巡视周期如何规定？
2. 变电站辅助设施的巡视主要有哪些项目？
3. 变电站的建筑物和设备构支架各有哪些运行维护工作？

模块 2　消防、生活水系统巡视项目及要求（ZY1300206002）

【模块描述】本模块介绍消防、生活水系统巡视项目及要求。通过要点介绍、归纳讲解，掌握消防、生活水系统的巡视项目及相关规定。

【正文】

消防、生活水系统作为变电站的设备，也应定期巡视。

一、巡视周期

（1）消防设施随设备正常巡视同时检查。专责人每月应全面检查一次。

（2）生活水系统在交接班巡视和正常巡视中均应检查。排水设施每年汛期前全面检查一次，汛期每月至少全面巡视两次。遇有大雨、连阴雨等特殊天气时，应进行特殊巡视，并增加巡视次数。

二、巡视项目

（一）消防系统

（1）消防设施、器材充足、完好，在检验合格期限之内。

1）干粉灭火器检查。

a. 灭火器压力低于或高于绿色区以外为不正常。

b. 适用温度−20～+50℃。

c. 不得火烤、曝晒或碰撞，应放在干燥、无腐蚀气体的场所。在使用合格期内，有效期5年。

2）二氧化碳灭火器检查。

a. 适用温度−10～+55℃，水试验压力22.5MPa。

b. 不可日晒雨淋，严禁高温下存放。

c. 每年检查一次，年漏气量不超过50g。

d. 储存温度−10～+45℃。

（2）消防报警装置及回路和附属装置完好，动作正确。装置运行显示信息正常，电源工作可靠。

（二）生活水系统

（1）变电站的下水道、排洪沟应畅通无堵塞现象。

（2）排水沟（管、渠）道完好、畅通，无杂物堵塞。

（3）冬季为防止冻裂管道及阀门，将设备区消防及生活用水（如设备区自动卷盘箱）排空，给水阀关闭，排水阀打开。其他季节检查给水设施需要时开启，不需要时及时关闭。

（4）检查深井泵、生活水泵、污水泵电源箱供电是否正常。

（5）检查深井泵工作是否正常。

（6）检查蓄水池水位是否正常。

（7）检查生活水泵运转是否正常，进出水压力是否正常。

（8）检查污水泵运转是否正常。

（9）检查集水井水位不应过高，没有溢出现象。

三、常见缺陷

（一）消防系统

主变压器水喷淋装置缺陷可分为危急缺陷、严重缺陷和一般缺陷 3 类。

1. 危急缺陷

（1）装置的主电源、控制电源消失。

（2）雨淋阀及控制管道泄漏。

2. 严重缺陷

（1）消防水池水位过低。

（2）温感电缆断线。

（3）报警控制器误报警。

3. 一般缺陷

（1）消防泵漏水。

（2）阀门及管路漏水。

（3）消防水池浮球损坏。

（二）生活水系统

1. 危急缺陷

（1）生活水泵严重漏水，水淹泵房。

（2）管道或主阀门破损，水淹泵房。

（3）深井泵电动机或连接电缆烧毁。

2. 严重缺陷

（1）生活水泵不能自动启动。

（2）污水泵漏水。

（3）深井泵不能自动启动。

3. 一般缺陷

（1）管道有轻微渗漏现象。

（2）个别小阀门损坏，可以隔离。

（3）下水道、排洪沟排水不畅通。

四、运行维护要求

（一）消防系统

（1）变电站的消防报警系统应定期检查试验，保证其检测、报警、通信等功能正确完好。当发现缺陷时应尽快处理。

（2）变压器充氮、干粉、泡沫、水喷雾等各类灭火装置应按照现场运行规程的规定，定期进行检查和维护。需要定期更换灭火介质的装置，应严格按照规定周期更换介质。有压力或其他运行参数监视的装置，在每次进行正常设备巡视时，应检查其压力等运行参数是否正常。当发现装置压力降低，干粉受潮、结块等缺陷时，应按重大缺陷管理流程汇报和监督处理。

（3）变电站的消防报警系统、火灾探测系统、自动或手动灭火系统的电源必须可靠，在每次进行正常设备巡视时，应检查其供电回路是否完好，装置电源指示是否正常。当该回路存在缺陷时，应及时安排处理。

（4）安装有消防水泵的变电站应定期进行启动试验，利用消防水系统的试验回路，检查水泵的电气回路和机械系统运转是否正常，检查消防泵出口水压是否达到要求。

（5）变电站的其他灭火装置应有专人管理，到期检查，及时更换到期和不合格的灭火装置。在每次进行正常设备巡视时，应检查灭火装置的定置管理、数量是否符合规定。

（二）生活水系统

（1）每年冬季到来前，应全面检查上下水管道的防冻保温措施，防止低温季节水管冻裂。消防水系统的水泵、管路和消防栓、水龙带等消防设施应始终保持完好。对消防泵应按照现场运行规程规定的周期进行启动试验，检查其完好性，防止大型水泵转轴变形。

（2）每年汛期前应全面检查排洪沟道、潜水泵等防洪设施的完好情况，及时清理排洪沟道垃圾，处理潜水泵等排洪设施的缺陷。

【思考与练习】

1. 干粉灭火器检查项目有哪些？

2. 主变压器水喷淋装置的严重缺陷有哪些？

第十八章　变电站设备的定期试验与轮换及其分析

模块 1　变电站设备的定期试验与轮换（GYBD00301001）

【模块描述】本模块介绍变电站设备的定期试验与轮换制度的要求及内容等。通过要点归纳讲解、试验方法详细介绍，掌握变电站设备的定期试验与轮换的要求及内容。

【正文】

一、变电站设备定期试验与轮换的主要目的

变电站设备的定期试验与轮换是“两票三制”的重要内容，本节主要涉及变电站运行人员职责范围内的试验与轮换内容。变电站设备除按照有关规程由专业人员开展电气试验外，运行人员还应对有关设备进行定期的测试和试验，以确保设备的正常运行。

设备定期试验的主要目的是检验设备或某个部件的功能是否完好，检验设备是否正常运行，检验自动投入装置能否正确动作。变电站需要进行定期试验的设备主要包括中央信号系统、高频保护通道、直流充电机及蓄电池、事故照明系统、变压器冷却装置、电气设备取暖防潮装置、防误闭锁装置等。

设备定期轮换的主要目的是将长期备用的装置经倒换操作投入运行，长期运行的设备转为备用，通过轮换，减少磨损、发热等缺陷的发生，从而提高设备的健康状况。变电站需要进行定期轮换的设备主要包括备用变压器、备用无功补偿装置、变压器备用冷却器、备用直流充电机等。

设备定期试验主要突出对其自动投切或动作功能的确认，其基本原则是通过模拟故障或异常，检验自动动作功能的完好与否，检查的内容主要包括继电保护装置（或接触器）是否正确动作，信号是否正确反映等。试验的周期视具体情况而定，一般在自动投切装置新安装或维修后进行一次全面的功能验证，正常运行时以季度或半年为宜。变电站设备试验工作应由多人配合进行，持标准化作业指导书作业。

设备的轮换主要突出设备运行状态的轮换，基本原则是将长期备用的设备或部件转入运行，长期运行的设备或部件转入备用。轮换的内容主要包括转入运行的设备（部件）运行是否正常，信号反映是否正确等。轮换的周期一般为半年，轮换应至少由两人进行，持操作票作业。

二、变电站设备定期试验的内容及要求

变电站设备定期试验的内容及要求应根据各站的设备情况和实际运行环境分别制定，试验方法应写入变电站现场运行规程，试验周期按照国家电网公司《变电站管理规范》执行，详见表GYBD00301001-1。

表 GYBD00301001-1　　变电站设备定期试验的内容及周期

序号	试验设备	试验内容	周期	备注
1	中央信号系统	预告、事故音响及光字牌	每天	综合自动化后台机直流逆变 UPS 电源每月试验 1 次
2	高频保护通道	收发信机电压、电流	每天	
3	直流充电机及蓄电池	比重、电压	每月、每周	备用充电机每半年投入 1 次，每月全部检测，每周检测代表蓄电池
4	事故照明系统	事故照明灯亮	每月	

续表

序号	试验设备	试验内容	周期	备注
5	变压器冷却装置	交流电源切换试验，辅助、备用冷却器投入试验	每季	
6	变电站辅助降温、加热除潮装置	辅助降温、加热除潮装置功能是否良好	夏、冬、雨季来临前	
7	防误闭锁装置	锁具及闭锁逻辑	每半年	
8	长期备用的变电设备	投入运行	每半年	备用电源自投切每年进行一次试验
9	备用交流发电机	投入运行	每月	
10	剩余电流动作保护器	检查功能	每月	
11	火灾报警系统	投入运行	每年	变压器火灾报警系统随停电试验检查

1. 中央信号系统

有人值班变电站应每日对变电站内中央信号系统进行试验，试验内容包括预告、事故音响及光字牌。集控站也应每日对监控系统的音响报警进行试验。

综合自动化变电站的试验内容和要求与非综合自动化变电站稍有不同。综合自动化变电站中央信号系统试验内容除预告、事故音响外，还应定期检查直流逆变 UPS 电源是否能在断电时及时切换，确保综合自动化后台机可靠供电。

2. 高频保护通道

高频保护通道是输电线路高频继电保护装置的重要组成部分，通道是否良好直接影响高频保护动作的正确性。高频保护通道包括输电线路和两端的调制解调装置，引起通道衰耗增大的可能因素有输电线路气候环境的变化、两端调制解调装置或收发信机元件的老化故障等。

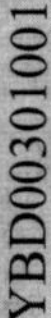
模块1 GYBD00301001

由于闭锁式高频保护正常运行时通道无高频电流，高频保护通道衰耗增大也不宜发现，因此需要运行人员每天或气候异常时手动启动高频收发信机测试，检查通道是否完好。

3. 直流充电机及蓄电池

220kV 及以上变电站直流电源系统通常采用“两电三充”，对于正常方式下处于备用状态的充电机应定期投入一定时间进行运行试验，周期为半年一次。运行充电机的交流输入电源应结合轮换每季开展一次自投切试验。

蓄电池是变电站直流电源系统中重要的组成部分。为确保在充电机交流电源消失后蓄电池能可靠供电，需要定期对蓄电池进行相关试验和测量，内容包括蓄电池的比重和电压，每月进行蓄电池普测，每周进行代表电池的测量。选测的代表电池应相对固定，便于比较。

4. 事故照明系统

事故照明系统是在变电站正常照明失去时，方便进行事故处理的照明电源系统。事故照明一般采用直流供电。早期设计的事故照明系统采用交流消失后接触器自动切换至蓄电池供电的方式，由于回路复杂，近期设计采用蓄电池直接供电或墙壁上安装应急灯的方式实现。无论哪种方式，均要定期进行试验，确保事故照明可靠，通常每月检查一次。

5. 变压器冷却装置

冷却装置是风冷却变压器的重要部件。强迫油循环风冷变压器（ODAF）和油浸风冷（ONAF）变压器冷却装置均设两路交流电源，通过交流接触器进行切换，需要定期检查自动投切回路是否正常。此外，还要定期试验辅助、备用冷却器在条件满足时能够投入。一般每季进行一次，夏季高温季节来临之前全面进行一次检查。

6. 变电站辅助降温、加热除潮装置

继电保护及自动装置、断路器操动机构等设备对环境温度要求较高，需要在高温或低温时保证其环境温度相对恒定；端子箱、机构箱等户外二次回路端子排对湿度要求高，需要除潮。这些辅助设备能否可靠运行对电气设备的安全运行至关重要，需要在夏、冬季来临前进行一次全面检查。

7. 防误闭锁装置

防误闭锁装置可靠运行是防止电气误操作事故重要的技术措施。防误闭锁装置的试验主要是检查户外锁具是否卡涩生锈，抽查微机闭锁逻辑是否正确，通常以半年检查一次为宜。

8. 长期备用的变电设备

长期处于备用状态的变电设备，应每半年带电运行一段时间。长期未调压的有载调压分接开关应结合停电在最高和最低分接头间操作几个循环，试验后将分接头调整到原运行位置；长期未投入的并联补偿装置每半年应带电运行一次；备用变电站用变压器（一次不带电）每年应进行一次启动试验，检查备用电源自投切装置是否正确投入。

9. 备用交流发电机

开关站、重要变电站或换流站交流电源不可靠时，通常安装大功率发电机作为备用电源，发电机应每月进行一次带负荷运行试验。

10. 剩余电流动作保护器

变电站一般在检修电源箱安装剩余电流动作保护器，它的主要作用是当外接作业回路发生漏电或触电时切断电源，保护人身安全。剩余电流动作保护器每月进行一次检查试验，使用前也应进行有关试验检查。

11. 火灾报警系统

变电站的火灾报警系统一般有两个独立的系统，一个是变压器火灾报警自动灭火系统，一个是室内感烟火灾自动报警系统，这两个系统的报警启动条件各不相同。变压器火灾报警自动灭火系统有三个启动条件，同时满足时发火灾报警，并启动自动灭火系统，只有一个条件满足时，火灾报警系统发告警信息，提醒运行人员及时处理。变压器火灾报警自动灭火系统结合停电进行试验，与室内感烟火灾自动报警探头试验一样，每年进行一次试验。

三、变电设备定期轮换的内容及要求

变电设备的定期轮换主要是完成设备或部件运行状态的转换，一般应使用操作票或作业指导书进行，内容及周期详见表 GYBD00301001-2。

表 GYBD00301001-2　　变电站设备定期轮换的内容及周期

序号	试 验 设 备	轮 换 内 容	周　期
1	备用变压器	投入运行	每半年
2	备用并联补偿装置	投入运行	每季
3	变压器冷却装置	进行状态切换	
4	直流充电机交流电源	接触器在Ⅰ、Ⅱ段电源间切换	
5	集中充气或通风设备	进行状态切换	

1. 备用变压器

110kV 及以上变电站安装两台及以上变压器，当负荷较小时，为保证经济运行，将一组变压器备用。当备用长达半年时，应将其和运行变压器进行一次倒换。

2. 备用并联补偿装置

因系统原因长期不投入运行的无功补偿装置，每季应在保证电压合格的情况下投入一定时间，对设备状况进行试验。电容器应在负荷高峰时间段进行；电抗器应在负荷低谷时间段进行。

3. 变压器冷却装置

冷却装置的切换分为交流电源切换和状态切换。交流电源切换主要是为了减少运行的接触器长期运行发热造成老化，每季在Ⅰ、Ⅱ段电源间进行切换；状态切换主要是减少长期运行的冷却器电动机长期磨损，每季在保证变压器两侧冷却器分布均匀的情况下，在工作、备用、辅助三个状态下进行切换。

4. 直流充电机交流电源

变电站直流充电机一般采用Ⅰ、Ⅱ段交流电源供电，为了减少运行的接触器长期运行发热造成老化，每季在两段电源间进行切换。

5. 集中充气或通风设备

对GIS设备操动机构集中供气站的工作气泵和备用气泵，应每季切换运行一次。对变电站集中通风系统的备用风机与工作风机，应每季切换运行一次。

总之，变电站设备的定期试验与轮换还应根据各站设备实际进行。例如：未装设气水分离装置的气动机构应每周进行运转放水试验；500kV及以上大型变压器每半年应对铁芯接地电流进行测试试验等。

【思考与练习】

1. 变电站设备定期试验与轮换的主要目的是什么？
2. 直流充电机及蓄电池试验与轮换的周期和主要内容有哪些？
3. 变压器冷却装置定期试验有哪些内容和要求？

模块2 变电站设备的定期试验与轮换分析（GYBD00301002）

【模块描述】本模块介绍变电站设备的定期试验与轮换的程序和方法。通过要点讲解、试验方法介绍，掌握变电站设备的定期试验与轮换及注意事项。

【正文】

一、蓄电池测试的基本方法

（一）蓄电池充电的几种方式

1. 恒流限压充电

采用恒定电流进行充电，当蓄电池组端电压上升到额定限压值时，自动或手动转为恒压充电。

2. 恒压充电

在额定充电电压下，充电电流逐渐减少。当充电电流减少至0.1倍时，充电装置的倒计时开始启动。当整定的倒计时结束时，充电装置将自动或手动转为正常的浮充电方式运行。

3. 补充充电

为了弥补运行中因浮充电流调整不当造成的欠充，根据需要可以进行补充充电，使蓄电池组处于满容量。其程序为：恒流限压充电→恒压充电→浮充电。补充充电应合理掌握，在必要时进行，防止频繁充电影响蓄电池质量和寿命。

（二）蓄电池的基本测试方法

1. 每只单体蓄电池的电压的测量

一般采用万用表的直流电压挡进行测量，为了确保测量结果的准确性，测量时直流电压挡的量程应选与被测电池的电压相近的挡位，但是量程必须大于被测电池的电压。

2. 阀控蓄电池的核对性放电

长期处于限压限流的浮充电运行方式或只限压不限流的运行方式，无法判断蓄电池的现有容量、内部是否失水或干枯。通过核对性放电，可以发现蓄电池容量缺陷。

（1）一组阀控蓄电池组的核对性放电。全站仅有一组蓄电池时，不应退出运行，也不应进行全核对性放电，只允许用额定电流放出其额定容量的50%。在放电过程中，蓄电池组的端电压不应低于2V×N, N为蓄电池组电池的个数。放电后，应立即用额定充电电流进行限压充电→恒压充电→浮充电。反复放充2～3次，蓄电池容量可以得到恢复。

若有备用蓄电池组替换时，该组蓄电池可进行全核对性放电。

（2）两组阀控蓄电池组的核对性放电。全站若有两组蓄电池时，则一组运行，另一组退出运行进行全核对性放电。放电用额定充电电流恒流放电，当蓄电池组电压下降到1.8V×N时停止放电。隔1～

2h 后，再用额定充电电流进行恒流限压充电→恒压充电→浮充电。反复放充 2～3 次，蓄电池容量可以得到恢复。若经过三次全核对性放充电，蓄电池组容量均达不到其额定容量的 80%以上，则应安排更换。

（三）测试值异常的处理方法

阀控蓄电池组正常应以浮充电方式运行，浮充电压值应控制为（2.23～2.28）V×*N*，一般宜控制在 2.25V×*N*（25℃时），均衡充电电压宜控制为（2.30～2.35）V×*N*。阀控蓄电池在运行中电压偏差值及放电终止电压值应符合表 GYBD00301002-1 要求，如果不符合应及时上报处理。

表 GYBD00301002-1 阀控蓄电池在运行中电压偏差值及放电终止电压值 V

阀控密封铅酸蓄电池	标称电压		
	2	6	12
运行中的电压偏差值	±0.05	±0.15	±0.3
开路电压最大与最小电压差值	0.03	0.04	0.06
放电终止电压值	1.80	5.40（1.80×3）	10.80（1.80×6）

二、变压器冷却装置定期试验的基本方法及步骤

（一）变压器冷却装置试验的主要内容和方法

切换试验的主要内容：冷却电源的切换试验，工作冷却器组与备用冷却器组（潜油泵、风扇）和辅助冷却器组的切换和自启动试验。

1. 冷却电源的切换试验

冷却电源切换试验的目的是检验工作电源消失后，备用电源能否正确投入。大型变压器的冷却电源一般都有两个独立的电源供电，在冷却器控制箱内有两个电源指示灯和控制把手，正常时两个电源指示灯都应当亮（表示两个电源都正常），两个把手的位置分别在“工作”和“备用”位置。电源切换时，一般是在冷却器控制箱内将工作电源的把手切换至“停用”位置，检验备用电源能否自动投入，冷却器能否继续正常运行。试验正常后可恢复原来的运行方式，也可将原备用电源切换为工作电源，工作电源切为备用电源，是否切换应根据变电站现场运行规程执行。

2. 工作冷却器、备用冷却器、辅助冷却器切换

为保证主变压器各组冷却器能随时投入工作，工作冷却器、备用冷却器、辅助冷却器应按照现场运行规程要求定期切换。切换周期应保证每组冷却器分机运行时间大致平衡，规定每周对冷却器运行方式进行切换，并做好记录。冷却器切换流程如图 GYBD00301002-1 所示。

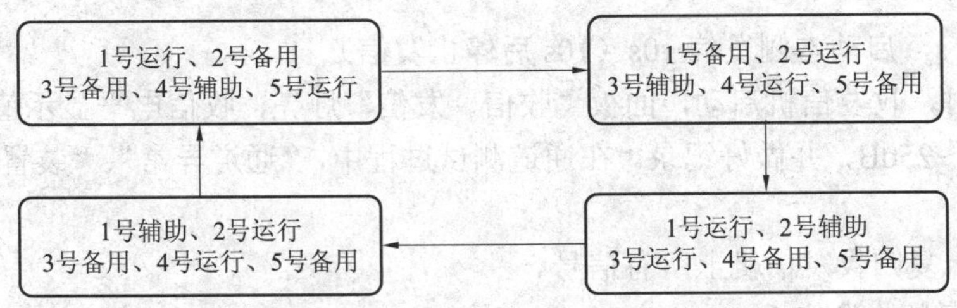

图 GYBD00301002-1 冷却器切换流程

3. 备用冷却器组和辅助冷却器组的自启动试验

大型变压器有很多组冷却器，750kV 变压器单台有 8 组冷却器，根据需要，可将冷却器的运行设置成运行、辅助、备用三种状态。运行状态下的冷却器，在变压器运行时正常运行；辅助状态下的冷却器，在变压器负荷或温度超过设定值时自动启动；备用状态下的冷却器是在运行和辅助自动投入运行后的冷却器故障后自动投入运行。

备用冷却器组和辅助冷却器组的自启动试验，一般采用短接或拆除冷却器控制箱内相应继电器的触点或线头来完成。短接或拆除冷却器控制箱内相应继电器的触点或线头时，一定要看清图纸和设备

的实际位置，并做好安全措施，短接触点时应采用专用短接线，拆除线头时应注意所使用的工具，并对拆除的线头做好标记，防止回路短路、接地造成冷却器全停，防止人身触电等事故发生。

（二）冷却装置试验异常的处理

（1）冷却电源不能正确切换的处理。冷却电源不能正确切换时，首先应检查备用电源是否正常，切换继电器或接触器是否动作。如果是电源故障应及时查明原因，并恢复备用电源；如果是切换继电器和接触器不动作，应仔细检查继电器回路是否完整，线圈有无发热、烧伤痕迹，查明原因并及时更换。

（2）备用冷却器组和辅助冷却器组在满足启动条件时不能正确启动，可能有以下几个方面的原因：

1）潜油泵或风扇的电动机电源消失；

2）电动机故障；

3）备用冷却器组和辅助冷却器组启动控制回路故障；

4）给定的启动条件不满足自启动要求。

不能正确启动时，应对以上4个方面进行认真检查，做出正确的分析和判断，并进行处理。

三、高频通道定期试验的方法

（一）高频通道定期试验的方法

高频通道的试验一般采用交换信号的方法进行。高频收发信机的型号不同，交换信号的特征也不相同，750kV 变电站采用的高频收发信机主要有 PSF-631、LFX-912 两大类型，每日通道试验检查主要通过手动启动收发信机，检查收发信电平正常与否，装置有无告警。通常高频通道收发信电平应不低于 8.68dB。下面结合常用的收发信机型号来介绍高频通道的试验方法。

1. PSF-631 型高频收发信机试验

高频通道两侧发信过程如图 GYBD00301002-2 所示。

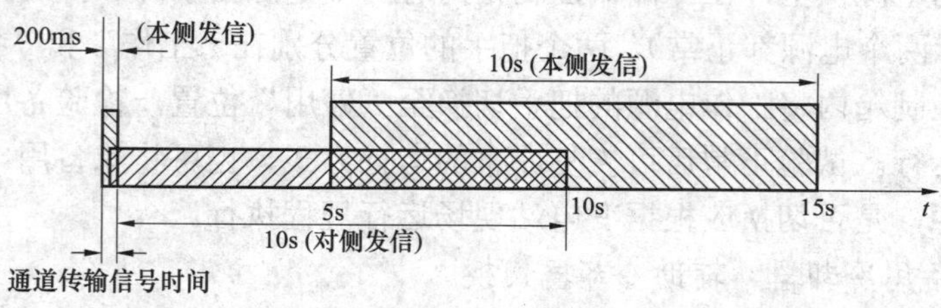

图 GYBD00301002-2 高频通道两侧发信过程

（1）按下“通道试验”按钮，本侧启动发信，200ms 后停止；此时远方启动对侧发信 10s（10s 后停止发信）。

（2）对侧发信 5s，启动本侧发信 10s（10s 后停止发信）。

（3）本侧发信时，收发信机启动，面板“收信、发信”灯亮，收信电平显示值为 36.5～41dB，发信电平显示值为 18～25dB，并做好记录。在通道测试过程中，“通道异常”、“装置告警”灯不能点亮，否则通道不正常。

（4）测试完毕，复归收发信机上所有信号。

2. LFX-912 型高频收发信机

（1）按下“通道试验”按钮，本侧启动发信，200ms 后停止；此时远方启动对侧发信 10s（10s 后停止发信）。

（2）对侧发信 5s，启动本侧发信 10s（10s 后停止发信）。

（3）本侧发信时，发信灯亮，6～18dB 灯亮，表头指针在 40%～60%之间，收发信结束后指针回零，收信灯亮。9 号插件检测过程中还需要检查高频电压和高频电流（正常检测值，表头指示为 36.5～41V 与 490～550mA），并做好记录。在通道测试过程中，“裕度报警”、“过载指示”、“通道异常”灯均不能点亮，否则通道不正常。

（4）测试完毕，复归收发信机上所有信号。

（二）高频通道测试的异常判断及处理方法

1. PSF-631 型高频收发信机在交换信号时的异常及处理

（1）在交换信号时，如发现在 0～5s 内“接收信号”灯亮，而“电平正常”灯不亮，则说明能收到对侧的高频信号，但通道衰耗已增加了 3dB。应再交换一次信号，在 0～5s 内按收信高滤插件上的“8dB 衰耗”按钮，若“接收信号”灯仍然亮，则说明通道余量仍大于 8dB。这时不必停用高频保护，但应立即报告调度并通知继电保护人员处理，运行人员应记录信号。

（2）有下述情况之一，必须立即报告调度，由调度下令将本线路两侧高频保护同时停用，并通知继电保护人员处理，运行人员应记录信号。

1）在交换信号时，如发现在 0～5s 内，“电平正常”灯和“接受信号”灯均不亮。

2）在交换信号时，如发现在 0～5s 内，“接受信号”灯亮，但“电平正常”灯不亮，此时应再交换一次信号，在 0～5s 内按收信高滤插件上的“8dB 衰耗”按钮，若“接收信号”灯不亮时。

2. GSF-6 型高频收发信机在交换信号时的异常及处理

在通道交换信号时，触发器插件上的电平 3dB“告警”灯亮，同时测量盘插件上表头的指针落在 –3dB 红色告警范围内时，应记录信号，必须立即报告调度，由调度下令将本线路两侧高频保护同时停用，并通知继电保护人员处理，运行人员应记录信号。

3. SF-500 型高频收发信机在交换信号时的异常及处理

（1）在交换信号时，发现控制电路Ⅰ插件上的“通道异常”灯亮，说明通道衰耗已增加了 3dB，如此时解调输出插件上的“收信指示”灯亮，并且“裕度告警”灯不亮，则说明能收到对侧的高频信号。这时不必停用高频保护，但应立即报告调度并通知继电保护人员处理，运行人员应记录信号。

（2）有下述情况之一，必须立即报告调度，由调度下令将本线路两侧高频保护同时停用，并通知继电保护人员处理，运行人员应记录信号。

1）在交换信号时，功率放大插件上“过载指示”灯亮。

2）在交换信号时，解调输出插件上的“收信指示”灯不亮或“裕度告警”灯亮。

4. SF-600 型高频收发信机在交换信号时的异常及处理

（1）在交换信号时，解调输出插件上的“通道异常”灯亮，说明通道衰耗已增加了 3dB，如“裕度告警”灯不亮，则说明能收到对侧的高频信号。这时不必停用高频保护，但应立即报告调度并通知继电保护人员处理。

（2）有下述情况之一，必须立即报告调度，由调度下令将本线路两侧高频保护同时停用，并通知继电保护人员处理，运行人员应记录信号。

1）在交换信号时，前置放大插件上“过载指示”灯亮。

2）在交换信号时，解调输出插件上的“收信指示”灯不亮或“裕度告警”灯亮。

四、断路器气动机构运转试验的基本方法及步骤

（一）断路器气动机构运转试验的基本方法

基本方法是降低气压法，具体操作步骤如下：

（1）手动打开储气罐的放气阀门，一边放气，一边观察压力表，接近额定补气压力时，减小放气速度，观察到额定补气压力时能否报警（空气操作压力低），并自动启动储能电动机建压。如果不报警也不启动储能电动机，可以继续缓慢放气，放气至（不低于额定补气压力 0.1MPa）储能电动机启动时停止放气，并记录压力表的压力值和启动建压开始时间。如果继续放气（气压不能低于闭锁重合闸压力）仍然不能启动储能电动机，也应停止放气，说明自动启动补气回路或继电器有故障，应及时查找原因并处理。

（2）建压期间注意观察压力表的变化，看压力表的指针指到额定停止压力时，储能电动机能否自动停机。如果没有停止，可以继续建压，但是要注意观察压力的变化。当超过停止建压压力 0.1MPa 还未停下时，说明自动启动停止建压回路或继电器有故障，应手动断开电动机电源，停止建压，并及时查找原因并处理。

正常情况下，放气至额定补气压力时，能自动启动储能电动机建压，并发送“空气操作压力低”、

“交流电动机运转”信息。当建压至额定停止压力时，启动储能电动机自动停止，“空气操作压力低”、“交流电动机运转”信息返回。

（二）气动机构运转试验异常的处理

气动机构运转试验时发现异常，应及时查明异常原因。电气控制回路故障应尽快排除，压力继电器故障应及时上报主管部门安排检修或更换。

五、事故照明定期试验的基本方法

通过站用直流系统提供事故照明电源的事故照明系统，根据事故照明控制回路的不同，有两种启动方式：一种是正常照明电源消失后，需要运行值班人员手动给上事故照明电源开关，点亮事故照明灯；另一种是将事故照明电源开关设置在相应位置，正常情况下事故照明灯不亮，而在正常照明电源消失后，不需要运行值班人员操作事故照明电源开关，就能点亮事故照明灯。

第一种事故照明的试验方法很简单，只需要手动合上事故照明开关，检查事故照明灯能否点亮；第二种事故照明的试验可通过断开正常照明交流电源开关的方式试验，检查事故照明能否点亮。

带蓄电池的应急照明设施也需要定期检查和试验，检查电池电量是否充足，灯泡是否完好，控制开关切换是否灵活、正确等。

六、中央信号系统试验的方法

（一）中央信号系统的分类

中央信号装置是监视变电站电气设备运行中是否发生事故及异常的自动报警装置，按其用途可分为：事故信号装置、预告信号装置和位置信号装置。事故信号装置包括灯光和音响信号，当断路器事故跳闸时，蜂鸣器及时发出音响，通知值班人员有事故发生，同时跳闸的断路器位置指示灯闪光，光字牌亮，显示保护动作情况和故障范围和性质；预告信号装置包括警铃和光字牌，当运行中的电气设备发生危及安全运行的故障或异常时，预告警铃响起，同时标明故障内容的一组光字牌亮，便于值班人员处理；位置信号装置用于监视断路器、隔离开关的分合情况。按照其发展历程可分为常规站和综合自动化变电站两种类型，两种型式的中央信号试验方法有所不同，但主要目的都是为了验证中央信号可用，在异常或事故情况下能可靠提醒值班人员引起注意。

1. 常规站中央信号的试验方法

常规站中央信号的试验应每日进行一次，由两人进行，其中一人将光字和声音控制切至试验位置，一人核对信号和音响是否正确。当发现有光字不亮或没有声音时应及时进行处理，断路器位置信号在运行中无法进行试验，只能在位置信号灯不亮时进行处理。

2. 综合自动化变电站中央信号的试验方法

综合自动化变电站的中央信号系统是变电站监控系统（SCADA）的一部分，一般由工作站和服务器及局域网组成。声音信号一般由工作站驱动声卡至音箱发出声响。断路器、隔离开关位置信号用遥信量表示，当发生变位时，断路器及隔离开关符号闪动。试验中央音响信号时，用鼠标单击监控画面，出现“音响测试”对话框，单击后发出音响信号。查看监控后台 SOE 事件、保护信息等是否能上传。

（二）中央信号系统试验的注意事项

（1）试验时间不宜太长，以全部看清光字信息的为准，对不亮的光字牌应做好记录，并及时处理。

（2）中央信号屏上的按钮很多，试验时一定要看清按钮的位置，防止压错。

（3）综合自动化系统试验音响信号不响，查看保护信息或 SOE 事件不完整，应查明原因。

七、其他设备的定期试验方法及试验注意事项

（一）变压器有载调压开关停电后的调整试验方法及注意事项

调整试验的方法：先用手动试验，对所有挡位进行一个完整的循环操作，即从变压器的当前挡位逐级升至最高挡位，再从最高挡位逐级降至最低挡位，再从最低挡位逐级升至原运行挡位；试验正确后再改用电动遥控或就地电动进行一个完整的循环操作，试验完后，应将挡位放至原运行挡位。

试验注意事项：

（1）手动调压试验时，一定要闭锁就地电动或遥控电动操作，防止电动和手动试验同时进行。

（2）调整挡位要逐级进行，每调整到一个挡位后，一定要检查后台监控机上显示的挡位与调压控制箱上指示的挡位是否一致。

（3）遥控电动或就地电动试验，可以在调压过程中操作紧急停止按钮，试验紧急停止按钮是否起作用，能否立即停止调压操作。操作紧急停止按钮，调压控制回路的有关继电器动作，将有载调压开关电动机的电源断掉，使电动机停止工作，终止遥控电动或就地电动调压。要恢复遥控电动或就地电动调压，必须使用手动操作，将有载开关调整至某一挡位之后，才能合上电动机的电源开关，否则电源开关合不上，合上电源开关后，就可恢复电动调压功能。

（二）直流备用充电机定期试验

直流备用充电机定期试验时应持作业卡，防止直流失电压。高频电源开关电源 1 号、2 号、3 号充电机切换流程如图 GYBD00301002-3 所示。

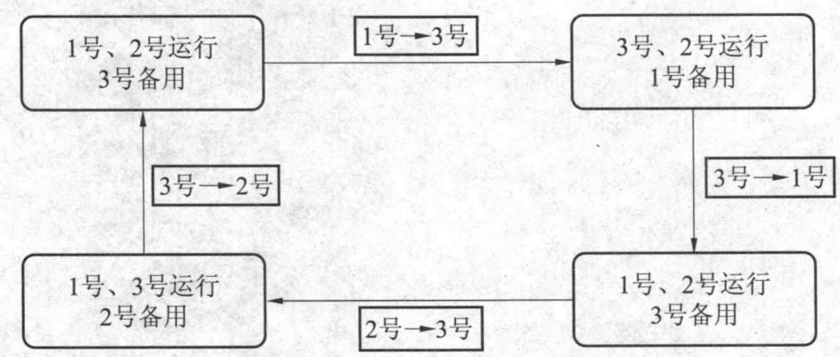

图 GYBD00301002-3　高频电源开关电源 1 号、2 号、3 号充电机切换流程

试验方法：试验时可将任意一台工作充电机退出运行后，操作备用充电机的对应开关，将备用充电机接入蓄电池组和直流母线，检查接入正确后投入备用充电机。备用充电机投入后应检查各充电模块的工作电压和输出电流是否正常，直流母线电压和蓄电池充电方式是否正常。

试验注意事项：

（1）停用工作充电机时，要防止拉错开关，造成直流母线失电压。

（2）启动备用充电机时，要按照说明书或有关规程进行，防止造成部分高频电源模块过负荷烧坏。

（3）备用充电机投入后，一定要检查直流系统的工作状况。

（4）试验正常后，恢复原来的工作方式。

（三）变压器铁芯接地电流的定期测试方法

（1）采用高精度的钳形电流表测试。

（2）通过变压器铁芯电流在线监测装置进行监测和记录。

（四）火灾报警定期试验的方法

1. 室内感烟火灾自动报警系统的试验方法

试验时，可用一根点燃的香烟或专用烟感发生设备靠近感烟（感光和感温）火灾探测器，约 20s 左右，完好的火灾探测器和火灾自动报警系统就会报警。若火灾探测器或火灾自动报警系统故障，则不报警，应及时更换或维修。

2. 变压器火灾报警自动灭火系统的定期检查试验方法

变压器火灾报警自动灭火系统的定期检查与试验按照公安消防部门的规定或有关标准进行。变压器停电后，打开主出口阀门，打开其旁路阀或回流阀，启动火灾报警和联动装置，检验系统在满足启动条件时能否自动启动相应的联动装置。在变压器停电状态下进行一次系统试验和维护保养，以保证系统密封、电气可靠、操动机构灵活。

【思考与练习】

1. 直流蓄电池核对性充放电的主要步骤是什么？

2. 变压器工作冷却器、备用冷却器、辅助冷却器的切换是如何规定的？

3. SF-600 型高频收发信机在交换信号时出现“通道异常”灯不亮现象，可能发生什么故障？如何处理？

4. 断路器气动机构定期试验主要步骤是什么？

国家电网公司

生产技能人员职业能力培训专用教材

变电运行（750kV）下

国家电网公司人力资源部 组编

颜永强 主编

中国电力出版社
CHINA ELECTRIC POWER PRESS

内容提要

《国家电网公司生产技能人员职业能力培训教材》是按照国家电网公司生产技能人员模块化培训课程体系的要求，依据《国家电网公司生产技能人员职业能力培训规范》(简称《培训规范》)，结合生产实际编写而成。

本套教材作为《培训规范》的配套教材，共72册。本册为专用教材部分的《变电运行（750kV）》，全书共8个部分49章188个模块，主要内容包括数字化变电站，电气试验，基本技能，监视、巡视与维护，倒闸操作，异常处理，事故处理，班组管理。

本书可作为供电企业变电运行（750kV）工作人员的培训教学用书，也可作为电力职业院校教学参考书。

图书在版编目（CIP）数据

变电运行：750kV. 下/国家电网公司人力资源部组编. —北京：中国电力出版社，2010.11（2022.10重印）

国家电网公司生产技能人员职业能力培训专用教材

ISBN 978-7-5123-0944-9

Ⅰ. ①变… Ⅱ. ①国… Ⅲ. ①变电所–电力系统运行–技术培训–教材 Ⅳ. ①TM63

中国版本图书馆CIP数据核字（2010）第201189号

中国电力出版社出版、发行

（北京市东城区北京站西街19号 100005 http://www.cepp.sgcc.com.cn）

廊坊市文峰档案印务有限公司印刷

各地新华书店经售

*

2010年12月第一版 2022年10月北京第三次印刷

880毫米×1230毫米 16开本 42.5印张 1335千字

印数5001—5500册 定价**169.00**元（上、下册）

国家电网公司
生产技能人员职业能力培训专用教材

目　　录

第四部分　监视、巡视与维护

下　册

第五部分　倒　闸　操　作

第六部分　异　常　处　理

第七部分　事　故　处　理

第八部分　班　组　管　理

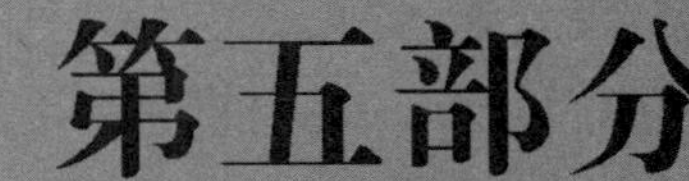

第五部分

倒闸操作

第十九章 倒闸操作基础知识

模块1 倒闸操作基本概念及操作原则（GYBD00401001）

【模块描述】本模块介绍倒闸操作的基本概念、操作原则和注意事项。通过归纳讲解一般典型操作程序，掌握倒闸操作的基本方法。

【正文】

电气设备倒闸操作，其实质是进行电气设备状态间的转换。因此，本模块首先介绍变电站电气设备的状态及其状态间转换的概念，进而对变电站电气设备倒闸操作的基本概念、基本内容、基本类型、操作任务、操作指令、操作原则和倒闸操作的一般规定进行阐述；通过倒闸操作基本程序来说明倒闸操作的基本步骤、方法及要点。

一、电气设备倒闸操作基本概念

1. 电气设备的状态

变电站电气设备有四种稳定的状态，即运行状态、热备用状态、冷备用状态和检修状态。

（1）电气设备运行状态。电气设备运行状态是指电气设备的隔离开关和断路器都在合上的位置，并且电源至受电端之间的电路连通（包括辅助设备，如电压互感器、避雷器等）。

（2）电气设备热备用状态。电气设备热备用状态是指设备仅仅靠断路器断开，而隔离开关都在合上的位置，即没有明显的断开点，其特点是断路器一经合闸即可将设备投入运行。

（3）电气设备冷备用状态。电气设备冷备用状态是指设备的断路器和隔离开关均在断开位置。

（4）电气设备检修状态。电气设备检修状态是指设备的所有断路器、隔离开关均在断开位置，装设接地线或合上接地刀闸。“检修状态”根据设备不同又可以分为以下几种情况：

1）“断路器检修”是指断路器及两侧隔离开关均在断开位置，断路器控制回路熔断器取下或断开空气断路器，两侧装设接地线或合上接地刀闸，断路器连接到母差保护的电流互感器回路应拆开并短接。

2）“线路检修”是指线路断路器及两侧隔离开关均断开位置，如果线路有电压互感器且装有隔离开关时，应将该电压互感器的隔离开关拉开，并取下低压侧熔断器或断开空气断路器，在线路侧装设接地线或合上接地刀闸。

3）“主变压器检修”是指变压器的各侧断路器及隔离开关均在断开位置，并在变压器各侧装设接地线或合上接地刀闸，断开变压器的相关辅助设备电源。

4）“母线检修”是指连接该母线上的所有断路器（包括母联、分段）及隔离开关均在断开位置，该母线上的电压互感器及避雷器改为冷备用状态或检修状态，并在该母线上装设接地线或合上接地刀闸。

2. 倒闸操作的概念

将电气设备由一种状态转变到另一种状态所进行的一系列操作总称为电气设备倒闸操作。

3. 倒闸操作的基本类型

（1）正常计划停电检修和试验的操作。

（2）调整负荷及改变运行方式的操作。

（3）异常及事故处理的操作。

（4）设备投运的操作。

4. 变电站倒闸操作的基本内容

（1）线路的停、送电操作。

（2）变压器的停、送电操作。

（3）倒母线及母线停送电操作。

（4）装设和拆除接地线的操作（合上和拉开接地开关）。

（5）电网的并列与解列操作。

（6）变压器的调压操作。

（7）站用电源的切换操作。

（8）继电保护及自动装置的投、退操作，改变继电保护及自动装置的定值的操作。

（9）其他特殊操作。

5. 倒闸操作的任务

（1）倒闸操作任务。倒闸操作任务是由电网值班调度员下达的将一个电气设备单元由一种状态连续地转变为另一种状态的特定的操作内容。电气设备单元由一种状态转换为另一种状态有时只需要一个操作任务就可以完成，有时却需要经过多个操作任务来完成。

（2）调度指令。一个调度指令是电网值班调度员向变电站值班人员下达一个倒闸操作任务的命令形式。调度操作指令分为逐项指令、综合指令、口头指令三种。

1）逐项指令。值班调度员下达的涉及两个及以上变电站共同完成的操作。值班调度员按操作规定分别对不同单位逐项下达操作指令，接受令单位应严格按照指令的顺序逐个进行操作。

2）综合指令。值班调度员下达的只涉及一个变电站的调度指令。该指令具体的操作步骤和内容以及安全措施，均由接受令单位运行值班员按现场规程自行拟定。

3）口头指令。值班调度员口头下达的调度指令。变电站的继电保护和自动装置的投、退等，可以下达口头指令。在事故处理的情况下，为加快事故处理的速度，也可以下达口头指令。

二、倒闸操作的基本原则及一般规定

1. 停送电操作原则

倒闸操作的基本原则是严禁带负荷拉、合隔离开关，不能带电合接地刀闸或带电装设接地线。因此，制定的基本原则如下：

（1）停电操作原则。先断开断路器，然后拉开负荷侧隔离开关，再拉开电源侧隔离开关。

（2）送电操作原则。先合上电源侧隔离开关，然后合上负荷侧隔离开关，最后合上断路器。

2. 倒闸操作一般规定

为了保证倒闸操作的安全顺利进行，倒闸操作技术管理规定如下：

（1）正常倒闸操作必须根据调度值班人员的指令进行操作。

（2）正常倒闸操作必须填写操作票。

（3）倒闸操作必须两人进行。

（4）正常倒闸操作尽量避免在下列情况下操作：

1）变电站交接班时间内。

2）负荷处于高峰时段。

3）系统稳定性薄弱期间。

4）雷雨、大风等天气。

5）系统发生事故时。

6）有特殊供电要求。

（5）电气设备操作后必须检查确认实际位置。

（6）下列情况下，变电站值班人员不经调度许可能自行操作，操作后须汇报调度：

1）将直接对人员生命有威胁的设备停电。

2）确定在无来电可能的情况下，将已损坏的设备停电。

3）确认母线失电，拉开连接在失电母线上的所有断路器。

（7）设备送电前必须检其有关保护装置已投入。

（8）操作中发现疑问时，应立即停止操作，并汇报调度，查明问题后再进行操作。操作中具体问题处理规定如下：

1）操作中如发现闭锁装置失灵时，不得擅自解锁。应按现场有关规定履行解锁操作程序进行解锁操作。

2）操作中出现影响操作安全的设备缺陷，应立即汇报值班调度员，并初步检查缺陷情况，由调度决定是否停止操作。

3）操作中发现系统异常，应立即汇报值班调度员，得到值班调度员同意后，才能继续操作。

4）操作中发现操作票有错误，应立即停止操作，将操作票改正后才能继续操作。

5）操作中发生误操作事故，应立即汇报调度，采取有效措施，将事故控制在最小范围内，严禁隐瞒事故。

（9）事故处理时可不用操作票。

（10）倒闸操作必须具备下列条件才能进行操作：

1）变电站值班人员须经过安全教育培训、技术培训、熟悉工作业务和有关规程制度，经上岗考试合格，有关主管领导批准后，方能接受调度指令，进行操作或监护工作。

2）要有与现场设备和运行方式一致的一次系统模拟图，要有与实际相符的现场运行规程，继电保护自动装置的二次回路图纸及定值整定计算书。

3）设备应达到防误操作的要求，不能达到的须经上级部门批准。

4）倒闸操作必须使用统一的电网调度术语及操作术语。

5）要有合格的安全工器具、操作工具、接地线等设施，并设有专门的存放地点。

6）现场一、二次设备应有正确、清晰的标示牌，设备的名称、编号、分合位指示、运动方向指示、切换位置指示以及相别标识齐全。

三、倒闸操作的程序

倒闸操作的程序总体上是一个设备状态转换的程序，也就是一个倒闸操作任务完成的主要过程。

1. 电气设备状态转换的程序

（1）设备停电检修：运行→热备用→冷备用→检修。

（2）设备检修后投入运行：检修→冷备用→热备用→运行。

2. 倒闸操作一般程序

变电站倒闸操作的一般流程如图 GYBD00401001-1 所示。

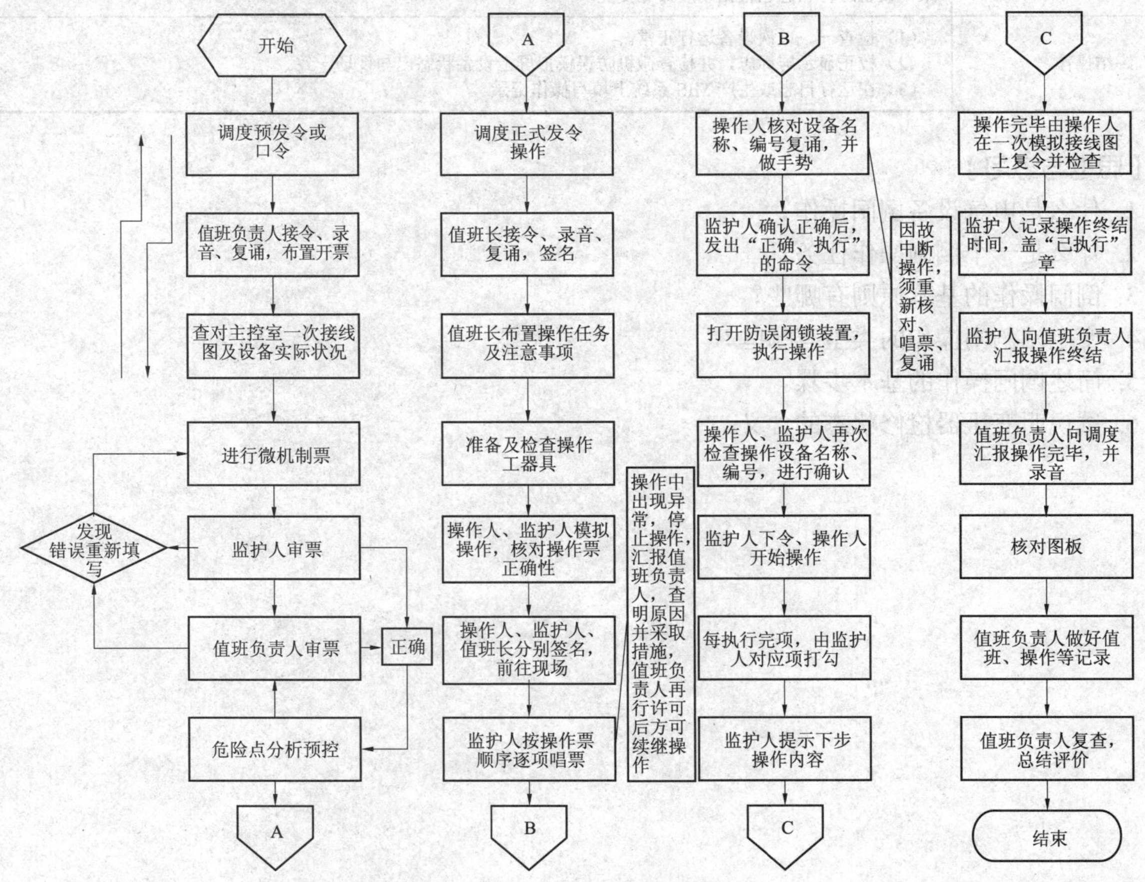

图 GYBD00401001-1　变电站倒闸操作的一般流程

3. 倒闸操作的关键步骤及工作要点

倒闸操作执行中的关键步骤及工作要点如表 GYBD00401001-1 所示。

表 GYBD00401001-1 倒闸操作执行中的关键步骤及工作要点

操作步骤	工作要点
1. 接受操作任务，拟订操作方案（填操作票）	（1）熟悉操作任务，明确操作目标，结合现场实际运行方式、设备运行状态和性能，确认操作任务正确、安全可行。 （2）根据操作任务，核对运行方式后，参照典型操作票，正确规范填写操作票。 （3）对于复杂操作任务，应认真拟定操作方案后，再填写操作票
2. 审核、打印操作票	（1）按照操作人、监护人、值班长进行逐级审核。审查操作票的正确性、安全性及合理性，重点审查一次设备操作相应的二次设备操作。 （2）经审查无误后，打印操作票，审票人分别在操作票指定地点签名
3. 操作准备	（1）正式操作前，操作人监护人进行模拟操作，再次对操作票的正确性进行核对，并进一步明确操作目的。 （2）值班长组织操作人员对整个操作过程中危险点进行分析和控制，做到有备无患。 （3）准备操作中要使用的工器具。检查工器具的完好性，并由辅助操作人员负责做好使用准备
4. 接受操作指令	（1）调度员发布正式操作命令时，应由当值值班负责人或正值班员接令，并录音和复诵，经双方复核无误后，由接令人将发令时间、发令人姓名填入操作票，然后交由监护人、操作人操作。 （2）通过复诵和录音使得调度及变电站双方对操作任务再次核对正确性并留下依据
5. 核对操作设备	（1）操作人应站位正确，核对设备名称和编号，监护人检查并核对操作人所站位置及操作设备名称编号应正确无误，安全防护用具使用正确，然后高声唱票。 （2）核对设备的名称编号是防误操作的第一道关卡，可防止误入间隔。核对设备的状态是否与操作内容相符，如有疑问应立即停止操作，并向调度或相关管理人员询问
6. 唱票、复诵、监护、操作，检查确认	（1）监护人高声唱票，操作人手指需操作的设备名称及编号，高声复诵。 （2）在二人一致明确无误后，监护人发出“对，执行”命令，操作人方可操作。 （3）每项操作完毕，操作人员应仔细检查一次设备是否操作到位，并与变电站控制室联系，检查相关二次部分如切换信号指示灯或遥信信息是否变位正确等。 （4）确认无误后应由监护人在操作票对应项上打钩
7. 汇报调度	（1）全部操作结束，监护人应检查票面上所有项目均已正确打钩，无遗漏项，在操作票上填写操作终了时间，加盖“已执行”章，并汇报值班负责人。 （2）由值班负责人或正值班员向调度汇报操作任务执行完毕。汇报时要汇报操作结束时间，表明操作正式结束，设备运行状态已根据调度命令变更
8. 终结操作	（1）检查一、二次设备运行正常。 （2）校正显示屏标志，并检查微机防误模拟屏上设备状态已与现场一致。 （3）在运行日志或生产 MIS 系统上填写操作记录

【思考与练习】

1. 什么是电气设备倒闸操作？
2. 什么是一个倒闸操作任务？
3. 倒闸操作的基本原则有哪些？
4. 变电站倒闸操作的类型有哪些？
5. 简述倒闸操作的基本步骤。
6. 试说明变压器检修状态的含义。

第三十章　高压开关类设备、线路停送电

模块 1　GIS、断路器一般停送电（ZY1300301001）

【模块描述】本模块介绍 GIS、断路器、隔离开关停送电操作的基本原则及注意事项，750kV 接地开关操作注意事项，以及相关的二次操作。通过概念描述、要点讲解、案例介绍，能够正确填写 GIS、断路器、隔离开关停、送电操作票，能进行标准化倒闸操作。

【正文】

高压开关类设备包括 GIS、断路器、隔离开关及接地开关。750kV GIS 设备由高压断路器、隔离开关、接地开关、快速接地开关、母线和电流互感器组成，均采用分相结构，其操作方法与敞开式断路器、隔离开关、接地开关一致。快速接地开关具有一定的灭弧能力，目前在我国应用于 750kV 线路的接地操作。

一、高压开关操作原则及注意事项

（一）断路器操作原则

（1）3/2 断路器接线方式下，设备停电时，应先断开中间断路器，后断开母线侧断路器，送电操作顺序与此相反。

（2）停电拉闸操作应按照断路器、负荷侧隔离开关、电源侧隔离开关的顺序依次操作。3/2 断路器接线方式中一台断路器停电检修时，还应断开该断路器及两侧隔离开关的控制电源，但不允许断开相关线路保护电源。

（3）远方操作的断路器不允许带工作电压进行就地操作。

（二）断路器操作注意事项

（1）断路器操作前继电保护应按规定投入。如果在失去保护的情况下操作断路器，当发生故障时将不能正确快速地切除故障，而扩大事故范围，甚至损坏设备。

（2）断路器操作前应检查控制回路电源、气动回路空气压力值、SF_6 气体压力值、液压压力值正常，储能机构储能正常，即具备操作条件。

（3）断路器分、合闸后，检查断路器就地位置指示器指示正确，监控后台位置指示正确，电压、电流指示为零，三相一致，检查应至少有两个及以上元件指示位置已同时发生对应变化，才能确认操作到位。

（4）远方控制的断路器，不允许带工作电压就地分、合闸，且在进行分闸操作时现场配合操作人员应远离断路器。

（5）断路器转检修时，必须断开断路器各侧交、直流控制电源。

（6）长期停运的断路器正式执行操作前，应向调度申请通过远方控制方式进行试操作 2～3 次，无异常后方能拟定操作票。

（7）断路器合闸后应检查内部有无异常声响。

（8）SF_6 断路器在操作过程中若发生 SF_6 气体泄漏，人员应远离现场，室外应离开漏气点 10m 以上，并站在上风侧，断路器应禁止操作。

（三）隔离开关操作原则

（1）隔离开关不具备灭弧功能，拉合隔离开关时断路器必须在断开位置，不允许带负荷拉、合隔离开关。

（2）隔离开关停送电操作顺序规定：隔离开关操作前应检查断路器确在断开位置，再拉开负荷侧隔离开关，后拉开电源侧隔离开关，送电操作顺序与此相反。

若断路器未断开，先拉线路侧隔离开关时，发生带负荷拉隔离开关故障，线路保护动作，使断路器分闸，仅停本线路；若先拉母线侧隔离开关，发生带负荷拉隔离开关故障，母线保护动作，将使整条母线上连接的所有元件停电，扩大了事故范围。

（四）隔离开关操作注意事项

（1）隔离开关操作前应检查电动机电源正常，断路器确在分闸位置，且相应断路器控制电源必须投入。

（2）隔离开关操作前应检查断路器、相应接地开关确已断开并分闸到位，确认送电范围内接地线已拆除。

（3）隔离开关合闸后应检查三相确已合闸到位，防止合闸接触不良引起设备发热。

（4）厂站或规程规定远方分合闸的隔离开关，不允许带工作电压就地分合闸，若确需就地分合闸，应采取必要的安全措施。

（5）隔离开关、接地开关之间有机械闭锁或电气闭锁装置，操作时应严格按照“五防”逻辑程序操作，严禁随意解锁操作。若确需解锁应严格执行防误闭锁装置管理规定，并设第二监护人确认设备编号、命名、位置，操作完毕将防误闭锁装置锁好，防止发生误操作。

（6）不允许隔离开关进行如下操作：断路器在合闸状态时，严禁隔离开关接通或断开负荷电路；严禁隔离开关拉合故障避雷器、电压互感器；严禁隔离开关拉合运行中的750kV线路高压并联电抗器、750kV空载变压器、空载线路；严禁用隔离开关拉合故障电流。

（五）GIS操作原则

（1）GIS设备由断路器、隔离开关、接地开关、母线、电流互感器组成，操作原则应遵循一般倒闸操作的原则。

（2）GIS设备断路器、隔离开关、接地开关之间无机械闭锁，停送电操作应严格遵循电气闭锁逻辑，按顺序操作。

（3）操作后，应全面检查断路器、隔离开关、接地开关的本体，分合闸指示器、后台监控系统应与实际状态一致。

（4）当操作中发生拒绝分闸或合闸时，应查明原因后方可继续操作，禁止随意解除闭锁装置操作。

（六）GIS操作注意事项

（1）750kV GIS设备倒闸操作前，应检查电气联锁正常投入。

（2）操作前应检查GIS断路器、隔离开关控制电源正常，信号正确。

（3）为避免因快速暂态过电压（VFTO）造成变压器高压绕组首端匝间绝缘损坏事故，操作中可采用“带电冷备用”的方式（即断路器分闸后，其母线侧隔离开关保持合闸状态运行），以减少产生VFTO的概率。

（4）750kV GIS设备正常运行时，确认电气联锁在“投入”位置后将解锁工具（钥匙）取下，并封存保管，所有操作人员和检修人员严禁擅自使用解锁工具（钥匙）。

（5）未经VFTO测试的750kV GIS隔离开关不允许带有电压操作。操作前应检查断路器确在断开位置，用二元判别法检查各侧电压、电流为零后，方可操作隔离开关。操作时，禁止接触设备外壳。

（七）接地开关操作注意事项

（1）接地开关操作前应确认相关断路器确已断开、隔离开关确已拉开。

（2）GIS设备无法直接验电，可采用间接验电，即检查隔离开关机械指示位置，电气指示，操动机构储能指示，仪表、遥测、遥信信号及带电显示装置指示的变化，且至少应有两个及以上指示已同时发生对应变化，方可进行接地操作。

（3）750kV GIS断路器两侧接地开关合闸操作，应按照以上方法进行间接验电确认无电压后操作。750kV线路（变压器）侧接地开关的操作必须按照调度命令操作，且应在线路（变压器）侧电压指示为零的情况下方可操作。

（4）接地开关电动操动机构等要完全停止运行需要数秒钟，所以在“合”后立即“分”或“分”

之后立即“合”，就会发生不完全动作，损伤操作器的线圈，所以每个开关操作程序最少要间隔 30s 以上再进行。

（八）相关二次操作注意事项

（1）GIS、断路器故障开断次数或遮断容量不满足要求时，应停用该断路器的自动重合闸。

（2）任何线路、母线、主变压器充电时，应投入充电用断路器的充电保护压板。

（3）任一线路退出运行，应退出本线路断路器失灵启动母差保护、失灵启动相邻断路器及失灵启动远跳保护压板。

（4）3/2 断路器接线、三角形接线或双断路器接线厂站的出线，其所连断路器中一台停运时，应投入停运断路器的位置停信压板，或将线路保护屏上的断路器状态切换把手切至“停运断路器检修”位置。

（5）3/2 断路器接线、三角形接线或双断路器接线厂站的出线，其所连断路器中一台停运时，现场应按要求切换断路器重合闸先后重方式。

（6）变压器、高压电抗器侧断路器通常不配置重合闸装置。因变压器、高压电抗器故障多为恶性故障，重合后对变压器、高压电抗器造成再次冲击，易损坏变压器、高压电抗器。

二、高压开关操作要求

（一）断路器操作要求

（1）断路器合闸前必须检查继电保护已按规定投入；断路器合闸后，必须确认三相均已合上，三相电流基本平衡。

（2）断路器操作时，若控制室操作失灵，厂站规定允许进行就地操作时，必须进行三相同时操作，不得进行分相操作。

（3）3/2 断路器接线方式设备送电时，应先合母线侧断路器，后合中间断路器；停电时应先断开中间断路器，后断开母线侧断路器。

（4）用旁路断路器代其他断路器运行，应先将旁路断路器保护按所代断路器保护定值整定投入，确认旁路断路器三相均已合上后，方可断开被代断路器，最后拉开被代断路器两侧隔离开关。

（二）隔离开关操作要求

允许用隔离开关进行的操作：

（1）拉合无故障电压互感器或避雷器。

（2）系统无故障时拉合变压器中性点接地开关。

（3）拉合经断路器闭合的旁路电流。

（4）拉合空母线（须经过现场试验）。

（5）凡经过现场试验的以下情况：在三角形接线，闭环运行的情况下；3/2 断路器接线，两串及以上同时运行的情况下；双断路器接线，两串及以上同时运行的情况下，允许用隔离开关断开因故不能分闸的断路器。操作前还应注意隔离开关闭锁装置退出及调整通过该隔离开关的电流到最小值。

三、高压断路器操作任务

电网中通过改变高压开关类设备状态，改变电网运行方式，其状态有运行→热备用→冷备用→检修和检修→冷备用→热备用→运行。如果方式改变涉及两个及以上单位，须按照逐项令执行，如果只涉及一个厂站，可以以综合令的形式直接由运行转为冷备用或检修。表 ZY1300301001-1 所列为变电站高压开关类设备常见的典型操作任务和操作内容。

表 ZY1300301001-1　　变电站高压开关类设备常见的典型操作任务和操作内容

操 作 任 务	操 作 内 容
××线路××断路器运行转热备用	（1）检查同串内其他断路器带负荷正常。 （2）断开××断路器
××线路××断路器热备用转运行	（1）合上××断路器。 （2）检查负荷分配正常（或检查××线路充电正常）

续表

操作任务	操作内容
××线路××断路器运行转冷备用	（1）检查同串内其他断路器带负荷正常。 （2）断开××断路器。 （3）拉开××断路器两侧隔离开关。 （4）退出××断路器辅助保护
××线路××断路器冷备用转运行	（1）投入××断路器辅助保护。 （2）检查××断路器确在断开位置。 （3）合上××断路器两侧隔离开关。 （4）合上××断路器。 （5）检查负荷分配正常（或检查××线路充电正常）
××线路××断路器运行转检修	（1）检查同串内其他断路器带负荷正常。 （2）断开××断路器。 （3）拉开××断路器两侧隔离开关。 （4）合上两侧接地开关。 （5）退出××断路器辅助保护
××线路××断路器检修转运行	（1）投入××断路器辅助保护。 （2）拉开两侧接地开关。 （3）检查××断路器确在断开位置。 （4）合上××断路器两侧隔离开关。 （5）合上××断路器。 （6）检查负荷分配正常

四、案例

下面以 3/2 断路器接线方式下边断路器停电为例，介绍具体的操作步骤和方法。

（1）运行方式。电气主接线如图 ZY1300301001-1 所示。750kV 为 3/2 断路器接线，750kV 线路、1 号主变压器运行，7511、7510、7512 断路器运行，750kV Ⅰ、Ⅱ母线运行。

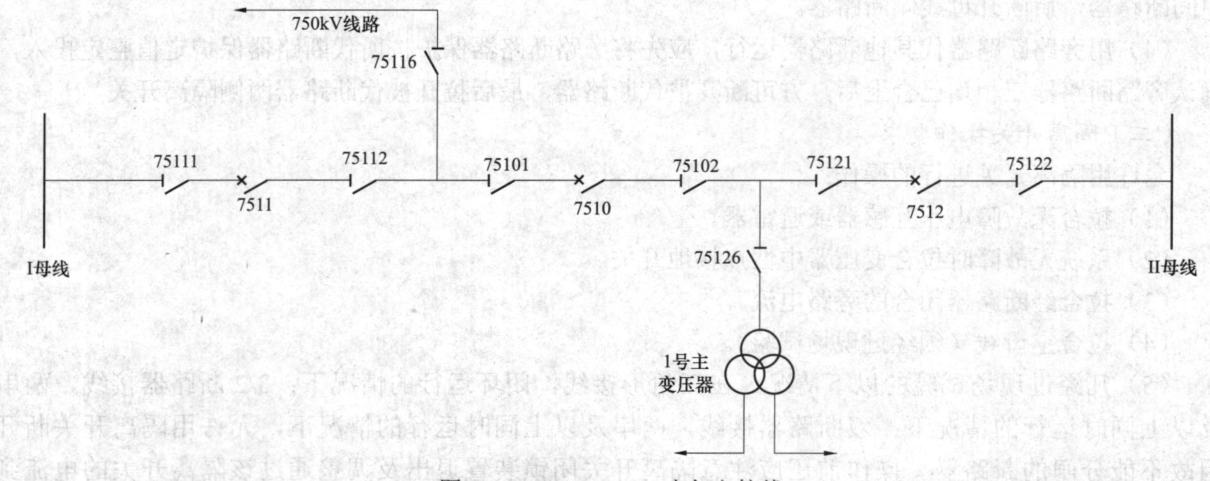

图 ZY1300301001-1 电气主接线

（2）继电保护及自动装置配置。750kV 线路配置两套线路保护（分别为 RCS931 和 CSC103A）、两套远方跳闸保护和断路器辅助保护，变压器配置两套电气量保护、一套非电气量保护，均投入运行。

（3）操作任务。750kV 线路 7511 断路器运行转检修。

（4）操作方案。见表 ZY1300301001-2。

表 ZY1300301001-2 3/2 断路器接线方式下边断路器停电操作方案

操作目的	操作步骤	注意事项
7511 断路器运行转检修	（1）检查 7510 断路器带负荷正常。 （2）断开 7511 断路器。 （3）拉开 75112 隔离开关。 （4）拉开 75111 隔离开关。 （5）合上 751117 接地开关。 （6）合上 751127 接地开关。	（1）断开断路器前根据现场要求退出 7511 断路器的重合闸装置，并将相应中间断路器的重合闸投入到“先合”。 （2）断开母线侧断路器前检查中间断路器带负荷正常。 （3）将有关线路保护屏上的断路器状态切换开关切至对应位置。

续表

操作目的	操 作 步 骤	注 意 事 项
7511 断路器运行转检修	（7）将 750kV 线路 CSC-103A 保护柜断路器位置切换把手由“正常”切至“7511 断路器检修”位置。 （8）将 RCS-931 线路保护柜断路器位置切换把手由“正常”切至“7511 断路器检修”位置。 （9）断开 7511 断路器及所属隔离开关的操作电源。 （10）退出 7511 断路器辅助保护的所有压板	（4）无法直接验电时采用间接验电，检查两个及以上不同原理的指示发生相应变化后可确认无电压。 （5）设备处于冷备用或检修状态时继电保护在退出状态

【思考与练习】

1. 断路器分合闸操作注意事项是什么？
2. 拉合隔离开关应遵循什么原则？为什么？
3. 750kV 接地开关操作注意事项是什么？
4. 请根据图 ZY1300301001-1 填写 7510 断路器运行转检修的操作票。

模块 2　高压开关操作中的危险点源分析及异常处理（ZY1300301002）

【模块描述】本模块介绍 GIS、断路器、隔离开关、750kV 接地开关操作中的危险点源分析控制措施，及操作中出现异常时操作注意事项。通过异常介绍、注意事项讲解、列表说明、案例分析，掌握 GIS、断路器、隔离开关操作危险点源分析、控制措施及异常时操作方法。

【正文】

高压开关类设备在电网中操作频繁，在倒闸操作过程中常会出现不能分合闸的情况。GIS 出现拒绝分合闸或出现异常时不能强行操作的处理方式与敞开式设备相同，但异常处理较为复杂。高压开关的特殊操作关键在于及时将设备的异常情况准确汇报调度，做好防止事故扩大的措施，并灵活采取安全的操作方案对异常设备进行隔离操作。

一、高压开关操作中的常见异常

（一）断路器操作中的常见异常

（1）断路器操作时 SF_6 压力、操动机构的压缩空气压力或液压压力降低，发出报警或闭锁信息，或操动机构故障。

（2）断路器远方遥控操作失灵。

（3）断路器出现非全相合闸。

（4）分相操作的断路器发生非全相分闸。

（5）操作中 SF_6 气体泄漏。

（6）断路器拒绝分合闸。

（7）断路器操作次数达到规定次数时或断路器故障开断次数比允许故障开断次数少一次。

（二）隔离开关操作中的常见异常

（1）隔离开关远方遥控操作失灵。

（2）隔离开关合闸不到位。

（3）隔离开关操作遥控指令发出后，隔离开关发生非全相分合闸。

（4）隔离开关支柱绝缘子出现异常。

（5）隔离开关机构故障。

（6）误拉合隔离开关。

（三）GIS 设备操作中常见异常

（1）GIS 设备隔离开关、接地开关操作中，气室发出 SF_6 压力低报警、闭锁信息。

（2）GIS 分合闸操作中，断路器、隔离开关出现“三相不一致”信息。

（3）GIS 设备断路器、隔离开关、接地开关之间无机械闭锁，操作中电气闭锁异常。

（4）合 GIS 接地开关采用间接验电时，各侧电压指示不正确或电器元件机械位置指示不正确。

（5）GIS 隔离开关、接地开关合闸位置指示器或拐臂不到位。

二、高压开关操作中出现异常的注意事项

（一）断路器操作中出现异常的注意事项

（1）断路器操作时 SF_6 压力、操动机构的压缩空气压力或液压压力降低发出报警或闭锁信息，或操动机构故障时，应立即断开故障断路器的控制电源，禁止操作。确需操作该断路器时，应从该断路器两侧或上一级断开电源，不可带负荷操作该断路器，以免因断路器灭弧能力下降或操动机构动能不足造成断路器爆炸。

（2）断路器远方遥控操作失灵时，应检查微机防误工作站与监控系统通信是否正常，断路器遥控压板是否投入，测控装置是否正常，断路器控制电源是否正常。如果确需操作可在保护小室测控装置上操作，但禁止就地操作，操作时必须持有操作票。

（3）断路器出现非全相合闸时，应立即将已合上相拉开，重新操作合闸一次。如仍不正常，则应拉开合上相并切断该断路器的控制电源，查明原因。

（4）分相操作的断路器发生非全相分闸时，应立即切断该断路器的控制电源，手动操作将拒动相分闸。当断路器非全相分闸时，非全相保护应动作跳开其余在合相，如果非全相保护未动，应立即操作将拒动相分闸，并查明原因；如果无法将拒动相断路器分闸，且已造成系统非全相运行时，应立即将断路器重新合闸，以消除非全相运行。

（5）SF_6 断路器操作若发生 SF_6 气体泄漏，人员应远离现场，室外应离开漏气点 10m 以上，并站在上风口，断路器应禁止操作。

（6）断路器拒绝分合闸操作时，应查明原因，不可随意解除闭锁装置操作。确认为防误装置失灵，应确保操作设备命名、编号、位置正确后方可解锁操作，但必须严格按照防误装置管理规定执行。

（7）断路器操作次数达到规定次数时，应退出自动重合闸装置。

（8）断路器故障开断次数比允许故障开断次数少一次时，应停用该断路器的自动重合闸。

（9）操作中综合自动化系统异常，应采取应对措施，严禁解锁操作。

（二）隔离开关操作中出现异常的注意事项

（1）隔离开关远方遥控操作失灵时，应核对设备编号确认操作是否正确，无误后再检查微机防误工作站与监控系统通信是否正常，隔离开关遥控压板是否投入，测控装置是否正常，隔离开关控制电源是否正常，隔离开关机构箱电源是否正常，“远方一就地”转换开关是否在“远方”位置。

（2）隔离开关合闸不到位，应检查隔离开关机械闭锁板是否卡涩，隔离开关机构拐臂、拉杆有无变形，轴销有无脱落等。检查无异常时，可将隔离开关拉开再重新合一次，再合不到位时可就地电动再合一次，确实合不到位应通知检修人员进行处理。

（3）隔离开关合闸遥控指令发出后，隔离开关只有一相或两相合闸，而其余相未合闸时，应将合闸相隔离开关拉开，保证三相位置一致。然后检查未合闸相电动机电源、隔离开关机构箱电源、“远方一就地”切换开关，处理完毕后重新进行合闸操作。

（4）隔离开关分闸遥控指令发出后，隔离开关只有两相或一相分闸，而其余相仍在合闸状态时，应将分闸相隔离开关再合上，然后检查未分闸相电机电源、隔离开关机构箱电源、“远方一就地”切换开关，处理完毕后再重新进行远方遥控分闸操作。

（5）隔离开关支柱绝缘子严重破损时，禁止操作，确需停电操作时，应拉开上一级电源，防止绝缘子断裂造成事故。

（6）隔离开关机构故障时，不得强行拉合。误拉或误合隔离开关后严禁将其再次拉开和合上，以免因三相弧光短路造成人身伤害。

（7）电压互感器出现内部声音异常等故障时，禁止用隔离开关操作。

（三）GIS 设备操作中出现异常的注意事项

GIS 设备各电气设备由气室隔离，罐体内的 SF_6 气体主要用于断路器绝缘和灭弧，对于其他气室

主要起绝缘的作用。GIS 设备断路器、隔离开关与敞开式断路器、隔离开关出现异常时操作注意事项区别不大，但因各元件封闭组合，故障后查找故障点较为麻烦。因此，当出现异常时，除应按照敞开式断路器、隔离开关常规处理方案处理外，还应注意以下问题。

（1）GIS 设备隔离开关、接地开关操作中，气室发出 SF_6 压力低报警、闭锁信息时，禁止操作。

（2）GIS 分合闸操作中，断路器、隔离开关出现“三相不一致”信息时，应查明原因，重新分合闸。

（3）GIS 设备断路器、隔离开关、接地开关之间无机械闭锁，操作中若电气闭锁异常确需解锁操作时，应采取必要的措施防止误操作。

（4）GIS 设备故障跳闸后，应全面检查分析判明故障点，若故障点不便于判断，应按照气室逐段排查，禁止故障点未查明和排除的情况下擅自合闸送电，易对设备造成二次伤害。

（5）采用间接验电时，各侧电压指示不正确或电器元件机械位置指示不正确时，应查明原因，否则不能进行合闸操作。

（6）接地开关合闸后，检查位置指示器若未到位，应将接地开关拉开，重新合闸一次，若仍然不到位，应通知检修人员检查处理。

三、高压开关操作的危险点分析及预控措施

高压开关类设备操作不当，或不严格遵循倒闸操作基本原则跳项或漏项操作，会酿成事故。针对高压开关类设备操作存在的不安全因素，应采取相应的预控措施。表 ZY1300301002-1 介绍了高压开关类设备操作中的危险点及预控措施。

表 ZY1300301002-1　　高压开关类设备操作中的危险点及预控措施

危险点	原因分析	预控措施
甩负荷	断开断路器前检查另一断路器带负荷情况	（1）母线侧断路器停电前应检查中间断路器及本串进出线带负荷正常，中间断路器停电前检查两侧断路器带负荷正常，并在操作票中记录带负荷的电流数值。 （2）负荷分配不正常应查明原因再操作
液压压力、SF_6 压力降低强行操作	压力降低至报警值或闭锁值强行操作，造成设备损坏或人身伤害	禁止压力降低时强行操作，压力降低闭锁分合闸时，应断开断路器控制电源，从各侧断开电源
SF_6 气体泄漏，人员不撤离现场	因设备自身或密封不严，发生 SF_6 气体泄漏	操作人员应远离现场，室外应离开漏气点 10m 以上，并站在上风口，断路器应禁止操作
拉合隔离开关绝缘子异常	支柱绝缘子异常时，应禁止操作，防止绝缘子断裂造成事故	禁止操作，确需停电应断开上一级电源，防止绝缘子断裂造成事故
GIS 设备操作过程中产生过电压	GIS 隔离开关带电操作	操作中严禁接触 GIS 设备外壳
带负荷拉合隔离开关	（1）走错间隔。 （2）未认真检查断路器的实际位置或电流值	（1）严禁随意解除闭锁装置，确实需要解锁时值班长到场进行解锁操作。操作前认真执行“三核对”。 （2）检查设备状态，除了检查机械位置指示，还应检查电流、电压的电气指示
带电合接地开关	未核对设备编号、位置，走错间隔	（1）操作中严格执行“三核对”。 （2）接地前必须验明确无电压。 （3）对于无法直接验电的设备，可采用间接验电，即检查隔离开关机械指示位置、电气指示、操动机构储能指示、仪表、遥测、遥信信号及带电显示装置指示的变化，且至少应有两个及以上指示已同时发生对应变化
保护及自动装置误动、拒动	漏投退压板或未切换线路保护屏断路器状态小开关，导致运行中线路故障不能被快速切除	（1）在断开断路器直流操作电源前必须根据要求投入线路保护屏上相应的位置停信压板或将断路器状态切换开关切至与断路器实际位置一致的状态。 （2）断路器重合闸根据要求改变方式

四、案例

高压开关类设备在倒闸操作过程中出现异常时，如果不采取有效措施而强行操作，将会对人身和设备造成较为严重的损害。下面以图 ZY1300301002-1 所示电路为例介绍断路器、隔离开关异常时的

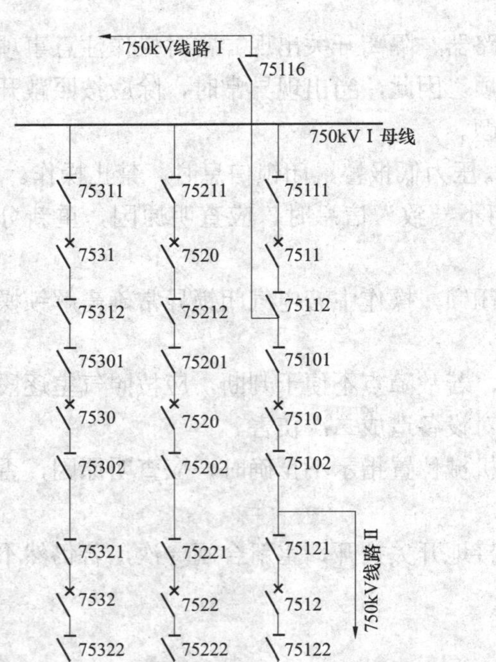

图 ZY1300301002-1 操作异常案例电气接线

操作方法。

案例 1：3/2 断路器接线方式下断路器不能分闸的操作处理。

下面以图 ZY1300301002-1 所示电路为例介绍 7511 断路器在停电操作过程中，液压压力降低闭锁分闸，检查液压回路严重故障，不能建压时的操作处理方案（注：图中设备为 GIS 设备）。

（1）运行方式。电气主接线如图 ZY1300301002-1 所示，750kV 为 3/2 断路器接线，750kV 3 串 6 条线路运行，7510、7512、7511、7521、7520、7522、7531、7530、7532 断路器运行。

（2）继电保护及自动装置配置。750kV 线路均配置两套线路保护、两套远方跳闸保护、断路器辅助保护、两套短引线保护。

（3）操作任务。7511 断路器运行转检修。

（4）操作方案。见表 ZY1300301002-2。

表 ZY1300301002-2　　7511 断路器液压压力降低操作方案

操 作 方 案	方 案 说 明
（1）将Ⅰ线路保护断路器状态切换开关切至“边断路器检修”位置，断开 7511 断路器操作电源和电动机电源。 （2）断开 7521 断路器。 （3）断开 7531 断路器。 （4）断开 7510 断路器。 （5）检查Ⅰ线路确无电压、电流；检查Ⅰ母线确无电压。 （6）拉开 75112、75111 隔离开关。 （7）合上 7510 断路器。 （8）合上 7531 断路器。 （9）合上 7521 断路器。 （10）做好安全措施	因 7511 断路器液压压力降低不能分闸，故采取断开其他电源将故障断路器隔离。这种处理方案将造成运行中的线路或母线短时停电，因此在隔离故障断路器后应先恢复被迫停电的线路或母线。为减少停电时间，中间只要转成热备用即可

案例 2：3/2 断路器接线方式下隔离开关不能分闸操作处理。

下面以图 ZY1300301002-1 所示电路为例，介绍 7510 断路器停电操作过程中由于 75101 隔离开关机构故障不能分闸的操作处理方案。

（1）运行方式。电气主接线如图 ZY1300301002-1 所示，750kV 为 3/2 断路器接线，750kV 3 串 6 条线路运行，7510、7512、7511、7521、7520、7522、7531、7530、7532 断路器运行。

（2）继电保护及自动装置配置。750kV 线路均配置两套线路保护、两套远方跳闸保护、断路器辅助保护、两套短引线保护。

（3）操作任务。7510 断路器运行转冷备用。

（4）处理方案。见表 ZY1300301002-3。

表 ZY1300301002-3　　隔离开关异常操作方案

操 作 方 案	方 案 说 明
（1）断开 75101 隔离开关控制电源。 （2）断开 7510 断路器。 （3）断开 7511 断路器。 （4）拉开 75116 线路隔离开关。 （5）拉开 75112 隔离开关。 （6）断开 7512 断路器。 （7）拉开 75102 隔离开关。	因 75101 隔离开关机构故障隔离开关不能操作，故采取断开上一级电源，隔离故障隔离开关。75101 隔离开关各侧都有一明显断开点，应合上 75101 隔离开关各可能来电侧接地开关

续表

操　作　方　案	方　案　说　明
（8）合上 751017 接地开关。 （9）合上 751167 接地开关。 （10）合上 751127 接地开关。 （11）做好安全措施	因 75101 隔离开关机构故障隔离开关不能操作，故采取断开上一级电源，隔离故障隔离开关。75101 隔离开关各侧都有一明显断开点，应合上 75101 隔离开关各可能来电侧接地开关

【思考与练习】

1. 高压开关类设备操作中出现异常时的注意事项是什么？
2. 高压开关类设备操作中危险点有哪些，如何控制？
3. 请以图 ZY1300301002-1 为例，写出 7510 断路器液压压力降低不能进行操作的隔离操作步骤。
4. 请以图 ZY1300301002-1 为例，写出 75122 隔离开关不能分闸的隔离操作步骤？

模块 3　线路一般停送电（ZY1300301003）

【模块描述】本模块介绍线路、750kV 线路带高抗停送电操作的基本原则及注意事项。通过归纳讲解、列表说明、案例介绍，能够正确填写线路、750kV 线路带高抗停送电操作票，能进行标准化倒闸操作。

【正文】

750kV 超高压输电线路采用六分裂导线，具有传输距离远、功率大等特点，其输电线路最大设计容量为 2000MW，其输送容量是 330kV 输电线路的 4 倍。但因其输送功率大、距离远，线路相间和对地电容会产生较大的容性无功功率，致使线路末端电压升高很多，因此，超高压输电线路末端并联高压电抗器，通过电抗器感性电流补偿线路容性电流，以抑制末端电压的升高。超高压线路送电时，应先投入电抗器，再投入线路。

一、线路操作原则及注意事项

（一）操作原则

（1）3/2 断路器接线方式线路停电操作时，先断开中间断路器，再断开母线侧断路器，先拉开负荷侧隔离开关，再拉开母线侧隔离开关。线路送电时，先合上母线侧隔离开关，后合线路侧隔离开关，先合母线侧断路器，后合中间断路器。

停电时先断开中间断路器，切断很小的负荷电流；断开母线侧断路器，切断的是全部负荷电流，此时如果线路发生故障，母线侧断路器拒动，母线保护动作跳开母线上所带断路器，其他线路仍能正常运行。如果后断开中间断路器，此时线路发生故障，中间断路器拒动将会跳开本串的另一条线路（或变压器），扩大停电范围。

（2）只有在线路两侧的断路器、隔离开关均断开，并验明线路确无电压后，方可将线路进行接地操作。送电前，所有单位均报告完工后，调度方可下令拆除线路接地措施。

（3）带有线路隔离开关的线路送电操作时，应先拉开线路两侧接地开关，合上线路隔离开关，合上母线侧断路器对线路充电，正常后合上中间断路器。

（二）注意事项

1. 线路停电操作注意事项

（1）3/2 断路器接线方式，断开某一线路前检查同串另一条线路运行及带负荷应正常。如果检查发现电流为零，在未查明原因的情况下，应先终止操作，在异常消除后继续操作。

（2）联络线停电操作应根据调度命令逐项执行，双回线或多回线停电前，应考虑在 *N*-1 或 *N*-2 模式下其他线路或设备（如变压器等）过负荷情况。

（3）线路转检修时应断开线路各个可能来电侧的操作电源，以防止人员误将检修状态的断路器和隔离开关合闸送电，造成事故。

（4）线路停电时，应将线路电压互感器二次空气断路器断开，防止反充电。

2. 线路送电操作注意事项

（1）线路充电前应检查线路继电保护装置正常投入，并且充电线路的断路器必须具有完备的继电保护。

（2）线路送电前应全面检查线路间隔安全措施确已拆除，有关隔离开关确已拉开，确无遗留物。

（3）线路送电前，应投入线路电压互感器二次侧电压切换开关及电压回路二次空气断路器。

（4）检修后相位有可能发生变动的线路，恢复送电时应进行核相。

3. 相关二次操作注意事项

线路停送电操作因方式的变化，二次会随不同的方式改变，其操作应注意以下事项。

（1）3/2 断路器接线方式线路投入运行后，如果投入一台断路器重合闸，则一般投在母线侧断路器。如果两台断路器均投重合闸时，应将母线侧断路器投“先重”，中间断路器投“后重”。

（2）3/2 断路器接线方式线路带有隔离开关停电时，当线路隔离开关拉开时，断路器需合环运行时，应将短引线保护投入。线路运行时，短引线保护退出运行。

（3）带有高压电抗器的线路，远方跳闸保护对于线路高压电抗器是主保护，当线路并联电抗器故障后，或线路发生三相过电压时，均能在跳开本侧断路器的同时，启动“远方跳闸”保护跳开线路对侧断路器，切除故障。线路并联电抗器送电前，应投入本体及远方跳闸保护。当线路退出运行时，应将高压电抗器主保护和线路远方跳闸保护退出运行。如果远方跳闸保护装置因故退出运行后，电抗器故障时将无法跳开线路对侧断路器，即无法隔离故障，因此，当线路远方跳闸保护异常退出运行时，线路及高压电抗器应退出运行。

二、线路操作要求

（1）多端电源的线路停电检修时，必须先拉开各端断路器及相应隔离开关，然后方可装设接地线或合上接地开关，送电时顺序相反。

（2）应考虑电压和潮流转移，特别注意使运行设备不过负荷、线路（断面）输送功率不超过稳定限额，防止发电机自励磁及线路末端电压超过允许值。

（3）联络线停送电操作，如一侧发电厂、一侧变电站，一般在变电站侧停送电，发电厂侧解合环；如两侧均为变电站或发电厂，一般在短路容量大的一侧停送电，短路容量小的一侧解合环；有特殊规定的除外。

（4）操作线路时，应待一侧断路器操作完毕后，再操作另一侧断路器。

（5）线路操作时，不允许线路末端带变压器停送电；线路高抗（无专用开关）停送电操作必须在线路冷备用或检修状态下进行；750kV 同塔双回线路，线路高压电抗器（无专用开关）投停操作必须在线路检修状态下进行。

（6）禁止在只经断路器断开电源的设备上装设地线或合上接地开关。多侧电源（包括用户自备电源）设备停电，各电源侧至少有一个明显的断开点后，方可在设备上装设地线或合上接地开关。

（7）750kV 线路出线接地开关的操作必须在调度确认线路各侧隔离开关断开且线路电压指示为零后方可操作。

（8）带高压电抗器侧变电站应同期并列，无电抗器侧变电站应先充电。

三、线路操作任务

线路停送电操作因其接线方式不同，操作方式有所区别，表 ZY1300301003-1 所列为线路停送电典型操作任务与操作内容，出线侧带有隔离开关的线路停送电典型操作任务与操作内容。

表 ZY1300301003-1　　线路停送电典型操作任务与操作内容

操 作 任 务	操 作 内 容
750kV ××线路 75×0（中）、75×1（边）断路器运行转热备用	（1）断开 75×0 断路器。 （2）断开 75×1 断路器
拉开 750kV 线路出线隔离开关	（1）检查 75×0 断路器确在断开位置。 （2）检查 75×1 断路器确在断开位置。 （3）拉开出线隔离开关

模块3　ZY1300301003

续表

操作任务	操作内容
合上750kV线路出线侧接地开关	（1）断开线路电压互感器二次空气断路器。 （2）验明确无电压。 （3）合上线路接地开关。 （4）退出线路保护
拉开750kV线路出线侧接地开关	（1）投入线路保护。 （2）拉开线路接地开关。 （3）合上线路电压互感器二次空气断路器
合上750kV线路出线隔离开关	（1）检查75×0断路器确在断开位置。 （2）检查75×1断路器确在断开位置。 （3）合上出线隔离开关
750kV ××线路75×1（边）、75×0（中）断路器热备用转运行	（1）同期合上75×1断路器。 （2）合上75×0断路器

四、案例

（1）运行方式。电气主接线如图ZY1300301003-1所示，750kV为3/2断路器接线，7056号史甲线、7051号史乙线运行，7531、7530、7532断路器运行，2号高压电抗器运行。

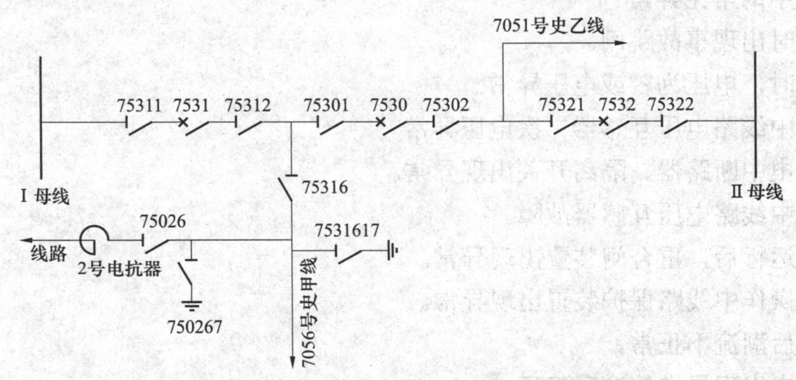

图ZY1300301003-1　线路带电抗器典型操作电气接线

（2）继电保护及自动装置配置。高压电抗器配置两套电气量保护、一套非电气量保护，均投入运行；750kV史甲线、史乙线两套线路保护、远跳保护、断路器辅助保护运行。

（3）操作任务。7056号史甲线线路运行转检修。

（4）操作方案。见表ZY1300301003-2。

表ZY1300301003-2　带线路隔离开关典型操作案例介绍

操作目的	操作步骤	注意事项
7056号史甲线7530、7531断路器运行转热备用	（1）检查7532断路器带负荷正常。 （2）断开7530断路器。 （3）断开7531断路器	（1）先中间断路器后母线侧断路器。 （2）检查同串内另一条线路的断路器带负荷情况
拉开7056号史甲线75316线路隔离开关	（1）检查7530断路器三相确在断开位置。 （2）检查7531断路器三相确在断开位置。 （3）检查史甲线线路电压指示为零。 （4）拉开75316隔离开关	拉隔离开关前应检查相应断路器确在断开位置
合上7056号史甲线7531617线路接地开关	（1）断开史甲线线路电压互感器二次小开关。 （2）验明确无电压。 （3）合上7531617接地开关并检查三相确已合好。 （4）断开75316隔离开关控制电源。 （5）退出史甲线线路保护	（1）采用间接验电，采用二元法验电。 （2）断开可能送电至检修设备的各侧操作能源

【思考与练习】

1. 3/2断路器接线停供电操作中，中断路器和边断路器操作顺序是如何规定的？为什么？

模块3 ZY1300301003

2. 750kV 线路带高压电抗器操作注意事项是什么？

3. 请根据图 ZY1300301003-1，试填写史甲线线路供电操作票（带有线路隔离开关）。

4. 请根据图 ZY1300301003-1，试填写 2 号高压电抗器停供电操作票。

模块 4 线路操作中的危险点源分析及异常处理（ZY1300301004）

【模块描述】本模块介绍线路、750kV 线路带高抗操作中的危险点源分析及控制措施，以及操作中出现异常时操作注意事项。通过异常介绍、注意事项讲解、列表说明、案例分析，能正确掌握线路、750kV 线路带高抗操作危险点源分析、控制措施以及异常时操作方法。

【正文】

750kV 超高压输电线路停、送电后，系统的有功、无功潮流将会发生变化，线路停送电应注意对相邻设备和电网可能造成的影响。线路运行方式的改变通过断路器、隔离开关的倒闸操作来改变，若在操作过程中出现异常，不采取正确措施强行操作，将会造成事故。

一、线路操作中的常见异常

（1）线路充电时出现事故跳闸。

（2）线路充电时，电压为零或电压异常。

（3）线路操作中线路电压互感器二次电压异常。

（4）线路停送电中断路器、隔离开关出现异常。

（5）线路操作中线路电压互感器故障。

（6）线路投入运行后，重合闸装置出现异常。

（7）线路送电操作中线路保护装置出现异常。

（8）线路合上后潮流不正常。

二、线路操作中出现异常的注意事项

（1）线路充电时出现事故跳闸，应停运线路，进行全面检查确定故障点。

（2）线路充电时，电压为零或电压异常，应检查电压互感器二次空气断路器是否跳闸，电压二次回路是否异常，电压互感器绝缘子有无放电，内部有无异常声响等，必要时应将其停运。

（3）线路操作中线路电压互感器二次电压异常，应考虑对保护装置的影响，必要时应汇报调度，并采取防止保护误动的措施。

（4）线路停送电操作中断路器、隔离开关出现异常时，参照断路器、隔离开关异常处理办法进行处理。

（5）线路投入运行后，重合闸装置出现异常，线路投入运行后重合闸装置不应投入运行。

（6）线路送电操作中线路保护装置出现异常时，应查明原因，再行供电。对于双重配置的线路保护，如果线路保护因通道异常，会引起保护误动的情况下，应查明原因后再合闸送电；如果其中一套保护装置异常，在确保另一套保护装置正常的情况下，将异常保护装置退出运行，线路可恢复运行，但应尽快查明保护装置异常原因，并尽快恢复。

（7）线路合上后潮流不正常，应立即终止操作检查负荷情况，并根据负荷情况按照调度命令是否继续执行。

三、危险点分析及预控措施

线路倒闸操作是系统改变运行方式常见的操作，通常对于大型变电站而言将会涉及两个及以上变电站或与发电厂间相互配合的操作。如果出现不正确操作将会造成电网异常运行或事故。带负荷拉合隔离开关、带电合接地开关的危险点及预控措施已在 ZY1300301002 模块中进行了分析，此处不再重复。表 ZY1300301004-1 介绍了线路停送电操作中的危险点及预控措施。

表 ZY1300301004-1　　线路停送电操作中的危险点及预控措施

危 险 点	原 因 分 析	控 制 措 施
走错间隔，造成非正常停电	走错间隔，未核对设备名称、编号	应正确核对设备名称、编号；在每步操作结束后，应由监护人向操作人提示下一步操作内容；执行一个操作任务中严禁换人
微机“五防”、监控系统功能异常，出现误操作隐患	微机“五防”、监控系统出现异常	（1）加强综合自动化系统维护，定期开展综合自动化系统功能测试和巡检。 （2）在测控装置上进行倒闸操作，不准随意解除闭锁装置，应严格按照《国家电网公司电力安全工作规程》，采取相应措施；逐级汇报经批准后，持操作票履行监护复诵制
电抗器缺相投入运行，造成系统三相电压不平衡	操作后未认真检查设备位置	设备送电过程中认真检查设备位置，确认线路电抗器隔离开关确在合闸位置
保护定值调整错误	保护定检或定值修改工作结束后，未核对定值或核对不认真	（1）保护定值区调整应按现场规程要求进行操作。 （2）定值调整结束后，应打印确认并与定值单核对无误
保护及自动装置误动、拒动	漏投退压板导致运行中线路故障不能被快速切除	（1）在断开断路器直流操作电源前必须根据要求投入线路保护屏上相应的位置停信压板或将断路器状态切换开关切至与断路器实际位置一致的状态。 （2）断路器重合闸根据要求改变方式

四、案例

以下介绍线路在检修转运行操作过程中，用边断路器给线路充电时，发现电压互感器异常不能运行，需要将电压互感器紧急停运的隔离处理操作方案。

（1）运行方式。电气主接线如图 ZY1300301003-1 所示，750kV 为 3/2 断路器接线，史乙线检修，史甲线运行，7530、7532、7531 断路器运行，2 号高压电抗器运行。

（2）继电保护及自动装置配置。史乙线、史甲线两套线路保护、远方跳闸保护、断路器辅助保护均运行，2 号电抗器两套电气量保护、一套电气量保护均运行。

（3）操作任务。史乙线检修转运行。

（4）处理方案。见表 ZY1300301004-2。

表 ZY1300301004-2　　线路充电电压互感器异常案例处理方案

操 作 方 案	方 案 说 明
（1）断开 7532 断路器。 （2）检查 7530 断路器确在断开位置。 （3）拉开 75302 隔离开关。 （4）拉开 75301 隔离开关。 （5）检查 7532 断路器确在断开位置。 （6）拉开 75321 隔离开关。 （7）拉开 75322 隔离开关。 （8）断开线路电压互感器二次空气断路器。 （9）在线路侧验明确无电压。 （10）合上 753267 线路接地开关。 （11）线路电压互感器两侧接地。 （12）做好安全措施	线路立即停电，将线路及电压互感器转检修，辅助操作人远离设备防止人身伤害事故发生，两侧同时停电线路转检修

【思考与练习】

1. 线路停供电操作中危险点可能有哪些？
2. 线路停供电操作中发生异常时操作注意事项是什么？
3. 试分析 750kV 线路带高压电抗器停供电操作中高压电抗器异常时如何操作。

第二十一章　变压器（高压电抗器）停送电

模块1　变压器停送电（ZY1300302001）

【模块描述】本模块介绍变压器停送电的操作原则和注意事项。通过要点归纳讲解、列表介绍、案例分析，能正确填写变压器停送电操作票并能进行标准化倒闸操作。

【正文】

电力变压器作为电力系统中重要的电气设备之一，其主要作用是变换电压，以利于功率的传输。750kV 变压器具有电压等级高、传输容量大等特点，由于其容量较大故采用分相式、无励磁调压。变压器的停送电倒闸操作涉及设备较多，倒闸操作较为复杂。

一、变压器操作原则及注意事项

（一）操作原则

（1）变压器停电操作一般应先停负荷侧，后停电源侧；送电操作时，先电源侧，后负荷侧，以防止变压器反充电。多侧电源的变压器，则应根据差动保护的灵敏度和后备保护情况等，正确选择操作步骤。停电操作一般按照低、中、高的顺序依次操作，送电时与此操作顺序相反。

（2）变压器停电操作可以采取以下两种操作方式：① 先将各侧断路器操作到断开位置，再逐一按照由低到高的顺序操作隔离开关到拉开位置（隔离开关的操作须按照先拉变压器侧隔离开关，再拉母线侧隔离开关的顺序进行）；② 先将变压器负荷侧由运行转冷备用，再将电源侧由运行转冷备用。

（3）变压器投运前，必须先投入冷却器，再接入负荷。为了避免油流静电造成的危害，冷却器应按负荷情况逐台投入相应的台数。强迫油循环冷却变压器在冷却器电源中断停止工作时，热点温度会很快上升，变压器绕组内部热量得不到有效散发，会影响变压器使用寿命。因此，变压器退出运行时，应先停变压器，冷却装置再运行一段时间，待油温不再上升后再停运。

（二）注意事项

变压器停送电操作较为复杂，其投入或退出运行对系统影响较大，操作应注意以下事项：

1. 变压器正常操作注意事项

（1）目前 750kV 变压器送电操作一般先将低压侧转为运行，然后从 330kV 侧对主变压器充电，750kV 侧同期合环；停电操作依次为先低压侧，后高压侧，最后中压侧。因此，当 750kV 配电装置为 GIS 时，在未进行 VFTO 测试和设备条件不许可的情况下，按照上述顺序对变压器进行停送电。

（2）站用变压器接于变压器低压侧运行时，主变压器停电之前，应根据本站站用交流系统运行方式，倒换站用系统。

（3）变压器低压侧接有电抗器、电容器等补偿装置，变压器停电前应先停用低压侧电抗器和电容器；对于两台并列运行的变压器且当一台变压器低压侧带负荷能力允许的情况下，可将需停用的变压器低压侧负荷倒至另一台变压器带。

（4）两台及以上变压器并列运行，其中一台变压器停电，应检查负荷情况，确保一台变压器停电后，不会导致运行变压器过负荷。

（5）变压器充电前，应投入充电用断路器的充电保护，充电正常后退出。

（6）变压器并列操作时应检查有关电气量符合并列条件。

（7）变压器在低温投运前，应检查呼吸器，防止因结冰被堵。

2. 大修后变压器操作注意事项

大修后变压器投入运行前，除应按照以上操作规定执行外，还应注意以下事项：

（1）大修后对变压器进行全电压冲击合闸3次，第一次冲击后变压器带电运行10min后断开，其后每次冲击带电和间隔时间各为5min；每次冲击后应检查变压器运行是否正常。

（2）大修后的变压器投入运行前应进行定相和核相，确认无误后方可投入。

3. 调压操作注意事项

变压器在正常运行时，由于负荷或电网中电压的变化，二次电压也会随之变化。电网中各点电压也会发生变化，而存在电压偏移，为了保证电网电压在合格范围内，需采取多种方式调整电压，变压器调压就是其中一种调压方式。

（1）有载调压是切换变压器分接头时，不需要将变压器从电网中退出运行，即可带负荷调压。有载调压变压器带有负荷调压装置，可以在变压器带负荷的情况下进行调压，有载调压变压器用于电压质量要求较严的地方，在电压超出规定范围时能在额定容量范围内自动调整电压。操作注意事项如下：

1）分接变换操作必须在一个分接变换完成后方可进行第二次分接变换。不可同时进行升压或降压操作。持续调压操作应至少间隔1min。操作时应同时观察电压表和电流表指示，不允许出现回零、突跳、无变化等异常情况，分接位置指示器及计数器的指示等都应有相应变动。

2）调压使用远方电气控制。当远方电气回路故障时，可使用就地电气控制或手动操作。当分接开关处于极限位置又必须手动操作时，必须确认操作方向无误后方可进行。

当变动分接开关操作电源后，在未确证相序是否正确前，禁止在极限位置进行电气操作。

调压过程中出现滑挡时，立即按下急停按钮，手动操作至标准挡位。

3）变压器过负荷时，禁止进行调压操作。

4）有载分接瓦斯异常时，禁止进行调压操作。

（2）无励磁调压是切换变压器分接头，需要将变压器从电网退出运行，即不带负荷调压，其调整电压的幅度较小，每改变一个分接头，电压调整量为额定电压的2.5%或5%。操作注意事项如下：

1）变压器必须停电，各侧做好安全措施的情况下进行。

2）手动调压时，应断开电动操动机构电源。

3）分接头挡位改变时，应反复切换至少3次以上，之后测量分接头绕组直流电阻和电压比合格后方可投入运行。

4. 相关二次操作注意事项

（1）3/2断路器接线方式，线路/变压器中间断路器停电检修，中间断路器辅助保护校验时，如果二次安全措施做得不到位，断路器辅助保护输出断路器失灵跳闸命令，将会造成主变压器三侧断路器或线路断路器误跳闸。为防止失灵保护误动作，应退出中间断路器失灵启动主变三侧断路器压板，亦应退出主变保护跳该断路器压板。

（2）主变压器差动用电流互感器检修时，若有二次接线变动或涉及回路的工作，主变压器充电时投入差动保护，充电后退出，待做完六角图验证二次接线正确后方可投入差动保护。若电流互感器二次极性或相序接反，会产生较大的不平衡电流，有可能引起差动保护误动作。

（3）主变压器充电时应投入充电用断路器的充电保护。

（4）拉开主变压器高压侧变压器侧隔离开关，750kV侧断路器需恢复完整串运行前应投入短引线保护；主变压器高压侧变压器侧隔离开关合上后，750kV侧断路器恢复完整串运行前应退出短引线保护。

（5）带有变压器侧隔离开关，变压器在检修状态下，750kV侧断路器恢复完整串运行时，为防止误跳750kV侧断路器，应退出变压器非电量保护。

（6）在主变压器重瓦斯及其二次回路上工作时，应将重瓦斯保护由跳闸改投信号。在工作结束，经充分排气后，方可将瓦斯保护改投跳闸。需要将变压器重瓦斯改投信号的工作参见二次操作模块。

二、变压器操作要求

（1）给变压器充电，除要求变压器具备完整的继电保护装置外，用于充电的断路器也应具备完整的继电保护。

（2）给变压器充电，充电电源电压不准超过变压器分接头挡位电压的10%，如有可能超过时应采取适当的降压措施后再充电。

（3）在中性点直接接地电网中，为防止高压断路器三相不同期时可能引起的过电压，变压器送电操作前，必须先将变压器中性点经隔离开关直接接地后，才可进行操作。

（4）并列运行的变压器，其直接接地中性点由一台变压器改到另一台变压器时，应先合上原不接地变压器的中性点接地开关后，再拉开原直接接地变压器的中性点接地开关。

三、变压器操作任务

变电站变压器停送电操作一般只涉及一个站的操作，通常调度指令为综合令，表 ZY1300302001-1介绍了 750kV 变压器典型操作任务。

表 ZY1300302001-1　　750kV 变压器典型操作任务

操 作 任 务	操 作 内 容
×号变压器运行转热备用	（1）计算其他主变压器是否过负荷。 （2）断开主变压器三侧断路器
×号变压器热备用转运行	（1）合上主变压器三侧断路器。 （2）检查主变压器负荷分配正常
×号变压器运行转冷备用	（1）计算其他主变压器是否过负荷。 （2）断开主变压器三侧断路器。 （3）拉开主变压器三侧隔离开关。 （4）退出主变压器、断路器保护装置
×号变压器冷备用转运行	（1）投入主变压器、断路器保护装置。 （2）合上主变压器三侧隔离开关。 （3）合上主变压器三侧断路器。 （4）检查主变压器负荷分配正常
×号主变压器由运行转检修	（1）计算其他主变压器是否过负荷。 （2）断开主变压器三侧断路器。 （3）拉开主变压器三侧隔离开关。 （4）断开主变压器电压互感器二次空气断路器。 （5）合上主变压器三侧接地开关。 （6）断开主变压器三侧断路器、隔离开关操作电源。 （7）断开主变压器冷却器电源开关。 （8）退出主变压器、断路器保护装置
×号主变压器由检修转运行	（1）投入退出变压器、断路器保护装置。 （2）合上主变压器冷却器电源开关。 （3）合上主变压器三侧断路器、隔离开关操作电源。 （4）拉开主变压器三侧接地开关。 （5）合上主变压器侧电压互感器二次空气断路器。 （6）合上主变压器三侧隔离开关。 （7）用断路器给主变压器充电。 （8）合上其他两侧断路器。 （9）检查主变压器负荷分配正常

四、案例

变压器的状态改变通常由运行→备用→检修，高、中压侧为 3/2 断路器接线方式，低压侧为单母线接线方式下，变压器由运行转检修的停送电操作的具体步骤如下：

（1）运行方式。电气主接线如图 ZY1300302001-1 所示，750kV 为 3/2 断路器接线，7510、7512断路器运行，1 号主变压器运行，330kV 为 3/2 断路器接线，3320、3321 断路器运行，66kV 为单母线接线，66kV 3 号、4 号低压电抗器运行，66kV 1 号站用变压器运行，6601 断路器运行。

（2）继电保护及自动装置配置。变压器配置两套电气量保护、一套非电气量保护，全部投入运行；变压器 750kV 侧、330kV 侧中间断路器配置重合闸装置，母线侧断路器无重合闸装置。

（3）操作任务。750kV 1 号主变压器运行转检修。

（4）操作方案。见表 ZY1300302001-2。

模块1 ZY1300302001

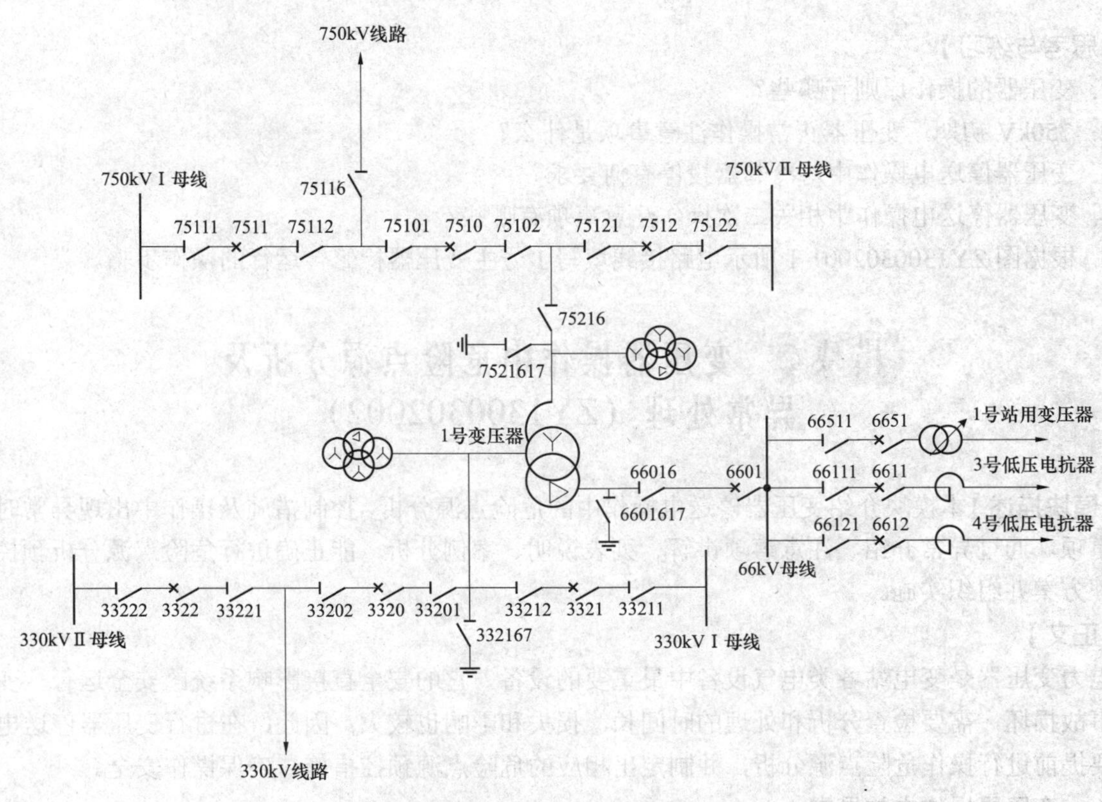

图 ZY1300302001-1　变压器电气主接线

表 ZY1300302001-2　　750kV 变压器停电操作方案

操作目的	操作步骤	注意事项
750kV 1 号主变压器 7510、7512 断路器运行转热备用	（1）检查 7511 断路器带负荷正常。 （2）断开 7510 断路器。 （3）断开 7512 断路器	（1）应事先将变压器低压侧负荷停用或倒换。 （2）检查同串内的另一断路器带负荷情况
拉开 750kV 1 号主变压器 75126 隔离开关	（1）检查 7510 断路器三相确在断开位置。 （2）检查 7512 断路器三相确在断开位置。 （3）检查 1 号主变压器高压侧电压指示为零。 （4）拉开 75126 隔离开关	拉合隔离开关之前必须检查断路器确在断开位置
1 号主变压器 66kV 侧 6601 断路器运行转冷备用	（1）断开 6601 断路器。 （2）拉开 66016 隔离开关	66kV 隔离开关为三相联动
1 号主变压器中压侧 3320、3321 断路器运行转冷备用	（1）切换主变压器冷却器方式。 （2）检查 3322 断路器带负荷正常。 （3）断开 3320 断路器。 （4）拉开 33201 隔离开关。 （5）拉开 33202 隔离开关。 （6）断开 3321 断路器。 （7）拉开 33212 隔离开关。 （8）拉开 33211 隔离开关	（1）注意主变压器冷却器方式切换，使冷却器继续运转。 （2）检查另一台断路器带负荷情况
1 号主变压器冷备用转检修	（1）断开 1 号主变压器高压侧电压互感器二次空气断路器。 （2）验明主变压器高压侧确无电压。 （3）合上 7512617 接地隔离开关。 （4）断开 1 号主变压器 330kV 侧电压互感器二次空气断路器。 （5）验明主变压器中压侧确无电压。 （6）取下 33201 隔离开关操动机构电源熔断器。 （7）取下 33212 隔离开关操动机构电源熔断器。 （8）验明主变压器低压侧确无电压。 （9）合上 6601617 接地隔离开关。 （10）断开 66016 隔离开关控制电源。 （11）断开 1 号主变压器冷却器电源开关	（1）断开主变压器 750、330kV 侧电压互感器二次开关。 （2）主变压器三侧验电接地。 （3）断开可能送电至检修设备的各侧操作能源。 （4）断开主变压器通风电源

【思考与练习】

1. 变压器的操作原则有哪些？
2. 750kV 初期，变压器正常操作注意事项是什么？
3. 变压器停送电操作中对冷却器投停有何要求？
4. 变压器停送电操作中相关二次操作注意事项有哪些？
5. 根据图 ZY1300302001-1 所示电路接线填写 1 号主变压器检修转运行的操作步骤。

模块 2 变压器操作中危险点源分析及异常处理（ZY1300302002）

【模块描述】本模块介绍变压器停送电操作中的危险点源分析、控制措施及操作中出现异常时操作注意事项。通过异常介绍、注意事项讲解、列表说明、案例分析，能正确进行危险点源分析预控、优化处理方案并组织实施。

【正文】

电力变压器是变电站各类电气设备中最重要的设备，它的安全直接影响系统的安全运行。变压器一旦事故损坏，需要检查分析和处理的时间长，损失和影响也较大。因此，在进行变压器停送电操作时，要提前进行操作危险点源分析，并制定出相应的危险点源预控措施，确保操作安全。

一、变压器操作中的异常

（1）变压器送电之前，冷却器出现异常。

（2）变压器充电过程中，差动保护、重瓦斯保护任意一套主保护动作。

（3）变压器供电后，750、330kV 任意一侧电压互感器异常。

（4）变压器送电前，差动或重瓦斯保护出现异常。

（5）变压器投运前，低压电抗器异常不能投入。

（6）变压器停送电操作中，出现断路器或隔离开关无法进行分合闸操作。

（7）变压器合闸带电后，出现异常声音并有爆破声时。

（8）在带上正常负荷后，变压器温度不正常，并不断升高。

二、变压器操作中出现异常的注意事项

（1）冷却器投运操作中出现异常（投不上、电源不能切换、冷却器不能转换），应查明原因尽快恢复，待冷却器运行正常后再投入变压器。

（2）变压器充电过程中，差动保护、重瓦斯保护任意一套主保护动作，应查明原因后方可将变压器再次投运。

（3）变压器供电后，750、330kV 任意一侧电压互感器异常，变压器应退出运行，待故障消除后再投入变压器。

（4）变压器差动或重瓦斯保护异常，应保证在有一套保护装置运行正常的情况下，将异常的差动或重瓦斯保护退出运行后，投入变压器。

（5）变压器投运前，低压电抗器异常不能投入，汇报调度限制 330kV 侧电压，若电压较高禁止投入变压器。

（6）变压器停送电操作中，出现断路器或隔离开关无法进行分合闸操作，按断路器和隔离开关的拒动进行处理。

（7）变压器合闸带电后，出现异常声音并有爆破声时，应立即停止运行。

（8）在带上正常负荷后，变压器温度不正常，并不断升高时，应立即停止运行。

（9）变压器故障跳闸后，为了避免变压器内部故障部位产生的炭粒和金属微粒随着油流扩散到变压器各处，增加修复难度，应立即切断冷却器电源。

三、变压器特殊操作注意事项

三绕组变压器任何一侧退出运行，其他两侧均能正常运行，但应注意以下事项：

（1）任意一侧停止运行，应有明显的断开点确保作业人员人身安全。

（2）高压侧或中压侧停止运行，应退出失灵启动主变压器三侧保护压板防止误动。

（3）应根据运行方式考虑继电保护的运行方式和整定值。

（4）变压器低压侧为三角形接线，一侧退出运行后应投入低压电抗器。

四、危险点分析及控制措施

变压器作为电力系统中的大型设备，其操作应严格遵守操作规程的各项规定，否则将危及变压器的安全运行，严重影响变压器的使用寿命。表 ZY1300302002-1 所列为变压器操作中常见危险点分析及预控措施。

表 ZY1300302002-1　　变压器操作中常见危险点分析及预控措施

危险点	原因分析	预控措施
停运一台变压器时，另一台变压器过负荷	停运一台变压器时，未考虑另一台变压器是否会过负荷，造成另一台变压器过负荷	应严格按照现场运行规程及负荷情况计算一台变压器停运后，是否会造成另一台变压器过负荷
停电后立即将主变压器冷却器停止运行，变压器过热减少其使用寿命	停电后立即将主变压器冷却器停止运行	变压器停电后应将冷却器切至试验位置运转 30min，待变压器冷却后停运
主变压器高压侧断路器停电，失灵启动相邻断路器压板未退出，相邻断路器失灵启动该断路器的压板未退出	—	操作前，根据操作任务检查有关保护，停电时按照规程要求停用有关保护的相应压板
送电前冷却器装置未投入，危及变压器安全运行	送电前冷却器装置未投入	送电前应按要求将冷却器投入提前运行 15min
变压器合闸送电发生故障时不能切除故障造成主变压器损坏	送电前变压器保护未投入或漏投	送电前应按照定值单要求将保护全部投入运行
保护误动作	操作顺序错误	严格遵循变压器停送电操作原则

五、案例

下面介绍主变压器异常时、特殊电网运行方式下特殊操作案例。

案例 1：变压器重瓦斯保护动作跳闸操作案例。

（1）运行方式。电气主接线如图 ZY1300302001-1 所示。750kV 为 3/2 断路器接线，7510、7512 断路器运行，1 号主变压器运行；330kV 为 3/2 断路器接线，3320、3321 断路器运行；66kV 为单母线接线，66kV 3 号、4 号低压电抗器运行，66kV 1 号站用变压器运行，6601 断路器运行。

（2）继电保护及自动装置配置。变压器配置 RCS-978、RCS-917 两套电气量保护，RCS-974 一套非电气量保护，全部投入运行；变压器 750kV 侧、330kV 侧中间断路器配置重合闸装置运行。

（3）操作任务。1 号主变压器转检修（7512、7510、3321、3320、6601 断路器因故障跳闸）。

（4）操作方案。见表 ZY1300302002-2。

表 ZY1300302002-2　　750kV 主变压器重瓦斯保护动作跳闸操作案例

操作方案	操作说明
（1）断开变压器冷却器电源。 （2）检查 7510、7512 断路器确在断开位置。 （3）拉开 75126 隔离开关。 （4）检查 3320、3321 断路器确在断开位置。 （5）拉开 33201、33202、33211、33212 隔离开关。 （6）检查 6601 断路器确在断开位置。 （7）拉开 66016 隔离开关。 （8）验明变压器低压侧确无电压。 （9）合上 7512617 接地开关。	（1）主变压器故障跳闸后应停用冷却器。 （2）检查变压器三侧断路器确在断开位置。 （3）变压器故障后，将故障变压器隔离，做好安全措施

续表

操 作 方 案	操 作 说 明
（10）验明变压器中压侧确无电压。 （11）合上变压器 332167 接地开关。 （12）验明变压器高压侧确无电压。 （13）合上 7512617 接地开关。 （14）断开变压器三侧隔离断路器控制及电机电源小开关。 （15）退出变压器保护	（1）主变压器故障跳闸后应停用冷却器。 （2）检查变压器三侧断路器确在断开位置。 （3）变压器故障后，将故障变压器隔离，做好安全措施

案例 2：变压器充电时故障跳闸操作案例。

（1）运行方式。电气主接线如图 ZY1300302001-1 所示。750kV 为 3/2 断路器接线，7510、7512 断路器运行，1 号变压器压器冷备用；330kV 为 3/2 断路器接线，3320、3321 断路器冷备用；66kV 为单母线接线，66kV 3 号、4 号低压电抗器运行，66kV 1 号站用变压器冷备用，6601 断路器运行。

（2）继电保护及自动装置配置。变压器配置 RCS-978、RCS-917 两套电气量保护，RCS-974 一套非电气量保护，全部投入运行；变压器 750kV 侧、330kV 侧中间断路器配置重合闸装置，靠母线侧断路器无重合闸装置。7512、7510 断路器短引线保护投入运行。

（3）操作任务。1 号变压器由检修转运行（RCS-978 微机保护因不能躲过励磁涌流差动保护动作跳闸，3321、6601 断路器在分闸状态，变压器无故障）。

（4）操作方案。见表 ZY1300302002-3。

表 ZY1300302002-3　　750kV 变压器压器充电时故障跳闸操作案例

操 作 方 案	方 案 说 明
（1）检查 3321 断路器在断开位置。 （2）检查 6601 断路器在断开位置。 （3）断开主变压器冷却器电源。 （4）合上 6601 断路器。 （5）合上主变压器冷却器电源。 （6）合上 3321 断路器。 （7）检查变压器充电正常。 （8）合上 3320 断路器。 （9）合上 7512 断路器。 （10）合上 7510 断路器。 （11）投入变压器中间断路器重合闸	（1）检查变压器 750kV 侧、330kV 侧、66kV 侧设备及变压器正常，试送主变压器。 （2）故障查明后变压器投入运行前先投入变压器冷却器

案例 3：750kV 变压器高压侧停电操作案例。

（1）运行方式。电气主接线如图 ZY1300302001-1 所示。750kV 侧为 3/2 断路器接线，7510、7512 断路器运行，1 号主变压器运行；330kV 侧为 3/2 断路器接线，3320、3321 断路器运行；66kV 为单母线接线，66kV 3 号、4 号低压电抗器运行，66kV 1 号站用变压器运行，6601 断路器运行。

（2）继电保护及自动装置配置。变压器配置 RCS-978、 RCS-917 两套电气量保护，RCS-974 一套非电气量保护，全部投入运行；变压器 750kV 侧、330kV 侧中间断路器配置重合闸装置，靠母线侧断路器无重合闸装置。

（3）操作任务。750kV 1 号主变压器运行，750kV 高压侧停电。

（4）操作方案。见表 ZY1300302002-4。

表 ZY1300302002-4　　750kV 主变压器高压侧停电操作案例

操 作 方 案	方 案 说 明
（1）检查变压器带负荷正常。 （2）退出 7510 重合闸。 （3）断开 7510 断路器。 （4）断开 7512 断路器。 （5）拉开 75126 隔离开关。 （6）拉开 7510 断路器两侧隔离开关。 （7）拉开 7512 断路器两侧隔离开关。	变压器不停电，高压侧停电属变压器特殊操作，这种运行方式下应注意后备保护功能的操作，同时应退出失灵启动相邻断路器压板和相邻断路器失灵启动该断路器的压板

续表

操作方案	方案说明
（8）7510 断路器转检修。 （9）7512 断路器转检修。 （10）退出变压器高后备保护。 （11）退出 7510、7512 断路器失灵启动主变压器三侧压板。 （12）退出 7511 断路器失灵启动 7510 断路器压板	变压器不停电，高压侧停电属变压器特殊操作，这种运行方式下应注意后备保护功能的操作，同时应退出失灵启动相邻断路器压板和相邻断路器失灵启动该断路器的压板

【思考与练习】

1. 变压器操作中危险点有哪些？如何做好预控措施？
2. 变压器操作中出现异常时注意事项是什么？

模块 3　高压电抗器停送电（ZY1300302003）

【模块描述】本模块介绍高压电抗器停送电的操作原则和注意事项。通过归纳讲解、列表说明、案例介绍，能正确填写高压电抗器停送电操作票，能进行标准化倒闸操作。

【正文】

高压电抗器按照接线方式分为线路并联高压电抗器和母线并联高压电抗器。线路并联高压电抗器主要用于补偿超高压长线路对地电容电流，限制工频过电压和操作过电压，对于采用单相重合闸的系统，可以限制和消除单相接地处的潜供电流，易于电弧熄灭，有利于重合闸重合成功。母线并联高压电抗器主要用于轻载时补偿容性无功功率，限制母线电压之用。

一、高压电抗器操作原则及注意事项

（一）操作原则

（1）3/2 断路器接线方式中，高压电抗器通过断路器接入母线。高压电抗器的投退应根据系统电压情况按照调度命令进行投退；当母线电压低于调度下达的电压曲线时，应退出电抗器。

（2）接于母线上的高压电抗器，母线停电时先退出高压电抗器；送电时，待母线送电正常后，投入高压电抗器。

（3）通过断路器接入母线的高压电抗器主要用于无功控制，可根据系统电压情况进行投退。

（二）注意事项

（1）高压电抗器的投退应根据调度命令执行。

（2）严禁空母线运行时投入高压电抗器。

（3）高压电抗器停电应先断开电抗器，再拉开隔离开关，送电操作顺序与此相反。严禁用隔离开关拉合高压电抗器。

（4）高压电抗器侧断路器停电检修，为防止失灵误启动母线元件，应退出该断路器失灵启动母差保护压板，亦应退出母差失灵保护启动该断路器压板。

（5）高压电抗器送电前，一、二次设备应验收合格，试验数据合格。送电操作时，全保护投入，冷却器投入，检查确无短路接地。

（6）高压电抗器差动用电流互感器检修过程若有二次接线变动，电抗器充电时投入差动保护，充电后退出，待做完六角图无误后方可投入差动保护。

（7）对高压电抗器充电时应有完善的继电保护，尤其差动、重瓦斯主保护投跳闸，同时应投入断路器充电保护，充电正常后退出。

（8）新投或大修后高压电抗器应进行 5 次全电压合闸冲击试验，第一次充电 10min，间隔 10min；其余 4 次充电 5min，间隔 5min。

二、操作任务

750kV 电抗器通过隔离开关并接于 750kV 线路上，线路高压电抗器（无专用断路器）投退操作必须在线路冷备用或检修状态下进行，750kV 同塔双回线路，线路高压电抗器（无专用断路器）投停操

作必须在线路检修状态下进行。

并接于超高压母线上的高压电抗器操作按照方式要求进行改变，表 ZY1300302003-1 所列为高压电抗器典型操作任务。

表 ZY1300302003-1 高压电抗器典型操作任务

操作任务	操作内容
×号高压电抗器运行转检修	（1）断开××断路器。 （2）拉开×××隔离开关。 （3）电抗器两侧接地。 （4）断开断路器及隔离开关操作电源。 （5）退出电抗器保护
×号高压电抗器运行转冷备用	（1）断开××断路器。 （2）拉开×××隔离开关。 （3）退出电抗器保护

三、案例

高压电抗器操作较为简单，其投退操作一般根据电网电压变化，按照调度命令执行。下面介绍母线并联高压电抗器停电倒闸操作的具体操作步骤。

（1）运行方式。电气主接线如图 ZY1300302003-1 所示。330kV 为 3/2 断路器接线，330kV 3 条线路运行，3311、3310、3321、3320、3322 断路器运行；330kV 1 号高压电抗器运行，3301 断路器运行。

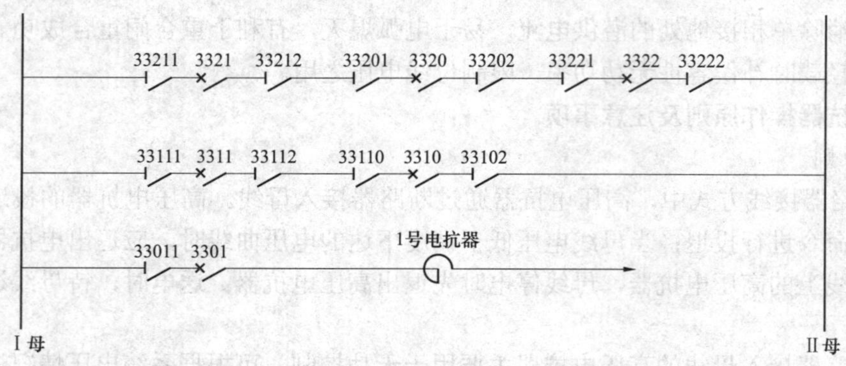

图 ZY1300302003-1 高压电抗器电气接线

（2）继电保护及自动装置配置。高压电抗器配置两套电气量保护、一套非电气量保护，全部投入运行，断路器辅助保护运行。

（3）操作任务。330kV 1 号高压电抗器运行转检修。

（4）操作方案。见表 ZY1300302003-2。

表 ZY1300302003-2 高压电抗器停电倒闸操作

操作目的	操作步骤	注意事项
330kV 1 号电抗器运行转检修	（1）断开 3301 断路器。 （2）拉开 33011 隔离开关。 （3）在电抗器高低压侧验明确无电压。 （4）将电抗器高低压侧分别接地。 （5）断开 3301 断路器及 33011 隔离开关的操作电源。 （6）退出电抗器、断路器保护装置	（1）电抗器侧断路器没有重合闸装置。 （2）电抗器转检修应在高低压侧分别做好安全措施

【思考与练习】

1. 简述高压电抗器操作基本原则。
2. 简述高压电抗器操作注意事项。
3. 简述高压电抗器简单操作步骤。
4. 试填写高压电抗器检修后供电操作票。

模块4　高压电抗器操作中危险点源分析及异常处理（ZY1300302004）

【模块描述】本模块介绍高压电抗器停送电操作中的危险点源分析及控制措施，操作中出现异常时操作注意事项。通过要点讲解和案例介绍，能正确进行危险点源分析预控、优化处理方案并组织实施。

【正文】

并接于系统上的高压电抗器，在运行中出现严重过热、内部爆裂声、套管出现裂纹或放电、故障跳闸等异常现象时，需要紧急停运。虽然高压电抗器倒闸操作较为单一，但操作不当也会引发事故。应严格遵循倒闸操作基本原则，防止事故扩大。操作时应严格按照顺序执行，运行或操作中出现异常应采取正确措施进行设备隔离。

一、高压电抗器操作中异常情况及其注意事项

（1）高压电抗器禁止在空载母线上运行，防止产生谐振过电压。

（2）高压电抗器供电之前，油温或绕组测温装置异常时，应查明原因并消除异常后方可继续操作。

（3）高压电抗器充电过程中，差动保护、重瓦斯保护任意一套主保护动作，应查明原因后方可将电抗器再次投运。

（4）操作中综合自动化系统异常，应采取应对措施，严禁解锁操作。

（5）高压电抗器供电前，差动或重瓦斯保护异常，应保证在有一套主保护装置运行正常的情况下，将异常的差动或重瓦斯保护退出运行后，投入电抗器。

（6）电抗器有明显异常时待处理正常后投入运行。

（7）操作中出现电抗器内部声响异常、喷油等故障时应立即将其停止运行。

二、高压电抗器操作危险点分析及控制措施

高压电抗器倒闸操作较为简单，但是作为电力系统中的大型设备之一，倒闸操作仍然存在不安全因素，在倒闸操作中应避免。其危险点如下：

（1）并接于系统上的高压电抗器停送电操作顺序错误。应立即终止操作，采取措施。

（2）带负荷拉合隔离开关，造成设备事故。正确填写倒闸操作票，严格执行监护复诵制，正确操作。严禁随意解锁，确实需要解锁时应由防误操作装置专责人到场核实无误并签字后，由运行人员报告当值调度员，方能进行解锁操作。操作前，认真执行“三核对”。

（3）电抗器电流回路检查试验或改接线后，TA 极性接反，造成送电后跳闸。应正确校核电流互感器二次极性，防止电抗器带负荷差动保护误动作。

（4）误投退或漏投保护压板，设备故障时造成事故扩大，损坏设备。正确准备操作票，严格执行监护复诵制，正确操作。熟悉各保护压板功能。

（5）通过隔离开关接于线路外侧的高压电抗器的操作。必须在线路两侧停电状态下才能操作高压电抗器隔离开关及高抗侧线路隔离开关。

三、案例

高压电抗器在故障跳闸或紧急情况下需要停运，对于异常在采取有效措施的情况下，进行正确倒闸操作。下面介绍高压电抗器在转检修过程中高压电抗器断路器异常不能分闸时的操作方案。

（1）运行方式。电气主接线如图 ZY1300302003-1 所示。330kV 为 3/2 断路器接线，330kV 3 条线路运行，3311、3310、3321、3320、3322 断路器运行；330kV 1 号高压电抗器运行，3301 断路器运行。

（2）继电保护及自动装置配置。高压电抗器配置两套电气量保护、一套非电气量保护，全部投入运行，断路器辅助保护运行。

（3）操作任务。330kV 1 号高压电抗器运行转检修。

（4）操作方案。见表 ZY1300302004-1。

表 ZY1300302004-1 高压电抗器异常操作案例

操作方案	操作说明
（1）断开 3301 断路器控制电源。 （2）断开 3311 断路器。 （3）断开 3321 断路器。 （4）拉开 33011 隔离开关。 （5）投入 3311 断路器充电保护。 （6）合上 3311 断路器。 （7）合上 3321 断路器。 （8）退出 3311 断路器充电保护。 （9）3301 断路器转检修。 （10）退出高压电抗器、断路器保护装置	（1）断路器异常时应断开断路器控制电源。 （2）断路器异常不能强行操作，必须从上一级电源断开

【思考与练习】

1. 简述高压电抗器操作危险点分析。
2. 简述高压电抗器异常时操作注意事项。
3. 以案例试分析高压电抗器异常时的操作方法。
4. 高压电抗器电流互感器二次极性接反，高压电抗器投入运行后将会出现什么情况？

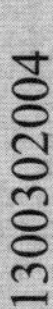

第二十二章 母线停送电

模块1 母线一般停送电（ZY1300303001）

【模块描述】本模块介绍母线停送电操作的基本原则及注意事项，母线操作前的准备以及母线操作的标准、基本步骤等内容。通过要点讲解、列表说明、案例分析，能够正确填写母线停送电操作票并能进行母线停送电操作。

【正文】

母线是电网汇集和分配电能的重要载体，其连接元件较多，倒闸操作相对复杂， 一旦发生操作失误将造成严重后果。因此，操作前运行人员应做好充分准备。

母线操作主要是指母线的停电、送电。直接接入母线的避雷器、电压互感器的操作包含在母线操作中。

一、母线操作原则及注意事项

（一）一般原则

（1）停电操作时应先断开母线上连接的所有断路器，将母线转为“热备用”状态，然后再依次断开各断路器两侧隔离开关，断开母线电压互感器二次断路器，将母线转为“冷备用”状态。最后再根据需要将母线接地，转为“检修”状态。

（2）送电操作时，应先拆除母线上的安全措施，检查母线保护投入正确，合上母线各断路器两侧隔离开关和母线电压互感器二次断路器，再选用其中一台断路器对母线进行充电操作。母线充电正常后，再将母线上其他各断路器转为“运行”状态。

（3）母线停电检修时，应将母线电压互感器从二次侧断开。

（4）当母线上接有并联电抗器、电容器时，停电前应先将电抗器、电容器退出运行。母线送电后再根据电压情况和调度命令将电抗器、电容器投入运行。

（二）注意事项

1. 3/2 断路器接线方式母线操作的注意事项

（1）在断开母线侧断路器操作电源前应投入相应断路器辅助保护柜上的“位置停信压板”或将相应线路微机保护装置上的“断路器状态开关”切至“边断路器检修”位置。

（2）GIS 母线在进行停送电操作时，还应考虑快速暂态过电压（VFTO）的影响，必要时可变换操作顺序，可采用“带电冷备用”的运行方式（即断路器分闸后，其有电侧的隔离开关在合闸位置，而无电侧隔离开关在拉开位置），以减少投切空载母线产生 VFTO 的概率，以防造成设备损坏。

2. 单母线接线操作注意事项

750kV 变电站的 66kV 侧一般采用以主变压器为单元的单母线接线，接有无功补偿装置和站用变压器。低压侧母线一般随变压器同时停送电。母线操作时应注意：

（1）停运前，应先将连接在该段母线上的站用变压器负荷转移。

（2）送电时，应先使用断路器向 66kV 空母线充电，充电前应检查主变压器低后备保护投入正确。母线充电正常后再根据调度命令依次将 66kV 电抗器、电容器、站用变压器送电。

（3）不宜用断口带有均压电容的断路器向带电磁式电压互感器的空母线充电，以防止产生谐振，现场应当根据运行经验改变操作顺序或者根据试验结果采取防止谐振的措施。

二、母线操作要求

（1）母线转“检修”状态后，应断开该母线上各断路器操作电源，不允许断开相关线路或变压器保护装置电源。

（2）母线充电操作应用断路器进行，充电前必须投入断路器的充电保护压板，充电正常后退出。不得用隔离开关对母线充电。

（3）如必须使用隔离开关拉、合空母线时，需要事先经过试验验证并有明确规定，同时进行必要的检查，确认母线正常、绝缘良好确无故障。

（4）母线送电前应检查母线及连接在母线上的设备确无遗留物，有关安全措施确已拆除，接地线确已拆除，接地开关确已拉开。

（5）母线充电操作后应检查母线及母线上的设备情况，包括检查母线上所连电压互感器、避雷器等元件充电正常，同时还应检查母线电压指示正常。

三、母线典型操作任务及内容

变电站母线的操作一般只涉及本站内设备，调度令通常为综合指令，运行人员应根据具体的任务拟定操作票。表 ZY1300303001-1 所列为 750kV 变电站母线典型操作任务和操作内容。

表 ZY1300303001-1　　750kV 变电站母线典型操作任务和操作内容

操作任务	操作内容
××kV×母线运行转检修	（1）断开母线上连接的所有断路器。 （2）拉开各断路器两侧隔离开关。 （3）合上各可能来电侧接地开关（或装设接地线）。 （4）母线电压互感器、避雷器退出运行。 （5）退出母线保护和相关断路器辅助保护
××kV×母线检修转运行	（1）投入母线保护和相关断路器辅助保护。 （2）拉开各侧接地开关（或拆除接地线）。 （3）投入母线电压互感器、避雷器。 （4）合上各断路器两侧隔离开关。 （5）合上母线各断路器（检修要求不能合或方式明确不合的断路器除外）。 （6）根据调度命令投入母线上的电抗器、电容器
××kV×母线运行转热备用	断开母线上连接的所有断路器，其他设备保持原运行状态
××kV×母线热备用转运行	（1）合上母线上除检修要求或方式明确不能合的断路器以外的其他断路器。 （2）母线上的电抗器、电容器根据调度命令投入
××kV×母线运行转冷备用	（1）断开母线连接所有断路器。 （2）拉开各断路器两侧隔离开关。 （3）母线电压互感器、避雷器退出运行。 （4）退出母线保护和相关断路器辅助保护
××kV×母线冷备用转运行	（1）退出母线保护和相关断路器辅助保护。 （2）母线电压互感器、避雷器等投入运行。 （3）合上各断路器两侧隔离开关。 （4）合上母线各断路器（检修要求不能合或方式明确不合的断路器除外）。 （5）母线上的电抗器、电容器根据调度命令投入

四、案例

下面以 3/2 断路器接线方式和单母线线接线方式下，母线进行检修工作为例，介绍母线停电操作的步骤和方法。

案例 1：3/2 断路器接线方式的母线运行转检修操作。

（1）运行方式。750kVⅠ、Ⅱ母及 1、2 串设备全部运行，L1、L2、L3 线路和 1 号主变压器运行，接线如图 ZY1300303001-1 所示。

（2）保护及自动装置配置。两套独立母差保护，型号为 RCS915E、WMH800A；线路保护型号 RCS-931BM，CSC-103A；线路重合闸按断路器配置、单重方式、母线侧断路器投先合。

（3）操作任务。750kV Ⅱ母运行转检修。

（4）操作方案。见表 ZY1300303001-2。

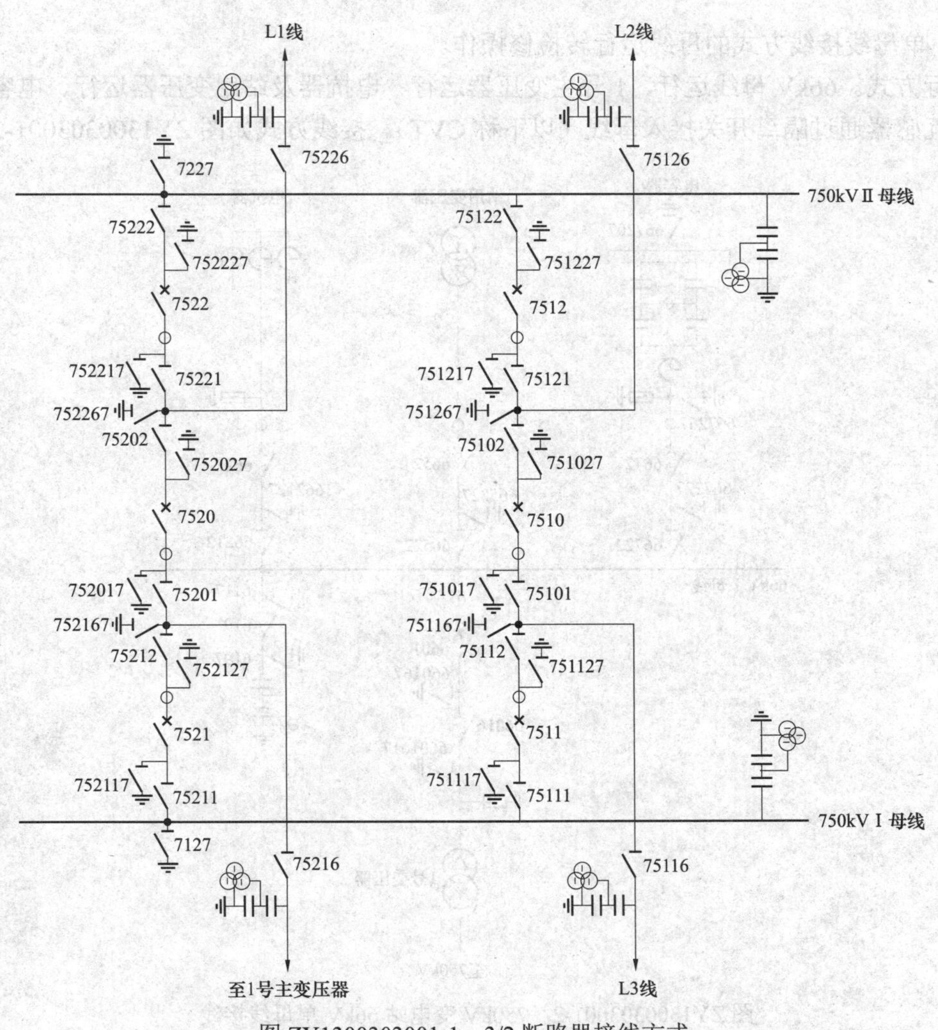

图 ZY1300303001-1　3/2 断路器接线方式

表 ZY1300303001-2　　　3/2 断路器接线方式 750kV Ⅱ母停电检修操作方案

操 作 目 的	操 作 步 骤	注 意 事 项
母线运行转热备用	（1）检查 7510 断路器带负荷正常。 （2）断开 7512 断路器。 （3）检查 7512 断路器确已断开。 （4）检查 7520 断路器带负荷正常。 （5）断开 7522 断路器。 （6）检查 7522 断路器确已断开	（1）断开母线侧断路器前根据现场要求将相应中间断路器的重合闸投入到“先合”。 （2）断开母线侧断路器前检查中间断路器带负荷正常，防止甩负荷
母线热备用转冷备用	（1）拉开 75222 隔离开关。 （2）拉开 75221 隔离开关。 （3）检查 7512 断路器确在断开位置。 （4）拉开 75122 隔离开关。 （5）拉开 75121 隔离开关	正常运行中电动操作的隔离开关、接地开关的电机电源在断开位置，拉、合前应合上，操作完毕后断开；此处不一一列举
母线冷备用转检修	（1）将 L2 线路 RCS-931BM、CSC-103A 保护柜断路器位置切换开关由“正常”切至“边开关检修”位置。 （2）将 L1 线路 RCS-931BM、CSC-103A 保护柜断路器位置切换开关由“正常”切至“边开关检修”位置。 （3）检查 75122 隔离开关确在拉开位置。 （4）检查 75222 隔离开关确在拉开位置。 （5）检查 750kVⅡ母线电压指示为零。 （6）合上 7227 接地开关并检查其确已合好。 （7）断开 750kVⅡ母线 CVT 所有电压二次小开关。 （8）退出 750kVⅡ母线保护所有压板。 （9）断开 7522、7512 断路器的操作及电机电源	（1）将有关线路保护屏上的断路器状态切换开关切至“边开关检修”位置。 （2）无法直接验电时采用间接验电，检查两个及以上指示同时发生相应变化后可确认母线无电。 （3）断开母线上断路器及隔离开关的操作电源

案例 2：单母线接线方式的母线运行转检修操作。

（1）运行方式。66kV 母线运行，1 号主变压器运行、电抗器及站用变压器运行、电容器热备用，电容式电压互感器通过隔离开关接入母线（以下称 CVT）。接线方式如图 ZY1300303001-2 所示。

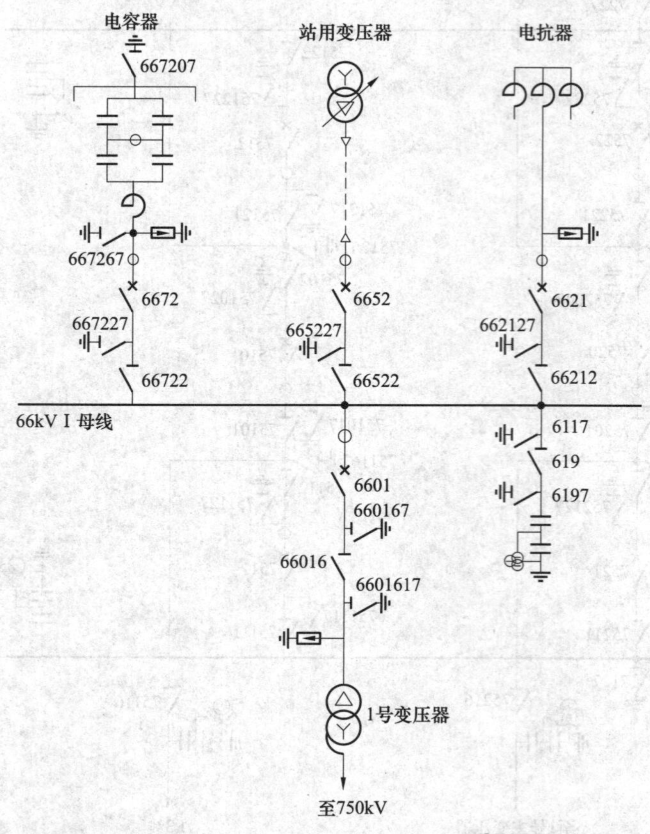

图 ZY1300303001-2　750kV 变电站 66kV 单母线接线

（2）保护及自动装置配置。没有独立母线保护，母线测控、主变压器故障录波器、主变压器后备保护、其他 66kV 设备保护需用 66kV 母线电压互感器二次电压。

（3）操作任务。66kV Ⅰ 母线运行转检修。

（4）操作方案。见表 ZY1300303001-3。

表 ZY1300303001-3　　66kV 单母线停电检修操作方案

操 作 目 的	操 作 项 目	注 意 事 项
将母线上的各支路逐个转冷备用，母线转冷备用	（1）将站用变压器“运行”转“冷备用”。 （2）将电容器“运行”转“冷备用”。 （3）将电抗器“运行”转“冷备用”。 （4）主变低压侧断路器“运行”转“冷备用”。 （5）拉开 619 隔离开关，母线电压互感器转冷备用	（1）66kV 母线运行转检修的操作按分项令执行，每个操作任务单独填写一张操作票。 （2）母线停电前将站用变压器负荷转移至其他站用变压器带，防止站用交流消失。 （3）退出电压互感器前投入主变压器保护屏上的低压侧电压退出压板
母线冷备用转检修	（1）合上母线接地开关或装设接地线。 （2）断开母线所连接断路器及所属隔离开关的操作电源	隔离开关为带双接地开关的结构时合母线接地开关一定要认真核对编号，防止误合接地开关

【思考与练习】

1. 简述母线操作的原则。

2. 母线操作有哪些要求？

3. 写出图 ZY1300303001-1 所示 750kV 变电站 3/2 断路器接线 Ⅰ 段母线由“检修”转“运行”操作的操作票。

4. 66kV 母线停电应注意哪些事项？操作顺序是什么？

模块 2　母线操作中的危险点源分析及异常处理（ZY1300303002）

【模块描述】本模块介绍母线操作中的危险点源分析及预控措施，操作中出现异常时的操作注意事项等内容。通过异常介绍、注意事项讲解、列表说明、案例分析，能正确进行危险点源分析预控、优化处理方案并组织实施。

【正文】

由于母线连接元件多，倒闸操作较为复杂，工作量大，操作中出现问题的几率也较高。操作任务、运行方式和接线方式不同，操作中的危险点也各有不同。操作前，应做好充分准备，操作中出现异常时准确判断，采取有效措施消除，防止异常情况扩大。

一、操作中的常见异常

（1）母线充电操作发生跳闸。

（2）操作中断路器、隔离开关拒绝分闸、合闸。

（3）操作中发生谐振。

（4）母线保护异常。

（5）母线电压互感器二次电压异常。

（6）操作中出现过电压。

二、操作中出现异常时的注意事项

（1）母线充电操作过程中，若发生跳闸，应立即停止操作，仔细检查被充电母线及母线所连接的元件。在故障原因未查明之前严禁对母线再次充电。

（2）母线停送电操作过程中，若发生断路器、隔离开关拒分、拒合，不可强行操作，应分析原因，确因设备本体故障，则应保持此隔离开关、断路器的状态，做好安全措施后，待检修人员检查处理。其断路器、隔离开关拒绝分、合闸的异常处理应参照模块 ZY1300402006［高压断路器（GIS）电气设备异常处理模块］、ZY1300402007（高压隔离开关、接地开关异常处理模块）的方法进行检查处理。

（3）母线送电操作过程中，若发生谐振，应采取措施破坏谐振的条件。如：空母线充电操作后出现谐振时可立即拉开该充电用断路器，也可立即投入母线上的电容器或电抗器破坏谐振的条件，消除谐振。

（4）母线送电操作过程中，若两套母线保护异常均不能正常投运，则不能将该母线加运；若只有一套母线保护不能投入时，在保证另一套母线保护正常运行的条件下可将母线送电，此时应做好相应的防范措施。

（5）母线充电后若母线二次电压指示为零、过高、偏低或摆动，应检查母线电压互感器二次空气断路器是否跳闸、二次回路是否存在短路现象、是否发生谐振等，根据不同情况采取措施处理，严防造成非同期合闸。

（6）母线送电操作过程中，若出现操作过电压，应检查站内设备是否正常、有无闪络及避雷器的动作情况，分析过电压产生的原因，及时向调度汇报。

三、母线操作的危险点及预控措施

母线操作的危险点是可能发生带负荷拉合隔离开关、带地线合闸、误合接地开关等误操作事故；向空载母线充电时电磁式电压互感器与断路器断口电容形成谐振及用隔离开关拉、合 GIS 空母线出现操作陡波过电压（VFTO）等。表 ZY1300303002-1、表 ZY1300303002-2 所列是 3/2 断路器接线方式和单母线接线方式下母线操作过程中常见危险点的简要分析。

（一）3/2 断路器接线母线操作危险点分析及预控措施

表 ZY1300303002-1 3/2 断路器接线母线操作危险点分析及预控措施

危险点	原因分析	控制措施
甩负荷	断开母线侧断路器前未检查中间断路器及相关进出线带负荷正常	(1)母线侧断路器停电前应检查中间断路器及本串进出线带负荷正常，并在操作票中记录带负荷的电流数值。 (2)负荷分配不正常应查明原因再操作。 (3)在退出电压互感器前应检查母线上所有断路器确已全部断开，母线电压指示为零
带电合接地开关	母线侧主隔离开关带双接地开关，未核对设备编号、位置，走错间隔	(1)操作中严格执行“复诵、三核对”。 (2)接地前必须验明确无电压。 (3)严禁随意解除闭锁装置或野蛮操作
保护及自动装置误动、拒动	漏投退压板或未切换断路器状态开关，导致运行中线路故障不能被快速切除	(1)投入相关保护屏上的位置停信压板或将断路器状态切换开关切至与断路器实际位置一致的状态。 (2)断路器重合闸根据要求改变先、后合方式
人员触电	未执行操作要求；电压互感器二次未隔离	(1)断开断路器直流操作电源、信号电源、操动机构电源等。 (2)取放熔断器应戴干燥的线手套。 (3)停电母线的电压互感器必须将二次侧完全断开
运行中的断路器误跳闸	未按要求将相关保护退出运行；调试前未做好相应的隔离措施	(1)母线及断路器处于冷备用，应将母差保护和母线侧断路器辅助保护退出运行。 (2)将调试设备联跳其他运行设备的二次连线解开，做好隔离措施

（二）单母线接线母线操作危险点分析及预控措施

表 ZY1300303002-2 单母线接线母线操作危险点分析及预控措施

危险点	原因分析	控制措施
站用变压器失电压	母线停电前未转移其所接的站用变压器负荷	(1)主变压器低压侧母线停电前应先将站用电负荷切至其他站用变压器带，合理分配负荷，防止其他站用变压器过负荷。 (2)母线恢复送电时应先将母线转为运行，然后再恢复站用系统至原方式运行，检查站用系统设备运行正常
操作中发生谐振	操作顺序不合适	(1)不宜用带断口电容的断路器投、切带电磁式电压互感器的空母线。 (2)母线停电前先将母线上的电容器、电抗器退出运行。母线送电后再据调度命令投入电容器或电抗器

（三）母线充电操作的危险点及预控措施

对母线充电操作的潜在危险点是操作中未投入母线充电保护或未使用有保护的进线断路器对母线充电，造成在母线有故障时故障不能被快速切除，甚至造成工作母线跳闸、甩负荷从而扩大事故。因此，用断路器向母线充电时应检查该断路器充电保护确在投入位置，相关线路或变压器保护运行正常。对母线充电操作的整个过程中如无特殊要求，母线差动保护均应在充电前投入并运行良好。

（四）GIS 母线操作的危险点及预控措施

在 GIS 设备中，由于隔离开关分合时触头运动速度慢、隔离开关灭弧能力弱等原因会产生波头很陡、频率很高的操作过电压，其频率达数百千至几十兆赫兹，称为快速暂态过电压（VFTO）。VFTO 可能威胁到 GIS 及其相邻设备的安全，特别是变压器匝间绝缘的安全，也可能引发变压器内部的高频振荡。在 750kV GIS 母线操作中，在用隔离开关切合空母线时就容易引发 VFTO，所以为避免因 VFTO 造成高压绕组首端匝间绝缘损坏事故，应在母线操作中充分考虑，通过合理安排和调整操作步骤等方法，如采用“母线带电冷备用”（ 指断路器本身在断开位置，其有电侧的隔离开关在合闸位置，而无电侧隔离开关在拉开位置）的运行方式，以减少投切空载母线产生 VFTO 的概率。在 750kV 电网建设初期，750kV GIS 隔离开关的操作采用不带电拉合的方法来避免 VFTO。操作中人员严禁接近、接触 GIS 的壳体。

四、案例

对于 3/2 断路器接线方式，当母线上的任意一台断路器发生异常不能进行正常的分闸操作时，正常情况下应断开其相邻的断路器使其退出运行。下面以 750kV 某台母线侧断路器（如图 ZY1300303002-1 中所示的 7511 断路器）正常运行中出现液压机构高压油管爆裂，机构不能建压，出现分闸闭锁时的操作为例，简要介绍 3/2 断路器接线方式下母线侧断路器不能分闸的操作处理方案。

（1）运行方式。750kV Ⅰ、Ⅱ母线及 1、2 串两个完整串运行，线路 L1、L2、L3 及主变压器运行，接线如图 ZY1300303002-1 所示。

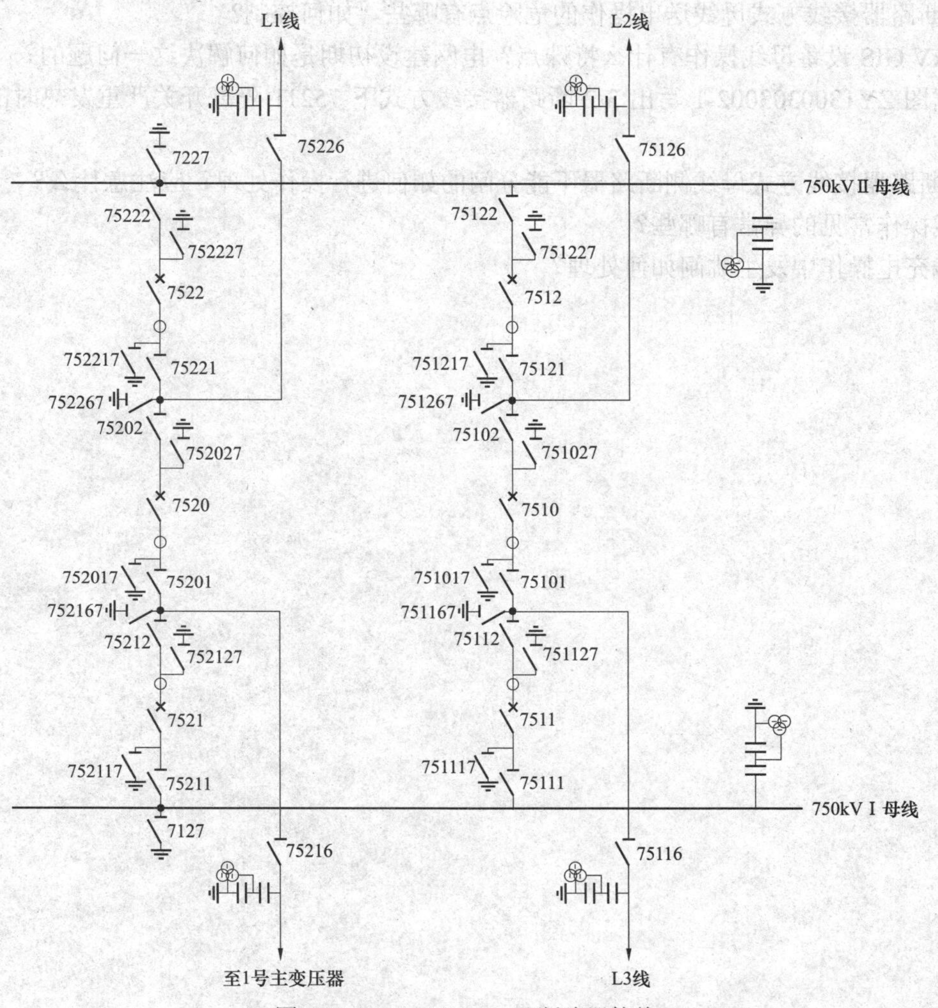

图 ZY1300303002-1 3/2 断路器接线

（2）保护及自动装置配置。母线配置两套独立母差保护；线路配置有两套独立的纵联光纤差动保护；线路重合闸按断路器配置，为“单重”运行方式，母线侧断路器投先合。

（3）操作任务。750kV Ⅰ母运行转检修，7510 断路器运行转热备用。

（4）操作方案。见表 ZY1300303002-3。

表 ZY1300303002-3 3/2 断路器接线方式母线侧断路器不能分闸的操作处理方案

	操 作 方 案	方 案 说 明
方案一	（1）将 L3 线路保护屏断路器状态切换开关切至“边断路器检修”位置，断开 7511 断路器操作电源和电动机电源。 （2）断开 7521 断路器。 （3）断开 7510 断路器。 （4）检查 L3 线路确无电压、电流；检查Ⅰ母线确无电压。 （5）拉开 75112、75111 隔离开关。 （6）7510 断路器转运行	这种处理方案将造成运行中的线路或变压器短时停电，因此在隔离故障断路器后应先恢复被迫停电的线路或变压器。为减少停电时间，中间只要转成热备用即可

续表

	操 作 方 案	方 案 说 明
方案二	（1）检查至少有两串及以上断路器同时运行。 （2）申请调度退出要操作隔离开关的闭锁装置，将通过7511断路器的电流调整到最小值。 （3）断开7510断路器操作电源。 （4）拉开75111、75112隔离开关，隔离7511断路器。 （5）合上7510断路器操作电源	此方法不必造成线路或主变压器被迫停电，但操作受隔离开关开断电流和其他因素的影响，具有一定的风险。且隔离开关应在调试时经过现场试验验证可以拉、合环路电流才可。操作前必须确保一次设备有两串及以上成串运行

【思考与练习】

1. 3/2断路器接线方式母线送电操作的危险点有哪些，如何控制?

2. 750kV GIS设备母线操作有什么特殊点？电网建设初期是如何解决这一问题的？

3. 根据图ZY1300303002-1写出3/2断路器接线方式下75211隔离开关严重发热时的异常处理操作票。

4. 3/2断路器接线方式母线侧断路器不能分闸的如何进行操作处理？应注意什么？

5. 母线操作常见的异常有哪些？

6. 母线充电操作中发生跳闸如何处理？

第二十三章　补偿装置停送电

模块1　电容器、电抗器一般停送电（GYBD00402001）

【模块描述】本模块介绍电容器、电抗器的一般停送电的操作原则和注意事项、电容器和电抗器一段停送电操作中的异常、调度规程中对电容器和电抗器操作的相关规定。通过要点讲解和案例介绍，掌握电容器、电抗器一般停送电的操作规定和操作方法，能发现操作中的异常。

【正文】

变电站补偿装置包括低压电容器、电抗器和高压电抗器。电网通过补偿装置的投、退来进行电网电压的调整（控制）和改善电网的无功功率。

补偿装置的一般停送电操作是指低压电容器、低压电抗器及高压电抗器正常情况下的停送电操作。

一、低压电容器、电抗器的操作原则

（1）停电时，先断开断路器，后拉开元件侧隔离开关，再拉开母线侧隔离开关。

（2）送电时，先合上母线侧隔离开关，后合上元件侧隔离开关，最后合上断路器。

（3）严禁空母线带电容器运行。

二、电容器、电抗器操作中的注意事项

（1）电容器送电操作过程中，如果断路器没合好，应立即断开断路器，间隔 3min 后，再将电容器投入运行，以防止出现操作过电压。

（2）电容器的投退操作，必须根据调度指令，并结合电网的电压及无功功率情况进行操作。

（3）有电容器组运行的母线停电操作时，应先停运电容器组，再停运母线上的其他元件；母线投运时，先投运母线上的其他元件，最后投运电容器组。

（4）无失电压保护的电容器组，母线失电压后，应立即断开电容器组的断路器。

（5）电容器停用时应经放电线圈充分放电后才可合接地刀闸，其放电时间不得少于 5min。

三、电网调度对低压电容、电抗器操作的规定

（1）各变电站内的低压电容器、电抗器的操作由其调管的电网调度进行下令或许可进行操作。

（2）电网调度利用投切电容器、电抗器来进行系统电压调整时，由电网调度下达综合指令进行操作。变电站现场运行值班人员可根据本站电压曲线向网调提出电容器、电抗器的操作申请，经许可后进行操作，操作结束后应向电网调度汇报。

（3）投、切低压电容器、电抗器必须用断路器进行操作。

（4）低压电容器、电抗器的操作只涉及本变电站，所以，调度对低压补偿装置的操作指令是以综合命令下达。

四、补偿装置操作的异常

（1）电容器组送电中出现过电压。

（2）停电操作时电容组母线隔离开关（或断路器）不能操作。

（3）电抗器停电操作线路接地隔离开关不能接地。

五、案例

某 110kV 变电站，10kV 侧单母线分段接线，中置式小车断路器柜，如图 GYBD00402001-1 所示，1 号、2 号电容器运行。监控机操作断路器。

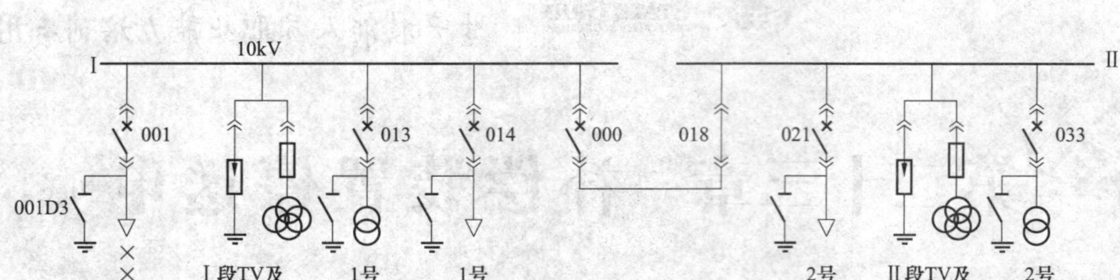

图 GYBD00402001-1 单母线分段接线

10kV 1 号电容器 014 断路器由运行转断路器、电容器检修如表 GYBD00402001-1 所示。

表 GYBD00402001-1 10kV 1 号电容器 014 断路器由运行转断路器、电容器检修

操作目的	操作步骤	操作注意事项
运行转热备用	（1）拉开 1 号电容器 014 断路器。 （2）检查 1 号电容器表计读数正确。 （3）检查 1 号电容器 014 断路器确已拉开	正确选择断路器分闸
热备用转冷备用	（4）将 1 号电容器 014 小车断路器拉至试验位置。 （5）检查 1 号电容器 014 小车断路器确已拉至试验位置	正确判断小车断路器的位置
冷备用转检修	（6）取下 1 号电容器 014 小车断路器二次插头。 （7）将 1 号电容器 014 小车断路器拉至检修位置。 （8）检查 1 号电容器 014 间隔线路侧带电显示灯灭（或在 1 号电容器电容器侧验明确无电压）。 （9）合上 1 号电容器 014D3 接地刀闸。 （10）检查 1 号电容器 014D3 接地刀闸确已合好。 （11）取下（或拉开）1 号电容器 014 断路器的操作和信号保险（二次开关）	1 号电容器 014 间隔线路侧正确验电

【思考与练习】

1. 补偿装置投退的原则有哪些？
2. 电容器操作中的注意事项有哪些？

模块 2 电容器、电抗器操作异常分析处理及危险点源分析（GYBD00402002）

【模块描述】本模块介绍电容器、并联电抗器操作中的异常处理、操作中的危险点分析与控制。通过要点讲解和列表对照分析，能正确处理和判断异常，掌握补偿装置停送电的危险点源分析控制方法。

【正文】

一、电容器操作中的异常处理

（1）电容器组送电中出现母线电压变动超过 2.5%以上时，① 如果电压稳定值超过 2.5%以上，说明电容器组投入容量过大，应及时汇报调度，根据母线电压情况进行调压处理，保证母线电压在正常范围内运行。② 电容器投运前未能进行充分放电，引起操作过电压。检查母线电压稳定值是否超限，检查电容设备单元其他单元设备有无异常。

（2）停电操作时电容器组母线隔离开关（或断路器）不能操作时，电容器单元不能单独进行停电。根据运行及操作规定，在此情况下，同母线上的其他馈线单元也不能进行停电，否则，形成空母线带电容器组运行的不利方式。为此，处理办法为：母线停电，隔离母线后，做母线及电容组断路器和隔离开关的检修措施。

（3）操作中综自系统闭锁操作异常，应采取应对措施，严禁解锁操作。检查线路电压互感器空开二次保险是否合上。

二、电容器操作中的危险点分析与控制措施

电容器操作中的危险点分析与控制措施如表 GYBD00402002-1 所示。

表 GYBD00402002-1　　　电容器操作中的危险点分析与控制措施

序号	类型	危险点	预控措施
1	误操作	误拉其他断路器	（1）正确核对操作断路器名称编号，核对命名应有一个明显的确认过程，唱票复诵
			（2）后台机（监控机）上拉断路器操作，由操作人、监护人分别输入密码无误后，才能进行操作
		走错间隔，误入带电间隔	（1）监护人、操作人应走到设备标识牌前进行核对；在每步操作结束后，应由监护人在原位向操作人提示下一步操作内容
			（2）中断操作重新开始操作前，应重新核对设备命名
			（3）执行一个操作任务中途严禁换人
		电容器断路器未拉开，造成带负荷拉隔离开关	（1）正、副值两人应同时到现场详细检查断路器实际位置
			（2）检查相应电流表、红绿灯及后台遥信变位指示
			（3）操作隔离开关必须戴绝缘手套；操作过程中应穿长袖棉工作服，并戴好有防护面罩的安全帽
			（4）拉隔离开关时，操作人的身体应该躲开隔离开关的操作把手的活动范围
		解锁操作，造成带负荷拉电容器隔离开关	（1）在操作过程中遇有锁打不开等问题时，严禁擅自解锁或更改操作票
			（2）若确实需要进行解锁操作的，必须经本单位有权许可解锁操作的领导或技术人员同意后方能进行
			（3）在使用解锁钥匙进行操作前，再次检查“四核对”内容，确认被操作设备、操作步骤正确无误后，方可解锁操作，并加强监护
		断开断路器后，3min 内再次合上断路器	间隔 3min 后再进行送电操作，并且操作前对电容器进行放电
2	人身触电	电容器停用时，未对其逐个放电，造成人身触电	（1）进入电容器仓前，必须合上电容器接地隔离开关及中性点隔离开关
			（2）对电容器进行逐个放电后，才能允许工作人员进入
3	其他	就地操作电容器断路器	严格执行电容断路器在远方进行操作规定
		送电前后不检查电容器单元的设备	严格按运行规定进行操作前的检查，否则不能进行送电操作。完成操作项目后，认真检查无误后，再进行下一项的操作，检查工作两人进行，并共同确认检查结果

【思考与练习】

1. 电容器组送电中出现母线电压变动超过 2.5%以上时应怎样处理？
2. 低压补偿装置停电操作时主要的危险点有哪些？

第二十四章 电压互感器停送电

模块 1 电压互感器一般停送电（ZY1300304001）

【模块描述】本模块介绍 750kV 变电站电压互感器的典型配置、电压互感器停送电操作、二次并列操作的原则和注意事项等内容。通过要点讲解、列表说明、案例分析，掌握电压互感器停送电操作技能。

【正文】

电压互感器与主变压器、线路、母线的连接方式有一次侧通过隔离开关与主设备连接和通过引线直接与主设备连接两种方式，接线方式如图 ZY1300304001-1 所示。通过引线直接与一次系统连接的方式，其互感器的停送电应随同所在母线、线路或变压器一起进行。对于通过隔离开关接入的电压互感器，根据其操作的目的不同，进行不同的操作任务。操作前应重点考虑对电压互感器所带保护、自动装置的影响及操作引起的谐振、二次反充电问题。

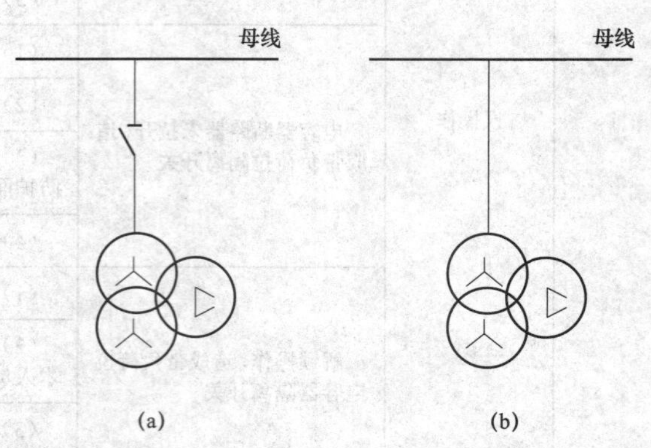

图 ZY1300304001-1 电压互感器接入系统接线方式

（a）互感器通过隔离开关接入；（b）互感器直接与主设备连接

一、750kV 变电站电压互感器典型配置

750kV 变电站的 750kV 母线、330kV 母线和主变压器高、中压侧、线路侧的电压互感器一般都采用直接与主设备相连的连接方式，设置独立的电压互感器，其典型配置如图 ZY1300304001-2 所示，配置的一般原则为：

（1）3/2 断路器接线方式的每回线路配置一组电容式电压互感器，作为线路保护及自动装置、测量、计量表计、同期电压的测量用。

（2）母线电压互感器的配置取决于母线保护和测量表计的需要。如母线保护不需要接入电压回路，为了接测量表计和同期装置，只需在母线上装设单相电压互感器即可。通常 3/2 断路器接线方式的母线上直接接入了单相电压互感器。

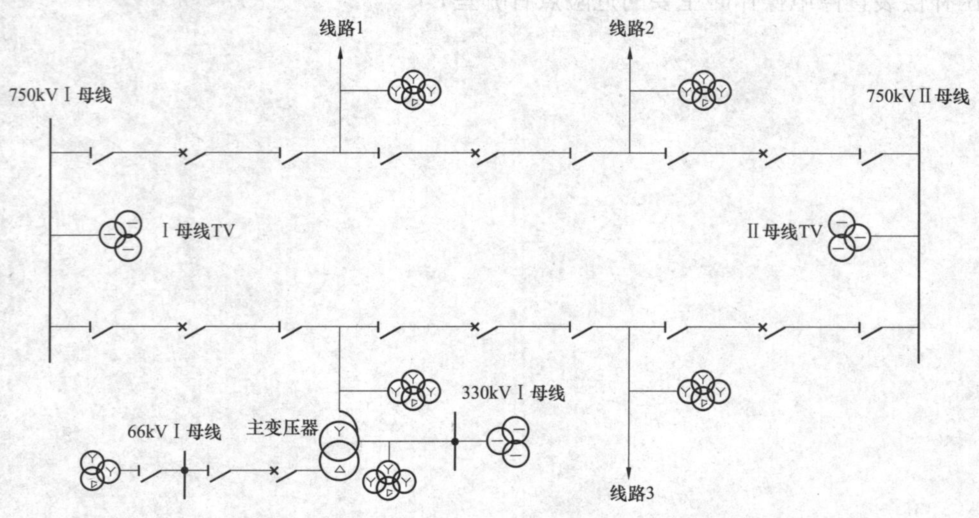

图 ZY1300304001-2 750kV 变电站电压互感器典型配置

（3）在变压器高、中压侧装设独立的三相电压互感器。

（4）66kV母线电压互感器通常通过隔离开关接入母线，作为该母线上所连设备及主变压器低压侧的保护及自动装置、测量、计量表计用。

二、电压互感器操作原则及注意事项

（一）一般原则

1. 无隔离开关的电压互感器操作原则

（1）电压互感器通过引线直接与一次系统连接的方式，因其一次侧不能直接与主系统隔离，所以其停送电应包含在所在母线、线路或变压器的操作中。

（2）为了有电闭锁装置、电气验电装置的正常运行，电压互感器二次空气断路器应在主设备停电后断开，主设备送电前合上。

（3）电压互感器停电操作后将其低压侧所有空气断路器全部断开，防止向一次设备反充电。

2. 通过隔离开关接入系统的电压互感器操作原则

（1）停电操作时，先断开二次侧空气断路器或取下熔断器，再拉开一次侧隔离开关；送电操作时，先合上一次侧隔离开关，再合二次侧空气断路器或装上熔断器。

（2）电压互感器停电操作应从高、低压侧两侧完全断开，防止反充电。

（二）注意事项

1. 相关二次操作注意事项

运行中的电压互感器二次所带的负荷一般有：距离、高频、方向和过励磁等保护；自动重合闸、故障录波器、备用电源自动投入等自动装置；电能计量表计，电压、有功等表计。这些装置如果失去二次电压，就可能会造成保护及自动装置误动、拒动、电能表计量不准确等诸多问题。因此在操作前必须要注意：

（1）停用电压互感器前应对未设电压自动切换功能的保护及自动装置、电能计量回路进行手动电压切换，不能切换时为防止误动可申请将有关保护和自动装置停用。

（2）对于通过电压闭锁、电压启动等原理进行工作的保护及自动装置，在电压互感器停电操作前应将相关把手或压板操作至相对应的状态，以退出装置对该电压互感器的电压判别功能，防止误动作。

（3）主变压器保护用电压互感器在停运前将主变压器过励磁保护退出运行或应严格按照现场操作规程进行，严防变压器过励磁保护和阻抗保护误动。

2. 防止二次反充电的操作注意事项

倒闸操作时，应特别注意防止电压互感器二次回路的反充电问题。所谓反充电是指通过电压互感器二次侧向不带电的母线、一次设备充电使其带电，或在操作过程中使带电的电压互感器二次回路与不带电的电压互感器二次回路相并联。反充电的后果是使带电的电压互感器二次回路空气断路器跳闸，造成所有运行设备的交流二次回路电压消失，引起保护装置的误动或拒动。同时二次带电后由二次反送到一次的电压，可能造成在互感器本体或线路、主变压器工作的人员发生触电事故。为防止二次回路反充电事故，操作中应注意：

（1）线路、变压器、母线本身有工作或其电压互感器有检修工作时，应将其电压互感器二次回路空气断路器全部断开。

（2）电压互感器二次回路并列必须保证两组电压互感器二次回路都带有正常电压，如果一组带电，一组不带电，则不允许二次回路并列。

3. 防止谐振的操作注意事项

用断口带有并联电容器的断路器投、切带有电磁式电压互感器的空母线时，并联电容器的电容和回路电压互感器的电感参数相匹配时容易发生串联谐振。出现谐振时，在设备上将出现超出额定电压几倍至几十倍的过电压，致使瓷绝缘放电，绝缘子、套管等的铁件出现电晕，电压互感器一次熔断器熔断，严重时将严重损坏设备。因此在电压互感器操作前应有防谐振的预想和消除谐振的措施，防止谐振发生。操作过程中，如发生谐振，应根据谐振的性质采取不同的措施破坏谐振条件以达到消除谐振的目的。预防操作谐振的要求有：

（1）不宜使用断口带电容器的断路器投切带电磁式电压互感器的空母线。可改变操作方式，如在母线送电操作时先合断路器，后投电压互感器；母线停电操作时先退出电压互感器，后断开断路器。

（2）66kV及以下中性点非有效接地系统发生单相接地或产生谐振时，严禁用隔离开关或高压熔断器拉、合电压互感器。

（3）操作中可以通过以下方法消除谐振：

1）改变系统运行参数，如投入一台主变压器或一条线路于互感器所在母线。

2）立即拉开充电断路器。

3）投入消谐装置。

4. 二次并、解列操作注意事项

3/2断路器接线和双母线系统中，当两组母线分别通过隔离开关各接一组电压互感器时，各设备单元所需要的二次电压分别通过隔离开关的辅助触点来引用所在母线互感器的电压。若由于某种原因，致使其中一组母线电压互感器需要退出运行时，为了不使其所在母线上的设备二次失电压，在电压互感器二次回路设有并列装置时可对两组电压互感器二次进行并列操作，然后再退出需停用电压互感器。

电压互感器二次并、解列操作应遵循操作的相关规定和步骤，否则由于操作不当，容易引起运行中的电压互感器二次反充电而造成保护、自动装置失电压。母线电压互感器二次回路一般不允许长时间并列运行，二次并列操作的注意事项有：

（1）二次并列操作前，应考虑是否会引起保护装置误动，以及二次负荷增加时电压互感器的容量能否满足要求。

（2）二次并列操作前，应检查确认其一次侧并列运行，一次未并列时，二次严禁并列运行。对于3/2断路器接线方式，只有在至少有一个完整串运行的情况下方可进行二次并列。

（3）电压互感器二次并列后，应确认二次并列成功，如检查相应的光字牌是否亮、切换继电器是否动作、电压指示是否正常等后才能将电压互感器退出运行。

（4）电压互感器二次并列后，必须将停运的电压互感器从高、低压两侧完全断开，以防造成二次电压反充电。

（5）当电压互感器因二次故障停运时，二次不允许并列操作。

（6）大修或新装的电压互感器投入运行前，应全面检查极性和接线是否正确，不正确时禁止二次并列。

三、电压互感器操作要求

（1）互感器内部发生异响、大量漏油、冒烟起火时，应迅速撤离现场，报告调度用上级断路器切断故障，严禁用拉开隔离开关或取下熔断器的办法将故障电压互感器停用。严禁就地用隔离开关或高压熔断器拉开有故障的电压互感器。

（2）电压互感器因故需单独退出运行，对二次设有并列装置的先进行二次并列后再退出运行，二次不能并列的应申请将有关保护退出运行。应充分考虑对保护、自动装置及计量表计的影响，防止造成保护、自动装置误动、拒动。

（3）大修、新更换或二次回路有变动的互感器在投入运行前应核相，确保接线正确无误。

四、电压互感器典型操作任务

常见的电压互感器典型操作任务及操作内容如表ZY1300304001-1所示。

表ZY1300304001-1 常见的电压互感器典型操作任务及操作内容

操作任务	设备接线	操作内容
××kV×母线电压互感器运行转检修	带隔离开关的电压互感器	（1）断开电压互感器二次空气断路器。 （2）拉开一次侧隔离开关。 （3）将电压互感器一次侧接地
	不带隔离开关的电压互感器	（1）母线转冷备用。 （2）断开电压互感器二次空气断路器。 （3）母线接地，必要时电压互感器加挂接地线

模块1 ZY1300304001

续表

操 作 任 务	设 备 接 线	操 作 内 容
××kV×母线电压互感器检修转运行	带隔离开关的电压互感器	（1）拆除电压互感器一次侧接地。 （2）合上电压互感器一次侧隔离开关。 （3）合上电压互感器二次空气断路器
	不带隔离开关的电压互感器	（1）拆除电压互感器一次侧接地。 （2）合上电压互感器二次空气断路器。 （3）母线转运行

五、案例

下面以单母线接线的母线电压互感器停电操作为例，介绍电压互感器的停电操作步骤。

（1）运行方式。66kV 母线运行，主变压器运行，电抗器及站用变压器运行，电容器热备用，母线上通过隔离开关接入电容式电压互感器（以下称 CVT）。接线如图 ZY1300304001-3 所示。

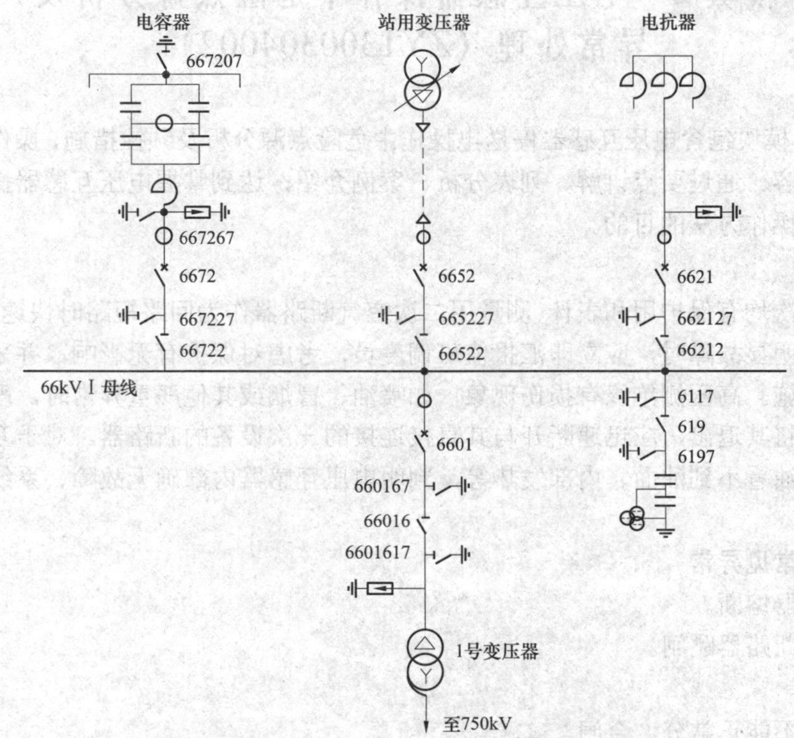

图 ZY1300304001-3　66kV 单母线接线

（2）保护及自动装置配置。66kV 没有独立母线保护，母线测控、主变压器故障录波器、主变压器后备保护、其他 66kV 设备保护需用 66kV 母线电压互感器二次电压。

（3）操作任务。66kV Ⅰ母电压互感器运行转检修。

（4）操作方案。见表 ZY1300304001-2。

表 ZY1300304001-2　66kV 母线 CVT 停电检修操作方案

操 作 目 的	操 作 项 目	注 意 事 项
相关二次操作	投入 1 号主变压器保护柜一、保护柜二主变压器低压侧电压退出压板并检查	退出主变压器保护对低压侧电压的判别功能
电压互感器运行转冷备用	（1）断开 66kV Ⅰ母线 CVT 二次计量电压小开关。 （2）断开 66kV Ⅰ母线 CVT 二次测量电压小开关。 （3）断开 66kV Ⅰ母线 CVT 二次保护电压小开关。 （4）断开 66kV Ⅰ母线 CVT 二次主变压器录波电压小开关。 （5）将 66kV Ⅰ母线 CVT 二次切换把手由“通”切至“断”的位置。 （6）检查 66kV Ⅰ母线电压指示为零。 （7）拉开 619 隔离开关并检查其三相确已拉开	断开 CVT 二次所有小开关，防止反充电

模块1　ZY1300304001

续表

操作目的	操作项目	注意事项
电压互感器冷备用转检修	（1）在 66kV Ⅰ母线 CVT 与 619 隔离开关之间验明确无电压。 （2）合上 6197 接地隔离开关并检查	如同时有隔离开关检修，须在互感器与隔离开关之间装设接地线

【思考与练习】

1. 电压互感器停送电操作应重点考虑哪些内容，为什么？
2. 为防止电压互感器二次反充电，操作时应采取哪些措施？
3. 电压互感器停送电操作有哪些要求？
4. 写出 750kV 变电站 66kV 母线电压互感器送电操作的操作票。
5. 没有隔离开关的电压互感器停送电操作应如何进行？

模块 2 电压互感器操作中危险点源分析及异常处理（ZY1300304002）

【模块描述】本模块包含电压互感器停送电操作中危险点源分析及预控措施，操作中出现异常时的操作注意事项等内容。通过要点讲解、列表分析、案例介绍，达到掌握电压互感器操作危险点分析、控制措施及异常时操作方法的目的。

【正文】

电压互感器二次均有保护用和表计、测量用二次空气断路器作为回路短路时快速切除故障的保护。发现电压互感器有明显故障时，应立即汇报值班调度员，考虑对保护有无影响，并采取防止保护、自动装置误动作的措施。高压侧绝缘有损伤现象，如喷油、冒烟或其他严重异常时，严禁用隔离开关或取下熔断器的方法将其退出，应迅速断开与其直接连接的一次设备的断路器。对于互感器高压侧绝缘未损坏的情况如漏油看不到油面、内部发热等，判明电压互感器内部确无故障、系统无接地异常，可用隔离开关隔离。

一、操作中的常见异常

（1）高压熔断器熔断。

（2）二次空气断路器跳闸。

（3）操作谐振。

（4）隔离开关不能正常分、合闸。

（5）隔离开关辅助触点切换不良。

（6）二次不能并列操作。

二、操作中出现异常时的注意事项

（1）供电操作过程中若发生高压熔断器熔断，原因可能有发生谐振、互感器内部存在匝间、层间故障或中性点不接地系统中发生单相接地等。此时应对互感器进行检查，判断熔断器熔断的原因，若互感器无明显故障征象，可更换熔断器。若再次熔断则必须立即停用后检查，不得擅自更换大容量的熔断器。供电前应测量其绝缘电阻，一次侧绝缘电阻每千伏不低于 1MΩ，二次侧绝缘电阻不低于 1MΩ。

（2）供电操作过程中若发生二次空气断路器跳闸不能恢复，则可能为互感器二次存在短路现象。此时应将互感器停用，做好安全措施，进行检查。

（3）操作过程中若发生谐振，若互感器一次侧熔断器未熔断，禁止用直接拉、合隔离开关或取下熔断器的方法来消除谐振。应等待互感器一次侧熔断器熔断后谐振自行消除或断开充电用断路器来消除谐振。

（4）母线电压互感器异常或其隔离开关因故不能进行分闸操作时，对于 3/2 断路器接线方式，可断开全部母线侧断路器后将其退出运行；对于主变压器低压侧单母接线方式的应断开主变压器低压侧断路器使其退出运行。

（5）供电操作过程中如发生互感器隔离开关辅助触点切换不良，则此时在监控机显示电压为零，实际二次电压也为零，监控后台机隔离开关位置不变位。此时应对隔离开关辅助触点进行手动调整或对隔离开关重新分、合直至切换正常。

（6）电压互感器二次回路不能并列或不能切换操作时为防止误动可申请将有关保护和自动装置停用。对于通过电压闭锁、电压启动等原理进行工作的保护及自动装置，应根据现场运行规程的规定和保护装置的要求，在电压互感器停电操作前将相关装置的压板或切换把操作至对应状态，以退出装置对停运电压互感器的电压判别功能。

三、操作危险点分析及控制措施

电压互感器停送电操作中主要存在的危险点是操作前未充分考虑对保护及自动装置的影响从而造成保护、自动装装二次失电压而不正确动作，以及操作顺序不当引起的谐振和二次反充电等。表ZY1300304002-1 所列是电压互感器操作中危险点分析及控制措施。

表 ZY1300304002-1　　电压互感器操作中危险点分析及控制措施

危险点	原因分析	控制措施
保护及自动装置误动、拒动	漏、误操作保护压板或方式转换开关	（1）操作前充分考虑对保护及自动装置的影响，根据实际需要对相关保护及自动装置进行操作，将可能造成误动、拒动的保护、自动装置申请退出运行。 （2）主变压器电压互感器操作前过励磁保护进行相应的投退操作
操作中交流失电压	（1）隔离开关辅助触点未切换。 （2）二次并列无效	（1）隔离开关操作完毕应检查其辅助触点切换良好；检查保护及自动装置二次电压切换正常。 （2）对设有二次并列装置的应进行二次并列操作后将母线互感器退出运行。 （3）二次并列小开关合上后应检查相应的信号发出，退电压互感器前检查相应母线电压指示正常，并列有效。 （4）记录电能表失电压的时间及当时负荷以便追加损失电量
反充电	（1）操作顺序错误。 （2）二次熔断器或快速开关极差配置不合适	（1）停电操作按先二次后一次顺序；送电操作与之相反。 （2）停电必须将高低压两侧全部断开。 （3）选择合适的熔断器或快速开关，各级之间满足级差配合要求，严禁擅自增大容量
二次非同期并列	（1）新投或二次线变动后未核相。 （2）一次设备在解列运行	（1）二次并列前必须检查确保一次在并列状态。 （2）对新投或接线变动的互感器操作前二次必须要经过核相正确方可投运
操作中谐振	（1）操作顺序不合适。 （2）电容式电压互感器未接阻尼器	（1）不宜使用带断口电容器的断路器投切带电磁式电压互感器的空母线。 （2）电容式电压互感器电磁单元的外接阻尼器必须接入，否则不得投入运行。 （3）谐振后立即拉开充电断路器或采取其他操作破坏谐振的条件

四、案例

案例 1： 单母线接线方式下母线电压互感器异常时操作。

通过隔离开关接入母线的电压互感器运行中发生严重异常，不能直接用拉开隔离开关的方法将其停用，应断开其上级断路器，具体可采用本例所述的步骤将异常电压互感器退出运行。

（1）运行方式。66kVⅠ母线运行，主变压器运行，电抗器及站用变压器运行，电容器热备用，母线上通过隔离开关接入电容式电压互感器，接线如图 ZY1300304002-1 所示。

（2）保护及自动装置配置。没有独立母线保护，母线测控、主变压器故障录波器、主变压器后备保护、其他 66kV 设备保护需用 66kV 母线电压互感器二次电压。

（3）操作任务。66kVⅠ母线电压互感器运行转检修。

（4）操作方案。见表 ZY1300304002-2。

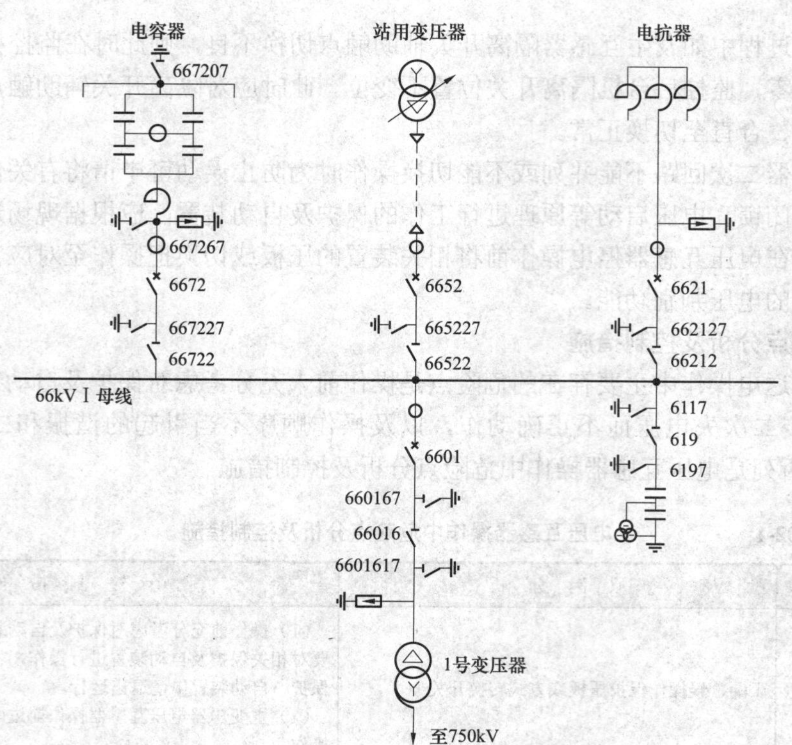

图 ZY1300304002-1 66kV 单母线接线

表 ZY1300304002-2 66kV Ⅰ母 CVT 异常时停电检修操作方案

操作目的	操作项目	注意事项
转移站用变压器负荷	将站用变压器负荷倒至其他站用变压器带，执行站用变压器停电操作步骤	防止站用交流失去
用断路器将异常电压互感器切除	（1）投入 1 号主变压器保护柜一、保护柜二主变压器低压侧电压退出压板。 （2）拉开 6601 断路器，将主变压器低压侧“运行”转“热备用”。 （3）拉开 6652 断路器，将电抗器“运行”转“热备用”。 （4）检查母线上所接所有断路器均在断开位置	（1）根据保护及自动装置要求进行相关二次操作。 （2）断开该母线上所有断路器
异常电压互感器转检修	（1）断开 66kV Ⅰ母线 CVT 所有电压二次小开关。 （2）将 66kV Ⅰ母线 CVT 二次切换把手由“通”切至“断”的位置。 （3）拉开 619 隔离开关并检查其三相确已拉开。 （4）在 66kV Ⅰ母 CVT 与 619 隔离开关之间验明确无电压。 （5）合上 6197 接地开关并检查	（1）将异常电压互感器一、二次全部断开。 （2）将异常电压互感器转至检修状态

案例 2： 3/2 断路器接线方式下母线电压互感器异常时操作。

3/2 断路器接线方式下直接接入母线的电压互感器异常，应将所在母线停电后退出异常互感器，具体操作步骤可参照本例。

（1）运行方式。750kV Ⅰ、Ⅱ母线及 1、2 串并列运行，线路 L1、L2、L3 及主变压器运行，各段母线 C 相上直接接有单相电容式电压互感器，接线如图 ZY1300304002-2 所示。

（2）保护及自动装置配置。母线配置两套独立母差保护；线路配置有两套独立的纵联保护；线路重合闸按断路器配置，为“单重”运行方式。

（3）操作任务。750kV Ⅰ母线电压互感器运行转检修。

（4）操作方案。见表 ZY1300304002-3。

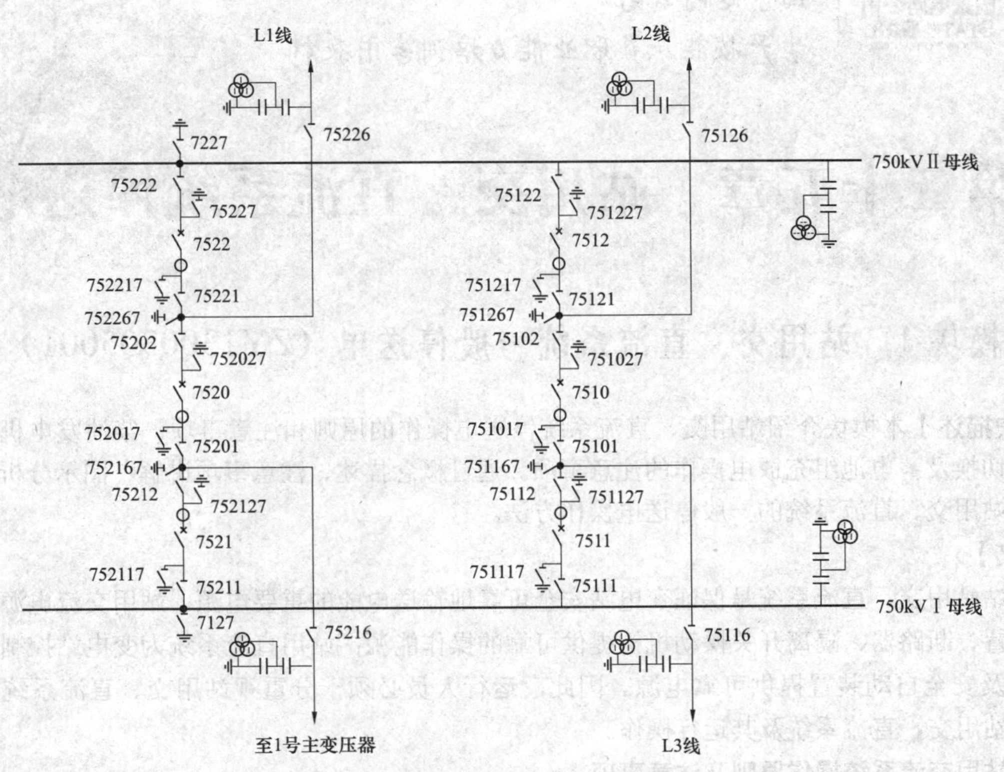

图 ZY1300304002-2　750kV 3/2 断路器接线

表 ZY1300304002-3　　750kVⅠ母线 CVT 异常时停电检修操作方案

操作目的	操作项目	注意事项
异常互感器所在母线转冷备用	（1）检查 7510 断路器带负荷正常。 （2）拉开 7511 断路器。 （3）检查 7520 断路器带负荷正常。 （4）拉开 7521 断路器。 （5）拉开 75211、75212 隔离开关并检查。 （6）拉开 75111、75112 隔离开关并检查	（1）断开母线断路器前根据现场要求切换相应断路器重合闸先、后合方式。 （2）断开母线上的所有断路器前应检查中间断路器带负荷正常，防止甩负荷
异常互感器转检修	（1）检查 750kVⅠ母线所有隔离开关确在拉开位置。 （2）检查 750kVⅠ母线电压指示为零。 （3）合上 750kVⅠ母线 7127 接地开关并检查其三相确已合好。 （4）断开 750kVⅠ母线 CVT 二次所有电压小开关。 （5）将 750kVⅠ母线 CVT 二次切换把手由“通”切至“断”的位置	（1）无法直接验电采用间接验电，检查两种以上不同性质的指示发生变化。 （2）断开 CVT 所有二次空气断路器，防止反充电

【思考与练习】

1. 电压互感器操作中常见的异常有哪些？
2. 供电操作过程中若发生隔离开关辅助触点接触不良应如何判断处理？
3. 母线电压互感器异常或其隔离开关因故不能进行分闸操作时如何处理？
4. 在仿真机进行 750kV 变电站各接线方式下母线电压互感器异常需停用的操作。
5. 电压互感器停电操作应考虑有哪些危险点？

第二十五章 站用交、直流系统停送电

模块1 站用交、直流系统一般停送电（ZY1300305001）

【模块描述】本模块介绍站用交、直流系统停送电操作的原则和注意事项，柴油发电机操作、高频充电机切换及蓄电池组充放电操作的注意事项。通过概念描述、注意事项讲解、图示分析、案例介绍，掌握站用交、直流系统的一般停送电操作方法。

【正文】

变电站站用交、直流系统是保证变电站安全可靠地输送电能的重要电源。站用交流电源为主变压器通风装置、断路器、隔离开关操动机构提供可靠的操作能源；站用直流系统为变电站控制、信号、继电保护及安全自动装置提供可靠电源。因此，运行人员必须十分重视站用交、直流系统的安全运行，熟悉站用交、直流系统及其运行操作。

一、站用交流系统操作原则及注意事项

站用交流系统一般采用单母线接线方式，在两个及以上电源供电的情况下，低压侧一般采用分列运行的方式，保证站用交流系统的供电可靠性。

（一）站用交流系统操作原则

（1）站用 66kV 系统、外接电源一般由不同的调度管辖，改变站用交流系统高压侧运行方式时，需与所辖设备调度取得联系后方可执行。

（2）站用低压系统由变电站管辖，改变运行方式由本站自行调度。

（3）站用变压器停电应遵循一般倒闸操作原则，先负荷侧，后电源侧。送电时先电源侧，后负荷侧。

（4）当有两路或三路站用交流电源接于不同母线段时，为保证站用电可靠应分列运行。在站用电倒负荷时，低压馈线交流负荷可短时失电压。

（二）站用交流系统操作注意事项

（1）正常运行时，站用交流系统Ⅰ、Ⅱ段母线分列运行，严禁低压侧并列运行，如果不慎并列则可能造成事故或不正常工作状态。原因如下：

1）当两台站用变压器接线组别不同时，并列后因存在较大的电压差，产生很大的不平衡电流，将可能引起故障。

2）站用变压器接线组别虽然相同，但高压侧电压取自两个不同的系统，变压器电压比不同，并列后会产生环流，使变压器出力降低，严重时可能造成变压器发热及并列断路器或低压断路器跳闸；两个不同系统，还可能因电源相位不同，并列时造成短路事故。

（2）大型变压器冷却通风电动机大多采用异步电动机，失电压后重新投入时自启动电流较大，有可能造成主变压器冷却装置电源失电压，影响变压器正常运行，因此，站用交流系统电源切换应尽量缩短时间。

（3）对送电可靠性要求高的重要负荷，如主变压器通风电源、断路器空压机、液压回路打压电源、直流充电装置等，站用交流系统各段运行应保持相对的独立性，以提高其运行的可靠性。

（4）运行站用变压器低压侧停电后，应检查母线电压为零，且将低压断路器摇至“试验”位置，或取下低压断路器控制电源，才可合上另一台站用变压器低压侧断路器或分段断路器，以防止低压非同期并列。

（5）站用变压器停电检修时，应做好防止低压反送电的措施。

（6）低压断路器操动机构可电动储能也可手动储能。低压断路器既可遥控操作也可就地操作。

（7）备用电源应定期维护，接带部分负荷运行，正常应处于热备用状态，以保证随时可以投入运行。

（8）装设有备自投装置的站用系统，应确保各电源正常，压板投入正确。当进行低压电压互感器熔断器检查等有可能引起备自投装置误动作的工作时，应先将备自投装置暂时退出运行。

（三）站用变压器操作注意事项

（1）站用变压器停电操作，应先停低压侧，再停高压侧。操作过程中可以先将各侧断路器操作至断开位置，再逐一按照由低到高的顺序操作隔离开关至拉开位置。

（2）站用变压器充电操作前应全面检查安全措施确已拆除，本体无遗留物。

（3）站用变压器送电前，设备验收合格，检修试验数据合格，保护装置按规定全投入。有载分接挡位位置合适，且本体挡位显示与保护小室测控单元和监控后台一致。

（4）站用变压器进行更换电流互感器，或电流互感器二次回路变更后，站用变压器充电后应测试电流互感器二次极性。

（5）大修后站用变压器应空载冲击合闸 3 次，第一次充电 10min，间隔 10min，以后各间隔 5min，检查无异常后投入运行。

（四）柴油发电机操作注意事项

变电站建站初期，由于接线不完善，不能保证站用交流系统供电的可靠性，为确保站用电供电可靠性，部分变电站采用柴油发电机作为站用交流系统备用电源，一般接于备用母线段上，以备紧急情况下使用。接线方式如图 ZY1300305001-1 所示，以下为 BL576 型号柴油发电机组的操作注意事项。

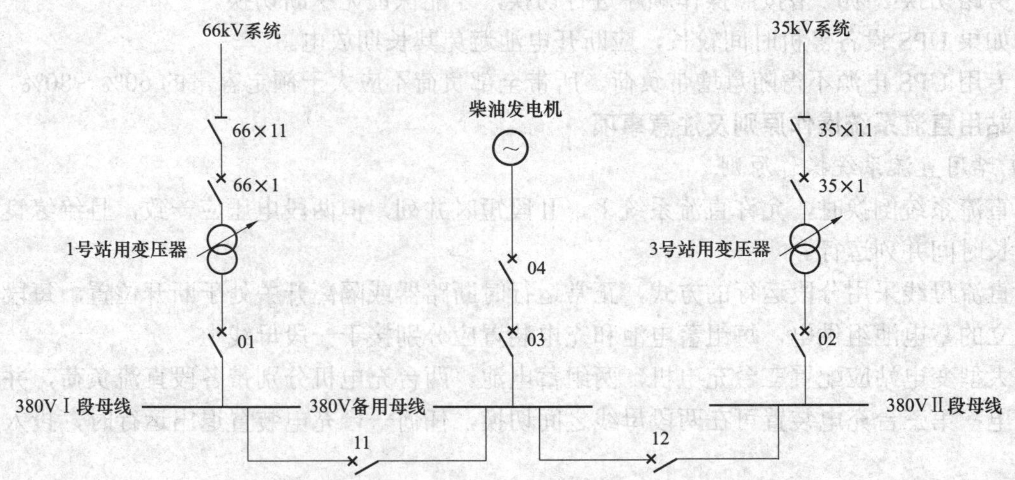

图 ZY1300305001-1　站用交流系统电气接线（柴油发电机）

（1）启动柴油发电机前应确认两侧站用变压器低压侧断路器确在“试验”位置，或其控制电源已断开，严禁柴油发电机与 1 号、3 号站用变压器并列运行，严禁低压侧并列运行。

（2）柴油发电机启机前，应检查机油、冷却水、柴油等位置正常。柴油发电机启机运转 5～10min 后，应停机检查冷却水位，防止在运转中因出现假水位而自动停机或停机后不能启机。

（3）柴油发电机启机前应确认发电机出口手柄在合闸位置，保证带负荷正常。

（4）柴油发电机启动后，应检查发电机电压、频率正常后，再行接带低压侧负荷。

（5）柴油发电机可在监控后台上启动，也可在就地启动。就地操作时，在控制箱上能够控制发电机组的自动投入，在操作过程中应监控发电机组的转速、振动和电气参数无异常。

（6）发电机组在备用期间应保持在完好状态，以确保在站用系统停电时能够快速安全地投入。

（7）发电机组在断开机组断路器后，再空转 5min 左右后自动停机。

（8）柴油发电机不允许长期轻载运行，启机后应带部分负荷运行 4h 及以上，防止柴油发电机空载运行，影响其使用寿命。

（9）柴油发电机备用时，备用母线出口断路器常合。柴油发电机出口断路器应断开，为防止非同期并列柴油发电机出口手柄在断开位置。

二、UPS（不间断电源）操作注意事项

UPS 是一种连续稳定可靠供电的交流不间断电源装置，主要作用是在正常、异常和供电中断事故情况下，均能向重要用电设备及系统提供安全、可靠、稳定、不间断、不受倒闸操作影响的交流电源，主要带监控后台、电能计量等重要负荷。

（1）严格按照操作顺序进行操作。正常运行中，除了维持旁路在拉开位置，其他直流开关、旁路开关均应在合闸位置，且供电正常。

（2）UPS 在断开系统电源后，短时间内仍然有电压存在，要求过一段时间以后才能确保安全，至少应间隔 5min 以上。

（3）在整流器不工作时，如果 F1/F2 熔断器状态为断开，或无输入至 F1/F2 熔断器，则闭合 F1/F2 熔断器或 F1/F2 熔断器前端的熔断器前，必须启动整流器，否则会损坏机器内部的快速熔断器。

（4）切换装置和其他部件是在同一个机柜，故不能在维修时保证隔离所有的装置，即不能在切换到旁路时保证机柜完全不带电，应防止低压触电。

（5）如果在维修时，UPS 处在手动旁路状态，需要重新启动 UPS 时，不要在逆变器启动之前切换到操作状态，要求电子切换单元 A5 上的 S2 先打到待机位置。

（6）在整流器的输出端有大电解电容，在初次开机时不要连接电池，要等整流器的输出电压正常后再连接电池，否则会损坏熔断器 F7。

（7）旁路切换必须严格按照操作顺序进行切换，才能保证无中断切换。

（8）如果 UPS 设备停机时间较长，应断开电池避免其长期放电。

（9）专用 UPS 电源不得随意增带负荷，所带全部负荷不应大于额定容量的 60%～80%。

三、站用直流系统操作原则及注意事项

（一）站用直流系统操作原则

（1）直流系统倒换时，允许直流系统Ⅰ、Ⅱ段短时并列，但两段电压应一致，且绝缘良好，无接地。严禁长时间并列运行。

（2）直流母线采用分段运行的方式，正常运行时断路器或隔离开关处于断开位置。每段母线应分别采用独立的蓄电池组供电，每组蓄电池和充电装置应分别接于一段母线上。

（3）大型变电站应配置三台充电机，两组蓄电池。两台充电机分别带各段直流负荷，并向各组蓄电池浮充电；第三台充电装置可在两段母线之间切换，任何一台充电装置退出运行时，投入第三台充电装置。

（二）站用直流系统操作注意事项

（1）正常方式下，直流Ⅰ、Ⅱ段应分列运行。在Ⅰ、Ⅱ段直流母线运行中，如因直流系统工作需要转移负荷时，严禁造成直流失电压。工作完毕后应及时恢复原运行方式，以免降低直流系统可靠性。

（2）直流系统在正常运行方式下，Ⅰ、Ⅱ段直流母线不允许通过负荷回路并列，以免因合环电流过大造成空气断路器跳闸或熔断器熔断，造成负荷回路断电而引起异常或事故。

（3）当交流电源中断不能及时恢复，使蓄电池组放出容量超过其额定容量的 20%及以上时，在恢复交流电源供电后，应立即手动或自动启动充电装置，按照制造厂规定的正常充电方法对蓄电池组进行补充充电。

（4）保护室各直流分柜屏上，投入Ⅰ段Ⅰ路和Ⅱ段Ⅱ路电源快速开关，断开Ⅰ段Ⅱ路和Ⅱ段Ⅰ路电源快速开关时，屏顶直流快速开关应全在合位。

（5）备用充电装置应定期投入运行。

（6）充电装置所带高频充电模块，可根据变电站所带直流负荷，按照 $N+1$ 的模式投入高频充电

模块数量。正常运行中，不准关闭任何一台整流模块交流开关。若一台高频充电模块故障，应投入正常高频充电模块后，将故障高频充电模块退出运行并屏蔽故障信息。

（7）运行中的保护装置要停用直流电源时，应先停用保护出口压板，再断开装置直流电源。恢复直流电源时，顺序与此相反。

（三）蓄电池核对性充放电操作注意事项

（1）全站仅有一组蓄电池时，不应退出运行，也不应进行核对性充放电，只允许用 I_{10} 电流放出其额定容量的50%。全站若具有两组蓄电池时，则一组运行，另一组可退出运行进行核对性充放电。

（2）进行蓄电池核对性充放电操作时，严禁直流负荷失电压。

四、案例

（一）站用交流系统典型操作案例

站用交流系统正常运行时，每段母线各由一台站用变压器（或柴油发电机）送电，380VⅠ、Ⅱ段母线之间靠分段联络分列运行。正常情况下对于站用电切换操作较为频繁，操作中应严格遵守倒闸操作基本原则，操作应正确防止低压并列。下面以三个进线电源为例介绍站用交流电倒闸操作。

案例1：1号站用变压器运行转冷备用，380V负荷倒至3号站用变压器操作案例。

（1）运行方式。站用交流系统电气接线如图ZY1300305001-2所示。66kV 1号站用变压器带380VⅠ段母线运行，35kV 3号站用变压器带380V Ⅱ段负荷运行，66kV 2号站用变压器检修；66kV 6651断路器运行，35kV 56断路器运行，01、03、11断路器运行，02、12断路器在试验位置，控制熔断器取下。

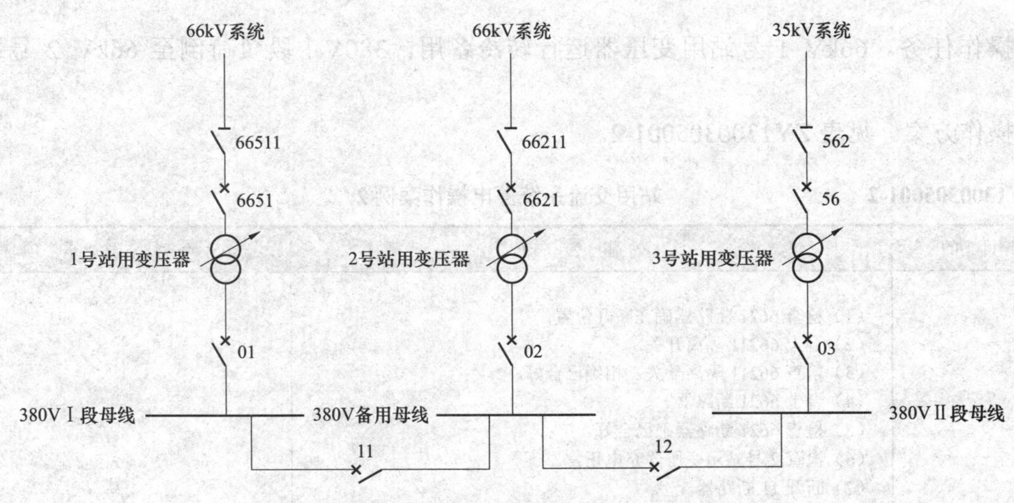

图ZY1300305001-2　站用交流系统电气接线

（2）继电保护及自动装置配置。1号、2号、3号站用变压器均配置三段式过电流保护，均在运行状态。

（3）操作任务。66kV 1号站用变压器运行转冷备用，380V Ⅰ段负荷倒至35kV 3号站用变压器带。

（4）操作方案。见表ZY1300305001-1。

表ZY1300305001-1　站用交流系统停电操作案例1

操作目的	操作步骤	注意事项
66kV 1号站用变压器运行转冷备用，380VⅠ段负荷倒至35kV 3号站用变压器带	（1）断开11断路器。 （2）检查11断路器确已断开。 （3）检查380V备用母线电压指示为零。 （4）断开01断路器。 （5）检查01断路器确已断开。 （6）检查380VⅠ母线电压指示为零。 （7）将01断路器由“运行”摇至“试验”位置。 （8）取下01断路器控制熔断器。	站用低压不得并列

续表

操作目的	操作步骤	注意事项
66kV 1号站用变压器运行转冷备用，380V Ⅰ段负荷倒至 35kV 3号站用变压器带	（9）检查380VⅡ母电压指示正常（U=____V）。 （10）检查12断路器确在断开位置。 （11）将12断路器由“试验”摇至“运行”位置。 （12）合上12断路器（___时___分）。 （13）检查12断路器确已合好。 （14）检查380V备用母线电压指示正常。 （15）合上11断路器。 （16）检查11断路器确已合好。 （17）检查380VⅠ母线电压指示正常。 （18）断开6651断路器。 （19）检查6651断路器确已断开。 （20）拉开66511隔离开关。 （21）检查66511隔离开关三相确已拉开	站用低压不得并列

案例2：1号站用变压器运行转冷备用，380V负荷倒至备用变压器操作案例。

（1）运行方式。站用交流系统电气接线如图 ZY1300305001-2 所示。66kV 1号站用变压器带380V Ⅰ段母线运行，35kV 3号站用变压器带 380VⅡ段负荷运行，66kV 2号站用变压器冷备用；66kV 6651、6621断路器运行，35kV 56断路器运行，01、03、11断路器运行，02、12断路器在试验位置，控制熔断器取下。

（2）继电保护及自动装置配置。1号、2号、3号站用变压器均配置三段式过电流保护，均在运行状态。

（3）操作任务。66kV 1号站用变压器运行转冷备用，380VⅠ段负荷倒至 66kV 2号站用变压器带。

（4）操作方案。见表 ZY1300305001-2。

表 ZY1300305001-2　　站用交流系统停电操作案例 2

操作目的	操作步骤	注意事项
66kV 1号站用变压器运行转冷备用，380VⅠ段负荷倒至 66kV 2号站用变压器带	（1）检查6621断路器确在断开位置。 （2）合上66211隔离开关。 （3）检查66211隔离开关三相确已合好。 （4）合上6621断路器。 （5）检查6621断路器确已合好。 （6）检查2号站用变压器充电正常。 （7）断开11断路器。 （8）检查11断路器确已断开。 （9）检查380V备用母线电压指示为零。 （10）检查380VⅡ母线电压指示为零。 （11）断开01断路器。 （12）检查01断路器确已断开。 （13）检查380VⅠ母线电压指示为零。 （14）将01断路器由“运行”摇至“试验”位置。 （15）取下01断路器控制熔断器。 （16）放上02断路器控制熔断器。 （17）检查02断路器确在断开位置。 （18）将02断路器由“试验”摇至“运行”位置。 （19）合上02断路器。 （20）检查02断路器确已合好。 （21）检查380V备用母线电压指示正常。 （22）合上11断路器。 （23）检查11断路器确已合好。 （24）检查380VⅠ母线电压指示正常。 （25）断开6651断路器。 （26）检查6651断路器确已断开。 （27）拉开66511隔离开关。 （28）检查66511隔离开关三相确已拉开	站用低压不得并列

案例 3：1 号、3 号站用变压器停电，备用电源投运案例。

（1）运行方式。站用交流系统电气接线如图 ZY1300305001-2 所示。66kV 1 号站用变压器带 380V Ⅰ段母线运行，35kV 3 号站用变压器带 380V Ⅱ段负荷运行，66kV 2 号站用变压器冷备用；66kV 6651、6621 断路器运行，35kV 56 断路器运行，01、03、11 断路器运行，02、12 断路器在试验位置，控制熔断器取下。

（2）继电保护及自动装置配置。1 号、2 号、3 号站用变压器均配置三段式过电流保护，均在运行状态。

（3）操作任务。66kV 1 号站用变压器运行转冷备用，380V Ⅰ段负荷倒至 66kV 2 号站用变压器带。

（4）操作方案。见表 ZY1300305001-3。

表 ZY1300305001-3　　站用交流系统停电操作案例 3

操作目的	操作步骤	注意事项
66kV 1 号站用变压器，35kV 3 号站用变压器停电，380VⅠ、Ⅱ段负荷倒至 66kV 2 号站用变压器带	（1）检查 6621 断路器确在断开位置。 （2）合上 66211 隔离开关。 （3）检查 66211 隔离开关三相确已合好。 （4）合上 6621 断路器。 （5）检查 6621 断路器确已合好。 （6）检查 2 号站用变压器充电正常。 （7）断开 11 断路器。 （8）检查 11 断路器确已断开。 （9）断开 01 断路器。 （10）检查 01 断路器确已断开。 （11）检查 380VⅠ母线电压指示为零。 （12）将 01 断路器由“运行”摇至“试验”位置。 （13）取下 01 断路器控制熔断器。 （14）断开 03 断路器。 （15）检查 03 断路器确已断开。 （16）检查 380V Ⅱ母电压指示为零。 （17）将 03 断路器由“运行”摇至“试验”位置。 （18）取下 03 断路器控制熔断器。 （19）放上 02 断路器控制熔断器。 （20）检查 02 断路器确在断开位置。 （21）将 02 断路器由“试验”摇至“运行”位置。 （22）合上 02 断路器。 （23）检查 02 断路器确已合好。 （24）检查 380VⅡ母电压指示正常（U=____V）。 （25）合上 11 断路器。 （26）检查 11 断路器确已合好。 （27）检查 380VⅠ母线电压指示正常（U=____V）。 （28）合上 12 断路器。 （29）检查 12 断路器确已合好。 （30）检查 380VⅡ母电压指示正常（U=____V）。 （31）断开 6651 断路器。 （32）检查 6651 断路器确已断开。 （33）拉开 66511 隔离开关。 （34）检查 66511 隔离开关三相确已拉开。 （35）断开 56 断路器（___时___分） （36）检查 56 断路器确已断开。 （37）拉开 562 隔离开关。 （38）检查 562 隔离开关三相确已拉开	站用低压不得并列

（二）UPS（不间断电源）典型操作案例

案例 1：UPS 停运操作案例。

（1）运行方式。USVCP 型 UPS 电气接线如图 ZY1300305001-3 所示。UPS1 电源、UPS2 电源并列运行，自动旁路热备用，手动旁路熔断器取下。

（2）操作任务。UPS 电源柜Ⅰ停运。

（3）操作方案。见表 ZY1300305001-4。

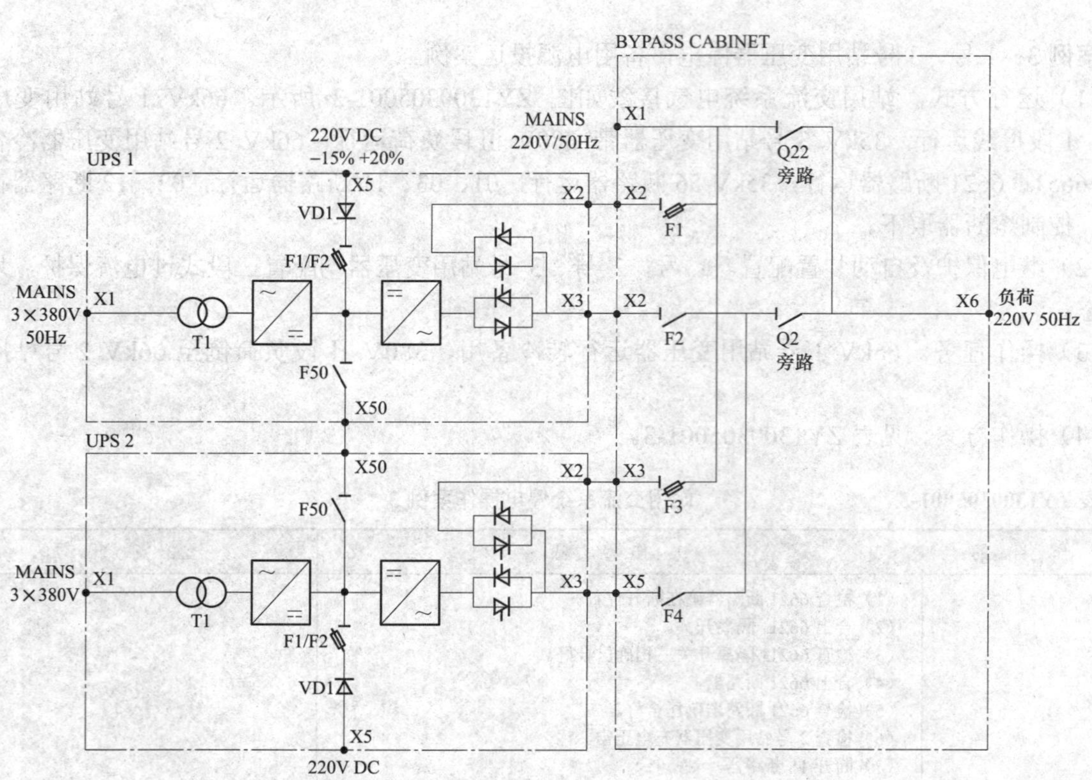

图 ZY1300305001-3 UPS（不间断电源）电气接线

表 ZY1300305001-4 UPS 典型操作案例 1

操作目的	操作步骤	注意事项
UPS 电源柜Ⅰ停运	（1）将 UPS 电源柜Ⅰ A5 电子切换单元 S2 断路器由连续模式切至后备模式。 （2）检查 UPS 电源柜Ⅰ A5 电子切换单元指示灯指示正确。 （3）检查 UPS 电源柜Ⅰ模拟显示图指示灯指示正确。 （4）合上 UPS 电源旁路柜 Q22 断路器。 （5）断开 UPS 电源旁路柜 Q2 断路器。 （6）检查 UPS 电源柜Ⅰ模拟显示图指示灯指示正确。 （7）断开 UPS 电源柜Ⅰ A4 逆变器控制单元 S1 断路器。 （8）检查 UPS 电源柜Ⅰ A5 电子切换单元指示灯指示正确。 （9）检查 UPS 电源柜Ⅰ A4 逆变器控制单元指示灯指示正确。 （10）检查 UPS 电源柜Ⅰ模拟显示图指示灯指示正确。 （11）断开 UPS 电源柜Ⅰ A2 整流器控制单元 S1 断路器。 （12）检查 UPS 电源柜Ⅰ A2 整流器控制单元指示灯指示正确。 （13）检查 UPS 电源柜Ⅰ A1 模块电源单元指示灯指示正确。 （14）检查 UPS 电源柜Ⅰ模拟显示指示灯指示正确。 （15）断开 UPS 电源柜Ⅰ整流器控制 Q1 断路器。 （16）断开 UPS 电源柜Ⅰ逆变器控制 F8 断路器。 （17）断开 UPS 电源柜Ⅰ失电压控制 F9 断路器。 （18）断开 UPS 电源柜Ⅰ F20 断路器。 （19）检查 UPS 电源柜Ⅰ A5 电子切换单元指示灯指示正确。 （20）断开 UPS 电源柜Ⅰ三相交流电源 F10~F12 断路器。 （21）检查 UPS 电源柜Ⅰ A5 电子切换单元所有指示灯灭。 （22）检查 UPS 电源柜Ⅰ A4 逆变器控制单元所有指示灯灭。 （23）检查 UPS 电源柜Ⅰ A2 整流器控制单元所有指示灯灭。 （24）检查 UPS 电源柜Ⅰ A1 模块电源单元所有指示灯灭。 （25）断开 UPS 电源柜Ⅰ控制单元保险 F3、F4 断路器。 （26）断开 UPS 电源旁路柜 F1、F2 断路器	防止失电压应先合后断

案例 2：UPS 投运操作案例。

（1）运行方式。USVCP 型 UPS 电气接线如图 ZY1300305001-3 所示，UPS1 电源、UPS2 电源并列运行，自动旁路热备用，手动旁路熔断器取下。

（2）操作任务。UPS 电源柜Ⅰ投运。

（3）操作方案。见表 ZY1300305001-5。

表 ZY1300305001-5　　　　UPS 典型操作案例 2

操作目的	操作步骤	注意事项
UPS 电源柜Ⅰ投运	（1）合上 UPS 电源柜Ⅰ三相交流电源 F10~F12 断路器。 （2）合上 UPS 电源柜Ⅰ控制单元保险 F3、F4 断路器。 （3）合上 UPS 电源柜Ⅰ整流器控制 Q1 断路器。 （4）合上 UPS 电源柜Ⅰ逆变器控制 F8、F9、F20 断路器。 （5）合上 UPS 电源旁路柜 F1、F2 断路器。 （6）检查 UPS 电源柜Ⅰ A6 信号处理单元 H1 指示灯闪烁。 （7）检查 UPS 电源柜Ⅰ A5 电子切换单元指示灯指示正确。 （8）检查 UPS 电源柜Ⅰ A2 整流器控制单元指示灯指示正确。 （9）检查 UPS 电源柜Ⅰ A1 模块电源单元指示灯指示正确。 （10）检查 UPS 电源柜Ⅰ A5 电子切换单元指示灯指示正确。 （11）检查 UPS 电源柜Ⅰ A5 电子切换单元 S2 断路器确在后备模式。 （12）检查 UPS 电源柜Ⅰ A5 电子切换单元指示灯指示正确。 （13）检查 UPS 电源柜Ⅰ模拟显示图指示灯指示正确。 （14）合上 UPS 电源旁路柜 Q2 断路器。 （15）断开 UPS 电源旁路柜 Q22 断路器。 （16）检查 UPS 电源柜Ⅰ模拟显示图指示灯指示正确。 （17）合上 UPS 电源柜Ⅰ A2 整流器控制单元 S1 断路器。 （18）检查 UPS 电源柜Ⅰ A2 整流器控制单元指示灯指示正确。 （19）检查 UPS 电源柜Ⅰ模拟显示图指示灯指示正确。 （20）检查 UPS 电源柜Ⅰ整流器输出电压指示正常（U=270V）。 （21）合上 UPS 电源柜Ⅰ A4 逆变器控制单元 S1 断路器。 （22）检查 UPS 电源柜Ⅰ A5 电子切换单元指示灯指示正确。 （23）检查 UPS 电源柜Ⅰ A4 逆变器控制单元指示灯指示正确。 （24）检查 UPS 电源柜Ⅰ模拟显示图指示灯指示正确。 （25）将 UPS 电源柜Ⅰ A5 电子切换单元 S2 断路器由后备模式切至连续模式。 （26）检查 UPS 电源柜Ⅰ A5 电子切换单元指示灯指示正确。 （27）检查 UPS 电源柜Ⅰ模拟显示图指示灯指示正确	防止失电应先合后断

（三）站用直流系统典型操作案例

站用直流系统的操作主要是进行直流系统的定期试验，检查装置是否正常，在切换过程中应清楚切换断路器的切换位置，防止直流失电压。以下以充电切换介绍直流系统操作方法。

案例 1：充电机切换操作案例。

（1）运行方式。接线如图 ZY1300305001-4 所示。1 号充电机运行带直流Ⅰ段负荷及 1 号蓄电池组运行，同时给 1 号蓄电池组浮充电；2 号充电机运行带直流Ⅱ段负荷及 2 号蓄电池组运行，同时给 1 号蓄电池组浮充电；3 号充电机备用。直流Ⅰ、Ⅱ段分列运行。

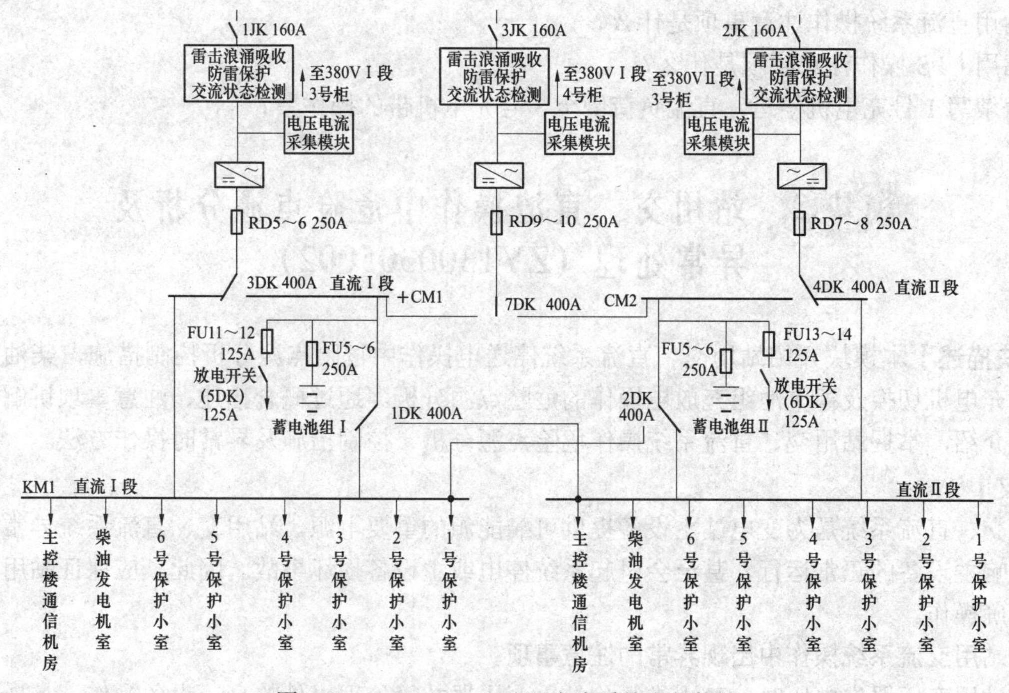

图 ZY1300305001-4　站用直流系统电气接线

模块1
ZY1300305001

（2）操作任务。3 号充电机带直流Ⅰ段运行，1 号充电机运行转备用。

（3）操作方案。见表 ZY1300305001-6。

表 ZY1300305001-6 站用直流系统典型操作案例 1

操作目的	操作步骤	注意事项
3 号充电机带直流Ⅰ段运行，1 号充电机运行转备用	（1）合上 3 号充电机 0 号～9 号充电模块的空气断路器。 （2）按下 3 号充电机 0 号～9 号充电模块的开机按钮。 （3）检查 3 号充电机 0 号～9 号充电模块各指示灯指示正常。 （4）检查 3 号充电机 0 号～9 号充电模块电压、电流指示正常。 （5）检查 3 号充电机充电电流指示正常（I=____A）。 （6）检查 3 号充电机充电电压指示正常（U=____V）。 （7）合上 3 号充电机输出断路器。 （8）断开 1 号充电机输出断路器。 （9）检查直流Ⅰ段电流指示正常（I=____A）。 （10）检查直流Ⅰ段电压指示正常（U=____V）。 （11）按下 1 号充电机 0 号～9 号充电模块的开机按钮。 （12）断开 1 号充电机 0 号～9 号充电模块的空气断路器。 （13）检查 1 号充电机充电电流、充电电压指示为零	先合后断防止直流失电压

案例 2：蓄电池核对性充放电操作案例。

（1）运行方式。接线如图 ZY1300305001-4 所示。1 号充电机运行带直流Ⅰ段负荷及 1 号蓄电池组运行，同时给 1 号蓄电池组浮充电；2 号充电机运行带直流Ⅱ段负荷及 2 号蓄电池组运行，同时给 1 号蓄电池组浮充电；3 号充电机备用。直流Ⅰ、Ⅱ段分列运行。

（2）操作任务。3 号充电机带直流Ⅰ段运行，1 号充电机运行转备用。

（3）操作方案。见表 ZY1300305001-7。

表 ZY1300305001-7 站用直流系统典型操作案例 2

操作目的	操作步骤	注意事项
1 号蓄电池组退出运行	（1）将 1 号充电机切换断路器切至直流Ⅰ段位置。 （2）将联络断路器切至直流Ⅱ段位置。 （3）断开蓄电池组 1DK 联络断路器	防止直流失电压

【思考与练习】

1. 站用交流系统操作注意事项是什么？
2. 站用直流系统操作注意事项是什么？
3. 站用 UPS 操作注意事项是什么？
4. 试填写 1 号充电机停运，直流负荷倒至 3 号充电机带的操作票？

模块 2 站用交、直流操作中危险点源分析及异常处理（ZY1300305002）

【模块描述】本模块介绍站用交、直流系统停送电操作中危险点源分析控制措施，柴油发电机操作、高频充电机切换及蓄电池组充放电操作的危险点源分析。通过概念描述、注意事项讲解、要点分析、案例介绍，掌握站用交、直流系统操作危险点源分析、控制措施及异常时操作方法。

【正文】

站用交、直流系统是为变电站主设备提供可靠能源的重要电源，站用交、直流系统异常失电压将会严重影响主设备的正常运行，甚至会引起系统停电或主设备损坏事故。因此，应保证站用交、直流系统的正确操作。

一、站用交流系统操作中出现异常的注意事项

（1）站用变压器失电压时，禁止进行除站用变压器故障处理以外的高压设备操作。

（2）站用变压器异常时，故障未排除前，禁止将站用变压器投运带负荷运行。

（3）低压断路器拒绝分合闸时，严禁盲目操作，应查明原因消除故障后再继续操作。

（4）当进行站用变压器合闸操作时，如合于故障回路引起断路器故障跳闸，应停止该项操作，及时查明原因并消除故障后，方可继续操作。

（5）站用变压器故障或上级电源失电压后，应立即检查恢复站用变压器失电压母线的运行。

（6）站用交流系统一段母线故障短时不能排除时，应检查各小室所用分电屏的自动切换带负荷情况，并进行故障母线隔离操作。

（7）低压侧断路器机构储能不正常，断路器位置指示不正确，应进行检查处理，正常后进行倒负荷操作。

（8）柴油发电机短时运转自动停机，应检查冷却水位、油位以及发电机运行温度是否在允许范围；当冷却水或油位低于规定值时，在未补油、补水前禁止开机带负荷运转。

二、UPS（不间断电源）操作中出现异常的注意事项

（1）当 UPS 输出电源消失恢复送电时，应先拉开所有负荷电源，然后按照先后次序依次合上电源开关。防止同时开机时冲击负荷造成开机失败。

（2）UPS 工作出现直流电压过高及逆变器、整流器等故障时，应停机检查。

（3）如果 UPS 或负载用熔断器熔断，必须更换同型号的熔断器。

（4）并机模式下，当一台 UPS 故障自动退出运行时，应进行全面检查，必要时进行停机或倒旁路操作。

（5）当发生过负荷，UPS 自动切换至旁路运行时，应检查各模件工作是否正常。

三、站用直流系统操作中出现异常的注意事项

（1）直流倒换操作时发生直流失电压，应恢复原运行方式，查明原因后再行倒换操作。

（2）当操作过程中发生直流接地故障时，应终止操作，查找和消除接地故障，拉路时应尽量缩短时间，拉路可能造成继电保护和安全自动装置误动的应汇报调度退出运行，之后投入运行。

（3）直流Ⅰ、Ⅱ段母线正常运行状态下禁止长期并列运行。

（4）充电机故障时应切换至备用充电机，查明故障原因再恢复至原运行方式。

（5）充电机交流输入异常时，在故障消除前不得进行将其投入运行的操作。

（6）高频模块故障后，在直流电压、电流不受影响时，可将故障模块退出，并将故障信息屏蔽。

（7）直流突然断电时，应汇报调度退出所有失电压的继电保护装置，待直流供电正常后，再投入继电保护装置。

（8）直流短时并列前，Ⅰ、Ⅱ段直流母线电压差大于 5%，不得并列。否则，电压差过大将会在直流回路中产生很大的环流，可能使空气断路器跳闸，导致失电压。

四、站用交、直流系统操作危险点分析及控制措施

站用交、直流回路操作是变电站运行人员常见的操作项目，例如保护装置交、直流电源投退，断路器、隔离开关控制电源的投退，查找直流接地时的操作等。如果交、直流回路操作方法不正确，就会发生交流低压并列和直流失电压等危险点，可能影响主设备的正常运行。交、直流操作危险点及控制措施如下。

（一）站用交流系统操作危险点分析及控制措施

（1）站用系统切换负荷时造成低压侧非同期并列。倒闸操作前根据运行方式正确备票，倒闸操作中严格执行监护复诵制，严禁跳项、漏项或擅自更改操作顺序。

（2）备用电源未带上电压，停运工作电源，造成交流失电压。检查备用电源确有电压后，再停用工作电源，操作中严格按照操作票顺序操作，严禁跳项、漏项操作。

（3）备用电源电压异常（缺相、相序错误、电压值过高或过低等）时，将备用电源投入运行。备用电源初次投运前应进行核相，备用电源投入后检查电压合格。

（4）带有备自投装置的站用交流系统，在切换负荷前漏投退备自投压板，引起备自投装置误动作。倒闸操作前应认真核对设备，正确备票防止漏项操作。

（5）UPS 操作中造成设备损坏或低压触电。应熟知操作的顺序，严格按照倒闸操作票顺序正确操作。

（6）UPS 操作中造成重要负荷失电压。倒闸操作前认真核对设备状态，正确操作。

（二）站用直流系统操作危险点分析及控制措施

（1）直流倒换操作时，造成直流失电压，部分运行装置（保护及自动化装置）受到影响。直流切换操作必须填写操作票，严禁凭记忆操作。必须按操作票的顺序依次操作，不得跳项、漏项或擅自更改操作顺序。直流失电压时汇报调度，退出保护装置。

（2）直流短路伤人。严格执行监护复诵制，严禁失去监护随意操作。

（3）操作时，直流充电回路（装置）故障。立即终止操作，采取措施。

（4）并列时Ⅰ、Ⅱ段直流母线电压差超过 5%。并列前检查直流Ⅰ、Ⅱ母线电压差，必要时进行测量确认。

五、案例

（一）站用交流系统异常操作案例

站用交流系统异常时应注意监视重要负荷，尽快恢复站用电运行。

案例 1：站用交流系统 66kV 1 号站用变压器故障短时不能恢复运行，380VⅠ段负荷需倒至 66kV 2 号站用变压器带异常处理案例。

（1）运行方式。接线如图 ZY1300305001-2 所示。66kV 1 号站用变压器带 380VⅠ段母线运行，66kV 2 号站用变压器带 380VⅡ段母线运行，35kV 3 号站用变压器检修；66kV 6651、6621、01、02、12 断路器运行，11、03 断路器在试验位置，控制熔断器取下。

（2）继电保护及自动装置配置。1 号、2 号站用变压器均配置三段式过电流保护，均在运行状态。

（3）操作任务。1 号站用变压器转检修，380Ⅰ段负荷倒至 2 号站用变压器带。

（4）处理方案。见表 ZY1300305002-1。

表 ZY1300305002-1 站用交流系统异常操作案例 1

操 作 方 案	方 案 说 明
（1）断开 01 断路器。 （2）将 01 断路器由“运行”摇至“试验”位置。 （3）取下 01 断路器控制熔断器。 （4）放上 11 断路器控制熔断器。 （5）检查 11 断路器确在断开位置。 （6）将 11 断路器由“试验”摇至“运行”位置。 （7）合上 11 断路器。 （8）断开 6651 断路器。 （9）拉开 66511 隔离开关。 （10）在 1 号站用变压器两侧验明确无电压。 （11）在 1 号站用变压器两侧做安全措施。 （12）断开各侧控制电源。 （13）做好安全措施	（1）将 1 号故障站用变压器隔离，将 380VⅠ母负荷倒至 66kV 2 号站用变压器带。 （2）先停后供，防止低压并列

案例 2：66kV 1 号站用变压器速断保护动作，Ⅰ段母线故障操作案例。

（1）运行方式。接线如图 ZY1300305001-2 所示。66kV 1 号站用变压器带 380VⅠ段母线运行，35kV 3 号站用变压器带 380VⅡ段负荷运行，66kV 2 号站用变压器冷备用；66kV 6651 断路器运行，6621 冷备用，35kV 56 断路器运行，01、03、11 断路器运行，02、12 断路器在试验位置，控制熔断器取下。

（2）继电保护及自动装置配置。1 号、2 号、3 号站用变压器均配置三段式过电流保护，均在运行状态。

（3）异常介绍。66kV 1 号站用变压器速断保护动作，检查发现Ⅰ段母线故障，短时不能恢复运行。

（4）处理方案。见表 ZY1300305002-2。

模块 2 ZY1300305002

表 ZY1300305002-2　　站用交流系统异常操作案例 2

操 作 方 案	方 案 说 明
（1）检查 11 断路器确在断开位置。 （2）将 11 断路器由“运行”摇至“试验”位置。 （3）取下 11 断路器控制熔断器。 （4）检查 01 断路器确在断开位置。 （5）将 01 断路器由“运行”摇至“试验”位置。 （6）取下 01 断路器控制熔断器。 （7）断开 6651 断路器。 （8）检查 6651 断路器确已断开。 （9）拉开 66511 隔离开关。 （10）检查 66511 隔离开关三相确已拉开。 （11）在 380V Ⅰ段母线上做安全措施	（1）检查设备状态，判明故障点，隔离故障母线。 （2）合上联络断路器之前认真核对设备编号、命名、位置，防止再次合闸送电至故障母线

（二）UPS（不间断电源）异常操作案例

UPS 通常在并机模式下运行，保证供电可靠性，当一台 UPS 电源故障时，在自动退出的情况下可实现自动切换，也可进行手动切换。以下以 USVCP 型 UPS 不间断电源介绍 UPS 故障后操作方法。

案例 1：UPS 电源柜Ⅰ异常，运行倒至旁路操作案例。

（1）运行方式。UPS 不间断电源电气接线如图 ZY1300305001-3 所示。UPS1 电源、UPS2 电源并列运行，自动旁路热备用，手动旁路熔断器取下。

（2）异常介绍。UPS 电源柜Ⅰ逆变器故障，需退出运行，负荷倒至旁路带。

（3）操作方案。见表 ZY1300305002-3。

表 ZY1300305002-3　　UPS 异常操作案例 1

操 作 方 案	方 案 说 明
（1）将 UPS 电源柜Ⅰ A5 电子切换单元 S1 开关由连续模式切至后备模式。 （2）检查 UPS 电源柜Ⅰ A5 电子切换单元指示灯指示正确。 （3）检查 UPS 电源柜Ⅰ模拟显示图指示灯指示正确。 （4）合上 UPS 电源旁路柜 Q22 断路器。 （5）断开 UPS 电源旁路柜 Q2 断路器。 （6）检查 UPS 电源柜Ⅰ模拟显示图指示灯指示正确。 （7）断开 UPS 电源柜Ⅰ A4 逆变器控制单元 S1 断路器。 （8）检查 UPS 电源柜Ⅰ A5 电子切换单元指示灯指示正确。 （9）检查 UPS 电源柜Ⅰ模拟显示图指示灯指示正确。 （10）断开 UPS 电源柜Ⅰ A2 整流器控制单元 S1 断路器。 （11）检查 UPS 电源柜Ⅰ A2 整流器控制单元指示灯指示正确。 （12）检查 UPS 电源柜Ⅰ A1 模块电源单元指示灯指示正确。 （13）检查 UPS 电源柜Ⅰ模拟显示图指示灯指示正确	（1）UPSⅠ柜退出运行，UPSⅠ柜所带负荷倒至旁路带，UPSⅠ柜隔离做好安全措施。 （2）切换时应注意不间断供电。 （3）F50 一般情况下不要断，因为断开的话可能会烧损熔断器

案例 2：UPS 电源柜Ⅰ异常，自动旁路故障，UPS 电源倒至静态旁路操作案例。

（1）运行方式。UPS 电气接线如图 ZY1300305001-3 所示。UPS1 电源、UPS2 电源并列运行，自动旁路热备用，手动旁路熔断器取下。

（2）异常介绍。UPS 电源柜Ⅰ装置故障，需退出运行，负荷倒至旁路带，在切换过程中自动旁路故障，手动切至手动旁路带。

（3）操作方案。见表 ZY1300305002-4。

表 ZY1300305002-4　　UPS 异常操作案例 2

操 作 方 案	方 案 说 明
（1）将 UPS 电源柜Ⅰ A5 电子切换单元 S2 断路器由连续模式切至后备模式。 （2）检查 UPS 电源柜Ⅰ A5 电子切换单元 H10 灯黄灯亮。 （3）检查 UPS 电源柜Ⅰ A5 电子切换单元 H8 灯灭。 （4）检查 UPS 电源柜Ⅰ A5 电子切换单元 H9 灯灭。 （5）检查 UPS 电源柜Ⅰ模拟显示图 H7 灯灭。 （6）检查 UPS 电源柜Ⅰ模拟显示图 H6 绿灯亮	（1）UPSⅠ柜退出运行，UPSⅠ柜所带负荷倒至旁路，旁路柜故障，倒至静态旁路带，UPSⅠ柜隔离做好安全措施。 （2）切换时应注意不间断供电。 （3）如果 F50 已断开，则必须在两台 UPS 输出电压都达到 270V 下才能将其合上

模块 2　ZY1300305002

（三）站用直流系统异常操作案例

案例1：充电机1号故障倒至3号充电机操作案例。

（1）运行方式。接线如图ZY1300305001-4所示。1号充电机运行带直流Ⅰ段负荷及1号蓄电池组运行，同时给1号蓄电池组浮充电；2号充电机运行带直流Ⅱ段负荷及2号蓄电池组运行，同时给1号蓄电池组浮充电；3号充电机备用。直流Ⅰ、Ⅱ段分列运行。

（2）操作任务。3号充电机带直流Ⅰ段运行，1号充电机运行转备用。

（3）操作方案。见表ZY1300305002-5。

表ZY1300305002-5　　站用直流系统异常操作案例1

操作方案	方案说明
（1）检查1号充电机确认为充电机故障。 （2）合上3号充电机0号～9号高频充电模块空气断路器。 （3）按下3号充电机0号～9号高频充电模块开机按钮。 （4）检查3号充电机0号～9号高频充电模块指示灯指示正常。 （5）检查3号充电机0号～9号高频充电模块输出电压、电流指示正常。 （6）合上3号充电机输出开关。 （7）按下1号充电机0号～9号高频充电模块关机按钮。 （8）断开1号充电机0号～9号高频充电模块空气断路器。 （9）断开1号充电机输出开关。 （10）检查1号充电机充电电压、充电电流指示为零。 （11）断开1号充电机交流电源。 （12）做好安全措施	（1）3号充电机运行，1号充电机停机。 （2）1号充电机故障，将直流Ⅰ段负荷及1号蓄电池组倒至3号充电机运行，1号充电机隔离，做好安全措施。 （3）直流母线可短时并列操作，防止直流失电压，应先合后断

案例2：直流Ⅱ段母线异常操作案例。

（1）运行方式。接线如图ZY1300305001-4所示。1号充电机运行带直流Ⅰ段负荷及1号蓄电池组运行，同时给1号蓄电池组浮充电；2号充电机运行带直流Ⅱ段负荷及2号蓄电池组运行，同时给1号蓄电池组浮充电；3号充电机备用。直流Ⅰ、Ⅱ段分列运行。

（2）异常介绍。某保护小室直流Ⅱ段母线故障失电压。

（3）处理方案。见表ZY1300305002-6。

表ZY1300305002-6　　站用直流系统异常操作案例2

操作方案	方案说明
（1）检查直流Ⅱ段控制母线及各支路直流负荷。 （2）汇报调度。 （3）退出失电压继电保护装置。 （4）合上各保护小室直流馈线屏母联断路器。 （5）合上直流馈线屏Ⅰ段Ⅱ路控制电源、Ⅰ段Ⅱ路保护电源。 （6）检查各保护装置上电正常。 （7）断开直流馈线屏Ⅱ段Ⅱ路控制电源、Ⅱ段Ⅱ路保护电源。 （8）汇报调度。 （9）投入各继电保护装置。 （10）直流Ⅱ段母线隔离检查	（1）合上Ⅰ段Ⅱ路控制、保护电源；断开Ⅱ段Ⅱ路控制、保护电源。 （2）将直流Ⅱ段母线隔离，负荷倒至Ⅰ段带，做好安全措施。 （3）防止直流切换操作将电源供至故障母线

【思考与练习】

1. 站用交流系统操作危险点分析有哪些？
2. 站用直流系统操作危险点分析有哪些？
3. UPS（不间断电源）异常时如何操作？
4. 站用交流系统操作中通常会发生哪些异常？注意事项有哪些？

第二十六章　大型复杂操作

模块1　大型复杂综合操作（ZY1300306001）

【模块描述】本模块介绍大型复杂操作原则和注意事项，同期操作的方法、注意事项及步骤，新设备投运操作的步骤和注意事项。通过概念描述、要点归纳讲解、案例介绍，正确掌握大型复杂操作、同期操作、新设备投运操作技能。

【正文】

变电站中新设备投运操作，变压器、母线单元设备的操作，以及涉及两个及以上系统同期并列的操作，通常被视为大型复杂操作。变压器、母线操作已在前面的模块中分别进行了介绍，本模块主要介绍同期并列和新设备启动送电操作。

一、大型复杂操作原则及注意事项

（一）操作原则

（1）应根据值班调度员发布的操作命令或口头命令执行，严禁没有调度命令擅自进行操作。

（2）新设备投运前已全部按照设计要求安装、调试完毕，并具备投运条件，且设备验收工作已经结束，质量符合安全运行要求。

（3）变电站新设备验收工作结束后，应按照有关要求填写相关检修、试验记录，并履行相关手续，交接手续完备后，方能投入运行。

（4）现场具备启动条件，有关设备应移交生产单位和有关单位，且调度关系已明确。

（5）防误闭锁装置必须完善，否则不得投入运行。

（6）装置打印定值与调度下发定值核对正确，并与调度核对正确无误。

（7）对新线路或新变压器要先进行核对相序和相位，然后进行试并一次，以确保正确。

（8）新设备的充电必须由带保护的断路器进行，且在远离电源一侧的断路器进行。

（二）注意事项

（1）大型复杂倒闸操作，应由熟练的运行人员操作，运行值班负责人监护。

（2）新设备启动前，变电运行人员应根据启动方案的要求，认真核对启动范围内所有一、二次设备的实际状态是否正确，发现不正确的要立即进行操作调整。

（3）变电运行人员应认真组织学习启动调试方案，准备好相应的操作票，并做好事故预想。

（4）倒闸操作过程中，可以实行双监护，操作中应严格履行监护复诵制，监护人全程监护，但不得参与倒闸操作。

（5）新设备投运每操作一项，都要对设备进行全面检查、核对设备状态无异常。新设备的充电一般分段进行，以便在发生故障时，能够尽快查找故障点。

（6）新投变压器和新投线路投运后应立即带负荷校核电流回路和电压回路接线的正确性。

（7）新投运设备加压时，辅助操作人和现场监护人应远离加压设备，防止因设备故障造成人身伤害。

（8）充电时应严格监视被充电设备的情况，及时发现不正常现象，以便进行处理。

（9）按照不同设备的要求进行一定时间的带负荷试验。

二、操作要求

1. 变压器投运操作要求

（1）变压器油已按规程静置 96h，且经充分排气。变压器本体、绝缘油等各项交接试验数据验收合格，满足投运条件。

（2）对变压器本体、外观进行全面检查：所有应开启的阀门在开启位置，应关闭的阀门在关闭位置；无励磁调压变压器分接开关挡位应按照定值单要求设置，且三相一致；变压器三侧引线连接牢固，引线无断线断股；变压器各接头、管路无渗油；气体继电器充满油，且防雨罩完好；油枕、充油套管油位正常；各侧套管绝缘子无裂纹、破损；变压器接地良好，且接地符合规程要求；本体无遗留物。

（3）冷却系统的检查：冷却器电源正常，控制回路验收正常；风扇、潜油泵运转方向正确；自动启动备用冷却器、辅助冷却器控制回路正常；按照厂家说明书及规程要求投入相应的冷却器组数，在投入冷却器操作时应分组投入，禁止多组冷却器同时投入或退出，防止油流带电对变压器绝缘造成危害。

（4）对监视装置的检查：油温、绕组温度、压力释放、油流指示器指示正确；气体继电器集气盒应充满油；监控后台数据与变压器本体指示表计所传数据一致；各侧计量表计经校验合格。

（5）保护装置的检查：保护装置整定无误，二次回路接线正确、接线牢固且验收合格，具备投运条件；各保护装置电源投入正确；各保护装置面板显示正确，面板指示灯指示正确；保护压板按定值单要求投退正确；绕组温高跳闸、油温高跳闸、压力释放根据现场情况宜投信号。

（6）通信、远动及调度自动化系统检查：通信系统畅通，与调度联系正常；远动信息具备送入有关电网调度机构的电网调度自动化系统的条件，系统联调完毕。

（7）综合自动化系统检查：自动化系统运行正常，信息核对正确，数据远传正确；断路器、隔离开关远方遥合、遥分操作正常。

（8）新投变压器一般从高压侧充电，目前 750kV 网架薄弱，由 330kV 侧充电。充电 5 次，第一次充电 10min，间隔 10min；其余 4 次充电 5min，间隔 5min。

2. 线路投运操作要求

（1）对线路、断路器、隔离开关、电压互感器、避雷器全面验收，各项试验数据合格；设备状态符合投运方案要求。

（2）检查导线连接牢固、可靠。

（3）检查断路器、隔离开关、电压互感器、电流互感器、避雷器等设备及其连接导线的导电部分对地距离、相间距离符合要求。

（4）充油设备无渗油，油位、油色正常；SF_6 设备无泄漏，压力值正常；气动回路无泄漏，压力值正常；液压回路正常，压力值正常。

（5）保护定值正确，装置运行正常，空气断路器、压板在退出位置。

（6）综合自动化系统就地与远方信息核对正确，遥合、遥分正常。

（7）通信系统正常，联系畅通。

（8）新投线路充电 3 次，每次 5min，间隔 5min。充电时应监视设备充电状况，异常时退出。

3. 母线投运操作要求

（1）母线充电应具有完备的保护。充电应使用断路器，严禁用隔离开关对母线充电。

（2）用断路器给母线充电时，应使用充电保护。如果用其他保护代替充电保护，该保护方向应指向被充电母线。必要时，应做保护定值的修改。

（3）带有电磁式电压互感器的空母线充电时，为避免断路器断口间的并联电容与电压互感器感抗成串联谐振，应在母线停送电操作前，将电压互感器隔离开关断开或在电压互感器的二次回路采取阻尼措施，或者采取线路和母线一起充电。

4. 新设备投运对保护配合操作要求

（1）对新保护装置进行必要的带负荷测试，如电流、相位、不平衡电流等。

（2）新设备投运时，充电断路器保护应全部投入，充电保护投入，保护方向元件投入。

（3）新设备投运时，充电断路器带时限的保护动作时限可根据需要改小，部分定值按要求修改，功率方向元件退出，防止因极性接反误动。

（4）充电断路器重合闸装置退出运行，防止充电时故障跳闸线路再次合闸。

（5）充电时故障录波装置应投入运行。

（6）对可能受到影响不能正常供电的设备应退出运行，或可能引起误动不能正常供电的设备退出运行。

（7）变压器零起升压时，失灵保护退出运行；全电压冲击试验时，失灵保护应投入。

（8）线路带高抗零起升压时，失灵保护退出运行；全电压冲击试验时，失灵保护应投入。

（9）变压器、电抗器、母线差动保护在设备投运后，带负荷前应退出进行差压差流测试，待正常后投入运行。

（10）新设备充电正常后，保护装置定值应修改为设备正常运行时定值。

5. 同期并列操作

（1）同期并列操作前，应确保同期装置正常。

（2）同期并列操作出现异常时应终止操作，待原因查明后再行操作。

三、案例

下面以新设备启运及同期操作操作为例，介绍具体操作步骤。

1. 变压器投运操作

（1）核对保护定值。

（2）合上保护装置电源，投入保护压板。

（3）合上三侧隔离开关，用 330kV 侧断路器进行主变压器充电，充电 5 次。

（4）变压器充电结束后退出差动保护。

（5）带负荷测试差动保护电流回路接线的正确性。

（6）主变压器 750kV 侧断路器同期合环。

（7）变压器试运行。

（8）试运行正常后转为正式运行。

2. 新线路投运操作

（1）核对保护定值。

（2）合上保护装置电源，投入保护压板。

（3）合上隔离开关，用断路器对线路进行充电 3 次。

（4）充电结束后带负荷测试保护电压、电流回路的正确性，确认接线无误。

（5）线路开始试运行。

（6）试运行正常后转为正式运行。

3. 新母线投运操作

（1）核对保护定值。

（2）合上保护装置电源，投入母线充电保护压板。

（3）合上隔离开关，用断路器对母线进行充电。

（4）充电结束后带负荷测试母线差动保护电流回路的正确性，确认接线无误。

（5）母线投入电网开始试运行。

（6）试运行正常后正式转为运行。

4. 同期并列操作

（1）无同期软压板同期并列。

1）微机“五防”机模拟操作。

2）单击“监控操作”传至监控后台。

3）监控后台接“五防”机“执行××断路器操作”命令。

4）进入某断路器操作界面，单击××断路器→单击“同期合”→单击“执行”。

5）输入监护人、操作人密码，确认同期合闸。

6）断路器同期合闸。

（2）投入同期软压板同期并列。

1）微机“五防”机模拟操作。

2）单击“监控操作”传至监控后台。

3）监控后台接“五防”机“执行××断路器操作”命令。

4）进入某断路器操作界面。

5）单击××断路器“同期投入”软压板切至“同期”。

6）单击××断路器合闸，单击“执行”。

7）输入监护人、操作人密码，确认同期合闸。

8）断路器同期合闸。

【思考与练习】

1. 请根据你站实际接线方式填写一张主变压器投运的操作票。

2. 新投运线路操作注意事项有哪些？

模块2 大型复杂操作中的危险点源分析及异常处理（ZY1300306002）

【模块描述】本模块介绍大型复杂操作、同期操作、新设备投运操作中的危险点源分析及控制措施，操作中出现异常时操作注意事项。通过要点归纳讲解、列表说明、案例介绍，掌握大型复杂操作、同期操作、新设备投运操作危险点源分析、控制措施及异常时操作方法。

【正文】

变电站新设备投运，变压器、母线停电等大型复杂操作中因操作项目多、技术复杂，一、二次操作配合要求高，极易引起误操作。因此，操作前值班人员应做好充分准备。同时，在操作前应做好危险点源分析，制定切实可行的预控措施，防止事故的发生。

一、大型复杂操作中的异常及注意事项

1. 新设备投运操作中的异常及注意事项

（1）如合闸于故障设备时，应立即停止操作，打印故障录波，检查故障设备，判明故障点。

（2）操作过程中如果出现直流接地、电流互感器二次电流回路开路、电压互感器二次短路等异常情况时，应立即停止操作。

（3）变压器或线路充电异常，应立即停止充电，待查明原因处理后，再继续操作。

（4）新设备合闸送电后跳闸，应立即查明原因，未能查明原因不得合闸送电。

（5）电流互感器二次极性接反造成设备跳闸后，应对二次回路进行校核。

（6）差动保护出现不平衡电流时，应查明原因，不平衡电流偏大影响设备正常运行时应将设备停运。

2. 同期并列操作中的异常及注意事项

（1）监控系统操作同期软压板未投入时，不能进行同期操作。

（2）同期装置故障时禁止同期操作。

（3）在同期装置出现异常情况时，应查明原因并消除后方可继续进行操作。

（4）同期操作不能同期合闸，应查明故障原因。短时不能排除的，应汇报调度选择新的同期并列点。

二、大型复杂操作危险点分析及控制措施

表 ZY1300306002-1 所列为大型复杂操作中常见危险点分析及控制措施。

表 ZY1300306002-1　　大型复杂操作中常见危险点分析及控制措施

危险点分析		控制措施
新设备投运	操作顺序错误导致设备故障	操作前认真准备操作票，合理安排操作
	监控系统“五防”失灵	应在测控装置上进行操作，必须遵守倒闸操作基本原则和注意事项，持操作票操作
	漏投退、误投退保护压板	认真准备操作票，逐项操作
	走错间隔，误拉合断路器、隔离开关	操作前认真准备操作票，操作中认真核对设备命名、编号、位置
	安全措施未全部拆除	核对新设备所有安全措施
	未按照投运方案顺序操作	学习投运方案，熟悉操作程序，严格执行调度命令
	新设备充电时保护未投入	遵守安规和调度规程的相关规定，根据定值单要求，投入新设备所有保护
	保护定值核对错误	保护装置打印定值与下发定值单相核对正确
	电流互感器二次回路开路、电压互感器二次回路短路	严格按照验收细则进行二次回路验收，操作中出现应立即终止操作进行处理
	直流回路接地	应查明原因处理正常后，再进行新设备投运操作
	二次回路接线不牢固，出现松动	严格按照验收细则进行二次回路验收
	一次设备标识错误，可能导致误操作	悬挂设备标牌应按照调度下发设备命名、编号、位置认真核对悬挂
	“五防”装置异常或失灵	监控后台无法操作，可在测控装置进行操作，但应持倒闸操作票，并严格遵守倒闸操作基本原则和注意事项
	监控系统信息不正确	应终止操作，查明原因处理后进行操作
	保护压板标识错误，导致误投、退保护压板	新设备投运前按照保护装置定值和压板功能正确标识，操作时严格按照操作票逐项执行
	调试操作发生误操作	调试操作设备前，熟悉设备调试项目，操作设备“三核对”，应至少保证两人进行
同期操作	同期电压接线错误	测控装置二次回路工作结束，验收时核对拆接线记录
	同期断路器非同期合闸	认真核对并列方式，正确操作
	测控装置同期未校验	测控装置中同期回路应定期校验，满足同期并列条件
	同期装置故障造成非同期合闸	同期装置故障应汇报调度，考虑采用电网中其他同期并列点

三、案例

（1）运行方式。接线如图 ZY1300302001-1 所示。1 号主变压器、750kV 侧 7510、7512 断路器，330kV 侧 3320、3321 断路器，66kV 6601 断路器运行，750kV 线路及 7510、7511 断路器运行，330kV 线路及 3320、3322 断路器运行，66kV 母线运行，66kV 6651 断路器及 1 号站用变压器运行，6611 断路器及 3 号电抗器运行，6612 断路器及 4 号电抗器运行。

（2）异常情况。合闸操作中，750kV 侧 7512 断路器内部故障，造成主变压器三侧断路器跳闸。

（3）操作要点。隔离故障断路器，恢复无故障设备，做好故障断路器安全措施。不得投入主变压器通风装置。

（4）操作方案。

1）将主变压器通风装置切至“停止”位置。

2）检查主变压器 750kV 侧 7510、7512 断路器确在断开位置。

3）检查主变压器 330kV 侧 3320、3321 断路器确在断开位置。

4）检查主变压器 66kV 侧 6601 断路器确在断开位置。

5）主变压器 750kV 侧 7512 断路器热备用转检修。

6）主变压器 66kV 侧断路器热备用转运行。

7）切换主变压器通风装置。

8）主变压器 330kV 侧母线断路器热备用转运行。

9）检查主变压器充电正常。

10）主变压器 330kV 侧中间断路器热备用转运行。

11）主变压器 750kV 侧中间断路器热备用转运行。

12）切换主变压器通风装置。

【思考与练习】

1. 同期操作危险点有哪些？

2. 新设备投运操作危险点有哪些？如何做好控制措施？

第二十七章　二　次　操　作

模块1　二次设备操作（ZY1300307001）

【模块描述】本模块介绍继电保护、自动化监控系统及安全自动装置等二次设备的操作原则和注意事项，二次设备状态分类、保护操作的典型操作任务及二次设备操作方法等内容。通过概念描述、要点归纳讲解、列表说明、案例介绍，掌握二次设备分类及操作方法。

【正文】

二次设备是指对一次设备的工作进行控制、保护、监察和测量的设备，如测量仪表、继电保护、同期装置、故障录波器、自动控制设备等。二次操作即指针对上述设备进行的操作，操作的对象有保护压板、方式转换开关、电源开关、二次熔断器等。变电站二次设备操作是运行操作的重要组成部分，几乎所有一次设备的操作都会涉及二次设备的操作配合，有时虽然并无一次设备操作，也会有独立的二次设备操作任务。因此，二次设备操作是变电运行人员的基本操作技能。

一、二次设备状态分类

（一）保护压板和保护状态的分类

1. 保护压板的分类

对继电保护装置可操作的压板有软压板和硬压板两种。硬压板就是指连片，指只能在保护屏上通过人工才能进行投退的物理连接片，通过控制外部连片的接通和断开来实现保护装置的特定功能。软压板是微机保护程序中所做的逻辑功能，可以是保护装置的数据通信接口在监控后台机、调度后台机可远方投、退的虚拟连接片，也可以是保护装置内整定的控制字。软、硬压板可以通过“与”、“或”两种不同的组合方式来实现保护的投入和退出两大功能。当软、硬压板必须同时投入或同时退出才能完成保护装置的功能时称为“与”关系，此时保护的投退要对软、硬压板均进行操作。当只要其中之一投入或退出就能满足保护功能时称为“或”关系，此时保护的投退只对软、硬压板其中之一进行操作。根据压板在保护装置二次回路中的作用不同又可将其分为功能压板和出口压板两大类。

（1）保护功能压板。一般也叫投入压板，实现了保护装置某些功能。如高频保护投入压板、距离Ⅰ段投入压板、差动保护投入压板、过电压保护投入压板等。功能压板是否投入是某种保护功能是否投入的条件。

（2）保护出口压板。出口压板是否投入是接通跳闸回路的条件。根据保护动作出口作用的对象不同，可分为跳闸出口压板和启动压板。跳闸出口压板直接作用于本断路器或联跳其他断路器，如×相跳闸出口压板、差动出口跳××断路器压板等。启动压板作为其他保护开入之用，如失灵启动压板、失灵瞬跳本断路器压板等。

2. 保护状态的分类

微机型继电保护装置的状态分为投跳闸、投信号和退出3种。

（1）投信号状态指装置电源空气断路器全部合上，装置正常，功能压板投入，功能把手置于相应位置，出口压板全部断开。

（2）投跳闸状态指装置电源空气断路器全部合上，装置正常，功能把手置于相应位置，功能压板和出口压板全部投入。

（3）退出状态指装置功能压板、出口压板全部断开，功能把手置于对应位置，装置电源空气断路器根据实际工作需要断开或合上。

正常情况下，一次设备在运行或热备用状态时，其保护装置为投入状态；一次设备冷备用或检修状态时，其保护装置为退出状态；保护装置无需投入，但需对其运行工况进行观察监视，应投信号状态。对于具有多种保护功能的微机保护，通常其多种功能的出口压板是合用的，只设置了不同功能的投入压板，因此，停用该保护的某一功能只能通过停用其功能的投入压板来实现。

（二）重合闸方式及压板

1. 重合闸方式

线路重合闸的方式有综合重合闸（简称综重）、单相重合闸（简称单重）、三相重合闸（简称三重）和停月4种。

重合间的4种方式之间的切换可以通过外部切换把手控制、内置定值控制、外部切换把手与内置定值相结合控制 3 种方法来实现。330、750kV 线路通常通过外部切换把手控制选择重合闸方式，一般采用单亘方式。

2. 重今闸压板

重合间的投退应根据值班调度的指令或一次设备的状态进行调整，重合闸操作的对象包含重合闸压板、重合闸方式转换开关等。其中压板包括重合闸出口压板、先合投入重压板、先合闭锁××断路器重合闸巨板等，各压板的功能如下：

（1）重合闸出口压板。投入后接通重合闸出口回路。

（2）先合投入压板。投此压板时，在线路故障断路器跳闸后，设定该断路器优先重合。对3/2断路器接线，一般设定母线侧断路器为优先合闸。

（3）先合闭锁××断路器重合闸压板。投入此压板，设定优先重合的断路器在重合闸启动的同时向后合断路器发出闭锁脉冲，待先合断路器重合闸出口后，后合断路器的重合闸经延时后重合，保证了两台断路器的相继动作。

二、二次设备操作的原则及注意事项

（一）一般原则

（1）继电保护和安全自动装置的投退操作应依照设备调管范围内的当值调度员的指令进行。未经调度同意，现场运行人员不得改变其运行状态。

（2）一次系统运行方式发生变化如涉及二次设备配合时，二次设备应进行相应的操作，此项操作由变电站运行人员考虑，是属于同一个操作任务的内容，调度不另行下达操作指令。

（3）继电保护装置整屏退出时，应退出保护屏上所有压板，并将有关功能把手置于退出位置。

（4）多套保护装置共同组屏，如其中一套装置需要退出运行时，可仅将该装置的所有压板退出，功能把手置于对应位置。该装置与运行装置共用的压板、回路不得断开。

（5）保护装置中仅某部分保护功能退出时，除退出该保护功能投入压板外，有专用出口压板的其出口压板也应退出。

（6）继电保护设备和自动装置投入操作应按照合上装置交流电源、装置直流电源、投装置功能压板、跳闸止口压板的顺序进行操作；退出操作顺序与此相反。自动重合闸装置的操作顺序为投入时先切换方式转换开关，再投重合闸压板；退出与之相反。

（7）电气设备的停送电操作涉及稳控装置投退时，停电操作时，应随继电保护的操作，退出保护启动稳控装置的压板及稳控装置相应的方式压板；送电操作时，随继电保护的操作，投入保护启动稳控装置的压板及稳控装置相应的方式压板。

（二）注意事项

（1）一次设备配置的多套主保护不允许同时停运，主保护其中之一停用时，其独立的后备保护应投入运行。严禁一次设备无主保护运行。

（2）设备投运前，运行人员应详细检查保护装置、功能把手、压板、空气断路器位置正确，所拆二次线恢复到工作前接线状态。

（3）保护出口压板投入前，应检查保护装置是否有动作出口信号，必要时使用万用表测量出口压板对地电压，如有电压则不许投入。

（4）二次设备进行操作后，应检查相应的信号指示是否正确、装置工作是否正常；打印保护采样值，检查电压、电流等是否正常。

（5）保护及自动装置有消缺、维护、检修、改造、反措、调试等工作时，应将有关的装置电源、保护和计量电压空气断路器断开，并断开本装置启动其他运行设备装置的二次回路，做好全面的安全隔离措施，防止造成运行中的设备跳闸。

（6）保护装置动作后，在未征得保护人员许可时，不得随意断开直流电源。特别是不正确动作后，不得将保护装置断电（装置内部起火、冒烟或有明显异味等特殊情况除外），以便于专业人员对保护装置的进行全面正确的检查和判断。

（7）严禁在保护停用前拉、合装置直流电源。因直流消失而停用的保护，只有在电压恢复正常后才允许将保护重新投入运行。

三、二次设备操作要求

（一）高频和光纤线路纵联保护

750、330kV 线路一般都按双重化原则配置有两套线路纵联保护来实现对全线路的快速保护。无论采用高频通道还是光纤通道，操作中均应注意：

（1）高频和光纤纵联保护必须遵循线路两侧同时投退的原则。投运前应检查通道正常无告警后方可投入，否则会造成在区外故障时，由于停用侧保护不能向对侧发闭锁信号而造成单侧投跳闸的高频、光纤差动保护误动跳闸。

（2）对于采用双通道的线路纵联保护，为确保保护正确动作，当因故改为单通道方式运行时，要将保护装置通道方式切换把手位置切至与通道实际运行方式一致的状态。

（3）线路保护屏上断路器状态切换把手所投位置应与断路器实际状态一致。3/2 断路器接线方式下单一断路器停电而线路运行时，应根据实际保护装置的要求，在断开断路器的操作电源前投入该断路器的位置停信压板，或切换相应线路保护屏上的断路器状态切换开关。

（4）在下列情况下高频或光纤纵联差动保护应退出运行：

1）构成保护的通道或相关的保护回路中有工作，如保护改定值、保护检验、调试等。

2）构成保护的通道或相关的保护回路中某一环节出现异常，如收发信机故障、通道告警等。

3）查找直流接地需拉合保护装置的直流电源。

4）转带方式下不能进行通道或收发信机切换。

5）其他影响保护装置安全运行的情况发生时。

（二）远跳保护

750kV 线路一般都按双重化配置有两套远跳装置来实现电抗器本体故障、断路器失灵、线路过电压等情况下远跳对侧断路器的功能。在 3/2 断路器接线中启动远跳保护的有断路器失灵保护、过电压保护、高压并联电抗器保护 3 种。远跳保护的投退操作与线路纵联差动保护、线路高压并联电抗器保护的操作有密切关系。操作时应重点注意：

（1）远跳保护利用光纤差动主保护通道传输跳闸命令时，当光纤差动保护异常或退出时，远跳保护应同时退出运行。

（2）线路远跳保护投、退操作，亦应按照线路两端同时投入、同时退出的原则进行操作。

（3）通道检修后或高频保护、远方跳闸装置检修后，装置投入前应进行信号交换，装置及通道正常，才能将装置投入。

（4）在远跳保护装置、远跳保护通道、与远跳保护有关的装置或二次回路上工作时，应采取防止本侧或对侧断路器跳闸措施。

（5）远跳保护通道方式切换把手应切至与通道实际运行方式一致的位置。

（三）断路器辅助保护

3/2 断路器接线方式中按断路器配置断路器辅助保护，主要包含失灵保护、死区保护、充电保护、三相不一致保护和自动重合闸装置等。操作中应注意：

（1）当断路器正常运行时，其本体的三相不一致保护应投入。在断路器检修时应退出三相不一致保护。

（2）为防止线路或断路器保护调试中失灵保护动作，导致运行中的断路器误跳闸，断路器停运后应退出断路器失灵保护，包括退出失灵跳本断路器和相邻断路器的压板、失灵启动母差的压板、失灵启动远跳的压板、失灵启动保护停信的压板等。

（3）与母差保护共用出口回路的失灵保护装置，当母差保护停用时，失灵保护也应停用。

（4）断路器充电保护压板只在向线路、母线或变压器充电时投入，保护功能只在充电瞬间起作用，充电正常后应退出。

（5）3/2 断路器接线方式有线路或主变压器隔离开关的，在线路或主变压器退出运行，断路器恢复合环运行时，应投入断路器的短引线保护，以便快速切除该线路（或主变）两台断路器与线路（或主变压器）隔离开关之间“T”形区内发生的故障。

（四）变压器、线路高压电抗器非电量保护

变压器、线路高压电抗器的非电量保护一般只配置一套，主要包括重（轻）瓦斯、压力释放、温度异常、油位异常、冷却器全停等。下列情况下应将变压器、电抗器的重瓦斯保护改至“信号”位置，此时变压器、电抗器其他保护装置仍应投跳闸，并应预先制定安全措施，经单位总工批准，限期恢复。

（1）滤油、补油、更换潜油泵或更换净油器的吸附剂和开、关瓦斯继电器连接管上的阀门时。

（2）在瓦斯保护及其二次回路上进行工作时。

（3）当油位计的油面异常升高或呼吸系统有异常现象，需要打开放气或放油阀门或检查呼吸器是否畅通时。

（4）除采油样和在气体继电器上部的放气阀放气处，在其他所有地方打开放气、放油和进油阀门时。

（5）在预报可能有地震期间，应根据变压器和电抗器的具体情况和气体继电器的抗振性能确定重瓦斯保护的运行方式。地震引起重瓦斯保护动作停运的变压器和电抗器，在投运前应对变压器、电抗器及瓦斯保护进行检查试验，确认无异常后，方可投入。

（6）新投、油回路检修和更换气体继电器的变压器在投入运行前必须将空气排尽，在带负荷 24h 内气体继电器无气体和其他异常情况后方可将重气体继电器改投跳闸。

（五）差动保护

所有采用差动原理工作的保护（母线、变压器、高压电抗器差动保护等）在电流互感器二次进行工作或二次线变更后，投入运行前，除测定相回路和差回路外，还必须测量各中性线的不平衡电流、电压，以保证保护装置和二次回路接线的正确性。新投或大修后变压器、电抗器、母线充电时，差动保护必须投入跳闸。差动保护在下列情况下应退出运行：

（1）差动二次回路及电流互感器回路有变动或进行校验时。

（2）继电保护人员测定差动保护相量图、电压差和电流差时。

（3）差动电流互感器二次开路时。

（4）差动回路出现明显异常现象时。

（5）差动保护误动跳闸后。

（六）测控装置

测控装置的电源和压板在正常操作时，无论是一次设备的工作还是二次的工作，对测控装置均不做操作。只有在改动测控装置接线、程序或测控装置校验时，应将其测控出口压板退出。新设备在投运前应做遥分、遥合试验，根据操作的设备一一投入测控压板，以检验遥控出口的唯一性和对应性。验证正确后将装置按先投交流电源、后投直流电源、最后压板的顺序投入运行，并检查装置面板指示灯显示正常，液晶显示窗中断路器、隔离开关图形位置与实际位置相一致，装置“远方/就地”切换把手在“远方”位置。

四、二次操作的典型操作任务

二次操作可分为因配合系统一次设备运行方式的变化而进行的操作和独立的二次设备操作。因一次系统运行方式的变化而涉及的二次操作，与一次设备操作属于同一个操作任务的内容，调度不再另行下达操作指令。新设备首次投入的保护操作，运行人员应在继电保护专业人员的指导下进行。继电保护与一次设备联动试验时，运行人员应与专业人员共同进行，并采取防止误动、误碰的措施。表ZY1300307001-1 所列的是常见的二次设备典型操作任务及其所操作设备的范围。

表 ZY1300307001-1　　常见二次设备典型操作任务及其所操作设备的范围

二次操作任务	含义及所操作设备范围
××设备（线路）的××保护投入（退出）运行	××设备（线路）所有配置的 N 套保护投入（退出）运行，所有出口和功能压板按要求投入（退出），保护交直流电源投入（退出）
××线路××型号微机保护高频部分投入（退出）运行	微机保护高频部分功能投入（退出）运行。投入（退出）该装置的高频保护投入压板和专用的出口压板
××线路××型号微机保护后备部分投入（退出）运行	微机保护后备部分功能投入（退出）运行（后备部分包括零序和距离两部分）。投入（退出）该装置的后备保护的投入和专用出口压板
××线路××型号微机保护距离（零序）部分投入（退出）运行	微机保护后备部分距离（零序）保护功能投入（退出）运行。投入（退出）该装置的后备保护的距离（零序）保护所有段保护投入和专用出口压板
××线路××型号微机保护零序方向元件投入（退出）运行	零序保护方向判别功能投入（退出）运行。投入（退出）该装置的后备保护的零序保护方向元件，一般由保护专业人员通过改控制字实现
××线路×型号微机保护整套投入（退出）运行	线路某一型号的整套保护投入（退出）运行。投入（退出）该型号保护装置上所有根据保护定值和规程要求该投入（退出）的保护压板，合上（断开）交直流电源快速空气断路器
××设备（线路）的××保护改投信号（跳闸）	将保护由停运或跳闸（信号）位置改为信号（跳闸）位置
投入（退出）××装置跳××设备（线路）的压板	投入（退出）设备（线路）××装置跳××的压板。如备自投装置跳主变压器低压侧断路器的压板
××线重合闸投入（退出）运行	投入（退出）重合闸出口压板和电源，将重合闸方式开关切至调度要求的位置，使其运行（退出）
××线重合闸按××方式投入运行（××线重合闸由××方式改投××方式）	将方式转换开关切至相应位置和投入（退出）重合闸出口压板

五、二次设备的操作方法

（一）压板的操作

（1）硬压板投入时应将其压于两个垫圈之间，拧紧上下端头旋钮，防止造成压板接触不良而引起保护拒动。对于插拔式的保护压板应将其操作到位，确实插入插孔中，确保接触良好。

（2）硬压板退出时应将其打开至极限位置，并拧紧上下端头旋钮，防止误碰相邻压板或屏面、压板松动而造成的保护装置误动作。

（3）对于有多个端头的硬压板应根据要求投入到需要投入的一端。

（4）在综合自动化后台机操作的软压板，应严格按操作程序监护执行，操作后应检查操作有效，相关的压板变位信息正确。

（5）对需要在保护装置上通过改控制字实现投退的软压板，应由保护专业人员根据调度下发的定值要求进行投退。投退完毕应再次核对操作有效、正确。

（6）保护压板投退操作后要观察液晶显示压板的变位情况是否正确，综合自动化系统保护管理子站报文是否与实际相符。

（二）二次熔断器的操作

（1）取下熔断器时先取正极后取负极；放上熔断器时应先摆放负极后摆放正极。目的在于避免可能由于寄生回路造成的保护装置误动作。

（2）放上熔断器前应检查熔断器的容量是否满足要求、是否完好。放上后应检查熔断体与熔断器箍接触良好，检查各信号和表计指示正常，检查装置有无异常信号和动作。

（3）放上熔断器应注意避免碰触相邻的元件而引起短路、接地。取下熔断体时应将熔断体完全取下，禁止一端搭接。

（4）放上、取下熔断器应迅速，不得连续地接通和断开，取下和再装上之间应有不小于 5s 的时间间隔。

（三）空气断路器和方式转换开关的操作

（1）合空气断路器时应注意装置声音是否正常，有无冒烟和异味、装置有无异常信号和动作。

（2）装置方式装换开关应根据操作需要切换到相应的位置并检查切换到位，接触良好。有关指示灯或信息显示正常。

六、案例

案例 1：改变主变压器重瓦斯保护运行方式。

（1）操作任务。将×号主变压器本体重瓦斯保护由信号改投跳闸。

（2）保护配置及运行方式。主变压器配置 RCS-974 非电量保护一套，正常投入跳闸的非电量保护有本体重瓦斯和冷却器全停跳闸。非电量保护共用出口压板。

（3）操作步骤。

1）在本体重瓦斯保护投入压板测量无正电位输出。

2）投入×号主变压器本体重瓦斯投入压板并检查接触良好。

案例 2：××线所有保护退出运行（整套装置）。

（1）操作任务。750kV××线 75××（边）、75××（中间）断路器所有保护退出运行。

（2）保护配置及运行方式。线路保护（一），RCS-931 光纤差动、RCS-925 远跳装置共同组屏；线路保护（二），CSC-103 光纤差动、CSC-125 远跳装置共同组屏；断路器辅助保护装置：RCS-921 型断路器保护装置。

（3）操作步骤。

1）750kV××线路 RCS-931 光纤差动微机保护整套退出运行。

2）750kV××线路 CSC-103 光纤差动微机保护整套退出运行。

3）750kV××线路 CSC-125 线路远跳保护整套退出运行。

4）750kV××线路 RCS-925 线路远跳保护整套退出运行。

5）750kV××线路 75××（边）断路器 PSL-632 型断路器保护装置整套退出运行。

6）750kV××线路 75××（中间）断路器 PSL-632 型断路器保护装置整套退出运行。

【思考与练习】

1. 二次设备操作的对象有哪些？
2. 保护装置投入操作的顺序是什么？
3. 举例说明 750kV 线路保护屏上都有哪些保护压板，如何分类的。
4. 断路器辅助保护操作有哪些要求？
5. 线路纵联保护投退操作应注意什么？
6. 哪些情况下需要将主变压器重瓦斯保护改投信号？

模块 2 二次设备操作中危险点源分析及异常处理（ZY1300307002）

【模块描述】本模块介绍继电保护、自动化监控系统及安全自动装置等二次设备的操作中危险点源分析及预控措施，操作中出现异常时的操作注意事项等内容。通过概念描述、举例讲解、列表说明、案例介绍，掌握二次设备操作中危险点源分析及异常操作方法。

【正文】

二次操作是变电站运行人员常见的操作项目，二次操作不正确将造成某些保护及自动装置误动作，造成严重的后果。不管是配合一次设备的操作，还是单独的二次操作，操作前均应事先考虑危险点并在操作中有效控制。

一、二次设备异常时的操作注意事项

二次设备正常运行和操作中会出现装置电源消失、TA 开路、TV 断线、通道告警、直流接地等异常事件。

（一）保护装置直流电源消失

（1）保护装置直流电源消失后，运行人员应立即申请调度将失电压装置的保护压板退出运行，直流恢复后应检查装置无异常，必要时测量出口压板两端对地无电压后投入运行。

（2）对于一块保护屏有多套保护共同组屏时，应检查具体是那套保护装置直流失电，然后只退出该套保护的出口压板。如主变压器高后备、中后备在一起组屏，中后备直流电源消失后只退出中后备保护的功能和出口压板。

（二）TA 开路、TV 断线

（1）当保护装置发出“TA 二次回路开路”信号时，运行人员应在检查装置或二次回路、检查装置电流采样值，确有开路现象、差流超出范围有误动可能时，应申请将差动保护退出运行。

（2）保护装置发出“TV 断线”信号如不能恢复，则应根据各保护装置的原理和装置要求将可能会误动的保护退出运行，如距离、方向保护等。对于有些保护装置，在发生“TV 断线”后为防止区外故障误动，装置能自动闭锁距离保护，自动投入了 TV 断线下的“相过电流”和“零序过电流保护”。“TV 断线相过电流”保护通过距离压板实现其功能，“TV 断线零序过电流”保护通过零序压板实现其功能，此时不能随意将距离保护压板和零序保护压板退出。

（3）当变压器 750kV 侧电压二次回路发生异常时，应将变压器保护过励磁功能退出运行或根据现场规程的要求执行。

（三）通道告警或装置异常

（1）高频保护或光纤差动保护在投入跳闸前应检查通道正常。“通道告警”信号灯亮时应停止操作，汇报调度，检查原因。

（2）操作中发出“通道告警”信号时应立即进行检查，如不能复归，应汇报调度将高频或光纤纵差保护退出运行，与该保护装置相配合远跳保护也应退出运行。

（四）直流接地

操作中发生直流接地应检查是否因操作不当造成，如操作时金属饰物、操作工具误碰等，判断确与本身操作无关，为永久接地时应检查判明是哪个支路、哪极发生了接地，查找接地的具体方法参见模块 ZY1300406003（直流系统的异常分析及处理模块）。查找直流接地需要短时断开装置直流电源时应汇报当值调度申请将有关保护出口压板退出。

二、3/2 断路器接线方式下有关二次操作的特殊要求

（一）重合闸的操作

1. 线路两台断路器重合闸的配合

3/2 断路器接线方式下线路的重合闸装置通常是按断路器配置，即每台断路器上配一套重合闸并装设于断路器辅助保护柜内。在重合时，为了减少断路器的动作次数，缩短永久性故障的切除时间，在故障断开后，一般采用先、后合闸方式进行重合闸。

重合闸优先回路的实现，是通过整定两台断路器重合闸时间和投退“先合投入”、“先合闭锁××中间断路器重合闸”压板来实现的。当一次设备运行方式的改变后，应根据实际装置的要求对断路器的重合闸进行相应的操作，以免造成重合闸拒动、误动，引起事故扩大。表 ZY1300307002-1 所列是正常情况下当线路断路器的运行方式发生改变时两台断路器之间先、后合的配合方案，需要通过操作“重合闸方式转换开关”、“先合投入”、“先合闭锁××断路器重合闸”压板或设定装置内部控制字来实现。

表 ZY1300307002-1　　3/2 断路器接线方式下线路断路器的重合闸配合关系

线路断路器运行方式	断路器重合闸状态配合					
	母线侧断路器重合闸			中间断路器重合闸		
	停用	先合	后合	停用	先合	后合
母线侧、中间断路器均运行		√				√
母线侧、中间断路器均停运	√			√		
母线侧断路器运行、中间断路器停运		√		√		
母线侧断路器停运、中间断路器运行	√				√	

注　√表示应进行的操作。

2. 重合闸沟通三跳

由于 3/2 断路器接线方式下线路重合闸采用了按断路器配置的原则，当重合闸采用单重方式时，线路单相瞬时故障向两台断路器发出单相跳闸命令，而因某种原因使其中一台断路器的重合闸装置不能重合时，可能造成该断路器的长期非全相运行，此时应沟通该断路器的三相跳闸回路使其三相跳闸，并不再重合。在变电站，由于不同厂家的线路保护及断路器保护的原理不同，使重合闸及沟通三跳功能实现上并不一样，在重合闸停用操作中，应根据现场设备的配置及原理对沟通三跳压板进行操作。在下列情况下重合闸装置输出沟通三跳空触点，连至各保护装置相应开入端，实现任何故障跳三相而不再重合。

（1）重合闸未充满电。

（2）重合闸停用。

（3）重合闸启动前，断路器低气压闭锁或出现其他异常分、合闸闭锁，如液压降低闭锁重合闸、SF_6气体压力低闭锁分合闸等。

（4）重合闸装置异常告警。

（5）线线串两线路保护同时或先后（在重合闸周期内）启动中间断路器重合闸等。

3. 线路自动重合在以下情况下应退出运行

（1）装置异常，不能正常工作时。

（2）可能造成非同期合闸时。

（3）线路长期空载运行时。

（4）断路器遮断容量不允许重合时。

（5）线路上有带电作业要求时。

（6）不满足系统稳定要求时。

（7）断路器实际故障开断次数仅比允许故障开断次数少一次时。

（二）短引线保护的操作

当采用 3/2 断路器接线且进出线有隔离开关的接线方式，如图 ZY1300304001-1 所示，当线路停用，则该线路侧的隔离开关将断开，此时保护用电压互感器停用，线路主保护也随之停用，因此在短引线范围故障，将没有快速保护切除故障，为此需设置短引线保护，即短引线纵联差动保护。

短引线保护是 3/2 断路器接线方式特有的保护。在短引线范围内故障时，短引线保护可快速动作跳开两台断路器切除故障。但当线路运行，线路侧隔离开关投入时，短引线保护在线路侧故障时将无选择地动作，因此必须将该短引线保护停用。为减少人为误操作，通常情况下，在运行中短引线保护的投、退由出线隔离开关辅助触点控制，通过隔离开关的辅助触点使其在隔离开关合闸时停用，隔离开关拉开时投入。在隔离开关辅助触点损坏或其他特殊情况下，短引线保护投、退通过其外部保护功能压板进行。

（三）跳闸位置停信压板和断路器状态转换把手的操作

高频或光纤纵差保护的停信有保护停信和位置停信。位置停信是依靠判断该线路相关的母线侧断路器和中间断路器的分闸位置来实现的，其停信回路是通过两台断路器的跳闸位置继电器（TWJ）的一对触点的串联来接通。当其中一台断路器停运并断开操作电源后其 TWJ 就会失磁，保护的位置停信回路就被切断，此时因线路在运行状态，如发生区内故障，线路保护将无法发停信命令，从而使对侧闭锁式保护在线路区内故障时被闭锁，不能快速动作跳闸。投入停信压板或将断路器状态开关切至“检修’位置后，相当于将停运断路器的 TWJ 触点强制短接，从而接通了断路器位置停信回路，保证了保护装置的可靠停信和快速动作。因此对 3/2 断路器接线当单一断路器停电检修而线路运行或需断开某一线路断路器的操作电源前，应根据实际设备的要求投入该断路器的位置停信压板或将线路保护装置上的断路器状态转换开关切至相应开关“检修”位置，断路器恢复送电时再切至“正常”位置。两台断路器同时运行或同时断开时则不需进行上述操作。

三、二次设备操作危险点源及预控措施

二次设备操作不当就可能造成保护及自动装置不正确动作，从而造成事故扩大。在操作过程中检查不到位或操作方法不正确也会对保护及自动装置的安全可靠运行带来隐患。表 ZY1300307002-2 所列为二次操作中常见危险点分析及预控措施。

表 ZY1300307002-2　　二次操作中常见危险点分析及预控措施

危险点	原因分析	控制措施
误操作、误接线、误整定	（1）准备工作不充分。 （2）设备验收不到位。 （3）未认真核对定值	（1）投入运行前认真检查核实装置试验临时接线已拆除，所做的隔离措施已恢复至停运前状态，装置各项检查试验合格、传动正确、定值输入正确；二次线接入牢固。 （2）投入前检查线路纵联保护通道正常、有关数据在合格范围、装置无异常告警；检查结合滤波器接地开关确已拉开。 （3）所有采用差动原理的保护二次线变动后必须经带负荷试验确定接线正确。 （4）主变压器或电抗器、电容器一、二次工作结束应检查气体继电器已复位，二次线接线牢固、正确，继电器内气体已排空并充满油。 （5）操作前认真了解操作的目的、任务，分析一次设备的操作对二次设备的影响，根据具体的任务和相关的规定对设备的二次部分进行相应的调整和操作
人身触电、二次短路、保护误动	操作方法不得当，未掌握操作要领	（1）操作时使用专用工具，操作中注意保持压板之间的距离。 （2）操作时取下手表、戒指等金属饰物，带干燥的线手套，加强监护。 （3）操作中认真检查每一步的操作质量，检查保护装置无异常后才可进行下步操作。 （4）严格按二次操作的顺序和原则对设备进行操作。 （5）在装置直流恢复后，要检查整个装置工作是否正常，必要时，使用高内阻电压表测量出口压板两端对地无电压后，再投入出口压板
保护、自动装置误动、拒动	未了解装置性能、特点，未按装置要求操作	（1）严格按照各保护装置的操作要求和有关规定进行操作。 （2）在 3/2 断路器接线有出线隔离开关的，断路器合环运行时应检查短引线保护自动投入正常。如未自动投入，则投入外部压板。 （3）一次设备停电检修，保护设备检验，应可靠断开启动失灵保护的回路，并监督保护人员将相关二次线解开，做好充分的隔离措施。 （4）一次设备运行、部分保护退出检验，应拆除保护与运行回路的接线，并防止造成交流电流二次开路、电压二次短路。工作前检查安全措施是否齐全完备，相关压板是否退出，避免保护误跳运行断路器或误启动失灵保护。 （5）保护传动试验时应认真检查核对投入的压板正确
装置异常、告警	操作后检查不到位，操作质量欠佳	（1）投入直流电源后、全部操作完毕后应检查装置无异常告警信息，有关信号灯指示正确，有关电流、电压等采样值正确。 （2）操作中装置出现异常或告警，应停止操作，及时进行检查，排除后方可继续操作。 （3）压板投、退后要固定紧固，保证接触良好

四、案例

主变压器中压侧后备保护退出运行操作。

（1）操作任务。750kV×号主变压器××型保护中压侧后备保护退出运行。

（2）操作步骤。

1）退出×号主变压器××型保护中压侧后备保护跳高压侧 75××（母线侧）断路器出口压板并检查确已退出。

2）退出×号主变压器××型保护中压侧后备保护跳高压侧 75××（中间）断路器出口压板并检查确已退出。

3）退出×号主变压器××型保护中压侧后备保护跳中压侧 33××（母线侧）断路器出口压板并检查确已退出。

4）退出×号主变压器××型保护中压侧后备保护跳中压侧 33××（中间）断路器出口压板并检查确已退出。

5）退出×号主变压器××型保护中压侧后备保护跳低压侧 66××断路器出口压板并检查确已退出。

6）退出×号主变压器××型保护中压侧后备保护投入压板并检查确已退出。

【思考与练习】

1. 3/2 断路器接线方式下线路的重合闸按什么原则配置？
2. 保护装置直流电源消失应采取什么措施？
3. 保护装置发出“TV 断线”信号时应如何处理？有什么特殊要求？
4. 二次操作有哪些危险点？
5. 短引线保护在何时投入？保护范围是什么？

第二十八章 设备运行验收与投运

模块 1 设备验收项目及要求（GYBD00403001）

【模块描述】本模块介绍变电站设备验收项目及要求。通过对变电站设备验收项目及要求的介绍，掌握变电站设备验收项目，能参与设备验收。

【正文】

变电站设备验收是坚持设备技术质量标准的重要措施，也是保证安全可靠经济运行的重要环节。因此，运行人员必须认真严格把好质量关。

设备交接验收的标准是新安装工程或项目应符合工程设计的要求，电气设备安装质量、调试验收项目及其结果应符合规定，并且具备相关的技术资料和文件。

设备验收项目包括一、二次设备的安装交接、大修、小修、预试和调试。按照有关规程和国家电网公司技术标准经验收合格、验收手续齐备、符合运行条件后，才能投入运行。运行值班人员根据具体的一、二次设备的检修、调试大纲和细则，重点核对、检查验收项目，把好设备投运的质量关，以保证电网设备的安全运行。

一、变压器验收的项目及要求

（一）大修（包括更换线圈和更换内部引线等）验收的项目和要求

1. 变压器绕组

（1）清洁无破损，绑扎紧固完整，分接引线出口处封闭良好，围屏无变形、发热和树枝状放电痕迹。

（2）围屏的起头应放在绕组的垫块上，接头处搭接应错开不堵塞油道。

（3）支撑围屏的长垫块无爬电痕迹。

（4）相间隔板完整固定牢固。

（5）绕组应清洁，表面无油垢、变形。

（6）整个绕组无倾斜，位移，导线辐向无弹出现象。

（7）各垫块排列整齐，辐向间距相等，轴向成一垂直线，支撑牢固有适当压紧力，垫块外露出绕组的长度至少应超过绕组导线的厚度。

（8）绕组油道畅通，无油垢及其他杂物积存。

（9）外观整齐清洁，绝缘及导线无破损。

（10）绕组无局部过热和放电痕迹。

2. 引线及绝缘支架

（1）引线绝缘包扎完好，无变形、变脆，引线无断股、卡伤。

（2）穿缆引线已用白布带半叠包绕一层。

（3）接头表面应平整、清洁、光滑无毛刺及其他杂质。

（4）引线长短适宜，无扭曲。

（5）引线绝缘的厚度应足够。

（6）绝缘支架应无破损、裂纹、弯曲、变形及烧伤。

（7）绝缘支架与铁夹件的固定可用钢螺栓，绝缘件与绝缘支架的固定应用绝缘螺栓；两种固定螺栓均应有防松措施。

（8）绝缘夹件固定引线处已垫附加绝缘。

（9）引线固定用绝缘夹件的间距，应考虑在电动力的作用下，不致发生引线短路；线与各部位之间的绝缘距离应足够。

（10）大电流引线（铜排或铝排）与箱壁间距，一般应大于 100mm，铜（铝）排表面进行绝缘包扎处理。

3. 铁芯

（1）铁芯平整，绝缘漆膜无损伤，叠片紧密，边侧的硅钢片无翘起或成波浪状。铁芯各部表面无油垢和杂质，片间无短路，搭接现象，接缝间隙符合要求。

（2）铁芯与上、下夹件，方铁，压板，底脚板间绝缘良好。

（3）钢压板与铁芯间有明显的均匀间隙；绝缘压板应保持完整，无破损和裂纹，并有适当紧固度。

（4）钢压板不得构成闭合回路，并一点接地。

（5）压钉螺栓紧固，夹件上的正、反压钉和锁紧螺母无松动，与绝缘垫圈接触良好，无放电烧伤痕迹，反压钉与上夹件有足够距离。

（6）穿芯螺栓紧固，绝缘良好。

（7）铁芯间、铁芯与夹件间的油道畅通，油道垫块无脱落和堵塞，且排列整齐。

（8）铁芯只允许一点接地，接地片应用厚度 0.5mm，宽度不小于 30mm 的紫铜片，插入 3～4 级铁芯间，对大型变压器插入深度不小于 80mm，其外露部分已包扎白布带或绝缘。

（9）铁芯段间、组间、铁芯对地绝缘电阻良好。

（10）铁芯的拉板和钢带应紧固并有足够的机械强度，绝缘良好，不构成环路，不与铁芯相接触。

（11）铁芯与电场屏蔽金属板（箔）间绝缘良好，接地可靠。

4. 有载分接开关

（1）切换开关所有紧固件无松动。

（2）储能机构的主弹簧、复位弹簧、爪卡无变形或断裂。动作部分无严重磨损、擦毛、损伤、卡滞，动作正常无卡滞。

（3）各触头编织线完整无损。

（4）切换开关连接主通触头无过热及电弧烧伤痕迹。

（5）切换开关弧触头及过渡触头烧损情况符合制造厂要求。

（6）过渡电阻无断裂，其阻值与铭牌值比较，偏差不大于±10%。

（7）转换器和选择开关触头及导线连接正确，绝缘件无损伤，紧固件紧固，并有防松螺母，分接开关无受力变形。

（8）对带正、反调的分接开关，检查连接 K 端分接引线在“+”或“−”位置上与转换选择器的动触头支架（绝缘杆）的间隙不应小于 10mm。

（9）选择开关和转换器动静触头无烧伤痕迹与变形。

（10）切换开关油室底部放油螺栓紧固，且无渗油。

5. 油箱

（1）油箱内部洁净，无锈蚀，漆膜完整，渗漏点已补焊。

（2）强油循环管路内部清洁，导向管连接牢固，绝缘管表面光滑，漆膜完整、无破损、无放电痕迹。

（3）钟罩和油箱法兰结合面清洁平整。

（4）磁（电）屏蔽装置固定牢固，无异常，可靠接地。

（二）小修验收的项目和要求

变压器本体和附件小修验收的项目和要求如下：

（1）变压器本体和组部件等各部位均无渗漏。

（2）储油柜油位合适，油位表指示正确。

（3）套管。

1）瓷套表面清洁无裂缝、损伤。

2）套管固定可靠，各螺栓受力均匀。

3）油位指示正常，油位表朝向应便于运行巡视。

4）电容套管末屏接地可靠。

5）引线连接可靠、对地和相间距离符合要求，各导电接触面应涂有电力复合脂。引线松紧适当，无明显过紧过松现象。

（4）升高座和套管型电流互感器。

1）放气塞位置应在升高座最高处。

2）套管型电流互感器二次接线板及端子密封完好，无渗漏，清洁无氧化。

3）套管型电流互感器二次引线连接螺栓紧固、接线可靠、二次引线裸露部分不大于5mm。

4）套管型电流互感器二次备用绕组经短接后接地，检查二次极性的正确性，电压比与实际相符。

（5）气体继电器。

1）检查气体继电器是否已解除运输用的固定，继电器应水平安装，其顶盖上标志的箭头应指向储油柜，其与连通管的连接应密封良好，连通管应有1%～1.5%的升高坡度。

2）集气盒内应充满变压器油、且密封良好。

3）气体继电器应具备防潮和防进水的功能，如不具备应加装防雨罩。

4）轻、重瓦斯触点动作正确，气体继电器按DL/T 540校验合格，动作值符合整定要求。

5）气体继电器的电缆应采用耐油屏蔽电缆，电缆引线在继电器侧应有滴水弯，电缆孔应封堵完好。

6）观察窗的挡板应处于打开位置。

（6）压力释放阀。

1）压力释放阀及导向装置的安装方向应正确，阀盖和升高座内应清洁、密封良好。

2）压力释放阀的接点动作可靠，信号正确，接点和回路绝缘良好。

3）压力释放阀的电缆引线在继电器侧应有滴水弯，电缆孔应封堵完好。

4）压力释放阀应具备防潮和防进水的功能，如不具备应加装防雨罩。

（7）无励磁分接开关。

1）挡位指示器清晰，操作灵活、切换正确，内部实际挡位与外部挡位指示正确、一致。

2）机械操作闭锁装置的止钉螺栓固定到位。

3）机械操作装置应无锈蚀并涂有润滑脂。

（8）有载分接开关。

1）传动机构应固定牢靠，连接位置正确，且操作灵活，无卡涩现象；传动机构的摩擦部分涂有适合当地气候条件的润滑脂。

2）电气控制回路接线正确、螺栓紧固、绝缘良好，接触器动作正确、接触可靠。

3）远方操作、就地操作、紧急停止按钮、电气闭锁和机械闭锁正确可靠。

4）电机保护、步进保护、连动保护、相序保护、手动操作保护正确可靠。

5）切换装置的工作顺序应符合制造厂规定；正、反两个方向操作至分接开关动作时的圈数误差应符合制造厂规定。

6）在极限位置时，其机械闭锁与极限开关的电气联锁动作应正确。

7）操动机构挡位指示、分接开关本体分接位置指示、监控系统上分接开关分接位置指示应一致。

8）压力释放阀（防爆膜）完好无损。如采用防爆膜，防爆膜上面应用明显的防护警示标示；如采用压力释放阀，应按变压器本体压力释放阀的相关要求。

9）油道畅通，油位指示正常，外部密封无渗油，进出油管标志明显。

10）单相有载调压变压器组进行分接变换操作时应采用三相同步远方或就地电气操作并有失步保护。

11）带电滤油装置控制回路接线正确可靠。

12）带电滤油装置运行时应无异常的振动和噪声，压力符合制造厂规定。

13）带电滤油装置各管道连接处密封良好。

14）带电滤油装置各部位应均无残余气体（制造厂有特殊规定除外）。

（9）吸湿器。

1）吸湿器与储油柜间的连接管的密封应良好，呼吸应畅通。

2）吸湿剂应干燥，油封油位应在油面线上或满足产品的技术要求。

（10）测温装置。

1）温度计动作接点整定正确、动作可靠。

2）就地和远方温度计指示值应一致。

3）顶盖上的温度计座内应注满变压器油，密封良好；闲置的温度计座也应注满变压器油密封，不得进水。

4）膨胀式信号温度计的细金属软管（毛细管）不得有压扁或急剧扭曲，其弯曲半径不得小于50mm。

5）记忆最高温度的指针应与指示实际温度的指针重叠。

（11）净油器。

1）上、下阀门均应在开启位置。

2）滤网材质和安装正确。

3）硅胶规格和装载量符合要求。

（12）本体、中性点和铁芯接地。

1）变压器本体油箱应在不同位置分别有两根引向不同地点的水平接地体。每根接地线的截面应满足设计的要求。

2）变压器本体油箱接地引线螺栓紧固，接触良好。

3）110kV（66kV）及以上绕组的每根中性点接地引下线的截面应满足设计的要求，并有两根分别引向不同地点的水平接地体。

4）铁芯接地引出线（包括铁轭有单独引出的接地引线）的规格和与油箱间的绝缘应满足设计的要求，接地引出线可靠接地。引出线的设置位置有利于监测接地电流。

（13）控制箱（包括有载分接开关、冷却系统控制箱）。

1）控制箱及内部电器的铭牌、型号、规格应符合设计要求，外壳、漆层、手柄、瓷件、胶木电器应无损伤、裂纹或变形。

2）控制回路接线应排列整齐、清晰、美观，绝缘良好无损伤。接线应采用铜质或有电镀金属防锈层的螺栓紧固，且应有防松装置，引线裸露部分不大于 5mm；连接导线截面符合设计要求、标志清晰。

3）控制箱及内部元件外壳、框架的接零或接地应符合设计要求，连接可靠。

4）内部断路器、接触器动作灵活无卡涩，触头接触紧密、可靠，无异常声音。

5）保护电动机用的热继电器或断路器的整定值应是电动机额定电流的 0.95～1.05 倍。

6）内部元件及转换开关各位置的命名应正确无误并符合设计要求。

7）控制箱密封良好，内外清洁无锈蚀，端子排清洁无异物，驱潮装置工作正常。

8）交直流应使用独立的电缆，回路分开。

（14）冷却装置。

1）风扇电动机及叶片应安装牢固，并应转动灵活，无卡阻；试转时应无振动、过热；叶片应无扭曲变形或与风筒碰擦等情况，转向正确；电动机保护不误动，电源线应采用具有耐油性能的绝缘导线。

2）散热片表面油漆完好，无渗油现象。

3）管路中阀门操作灵活、开闭位置正确；阀门及法兰连接处密封良好无渗油现象。

4）油泵转向正确，转动时应无异常噪声、振动或过热现象，油泵保护不误动；密封良好，无渗油或进气现象（负压区严禁渗漏）。油流继电器指示正确，无抖动现象。

5）备用、辅助冷却器应按规定投入。

6）电源应按规定投入和自动切换，信号正确。

（15）其他。

1）所有导气管外表无异常，各连接处密封良好。

2）变压器各部位均无残余气体。

3）二次电缆排列应整齐，绝缘良好。

4）储油柜、冷却装置、净油器等油系统上的油阀门应开闭正确，且开、关位置标色清晰，指示正确。

5）感温电缆应避开检修通道，安装牢固（安装固定电缆夹具应具有长期户外使用的性能）、位置正确。

6）变压器整体油漆均匀完好，相色正确。

7）进出油管标识清晰、正确。

二、高压开关的验收项目及要求

（一）高压开关的验收要求

（1）新装和检修后的高压开关设备，在竣工投运前，运行人员应参加验收工作。

（2）交接验收应按国家、电力行业和国家电网公司有关标准、规程和国家电网公司《预防高压开关设备事故措施》的要求进行。

（3）运行单位应对开关设备检修过程中的主要环节进行验收，并在检修完成后按照相关规定对检修现场、检修质量和检修记录、检修报告进行验收。

（4）验收时发现的问题，应及时处理。暂时无法处理，且不影响安全运行的，经本单位主管领导批准后方能投入运行。

（二）高压开关的验收项目

1. SF_6 断路器验收项目

（1）断路器应固定牢靠，外表清洁完整，动作性能符合规定。

（2）电气连接可靠且接触良好。

（3）断路器及其操动机构的联动应正常，无卡阻现象，分、合闸指示正确，辅助开关动作正确可靠。

（4）密度继电器的报警、闭锁定值应符合规定，电气回路传动正确。

（5）SF_6 气体压力、泄漏率和含水量应符合规定。

（6）操动机构灵活可靠。

（7）断路器传动良好。

（8）油漆完整，相色标志正确，接地良好。

2. SF_6 封闭式组合电器的验收检查项目

（1）组合电器应安装牢靠，外壳应清洁完整，动作性能符合产品的技术规定。

（2）电气连接应可靠且接触良好。

（3）组合电器及其操动机构的联动应正常，无卡阻现象，分、合闸指示正确，辅助开关及电气闭锁应动作准确可靠。

（4）支架及接地引线应无锈蚀和损伤，接地良好。

（5）密度继电器的报警、闭锁定值应符合规定，电气回路应传动正确。

（6）SF_6 气体压力正常，漏气率和含水量应符合规定。

（7）油漆应完整，相色标志正确。

3. 110kV GIS 断路器的检查验收

（1）SF_6 气体压力表指示压力正常，低气压报警及闭锁操作功能正常（一般情况下，SF_6 气体压力正常为 0.49MPa 左右，当 SF_6 气体压力低于 0.45MPa 时气压报警并应补气，当 SF_6 气体压力低于 0.4MPa 闭锁操作回路并告警）。

（2）空气气体压力表指示压力正常，低气压启动空气压缩机及闭锁操作功能正常（一般情况下，空气气体压力正常为 1.47MPa 左右，当空气压力低于 1.45MPa 时，空气压缩机启动补气，压力达到

1.52MPa时停机，当空气压力低于1.20MPa时，断路器闭锁操作回路）。

（3）气动操动机构的合闸闭锁销子及分闸闭锁销子均应拔出。

（4）直流电源正常，机构箱内的控制开关合闸。

（5）位置指示器的指示位置、SF_6气压和空气阀门的位置都应正确。

（6）GIS未充入SF_6气体不得进行断路器操作。

4. 空气断路器的验收检查项目

（1）空气断路器各部分应完整，外壳应清洁，动作性能符合规定。

（2）基础及支架应稳固，气动操作时，空气断路器不应有剧烈振动。

（3）油漆完整，相色标志正确，接地良好。

5. 真空断路器的验收检查项目

（1）真空断路器应安装牢靠，外壳应清洁完整。动作性能符合产品的技术规定。

（2）电气连接可靠且接触良好。

（3）真空断路器及其操动机构的联动应正常，无卡阻现象，分、合闸指示正确，辅助开关动作应准确可靠，触点无电弧烧损。

（4）灭弧室的真空度应符合产品的技术规定。

（5）并联电阻、电容值应符合产品的技术规定。

（6）绝缘部件、瓷件应完整无损。

（7）油漆完整，相色标志正确，接地良好。

三、高压开关操动机构的验收

操动机构是用来接通或断开断路器，并保持其在合闸或断开位置的机械传动机构。在正常运行情况下，断路器的操动机构应处于良好状态，动作灵活，下面分述各种操动机构的检查验收项目。

1. 断路器操动机构的检查验收项目

（1）操动机构固定应牢靠，底座或支架与基础间的垫片不宜超过三片，总厚度不应超过20mm，并与断路器底座标高相配合，各片间应焊牢。

（2）操动机构的零部件应齐全，各转动部分应涂上适合当地气候条件的润滑油。

（3）电动机转向应正确。

（4）各种接触器、继电器、微动开关、压力开关和辅助开关的动作应准确可靠，触点接触良好，无烧损或锈蚀。

（5）分、合闸线圈的铁芯应动作灵活，无卡阻。

（6）液压与气动机构应有加热装置和恒温控制措施，绝缘应良好。

（7）电气连接应可靠且接触良好。

（8）操动机构与断路器的联动应正常，无卡阻现象，分、合闸指示正确，压力开关、辅助开关动作应准确可靠，接点无电弧烧损。

（9）操动机构箱应具有防尘、防潮、防小动物进入及通风措施，密封垫应完整，电缆管口、洞口应封堵。

（10）油漆完整，接地良好。

（11）控制、信号回路正确，操动机构脱扣线圈的端子动作电压应满足：低于额定电压的30%时应不动作，高于额定电压的65%时应可靠动作。

2. 气动机构的检查验收项目

（1）空气压缩机的空气过滤器应清洁无堵塞，吸气阀和排气阀完好，阀片方向不得装反，阀片与阀座面的密封应严密。

（2）曲轴与轴瓦应固定良好，销子的位置恰当，冷却器、风扇叶片和电动机、皮带轮等所有附件应清洁并安装牢固，运转时不因振动而松脱。

（3）气缸内油面应在标线位置，自动排污装置应动作正确，污物应引到室外，不应排在电缆沟内。

（4）压力表应检验合格，压力表的电接点动作正确可靠。

（5）储气罐、气水分离器及截止阀、逆止阀、安全阀和排污阀等应清洁无锈蚀，应检验减压阀、安全阀阀门动作灵。

3. 弹簧操动机构的检查验收项目

（1）合闸弹簧储能完毕后，辅助开关应将电动机电源切除；合闸完毕，辅助开关应将电动机电源接通。

（2）合闸弹簧储能后，牵引杆的下端或凸轮应与合闸锁扣可靠地锁住。

（3）分、合闸闭锁装置动作灵活，复位准确而迅速，并应扣合可靠。

（4）机构合闸后，应能可靠的保持在合闸位置。

（5）弹簧机构缓冲器的行程应符合产品的技术规定。

4. 液压机构的检查验收项目

（1）机构箱内部应洁净，液压油的标号符合产品的技术规定，液压油应洁净无杂质，油位指示正常。

（2）连接管部分应清洁，连接处应密封良好，且牢固可靠。

（3）补充的氮气及其预充压力应符合产品的技术规定。

（4）液压回路在额定油压时，外观检查应无渗油。

（5）机构在慢分、合时，工作缸活塞杆的运动应无卡阻和跳动现象，其行程应符合产品的技术规定。

（6）微动开关、接触器的动作应准确可靠，接触良好；电触点压力表、安全阀应校验合格，压力释放阀动作应可靠，关闭严密，联动闭锁压力值应按产品的技术规定予以整定。

（7）防失压慢分装置应可靠，并配有防“失压慢分”的机构卡具。

四、隔离开关的验收

（1）检查隔离开关的触头与触片接触紧密，动静触头间隙符合要求。

（2）检查隔离开关与接地隔离开关是否联锁可靠；检查所有操动机构、转动、连接、传动装置、辅助开关及闭锁装置安装牢固，动作灵活可靠，位置指示正确。

（3）检查相对运动部位是否润滑，所有轴锁、螺栓等是否紧固可靠。

（4）支柱绝缘子、操作绝缘子表面清洁完整、无闪络、无裂纹及折断破损现象。

（5）隔离开关合闸时三相触头同期性能、接触应良好。

（6）三相不同期值及分闸时触头打开角度和距离应符合产品的技术规定。

（7）电动操作隔离开关还要检查电动机机构操作是否正常，在电动机额定电压下操作 5 次，在 85%和 110%额定电压下分别电动操作 3～5 次，手动操作 3～5 次，均应能正常工作。

（8）引线连接应牢固，螺栓无松动接地引线应连接良好。

（9）隔离开关的防误闭锁装置应良好。

五、电容器及电抗器的验收

1. 电容器的验收

电容器是电力系统无功电源设备之一，对于电网的稳定，功率因数的提高，电能损耗的降低起到了不可替代的作用，所以电容器的验收也是不可忽视的。

（1）电容器室内的通风装置应良好；电容器的各附件及电缆试验合格。

（2）外壳应无凹凸或渗油现象，引出端子连接牢固，垫圈、螺母齐全。

（3）电容器组的布置与接线应正确，电容器组的保护回路与监视回路完整并全部投入。

（4）各部分的连接应严密可靠，电容器外壳和架构应有可靠的接地，且油漆完整。

（5）检查放电变压器或放电电压互感器的接线和容量是否符合设计要求，各部件是否完好，操作灵。

2. 电抗器的验收

（1）检查水泥电抗器的支柱完整、无裂纹，绕组应无变形，各部油漆应完整。

（2）绕组外部的绝缘漆和支柱绝缘子的接地均应良好。

（3）混凝土支柱的螺栓应拧紧。

（4）混凝土电抗器的风道应清洁无杂物。

（5）油浸电抗器的验收比照变压器的验收项目及要求。

六、互感器的验收项目及要求

1. 新安装的互感器的验收

（1）产品的技术文件应齐全。

（2）互感器器身外观应整洁，无锈蚀或损伤。

（3）包装及密封应良好。

（4）油浸式互感器油位正常，密封良好，无渗油现象。

（5）电容式电压互感器的电磁装置和谐振阻尼器的封铅应完好。

（6）气体绝缘互感器的压力表指示正常。

（7）本体附件齐全无损伤。

（8）备品备件和专用工具齐全。

2. 互感器安装、试验完毕后的验收

（1）一、二次接线端子应连接牢固，接触良好，标志清晰。

（2）互感器器身外观应整洁，无锈蚀或损伤。

（3）互感器基础安装面应水平。

（4）建筑工程质量符合国家现行的建筑工程施工及验收规范中的有关规定。

（5）设备应排列整齐，同一组互感器的极性方向应一致。

（6）油绝缘互感器油位指示器、瓷套法兰连接处、放油阀均应无渗油现象。

（7）金属膨胀器应完整无损，顶盖螺栓紧固。

（8）具有吸湿器的互感器，其吸湿剂应干燥，油封油位正常。

（9）互感器的呼吸孔的塞子带有垫片时，应将垫片取下。

（10）电容式电压互感器必须根据产品成套供应的组件编号进行安装，不得互换。各组件连接处的接触面，应除去氧化层，并涂以电力复合脂。

（11）具有均压环的互感器，均压环应安装牢固、水平，且方向正确。具有保护间隙的，应按制造厂规定调好距离。

（12）设备安装用的紧固件，除地脚螺栓外应采用镀锌制品并符合相关要求。

（13）互感器的变比、分接头的位置和极性应符合规定。

（14）气体绝缘互感器的压力表压力值正常。

（15）互感器的下列各部位应接地良好。

1）电压互感器的一次绕组的接地引出端子应接地良好。电容式电压互感器 C2 的低压端（δ）接地（或接载波设备）良好。

2）电容型绝缘的电流互感器，其一次绕组末屏的引出端子、铁芯接地端子、互感器的外壳接地良好。

3）备用的电流互感器的二次绕组端子应先短路后接地。

3. 检修后设备的验收项目及要求

（1）所有缺陷已消除并验收合格。

（2）一、二次接线端子应连接牢固，接触良好。

（3）油浸式互感器无渗漏油，油标指示正常。

（4）气体绝缘互感器无漏气，压力指示与规定相符。

（5）极性关系正确，电流比换接位置符合运行要求。

（6）三相相序标志正确，接线端子标志清晰，运行编号完备。

（7）互感器的需要接地各部位应接地良好。

（8）金属部件油漆完整，整体擦洗干净。

模块1　GYBD00403001

（9）预防事故措施符合相关要求。

七、母线的验收

母线在发电厂、变电站中起着汇集电能和分配电能的重要作用，在进行母线的验收时应注意三相相序颜色标志正确，油漆完整；金属构件的加工、配制、焊接应符合规定；连接处的螺栓、垫圈、开口销等零件应齐全并按规定安装可靠；瓷件、铁件及胶合处应完整；母线配制及安装架设应符合有关规定，且连接正确，接触可靠，相间及对地电气距离符合要求。

八、电缆的验收

（1）电缆规格、敷设应符合规定，排列应整齐，无机械损伤，电缆头外壳接地应正确良好。编号、标志应该装设齐全、正确、清晰，且规格统一，挂装牢固。

（2）电缆的固定、曲率半径、有关距离及单芯电力电缆的金属护层的接线等应符合设计和安装的要求；电缆支架应安装牢固，横平竖直，无松动和锈蚀现象，各架的同层横挡应在同一水平面上，托架按设计要求安装；接地应良好，充油电缆及护层保护器的接地电阻应符合设计要求。

（3）电缆沟及隧道内应无杂物，盖板齐全；照明、通风、排水及防火措施等应符合设计要求，且施工质量合格；电缆终端头、电缆接头应安装牢固；电缆支架等金属部件应油漆完好、三相相序颜色正确，并有电缆的试验合格记录。

九、避雷器的验收检查项目

（1）现场制作件应符合设计和安全的要求。

（2）避雷器应安装牢固，其垂直度应符合要求。

（3）阀式避雷器拉紧绝缘子应紧固可靠，受力均匀。

（4）避雷器外部应完整无损，阀型避雷器封口处密封良好。

（5）放电计数器密封良好，绝缘垫及接地良好牢靠。

（6）法兰连接处无缝隙，排气式避雷器的倾斜角和隔离间隙应符合要求。

（7）油漆应完整，三相相序颜色标志正确。

十、接地装置的验收检查项目

（1）整个接地网外露部分和埋入部分的连接均应可靠，地线规格正确，油漆完好，标志齐全明显。

（2）避雷针的安装位置及高度符合设计要求。

（3）有完整且符合实际的设计资料图纸，供连接临时接地线用的连接板的数量和位置符合设计要求。

（4）接地电阻值符合有关规程的规定。

十一、蓄电池的验收

蓄电池室及通风、采暖、照明等装置应符合设计的要求；布线应排列整齐，极性标志清晰正确；电池编号应正确，外壳清洁，液面正常；极板应无严重弯曲、变形及活性物质剥落；初充电、放电容量及倍率校验的结果应符合要求；蓄电池组的绝缘应良好，绝缘电阻不小于 0.5MΩ。

十二、二次回路的验收

二次设备主要是对一次设备进行控制、监视、测量和保护，二次回路的正确接线、元件的正确调整和验收对整个变电站的安全运行有着极为重要的作用。

1. 保护校验等二次回路上工作完毕后，应做检查验收工作

（1）工作中所接的临时短接线是否全部拆除，拆开的线头是否全部恢复。

（2）继电保护压板的名称，投、撤位置是否正确，接触是否良好，各相关指示灯指示是否正确，定值与定值单是否相符。

（3）接线螺栓是否紧固。

（4）变动的接线是否有书面文字说明。

（5）继电保护装置、继电保护定值的变更情况及运行中的注意事项，应记入相应的记录簿内。

（6）距离保护、差动保护变动二次接线、电流互感器更换等工作完工后，必须由继电保护人员

在带上负荷后实测六角图，确认二次接线无误后，方可正式加入运行。

（7）微机保护的操作键盘，运行人员不得操作，必要时须在保护人员指导下进行操作。

（8）微机保护二次回路各部位的耐压水平应符合要求。

以上检查完毕后，值班员应协同保护人员带断路器做联动试验。断路器传动时，由值班人员进行。值班人员应认真核对传动的断路器位置、信号、动作是否可靠正确。值班人员负责将保护装置、保护定值变更情况与调度核对无误后，双方在保护记录上分别签字，才可以结束工作票。

2. 盘柜的验收检查项目

（1）盘柜的固定接地应可靠，盘柜体应漆层完好，清洁整齐。

（2）盘柜内所装电器元件应完好，安装位置正确、牢靠。

（3）手车式配电柜的手车在推人或拉出时应灵活，机械或电气等闭锁装置符合规定要求，照明装置齐全。

（4）柜内一次设备的安装质量验收要求符合《电气装置安装工程施工及验收》的有关规定。

（5）操作及联动试验动作正确，符合设计要求。

（6）所有二次接线应正确，连接应可靠，标志应齐全清晰。

（7）保护盘、控制盘、直流盘、所用盘等，盘前盘后必须标明名称。一块保护盘或控制盘有两个以上装置时，在不同装置间要有明显的分界线。出口中间继电器和正在运行中的设备，盘面应有明显的运行标志。

十三、绝缘子套管的验收

绝缘子套管的金属构架加工、配制、螺栓连接、焊接等应符合国家现行标准的有关规定；油漆应完好，三相相序颜色正确，接地良好；所有螺栓、垫圈、闭口销、锁紧销、弹簧垫圈、锁紧螺母等应齐全；瓷件应完整、清洁，铁件和瓷件的胶合处均应完整无损，充油套管应无渗油，油位应正常；母线配置及安装架设应符合设计规定，连接正确，螺栓紧固，接触可靠，相间及对地电气距离符合要求。

十四、新建、改建和扩建工程投运启动的验收

新建、改建和扩建工程及设备项目，在投入前 3 个月由建设单位向各有关调度部门提出投入系统申请书，包括内容如下：

（1）新建、改建工程的名称、范围。

（2）预定的启动试运行日期及试运行计划。

（3）启动试运行的联系人和主要运行人员名单。

（4）启动试运行过程对系统运行的要求。

应向有关调度部门报送以下资料：

（1）平面布置图、一次电气接线图、线路走径图及相序图、二次继电保护原理图等。

（2）主要设备的规范和参数。

（3）设备运行操作规程及事故处理规程。

（4）通信的联络方式。

变电站内所有新设备或改建后的设备投入运行时，应在启动调试前三天向有关调度提出申请，调度于启动试运行前一日批复。批复内容应包括设备的命名、编号、设备管理的范围。所有新设备投入运行应得到调度的指令后，方能操作。启动前一日，有关运行人员要提前准备好操作票，做好事故预想与有关工作计划及安排。启动当日，当值值班员应向有关调度联系工作事宜，核对设备定值，在启动计划方案及调度指令下进行操作。

新设备投入运行后，运行人员应加强监护，发现问题及时记录、汇报、处理、消缺。调管设备试运行 24h 后，向调度汇报设备运行情况，并正式加入调度管理。

【思考与练习】

1. 新建、改建和扩建工程投运启动的验收的主要事项有哪些？
2. 保护校验等二次回路上工作完毕后，应做哪些检查验收工作？
3. 主变压器大修后验收的项目有哪些？

模块 2　新设备投运与操作（GYBD00403002）

【模块描述】本模块介绍新设备投运必须具备的条件和调度操作规定与注意事项。通过对新设备投运条件和操作注意事项的介绍，能熟练组织、监护、指挥新设备改、扩、建设备投运启动操作。

【正文】

新设备投运操作是变电站改扩建工程及新投运变电站的一项特殊操作，与已运行的设备的送电操作有所不同。对新设备投运条件的确认以及操作中的检查、核对、试验等是新设备操作中的特殊项目。本模块培训目标：① 熟悉新设备投运与操作规定的要求和注意事项；② 掌握变电站新设备投运操作的操作方法及步骤。

一、新投运设备的基本规定

1. 新设备投运必须具备的条件

（1）操作人员已熟悉新设备的说明书。

（2）新设备的各种试验已合格。

（3）新设备接地设施已拆除。

（4）永久性安全设施已装设。

（5）新设备已由调度部门命名、编号，并且与现场设备的名称和编号一致。

（6）新设备的技术资料和施工记录已完成。

（7）具备相关部门批准的现场运行规程、典型操作票、事故处理预案及细则。

（8）具备调度部门下达制定的新设备投运启动方案。

（9）人员远离新加压的设备。

2. 电网调度对新投运设备的操作规定

新设备投入或运行设备检修后可能引起相序变化时，在并列或合环前必须定相或核相。

3. 省调对新投运设备的操作规定

（1）新设备投运时，启动验收委员会应指定现场联系工作的负责人，并将姓名提前通知调度。

（2）新设备投运时应做以下工作：

1）全电压冲击合闸，合闸时有条件应使用双重开关和双重保护。

2）对于线路须全电压冲击合闸 3 次，对于变压器须全电压冲击合闸 5 次。

3）相位及相序要核对正确。

4）相应的继电保护、安全自动装置、自动化设备同步调试并按方案要求投入运行。

5）新设备进行试运行，系统相关保护定值的变更应根据运行方式变化本着保护失去配合时间尽可能短、影响尽可能小的原则来安排更改。

（3）新设备投产的操作要考虑到设备本身故障，开关拒动，保护失灵的情况，必须有可靠的快速保护和后备跳闸开关，以防故障扩大危及电网安全。

4. 新投运设备操作中的注意事项

（1）检查新投运设备投运条件具备。

（2）新设备的充电必须由带保护的断路器进行。

（3）新设备的充电应由远离电源一侧的断路器进行。

（4）新设备的充电一般分段进行，以便在发生故障时，能够尽快查找故障点。

（5）新投运的一次设备的初次充电一般为 3 次，变压器为 5 次。

（6）充电时应严格监视被充电设备的情况，及时发现不正常现象，以便进行处理。

二、新线路启运操作

1. 线路充电注意事项

（1）对线路、断路器、隔离开关、电压互感器、电流互感器、避雷器全面验收，各项试验数据合格。设备状态符合投运方案要求，若不符合应做调整。

（2）检查导线连接牢固、可靠。

（3）检查断路器、隔离开关、电压互感器、电流互感器、避雷器等设备及其连接导线的导电部分对地距离、相间距离符合要求。

（4）充油设备无渗油，油位、油色正常；SF_6 设备无泄漏、压力值正常，气动回路无泄漏、压力值正常，液压回路正常、压力值正常。

（5）保护定值正确，装置运行正常，空气断路器、压板在退出位置。

（6）综自系统就地与远方信息核对正确，遥合、遥分正常。

（7）通信系统正常，联系畅通。

（8）新投线路充电 3 次，每次 5min，间隔 5min。充电时应监视设备充电状况，异常时退出。

2. 线路充电

线路采用全电压冲击试验，检查线路绝缘状况和耐受过电压能力，检验投、切时的操作过电压和电流冲击，考核 GIS 断路器投切空线路能力；考核继电保护装置在投、切空线路时的运行状况。

3. 线路充电方法及操作步骤

（1）隔离小系统，使 I 母线上无其他连接元件。

（2）线路保护应根据试验项目要求进行整定值作调整。

（3）线路保护投入运行，线路零序保护改为 0s，退出方向元件，关闭高频收发信机电源，投入线路充电保护或过电流保护。

（4）投入线路零序保护方向元件，开启高频收发信机电源，退出过电流保护，对保护定值做相应修改。

三、母线启运操作

1. 母线充电注意事项

（1）母线充电，有母联断路器时应使用母联断路器向母线充电。母联断路器的充电保护应在投入状态。严禁用 330kV 隔离开关对 330kV 母线充电。

（2）带有电磁式电压互感器的空母线充电时，为避免断路器断口间的并联电容与电压互感器感抗形成串联谐振，应在母线停送电操作前，将电压互感器隔离开关断开或在电压互感器的二次回路采取阻尼措施，或者采取线路和母线一起充电。

2. 充电方法及步骤

隔离小系统，用独立的线路对母线进行充电，充电前应按要求投入线路所有保护及充电保护，按要求对保护定值进行调整，投入母线所有保护，投入母线充电保护，有条件应采用零起升压对母线充电，当升压过程中母线出现跳闸，电压异常，电流不平衡，说明母线存在短路或接地现象，应停止升压并降到零，查明原因。零起升压正常后采用全电压冲击试验。

四、新设备投运对保护配合操作要求

1. 继电保护和自动装置的投运

（1）新设备投运时，充电断路器保护应全部投入，充电保护投入，保护方向元件投入。

（2）新设备投运时，充电断路器带时限的保护动作时限可根据需要改小，部分定值按要求修改，功率方向元件退出，防止因极性接反误动。

（3）充电断路器重合闸装置退出运行，防止充电时故障跳闸线路再次合闸。

（4）充电时故障录波装置应投入运行。

（5）对可能受到影响不能正常供电的设备应退出运行，或可能引起误动不能正常供电的设备退出运行。

（6）变压器、电抗器、母线差动保护在设备投运后，带负荷前应退出进行差压差流测试，待正常后投入运行。

（7）新设备充电正常后，保护装置定值应修改为设备正常运行时定值。

2. 主变压器充电保护操作

（1）系统保护定值、时限作修改。

（2）变压器保护定值部分作修改。

（3）变压器保护全部投入运行。

（4）投入充电侧断路器充电保护。

3. 线路、线路带高抗充电保护操作

（1）线路过电流保护定值调整。

（2）退出零序电流Ⅱ、Ⅲ段方向元件。

（3）投入线路过电流保护。

（4）投入线路充电保护。

4. 母线充电保护操作

（1）投入母线充电保护。

（2）投入母线全部保护。

五、新设备核相、极性测试

1. 核定相位

检查电源并列点的相位、相序是否相同，电压差是否在允许范围，检查并列点是否可以并列。新投变压器、高压电抗器、电压互感器、线路都必须核定相序，当相序不同的两个电源系统、变压器（电抗器、线路、电压互感器）并列运行时，将会造成短路事故。因此，严禁将相序不同的电源系统和设备并列运行。

核相是指通过电压互感器二次电压或其他方法核实需要合环（或并列）的两个电源系统（或变压器、电压互感器）的相序是否一致。核相是通过测量（直接或间接）待并系统（变压器和电压互感器也可以看作电源）同名相电压差值和非同名相电压差值的方法来进行的。同名相电压差值为零，非同名相电压差值应为对应的线电压值。

2. 核定相位的规定

（1）变压器核相。新安装或大修后的变压器、内外接线变动或接线组别变动的变压器、更换绕组的变压器、电源线路接线变动可能引起相序变化的变压器均应进行核相或定相；

（2）线路核相。新建线路或线路改线、接线有变动可能引起相序变化，母线、电缆和线路均应进行核相或定相；

（3）电压互感器核相。新安装或内外部接线有变动、电压互感器应进行核相或定相。

3. 极性测试

接于电流回路的零序方向、负序方向、距离、高频、差动等继电保护均对电压和电流的极性有严格要求，否则将无法保证继电保护装置的正确动作。因此，在以上保护正式投入运行前应带负荷测量方向。

4. 极性测试方法

用减极性法进行电流互感器极性测试是常用方法之一。在一次侧通一定数量变化的电流，二次侧用指针式电压表监测表计指针的摆动方向，由此可以判断电流互感器绕组的极性。测量继电保护、自动化、电能计量等装置的电压、电流极性和相序、相位则使用专用的仪器测试。

六、新设备投运操作

1. 变压器投运操作

（1）核对保护定值。

（2）合上保护装置电源，投入保护压板。

（3）合上隔离开关，用 110kV 侧断路器进行主变压器充电，充电五次，第五次不断开。

（4）变压器充电结束后退出差动保护。

（5）带负荷测试差动保护电流回路接线的正确性，确认接线无误后投入差动保护，变压器正式运行。

2. 线路投运操作

（1）核对保护定值。

（2）合上保护装置电源，投入保护压板。

（3）合上隔离开关，用断路器对线路进行充电。

（4）充电结束后带负荷测试保护电压、电流回路的正确性，确认接线无误后，线路正式运行。

3. 母线投运操作

（1）核对保护定值。

（2）合上保护装置电源，投入母线充电保护压板。

（3）合上隔离开关，用断路器对母线进行充电。

（4）充电结束后带负荷测试母线差动保护电流回路的正确性，确认接线无误后，母线正式运行。

【思考与练习】

1. 新设备投运必须具备的条件是什么？
2. 新设备核相、极性测试的内容有哪些？
3. 新设备投运对保护配合操作要求是什么？

模块3　新设备投运方案编制与投运操作危险点源控制（GYBD00403003）

【模块描述】本模块介绍新设备投运方案的编制与投运操作危险点源控制。通过对新设备投运方案编制原则和投运操作危险点源控制的介绍，熟悉新设备投运方案的编制原则，掌握新设备投运操作危险点源控制方法，能制定相应的控制措施。

【正文】

在变电站新设备投运工作中，新设备投运方案是指导和协调各生产部进行投运行操作的重要技术文件。新设备投运方案（变电站部分）的编制是变电站值班负责人的一项重要技术工作。充分认识和分析新设备投运操作中危险点以及做好相应的控制措施是新设备投运的重要安全措施。

一、新设备投运方案的编制

1. 新设备投运方案编制的主要内容

（1）投运方案（调度编制）。

（2）投运操作安排（变电站编制）。

（3）投运危险点分析及预控措施（变电站编制）。

（4）投运工作期间事故预案（变电站编制）。

（5）投运前期准备工作（变电站编制）。

（6）投运工作安排（变电站编制）。

2. 新设备投运方案的构成及编写要点

（1）投运范围。投运范围的编制主要说明新设备投运地点、投运设备单元、相应的一、二次设备及主设备的型号。

（2）投运前完成的工作。投运前完成的工作，其编制时应主要说明投运设备应具备的条件。

（3）联系调度。联系调度的编制主要说明新设备所属的调度及向调度提交投运申请；投运变电站向调度汇报的内容；调度与变电站进行设备核对的内容。

（4）投运步骤。投运步骤的编制主要说明各调度下令步骤及内容、各相关变电站操作的投运操作步骤（操作任务的时间序列）。

（5）正常运行方式。正常运行方式的编制说明各相关变电站投运操作前的运行方式。

（6）注意事项。注意事项的编制主要说明重合闸的投入要求、操作中异常及处理等。

（7）附件。附件的编制主要有相关变电站的主接线图。

3. 投运操作安排编制及要点

（1）倒闸操作安排及职责。

1）变电站总负责。
2）安全负责人。
3）值班负责人。
4）操作监护人。
5）操作人。
6）辅助操作人。
7）监控值班记录人。
（2）变电站投运前需完成的工作。
1）一次设备应完成的工作。
2）二次设备应完成的工作。
（3）变电站投运操作工作安排。
1）调度指令名称。
2）操作监护人。
3）操作人。
4）值班负责人。
4. 投运事故预案的编制及要点
（1）系统运行方式说明。
（2）事故情况说明。
（3）处理原则及办法。
5. 投运前期准备工作的编制及要点
（1）设备验收工作。设备验收工作的编制主要有完成时间和工作内容。
（2）操作准备工作。操作准备工作编制主要有现场清理，一、二次设备的检查，核对定值等工作的安排。

二、投运操作中危险点源的控制

110kV 新线路投运操作危险点分析及预控措施如表 GYBD00403003-1 所示。

表 GYBD00403003-1　　110kV 新线路投运操作危险点分析及预控措施

序号	危险点	预控措施
1	未认真学习投运方案，投运方案不熟悉、操作步骤及任务不清楚	值班负责人组织相关人员认真学习投运方案，要求参加投运工作的人员熟知投运设备、程序及步骤
2	投运前未检查设备及设备现场情况，设备不具备投运条件	当值值班负责人安排人员认真、详细检查线路断路器、隔离开关及接地隔离开关均在断开位置，二次回路开关均在断开位置、断路器机构箱隔离开关操作箱及端子箱已完全闭锁，现场施工人员全部撤离现场
3	断路器及隔离开关的操作方式未切至远控方式	值班负责人安排人员认真核对二次设备的工作状态
4	操作前未检查开关的操动机构的工作情况	值班负责安排人员认真检查断路器的操作油压、气压正常，弹簧机构已储能，机构的工作电源正常
5	投运前设备现场清理不彻底，留有遗留物	值班负责安排人员认真检查投运设备现场，确保无任何影响设备正常运行的遗留物品
6	保护装置电源开关漏投	值班负责安排人员认真检查，检查保护装置电源开关正常投入，装置工作正常，无异常信号，必要时检查保护失电指示信号正常
7	保护压板投入、退出状态与一次设备运行方式不符	会同保护施工人员认真核对保护定值单，确保保护投入正确
8	没有与调度核对投运设备的名称、编号、保护定值及设备参数	当值值班负责人与调度认真核对设备名称、编号、保护定值及设备参数，并与相关的文件进行核对
9	设备状态与模拟屏、监控后台机、五防机的状态不一致	操作前认真核对设备状态与模拟屏、监控后台机、五防机，确保各处设备状态一致
10	监控后台通信不正常	认真检查监控后台机的网络通信畅通

续表

序号	危 险 点	预 控 措 施
11	操作人员不熟悉设备、操作票不正确	操作及监护人员操作前认真熟悉投运设备的性能、运行方式、操作原则及注意事项，严格进行三级操作审核，确保操作正确无误
12	与调度的通信不正常	认真检查通信设施，保证通信畅通
13	操作走错间隔，或后台操作对象错误	认真核对设备的名称编号，认真执行“一指、二比、三对、四操作”流程，严禁擅自解锁操作
14	投运后不对设备进行检查	投运后对设备进行全面详细检查，加强对设备监视，发现异常及时汇报调度进行处理

【思考与练习】

1. 新设备投运方案主要由哪些内容构成？
2. 变电站投运前需完成的工作有哪些？
3. 举例说明变电站新投主变压器操作中的危险点源。

第六部分

异常处理

第二十九章　变压器异常处理

模块 1　变压器（电抗器）常见异常（ZY1300401001）

【模块描述】本模块介绍变压器声音、油位、油温、冷却系统等的常见异常及异常象征。通过概念描述、各种异常现象介绍，能正确地判断变压器运行状况。

【正文】

变压器（电抗器）是输配电系统中极其重要的电气设备，根据运行维护管理规定，对变压器必须定期进行巡视、检查，以便及时了解和掌握变压器的运行情况，及时发现异常。变压器异常运行是指变压器仍保持运行，断路器未动作跳闸，但变压器出现了异常运行情况，可能导致事故发生，因此必须尽快处理，防止发展成为事故。

根据对变压器的运行、维护管理经验，本模块主要分析总结变压器（电抗器）常见异常和故障现象。

一、本体常见的异常

变压器本体的主要部件有绕组、铁芯、油箱、变压器油、油枕、绝缘套管、调压装置、测温元件等。因温度、负荷等变化，导致运行中的变压器产生异常，主要有声音、油位、油温、油质变化，调压装置失灵，铁芯接地，接点发热等异常现象。下面对变压器运行中本体常见的异常进行描述。

（一）声音异常

变压器正常运行时，由于硅钢片磁滞伸缩，会发出均匀的“嗡嗡”声。当变压器内部或外部异常时，会发出下列某种异常声音，如特别沉闷的“嗡嗡”声，尖细的“哼哼”声或尖细的“嗡嗡”声，特别大的“嗡嗡”声和其他振动声音，“吱吱”或“叭叭”声，“哇哇”声，强烈而不均匀的噪声或有“锤击”和“吹风”之声，“咕嘟咕嘟”水的沸腾声，声响明显增大，内部发出爆裂声，响声中夹有连续的撞击或摩擦声音等。运行人员应根据声音的不同，做出正确的分析判断。

（二）油位异常

变压器的油位是与温度相对应的，生产厂家在油位表上提供了油位与温度曲线（油位与温度对应关系），当油位与温度不符合油位—温度曲线时，则油位异常。常见的油位异常现象有：

1. 油位过低

油位过低或看不到油位，应视为油位异常。当油位低到一定程度时会造成轻瓦斯动作告警，严重缺油时，会使油箱内绝缘暴露受潮，降低绝缘性能，影响散热，甚至引起绝缘故障。

2. 假油位

新投入运行的变压器，满足油位—温度曲线要求，运行一段时间后，如果变压器的温度变化正常，而变压器油位表（或油标管）指示油位不正常（过高或过低）或不变化，则说明变压器油枕的油位是假油位。如某　750kV 变电站的　0 号站用变压器，运行过程中没有渗漏油情况，油位突然变为零，实际停电检查，油枕里面有油。

油位过低或油位过高，后台监控机会报出低油位或高油位告警信号。

（三）油温异常

变压器在运行中铁芯和绕组的损耗转化为热能，引起各部位发热，使温度升高，热量通过变压器油的流动、循环以及油箱辐射、传导等方式扩散出去，当发热与散热达到平衡状态时，各部分的温度趋于稳定。铁损是基本不变的，铜损（绕组的损耗）随负荷的增大而增大。巡视检查变压器时应记录环境温度、顶层油温、绕组温度、负荷以及油面高度，并与以前的数值对照分析判断变压器是否运行正常。

变压器油温异常现象有：

（1）油温异常升高。同样条件下油温比平时高出 10℃以上，或负荷不变，但温度不断上升，而冷却装置运行正常。油温高出设定值时，保护装置会发油温高的告警信号。油温高只用于发信号，不用于跳闸。

（2）负荷或环境温度发生变化，变压器的温度计指示不变。

（3）后台监控机上显示主变压器温度与变压器现场温度表指示的温度不一致（相差 2℃以上）。

（四）油色谱异常

现在的大型电力变压器一般装有油色谱在线监测装置，可通过在线监测装置对变压器的油色谱进行观察。变压器内部故障时，油色谱发生变化，油中故障特征气体乙炔、氢气、总烃会增加，任何一项达到一定值时就会报警（750kV 变压器油中溶解气体组分含量注意值：乙炔 1μL/L、氢气 150μL/L、总烃 150μL/L）；同时故障常常以低能量的潜伏性故障开始，故障特征气体的含量尚不能达到注意值，若不及时采取相应措施，就有可能发展为较严重的高能量放电，当油色谱中故障特征气体的产气速率达到规定值时也需引起注意。

（五）套管端部引线接头发热

套管接线端部或根部紧固部分松动或引线头线夹接触不良等，接触面发生严重氧化，接触电阻增大，使接头过热。过热现象通常是无法直接发现，必须借助红外测温或红外成像等技术手段才能发现。套管根部发热，温度不是很高，而且变化缓慢，油在线监测装置检测不到。因此，在测量变压器接点发热时，应把套管根部作为重点，尤其是套管根部引线与线圈连接处。

（六）有载调压装置异常

1. 变压器有载调压装置的组成

大型变压器有载调压装置均由切换开关快速机构、选择器（控制器）、电动机构等几部分组成。可通过电动就地或遥控操作，也可通过手摇机构操作。大型变压器的有载调压油箱都配有在线滤油装置，对有载调压油箱内的油质进行清洁，确保油的质量。

2. 常见异常现象

（1）滑挡（连动）。发出一个调压指令，调压机构连续动作若干挡位。要注意区分变压器有载分接开关中电压相同挡位的调压，这时发出一个调压指令，调压机构运转结束后会停在目标挡位的下一个挡位，这是正常的。例如我们常见的 19 挡位的有载调压变压器，9、10、11 这三个挡位的电压是相同的，从 8 挡调压到 9 挡时，调完后会显示在 10 挡，从 10 挡调压到 11 挡时，调完后会显示在 12 挡，从高挡位向下调时也是如此。

（2）手动操作正常，就地电动操作拒动。

（3）电动操作过程中，空气断路器跳闸。

（4）电动机构仅能一个方向变换分接头。

（5）电动机构正、反两个方向调整都拒动。

（6）远方遥控拒动，就地电动操作正常。

（7）分接开关与电动机构挡位不一致。

（8）三相变压器组遥控调压时，分接头位置不一致。

（9）远方控制和就地电动或手动操作时，操动机构动作，控制回路与电动分接位置指示正常一致，电压表、电流表无相应变动。

（10）运行中分接开关频繁发信动作。

（11）调压过程中误操作了紧急停止按钮。

（12）有载分接开关调至最高或最低挡位时无法进行遥控返回操作。

（13）储能机构失灵。

（七）变压器铁芯异常运行现象

变压器铁芯异常，可能有“叮叮当当”的声音，铁芯外引接线中的电流会增加，油温可能会升高等异常情况。

（八）渗漏油

运行中的变压器渗漏油是常见的，渗漏点也很多，如气体继电器及其连接管道，冷却器散热管、散热片，各连接碟阀、气塞，焊缝，所有密封橡胶垫处，都有渗漏油的可能。有渗漏油，渗漏点周围就会有油迹，渗漏严重的地方，地上也会有油迹，渗漏点处还会附着许多小虫子。套管出现渗漏油，会造成油位降低，发现套管渗漏油时要引起足够的重视。

（九）过负荷

超额定负荷运行是对变压器性能、寿命的考验，而在变压器有较严重的缺陷时超载运行更容易使缺陷的性质、严重程度加剧，因此变压器有较严重的缺陷时不宜超额定电流运行；变压器过负荷能力主要是依据变压器厂家的制造水平、温升试验等确定，同时也与冷却方式、冷却装置的工况密切相关。变压器过负荷时，绕组电流值、导电回路的温度、变压器的整体温度都将上升，必须加强巡视。在出现异常情况时，必须尽快采取措施，以免影响变压器的正常运行及寿命。变压器过负荷时会出现以下现象：

（1）变压器过负荷时，会发出特别沉闷的“嗡嗡”声。

（2）过负荷时，变压器辅助运行方式的冷却器会自动投入。

（3）变压器过负荷运行时，后台监控机或中央信号屏以及变压器保护装置会发出告警信号，警示变压器现在过负荷运行，过负荷消失后，告警也会消失。

（十）过励磁

变压器在电压升高或频率下降时都将造成工作磁通密度增加，变压器的铁芯饱和，称为变压器过励磁。

变压器电压超过额定电压的 10%，将使变压器铁芯饱和，铁损增大。漏磁使变压器箱壳等金属构件涡流损耗增加，造成变压器过热，绝缘老化，影响变压器寿命甚至烧毁变压器。为了防止损坏变压器，大型变压器都设有过励磁保护。过励磁后出现的现象：

（1）系统电压升高或频率降低。

（2）变压器过励磁保护会告警，如果超出过励磁保护整定值，变压器还会跳闸。

二、冷却系统常见异常

冷却器是变压器（电抗器）的主要附件，运行的正常与否，直接影响到变压器（电抗器的出力和设备寿命。750kV 变压器大多采用强油循环风冷（OFAF），也有采用带导向的强迫油循环风冷却（ODAF）的。下面结合强油循环风冷的冷却形式介绍其常见的异常。

1. 冷却器交流电源故障不能自动切换

冷却器交流电源故障时，响警铃，后台监控机（主控盘）发出“××变压器冷却器电源故障”等信号。由于故障时的具体原因不同，所发的信号也不尽相同。

2. 风扇电动机热耦动作

一组冷却器中的一个风扇热耦动作，只影响该风扇的运行情况，不会影响其他风扇的正常运行，后台监控或中央信号装置不会报冷却器异常信号，也不会启动备用冷却器；如果全部动作，相当于整组冷却器退出运行，这时后台监控或中央信号装置会报冷却器异常信号，并启动备用冷却器投入。

3. 风扇电动机轴承破损或转轴偏心

风扇电动机轴承破损或风扇转轴偏心，运行中会发出有规律的振动声或摩擦声响。

4. 潜油泵或油流继电器故障

油流继电器的指针位置用来反映冷却器管道内的油是否在流动。指针指在打开位置，表示油在流动；在关闭位置，表示油未流动。同时还可通过指针的位置判断潜油泵是否工作正常。潜油泵和油流继电器异常时，相当于整组冷却器退出运行，这时后台监控或中央信号装置会报冷却器异常信号，并启动备用冷却器投入。

5. 控制回路继电器故障

冷却器控制回路继电器比较多，有的用于控制备用冷却器启动，有的用于控制辅助冷却器启动，

模块 1

ZY1300401001

还有的用来控制整组冷却器风扇和潜油泵。不同的控制继电器故障，会影响到不同的冷却器运行。控制回路继电器故障，后台监控机或中央信号装置可能会发出“××变压器冷却器故障”或“备用冷却器投入”等信号。

6. 回路绝缘损坏

回路绝缘损坏，会造成冷却器空气断路器整组跳闸或空气断路器合不上，还会启动备用冷却器组运行。

7. 一组冷却器故障，备用冷却器不能自动投入

正常情况下，一组冷却器故障，冷却系统能自动启动备用冷却器投入运行，后台监控机会打出“冷却器故障”信号和“备用冷却器投入运行”的信号，并响警铃。如果备用冷却器故障或启动备用冷却器投入的控制回路故障，备用冷却器都不能自动投入，后台监控机会打出“××变压器备用冷却器故障”的信号，同时变压器油温会升高。

8. 变压器过负荷时辅助冷却器不能自启动

一般情况下，变压器的负荷电流达到额定电流的 70%时，变压器的保护装置会启动辅助冷却器运行，增大变压器的散热能力。变压器过负荷启动辅助冷却器时，后台监控机会报出“××保护过负荷启动风冷动作”、“冷却器故障”、“辅助冷却器投入”、“冷却器故障”复归等信号，并响警铃。如果辅助冷却器故障或启动辅助冷却器投入的控制回路故障，过负荷时辅助冷却器都不能自动投入，会使变压器油温异常升高。

9. 冷却器全停

冷却器全停会发生以下现象：

（1）变压器油温上升速度比较快，变压器的温度曲线有明显的变化。

（2）监视变压器风扇运行的指示信号灯熄灭。

（3）部分故障还伴随有“冷却器电源消失”或“冷却器故障”等信号。

三、本体保护装置发出的常见异常信息

（一）轻瓦斯发信号

瓦斯保护是变压器的主要保护之一，它可分为本体瓦斯保护和有载调压瓦斯保护，它能监视变压器内部发生的部分故障。瓦斯保护分为轻瓦斯保护和重瓦斯保护，轻瓦斯动作发出信号，重瓦斯动作去跳闸。

变压器轻瓦斯动作发出信号时，响警铃，后台监控机（或主控盘）、保护屏上发出“××变压器（电抗器）轻瓦斯动作”信号，变电站运行人员应立即对变压器进行检查，查明动作原因，是否因积聚空气、油位降低、二次回路故障或是变压器内部故障造成。

（二）防爆管或压力释放阀冒油

防爆管或压力释放阀是变压器本体保护的重要措施之一，是给变压器提供压力释放通道的装置。当变压器内部发生故障时，会产生气体，使变压器内部压力增大，防爆管的防爆膜破损或压力释放阀动作，可以释放掉变压器内部的高压，保护变压器，减少变压器损坏程度。早期的变压器大多采用防爆管，现在生产的变压器都采用压力释放阀。

防爆管防爆膜破裂后，如果变压器的瓦斯保护没有动作，不会有信息传递到主控室。

压力释放阀动作后，向外喷油，并有“压力释放阀动作”信息传递到主控室，变压器的瓦斯保护可能会动作。按照变压器运行规程的有关要求，新投变压器时压力释放阀动作投跳闸，试运行结束后变压器的压力释放阀动作只发信号，不作为变压器跳闸的保护。

四、电抗器的振动和噪声超标

超高压大容量充油并联电抗器的外形与变压器相似，它是一个磁路带气隙的电感绕组。由于电力系统运行的需要，要求电抗器的电抗值在一定范围内恒定，电压与电流的关系是线性的。电抗器的铁芯结构有两种，一种是壳式，另一种是芯式。目前我国 750kV 变电站装设的电抗器都是芯式电抗器。

电抗器的振动和噪声水平，我国制造厂的控制标准是：在额定电压下距声源 2m 处，噪声不大于

80dB；油箱振幅平均值不大于 60μm，最大振幅值不大于 150μm（峰—峰），油箱底部不大于 30μm。因此电抗器在系统调试时应进行振动和噪声测试，运行中检测到振动或噪声超过以上标准，应认为振动或噪声异常。

【思考与练习】

1. 变压器强迫油循环风冷却系统的常见故障形式有哪些？有哪些异常现象？
2. 变压器过负荷的现象是什么？
3. 变压器过励磁后出现的现象是什么？
4. 变压器有载调压装置常见的异常现象有哪些？

模块 2 变压器灭火装置常见异常（ZY1300401002）

【模块描述】本模块介绍变压器常见灭火装置的结构、原理及异常象征。通过系统构成介绍、原理讲解、异常分析，了解变压器灭火原理和运行中常见的异常。

【正文】

电力变压器采用绝缘材料量大、品种多、可燃，当变压器发生故障时可能引起着火，导致爆炸。本节主要将大型电力变压器所装灭火系统的常见异常现象进行分类描述，以便运行人员能及时发现灭火系统异常及故障。

常见的大型电力变压器的灭火系统都是智能型的，根据灭火介质的不同，主要有自动水喷雾灭火系统、充氮灭火系统、泡沫灭火系统三种。下面就三种灭火系统的简单构成、灭火原理、常见异常现象进行介绍。

一、自动水喷雾灭火系统

1. 系统的构成

自动水喷雾灭火系统一般由蓄水池、增压泵、输水管道、主控制系统、阀门控制器、电磁阀门和喷头组成，如图 ZY1300401002-1 所示。

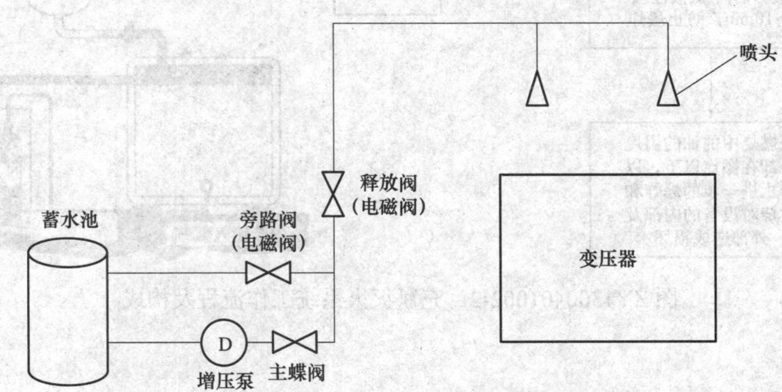

图 ZY1300401002-1 水喷雾灭火系统构成

2. 工作原理

水喷雾灭火装置有两种启动方式，一种是人工手动启动，另一种是自动启动。变压器在正常运行时，水喷雾灭火系统放在自动启动状态下，当同时满足变压器的压力释放阀动作（或差动保护动作）、变压器各侧开关跳闸和感温电缆的温度达到启动值时（变压器的本体上装有感温电缆，当变压器着火时，变压器的温度会很快升高，感温电缆的温度随之升高，达到一定温度时，感温电缆的热敏电阻就会接通），水喷雾灭火系统会自动启动，主蝶阀、释放阀会自动打开，向变压器喷水雾，使变压器被水雾严密包围，与外面的氧气隔绝，用水降温的方法，起到灭火的作用。主变压器各侧断路器跳闸后，主变压器有火情时，在消防主机不能自动启动灭火的情况下，应手动启动，并打开主蝶阀和释放阀（此时消防增压泵的启动状态应为自动状态）。

3. 常见异常现象

常见异常现象有：蓄水池的水位低，增压泵不能正确启动，输水管道的手动阀门未按要求打开，电磁阀门不能正确自动开启，喷头堵塞，感温电缆断裂，主机系统运行异常，联动失灵等。

二、充氮灭火系统

1. 系统的构成

充氮灭火系统又称为氮气搅拌灭火系统。变压器充氮灭火系统主要由控制主机、储气罐、排油管、排油阀、控流阀、充气阀、充气管等组成，如图 ZY1300401002-2 所示。

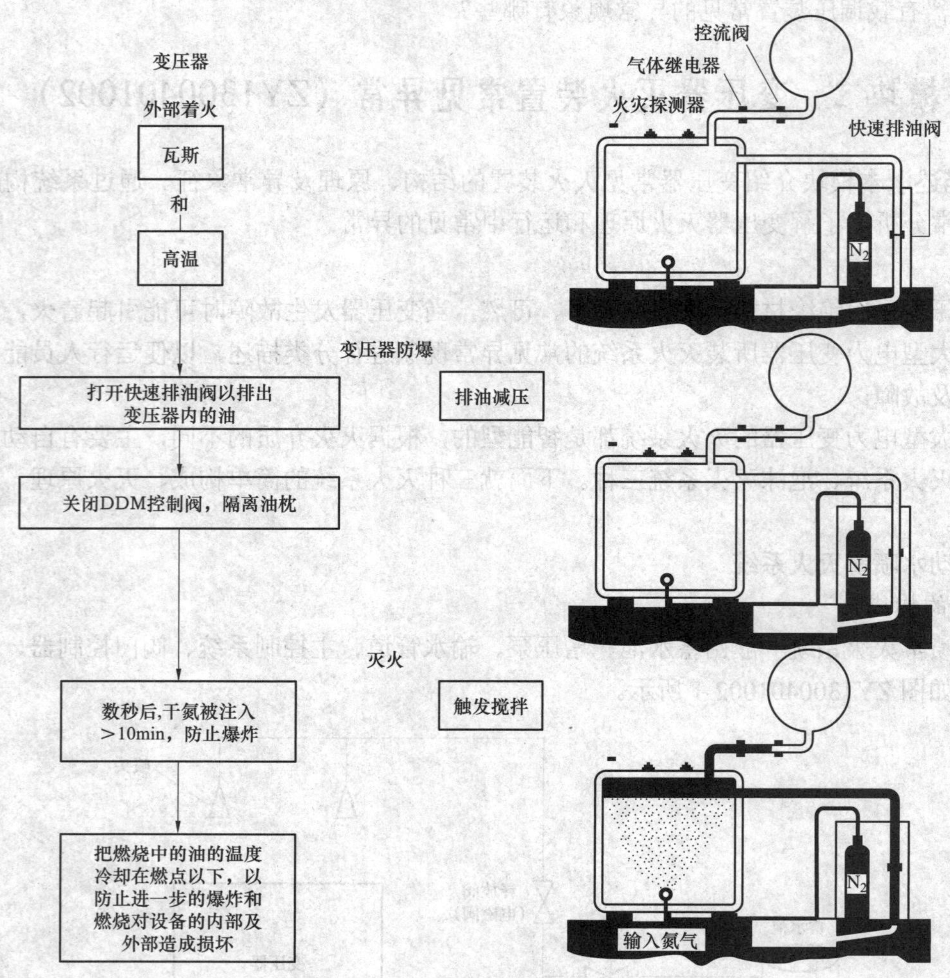

图 ZY1300401002-2 充氮灭火系统工作流程及构成

2. 工作原理

当变压器发生火灾，火灾探测器（感温电缆）、气体继电器动作（或压力释放阀）和变压器各侧断路器跳闸，三个条件同时满足时启动灭火装置。该装置接收到启动投入信号后，排油阀立即自动打开，将油箱中油降低于顶盖下方 25cm 左右，缓解变压器本体内压力防止爆炸，同时控流阀关闭，将油枕与本体隔离。排油阀打开数秒后，充气阀打开，氮气从变压器底部充入本体，使变压器油上下充分搅拌，迫使油温降至燃点以下，实现迅速灭火。充氮时间可持续 10min 以上，以使变压器充分冷却，阻止变压器油重燃。

3. 系统常见异常

常见异常现象有气罐中氮气的压力降低、感温电缆断裂、自动控制阀门不能正确开启、主机系统运行异常、联动失灵等。

三、泡沫灭火系统

泡沫灭火系统作为主要灭火装置最早应用于石油化工生产储存和石油天然气工程设计中。由于自动喷水（氮气）—泡沫联用灭火系统，既可灭固体火灾，又可灭液体火灾，当某些水溶性液体火灾在用泡沫灭火以后，为了防止其复燃，还可用水进一步冷却，扩大了普通水灭火系统的扑救范围，后来电力系统的大型电力变压器的消防灭火系统也采用自动喷水（氮气）—泡沫联用灭火系统设计。

1. 系统的构成

在自动喷水灭火系统中并联一个钢制带橡胶囊的泡沫罐，橡胶囊内装轻水泡沫浓缩液，在系统中配上控制阀及比例混合器就成了自动喷水（氮气）—泡沫联用灭火系统，如图 ZY1300401002-3 所示。

图 ZY1300401002-3　泡沫灭火系统构成

2. 工作原理

当变压器故障满足启动自动喷水雾条件时，增压泵启动，各电磁阀打开，消防水进入管网，一部分水进入泡沫罐的水室，利用水压将泡沫液挤过控制阀及比例混合器，通过消防水的引射作用，将泡沫液掺进消防水中。混合液从喷头喷出，在遇空气后自动生成灭火泡沫。

泡沫灭火系统和自动水喷雾灭火系统的启动条件完全相同，结构基本相同，不同点就是在自动水喷雾灭火系统处并装了一个自动控制的泡沫罐和比例混合器，喷出的是水和泡沫的混合液。

3. 常见异常

自动水喷雾灭火系和泡沫灭火系统的构成基本相同，系统异常、异常原因和异常处理也基本相同。

【思考与练习】

1. 充氮灭火系统和泡沫灭火系统通常由哪几部分构成？
2. 自动水喷雾灭火系统、充氮灭火系统和泡沫灭火系统启动灭火的条件是什么？
3. 三种灭火系统的灭火原理是什么？

模块 3　变压器（电抗器）异常原因分析（ZY1300401003）

【模块描述】本模块介绍变压器声音、油位、油温、冷却系统等的异常原因分析。通过异常原因综合分析、案例介绍，能正确分析异常类型、位置、原因，并能及时汇报和简单处理。

【正文】

前面列举了变压器运行中的常见异常及现象，本节主要对变压器产生异常的原因进行分析，并通过案例进行说明。

一、本体常见异常原因分析

（一）发出异常声音的原因

变压器发出特别沉闷的“嗡嗡”声，可能是变压器负荷加重，满载或过载运行，铁芯振动增大引起的，应结合后台机的遥测值，以及负荷、温度的变化加以判定。

变压器发出尖细的“哼哼”声或尖细的“嗡嗡”声，声音可能忽强忽弱，则可能是系统中的铁磁谐振造成的，也可能是系统中发生了单相接地或变压器内部发生了单相断线，可结合系统有无故障、电压表有无谐振变化加以判定。

变压器发出特别大的“嗡嗡”声和其他振动杂音，可能是系统发生了短路故障，变压器流过了大量的非周期性电流，铁芯严重饱和，磁通畸变，使变压器受到电动力的影响强烈振动产生，可结合系统有无故障或谐波在线监测装置加以判定。

变压器内部发出“吱吱”或“叭叭”声，可能变压器内部有拉弧放电故障，如变压器分接头接触不良、铁芯接地不良、引线对油箱放电、绝缘对地放电等，应注意观察声音的发展变化。当声音发生在变压器外部，可能是瓷套表面污秽比较严重，大雾或下雨时瓷质部分电晕放电发出的声音，也可能是相邻设备的电晕放电或接点松动放电发出的声音，夜间可以看见放电火花。当变压器空载合闸时，有“叭”的响声，并伴有弧光，则可能是变压器外壳接地螺栓接触不良，或上下节油箱连接不良，也可能是瓷套打火或引线对外壳放电引起。

变压器发出“哇哇”声，时间短、很快恢复，可能是变压器受短路电流冲击或电弧炉等整流设备负荷投入，因高次谐波作用，使变压器瞬间发出“哇哇”声。如火车通过变压器的供电区、系统故障、大动力设备启动、负荷突变等都可能造成，应结合变电站电压、电流数据进行判定。

变压器发出强烈而不均匀的噪声或有“锤击”和“吹风”之声，可能是变压器内部个别零件松动，如铁芯的穿心螺栓紧固不到位或有零件遗留在铁芯上，有可能发展为严重的内部故障。

变压器发出“咕嘟咕嘟”水的沸腾声，可能是绕组有严重故障或分接开关接触不良引起局部严重过热所致。

变压器声响明显增大，内部发出爆裂声，表明变压器内部有严重故障，处理不及时可能导致变压器损坏。

响声中夹有连续的、有规律的撞击或摩擦声音，可能是变压器某些部件因铁芯振动造成的机械接触。如油箱壁上的电缆管，冷却器风扇、油泵电动机的轴承磨损，风扇刮叶等都会发出机械摩擦声音，应进行仔细检查判断。

（二）油位异常原因

1. 油位过低

引起油位过低的主要原因有：

（1）设计制造原因，油枕容量与变压器油箱容量配合不当，当气温过低，在低负荷时油位过低不能满足要求（一般要求变压器的油枕容量为变压器油箱容量的8%～10%。）。

（2）注油时未按照油位—温度曲线标准加油，注入油量不足。

（3）变压器长期渗漏油或严重渗漏油。

（4）多次取油样后，未及时补油。如某750kV变电站的线路中性点电抗器，由于油中有乙炔气体，为了监视乙炔气体含量的变化，隔天对中性点电抗器取油样做色谱分析，两个月后，油位明显降低。

（5）油枕内连接浮子的连杆断裂，油位表指针始终指示在某一固定位置。

（6）有载调压油枕的油位计指示油位升高，在排除有载分接开关内部无故障和注油过高外，可判断为变压器本体的油渗漏到有载分接开关筒内。

2. 假油位的原因

（1）油标管堵塞或油位表指针损坏、失灵。

（2）全密封油枕未按全密封方式加油，在胶囊袋与油面之间有空气（有气压，造成假油位）。

（3）呼吸器堵塞，呼吸器的油封里面没有气泡产生，油枕里的胶囊不能正常收缩，可造成油位表指针大起大落现象。在大负荷和高油温时，油位计指示油位很高，甚至可造成压力释放阀动作；在小负荷和低油温时，油位计指示油位很低。

（4）防爆管气孔堵塞。

（三）油温异常原因

1. 油温异常升高

油温异常升高的主要原因有：

（1）变压器内部有故障。如绕组匝间或层间短路、绕组对围屏放电、内部引线接头发热、铁芯多点接地使涡流增大引起局部过热、零序不平衡电流等漏磁通过与铁件油箱形成回路而发热等因素，引起变压器油温异常。发生这些情况时，还将伴随着瓦斯或差动保护动作。故障严重时，还有可能使防爆管或压力释放阀喷油。

（2）变压器长期过负荷运行。变压器长期过负荷运行，变压器发出的热量大于散热水平使变压器油温持续升高，时间越长温升越高，对变压器的绝缘影响越大，因此变压器不允许长期过负荷运行。

（3）变压器冷却器运行不正常。例如，冷却器风扇反转，会大大降低冷却器的工作效率，不利于散热。

（4）散热器的阀门未全打开。散热器的阀门未打开，变压器油就没有循环通道，散热效果极差，必然会引起油温升高。例如，某 750kV 变电站的一台 750kV 线路高压并联电抗器投运前散热器的阀门未全部打开，试运行了 4h 后，电抗器的油温达到了 90℃以上，不得不将电抗器停下来检查，经检查发现有两组散热器的上阀门未打开，打开阀门后，再次投入运行，温度最高为 62℃。

（5）潜油泵故障或检修后电源相序接反。强迫油循环风冷或水冷系统，如果潜油泵故障，将导致整组冷却器退出运行，降低散热能力。如果潜油泵反转，会使冷油从变压器的上部注入，热油从变压器的底部流出，大大降低了冷却系统的工作效率，使油温升高。

（6）运行电压过高。运行电压过高会使变压器铁芯的工作磁密增大，造成变压器局部过热或烧伤。

（7）冷却器全停。强迫油循环冷却变压器的冷却系统不允许全停运行，即使冷却系统故障全停，最常运行时间不得超过 1h；当油温上升到 75℃以上时，运行时间不超过 20min。

2. 测量装置显示油温异常

造成测量装置显示油温异常的主要原因有：

（1）负荷、环境温度发生变化，变压器的温度计指示不变，温度计有可能已经损坏或指针卡死。

（2）后台监控机上显示主变压器温度很高（告警）或很低，与变压器实际温度不一致（变压器本体温度指示正常），可能是温度变送器故障或测温回路故障、遥测参数配置不当等原因。

（四）油色谱异常原因

密封不严，油里面进水受潮，变压器内部存在放电，变压器内部元件过热，长期运行等，都会导致油质变坏，油色谱异常。

不同的故障类型产生的主要特征气体和次要特征气体见表 ZY1300401003-1。

表 ZY1300401003-1　　不同故障类型产生的气体

故障类型	主要气体组分	次要气体组分
油过热	CH_4，C_2H_4	H_2，C_2H_6
油和纸过热	CH_4，C_2H_4，CO，CO_2	H_2，C_2H_6
油纸绝缘中局部放电	H_2，CH_4，CO	C_2H_2，C_2H_6，CO_2
油中火花放电	H_2，C_2H_2	
油中电弧	H_2，C_2H_2	CH_4，C_2H_4，C_2H_6
油、纸中电弧	H_2，C_2H_2，CO，CO_2	CH_4，C_2H_4，C_2H_6

注　进水受潮或油中气泡可能使氢含量升高。

在某些情况下，有些气体可能不是设备故障造成的，如：油中含有水，可以与铁作用生成氢；过热的铁芯层间油膜裂解也可生成氢；新的不锈钢中也可能在加工过程中或焊接时吸附氢而又慢慢释放至油中；在温度较高、油中有限溶解氧时，设备中某些油漆（醇酸树脂），在某些不锈钢的催化下，甚至可能产生大量的氢；有些油初期会产生氢气（在允许范围左右），以后逐步下降。

在变压器内部，当产气速率大于溶解速率时，会有部分气体进入气体继电器或储油柜中。当变压器的气体继电器内出现气体时，分析其中气体的成分及含量，同样有助于对设备的状况做出判断。分析溶解于油中的气体，能尽早发现变压器内部存在的潜伏性故障，并随时监视故障的发展状况。

当油色谱数据超过注意值时，还应注意：排除有载调压变压器中切换开关油室的油向变压器本体油箱渗漏；选择开关在某个位置动作时，悬浮电位放电的影响；设备曾经有过故障，而故障排除后绝缘油未经彻底脱气，部分残余气体仍留在油中；设备带油补焊；原注入的油中就含有某些气体等可能性。

（五）变压器套管端部引线接头发热原因

1. 套管上端引线接点发热

端部紧固部分松动或引线头接线板松动，接触面发生严重氧化，螺栓压接面上导电脂涂抹太厚等，都会使套管上端引线接点发热。

检查接点连接是否良好，可以通过测量接点的导通电阻判断：连接良好的接点，测量其电阻是微欧级的电阻值；连接不良的接点，电阻是毫欧级，甚至更大。

2. 套管根部引线接点发热

套管根部引线接点发热的主要原因是套管引下线与线圈的引线连接处理不当，接点处的接点氧化或接触不良，造成发热。

（六）变压器有载调压装置异常原因

（1）滑挡（联动），可能是电动操动机构失灵、行程开关（顺序开关）故障或行程开关与交流接触器的配合不当，交流接触器剩磁或油污造成失电延时等。

（2）手动操作正常，就地电动操作拒动，可能是无操作电源，电动机控制回路故障，手动操作闭锁电动操作的闭锁开关未复位。

（3）电动操作过程中，空气断路器跳闸，可能是凸轮开关组安装移位；就地电动操作正常，遥控电动操作过程中，空气断路器跳闸，可能是遥控操作急停命令执行时间没有整定或设置时间太短，还未操作完毕，调压装置判断装置失灵、滑挡，发出急停命令，跳开调压控制电源。如：某变电站增容一台主变压器，对全站的综合自动化系统进行改造、更换，当时综合自动化系统改造进度慢，变压器安装进度快，就先将增容变压器投入运行，有载调压手动、就地电动操作都正常。综合自动化系统改造结束后，将该变压器的有载调压接入综合自动化系统，遥控传动调压时，发出调压命令能正常启动调压，但是分接头还未调整到位，调压电动机的电源空气断路器就跳闸。经过仔细检查，没有发现控制回路和机械方面的问题，现场将遥控发急停命令的回路打开后，遥控调压正常。最后检查控制程序发现是遥控操作急停命令执行时间没有整定，将时间整定、恢复接线后，调压正常。

（4）电动机构仅能一个方向变换分接头，可能是限位机构未复位。

（5）电动机构正、反两个方向调整都拒动，可能是无操作电源或电源缺相，手动闭锁开关触点未复位。

（6）远方遥控拒动，就地电动操作正常，可能是远方控制回路故障或调压控制器故障。

（7）分接开关与电动机构挡位不一致，可能是分接开关与电动机构连接错误，电动机构与分接开关连杆脱落，电动机构动作而分接开关未动作。

（8）三相变压器组遥控调压时，分接头位置不一致的可能原因：

1）有一相或两相变压器的调压控制箱内“就地/远方”把手在就地。

2）有一相或两相变压器的调压操作电源消失、缺相、控制回路故障等。

（9）远方控制和就地电动或手动操作时，操动机构动作，控制回路与电动分接位置指示一致，电压表、电流表无相应变动，可能是分接开关拒动，分接开关与电动机构连杆脱落，如垂直或水平转动连接处断裂、脱销。

（10）运行中分接开关频繁发轻瓦斯动作信号，可能是有载调压油筒内存在局部放电，造成气体不断积累。

（11）遥控调压过程中误操作了紧急停止按钮。后台监控机上进行遥控调压操作时，急停按钮的操作不需要输入口令，单击“急停”选项后即可执行，并立即将有载调压装置的操作电源空气断路器断开，电动调压操作闭锁。

（12）有载分接开关调至最高或最低挡位时无法进行遥控返回操作，可能是调压控制器的问题。某变电站的主变压器，曾多次出现这种情况，最后经调查分析，发现安装同一型号、批次的有载调压控制器的变压器在进行遥控调压时都存在最高或最低挡位时无法进行遥控返回操作。

（13）储能机构失灵，可能是分接开关干燥后，无油操作；异物落入切换开关芯体；误拨机构处于脱扣状态。

（七）变压器铁芯异常运行原因

变压器内部发出“叮叮当当”的声音，可能是变压器铁芯的夹紧螺栓松动；变压器铁芯外接引线中通过的电流增大，油温升高；铁芯接地片短路、铁芯多点接地造成。

（八）渗漏油

渗漏油的主要原因有以下几个方面：

（1）设计制造不良，如高压套管升高座法兰、油箱外表、油箱底盘大法兰等焊接处，材质太薄、加工粗糙造成渗漏油。

（2）橡胶垫不密封或无弹性、小绝缘子破损等造成渗漏油。

（3）阀门安装不良、精度不高、螺纹处渗漏油。

（4）橡胶垫子老化、龟裂，橡胶垫移位、偏心，造成密封不严渗漏油。

（5）变压器套管的上桩头连接引线时没有采用软连接，运行中振动，使橡胶垫移位，造成套管上部渗漏油。

（6）检修或运行人员上、下变压器时，手抓套管桩头，使套管与本体连接处变形、移位，造成渗漏油。

（九）过负荷

变压器长期过负荷运行，将在不同程度上缩短变压器的寿命，应尽量减少出现长期过负荷的运行方式。可能过负荷的原因有：两台变压器并列运行，一台变压器检修或因故障退出运行，另一台变压器过负荷；系统事故状态下，变压器因短期急救负荷而过负荷运行；长期急救周期性负荷运行等。

（十）变压器产生过励磁告警的原因

1. 过励磁保护的简单原理

变压器铁芯的工作磁密与 U/f（U 为变压器运行电压，f 为电源频率）成正比，当 U/f 的比值增大，会使变压器铁芯的工作磁密增大，直至饱和，造成变压器局部过热或烧伤。因此变压器配置了过励磁保护，并按反时限整定（过励磁倍数越大，保护动作时间越短；过励磁倍数越小，保护动作时间越长）。当变压器的过励磁倍数达到整定值时，变压器会发出过励磁告警信号。过励磁倍数再增大或过励磁持续时间较长达到保护整定值时，变压器就会跳闸。

2. 变压器产生过励磁的原因

（1）电力系统因事故解列后，部分系统的甩负荷过电压。

（2）铁磁谐振过电压。

（3）变压器分接头连接调整不当。

（4）长线路末端带空载变压器或其他误操作。

二、冷却系统异常原因分析

（1）冷却器交流电源异常，主要有以下几种原因。

1）从站用馈线屏到冷却控制箱的交流电源熔断器熔断或空气断路器跳闸，电源没有送到冷却控制箱。

2）冷却控制箱内电源空气断路器跳闸。

3）冷却控制箱内的交流电源切换继电器故障，电源不能互相切换。

（2）风扇电动机热耦动作或烧坏，可能是电动机负载过大或电动机发生缺相堵转，使得电动机发热，热耦动作或烧坏，不能重新投入运行。如某 750kV 变电站的 2 号主变压器 B 相 6 号冷却器组的一号风扇运转不正常，其他风扇和油流继电器都运行正常。经检查发现，连接风扇的 A 相电源线松动，造成电动机发热，热耦动作，一号风扇无法正常运行。

（3）风扇电动机烧损、轴承破损、风扇刮叶，可能是风扇电动机长时间重载运行或电源缺相运行；电动机的轴承不进行定期维护，加润滑油，会造成轴承磨损、破损，增加电动机的负载，造成电动机发热，甚至损坏；轴承磨损、破损后就会出现风扇刮叶等异常。

（4）潜油泵异常，主要原因有盘式电动机故障，不能正确启动；油流继电器故障，不能正确指示油的流向等。

（5）控制回路电源消失，可能是控制电源熔断器熔断或空气断路器跳闸。

（6）回路绝缘损坏，冷却器空气断路器整组跳闸或空气断路器给不上，控制箱受潮或导线破损，回路接地，冷却器空气断路器整组跳闸，接地消除后空气断路器仍给不上，可能是剩余电流动作保护器动作后没有复归。

（7）一组冷却器故障，备用冷却器不能自动投入，可能是备用冷却器的控制回路存在故障或备用冷却器电源消失，故障冷却器启动备用冷却器回路、元件故障，也可能是油温太低，油黏度大，油流继电器不能正确工作等。

（8）变压器过负荷，辅助运行的冷却器不能自启动，可能是过电流继电器故障或启动辅助冷却器的电流值整定错误（过大或未整定）。

三、本体保护装置发出常见异常信息的原因分析

（一）轻瓦斯动作发信号的原因

以下这些情况都会造成轻瓦斯动作，发报警信号，具体是哪种情况要根据现场检查情况、当时的运行状态、后台监控机或中央信号屏上的信息综合判断。

（1）变压器异常运行时导致内部油位变化或有轻微气体产生。

（2）空气进入变压器内部。在变压器新安装或大修后空气排放不尽或密封不严时易发生。运行经验表明，轻瓦斯保护动作绝大多数是变压器进入空气所致。造成进气的原因主要有：密封垫老化破损，法兰结合面变形，油循环系统进气，潜油泵滤网堵塞，焊接处沙眼进气等。例如，某变电站主变压器，轻瓦斯保护频繁动作，分析油样和气样表明，油中溶解气体的理论值与实测值近似相等，且故障气体各组分含量较小，该变压器内部没有故障。经反复检查最后确定轻瓦斯保护动作是由于油循环系统密封不良进气造成。

（3）外部发生穿越性短路故障而产生少量气体。

（4）油位严重降低至气体继电器以下，气体继电器动作。

（5）气体继电器本身故障误发。

（6）气体继电器受到外界强烈振动误发信号。

（7）直流回路多点接地，二次回路短路等造成。

（8）综合自动化系统误发信号。

（二）防爆管和压力释放阀冒油原因

1. 防爆管的防爆膜破裂

防爆管的防爆膜破裂，会引起水和潮气进入变压器内部，导致绝缘油劣化，变压器绝缘强度降低。防爆管的防爆膜破裂的原因有以下几种可能：

（1）防爆膜材料或玻璃选择不当，材料应力不够。

（2）呼吸器堵塞，变压器内部压力太大，防爆膜承受压力而损坏。

（3）受外力或自然灾害后破裂，如地震。

（4）变压器内部发生故障，压力增大，冲破防爆膜。

2. 压力释放阀动作

（1）变压器内部故障，产生较大的油压，造成压力释放阀动作。

（2）呼吸器堵塞或呼吸不通畅，变压器内部产生压力，造成压力释放阀动作。

（3）压力释放阀选用不合适。

（4）受到地震等强烈振动。例如某 750kV 变电站的两台中性点电抗器，在系统调试期间做单跳单重试验时，中性点电抗器产生了强烈的振动，释压器动作，向外喷油。

四、电抗器振动和噪声超标的原因分析

并联电抗器只有一次绕组，没有与一次绕组相抵消安匝的二次绕组，这一点与变压器不同。以单相并联电抗器为例，绕组产生的主磁通通过带有间隙的铁饼组成的铁芯主柱与外框形成回路。由于主磁路经过高磁导的铁饼与低导磁的间隙两种介质，铁饼之间会产生使磁场能量呈变小趋势的吸引力——麦克斯韦尔力，使电抗器振动，但由此引起的振动与噪声较小。

此外，器身和附件的固定、安装质量等均可造成振动和噪声异常。

五、案例

案例 1： 某变电站的 1 号主变高压侧 A 相套管下端引线接点发热，温度不高，只有 65℃，温升

31K，而B、C相34℃，与变压器油温相同。鉴于当年同一个电力公司出现了类似问题而造成主变压器爆炸事故，因此立即安排对该站的1号主变高压侧A相套管下端引线接点发热进行处理。现场处理后，加入运行，投入运行后带上负荷运行一天后测温，该接点的温度与B、C相相同。三天后测温，仍与B、C相相同。

现场处理时将A相套管拔出，发现该接点接触不良，套管下端引线接点存在氧化变黑。通过本案例，可知还需要运行人员高度关注套管下部发热问题。

案例2：某750kV变电站的2号电抗器投运后，B相振动超标，局部振动达到260μm，噪声异常。随后对电抗器返厂处理，并对电抗器的基础进行改造，处理后振动减小。某500kV变电站自投运以来，三相电抗器一直存在该类问题，使A相电抗器局部振动超过130μm，噪声异常，进行吊罩检查时发现并消除了6个固定器身螺栓松动的缺陷，处理后振动减小。

【思考与练习】

1. 变压器（电抗器）发出异常声音的原因有哪些？
2. 变压器轻瓦斯发信号的原因有哪些？应检查哪些设备？
3. 变压器冷却系统异常原因有哪些？
4. 变压器产生过励磁的原因是什么？
5. 电抗器在运行中为什么会发生振动和噪声超标？

模块4　变压器灭火装置异常原因分析（ZY1300401004）

【模块描述】本模块介绍变压器灭火装置异常原因分析。通过逐项分析、归纳讲解，能正确分析变压器灭火装置异常类型、位置、原因，并能及时汇报和简单处理。

【正文】

一、自动水喷雾灭火系统异常原因分析

（1）蓄水池的水位低。可能是做他用后未及时补充，或蓄水池存在渗漏水情况。

（2）增压泵不能正确启动。可能是：增压泵电动机受潮，增压泵的工作环境比较潮湿，如果电动机密封不严，潮气会进入电动机的绕组内，绕组受潮后不能正常启动；增压泵电动机电压缺相或电压消失；增压泵电动机启动控制回路异常等。如某变电站的两台主变压器都装有自动水喷雾灭火系统，系统自投运后一直没有进行联动试验，只进行了简单的检查。某日利用停电机会对一号主变压器的消防系统进行联动试验，给定系统启动条件后，增压泵电源空气断路器跳闸，系统不能启动，怀疑增压泵电动机可能受潮，内部绝缘强度降低，发生相间短路或接地故障。随后安排对增压泵电动机进行检修，打开密封盖后，发现内部很潮湿，绕组受潮严重。

（3）输水管道的手动阀门未按要求打开。增压泵出口处的阀门在自动水喷雾灭火系统投入运行时应打开，其他电磁阀门应能根据控制系统要求自动打开和关闭。

（4）电磁阀门不能正确自动开启。可能是电源故障或控制回路继电器故障。

（5）喷头堵塞。输水管道里面的铁锈、消防水池里的杂物都可能造成喷头堵塞。

（6）输水管道堵塞。可能是管道里的余水未排尽，冬季结冰。

（7）感温电缆断裂。变压器检修时，工作人员或工具将感温电缆拉断、轧断。

（8）主机系统运行异常。可能有电子元件损坏、工作电源不正常。

（9）联动系统长期不试验。变压器长期带电运行，无法停电试验，或停电检修时没有安排，造成长时间不试验。

二、充氮灭火系统异常原因分析

（1）气罐中氮气的压力降低。可能由气罐或阀门密封不严漏气造成。

（2）感温电缆断裂、自动控制阀门不能正确开启、主机系统运行异常、联动系统长期不试验等异常原因分析同自动水喷雾灭火系统异常原因分析。

【思考与练习】

1. 增压泵不能正确启动的原因有哪些？
2. 喷头和输水管道堵塞的原因有哪些？

模块5 变压器（电抗器）异常处理（ZY1300401005）

【模块描述】本模块介绍变压器（电抗器）异常处理原则、方法和处理过程中的危险点分析预控措施。通过处理方法详细介绍、列表说明、案例分析，能正确组织、处理异常，并能够制定处理异常时的危险点预控措施。

【正文】

异常处理的难点在于对异常原因的分析和判断，如果分析、判断错误，就会导致错误的处理结果，例如对变压器异常声音的判断，不同的异常声响对应不同的异常情况，本需要立即停电时，而未及时停电，会造成设备事故。

异常处理的关键是及时和准确，如果原因分析判断清楚了，处理不及时也会造成事故。如发生变压器冷却器全停的异常，如果在20min内不能恢复，油温升高到75℃，变压器会跳闸。

一、变压器（电抗器）异常运行处理原则

变压器（电抗器）发生异常情况时，值班人员应立即向值班长（值班负责人）、变电站站长及设备调管的调度汇报，值班长应立即安排对变压器、油在线监测数据、负荷、冷却系统等进行检查，判断异常性质，分析异常原因，并做好记录，分情况进行处理。

二、本体异常的处理

（一）声音异常的处理

当变压器所带负荷发生变化或变压器内、外部出现故障，变压器都会发出异常声音，声音的变化也可以在一定程度上反映变压器内、外部不同的异常情况。

变压器发出下列异常声音时，应立即将运行变压器停运，进行检查、修理，若有备用中的备用变压器，应尽可能地先将其投入运行：

（1）变压器内部有“咕嘟咕嘟”水的沸腾声。

（2）变压器声响明显增大，很不正常，内部发出爆裂声。

发出其他异常声音后，应查看变压器的负荷、谐波在线监测装置，结合当时电压、电流表的指示、系统故障情况、周围环境、天气情况等进行综合分析判断，找出发出异常声音的直接原因，并进行处理。系统故障引起变压器声音异常的过程是很短暂的，很快就会恢复，而变压器发出持续、有规律异常声音，应注意分析判断，如果原因判断不清，应加强监听，并向单位领导或上级主管部门汇报。

（二）油位异常处理

1. 油位过低的处理

（1）变压器无渗漏油，但变压器的油位较当时油温所应有的油位显著降低时，应查明原因，尽快补油。补油时应选用同型号的变压器油（选用不同型号的油补油前，应做混油试验），禁止从变压器的下部补油，防止将变压器底部的沉淀物冲入变压器绕组内，并将变压器的重瓦斯保护改投信号，其他保护仍应投跳闸位置。补油后要及时检查气体继电器里面是否有气体。

（2）变压器有大量漏油，造成油位迅速下降，禁止将重瓦斯改投信号位置，应立即采取制止漏油措施，若不能阻止漏油，油面下降到油位计的指示限度时，应立即将变压器停运。

（3）在无渗漏油的情况下，变压器本体油位逐渐降低，有载调压油位逐渐升高，导致有载调压油枕呼吸器漏油，可能是主油箱与有载调压油箱之间密封损坏，造成主油箱的油向有载调压油箱渗漏。应上报主管部门，安排检修。

2. 假油位的处理

（1）变压器在正常运行中，油位高出油位计的最高指示时，应放油到适当位置，放油时应将重瓦

斯保护改投信号，同时观察油位计、呼吸器、防爆管有无堵塞，防止假油位而造成误判断。

（2）油位计带有小胶囊时，如发现油位不正常，先对油位计加油，此时需将油表呼吸塞及小胶囊室的塞子打开，用漏斗从油表呼吸塞处缓慢加油，将囊中空气全部排出，然后打开油表放油螺栓，放出油表内多余油量（看到油表内油位即可），关上小胶囊室的塞子。注意油表呼吸塞不必拧得太紧，以保证油表内空气自由呼吸。

（3）发现油位表指针损坏、失灵，应及时更换或修理，确保油位表能正确反映变压器的油位。

（三）变压器油温异常处理

（1）发现油温异常，应对照可能发生异常的原因，进行检查，做出准确判断，及时处理。检查的主要内容有：

1）检查变压器的测温装置是否正常，同一变压器各测温表的指示是否一致，远方测温与现场表计指示是否一致，有无差异。

2）检查变压器的声音是否正常，有无故障。

3）检查变压器的负荷，变压器是否存在过负荷，如果过负荷应立即向调度汇报，要求转移或降低变压器的负荷。

4）检查变压器的冷却系统是否运行正常，变压器室的通风情况，若冷却系统存在异常时应及时处理，防止温度继续升高。

5）检查变压器的散热器阀门是否正常打开。

6）检查变压器的油位是否正常、气体继电器有无气体。

7）检查并核对测温装置。

8）检查谐波在线监测装置，是否因谐波引起变压器发热。

9）检查变压器油在线监测装置或取油样进行色谱分析。

10）必要时将变压器停下来作试验检查。

（2）下列情况导致变压器油温异常升高，应将变压器停运，联系检修人员处理。

1）若温度升高是由于冷却系统的故障，且运行中无法修理时，应将变压器停运；若不能立即修理，则运行人员应按照现场运行规程的规定，汇报调度调整变压器的负荷至允许运行温度下的容量，并及时安排处理。

2）在正常负荷和冷却条件下，变压器温度不正常并不断上升，且经查明温度指示正确，则认为变压器已发生内部故障，应立即将变压器停运，并尽快安排检查和处理。

3）三相变压器组中有一相油温异常升高，明显高于其他两相很多，而且还不断上升，或高于该相在过去同样冷却条件、同一负荷情况下的运行油温，冷却装置、温度计均正常，则可能是变压器内部故障引起，这时应注意观察变压器油在线监测装置，检查总烃含量是否增加很快，并取油样做色谱分析。如果总烃含量增加很快，取油样做色谱分析，表明内部确有故障，应将变压器立即退出运行。

（3）其他几种情况造成变压器油温异常升高，只要处理得当，不需要将变压器停运。

1）运行监视表计、后台监控机遥测指示变压器已过负荷。单相变压器组中各相温度计指示温度基本一致，冷却装置运行正常，温度升高，应加强过负荷运行监视，并汇报调度变压器负荷情况和变压器油温，以便调度及时调整变压器负荷。变压器在超额定电流方式下运行，若顶层油温超过 105℃时，应立即汇报调度降低负荷。

2）变压器散热器的阀门未打开，变压器带负荷后，油温会上升很快，这时应设法将散热器的阀门打开。

3）强迫油循环风冷却变压器的潜油泵、风扇电动机电源相序接反，都会使变压器的散热效果很差，可通过油流指示器和风扇的转向进行判断。如果接反了，应尽快将冷却器停下来，立即投入备用冷却器，将接反的电源进行倒相。

（4）负荷、环境温度发生变化，变压器的温度计指示不变时，应先与本变压器其他温度计的温度进行比较，并轻拍温度计，检查是否是因指针卡死或温度表故障。如果一台变压器只有一只温度表，故障后应尽快进行更换；如果一台变压器有多只温度表，一只温度表故障后，可在适当时候安排更换。

（5）后台监控机上显示主变压器温度很高（告警）或很低，与变压器实际温度不一致（变压器本体温度指示正常），可能是温度变送器故障或测温回路故障、遥测参数配置不当等原因引起，远方已无法正确监视变压器运行温度，这类故障应尽快安排处理。

（四）油色谱异常处理

1. 油色谱在线测量装置报警的处理

（1）装有本体油色谱在线监测装置的变压器（包括单组分和多组分），当在线监测装置报警时，应及时查明报警的原因，排除装置误报警的可能，尽快离线取油样进行色谱分析比较，判别变压器本体是否存在缺陷。若二者基本一致时，应查在线监测装置历史数据记录，何时发生气体含量增长、增长速率如何，最后对变压器做出进一步处理的决定。

（2）在线监测装置报警，并通过离线油色谱分析比较已判定变压器内部存在缺陷时，应根据气体成分做出不同的分析和处理，可参照油色谱异常的处理要求进行。

（3）无在线监测装置的变压器，应按照《变压器预防性试验规程》的要求定期取油样。

2. 油色谱异常的处理

（1）变压器本体油中气体色谱分析特征气体超过注意值时，应进行跟踪分析，根据各种特征气体和总烃含量的大小及增长趋势，结合产气速率综合判断，必要时缩短跟踪周期。

（2）根据油色谱含量情况，运用 GB/T 7252—2001《变压器油中溶解气体分析和判断导则》，结合变压器历年的试验（如绕组直流电阻、空载特性试验、绝缘试验、局部放电测量和微水测量等）的结果，并结合变压器的结构、运行、检修等情况进行综合分析，判断故障的性质及部位。根据具体情况对设备采取不同的处理措施（如缩短试验周期、加强监视、限制负荷、近期安排内部检查或立即停止运行等）。

（五）变压器套管端部引线接头发热处理

运行人员在运行中，通过测温监测到变压器套管端部引线接头发热时，应按照有关规程、导则对测温情况进行分析判断，对发热情况做出定性（按一般、严重、危急三级），按照各单位缺陷管理制度的要求，及时汇报处理。

（六）变压器有载调压装置异常处理

（1）有载分接开关与电动机构分接位置不一致时，故障原因一般为分接开关与电动机构连接错误、连杆松动或脱落，应查明原因并进行连接校验。

（2）当全部分接位置的电动机构与远方控制分接位置指示不一致时，一般为电动机构内的位置转换器与分接开关的位置错位，排除方法为对电动机构的位置转换器与分接开关的实际位置进行校验，使远方控制分接位置与分接开关的实际位置相一致。

（3）有载开关出现滑挡时，应立即操作急停按钮，调压控制回路的有关继电器动作，将有载调压开关电动机的电源断掉，使电动机停止工作，终止遥控电动或就地电动调压。要恢复遥控电动或就地电动调压，必须使用手动操作，将有载开关调整至某一挡位之后，才能合上电动机的电源开关，否则电源开关合不上。合上电源开关后，可恢复电动调压功能。

（七）变压器铁芯异常处理

（1）变压器铁芯绝缘电阻与历史数据相比较低时，首先应区别是否由受潮引起。如果排除受潮，则一般为变压器铁芯周围存在悬浮游丝。在变压器未放油的情况下，可考虑采取低压电容放电的形式对变压器铁芯进行放电，将铁芯周围悬浮游丝烧断，恢复变压器铁芯绝缘。

（2）如果变压器铁芯绝缘电阻低的问题一时难以处理，不论铁芯接地点是否存在电流，均应串入电阻，防止环流损伤铁芯。有电流时，宜将电流限制在 100mA 以下。

变压器铁芯多点接地，并采取了限流措施，仍应加强对变压器本体油的色谱跟踪，缩短色谱监测周期，监视变压器的运行情况。

（八）套管渗漏、油位异常处理

（1）套管严重渗漏油或瓷套破裂时，变压器应立即停运。更换套管，经电气试验合格后方可将变压器投入运行。

（2）套管油位异常下降或升高，包括利用红外测温装置检测油位，确认套管发生内漏（即套管油与变压器油已连通），应安排吊套管处理。

（3）大气过电压、内部过电压等会引起瓷件、瓷套管表面龟裂，并有放电痕迹，此时应采取防止大气过电压和内部过电压措施。

（九）变压器过负荷的处理

1. 处理方法及步骤

（1）运行中发现变压器负荷达到相应调压分接头额定值的 90%及以上，应立即向调度汇报，并做好记录。

（2）根据变压器允许过负荷情况，及时做好记录，并派专人监视主变压器的负荷及上层油温和绕组温度。

（3）按照变压器特殊巡视的要求及巡视项目，对变压器进行特殊巡视。

（4）过负荷期间，变压器的冷却器应全部投入运行。

（5）过负荷结束后，应及时向调度汇报，并记录过负荷结束时间。

2. 变压器过负荷一般规定

（1）负荷系数的取值规定。

1）双绕组变压器。取任一绕组的负荷电流标幺值。

2）三绕组变压器。取负荷电流标幺值最大的绕组的标幺值。

3）自耦变压器。取各侧绕组和公共绕组中，负荷电流标幺值最大的绕组的标幺值。

（2）负荷电流和温度的最大限值。各类负荷状态下的变压器负荷电流和温度的最大限值见表 ZY1300401005-1，顶层油温限值为 105℃。当制造厂有关于超额定电流运行的明确规定时，应遵守制造厂的规定。

表 ZY1300401005-1　　变压器负荷电流和温度最大限值

负荷类型		中型电力变压器	大型电力变压器
正常周期性负荷	电流（标幺值）	1.5	1.3
	热点温度及与绝缘材料接触的金属部件的温度（℃）	140	120
长期急救周期性负荷	电流（标幺值）	1.5	1.3
	热点温度及与绝缘材料接触的金属部件的温度（℃）	140	130
短期急救负荷	电流（标幺值）	1.8	1.5
	热点温度及与绝缘材料接触的金属部件的温度（℃）	160	160

（3）正常周期性负荷的运行。

1）变压器在额定使用条件下，全年可按额定电流运行。

2）变压器允许在平均相对老化率小于或等于 1 的情况下，周期性地超额定电流运行。

3）当变压器有较严重的缺陷（如冷却系统不正常、严重漏油、有局部过热现象、油中溶解气体分析结果异常等）或绝缘有弱点时，不宜超额定电流运行。

（4）长期急救周期性负荷的运行。

1）长期急救周期性负荷下运行时，将在不同程度上缩短变压器的寿命，应尽量减少出现这种运行方式的机会。必须采用时，应尽量缩短超额定电流运行的时间，降低超额定电流的倍数，有条件时按规定投入备用冷却器。

2）当变压器有较严重的缺陷（如冷却系统不正常、严重漏油、有局部过热现象、油中溶解气体分析结果异常等）或绝缘有弱点时，不宜超额定电流运行。

3）长期急救周期性负荷运行时，平均相对老化率可大于 1 甚至远大于 1。超额定电流负荷系数 K_2 和时间，可按负荷导则的下述方法之一确定：

a. 根据具体变压器的热特性数据和实际负荷图，用温升计算方法计算（优先考虑采用）。

b. 查急救周期性负荷表。

4）在长期急救周期性负荷下运行期间，应有负荷电流记录，并计算该运行期间的平均相对老化率。

（5）短期急救负荷的运行。

1）短期急救负荷下运行，相对老化率远大于 1，绕组热点温度可能达到危险程度。在出现这种情况时，应投入包括备用在内的全部冷却器（制造厂另有规定的除外），并尽量压缩负荷、减少时间，一般不超过 0.5h。当变压器有严重缺陷或绝缘有弱点时，不宜超额定电流运行。

2）0.5h 短期急救负荷允许的负荷系数 K_2 见表 ZY1300401005-2。

3）在短期急救负荷运行期间，应有详细的负荷电流记录，并计算该运行期间的相对老化率。

3. 周期急救负荷系数

周期急救负荷系数见表 ZY1300401005-3～表 ZY1300401005-5。

表 ZY1300401005-2　　0.5h 短期急救负荷的负荷系数 K_2

变压器类别	短期急救负荷出现前的负荷系数 K_1	环境温度（℃）					
		40	30	20	10	0	−10
大型变压器（冷却方式 OFAF）	0.7	1.5	1.5	1.5	1.5	1.5	1.5
	0.8	1.5	1.5	1.5	1.5	1.5	1.5
	0.9	1.48	1.5	1.5	1.5	1.5	1.5
	1.0	1.42	1.5	1.5	1.5	1.5	1.5
大型变压器（冷却方式 ODAF）	0.7	1.45	1.5	1.5	1.5	1.5	1.5
	0.8	1.42	1.48	1.5	1.5	1.5	1.5
	0.9	1.38	1.45	1.5	1.5	1.5	1.5
	1.0	1.34	1.42	1.48	1.5	1.5	1.5

表 ZY1300401005-3　　0.5h 周期急救负荷的负荷系数 K_2

变压器类别	周期急救负荷出现前的负荷系数 K_1	环境温度（℃）					
		40	30	20	10	0	−10
大型变压器（冷却方式 OFAF）	0.5	1.3	1.45	1.55	1.65	1.7	1.8
	0.7	1.25	1.4	1.5	1.6	1.7	1.75
	0.8	1.15	1.3	1.4	1.5	1.6	1.7
	0.9	1.1	1.2	1.3	1.4	1.6	1.7
	1.0	1.1	1.15	1.2	1.35	1.5	1.6
大型变压器（冷却方式 ODAF）	0.5	1.35	1.4	1.5	1.55	1.6	1.7
	0.7	1.25	1.3	1.4	1.45	1.55	1.6
	0.8	1.2	1.3	1.35	1.4	1.5	1.6
	0.9	1.1	1.2	1.3	1.4	1.5	1.55
	1.0	1.05	1.1	1.15	1.35	1.45	1.5

表 ZY1300401005-4　　1h 周期急救负荷的负荷系数 K_2

变压器类别	周期急救负荷出现前的负荷系数 K_1	环境温度（℃）					
		40	30	20	10	0	−10
大型变压器（冷却方式 OFAF）	1.0	1.1	1.15	1.2	1.35	1.45	1.6
	0.5	1.25	1.3	1.4	1.55	1.6	1.7
	0.7	1.2	1.25	1.35	1.5	1.6	1.65
	0.8	1.15	1.2	1.3	1.45	1.5	1.65

续表

变压器类别	周期急救负荷出现前的负荷系数 K_1	环境温度（℃）					
		40	30	20	10	0	−10
大型变压器（冷却方式 OFAF）	0.9	1.1	1.15	1.25	1.35	1.55	1.6
	1.0	1.1	1.15	1.2	1.35	1.5	1.6
大型变压器（冷却方式 ODAF）	0.5	1.2	1.3	1.35	1.4	1.45	1.6
	0.7	1.15	1.25	1.3	1.35	1.45	1.5
	0.8	1.1	1.2	1.3	1.35	1.5	1.5
	0.9	1.05	1.15	1.25	1.3	1.4	1.45
	1.0	1.05	1.05	1.1	1.25	1.35	1.4

表 ZY1300401005-5　　2h 周期急救负荷的负荷系数 K_2

变压器类别	周期急救负荷出现前的负荷系数 K_1	环境温度（℃）					
		40	30	20	10	0	−10
大型变压器（冷却方式 OFAF）	0.5	1.15	1.25	1.3	1.4	1.5	1.6
	0.7	1.15	1.25	1.25	1.35	1.45	1.55
	0.8	1.15	1.2	1.25	1.35	1.45	1.5
	0.9	1.1	1.15	1.2	1.3	1.4	1.45
	1.0	1.05	1.15	1.2	1.3	1.4	1.45
大型变压器（冷却方式 ODAF）	0.5	1.1	1.15	1.25	1.3	1.4	1.45
	0.7	1.1	1.15	1.2	1.25	1.35	1.45
	0.8	1.05	1.15	1.2	1.25	1.3	1.35
	0.9	1.05	1.05	1.15	1.25	1.3	1.3
	1.0	1.0	1.05	1.1	1.2	1.25	1.3

（十）变压器过励磁告警的处理

（1）变压器过励磁告警后，应迅速检查本站的电压和频率，检查本站有无异常及事故，若有异常和事故，应尽快处理。

（2）本站无事故，但高压侧电压升高，应及时向调度汇报，投入备用电抗器。

（3）本站无事故，但系统频率降低，应及时向调度汇报，由调度处理。

（4）处理过程中，运行人员应做好记录，记录过励磁告警开始时间、消失时间以及处理过程。

三、冷却系统异常处理

1. 冷却装置电源异常的处理

当发现冷却装置的个别风扇、潜油泵及整组停运时，应首先检查电源，若是电源故障，应迅速处理。若电源故障暂时来不及恢复，变压器负荷又比较大，应采取临时电源，使冷却装置先暂时运行，再尽快处理故障电源。若电源恢复后，风扇、潜油泵仍然不运转，应检查热继电器是否动作后未复归，可按动复归按钮一试。

2. 潜油泵、风扇电动机烧损或轴承破损等机械异常处理

当发生潜油泵、风扇电动机烧损或轴承破损等机械故障时，应尽快判明故障点及故障原因，及时通知相关部门尽快安排更换或检修。

3. 控制回路故障处理

发现控制回路引线接触不良、烧伤、冒烟、掉线或元件故障，应迅速查明原因，并立即处理。

4. 散热器出现渗漏油的处理

应采取堵漏油措施，并关闭上下阀门，停止冷却器运转。如采用气焊或电焊，要求焊点准确，焊

缝牢固，严禁将焊渣掉入散热器内。

5. 散热器表面油垢严重的处理

应清扫散热器表面，可用金属去污剂清洗，然后用水冲净晾干，清洗时油管接头应可靠密封，防止进水。

6. 散热器密封胶垫出现渗漏油

应及时更换密封胶垫，使密封良好，不渗漏。

7. 风冷装置电动机出现故障不能正常运转

应检查电动机电气回路及电动机本体，必要时更换电动机等有关附件。

8. 强迫油冷却装置异常处理

强迫油冷却装置运行中出现过热、振动、杂音及严重渗漏油、漏气等现象时，应及时更换或检修。如发现油泵轴承或叶片磨损严重时，应对变压器进行吊罩检查，检查变压器内部有无铁屑，并用油冲洗变压器内部，保证变压器内部干净。

9. 变压器冷却器全停的处理

近几年来，在大型变压器运行中，出现冷却器全停事故使变压器跳闸或被迫减负荷的故障已有多起。变压器运行中冷却器全停，多属于冷却器电源故障及电源自动切换回路故障引起，此时将发“冷却器全停”信号。对冷却器全停异常，若不及时处理使其恢复运行，则可能在全停时间超过 20min，且油温超过跳闸整定值时，跳主变压器各侧断路器。

（1）冷却器全停变压器运行的一般规定。

1）油浸（自然循环）风冷变压器，当风扇停止工作时，允许的负荷和运行时间应按制造厂的规定。

2）强油循环风冷变压器，当冷却系统故障切除全部冷却器时，允许带额定负荷运行 20min。如 20min 后顶层油温尚未达到 75℃，视情况将跳闸回路解除，则允许上升到 75℃，但这种状态下运行的最长时间不得超过 1h。

（2）异常检查。

1）检查冷却器控制箱内电源指示灯是否熄灭，判断冷却器电源是否消失或故障。

2）冷却器控制箱内各小开关的位置是否正常，判断热继电器是否动作。

3）冷却器控制箱内电缆头有无异常，检查动力电源是否缺相，若冷却装置仍运行在缺相的电源中，则应断开连接。

4）立即检查冷却器控制箱内各负荷开关、接触器、熔断器、热继电器等工作状态是否正常，若有问题，立即处理。

5）立即检查冷却控制箱内另一工作电源电压是否正常，若正常，则迅速切换至该工作电源。

6）检查站用电配电室冷却器动力电源熔断器是否熔断，电缆头有无烧断现象。

7）备用电源自动投入装置开关位置是否正常，判断备用电源是否切换成功。

8）检查变压器油位情况。

（3）异常处理。

1）及时汇报调度。

2）检查故障变压器的负荷情况，密切注意变压器绕组温度、上层油温情况。

3）若两组电源均消失或故障，则应立即设法恢复电源供电。

4）若一组电源消失或故障，另一组备用电源自投不成功，则应检查备用电源是否正常。如果正常，应立即到现场手动将备用电源开关合上。

5）当发生电缆头熔断故障而造成冷却器停运时，可直接在站用电配电室将故障电源开关拉开。若备用电源自投不成功，可到现场手动将备用电源开关合上。

6）若主电源（或备用电源）开关跳闸，同时备用电源开关自投不成功时，则手动合上备用电源开关，若合上后再跳开，说明公用控制回路有明显的故障，这时应采取紧急措施（合上事故紧急电源开关或临时接入电源线避开故障部分）。

7）若是控制回路小开关跳闸，可试合一次，若再跳闸，说明控制回路有明显故障，可按前述方法处理。

8）若是备用电源自动投入装置回路或电源投入控制操作回路故障，则应该改为手动控制备用电源投入或直接手动操作合上电源开关。

9）若故障难以在短时间内查清并排除，在变压器跳闸之前，冷却器装置不能很快恢复运行，应做好投入备用变压器或备用电源的准备。

10）冷却器全停的时间接近规定（20min）时，且无备用变压器或备用变压器不能带全部负荷时，如果上层油温未达 75℃（冷却器全停的变压器），可根据调度命令，暂时解除冷却器全停跳闸回路的压板，继续处理问题，使冷却装置恢复工作。同时，严密注视上层油温变化。若变压器上层油温上升，虽未超过 75℃，但全停时间已达 1h 未能处理好，应投入备用变压器，转移负荷，故障变压器停止运行。

11）若冷却控制箱电源部分已不正常，则应检查站用电屏负荷开关、接触器、熔断器，检查站用变压器高压熔断器等情况，对发现的问题作相应处理。

12）根据调度指令进行有关操作。

13）若变电运行值班人员不能消除缺陷，则应及时通知检修人员安排处理。

四、本体保护装置发出常见异常信息的处理

（一）变压器轻瓦斯动作发信号的处理

轻瓦斯动作发信号时，应立即对变压器进行检查，综合分析判断，查明动作原因，是否有积聚空气、油位降低、二次回路故障或是变压器内部故障、气体继电器是否有缺陷、变压器有无喷油、漏油等情况，必要时进行预防性试验，查明原因后处理。主要检查内容如下：

（1）检查气体继电器内有无气体，若存在气体，应取气分析。

（2）检查变压器的油位，是否存在严重漏油。

（3）检查变压器的油温、绕组温度、声音是否正常。

（4）检查油枕、压力释放装置有无喷油、冒油。

（5）检查二次回路有无故障，是否存在直流接地、短路情况。

（6）检查变压器保护屏上的动作信息，轻瓦斯动作信号灯是否亮。

处理方法如下：

（1）如气体继电器里有气体，则应记录气量，观察气体的颜色，试验是否可燃，并取气及油样做色谱分析，根据有关规程和导则判断变压器的故障性质。若气体继电器内的气体为无色、无臭且不可燃，色谱分析判断为空气，则变压器可继续运行，并及时消除进气缺陷；若气体是可燃的或油中溶解气体分析结果异常，应综合判断确定变压器是否需要停运，如说明变压器内部已有故障，必须将变压器停运，对变压器进行检查、试验。

（2）若判断是油中剩余空气溢出或强迫油循环系统吸入空气，而且信号动作间隔时间越来越短，将造成跳闸时，则应将瓦斯跳闸保护改发信号；如果轻瓦斯发信号后，经分析判断，变压器内部存在故障，且信号动作间隔时间越来越短，说明故障在发展，这时应尽快将变压器停运。

（3）轻瓦斯动作发信号后，现场检查变压器油位、油温正常，气体继电器内无气体，触点打开，则可能是二次回路故障。应检查电缆有无腐蚀绝缘损坏，端子排有无严重受潮，二次回路有无工作；查明有无直流接地或短路故障点，并消除。

（4）轻瓦斯动作发信后，如一时不能对气体继电器内的气体进行色谱分析，则可按下面方法鉴别：

1）无色、不可燃的是空气。

2）黄色、可燃的是木质故障产生的气体。

3）淡灰色、可燃并有臭味的是纸质故障产生的气体。

4）灰黑色、易燃的是铁质故障使绝缘油分解产生的气体。

（5）取气的方法。轻瓦斯动作发信后，应取两瓶气体做试验，一瓶用于点燃试验，另一瓶用做色

谱分析。取气的方法：由于变压器的气体继电器是装在主变压器油箱与油枕之间，位置较高，取气不方便，大多数变压器的气体继电器在较低位置装有取气盒，两者之间用管道连接。当气体继电器动作后，旋松取气盒下端螺母（最下端）放油，气体继电器内的气体在油压的作用下进入取气盒，当油快放完或气体全部进入取气盒后，旋紧取气盒下端螺母；在取气盒上端的取气门上套上橡胶软管，橡胶软管的另一头放入取气瓶内；旋松取气盒上端螺母（最上端），气体在油压作用下被排入取气瓶内。

运行中变压器取瓦斯气体时，应注意的安全事项：

（1）取瓦斯气体必须由两人进行，其中一人操作，一人监护。

（2）攀登变压器取气时，应保持安全距离，不可越过专设遮栏。

（3）做气体点燃试验时，不可在变压器附近或禁止烟火的场所进行，最好在试验室内进行。

（二）防爆管和压力释放阀冒油处理

（1）防爆管和压力释放阀冒油，而变压器的瓦斯保护和差动保护等保护未动作时，应立即取变压器本体油样进行色谱分析。如果色谱正常，则怀疑压力释放阀动作是由其他原因引起。

1）检查变压器本体与储油柜连接阀是否已开启、呼吸器是否畅通、储油柜内气体是否排净，防止由于假油位引起压力释放阀动作。

2）检查压力释放阀的密封是否完好，必要时更换密封胶垫。

3）检查压力释放阀升高座是否设放气塞，如无应增设，防止积聚气体因气温变化发生误动。

4）如条件允许，可安排时间停电，对压力释放阀进行开启和关闭动作试验。

（2）防爆管和压力释放阀冒油，且瓦斯保护动作跳闸时，在未查明原因、故障未消除前不得将变压器投入运行。若变压器有内部故障的征象时，应作进一步检查。

五、电抗器振动和噪声超标的处理

引起并联电抗器振动与噪声的主要因素是主磁路间隙材料在麦克韦尔力作用下伸缩而引起的铁饼振动，因此解决间隙材料的伸缩问题是控制并联电抗器振动与噪声的根本。设计、制造和安装是关键，铁芯柱采取强力压实措施。

电抗器振动和噪声超标时，运行人员应加强监视，检查是否有过负荷、系统有无故障，定期检查电抗器端子箱固定螺栓有无松动，端子箱内的二次线头有无松动，并及时汇报相关调度和运行管理部门。

六、变压器（电抗器）异常处理的危险点分析与预控

变压器（电抗器）异常处理的危险点有：异常原因分析、判断错误，导致错误的处理结果；处理不及时、不准确，造成事故；异常处理过程中造成人员触电；异常处理过程中走错间隔，造成误操作等。具体分析见表 ZY1300401005-6。

表 ZY1300401005-6　　异常处理的危险点及预控措施

序号	危险点	预控措施
1	异常原因分析、判断错误，导致错误的处理结果	（1）对异常现象的捕捉要仔细，并记录相关的天气、环境温度、湿度、油位、油温等信息，为异常分析积累资料。 （2）对异常要采用正确的分析方法，比如同类设备比较分析、与设备的历史运行状况进行比较，借助试验、在线监测装置等进行分析判断
2	处理不及时、不准确，造成事故	（1）发现异常后应及时汇报、分析，采取限制异常发展成事故的措施。 （2）原因分析清楚后，及时汇报调度和主管部门采取处理措施，处理过程要细心，防止误操作
3	异常处理过程中造成人员触电	（1）处理过程中应与一次设备带电部位保持足够的安全距离，750kV 7.2m 以上，330kV 4m 以上，66kV 1.5m 以上。 （2）使用的工器具应满足绝缘要求，且绝缘合格。 （3）使用的螺钉旋具、扳手、钳子等工具应做绝缘措施，防止低压触电
4	走错间隔，造成误操作	（1）异常处理时，往往不填写操作票，易发生走错间隔情况，因此在不是非常紧急的异常处理时，应填写操作票或安全措施票，防止走错间隔，造成误操作。 （2）异常处理时应加强解锁钥匙的使用管理，如果要使用解锁钥匙，应加强审批和使用监护，确保解锁正确

七、案例

案例 1：变压器运行中声音异常处理的案例。

（1）异常现象。某变压器，各项试验合格，验收结束，具备投运条件。在启动投运中，第一次冲击变压器时，有“叭”的一声响声，并伴有弧光。

（2）原因分析。

1）检查变压器的保护均未动作，开关在合位，变压器空载运行声音正常。

2）变电站内当时没有其他操作和工作。

3）检查周围环境，当时变电站周围没有施工或作业的强烈撞击声，也没有发现有电焊、电弧作业。

通过对以上情况进行检查，现场分析后认为是变压器外壳接地接触不良，空载冲击时发出的响声。

（3）异常处理。断开变压器高压侧断路器和隔离开关，将变压器停电，检查变压器的外壳接地，发现变压器的外壳接地采用的是螺栓连接，两根接地扁铁的接触面不平，而且接触面小。将两个接触面处理后重新连接（采用焊接），对变压器进行后面 4 次冲击，没有再发生“叭”的响声和弧光。

通过本案例的现象、原因分析和处理，要求变电运行人员在变压器的运行中要善于捕捉异常声音，根据捕捉异常声音特征，结合变压器的负荷、谐波在线监测装置、电压/电流表的指示、系统故障情况、周围环境、天气情况等进行综合分析判断，找出发出异常声音的直接原因，并进行处理。

案例 2：油位异常处理的案例。

（1）异常现象：某变电站一号主变压器有轻微渗油，运行中油位正常。某一天运行人员在巡视该变压器时，发现油位表指示油位突然降低。

（2）原因分析。

1）检查变压器没有大量渗漏油的痕迹，气体继电器里面没有气体。

2）呼吸器的油封里有气泡冒出。

3）有载调压油位也无明显变化。

4）运行中也没有对变压器放油。

通过以上检查后，初步判断可能是油位表故障或油枕内连接浮子的连杆断裂。

（3）异常处理。运行人员用绝缘操作杆，轻轻地敲油位表，表计指针没有反应。运行人员将该情况上报主管部门，安排对油位表进行检修、更换，更换后，油位表显示油位正常。

通过这个案例，要求变电运行人员在发现油位指示异常后，知道检查哪些相关部位，进行综合分析判断故障原因，并对其进行简单处理。

案例 3：冷却器异常处理案例。

1. 一台风扇故障或运行声音异常的处理

冷却器在运行当中出现一台风扇故障或运行声音异常的现象很普遍，此时，若热继电器未动作（没有造成一组冷却器全停故障），则可按以下方法进行处理：

（1）手动启动备用冷却器。

（2）停用工作冷却器。

（3）断开工作冷却器的动力电源开关。

（4）若需将两组冷却器（只有两组的情况下）都投入运行时，可断开故障风扇的交流电源，复归热继电器，合上电源开关将两组冷却器投入运行。若本台变压器有多组冷却器，则可启动备用冷却器。

2. 一组冷却器全停的处理

（1）迅速投入备用冷却器（若风扇或潜油泵的热继电器动作使该组冷却器停运，则自动启动备用冷却器运行）。

（2）检查冷却器电源是否正常，有无缺相和故障。

（3）若冷却器热耦开关自动跳闸，应检查冷却器回路有无明显故障。若无明显故障，运行人员可将热耦开关试合一次。若再跳闸，则将其退出运行，通知检修人员处理。

（4）若本台变压器只有两组冷却器，一组冷却器运行，另一组冷却器故障退出运行，则运行人员应严格按照有关运行规程规定，监视变压器的电流和油温不得超过规定数值。否则应立即向调度报告，采取相应的措施。

（5）若一台风扇热继电器动作退出运行，则可按单台风扇异常运行进行处理。

3. 潜油泵油流指示不正确的处理

变压器潜油泵油流指示器正常运行时其指针应当指向流动的位置，若指针指向停止位置，则有以下几种情况：

（1）潜油泵因某种原因没有启动。

（2）潜油泵三相交流电源在检修后将相序接反造成潜油泵反转。

（3）气温太低，油的黏度太大，油流继电器的无法正确指示。

出现（1）和（2）两种情况都将使变压器温度不断上升，因此，运行人员应立即查找原因进行处理，其处理方法如下：

1）启动备用冷却器。

2）检查潜油泵交流电源接线是否正确，其回路是否有断线现象。

3）检查潜油泵控制回路是否有故障。

如果油温太低，造成油的黏度太大，应根据当时变压器运行情况和冷却器投入的情况，适当减少冷却器投入数量，使变压器油的温度适当升高，降低油的黏度。如西北某 750kV 变电站的主变压器因油温低，油的黏度大，造成运行冷却器的油流指示不正确，启动备用冷却器的异常情况。

4. 冷却器热继电器动作

（1）冷却器热继电器动作，一般会有“冷却器故障”信号，热继电器动作的原因：

1）风扇、油泵自身故障（轴承损坏、摩擦过大等）。

2）电动机故障（缺相、断线、短路等）。

3）热继电器定值整定过小或在运行中发生变化。

（2）处理。当风扇或油泵热继电器动作时，应检查风扇、油泵热继电器定值整定是否正确，电源是否有断相、短路（特别是在夏季暴雨季节，端子柜有可能进水或受潮，造成电源短路等故障）等现象，热继电器是否可以复归。通过检查后试投该组冷却器，若试投不成功，则应根据现场规程报缺陷，通知检修人员进行检修。

【思考与练习】

1. 变压器（电抗器）发出异常声音如何处理？
2. 变压器（电抗器）油位过低或油位过高如何处理？应注意什么？
3. 变压器油温异常如何处理？
4. 变压器轻瓦斯发信号后如何处理？应注意什么？
5. 变压器冷却系统异常如何处理？
6. 变压器（电抗器）过负荷后如何处理？

模块 6 变压器灭火装置异常处理（ZY1300401006）

【模块描述】本模块介绍变压器灭火装置异常处理。通过归纳讲解，能够正确组织、处理异常，并能够制定处理异常时的危险点预控措施。

【正文】

变压器的灭火系统是在变压器火灾时，能够正常启动对变压器进行灭火，降低变压器的损坏程度。它是一个独立系统，在变压器正常运行时，它处于待命状态，一旦达到启动条件应迅速动作。因此灭火系统出现异常后，必须尽快查明原因并进行处理。

一、异常处理原则

（1）变压器不停电处理灭火系统异常时，应做好防止消防装置误启动措施，关闭有关阀门，并断开电动阀门的电源。

（2）变压器灭火系统的联动系统，应利用变压器停电机会进行试验，以便检验其完好性，发现异常及时处理。

二、异常处理方法

（1）蓄水池的水位低时，应尽快向蓄水池抽水；水有异味时，应换水。

（2）增压泵不能正确启动，在正常运行时无法发现，运行中注意巡视增压泵的启动电压、控制回路是否完好，如有异常应及时处理。增压泵一般都和变电的生活供水系统安放在一起，位置低、湿度比较大，运行中应防止增压泵受潮和进水。

（3）定期检查消防管道阀门是否按要求开启、关闭，电磁阀门的电源是否正常，继电器有无烧伤等，发现问题及时处理。

（4）喷头堵塞后应拆下来清理。

（5）感温电缆断裂后应及时向主管部门汇报，安排更换。

（6）主机系统运行异常时，应检查电源。若电源正常，应检查电子元器件有无故障。外观检查没有明显异常时，可用复归按钮对系统进行复位，看能否恢复正常。若也无法恢复正常运行，应及时向主管部门汇报，联系厂家处理。

三、危险点分析

灭火装置异常带电处理时存在的危险点是灭火装置联动，水或泡沫喷出，造成运行变压器事故跳闸。

为防止造成运行变压器事故跳闸，在带电处理灭火装置的有关异常时，应将联动阀门关闭，并断开电源，必要时将运行变压器停电后再处理。

【思考与练习】

1. 主变压器消防系统主机异常时如何处理？
2. 消防系统异常处理的危险点有哪些？如何预防？

第三十章 高压开关类电气设备异常处理

模块 1 高压断路器（GIS）常见异常（ZY1300402001）

【模块描述】本模块介绍了高压断路器（GIS）设备及气压、液压、控制回路等常见异常及异常象征。通过异常现象分析、案例介绍，能正确地判断高压开关类设备运行异常。

【正文】

高压断路器（包括 GIS 中的断路器间隔）运行中出现异常的几率较高，异常后对系统的影响也比较大，因此，高压断路器运行中发生异常后，应尽快分析、处理，防止异常情况进一步发展造成电网或设备事故。

750kV 高压断路器可分为 GIS 和敞开式两种。敞开式高压断路器为落地罐式结构，落地罐式断路器包含有电流互感器，因此高压断路器的异常还应包括电流互感器的异常。

高压断路器（GIS）常见的异常可分为本体异常、操动机构异常和其他异常等几个方面，下面将分别进行介绍。

一、本体常见异常现象

高压断路器（GIS）的本体常见异常主要集中在瓷套或绝缘子异常、SF_6气体异常、灭弧室异常、电流互感器二次绕组异常等方面，GIS 设备本体还存在防爆膜变形或损坏、伸缩节热胀冷缩漏气、局放测试超标等异常。

1. SF_6气体异常

SF_6气体常见异常现象有压力异常（偏高、偏低）和 SF_6气体湿度超标。

（1）压力低于环境温度—压力曲线标准，称为压力偏低，可通过密度表反映出来，巡视中能直接发现。若低至报警压力后，中央信号装置或后台监控机上会报出“××断路器 SF_6气体压力降低”信号，如果不及时处理，继续漏气造成压力再降低，会闭锁断路器的重合闸和断路器的分合闸操作，中央信号装置或后台监控机上会报出“××断路器低气压闭锁操作”，还可能报出“控制回路断线”等信息。例如 LW13–800 断路器，20℃额定气体压力为 0.6MPa，当压力低于 0.55MPa 时，会报低气压报警信号。若再降低到 0.50MPa 时，就会报闭锁断路器的分合闸操作信号。

（2）压力高于环境温度—压力曲线标准，称为压力偏高，可通过密度表反映出来，巡视中能直接发现。后台监控机或中央信号不报任何信息。

（3）SF_6 气体湿度超标。运行人员无法直接发现，只能通过在线监测或定期电气试验发现。运行中的断路器 SF_6气体含水量应不大于 300μL/L（体积比），新 SF_6气体含水量应不大于 150μL/L。

SF_6气体异常的后果：压力低时，会降低断路器的灭弧能力。如果降低到闭锁断路器操作压力以下，就会闭锁断路器操作，防止分合闸过程中无法灭弧而造成事故。断路器闭锁操作后，若不及时隔离，事故时无法切除故障，造成事故扩大的危险。压力高，但未超过断路器允许最高工作压力，不会对断路器的运行造成影响。如果高出允许最高工作压力，在断路器灭弧过程中会造成灭弧室压力增大，严重时会损坏灭弧室，造成事故。SF_6气体湿度超标，会降低 SF_6气体的绝缘性能，同时在分、合闸操作过程中会产生大量的剧毒气体（氢氟化物），如果泄漏出来，会对周围的人群产生危害。

2. 灭弧室异常

灭弧室的异常一般需要通过电气试验或解体检查才能发现，巡视时不易发现，但应注意高压断路器正常运行时，内部不得有异常振动和放电声响。灭弧室常见的异常还有内部放电，合闸电阻、均压电容异常，特别是GIS设备，产生内部放电的几率更高，因此750kV GIS设备一般都装有局部放电在线监测装置，通过在线监测装置发现内部是否存在放电。如果有放电，放电部位会产生热量，可借助红外热成像仪进行对比分析发现。

3. GIS设备异常

GIS设备母线筒较长，连接处都装有伸缩节，伸缩节热胀冷缩漏气也是比较常见的异常情况。例如某750kV变电站，母线筒的长度达300m，伸缩节处多次发生漏气。另外GIS设备的防爆膜变形或损坏也是较常见的异常，巡视中可以发现。

4. 瓷套或绝缘子

瓷套或绝缘子常见的异常现象有瓷套或绝缘子裂纹、放电声或严重电晕、严重积污等。

（1）裂纹、放电声或严重电晕。正常运行时瓷套或绝缘子表面应光洁，无放电声响，引线连接点的电晕较小。瓷套无缺损和掉釉，缺损和掉釉不得超过瓷套表面积的1%。

（2）严重积污。瓷套或绝缘子严重积污后，空气湿度变大时，会引起瓷套或绝缘子沿面放电，造成电网或设备事故。

二、操动机构常见异常现象

高压断路器（GIS）常用的操动机构有4类，分别是液压氮气操动机构、液压碟簧操动机构、气动弹簧操动机构和弹簧操动机构。下面分别介绍这4类机构的常见异常现象。

1. 液压碟簧操作机构异常

（1）压力异常。液压油压力过高会使高压油箱、管道等承受较大的压力，同时增加碟簧的压缩行程，易造成设备损坏或漏油；液压油压力过低，断路器分合闸操作能量不足，造成断路器慢分、慢合或闭锁重合闸，严重时闭锁断路器的分合闸操作。液压油压力降低至报警压力后，中央信号装置或后台监控机上会报出“××断路器储能电动机启动”的光字信号和告警信息。

（2）油泵不运转。液压油压力低于启动油泵打压压力时，油泵不能运转，会造成操作压力过低。

（3）频繁打压。断路器正常运行中，没有分合断路器的操作时，液压油的压力应在较长一段时间内保持不变（打压间隔时间可参照断路器说明书），操动机构的油泵不会启动频繁打压，当机构出现漏油时才会频繁打压。频繁打压时，中央信号装置或后台监控机上会频繁打出“××断路器电动机运转/复归”的光字信号和告警信息。

（4）机构拐臂脱销或断裂。断路器在长期运行操作过程中，受振动的影响，机构连接的拐臂会脱销或断裂，因此运行人员应定期对机构的传动部分进行检查。

（5）机构拒分、拒合。操作中会遇到操作指令发出后，分（合）闸线圈铁芯已动作，断路器不分（合）闸，大部分原因是机构卡涩、换向阀拒动、拉杆脱落等。

（6）渗漏油。液压操动机构的渗漏油分为内渗和外渗两种。内渗指操动机构内高压油箱里的油因阀门切换时关闭不严，高压油向低压油箱渗漏，外部看不到渗漏油的痕迹；外渗指高、低压油箱内的油因阀门关闭不严、管道接头渗漏等，将用于操作建压的油泄漏到机构箱，能明显地看到渗漏油痕迹。

（7）储能电动机长时间运转。储能电动机长时间运转，碟簧始终无法储能。

2. 液压氮气操动机构

液压氮气操动机构与液压碟簧操动机构都是通过液压油压缩氮气或碟簧进行储能，不同的是储能介质不同，一个是高压氮气，另一个是碟簧，因此液压氮气操动机构常见的异常现象与液压碟簧操动机构基本一样，仅比液压碟簧机构多了一个高压氮气压力异常的现象。

3. 气动弹簧操动机构

（1）压力异常。空气压力过高会使高压气罐、管道等承受较大的压力，易造成设备损坏或漏气，当压力达到安全阀启动压力时安全阀动作泄压，保护设备；空气压力过低，断路器分合闸操作能量不足，造成断路器慢分、慢合或闭锁重合闸，严重时闭锁断路器的分合闸操作。空气降低至报警压力后，中央信号装置或后台监控机上会报出“××断路器操作压力降低”的光字信号和告警信息。

（2）空气压缩机不运转。空气压力低于启动空气压缩机打压压力时，空气压缩机不能运转，会造成气压操作压力过低。

（3）频繁打压。断路器正常运行中，没有分合断路器的操作时，气罐内空气压力应在较长一段时间内保持不变（打压间隔时间可参照断路器说明书），空气压缩机不会启动频繁打压，当机构出现漏油时才会频繁打压。频繁打压、中央信号装置或后台监控机上会频繁打出“××断路器电动机运转”的光字信号和告警信息。

（4）机构拐臂脱销或断裂。断路器在长期运行操作过程中，受振动的影响，机构连接的拐臂会脱销或断裂，因此运行人员应定期对机构的传动部分进行检查。

（5）机构拒分、拒合。操作中会遇到操作指令发出后，分（合）闸线圈铁芯已动作，断路器不分（合）闸，大部分原因是机构卡涩、拒动。

（6）漏气。漏气会造成气罐内压力降低，通过空气压力表反映出来。同时，有较大漏气时，可听见漏气的声音。

（7）缓冲器渗漏油。缓冲器渗漏油时应及时处理，如果处理不及时，会造成操动机构损坏。

4. 弹簧操动机构

（1）弹簧操动机构不能自动储能。开关合闸后，分闸储能弹簧未储能，同时会报出“××断路器弹簧未储能”的光字信号和告警信息。

（2）传动机构卡涩，不能正确动作。

（3）弹簧断裂。

三、其他常见异常现象

1. 二次控制回路

高压断路器（GIS）的二次回路常见的异常现象有控制回路断线、控制回路直流接地、无法遥控操作、断路器拒分、无法电动储能等。

（1）控制回路断线。造成断路器控制回路断线的原因很多，如果发生控制回路断线，中央信号装置或后台监控系统会报出“××断路器控制回路断线”的光字和告警音响。如果不及时进行查处，事故情况下断路器不能及时切除故障。

（2）控制回路直流接地。断路器的控制回路都是由直流电源控制，回路线路长、接点多，发生接地的几率较高。直流单极接地较多，正、负极同时接地较少，不论是发生单极接地还是双极接地，直流母线电压的绝对值都会降低，接地馈线的绝缘电阻降低，中央信号装置或后台监控机汇报出直流接地的相关光字和告警信息，以便于运行人员能够及时发现和处理。

（3）无法遥控操作。主要指监控系统的遥控指令下达不到执行操作单元，或已下达到执行单元，断路器不能进行分合闸。

（4）断路器拒分。分闸指令发出后，断路器不能分闸。

（5）无法电动储能。断路器正常运行操作后，都会自动电动储能，无法自动电动储能，往往是储能回路存在异常或电源消失等。

2. 引线及导电杆

引线及导电杆常见的异常是接头（触头）发热。接头（触头）发热温度不是很高时不太容易发现，在异常天气时现象较明显，或是利用红外测温装置检查时才能发现。例如，下雨天雨水滴在引线发热点处会冒水汽；夜晚时，发热严重的地方能看到发光点。接头（触头）发热对断路器的运行会造成很大危害，严重时会损坏设备，甚至造会成断路器爆炸事故。

例如，红外线测温发现某750kV变电站SF_6断路器（型号LW13-800）A、C相内部发热（负荷电流400A），外壳局部温度50℃，B相正常的温度为25℃。内部过热故障产生的热量被SF_6气体介质间接、均匀地扩散到箱壳，发热部位温度约80℃。

四、案例

案例1：某750kV变电站发生800kV断路器合闸后报出“电动机长期运转”信号，同时无法实现断路器储能。经检查发现是电动机锥齿与储能传动部分的锥齿脱离，电动机锥齿移位，如图ZY1300402001-1 所示，两个锥齿无法正常啮合。

案例 2：通过红外测温或红外热成像测得断路器引线接点发热，如图 ZY1300402001-2 所示。

图 ZY1300402001-1　LW13-800 断路器的储能锥齿的啮合部位

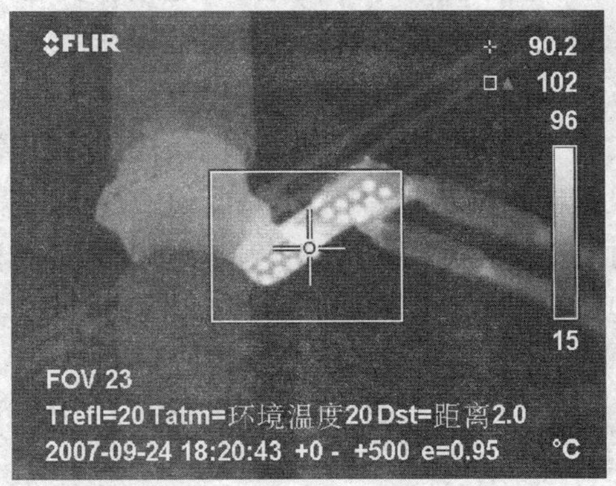

图 ZY1300402001-2　断路器引线接点发热成像

【思考与练习】

1. 断路器本体常见故障及异常现象有哪些？
2. 断路器操动机构常见异常及故障现象有哪些？
3. 断路器二次回路中有哪些常见异常？

模块 2　隔离开关、接地开关常见异常（ZY1300402002）

【模块描述】本模块介绍高压隔离开关、接地开关设备本体、控制回路等常见异常及异常象征。通过异常现象具体讲解，能正确地判断高压开关类设备运行异常。

【正文】

750kV 隔离开关（接地开关）有构支架、瓷柱（绝缘子）高，操作晃动大的特点，而且又是变电一次设备中操作频繁、故障率较高的设备，常见的异常主要表现在瓷质（绝缘）部分断裂、导电部分发热、传动部分卡涩和操动机构失灵等方面。下面分别介绍各部分的常见异常。

一、瓷质（绝缘）部分常见异常现象

（1）瓷绝缘子有裂纹、破损，放电声或严重电晕。正常运行时瓷套或绝缘子表面应光洁，无放电声响，引线连接点的电晕较小。

（2）严重污秽，空气潮湿的情况下，会造成瓷套沿面闪络、放电。

（3）瓷套胶合部位裂开等。

二、导电部分的异常现象

（1）引线接头（触头）发热。接头（触头）发热温度不是很高时不太容易发现，在异常天气时现象较明显，或是利用红外测温装置检查时才能发现。例如，下雨天雨水滴在引线发热点处会冒水气；夜晚时，发热严重的地方能看到发光点。

（2）隔离开关、接地开关动静触头分、合不到位。

三、传动部分常见异常现象

（1）传动杆断裂或脱落，造成传动机构失灵。某变电站在进行一条线路检修转运行操作时，在分接地开关的过程中，传动杆断裂，接地开关未分开，操作人员未进行仔细检查核对设备实际位置，就合上了线路和母线隔离开关，并用线路断路器对线路进行充电的操作，发生一起带地线合闸送电的误操作事故。

（2）转动轴承或铜套破损、集灰，造成操作阻力大、不灵活。

（3）隔离开关与接地开关机械闭锁失灵，机械互锁不到位或移位。

（4）三相连体操作的隔离开关，三相合闸不同期。

四、操动机构常见异常现象

（1）电动操作失灵，无法进行电动操作。

（2）辅助触点转换不到位，遥信不变位。

（3）遥控失灵，无法进行遥控操作。

（4）隔离开关和接地开关电气闭锁失灵，无法正常进行电动或遥控操作。

（5）手动操作与电动操作闭锁失灵，正常程序下无法操作。

【思考与练习】

1. 隔离开关和接地开关操动机构常见的异常有哪些？

2. 隔离开关和接地开关传动部分常见的异常有哪些？

模块 3 高压断路器（GIS）异常原因分析（ZY1300402003）

【模块描述】本模块介绍高压断路器（GIS）设备异常原因分析。通过详细分析、案例介绍，能正确分析异常类型、位置、原因，并能及时汇报和简单处理。

【正文】

750kV 变电站的高压断路器都是 SF_6 断路器，异常大多发生在操动机构和断路器控制回路，本体漏气、机构卡涩、内部放电等异常情况也时有发生。发生这些异常的原因主要有密封不严造成漏气、漏油，环境温度的变化造成压力升高或降低，制造或安装工艺不良带来异常等。下面对各部分发生异常的原因进行分析。

一、本体异常原因分析

（一）SF_6 气体异常

1. SF_6 气体压力低

造成 SF_6 气体压力低的主要原因有：

（1）SF_6 气体泄漏。SF_6 断路器内的气体是通过瓷套、罐体、阀门以及密封垫圈等与空气隔绝，因此瓷套与法兰胶合处、瓷套的胶垫连接处、滑动密封圈处、压力表接头处、取气阀处、GIS 罐体连接法兰、瓷套胶合处是漏气几率比较高的地方。巡视时应加强这些点的巡视、检查。

（2）环境温度突然降低。环境温度的变化对断路器内 SF_6 气体压力的影响较大，当环境温度突然降低或持续降低，压力表上指示压力会低于运行报警压力。

（3）压力表（密度继电器）未带温度补偿功能，由于太阳直射环境温度升高时，反而会误报出压力低告警信号，温度低时告警消失。例如，某 750kV 变电站的 3579 断路器因太阳直射 SF_6 气体密度继电器，环境温度 29℃，SF_6 气体压力表指示压力为 0.47MPa，后台监控机上就报出 3579 断路器 SF_6 气体压力低的报警信号。当太阳偏西，环境温度降低后，SF_6 气体压力表指示压力为 0.49MPa，SF_6 气体压力低的报警信号就自动复归了。

2. SF_6 气体湿度超标

引起运行断路器 SF_6 气体湿度超标的主要原因有：

（1）断路器充气前，对新气体的检验不严格，气体质量不良，首次充气后就测得气体含水量超标。GB/T 12022—2006《工业六氟化硫》标准要求新气的湿度不大于 8μg/g，IEC 376 标准要求新气的湿度不大于 15μg/g。

（2）断路器组装时，环境湿度较大，零部件吸附了一些水分，长时间向 SF_6 气体扩散，造成 SF_6 气体含水量超标。

（3）密封不严，造成长时间漏气，给 SF_6 气体带来水分。

（二）断路器内部异常

1. 内部放电

GIS 内部元件包括断路器、隔离开关、负荷开关、接地开关、快速接地开关、避雷器、互感器、母线等。放电原因有：

（1）安装时，内部不清洁，有大颗粒尘埃。

（2）绝缘件质量低劣，有裂纹、气泡等。

（3）内部连接件松动或表面有尖刺。

（4）母线连接不紧密。

（5）缓冲器失灵、屏蔽罩脱落、支撑绝缘子表面不光滑等。

2. 内部有异常声响

断路器在正常运行时内部是没有声响的，只有内部元件有松动或导电杆有破损时，才会发出异常声响。

（三）套管异常

1. 套管产生裂纹

主要原因：运输、安装、运行中碰伤，运行中发生强烈振动，如地震；安装工艺差，断路器运行中瓷套长期受横向拉力的作用，产生裂纹。

2. 产生放电声或严重电晕

主要原因：瓷套裂纹引起放电；空气湿度大或阴雨天气，断路器接线处的电晕放电会有所增加，声音也会增大。

3. 严重积污

变电站处于污秽等级较高的区域，长时间未清擦或清洗瓷套，严重积污。

二、操动机构异常原因分析

（一）液压碟簧操动机构

1. 压力异常

造成压力异常的主要原因是渗漏油或环境温度突变，还有可能是压力信号行程开关故障，误告警。

2. 油泵不运转

主要原因：微动开关（行程开关）故障；打压电源消失、缺相或电压过低；油泵故障，或电动机电刷损坏；储能控制回路空气断路器未合闸，无储能电源；保护储能电动机的热耦动作未复归等原因。

3. 频繁打压

主要原因：高压油存在渗漏，造成频繁补压。

4. 机构拐臂脱销或断裂

主要原因：分合闸过程中的振动造成拐臂脱销；拐臂制造、安装不良，长期受力断裂。

5. 机构拒分、拒合

大部分原因是机构卡涩、拉杆脱落、操动机构未储能等。

6. 渗漏油

密封不严、焊缝有砂眼；阀门关闭不严。

7. 储能电动机长时间运转

储能电动机长时间运转，碟簧始终无法储能，可能是电动机与油泵脱离，油泵不能正常工作。

8. 换向阀（分、合闸控制阀）不能正确开启

断路器在分、合闸过程中，需要通过换向阀来改变高、低液压油的流动产生差动力，作用于断路器的动触头操作拉杆活塞，使断路器正确分、合闸。换向阀不能正确开启，会导致断路器拒动。不能正确开启的原因有：分、合闸铁芯撞击换向阀的力度不够，可能是控制回路电压低，分、合闸铁芯的撞击力不够；分、合闸铁芯行程调整不当；换向阀本身缺陷等。

（二）液压氮气操动机构

前面讲液压氮气操动机构常见异常现象时，已经讲过氮气操动机构与液压碟簧操动机构常见异常现象基本一样，因此，异常原因也与液压碟簧操动机构一样。不同的是液压氮气操动机构中的氮气会出现渗漏，造成氮气压力降低。

（三）气动弹簧操动机构

1. 空气压力异常

主要原因：回路存在漏气，压力降低到补气启动值时，不能自动补气，造成压力降低；压力降低后，补气启动，但不能自动停泵，造成长时间打压，使得气罐内压力过高；环境温度的忽冷、忽热，造成压力偏低或偏高；压力表计本身故障，错误指示，如触点动作不可靠、压力表指针卡涩等。

2. 空气压缩机不运转

空气压力低于启动空气压缩机打压压力时，空气压缩机不能运转的主要原因有：压力继电器或压力表故障，压力继电器的触点不能正确接通，启动打压；打压电动机电源消失或缺相；空气压缩机故障；打压回路继电器故障等。

3. 频繁、超时打压

造成频繁打压的主要原因有：气动回路漏气，如安全阀动作、管道密封损坏，一边打压，一边泄压，造成打压超时；空气压缩机故障，如空气压缩机的空气滤清器脏污，进气孔堵塞，影响进气量；传动皮带磨损或打滑，电动机的打压效率降低；压力表、密度继电器、中间继电器故障，不能自动停止打压泵。如某750kV变电站有一台气动弹簧操动机构的LW13–363断路器，经常打压超时（比新投入时打压时间长3min），变电站运行人员对其原因进行分析和查找，电源电压低、传动皮带松动打滑、漏气现象都不存在，后来对空气压缩机进行检修，发现空气压缩机的空气滤清器长期运行未清理，集灰严重，堵住了空气的进气量，使储能效率大大降低。清理完空气滤清器后，打压超时的情况得到了解决。

4. 机构拐臂脱销或断裂

主要原因：分合闸过程中的振动造成拐臂脱销；拐臂制造、安装不良，长期受力断裂。

5. 机构拒分、拒合

大部分原因是机构卡涩、拉杆脱落、操动机构未储能等。

6. 漏气

主要原因：阀门未关闭严实，管道连接密封不严，气罐焊缝有沙眼，压力过高，安全阀动作不能返回，或返回后关闭不严，逆止阀、压力表、密度继电器漏气等。

7. 缓冲器渗漏油

缓冲器渗漏油的主要原因是移动密封圈破损或密封不严造成。

（四）弹簧机构

1. 弹簧机构不能自动储能

主要原因：储能电源异常，储能电动机故障，储能限位微动开关（行程开关）触点未闭合，机械部分异常，储能弹簧断裂或失去弹性等。

2. 断路器合闸后，分闸弹簧未储能

弹簧操动机构在断路器合闸中带动分闸弹簧储能。断路器合闸后分闸弹簧未储能，会造成断路器拒分。未储能的原因有：分闸储能弹簧断裂或储能弹簧连接销子脱落，机械配合故障，无法使分闸弹簧储能等。

3. 传动机构卡涩，不能正确动作

主要原因：装配、调整不灵活，运行维护不良，未定期加润滑油，连接部分有松动和移位故障等。

4. 弹簧断裂

主要原因有：弹簧长期受力；材质的韧性不好，极易造成弹簧断裂；弹簧锈蚀严重等。

三、其他常见异常原因分析

（一）二次回路常见异常的原因

1. 控制回路断线

主要原因：控制电源消失，控制继电器或中间继电器烧坏，断路器辅助触点切换不良，连入控制回路的微动开关（行程开关）、把手、按钮触点未接通，SF_6压力降低至闭锁压力，液压机构和气动机构的操作压力降低至闭锁压力，弹簧操动机构的弹簧未储能等。

2. 直流接地

主要原因：直流控制电缆绝缘损坏，导线经过高阻或直接接地；直流系统的某一点绝缘受潮，导致绝缘电阻值降低；交、直流电缆混接线，交流串入直流回路等。

3. 无法遥控操作

主要原因："五防"闭锁，不能进行遥控操作；后台监控系统与测控执行单元的通信不通，遥控指令无法执行；遥控回路接线错误，或接线松动；断路器的遥控操作压板、远方/就地把手位置错误；电气闭锁回路闭锁遥控操作设备；控制回路断线；断路器机械部分故障，造成断路器无法操作；测控装置或操作箱故障等。

4. 断路器拒分

主要原因有两方面，一是电气方面故障，二是机械方面原因。

（1）电气方面。如分闸电源消失、控制回路断线，如控制空气断路器跳闸或接触不良；就地控制箱内分、合闸电源空气断路器未合上；断路器分、合闸闭锁动作信号未复归；断路器操作控制箱内、机构箱、测控单元"远方/就地"选择开关方式不当；分、合闸线圈或控制回路继电器损坏；自动重合闸回路和装置故障，或重合闸投入不正确；控制把手失灵或控制开关触点接触不良；操动机构故障、辅助触点接触不良；直流电压过低，直流接触器触点接触不良；不满足同期合闸条件等都会使断路器拒分。

（2）机械方面。如传动机构连杆松动脱落，连杆未复归或机构卡死，连接部分轴销脱落，使机构空合；绝缘拉杆脱落；分、合闸铁芯卡涩；机构脱扣，未返回到预分或预合位置；操动机构的分、合闸弹簧未储能；断路器合闸时多次连续做合、分动作，断路器的辅助动断触点打开过早；分、合闸换向阀卡死，无法进行分、合闸操作等，也会造成断路器拒分。

5. 无法电动储能

可能的原因有：电源消失，储能控制回路中的控制继电器或中间继电器烧坏，连入控制回路的微动开关（行程开关）、按钮触点未接通，气动机构的空气压力继电器（压力表）触点故障等。

6. 分、合闸线圈烧毁

断路器的分、合闸线圈是瞬间接通电源，启动断路器分、合闸。分、合闸操作过程结束，即通过断路器的辅助触点断开分、合闸线圈的电源。分、合闸线圈长时间带电是造成分、合闸线圈烧毁的直接原因。造成分合闸线圈长时间带电的主要原因有：分、合闸接触器本身卡涩或触点粘连，操作把手上的分、合闸控制触点断不开，重合闸装置辅助触点粘连，防跳跃闭锁继电器失灵，断路器辅助触点转换不到位、动作不正确，分、合闸线圈内部匝间短路等。

7. 闭锁重合闸

下列情况下闭锁重合闸是正确的：

（1）分相操作的断路器，三相不一致保护动作。如 330、750kV 断路器的三相不一致保护动作，跳开断路器后，断路器不应重合。

（2）母线差动保护动作。

（3）变压器、线路电抗器保护动作闭锁断路器重合闸。

（4）同期合闸回路故障或不满足不同期条件。

除以上情况闭锁重合闸外，发生下列异常情况也会闭锁重合闸，发现后应及时处理，防止造成电网事故。如液压或气动操动机构操动压力下降至重合闸闭锁压力，分、合闸弹簧未储能，SF_6 气体压力低于操作闭锁压力，重合闸装置故障，重合闸投入压板未投，或把手位置错误等。

8. 断路器发分、合闸操作闭锁信号

主要原因有：液压或气动操动机构压力下降至分、合闸闭锁压力，分、合闸弹簧未储能，SF_6 气体压力低于分、合闸闭锁压力，SF_6 气体压力继电器故障等。

（二）断路器引线接点、触头发热

主要原因：过负荷，接触不良，接触电阻超过标准值，导电杆与设备接线连接松动，导电回路内各电流过渡部件、紧固件松动或氧化，导致过热等。

【思考与练习】

1. 断路器 SF_6 气体泄漏的主要原因有哪些？

2. GIS 内部放电原因是什么？
3. 什么情况下会造成断路器的操动机构频繁储能？
4. 哪些情况下断路器监控系统会报“控制回路断线”信号？
5. 断路器在操作中发生拒绝分、合闸的原因有哪些？
6. 运行中的断路器什么情况下会报出“重合闸闭锁”信号？

模块 4 隔离开关、接地开关异常原因分析（ZY1300402004）

【模块描述】本模块介绍高压隔离开关、接地开关设备异常分析。通过详细分析、图形示意、案例介绍，能正确分析异常类型、位置、原因，并能及时汇报和简单处理。

【正文】

隔离开关、接地开关的常见异常主要表现在瓷质（绝缘）部分裂纹、传动卡涩、导电部分发热、电动机构拒动等方面，产生这些异常的原因主要有制造质量不高、安装工艺不符合要求、辅助触点和行程开关触点转换不到位。下面针对不同的异常情况分别对产生异常的原因进行分析。

图 ZY1300402004-1 断裂的 66016 隔离开关支持瓷柱

一、瓷质（绝缘）部分异常原因

1. 瓷绝缘子裂纹、破损

可能是运行中发生强烈振动，如地震，变电站周围开山放炮等；绝缘击穿，造成瓷套炸裂；安装质量不高，瓷柱与引线之间长期应力作用；制造质量不高等。某变电站的 66016 隔离开关检修过程中发现 66016 隔离开关 B 相支持瓷柱（靠开关侧）根部贯穿性断裂，如图 ZY1300402004-1 所示。

2. 瓷柱沿面闪络、放电

瓷柱表面污秽严重，遇到大雾、阴雨等恶劣天气造成闪络；瓷柱破损，有裂纹，会产生放电。

3. 瓷绝缘子掉盖

可能是瓷绝缘子胶合部位因质量不良和自然老化而造成。

二、导电部分异常原因

1. 隔离开关引线连接点发热

可能是安装工艺不符合规定，如该加铜铝过渡片时而未加装，接头表面的氧化层未处理直接压接，或导电脂涂抹太厚；螺栓未压紧或运行中松动，接触不良；接点氧化，接触电阻增大；电流增大引起发热等。如某变电站新安装了 5 组隔离开关，其中有 4 组隔离开关在运行中发热，最高温度达到 120℃。停电处理时，对发热点的回路电阻进行测量，发现电阻达几十毫欧，对接点进行打磨，重新涂上导电脂，连接后再次测量发热点的回路电阻，测得电阻为 100μΩ左右。投入运行后，发热点不再发热。后经分析，造成发热的主要原因是接点处导电脂涂抹太厚，接触电阻增大。

2. 隔离开关触头发热

隔离开关未合到位、触头接触面小、接触不良、触头氧化、负荷电流增大、触头上积灰、造成接触电阻增大，均会引起发热。

3. 隔离开关、接地开关分、合不到位

制造、安装工艺有缺陷；运行中动、静触头松动、移位；操作过程中位置闭锁回路提前接通，造成分合闸回路断电；传动机构磨损，或弹簧乏力，使隔离开关操作不到位；电动操作过程中，电动机掉电或烧毁；操作过程中，传动杆断裂等都可能造成隔离开关、接地开关分、合不到位。如某 750kV 变电站，在同塔双回的 750kV 线路上安装了两组切 B 类感应电流的接地开关，线路都停电时，接地开关遥控分、合接地开关都正常，但是在一回线路运行，另一回线路检修时，检修线路的接地开关电动和遥控操作都无法进行。经过检查、分析，发现该线路上的感应电压较高，启动了该线路有压闭锁接地开关操作继电器，闭锁了接地开关的操作回路。

三、传动部分的异常原因

1. 传动机构失灵

拐臂存在死点或断裂；动、静触头卡死；传动杆与铜套、轴承抱死或机械闭锁未解除等，都会造成传动机构失灵。

2. 传动杆断裂或脱落

长期不操作，转动部位锈蚀，操作时产生抗拒力，传动杆扭断；传动杆锈蚀严重，断裂；连接销子、螺栓、万向节断裂，传动杆脱落等。

3. 操作困难、费力

长期不维护，转动部分缺润滑油；转动部位生锈；转动部位有灰尘等异物时，会造成操作阻力大、费力。

4. 转动轴承或铜套破损

主要原因是转动轴承或铜套缺少润滑油，密封不严，进入灰尘和水时，轴承、铜套生锈，与传动杆的摩擦力增大，操作时就会造成转动轴承或铜套破损。

5. 隔离开关与接地开关机械闭锁失灵

主要原因是闭锁限位挡板、止钉断裂或移位。

6. 三相合闸不同期

安装、调试不当，运行操作中拉杆、触头移位都会造成三相合闸不同期。三相合闸不同期主要是针对三相一体操作的隔离开关，对分相操作的隔离开关来讲，同期性要求不严格。

四、操动机构常见异常原因

1. 电动操作失灵

电源故障，电动机烧坏，操作控制继电器、中间继电器或接触器烧坏，操动机构控制回路故障，电气闭锁未解除，限位行程开关触点粘连等，都无法进行电动操作。

2. 辅助触点转换不到位

可能是辅助开关安装、调试不到位；开关触点磨损，接触不良；辅助开关转轴与隔离开关、接地开关转动轴脱落，不能一起转动等。

3. 遥控失灵

可能是监控系统故障，无法下达遥控命令；测控装置故障，无法接受和执行遥控命令；监控层到控制装置的通信故障，遥控指令无法下达；遥控回路的“远方/就地”切换把手的位置在“就地”；遥控压板未投入等。

4. 隔离开关和接地开关电气闭锁失灵

隔离开关和接地开关电气闭锁主要是通过它们的辅助触点实现闭锁，如果辅助触点转换不可靠或不到位，电气闭锁功能就会丧失。

5. 手动操作闭锁电动操作失灵

手动操作闭锁电动操作主要是通过位置行程开关实现。手动操作时，行程开关的触点接通，闭锁电动操作。如果行程开关故障，就会失去闭锁。

【思考与练习】

1. 造成隔离开关运行中发热的因素有哪些？
2. 造成隔离开关、接地开关不能遥控操作的因素有哪些？

模块5　高压断路器（GIS）隔离开关、接地开关的二次回路异常处理及注意事项（ZY1300402005）

【模块描述】本模块介绍高压断路器（GIS）隔离开关、接地开关的二次回路异常处理及注意事项。通过归纳讲解、案例介绍，能正确分析异常类型、位置、原因，并能及时汇报和简单处理，掌握处理注意事项。

【正文】

高压断路器（GIS）的二次回路可划分成两个部分，一是直流控制回路，二是储能回路，储能回路一般是交流回路，也有直流回路的。断路器电压等级不同，断路器的控制回路个数不同。例如 750kV 和 330kV 断路器采用一个合闸控制回路、两个分闸控制回路，其中一个分闸控制回路与合闸控制回路共用一路控制电源，另一个分闸控制回路用独立分闸电源；66kV 及 35kV 断路器采用一个合闸控制回路、一个分闸控制回路，两个回路共用一路控制电源，控制电源采用一对一控制。

二次回路故障的查找重点在分析判断，只有正确分析判断，才能正确迅速处理。先根据回路接线情况、故障特征、设备状态及异常信号判断可能出现故障的范围后，再用正确的方法、步骤加以检查，逐步缩小查找范围，最后根据检测结果的分析，查出异常并消除。

一、高压断路器（GIS）二次回路异常处理及注意事项

（一）控制回路异常的处理

控制回路常见异常是控制回路断线和短路。在常规变电站中，控制回路异常可通过中央信号屏上的控制回路断线信号、运行断路器的红绿灯信号、警铃声音来监视控制回路是否存在断线及异常；综合自动化变电站可通过后台监控机、断路器控制装置上的控制回路断线信号和音响声音来监视控制回路运行的完好性。下面以综合自动化变电站来介绍控制回路异常的处理。

1. 处理要求

运行人员发现控制回路异常时，立即停止二次回路上的所有工作，并向值班长汇报，值班长应及时安排检查处理，待查明原因后方可恢复二次回路上的工作。

2. 处理步骤

（1）结合监控系统、断路器控制装置的异常告警信息、位置信号查找控制回路断线的原因。

（2）对控制回路断线的原因进行分析判断。

（3）保持原状进行外部检查和观察。

（4）检查容易出现故障的部位和元件，重点检查以下部位：

1）检查除了控制回路断线告警外，是否还有其他告警信息。

2）控制回路电源空气断路器，是否断开。

3）断路器 SF_6 气体压力是否正常，SF_6 密度继电器的触点是否断开。

4）断路器的操作压力是否低，闭锁操作继电器的触点是否断开。

5）断路器机构箱内的继电器是否有烧坏，接线端子是否掉线头。

（5）用排除法或缩小故障范围法，缩小故障查找范围。

（6）查明故障点，并消除故障。

（7）必要时联系调度，将该断路器隔离。

3. 控制回路短路的查找方法

控制回路短路时，电源熔断器会熔断或空气断路器跳闸，并可能发生部分元器件烧伤，监控系统报出控制回路断线信号。如果发现明显故障点时，应尽快处理，处理后可以尽快送电。如果故障不明显，或越级跳闸，可采用拉开每一分支回路、逐一回路试投的方法来查找故障回路，缩小查找范围，进行查处。

（二）断路器的储能回路异常处理

断路器的储能回路相对简单，涉及的故障范围小，处理比较简单。

1. 处理要求

运行人员发现储能回路异常时，应立即向值班长汇报，值班长应及时安排检查处理。如果是储能电动机或储能回路的元器件故障，应及时汇报上级主管部门，并做好事故预案。

2. 处理步骤

（1）结合异常告警信息，对储能回路异常原因进行分析判断。

（2）保持原状进行外部检查和观察。

模块5 ZY1300402005

（3）检查故障可能性大、容易出故障的部位和元件。重点检查以下部位。

1）储能回路电源空气断路器、熔断器。

2）断路器的操作压力、压力表、压力继电器触点是否正常。

3）连入储能回路的微动开关（行程开关）、按钮触点是否接通。

4）断路器机构箱内储能回路的继电器是否有烧坏，接线端子是否有脱落。

5）储能电动机、空气压缩机、油泵等有无故障。

（4）查明故障点，并消除故障。

（三）高压断路器（GIS）二次回路异常处理注意事项

查处储能回路故障时，必须遵守《国家电网公司电力安全生产规程》和《750kV 电力安全生产规程》以及电力行业其他有关规程规定，并注意以下事项：

（1）按照变电站实际的图纸查找。

（2）断开直流电源时，应同时断开正、负电源。

（3）用表计带电查找故障时，应使用高内阻（大于 2000Ω/V）电压表，防止短路，禁止使用“通灯法”查找故障。

（4）使用的工具应合格，绝缘良好，金属裸露部分少或裸露部分已采用绝缘材料包裹，防止发生回路接地、短路和人身触电。

（5）拆动端子前，应先核对图纸和端子标号，做好记录和标记。拆接线时核对无误，检查接触是否良好。

二、隔离开关、接地开关电动操作回路异常处理及注意事项

隔离开关、接地开关电动操作回路多为交流电源回路，回路结构简单。但处理电动操作回路时应在检修状态下进行，防止隔离开关、接地开关的误拉、合造成事故。隔离开关、接地开关电动操作回路出现异常后，应重点检查以下项目：

（1）电源有无故障，空气断路器有无跳闸。

（2）电动机、接触器有无烧坏。

（3）操动机构的控制回路有无故障。

（4）限位行程开关触点是否有粘连。

（5）辅助触点转换是否到位。

（6）电气闭锁回路是否正确。

处理方法、步骤和注意事项同断路器的储能回路异常的处理。

三、案例

（1）某 750kV 变电站在监控机进行遥控合上 75046 隔离开关时，发生隔离开关 A、B、C 三相合至静触头处但未合到触头座内，发生停止，隔离开关动静触头间发生间歇性电弧，弧光较大，且无法自动熄灭。

（2）处理。运行人员立即赶到现场，采用就地汇控电动操作，将隔离开关合到位，电弧熄灭。并就地进行了一次汇控电动分、合隔离开关试验，结果分闸操作正常，合闸时出现 A、B、C 三相合至静触头处，但未合到触头座内，发生停止，隔离开关动静触头间发生间歇性电弧，弧光较大，且无法自动熄灭，再次就地汇控电动操作，可合到位，合到位后未再次拉开隔离开关。

（3）原因分析。从后台监控机上的线路电压曲线上反映出来，合 75406 隔离开关时线路相电压明显升高（由原来的 17.48kV 上升到 57.82kV），线路带电闭锁继电器瞬时动作后返回，断开隔离开关的控制回路，控制回路自保持消失，电动机失去电源，隔离开关停止合闸，再次合隔离开关时，隔离开关合到位。

【思考与练习】

1. 控制回路故障查处应注意什么？

2. 隔离开关、接地开关电动操作回路故障查处应注意什么？

模块6 高压断路器（GIS）电气设备异常处理（ZY1300402006）

【模块描述】本模块介绍高压断路器（GIS）电气设备异常处理方法。通过处理方法详细讲解、列表说明、案例介绍，能够正确组织、处理异常，并能够制定处理异常时的危险点预控措施。

【正文】

一、异常处理原则

（1）运行人员在断路器运行中发现任何不正常现象时（如渗漏油、油位过低、SF_6气压下降、有异音、分合闸位置指示不正确等），应及时采取措施，并予以消除，防止事故发生；运行人员不能消除的异常应立即汇报上级主管部门或调度，并记入运行记录和缺陷记录簿中。

（2）运行人员若发现设备有威胁电网安全运行且不停电难以消除的缺陷和异常时，应向值班调度员汇报，及时申请停电处理，并报告上级领导。

（3）需要上级部门确诊的，应加强监视，待上级部门确诊。例如，断路器运行中出现异常声音。

（4）运行人员在异常处理时，应沉着、冷静、果断、有序地对异常情况现象、表计指示、信号报警、处理过程做好记录。

（5）充分利用后台监控机上的信息对异常情况进行初判断。

（6）为准确分析异常情况原因，在不影响停送电的情况下，应尽可能保留异常设备的原状，以便于故障准确分析和判断异常情况产生的原因。

（7）异常处理应采取防止事态扩大的措施，应注意防止系统解列或非同期并列。

（8）异常处理时要防止误操作。

二、异常处理

（一）套管常见异常的处理

运行巡视中发现套管出现裂纹、破损，沿套管表面闪络、放电，充油套管严重漏油、油位看不见时应立即向调度申请将断路器停运，并报告上级主管部门。如果处理不及时，会造成绝缘击穿、套管爆炸，造成电网或设备事故。

（二）本体常见异常的处理

高压断路器（GIS）的本体出现漏气、内部放电等内部元件异常时，运行人员要及时汇报调度及上级管理部门，并加强运行监视。

1. 断路器中SF_6气体湿度超标的处理

应对该断路器进行停电检修处理。

（1）断路器停电后，将SF_6气体抽出，对断路器进行抽真空，用高纯氮气冲洗断路器的气室，最后将合格的SF_6气体重新充入。

（2）必要时，对断路器进行解体大修。

2. SF_6气体压力低的处理

运行中发现断路器的SF_6气体压力低，应根据各断路器上的（或说明书上的）压力—温度曲线检查断路器是否压力真的降低，并结合环境温度与以前的压力值进行对比判断，排除压力表故障后，应针对不同的情况分别处理。

（1）压力虽然偏低，但未到达报警压力。运行人员应加强巡视和监测，并作为一般缺陷记录，上报。

（2）压力降低，已达到报警补气压力。运行人员应检查有无漏气点，并将检查结果和低气压报警情况汇报上级主管部门，安排补气，防止压力继续降低闭锁重合闸和断路器操作。检修完毕还应作微水试验（漏气会造成SF_6气体湿度增大）。

（3）压力降低，已接近闭锁断路器操作压力或已经闭锁断路器操作。运行人员应及时汇报调度，将该断路器隔离，断开该断路器的操作电源，在手动操作把手上挂禁止操作的标示牌，并及时汇报上级主管部门安排检修。

（4）如果 SF_6 断路器发出频繁低气压告警或闭锁信号时（一般 10 天左右一次），说明该 SF_6 断路器年漏率远远超过 1%，应安排对该断路器进行检修。

（5）SF_6 气体泄漏处理时注意事项。

1）接近设备时要谨慎，从“上风侧”接近设备，必要时要戴防毒面具、穿防护服。

2）室内 SF_6 气体断路器泄漏时，除应采取紧急措施处理外，还应开启风机通风 15min 后方可进入室内。

3）SF_6 气体压力降低到闭锁断路器操作压力时，禁止带电操作该断路器。

3. 内部有异常声响和放电的处理

运行中发现断路器内部有放电和异常声响时，应及时汇报调度和上级主管部门，申请将断路器隔离或停电检修。

4. 绝缘杆断裂、脱落时的处理

发现绝缘拉杆断裂、脱落时，运行人员应及时向调度和上级主管部门汇报，及时将故障断路器隔离，对断路器进行停电检修。

（三）操动机构常见异常的处理

1. 液压碟簧（氮气）操动机构常见异常的处理

（1）发现液压机构向外渗油、液压机构内部渗漏油时应查明渗漏原因，根据渗漏的程度向上级管理部门汇报，安排检修处理。

（2）液压机构油泵打压频繁，出现该异常时，首先查明原因，并向上级主管部门汇报，安排处理。

1）检查液压机构外观有无明显的漏油，若无，则可能是机构内漏，即高压油向低压泄漏。严重时可以听到泄漏的声音，应申请停电处理。

2）液压机构有明显的漏油，其油箱的油位低于下限，这时应视现场的情况，决定是否申请停电处理。

3）液压机构没有明显的漏油，压力不断降低。根据压力表所指示的压力，折算到当时的环境温度下核对氮气压力是否在标准范围内。如果压力低可能是氮气泄漏，压力高可能是是高压油窜入氮气中。

（3）低于设定压力定值不能自动打压。查明故障原因，属于储能回路的故障，按照储能二次回路异常处理方法进行查找和处理。如果是中间继电器故障，可手动接通中间继电器的触点，启动储能电动机。如果是油泵或电动机故障，应及时上报上级主管部门安排更换。

（4）超时打压的处理。

1）立即到现场检查，注意电动机是否仍然在运行。

2）发现电动机过热或压力过高，应断开打压电源，并监视压力表指示。

3）检查油泵三相交流电源是否正常，如有缺相立即进行处理。

4）检查电动机有无发热，传动皮带有无磨损、打滑现象。

5）检查行程开关或中间继电器有无故障。

6）检查打压时间继电器的整定时间是否合适。

7）如果电动机启动打压不停止，电动机无明显异常，液压表上的压力指示无明显下降，则可判明油泵故障或机构油管内有严重漏油现象，应立即断开电动机电源。

8）发现电动机和油泵故障或管道严重泄漏油时，应报危急缺陷，申请检修，并采取相应的措施。

（5）发现传动机构卡涩，不能正确动作，运行人员应及时向调度和上级主管部门汇报，及时采取防止断路器分闸的措施，并将故障断路器隔离，进行停电检修。

（6）发现换向阀（分、合闸控制阀）不能正确开启时，应检查分、合闸控制回路电源以及换向阀本身是否有问题。如果是电源故障，应尽快予以处理；如果不是电源故障，应及时上报上级主管部门，安排处理。

2. 气动操动机构常见异常处理

（1）气动回路漏气的处理。

1）有明显漏气现象时，听漏气的声音判断漏气部位。

2）发现管道连接处漏气，或因活塞环磨损而造成的漏气，应申请将该断路器停电处理，防止发生在运行中大量排气，造成断路器操作回路闭锁。

3）如果气压接近断路器重合闸闭锁压力或操作闭锁压力，而无法重新建立气压，则应申请调度将断路器停电检修。

4）安全阀、逆止阀动作后应及时予以更换。

5）管道接头、压力表、密度继电器漏气时，应及时更换密封垫。

（2）打压频繁的处理。尽快查明漏气点，按照气动回路漏气的处理方法进行处理。

（3）空气压缩机油色、油位异常的处理。空气压缩机油位低时，应尽快补油；油色变黑或黏度增大时，应及时换油。处理时可在断路器带电时进行，无需对断路器停电。

（4）空气压力继电器（压力表）故障时应及时更换。

（5）低于设定压力定值不能自动打压的处理。查明故障原因，属于储能回路的故障，按照储能二次回路异常处理方法查处；如果是中间继电器故障，可手动接通中间继电器的触点，启动储能电机；如果是压力继电器、压力表或空气压缩机故障，应及时上报上级主管部门安排处理。

（6）超时打压的处理。

1）立即到现场检查，注意电动机是否仍然在运行。

2）发现电动机过热或压力过高，应断开打压电源，并监视压力表指示。

3）检查油泵三相交流电源是否正常，如有缺相立即进行处理。

4）检查电动机有无发热，传动皮带有无磨损、打滑现象。

5）检查行程开关或中间继电器有无故障。

6）检查打压时间继电器的整定时间是否合适。

7）检查安全阀是否动作，是否漏气。

8）如果电动机启动打压不停止，电动机无明显异常，空气压力无明显上升，则可能存在严重漏气或空气压缩机故障，应立即断开电动机电源，进行检查处理。

9）发现电动机和空气压缩机故障或管道严重漏气时，应报危急缺陷，申请检修，并采取相应的措施。

（7）缓冲器渗漏油时，应及时报上级管理部门安排处理。

3. 弹簧操动机构常见异常处理

（1）弹簧操动机构不能自动储能的处理。

1）检查储能电源的空气断路器、熔断器、电压是否正常，储能弹簧是否完好。

2）检查储能回路（储能限位微动开关触点）是否完好。

3）检查储能电动机、机械部分的配合是否良好。

如果是电源或储能回路故障，应及时进行处理。如果是电动机或机械部分的故障，应及时报上级管理部门安排处理。

（2）断路器合闸后，分闸弹簧未储能，这时的断路器已不能进行电动和手动分闸操作，应及时查明未储能的原因，向调度和上级主管部门汇报，对该断路器采取隔离措施。

（3）发现弹簧断裂，应及时将断路器隔离或停电，更换储能弹簧。

（四）就地操作拒绝分、合闸的处理

（1）检查分、合闸电源是否正常，若汇控柜内分、合闸电源空气断路器在断开位置，应合上断路器直流电源空气断路器。

（2）检查汇控柜内“远方/就地”把手在“远方”位置，应将其打至“就地”的位置。

（3）检查直流母线电压是否过低，如果电压低，应调节充电机输出电压，使直流电压达到直流系统的额定电压。

（4）检查 SF_6 气体压力是否正常，操动机构是否储能。

（5）当闭锁回路故障造成断路器不能分、合闸时，应按断路器分、合闸闭锁的处理方法进行处理。

（6）检查出的问题运行人员处理不了时，应向主管部汇报，安排专业人员进行处理。

（7）经过上述检查处理，断路器仍然拒分，运行人员应及时汇报调度，隔离故障开关，并上报主管部门安排处理。

（五）遥控操作失灵的处理

（1）检查遥控操作的设备是否正确，“五防”是否解锁。

（2）检查遥控压板和遥控回路中的“远方/就地”把手位置，位置不正确时，及时更正。

（3）检查后台监控机到测控装置的通信是否有故障，通信不通及时联系专业人员处理。

（4）检查遥控指令是否发送到测控装置。

（5）检查测控装置是否故障，测控装置故障时应联系专业人员更换或维修。

（6）如果遥控指令已下达到测控装置，而遥控操作不成功时，应检查断路器操作控制回路或元器件是否有异常。

（六）分、合闸线圈冒烟的处理

分、合闸线圈严重过热或冒烟是线圈长时间带电所造成的。发生此现象时，应立即断开该断路器的直流电源，检查分、合闸回路，排除故障，以防线圈烧毁。如果分、合闸线圈已经烧毁，运行人员应认真分析烧毁的原因，并及时更换。更换时应注意分、合闸线圈的绕向及控制电源的正、负极性，防止接反，造成分、合闸铁芯反向运动。

（七）断路器引线接点、触头发热的处理

如发现过热，应加强监视，减少负荷，必要时倒换运行方式，停止该断路器的运行。

（八）断路器非全相运行的处理

断路器在运行中出现非全相运行，应立即汇报调度，根据不同情况，分别采取以下措施：

（1）分相操动机构的断路器如果单相跳闸，重合不成功，造成两相运行时，可立即遥控合闸一次，合上跳闸相，合闸不成功则应断开其余两相；如果断路器两相断开，单相运行时，应立即将运行相断开。

（2）三相连体操动机构的断路器发生非全相运行时，应立即对断路器进行分闸，断开运行相。

（3）如果断路器发生非全相运行，采取以上两项措施后，无法断开或合上时，则应汇报调度，将线路对侧断路器断开，然后在断路器机构箱处就地断开断路器。

（4）带旁母接线方式情况下，可用旁路断路器与非全相断路器并联，将旁路断路器跳闸电源断开，用隔离开关解环，使非全相断路器停电。

（5）有专用母联断路器接线方式情况下，也可用母联断路器与非全相运行断路器串联，断开对侧线路断路器，用母联断路器断开负荷电流，线路及非全相断路器停电，再断开非全相断路器的两侧隔离开关，使非全相运行断路器停电。

（6）在 3/2 断路器接线方式下，如果单台断路器发生非全相运行，虽然暂时不会对电网运行造成影响，但是必须尽快将其断开或隔离。

（7）如果非全相断路器所带元件（线路、变压器等）有条件停电，则可先将对端断路器断开，再按上述方法将非全相运行断路器停电。

（8）母联断路器非全相运行时，应立即降低断路器电流，倒为单母线方式运行，必要时应将一条母线停电。

（九）断路器发分、合闸闭锁信号的处理

断路器发分、合闸闭锁信号后，运行人员应立即对设备及其控制回路进行检查，针对不同的情况分别处理。

1. 操动机构造成分、合闸闭锁的处理

（1）如果是操动机构的操作压力低，闭锁分、合闸操作，运行人员应检查储能电动机三相交流电源是否正常，复归热继电器（热耦），使电动机打压至正常值；若是电动机烧坏或机构问题应联系专业人员处理。

（2）如果是弹簧机构未储能，应检查其电源是否完好，若属于机构问题应联系专业人员处理。

（3）操动机构压力下降至分闸闭锁，或机构卡涩造成分闸闭锁，经检查无法使闭锁消除时，则应按下列情况进行处理。

1）断开断路器跳闸电源。

2）停用重合闸。

3）断开断路器液压机构油泵电源空气断路器（以液压机构为例）。

4）3/2 断路器接线的故障断路器在环网运行时，可用其两侧隔离开关隔离，但要慎重，必须经过公司总工批准。

5）双母线接线的母联断路器，可将某一线路的两个母线隔离开关同时合上，再断开母联断路器两侧隔离开关，对异常断路器进行隔离。

2. SF_6气体压力低造成分、合闸闭锁的处理

SF_6气体压力降低至分、合闸闭锁值，则应断开断路器的跳闸电源，通知专业人员补气至正常值。如果不能及时补气，恢复正常运行，应按下列情况进行处理：

（1）申请停用重合闸。

（2）断开断路器分、合闸电源空气断路器。

（3）可用旁路断路器带故障线路断路器运行的，采用等电位拉开故障断路器两侧的隔离开关。

（4）将非故障出线断路器倒换至另一母线，用母联断路器切除故障断路器。

（5）3/2 断路器接线方式合环运行的断路器，可以在环网的情况下，请示本公司总工，解除故障断路器两侧隔离开关的闭锁条件，拉开故障断路器两侧的隔离开关。

3. 控制回路异常造成分、合闸闭锁的处理

（1）检查断路器机构箱、汇控柜内“远方/就地”把手转换位置是否正确，触点接触是否良好。可将“远方/就地”把手重复操作两次，若触点回路仍不通，应通知专业人员进行处理。

（2）若是控制回路问题，应重点检查控制回路易出现故障的位置，如同步回路、电气闭锁、控制开关、合闸线圈、分相操作箱内继电器等。

（3）是否存在保护动作闭锁未复归等问题。

（4）分、合闸电源不正常或未投入，应尽快恢复。

（5）如果是保护动作引起合闸闭锁，则待查明原因后，复归保护动作信号解除闭锁，并根据调度的命令进行处理。

（十）重合闸闭锁的处理

（1）在没有断路器跳闸、保护动作的情况下，断路器发出“闭锁重合闸”信号，应重点检查液压或气动操动机构操动压力、弹簧储能、重合闸装置等。如果是操作压力降低或弹簧未储能应按前面讲述的压力降低的方法处理，重合闸装置故障时，应及时汇报调度退出重合闸，并汇报上级主管部门，安排及时更换。

（2）断路器保护动作，线路并联电抗器保护动作，主变压器保护动作，母线差动保护动作闭锁断路器重合闸是正确的。

（3）线路保护动作断路器跳闸，而重合闸未动作，应检查重合闸压板（把手）和重合闸的投入方式是否正确。

三、异常处理危险点分析及预控措施

高压断路器（GIS）电气设备异常处理的危险点主要有以下几个方面：有毒、有害气体外漏，人员中毒；走错间隔造成误操作；异常处理时误合接地开关或隔离开关；处理异常时造成人员触电等。具体分析和预控措施见表 ZY1300402006-1。

表 ZY1300402006-1　　异常处理的危险点分析及预控措施

序号	危 险 点	预 控 措 施
1	有毒、有害气体外漏，人员中毒	（1）断路器 SF_6气体泄漏时，从“上风侧”接近设备，必要时要戴防毒面具、穿防护服。 （2）室内 SF_6气体断路器泄漏时，除应采取紧急措施处理，还应开启风机通风，15min 后方可进入室内

续表

序号	危险点	预控措施
2	触电	（1）处理过程中应与一次设备带电部位保持足够的安全距离，750kV 7.2m 以上，330kV 4m 以上，66kV 1.5m 以上。 （2）机构内异常处理时使用的工器具应满足绝缘要求，且绝缘合格；螺钉旋具、扳手、钳子等工具应做绝缘措施，防止低压触电
3	误操作	（1）异常处理时，往往不填写操作票，易发生走错间隔情况，因此在不是非常紧急的异常处理时，应填写操作票或安全措施票，防止走错间隔，造成误操作。 （2）异常处理时应加强解锁钥匙的使用管理，如果要使用解锁钥匙，应加强审批和使用监护，确保解锁正确

【思考与练习】

1. 断路器异常处理的原则是什么？
2. 断路器 SF_6 气体泄漏如何处理？应注意什么？
3. 断路器在操作中拒绝分、合闸，如何处理？
4. 断路器发生非全相运行，如何处理？
5. 断路器发分、合闸闭锁信号后，如何处理？
6. 重合闸闭锁后，如何处理？

模块 7　高压隔离开关、接地开关异常处理（ZY1300402007）

【模块描述】本模块介绍高压隔离开关、接地开关设备异常处理方法。通过处理方法详细讲解、列表说明、案例介绍，能够正确组织处理异常，并能够制定处理异常时的危险点预控措施。

【正文】

一、隔离开关、接地开关异常的处理

（一）瓷质（绝缘）部分异常处理

瓷绝缘子外伤严重、胶合处开裂、瓷绝缘子爆炸、刀口熔焊等，应立即申请停电处理，若发现绝缘子断裂应迅速将其隔离出系统，做好安全措施，等待处理。

因结冰造成绝缘子底座破裂（隔离开关底座转动），或因隔离开关端子箱受潮，分闸回路接通造成隔离开关自分现象，应立即断开本间隔的断路器，对异常隔离开关进行隔离，以防带负荷拉隔离开关。

（二）导电部分异常的处理

（1）隔离开关触头、接点过热。

1）发现隔离开关触头、接点过热时，需申请调度减负荷；严重过热时，应转移负荷，然后停电处理。3/2 断路器接线的断路器可开环运行。对母线侧隔离开关过热触头、接点，在拉开隔离开关后，经现场察看，满足带电作业安全距离的，可带电卸掉母线侧引下线接头，然后进行处理。

2）如停用发热隔离开关可能会引起对外停电，损失较大时，有条件时采取带电作业进行处理。

（2）隔离开关合闸不到位或三相不同期。隔离开关合闸不到位，多数是机构锈蚀、卡涩、检修调试未调好等原因引起的。发生这种情况，可拉开隔离开关再次合闸。若允许，可用绝缘棒推入，必要时可申请停电处理。

（3）隔离开关触头熔焊变形，应申请停电处理，在停电处理前应加强温度监视。

（三）传动部分的异常处理

（1）隔离开关和接地开关因传动部分异常不能操作时，运行人员应进行下列检查：

1）隔离开关与接地开关之间机械闭锁是否解除。

2）机械传动部分的各元件有无明显的松脱、损坏、卡阻和变形等现象。

3）动、静触头是否变形卡涩。

（2）当隔离开关发生机械故障时，不能强行操作，并通知专业人员进行处理。

（3）当隔离开关三相分、合严重不到位或不同期时应通知专业人员进行检修。

（四）操动机构常见异常的处理

1. 电动操作失灵的处理

隔离开关电动操作失灵后，首先检查操作有无差错，然后检查电源回路是否完好，电气闭锁回路是否正常，机构箱内的各空气断路器、把手是否在正常位置，若辅助触点转换不良应调整辅助触点。还可根据需要采取手动操作。

2. 遥控操作失灵的处理

（1）检查操作的设备是否正确。

（2）检查遥控操作条件是否满足。

（3）检查交流电源是否正常，相序是否正确，回路是否正常。

（4）电动机热继电器是否动作未复归。

（5）接触器或电动机是否故障。

（6）隔离开关机构有无卡涩等故障。

（7）操作回路有无断线、端子松动现象。

（8）端子箱内的各小开关、把手是否在正常的位置。

（9）电气闭锁逻辑是否正确。

如果发现接线松动、把手位置不对应、继电器故障等情况应及时处理，处理后再操作；如果不能及时查出故障点，又需要及时操作时，可就地电动或手动将隔离开关合上或分开，并将该问题作为缺陷，待下次停电机会处理。应防止误操作，防止造成误拉、误合隔离开关。

二、异常处理中的危险点和预控措施

高压隔离开关、接地开关异常处理的危险点主要有以下几个方面：隔离开关绝缘子裂纹，异常处理操作时断裂，造成人身伤害；走错间隔造成误操作；异常处理时误合接地开关或隔离开关；处理异常时造成人员触电等。具体分析及预控措施见表 ZY1300402007-1。

表 ZY1300402007-1　　异常处理的危险点分析及预控措施

序号	危 险 点	预 控 措 施
1	人身伤害	（1）隔离开关绝缘子裂纹需要拉开时，尽量采用遥控操作，防止断裂造成人身伤害。 （2）不能进行电动或遥控操作的隔离开关，确需就地拉开时应做好安全措施，迅速拉开后远离隔离开关
2	走错间隔造成误操作	（1）异常处理时，往往不填写操作票，易发生走错间隔情况，因此在不是非常紧急的异常处理时，应填写操作票或安全措施票，防止走错间隔，造成误操作。 （2）异常处理时应加强解锁钥匙的使用管理，如果要使用解锁钥匙，应加强审批和使用监护，确保解锁正确
3	误合接地开关或隔离开关	（1）隔离开关、接地开关异常处理时应根据现场情况做好安全措施，防止将隔离开关或接地开关误合至带电线路或母线上。 （2）断开异常接地开关或隔离开关的电源，防止自合闸，必要时还应锁住操作把手
4	触电	（1）隔离开关的一侧带电时，应将该隔离开关视为带电设备，没有做好安全措施前，不得登上该隔离开关。 （2）处理过程中应与一次设备带电部位保持足够的安全距离，750kV 7.2m 以上，330kV 4m 以上，66kV 1.5m 以上。 （3）机构内异常处理时使用的工器具应满足绝缘要求，且绝缘合格；螺钉旋具、扳手、钳子等工具应做绝缘措施，防止低压触电

三、案例

某 750kV 变电站 2 号主变压器低压侧隔离开关 B、C 相刀口接触处发热，温度达到 110℃以上，并有上升趋势，A 相温度只有 65℃。当时通过隔离开关的负荷电流是 3000A，66kV 母线电压是 59.4kV，当时 2 号主变压器低压侧接有 3 台 120Mvar 的电抗器和一台 1600kVA 的站用变压器运行。为了防止隔离开关继续发热，现场运行人员根据 66kV 母线电压情况，向调度汇报了该发热异常情况，并向调度申请退出一台电抗器。经调度同意，退出一台电抗器后，发热隔离开关的负荷电流降为 2000A，过了 20min 后，测温发现发热相的温度降至 75℃。随后利用主变压器停电的机会对发热隔离开关进行处理。

【思考与练习】

1. 隔离开关遥控操作失灵如何处理？
2. 隔离开关和接地开关异常处理的危险点有哪些？如何预防？

第三十一章　补偿装置异常及缺陷处理

模块 1　补偿装置异常现象及分析（GYBD00501001）

【模块描述】本模块介绍了补偿装置的常见异常。通过原理讲解、要点归纳，了解电容器、电抗器常见异常现象和产生的原因。

【正文】

补偿装置主要有并联电容器组、电抗器、接地变压器、消弧线圈及静止无功补偿器等。补偿装置在变电站中主要起补偿系统的无功功率，维持系统电压的作用。消弧线圈和接地变压器可以补偿小电流接地系统接地电流。

一、并联电容器组常见异常现象及原因分析

（1）渗漏油。电容器在运行中如外壳或下部有油渍则可能是发生了渗漏油，渗漏油会使电容器中的浸渍剂减少，内部元件易受潮从而导致局部击穿。造成电容器渗漏油的原因有：

1）搬运、安装、检修时造成法兰或焊接处损伤，使法兰焊接出现裂缝。

2）接线时拧螺钉过紧、瓷套焊接出现损伤。

3）产品制造缺陷。

4）温度急剧变化，由于热胀冷缩使外壳开裂。

5）在长期运行中漆层脱落，外壳严重锈蚀。

6）设计不合理，如使用硬排连接，由于热胀冷缩，极易拉断电容器套管。

（2）外壳膨胀变形。运行中电容器的外壳可能发生鼓肚等变形现象。外壳膨胀变形的原因有：

1）介质内产生局部放电，使介质分解而析出气体。

2）部分元件击穿或极对外壳击穿，使介质析出气体。

3）运行电压过高或拉开断路器时重燃引起的操作过电压作用。

4）运行温度过高，内部介质膨胀过大。

（3）单台电容器熔丝熔断。单台电容器熔丝熔断的现象可通过巡视发现，有时也会反映为电容器组三相电流不平衡。单台电容器熔丝熔断的原因有：

1）过电流。

2）电容器内部短路。

3）外壳绝缘故障。

（4）温升过高，接头过热或熔化。通过红外测温、试温蜡片或雨雪天观察能够发现电容器或接头温度过高的现象。造成电容器组温度过高的原因有：

1）电容器组冷却条件变差，如室内布置的电容器通风不良，环境温度过高，电容器布置过密等。

2）系统中的高次谐波电流影响。

3）频繁切合电容器，使电容器反复承受过电压的作用。

4）电容器内部元件故障，介质老化、介质损耗增大。

5）电容器组过电压或过电流运行。

（5）声音异常。电容器发出异常音响的原因有：

1）内部故障击穿放电。

2）外绝缘放电闪络。

3）固定螺钉或支架等松动。

（6）过电流运行。运行中的电容器可能发生过电流运行的现象。造成电容器过电流的原因有：

1）过电压。

2）高次谐波影响。

3）运行中的电容器容量发生变化，容量增大。

（7）过电压运行。电容器组运行电压过高的主要原因有：

1）电网电压过高。

2）电容器未根据无功负荷的变化及时退出，造成补偿容量过大。

3）系统中发生谐振过电压。

（8）套管破裂或放电，瓷绝缘子表面闪络。电容器套管表面脏污或环境污染，再遇上恶劣天气（如雨、雪）和遇有过电压时，可能产生表面闪络放电，引起电容器损坏或跳闸。电容器套管破裂会使套管绝缘性能降低，在雨雪天气下，裂缝处进水造成闪络接地，冬天融雪水进入套管裂缝处结冰会造成套管破裂。

（9）三相电流不平衡。电容器组在运行中容量发生变化或者分散布置电容器组某一相有单只电容器熔丝熔断造成三相容量不平衡，会引起电容器三相电流不平衡。

二、电抗器常见异常现象及原因分析

变电站中的电抗器分为串联电抗器和并联电抗器两种。串联在电容器组内的电抗器，用以减小电容器组涌流倍数及抑制谐波电压。并联电抗器接在主变压器低压侧，用于补偿输电线路的容性无功功率，维持系统电压稳定。下面介绍电抗器常见的异常现象及产生原因。

（1）声音异常。电抗器正常运行时，发出均匀的“嗡嗡”声，如果声音比平时增大或有其他声音都属于声音异常。

1）响声均匀，但比平时增大，可能是电网电压较高，发生单相过电压或产生谐振过电压等，可结合电压表计的指示进行综合判断。

2）有杂音，可能是零部件松动或内部原因造成的。

3）有放电声，外表放电多半是污秽严重或接头接触不良造成的；内部放电声多半是不接地部件静电放电、线圈匝间放电等。

4）对于干式空芯电抗器，在运行中或拉开后经常会听到“咔咔”声，这是电抗器由于热胀冷缩而发出的正常声音，如有其他异声，可能是紧固件、螺钉等松动或是内部放电造成的。

（2）温度异常。温度异常一般表现为油浸电抗器温度计指示偏高或已经发出超温报警，干式电抗器接头及包封表面过热、冒烟。电抗器过热的主要原因有：

1）过电压运行。

2）温升的设计裕度取得过小，使设计值与国标规定的温升限值很接近。

3）制造的原因，如绕制绕组时，线轴的配重不够、绕制速度过快和停机均可造成绕组松紧度不好和绕组电阻的变化。

4）附近有铁磁性材料形成铁磁环路，造成电抗器漏磁损耗过大。

5）接线端子与绕组焊接处的焊接电阻由于焊接质量的问题产生附加电阻，该焊接电阻产生附加损耗使接线端子处温升过高；另外，在焊接时由于接头设计不当、焊缝深宽比太大，焊道太小，热脆性等原因产生的焊缝金属裂纹都将降低焊接质量，增大焊接电阻，也会造成焊接处温度升高。

（3）套管闪络放电。套管闪络放电会导致发热老化，绝缘下降引发爆炸。常见原因如下：

1）表面粉尘污秽过多，阴雨雾天气因电场不均匀发生放电。

2）系统出现过电压，套管内存在隐患而放电闪络击穿。

3）高压套管制造质量不良，末屏出线焊接不良或小绝缘子芯轴与接地螺套不同心，接触不良以及末屏不接地，导致电位提高而逐步损坏形成放电闪络。

（4）引线断股或散股。

（5）油浸式电抗器常见异常及原因分析。

1）油位异常。现象和原因有：

a. 油位过低。主要原因是电抗器严重渗漏油、气温过低、油枕储量不足、气囊漏气等。

b. 油位过高。当环境温度很高，高压电抗器油枕储油较多时，可能出现油位高信号。

2）油浸高压电抗器渗漏油。常见部位和原因如下：

a. 阀门系统。蝶阀胶垫材质安装不良，放油阀精度不高，螺纹处渗漏。

b. 胶垫、接线螺钉、高压套管基座、TA 出线接线螺钉胶垫密封不良无弹性，小绝缘子破裂渗漏。

c. 胶垫因材质不良龟裂失去弹性，不密封而渗漏。

d. 高压套管升高座法兰、油箱外表、油箱法兰等焊接处因材质薄加工粗糙形成渗漏等。

3）呼吸器硅胶变色过快。可能是由于硅胶罐有裂纹破损，呼吸管道密封不严，油封罩内无油或油位太低，胶垫龟裂不合格，螺钉松动或安装不良等使湿空气未经油过滤而直接进入硅胶罐中。

（6）干式电抗器常见异常现象及原因分析。

1）干式电抗器包封表面有爬电痕迹、裂纹或沿面放电。电抗器在户外的大气条件下运行一段时间后，其表面会有污物沉积，同时表面喷涂的绝缘材料也会出现粉化现象，形成污层。在大雾或雨天，表面污层会受潮，导致表面泄漏电流增大，产生热量。这使得表面电场集中区域的水分蒸发较快，造成表面部分区域出现干区，引起局部表面电阻改变。电流在该中断处形成很小的局部电弧。随着时间的增长，电弧将发展合并，在表面形成树枝状放电烧痕，引起沿面树枝状放电，绝大多数树枝状放电产生于电抗器端部表面与星状板相接触的区域。而匝间短路是树枝状放电的进一步发展，即短路线匝中电流剧增，温度升高到使线匝绝缘损坏，高温下导线熔化。

2）支持绝缘子有倾斜变形或位移、绝缘子裂纹。电抗器安装时支持绝缘子受力不均匀、基础沉陷或地震等都会造成支持绝缘子倾斜变形或绝缘子破裂。变电站中常见的是由于电抗器基础沉陷造成支持绝缘子倾斜变形或破裂。另外，绝缘子受到冰雹或大风刮起的杂物碰撞也会造成破损裂纹。

3）接地体、围网、围栏等异常发热。在电抗器轴向位置有接地网，径向位置有设备、遮栏、构架等，都可能因金属体构成闭环造成较严重的漏磁问题，对周围环境造成严重影响。若有闭环回路，如地网、构架、金属遮栏等，其漏磁感应环流达数百安培。这不仅增大损耗，更因其建立的反向磁场同电抗器的部分绕组耦合而产生严重问题，如是径向位置有闭环，将使电抗器绕组过热或局部过热，相当于电抗器二次侧短路；如是轴向位置存在闭环，将使电抗器电流增大和电位分布改变，故漏磁问题并不能简单地认为只是发热或增加损耗。

4）有撑条松动或脱落情况。造成这种现象的原因主要有安装质量不良或长期运行振动导致紧固螺钉松动等。

5）绝缘支柱绝缘子或包封不清洁，金属部分有锈蚀现象。

6）干式电抗器内有鸟窝或有异物，影响通风散热。

三、接地变压器和消弧线圈的常见异常现象及原因分析

接地变压器和消弧线圈出现故障和系统中的故障及异常运行情况有很密切的关系。接地变压器和消弧线圈一般只有在系统有接地、断线及三相电流严重不对称时，才有较大的电流通过，内部故障的现象才会显现出来。

（1）渗漏油。接地变压器和消弧线圈发生渗漏油时能在其外壳或下部看到油渍或油滴，渗漏油会造成油面降低，使绝缘曝露在空气中，使绝缘材料老化加剧，绝缘性能降低。渗漏油还会使绝缘油中进入空气，造成绝缘油劣化。渗漏油的原因有：

1）外壳密封不良。

2）油标管与外壳间有缝隙。

3）放油或加油后阀门关闭不严密。

4）油位过高，温度升高时有油从上部溢出。

（2）内部有放电声。巡视时如听到接地变压器和消弧线圈内部有“噼啪”声或“吱吱”声，则可能是内部发生了放电现象，内部放电会造成绝缘过热烧损，甚至击穿造成事故。引起内部放电的原因有：

1）绕组绝缘损坏，对外壳或铁芯放电。

2）铁芯接地不良，在感应电压作用下对外壳放电。

（3）套管污秽严重、破裂、放电或接地。

1）接地变压器和消弧线圈安装地点空气污染较重、长期得不到清扫等会造成套管污秽严重。在雨、雪、大雾等潮湿天气，套管上的污秽与水相结合会形成导电带，造成套管放电或接地。

2）套管安装质量不良，受力不均匀或者受到恶劣天气（如冰雹等）影响会使套管破损裂纹，套管破裂后潮气侵入套管内部使套管绝缘性能下降，严重时也会造成套管放电或接地。

（4）本体温度（或温升）超过极限值、冒烟甚至着火。接地变压器和消弧线圈内部放电、分接开关接触不良、主变压器中性点电压位移过大或者长时间通过接地电流时都会产生温升过高现象，严重时会造成接地变压器和消弧线圈内部绝缘材料烧坏、冒烟甚至起火。

（5）分接开关接触不良。消弧线圈分接位置调整不到位、分接头接触部分生锈或有油膜会造成分接开关接触不良。分接开关接触不良会造成在通过接地补偿电流时发生过热现象，严重时会使设备烧损。

（6）接地变压器和消弧线圈外壳鼓包或开裂。接地变压器和消弧线圈外壳膨胀、开裂缺陷常会伴随发生渗漏油现象。外壳膨胀或开裂的原因有：

1）内部过热使绝缘油膨胀或气化，外壳承受过高的压力造成膨胀或开裂。

2）地震等外力破坏使外壳承受过高的应力作用发生开裂。

3）外壳焊接质量不良造成开裂。

（7）中性点位移电压大于15%相电压。系统中性点位移电压过大的原因有：

1）系统中有接地故障。

2）系统负荷严重不平衡。

3）系统电源非全相运行。

4）谐振过电压。

（8）一次导流部分发热变色。由于导流部分接触不良，引起过热。

（9）设备的试验、油化验等主要指标超过相关规定。

【思考与练习】

1. 并联电容器组有哪些常见异常现象？

2. 消弧线圈有哪些常见异常现象？

3. 电容器外壳膨胀变形的原因有哪些？

4. 电抗器有哪些常见异常现象？

5. 为什么有些电抗器周围的围栏会发热？

模块2　补偿装置异常处理（GYBD00501002）

【模块描述】本模块介绍了补偿装置常见异常的处理。通过案例介绍，掌握电容器、电抗器异常的处理方法。

【正文】

补偿装置发生异常，会影响变电站无功补偿能力，造成系统电压质量降低，所以发现补偿装置异常应及时进行处理。

一、电容器组异常处理

1. 电容器组立即停运的情况

遇有下列异常情况之一时电容器应立即退出运行：

（1）电容器发生爆炸。

（2）触头严重发热或电容器外壳测温蜡片熔化。

（3）电容器外壳温度超过55℃或室温超过40℃，采取降温措施无效时。

（4）电容器套管发生破裂并有闪络放电。

（5）电容器严重喷油或起火。

（6）电容器外壳明显膨胀或有油质流出。

（7）三相电流不平衡超过 5%以上。

（8）由于内部放电或外部放电造成声音异常。

（9）密集型并联电容器压力释放阀动作。

2. 电容器组应加强监视的情况

电容器组有以下异常现象时应查找原因，采取措施尽快停电处理：

（1）电容器组渗油时，如渗油不严重，可不申请停电处理，只需要按照缺陷管理制度上报缺陷，但必须随时监视；若渗油严重，必须申请停电进行处理。

（2）电容器温度过高，必须严密监视和控制环境温度，如室温过高，应改善通风条件或采取冷却措施控制温度在允许范围内，如控制不住则应停电处理。在高温、长时间运行的情况下，应定时对电容器进行温度检测。如系电容器本身的问题或触点温度过高则应停电处理。

（3）由于外部固定螺钉或支架松动等外部原因造成声音异常。

（4）电容器单台熔断器熔断后的处理：

1）严格控制运行电压。

2）将电容器组停电并充分放电后更换熔断器，投入后继续熔断，应退出该组电容器。

3）报缺陷由检修人员测量绝缘，对于双极对地绝缘电阻不合格或交流耐压不合格的应及时更换。

4）因熔断器熔断引起相间电流不平衡接近 2.5%时，应更换故障电容器或拆除其他相电容器进行调整。

（5）发现电容器三相电流不平衡度不超过 5%时，应立即检查系统电压是否平衡、单台电容器熔丝是否熔断，查出原因后报调度或检修单位处理。如无上述现象，可能是电容器组容量发生变化，应尽快将该组电容器退出运行，报检修单位处理。

（6）母线电压超过电容器额定电压后，过电压倍数及运行持续时间按表 GYBD00501002-1 规定执行。

（7）电容器运行电流超过额定电流，但不到 1.3 倍时。

表 GYBD00501002-1　　电力电容器过电压倍数及运行持续时间表

过电压倍数（U_g/U_n）	持续时间	说明
1.05	连续	—
1.10	每 24h 中 8h	—
1.15	每 24h 中 30min	系统电压调整与波动
1.20	5min	轻荷载时电压升高
1.30	1min	

二、高压电抗器异常处理

1. 干式电抗器异常处理

（1）干式电抗器有以下异常应立即停电处理：

1）接头及包封表面异常过热、冒烟。

2）干式电抗器出现沿面放电。

3）绝缘子有明显裂纹或倾斜变形。

4）并联电抗器包封表面有严重开裂现象。

（2）电抗器有以下异常时应加强监视并尽快退出运行：

1）设备有过热点，接地体发热，围网、围栏等异常发热。若发现电抗器有局部发热现象，则应减少该电抗器的负荷，并加强通风。必要时可采用临时措施，采用轴流风扇冷却（户内设备），待有机会停电时，再进行处理。

2）包封表面存在爬电痕迹以及裂纹现象。

3）支持绝缘子有倾斜变形（或位移），暂不影响继续运行。

4）有撑条松动或脱落情况。

（3）电抗器有以下异常时应报缺陷按检修计划处理：

1）包封表面不明显变色或轻微振动。

2）绝缘支柱绝缘子或包封不清洁，金属部分有锈蚀现象。

3）干式电抗器内有鸟窝或有异物，影响通风散热。

4）引线散股。

2. 油浸高压电抗器异常处理

（1）温度异常。检查油位、油色有无异常，并结合无功负荷、电压高低、环境温度分析对照，初步判明高压电抗器内部有无问题。将检查分析结果汇报调度和工区，听候处理。

（2）声响异常。

1）高压电抗器响声均匀，但比平时增大，应加强监视。

2）高压电抗器有杂音，首先检查有无零部件松动，查看电流表、电压表指示是否正常。以上检查未见异常时，有可能是内部原因造成的，应报告调度和工区。

3）高压电抗器有放电声。应仔细检查判明放电声是来自表面还是由内部发出，外表放电多半是污秽严重或接头接触不良造成的，应停电处理；内部放电声多半是不接地部件静电放电、线圈匝间放电等。这时应严密监视，及时上报调度和工区。

（3）油位异常。

1）油位偏低或偏高时，应加强监视，报缺陷处理。

2）由于渗漏油造成油位过低，应汇报调度申请停电处理。

（4）渗漏油。

1）轻微漏油或渗油属于一般缺陷，可加强监视，报调度和工区，安排计划处理。

2）严重漏油应申请停电处理，在停电前加强监视，做好事故预想和应急处理准备。

（5）呼吸器硅胶变色过快，应查找变色过快的原因，报缺陷处理。

三、接地变压器和消弧线圈异常处理

消弧线圈动作或发生异常现象时，应记录好动作时间、中性点位移电压、电流及三相对地电压，并及时向调度汇报。

1. 接地变压器和消弧线圈立即停运的情况

接地变压器或消弧线圈有以下异常时应立即退出运行：

（1）设备漏油，从油位指示器中看不到油位。

（2）设备内部有放电声响。

（3）一次导流部分接触不良，引起发热变色。

（4）设备严重放电或瓷质部分有明显裂纹。

（5）绝缘污秽严重，存在污闪可能。

（6）阻尼电阻发热、烧毁或接地变压器温度异常升高。

（7）设备的试验、油化验等主要指标超过相关规定，由试验人员判定不能继续运行。

（8）消弧线圈本体或接地变压器外壳鼓包或开裂。

2. 接地变压器和消弧线圈应加强监视的情况

接地变压器或消弧线圈有以下异常时，应查找原因、采取措施并尽快退出运行：

（1）设备渗漏油，还能够看到油位。

（2）红外测量设备内部异常发热。

（3）工作、保护接地失效。

（4）瓷质部分有掉瓷现象，不影响继续运行。

（5）绝缘油中有微量水分，游离碳呈淡黑色。

（6）二次回路绝缘下降，但不超过30%。

（7）中性点位移电压大于15%相电压。

（8）设备不清洁、有锈蚀现象。

3. 隔离故障设备的方法

将故障接地变压器或消弧线圈退出运行的方法如下：

（1）在系统存在接地故障的情况下，不得停用消弧线圈，且应严格对其上层油温加强监视，其值最高不得超过95℃，并迅速查找和处理单相接地故障，应注意允许带单相接地故障运行时间不得超过2h，否则应将故障线路断开，停用消弧线圈。

（2）若接地故障已查明，将接地故障切除以后，检查接地信号已消失，中性点位移电压很小时，方可用隔离开关将消弧线圈拉开。

（3）若接地故障点未查明，或中性点位移电压超过相电压的15%时，接地信号未消失，不准用隔离开关拉开消弧线圈。可作如下处理：

1）投入备用变压器或备用电源。

2）将接有消弧线圈的变压器各侧断路器断开。

3）拉开消弧线圈的隔离开关，隔离故障。

4）恢复原运行方式。

四、补偿装置异常处理举例

某变电站电容器组频繁发生单台熔丝熔断现象，经检修单位测试检查电容器有轻微容量变化，但尚在允许范围内。运行一段时间后，电容器组事故跳闸，检查发现多台电容器熔丝发生熔断，电容器本体及围栏有烧损现象。测试发现该组电容器均发生容量增大现象。经事故调查分析，原因为电容器组断路器分闸速度不够，在操作中拉开电容器时发生电弧重燃。电容器组在电弧重燃过电压的作用下内部绝缘介质局部击穿，造成电流增大，损坏严重的电容器熔丝熔断。同时，由于电容器熔丝安装时角度调整不够，使熔丝熔断时分断速度过小，电弧不能断开，造成弧光短路，引起整组电容器跳闸。事后该变电站更换了所有电容器组断路器，并对全部电容器熔丝进行了调整，消除了电容器组缺陷。

【思考与练习】

1. 电容器有哪些异常现象时应停电处理？

2. 电抗器有哪些异常现象时应停电处理？

3. 接地变压器或消弧线圈有哪些异常现象时应停电处理？

模块3 补偿装置异常处理危险点源分析（GYBD00501003）

【模块描述】本模块对补偿装置异常处理中的危险点源进行了分析。通过要点讲解，能够制定相应的预控措施。

【正文】

一、补偿电容器组异常处理危险点分析

1. 检查处理电容器组异常现象时人身触电

控制措施：检查处理电容器组异常现象时，不得触及电容器外壳或引线，以防止电容器内部绝缘损坏造成外壳带电；若有必要接触电容器，应先拉开断路器及隔离开关，然后验电装设接地线，并对电容器进行充分放电。

2. 更换单只电容器熔断器时人身触电

控制措施：在接触电容器前，应戴绝缘手套，用短路线将电容器的两极短接，方可动手拆卸；对双星形接线电容器的中性线及多个电容器的串接线，还应单独放电。

3. 摇测电容器两极对外壳和两极间绝缘电阻时人身触电

控制措施：由两人进行，测量前用导线将电容器放电；测试完毕后，将电容器上的电荷放尽。

4. 处理电容器着火时人身触电

控制措施：先将电容器停电后再进行灭火，由于电容器可能有部分电荷未释放，所以应使用绝缘介质的灭火器，并不得接触电容器外壳和引线。

5. 检查处理电容器组异常现象时电容器爆炸伤人

控制措施：发现电容器内部有异常音响或外壳严重膨胀等异常现象，应立即将电容器停电，停电前不得再接近发生异常的电容器组。

6. 电容器组投切操作时电容器爆炸伤人

控制措施：应先检查无人在电容器组附近后再进行操作。

7. 由于处理不当造成电容器爆炸

控制措施：

（1）电容器组断路器跳闸后，在未查明原因并处理前不得试送电容器。

（2）电容器组切除后再次投入运行，应间隔 5min 后进行。

（3）发现电容器有需要立即退出运行的异常现象时，应立即将电容器停电处理。

二、电抗器异常处理危险点分析

1. 由于处理不当造成设备损坏

控制措施：按照电抗器异常处理方法将需立即停电的电抗器退出运行。

2. 处理电抗器异常时人身被烧、烫伤

控制措施：

（1）发现电抗器或周围围栏等设备过热时，不得触及设备过热部分。

（2）电抗器冒烟或着火，灭火时应做好个人防护措施，必要时报火警。

3. 检查处理电抗器异常时人身受到伤害

控制措施：发现干式电抗器有异常声响、放电或支持绝缘子严重破损或位移时，应立即远离故障电抗器，并迅速将其退出运行。

4. 检查处理电抗器异常时人身触电

控制措施：

（1）在电抗器停电并做好安全措施前，不得进入电抗器围栏或接触干式电抗器外壳。

（2）电抗器冒烟或着火，应在断开电源后用干粉、二氧化碳等绝缘灭火材料的灭火器灭火。

三、接地变压器或消弧线圈异常处理危险点源分析

1. 接地变压器和消弧线圈停电操作中带负荷拉合隔离开关

控制措施：

（1）在进行接地变压器或消弧线圈投、停操作前，需查明电网内确无单相接地，且消弧线圈电流小于 10A 后，方可用隔离开关进行操作。

（2）若接地故障点未查明，或中性点位移电压超过相电压的 15%时，接地信号未消失，不准用隔离开关拉开接地变压器或消弧线圈。

（3）严禁用隔离开关拉、合发生异常的接地变压器或消弧线圈。

2. 将带有消弧线圈的主变压器退出运行后其他主变压器过负荷

控制措施：

（1）一台主变压器停运操作前，先检查负荷情况，联系调度，提前限制负荷。

（2）拉开主变压器低、中压侧断路器后，检查运行主变压器各侧负荷情况，发现过负荷及时处理。

3. 处理过程中发生系统谐振

控制措施：在进行消弧线圈投入和退出电网的操作时，应密切监视电网运行情况，发现谐振立即处理。

【思考与练习】

1. 电容器组发生一台电容器熔断器熔断，需运行人员更换熔断器，请进行处理过程中的危险点源分析。

2. 如何防止接地变压器或消弧线圈异常处理过程中发生带负荷拉隔离开关？

模块3　GYBD00501003

第三十二章　互感器异常处理

模块1　电压、电流互感器常见异常（ZY1300403001）

【模块描述】本模块主要介绍电压、电流互感器一、二次设备及回路常见的异常及故障特征。通过异常现象分析、归纳讲解，掌握电压、电流互感器异常现象和故障的特征。

【正文】

电压、电流互感器是将系统一次电压或电流转变为二次电压和二次电流，供给继电保护、测控等自动装置的主要设备，是系统继电保护、测控和自动装置数据采集的主要数据源。互感器的一次侧与电力网相连接，其二次侧与负载回路相连接。

互感器按其作用可分为电压互感器和电流互感器，互感器常见异常一般可分为两大类：一类是本体（一次设备）异常；另一类是二次电路（二次负载回路）异常。

一、电压互感器常见异常

750kV 独立电压互感器为电容式电压互感器，750kV GIS 母线单相电压互感器为电磁式电压互感器，电压互感器一次常见异常有本体内部故障、瓷套破碎或有裂纹、本体过热、渗漏油，二次异常有二次回路断线。

（一）一次常见异常现象

（1）本体过热。通过远红外测温仪或成像测温仪可以发现其过热现象。

（2）外绝缘损坏，套管瓷绝缘严重破损、裂纹（套管严重破裂，套管、引线出现严重的火花放电），正常巡视时即可发现绝缘子损坏情况。

（3）互感器漏油、喷油现象（大多数属于本体内部故障，由于过热引起）。电容式电压互感器渗油、漏油、电容击穿等。

（4）本体内部故障（大多数为谐振或过热引起），电容式电压互感器电容元件、电磁元件损坏。

（5）内部故障能发出异味甚至冒烟，内部声音不正常，间断出现“噼啪”放电声音。

（6）预防性试验数据不合格。主要包括介质损耗、接触电阻绝缘、油击穿电压和油总烃等。

（7）电磁式电压互感器发生铁磁谐振。

（二）二次常见异常现象

电压互感器二次回路常见异常及故障主要分两类：一类是二次回路短路或负荷突然增大，使二次空气断路器跳闸或二次绕组绝缘损毁；另一类是二次回路断线，接触不良等。

1. 短路现象

（1）常见的电压二次短路故障多发生在二次回路有人工作的场合，由于工作人员的过失造成的短路，使二次空气断路器跳闸。

（2）二次空气断路器热偶故障或二次引线短路故障，造成二次空气断路器跳闸。

（3）电压二次回路短路现象有元件损坏、短路或者冒烟、二次空气断路器跳闸。

2. 断线现象

（1）当电压二次回路出现断线时，一般电压不平衡或电压为零。

（2）电磁式电压互感器的电磁单元发生铁磁谐振。

二、电流互感器常见异常

电流互感器的常见异常分为本体异常和二次回路异常两类。本体异常有发热、渗漏油和绝缘击穿等；二次回路异常一般是开路和接线错误等。

（一）一次常见异常现象

1. 本体故障及异常

（1）本体过热现象。一般分为内部故障和外部故障。内部故障（包括铁芯、绕组和机件有松动现象）主要特征为会有较强的异常声音，发出臭味、冒烟。外部故障的主要特征为瓷绝缘严重破损、裂纹，引线与外壳之间有火花放电现象。

（2）干式电流互感器外壳干裂。

2. 声音异常

电流互感器二次阻抗很小，正常情况相当于变压器的短路运行状态，一般情况没有声音。当电流互感器发生故障，会有较强的声音和其他异常现象。可能为铁芯松动，发出不随一次负荷变化的“嗡嗡”声。

3. 渗漏油、漏气现象

互感器漏油、喷油，SF_6电流互感器漏气、压力低报警。

4. 绝缘故障

互感器内部击穿或引线出口处绝缘击穿（大多数属于内部故障，由于过热引起）。

5. 试验参数不合格

介质损耗超过规定值或明显较前一次试验增大，色谱超过规定值或与前一次试验相差较大。

（二）二次常见异常现象

1. 电流互感器二次回路开路

主要现象：监控后台机发出“TA 故障”告警，相应测控屏装置告警，有关保护被闭锁，并有以下现象：

（1）电流、有功、无功表指示不正常，电流表三相不一致，监控系统采样数据显示不正常，电能表转慢或不正常。

（2）微机保护电流互感器故障告警、装置异常。

（3）仪表、继电保护插件冒烟或烧毁，伴有极强的臭味，可能是绝缘损坏，电缆可能起火。

2. 误接线或误动

（1）电流互感器二次极性接反。一般在试验时才可以发现。

（2）工作人员调试短接端子未拆除或误短接。一般在验收检查和传动试验时可以发现。

3. 电流互感器接线错误

（1）极性错误。只有在做极性试验或事故发生后才能发现。

（2）工作人员在电流互感器二次回路工作中拆动电流端子，或误短接电流端子，供电前未能恢复，造成电流二次回路故障。

【思考与练习】

1. 电压互感器一次常见异常有哪些？

2. 电压互感器二次常见异常有哪些？

3. 电流互感器一次常见异常有哪些？

4. 电流互感器二次常见异常有哪些？

模块 2　电压、电流互感器异常分析（ZY1300403002）

【模块描述】本模块主要介绍电压、电流互感器一、二次设备及回路常见的异常及故障的原因分析。通过详细讲解、案例分析，能正确分析异常及故障的类型、位置、原因，并及时汇报和进行一些简单处理。

【正文】

当运行中的电压、电流互感器发生异常或故障时，运行人员应根据自动装置、测控装置发出的告警信息，结合对一次设备巡检情况，参考相关规范进行综合分析，作好记录并及时向调度或主管部门进行汇报，并根据现场实际情况进行简单处理，首先要限制异常的发展与扩大，尽可能缩小范围，采取必要的措施，防止异常发展造成事故。

一、电压互感器常见异常分析

（一）本体常见异常原因分析

1. 本体过热

运行中的电压互感器本体过热通常难以发现，一般通过红外测温仪或红外热成像仪才可发现。本体过热的原因大致分为以下3种：

（1）外部或内部电气连接接触不良，严重发热，导致本体发热。

（2）由于长期过负荷运行，会使内部绝缘老化，匝间短路引起本体发热。

（3）缺油引起的过热。

2. 外绝缘损坏

套管瓷绝缘严重破损、裂纹，正常巡视即可发现，有以下原因：

（1）外力破坏。

（2）过电压引起瓷绝缘损坏。

（3）闪络使瓷绝缘损坏。

3. 渗漏油

（1）电压互感器渗漏油一般发生在系统异常运行状态。如出现冲击或系统短路故障情况，电压畸变、电流增大，使内部发热、压力增大造成喷油。

（2）电压互感器内部故障，如匝间短路，出现内部温度急剧升高，压力增大，引起防爆口或引出线等部位出现喷油或大量漏油现象。

（3）电容式电压互感器出现渗漏油现象，说明密封不好，是相当危险的。

4. 内部故障

本体内部故障大多数为谐振或过热引起，主要原因有：

（1）谐振电压造成电压波形畸变，内部元件损坏。

（2）互感器二次负荷突变或短路引起内部绝缘损坏。

（3）绝缘油变质。

（4）内部部件松动。

5. 发生异味和冒烟

发出异味和冒烟的主要原因有：

（1）二次负荷增大，长期过负荷运行，使内部绝缘损坏。

（2）内部有短路现象，匝间短路或对地短路。

（3）当内部发生断线或对地绝缘击穿时会出现“噼啪”放电声音。

6. 试验参数

电压互感器参数发生变化时，运行中一般很难发现，只有在试验或色谱分析时才能发现。如试验的介质损耗与前一次的数据有明显增大，或者绝缘油色谱有关数据值有明显的变化，均视为异常，可根据试验规程综合分析。

7. 电压互感器铁磁谐振

铁磁谐振常发生在中性点不接地系统中，铁磁谐振将引起电压互感器的铁芯饱和，产生电压互感器饱和过电压，任何一种铁磁谐振过电压的产生对系统电感、电容参数都有一定要求，而且需要一定的“激发”：① 对电源只带电压互感器的空载母线突然合闸；② 发生单相接地。这两种情况都会出现很大励磁涌流，使电压互感器的一次电流剧增引发系统过电压。同时，一方面一次熔断器来不及熔断，烧毁电压互感器绕组，另一方面高压熔断器熔断后将造成保护误动作。

（二）二次回路常见异常原因分析

1. 二次回路短路的原因分析

（1）由于工作人员的过失造成短路。多发生在二次回路有人工作的场合。

（2）二次元件损坏造成短路，多为绝缘老化、长期过负荷发热使绝缘损坏而短路。

（3）二次回路绝缘老化击穿，造成短路。

2. 二次回路断线的原因分析

（1）电压端子松动或接触不良，一般是由于端子箱受潮，金属端子被严重氧化或接触不良，造成电压二次断线，此时电压二次空气断路器可能跳闸。

（2）电压二次元件损坏，当电压元件发生故障被烧毁，使电压主回路的连接点开路，造成二次回路断线。

（3）电压二次回路有人工作，由于工作人员的过失造成断线。

（4）电压互感器二次空气断路器自动脱扣跳闸。

二、电流互感器常见异常分析

电流互感器故障和异常时，会严重威胁电网的安全稳定运行，危及人身和设备安全，故障的扩展性很强，当运行中的电流互感器出现故障和异常时，其原因分析如下。

（一）一次常见异常原因分析

1. 本体故障

当电流互感器本体故障出现过热现象时，发热严重、温度过高，会出现喷油、出口处绝缘被击穿、SF_6电流互感器漏气等情况，其主要原因为内部故障和外部故障。

（1）内部故障（包括铁芯、绕组等）。会有较强的异常声音，发出臭味，甚至冒烟。其原因是：套管引出线及内部电气连接部分接触电阻增大或开路，绕组绝缘严重老化变质，铁芯接地不良等。由于机件松动也会造成异常声音的产生，运行人员要区别对待。

（2）外部故障。

1）外力损伤。如运行中砸伤和运输中的遗留伤，系统异常运行时由于过电压的作用可能使瓷绝缘严重破损或裂纹。

2）引线与外壳之间连接不紧、接触不良，出现火花放电现象。由于引线过紧，会造成导线与连接板之间受力，使接线板断裂。

2. 声音异常

电流互感器内部有“噼啪”放电声、沸油声和其他噪声。当电流互感器发生故障，有较强的声音和其他异常声音时，原因如下：

（1）铁芯松动，发出不规则的振动声音，严重时可出现“噼啪”声。

（2）内部严重发热或短路，将出现较强的“嗡嗡”声。

（3）开路时会出现强烈的振动声。内部异常声音和机械振动声音的判断方法是：用绝缘杆点击声音发出部位时，声音会减弱或消失，说明是外部部件振动发出的声音。

3. 渗漏油

电流互感器内部或引线出口处严重漏油、喷油。

（1）内部绝缘损坏，有严重短路现象。二次负荷急剧增大时会使电流互感器内部出现连续高温，造成绝缘损坏。

（2）油位过高，受气温变化影响，不能满足热胀冷缩系数，在环境温度急剧升高时发生喷油或防爆膜破裂喷油。

（3）封油垫老化喷油或漏油。一般前期会有渗油缺陷。

4. 内绝缘

互感器内部击穿或引线出口处绝缘击穿的主要原因：

（1）内部故障，长期过负荷，严重发热。

（2）绝缘老化。

（3）穿越性故障，使电流发生突变。

5. SF_6电流互感器漏气

气体电流互感器对密封性能要求很高，因为气体有较高的压力，运行中的互感器容体长期承受高压，容体密封不良容易出现漏气现象。产生漏气的主要原因有密封材料变质、沙眼，一般为产品质量问题。

（二）二次常见异常原因分析

电流互感器二次回路发生异常时，运行人员首先应考虑该二次回路是否有人工作，因为一般二次回路异常多数是由于误接线所致，而开路现象较为多见，但开路后绝缘很快被击穿造成短路。

1. 二次回路开路的原因分析

（1）交流电流回路的接线端子，由于产品结构和质量、长时间运行老化等原因使接触缝隙氧化而接触不良造成开路。

（2）交流电流回路的试验连接片接触不良接造成开路。

（3）二次线接头压接不紧，接触电阻增大或二次电流增大，发热烧断或氧化过热造成开路。

（4）室外端子接线盒受潮，端子螺钉和垫片氧化、锈蚀，接触不良而造成开路。

（5）二次回路的过渡端子氧化松动、接线头虚焊造成开路。

2. 误接线或误动的原因分析

（1）电流互感器二次极性接反。一般在设备投运前，要对电流端子进行极性试验，其目的就是检验二次接线的正确性，通过三相电流的大小、方向和相位来判断其极性的正确性。极性错误可能的原因是试验设备不正确、试验接线错误或人为因素所致。

（2）工作人员调试中短接端子未拆除或误短接，验收检查和传动试验时可以发现。

（3）工作人员在电流互感器二次回路工作，需要拆除或短接电流端子，供电前未能恢复，造成电流二次回路故障。

（三）电流互感器末屏接地不良的后果及原因分析

电流互感器的末屏接地，就是为了改善电流互感器内电场分布，使电场分布均匀，在其绝缘中布置一定数量均压极板（电容屏），最外层的电容屏（末屏）必须接地。如果末屏未接地或接地不好，因在大电流的作用下，其绝缘电位是悬浮的，电容屏不能起均压作用，在一次通入大电流后，将会导致电流互感器绝缘电位升高，产生高电压，损坏电流互感器。

电流互感器末屏不接地或接地不良，当通过较大电流时，将会出现较强烈的异常声响。

三、简单分析处理

当电压、电流互感器出现异常或故障时，运行人员要及时汇报并作好记录，派人到现场进行检查。其处理步骤如下：

（1）记录异常发生的时间、异常信息，并通过异常特征和异常信息准确判断异常的性质，确定准确位置，当异常有发展时要尽快采取必要措施，防止造成事故，如申请调度退出可能误动的保护压板、将故障部分从系统中隔离等。

（2）汇报调度、运行主管单位，汇报内容包括时间、异常现象、异常信息、能否坚持运行和申请停电的设备。

（3）派人检查一次设备运行情况，现场保护、小室保护及自动装置异常情况，派出检查人要及时向值班负责人汇报检查情况，为值班负责人正确处理故障提供可靠依据。

（4）根据事故现象和性质，提出处理方案，必要时停止设备运行。如果已造成事故，按事故的处理方法进行处理。

四、案例

下面介绍某750kV变电站3350断路器第4组TA的A相异常检查过程及分析。

某750kV变电站，某日18:52监控主机打出“3350断路器PSL632保护TA不平衡动作”、“3350断路器PSL632综重电流启动”、“3350断路器PSL632综重电流启动复归”信号。

检查发现3350断路器第4组TA的A相电流消失，本组TA带3350断路器辅助保护。检查现场断路器本体及TA无异常声音。

经判断认为第4组TA内部有异常。申请调度3350断路器停电检查，第二日1:02 3350断路器停电转检修，等待计量中心进行TA特性试验判断第4组TA的问题。

（1）断路器运行时检查。正常运行时TA二次绕组示意如图ZY1300403002-1所示。

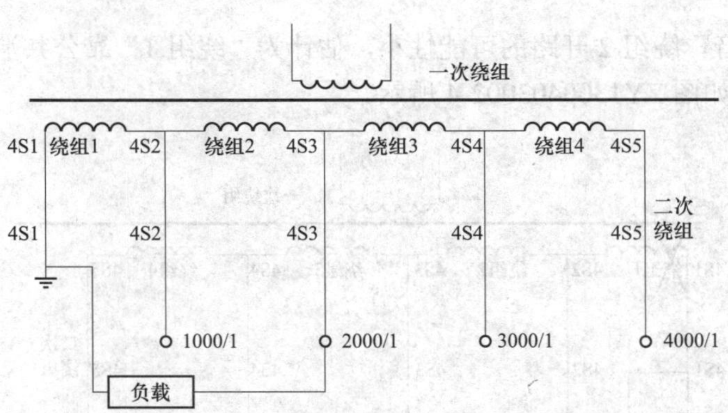

图 ZY1300403002-1　正常运行时 TA 二次绕组示意图

测量方法：在第 4 组 TA 接线端子处将各变比的抽头对 N 端短接后用钳形电流表测量，发现 TA 二次各变比抽头的输出电流如表 ZY1300403002-1 所示。

表 ZY1300403002-1　　TA 二次各变比抽头的输出电流

一次电流	225A			
变比	1000/1	2000/1	3000/1	4000/1
短接抽头	4S1-4S2	4S1-4S3	4S1-4S4	4S1-4S5
用钳形电流表测量短接线所得电流	0.226A	0.004A	0.226A	0.11A
接线	见图 ZY1300403002-2	见图 ZY1300403002-3	见图 ZY1300403002-3	

如图 ZY1300403002-2 所示，用钳形电流表测量短接线 2，此时测量值应为绕组 1、绕组 2 的并联和电流。若所有绕组正常，此时两个绕组电流相反，则电流为零。

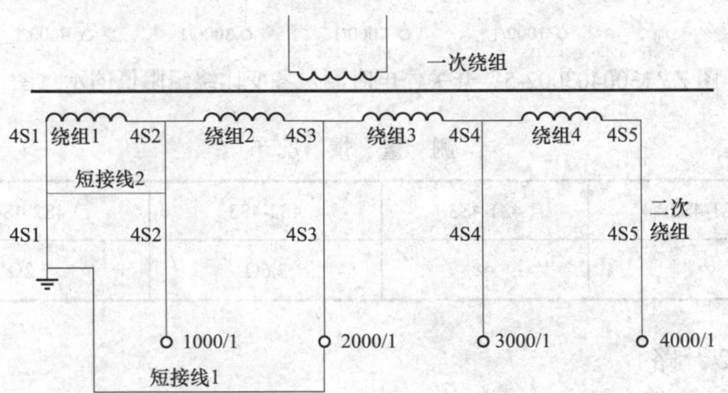

图 ZY1300403002-2　运行时测量 1000/1 和 2000/1 抽头的电流

如图 ZY1300403002-3 所示，用钳形电流表测量短接线 1，运行时测量 2000/1 抽头的电流。用钳形电流表测量短接线 3，此时测量值应为绕组 3、绕组 2 的并联和电流。

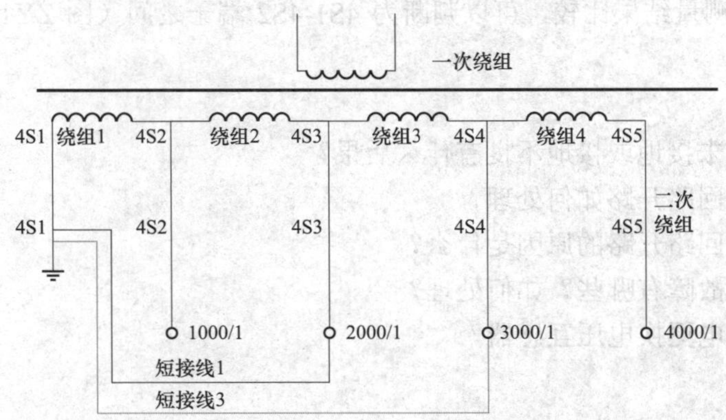

图 ZY1300403002-3　运行时测量 2000/1 和 3000/1 抽头的电流

由于 TA 无异常声音，绕组 2 开路的可能性小，估计为“绕组 1”靠公共端侧绕组（4S1-4S2 端子之间靠 4S1 侧）开路，如图 ZY1300403002-4 所示。

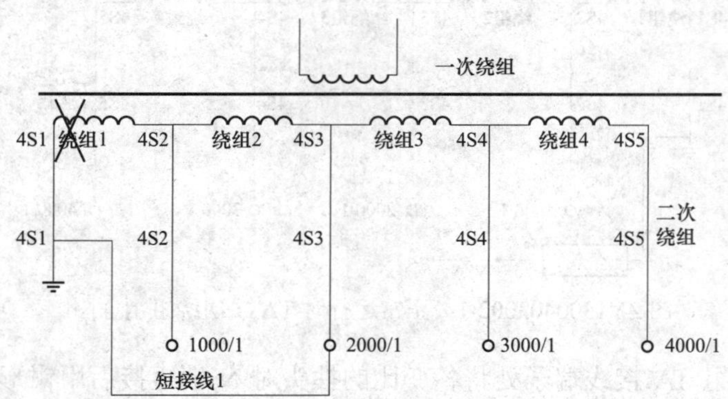

图 ZY1300403002-4 故障点示意图

（2）开关停电时测量各变比绕组阻值情况。

如图 ZY1300403002-5 所示，将开关机构箱后的 TA 回路全部甩开，用欧姆表进行测量，测量情况如表 ZY1300403002-2 所示。

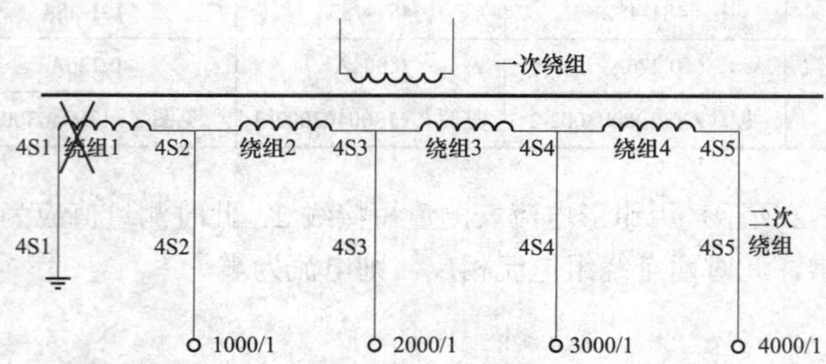

图 ZY1300403002-5 开关停电时测量各变比绕组阻值的示意图

表 ZY1300403002-2 测 量 情 况

抽头	4S1-4S2	4S1-4S3	4S2-4S3	4S2-4S4	4S2-4S5
阻值	∞	∞	3.6Ω	7.2Ω	10.8Ω

测量结果：4S1-4S2 开路。

（3）开关停电时测量绕组绝缘。

1）测量 4S1 对 4S2 绝缘电阻为无穷大。

2）将 4S1～4S5 五个接线端子短接，测量对地绝缘电阻为 130MΩ。

测量结果：第 4 组 TA 二次绕组对地绝缘良好，4S1-4S2 开路。

（4）经带电和停电测量结果比较，可以判断为 4S1-4S2 端子之间（图 ZY1300403002-5 中“×”标注处）有开路故障。

【思考与练习】

1. 电流互感器末屏未接地或接地不良有什么后果？
2. 电流互感器二次回路开路如何处理？
3. 电流互感器二次回路开路的原因是什么？
4. 电压互感器二次故障有哪些？如何处理？
5. 哪些情况需要停电更换电压互感器？

模块3 电压、电流互感器异常处理（ZY1300403003）

【模块描述】本模块主要介绍电压、电流互感器一、二次设备及回路常见的异常及故障的处理方法。通过处理方法讲解、列表说明、案例分析，能正确处理异常及正确进行危险点分析预控。

【正文】

互感器异常后，会引起继电保护和自动装置的异常信号，还可能导致继电保护误动、拒动，甚至造成电网事故，因此，当互感器出现异常时，必须按照正确方法进行处理。首先要根据异常现象，准确判断异常的位置和性质，采取预防异常进一步发展的有效措施，如退出相关保护、将故障点隔离等。防止异常处理中造成开路或短路，使事故扩大，处理中如需倒换运行方式或退出保护装置，应征得相关调度同意。运行人员不能处理的，应尽快通知专业检修人员处理。下面重点介绍电压、电流互感器常见异常的处理方法及危险点分析预控。

一、电压互感器常见异常处理

电压互感器应经常保持在良好状态下运行，当发现运行异常时，运行人员应根据实际情况，按照设备异常、障碍处理程序及处理原则尽快处理，防止故障、异常的发展造成电力系统事故。当运行中的电压互感器发生异常现象时，运行人员要积极采取措施，并按下列步骤进行处理。

1. 电压互感器一次异常的处理

（1）本体异常处理。

1）因电压互感器内部故障，常会发生火灾和爆炸，若发现电压互感器外部有明显故障特征或有严重的放电声时，应立即申请调度，用倒换运行方式或线路停电的方法，将故障电压互感器进行电隔离。

2）750kV 系统母线电压互感器一次发生严重故障需要停电处理时，禁止将电压互感器二次回路进行并列操作，若由于某些线路保护的要求，需要二次并列时，只有在断开故障电压互感器二次空气断路器的情况下，才能将两组电压互感器二次并列操作。因为，未断开故障电压互感器二次回路进行并列操作时，会使非故障电压互感器的二次空气断路器跳闸，造成事故扩大。

（2）绝缘异常处理。750kV 高压设备对绝缘要求很高，当发现电压互感器外绝缘和内绝缘发生异常现象时，必须及时汇报调度，将该互感器停电进行处理，绝缘损坏严重时必须更换。

绝缘已损坏的电压互感器停电操作应使用远方遥控操作。因为，隔离开关和熔断器均没有灭弧能力，若用其断开故障电压互感器，有可能造成母线短路、设备损坏或发生人身事故。

（3）电压互感器渗漏油处理。

1）电压互感器有渗漏油，但不对其本身造成严重影响，且油位正常，应注意加强监视。

2）电压互感器本体严重渗漏油，使油位逐渐降低，当油位降至规定下限以上时，应加强监视，进行特巡或增加巡视次数，有条件的通知专业人员进行带电加油，加相同规格的油。当油位下降至规定油位值以下或看不见油位时，应申请相应调度进行停电处理。

3）线路电容式电压互感器发生渗漏油等严重故障时，有可能造成系统事故，必须向调度申请将该线路停电，用线路开关断开故障电压互感器。电容式电压互感器的电容器油是十二烷基苯，电容器内按规定加一定的油压，分压电容的底盖就是电磁装置（包括补偿电抗器、中间变压器以及谐振阻逆器的电抗器）的油箱盖，这些装置在同一油箱中，密封要求极高，当电容式电压互感器发现外部有渗漏油时，说明该互感器内部已严重故障，应立即申请调度停电处理。

（4）电压互感器声音异常的处理。在运行中，若发电流互感器有异常声音，可从声响、表计指示及保护异常信号等情况判断是否发生二次回路开路故障。如不属于二次回路开路故障，而是本体故障，应转移负荷停电处理。若声音异常较轻，可不立即停电，汇报调度和上级主管部门，安排停电处理，在停电前应加强监视。

（5）电压互感器有下列情况之一需要停电更换：

1）瓷套管出现严重破损、裂纹。

2）电压互感器有严重放电现象，并伴有火花，已威胁安全运行。

3）金属膨胀器异常膨胀、变形。

4）压力释放器被冲破。

5）经红外测试仪检测发现其内部有过热现象。

6）内部有异音、异味、冒烟或着火。

（6）电压互感器发生铁磁谐振的分析处理。电压互感器铁磁谐振常发生在中性点不接地系统中，铁磁谐振将引起电压互感器的铁芯饱和，产生电压互感器饱和过电压。任何一种铁磁谐振过电压的产生对系统电感、电容参数均有一定要求，而且需要一定的“激发”：① 对电源只带电压互感器的空载母线突然合闸；② 发生单相接地。这两种情况都会出现很大励磁涌流，使电压互感器的一次电流剧增引发系统过电压。同时，一方面一次熔断器来不及熔断，烧毁电压互感器绕组，另一方面高压熔断器熔断后将可能造成保护误动作。因此，当电压互感器发生铁磁谐振时，应迅速进行如下处理：

1）当只带电压互感器的空载母线发生基波谐振时，应申请调度，立即投入一组备用设备改变电网参数消除谐振。

2）当单相接地产生电压谐振时，应立即投入一个单相负荷，由于分频谐振具有零序分量，故投入三相对称负荷是不起作用的。

3）谐振时若一次熔断器熔断，谐振可自行消除，但有保护误动的可能，当一次熔断器熔断后，按照熔断器熔断处理方法进行处理。

4）当谐振没有使电压互感器一次熔断器熔断，应申请调度退出有关保护。母线有备用电源时，切换到备用电源，以改变系统参数消除谐振。若投入备用电源不起作用，应断开备用电源，将母线停用或等一次熔断器熔断后自行消除。由于谐振时一次绕组电流会很大，禁止用拉开电压互感器隔离开关或取下高压熔断器的方法消除谐振。

2. 电压互感器二次故障的处理方法

（1）电压互感器二次回路出现异常现象，应根据监控后台告警信息、测控单元异常信息和自动装置异常信息综合分析，找出原因，运行人员不能处理的应汇报调度及上级主管部门，由专业检修人员处理。在专业检修人员未到之前，运行人员应将故障进行隔离，并采取防止保护误动的措施，如退出保护出口压板等。

（2）当电压互感器二次回路故障造成电压二次空气断路器跳闸时，运行人员应立即向相关调度汇报，并申请将可能因失去电压会误动的保护及自动装置退出运行，以防误动。再根据故障信息，对电压二次回路进行检查，如果无明显故障特征，可以对二次电压小开关进行试送，如果试送成功，不能再送，则应进一步分析查找故障点。

1）如果故障系电压二次回路工作人员过失造成，应立即停止现场工作，申请调度，退出可能误动的保护及自动装置，询问工作人员，查出故障原因，排除故障后，将已跳闸的二次空气断路器合闸，投入已退出的保护装置。

2）如果检查到二次回路有明显故障痕迹，运行人员根据现场情况，自行能处理的进行处理，自行不能处理者，汇报上级由专业人员处理。

3）当运行发现电压二次回路短路、断线故障时，经判定和检查不是二次工作人员过失造成，也未发现明显故障特征，运行人员为了确定故障性质，需要进行下列处理：

a. 立即汇报调度，并申请将可能误动的保护退出运行，使用电压表在故障电压互感器二次回路分段测查，测量电压互感器二次两相之间电压应为100V，单相对地应为60V，测量时要逐相进行。通过这种方法，可以查出电压互感器二次故障的具体位置，同时可以判断故障类型，从而确定其故障性质。

b. 电压互感器二次回路故障，二次空气断路器跳闸后，主控公用信号发出“电压回路断线”信号，相应故障录波器给出“TV 故障”信号，相应线路保护或母线保护给出“装置异常、TV 断线”信号。这些信号足以反映哪个支路故障，此时，首先应确定故障支路，向相关调度汇报，并申请将可能会误动的保护及自动装置退出运行，以防误动。然后根据故障现象，对电压二次空气断路器进行试送，如果试送成功，则应将已退出的保护投入运行，若试送不成功，则应进一步分析和查找。

c. 根据故障信息，进行信号分析、直观检查、工具测量三步法确定其具体位置，由信息判断故障发生在哪个支路，直观检查回路有无明显的元件损坏、短路等故障特征，使用万用表测量电压二次回路有无缺相、断线和接触不良等情况。

d. 对运行人员无法查清楚交流电压回路断线的原因，并没有明显故障特征的现象，应申请相应调度退出有关保护及自动装置，如750kV线路距离保护、主变压器后备保护和线路失灵远跳保护，并通知专业人员进行检查处理。

e. 同步回路二次空气断路器跳闸，不得进行该回路的并列操作。电压互感器二次回路短路，二次空气断路器连续跳闸或熔断器连续熔断，在没有查清原因时，不得将其二次空气断路器试合闸，应申请由专业人员检查处理。

f. 当电压互感器二次快分小开关跳闸或熔断器熔断后，运行人员应及时、准确记录事件发生的时间和恢复的时间，以准确估算事件期间的电量，防止电量丢失。

注意：目前超高压系统的微机保护已具备可靠的电压断线闭锁功能，有些厂家在装置出厂说明书中特别说明当“电压回路断线”可不退出保护进行处理，具体情况由各运行管理单位根据现场规程执行。

二、电流互感器异常处理

电流互感器的故障和异常，会严重威胁电网的安全稳定运行，危及人身和设备安全，故障的扩展性很强，当运行中的电流互感器出现故障和异常时，运行值班人员应立即进行处理，首先要对故障点进行隔离，防止事故蔓延，并根据具体情况采取相应措施，正确分析、处理。根据电流互感器故障特点和造成的危害，要按照互感器异常处理原则，使用正确的分析和处理方法。

1. 一次部分异常处理

（1）电流互感器有下列情况之一时，必须停用：

1）电流互感器发热，瓷表面或接头温度过高。

2）电流互感器内部有“噼啪”放电声、沸油声和其他噪声。

3）电流互感器内或引线出口处严重喷油、漏油。

4）电流互感器冒烟，有焦臭味。

5）绕组、引线与外壳之间有严重的火花放电现象。

（2）电流互感器内部故障的处理。

1）运行人员根据故障现象，立即向相应调度汇报并申请将故障电流互感器回路停电。

2）隔离故障电流互感器，750kV变电站3/2断路器接线，可立即断开相应回路的断路器停电。因为此接线方式下，一台断路器回路电流互感器故障隔离时，只断开一台断路器即可，不会造成对外停电。

3）故障电流互感器在停电前应加强监视，但不能靠近故障电流互感器，以防人身伤害。

4）在已故障的电流互感器未停电之前，禁止在其二次回路上进行任何工作。

5）已故障的电流互感器停电后，应将该电流互感器二次侧所接保护及自动装置全部停用。

6）SF_6电流互感器的气体压力降低至规定值以下时如果不能带电补气，应申请调度停电处理。

（3）电流互感器渗漏油、漏气的处理。

1）电流互感器本体有轻微渗漏油、漏气现象，设备可保持继续运行，加强监视，但应登记缺陷并上报。

2）电流互感器本体严重渗漏油、漏气，使油位逐渐降低至规定下限以上者，应加强监视，进行特巡或增加巡视次数，有条件的通知专业人员进行带电加油、补气；当油位或气压下降至规定油位值以下，又不能及时进行加油、补气时，应申请相应调度进行停电处理。

（4）电流互感器声音异常的处理。运行中的电流互感器本身无故障，但是发出不随一次变化的“嗡嗡”声，可根据具体情况处理。

1）电流互感器铁芯松动，运行人员应通过测温、外部检查、二次回路负荷变化情况和监测状态来确定处理方法，并汇报上级主管部门。

2）套管升高座或其他零部件松动，在电磁力的作用下，发出声响，应加强监视。

3）某些硅钢片离开叠层，在负荷较轻时，会产生“嗡嗡”声。

4）以上声音较轻，检查电流表、功率表、电能表指示正常，外部无明显故障特征，可不停电处理，但要加强监视以防发展为故障，同时作好缺陷记录，有机会停电时安排处理。

5）当电流互感器二次回路有开路故障时，异常声响会比较大，这时应根据表计、信号进行二次回路检查，按照电流互感器二次回路开路的处理步骤。

2. 二次部分异常处理

（1）电流互感器二次回路开路的处理。当运行中的电流互感器二次回路开路后，运行人员可根据异常信息和故障现象按照下列方法进行检查、分析和处理。

1）电流互感器二次回路开路时，首先要防止二次绕组产生的高电压对人身造成伤害或使设备损坏，防止绝缘损坏起火使事故扩大。

2）电流互感器二次开路发生后，运行人员快速反应，判断出开路发生的地点或具体回路，迅速用专用短路线进行短接。短接处理时，应戴1000V以上的绝缘手套，使用合格的绝缘工具，短接处理要在严格监护下进行。短接时能发现火花，说明短接有效。若不能进行短接处理，则应立即汇报调度，将该回路断路器断开。

3）应先分清故障发生在哪一组电流回路，开路的相别，对保护及自动装置有无影响，保护是否已动作，断路器是否已跳闸。

4）考虑现场电流回路有无人工作，判断工作性质是否会造成电流互感器二次回路开路。如果现场有人在电流互感器二次回路工作，首先应优先考虑，应立即停止工作班工作，配合查找开路点，工作班成员要如实提供线索。

5）尽量减小一次负荷电流，用转移负荷或倒换运行方式的方法来减小一次电流，若电流互感器烧毁严重，应停电检查处理。

6）尽快设法在就近的试验端子上短接已开路的回路，再查找开路点。查找时应逐点、逐级进行排查。

7）对于查找出的故障点，能处理的立即进行处理，不能处理的要尽快汇报上级，由专业人员前来处理。

（2）电流互感器二次接线错误的处理。电流互感器极性的正确与否对继电保护、自动装置的正确工作，以及测控装置的正确测控有着重要影响。为此，必须始终保持运行中的电流互感器极性正确。一般新投运的设备，在安装过程中都要监测极性，设备带电后还要用负荷电流和工作电压进行试验（相量图），以检验电流互感器极性是否正确。运行中的电流互感器在测量仪表二次负载回路上有工作时，不需将高压设备停电，只需将该回路电流端子进行短接封死就可以开展工作，但这种工作往往会由于编号错误、核对不认真而发生误封端子的现象，或者工作中已封的电流互感器二次电流端子在工作后没有拆除等，都将造成电流互感器二次回路接线错误。因此，当电流互感器二次回路试验、检修后一定要认真检查核对接线是否正确，在一次设备带负荷后，通过打印采样值或其他试验手段，检验电流互感器二次回路的正确性，确保交流电压、电流回路的极性、相位及变比的正确性。

三、危险点分析与预控

互感器异常处理工作中依然存在着人身安全和事故扩大的危险性。危险点分析与预控应针对工作内容，根据现场实际，从人员是否有触电、误碰的危险，处理过程中有无造成继电保护误动作或扩大事故的危险等方面，有针对性地进行分析，并制订相应的预控措施。措施要有针对性、简捷、可靠并便于执行，如表ZY1300403003-1所示。

表ZY1300403003-1 互感器异常处理危险点预控措施

危险点		预控措施
人身安全	人身触电	与一次带电设备保持足够安全距离，加强监护。二次回路故障查找处理时，要使用合格的绝缘工器具，穿长袖衣、戴手套，工作时站在绝缘垫上，先验电
	砸、撞伤	检查已故障的互感器，有可能发生互感器爆炸的情况，要戴好安全帽

续表

危险点		预控措施
事故扩大	电流互感器二次回路开路	查找处理互感器二次回路故障有造成TA开路的可能，应至少两人一起工作，加强监护，准确核对编号，作好记录，禁止将TA二次回路端子和永久接地点打开，封电流端子时要用专用连接片，禁止导线缠绕。 由上述对电流互感器二次回路开路的分析可知，其危害极大，要认真准确分析。如果TA外二次回路开路，运行人员配合专业人员尽快查找处理，防止事故扩大。若是TA内部开路，建议更换TA
	电压互感器二次回路短路	查找处理互感器二次回路故障有造成TA开路的可能，应至少两人一起工作，加强监护，使用合格的绝缘工器具，螺丝刀、手钳长处的裸露部分要进行绝缘处理，且应使用正确的测量方法
	保护误动	在允许的情况下，将已故障的保护退出运行，防止装置元件人为损坏、短路烧坏，使用二次措施票

四、案例

异常现象：某330kV变电站33512电流互感器严重缺油，内部发生较强的异常声响。

1. 当时运行方式

如图ZY1300403003-1所示，1～4串及第5串全部按固定方式运行，线路全部运行，保护均按规定投入。

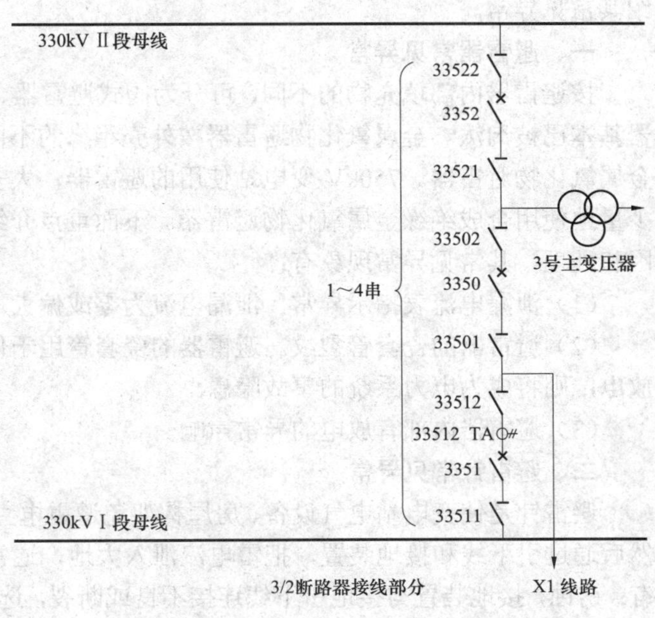

图ZY1300403003-1　当时运行方式

2. 异常现象

某日，运行人员巡视时发现33512电流互感器内部有放电声音，仔细检查该互感器靠3351断路器侧一次接头有变色现象，巡视人员立即汇报值班长，值班长张××一边派周××、杨××两值班员用红外线测温仪测量33512电流互感器接头温度，一边检查该电流互感器二次回路，发现X1线路电流、有功、无功较平时有明显减小，保护装置及故障录波器无异常信号，此时，对互感器测温的周××汇报33512电流互感器接头发热（温度达183℃），值班长根据互感器发热情况和线路电流、功率变化情况判断33512电流互感器内部有故障。

3. 处理方法

（1）10时50分值班长张××汇报调度异常现象和判断结果，并申请调度拉开3351断路器，将33512电流互感器切除。10时52分调度口令：拉开了3351断路器，33512电流互感器从系统中隔离。

（2）检查遥测数据和保护装置运行正常。

（3）申请调度拉开33512、33511隔离开关。

（4）进行二次回路措施布置，由于该互感器检修时需要进行二次通流或试加电压，所以将33512电流互感器二次去330kV母线差动保护的电流端子以及去X1线路保护的电流端子拆除。

（5）将上述现象和处理经过汇报上级管理单位，并申请派人前来处理。

【思考与练习】

1. 电流互感器二次回路开路有什么后果？如何处理？
2. 电流互感器二次开路的危害是什么？如何处理？
3. 互感器内或引线出口处严重喷油、漏油如何处理？
4. 本体内部故障现象有哪些？分别如何处理？
5. 处理互感器异常危险点有哪些？如何预控？

第三十三章　防雷设备异常及处理

模块1　防雷设备常见异常（ZY1300404001）

【模块描述】本模块介绍防雷设备常见异常及异常象征。通过异常现象分析、归纳讲解，能够正确判断防雷设备运行异常情况。

【正文】

变电站的防雷设备（装置）主要有避雷针、避雷器、避雷线、接地网及接地装置。下面将分别介绍其常见异常。

一、避雷器常见异常

按避雷器内部填充物的不同，可分为阀式避雷器、金属氧化物避雷器（氧化锌避雷器）。阀式避雷器基本已被淘汰。金属氧化物避雷器按外壳绝缘的不同，可分为瓷绝缘金属氧化物避雷器和合成绝缘金属氧化物避雷器。750kV变电站使用的避雷器，大多是瓷绝缘金属氧化物避雷器，所用系统可能会少量地使用合成绝缘金属氧化物避雷器。下面重点介绍瓷绝缘金属氧化物避雷器的常见异常及异常原因和处理，其常见异常现象有：

（1）泄漏电流表指示异常，泄漏电流为零或偏大。

（2）避雷器的瓷套管裂纹。避雷器的瓷套管用于保证避雷器必要的外绝缘，如果瓷套管发生裂纹放电，则将成为电力系统的事故隐患。

（3）避雷器内部有放电的异常声响。

二、避雷针常见异常

避雷针是使变电站电气设备、房屋构架免遭雷电直击的主要保护装置。避雷针把雷电流引向自身，然后通过引下线和接地装置，把雷电流泄入大地，通常采用镀锌钢管或钢架组成。其常见的异常现象有：锈蚀，接地装置与接地引下线连接不良或断裂，选材或安装工艺不合适造成避雷针歪斜或断裂等。

三、避雷线常见异常

避雷线是使输电线路、变电站电气设备免遭雷电直击的主要保护装置。避雷线把雷电流引向自身，然后通过引下线和接地装置，把雷电流泄入大地。避雷线通常采用钢绞线组成。其常见的异常现象有：锈蚀、断股和散股。

四、接地网及接地装置常见异常

避雷器的一端与电网直接相连，另一端通过接地引下线与变电站的接地网相连，当避雷器释放大电流时，通过接地引下线流入接地网，释放能量。避雷针、避雷线是通过本身或铁塔和接地装置连接，把雷电流泄入大地。因此接地网和接地装置也是变电站防雷装置的重要组成部分，其常见的异常现象有：

（1）接地网的接地电阻超标。超标后无法直接发现，必须通过试验才能发现，因此每年雷雨季节前应对全站的接地电阻进行测量，以便及时发现问题。

（2）接地网、接地装置锈蚀。接地网和接地装置埋在地下，正常巡视无法发现，因此定期应对接地网和接地装置进行开挖检查。

（3）设备的接地引下线与主接地网连接不良或断裂。每年应对设备的接地引下线与主接地网连接情况进行一次全面检查和测试，新扩建设备安装完毕后应进行与主接地网的连接导通测试。

【思考与练习】

1. 变电站都有哪些防雷设备？
2. 避雷器常见的异常有哪些？

模块2　防雷设备异常分析（ZY1300404002）

【模块描述】本模块介绍防雷设备异常原因分析。通过详细讲解、案例分析，能正确分析异常类型、位置、原因，并能及时汇报和简单处理。

【正文】

一、避雷器的常见异常分析

1. 泄漏电流表指示异常

避雷器的泄漏电流表主要是用于在线监视运行避雷器泄漏电流，反映避雷器运行工况的装置。避雷器正常运行时，泄漏电流基本稳定在一个变化范围较小的区域，如果超过这个区域或变化较大，应引起重视，认真分析。例如750kV避雷器泄漏电流一般在3.2～4.5mA之间。

（1）造成避雷器泄漏电流为零的原因：

1）表计指针卡涩、失灵，泄漏电流表故障无法正确指示。

2）屏蔽线或短接线将电流表短接，没有电流通过泄漏电流表。

3）避雷器与电网连接引线脱落，避雷器脱离电网运行。

4）泄漏电流表与避雷器或接地引下线连接线断裂或脱落。

（2）泄漏电流表指示偏大的原因：

1）下雨或空气潮湿，避雷器外壳泄漏电流增加，引起泄漏电流表指示偏大，但仅比正常时大一些，不超过正常值的20%。

2）瓷套污秽严重，盐密增加。

3）三相对比，有一相或两相高出其他相泄漏电流值30%时，可能是避雷器的外部绝缘或内部阀片故障。

4）避雷器的阀片受潮，泄漏电流偏大。

5）避雷器泄漏电流表故障。如某750kV变电站的330kV线路避雷器投运时的泄漏电流为1.2mA，运行了一段时间后，突然变为2.8mA，避雷器的动作计数器未动作。将故障电流表进行更换后，对故障电流表进行测试，发现是避雷器的泄漏电流表故障。

2. 避雷器瓷套管裂纹

避雷器瓷套管裂纹的原因有：

（1）受到强烈振动。

（2）受到大容量、强电流冲击。

（3）受力不均、安装时受到磕碰等。

3. 避雷器内部有异常声响

在工频情况下，避雷器泄漏电流很小，因此，不应有任何声音。若运行中避雷器内有异常声音，则认为避雷器损坏失去作用，而且可能会引发单相接地。

二、避雷针常见异常分析

1. 锈蚀的原因

避雷针的使用材料表面防腐处理不当，防腐层脱落，很快就会生锈，甚至锈蚀断裂，特别是接地装置与接地引下线连接处。

2. 裂纹及断裂的原因

所选用材料不满足低温冲击韧性要求。设计避雷针时未充分考虑焊接应力及热影响区对材料承载能力的影响，风荷载的交变应力使金属疲劳从而出现裂缝及断裂。如某750kV变电站的避雷针发生断裂后，分析其原因是所选用材料不满足低温冲击韧性要求。

三、接地网及接地装置异常分析

（1）接地网的接地电阻超标的原因：

1）变电站周围的接地网、扁铁被挖断，或遭到破坏。

2）接地模块失效。由于变电站的土质以及地下情况较差，使用接地极满足不了接地网电阻的要求，通常在变电站的接地扁铁周围加降阻剂，或在变电站内采用接地模块进行降阻。接地模块使用时间长了会失效，引起接地网的接地电阻超标。

3）接地网、接地装置长期埋在地下，腐蚀导致断裂。

4）设计时不满足要求。

（2）设备的接地引下线与主网连接不良、断裂的原因有：连接螺栓松动，焊接质量不高，焊点脱落；引线连接处无防腐措施，腐蚀断裂。

【思考与练习】

1. 避雷器泄漏电流异常为零或增大的主要原因有哪些？

2. 造成接地网接地电阻超标的主要原因是什么？

模块3 防雷设备异常处理（ZY1300404003）

【模块描述】本模块介绍防雷设备异常处理方法。通过处理方法讲解、列表说明、案例分析，能够正确组织、处理异常，并能制定处理异常时的危险点预控措施。

【正文】

一、避雷器的异常处理

1. 处理原则

（1）避雷器设备发生异常后，运行人员立即报告值班长，在初步判断了异常的类别后，必要时向调度及上级主管部门汇报。

（2）详细记录异常发生时间及异常信息。

（3）若一时不能停电进行处理，应加强对避雷器的运行监视。

（4）若属于避雷器异常，泄漏电流增大很多或有异常声音时应及时停电处理。

（5）雷雨天气不得靠近避雷器，异常运行时靠近避雷器应谨慎，应穿绝缘靴。

2. 泄漏电流表指示为零的处理

（1）用绝缘杆轻敲表计，看是否卡涩，无法恢复时应填报缺陷单，修理或更换。带电更换时应做好安全措施，对泄漏电流表短接并接地，工作人员应穿绝缘鞋、戴绝缘手套。如某750kV变电站的330kV线路投运时一支带电避雷器的泄漏电流表指示为零，运行人员用绝缘杆对泄漏电流表轻轻敲击后，电流表有了电流指示，线路停电后，该避雷器的泄漏电流仍然指示在原位置。检查发现泄漏电流表的指针卡涩，不能正确指示泄漏电流。

（2）如果是短接线将泄漏电流表短接，用绝缘杆挑开泄漏电流表的短接线，可恢复正常。

3. 泄漏电流表指示偏大的处理

对照天气、系统电压、避雷器的外部环境和近期的巡视记录进行对比分析，三相对比，有一相或两相高出其他相泄漏电流值30%时，用红外测温仪对避雷器的温度进行测量，发现比其他相有温度升高时，立即向调度及上级主管部门汇报，对其进行停电试验、检查。

用红外测温仪对避雷器的温度进行测量，没有发现异常，应加强运行监视，并作为重大缺陷上报主管部门安排处理。

4. 避雷器内部有异常声音的处理

发现避雷器有放电声，应检查避雷器外部有无放电痕迹，瓷套管有无破损，如果外部没有异常，则可能是内部异常，应立即汇报调度，将避雷器退出运行，并对其试验、检查，必要时予以更换。

5. 引线脱落的处理

（1）发现避雷器引线脱落，或避雷器非正常脱离电网，应向调度及上级主管部门汇报。

（2）检查故障避雷器周围的设备是否有放电或损伤。

（3）在事故调查人员到来前，运行人员不得接触引线的连接端部，也不得攀爬避雷器或构架检查连接端子。

（4）运行人员要做好现场的安全措施，以便检修人员对异常设备进行检查。

6. 避雷器瓷套管裂纹的处理

运行中发现避雷器瓷套管有裂纹时，根据情况采取合适的处理方法。

（1）如天气正常，应请示调度停下损伤相的避雷器，更换为合格的避雷器。一时无备件时，在考虑到不至于威胁安全运行的条件下，可在裂纹深处涂漆和环氧树脂，防止受潮，并安排在短期内更换。

（2）如天气不正常（雷雨），应尽可能不使避雷器退出运行，待雷雨后再处理。如果因瓷质裂纹已造成闪络，但未接地者，在可能条件下应将避雷器停用。

（3）避雷器瓷套管裂纹已造成接地者，需停电更换。禁止用隔离开关停用故障的避雷器。

7. 避雷器爆炸及阀片受潮击穿或内部闪络异常的处理

（1）运行人员应立即到现场对设备进行检查。检查避雷器引流线、均压环、外绝缘、放电动作计数器及泄漏电流在线监测装置、接地引下线的状态后，初步判断异常的类别、异常相后，向调度及上级主管部门汇报。

（2）对粉碎性爆炸事故，还应巡视故障避雷器临近的设备外绝缘的损伤状况。

（3）在事故调查人员到来前，运行人员不得接触故障避雷器及其附件。

（4）对粉碎性爆炸的避雷器，运行人员不得擅自将碎片挪位或丢弃。

（5）避雷器爆炸尚未造成接地时，在雷雨过后拉开相应隔离开关，停用、更换避雷器。

（6）避雷器爆炸已造成接地者，需停电更换。禁止用隔离开关停用故障的避雷器。

（7）运行人员要做好现场的安全措施，以便检修人员对故障设备进行检查。

二、避雷针的异常处理

避雷针在运行中很少出现异常，出现异常也不影响电力设备正常运行。避雷针出现锈蚀时，暂时可以不处理，可在设备除锈、刷漆时一并处理。接地装置与接地引下线连接不良或断裂时，进行重新焊接或补焊，焊接完毕后，应对焊点作防腐处理。

雷雨季节不能上到避雷针上或在避雷针的接地装置上工作，其存在的异常应在雷雨季节前消除，特殊情况需要在避雷针上工作，应选择天气良好的条件下进行，防止雷击到避雷针上，造成人员伤害。

三、接地网及接地装置异常处理

（1）接地网的接地电阻超标的处理：

1）地理条件允许时可延长或拓宽接地网。

2）增加或更换接地模块。

3）补充降阻剂。

（2）接地网、接地装置锈蚀的处理。按照有关接地装置运行管理规定进行处理。

（3）接地网与接地引下线连不良或断裂时，进行重新焊接或补焊，焊接完毕后，应对焊点作防腐处理。

四、异常处理的危险点及预控措施

防雷设备异常处理的危险点有避雷器炸裂伤人、带电更换避雷器泄漏电流表、造成人身触电等，详见表 ZY1300404003-1。

表 ZY1300404003-1　　防雷设备异常处理的危险点及预控措施

序号	危险点	预控措施
1	避雷器炸裂伤人	（1）发现避雷器有裂纹或放电现象时，应尽快远离该避雷器，采取措施将该避雷器停电，防止炸裂伤人、伤设备。 （2）雷雨天气不靠近避雷器和避雷针
2	带电更换避雷器泄漏电流表，造成人身触电	（1）带电更换避雷器泄漏电流表应选择在良好的天气情况下进行，严禁在雷雨、大风天气时进行更换。 （2）将更换泄漏电流表短接，避雷器尾部接地。 （3）带电更换避雷器泄漏电流表应履行相关的审批手续，并办理工作票
3	异常处理过程中造成人员触电	（1）处理过程中应与一次设备带电部位保持足够的安全距离：750kV，7.2m 以上；330kV，4m 以上；66kV，1.5m 以上。 （2）使用的工器具应满足绝缘要求，且绝缘合格

五、案例

某变电站位于河边，因土壤电阻率较大，接地网的接地电阻不满足要求，将接地网延伸到了河里。刚投运时接地网接地电阻合格。投运后由于河道采沙和河水冲刷，接地扁铁露出了地面被挖断，造成变电站主网接地电阻不合格。后经多次焊接和掩埋，多次被挖断。为了彻底解决该问题，采用在变电站加装接地模块的方法，降低接地电阻，取得了不错的效果，经过近 3 年的试验和测试，接地电阻合格。

【思考与练习】

1. 避雷器瓷套管裂纹如何处理？
2. 避雷器爆炸及阀片受潮击穿或内部闪络如何处理？

第三十四章　二次设备异常处理

模块1　继电保护及自动装置常见异常（ZY1300405001）

【模块描述】本模块介绍继电保护及自动装置设备常见异常及故障特征。通过综合概述、异常现象分析讲解，掌握继电保护及自动装置异常及故障特征。

【正文】

继电保护及自动装置是变电站重要的二次设备，主要对一次设备进行监测和控制，是电力系统安全稳定运行的重要设备之一。要求继电保护装置应具有选择性、快速性、灵敏性、可靠性，但在运行中常常出现异常，对安全运行影响极大，较为常见的异常有装置总告警、装置元件损坏等。继电保护及自动装置异常主要依靠信号灯和面板信息来反映，凡是正常状态不应该出现的“故障告警”信息均可视为异常现象，综合自动化站一些异常信息可以通过遥信量予以反映，有些则需要在巡视中才能发现，例如二次回路设备发生异常、保护装置电源消失、保护装置异常告警等。

一、继电保护装置的异常现象

继电保护装置最常见异常为硬件故障或软件功能紊乱，可能造成全部或部分保护功能失灵、保护误动，有些复归后可正常运行，有些需要紧急停运进行处理。

常见的异常现象有：CPU告警、电源插件故障或装置电源消失、线路保护通道异常、保护装置频繁启动。

（1）CPU告警。现象为：监控后台机发出“保护装置异常”信息，同时发出预告音响；保护装置面板“保护装置异常”灯亮或液晶面板显示出“CPU故障”等报文信息。

（2）电源插件故障或装置电源消失。电源插件故障的现象为监控后台机发出“通信中断”信息，同时发出预告音响，保护装置面板所有信号灯灭，液晶面板无显示。装置电源消失的现象为监控后台机打出“直流电源消失”信息，同时发出预告音响，保护电源空气断路器跳闸。

（3）线路保护通道异常。线路保护有高频和光纤两种通道，异常现象为监控后台机发出“保护装置异常”、“通道告警”信息，同时发出预告音响。高频通道异常时，收发信机面板“通道异常”指示灯亮，进行收发信测试时，出现收不到对侧信号、收信电平太低、常发信等现象。光纤通道异常时，保护装置面板“通道异常”指示灯亮，液晶面板显示通道异常信息。

（4）保护装置频繁启动。现象为：监控后台机频繁发出“××保护启动”、“××保护复归”信息，发出预告音响；保护面板“保护启动”灯亮，液晶面板连续显示保护启动、复归信息。

二、自动装置的异常现象

750kV变电站自动装置主要包括故障录波装置（行波测距装置）、稳定控制装置。其常见异常为硬件故障或软件功能紊乱，可能造成功能失灵，有些复归后可正常运行，有些需要紧急停运进行处理。

故障录波装置常见的异常现象有：电源插件故障或装置电源消失、故障录波频繁启动、装置故障或死机。

（1）电源插件故障或装置电源消失。现象为故障录波装置显示器黑屏，所有信号灯灭。

（2）故障录波频繁启动。现象为监控后台机频繁发出“故障录波装置动作”信息，装置面板启动灯亮，显示器不断刷新。

（3）装置故障或死机。现象为监控后台机频繁发出“故障录波装置动作”信息，装置面板告警灯亮，装置死机。

（4）稳定控制装置的常见异常有装置电源异常、显示器不刷新等。如装置直流电源消失、运行监视灯灭或闪烁等。

三、二次回路的异常现象

二次回路是指二次设备通过电路连接而构成的二次设备系统，其常见异常为回路虚接、开路或短路等，而开路和断路均有可能造成继电保护拒动或误动，需要尽快检查处理。

一般二次回路最常见的异常现象有：控制回路开路，TV、TA 断线，二次回路短路等。

（1）控制回路开路。现象为：监控后台机发出“控制回路断线”、“控制电源消失”信息，发出预告音响；断控装置分合闸位置指示灯灭，液晶面板显示出“控制回路断线”信息。

（2）TV、TA 断线。现象为：监控后台机发出“TV 断线”或“TA 断线”信息，同时伴随“保护装置异常”，发出预告音响；保护装置面板“TV 断线”或“TA 断线”灯亮，液晶面板显示出“TV、TA 断线”等报文信息。

（3）二次回路短路。现象为：监控后台机发出“控制回路断线”、“控制电源消失”信息，同时发出预告音响；二次回路空气断路器跳闸，保护装置或回路冒烟、有异味等。

【思考与练习】

1. 保护及自动装置常见的异常有哪些？
2. 某线路保护交流电压回路断线后监控机和装置屏各有什么信息？
3. 线路电压互感器二次回路断线保护装置有什么现象？
4. 运行中的电流互感器二次回路断线，保护装置有什么现象？

模块 2 通信系统和自动化设备常见异常（ZY1300405002）

【模块描述】本模块介绍通信系统和自动化设备常见异常及故障特征。通过综合概述、异常分析方法讲解，掌握通信系统和自动化设备异常及故障特征。

【正文】

变电站综合自动化系统可实现监控、遥测、遥信、遥调功能，一旦发生异常，对变电站的安全运行影响较大。综合自动化系统的常见异常主要有监控系统异常、测控单元异常等。

一、监控系统常见异常

监控系统分为监控主机和监控后台机。监控主机正常运行时，面板多组指示灯闪烁，灯灭或长亮时，表明主机发生异常，同时后台机部分数据不刷新。监控后台机包括工程师工作站和运行管理工作站，工程师工作站一般由调试专业人员维护，值班员主要负责运行管理工作站的运行监视和简单的异常处理。运行管理工作站的异常主要有工作站死机、遥测及遥信量不正确、监控层通信中断、遥控操作失灵等。

（1）工作站死机。现象为：工作站显示器黑屏、蓝屏、花屏，长时间不刷新、不响应。

（2）遥测、遥信量不正确。现象为：工作站位置信号与实际不符，电气量等显示不正确，误发报警、光字等信号。

（3）站控层和间隔层通信中断。现象为：工作站界面上间隔层 A、B 网通信异常灯亮，与此同时，工作站发出“××间隔 A、B 网通信中断”；以太网交换机对应间隔的告警灯亮或该间隔通信及规约转换装置通道异常告警。

（4）遥控操作失灵（防误闭锁机与监控机间通信异常）。现象为：值班员在工作站进行远方操作时遥控超时或失败。此时应检查闭锁、同期及其压板，看单元测控装置面板是否有遥控信息，视情况进行处理。

二、测控单元常见异常

测控单元是以变电站内一个间隔、一条线路或一台主变压器为监控对象的智能监控设备。其主要异常有：电源插件故障、直流电源消失及 I/O 插件故障等。

（1）电源插件故障或装置电源消失。电源插件故障或装置电源消失的现象为监控后台机发出“通信中断”信息，同时发出预告音响，装置面板所有信号灯灭，液晶面板无显示。

（2）I/O 插件故障。故障现象为单元测控装置“模件故障”和“告警”灯亮。

三、通信常见异常

通信常见故障种类很多，在目前变电站自动化系统使用中，有数字微波通信、光纤通信、载波通信等，在运行中特点各不相同，但是其在变电站运行中常见故障以下几种：

（1）通信控制与测控单元、保护及自动装置连接设备、其他智能设备、计算机主机的通信中断。

（2）通信控制器与调度系统的通信中断。

（3）通信控制器或前置机数据转发出现错误。

【思考与练习】

1. 遥控操作失灵有什么后果？
2. UPS 装置故障有什么后果？
3. 数据采集或中央处理系统异常有什么现象？
4. 调度系统通信中断有什么现象？
5. 变电站常见的通信系统异常有哪些？

模块 3　继电保护及自动装置的异常分析（ZY1300405003）

【模块描述】本模块介绍继电保护及自动装置常见异常及故障的原因分析。通过分析方法讲解、要点归纳，能够正确分析异常类型、位置及原因，并能及时汇报和简单处理。

【正文】

由于继电保护及自动装置回路复杂，继电保护装置配置形式多样化，不能对不同装置的异常进行一一分析，只能对装置常见的异常概括分析，如运行中的继电保护及自动装置可能出现的异常有 CPU 告警、电源插件异常、装置电源消失、线路保护通道异常、保护装置频繁启动等。

一、继电保护装置异常分析

1. CPU 告警

CPU 是继电保护及自动装置的核心组成部分，运行中的继电保护及自动装置“CPU 故障告警”灯亮，表示该保护装置发生了严重异常，装置必须退出运行，否则会引起保护装置不正确动作造成事故。故障的可能原因是数据处理不正常或 CPU 损坏。

2. 电源插件异常

主屏发出装置电源故障信号，测控屏电压输出（24、−15、15、5V）灯全部不亮或部分不亮，液晶显示出现黑屏。装置电源插件异常的可能原因是：

（1）输出、输入电压严重波动或电压太高太低，使装置不能正常工作。

（2）电源插件接触不良或稳压元件损坏。

（3）装置接线存在缺陷或接线错误。

（4）装置存在质量问题。

3. 高频通道异常

高频通道是靠两侧高频设备构成的保护信号通道，正常运行时两侧装置通过高频通道传递和交换信号，故障情况下两侧同时将故障信息通过高频通道向对方传递，对方根据接收到的信息发出是否允许出口跳闸的决定。当高频通道任何一方出现异常时，通道异常，可能出现保护装置误动。高频通道最常见的异常原因分析如下：

（1）收发信机收不到信号或收信电平太低。可能原因是：

1）对侧高频设备发生故障。

2）本侧装置异常或高频设备发生故障。

3）收信电平太低或收信门槛电平设置太高。

4）高频电缆不匹配或电缆屏蔽不好而受到严重干扰。

（2）保护收发信机常发信。若收发信机发信不停，不能复归，可视为本侧收发讯机内部故障，主要原因可能是：

1）装置本身已发生某元件故障。

2）高频电缆损坏或其他高频设备异常。

3）装置电源异常。产品质量问题导致的高频通道异常。

4. 保护装置频繁启动

保护装置在几分钟或更短时间连续不断发出"启动"、"复归"信号，可能原因是：

（1）保护装置启动整定值太低，在系统干扰下频繁启动。

（2）保护装置插件受温度变化系数不合适或元件老化，运行时有发热引起频繁启动。

（3）有零点漂移现象存在。

二、自动装置的异常分析

750kV 变电站自动装置配置相对比较复杂，其常见异常为自动装置硬件故障或软件功能紊乱等。

1. 故障录波装置常见的异常

故障录波装置常见异常现象有：电源插件故障或装置电源消失，故障录波频繁启动，装置故障或死机。

（1）电源插件故障或装置电源消失。当故障录波器装置电源消失时，监控后台机发出故障录波器故障信息，同时有预告信号发出，启动时出现黑屏，电源指示灯灭。此时，录波器不能正常工作，当系统发生异常情况时，不能录波。故障主要原因可能是：

1）直流电源消失或故障，电源插件没有工作输入电压。

2）插件部分元件损坏或接触不良。

3）电源线路发生故障，断线或短路造成空气断路器跳闸。

（2）故障录波频繁启动。现象为监控后台机频繁发出"故障录波装置动作"信息，装置面板启动灯亮。可能原因是：

1）系统电压异常或负荷不平衡，主要在系统异常时比较常见。

2）启动定置错误，整定过灵敏。

3）软件故障，使系统出现紊乱，使管理异常。

（3）装置故障或死机。监控后台发出"故障录波装置故障"信息，装置面板告警灯亮。此时，显示器可能连续接受扫描，可能是数据库出现异常。

2. 稳定控制装置的常见异常

自动稳控装置是监视和控制系统稳定运行的自动装置，正常运行时，装置电源灯亮或闪烁，液晶显示设定好的系统参数，主要异常有：发生显示器黑屏和装置电源故障，计算机管理系统故障出现死机、数据不刷新等。

三、二次回路的异常分析

二次回路常见异常为连接点有虚接、开路或短路，可能造成继电保护拒动或误动。异常现象有控制回路开路，TV、TA 断线，二次回路短路等。当自动装置二次回路出现异常现象时，需要尽快检查、分析处理，查找异常发生的原因。

1. 控制回路故障

监控后台机发出"控制回路断线"、"直流电源故障"（或"直流电源消失"）、"装置告警"等异常信息。对应装置面板"告警"灯、"直流故障"灯亮，"运行"指示灯灭。其主要原因可能是：

（1）直流电压过高，使保护装置内部电源插件损坏。

（2）二次回路短路使直流熔断器熔断或空气断路器跳闸引起。

（3）与控制回路相连接的接点接触不良，如断路器辅助触点、压力接点、连接端子等。

2. TV、TA 断线异常

TV、TA 断线异常现象为监控后台机发出"TV 断线"或"TA 断线"信息，主要原因可能是：

（1）该装置对应电压互感器回路二次空气断路器跳闸、交流电压消失、人员误碰导致的电压二次开路或断线情况较为多见。

（2）电压、电流互感器二次回路接线端子松动，接触不良，出现二次断线或短路现象。

（3）交流二次电压缺相或严重不平衡。交流二次电流不平衡或负荷突然增大。

（4）交流量采集单元某元件损坏：监控后台机发出“保护装置异常”信息和预告音响；保护装置面板“TV 断线”或“TA 断线”灯亮，液晶面板显示出“TV、TA 断线”等报文信息。

3. 二次回路短路

二次回路发生短路时，运行人员应根据公用信息、保护装置面板异常信息、回路有无人工作和现场检查的情况进行综合分析。其主要原因为：

（1）工作人员在二次回路上工作时，应首先考虑人员误碰、误动引起短路等。

（2）二次回路绝缘老化，元件故障引起短路。首先根据异常信息分析，检查现场有无二次设备损坏，有无明显短路特征，如冒烟、异味等。

（3）雨天端子箱、机构箱防雨措施不当，水珠或凝露造成短路，应根据天气情况和绝缘情况进行分析，并进行现场检查。

【思考与练习】

1. 高频通道异常有什么后果？
2. 电压互感器二次回路故障的原因是什么？
3. 如何判断是哪一线路电压回路断线？
4. 高频通道异常的原因是什么？

模块 4　通信系统和自动化设备常见异常分析（ZY1300405004）

【模块描述】本模块介绍通信系统和自动化设备常见异常故障特征。通过分析方法讲解、列表说明、要点归纳，能够正确判断通信系统和自动化设备常见异常，并能及时汇报和简单处理。

【正文】

综合自动化设备已在变电站普遍使用，而且在变电站中的重要性也越来越高，是变电站监控、遥信、遥测的重要设备。变电站综合自动化系统发生异常的情况比较常见，当自动化设备发生异常时应作以下分析，以利于正确处理。

通信系统和自动化设备常见异常有：监控系统异常、测控装置异常和网络通信系统异常。

1. 监控系统常见异常原因分析

当监控系统发生异常时，应根据现场运行工况，按表 ZY1300405004-1 进行分析。

表 ZY1300405004-1　　监控系统常见异常及主要原因分析

常见异常	主要原因分析
界面断路器、隔离开关或其他遥信位置与实际位置不一致	前置机系统故障，数据库有问题，接口或接线端子松动
遥测显示不正确	数据库量程不对应，电压互感器、电流互感器二次回路故障，数值发生变化，转换器故障，接口或接线端子松动
报表不能打印	连接线松动或接口不匹配，打印机故障、缺纸
后台画面数据不刷新	如全部数据不刷新，可能是网络通信故障；如部分数据不正确，可能是测控装置有故障
闭锁逻辑错误	数据库中闭锁逻辑错误，“五防”闭锁规则库变化
时钟同步错误	与 GPS 连接不良， GPS 天线未接入，GPS 串口对时线断开
程序退出	装置电源故障，前置机系统故障，CPU 容量不足
画面死机	计算机电源故障，网络连接不良

续表

常见异常	主要原因分析
遥控拒动，操作时遥控超时或失败	控制方式（含机构、测控装置）位置不对应，控制电源故障，遥控压板未投入，测控装置遥控继电器故障
站控层和间隔层通信中断	通道故障，远动设备 NSC300 工作不正常，规约 MODEM 收信异常，通信地址设置不正确。转换器故障，接口或接线端子松动。光缆未能连接或出现故障。计算机网关跳线接口不匹配。通信“IP 地址”设置不正确

2. 测控装置常见异常原因分析

当测控装置发生异常时，应根据现场运行工况，按表 ZY1300405004-2 进行分析。

表 ZY1300405004-2　　测控装置常见异常及主要原因分析

常见异常	主要原因分析
测控装置电源故障告警	电源插件故障或装置直流电源消失
测控装置 I/O 插件故障告警	单元测控装置“模件故障”，电压互感器或电流互感器异常引起装置采样数据源错误

3. 网络通信系统常见异常原因分析

在目前变电站自动化系统使用中，有数字微波通信、光纤通信、载波通信等，其结构特点有所不同，但作用、原理大致相同，当运行中发现网络通信系统发生下列常见异常时，运行值班人员应根据异常情况向调度和主管单位进行汇报，并作如下分析处理：

（1）通信控制与测控单元、保护及自动装置连接设备、其他智能设备、计算机主机的通信中断。主要原因是：

1）通信连接点接触不好。应检查哪个位置接点接触不良，可以通过检查、确定后修复。

2）接地不良。检查元件、机箱的接地，可用万用表测量其对地电位确定后予以恢复。

3）工作电源故障。检查装置指示灯是否亮，恢复或更换工作电源。

4）通信控制器接口板故障。排除接口板故障或更换控制器接口板。

5）CPU 故障。更换 CPU 板或插件。

（2）通信控制器与调度系统的通信中断。主要原因是：

1）调制解调器失电或电源故障。查找失电原因，排除故障后，恢复送电。

2）调制解调器与通道连接中断或连线错误。应重新检查连线。

3）调制解调器故障。原因可能是调制解调器参数不匹配或调制解调器损坏。

4）通信接口故障。可能是接口松动、接触不好或损坏。

（3）通信控制器或前置机数据转发出现错误。主要原因是：

1）通信控制器或者前置机数据转发不正确，或者更改了设置。

2）未设置相应的转发点。

3）接收单元设置错误或对接收数据更改出现错误。

4）测控单元或保护单元地址不正确，出现错误。

【思考与练习】

1. 遥控失灵的主要原因有哪些？

2. 报表不打印的主要原因是什么？

3. 时钟同步错误有什么现象？是什么原因？

模块 5　继电保护及自动装置设备异常的处理（ZY1300405005）

【模块描述】本模块介绍继电保护及自动装置设备异常分析处理方法。通过异常处理方法讲解、列表分析、案例介绍，能够正确组织、处理异常，并能进行危险点源预控。

【正文】

当运行中的继电保护及自动装置异常时，运行人员要加强控制，限制其发展趋势，采取积极措施防止异常发展、扩大而造成事故，并且尽快消除，不能消除者要及时汇报主管部门，由专业人员尽快予以处理。

一、异常处理一般原则

（1）防止保护误动，异常处理时需要退出有关继电保护及自动装置者，必须按调度命令执行。

（2）若回路有人工作应首先停止工作，工作人员全部撤离现场。

（3）根据监控信息、测控信息和设备运行工况综合分析，制订合理处理方案。

（4）查找二次回路故障时，使用合格的绝缘工器具，防止电流互感器二次回路开路和电压互感器二次回路短路。

（5）防止直流系统短路、接地。

二、处理方法

继电保护及自动装置发生异常时，应分轻重缓急，充分考虑异常的特殊性，考虑异常发展的趋势，首先应排除异常发展为事故的可能性，然后采取隔离措施，消除根源。

（一）继电保护装置异常的处理

1. CPU 故障

CPU 是保护及自动装置的核心组成部分，当运行中的保护 CPU 异常时，说明该保护装置发生了严重异常，运行人员应根据异常信息作好记录，汇报调度及上级主管部门，将该保护装置退出运行。如果是短路引起，应将保护装置电源断开，通知专业人员来处理。

2. 装置电源插件异常

运行人员记录异常发生的时间和现象，汇报相关调度及上级主管部门，退出有关保护，检查装置屏有无明显故障痕迹和异味。若无明显故障特征，也无异味和其他可见故障，应检查保护装置直流电源是否正常，测量装置电源电压或检查电源空气断路器。如果是电源空气断路器跳闸，在检查回路无故障后，合上空气断路器，电源恢复正常后，汇报调度，将已退出的保护装置投入运行。如果运行人员检查电源出入正常，电源插件电源故障，应汇报上级由专业人员进行处理。

3. 高频通道异常

当运行中的高频通道出现常见异常时，运行人员应根据异常现象和信息，确定异常发生在哪套保护，首先进行异常信号的复归，若复归不了，应立即向调度汇报，并作如下处理：

（1）对闭锁式的高频方向保护、高频距离保护等应申请调度退出该保护，以防造成误动。

（2）对允许式的高频方向保护，通道异常时将失去速断功能，按调度命令投退。

（3）高频闭锁距离、零序保护在通道异常时，保护将无法正确动作，应申请改为普通距离、零序保护运行。

（4）收发信机长期发信或长期收信，应进行信号复归，若复归不了，可视为收发信机内部故障，应申请调度将该保护退出运行，并汇报上级主管部门由专业人员来处理。

（5）光纤保护通道故障时，应申请调度，将光纤保护退出运行，由专业人员处理。

（6）高频通道因系统冲击或电压波动而告警，应检查收发信机电源指示是否正常，装置本身有无异音、异味和明显故障特征。如果装置电源正常，无明显故障特征，且天气良好，应按下“复归”按钮，恢复告警信号，加强监视，保持继续运行。

（7）若受干扰信号影响，使高频通道异常发信不可恢复，应检查高频电缆的屏蔽是否完好，电缆布置是否合理。如果长时间收信或发信不能复归，应汇报调度退出对应高频保护，由专业人员检查处理。

保护装置因系统干扰或异常时，经常出现频繁启动的现象，运行人员要加强监视，及时复归，如果启动过于频繁，应将其按照缺陷分类进行上报。

（二）自动装置的异常处理

1. 故障录波器异常处理

当运行中的故障录波器发生异常时，运行人员应汇报相关调度和主管单位，记录异常现象，并作如下处理：

（1）如果出现死机，可能长时间启动不能复归，运行人员可重新启动，若恢复正常，即继续运行，若重新启动不能恢复，则应汇报调度及上级主管部门，由专业人员检查处理。

（2）如果界面显示长期接收信号，不断刷新，要根据系统运行情况判断是否正常。若系统运行正常，长期接收信号不能复归，应重新启动得以恢复。否则，应汇报调度将该录波器退出运行，运行人员应作好相关记录，由专业人员检查处理。

（3）如果由于直流电源故障使录波器直流电源消失，该面板电源监视灯灭，分两种情况：如果是直流输入电源回路故障或电源空气断路器跳闸，应检查录波器无明显故障特征后，立即恢复直流电源；如果直流电源输入正常，可能是装置内部电源插件故障，应汇报调度及上级主管部门，由专业人员检查处理。

2. 自动稳控装置异常处理

自动稳控装置发生电源故障时，电源指示灯灭，液晶显示黑屏，应立即汇报调度及上级主管部门，由专业人员检查处理。

（三）二次回路异常处理

继电保护二次回路异常情况是错综复杂的，按其性质分交流二次回路和直流回路故障，又有电压回路、电流回路异常，还有二次接线回路故障等。

1. 交流电压二次回路短路、断线引起保护装置异常的处理

当电压互感器二次回路故障造成"交流电压回路断线"、"装置告警"时，相应故障录波器发出"TV故障"信号，主控公用信号发出"电压回路断线"信号，相应线路保护或母线保护发出"装置异常、TV断线"信号。信号发出后，运行值班人员要记录信号发出的时间及信号内容。首先应根据信号判断分析，确定故障位置、故障范围、故障性质，明确故障发生在哪个回路，向相关调度汇报，并申请将可能会误动的保护及自动装置退出运行，如线路距离保护、主变压器后备保护和线路失灵远跳装置，然后进行故障的查找处理。步骤如下：

（1）记录故障现象，并初步判断故障范围。

1）如果是线路电压互感器故障，应申请调度退出相应线路的距离保护、铰链纵差保护、光纤纵差保护。

2）如果是变压器用电压互感器故障，应申请调度退出相应变压器后备保护，如阻抗保护或电压闭锁过电流保护。

（2）对电压二次回路进行检查，如果无明显故障特征，可以对电压二次空气断路器试送一次，试送成功后，恢复信号，将已退出的保护投入运行。如果试送不成功，则不能再送，则应进一步分析查找故障点。

（3）如果检查到二次回路有明显短路痕迹，运行人员根据现场情况，能自行处理的进行处理，不能处理者汇报主管部门，并通知专业人员前来处理。

（4）如果两套可能误动的保护为设备的主保护，在电压互感器失去电压的情况下，两套装置均出现异常，应汇报调度将一次设备退出运行，因为750kV系统的线路不允许脱离主保护运行。

（5）如果电压异常是二次回路工作人员过失造成，应立即停止现场工作，申请调度，退出可能误动的保护及自动装置，询问工作人员，查明故障原因，排除故障后，投入已退出的保护装置。

2. 电流互感器二次故障引起保护装置异常的处理

电流互感器二次异常在变电站较少出现，但电流互感器二次故障一般会造成比较严重的后果，特别是二次开路，将在开路点间产生相当高的电动势，会造成二次绝缘击穿、二次设备损坏及威胁人身安全。当电流互感器二次回路发生异常，保护及自动装置打出"异常告警"、"电流回路断线闭锁"时，运行人员应按下列方法进行处理：

（1）立即汇报调度，将已发出异常的保护装置退出运行，检查保护装置有无火花、冒烟现象和异常声音。通过显示器，检查装置电流三相是否平衡、相位是否正确，如果没有明显故障特征，用"复归"按钮进行复归。如果信号复归，则说明装置完好，汇报调度将已退出的装置投入运行，如果复归

不了，运行人员应汇报主管部门，由专业人员进行检查处理。

（2）高压设备的两套装置的电流来自同一组电流互感器，如果其中一套电流回路异常，说明电流互感器电流供给正常，应将发异常信号的一套装置退出运行，如果两套装置同时发出电流回路异常，说明电流供给回路有故障，根据一次设备异常情况进行处理。

（3）运行人员查找电流互感器二次回路异常应从室外端子箱开始，按回路逐个环节进行检查，看端子是否松动、是否有火花现象。发现有松动或接触不良时，立即进行紧固。发现开路点或火花现象时，应在保护装置退出的情况下（如差动保护必须退出），用短路线将电流端子从电源端封死，封电流端子的顺序按 N、A、B、C 进行，因为电流互感器二次开路有很高的电动势，应先让 N 接地，避免对人身的伤害，封好后再对开路点进行处理。

（4）短接电流互感器二次端子时能发现火花，说明短接有效，开路点在电源到封点以下回路；若封线时没有火花，则短路无效，说明开路点在封点与电源之间回路中。

（5）若开路点在保护屏或汇控柜内，应对保护屏或汇控柜上的端子检查并紧固，若在保护屏或汇控柜内，应汇报上级部门，由继电保护专业人员处理。

（6）由运行人员处理的开路故障，如端子松动、接触不良、短接等，故障消除后，应将短接线拆除，将已退出的保护投入运行，恢复正常运行。

3. 控制回路二次设备异常的处理

当发现某回路控制回路断线信号发出时，应按下列方法处理：

（1）根据异常信号，确认异常所产生的支路，控制异常的进一步发展，若对保护运行有影响，应汇报调度，将有关保护及自动装置退出运行。

（2）检查直流电源等二次设备，如果是灯泡损坏，应予以更换，更换时防止直流系统短路。检查和更换熔断器的方法，可参照模块 ZY1300406001。

（3）检查断路器辅助触点接触是否良好，断路器控制回路各触点是否有松动、放电和烧伤痕迹，如果发现有明显的异常、故障特征，应立即予以处理。若查不到故障原因，又不能处理时，应汇报主管部门，安排专业人员处理。

（4）检查控制回路元件动作情况，可见接点位置是否正确，元件有无过热、放电和抖动。如果发现某回路、某元件有以上明显的故障特征之一，即可判定该回路异常，可根据不同情况进行处理，如果不能处理，应汇报主管部门，安排专业人员处理。

（5）检查操动机构储能压力是否正常，气压、液压机构的操作压力是否正常，其触点是否被黏死。因为采用气压和液压机构断路器的控制回路受液压密度继电器触点控制，操作压力异常闭锁，同时发出“控制回路断线信号”。如果是操作压力异常导致的控制回路断线，应按断路器压力异常处理。

（6）检查跳、合闸线圈是否断线或接触不良。对不可见的回路应用有无异味的方法判定故障点。

（7）检查控制开关位置是否正确，检查开关分合闸控制开关在“就地”或“远方”，若位置不对应，应立即恢复对应位置。

（8）防跳回路检查，检查防跳继电器是否有断线或接触不良等明显特征。

（9）检查同期装置是否完善，同期操作是否正确。

（10）检查控制回路其他连接元件是否故障、断线或有接触不良现象，如果有明显异常，应通知专业人员处理。

（11）操作中发生“控制回路断线”应立即停止操作，查明原因处理后再行操作。

4. 二次接线错误造成装置异常的处理

（1）电流互感器二次接线不正确，主要现象是监测电流、功率表指示不正确，电能表计量不准确或不计量。造成保护定置设置错误，保护误动作。这也是运行人员很难发现的问题，运行人员要通过保护专业人员对新投入的电流互感器所作的相量图认真分析研究，检查端子箱和装置对应的端子编号是否对应一致。

（2）控制动断、动合触点接反，出现逻辑错误。这种故障比较常见，一般发生在开关和保护安装接线或检修调试以后，运行人员可根据图纸进行检查验收，还可以通过操作和传动试验，检验接线的完整性。当运行中的二次设备发现接线错误时，应由检修人员处理。

（3）回路接线不完善、存在缺陷或隐患。运行人员对检修后的二次回路完整性要认真仔细检查，要认真逐级、逐点进行查找，有无明显的短路和断线、绝缘损伤现象，不用的线头要进行包扎处理，发现问题应由检修人员及时处理。

三、危险点预控措施

继电保护及自动装置异常处理存在危险点，运行人员在排查保护及自动装置异常，涉及电流、电压及控制二次回路异常时应由两人进行，并做好危险点分析预控措施。预控措施要有防人身触电、防保护误动、防直流短路接地、防电压互感器二次回路短路和电流互感器二次回路开路的具体措施，具体见表 ZY1300405005-1。

表 ZY1300405005-1 继电保护及自动装置设备异常的处理

危险点	预控措施
人身触电	（1）必须两人在一起，在监护下工作。 （2）使用合格的绝缘工具，触及二次设备部分应戴手套
保护误动	（1）涉及运行中的保护回路时，应退出相关保护。 （2）处理异常时，不得将保护及自动装置的电源空气断路器断开。 （3）运行人员不得对保护装置定值区进行调整设置
电压互感器二次回路短路	（1）不得在电压互感器二次回路接临时负载设备。 （2）检测用工器具应合格。 （3）不得将电压互感器二次直接短路
电流互感器二次回路开路	（1）不得将电流二次回路端子、接地点断开。 （2）排查电流互感器二次回路异常时，应事先准备好短接线或专用短路片。 （3）发现已开路时应立即使用专用的短接线或短路片进行短接
直流短路、接地	（1）使用合格的绝缘工器具。 （2）使用仪表测量时，注意导线绝缘，防止表笔造成短路

四、案例分析

案例 1：330kV 母线差动保护电流回路开路的异常处理。

（1）异常现象。某 750kV 某变电站，综合自动化系统发出母联断路器 04 号控制屏“交流电流回路断线”及“交流电源消失”信息。

（2）处理过程：

1）值班长派一人监视，自己到 330kV 母差保护屏检查电流继电器动作状态并检查差电流。

2）值班长一方面安排正值班员和副值班员将 330kV 母差出口压板退出，另一方面向调度汇报。

3）正值班员汇报，断开压板后，检查还有差电流存在。

4）调度同意退出 330kV 母差出口压板。

5）用钳形电流表测量其二次回路电流。

6）当测量 330kV 母差保护屏电流时，发现电流端子 A320 电流为零、B320 电流为零、C320 有电流。

7）当测量 330kV 母差端子箱电流，01、05、06、08 断路器 C320 回路电流值时，发现 05 断路器 C320 回路电流为零，其他电流均有电流。

8）再到 05 断路器端子箱，用短接线将 C320 与 N320 端子进行短接，短接后测量短路线中有电流，即判定开路点在该断路器端子箱与 330kV 母差端子箱之间，电缆或端子头处。

9）值班长立即将判定结果汇报调度，并汇报上级派人来处理。

10）作好相关记录。

案例 2：某 750kV 变电站 330kV 一线路电压回路断线的异常处理。

模块5 ZY1300405005

（1）故障现象。主屏发出某线路“电压回路断线”、“断线闭锁”和“告警”信号，该回路电压表A相330kV、B相330kV、C相10kV，电流表指示正常。该线路距离保护装置“TV断线闭锁告警”、“总告警”、“保护启动”灯亮。

（2）处理步骤：

1）运行人员检查发现该保护装置两套装置距离保护均打出电压断线闭锁、装置告警信息，向调度汇报，并申请调度退出该装置两套距离保护和光纤差动出口压板。

2）再检查该线路电流、电压指示，发现电流值读数正常，而电压表C相电压明显偏低，已初步判定是该线路电压互感器二次回路断线。

3）运行值班长准备好万用表等必要的工具，并带领一名值班员到现场进行检查。

4）首先在汇控柜测量该回路电压端子，A640-B640端子间电压100V，A640-C640、B640-C640端子间电压确很低。再测量C640-N640端子间电压为2V左右，即判明是该回路电压C相断线。

5）两人又去该线路电压互感器端子箱，检查二次电压空气断路器均在合的位置，两人就地对电压空气断路器进行测量，发现小空气断路器靠电压互感器测电压正常，A-B间电压为100V、B-C间电压为100V、A-C间电压为100V，再测量小空气断路器负载侧，结果A-B间电压为100V、B-C间电压为50V、A-C间电压为50V，再测量C-N间电压为0V，判明是电压二次空气断路器故障。

6）用同型号的二次空气断路器予以更换后恢复正常。

7）申请调度将已退出的保护投入运行。

【思考与练习】

1. 电压互感器二次回路故障引起继电保护及自动装置异常如何处理？
2. 如何用万用表测量电压互感器二次电压是否正常？
3. 3/2断路器接线方式中某线路中间断路器重合闸拒动有什么后果？如何处理？

模块6 通信系统和自动化设备异常的处理（ZY1300405006）

【模块描述】本模块介绍通信系统和自动化设备常见异常处理方法。通过异常处理方法讲解、列表分析、案例介绍，能正确组织分析、处理异常，并进行危险点源预控。

【正文】

变电站微机监控系统发生异常或故障，应及时进行处理，如果由于异常或故障使系统出现瘫痪或信号全部中断，变电站发生事故时就无法在监控状态下进行事故处理的操作，此时，运行人员应根据操作指南和现场规程按下列顺序进行处理。

一、通信系统及自动化设备异常处理的一般要求

（1）尽快恢复通信网络的正常运行。

（2）闭锁系统异常时，不得用试操作的方法进行处理。

（3）异常处理需要停用系统时，应征得调度同意。

（4）异常处理中不得改变测控屏远方/就地操作开关方式。

（5）异常检查按下列顺序进行：

1）检查通信及自动装置电源是否正常。

2）检查网络接口、光缆是否正常。

3）检查光电转换器是否损坏。

4）检查测控装置是否故障。

二、处理方法

当变电站综合自动化系统出现异常时，运行人员应进行现场检查，特别要检查测控单元保护装置运行是否正常，并进行现场监视，记录异常现象，根据情况向调度及上级部门汇报，并分别进行如下处理。

1. 监控系统的异常处理

当监控系统发生异常时，应根据异常信息综合分析，限制异常发展，采取预控措施，参照表ZY1300405006-1进行正确处理。

表 ZY1300405006-1　　监控系统常见异常处理方法

常见异常	处理方法
界面断路器、隔离开关或其他遥信位置与实际位置不一致	检查界面数据是否刷新，如果界面不刷新，检查前置机系统信号是否正常、有无告警信号，如果前置机信号正确而工作站数据不刷新，可能是数据通信连接不好，检查通信接口连接是否良好、数据线是否完好，查出故障原因后予以恢复
遥测显示不正确	遥测演示不正确，首先应检查单元设备有无故障信息和明显故障特征，检查测控装置是否异常发出故障信息。如果有，则按相关信息予以处理，如果测控单元设备正常，测控装置无异常告警信息，应考虑数据连接接口或接线端子是否松动，排除故障后，恢复正常。如果经以上检查仍不能回复，应汇报主管部门，进行专业检查处理
报表不能打印	首先应检查打印机电源是否正常、打印机连接口是否松动、打印机是否缺纸并予以处理，如果是打印件故障或不匹配，应更换打印机
后台画面数据不刷新	当工作站数据不刷新时，运行人员应注意观察。如全部数据不刷新，可能是网络通信故障，应检查通信接口连接是否良好、通信设备是否故障，根据情况作相应处理，恢复通信接口。如部分数据不正确，可能是测控装置有故障，应对测控装置进行检查并予以恢复。不能恢复时，应汇报主管部门，进行专业检查处理
闭锁逻辑错误	汇报主管部门，进行专业检查处理
时钟同步错误	汇报主管部门，进行专业检修处理
程序退出	当装置电源发生故障，应查明是否有短路，排除电源故障后重新启动，如果是CPU容量不足，应上报缺陷，进行升级改造
画面死机	检查网络通信连接，重新启动程序，如果不能恢复，应汇报主管部门，进行专业检查处理
遥控拒动，操作时遥控超时或失败	遥控操作拒绝执行或超时，首先应检查遥控操作压板是否在投入位置，远方/就地操作把手是否在“远方”位置，恢复其对应位置再操作。如果以上检查均正确，应汇报主管部门，进行专业检查处理。检查是否为测控装置遥控继电器故障
站控层和间隔层通信中断	检查通信接口或接线端子是否松动，光缆是否有断线或其他故障并予以恢复。如果是计算机网关跳线接口不匹配、通信“IP地址”设置不正确，应汇报主管部门，进行专业检查处理

2. 测控装置异常处理

当测控装置发生异常时，参照表ZY1300405006-2进行处理。

表 ZY1300405006-2　　测控装置常见异常及处理方法

常见异常	处理方法
测控装置电源故障告警	检查测控装置电源开关是否跳闸、装置电源是否正常。如果电源开关跳闸，应予以恢复；如果电源正常，应检查电源插件是否有明显的损坏；如果是电源插件故障，应汇报主管部门，进行专业检查处理
测控装置I/O插件故障告警	汇报主管部门，进行专业检查处理

3. 通信异常的处理

当通信中断异常告警时，运行人员应根据现场情况判断出引起通信中断的原因，记录异常信息。

（1）如果是由保护装置引起的通信中断，该装置同时会有告警信号。应对测控装置进行信号恢复，不能恢复时，则应汇报调度及上级主管部门，由专业人员处理。如果是由于站内计算机网络异常引起的通信中断，可通过监控系统总复归命令，以重新确认网络的通信状态。

（2）对计算机网络异常引起的通信中断，处理时不得对该保护装置进行断电复位。如果发现某一保护小室通信全部中断，在检查该保护小室内各继电器及自动装置正常运行的情况下，应检查安装在该保护小室内的光电转换器或安装在主控室内与小室对应的光电转换器是否发生故障特征。如果发生故障，应设法处理，运行人员无法处理时，应汇报主管部门，由专业人员前来处理。

（3）通信中断和采集单元死机情况不同，死机就是监控画面正常而某一个或几个间隔的遥测数据不刷新，或检查当日运行负荷日志时几个或更多时间段的数据均未变化，可以判断为采集单元死机。

4. 死机的处理

变电站综合自动化常常出现死机现象，主要有以下方面：

（1）监视系统死机。一般变电站应有两套操作员站，供变电站值班员监视。当其中一台发生死机时，运行人员应严格按照操作程序重新启动操作站主机，即可恢复。若系统不能恢复，应确认操作程序是否正确，如果重新启动两次及以上仍不能恢复正常，则应汇报上级主管部门，通知专业人员来处理。

（2）前台交换机系统死机。运行人员应作好记录，立即汇报调度及上级主管部门，由专业人员来处理。

（3）测控单元死机。运行人员应作好相关记录，检查测控装置直流电源是否正常、直流空气断路器是否跳闸。若属直流电源空气断路器跳闸或直流电源消失引起，应申请调度退出该保护出口压板，恢复直流后检查保护装置若正常，再投入该保护出口压板。若查不明原因，应立即汇报调度及上级主管部门，由专业人员来处理。专业人员来之前，运行人员要加强监视，巡检互感器二次回路和直流回路运行情况。

三、危险点预控

750kV 变电站通信系统和自动化设备非常重要，是变电站重要设备组成部分，发生异常时危害极大，运行人员必须进行分析、处理，但处理中要注意危险性的预控。通信和自动化危险点预控措施的制订要有针对性，内容要符合现场实际，可参考表 ZY1300405006-3 进行。

表 ZY1300405006-3　　通信系统和自动化设备常见异常处理危险点预控

危险点	预控措施
误动、误碰	（1）通信系统和自动化设备异常处理要在监护下进行。 （2）防止误动、误碰运行中的设备。 （3）不得用遥控使操作的办法查找故障，必要时将遥控操作压板退出
通信中断	（1）不能随意拔下数据通信接口。 （2）不得将站控层、设备层、测控层间的通信断开
损坏设备	（1）工作中小心、谨慎，防止损坏元件。 （2）运行人员不能对网管、IP 地址进行修改。 （3）运行人员不得修改数据库参数
系统破坏	（1）通信系统和自动化设备异常处理中，要防止系统全部瘫痪状态。 （2）自动装置异常处理，不得使系统全部瘫痪

四、案例

以下以 Bsj-2200 计算机监控系统为例介绍其常见异常处理。

通信和自动化设备使用种类很多，不能一一进行介绍，这里以 Bsj-2200 计算机监控系统为例，进行通信和自动化设备的综合分析处理。

（1）正常运行时，后台机（操作员工作站）发现突然死机。运行人员应根据现场实际情况将计算机重启动。

1）一台操作员站死机，说明网络系统正常，应重新启动计算机。启动过程中应密切监视另一台操作员站（这台机应自动切换为主机状态），对系统进行监控，如启动后仍不能恢复，应及时向值班调度员汇报，并立即通知专业人员检修处理。

2）两台操作员站同时死机，逐台重新启动，若不能恢复，应向值班调度员汇报，立即通知专业人员检修处理，并专人派人到各保护小室、主变压器等处加强巡视，检查并监视监控系统间隔层设备情况，同时派人到计算机监控工程师站对系统的情况监控。

（2）若 I/O 测控单元发生故障，站控层不能对其进行正确地监视和控制。此时，应向值班调度员汇报，并汇报主管部门，立即通知专业人员检修处理。专业检修人员未到之前，应退出该控制单元的控制输出连接片，并派人到该测控单元所监控的设备现场进行监视。

（3）计算机系统中的其他设备发生故障不能恢复时，应视情况将该设备从监控系统网络中退出运行，并应及时向各相关调度和主管部门汇报。还应派人到现场监视设备运行情况，通知专业人员检修处理。

（4）在保护小室 SLD 控制面板上操作时，若“非 SLD 跳闸”指示灯亮，表示该控制面板上的被控的断路器已跳闸，但并非是刚才的操作控制的，很可能是保护动作所跳闸，此时应立即停止操作，查明停止原因，保护动作情况等向值班调度员汇报，如果是事故跳闸，则应按照断路器跳闸来处理。

（5）调度收不到实时数据时，应先检查通道（运行值班人员应知道通道的具体情况），用万用表毫伏挡在远动柜的收发端子上测量信号电压，如果通道没有问题，再观察收发灯是否正常，并将发现的问题通知相关单位和部门，由专业人员来处理。

【思考与练习】

1. 监控系统出现死机应如何处理？
2. 故障录波器直流电源故障如何处理？
3. 微机监控网络通信中断如何处理？

第三十五章　交、直流系统异常处理

模块 1　直流系统常见异常（ZY1300406001）

【模块描述】本模块介绍直流系统常见异常及异常象征。通过综合概述、异常现象分析讲解，能正确判断直流系统运行异常。

【正文】

随着电力技术的发展，高频开关模块型充电装置已逐步取代相控型和硅整流型充电装置，而阀控式密封铅酸蓄电池已取代固定型铅酸蓄电池。750kV 变电站都采用高频开关模块型充电装置和阀控式密封铅酸蓄电池组。下面主要以高频开关模块型充电装置和阀控式密封铅酸蓄电池组介绍直流系统的常见异常。

一、阀控式密封铅酸蓄电池常见异常现象

蓄电池是站用直流系统中的核心组成部分，站用交流系统正常运行时，蓄电池处于浮充电状态，根据充电需要，也可运行于均衡充电状态。正常情况下全站的直流负荷通过高频充电模块供电，当站用交流电源失去后，蓄电池储存的化学能转化成电能带直流负荷或通过 UPS 带重要的交流负荷运行。阀控式密封铅酸蓄电池常见异常现象有：

（1）蓄电池壳体鼓胀变形。

（2）浮充电时，蓄电池电压偏差较大（大于平均值±0.05V）。

（3）运行中浮充电电压正常，但是一带负载，电压很快下降到终止电压值。

（4）核对性放电时，蓄电池放不出额定容量。

发生以上异常时，直流系统监控装置和后台监控机不会发出告警信号，只能通过系统巡视、核对性充放电维护等手段才能发现，因此蓄电池的定期维护就显得非常重要。

二、系统监控装置常见异常现象

监控模块作为系统数据存储处理的中心，汇集了系统所需的全部数据和信息。通常造成监控告警的主要原因有：

（1）系统硬件或软件异常。

（2）错误的系统设置。

（3）用户端产生的告警信息。

（4）通信异常等。

发生以上异常时，系统监控装置会发出告警信号，提醒运行人员及时处理。

三、高频充电模块常见异常现象

高频充电模块，一般采用“*N*–1”冗余模式配置，一个模块告警或黑屏不会影响整个充电装置的运行，但系统监控装置或模块本身会发出告警信息。常见的异常现象有：

（1）高频充电模块通信中断或装置异常告警。

（2）高频充电模块黑屏，无充电电压、电流显示。

（3）模块输出电压不正常等。

四、直流接地现象

正常运行的直流系统，其正、负极对地都是绝缘的，如果某一极的任何一点绝缘破坏，就会形成直流接地。220V 直流系统两极对地电压绝对值差超过 40V 或绝缘电阻降低到 25kΩ以下时，应视为直流系统接地。发生直流系统绝缘强度降低，造成直流接地时，系统监控装置和后台监控机都会发出告警信

号，带智能选线装置的系统监控装置还会选出接地的支路编号，以便运行人员及时处理。

【思考与练习】

1. 阀控式密封铅酸蓄电池常见异常现象有哪些？

2. 高频充电模块常见异常现象有哪些？

模块 2 站用交流系统的常见异常（ZY1300406002）

【模块描述】本模块介绍交流系统常见异常及异常象征。通过综合概述、异常现象分析讲解，能正确判断交流系统运行异常。

【正文】

750kV 变电站的站用交流系统一般采用本站电源和外备电源供电相结合的方式，在单台主变压器的变电站，有的还配有柴油发电机作为备用电源。站用交流系统常见的异常现象有：三相负荷不平衡，零序电流较大；交流馈路短路、接地；馈路过负荷，电缆发热；电压偏高或偏低；电源缺相等。

一、三相负荷不平衡的现象及危害

（1）三相负荷不平衡的判定。（电流最大电相的电流值–电流最小相的电流值）÷最大相电流值×100%所得的值，只要大于 25%，就算三相负荷不平衡。

（2）三相负荷严重不平衡会产生以下后果：

1）影响设备的正常出力。

2）可能烧毁设备。

3）中性线电流增大，使站用变压器油箱及钢结构发热，甚至烧毁站用变压器。

4）影响电动机的输出功率。

5）损耗增大。

6）造成站用变压器低压侧零序电流保护动作，切除站用变压器。

二、交流馈路短路、接地

交流回路短路或接地都会造成回路空气断路器跳闸（变电站的交流回路加装有剩余电流动作保护器，接地后空气断路器会跳闸），部分运行设备失去电源，停止工作。

三、交流馈路过负荷，电缆发热

交流馈路增加负荷时，应检查核对馈路空气断路器、插座的容量，导线的允许载流量，防止馈路空气断路器、插座、导线过负荷。定期用红外测温仪检查电缆是否发热。

四、电压偏高或偏低

负荷增大或减少，站用变压器有载调压挡位调整不合适，都会造成站用系统电压波动。如果 220V 单相供电电压超过额定电压的+7%会影响电气设备的使用寿命，严重时烧坏电气设备；如果电压低于–10%会影响电气设备的出力，达不到使用效果，严重时电气设备无法工作。因此站用电源的电压应保持在一个比较稳定的范围内。

五、三相负载电源缺相

三相负载电源缺相的判定方法：

（1）听声音，看现象。电动机缺相时会转速变慢，固定不稳时还会出现振动、风扇叶颤动、发热严重，有时甚至无法转动。电动机缺相运转时还会有较大的“嗡嗡”声。

（2）用钳形电流表测电流。正常三相电流应该是基本平衡的，即三相电流一致，如果缺相，那么其中一相电流会明显变小或者完全没有电流。

（3）用万用表测量电压。在电动机接线处测量三相电压，缺相的电压为零或者很小。

六、UPS 常见异常

UPS（Uninterruptible Power System，交流不间断电源），是以逆变器为主要组成部分的恒压、恒频的不间断电源。主要用于给变电站计算机监控系统、火灾报警、电能表计等其他电力电子设备提供不间断的电力供应。当站用交流电源输入正常时，UPS 将市电稳压后供应给负载使用，此时的 UPS

就是一台交流电源稳压器；当站用交流电源中断（事故停电）时，UPS 立即将站用电池组的电能，通过逆变转换的方法向负载继续供应 220V 交流电，使负载维持正常工作并保护负载软、硬件不受损坏。

UPS 常见的异常有：工作中发出“啪！啪！”的声音，显示器屏幕随之跳动；输出电压异常；并机工作的 UPS 输出不同步等。

【思考与练习】

1. 三相负荷不平衡会造成什么后果？
2. 如何判断三相负载电源缺相？

模块 3 直流系统的异常分析及处理（ZY1300406003）

【模块描述】本模块介绍直流系统异常原因、异常处理方法。通过要点归纳讲解、案例分析，能正确分析异常类型、位置、原因，并能及时组织处理和汇报。

【正文】

一、阀控式密封铅酸蓄电池常见异常分析和处理

（1）蓄电池壳体鼓胀变形。原因有：充电电流过大，充电电压超过了 2.4V×N（N 为单体电池的只数）；蓄电池内部有短路或局部放电等造成温升超标；阀控失灵使蓄电池不能实现高压排气，内部压力超标等。

处理方法：减小充电电流，降低充电电压，并检查安全阀是否堵死，变形严重的应予以更换。

（2）浮充电时，蓄电池电压偏差较大（大于平均值±0.05V）。原因有：蓄电池制造过程分散性大；存放时间长，又没按规定补充电。

处理方法：若为质量问题，应更换不合格产品；若为存放问题，应按要求进行全容量反复充放电 2～3 次，使蓄电池恢复容量，减少电压的偏差值。

（3）运行中浮充电压正常，但是一放电，电压很快下降到终止电压值。原因有：蓄电池内部失水、电解液变质。

处理方法：更换蓄电池。

（4）核对性放电时，蓄电池放不出额定容量。原因有：蓄电池长期欠充电；单体蓄电池浮充电时，电压低于 2.23～2.28V，造成极板硫酸盐化；深度放电频繁（如每月一次），蓄电池放电后没有立即充电，极板硫酸盐化。

处理方法：浮充电方式运行时，单体蓄电池电压应保持在 2.23～2.28V；避免深度放电；对核对性放电达不到额定容量的蓄电池，应进行 3 次核对性放电，若容量仍达不到额定容量的 80%以上，应更换蓄电池组。

二、直流系统监控装置常见异常分析与处理

日常维护中大部分告警信息都可通过监控装置的相应记录进行查询。

（1）系统硬件、软件异常处理。受直流系统的工作环境和操作过程影响，少数情况下外界干扰或监控内部硬件瞬间故障可能造成系统误告警或监控死机现象。出现无法自动恢复的软件故障可通过系统菜单中所提供的初始化功能对监控器进行重新设置，需注意的是初始化后系统参数必须重新输入。如初始化无法排除系统故障，则必须将其退出运行，由厂方专业人员进行检查修复。

（2）错误的系统设置的处理。如浮充电电压、电流，均衡充电电压、电流和越限报警电压设置不合适，运行中会造成蓄电池欠电压或过充电，缩短电池的寿命，甚至坏蓄电池。所以系统调试开通后，运行人员应记录下所需的参数设置，防止系统检修或“初始化”后参数设置错误。

（3）用户端产生的告警信息处理。系统电器故障应更换相应器件，用户端故障则由各制造商作出相应处理。

（4）通信不通的处理。造成通信不畅通的原因较多，常用解决方法为：

1）检查对应设备是否已开机工作、通信线是否连接好，若不正常，则开启相应设备，连接好通信线。

2）检查主监控“系统配置”和“设备配置”各参数设置是否与实际情况一致。若不正常，则参照

操作说明书修改相应参数设置。

3）如果是充电模块、蓄电池通信不畅，还应检查各充电模块、蓄电池地址号是否有重叠，以及地址号与主监控“设备配置”中模块号、蓄电池号设置是否一致。若不一致，应重新设置地址号及模块号。

三、高频充电模块异常分析与处理

（1）高频充电模块告警。原因有：充电模块本身有故障，充电模块与充电装置组接触不良，交流输入电压太高或太低等。

处理方法：

1）检查交流输入电源电压是否正常，若不正常，则调整交流输入电压。

2）关闭告警充电模块电源，将其抽出，检查充电模块与装置插槽有无放电、烧伤等情况，然后放回插槽，使其接触良好后，打开电源开关，检查能否正常工作。若能正常工作，则说明接触不良；若不能，则说明装置故障，应将其电源关闭，退出运行，联系厂家维修或更换充电模块。

（2）高频充电模块黑屏，无充电电压、电流显示。原因有：可能是充电模块的电源开关跳闸，充电模块与插槽接触不良或充电模块本身故障。

处理方法：

1）检查充电模块的电源开关是否在断开位置，若在断开位置，合上电源开关，检查是否运行正常。

2）电源开关在合位，充电模块黑屏时，将其电源开关断开，拉出插槽检查充电模块与装置插槽有无放电、烧伤等情况，然后放回插槽，使其接触良好后，打开电源开关，检查能否正常工作。若能正常常工作，则说明充电模块与插槽断开；若不能，则说明装置故障，应将其电源关闭，退出运行，联系厂家维修或更换充电模块。

四、直流接地的分析与处理

直流系统的正、负母线绝缘电阻均不能低于规定值，当任何一点出现绝缘强度降低、接地故障时，将会影响变电站的整个正常运行秩序，造成控制、信号、保护的严重紊乱，必须迅速排除故障，以免出现两点同时接地或短路，造成直流系统空气断路器跳闸，使断路器出现误动、拒动等。

发生绝缘告警、接地的主要原因有：分支回路绝缘受潮或破损，负载设备安装错误，交流串入直流回路等。

1. 查找直流接地故障的一般顺序

（1）判断接地的极性，分析故障发生的原因。长时阴雨天气会使直流系统绝缘受潮，检查室外端子箱、机构箱、接线盒是否因密封不良进水等，站内二次回路上有无人员在工作、是否与工作有关。

（2）将直流系统分成几个不相联系的部分，即用分网法缩小查找范围。

（3）对于不太重要的直流负荷及不能转移的分路，利用“瞬停法”（一般不应超过3s），各站应根据本站情况在现场运行规程中制订拉路顺序；对于较重要的直流负荷，用转移负荷法，查找该分支回路有无接地。

（4）拉路一般按照“先拉信号和照明回路，后拉保护和控制回路，先室外后室内”的原则，其次序为照明回路、信号回路、保护回路、控制回路。

（5）如果接地点是在直流母线、蓄电池、充电模块、系统监控装置内，可以逐段排除来确认告警具体位置。具体方法是：依次抽出充电模块，断开各功能单元和母线间的熔断器连接，断开蓄电池接入开关，分段、分步测量故障母线同地之间的电压状况。在找出“故障段”后，大多数故障点可通过目测直接发现。

（6）确定接地点所在部位后，再逐步缩小范围认真查找，直到查出接地点并消除为止。

（7）750kV变电站的直流供电馈路采用一对一的辐射型供电方式，各馈路之间不存在环路，再加之系统监控装置都采用智能型，基本上能选出直流接地的支路，为直流接地故障的查找带来了很大的方便。

2. 查找直流接地故障的方法

（1）在运行值班长或技术人员监护下，查找接地回路及故障。

（2）瞬时断开操作、信号、位置等电源熔断器（或瞬时断开直流电源小开关）时，应经调度同意且断开电源的时间一般不超过 3s，无论回路中有无故障、接地信号是否消除，均应及时投入。

（3）为了防止误判断，观察接地故障是否消失时，应从信号、光字牌和绝缘监察表计指示情况综合判断。

（4）当发生直流接地时，应暂停正在二次回路上的工作，检查接地是否由工作引起，待查明原因后再恢复工作。

（5）检查有关二次设备状况，特别注意户外端子箱（盒）、操动机构箱、端子箱等关闭是否完好，有无漏水现象，各种防雨板等是否完整盖好，端子排有无受潮、短路、接地、烧坏。

（6）按符合实际的图纸进行，防止拆错线头，防止恢复接线时遗漏或接错。所拆线头应做好记录和标记。

3. 查找直流接地故障的注意事项

（1）采用拉路法查找直流接地馈路前必须向调度汇报。

（2）尽量避免在高峰负荷时进行。

（3）防止人为造成短路或另一点接地，导致误跳闸。

（4）禁止使用灯泡查找直流接地故障。

（5）使用仪表检查时，表计内阻应不低于 2kΩ/V。

（6）查找故障，必须由两人及以上进行。防止人身触电，做好安全监护。

（7）防止保护误动作，在瞬时断开保护装置电源前，退出可能误动的保护。保护装置电源恢复后再投入保护。

（8）运行人员不得打开继电器和保护机箱。

五、直流电源系统异常处理的安全要求

（1）进入蓄电池室前，必须开启通风。

（2）在直流电源设备和回路上的一切有关作业，应遵守《国家电网公司电力安全工作规程》的有关规定。

（3）充电装置发生异常时，应严格按照制造厂的要求操作，以防造成设备损坏。

（4）查找和处理直流接地时工作人员应戴线手套、穿长袖工作服，应使用内阻大于 2kΩ/V 的高内阻电压表，工具应绝缘良好，防止在查找和处理过程中造成新的接地。

（5）检查和更换蓄电池时，必须注意核对极性，防止发生直流失压、短路、接地。工作时工作人员应戴耐酸、耐碱手套，穿必要的防护服等。

【思考与练习】

1. 查找直流接地应注意哪些事项？

2. 直流电源系统异常处理有哪些安全要求？

模块 4　站用交流系统的异常分析及处理（ZY1300406004）

【模块描述】本模块介绍交流系统异常原因、异常处理方法。通过处理方法讲解、案例分析，能正确分析异常类型、位置、原因，并能及时组织处理和汇报。

【正文】

站用交流系统发生异常后，运行人员应及时分析和处理，防止因交流电源消失造成主变压器冷却系统全停，导致变压器跳闸事故。

一、三相负荷分配不平衡的分析及处理

三相负荷分配不平衡的原因有：设计时对站用负荷的分配核算不准确（特别是单相负荷的分配），造成分配不平衡；运行中临时施工、检修单相电源的接入，造成三相负荷分配不平衡。

处理方法：

（1）临时负荷造成的三相负荷分配不平衡时，要加强运行巡视，防止重负荷相线路、设备烧坏。

（2）重新核算站用负荷的分配情况，将重负荷相的负荷向轻负荷相转移，转移后要修改相应的图纸，并做好记录。

二、交流短路、接地的分析及处理

交流短路、接地的原因有：馈路导线的绝缘老化或破损；回路施工、清扫误碰造成接地或短路等。

处理方法：

（1）在发现空气断路器跳闸后，应首先检查空气断路器的剩余电流动作保护器是否动作。剩余电流动作保护器动作，则回路可能存在接地，如果没有动作，回路可能存在短路或过负荷。

（2）查找馈路导线绝缘老化或破损时，应确认回路却无电压后，可用500V绝缘电阻表进行摇测，若绝缘电阻值小于25kΩ，可认为导线的绝缘老化或破损。导线的绝缘老化或破损后应及时进行更换，更换后方可合空气断路器试送电。

（3）回路施工、清扫误碰造成接地或短路时，应停止施工或清扫，检查设备没有故障或异常后，可直接合空气断路器试送电，检查运行是否正常。正常时保持运行状态，如果不正常，应将电源断开，查找故障点。

三、交流馈路过负荷、电缆发热的分析与处理

（1）交流馈路过负荷的原因有：负荷增加，如冬季取暖、临时负荷的接入等。

处理方法：转移馈路负荷或降低馈路负荷。如果需要断开某些分支馈路的电源，应按照以下顺序进行：

1）临时施工电源。

2）检修电源。

3）非生产交流负荷。

4）主变压器调压机构电源。

5）交流照明电源。

6）厂房通风装置电源。

通常不应断开直流系统的交流充电电源、主变压器通风交流电源、开关类设备操动机构交流电源。

（2）电缆发热的原因有：馈路过负荷；单相电缆的外壳两端接地形成电磁环流，造成电缆发热；单相电缆外套钢管敷设，由涡流产生的发热等都会使运行中的电缆发热。因此在电缆敷设时一定要防止单相电缆的外壳两端同时接地，单相电缆敷设时不宜采用穿钢管敷设。

四、电压偏高或偏低的分析与处理

冬季取暖或夏季降温都会增加站用电负荷，负荷的增大会使站用电源母线电压降低，相反，负荷轻的时候，电压又会升高。电压过高或过低都不利于电器设备的可靠运行，因此必须利用站用变压器的有载分接开关进行调节，确保电压在一个合适的范围内。

五、三相负载缺相运行的分析与处理

设备缺相运行的主要原因是馈路的熔断器单相熔断以及电气设备内部三相接线中有一相断开。三相电动机的缺相运行，会使其他两相电流增加，同时电动机会堵转，长时间缺相运行会使电动机烧坏。

处理方法：发现电动机缺相运行时，首先断开电源，检查电源熔断器是否完好、三相电压是否正常，如果都正常，从端子排上打开连接电动机电源线，合上电源熔断器或空气断路器，在端子排处测量三相电压是否正常，如果正常，可能是电动机的接线盒处接线脱落或电动机内部断线等原因，以此顺序逐级查找处理。

六、UPS常见异常的分析与处理

1. 异常声音的分析与处理

工作中发出“啪！啪！”的声音，显示器屏幕随之跳动。可能原因是：

（1）UPS内部元器件松动或输入电源引线端子未压紧，有轻微的放电或打火。

（2）静电产生的干扰等。如化纤、纯羊毛地毯也是静电之源，尤其是在干燥的冬季，会产生静电干扰，所以机房应使用防静电地毯。

2. 输出电压异常的分析与处理

（1）有站用交流电时 UPS 输出正常，而无站用交流电时蜂鸣器长鸣，无输出。从现象判断为逆变部分故障，可按以下程序处理：

1）检查站用直流电源与 UPS 的连接是否正确，接触是否良好。

2）检测站用直流系统蓄电池电压，看蓄电池是否充足电。

3）若蓄电池工作电压正常，而且接线正确，说明逆变器损坏或 UPS 内部故障，应将 UPS 退出运行，上报主管部门，并联系厂家维修。

（2）UPS 开机后，面板上无任何显示，UPS 不工作。从异常现象分析，其故障在站用电源电压检测回路或蓄电池电压检测回路，也可能是站用交流电源没有输入或蓄电池与 UPS 连接不良。处理步骤如下：

1）检查站用交、直流输入电源熔断器是否烧坏。

2）如果蓄电池和站用交流电源与 UPS 的接线正确，且输入电压正常，UPS 开机后，面板上无任何显示，UPS 不工作，应将 UPS 退出运行，上报主管部门，并联系厂家维修。

3）如果 UPS 不能正常工作，有备用 UPS 时，应将异常 UPS 所带的负荷切至备用 UPS 运行。

七、案例

某 750kV 变电站现装设两台站用变压器，分别为 35kV 0 号站用变压器和 66kV 2 号站用变压器，正常运行时 2 号站用变压器带 380V Ⅱ段运行，0 号站用变压器带 380V Ⅰ段运行。站用负荷主要有 2 号主变压器冷却器、室内外照明、空调、检修及办公场所生活用电等。380V Ⅰ段母线主要供室内外照明、空调、检修及办公场所生活用电，380V Ⅱ段母线供主变压器冷却器及站用直流充电等负荷。接线如图 ZY1300406004-1 所示。

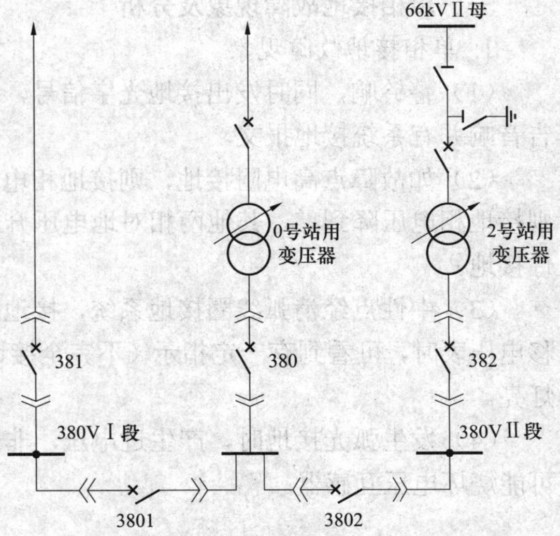

图 ZY1300406004-1　站用系统接线图

66kV 2 号站用变压器未投运前，因两台雨水泵故障，雨水泵控制箱空气断路器及交直流配电室空气断路器均未跳闸，造成 0 号站用变压器两次低压零序Ⅰ段保护动作，断路器越级跳闸。66kV 2 号站用变压器投运后，2 号站用变压器和 0 号站用变压器 6 月 12 日各发生一次站用变压器低压零序Ⅰ段保护动作，站用变压器跳闸，经检查一次设备运行正常，未见短路、接地现象。

对 380kV Ⅰ、Ⅱ段负荷分配进行检查，发现 380kV Ⅰ段三相负荷分配不均匀，当 A 相负荷电流 110A、B 相负荷电流 61A、C 相负荷电流 118A 时，调阅保护采样值，低压零序电流值达 1.75A（低压零序过电流保护定值为 3A），零序电流互感器变比为 1000/5，零序电流达到了 350A，已接近了保护动作整定值。6 月 19 日将 380kV Ⅰ段站用负荷进行调整，三相负荷分配平衡后，低压零序电流采样值降低，约 0.3A。

【思考与练习】

1. 造成三相负荷分配不平衡的原因有哪些？如何处理？

2. 电动机缺相运行会产生哪些后果？如何处理？

第三十六章　小电流接地系统异常分析及处理

模块 1　小电流接地系统异常现象及分析（GYBD00502001）

【模块描述】本模块介绍了小电流接地系统常见异常。通过现象描述、原理讲解，了解小电流接地系统常见异常现象和产生的原因。

【正文】

小电流接地系统中，中性点接地方式有中性点不接地和中性点经消弧线圈接地两种。该系统常见异常主要有单相接地和缺相运行两种。

一、单相接地故障现象及分析

1. 单相接地故障现象

（1）警铃响，同时发出接地光字信号，接地信号继电器掉牌。综合自动化变电站内监控机发出预告音响并有系统接地报文。

（2）如故障点高电阻接地，则接地相电压降低，其他两相对地电压高于相电压；如金属性接地，则接地相电压降到零，其他两相对地电压升高为线电压；若三相电压表的指针不停地摆动，则为间歇性接地。

（3）中性点经消弧线圈接地系统，接地时消弧线圈动作光字牌亮，电流表有读数。装有中性点位移电压表时，可看到有一定指示（不完全接地）或指示为相电压值（完全接地）。消弧线圈的接地告警灯亮。

（4）发生弧光接地时，产生过电压，非故障相电压很高，电压互感器高压熔断器可能熔断，甚至可能烧坏电压互感器。

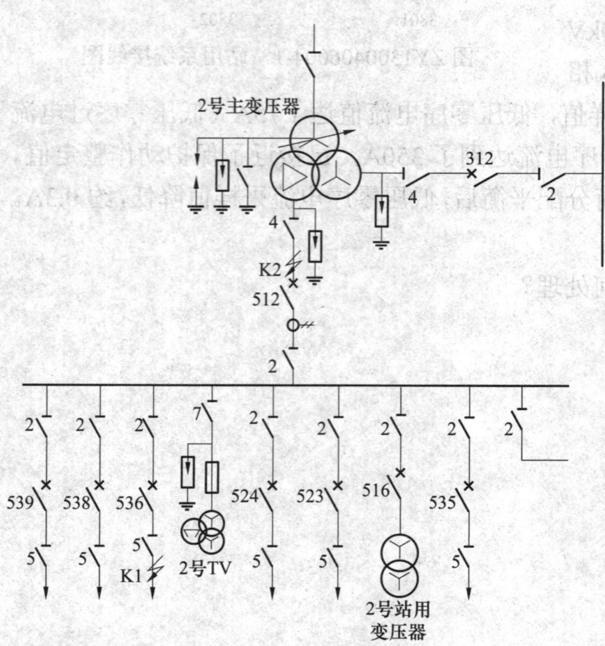

图 GYBD00502001-1　单母线接线单相接地示意图

2. 单相接地故障的危害

（1）由于非故障相对地电压升高（金属性接地时升高至线电压值），系统中的绝缘薄弱点可能击穿，形成短路故障，造成线路、母线或主变压器开关跳闸。

如图 GYBD00502001-1 所示，536 线路 K1 点 A 相接地，在未拉开 536 断路器切除接地点前，10kV 2 号母线及所属设备和所带的线路以及 2 号主变压器低压侧 B、C 相均承受线电压甚至是谐振过电压的作用，若此时另一条线路（如 538 线路）B 相绝缘子击穿接地，则单相接地就变成了两相接地短路，造成 538 和 536 线路过电流保护动作跳闸（如线路过电流保护只接 A、C 相电流，则 536 线路过电流保护跳闸，538 线路保护不动作）；如 10kV 2 号母线设备 B 相或 C 相绝缘击穿，536 线路保护拒动或 536 断路器拒动时，则会造成 2 号主变压器低压侧后备保护动作跳开 512 断路器，造成 10kV 2 号母线全停；如2号主变压器低压侧K2点发生B相或C相接地，则会造成2号主变压器差动保护动作跳开2号主变压器三侧断路器，造成主变压器停运，35kV 2号母线和10kV 2号母线全部停电。

（2）故障点产生电弧，会烧坏设备甚至引起火灾，并可能发展成相间短路故障。

（3）故障点产生间歇性电弧时，在一定条件下，产生串联谐振过电压，其值可达相电压的2.5～3倍，对系统绝缘危害很大。

（4）在拉路查找接地及处理接地故障的过程中，中断对用户的供电。

3. 单相接地故障的原因

（1）设备绝缘不良，如老化、受潮、绝缘子破裂、表面脏污等，发生击穿接地。

（2）小动物、鸟类及其他外力破坏。

（3）线路断线后导线触碰金属支架或地面。

（4）恶劣天气影响，如雷雨、大风等。

4. 接地故障的判断

系统发生接地时，可根据信号、电压的变化进行综合判断。但是在某些情况下，系统的绝缘没有损坏，而因其他原因产生某些不对称状态，如电压互感器高压熔断器一相熔断，系统谐振等，也可能报出接地信号，所以，应注意正确区分判断。

（1）接地故障时，故障相电压降低，另两相升高，线电压不变。而高压熔断器一相熔断时，对地电压一相降低，另两相不会升高，与熔断相相关的线电压则会降低。对三相五柱式电压互感器，熔断相绝缘电压降低但不为零，非熔断相绝缘电压正常（见表GYBD00502001-1）。

表GYBD00502001-1　　单相接地与电压互感器高压熔断器熔断、铁磁谐振的区别

故障类别 \ 项目（故障现象）	相对地电压	主控盘信号
单相接地	接地相电压降低，其他两相电压升高；金属性接地时，接地相电压为0，其他两相升高为线电压	接地报警
高压熔断器熔断	熔断相降低，其他两相不变	接地报警，电压回路断线
铁磁谐振	三相电压无规律变化，如一相降低、两相升高或两相降低、一相升高或三相同时升高	接地报警

（2）铁磁谐振经常发生的是基波和分频谐振。根据运行经验，当电源对只带有电压互感器的空母线突然合闸时易产生基波谐振。基波谐振的现象是：两相对地电压升高，一相降低，或是两相对地电压降低，一相升高。当发生单相接地时易产生分频谐振。分频谐振的现象是：三相电压同时升高或依次轮流升高，电压表指针在同范围内低频（每秒一次左右）摆动。

（3）用变压器对空载母线充电时断路器三相合闸不同期，三相对地电容不平衡，使中性点位移，三相电压不对称，报出接地信号。这种情况只在操作时发生，只要检查母线及连接设备无异常，即可以判定，投入一条线路或投入一台站用变压器，即可消失。

（4）系统中三相参数不对称，消弧线圈的补偿度调整不当，在倒运行方式时，会报出接地信号。此情况多发生在系统中有倒运行方式操作时，经汇报调度，相互联系，可以先恢复原运行方式，将消弧线圈停电调分接头，然后投入，重新倒运行方式。

二、缺相运行故障现象及分析

小电流接地系统中除了短路、接地故障外，还可能发生一相或两相断线的情况，造成系统缺相运行。

1. 缺相运行的故障现象

（1）线路缺相运行会造成三相负荷不平衡，引起线路三相电流不平衡，断线相电流为零，正常相电流增大。三相电流不平衡也会引起功率表指示和电能表计量电量变化。但是当线路电流表只接一相或两相电流互感器时，如断线发生在未接电流表的相，电流变化不易发现。

（2）由于三相负荷不平衡造成中性点位移，引起相电压发生变化，断线相电压升高，正常相电压降低，接地保护可能发出接地信号。中性点带有消弧线圈时，消弧线圈电压升高，电流增大。

（3）缺相运行会造成系统对地电容不平衡，在系统中产生零序电压，引起主变压器本侧零序过电压发出信号。

（4）母线缺相运行时，断线相电压降低为零，正常相电压基本不变。

2. 造成缺相运行的原因

（1）导线接头锈蚀、发热烧断。

（2）连接设备质量问题，如支持绝缘子损坏等。

（3）导线受外力伤害断线。

（4）恶劣天气影响，如大风、冰雹等造成线路断线。

（5）断路器内部绝缘拉杆断裂，操作时一相未变位。

3. 缺相运行案例

某站在拉开电容器断路器后，主变压器低压侧后备保护发出告警信号，检查发现主变压器低压侧零序电压保护报警动作，并且信号无法复归。经运行人员详细检查，发现拉开的电容器断路器C相有微弱的电流，现场检查断路器位置指示在分闸位置。判断电容器断路器C相由于某种原因未断开。将故障断路器退出运行后，经检修人员检查发现断路器C相绝缘拉杆断裂，造成该相触头未断开。

【思考与练习】

1. 小电流接地系统发生单相接地时有什么现象？

2. 单相接地故障的危害有哪些？

3. 小电流接地系统发生单相接地与铁磁谐振及电压互感器高压熔断器一相熔断有什么区别？

4. 线路缺相运行有哪些异常现象？

模块2 小电流接地系统异常处理（GYBD00502002）

【模块描述】本模块介绍了小电流接地系统常见异常的处理。通过案例介绍，掌握小电流接地系统单相接地、缺相运行等异常的处理方法。

【正文】

一、单相接地故障处理

小电流接地系统发生单相接地故障时，由于线电压的大小和相位不变，且系统的绝缘又是按线电压设计的，所以不需要立即切除故障，仍可继续运行一段时间，但一般不宜超过2h。中性点经消弧线圈接地的系统，允许带接地故障运行的时间取决于消弧线圈的允许运行条件，制造厂一般规定为2h。

1. 单相接地处理的注意事项

（1）发现设备接地后，应立即汇报调度，查找出接地点并迅速隔离，特别是对于间歇性接地，更应尽快查出接地点并停电隔离，防止由于间歇接地产生谐振过电压造成设备绝缘击穿损坏。

（2）查找接地故障时应穿绝缘靴，接触设备的外壳和架构时应戴绝缘手套。

（3）站内发生接地时，在隔离故障点消除接地前，应加强对站内设备运行状态的监视，尤其是发生接地的母线、避雷器和电压互感器等承受过电压运行的设备，并做好事故处理的准备。

2. 单相接地的查找方法

（1）检查、记录接地现象。站内发出接地信号时，首先应汇报调度，将时间、光字指示、故障报文、表计指示等信息做好记录。

（2）判断接地相别。切换检查相电压表计，根据相电压指示，判断是否为接地故障，如是接地故障则判明故障相别。

（3）检查站内设备有无故障。对接地母线上的一次设备进行外部检查，主要检查各设备瓷质部分有无损坏、有无放电闪络，检查设备上有无落物、小动物及外力破坏现象，检查各引线有无断线接地，检查互感器、避雷器、电缆头等有无击穿损坏。

（4）采用拉路或倒母线的方法查找接地点。

1）分网运行缩小范围。分网包括系统分网运行和站内分网运行。对于变电站，分网是使母线分列运行，分列后对仍有接地信号的一段母线进行查找处理。

如图 GYBD00502002-1 所示，当 1 号、2 号母线通过分段 501 断路器并列运行时，如 534 线路接地，则两段母线均会发出接地信号。处理时应首先拉开分段 501 断路器，将两段母线分开，由于接地线路 534 位于 1 号母线，则断开 501 断路器后 2 号母线接地现象就会消失。这样就缩小了查找范围。

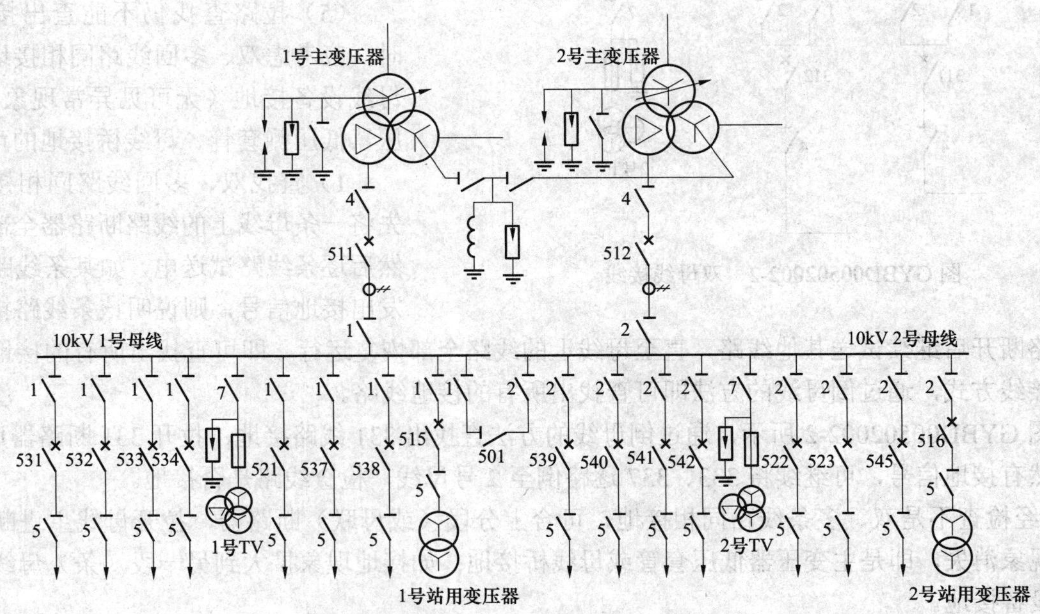

图 GYBD00502002-1　单母线分段接线

2）依次短时断开故障所在母线上各出线断路器，如果断开断路器后接地信号消失，绝缘监察电压表的指示恢复正常，即可证明所停的线路上有接地故障。利用瞬停法查找有接地故障的线路，一般拉路顺序为：

a. 充电备用线路。

b. 双回路用户分别停。

c. 线路长、分支多、负荷小、不太重要用户的线路，或者发生故障几率高的线路。

d. 分支少、线路短、负荷较大、较重要用户的线路。

e. 剩最后一条线路也应试停。

如图 GYBD00502002-1 所示，两段母线出线中，533、542 断路器备用，531、534、537、539 线路为农业和照明负荷；532、538、540、541 线路所带负荷为行政、化工和煤矿重要负荷，其中 532 线路和 540 线路为双回线路，545 线路充电备用。如 2 号母线发生接地，拉路查找顺序为：先拉充电备用线路 545，再检查 532 线路运行后拉开 540 线路，然后拉负荷不重要的线路 539，最后拉重要负荷线路 541。

3）对侧带有备自投的双回线路，应汇报调度，将对侧备自投退出后，再进行拉路查找。否则拉开一条线路后，由于对侧备自投动作，会将接地点转移到另一条线路上，造成误判断。

4）对于双母线接线，可以依次将一条母线上的回路倒至另一母线上，然后断开母联断路器，若发现接地信号也随线路转移到另一条母线上，说明所倒换的线路上有接地故障。

如图 GYBD00502002-2 所示，35kV 1 号母线和 2 号母线通过母联 301 断路器并列运行，35kV 系统接地的查找方法是：接地查找时应先拉开 301 断路器，检查接地在哪条母线上。如拉开 301 断路器后 2 号母线接地信号消失，1 号母线仍然有接地信号，则说明 1 号母线设备接地，可合上 301 断路器，将 331 线路热倒至 2 号母线，然后再拉开 301 断路器，检查接地现象是否也随 331 线路转移到 2 号母线，如 2 号母线发出接地信号则说明 331 线路有接地故障，这时再拉开 331 断路器。如将 331 线路倒至 2 号母线后无接地信号，则继续将 333、337 线路依次倒至 2 号母线，检查

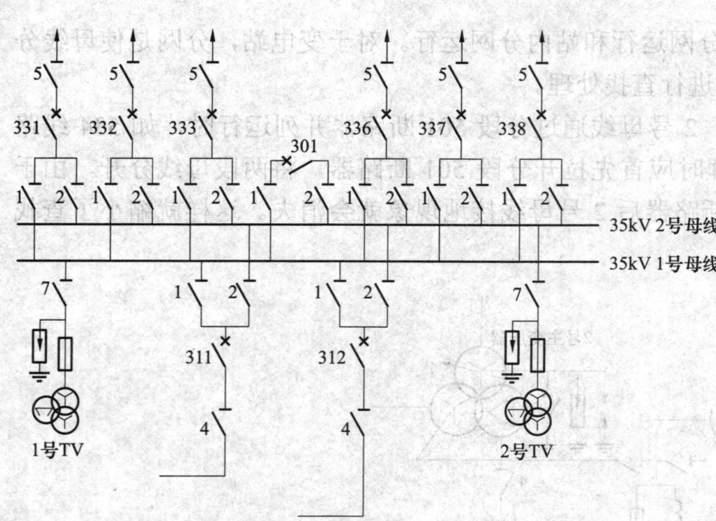

图 GYBD00502002-2 双母线接线

线路是否接地。

5）如出线装有接地信号装置，故障范围很容易区分。若报出母线接地信号的同时，某一线路也有接地信号，则故障点多在该线路上。若只报出母线接地信号，故障点可能在母线及连接设备上。

（5）拉路查找仍不能查出接地线路时，应考虑双、多回线路同相接地，站内母线设备接地（无可见异常现象），主变压器低压侧套管、母线桥接地的可能。

1）查找双、多回线路同相接地时，先将一条母线上的线路断路器全部拉开，然后逐条线路试送电，如某条线路送电后发出接地信号，则说明该条线路接地，将接地线路断开后继续试送其他线路，直至母线上的线路全部恢复运行，即可查找出所有的接地线路。双母线接线方式，通过倒母线的方法即可查找出所有的接地线路。

如图 GYBD00502002-2 所示，通过倒母线的方法查找出 331 线路接地，拉开 331 断路器后，1 号母线仍然有接地信号，可继续将 333、337 逐路倒至 2 号母线，检查线路是否接地。

2）经检查不是双、多条线路同相接地，可合上分段（或母联）断路器，拉开母线主进断路器。如接地现象消失，即是主变压器低压套管或母线桥接地；如接地现象扩大到另一段（条）母线上，则是母线设备接地。

如图 GYBD00502002-2 所示，将 1 号母线上所有线路全部倒至 2 号母线后，拉开 301 断路器后，1 号母线接地信号仍不消失，这时可合上 301 断路器，拉开 311 断路器，如接地信号消失，说明接地发生在 311 断路器至主变压器低压侧（一般在母线桥上）；如接地现象仍不消失，说明 1 号母线设备接地。

3. 单相接地故障点隔离方法

查找到接地故障点后，应汇报调度，根据调度命令，结合本站设备接线方式，通过倒闸操作将接地点隔离，做好安全措施处理。

（1）对于一般不重要用户的线路，可停电处理。对于重要用户的线路，可以在转移负荷后或等用户做好准备后，将故障线路停电。

（2）站内设备接地的隔离方法。

1）故障点可以用断路器隔离，如线路、电流互感器、出线穿墙套管、出线避雷器、电缆头、隔离开关（线路侧）、耦合电容器等断路器外侧（出线侧）的设备接地。应汇报调度，转移负荷以后，拉开断路器隔离故障，然后把故障设备各侧隔离开关拉开，汇报上级，通知检修人员检修故障设备。

2）故障点不能用断路器隔离，如断路器、母线侧隔离开关、电压互感器、母线避雷器等设备接地。这种情况下必须注意：切记不可用隔离开关拉开接地故障设备和线路负荷电流。

a. 母线设备接地，可将母线停电后，隔离接地点。接地点断开后，母线能够恢复运行的应恢复运行。

如图 GYBD00502002-1 所示，539 断路器接地，需将 10kV 2 号母线转热备用后，拉开 539 断路器两侧隔离开关，隔离接地故障点，恢复 10kV 2 号母线运行。

如图 GYBD00502002-2 所示，332 断路器接地，需将 35kV 2 号母线上 312、336、338 断路器热倒至 1 号母线，用 301 断路器串带 332 断路器，拉开 301 断路器将 2 号母线停电，然后再拉开 332 断路器两侧隔离开关，隔离接地点，再恢复 2 号母线运行。

b. 主变压器低压侧接地，需将主变压器停电转检修。

c. 有旁路母线的，可以将故障点所在线路倒旁路母线运行，转移负荷并转移故障点，用断路器隔离故障点。

如图 GYBD00502002-3 所示，533 断路器接地，可用旁路 502 断路器转代 533 断路器，使 502 断路器与 533 断路器并列运行，断开 502 断路器控制电源，拉开 533 断路器母线侧隔离开关，然后拉开 502 断路器隔离接地故障点。

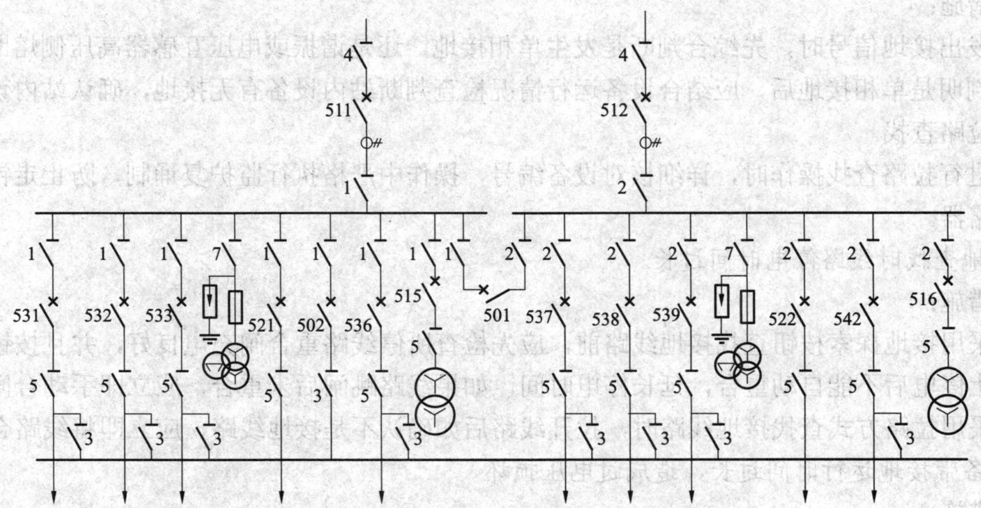

图 GYBD00502002-3　用断路器隔离故障点

d. 不能通过倒运行方式停电隔离接地点，又不允许母线或主变压器停电时，可采取人工转移接地点操作，隔离接地点，恢复设备正常运行。

二、缺相运行的处理

（1）站内有缺相运行的信号或现象时，应进行判断分析。单相断线与单相接地现象相近，应注意区分，单相接地是一相电压降低，两相升高；单相断线是一相电压升高，两相降低。并且线路单相断线还有电流变化、保护发信号等其他异常现象，应收集全部现象进行综合分析。

（2）确认线路或母线缺相运行，应汇报调度后将线路或母线停电处理。

（3）由于断路器绝缘拉杆断裂造成缺相运行，一相合不上时应将断路器拉开；一相不能拉开时，不能用隔离开关拉开，应采用倒闸操作的方法将故障断路器退出运行，操作方法与断路器接地相同。

【思考与练习】

1. 两条线路同相接地如何查找处理？
2. 采用瞬时拉路法查找接地线路时的拉路顺序是什么？
3. 缺相运行如何处理？

模块 3　小电流接地系统异常处理危险点源分析（GYBD00502003）

【模块描述】本模块对小电流接地系统单相接地、缺相运行处理过程中的危险点源进行了分析。通过要点讲解，能够制定相应的预控措施。

【正文】

一、单相接地处理危险点分析

1. 检查站内设备时人身触电

控制措施：发生单相接地时，室内不得接近接地点 4m 以内，室外不得接近接地点 8m 以内，进入上述范围的人员应穿绝缘靴，接触设备的外壳和架构时应戴绝缘手套。

经验介绍：当站用变压器高压侧有外来备用电源时，设备发生单相接地，本站可能没有接地告警，所以巡视该处设备时，如有异常声响，巡视人员应采取防护措施后再靠近检查。

2. 检查、处理时设备爆炸造成人身伤害

控制措施：站内发生接地异常，检查处理过程中不要在避雷器、电压互感器和消弧线圈设备处停留，防止这些设备因接地过电压发生爆炸、喷油。

3. 查找接地线路时误拉、合断路器

控制措施：

（1）发出接地信号时，先综合判断是发生单相接地，还是谐振或电压互感器高压侧熔断器熔断。

（2）判明是单相接地后，应结合设备运行情况检查判断站内设备有无接地，确认站内设备无接地后再进行拉路查找。

（3）进行拉路查找操作时，详细核对设备编号，操作中严格执行监护复诵制，防止走错间隔，误拉、合断路器。

4. 接地查找时线路停电时间过长

控制措施：

（1）采用接地探索按钮查找接地线路前，应先检查所停线路重合闸充电良好，并且按钮时间不能过长，防止停电后不能自动重合，延长停电时间，如果线路跳闸后未重合，应立即手动合闸。

（2）采用拉路方式查找接地线路时，拉开线路后如确认不是接地线路，应立即将线路合闸送电。

5. 设备带接地运行时间过长，造成过电压损坏

控制措施：

（1）发现接地现象后，应尽快查找、断开接地点，查找过程中注意接地运行时间不超过允许时间。

（2）发现站内设备因接地过电压发生异常现象，应将异常设备退出运行。

6. 隔离接地点时带负荷拉隔离开关

控制措施：

（1）严禁用隔离开关拉开接地设备。

（2）采用转代的方法隔离时，拉开接地点电源侧隔离开关前，应断开旁路断路器控制电源。

7. 人工转移接地点操作时带负荷拉隔离开关

控制措施：采用人工转移接地点的方法拉开接地设备的隔离开关前，应确认接地点已和人工接地点并联，并断开人工接地点回路断路器的控制电源。

8. 人工转移接地点操作时造成相间短路

控制措施：

（1）转移接地点操作前，应核实接地相别，装设人工接地线相别应和接地相相同。

（2）装设人工接地线时，应装设单相接地线。

9. 主变压器低压侧母线桥接地处理，一台主变压器停运后，其他主变压器过负荷

控制措施：

（1）主变压器停运操作前，检查负荷情况，联系调度，提前限制负荷。

（2）拉开主变压器低中压侧断路器后，检查运行主变压器各侧负荷情况，发现过负荷及时处理。

10. 接地查找时操作失误造成保护动作跳闸

控制措施：双母线或单母线分段接线，两条母线均发生单相接地，并且接地相别不同时，严禁合上母联或分段断路器，否则在两条母线并列运行后，两条母线上的单相接地转变为两相接地短路，造成线路保护或主变压器保护动作跳闸。

二、缺相运行处理危险点分析

1. 未发现缺相运行故障

控制措施：认真监视设备运行情况，对站内出现的任何异常现象均应查明原因。

2. 判断错误，将缺相运行判断为单相接地

控制措施：收集全部现象进行综合分析判断。

3. 处理断路器不能断开造成的缺相运行时，带负荷拉隔离开关

控制措施：判断为断路器一相或两相未断开时，严禁使用隔离开关将故障断路器隔离，应按照接

线方式的不同，采用倒闸操作的方法，将故障断路器停电后再拉开两侧隔离开关。

【思考与练习】

1. 某站 10kV 母线桥接地，请进行检查处理过程中的危险点源分析。

2. 缺相运行处理过程中有哪些危险点？控制措施是什么？

模块 4　人工转移接地点操作（GYBD00502004）

【模块描述】本模块介绍了小电流接地系统人工转移接地点的方法。通过案例介绍，掌握通过人工转移接地点，消除接地故障的方法。

【正文】

小电流接地系统中发生单相接地，如接地故障点不能通过倒运行方式隔离，又不允许母线停电时，在接地点可用隔离开关断开的情况下，采取人工转移接地点操作，隔离接地点，确保其他设备正常运行。

一、人工转移接地点操作方法

（1）确定接地相别。

（2）选择一条回路，拉开回路断路器和两侧隔离开关，在断路器和线路侧隔离开关之间装设与接地相同相的单相接地线。

（3）合上人工接地回路母线侧隔离开关和断路器，使人工接地点和故障接地点并联。

（4）断开人工接地点断路器控制电源，用隔离开关拉开故障接地点。

（5）投入人工接地点断路器控制电源，拉开断路器和母线侧隔离开关，拆除单相接地线，恢复回路正常运行。

二、人工转移接地点操作举例

如图 GYBD00502004-1 所示，K 点发生 A 相接地故障，不能用 515-1 隔离开关直接隔离故障点，将母线停电处理会中断对用户的供电，因此可采用人工转移接地点的处理方法。

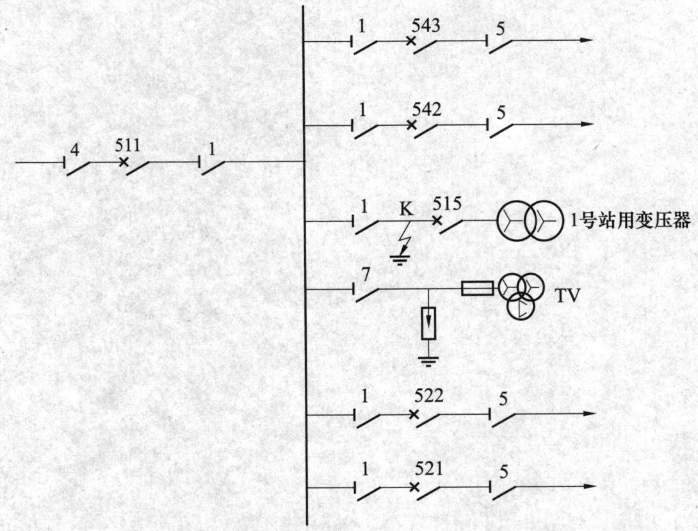

图 GYBD00502004-1　单母线接线

（1）检查母线三相电压，确认是 A 相接地，将 1 号站用变压器所带低压负荷倒出。

（2）拉开 543 断路器和两侧隔离开关。在 543-5 隔离开关断路器侧验明无电后，在 543-5 隔离开关断路器侧 A 相装设单相接地线。

（3）合上 543-1 隔离开关，合上 543 断路器，这时人工接地点与接地点 K 形成并联。

（4）断开 543 断路器控制电源，拉开 515-1 隔离开关，隔离接地故障点。

（5）投入 543 断路器控制电源，拉开 543 断路器和 543-1 隔离开关，拆除人工接地线，恢复 543

线路供电。

（6）待接地点消除后再恢复 1 号站用变压器的运行。

【思考与练习】

1. 什么情况下应采用人工转移接地点的方法消除接地故障？

2. 人工转移接地点的操作顺序是什么？

3. 如图 GYBD00502004-2 所示，10kV 1 号站用变压器 515 断路器接地，采用人工转移接地点的方法如何处理？

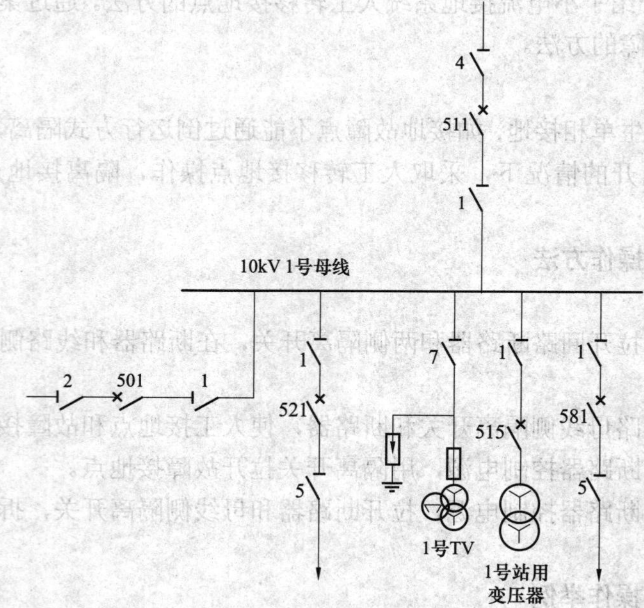

图 GYBD00502004-2 思考与练习题 3 接线图

第七部分

事 故 处 理

第三十七章 事故处理基础知识

模块1 事故处理基本原则及步骤（GYBD00601001）

【模块描述】本模块介绍事故处理的主要任务、基本原则和有关规定。通过要点讲解，掌握电力系统产生事故的主要原因、事故处理的主要任务、事故处理的一般步骤、基本原则、要求、有关规定和注意事项。

【正文】

电力系统事故是指由于电力系统设备故障或人员工作失误而影响电能供应数量或质量超过规定范围的事件。事故分为人身事故、电网事故和设备事故三大类，其中设备和电网事故又可分为特大事故、重大事故和一般事故。

当电力系统发生事故时，变电站运行人员应根据断路器跳闸情况、保护动作情况、表计指示变化情况、监控后台信息和设备故障等现象，迅速准确地判断事故性质，尽快处理，以控制事故范围，减少损失和危害。

一、引起电力系统事故的原因

引起电力系统事故的原因主要有下面三类：

（1）自然灾害引起的有大风、雷击、污闪、覆冰、树障、山火等。

（2）设备原因引起的有设计、产品制造质量、安装检修工艺、设备缺陷等。

（3）人为因素引起的有设备检修后验收不到位、外力破坏、维护管理不当、运行方式不合理、继电保护定值错误和装置损坏、运行人员误操作、设备事故处理不当等。

二、事故处理的主要任务

（1）尽速限制事故的发展，消除事故的根源，解除对人身和设备的威胁。

（2）用一切可能的方法保持对用户的正常供电，保证站用电源正常。

（3）尽速对已停电的用户恢复供电，对重要用户应优先恢复供电。

（4）及时调整系统的运行方式，使其恢复正常运行。

三、事故处理的一般步骤

（1）系统发生故障时，变电站运行人员初步判断事故性质和停电范围后迅速向调度汇报故障发生时间、跳闸断路器、继电保护和自动装置的动作情况及其故障后的状态、相关设备潮流变化情况、现场天气情况。

（2）根据初步判断检查保护范围内的所有一次设备故障和异常现象及保护、自动装置动作信息，综合分析判断事故性质，作好相关记录，复归保护信号，把详细情况报告调度。如果人身和设备受到威胁，应立即设法解除这种威胁，并在必要时停止设备的运行。

（3）迅速隔离故障点并尽力设法保持或恢复设备的正常运行。根据应急处理预案和现场运行规程的有关规定采取必要的应急措施，如投入备用电源或设备，对允许强送电的设备进行强送电，停用有可能误动的保护，拉开控制电源解除设备自保持等。

（4）进行检查和试验，判明故障的性质、地点及其范围（在绝大多数的情况下，处理事故的快慢决定于判明事故原因或设备是否完整的迅速程度。电气部分发生的事故常常只是由于系统中的某个元件发生了事故，故应力求直接判明事故的原因，使停电部分迅速恢复送电）。如果运行人员自己不能检查出或处理损坏的设备时，应立即通知检修或有关专业人员（如试验、继保等专业人员）前来处理。在检修人员到达之前，运行人员应把工作现场的安全措施做好（如将设备停电、安装接地线、装设围栏和悬挂标示牌等）。

（5）除必要的应急处理以外，事故处理的全过程应在调度的统一指挥下进行。

（6）作好事故全过程的详细记录，事故处理结束后编写现场事故报告。

四、事故处理的组织原则

（1）各级当值调度员是领导事故处理的指挥者，应对事故处理的正确性、及时性负责。变电站当班值长是现场事故、异常处理的负责人，应对汇报信息和事故操作处理的正确性负责。因此，变电站运行人员要和值班调度员密切配合，迅速果断地处理事故。在事故处理和异常中必须严格遵守安全工作规程、事故处理规程、调度规程、运行规程及其他有关规定。

（2）发生事故和异常时，运行人员应坚守岗位，服从调度指挥，正确执行当值调度员和值长的命令。值长要将事故和异常现象准确无误地汇报给当值调度员，并迅速执行调度命令。

（3）运行人员如果认为调度命令有误时，应先指出，并作必要解释。但当值班调度员认为自己的命令正确时，变电站运行人员应该立即执行。如果值班调度员的命令直接威胁人身或设备的安全，则在任何情况下均不得执行。当值值长接到此类命令时，应该把拒绝执行命令的理由报告值班调度员和本单位的总工程师，并记载在值班日志中。

（4）如果在交接班时发生事故，而交接班的签字手续尚未完成，交班人员应留在自己的岗位上，进行事故处理，接班人员可在上值值长的领导下协助处理事故。

（5）事故处理时，除有关领导和相关专业人员以外，其他人员均不得进入主控制室和事故地点，事前已进入的人员均应迅速离开，便于事故处理。发生事故和异常时，运行人员应及时向站长（工区主任）汇报。站长可以临时代理值长工作，指挥事故处理，但应立即报告值班调度员。

（6）发生事故时，如果不能与值班调度员取得联系，则应按调度规程和现场事故处理规程中有关规定处理。这些规定应经本单位的总工程师批准。

五、事故处理的要求和有关规定

（1）变电站事故处理必须严格遵守电力安全工作规程、事故处理规程、调度规程、现场运行规程、反事故措施以及其他有关规定。

（2）事故和异常处理过程中，运行人员应认真监视监控画面和表计、信号指示。事故及处理过程应在值班日志、事故障碍记录及断路器跳闸等记录簿上作好详细记录。

（3）对设备的检查要认真、仔细，正确判断故障的范围及性质，汇报术语准确并简明扼要，所有电话联系均应录音。

（4）事故处理可以不用操作票，但为了提高操作的正确性，可参考典型操作票操作。操作中应严格执行操作监护制并认真核对设备的位置、名称、编号和拉合方向，防止误操作。事故抢修、试验可以不用工作票，但应使用事故抢修单。所有事故抢修、试验均应履行工作许可手续。事故处理后恢复送电的操作应填写倒闸操作票。

（5）下列各项操作现场运行人员可不待调度指令而自行进行：

1）将直接威胁人身或设备安全的设备停电。

2）确知无来电可能性时，将已损坏的设备隔离。

3）当站用电源部分或全部停电时，恢复其电源。

4）交流电压回路断线或交流电流回路断线时，按规定将有关保护或自动装置停用，防止保护和自动装置误动。

5）单电源负荷线路断路器由于误碰跳闸，将跳闸断路器立即合上。

6）当确认电网频率、电压等参数达到自动装置整定动作值而断路器未动作时，立即手动断开应跳的断路器。

7）当母线失压时，将连接该母线上的断路器断开（除调度指定保留的断路器外）。

除自行管辖的站用变压器停电处理以外，以上事故紧急处理以后应立即向调度汇报。

（6）发生事故后应将事故的详细情况及时汇报给本单位生产领导。发生重大事故或者有人员责任的事故，在事故处理结束以后，运行人员应将事故处理的全过程的资料进行汇总，汇总资料应完整、准确、明了。编写出详细的现场事故报告，以便专业人员对事故进行分析。现场事故报告应包括以下内容：

1）发生事故的时间、事故前后的负荷情况等。

2）中央信号、表计指示、断路器跳闸情况和设备告警信息。

3）保护、自动装置动作情况。

4）微机保护的打印报告并对其进行的分析。

5）故障录波器打印报告及测距。

6）现场设备的检查情况。

7）事故的处理过程和时间顺序。

8）人员和设备存在的问题。

9）事故初步分析结论。

六、事故处理的注意事项

1. 准确判断事故的性质和影响范围

（1）运行人员在处理故障时应沉着、冷静、果断、有序地将各种故障现象，如断路器动作情况、潮流变化情况、信号报警情况、保护及自动装置动作情况、设备的异常情况，以及事故的处理过程作好记录，并及时向调度汇报。

（2）运行人员在平时应了解全站保护的相互配合和保护范围，充分利用保护和自动装置提供的信息，便于准确分析和判断事故的范围和性质。

（3）运行人员要全面了解保护和自动装置的动作情况，在检查保护和自动装置动作情况时应依次检查，作好记录，防止漏查、漏记信号影响对事故的判断。

（4）为准确分析事故原因和故障查找，在不影响事故处理和停送电的情况下，应尽可能保留事故现场和故障设备的原状。

2. 限制事故的发展和扩大

（1）故障初步判断后，运行人员应到相应的设备处进行仔细地查找和检查，找出故障点和导致故障发生的直接原因。若出现着火、持续异味等危及设备或人身安全的情况，应迅速进行处理，防止事故的进一步扩大。确认故障点后，运行人员要对故障进行有效地隔离，然后在调度的指令下进行恢复送电操作。

（2）发生越级跳闸事故，要及时拉开保护拒动的断路器和拒分断路器的两侧隔离开关。在操作两侧隔离开关前，一般需要解除五防闭锁，因而应提前作好准备，以便缩短事故停电时间。在拉隔离开关前，必须检查向该回路供电的断路器在断开位置，防止带负荷拉隔离开关。

（3）对于事故紧急处理中的操作，应注意防止系统解列或非同期并列。对于联络线，应经过并列装置合闸，确认线路无电时方可解除同期闭锁合闸。

（4）用控制开关操作合闸，若合闸不成功，不能简单地判断为合闸失灵，应注意在合闸过程中监视表计指示和保护动作信息，防止多次合闸于故障线路或设备，导致事故的扩大。

（5）加强监视故障后线路、变压器的负荷状况，防止因故障致使负荷转移，造成其他设备长期过负荷运行，及时联系调度消除过负荷。

3. 恢复送电时防止误操作

（1）恢复送电时应在调度的统一指挥下进行，运行人员应根据调度命令，考虑运行方式变化时本站自动装置、保护的投退和定值的更改，满足新方式的要求。

（2）恢复送电和调整运行方式时要考虑不同电源系统的操作顺序。

（3）运行人员在恢复送电时要分清故障设备的影响范围，先隔离故障设备，对于经判断无故障的设备，按调度命令恢复送电，防止误操作导致故障的扩大。

4. 事故时应保证站用交直流系统的正常运行

站用交直流系统是变电站正常运行、操作、监控、通信的保证。交直流系统异常会造成失去保护自动装置、操作、通信、变压器冷却系统电源，将使得事故处理更困难，若在短时间内交直流系统不能恢复，会使事故范围扩大，甚至造成电网事故和大面积停电事故。因而事故处理时，应设法保证交直流系统正常运行。

【思考与练习】

1. 发生事故时，运行人员应向调度汇报哪些内容？
2. 哪些项目在事故处理时运行人员可以自行操作后再汇报调度？
3. 简述事故处理的一般步骤。
4. 现场事故报告应包括哪些内容？

第三十八章　母线事故处理

模块 1　母线上发生的简单事故处理（ZY1300501001）

【模块描述】本模块介绍常见的母线事故类型、现象，通过事故跳闸判定、原因和故障范围分析、案例介绍，掌握简单母线事故的处理方法。

【正文】

母线是变电站电源进线和用户出线能量汇集处，是变电站中重要的电气设备之一。所以，当变电站母线发生故障时，可能造成电力系统解列或全站失压，引起大面积停电。因此，变电站的母线事故处理，最关键的是根据事故现象、保护动作及断路器跳闸情况，迅速、准确地筛选出故障点并进行隔离，及早恢复母线运行。

750kV 变电站母线一般有 750、330kV 及 66kV 三个电压等级的母线。

750kV 主母线一般采用 GIS 设备或敞开式母线，主接线方式采用 3/2 断路器接线。采用 GIS 的母线装配在全封闭的 SF_6 气体金属筒内，从接线方式及母线装配上看，母线可靠性高，安全隐患小，母线事故几率会大大减小，同时母线故障造成全站失压的几率也很小。但是，由于母线筒长，气室多，一旦发生故障，故障点不易查找，故障母线修复工期时间长，恢复供电的前期诊断检修环节工作量大，这些都是 750kV 母线发生故障时可能有的缺点。在已投运的 750kV GIS 设备母线筒上就已经发生过母线筒漏气、内部支持绝缘子闪络爆裂等多种故障。

330kV 主母线一般采用户外敞开式设备，主接线方式采用 3/2 断路器接线；66kV 母线采用户外敞开式单母线接线。

不同接线方式及运行状况下，母线发生事故的情况及处理措施有所不同。

一、常见的母线事故类型

母线事故按故障发生的原因及现象可分为母线设备故障跳闸、母线设备无故障跳闸及母线失压三种类型。

1. 母线设备故障跳闸引起的母线事故

由于母线差动保护（简称母差）范围内的设备发生故障，引起母线差动保护动作，母线断路器跳闸的事故。如母线支持绝缘子发生闪络时，母线对地或（壳）放电，差动电流很大超过母线差动保护动作值，引起差动保护动作，跳开母线上所有断路器，切除故障电流。

2. 母线设备无故障跳闸引起的母线事故

母线差动保护范围内设备未发生故障，母线断路器跳闸是由于线路故障（或主变压器故障）断路器拒动引起。母线差动保护误动作也属于此类。如图 ZY1300501001-1 中的线路 3 发生故障，7531 断路器发生拒动，断路器失灵保护动作启动母差出口，跳开Ⅰ母母线上的 7511、7521、7541 断路器切除线路故障。

3. 母线失压

母线设备无故障及断路器未跳闸，母线失去电压。如主变压器故障其三侧断路器跳闸，低压总断路器跳闸，也就是低压母线电源进线断路器跳闸，引起低压母线失去电源电压；或者，线路故障，线路保护拒动，线路故障是由其他线路对侧后备保护动作跳闸及本侧主变压器后备保护跳闸，引起母线失去电源电压。

二、母线事故现象

1. 母线设备故障引起的母线跳闸事故现象

（1）综合自动化（简称综自）后台事故音响系统动作（警铃、喇叭响），母线侧断路器位置信号由红变绿并伴随闪烁。跳闸母线电压指示为零，同时打出“保护事件总告警”信号，并显示：××kV×母母差保护动作。

（2）保护小室母线差动保护动作。

1）母线保护装置保护动作信号指示。

2）操作箱三相跳闸出口信号指示。

（3）一次设备现场母线侧断路器实际位置跳开。

（4）一次设备现场母线差动范围内设备有故障征象。

（5）故障录波器启动。

（6）故障测距及分析装置动作。

（7）变电站站内电压波动。

2. 母线设备无故障母线跳闸事故现象

（1）开关拒动引起的母线事故现象。

1）综自后台事故音响系统动作（警铃、喇叭响），除拒动断路器外的母线侧其他断路器位置信号由红变绿并伴随闪烁，故障线路（或主变压器）断路器位置信号由红变绿并伴随闪烁；跳闸母线及线路（或主变压器）电压指示为零，同时打出“保护事件总告警”信号，并显示：××kV×号线路“线路保护动作”（或主变压器）保护动作；××断路器辅助保护柜失灵保护动作。

2）小室内线路（或主变压器保护）及断路器失灵保护动作：××kV×号线路（或主变压器）保护装置保护动作信号指示，所跳断路器的操作箱三相跳闸出口信号指示（包含拒动开关操作箱三相跳闸出口信号），显示：××断路器辅助保护装置失灵保护动作。

3）一次设备现场母线侧断路器及故障线路（或主变压器）断路器实际位置为跳开位置。其中母线侧拒动的断路器位置在合位。

4）一次设备现场：拒动断路器有故障征象。故障的线路（或主变压器）站内设备可能有故障征象。

5）故障录波器启动。

6）故障测距及分析装置动作。

7）变电站站内电压波动。

（2）母线差动保护误动。

1）综自后台事故音响系统动作（警铃、喇叭响），母线侧断路器位置信号由红变绿并伴随闪烁；综自系统打出“保护事件总告警”信号，告警信号显示：“××kV母线××母线差动保护动作”；×× kV××母线打出“电压指示异常”信号且电压指示为零；还可能伴随有其他异常信号（如差动电流互感器断线、差动装置异常等）。

2）小室内母线差动保护动作：母线保护动作信号指示及所跳断路器的操作箱三相跳闸出口信号指示。

3）一次设备现场：××kV××母线断路器实际位置为跳开。

4）一次设备现场：跳闸的母线差动保护范围内设备无故障征象。

5）故障录波器可能启动。

6）故障测距及分析装置可能动作。

7）变电站站内电压可能波动。

3. 母线失压

（1）线路（或主变压器）保护拒动引起的母线失压事故现象。

1）综自后台事故音响系统动作（警铃、喇叭响），主变压器侧断路器位置信号由红变绿并伴随闪烁；综自系统打出“保护事件总告警”信号，告警显示：“主变压器保护××侧后备保护动作”；×× kV Ⅰ、Ⅱ母打出“电压指示异常”信号且电压指示为零，对应的××kV所有线路打出“电压指示异常”信号且电流、电压及有功显示为零（当主变压器故障，主变压器主后备保护均拒动时，主变压器三侧的所有线路对侧后备保护跳闸，将引起全站失压）。

2）小室内主变压器保护后备保护动作：主变压器保护动作信号指示及所跳断路器的操作箱三相跳闸出口信号指示。

模块1 ZY1300501001

3）一次设备现场主变压器某侧断路器实际位置为跳开位置。

4）一次设备现场：故障的线路站内设备可能有故障征象。

5）故障录波器启动。

6）故障测距及分析装置动作。

7）变电站站内电压波动。

8）站内失压的母线（敞开式）没有电晕声。

（2）母线电源进线断路器跳闸引起的母线失压。

1）综自后台事故音响系统警铃响，告警信号显示：××kV××母“电压指示异常”信号且电压指示为零；并可能伴随有线路或变压器电压指示异常或无电压。

2）小室内母线差动装置：母线保护低电压闭锁信号指示。

3）一次设备现场：母线进线断路器可能跳开，其他断路器实际位置为合闸位置，母线范围内设备无故障征象。

4）故障录波器启动。

5）变电站站内电压波动。

三、简单的母线事故处理

所谓简单的母线事故，即是母线跳闸是由于母线差动保护范围内设备发生故障，故障点明显且易于隔离及母线跳闸未引起对外停电无需紧急恢复母线运行的这一类事故。

1. 母线故障引发的母线跳闸现象判定

判定事故为母线故障引起的母线跳闸必须有以下现象同时发生：

（1）母线两套差动保护同时动作，说明在母线差动保护范围内，母线二次差电流数值大且超过动作电流整定值。

（2）母线电压有突变，说明系统有了大的冲击。

（3）所有接自母线上的断路器都接收到操作箱发出的跳闸指令且短时限内跳开。

只要同时满足上述3条，就能很快断定：母线保护范围内设备极大可能发生了故障（或是发生了误操作）。其中上述3条有一条不能同时满足时，可能是保护越级或者误动等其他原因引起的母线失压或跳闸。

运行人员在之后的事故分析中要得出准确的结论还必须通过对保护装置动作情况及故障录波报告等进一步分析。对事故范围的初步判定，可以便于迅速地安排值班人员在正确的设备范围内找寻故障点，以便快捷地寻找到故障，为快速隔离故障、处理事故赢得时间。

2. 母线及母线设备故障跳闸的主要原因

（1）母线差动保护电流互感器范围内设备发生故障。

1）母线绝缘子和断路器套管绝缘击穿或表面对地（筒壳）放电。

2）连接在母线上的电压互感器或避雷器发生故障或表面对地（筒壳）放电。

3）母线侧隔离开关或断路器或电流互感器等元件发生绝缘击穿对地（筒壳）放电，如图ZY1300501001-1中7511断路器、75111隔离开关、75111电流互感器或75112电流互感器发生绝缘故障或表面对地（筒壳）放电时，都会引起母线差动保护动作跳闸：对单母线（或双母线）接线，连接在母线与电流互感器之间的引线、断路器、隔离开关、绝缘子及电流互感器本身发生的故障或瓷件表面对地（筒壳）放电都能引起母线保护动作跳闸。

（2）由于人员误操作如带负荷拉合隔离开关产生电弧引起母线故障等也能引起母线差动保护动作跳闸。

3. 简单母线事故故障点的查找范围

变电站110kV及以上的母线一般都配有母线保护（750kV变电站66kV母线也配有母线保护），母线保护装置所需的二次电流一般取自各出线上母线侧电流互感器，保护采用电流差动原理。

母线发生故障跳闸，故障点查找范围应该在母线保护所接的电流互感器范围内进行查找。各种接线方式下，典型设计中，母线差动保护范围见图ZY1300501001-1～图ZY1300501001-3。

图ZY1300501001-1为3/2断路器主接线母线差动保护范围示意图。为避免保护死区的存在，一般母线保护和线路保护二次电流取值有一个交叉重叠区域，即母线差动保护取自母线断路器靠出线一侧电流互感器（见图 ZY1300501001-1 中的Ⅰ母母线保护电流量取自 75112 电流互感器、75212 电流互感器、75312 电流互感器、75412 电流互感器），而线路保护取自断路器靠母线一侧电流互感器（见图 ZY1300501001-1 中线路 1 保护取自 75111 电流互感器和 75102 电流互感器）。

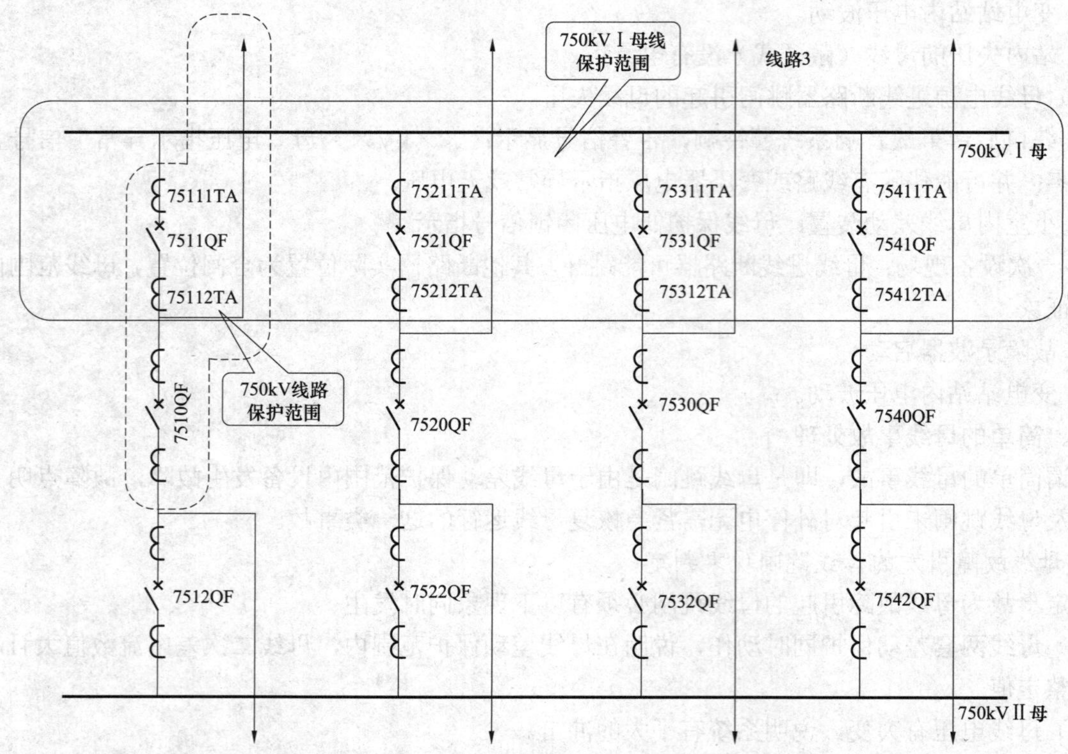

图 ZY1300501001-1　3/2 断路器主接线母线差动保护范围示意图

作为运行人员一定要掌握本站各级母线保护二次电流电流互感器接入情况，熟记保护用电流互感器配置图，便于发生事故时确定查找事故故障点范围，从而使事故处理快捷、准确。图 ZY1300501001-2、图 ZY1300501001-3 分别是双母线接线、单母线接线母线差动保护范围示意图。

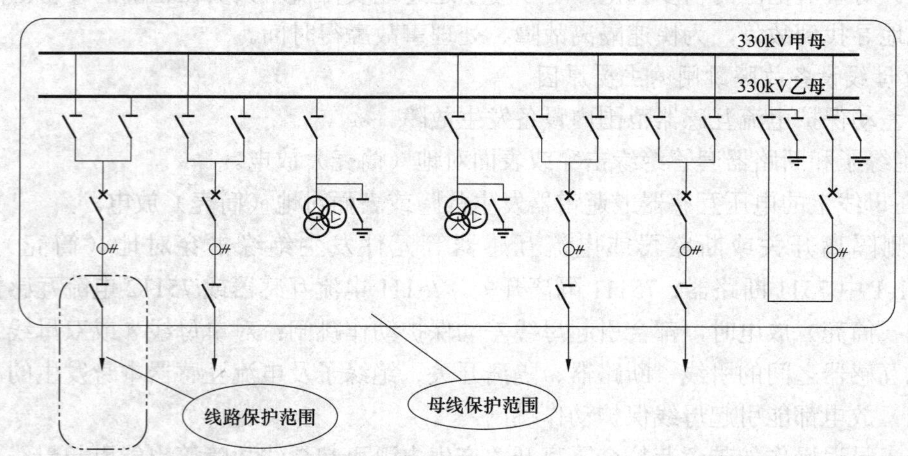

图 ZY1300501001-2　双母线接线母线差动保护范围示意图

4. 简单母线事故处理的方法

简单的母线事故处理，应以母线跳闸是否造成对外停电及故障点能否隔离等情况为依据，采用倒换运行方式隔离故障或将跳闸母线转为检修状态。

接线方式不同，母线跳闸引起的对外设备或线路停电情况也会不同。对于 3/2 断路器接线，当母线及其串间设备全部运行时，单条母线发生跳闸时不会引起线路或设备停电；其他双母线接线、单母线接线，当母线跳闸都会引起所接线路或设备停电。

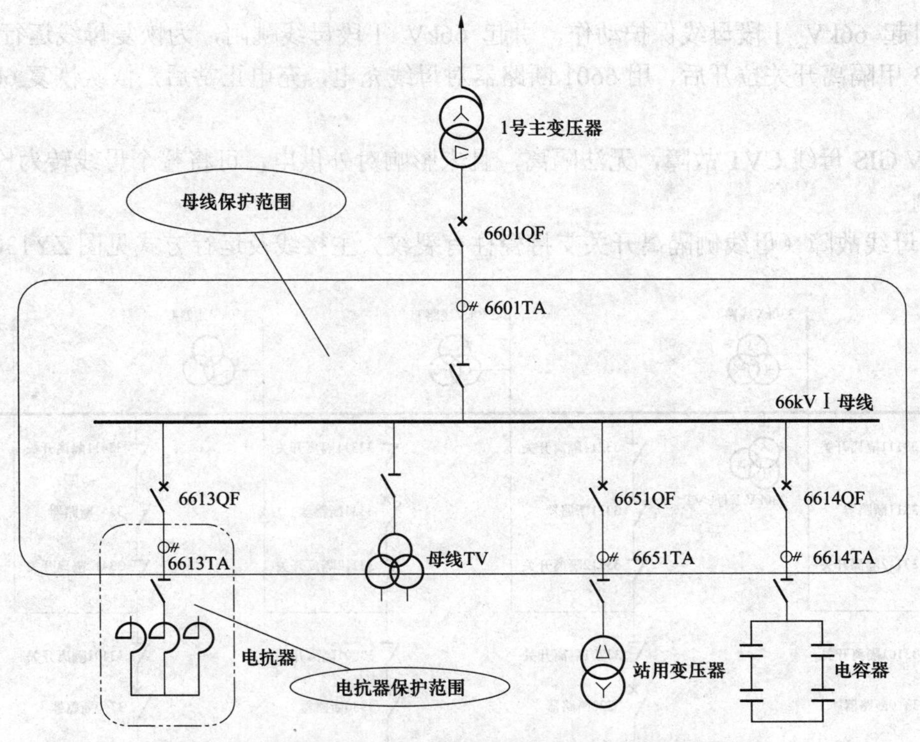

图 ZY1300501001-3　单母线接线母线差动保护范围示意图

简单的母线故障跳闸后可按以下原则处理：

（1）母线故障跳闸后，应立即汇报相关调度。

（2）找到故障点并能迅速隔离的，在隔离故障后对停电母线恢复送电。

（3）故障点无法隔离或母线跳闸未引起线路和设备停电的，可将跳闸母线由运行转为检修状态，汇报检修人员快速处理。

（4）其他情况，见模块 ZY1300501002 和模块 ZY1300501003。

具体处理方法实例见下：

1）如图 ZY1300501001-4 所示，单母线接线中，6613 回路 6613 甲隔离开关靠断路器侧绝缘子闪

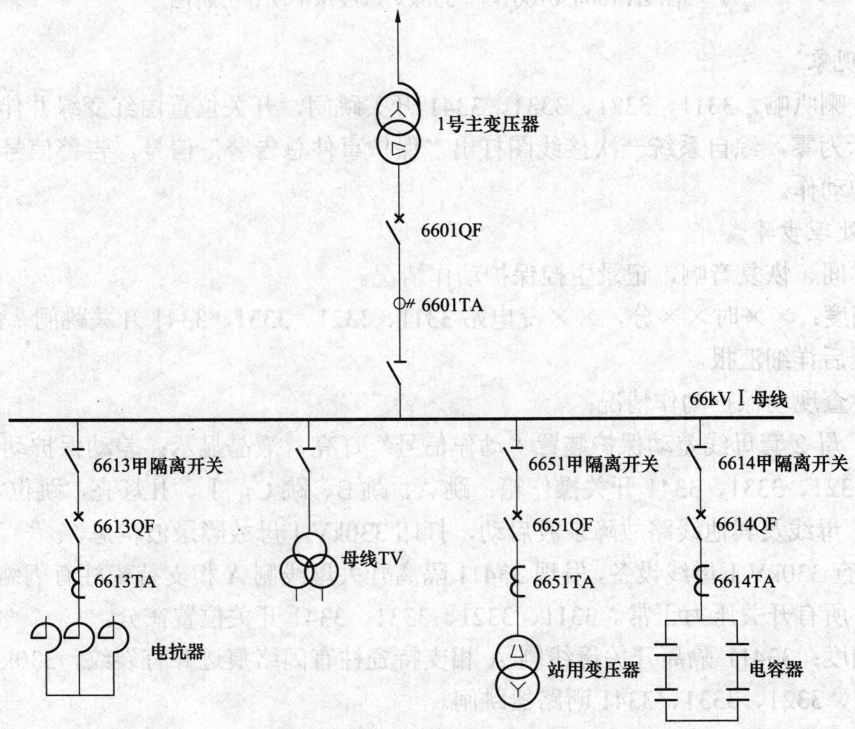

图 ZY1300501001-4　单母线接线示意图

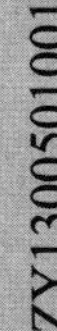

络时，可能引起 66kV Ⅰ段母线保护动作，引起 66kV Ⅰ段母线跳闸，为恢复母线运行，可将 6613 断路器、6613 甲隔离开关拉开后，用 6601 断路器对母线充电，充电正常后，依次恢复 6614、6651 设备运行。

2）750kV GIS 母线 CVT 故障，无法隔离，且未影响对外供电，可将整个母线转为检修状态。

四、案例

330kVⅠ母线故障（母线侧隔离开关支持瓷柱有裂纹）主接线及运行方式见图 ZY1300501001-5。

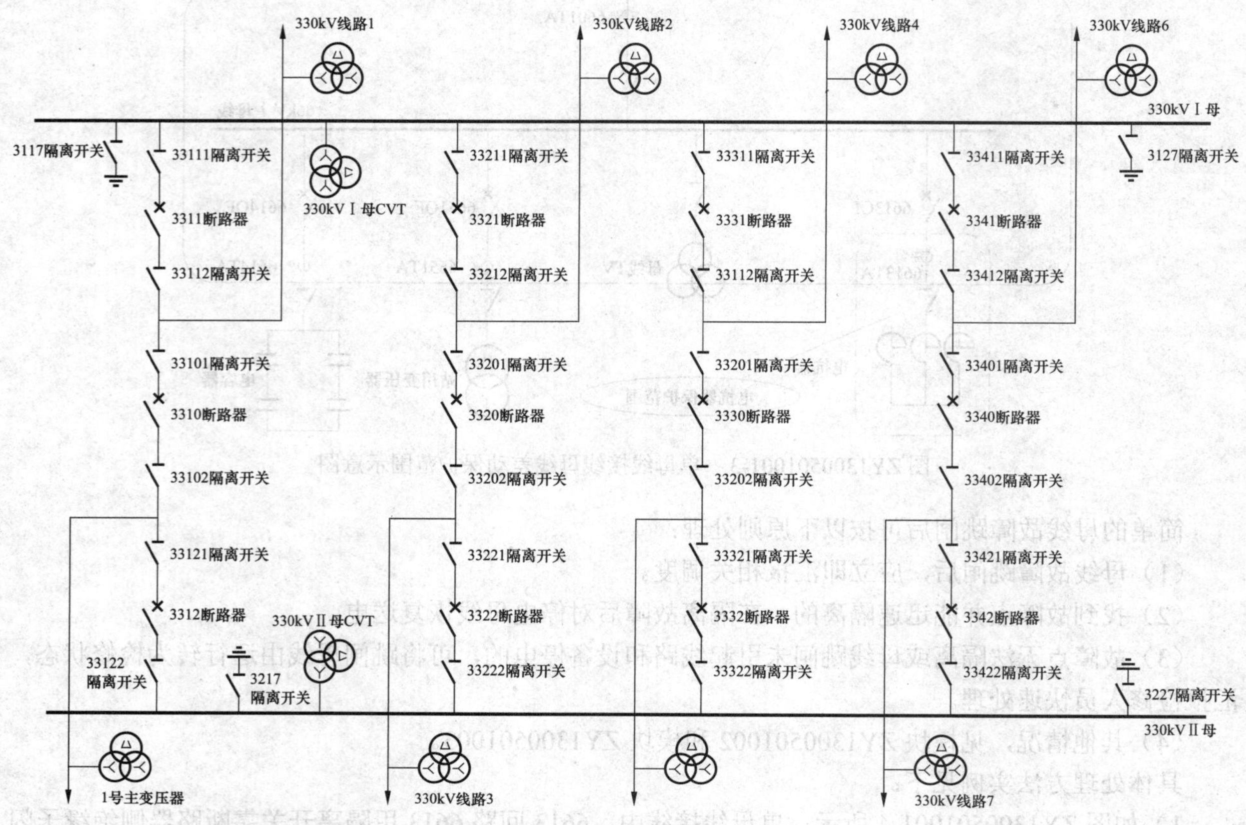

图 ZY1300501001-5 330kV 母线保护动作分析图

（一）详细现象

主控警铃、喇叭响，3311、3321、3331、3341 开关跳闸，开关位置由红变绿并伴随闪烁，330kVⅠ母线电压指示为零，综自系统一次接线图打出“保护事件总告警”信号，告警信号显示：330kVⅠ母两套母差保护动作。

（二）事故处理步骤

（1）记录时间、恢复音响，记录主控保护动作情况。

（2）汇报调度：××时××分，××变电站 3311、3321、3331、3341 开关跳闸，保护动作及一次设备情况待检查后详细汇报。

（3）派人检查现场保护动作情况：

1）330kVⅠ母 2 套母线差动保护装置“动作信号”灯亮，液晶显示：差动保护动作。

2）3311、3321、3331、3341 开关操作箱：跳 A、跳 B、跳 C，Ⅰ、Ⅱ灯亮，跳位 A、B、C 灯亮。

3）330kVⅠ母线及其他线路故障录波启动，打印 330kVⅠ母故障录波信息。

（4）派人检查 330kVⅠ母线设备，发现 33411 隔离开关母线侧 A 相支持瓷柱有闪络痕迹并有裂纹，其他设备正常，所有开关压力正常。3311、3321、3331、3341 开关位置在分。

（5）汇报调度：33411 隔离开关母线侧 A 相支持瓷柱有闪络痕迹并有裂纹，330kVⅠ母母线差动保护动作，3311、3321、3331、3341 断路器跳闸。

（6）根据调度令：拉开 33111、33112、33211、33212、33311、33312、33411、33412 隔离开关，

断开 330 kV Ⅰ母电压互感器二次快分开关及切换开关。合上 3117、3127 母线接地开关，将 330kV Ⅰ母转检修，等待检修人员处理。

（7）操作完毕汇报调度。

（8）待 33411 隔离开关母线侧支持瓷柱更换后，汇报调度，申请将 330kV Ⅰ母转运行。

【思考与练习】

1. 3/2 断路器主接线方式下，哪些情况母线跳闸会造成对外停送电？

2. 根据各类主接线典型设计，母线保护及线路（设备）保护范围交叉情况，分析哪些范围发生故障时，母线保护及线路（设备）保护均会动作？

模块 2　母线上发生的常规事故处理（ZY1300501002）

【模块描述】本模块介绍常规母线故障的处理方法。通过原因分析、处理原则讲解、案例介绍，掌握母线常规事故处理、隔离、恢复送电方法。

【正文】

母线发生事故跳闸后，往往伴随有很多信息同时发出，运行值班人员的重要任务就是在第一时间内从这些大量的信号中筛选出重要信息，并根据一、二次设备的检查结果进行分析、综合判断事故的原因，在调度的指挥下，正确组织、处理母线事故。

一、母线事故原因

母线发生事故的原因按类型分析如下：

（1）母线及母线所接设备发生短路故障，造成母线保护动作跳闸。

1）母线差动保护电流互感器范围内设备发生故障。

① 母线支持绝缘子或盆式绝缘子表面对地（筒壳）放电或绝缘击穿；或母线筒内受潮，导电杆对壳筒放电。

② 断路器套管绝缘击穿或表面对地（筒壳）放电。

③ 连接在母线上的电压互感器或避雷器发生绝缘击穿或表面对地（筒壳）放电。

④ 母线差动范围内的母线侧隔离开关、断路器、电流互感器等元件发生绝缘击穿或对地（筒壳）放电。

2）由于人员误操作如带负荷拉合隔离开关（差动保护范围内的隔离开关）产生电弧引起母线故障等。

（2）母线设备无故障，断路器失灵保护动作或母差保护误动引起的母线事故。

1）出线回路故障，断路器拒动，引起失灵保护启动母差出口母线断路器跳闸。

2）母差保护误动引起的母线跳闸。

（3）母线断路器未跳闸，母线失压。

1）降压变电站受电线路故障，电源进线断路器跳闸，母线失电。

2）单母线接线，由于变压器跳闸，其中、低压侧电源断路器跳闸，中低压母线失电。如 750kV 变电站主变压器低压侧断路器跳闸，会造成 66kV 母线失压。

3）线路或主变压器故障，保护拒动，本侧断路器接受不到跳闸指令，故障电流由所有与之电气相连的对侧变电站电源进线后备保护启动断路器跳闸，切除线路故障；本侧断路器未跳闸，引发母线失压。

二、母线事故处理的原则

母线故障发生时，应尽快隔离事故设备，消除事故根源并解除对人身和设备安全的威胁，并用一切可能的方法尽速恢复母线运行。

（1）母线故障和母线失电后一般按以下原则处理：

1）母线故障跳闸后，应立即汇报相关调度，并可自行将故障母线上未跳闸的断路器全部拉开，并再次汇报调度，同时值班员应按下述原则进行处理：

① 找到故障点并能迅速隔离的，在隔离故障后对停电母线恢复送电。

② 找到故障点但不能很快隔离的，对于单母线或 3/2 断路器接线的母线，如无法隔离，母线转检修。

③ 经过检查不能找到故障点时，可用外来电源对故障母线进行试送。对停电母线进行试送，应优先用外部电源，其次是选择变压器，最后选用母联断路器（中间断路器）。试送断路器必须完好，并有完备的继电保护；如必须用本站电源试送时，试送断路器必须完好，合闸时应投入断路器充电保护并保证足够的灵敏度。

2）母线失压。判别母线失电的依据是同时出现下列现象：

① 该母线的电压表指示消失。

② 该母线的各出线及变压器负荷均消失。

③ 该母线所供的厂用或站用电消失。

变电站母线失电后，值班员自行将失电母线上的断路器全部拉开，然后汇报上级调度，如要对停电母线进行试送，应尽可能用外来电源。

如母线失压造成站用电失电，应先恢复站用电源，并立即汇报调度。

（2）处理母线故障过程中应注意以下问题：

1）不允许对故障母线不经检查即强行送电。

2）故障点应用隔离开关隔离，断路器分闸不能视为对故障设备进行隔离。

3）如用线路对侧给本侧母线充电，充电前应将线路对侧的重合闸停用。

三、母线事故处理

（1）母线发生事故跳闸时，值班长应立即安排值班员记录跳闸时间、跳闸的母线运行编号、相应动作的保护装置名称，并及时复归音响。

（2）根据综自后台打出的信号，对事故情况迅速进行初步的判断，并立即将事故发生时间、跳闸断路器及有无对外造成停电等重要情况向调度作简单汇报。

（3）值班长在做好以上工作后，应迅速将全班值班员进行任务分工，明确设备巡视人、故障处理操作人以及记录人，并迅速开展以下工作：

1）检查并记录仪表指示情况；

2）检查并记录继电保护及自动装置动作信号，继电器掉牌情况；

3）复归有关中央信号指示，断路器位置等；

4）检查阅读故障录波器的打印报告，对故障录波器的波形进行初步分析；

5）检查断路器实际位置，并记录断路器动作记数器数值；

6）组织对跳闸断路器及跳闸母线进行巡视和外部检查，迅速判明故障设备并找到故障点；

7）组织对因事故而引起过负荷、超温等异常情况的运行设备进行外部检查和监视；

8）根据母线故障情况，合理安排恢复正常运行或故障点隔离的相关操作准备。

（4）将详细检查结果汇报调度和有关部门，按照母线事故处理原则进行事故处理。

（5）事故处理完毕后，值班人员填写运行日志、断路器分合闸等记录，并根据断路器跳闸情况、保护及自动装置的动作情况、故障录波报告以及处理过程，整理详细的事故处理经过。

（6）按照调度及上级主管部门的要求，根据现场断路器跳闸情况、保护及自动装置的动作情况、监控主机事件信息记录、故障录波、微机保护信息以及处理情况，整理详细的现场跳闸报告。

四、案例

案例 1：某 750kV 变电站主接线及运行方式见图 ZY1300501002-1，7512 断路器内闪（断路器断口靠主变压器侧内闪），母线及主变压器跳闸。（3/2 断路器接线方式）

1. 事故现象

主控警铃、喇叭响，7510、7512、7522、7532、3312、3310、6601 断路器跳闸，断路器位置由红变绿并伴随闪烁，综自系统“保护事件总告警”打出“750kVⅡ母 2 套差动保护动作”“1 号主变压器 2 套差动保护动作”、“750kVⅡ母电压异常”、“66kV Ⅰ段母线电压异常”光字牌，750kV Ⅱ母电压、66kV Ⅰ段母线电压指示为零，1 号主变压器三侧电流、电压及有无功指示为零。

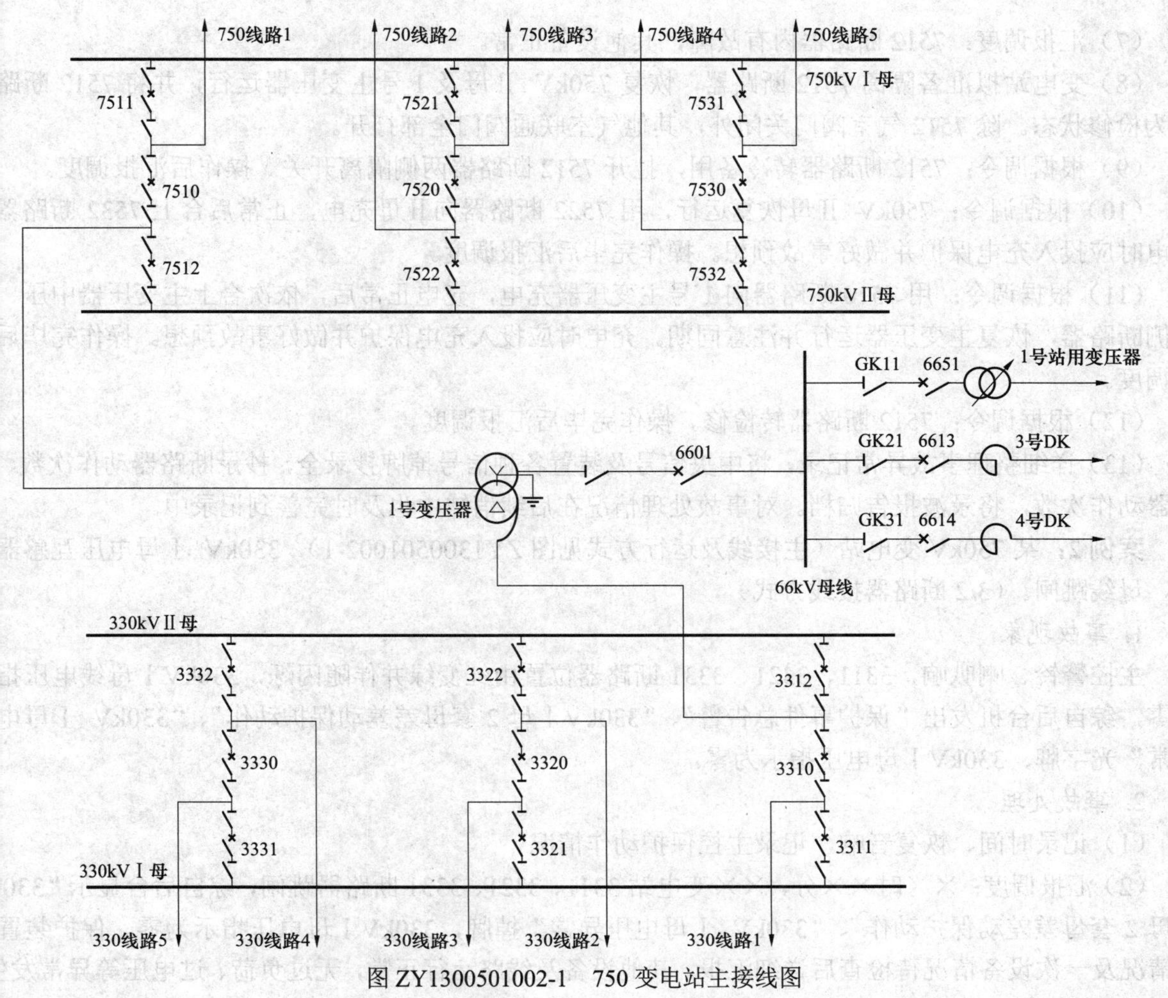

图 ZY1300501002-1 750 变电站主接线图

2. 事故处理

（1）记录时间、恢复音响，记录主控保护动作情况。

（2）汇报调度：××时××分，××变电站 7510、7512、7522 7532、3312、3310、6601 断路器跳闸，综自后台显示“750kV Ⅱ母 2 套差动保护动作”“1 号主变压器 2 套差动保护动作”、“750kV Ⅱ母电压异常”、“66kV Ⅰ段母线电压异常”光字牌，750kV Ⅱ母电压、66kV Ⅰ段母线电压指示为零，1 号主变压器三侧电流、电压及有无功指示为零。保护装置动作情况及一次设备情况待检查后详细汇报。

（3）派人检查现场保护动作情况并抄录信号：750kV Ⅱ母两套母线差动保护及 1 号主变压器差动保护面板“动作信号”灯亮，液晶显示：差动保护动作；7510、7512、7522 7532、3312、3310、6601 断路器操作箱：跳 A、跳 B、跳 C，Ⅰ、Ⅱ灯亮，跳位 A、B、C 灯亮。

（4）派人检查 750kV Ⅱ母母线设备、1 号主变压器差动范围设备，7510、7512、7522 7532、3312、3310、6601 断路器均在跳闸位置。750kV GIS 母线、1 号主变压器本体及其三侧设备外观无明显故障。

（5）汇报调度：750kV Ⅱ母两套母线差动保护面板“动作信号”灯亮，液晶显示：差动保护动作；7512、7510、7522 7532、3312、3310、6601 断路器操作箱：跳 A、跳 B、跳 C，Ⅰ、Ⅱ灯亮，跳位 A、B、C 灯亮。7510、7512、7522 7532、3312、3310、6601 断路器均在跳闸位置。750kV Ⅱ母母线设备、1 号主变压器三侧差动范围设备及 1 号主变压器本体外观无明显故障。

（6）分析：应重点对 750kV GIS 母线筒内设备运用“SF_6气体故障分析仪”进行分析，查找故障点。查找范围应为 750kV GIS Ⅱ母母差范围内所有设备气室母线筒、1 号主变压器分支出线筒所有气室进行气体分析检测。查找前先将各气室隔离。通过查找，发现 7512 断路器内有故障气体，其他气室正常。

（7）汇报调度：7512 断路器内有故障，其他设备正常。

（8）变电站拟准备隔离 7512 断路器，恢复 750kV Ⅱ母及 1 号主变压器运行，并将 7512 断路器转为检修状态。除 7512 气室阀门关闭外，其他气室联通阀门全部打开。

（9）根据调令：7512 断路器转冷备用，拉开 7512 断路器两侧隔离开关。操作后汇报调度。

（10）根据调令：750kV Ⅱ母恢复运行，用 7522 断路器向Ⅱ母充电，正常后合上 7532 断路器。充电时应投入充电保护并做好事故预想。操作完毕后汇报调度。

（11）根据调令：用 7510 断路器向 1 号主变压器充电，充电正常后，依次合上主变压器中压、低压侧断路器，恢复主变压器运行并注意同期。充电时应投入充电保护并做好事故预想。操作完毕后汇报调度。

（12）根据调令：7512 断路器转检修。操作完毕后汇报调度。

（13）详细整理事故异常记录，将中央信号及装置各种信号掉牌抄录全，抄录断路器动作次数、避雷器动作次数，将录波报告归档。对事故处理情况在后续消缺中也及时完善到记录中。

案例 2：某 750kV 变电站（主接线及运行方式见图 ZY1300501002-1），330kV Ⅰ母电压互感器故障，母线跳闸。（3/2 断路器接线方式）

1. 事故现象

主控警铃、喇叭响，3311、3321、3331 断路器位置由红变绿并伴随闪烁，330kVⅠ母线电压指示为零，综自后台机发出“保护事件总告警”、“330kVⅠ母 2 套母差差动保护动作”、“330kV Ⅰ母电压异常”光字牌，330kVⅠ母电压指示为零。

2. 事故处理

（1）记录时间、恢复音响，记录主控保护动作情况。

（2）汇报调度：××时××分，××变电站 3311、3321、3331 断路器跳闸，综自后台显示“330kV Ⅰ母 2 套母差差动保护动作”、“330kV Ⅰ母电压异常”掉牌，330kVⅠ母电压指示为零。保护装置动作情况及一次设备情况待检查后详细汇报。其他设备及线路运行正常，无过负荷、过电压等异常发生。

（3）派人检查现场设备及保护动作情况并抄录信号：

1）330kVⅠ母 2 套母差保护面板“动作信号”灯亮，液晶显示：差动保护动作。3311、3321、3331 断路器操作箱：跳 A、跳 B、跳 C，Ⅰ、Ⅱ灯亮，跳位 A、B、C 灯亮。

2）330kV Ⅰ母电压互感器 A 相爆炸，3311、3321、3331 断路器均在分闸位置。除Ⅰ母电压互感器爆炸外，其他设备一切正常。

（4）汇报调度：330kV Ⅰ母电压互感器 A 相爆炸，330kVⅠ母母差保护动作，3311、3321、3331 断路器跳闸，保护动作正确，其他设备正常。变电站拟对 330kVⅠ母线转检修，解开Ⅰ母电压互感器 A 相引流线后恢复母线运行。

（5）调度下令：330kVⅠ母转检修，解开Ⅰ母电压互感器 A 相引流线。

（6）根据调令：操作 330kVⅠ母转检修。拉开 3311、3321、3331 断路器两侧隔离开关，并合上 3117、3127 隔离开关，完毕后汇报调度。

（7）调度许可现场抢修工作可以开始后，办理抢修工作票，检修人员解开Ⅰ母电压互感器 A 相引流线。

（8）汇报调度：Ⅰ母电压互感器 A 相引流线拆除工作已结束，330kV Ⅰ母具备带电条件。

（9）根据调令：330kV Ⅰ母检修转运行，用 3321 断路器充电，此时应投入断路器充电保护。充电正常后合上 3311、3331 断路器。操作完毕，汇报调度。

（10）详细整理事故异常记录，将中央信号及装置各种信号掉牌抄录全，抄录断路器动作次数、避雷器动作次数，将录波报告归档。对事故处理情况在后续消缺中应及时整改。

案例 3：主变压器保护动作，66kV 母线失压（分析见图 ZY1300501002-2）。

1. 事故现象

主控警铃、喇叭响，7512、7510、3310、3312、6601 断路器位置由红变绿伴随闪光，保护事件总告警框打出“1 号主变压器 2 套保护动作跳闸、380VⅠ母电压互感器断线”。故障录波器启动。

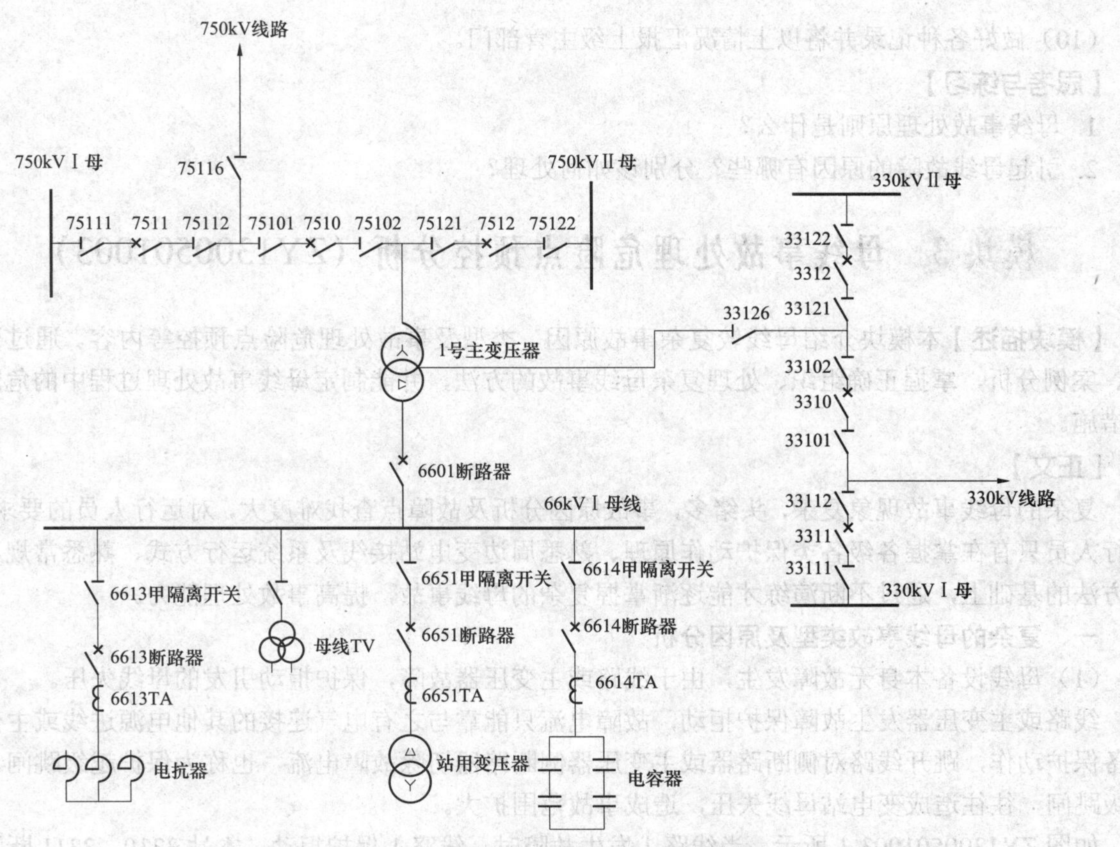

图 ZY1300501002-2 主变压器差动动作，66kV 母线失压分析图

2. 事故处理

（1）复归音响，记录时间、信号、保护动作情况，及时汇报调度：××变电站在××时××分 1 号主变压器 A 相差动保护动作，7512、7510、6601、3310、3312 断路器跳闸、1 号主变压器三侧电流、有功、无功指示为零。一次设备和保护动作情况待检查后详细汇报。

（2）派人巡视 1 号主变压器 A、B、C 三相差动范围内一、二次设备，330kV 第一串断路器及隔离开关、线路电压互感器等一次设备，66kV 一、二次设备。检查所有保护小室交流电源切换是否正常（检查 380V 站用系统备用电源自动投入装置动作成功，380V 站用系统正常）。经巡视发现 33121A 相隔离开关靠 3312 断路器侧绝缘子有裂纹并有放电痕迹，其他一次设备均无异常。

（3）检查保护动作情况。3312、3310 断路器操作箱屏“Ⅰ跳 A、跳 B、跳 C，Ⅱ跳 A、跳 B、跳 C”、“跳位 A、跳位 B、跳位 C”灯亮；1 号主变压器保护（一）装置“跳闸”灯亮，显示屏显示“差动保护动作”，1 号主变压器保护（二）装置“跳闸启动、跳闸位置”灯亮，主变压器保护装置“保护启动、保护动作、电压互感器断线”灯亮，显示屏显示“差动保护动作”。

7512、7510 断路器操作箱屏“Ⅰ 跳 A、跳 B、跳 C，Ⅱ跳 A、跳 B、跳 C”、“跳位 A、跳位 B、跳位 C”灯亮。6601 断路器操作箱跳闸灯亮；打印故障录波报文。

（4）汇报调度：1 号主变压器 2 套差动保护动作跳闸、主变压器三侧断路器、7512、7510、3310、3312、6601 断路器跳闸。现场巡视发现 33121 A 相隔离开关靠 3312 断路器侧绝缘子有裂纹并有放电痕迹，其他一次设备均无异常。

（5）根据调令，拉开 6651、6613、6614 断路器，拉开 33122、33102、33116 隔离开关，隔离 33121 隔离开关。

（6）根据调令：用 7512 断路器向 1 号主变压器充电，充电正常后汇报调度。

（7）根据调令：合上 6601 断路器向 66kV 母线充电。充电正常后汇报调度。

（8）根据调令：依次合上 66kV 6613、6614 断路器，恢复低压电抗器运行；恢复 6651 断路器及 1 号站用变压器运行。

（9）合上 7510 断路器，并汇报调度。

（10）做好各种记录并将以上情况汇报上级主管部门。

【思考与练习】

1. 母线事故处理原则是什么？
2. 引起母线故障的原因有哪些？分别该如何处理？

模块 3 母线事故处理危险点预控分析（ZY1300501003）

【模块描述】本模块介绍母线较复杂事故原因、类型及事故处理危险点预控等内容。通过要点讲解、案例分析，掌握正确组织、处理复杂母线事故的方法，并能制定母线事故处理过程中的危险点预控措施。

【正文】

复杂的母线事故现象复杂，头绪多，事故原因分析及故障点查找难度大，对运行人员的要求较高。运行人员只有在掌握各级各类保护动作原理、熟悉周边变电站接线及系统运行方式、熟悉常规事故处理方法的基础上，通过不断演练才能逐渐掌握复杂的母线事故，提高事故处理能力。

一、复杂的母线事故类型及原因分析

（1）母线设备本身无故障发生，由于线路或主变压器故障，保护拒动引发的母线失压。

线路或主变压器发生故障保护拒动，故障电流只能靠与之有电气连接的其他电源进线或主变压器后备保护动作，跳开线路对侧断路器或主变压器侧断路器切除故障电流，也称为保护越级跳闸。保护越级跳闸，往往造成变电站母线失压，造成事故范围扩大。

如图 ZY1300501003-1 所示，当线路 1 发生故障时，线路 1 保护拒动，本站 3310、3311 断路器因保护未动，接受不到来自保护跳闸命令，故障点只能依靠本站主变压器后备保护及与本站相连的所有 330kV 电源进线后备保护跳开对侧断路器及主变压器中压侧断路器切除故障，引发全站 330kV 母线及线路失压。对 750kV 变电站，所有线路及主设备已实现保护双重化配置，此种事故发生的概率很小。

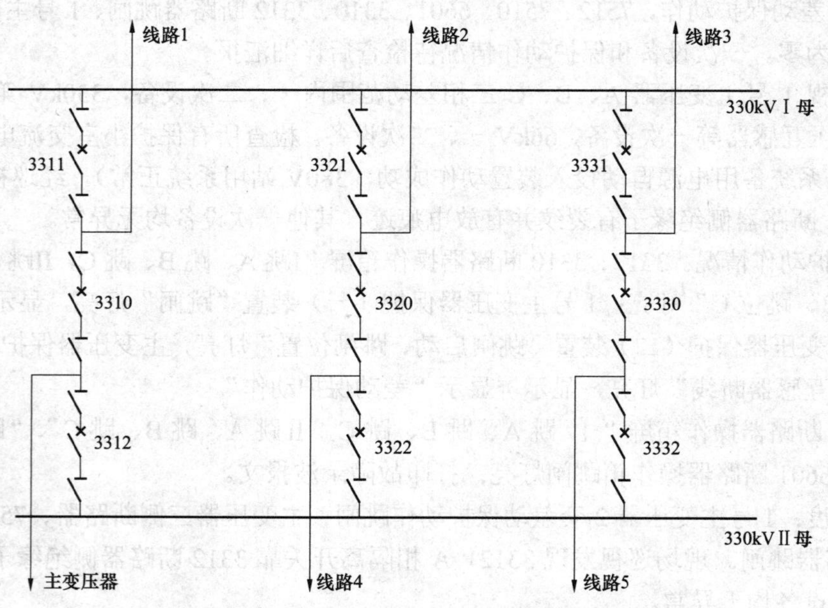

图 ZY1300501003-1 3/2 断路器接线图

（2）母线设备本身无故障发生，由于线路或主变压器故障，断路器拒动引发的母线跳闸。

750 变电站 66kV 以上断路器均配有断路器失灵保护。断路器失灵保护动作原理为：当故障发生断路器拒动时，失灵保护第一时限发强跳令再次让失灵断路器分闸，断路器仍拒绝动作时，第二时限对其临近回路、母线及线路对侧发跳闸命令，将与其有电气连接的上一级断路器跳闸，切除故障电流。

如图 ZY1300501003-1 所示，线路 1 发生故障，3311 断路器拒动，3311 断路器失灵保护动作，自身强跳一次，然后向 3310 断路器及对侧发跳令及启动 330kV Ⅰ母母差出口跳开 330kV Ⅰ母断路器。

（3）母线差动保护误动引起的母线跳闸。由于线路或系统故障，系统发生冲击等原因引起的母线保护误动，而母线差动范围内无故障发生。如东南某500kV变电站区外故障时（下一级变电站线路故障），500kV母线差动保护动作（另一套未动作），切除母线上所有元件（双母带旁母接线），造成该站部分线路和串接的末端站全站失电。后经保护专业检查，系该站母线差动保护装置CPU和信号插件存在设计缺陷，本次跳闸为母线差动保护误动所致。

（4）母线故障，母线差动保护或断路器拒动引起的保护越级跳闸。母线故障，母线差动保护拒动或者断路器拒动，将引起上级断路器跳闸，一般由母线所接的电源进线对侧或主变压器后备保护动作切除故障。

二、复杂母线事故处理的原则

（1）母线设备本身无故障发生，由于线路或主变压器故障，线路或主变压器本侧保护拒动引发的母线失压。遇见此类故障，应隔离故障段，尽速将母线及无故障线路投入运行。

处置原则：利用设备巡视及故障录波分析等手段，必要时通过了解相关线路对侧保护动作情况，尽快找到故障线路及拒动保护，将其隔离，恢复其他无故障母线及线路运行。具体操作应在调度指挥下，从全网安全角度出发，配合调度恢复供电。对母线充电时原则采用ZY1300501002模块“母线上发生的常规事故处理”进行处理。

（2）母线设备本身无故障，由于线路或主变压器故障，断路器拒动，引发的母线跳闸。开关失灵保护动作引发的母线跳闸发生时，运行人员应按以下原则处置：

1）在确认“线路或主变压器保护已动作出口，而断路器拒分，失灵保护动作将该母线上其他断路器跳闸”的情况下，可拉开拒动断路器两侧隔离开关（断路器仍保持拒动状态便于查找原因），隔离故障点，检查母线确无故障后依据调度指令逐个恢复母线上其他断路器的正常运行。

2）如果是断路器失灵保护误动（根据系统有无故障征象进行综合分析），应汇报调度将失灵保护停用，然后逐一恢复母线各断路器的正常运行，由专业人员处理失灵保护存在的问题。

（3）母线差动保护误动引起的母线跳闸。处置原则：此时应在确认为母线跳闸确系母线差动保护误动情况下，可退出误动的母线差动保护（保证另一套未发生误动的母差装置运行），对母线试充电，恢复母线运行。

（4）母线故障，母线差动保护或断路器拒动引起的保护越级跳闸。母线故障，母线差动保护拒动或者断路器拒动，将引起上级断路器跳闸，一般由母线所接的电源进线对侧或主变压器后备保护动作切除故障。发生此类故障时，应首先找到越级的原因，尽快隔离故障及拒动断路器，恢复母线及无故障线路送电。若属于保护拒动，因检查装置拒动原因，母线不得供电。

三、危险点及预控措施

母线事故处理时，应做好危险点分析及预控工作。母线事故处理中的危险点应重点围绕引发人身安全事故、防止再次发生设备事故及事故范围扩大来进行。具体的事故处理，危险点会有不同，对于母线事故处理中共性的危险点列表如表ZY1300501003-1所示，仅供参考。具体的分析，应结合事故情况具体分析。

表ZY1300501003-1　　母线事故处理危险点及预控措施

序号	分类		危险点	预控措施
1	防人身事故方面	触电	处理过程误入带电间隔，误碰带电设备	事故处理过程设备巡视、倒闸操作时，必须两人并严格执行监护制。进入设备间隔前必须先核对设备双重名称正确；设备事故停电后，跳闸设备在未做好安全措施情况下，不得视为停电设备去接触
2		人身伤害	夜间巡查设备，造成人员碰伤、摔伤、踩空	夜巡应带好照明工具及对讲机
3			高压设备发生接地时，保持距离不够，造成人员伤害	高压设备发生接地时，室内不得接近故障点4m以内，室外不得靠近故障点8m以内，进入上述范围人员必须穿绝缘靴，接触设备的外壳和构架时，必须戴绝缘手套
4		跨步电压伤害	雾天检查设备时设备发生污闪、雾闪接地或设备发生空气放电	雾天检查设备时穿好绝缘靴与雨衣；雾天检查设备时，应与雾闪严重的设备保持足够的安全距离

续表

序号	分类		危险点	预控措施
5	处理步骤	隔离不彻底	失压母线上的断路器未全部断开，对母线试充电时发生非同期或再次向故障点充电	母线失压时应立即断开失压母线上的所有断路器
6			失压母线上的拒动断路器没有发现或未隔离，在对母线充电时，引起充电断路器再次跳闸	在手动断开失压母线上的断路器时，应检查断路器确已在断开位置
7			母线故障后，故障点未找到或有遗漏，造成误判断或处理事故时引发事故扩大	严格按母线差动保护范围认真巡视设备，结合保护及录波报告进行分析。采用必要的手段（如对 GIS 所有气室进行故障气体分析），准确全面发现故障点。在母线试充电前应投入充电保护，并对保护装置进行检查
8		关键操作步骤错误	对微机型母线保护，母线侧隔离开关操作后由于辅助触点未相应切换，母线差动保护内隔离开关的位置与隔离开关实际位置不符，造成母线差动保护误动	母线侧隔离开关操作后，应认真核对母线差动保护装置母线侧隔离开关辅助触点位置，如果不符应再次拉合该隔离开关或检查隔离开关辅助开关等措施，使隔离开关位置触点正确反应其连接母线状态
9		隔离不彻底	母线失压，本侧断路器未跳，故障分析查找不全，母线充电引发多次跳闸	对引发母线失压的故障原因全面准确分析，并通过了解相关电源进线变电站保护动作情况，在故障点查找确认后，调度协调指挥下，并按“对停电母线进行试送，应优先用外部电源，其次是选择变压器，最后选用母联断路器。试送断路器必须完好，并有完备的继电保护”原则进行试送，不得轻举妄动
10		违章	发现异常时，单人处理或未及时汇报	灌输“一切行动听从值班长指挥”理念，人人严格遵守现场工作纪律，保障变电站及个人安全
11	误操作方面	违章	事故处理时发生误操作	事故处理时的操作可不用操作票，为防止误操作，应手写一个操作提纲（草稿），并严格执行监护制；所有操作应取得调度和站调同意方能操作。除填写操作票等项外，应严格执行倒闸操作的管理规定；事故情况下使用解锁钥匙解除闭锁进行操作时，站长必须在现场监护；故障设备隔离、站用系统及重要用户的供电恢复后，其他操作应使用操作票进行
12	误操作方面	漏项	事故处理时，恢复母线所接线路运行，未考虑同期，造成非同期合闸	严格执行倒闸操作监护制度，加强日常培训了解本变电站所连线路变电站接线情况及附近区域系统，加强反事故演习训练。加强事故处理时与调度的沟通联系，所有操作应取得调度调令同意
13		重要步骤（信息）遗漏	擅自改变设备状态，或紧急情况下改变设备状态后未汇报值班负责人	除对人身和设备有直接威胁的设备外，要改变设备状态应严格履行相关制度，向值班负责人及调度汇报得到许可后执行。紧急情况下，需要改变设备状态的，应在事后立即向值班负责人汇报，事后做好记录
14	巡视及汇报联系方面	违章	在继电室使用移动通信工具，造成保护误动	在继电室禁止使用移动通信工具，防止造成保护及自动装置误动
15		重要信息偏差	接收电话不清楚，接受调度下达的操作命令错误	接受操作命令前与调度相互通报姓名，做好记录，启动录音对接收操作命令全过程录音；受令完毕，逐字、逐句复诵，以使双方听证无误，如有疑问必须双方应答清楚；接收的调度命令必须审核无误，发现疑问必须询问清楚

四、案例

案例 1：线路故障母线侧断路器拒动引发母线跳闸，见图 ZY1300501003-2。

1. 故障现象

×时×分：主控室警铃、喇叭响，监控主机推出事故画面并显示：750kV 7511、7521、7541、7530 断路器跳闸，750kV 3 号线路“两套线路保护动作”、“7531 断路器辅助保护柜失灵动作”及“故障录波器动作”光字牌亮。750kV Ⅰ母电压指示为零，750kV 3 号线路电压、电流指示为零。

2. 处理步骤

（1）恢复音响，立即汇报调度：××变电站 750kV 7511、7521、7541、7530 断路器及 750kV 3 号线路于×时×分跳闸，一次设备及保护动作情况待检查后详细汇报。

（2）立即派人分别检查一次设备及保护动作情况。

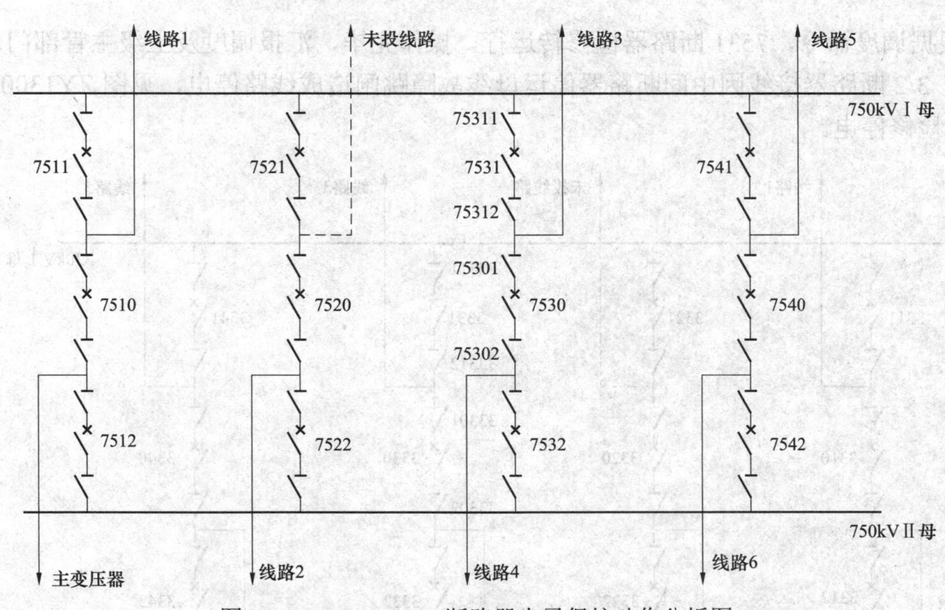

图 ZY1300501003-2 断路器失灵保护动作分析图

1）二次设备：750kV 3 号线路微机线路保护柜 2 套装置“A 跳”、“B 跳”、“C 跳”、“永跳”灯亮。7531 断路器辅助柜：失灵保护装置“保护动作”灯亮。750kV Ⅰ母母线差动保护屏两套母线装置“失灵动作”灯亮。7511、7521、7531、7541、7530 断路器分相操作箱装置“A 相跳闸”、“B 相跳闸”、“C 相跳闸”灯亮。750kV 3 号线路故障录波显示：B 相接地故障，测距 81.3km。

2）一次设备：750kV 设备区 7511、7521、7541、7530 断路器在断开位置，750kV 3 号线路间隔站内设备及 750kV Ⅰ母间隔一次设备正常，7531 断路器在合闸位置。

（3）汇报调度 750kV 3 号线路两套保护动作，7530 断路器跳闸，7531 断路器拒动其失灵保护动作，失灵启动Ⅰ母母差动作，750kV Ⅰ母 7511、7521、7541 断路器跳闸，母线失压。现场检查，750kV 7511、7521、7541、7530 断路器在断开位置，7531 断路器位置在合，750kV Ⅰ母及 750kV 3 号线路站内设备无异常。

（4）事故分析。750kV 3 号线路 B 相发生故障，线路保护动作，应跳 7531、7530 断路器，但由于 7531 断路器拒动（未跳开），7530 断路器跳开，引发 7531 断路器失灵保护动作启动 750kV Ⅰ母差跳闸回路，跳开 750kV Ⅰ母断路器切除故障，保护动作正确。

变电站拟采取以下措施：

1）用 75311、75312 隔离开关隔离拒动的 7531 断路器。

2）7531 断路器隔离后，拟用 7541 断路器对 750kV Ⅰ母充电（投入 7541 充电保护）。

3）母线充电正常后，依次同期合上 7511、7521 断路器运行。

4）750kV 3 号线路待调度命令进行操作（视系统及线路 3 情况，做好供电或热备用转检修等操作准备）。

5）将隔离出的 7531 断路器转检修，并尽速汇报检修人员来站处理，正常后告调恢复运行。

（5）将以上分析情况及变电站拟采取的措施汇报调度。

（6）根据调度命令，将 750kV 7531 断路器隔离，拉开 75311、75312 隔离开关。操作完毕，汇报调度。

（7）根据调度命令，合上 7511、7521、7541 断路器。操作完毕，汇报调度。

（8）调度通知：750kV 3 号线路查线无异常，线路对侧已充电，试送成功。

（9）根据调度命令，将 750kV 3 号线路用 7530 断路器并列。操作完毕，汇报调度。

（10）根据调度命令：7531 断路器由冷备用专检修，合上 753117、753127 隔离开关。操作完毕，汇报调度。

（11）将以上情况详细汇报上级主管部门。尽速安排相关人员到现场处理断路器拒分缺陷。

（12）7531 断路器拒动原因已查清并已处理，可以恢复运行，向调度汇报。

（13）根据调度命令，7531 断路器检修转运行。操作完毕，汇报调度及上级主管部门。

案例 2：3/2 断路器接线因中间断路器停运母线故障跳闸造成线路停电，见图 ZY1300501003-3 中 3330 断路器检修停电。

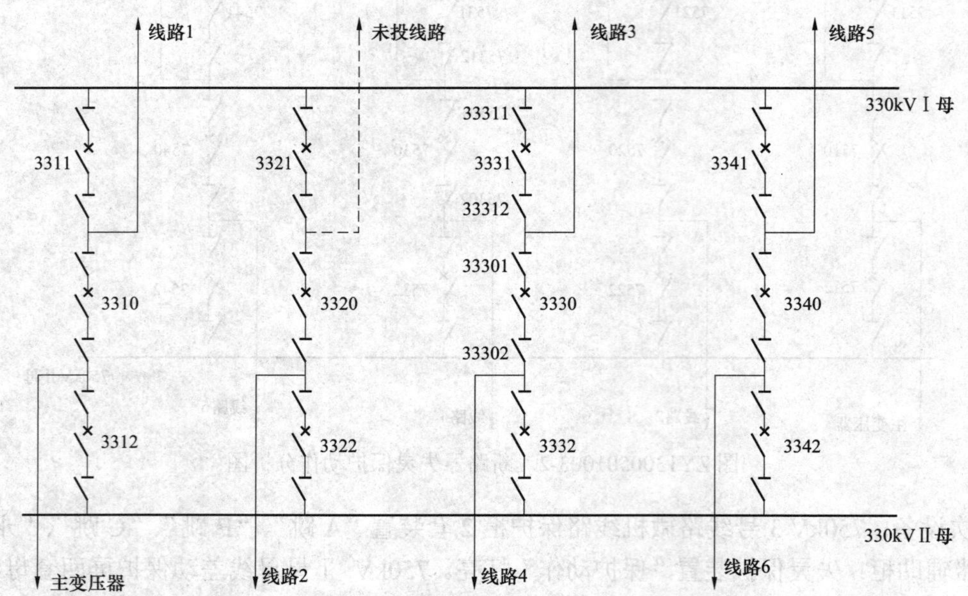

图 ZY1300501003-3 中间断路器停运母差动作对外造成线路停电分析图

1. 事故现象

主控警铃、喇叭响，综自系统打出“保护事件总告警”信号，显示 3311、3321、3331、3341 断路器跳闸，330kVⅠ母线电压指示为零，330kVⅠ母“2 套母差差动保护动作”、330kV 3 号线路及Ⅰ母“电压异常”光字牌亮。330kV 3 号线路电流及有功指示为零。

2. 处理步骤

（1）记录时间、恢复音响，记录主控保护动作情况。

（2）汇报调度：××时××分，××变电站 3311、3321、3331、3341 断路器跳闸，综自后台显示“330kVⅠ母“两套母线差动保护动作”有掉牌，330kV 3 号线路无保护动作掉牌，330kV 3 号线路电流及有功指示为零。

保护装置动作情况及一次设备情况待检查后详细汇报。

（3）派人现场检查一次设备及二次保护动作情况并抄录信号。

1）二次设备：330kVⅠ母 2 套母线差动保护“动作信号”灯亮，液晶显示：差动保护动作；3311、3321、3331、3341 断路器操作箱：跳 A、跳 B、跳 C，Ⅰ、Ⅱ灯亮，跳位 A、B、C 灯亮。

2）一次设备：巡视发现 330kV Ⅰ母 1 串分支引流 A 相支持瓷柱发生冰闪，Ⅰ母支持瓷柱结冰现象较普遍，其他Ⅰ母线设备及 3 号线路站内设备无异常；发现 3311、3321、3331、3341 断路器均在跳闸位置。

（4）汇报调度：330kV Ⅰ母 1 串分支引流 A 相支持瓷柱发生冰闪，330kVⅠ母母线差动保护动作，3311、3321 3331 3341 断路器跳闸。Ⅰ母支持瓷柱结冰现象较普遍，其他设备正常。线路 3 间隔设备无异常，线路保护未动作。

（5）汇报调度，拟准备对 330kV Ⅰ母支持瓷柱除冰（带电除冰，无需转检修），除冰后检查支持瓷柱正常后恢复母线运行。并提醒调度，应拉开 330kV 3 号线路对侧断路器及检查线路对侧保护有无动作。

（6）调度通知：变电站母线支持绝缘子带电除冰作业可以进行，除冰后及时汇报调度。

（7）除冰后对支持瓷柱检查无异常，汇报调度。申请投入 330kV Ⅰ母母线运行。

（8）根据调令：330kV Ⅰ母转运行。用 3321 断路器充电，充电时投入断路器充电保护。正常后同期合上 3311、3321、3341 断路器。操作完毕后汇报调度。

（9）根据调令：合上 3331 断路器，恢复线路 3 运行。

（10）详细整理事故异常记录，将中央信号及装置各种信号掉牌抄录全，抄录断路器动作次数、避雷器动作次数，将录波报告归档。对事故处理情况在后续消缺中也及时完善。

案例 3：330kV 线路永久性故障，因线路保护拒动引起的 330kV 母线失压。

见图 ZY1300501003-4，运行方式为变电站所有线路及设备全部运行。330kV 1 号线路 1 号保护装置运行，2 号装置年检退出运行。330kV 1 号线路永久性故障，线路保护拒动，引起 1 号主变压器高压侧后备及与之相连的其他 330kV 线路后备保护动作，主变压器中压侧及线路对侧断路器跳闸，330kV 母线失压。

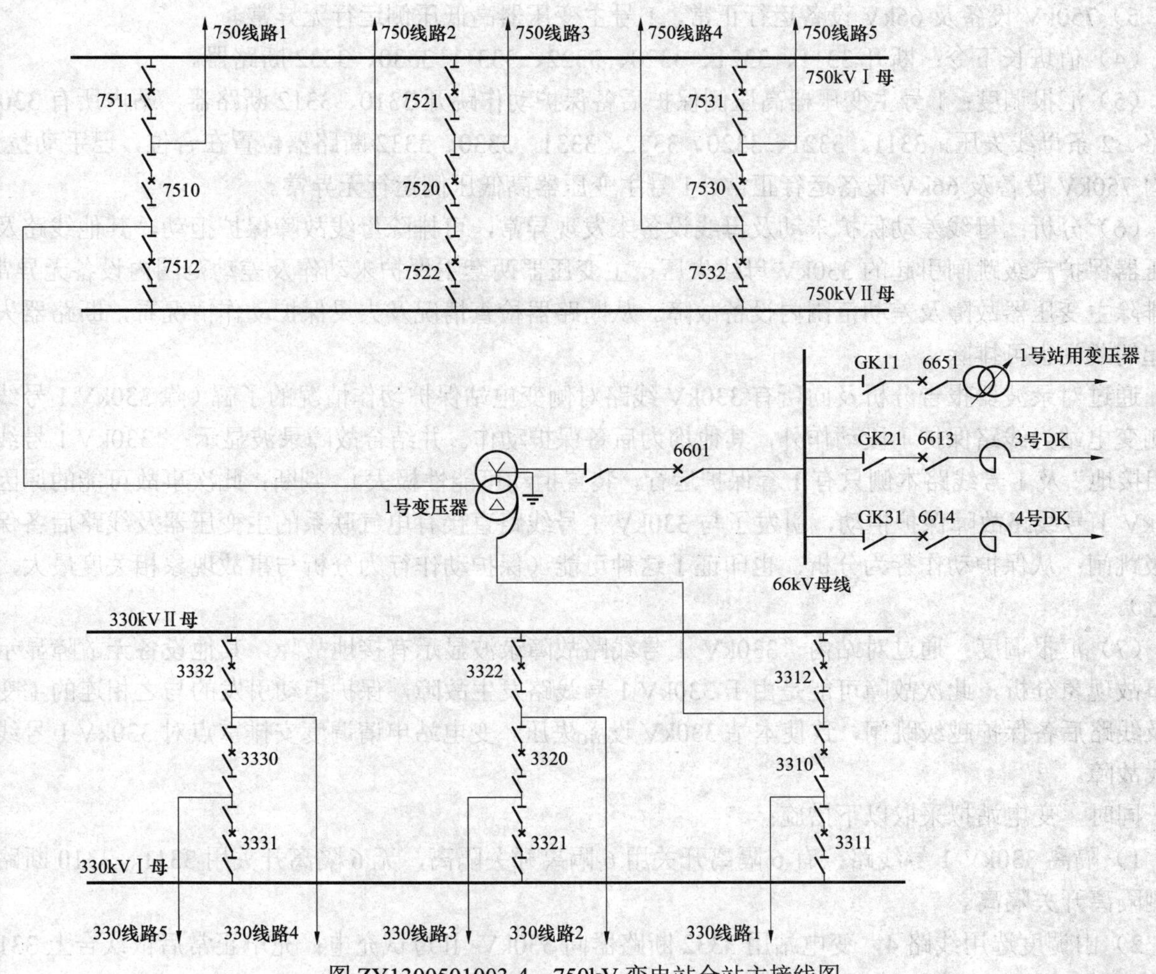

图 ZY1300501003-4　750kV 变电站全站主接线图

1. 事故现象

主控警铃、喇叭响，综自后台显示 3310、3312 断路器变位，330kV 线路 1、线路 2、线路 3、线路 4、线路 5 电流、电压及有功显示为零，330kV Ⅰ、Ⅱ母电压指示为零。综自系统打出“保护事件总告警”信号，告警信号显示：1 号主变压器保护 1 号、2 号装置高压侧后备保护动作。330kV 线路 1、线路 2、线路 3、线路 4、线路 5 及 330kV Ⅰ、Ⅱ母打出“电压指示异常”信号。

2. 处理步骤

（1）记录时间、恢复音响，记录主控保护动作情况。

（2）汇报调度：××时××分，××变电站 1 号主变压器高压后备保护动作 3310、3312 断路器跳闸，330kV Ⅰ、Ⅱ母失压，330kV 线路 1、线路 2、线路 3、线路 4、线路 5 电压、电流及有无功显示为零。5 条线路及 330kV 2 条母线打出“电压指示异常告警”信号。保护动作及一次设备情况待检查后详细汇报。

（3）派人检查现场保护动作及一次设备动作情况。

1）1 号主变压器保护 1 号、2 号装置面板“保护启动”、“保护动作”灯亮，液晶显示“高压侧后备保护动作”，“跳闸”灯亮。

2）3310、3312断路器操作箱：跳A、跳B、跳C，Ⅰ、Ⅱ灯亮，跳位A、B、C灯亮。3310、3312断路器实际位置在分。

3）全站故障录波启动，打印故障录波信息，线路1故障录波器显示：1号线路B相接地，测距88.8km。其他线路录波器无接地及短路显示提示。

4）1号主变压器三侧，330kV 5条线路及330kV 2条母线间隔内所有一、二次设备，未发现异常现象；所有断路器压力正常，3311、3321、3320、3322、3331、3330、3332断路器位置在合位，330kV 5条线路及2条母线一次设备无运行放电电晕声响。

5）750kV设备及66kV设备运行正常，1号主变压器高低压侧运行无异常。

（4）值班长下令：断开3311、3321、3320、3322、3331、3330、3332断路器。

（5）汇报调度：1号主变压器高压侧保护后备保护动作跳开3310、3312断路器，站内所有330kV线路、2条母线失压，3311、3321、3320、3322、3331、3330、3332断路器位置在合位，已手动拉开；站内750kV设备及66kV设备运行正常，1号主变压器高低压侧运行无异常。

（6）分析：母线差动保护未动及母线设备未发现异常，可排除母线故障保护拒动，其他线路及主变压器保护越级跳闸引起的330kV母线失压；主变压器两套主保护未动作及差动范围内设备无异常，可排除主变压器故障及差动范围内设备故障。从断路器检查情况及失灵保护动作情况看，断路器失灵引起的跳闸也可排除。

通过对录波器报告分析及向所有330kV线路对侧变电站保护动作情况的了解（除330kV 1号线路对侧变电站为线路保护Ⅰ段动作外，其他均为后备保护动作。并结合故障录波显示：“330kV 1号线路B相接地”及1号线路本侧只有1套保护运行，装置拒动可能性极大），判断：此次事故可能的原因是330kV 1号线路故障保护拒动，引发了与330kV 1号线路直接有电气联系的主变压器及线路后备保护越级跳闸；从保护动作行为分析，也印证了这种可能（保护动作行为分析与事故现象相关度最大，最贴近）。

（7）汇报调度：通过对站内“330kV 1号线路故障录波显示有接地故障，其他设备无故障显示”等事故现象分析，此次故障可能是由于330kV 1号线路发生故障，保护拒动引发的与之相连的主变压器及线路后备保护越级跳闸，致使本站330kV设备失压。变电站申请调度安排重点对330kV 1号线路查找故障。

同时，变电站拟采取以下措施：

1）隔离330kV 1号线路：有6隔离开关用6隔离开关隔离，无6隔离开关用3311、3310断路器两侧隔离开关隔离。

2）由调度选用线路4，变电站用3332断路器向330kV Ⅱ母试充电；充电正常后依次合上3312、3322断路器恢复，1号主变压器及2号线路运行。

3）隔离出330kV 1号线路后，恢复330kV Ⅰ母及线路运行。具体充电及恢复线路运行应由调度从系统安全考虑安排。

可选用5号线路的3331断路器向Ⅰ母试充电；充电正常后用3321断路器向3号线路充电，3号线路充电正常后，同期合上3330、3320断路器。至此，2、3、4、5线路及330kV Ⅰ、Ⅱ母恢复运行。具体倒闸操作时，变电站应考虑同期投入断路器快速充电保护等危险点，防止事故扩大。

4）将330kV 1号线路由冷备用转检修。安排线路专业查线。变电站应做好措施，由保护人员对330kV 1号线路1号保护装置进行检查，消除误动缺陷，同时完成2号装置定检，工作结束应待断路器传动。

5）装置误动原因找到并消除及完成2号装置定检无异常后，传动试验正确情况下投入1号线路2套保护；线路查线消缺工作结束后，调度下令恢复330kV 1号线路运行。

（8）根据调度命令，3311、3310断路器由热备用转冷备用，拉开33111、33112、33101、33102隔离开关。操作结束汇报调度。退出1号线路1号保护装置。

（9）根据调令，用线路3或线路5的3321断路器或3331断路器向330kV Ⅱ母充电。用线路4

或线路 2 的 3332 或 3322 断路器向 330kV Ⅰ母充电，充电正常后，依据调度命令依次恢复除 3310、3311 断路器及 330kV 1 号线路外的所有 330kV 断路器、线路运行。操作结束后汇报调度。

（10）根据调度命令：330kV 1 号线路由冷备用转检修。合上线路接地开关。

（11）在保护人员检查处理 330kV 1 号线路 1 号保护装置拒动缺陷及 2 号装置定检无异常后，经正确传动，结束工作汇报调度，申请投入 330kV 1 号线路 2 套线路保护。

（12）根据调度命令，恢复 330kV 1 号线路运行。

【思考与练习】

1. 熟悉掌握 750kV 主变压器及线路保护后备保护配置原则及整定原则，并熟记本站各设备主保护、后备保护配合情况。

2. 试对 3/2 断路器接线中，母线发生故障而母线保护拒动的事故进行预想。并总结出此类故障处理的一些关键点知识。

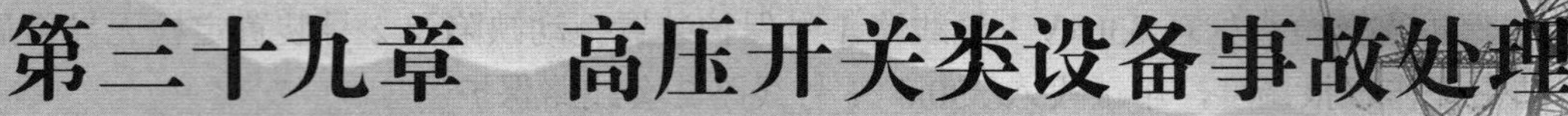

第三十九章　高压开关类设备事故处理

模块1　高压开关类设备上发生的简单事故处理（ZY1300502001）

【模块描述】本模块介绍高压开关简单事故的原因、类型和故障点位置。通过综合概述、要点归纳讲解，熟悉简单高压开关事故类型及现象。

【正文】

当电网发生事故时，要求高压开关能迅速、准确的动作，及时切除故障。如果电网发生事故、高压开关出现拒分时，不仅会扩大事故范围，而且由于延长了故障切除时间，将影响系统的稳定性，加重了被控设备的损坏程度。另外，高压开关发生事故时会造成非全相运行的结果，甚至会导致震荡现象，扩大为大面积停电事故。因此，当高压开关发生事故时，运行值班人员应根据高压开关事故时的现象准确判断出事故原因、类型和故障点位置。

一、断路器常见事故类型

断路器常见的事故类型主要有操动机构失灵、绝缘故障、断路器触头烧损、断路器误动四种。

1. 操动机构失灵

引起操动机构失灵的主要原因有操动机构机械故障、断路器本体传动部分故障、操作不当、操作电源故障、电气二次回路故障等。断路器操动机构失灵后会造成断路器拒动或误动事故。

2. 绝缘故障

断路器由于污闪、雷击以及 SF_6 气体泄漏、内部受潮等原因，容易引起断路器闪络、爆炸事故。

3. 断路器触头烧损

由于断路器接触电阻过大，引起触头过热烧损，严重时使动、静触头熔焊在一起。

4. 断路器误动

由于人员误动、操动机构自行脱扣、电气二次回路问题等原因，容易造成运行中的断路器误动的事故。

二、断路器常见事故现象

（一）断路器拒绝合闸

断路器拒绝合闸时，会拖延送电时间。因此，应尽快进行检查、处理，及时恢复供电。

断路器拒绝合闸的现象比较单一，即在手动操作或保护、自动装置动作，断路器合闸时无法进行合闸，监控主机主接线图中断路器显示绿色，电流、功率均为零。当线路发生事故跳闸后，重合闸动作，断路器拒合时的现象和断路器未重合的现象相似，监控主机主接线图中断路器位置指示绿灯亮，电流、功率均为零。线路故障跳闸，断路器未重合时有故障波形，而正常操作，断路器拒绝合闸时无故障波形。

（二）断路器拒绝分闸

断路器拒绝分闸时，会造成母线失压，扩大事故范围。断路器拒绝分闸分为事故情况下的拒绝分闸和正常操作过程中的拒绝分闸。

（1）断路器手动分闸时拒绝分闸的现象。断路器在手动分闸过程中发生拒绝分闸时，监控主机主接线图中断路器显示红色，电流、功率数值不变，保护和自动装置不动作。

（2）断路器事故跳闸拒分的现象。设备发生事故，本设备断路器拒分时，将越级至上一级电源断路器跳闸。本设备有保护动作信息，监控主机主接线图中断路器显示红色，电流、电压、功率均为零。

线路（电容器、电抗器）故障越级跳闸时，拒分断路器相邻的断路器全部跳闸。750kV 断路器一般配有失灵保护，断路器拒分时启动失灵保护，跳开相邻的所有断路器。

（三）断路器误跳闸

断路器误跳闸是指一次设备未发生故障，继电保护未动作而断路器跳闸的现象。断路器误跳闸的现象为：喇叭响（当断路器自行脱扣时不报事故音响），断路器跳闸，监控主机上绿灯闪烁，无保护动作信号，跳闸后断路器的电流、有功、无功显示值为零，故障录波器和保护装置均无事故波形。跳闸线路、系统没有发生冲击等现象。对联络线路，断路器误跳闸后，线路仍然带电。

【思考与练习】

1. 断路器常见事故类型有哪些？
2. 断路器拒动和误动的区别是什么？
3. 断路器拒动后常见的事故现象有哪些？

模块 2　高压开关类设备上发生的常规事故处理（ZY1300502002）

【模块描述】本模块介绍一般高压开关故障及处理过程，通过原因分析、处理原则讲解、案例介绍，掌握高压开关事故的分析判断及处理方法。

【正文】

高压断路器是带有强力灭弧装置的高压开关设备，在正常运行时，用于接通和切断正常线路的负荷电流，在故障时，与继电保护装置配合来切除短路电流。高压断路器又是瞬动设备，在正常运行时其机构处于静止状态，偶尔进行操作或发生事故，动作过程又极为迅速，因而对其可靠性的要求是非常高的。高压断路器的正确动作直接影响电网的稳定，甚至会造成越级跳闸、大面积停电的事故。正确掌握高压断路器事故处理的分析、判断及处理方法和步骤是运行人员应该具备的基本技能。

一、断路器常见事故原因

1. 断路器拒绝合闸的原因

（1）控制电源故障或直流电压过低。

（2）控制回路断线。

（3）断路器辅助触点接触不良。

（4）开关本体传动部分和操动机构的机械故障。

（5）合闸线圈及合闸回路继电器烧坏。

（6）操作不当、操作条件不满足（如同期条件不满足或同期检查装置故障等）。

2. 断路器拒绝分闸的原因

（1）控制电源故障或电压过低。

（2）控制回路断线。

（3）断路器辅助触点接触不良。

（4）分闸线圈烧坏。

（5）分闸回路继电器烧坏。

（6）操动机构故障。

3. 断路器误跳闸的原因

（1）人员误动。

（2）操动机构自行脱扣。

（3）直流接地或二次回路问题引起的误跳闸。

二、断路器事故处理原则

（1）高压断路器跳闸后，运行值班人员应通过监控主机信号、保护及自动装置动作情况、断路器跳闸情况及时分析判断，并汇报调度。

（2）高压断路器跳闸后，应立即记录事故发生的时间，并到现场检查断路器的实际位置，检查跳闸断路器间隔有无短路、接地、闪络、断线、瓷件破损、爆炸、喷油等现象，检查断路器操动机构有无异常，本体有无异常等。

（3）高压断路器跳闸后，及时根据检查结果进行分析判断，并根据调度命令进行处理。

（4）高压断路器拒跳引起越级跳闸，在恢复供电时，应将发生拒动的断路器隔离，隔离后保持原状，待查清拒动原因并消除缺陷后方可投入运行。

（5）高压断路器事故处理完毕后，变电站值班长要指定有经验的值班员做好详细的事故记录、断路器跳闸记录等，并根据断路器跳闸情况、保护及自动装置的动作情况填写事故跳闸报告。

（6）下列情况不得强送：

1）线路带电作业时。

2）断路器已达到允许故障开断次数。

3）断路器失去灭弧能力。

4）系统并列的断路器跳闸。

（7）750、330kV 线路断路器不得非全相运行。当发现非全相运行时，现场值班人员应不待调令立即断开该断路器。

（8）高压断路器在运行中发生故障不能进行分闸操作时，可采取下列措施，使故障断路器停电：

1）用拉开本站其他断路器的办法，使故障断路器停电（如双母线出线断路器故障，可在倒母线后通过母联断路器切除故障断路器）。

2）用故障断路器两侧的隔离开关切断其他断路器的旁路电流的办法，使故障断路器停电（用隔离开关拉母线环流要经过试验并有明确规定）。

3）拉开其他厂、站断路器的办法，使与故障断路器连接的回路断开，从而使故障断路器停电。

三、断路器事故处理

（一）断路器拒绝合闸的事故处理

（1）正常操作中断路器拒绝合闸时，应停止操作，首先应检查控制回路是否完好，断路器操动机构是否正常，操作条件是否满足，在未查明断路器拒合原因并消除故障前，不得将断路器投入运行。

（2）断路器拒绝合闸时，应根据当时出现的监控主机信号及有关断路器位置指示情况，区分是电气二次回路故障原因，还是断路器操动机构的机械故障原因，再进一步详细检查。

（3）检查断路器分相操作箱绿灯是否亮。绿灯正常亮说明合闸回路完好，绿灯不亮说明合闸回路失电、开路或出现了自保持，此时应立即瞬时拉、合一下断路器的控制直流电源后进行试合一次。

（4）如果断路器控制回路绿灯亮，且网络通信正常时，应重新操作一次，检查是否由于操作不当，断路器把手返回过早而引起。

（5）检查断路器遥控操作连接片是否投入，接触是否良好。

（6）检查断路器机构箱内“远方/就地”控制开关是否在远方位置，检查“远方/就地”控制开关触点接触是否良好。

（7）检查有无保护动作，电磁机构在合闸瞬间直流屏输出有无大电流冲击指示，母线电压是否突然下降，照明灯是否突然变暗。排除合闸于故障线路的可能。

（8）检查弹簧压力（或液压压力）和 SF_6 压力是否正常。

（9）检查操作时同期选择是否正确。

（10）检查断路器控制电源是否正常。

（11）检查是否液压或气压压力低闭锁合闸，如果是由于低气压闭锁合闸回路，应立即设法将压力打至正常值，若是由于电动机烧坏或机构问题，应通知专业人员尽快处理。

（12）检查是否由于灭弧介质压力降低至合闸闭锁值，若是，应通知专业人员补气至正常值。

（13）检查断路器辅助触点是否接触良好。

（14）检查合闸线圈是否烧坏或绝缘是否良好。

（15）经判断如果是断路器电气回路故障，且不能自行排除时，应通知专业人员尽快处理。

（16）经判断如果是机械部分故障，应迅速通知一次检修人员尽快处理。

（17）若在短时间内能够查明故障并能自行排除，应采取相应的措施，排除故障后恢复供电，若在短时间内不能查明故障，或故障不能自行处理，应将负荷倒至备用电源带，或将负荷转移至其他线路带。

（二）断路器拒绝分闸的事故处理

1. 发生事故时断路器拒跳的事故处理

（1）首先应将断路器拒跳的时间和事故现象汇报调度。

（2）立即派人检查保护、自动装置和一次设备动作情况。

（3）750kV 断路器拒跳时，断路器失灵保护动作，跳开失灵断路器所有相邻的断路器。此时，应拉开该拒动断路器两侧的隔离开关，将该断路器隔离后，恢复无故障母线和线路的运行，然后检查断路器拒动的原因。此时要注意尽量使拒跳断路器保持原状，便于事故调查和分析。

（4）检查断路器拒跳的原因，可以根据有无保护动作信号，断路器分相操作箱位置指示灯是否亮，用控制开关断开断路器时所出现的现象等综合分析后，判断出故障范围。

（5）当发生断路器拒跳事故时，无保护动作信号，断路器位置指示红灯亮，能用控制开关操作分闸，这种情况多为保护拒动。

（6）当发生断路器拒跳事故时，无保护动作信号，断路器位置指示红灯不亮，用控制开关操作时可能拒跳，这种情况下一般会打出“控制回路断线”信号，应检查控制电源是否正常，控制电源小开关是否接触良好，控制回路是否良好。

（7）当发生断路器拒跳事故时，有保护动作信号，断路器位置指示红灯亮，能用控制开关操作，可能是保护出口回路问题。

（8）当发生断路器拒跳事故时，有保护动作信号，不能用控制开关操作，若断路器位置指示红灯不亮，属跳闸回路不通，若断路器位置指示红灯亮，可能是操动机构的机械问题。

（9）发生断路器拒跳时，能在短时间内自行处理的，应采取相应的措施处理。短时间内难以查明故障原因的，应立即汇报调度和有关部门，由专业人员进行检查处理。

2. 正常操作时断路器拒绝分闸的处理

（1）正常操作时断路器断不开，应汇报调度，迅速采取措施，尽快判断故障范围和原因，及时将断路器隔离，防止发生越级跳闸事故。

（2）检查控制电源小开关是否跳闸或接触不良，控制电源电压是否正常。

（3）检查控制回路是否正常。

（4）如检查上述情况正常，对断路器再分闸操作一次，同时注意断路器位置指示红灯、绿灯变化，并由专人观察跳闸铁芯动作情况，判断区分故障。

（5）如果在操作之前断路器位置指示红灯亮，操作时跳闸铁芯动作，说明跳闸回路正常。如果跳闸铁芯动作但断路器不跳闸，说明操动机构和断路器本体有故障。

（6）判明故障范围后，应汇报调度，根据调度命令进行处理。

（三）断路器误跳闸的处理

（1）首先应将误跳时的时间和事故现象汇报调度。

（2）由于人员误碰、误动、误操作或受外力振动而引起的断路器误跳闸，应尽快汇报调度，并立即申请将断路器合上。合闸时要注意对于联络线路，应检查同期后进行合闸。

（3）断路器误跳闸后，凡是重合闸动作，重合成功时，不论误跳闸原因是什么，应首先保持断路器合闸状态，不得对误跳断路器的操动机构、保护装置、二次回路进行检查处理，以免再次误跳闸。

（4）由于其他电气或机械部分故障，无法立即恢复送电的，应汇报调度及有关部门，做好安全措施，等待专业人员检查处理。

（四）断路器发生非全相事故的处理

断路器操作时发生非全相合闸，应立即将已合上的断路器拉开，重新操作合闸一次，如仍不正常，则应断开断路器和控制电源开关，汇报调度，并尽快查明原因。

四、案例

750kV 线路 1A 相接地，7532 断路器拒动，750kV Ⅱ母失压。（接线图见图 ZY1300101001-6）

1. 事故现象

（1）警铃、喇叭响。

（2）监控主机显示 7530 断路器绿灯闪烁，7532 断路器红灯亮，7522、7512 断路器绿灯闪烁，750kV 线路 1 电流、电压、有功、无功显示均为零。

（3）监控主机光字、信号显示：750kV 线路 1 保护动作，7532 断路器失灵保护动作。

2. 处理过程

（1）根据光字、信号指示情况，将事故简况汇报调度。

（2）详细记录监控主机及保护小室的光字、信号动作情况，在核对无误后，复归光字信号。

（3）现场检查 7532 断路器 A 相仍在合闸位置，750kV Ⅱ母其他断路器在分闸位置。

（4）综合现场检查结果及光字信号动作情况，判断为 750kV 线路 1 A 相接地，线路保护动作出口，7530 断路器跳闸，7532 断路器拒动，7532 断路器失灵保护动作，将连接在 750kV Ⅱ母上的 7522、7512 断路器跳开。

（5）将保护动作情况及现场检查结果详细汇报调度及有关部门。

（6）拉开 75321、75322 隔离开关，将 7532 断路器隔离。

（7）对 750kV Ⅱ母及其附属设备进行详细检查。

（8）恢复 750kV Ⅱ母供电，依次合上 7522、7512 断路器。

（9）根据调度命令：将 7532 断路器转检修，做好安全措施，等待专业人员检查处理。

（10）750kV 线路 1 检查正常，根据调度命令：合上 7530 断路器，750kV 线路 1 试送电，试送成功。

（11）将处理结果汇报调度及有关部门，待故障断路器处理正常后，根据调度命令恢复供电。

【思考与练习】

1. 断路器事故处理原则是什么？
2. 发生断路器拒分事故的主要原因有哪些？
3. 断路器非全相运行时如何处理？
4. 断路器拒跳时如何检查处理？

模块 3　高压开关类设备事故处理危险点预控分析（ZY1300502003）

【模块描述】本模块介绍高压开关设备较复杂故障原因、类型、事故处理危险点预控，通过要点讲解、列表说明、案例分析，掌握正确组织、处理高压开关复杂事故方法。

【正文】

运行中的高压断路器发生事故的原因不尽相同，有时比较复杂，一旦发生事故，后果十分严重。为了尽快检查判断事故原因和故障点，值班人员应掌握高压断路器复杂事故原因、类型、事故处理中的危险点预控等，以便当发生断路器事故跳闸后，尽快分析判断，找出故障点，并及时消除，保证电网、设备可靠、安全运行。

一、复杂高压开关设备事故类型及原因分析

（1）相邻线路发生故障，保护拒动引起的本线路保护动作，断路器跳闸，线路失压。当相邻线路发生故障，而保护拒动时，则与故障线路相连的线路后备保护动作，切除故障电流，即所谓的线路越级跳闸。发生线路越级跳闸时，运行值班人员可以通过保护、自动装置动作情况和断路器跳闸情况进行综合判断分析，并将故障线路隔离后，尽快恢复非故障线路运行。

（2）相邻线路发生故障，断路器拒动引起的本线路失压。这种情况发生在 3/2 断路器接线中，当相邻线路发生故障，保护动作，但中间断路器拒动时，中间断路器失灵保护动作，跳开相邻的断路器，使同一串中另一条线路失压。发生这种情况时，运行值班人员立即汇报调度，并通过保护、自动装置动作情况和断路器跳闸情况综合判断分析，将故障断路器隔离后，尽快恢复非故障线路运行。

（3）线路保护误动引起的线路失压。系统冲击、人员误动、误接线、误整定、直流两点接地等原因常使线路保护误动跳闸，在正常情况下，如果一套线路保护动作，断路器跳闸，且此时有系统冲击、二次回路有人工作、遇下雨天气等情况时，一般情况下保护误动的可能性比较大，此时，应进行全面检查，根据保护、自动装置动作情况及故障测距综合判断分析，确认是线路保护误动作后，应退出误动的一套线路保护，对失压线路进行试送电。

二、高压开关事故处理危险点及预控措施

高压开关事故处理危险点及预控措施见表 ZY1300502003-1。

表 ZY1300502003-1　　高压开关事故处理危险点及预控措施

序号	危险点	预控措施
1	人身触电、伤亡	（1）断路器事故处理过程中应沉着、冷静，防止误入带电间隔。 （2）断路器发生事故跳闸后，遇雷雨天气，若确需检查设备时不得靠近避雷器和避雷针，不得触摸设备构架。 （3）在检查、处理事故过程中应使用合格的绝缘工器具，加强监护，穿长袖衣，戴手套，防止直流短路。 （4）夜间进行事故处理时应将室外照明灯打开，并准备好照明工具。 （5）事故操作必须有专人监护。 （6）隔离拒跳断路器时必须认真核对设备名称、位置和编号。 （7）在进行 750kV GIS 设备送电时，人员不得触摸设备外壳。 （8）事故处理过程进行设备巡视、倒闸操作时，必须两人并严格执行监护制。 （9）进入设备间隔前必须先核对设备双重名称正确。 （10）设备事故停电后，跳闸设备在未做好安全措施情况下，不得视为停电设备接触。 （11）若发生 SF_6 断路器气体泄漏时，人员应远离现场，室外应离开漏气点 10m 以上，并站在上风口，禁止操作断路器。 （12）SF_6 设备发生意外爆炸事故时，值班人员接近设备要谨慎，对户外设备，尽量选择从上风接近设备，对户内设备应先通风，必要时要戴防毒面具、穿防护服
2	事故扩大	（1）当断路器发生拒动情况时，在未查明故障原因并消除故障前不允许对故障设备进行试送电。 （2）750、330kV 线路断路器不得非全相运行。当发现非全相运行时，现场值班人员应不待调令立即断开该断路器。 （3）当断路器发生拒跳后，用断路器两侧隔离开关进行隔离时，防止带负荷拉、合隔离开关。 （4）断路器发生误跳事故后进行合闸时，若需同期合闸的必须经同期合闸，防止非同期并列运行
3	设备损坏	（1）当发生事故时，断路器由于 SF_6 压力、操动机构的压缩空气压力或液压压力降低、机构故障时，应从该断路器两侧或上一级断开电源，不可带负荷操作该断路器，以免因断路器灭弧能力下降或操动机构动能不足造成断路器爆炸。 （2）强送电的断路器必须完好，遮断容量满足系统要求，并且制造工艺必须达到要求。 （3）下列情况下不得强送： 1）断路器已达允许故障跳闸次数； 2）断路器失去灭弧能力； 3）系统并列的断路器跳闸
4	高压断路器合闸失灵时，未正确判别是否因为合于故障线路（母线）后断路器跳闸	（1）断路器合闸失灵时，应首先判断是否合于故障线路（母线），保护后加速等是否动作，如果断路器合闸时后加速等保护动作，则表明合闸的设备有故障。 （2）合闸操作时，应同时注意表计的指示情况，合闸操作时，如果出现短路电流引起的表计指示冲击摆动、电压突然降低、系统有受到冲击等现象时，应立即停止操作，汇报调度，查明情况后根据调度指令再进行合闸操作
5	误入带电间隔	（1）事故操作必须有专人监护。 （2）操作前必须认真核对设备名称、位置和编号
6	非同期	需要同期合闸的断路器必须经同期合闸

【思考与练习】

1. 复杂高压开关设备事故类型及原因有哪些？
2. 断路器事故处理中的危险点有哪些？如何防范？

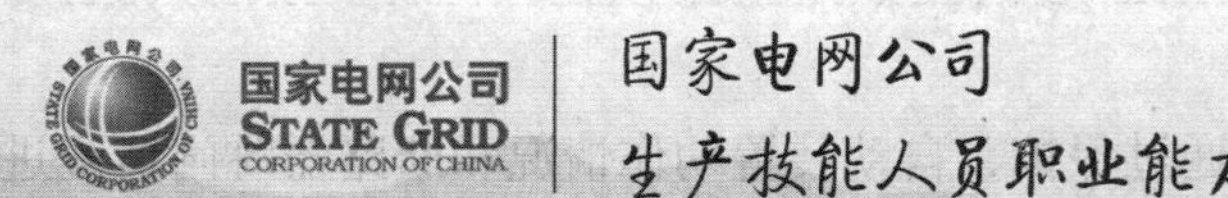

第四十章 变压器事故处理

模块 1 变压器上发生的简单事故处理（ZY1300503001）

【模块描述】本模块介绍简单分析变压器常见故障原因、类型、现象、事故处理注意事项，通过要点归纳讲解、图形示意、案例分析，掌握变压器事故简单分析、处理方法。

【正文】

变压器是变电站的重要设备，一旦发生事故将造成全站失压或大面积停电，严重影响电网的安全运行。因此，变压器发生事故跳闸后，运行值班人员应通过事故发生的现象迅速分析判断，尽快处理。

一、变压器常见事故类型

1. 变压器本体故障

变压器的本体故障主要是指变压器内部出现的匝间短路、绝缘损坏、接触不良、铁芯多点接地、绕组相间短路、接地短路等本体内部故障。

2. 变压器外部故障

变压器外部故障主要是指变压器套管引出线上发生的相间短路、接地短路、套管爆炸、套管闪络放电及严重漏油等外部故障。

3. 变压器附属设备故障

变压器附属设备故障主要是指变压器呼吸系统不畅通、冷却系统故障、气体继电器防雨罩密封不严等故障。

4. 保护和二次回路问题引起误动作

保护和二次回路问题引起的误动作主要是指由于保护误整定、保护装置误动作、直流接地等原因造成的主变压器误跳闸事故。

二、变压器常见事故现象

1. 变压器差动保护动作

750kV 变压器配置两套差动保护，作为变压器三侧断路器 TA 以内电气设备短路故障的主保护。差动保护动作时三侧断路器跳闸，能迅速而有选择的切除保护范围内的故障。但差动保护对变压器内部不严重的匝间短路反应不够灵敏。

变压器差动保护动作跳闸后，有以下现象：

（1）主控室发出事故音响。

（2）监控主机推出变压器三侧断路器跳闸的画面，监控主机上变压器三侧断路器位置指示绿灯闪烁，变压器三侧电压、电流显示为零，监控主机事故报文显示主变压器差动保护动作信息。

（3）变压器差动保护动作，差动保护屏上“差动保护动作”信号灯亮，故障录波器动作。主变压器三侧断路器操作箱跳闸信号灯亮。

（4）变压器停止运行，无声音，冷却器全部停止运行，如果是由于变压器套管闪络等原因引起的主变压器差动保护动作，还可以看到套管闪络等痕迹。

（5）变压器三侧断路器跳闸。

变压器差动保护动作后，运行值班人员首先应确认是否两套差动保护均动作，并迅速检查变压器差动范围内设备有无短路、导线断线、着火、爆炸、喷油等现象，有无放电痕迹，变压器、导线上有无异物等情况。

2. 变压器重瓦斯保护动作

重瓦斯保护是变压器的主保护之一，保护变压器内部出现的匝间短路、绝缘损坏、铁芯多点接地等故障。

变压器重瓦斯保护动作跳闸后，有以下现象：

（1）主控室发出事故音响。

（2）监控主机推出变压器重瓦斯动作画面，监控主机上主变压器三侧断路器位置指示绿灯闪烁，变压器三侧电压、电流、有功、无功显示值为零，监控主机事故报文显示主变压器重瓦斯保护动作等信息。

（3）变压器重瓦斯保护动作，保护屏"重瓦斯保护出口"信号灯亮；主变压器三侧断路器操作箱跳闸信号灯亮。

（4）变压器停止运行，无声音，冷却器全停，三侧断路器跳闸。

（5）变压器气体继电器内有气体。

变压器重瓦斯保护动作跳闸后，一方面要调查运行、检修情况，另一方面应立即取油样进行色谱分析，综合分析判断，确定变压器是内部故障还是附属设备故障，进而确定变压器故障的部位和故障性质，以便及时进行检修。

3. 变压器后备保护动作

750kV 变压器配置两套后备保护，当变压器绕组和引出线发生相间短路或接地短路时作为差动保护的后备保护。变压器后备保护动作，主保护未动作，一般情况下是由于变压器差动保护范围以外的故障造成的，即母线故障或线路故障越级使变压器后备保护动作跳闸。根据运行经验，变压器本体发生故障，由变压器后备保护动作跳闸的几率很小。

变压器后备保护动作后，有以下现象：

（1）主控室发出事故音响。

（2）变压器单侧或三侧断路器跳闸，监控主机推出"主变压器后备保护动作"画面，主变压器单侧或三侧断路器位置指示绿灯闪烁，并打出变压器后备保护动作信息。

（3）变压器保护装置上变压器后备保护动作灯亮，故障录波器动作。如果是线路或母线故障造成的主变压器越级跳闸，有可能线路或母线保护动作。

（4）主变压器单侧或三侧断路器在分闸位置，若后备保护动作造成主变压器三侧断路器跳闸时，变压器冷却器停止运行。

变压器后备保护动作跳闸后根据实际情况进行检查处理，正确判断故障范围，作为运行值班人员，首先必须清楚本站变压器后备保护的保护范围，后备保护动作后跳哪些断路器，这样发生变压器后备保护动作跳闸后才能准确无误地判断出故障性质和故障点位置。

4. 变压器套管爆炸

变压器各侧套管是变压器外部的主绝缘，变压器绕组引线由油箱内引到油箱外通过套管作为相对地绝缘，支持固定引线与外电路连接的电气元件。套管在运行中发生闪络、爆炸等事故，将影响变压器及系统的安全运行。

750kV 变压器套管爆炸后的现象比较明显，正常情况下，变压器套管爆炸后变压器差动保护动作，运行人员看到的现象和差动保护动作后的现象一样，同时，在变压器现场还能看到套管爆炸后的碎片和痕迹。

5. 变压器着火

变压器着火事故绝大多数是由于变压器本体电气故障引起发热造成的。由于变压器内有很多可燃物质，当变压器着火后处理不及时会发生爆炸或者火灾扩大、蔓延的严重后果，因此处理变压器着火，必须迅速果断，分秒必争，尽量将火扑灭在着火的初期。变压器发生着火后首先迅速和消防部门联系。

当变压器发生着火时，变压器主保护应动作将各侧断路器跳开，变压器各侧电压、电流值显示为零，故障录波器动作，有功、无功显示值为零，同时能看到变压器着火，如果断路器因故未跳开时，应立即手动断开各侧断路器。

750kV 变压器一般装有灭火冲氮装置或水喷雾灭火装置，在正常运行过程中为了防止误动，一般灭火装置的启动方式设置在手动方式，变压器发生着火事故时，应立即手动投入灭火装置进行灭火。同时，为了尽快将火扑灭，也可用设置在变压器附近的灭火器进行灭火，最好使用 1211 灭火器，也可使用二氧化碳、干粉灭火器，必要时可以用砂子灭火，灭火过程中，注意人身安全，如果油在变压器顶盖燃烧时，应打开变压器事故放油阀进行放油处理，如果是变压器内部故障引起着火时，一定要注意不能进行放油处理，以防变压器发生严重爆炸事故。

6. 变压器过负荷

变压器的过负荷，可分为正常情况下的过负荷和事故情况下的过负荷两种。在变压器的温升不超过规定标准的前提下，变压器的正常过负荷可以经常使用，而事故过负荷只允许在事故情况下使用。

变压器的正常过负荷其允许的过负荷倍数及允许的数值不得超过额定负荷的 30%，持续时间应根据变压器的负荷曲线及冷却器介质的温度来确定。变压器正常过负荷的允许数值和允许时间严格按照变电站现场运行规程执行。

变压器事故过负荷造成的温升会对绝缘带来一定影响，但考虑到事故时不间断对用户的供电，允许在事故情况下过负荷，对于强迫油循环冷却变压器，在事故情况下的过负荷及允许持续时间应严格按照现场运行规程执行。

变压器过负荷时，有以下现象：警铃响，变压器各侧电流显示值超过额定值，有功、无功显示值均增大，变压器温度明显升高。

7. 压力释放装置动作

压力释放阀是一种安全保护阀门，在全密封变压器中用于代替安全气道，主要起到油箱防爆保护的作用。当变压器发生故障或穿越性短路未及时切除，电弧或过流产生的热量使变压器油发生分解时，会产生大量高压气体，使油箱承受巨大的压力，严重时可能使油箱变形甚至破裂，并将可燃性油喷洒满地，在这种情况下压力释放装置动作，排出故障产生的高压气体和油，以减轻和解除油箱所承受的压力，保证油箱的安全。压力释放阀是以弹簧阀反映变压器箱体内的压力的，当变压器箱体内压力达到一定值时，弹簧阀打开阀门，将压力释放，同时发报警或跳闸信号。

一般情况下，压力释放阀动作时，主变压器差动保护、重瓦斯保护也同时动作，主控室发出事故音响，从监控主机上能看出变压器主保护动作、压力释放阀动作、变压器三侧断路器跳闸的信息，变压器各侧电压、电流值显示为零，故障录波器动作，有功、无功显示值为零，设备区能看出变压器三侧断路器实际在分闸位置，变压器本体无“嗡嗡”声，变压器冷却器停止运行，气体继电器内能看出有气体，压力释放阀周围有喷油等情况，保护室内非电量保护装置上变压器压力释放保护动作灯亮。为了防止压力释放阀装置误动引起变压器被迫停运，一般情况下压力释放阀只投信号，如果监控主机只发出压力释放阀动作信号，而无主变压器主保护动作时，应立即检查压力释放装置是否喷油，气体继电器内有无气体，变压器油温、负荷等，确认是否由于误动引起。

三、案例

案例 1：2008 年，某 750kV 变压器在检修后空充主变压器的过程中，主变压器差动保护误动，主变压器断路器跳闸（此种现象在不同时间段的两次空充主变压器的情况下都发生了），经分析，原因是差电流中的谐波电流含量低于闭锁定值造成的，打印报告中 B 相差电流的二次谐波含量值仅为 5%，而闭锁值为 18%。

案例 2：2007 年，某变压器差动保护动作，变压器三侧断路器跳闸，运行人员将保护动作及断路器跳闸的简要情况汇报值班调度，并检查站内一、二次设备，发现主变压器高压侧 B 相隔离开关公用支持瓷柱闪络，2 号主变压器差动保护动作，主变压器三侧断路器跳闸。主变压器中压侧Ⅰ、Ⅱ母失压，380VⅡ段母线失压。

经检查，2 号主变压器保护Ⅱ屏 CSC-326 保护装置显示：［01］保护启动；［02］11ms 差动速断 A 相出口，差动电流 I_{diff}=4.125A；［03］11ms 差动速断 B 相出口，差动电流 I_{diff}=4.158A；［04］20ms 比率差动 A 相出口，差动电流 I_{diff}=4.375A，制动电流 I_{res}=0.586A，［05］比率差动 B 相出口，差动电流 I_{diff}=4.375A；制动电流 I_{res}=0.1055A。高压 B 相隔离开关公用支持瓷柱三节有明显的放电烧伤痕迹。

经过以上一、二次设备动作情况，综合判断分析为 2 号主变压器差动保护范围内的高压侧隔离开关支持绝缘子闪络，造成主变压器差动保护动作，跳开三侧断路器，将检查分析结果详细汇报调度后，根据调度命令将 2 号主变压器转检修，进行更换后恢复变压器运行。

同时发现 2 号主变压器保护Ⅰ屏（CSC-326C 型装置，二次谐波制动比率差动原理）装置面板显示运行灯亮，时钟正常，显示采样值有数值，当时主变压器三侧断路器已跳开，但仍有数值显示。经过专业人员现场多次分析，初步判断为 2 号主变压器保护Ⅰ CSC-326C 保护的 CPU1 插件故障，同时在装置 CPU1 损坏后又未能报警，造成系统故障时保护未能出口。为了保证 2 号主变压器保护能够尽快投入运行，更换了 CPU1 插件，并进行了相关试验，试验正常后 2 号主变压器保护Ⅰ投入运行，并一切正常。

案例 3：某台变压器，由于气体继电器防雨罩密封不严，在下大雨时，雨水进入气体继电器接线盒内，气体继电器内的触点被接线端子和地之间的雨水短接，使跳闸回路接通，造成主变三侧断路器跳闸。

【思考与练习】

1. 变压器发生事故的常见原因有哪些？
2. 变压器在什么情况下允许发生事故过负荷，事故过负荷有什么规定？
3. 结合本站实际说出变压器差动保护动作跳闸后的事故现象是什么？重点检查哪些项目？
4. 变压器差动保护和变压器重瓦斯保护的区别是什么？

模块 2　变压器上发生的常规事故处理（ZY1300503002）

【模块描述】本模块介绍一般判断、分析及处理变压器事故的方法、步骤。通过原因分析、处理原则及方法讲解、案例介绍，掌握正确监视、组织变压器事故一般的分析、处理方法。

【正文】

变压器发生事故跳闸后，往往伴随着很多信息同时发出，运行值班人员的重要任务就是在第一时间内从这些大量的信号中筛选出重要信号，并根据一、二次设备的检查结果进行分析、综合判断后准确得出事故的原因和故障点位置，并在调度的指挥下，正确组织、处理变压器事故。

一、变压器常见事故原因

1. 差动保护动作跳闸的原因

（1）变压器内部故障。

（2）变压器套管及其引出线、各侧差动电流互感器以内的一次设备故障。

（3）差动电流互感器二次开路或短路。

（4）保护二次回路误接线或保护误动作。

2. 重瓦斯保护动作跳闸的原因

（1）变压器内部发生严重故障（如匝间故障、绝缘损坏、接触不良、铁芯多点接地故障等）。

（2）保护装置二次回路问题引起的误动作。由于气体继电器防雨罩密封不严，端子受潮容易造成重瓦斯保护误动作。

（3）附属设备故障（如呼吸器堵塞、散热器上部进油阀关闭等）。

（4）外部发生穿越性短路故障。当外部发生穿越性短路故障时，变压器通过很大的短路电流，内部产生的电动力使变压器油发生很大波动而发生重瓦斯保护误动作。

（5）变压器附近有较强的振动。

3. 后备保护动作的原因

（1）母线故障。

（2）线路故障越级跳闸。

（3）二次回路故障等原因使保护误动。

（4）变压器本体故障，主保护拒动。

4. 套管爆炸的原因

（1）套管表面脏污。

（2）密封不良，绝缘受潮、劣化。

（3）外力破坏。

（4）套管有破损裂纹没有及时发现处理。

（5）由于操作、事故或雷击等原因造成的过电压。

5. 变压器着火的主要原因

（1）套管破损和闪络。

（2）变压器本体发生电气故障。

（3）变压器油在储油柜的压力下流出并在顶盖上燃烧。

（4）变压器周围用喷灯或者有烟火等情况。

6. 压力释放装置动作的原因

（1）变压器内部发生故障。

（2）发生穿越性短路电流未及时切除。

（3）压力释放装置误动作。

（4）大修后变压器注油过多。

（5）负荷过大，温度过高，油位上升造成压力释放装置喷油。

二、变压器事故处理原则

（1）变压器事故跳闸后，应首先根据断路器跳闸情况和继电保护、自动装置动作情况，判明事故原因后进行处理。

（2）变压器事故跳闸后应立即检查有关设备有无过负荷现象。若本站有两组变压器，则在一组变压器事故跳闸后，应严格监视另一组变压器负荷，运行变压器的过载允许时间严格按照事故过负荷表控制。

（3）当本站有备用变压器或备用电源时，在变压器事故跳闸后，应先考虑将备用变压器或备用电源投入，然后再检查跳闸的变压器。若无备用变压器，则应尽快转移负荷，根据调度命令及时改变运行方式，以免造成站内其他设备过负荷而扩大事故。

（4）变压器事故跳闸后，应根据电气量显示、信号指示、故障录波的波形和设备的外部征象、一次设备和保护装置的动作情况等，综合分析判断事故原因和故障点。

（5）变压器发生事故后如果对人身和设备有威胁，应立即设法消除这种危险。

（6）变压器事故跳闸后，根据保护动作情况应立即检查保护范围内的一、二次设备，检查后如确实没有明显异常，经判断是由于过负荷、外部短路、线路故障保护越级跳闸或保护二次回路误动造成的，则可申请试送电一次。

（7）如果不能确认变压器跳闸是由外部原因造成的，则不能进行试送电，必须对变压器进行内部检查，如通过电气试验、油色谱分析等。经专业班组检查判断变压器内无故障，并经公司总工程师批准，应将瓦斯保护投入跳闸位置后将变压器重新充电，整个过程应慎重行事。如经分析判断后确认是由于变压器内部故障时，需要对变压器进行检查，直到查出故障并消除为止。

（8）变压器事故跳闸后，应及时检查站用电的切换情况，若变电站没有站用电自切装置，应尽快进行手动切换至外接电源或启动站用发电机，确保站用电的可靠供电。

（9）变压器跳闸后，如果主保护未动作，只是后备保护动作，变压器没有事故象征，则有可能是馈电线路故障，此时，经调度同意后，将出线断路器断开，变压器可试送一次。

（10）变压器跳闸原因如果是由于差动、瓦斯保护动作，故障时又有冲击，则必须对变压器及系统进行详细检查，停电并进行电气试验和油色谱分析，在未查明故障原因并消除故障以前，不得将变压器投入运行。

三、变压器事故处理

（一）差动保护动作

差动保护的保护范围为主变压器各侧差动电流互感器之间的一次电气部分。当变压器差动保护范围内的一次设备发生故障时，差动保护动作跳开主变压器各侧断路器。

差动保护动作的分析判断及处理的步骤如下：

（1）差动保护动作跳闸后，运行人员立即将断路器跳闸情况及保护、自动装置动作情况准确地汇报调度，并派运行值班人员分别检查一次设备及保护、自动装置动作情况，经综合分析判断后将详细情况汇报调度，包括事故发生的时间、跳闸断路器的名称及编号、事故现象、保护装置及自动装置动作情况、负荷的转移情况、潮流变化、对周围其他设备的影响等。

（2）复归事故音响及闪光。检查保护、自动装置动作情况，经两人确认并做好记录，值班长允许后复归信号。

（3）检查站内其他运行变压器及各线路的负荷情况。

（4）检查变电站站用系统电源是否切换正常，直流系统是否正常。

（5）检查差动保护范围内所有电气设备有无短路、闪络、爆炸、放电痕迹，有无导线断线、小动物爬入引起短路等明显故障现象，检查变压器油温、油位是否正常，有无着火、喷油痕迹，检查差动保护范围内所有一次设备瓷质部分是否完整，有无闪络放电痕迹。变压器及各侧断路器、隔离开关、避雷器、绝缘子、引线上有无异物。

（6）当变压器引出线是电缆时，检查电缆头有无损伤、有无击穿放电痕迹、有无移动现象（短路电流通过时的电动力所致）。

（7）检查差动电流互感器本身有无异常，回路有无断线接地现象。

（8）检查差动保护范围外有无短路故障，其他设备有无保护动作现象。

（9）检查保护及二次回路是否有人工作。

（10）检查冷却系统确已停止运行，若发现冷却系统还在运行时应立即停用冷却系统，避免把内部故障部位产生的炭粒和金属微粒扩散到各处。

（11）根据检查结果进行分析判断：

1）差动保护动作跳闸的同时，若瓦斯保护也动作，即使是只发轻瓦斯保护动作信号，变压器内部故障的可能性极大，未经试验合格，不能投入运行。

2）若外部检查有明显的故障现象，属于差动保护正确动作，应立即汇报调度，根据调度命令隔离故障变压器，做好安全措施，进一步查明故障原因，未经试验合格，不得投入运行。

3）若检查发现差动保护范围外其他线路有保护动作信号发出时，有可能是差动电流回路接线有误（若差动保护整定不当，保护范围外发生故障时，差动电流回路不平衡电流增大会发生误动，外部故障时会发生误动），此时可将外部故障隔离后，拉开变压器各侧隔离开关，测量变压器绝缘无问题后，根据调度命令试送一次。试送成功后检查保护误动作原因，可根据调度命令退出差动保护，由专业人员测量差动电流回路相位关系，检验有无接线错误。

4）如检查设备确无明显故障现象，且故障录波器也未动作，有可能是差动保护误动作，在未查明误动原因前不得试送。

5）若检查变压器及差动保护范围内设备无异常，站内其他线路和设备也正常，若此时直流系统有接地现象，一般属于直流多点接地造成的误动跳闸，若直流系统无接地现象，可能是由于二次回路短路造成的误动跳闸，此时可根据调度命令，退出差动保护后，对变压器进行试送电，对变压器恢复供电后检查二次回路误动跳闸的原因。

（12）将分析结果汇报调度和有关部门。

（13）应根据调度指令进行隔离或试送电的相关操作。

（14）事故后，值班长编写事故分析报告。

（二）重瓦斯保护动作

变压器的瓦斯保护反映的是非直接电气故障。当变压器内部故障（如匝间短路、绝缘损坏、接触不良、铁芯多点接地等）时，故障电流产生的电弧会使绝缘物和变压器油分解，从而产生大量的气体，由于油箱盖沿气体继电器的方向有 1%～1.5%的升高坡度，连接气体继电器的管道也有 2%～4%的升高坡度，变压器发生故障后强烈的油流和气体将通过连接管冲向变压器储油柜的上部。当流速超过气体继电器的整定值时，气体继电器的挡板受到冲击，重瓦斯保护动作，使断路器跳闸，保护故障变压器，因此，利用内部故障时的这一特点构成反映气体增加和油流速度的气体保护。

重瓦斯保护动作的分析判断及处理的步骤如下：

（1）重瓦斯保护动作跳闸后，运行人员立即将断路器跳闸情况及保护、自动装置动作情况准确地汇报调度。

（2）若变电站有备用变压器或备用电源时，立即投入备用变压器或备用电源，恢复供电。

（3）复归事故音响及闪光。检查保护、自动装置动作情况，经两人确认并做好记录，值班长允许后复归信号。

（4）检查其他运行变压器及各线路的负荷情况。

（5）检查变电站站用系统电源是否切换正常，直流系统是否正常。

（6）变压器重瓦斯保护动作跳闸后，立即检查冷却系统是否停止运行，若冷却系统还在运行，则应立即停止冷却系统。

（7）检查变压器油温、油位、油色情况。

（8）检查变压器有无爆炸、喷油、漏油等情况。

（9）检查各法兰连接处、导油管等处有无冒油现象。

（10）检查变压器外壳有无鼓起变形，套管有无破损裂纹。

（11）检查气体继电器内有无气体积聚。

（12）检查变压器本体及无载分接开关油位情况。

（13）检查变压器压力释放阀是否喷油。

（14）检查变压器有无着火。

（15）检查其他保护动作情况。

（16）检查变压器周围有无强烈振动。

（17）根据保护动作情况、变压器检查结果等情况进行综合分析判断。

1）若外部检查发现变压器有明显故障现象，应将变压器隔离，做好安全措施，等待专业人员处理。经检查发现气体继电器内充满气体、有喷油或油色有明显变化等现象，可以判断为主变压器内部出现故障。此时，未经内部检查和试验合格，不得将跳闸变压器投入运行，防止事故扩大。

2）若经检查变压器无任何故障现象和异常情况，气体继电器内无气体、没有外部短路故障、跳闸前无轻瓦斯动作信号、气体继电器的下触点未闭合，且保护出口继电器触点仍在闭合位置，如此时二次回路上有人工作，有可能是二次回路短路造成的误跳闸。

3）若外部检查无异常且直流系统绝缘不良，有接地信号时，则多为直流多点接地造成的误跳闸。

4）若外部检查无异常，且遇下雨天，有可能是气体继电器接线盒进水，二次线端子排受潮等造成重瓦斯保护动作。

5）检查发现气体继电器内有气体时应立即取气，分析气体继电器内气体的性质（取气时可以用胶管连接取气瓶，连接气体继电器的放气孔。观察记录气体继电器内气体容积后，打开放气阀取气）。检查气体的可燃性时，需特别小心。取气后，应远离变压器点火检查。

6）检查气体继电器内部积聚气体的颜色和进行点燃试验，并按表 ZY1300503002-1 判断故障的性质。

表 ZY1300503002-1　　由气体特征判断故障性质

气体颜色	可燃性	气味	故障性质
无色	不可燃	无味	变压器内部有空气
白色或淡灰色	可燃	强烈臭味	内部绝缘材料有故障
黄色	不易燃	异味	木质故障
灰黑色、黑色	易燃	异味	油故障分解或铜铁故障引起油分解

注　表中气体颜色在气体发生后几分钟就会消失，所以取气和判别工作应迅速进行并注意安全。

7）若经取气分析，气体继电器内的气体有色、有味、可燃时，无论外部检查是否发现有明显的故障现象，应判断为变压器内部故障。实际运行经验表明，变压器重瓦斯保护动作跳闸后所取的气体常是无色的。因此，单以有、无颜色或可燃、不可燃来判定变压器故障的性质并不可靠，必须取气，鉴别气体的成分，才能做出比较准确的判断。

8）若经分析气体继电器内的气体为无色、无臭味且不可燃，色谱分析判断为空气，经放气处理后变压器可继续运行。

9）变压器重瓦斯保护动作跳闸后，可通过色谱分析，并与油中溶解气体的正常极限的注意值作比较，判定变压器有无故障。溶解气体正常极限注意值可参见表 ZY1300503002-2。

表 ZY1300503002-2　　油中溶解气体的正常极限的注意值

气体成分	H_2	CH_4	C_2H_6	C_2H_4	C_2H_2	总烃（C_1+C_2）
正常极限值（μL/L）	150	45	35	65	5	150

10）变压器的差动保护反映的是电气故障，瓦斯保护反映的是非电气故障，在分析判断时，如果变压器瓦斯保护动作的同时，变压器的差动保护也动作，一般情况下说明变压器内部故障。

11）主变压器重瓦斯保护动作跳闸时，若同时发现其他设备保护动作、故障录波器动作等系统冲击现象时，经检查变压器外部没有任何异常现象，且气体继电器内充满油，无气体，一般情况下是由于外部发生穿越性短路故障，变压器通过很大的短路电流，内部产生的电动力使变压器油波动很大而引起的误动作。此时可以在将故障线路隔离后，根据调度命令，将变压器恢复供电。

12）变压器内部发生故障，一般是有过程的，开始从较轻微逐步发展为严重故障，大部分是先发出轻瓦斯保护动作信号，然后发展到重瓦斯保护动作跳闸。在发出轻瓦斯保护动作信号后，应立即汇报并进行检查、取气试验、根据外部检查、取气分析结果及油在线监测装置报告综合分析判断，并采取相应的措施。

13）变压器外部检查无任何异常现象，变压器其他保护未动作，并经取气分析为无色、无味、不可燃，且重瓦斯保护动作前轻瓦斯信号发出，变压器声音、油温、油位、油色无异常，可能属于进入空气太多、析出太快，应查明进气的部位并尽快处理。无备用变压器时，经主管领导同意，根据调度命令可以将变压器试送一次。

（18）将分析结果汇报调度及有关部门，并根据调度指令进行相关操作。

（19）事故后，值班长编写事故分析报告。

（三）后备保护动作

后备保护动作的分析判断及处理的步骤如下：

（1）变压器后备保护动作跳闸后，要根据保护动作情况和断路器动作情况正确判断故障范围，并汇报调度。

（2）检查 750kV 和 330kV 线路有无故障，线路保护是否动作，有无线路断路器跳闸，根据保护动作情况、信号、仪表指示灯，判断故障范围和停电范围。

（3）检查线路断路器失灵保护是否动作。

（4）检查其他运行变压器及各线路的负荷情况。

（5）检查变电站站用系统电源是否切换正常，直流系统是否正常。

（6）断开连接在失压母线上的各断路器。

（7）根据检查结果分析判断，并将判断结果汇报调度及有关部门。

1）主变压器后备保护动作跳闸后，如果同时有线路保护动作，一般情况下属于线路上发生故障，保护动作，断路器未跳开引起的越级跳闸。此时应立即将保护动作的线路断路器断开，若无法断开时，用两侧隔离开关将线路断路器隔离，并检查母线及变压器跳闸断路器无问题后，合上变压器跳闸侧断路器，对失压母线充电正常，恢复其余各分路的供电，然后检查故障线路断路器拒跳的原因。

2）主变压器后备保护动作跳闸后，经检查各线路都没有保护动作信号时，一般情况下只有两种可能：

一是线路上有故障，线路保护未动作，造成保护越级跳闸。遇到这种情况时，为迅速恢复供电，经调度同意后，将所有出线断路器断开后，可试送电一次；二是母线上发生故障，变压器后备保护动作跳闸。根据运行经验，一般主变压器后备保护动作的原因中，线路故障越级跳闸的可能性要比母线故障大得多。

3）各分路上均无保护动作信号时，经检查失压母线及母线设备有故障现象，故障点可以隔离时，立即断开断路器、拉开隔离开关进行隔离，隔离后合上主变压器跳闸侧断路器，对失压母线充电正常后，恢复对用户的供电。若因隔离故障点使母线电压互感器停电时，可以合上母线分段（或母联）断路器，合上电压互感器二次联络开关，使保护不失去交流电压；如果检查发现母线上有故障，故障点不能用断路器或隔离开关隔离时，对于双母线接线，可将各分路倒至另一段母线上恢复供电。

4）检查失压母线及连接设备上无任何故障迹象和异常，可以在各分路断路器全部断开的情况下，根据调度命令，合上变压器跳闸侧断路器，对母线试充电正常后，依次逐条分路试送电，查明保护拒动的线路。试合各分路断路器时，应严密注意线路的电气量变化情况，若有短路冲击现象应立即断开断路器。无故障分路恢复供电后，检查未跳断路器的保护拒动原因。

（8）将检查判断结果汇报调度和上级有关部门。

（9）按命令将故障设备及拒跳断路器停电隔离。

（10）恢复变压器供电，并尽快恢复正常接线方式。

（11）事故后，由值班长填写事故分析报告。

（四）套管爆炸

套管爆炸的分析判断及处理的步骤如下：

（1）变压器套管发生爆炸后，首先应检查变压器各侧断路器是否已经跳闸，若无跳闸时应手动断开故障变压器各侧断路器，并立即停止冷却系统。

（2）根据实际情况进行以下检查：

1）检查保护装置和自动装置动作情况。

2）检查其他运行变压器及各线路的负荷情况。

3）检查变压器有无着火等情况，检查消防设施是否动作。

4）检查套管爆炸引起其他设备的损坏情况。

（3）在爆炸的同时，现场有着火情况时，应先报警并隔离变压器，迅速采取灭火措施，注意人身安全，并注意油箱爆裂情况。

（4）将以上检查情况汇报调度及相关部门。

（5）应根据调度指令进行有关操作。

（6）将变压器转检修，做好安全措施，等待专业班组进行处理，及时跟踪检修人员到站情况，若检修人员不能立即到达现场，必要时在做好安全措施后，采取措施以避免雨水或杂物进入变压器内部。

（7）处理结束后汇报调度，并根据调度命令进行恢复供电的操作。

（五）变压器着火

变压器着火的分析判断和处理的步骤如下：

（1）变压器着火时，立即手动断开主变压器各侧断路器，检查冷却系统停止运行，并断开其电源。

（2）立即切除变压器所有二次控制电源。

（3）立即向消防部门报警。

（4）确保人身安全的情况下采取必要的灭火措施，立即手动启动水喷雾灭火装置或充氮灭火装置进行灭火。

（5）进行以下检查，并立即将现场情况汇报调度及有关部门。

1）检查保护及自动装置动作情况。

2）检查其他运行变压器及线路的负荷变化情况。

3）检查变压器着火是否对周围其他设备有影响。

（六）变压器事故过负荷

（1）变压器事故过负荷时，及时汇报调度，并对主变压器加强监视，重点对主变压器上层温度、绕组温度及声音进行检查，开启主变压器的全部通风装置，对主变压器三侧断路器及通风回路做好巡视及测温工作，如有备用变压器，应及时投入。

（2）检查保护装置动作信号情况，故障录波器动作情况。

（3）检查其他运行变压器及各线路的负荷情况。

（4）检查变电站站用系统电源是否切换正常，直流系统是否正常。

（5）密切监视变压器的现场及远方油温情况。

（6）检查变压器的油位是否过高。

（7）检查变压器有无着火、喷油、漏油等情况。

（8）检查气体继电器内有无气体积聚，检查压力释放阀有无动作。

（9）变压器跳闸后，应手动进行切换，使冷却系统处于工作状态，以迅速降低变压器的油温。

（10）将以上检查情况立即向调度及有关部门汇报。

（11）应根据调度指令进行有关操作。主变压器过负荷后应立即设法使变压器在规定时间内降低到额定负荷。其方法如下：

1）投入备用变压器。

2）立即与调度取得联系，通过改变系统运行方式等方法将负荷转移到系统中别的地方去。

3）按照规定的顺序限制负荷。

（12）过负荷保护动作跳闸后，在检查变压器无异常后，可申请变压器试送电。

（七）压力释放装置动作

压力释放装置动作的分析判断及处理的步骤如下：

（1）一般情况下，变压器压力释放装置动作的同时，变压器差动保护、重瓦斯保护同时动作，当压力释放阀冒油而变压器的气体继电器和差动保护等电气保护未动作时，应立即取变压器本体油样进行色谱分析，如果色谱分析正常，一般情况下压力释放阀动作是由其他原因引起。

（2）检查变压器本体与储油柜连接阀是否开启、吸湿器是否畅通、储油柜内气体是否排净，防止由于假油位引起压力释放阀动作。

（3）当变压器压力释放装置动作后，运行人员应按照以下步骤进行处理：

1）检查压力释放阀的密封是否完好，必要时更换密封胶垫。

2）检查压力释放阀升高座是否设放气塞，如果没有应增设，防止积聚气体因气温变化而发生误动。

3）如条件允许，可安排时间停电，对压力释放阀进行开启和关闭动作试验。

4）查阅历史记录，是否因为在冬天检修后注油过高，到夏天高温大负荷情况下，造成变压器油箱油位过高而使压力释放阀冒油。

5）压力释放阀冒油，且瓦斯保护动作跳闸时，在未查明原因，故障未消除前不得将变压器投入运行。

（4）由于近几年压力释放装置误动作导致主变压器三侧断路器跳闸的事故比较多，根据实际运行经验，一般将变压器压力释放装置动作于信号，而不跳闸，避免由于误动而造成不必要的重大损失。

四、案例

（一）变电站情况

1. 系统接线情况

主接线见图 ZY1300101001-6，750、330kV 采用 3/2 断路器接线方式，66kV 采用单母线接线方式，750kV 1 号主变压器及三侧断路器运行，750、330kV 所有设备运行，保护均投入运行。

2. 主变压器保护配置

（1）主变压器保护配置：RCS-978HB 保护装置、SGT-752 保护装置、RCS-974FG 非电量及辅助保护装置。

（2）主保护：差动、重瓦斯保护。高压侧后备保护：阻抗保护、零序方向过电流保护、零序过电流保护、定时限过励磁保护、反时限过励磁保护、非全相保护、过负荷保护。中压侧后备保护：阻抗保护、零序方向过电流保护、零序过电流保护、非全相保护。低压侧后备保护：复合电压闭锁（方向）过电流保护、电流限时速断保护、充电保护、零序过电压保护、过负荷保护。

（二）事故处理

1. 事故现象

主控室警铃、喇叭响，监控主机推出事故画面，1 号主变压器 RCS-978HB 差动保护动作、SGT-752 差动保护动作、RCS-974 轻瓦斯保护动作，7512、7510、3321、3320、6601 断路器跳闸。

2. 处理过程

（1）将上述断路器跳闸和保护动作情况立即向调度及相关部门作简要的汇报，保护动作及一次设备动作的详细情况待检查后汇报。

（2）立即恢复所用系统 380V Ⅰ母电源。

（3）迅速派人检查一次设备和保护动作情况，并记录有关的信号，经两人确认后复归信号。一次设备检查情况：7512、7510、3321、3320、6601 断路器跳闸，主变压器停止运行，主变压器冷却器停止运行，气体继电器内有气体。保护及自动装置动作检查情况：1 号主变压器 RCS-978HB 差动保护动作、SGT-752 差动保护动作、RCS-974 轻瓦斯保护动作、主变压器故障录波器动作。

（4）根据以上一、二次设备检查结果，综合判断分析，两套主变压器差动保护均动作，同时非电气量轻瓦斯保护也动作，气体继电器内有气体，其他设备无异常迹象，判断为 1 号主变压器内部故障，需对变压器进行内部检查、试验。将上述检查结果详细汇报网调及相关部门。

（5）根据网调令，将 1 号主变压器转检修，做好安全措施等待专业班组处理。

（6）专业班组在进行油色谱化验时，发现乙炔含量出现，总烃含量达到 176ppm（$1ppm=10^{-6}$），初步判断为变压器内部故障。后经进一步检查发现变压器内部铁芯短路所致。

【思考与练习】

1. 结合本站实际情况说出变压器差动保护动作后的检查和处理步骤。
2. 变压器重瓦斯保护动作后应如何检查处理？
3. 遇到变压器着火时应如何检查处理？

模块 3 变压器事故处理注意事项及危险点预控分析（ZY1300503003）

【模块描述】本模块包含变压器事故处理过程中的注意事项、危险点及防范措施。通过要点讲解、列表分析，掌握正确制定变压器事故处理中的危险点及防范措施的方法。

【正文】

变压器事故处理是一项比较复杂的工作，运行值班人员要提前针对不同的危险点做好防范措施，才能保证正确、迅速的处理变压器事故。

一、变压器事故处理注意事项

（1）变压器发生事故时，值班长是事故处理的现场负责人，领导指挥全班人员进行事故处理，应对事故处理的正确和迅速负责。值班长应在组织事故处理时，根据班内每个人的业务水平适当分工，分别负责事故现场的检查。

（2）变压器差动保护或重瓦斯保护误动作跳闸，在检验过程中退出差动保护或者重瓦斯保护时，必须保证一套主保护投入运行的情况下才允许主变压器恢复供电，不允许将主变压器本身的重瓦斯保护和差动保护同时退出运行。

（3）变压器发生事故后，值班人员应迅速回到控制室进行事故处理，无关人员应自觉撤离控制室及事故现场，只允许与事故处理有关的领导以及工作人员留在控制室内。

（4）变压器事故跳闸后，应尽快恢复站用系统电源，使站内运行中的其他变压器（强油循环）冷却电源以及通信电源应尽快恢复。

（5）变压器发生事故时，必须及时汇报调度及有关人员，汇报内容应简明扼要。事故处理过程应做好录音及记录工作。

（6）事故处理时，必须认真严格执行调度命令，并对操作正确性负责。发现调度员命令和指挥有错误时，应及时向值班调度提出意见，但当调度员坚持原命令时，值班人员应执行，事后应向上级领导报告。若命令有威胁人身或设备安全时，则应拒绝执行，并报告上级领导。

（7）在事故处理中，若故障主变压器与二级调度有关，应先向影响停电的一级调度汇报，以便及时处理事故和减少停电影响。

（8）事故处理过程中的操作应在草稿纸上写出主要操作步骤，不得凭记忆操作。

（9）变压器发生事故时，值班员根据当时运行情况和事故发生时出现的现象，对事故作出正确的判断。

（10）为了防止变压器瓦斯保护误动作，在变压器带电加油、更换硅胶、调换油泵、开闭气体继电器连接阀门、打开放气阀及放油阀等操作，都要先将重瓦斯保护改接信号，待工作结束气体排尽后，一般若 24h 内无信号发生，再从信号改投跳闸。

（11）变压器着火时，无论何种原因，应首先断开各侧断路器，切断电源，停用冷却装置，并迅速采取有效措施进行灭火。同时汇报调度及上级主管部门，通知消防部门尽快处理。

（12）当一台变压器跳闸后，运行人员应严密监视另一台主变压器的过负荷情况。

（13）变压器的恢复要慎重，防止试送于故障变压器而发生变压器损坏。

二、变压器事故处理危险点与预控措施

变压器事故处理危险点与预控措施见表 ZY1300503003-1。

表 ZY1300503003-1　　　　变压器事故处理危险点与预控措施

序号	危险点	预控措施
1	人身触电	（1）变压器事故处理过程中应沉着、冷静，防止误入带电间隔。 （2）瓦斯保护动作后，应在专人监护下取气，并注意保持与临近带电设备的安全距离。 （3）发生变压器跳闸事故后，遇雷雨天气，若确需检查设备时不得靠近避雷器和避雷针，不得触摸设备构架
2	隔离不彻底，造成事故扩大或人身触电	（1）变压器发生火灾后，若发现变压器三侧断路器未跳闸，应立即手动将断路器断开。 （2）变压器发生事故跳闸后，经检查变压器故障时，应检查变压器三侧断路器断开，并拉开各侧隔离开关，将故障变压器隔离后进行进一步检查处理。 （3）因母线或线路故障越级引起的变压器跳闸，应将故障设备从系统中彻底隔离后，尽快恢复变压器运行
3	误判断或误操作造成事故扩大或人身触电	（1）发生变压器跳闸事故后，运行人员应进行全面检查，并详细记录一次设备及保护、自动装置动作信息，防止漏记、错记而造成误判断。 （2）发生变压器跳闸事故后，运行人员必须到现场检查，不能单凭监控主机信号判断事故原因。 （3）事故处理中操作断路器、隔离开关等主要设备时，应写出关键设备的操作步骤，不得凭记忆操作。 （4）事故处理中进行操作时必须认真核对设备名称、编号和位置。 （5）事故处理过程中的操作应有专人监护。 （6）使用解锁钥匙进行操作时，应取得防误专责人和值班长的同意，并在值班长和监护人的双重监护下进行解锁操作。 （7）变压器故障跳闸后，必须要经过专业人员进行检查、试验合格后方可投运。 （8）发生变压器跳闸事故后，首先尽量恢复所用电系统，防止变电站内其他设备被迫停运。 （9）变压器差动保护、瓦斯保护动作后，在未查明故障原因并消除故障之前不得将变压器投入运行。一定要经过专业人员进行检查、试验合格，并经主管生产的领导同意后方可投入运行。 （10）如果不能确认变压器跳闸是由外部原因造成的，则不能进行试送电，必须对变压器进行内部检查
4	一台主变压器事故跳闸后，未监视运行中主变压器过负荷情况，造成事故扩大	（1）变压器事故跳闸后应立即检查有关设备有无过负荷现象。若本站有两组变压器，则在一组变压器事故跳闸后，应严格监视另一组变压器负荷，运行变压器的过载允许时间严格按照事故过负荷表控制。 （2）当本站有备用变压器或备用电源时，在变压器事故跳闸后，应先考虑将备用变压器或备用电源投入，然后再检查跳闸的变压器。 （3）当运行变压器跳闸时，若无备用变压器，则应尽快转移负荷，根据调度命令及时改变运行方式，以免造成站内其他设备过负荷而扩大事故
5	人员摔伤	（1）取瓦斯气体时，应由专人扶好梯子，防止人员摔伤。 （2）事故处理过程中应注意走平坦的马路、巡视路线等。 （3）夜间进行事故处理时应将室外照明灯打开，并准备好照明工具。 （4）冰雪天气进行事故处理时应采取防滑措施
6	设备损坏	（1）变压器差动保护、瓦斯保护动作后，在未查明故障原因并消除故障之前不得将变压器投入运行。一定要经过专业人员进行检查、试验合格，并经主管生产的领导同意后方可投入运行。 （2）处理变压器着火事故时，首先必须将各侧电源断开

续表

序号	危险点	预控措施
7	因所用系统失电造成扩大事故	发生变压器跳闸事故后，首先尽量恢复所用电系统，防止变电站内其他设备被迫停运
8	延误处理，造成人员伤亡或扩大事故	紧急情况下，为防止事故扩大，运行人员可不待值班调度员的指令进行以下操作，但应尽快报告网调。 （1）将直接威胁人身安全的设备停电。 （2）将故障设备停电隔离。 （3）解除对运用中设备的安全威胁。 （4）恢复全部或部分厂用电及重要用户的供电。 （5）现场规程中明确规定可不待调令自行处理的其他情况
9	变压器内部故障引起着火时，运行人员由于放油处理造成变压器爆炸的严重后果	如果是变压器内部故障引起着火时，一定要注意不能进行放油处理，以防变压器发生严重爆炸事故
10	当压力释放阀装置动作后，判断为变压器内部故障而被迫将变压器停运	为了防止压力释放阀装置误动引起变压器被迫停运，一般情况下压力释放阀只投信号，如果监控主机只发出压力释放阀动作信号，而无主变压器主保护动作时，应立即检查压力释放装置是否喷油，气体继电器内有无气体，变压器油温、负荷等，确认是否由于误动引起
11	变压器发生事故跳闸后，所用系统失压，造成其他设备被迫停运	变压器事故跳闸后，应及时检查站用电的切换情况，若变电站没有站用电自切装置，应尽快进行手动切换至外接电源或启动站用发电机，确保站用电的可靠供电
12	变压器发生事故跳闸后，由于冷却器继续运行造成将内部故障部位产生的炭粒和金属微粒扩散到各处	检查冷却系统确已停止运行，若发现冷却系统还在运行时应立即停用冷却系统，避免把内部故障部位产生的炭粒和金属微粒扩散到各处

【思考与练习】

1. 变压器事故处理过程中的注意事项有哪些？
2. 变压器事故处理过程的危险点有哪些？应如何防范？

第四十一章 线路事故处理

模块 1 线路上发生的简单事故处理（ZY1300504001）

【模块描述】本模块介绍线路简单故障的类型、特征及现象。通过综合概述、要点归纳讲解、案例分析，掌握线路发生事故时的各种特征和现象。

【正文】

高压输电线路受环境、气候等外界条件的影响较大，很容易发生事故。在变电运行人员值班工作中，最容易遇到的事故就是线路跳闸事故。输电线路发生事故跳闸时，运行值班人员应根据各种故障特征和故障现象，准确判断故障性质，及时向有关调度及相关部门汇报事故，并在值班调度的指挥下进行事故处理工作。

输电线路的事故按照故障相可分为单相接地、两相短路、两相接地短路、三相短路、线路断线事故等，其中单相接地事故又可分为单相瞬时性事故和单相永久性事故。

750kV 输电线路，设置两套完整、独立的全线速动主保护，并且两套主保护的交流电流、电压回路和直流电源彼此独立。每一套主保护对全线路内发生的各种类型故障均能无时限动作切除故障。

一、输电线路常见事故类型

在实际运行过程中，由于导线摆动、树枝使导线短接、鸟害、雷击、绝缘子脏污、自然灾害等原因常使线路发生短路、接地、断路等事故。按照线路跳闸的性质，输电线路的事故类型可分为以下几种：

1. 输电线路发生断线、短路、接地事故

断线事故是指线路某个回路非正常断开，使电流不能在回路中流通的事故。

短路事故是指线路中不同电位的两点被导体短接起来，造成线路不能正常工作的事故。

接地事故是指线路中的某点非正常接地形成的事故。接地事故有单相接地事故、两相接地事故、三相接地事故。对于中性点接地系统的单相接地，实际上构成了单相短路事故。对于中性点不接地系统的单相接地，将使三相对地电压发生严重变化，从而造成电气绝缘击穿事故。

2. 保护误动跳闸

线路保护误动跳闸包括直流两点接地、二次接线错误、保护定值整定错误、人员误动等原因引起的线路保护误动跳闸。

3. 相邻线路故障引起的越级跳闸

相邻线路故障引起的越级跳闸是指相邻线路故障，但保护拒动引起的本线路越级跳闸。

二、输电线路常见事故特征及现象

（一）输电线路发生单相接地事故

单相接地事故分为单相瞬时性事故和单相永久性事故。

线路单相瞬时性事故的过程是线路发生单相故障，线路保护动作，断路器单相跳闸，经重合闸整定时间 t 后单相重合，线路恢复正常运行。

线路单相永久性事故的过程是线路发生单相故障，线路保护动作，断路器单相跳闸，经重合闸整定时间 t 后单相重合，重合于故障，断路器三相跳闸。

1. 输电线路发生单相接地事故的特征

当 750、330kV 输电线路发生单相接地时，有以下特征：

（1）故障相电流增大，电压降低（若为金属性接地，故障相电压为零）。

（2）非故障相电压升高，电流随着该相电压升高，所用于不同负荷略有变化。

（3）出现负序、零序电压及电流，且在短路点负序、零序电压最大。

2. 输电线路发生单相瞬时性接地事故的现象

（1）警铃、喇叭响。

（2）监控主机打出线路保护动作、重合闸动作、断路器跳闸的信息，监控主机断路器红灯闪烁。

（3）保护装置动作，保护装置相应信号灯亮。线路故障录波器动作，并有录波图和故障信息。

（4）断路器三相在合闸位置。

（5）系统冲击，电压波动。

3. 输电线路发生单相永久性接地事故的现象

（1）警铃、喇叭响。

（2）监控主机打出线路保护动作、断路器跳闸、重合闸装置动作、保护后加速动作等信息，监控主机上断路器位置显示绿灯闪烁。

（3）保护装置动作，保护装置相应信号灯亮。线路故障录波器动作，并有录波图和故障信息。

（4）断路器三相在分闸位置。

（5）系统冲击，电压波动。如果是双回线路，另外一条线路负荷明显增大。

（二）输电线路发生相间短路事故

由于750、330kV输电线路重合闸方式均为单重，线路发生相间事故断路器三相跳闸之后重合闸不动作。线路发生相间事故的特点是保护只动作一次，重合闸不动作，断路器三相跳闸。运行值班人员可以通过保护动作情况和断路器跳闸情况直接判断出线路发生了相间短路故障。

1. 输电线路发生相间事故的特征

（1）当750、330kV输电线路发生相间接地事故时，有以下特征：

1）故障相电流增大，电压降低。

2）非故障相电压升高，电流则随着该相电压升高，作用于不同负荷略有变化。

3）出现负序、零序电压及电流，在短路点负序、零序电压最高，且与正序分量相等。

（2）当750、330kV输电线路发生相间短路事故时，有以下特征：

1）中性点直接接地系统两相短路时，故障相电流增大，电压降低。

2）非故障相电压升高，电流则随着该相电压升高，作用于不同负荷略有变化。

3）出现负序电压、电流，在短路点负序电压最高。未出现零序电压、电流。

（3）当750、330kV输电线路发生三相短路事故时，有以下特征：

1）中性点直接接地系统三相短路时，电流增大，电压降低。

2）中性点直接接地系统两相短路时未出现负序、零序电压及电流。

2. 输电线路发生相间故障的事故现象

（1）警铃、喇叭响，监控主机打出“线路保护动作”、“断路器三相跳闸”、“ 故障录波器动作”等信息，断路器位置指示绿灯闪烁。系统冲击。

（2）断路器三相在分闸位置，线路故障录波器动作，并有录波图和故障信息，线路保护屏上“保护动作”信号灯点亮。

三、案例

案例1：2008年2月，某线路由于鸟粪引起线路76号塔C相均压环对横担放电，两套线路保护动作，两侧断路器C相跳闸，重合成功。

案例2：2008年3月，某330kV线路在大风季节由于B相导线因缠绕塑料薄膜对杆塔放电，线路保护动作，断路器跳闸，重合失败。经检查发现330kV线路34号至35号导线上有明显烧伤痕迹，抢修人员对330kV故障线路34号至35号B相导线所缠绕塑料薄膜进行了清理，经进一步检查发现B相导线有明显的烧伤痕迹，并对烧伤导线进行了更换后线路恢复运行。

【思考与练习】

1. 输电线路常见事故类型有哪些？

2. 输电线路发生单相瞬时性事故和单相永久性事故的区别是什么？
3. 输电线路发生相间短路事故的特征是什么？

模块 2　线路上发生的常规事故处理（ZY1300504002）

【模块描述】本模块介绍线路一般事故及处理过程。通过原因分析、处理原则及方法讲解、案例介绍，掌握线路事故的分析判断、处理方法。

【正文】

输电线路是电力系统输送电能的通道。输电线路发生事故跳闸，不仅会中断电能的传输，而且严重时会影响电网的稳定，甚至会造成电网解列、大面积停电的后果。正确掌握输电线路事故处理的分析、判断及处理方法和步骤是运行人员必须掌握的基本功之一。

一、输电线路常见事故原因

1. 线路发生单相接地事故的常见原因

鸟粪、雷击、绝缘子污闪、大风使导线摆动、杂物等原因常使输电线路发生单相接地事故。

2. 线路发生两相短路事故的常见原因

导线弧垂大，遇刮大风导线摆动、两相线相碰或绞线形成短路、受外力作用，如杂物搭在两根线上造成短路、树枝使导线短接、遭受雷击形成短路等。

3. 线路发生三相短路事故的常见原因

线路带地线合闸、线路倒塔造成三相接地短路，受外力破坏、线路运行时间较长、绝缘性能下降等原因使输电线路发生三相短路事故。

二、输电线路事故处理原则

（1）输电线路事故跳闸后，值班运行人员及时检查断路器及保护装置动作情况，检查断路器及线路侧所有设备有无短路、接地、断线、绝缘子闪络等现象。并根据保护及自动装置动作情况，及时打印故障录波图及故障报告，进行综合分析判断后汇报值班调度及有关部门。

（2）如果线路断路器跳闸，重合闸装置动作成功，但无故障波形，且线路对侧未跳，有可能是本侧保护误动跳闸引起的，经进一步检查确认是由于本侧保护误动引起的跳闸后，汇报调度，可申请将误动的保护退出运行，根据调度命令进行试送电。但若断路器机构故障，则通知专业人员进行处理。

（3）线路发生事故，保护动作，但其断路器拒跳而越级到上级断路器跳闸时，应立即查明保护动作范围内的站内设备运行正常后，立即隔离拒动的断路器，然后汇报调度。在调度指令下，试送越级跳闸的断路器和其他线路。

（4）断路器被误拉或误碰跳闸时，对于负荷线路应立即合上该断路器，然后报告值班调度员；双电源线路应先报告调度，在调度的指挥下送电，防止非同期合闸。

（5）线路断路器跳闸后如果自动重合闸装置不动作，可立即对该线路强行送电一次，若强送不成功或自动重合后断路器接着又跳闸，则应检查继电保护动作情况和一次设备有无异常，并报告值班调度员，根据命令再作处理。

（6）线路断路器跳闸后重合不成功时，对单电源负荷线路可以强送电一次，对双电源线路、空充电线路、电缆线路及双回线一回跳闸不得立即强送。

（7）多条线路同时跳闸，现场运行人员应及时打印故障录波报告及微机保护事故报告，分析故障在哪条线路上，然后根据调度的命令对无故障的线路进行试送。

（8）装有电抗器的 750kV 线路断路器事故跳闸后，如果线路仍然带电，有可能是由于电抗器故障，同时远方跳闸失灵，未能使线路对侧断路器跳开，应立即汇报调度，将对侧线路断路器立即断开，切断电源进一步进行检查。

（9）如本线路保护有工作（线路未停电），断路器跳闸，又无故障录波，且对侧断路器未跳，则应立即终止保护人员工作，查明原因，向调度汇报，采取相应的措施后申请试送，此时可能是保护通道漏退或误碰造成的。

（10）若查明本线路跳闸属于相邻线路故障引起的越级跳闸，则可以按照线路越级跳闸事故处理。

（11）若线路断路器跳闸，重合闸未投入运行，经查明本站设备及输电线路无异常后，可向调度汇报，并按照调度命令试送一次。

（12）下列情况线路跳闸后不宜强送电。

1）充电运行的输电线路。

2）试运行线路。

3）线路跳闸后，经备用电源自动投入装置已将负荷转移到其他线路上，不影响供电。

4）有带电作业并声明不能强送电的线路。

5）线路变压器组断路器跳闸，重合闸不成功。

6）已掌握有严重缺陷的线路（水淹、杆塔严重倾斜、导线严重断股等）或已发现明显故障现象的跳闸线路。

7）线路断路器有缺陷或遮断容量不够、事故跳闸次数累计超过规定，重合闸装置退出运行，保护动作跳闸后，一般不能试送电。

除上述情况外，线路跳闸，重合闸动作重合不成功，按有关规程规定可以进行强送电一次，强送时应满足断路器的操作循环要求。强送电不成功，有条件的可以对线路零起升压。

三、输电线路事故处理

（一）线路发生单相接地事故

线路单相接地事故在电力系统事故中占有很大的比例。线路单相接地事故分为瞬时性事故和永久性事故两种，其中瞬时性事故出现的概率较高，为线路故障的70%～80%。架空线路一般配有重合闸，正常情况下如果是瞬时性故障，则重合闸会动作，重合成功；如果是永久性事故将会重合于永久性故障而再次跳闸。

1. 线路发生单相瞬时性接地事故的分析判断及处理

（1）记录事故时间，检查断路器动作及保护动作情况。将线路事故跳闸，重合闸动作成功的简要情况汇报调度及有关部门。

（2）立即派人检查一、二次设备，重点检查断路器实际位置及动作断路器间隔的一次设备有无短路、接地等现象，跳闸断路器有无异常、保护动作情况、故障录波器动作情况等，并打印故障录波图及微机录波报告，经两人确认做好记录后复归所有信号。

（3）线路发生单相接地事故后还应检查站内其他设备有无异常、记录跳闸前后的线路负荷情况、检查重合闸装置充电灯是否点亮。

（4）根据检查情况综合判断事故性质、范围，并将分析判断结果详细汇报调度及有关部门。

（5）线路发生单相事故，经检查重合闸装置未动作时，对于单电源线路，跳闸后经查明本站设备及输电线路无异常后，可向调度汇报，并申请立即对该线路强行送电一次，若强送不成功则应检查继电保护动作情况和一次设备有无异常，并报告值班调度员，根据命令将线路转为检修，等待专业人员检查处理；因断路器遮断容量不足而自动重合闸装置退出者，线路跳闸后，应立即检查断路器是否有其他不正常现象，并检查保护装置动作情况。如断路器无问题，应强送一次，并将处理情况向值班调度员报告；平时就不投自动重合闸装置的线路，一般情况下跳闸后不需强送电。

（6）线路发生单相瞬时性事故时，正常情况下重合闸应动作重合成功。发生事故时，由于断路器跳闸时间及重合闸动作时间比较短，运行值班人员只能从事故信号、故障录波图、保护动作信息方面了解事故情况。

（7）运行人员在跳闸断路器重合成功后也必须到现场检查断路器的实际位置，重点检查断路器及线路侧所有设备有无短路、接地、闪络、断线、瓷件破损、爆炸等现象。并根据断路器的事故遮断次数，决定能否投入自动重合闸装置。

（8）线路发生单相瞬时故障时，运行人员从监控主机中可以看出断路器跳闸、合闸的信息，以及监控主机跳闸相断路器红灯闪烁的信号，此时，运行人员应通过监控主机上发出的信号、保护及自动装置动作情况、故障录波报告等及时分析故障相别、故障测距、保护的动作情况。

（9）若重合闸重合成功，且本站录波器确已动作，经询问对方断路器和保护动作情况，确认是本线路内瞬时故障，可做好记录，复归信号，向调度汇报。

（10）通过保护报文和故障录波报告判断出是线路单相故障，但重合闸未动作断路器三相跳闸时，应进一步查明重合闸未动作的原因。重点检查以下几项内容：

1）自动重合闸装置是否投入。

2）重合闸方式切换开关位置是否正常（如 750、330kV 线路重合闸方式切换开关是否在单重位置）。

3）断路器机构是否存在问题。

4）重合闸是否已充电。

5）是否有压力低闭锁重合闸现象发生等。

（11）事故处理完毕后，变电站值班长指定有经验的值班员做好详细的事故记录、断路器跳闸记录等，并根据断路器跳闸情况、保护及自动装置的动作情况、事件记录、故障录波、微机保护打印以及处理情况整理详细的现场跳闸报告。

2. 线路发生单相永久性短路事故的分析判断及处理

线路发生单相永久性短路事故的特点是线路保护连续动作两次，且重合闸动作，重合不成功。线路发生单相永久性短路事故后，运行人员应按照以下步骤进行分析判断和处理：

（1）线路保护动作跳闸时，运行值班人员应首先记录事故时间，立即检查监控主机事故信号、保护及自动装置动作情况、重合闸动作情况、断路器跳闸情况，做好记录，并将保护动作情况、断路器跳闸情况及线路负荷情况及时向调度汇报。

（2）立即派人检查一、二次设备，重点检查断路器实际位置及动作断路器间隔的一次设备有无短路、接地等现象，跳闸断路器有无异常，机构压力是否正常，保护动作情况，故障录波器动作情况等，并打印故障录波图及微机录波报告，经两人确认做好记录后复归所有信号。

（3）线路发生单相永久性接地事故后，由于最终结果是线路断路器三相跳闸，对于双回线路，必须首先检查另一条线路的负荷情况，并严密监视，防止另一条线路发生过负荷跳闸事故。

（4）检查站内其他设备有无异常。

（5）线路发生永久性跳闸事故跳闸后，记录跳闸前后本站相关设备的负荷情况。

（6）根据检查情况综合判断故障性质、故障范围、故障类型、测距等，并将分析判断的详细情况汇报调度及有关部门，以便线路人员及时查找线路故障点。

（7）线路发生永久性事故时，一般情况下不允许试送电，根据调度命令将线路转为检修状态，待查出故障点并排除故障后方可送电。

（8）将上述各项检查汇报的整个内容记录在运行日志中。

（9）填写断路器事故跳闸报告及断路器跳闸记录。

（二）线路发生相间短路事故

750、330kV 线路发生三相短路或两相短路事故的特点是线路保护装置动作，直接跳开线路两侧三相断路器。线路发生相间短路事故后，运行人员按照以下步骤进行检查、分析判断和处理：

（1）记录事故时间，查看监控主机信号、保护及自动装置动作情况、断路器跳闸情况，并将断路器跳闸和保护动作的简要情况汇报值班调度和相关部门。

（2）立即派人检查一、二次设备，重点检查断路器实际位置及跳闸断路器间隔的一次设备有无短路、接地等现象，跳闸断路器有无异常、机构压力是否正常、保护动作情况、故障录波器动作情况等，并打印故障录波图及微机录波报告，经两人确认做好记录后复归所有信号。

（3）线路发生相间短路事故，断路器跳闸后，对于双回线路，必须首先检查另一条线路的负荷情况，并严密监视，防止另一条线路发生过负荷跳闸事故。

（4）根据检查情况综合判断故障性质、范围、故障类型、测距等，并将分析判断的详细情况汇报调度及有关部门，以便线路人员及时查找线路故障点。

（5）线路发生事故跳闸后，经检查判断确认是由于其中一套主保护误动时，则申请退出误动的主

模块 2

ZY1300504002

保护，根据调度命令恢复线路送电。

（6）经检查线路保护动作，本线路断路器未跳闸，而该线路所接母线上的所有断路器跳闸时，一般属于越级跳闸，此时应将故障线路断路器隔离后尽快恢复母线及正常线路供电。

（7）经检查属于故障线路保护未动作时，将由线路对侧或主变压器后备保护切除电源，应尽快隔离故障点后恢复其他设备的正常运行。

（8）线路发生相间事故时，一般情况下不允许试送电，根据调度命令将线路转为检修状态，待查出故障点并排除故障后再送电。

（9）若线路发生相间、两相接地短路事故或三相短路事故，一般情况下应听从调度的命令进行处理。

（10）将上述各项检查汇报的整个内容记录在运行日志中。

（11）填写断路器事故跳闸报告及断路器跳闸记录。

四、案例

案例1：大电流接地系统单相瞬时性故障的案例分析。

2009年×月×日18时32分26秒385毫秒，某750kV变电站中330kV××线路发生A相瞬时性故障，线路断路器A相跳闸，重合成功。

1. 330kV××线线路保护配置情况

线路配置RCS-901B高频方向保护、PSL-602A高频距离保护、WGQ-871远方跳闸保护1和WGQ-871远方跳闸保护2。330kV两台断路器配置PSL-632断路器辅助保护。

2. 事故现象

主控室警铃、喇叭响，监控主机打出：××线RCS-901B高频方向保护动作、PSL-602A高频距离保护动作、两台断路器A相跳闸，重合闸保护动作、两台断路器A相合闸信息。

RCS-901B高频方向保护动作，PSL-602A高频距离保护动作，故障录波器动作，故障测距88.14km，故障相别：A相，故障相电流1.81A，测距阻抗值3.25+j7.988Ω。

母线侧断路器辅助保护695ms综重重合闸出口。

中间断路器辅助保护1287ms综重重合闸出口。

330kV行波测距装置动作，测距89.39km。

3. 事故处理

（1）将××线线路保护动作，两台断路器A相跳闸，重合成功的事故简要情况汇报调度。

（2）立即派人检查一、二次设备及自动装置动作情况，做好记录，经两人确认后复归信号。

（3）根据检查结果判断为××线路瞬时故障，PSL-602A、RCS-901B两套保护装置正确动作，保护出口，重合成功。

（4）将以上情况详细汇报调度。

（5）做好记录，并填写事故跳闸报告。

案例2：线路永久性故障的处理。

1. 变电站接线及保护配置情况

750kV采用3/2断路器接线方式，750kV××线配置CSC103A光纤差动保护、RCS-931光纤差动保护、RCS-925远跳保护、CSC-125A远跳保护，两台断路器配置PSL-632C保护。

2. 事故现象

（1）警铃、喇叭响。

（2）监控主机打出750kV××线CSC-103A光纤差动保护动作、RCS-931光纤差动保护动作、两台断路器事故跳闸、750kV故障录波器动作等信息。

3. 事故处理过程

（1）恢复音响，将750kV ××线CSC-103A光纤差动保护动作、RCS-931光纤差动保护动作、重合不成功的简要信息汇报调度及有关部门。

（2）立即派人检查保护、自动装置及断路器动作情况。保护及自动装置：××线RCS-931光纤差

模块2

ZY1300504002

动保护、CSC-103A 光纤差动保护动作，故障录波器动作，测距 0km，母线侧断路器辅助保护 PSL-632C 保护装置“重合闸动作”灯亮。一次设备：两台断路器三相均在分闸位置。经两人确认，做好记录后复归信号。

（3）根据保护、自动装置和一次设备动作情况综合判断分析为××线 A 相故障，两台断路器 A 相跳闸，母线侧断路器重合闸动作不成功，后加速动作后跳开两台断路器三相。并将检查及判断结果详细汇报调度及有关部门。

（4）根据调度命令将××线转为检修，等待专业人员处理。

（5）做好事故跳闸记录。

【思考与练习】

1. 线路发生瞬时性单相接地事故后如何处理？
2. 线路发生永久性单相接地事故后如何处理？
3. 线路发生相间短路事故后如何处理？
4. 如何查看故障录波图？
5. 输电线路故障跳闸后哪些情况下不宜强送电？

模块 3　线路事故处理注意事项及危险点预控分析（ZY1300504003）

【模块描述】本模块介绍线路较复杂故障的原因、类型、事故处理危险点预控。通过原因分析、注意事项讲解、列表说明，掌握正确组织、处理线路复杂事故的方法。

【正文】

处理输电线路事故跳闸的过程中，运行值班人员要掌握复杂线路事故的类型和原因，才能在处理线路复杂事故时能够做到不慌乱、得心应手，并提前针对不同的危险点做好防范措施，才能保证正确、迅速的处理好各种线路事故。

一、复杂线路事故类型及原因分析

（1）相邻线路发生事故，保护拒动引起的本线路保护动作，线路失压。当相邻线路发生事故，而保护拒动时，则与故障线路相连的线路后备保护动作，切除故障电流，即所谓的线路越级跳闸。发生线路越级跳闸时，运行值班人员可以通过保护、自动装置动作情况和断路器跳闸情况进行综合判断分析，并将故障线路隔离后，尽快恢复非故障线路运行。

（2）相邻线路发生故障，断路器拒动引起的本线路失压。这种情况发生在 3/2 断路器接线中，当相邻线路发生故障，保护动作，但中间断路器拒动时，中间断路器失灵保护动作，跳开相邻的断路器，使同一串中另一条线路失压。发生这种情况时，运行值班人员立即汇报调度，并通过保护、自动装置动作情况和断路器跳闸情况综合判断分析，并将故障断路器隔离后，尽快恢复非故障线路运行。

（3）线路保护误动引起的线路失压。系统冲击、人员误动、误接线、误整定、直流两点接地等原因常使线路保护误动跳闸，在正常情况下，如果一套线路保护动作，断路器跳闸，且此时有系统冲击、二次回路有人工作、遇下雨天气等情况时，一般情况下保护误动的可能性比较大，此时，应进行全面检查，根据保护、自动装置动作情况及故障测距综合判断分析，确认是线路保护误动作后，应退出误动的一套线路保护，对失压线路进行试送电。

二、线路事故处理注意事项

（1）线路发生事故后，运行值班人员应立即向值班调度员报告事故简要情况，并立即派人检查一、二次设备动作情况，根据检查结果综合分析判断后将事故发生的原因、保护动作情况、断路器跳闸情况及频率、电压、潮流的变化情况详细汇报调度及有关部门。

（2）在线路事故处理过程中，对各装置的动作信号必须在记录完整后再复归，以防因漏记信号而造成误判断。

（3）线路发生事故跳闸后，运行值班人员应及时将故障录波图及保护装置录波图打印，作为分析判断的依据之一。

（4）当线路发生事故跳闸后，为了加速事故处理，值班调度员可以不待查明事故原因，立即进行强送电，强送电时必须注意以下事项：

1）正确选择强送端。在强送电前要检查主干线路的输送功率在规定的限额内，必要时应降低有关主干线路的输送功率或采取提高系统稳定度的措施，保证电网稳定不致破坏。

2）运行值班人员必须对故障跳闸线路间隔的有关设备包括断路器、隔离开关、电流互感器、电压互感器、阻波器、高压电抗器、继电保护等进行外部检查，并将检查情况汇报调度，以便调度判断能否进行强送电。

3）强送电的断路器必须完好，遮断容量满足系统要求，并且有完备的继电保护，强送电的断路器应用远方控制操作。强送端变压器中性点必须接地。

4）线路发生跳闸，重合闸动作后又跳闸，应立即通知专业人员对线路进行巡视，一般情况下必须找出故障点并消除后方可试送电。

5）联络线跳闸后，在强送时应确保不会造成非同期合闸。

6）因 750、330kV 均为 3/2 断路器接线，线路发生事故跳闸后，在进行试送电时，对于 3/2 断路器接线应用母线侧断路器试送，防止因中间断路器充电时合于故障点，断路器拒动而造成停电面积扩大。

7）在线路送电时应注意的问题：系统的潮流控制、过电压问题、防止操作过电压、在线路送电时要注意送电后的方式，防止再次出现过负荷的情况。

8）线路发生事故跳闸，事故现场隔离后，可否试送电、断路器跳闸次数的限额及重合闸能否再用，应由运行值班人员提供可靠的依据，并应做好记录。

（5）当 750kV 线路保护和高压电抗器保护同时动作跳闸时，应按照线路和高压电抗器同时故障来考虑事故处理。

（6）输电线路事故跳闸后，必须到现场检查断路器的实际位置，不能单凭监控主机信号做出断路器跳闸的判断，以防造成误判断扩大事故。

（7）线路断路器跳闸后，应及时记录事故跳闸累计次数，如果事故跳闸累计次数超过规定次数，应立即采取措施并上报调度及有关人员。

（8）线路事故跳闸后，应检查其他线路的负荷情况，防止某条线路过负荷跳闸造成扩大事故。

三、线路事故处理危险点及预控措施

线路事故处理危险点及预控措施见表 ZY1300504003-1。

表 ZY1300504003-1　　线路事故处理危险点及预控措施

序号	危险点	预控措施
1	将断路器合于故障设备，造成设备损坏	（1）当线路发生单相永久性故障、相间短路等事故时，在未查明故障原因并消除故障前不允许对线路进行试送电。 （2）严格按照有关规程规定执行，不允许对线路强送电时不得对故障线路进行试送电。 （3）强送电的断路器必须完好，遮断容量满足系统要求，并且有完备的继电保护，强送电的断路器应用远方控制操作。 （4）线路故障跳闸后，进行试送电时，严格按照强送电的规定和设备的实际情况决定
2	线路保护和高抗保护同时动作跳闸时，未按线路和高抗同时故障来考虑事故处理	当线路保护和线路电抗器保护同时动作跳闸时，必须按照线路和电抗器同时故障来检查处理事故
3	对 3/2 断路器接线的故障线路试送电时，用中间断路器进行试送	严格按照规定，对 3/2 断路器接线的故障线路试送电时用母线侧断路器进行试送
4	一条线路事故跳闸后造成其他线路过负荷跳闸	变电站一条线路事故跳闸后应立即检查其他线路有无过负荷现象。若跳闸线路属于双回线路中的一条，则其中一条线路事故跳闸后，应严格监视另一条线路的负荷，如发现过负荷应及时汇报调度，采取措施，防止事故扩大
5	线路脱离线路电抗器运行	线路事故处理中，对线路恢复供电时，对带有线路电抗器的线路，线路电抗器和线路必须同时投入运行，防止过电压

续表

序号	危险点	预控措施
6	双电源线路跳闸后，发生非同期合闸事故	双电源线路故障跳闸后，送电操作时与值班调度员联系或在检验线路无电后，再进行试送电。若线路电压表或带电显示装置指示有电，应采用同期操作
7	误判断	（1）事故处理过程中，对各装置的动作信号必须在记录完整后再复归，以防因漏记信号而造成误判断。 （2）线路断路器事故跳闸后，必须到现场检查一次设备的实际位置和保护、自动装置动作情况，不得单凭监控主机信号进行分析判断
8	人身触电	在进行 750kV GIS 设备送电时，人员不得触摸设备外壳
9	误操作	（1）事故处理过程中的操作应有专人监护。 （2）事故操作时应认真核对设备名称、位置和编号。 （3）事故情况下进行解锁操作时严格按照解锁钥匙使用规定履行手续，并在双重监护下使用解锁钥匙，防止误入带电间隔
10	线路断路器非全相运行	750、330kV 线路发生单相接地故障时，保护装置动作，故障相断路器跳闸，此时，若瞬时故障，则重合闸动作后将跳闸相断路器合闸，若永久性故障，则保护动作后将三相断路器跳闸，如保护失灵，遇到一相在分闸，另外两相在合闸位置时，应立即断开运行的两相断路器

【思考与练习】

1. 输电线路事故处理中的注意事项有哪些？
2. 线路跳闸后强送电时的注意事项有哪些？
3. 线路事故处理中的危险点有哪些？如何防范？

国家电网公司
生产技能人员职业能力培训专用教材

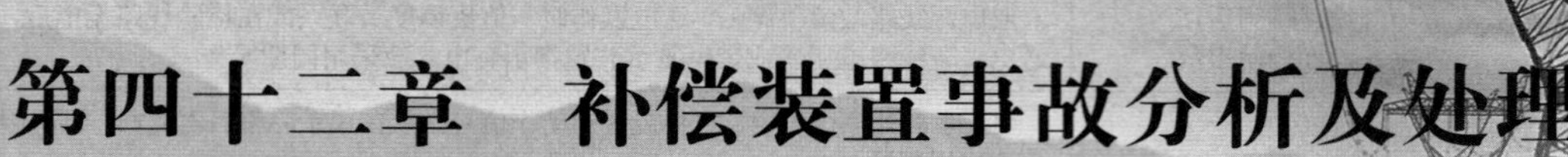

第四十二章 补偿装置事故分析及处理

模块1 补偿装置简单事故处理（GYBD00602001）

【模块描述】本模块介绍电容器、电抗器故障跳闸事故的一般概念。通过要点讲解和案例分析，熟悉电容器、电抗器事故跳闸的征象，掌握并联电容器跳闸和并联电抗器跳闸事故处理的原则。

【正文】

无功补偿装置多接于变电站低压母线，并联电容器为容性无功设备，用于补偿系统感性无功；而并联电抗器为感性无功设备，用于补偿系统容性无功。电容器、电抗器故障跳闸在变电站比较常见。

一、并联电容器跳闸现象

（1）事故警报、警铃鸣响，监控后台机主接线图，电容器断路器标志显示绿闪。

（2）故障电容器电流、功率指示均为零。

（3）监控后台机出现告警窗口，显示故障电容器某种保护动作信息。故障电容器保护屏显示保护动作信息（信号灯亮）。

（4）电容器设备短路故障，可伴随声光现象。充油电容器内部故障时可有冒烟、鼓肚、喷油现象。

（5）电容器跳闸同时伴有系统或本站其他设备故障，则往往是由母线电压波动引起的电容器跳闸，应根据现象区别处理。

二、并联电容器跳闸处理原则

（1）并联电容器断路器跳闸后，没有查明原因并消除故障前不得送电，以免带故障点送电引起设备的更大损坏和影响系统稳定。

（2）并联电容器电流速断保护、过电流保护或零序电流保护动作跳闸，同时伴有声光现象时，或者密集型并联电容器压力释放阀动作，则说明电容器发生短路故障，应重点检查电容器，并进行相应的试验。如果整组检查查不出故障原因，就需要拆开电容器组，逐台进行试验。若电容器检查未发现异常，应拆开电容器连接电缆头，用2500V绝缘电阻表遥测电缆绝缘（遥测前后电缆都应放电）。若绝缘击穿，应更换电缆。

（3）并联电容器不平衡保护动作跳闸应检查有无熔断器熔断。对于熔断器熔断的电容器应进行外观检查。外观无异常的应对其放电后拆头，进行极间绝缘摇测及极间对外壳绝缘摇测，20℃时绝缘电阻应不低于2000MΩ。若绝缘测量正常，对电容器进行人工放电后更换同规格的熔断器。若绝缘电阻低于规定或外观检查有鼓肚、渗漏油等异常，应将其退出运行。同时要将星形接线的其他两相各拆除一只电容器的熔断器，以保持电容器组的运行平衡。

（4）工作前，在确认并联电容器断路器断开后，应拉开相应隔离开关，然后验电、装设接地线，让电容器充分放电。由于故障电容器可能发生引线接触不良、内部断线或熔断器熔断，装设接地线后有一部分电荷可能未放出来，所以在接触故障电容器前应戴绝缘手套，用短路线将故障电容器的两极短接，方可接触电容器。对双星形接线电容器的中性线及多个电容器的串接线，还应单独放电。

（5）若发现电容器爆炸起火，在确认并联电容器断路器断开并拉开相应隔离开关后，进行灭火。灭火前要对电容器放电（装设接地线），没有放电前人与电容器要保持一定距离，防止人身触电（因电容器停电后仍储存有电量）。若使用水或泡沫灭火器灭火，应设法先将电容器放电，要防止水或灭火液喷向其他带电设备。

（6）并联电容器过电压或低电压保护动作跳闸，一般是由于母线电压过高或系统故障引起母线电压大幅度降低引起的，应对电容器进行一次检查。待系统稳定以后，根据无功负荷和母线电压再投入电容器运行。电容器跳闸后至少要经过 5min 方可再送电。

（7）接有并联电容器的母线失压时，应先拉开该母线上的电容器断路器，待母线送电后根据无功负荷和母线电压再投入电容器运行。拉开电容器断路器是为了防止母线送电时造成母线电压过高、损坏电容器。因为母线送电、空母线运行时，母线电压较高，如果带着电容器送电，电容器在较高的电压下突然充电，有可能造成电容器喷油或鼓肚。同时，因为母线没有负荷，电容器充电后大量无功向系统倒送，致使母线电压升高，超过了电容器允许连续运行的电压值（电容器的长期运行电压不应超过额定电压的 1.05 倍）。另外，变压器空载投入时产生大量的 3 次谐波电流，此时，如果电容器电路和电源的阻抗接近于谐振条件，其电流可达电容器额定电流的 2～5 倍，持续时间 1～30s，可能引起过电流保护动作。

（8）并联电容器过电流保护、零序保护或不平衡保护动作跳闸后，经检查试验未发现故障，应检查保护有无误动可能。

三、并联电抗器跳闸的现象

（1）事故警报、警铃鸣响，监控后台机主接线图，电抗器断路器标志显示绿闪。

（2）故障电抗器电流、功率指示均为零。

（3）监控后台机出现告警窗口，显示故障电抗器某种保护动作信息。故障电抗器保护屏显示保护动作信息（信号灯亮）。

（4）电抗器外部设备短路故障伴随声光现象。充油电抗器内部故障可有冒烟、喷油现象。

四、并联电抗器跳闸处理原则

（1）并联电抗器断路器跳闸，应对电抗器进行检查试验。若发现电抗器爆炸起火，应向消防部门报警，并拉开电抗器隔离开关进行灭火。使用水或泡沫灭火器灭火，要防止水或灭火液喷向其他带电设备。若带电灭火，应使用气体或干粉灭火器灭火，不得使用水或泡沫灭火器灭火。

（2）并联电抗器断路顺跳闸后，没有查明原因不得送电，以免带故障点送电引起设备的更大损坏和影响系统稳定。

（3）故障点不在电抗器内部，可不对电抗器进行试验。排除故障后恢复电抗器送电。

（4）为防止系统电压过高，主变压器可带并联电抗器停送电。并联电抗器断路器跳闸后如引起系统电压升高超过允许运行的电压，应立即汇报调度，由调度决定应对措施。

（5）并联电抗器断路器跳闸后，经检查试验未发现任何故障，应检查保护有无误动可能。

五、案例

110kV 甲变电站因并联电容器合闸操作过电压引起三相短路，造成 2 号主变压器 02 断路器、电容器 22 断路器跳闸。

1. 事故前甲变电站运行方式

110kV：551、575 断路器及 501 断路器带 1 号主变压器运行于Ⅰ母，576、578、552 断路器及 502 断路器带 2 号主变压器运行于Ⅲ母，560 断路器合环，579 断路器及 110kV 旁母Ⅵ母冷备用。10kV：1 号主变压器 01 断路器送Ⅰ母，由 03、05、06、07、08、09、10、11 断路器运行，2 号主变压器 02 断路器送Ⅱ母由 13、14、15、16、17、18、20 断路器运行，00 断路器分段热备用，12 断路器及 10kV 旁母冷备用。故障前 02 断路器负荷为 24MVA。

2. 事故现象

某年 8 月 18 日 14 时 18 分，110kV 甲变电站 22 电容器经自动电压控制（AVC）系统控制合闸投电容器，随即 2 号主变压器高压侧复合电压方向过电流 T1 动作跳开 10kV 02 断路器，A、B、C 三相故障，高压侧二次短路电流 10.6A；随后 10kV 22 电容器保护低电压保护动作跳开 22 断路器。运行人员现场检查发现电容器 22 断路器间隔 222 隔离开关断路器侧 A、B 两相动、静触头烧损严重，瓷裙炸裂，电容器侧三相触头完好，222 隔离开关后柜隔离开关支持绝缘子三相瓷裙炸裂，三相对地均有放电痕迹，A、C 相避雷器引线烧断，断路器、电流互感器及铝排完好，无放电痕迹。

3. 事故分析及处理

14 时 40 分，将甲变电站 22 断路器转冷备用。保护班对 22 保护进行了检查，各项保护装置及参数经检查均正确，可以运行。16时40分，甲变电站将2号主变压器转检修。修试工区对主变压器进行了绝缘电阻及高低压线圈直阻、油色谱试验及绕组变形试验，无异常。17时28分，将22断路器及电容器组转检修。修试工区对22断路器进行了特性试验，各项参数合格。22断路器避雷器试验也合格。22断路器线路避雷器拆除，22电容器暂不能运行。15时36分，经16线路冲击母线无故障后，合上00断路器，恢复10kVⅡ母运行；23时2号主变压器试验合格。8月19日0时13分2号主变压器转运行，00断路器转热备用，恢复正常运行方式。

经分析，确定故障起因是由电容器合闸操作过电压引起的三相短路。

4. 事故暴露出的问题

（1）甲变电站10kV 22开关柜为1996年XGN-10开关柜，其外绝缘水平低。22电容器由分到合时，产生操作过电压，过电压造成222隔离开关的后柜支持绝缘子三相绝缘击穿对地放电、瓷裙炸裂。放电电弧从开关柜下部向电源侧蔓延，烧坏前柜222隔离开关A、V两相动、静触头的压紧弹簧。隔离开关合闸压力下降，造成前柜隔离开关的动、静触头烧坏。放电电弧同时将222隔离开关前柜的支持绝缘子烧坏炸裂，并烧断避雷器A、C相引线。

（2）甲变电站22断路器电流互感器在通过较大短路电流时，存在严重过饱和情况。22开关柜三相接地短路电流为13kA，该断路器间隔电流互感器为300/5、10P15，13kA的短路电流造成西22电流互感器严重过饱和，22电流互感器二次电流严重负误差，22断路器电流互感器二次故障电流未达到故障电流定值，导致2号主变压器保护动作，02断路器跳闸故障切除。

5. 案例小结

从这次事故中可以吸取以下教训：

（1）变电站要选用外绝缘水平高的设备，防止过电压造成绝缘击穿。

（2）要选用误差特性好的电流互感器，防止系统故障时因严重过饱和而不能正确反映故障电流，造成保护拒动、越级跳闸的事故。

【思考与练习】

1. 母线停电时对并联电容器有什么要求？
2. 并联电容器停电工作应注意什么？
3. 并联电抗器跳闸时一般有哪些现象？

模块2 补偿装置事故处理（GYBD00602002）

【模块描述】本模块介绍电容器、电抗器故障跳闸事故的原因和处理方法。通过原因分析、要点讲解和案例分析，掌握电容器、电抗器事故跳闸原因、处理跳闸事故的方法和步骤。

【正文】

补偿装置发生事故时一般不会影响系统，处理时应注意防止事故的蔓延扩大，故障设备未彻底修复之前不能投入运行。

一、并联电容器跳闸原因分析

（1）母线电压过高或过低，引起电容器保护动作跳闸。

（2）电容器内部因过热而鼓肚，导致喷油着火而引起相间短路；电容器运行电压过高或绝缘下降引起绝缘击穿，导致相间短路。

（3）电容器母线相间短路。

（4）电容器与断路器连接电缆绝缘击穿导致相间短路。

（5）电容器保护误动作。

二、并联电容器跳闸后处理步骤

（1）记录时间、查看表计、告警信息（光字牌）、跳闸断路器清闪（复归控制开关），检查保护动作情况，记录后复归信号，提取故障录波报告。根据保护动作情况分析判断事故性质。

（2）检查电容器组及其电抗器、电流互感器、电力电缆有无爆炸、鼓肚、喷油，接头是否过热或融化，套管有无放电痕迹，电容器的熔断器有无熔断。如果发现设备着火，应确认电容器断路器断开后，拉开电容器隔离开关，电容器装设地线（合接地隔离开关）后灭火。

（3）将事故现象和检查情况报告调度，并执行调度事故处理指令。

（4）如果是过电压或低电压保护动作跳闸，且检查设备没有异常，待系统稳定并经过 5min 放电后，根据无功负荷缺口和母线电压降低情况再投入电容器运行。

（5）如果电容器速断保护、过电流保护、零序保护或不平衡保护动作跳闸，或者密集型并联电容器压力释放阀动作，或者电容器组、电流互感器、电力电缆有爆炸、鼓肚、喷油，接头过热或融化，套管有放电痕迹，电容器的熔断器有熔断现象时，应将电容器停用、上报。

（6）不平衡保护动作跳闸，运行人员应检查电容器的熔断器有无熔断。如有熔断，要将电容器停电、布置安全措施，并用短路线将故障电容器的两极短接后，对熔断器熔断的电容器进行外观检查和绝缘摇测。若外观检查和绝缘测量正常，对电容器进行人工放电后更换同规格的熔断器。若绝缘电阻低于规定或外观检查有鼓肚、渗漏油等异常，应将其退出运行。同时要将星形接线的其他两相各拆除一只电容器的熔断器，以保持电容器组的运行平衡。

（7）故障电容器经试验、检修正常后方可投入系统运行。如果故障点不在电容器内部，可不对电容器进行试验。排除故障后可恢复电容器送电。

三、引起并联电抗器跳闸的原因

（1）电抗器外部引线等设备发生短路引起断路器跳闸。

（2）电抗器绕组相间短路、层间短路、匝间短路、接地短路、铁芯烧损以及内部放电等引起断路器跳闸。

（3）电抗器保护误动。

四、并联电抗器跳闸后的处理步骤

（1）记录时间、查看表计、告警信息（光字牌）、跳闸断路器清闪（复归控制开关），检查保护动作情况，记录后复归信号，提取故障录波报告。根据保护动作情况分析判断事故性质。

（2）检查电抗器外壳有无异常现象，套管有无闪络、放电或爆炸；跳闸断路器有无异常现象，若为油断路器，则检查油断路器的油色、油位是否正常，有无喷油现象；电流互感器、电力电缆有无爆炸、鼓肚、喷油，接头是否过热或融化。油浸式电抗器油温、油位有无异常现象，气体继电器和压力释放阀（防爆筒）有无动作。如果发现设备着火，在确认电抗器断路器断开并拉开相应隔离开关后再进行灭火。

（3）将事故现象和检查情况报告调度，请示将电抗器转检修。

（4）报告上级部门，安排检查、检修设备。

五、线路串联补偿装置跳闸原因

（1）串补所在线路发生事故跳闸，造成串补退出运行。

（2）串补装置内部故障，如平台设备故障、间隙设备异常等。

（3）串补装置保护误动。

六、线路串联补偿装置的事故处理

（1）当带串补运行的线路发生事故跳闸重合不成功时，处理的原则是先保证恢复线路送电。应首先对线路保护动作信号进行分析、检查线路设备是否具备送电条件并及时汇报调度。再对串补保护信号进行分析、检查串补设备。

（2）当串补线路故障跳闸后，应检查工作站显示的火花放电间隙的触发次数并与初始值进行比较，将串补动作信号打印并传真至调度，运行负责人应组织班员分析串补的动作信号是否正确。

（3）当线路无故障而串补保护动作旁路时，应抄录串补保护的动作信号，查看监控系统上的告警信息，同时了解系统其他线路是否有故障，对所收集的资料进行综合分析。如经分析保护动作为非串补装置故障引起的，是否恢复串补设备运行，应听从调度的指令；如经分析认为串补保护动作属误动，则申请将串补设备转为接地状态，由保护人员对保护控制系统进行检查。

（4）当线路无故障而串补保护动作跳线路时，应派人抄录串补保护的动作信号，查看监控系统上的告警信息，打印线路保护的故障录波图，进行综合分析，如判断为本线路确无故障，跳闸是由串补保护引起的，则立即向调度申请将串补平台转为接地状态，听从调度指令恢复线路运行。

（5）串补设备运行时，如出现保护动作将串补永久旁路，在保护动作原因未查明前，不得将串补恢复运行。应立即向调度汇报并申请将串补转为接地状态，同时汇报站领导，以便安排维护人员进行检查处理。

（6）当串补保护误动造成旁路时，异常未处理前不能恢复串补运行。当串补保护误动造成线路跳闸时，应立即申请将串补转为接地状态后恢复线路运行。

（7）旁路断路器发生事故不能利用旁路断路器正常将串补进行旁路操作，必须立即申请调度将相应的线路退出运行，然后申请将串补转接地，恢复线路正常运行，再进一步进行串补的处理工作。

（8）当旁路断路器动作失灵时，断路器失灵保护动作，跳开线路两侧的断路器。如果失灵保护拒动，应和调度联系，迅速拉开该线路的两侧断路器。

（9）平台设备发生事故，如平台上发生电容器爆炸、着火，电流互感器、阻尼回路、火花间隙破坏冒烟等紧急情况，必须立即汇报调度，申请将故障串补隔离并转接地，处理过程中涉及登上平台者，必须在平台接地 15min、电容器全部放电完毕后方能进行登平台工作。在平台隔离接地及灭火完毕后，必须重新核对保护屏柜、控制屏柜、监控系统的信号，进一步详细记录告警信息，认真分析、打印故障录波图，及时将有关信息汇报调度及领导。

（10）当发生危及串补设备安全的事件，而保护控制装置未动作时，立即向调度和站领导汇报，同时将串补紧急退出运行。

（11）如串补运行中开环控制系统发生故障，则应将串补退出运行，故障未处理好之前，不得恢复串补运行。

（12）如串补运行中闭环控制系统发生故障，则可控部分会被旁路，故障未处理好之前，不得恢复串补固定部分运行。

（13）如果主控室的工作站和远动网关系统同时故障，在主控室无法对串补的运行状态进行监视时，必须派一人到串补保护控制室进行值班。如果主控室的工作站、远动网关系统、保护控制室的工作站同时故障，无法对串补的运行状态进行监视时，立即向调度申请将串补退出运行。

（14）为尽快隔离事故设备、尽快排除设备故障、尽快使故障设备恢复并重新投入运行，尽量降低损失，确保串补设备的安全可靠运行，应严格按照现场运行规程有关规定进行处理。

（15）在事故处理过程中，处理人员要认真检查现场设备，准确找出设备故障原因及受损设备，认真作好记录，及时准确地进行汇报。

（16）串联补偿装置保护动作时的处理原则如下：

1）平台故障保护动作。串补装置［晶闸管控制的可控串联补偿装置（TCSC）和常规固定串联补偿装置（FSC）］被永久闭锁，向调度申请将串补装置转为检修状态，采取相应的安全措施后上到平台进行检查，详细察看平台上的各个设备是否有放电闪络的痕迹，检查信号柱、冷却水柱等相关设备是否有闪络痕迹。

2）间隙长期导通保护动作。间隙长期导通保护动作说明间隙装置异常或旁路断路器拒合，向调度申请将串补装置转为检修状态，在做好安全措施后到平台上进行检查。

3）间隙拒绝触发保护动作。间隙拒绝触发保护动作将串补装置永久旁路，应向调度申请将串补装置转为检修状态，采取相应的安全措施后上到平台对间隙和间隙触发装置（GTE）进行检查。

4）间隙延时触发动作。应向调度申请将串补装置转为检修状态，采取相应的安全措施后上到平台对间隙和 GTE 进行检查。

5）间隙自触发动作。

① 如果第一次自触发自动重投成功，需要进行信号的检查，并把保护动作信号汇报调度。

② 如果 600s 重复自触发而永久闭锁，且有来自线路保护的触发命令，说明因现地控制单元（LCU）插件故障或由金属氧化物限压器（MOV）单元到 LCU 单元的接口连接不稳固，LCU 单元未收到触发信号。需要向调度申请将串补装置转为检修状态对保护单元模件进行检查；若无其他保护的触发命令，

说明间隙装置本身自触发，即间隙触发管电压达到52.3kV，需要向调度申请将串补装置转为检修状态对间隙（如触发管和分压电容等）进行检查。

6）MOV过温度保护动作。应根据当时负荷情况进行分析保护动作是否正确，如果满足重投条件（4个重投条件），向调度申请重投串补装置。

7）MOV温度梯度保护动作。如果自动重投失败，待满足重投条件向调度申请重投串补装置。

8）MOV高电流保护动作。如果重投成功，按照线路故障处理指导进行处理；如果自动重投不成功，经检查如满足重投条件向调度申请人工重投。

9）MOV不平衡保护动作。说明MOV可能有单元损坏，向调度申请将串补装置转为检修状态对MOV进行检修。

10）外部间隙触发命令动作。按照线路故障进行事故处理。

七、案例

案例1：35kV线路接地短路，造成并联电容器损坏。

1. 运行方式

某变电站35kV侧单母分段正常运行方式，化工线供当地化工厂重要负荷。

2. 事故现象

某年3月20日7时，某变电站35kV系统接地光字牌时亮时熄，35kV相电压表指针不停地晃动，监控系统发出“35kV化工线速断保护动作”，大约50s后，35kV系统接地现象消失，同时，35kV 2号电容器差压保护动作，2号电容器319b断路器跳闸。故障录波器动作，掉牌未复归，光字牌亮。

3. 事故处理过程

向调度汇报后，将319b断路器操作把手复归，复归有关信号，打印录波报告。详细检查2号电容器间隔，发现2号电容器B相喷油胀肚。调度发令将电容器改为冷备用，化工线断路器改为冷备用。

4. 事故原因分析

当天早上空气湿度大，化工线是工厂用户，其配电室进线电缆绝缘不良放电，造成35kV瞬时单相接地现象，并发展为相间弧光短路，化工线速断保护动作。由于化工线断路器的保护是电磁型的，而弧光短路放电故障消失很快，断路器未跳闸。又由于在短时间内电压波动过快，造成电容器损坏，其差压保护动作，断路器跳闸。

5. 案例小结

从事故中可以吸取以下教训：

（1）要选用绝缘性能良好的高压电缆。

（2）配电设备要经常除污清扫，防止污闪。

（3）新建变电站应选用微机型的继电保护，以提高保护灵敏度和可靠性。

案例2：串补保护误动，旁路串补设备。

1. 事故前运行方式

某500kV变电站线路2串补电容器组正常投入运行。

2. 事故现象

某500kV变电站线路2线串补第一套保护C相MOV温度过高故障、MOV温度梯度动作旁路，5201断路器永久闭锁。QHⅡ线串补第一套保护MOV保护动作。具体信息如下：

监控系统显示：QHⅡ线串补MOV过载（保护1），线路2串补MOV　C相，线路2串补三相临时旁路（保护1），线路2串补5201A、B、C相断路器合闸。

串补监控显示：MOV旁路过载、三相暂时旁通、MOV温度梯度旁路、MOV支路红色闪亮，C相显示温度为200℃；BBR旁路断路器出现永久闭锁。

串补保护屏上信号：500kV线路2串补第一套保护屏红灯常亮（旁路），－U24模块8号灯（断路器失灵旁路MOV）亮；－U25模块1号灯（3相永久闭锁）；BBR状态继电器－K1、－K2、－K3亮（断路器旁路），－K4、－K5、－K6灭；S12模块HD2灯4号（旁路）亮；永久闭锁继电器掉牌；500kV线路2串补第二套保护无异常。

现场一次设备情况：500kV 线路 2 串补 5201 断路器 A、B、C 三相在合闸位置，其他一次设备异常。

3. 分析处理

由于现场一次设备无任何异常，500kV 线路 2 串补第一套保护因检测到 MOV 温度高（C 相显示温度为 200℃），MOV 温度梯度动作将 500kV 线路 2 串补旁路；500kV 线路 2 串补第二套保护无任何异常，判断 500kV 线路 2 串补第一套保护动作不正确。汇报调度和有关领导，根据现场检查判断结果将第一套保护停用，恢复串补运行。

事后检修班对 MOV 二次回路进行检查,反复上电、断电检查，发现 C 相 MOV 的 IO3.1 的 H3 指示灯为红色，表示 MOV 的 C 相回路有问题，在串补平台上通 1.5V 电压检查，再次出现串补保护动作时同样信号。在 C 相串补平台第一套保护光纤接线盒处拆开 A21 的 X1～9，X3～20 光纤。20 号光纤透光性就弱，更换为备用 22 号光纤后，H3 指示灯显示正常。判断为由于 C 相 MOV 分支回路（T210）的 20 号光纤衰耗过大引起 500kV 线路 2 串补第一套保护动作不正确。反映出保护设备抗干扰性能太差，使用的光纤质量不稳定。

4. 案例小结

从案例中可以吸取以下经验教训：

（1）运行人员要加强对串补保护运行工况的监视和对保换设备的性能的了解。

（2）继保检修人员应定期对串补保护装置进行定检，提高检修水平，保证设备检修质量，加强对串补保护的采样稳定性和抗干扰性能的科学研究，提高设备的运行稳定性。

【思考与练习】

1. 并联电容器跳闸一般是由哪几种原因引起的？
2. 并联电容器过电流保护动作跳闸应如何处理？
3. 并联电抗器跳闸的原因是什么？
4. 简述并联电抗器跳闸的处理步骤。

模块 3 补偿装置事故处理危险点预控分析 (GYBD00602003)

【模块描述】本模块介绍补偿装置事故处理的危险点分析和预控。通过预案分析和案例介绍，掌握补偿装置事故处理的危险点分析方法,并能根据补偿装置事故暴露出的运行或设备缺陷提出技改方案，制定相应预控措施和事故预案。

【正文】

一、补偿装置事故处理中的危险点分析

事故处理中如不认真核对设备的位置、名称和编号，走错设备间隔，易发生误操作事故和人身事故，在补偿装置的事故处理中也是这样。补偿装置危险点预控措施见表 GYBD00602003-1。

表 GYBD00602003-1 补偿装置危险点预控措施

防范类型	危险点	序号	预控措施
防人身事故	误入带电间隔	1	监护人、操作人应走到设备铭牌前对设备名称编号认真进行核对
		2	在每步操作结束后，应由监护人在原位向操作人提示下一步操作内容
		3	中断操作重新就位开始操作前，应重新核对设备名称、编号
		4	执行一个操作任务的中途严禁换人
		5	电容器未放电不得进入设备间隔
	带电装设接地线	1	挂接地线前必须使用合格的验电器先验明线路确无电压
		2	装设接地线时，应认真核对设备名称，并确认不会触及带电设备

续表

防范类型	危险点	序号	预 控 措 施
防人身事故	带电装设接地线	3	在验电后应立即装设接地线，若验电后因故中止操作，则在返回继续操作前必须重新验电
		4	电容器应在放电后装设地线，否则身体不得触及地线
	安全距离不够造成人员触电	1	验电和装设接地线时，必须保持人与导体端的安全距离，必须戴绝缘手套
		2	验电应使用合格的、相应电压等级的验电器
	灭火不当造成人身伤害	1	停电后再灭火，电容器还要先放电
		2	如果使用泡沫灭火器或水灭火要防止喷向带电设备
		3	尽可能防止吸入有害气体
		4	防止器身爆炸伤人
防误操作	带地刀（线）合闸	1	认真检查送电范围的设备状态
		2	恢复送电前应检查相应的接地线全部收回，检查现场确无遗留接地线
	带电合接地隔离开关或挂接地线	1	确认被检修的设备两侧有明显断开点
		2	操作票中列出的断路器、隔离开关确已拉开
		3	在指定装设接地线的部位验明设备确无电压
	带负荷拉（合）隔离开关	1	确认停送电断路器在分闸位置，唱票复诵
		2	进行解锁操作的，应确认被操作设备、操作步骤正确无误后，方可进行并加强监护
		3	检查相应电流表、红绿灯及后台遥信变位指示
		4	操作高压隔离开关必须戴绝缘手套；操作过程中应穿长袖工作服，并戴好安全帽
	误拉合断路器	1	应正确核对操作断路器名称编号
	擅自解锁	1	在操作过程中遇有锁打不开等问题时，严禁擅自解锁或更改操作票，不得跳项操作或改变操作方式
		2	若确实需要进行解锁操作的，必须履行解锁批准手续
		3	在使用解锁钥匙进行操作前，再次检查“四核对”内容，确认被操作设备、操作步骤正确无误后，方可解锁操作，并加强监护
其他	异常天气	1	雷雨天气不得进行倒闸操作
		2	雷雨天气不得靠近避雷器和避雷针
		3	如遇紧急情况需在异常天气操作隔离开关，要经上级批准，并只能在远方操作，不得就地操作

二、并联电容器事故处理预案

变电站事故预案应根据当地电网的结构特点、变电站和系统的运行方式、潮流变化特点、当地气候特点（如易发台风、地震、覆冰、雷暴、污闪等）等具体情况编制。编制事故预案应先拟定预案题目、当时的运行方式，列出事故现象，根据事故现象判断事故的性质，详细列出事故处理的方法。

本模块以 500kV 甲变电站具体设备为例，制订并联电容器典型事故跳闸的预案，如图 GYBD00602003-1 所示。

预案：35kV 1 号电容器故障跳闸。

1. 运行方式

甲变电站 1 号电容器接于 35kV Ⅰ母正常运行。

2. 事故现象

警铃、事故警报鸣响，后台机发出“35kV 1 号电容器 CSP-215A 保护动作、3733 断路器 ABC 相分闸”告警信息。

主接线图中，1 号电容器 3733 断路器指示绿闪，1 号电容器电流、功率为零。

检查 1 号电容器 CSP-215A 保护屏，发现“保护动作”信号灯亮，液晶屏显示“不平衡保护动作”。其他保护信号略。

3. 事故处理

（1）记录告警信息、断路器指示和保护动作情况，复归全部保护动作信号，断路器指示清闪。

（2）判断事故性质为：1 号电容器组故障，造成三相电流不平衡，使不平衡保护动作，三相跳闸。

将事故现象和事故判断结论报告调度。

（3）检查1号电容器电流互感器至各电容器所有一次设备有无接地或短路故障，各电容器及充油电缆有无爆炸、鼓肚、喷油和熔断器熔丝熔断现象，检查3733断路器工作状态是否良好。如果某个电容器内部故障，可以发现其熔断器熔丝熔断。需要特别注意的是：因电容器跳闸后仍带电，检查电容器时不得触及一次设备。

（4）将一次设备检查情况汇报调度，并请示将1号电容器停电检修。

如果电容器及其引线故障，拉开3733-3隔离开关后，合上3733-XD和3733-3KD接地开关，在3733-3隔离开关操作把手上挂“禁止合闸、有人工作”牌，使用工作票并履行开工手续后检修电容器；如果电容器引线及母线排上故障，3733-3KD接地开关可以不合，再合上3733-19、3733-29、3733-39接地开关放电，然后才能工作。

如果有电容器的熔断器熔丝熔断，要对熔断器熔断的电容器进行外观检查和绝缘摇测。若外观检查和绝缘测量正常，对电容器进行人工放电后更换同规格的熔断器。若绝缘电阻低于规定或外观检查有鼓肚、渗漏油等异常，应将其退出运行。同时要将星形接线的其他两相各拆除一只电容器的熔断器，以保持电容器组的运行平衡。

（5）1号电容器检修完毕并试验良好后，拆除安全措施，报告调度试送1号电容器。

（6）作好断路器故障跳闸登记，核对3733断路器故障跳闸次数，如已到临检次数，应汇报领导安排临检。

（7）汇报生产调度，作好运行记录。

三、并联电抗器事故处理预案

本模块以500kV甲变电站具体设备为例，制订并联电抗器典型事故跳闸的预案，如图GYBD00602003-1所示。

预案：35kV 2号电抗器故障跳闸。

1. 运行方式

35kV 2号电抗器接于甲变电站35kV Ⅰ母正常运行。

2. 事故现象

警铃、事故警报鸣响，后台机发出“35kV 2号电抗器CSK-406A保护动作、3732断路器ABC相分闸”告警信息。

主接线图中，2号电抗器3732断路器指示绿闪，其电流、功率为零。

检查2号电抗器CSK-406A保护屏，发现“保护动作”信号灯亮，液晶屏显示“差动出口”。其他保护信号略。

3. 事故处理

（1）记录告警信息、断路器指示和保护动作情况，复归全部保护动作信号，断路器指示清闪。

（2）判断事故性质为：2号电抗器差动保护区内故障，造成差动保护动作，2号电抗器三相跳闸。将事故现象和事故判断结论报告调度。

（3）检查2号电抗器电流互感器至电抗器所有一次设备有无短路故障，检查3732断路器工作状态是否良好。

（4）将一次设备检查情况汇报调度，并请示将2号电抗器停电检修。拉开2号电抗器3732-3隔离开关后，合上3732-3KD接地开关，在3732-3隔离开关操作把手上挂“禁止合闸、有人工作”牌，使用工作票并履行开工手续后便可以检修电抗器。

（5）2号电抗器检修完毕并试验良好后，拆除安全措施，报告调度试送2号电抗器。

（6）作好断路器故障跳闸登记，核对3732断路器故障跳闸次数，如已到临检次数，应汇报领导安排临检。

（7）汇报生产调度，作好运行记录。

【思考与练习】

1. 补偿装置事故处理过程中发生人身事故的主要危险点有哪些？如何进行预控？

2. 根据该变电站的实际接线图和保护配置，编制并联电容器的事故处理预案。

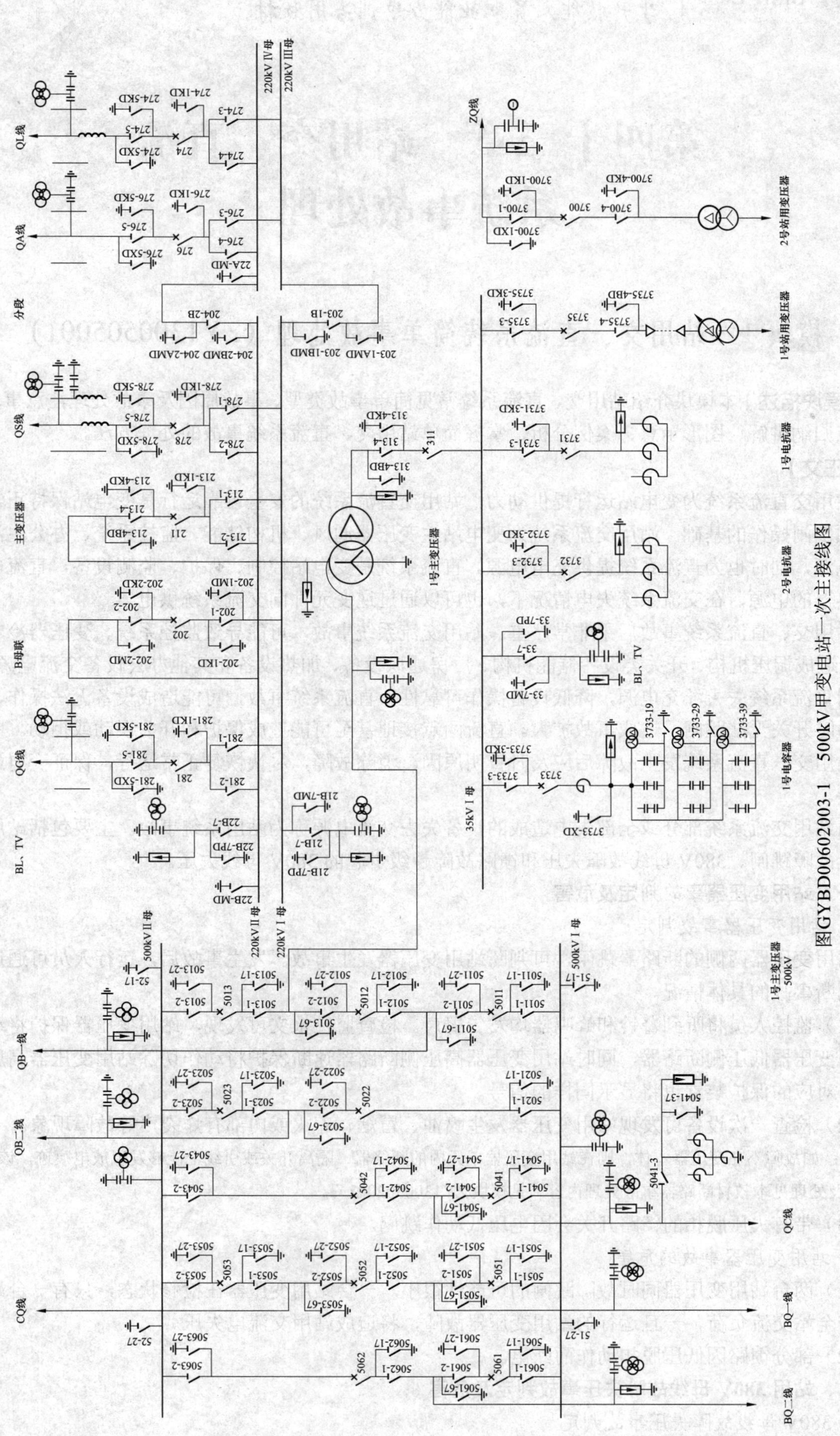

图GYBD00602003-1　500kV甲变电站一次主接线图

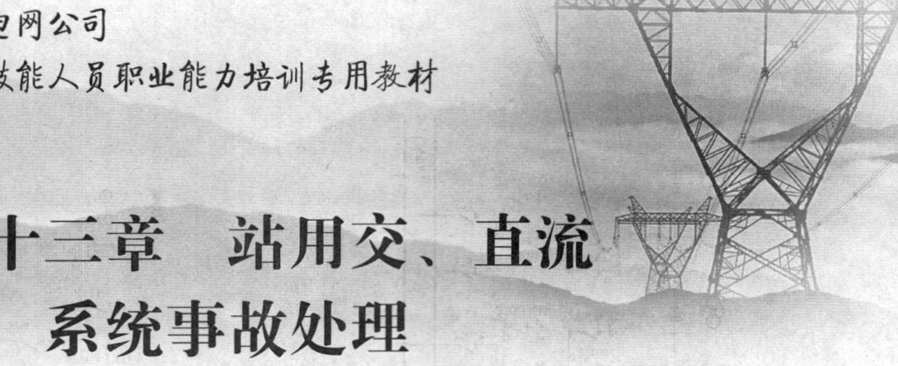

第四十三章　站用交、直流系统事故处理

模块 1　站用交、直流系统简单事故处理（ZY1300505001）

【模块描述】本模块介绍站用交、直流系统常见简单事故类型、事故原因及事故处理注意事项。通过要点归纳讲解、图形示意、案例分析，掌握简单站用交、直流系统事故的处理方法。

【正文】

站用交直流系统为变电站运行提供动力，站用交直流系统的安全可靠运行是变电站保持正常运行和各项倒闸操作的基础。站用交流系统为变电站主变压器通风、机构储能、监控系统、办公生活设施提供电源，同时也为直流系统提供充电电源。直流系统是变电站控制、保护、监测设备，直流电动机和加热器的电源，在交流系统失电情况下，也可以通过逆变元件向交流系统供电。

站用交、直流系统事故后果非常严重。站用交流系统事故，可能导致监控系统、变压器冷却系统全停，造成调压机构、开关类设备储能机构、厂房通风设备、加热设备和其他办公设备交流电源失去，使站用直流系统失去浮充电源，降低设备操作可靠性。直流系统事故，可能造成设备无法操作，主设备故障时开关无法跳闸，造成事故扩大。直流两点接地甚至可能造成保护和开关误动或拒动。

站用交、直流系统发生故障后应及时查明原因，消除故障，尽快恢复正常运行，保证变电站的安全运行。

由站用交流系统部分或全部失电造成的设备失去交流电源称为站用系统事故。主要包括站用变压器单元故障跳闸、380V 母线故障失压和馈路故障越级引起的 380V 母线失压。

一、站用变压器事故判定及危害

1. 站用变压器事故判定

站用变压器两侧的断路器跳闸，可判断站用变压器发生事故。发生事故后，运行人员可通过以下信息判断事故的具体情况。

（1）监控人员将听到警铃和蜂鸣器均发告警声。检查监控报文可发现，站用变压器保护将动作切除站用变压器低压侧断路器，同时站用变压器高压侧断路器速断保护将动作切除站用变压器高压侧断路器。对应的保护装置也将显示同样的信号。

（2）检查一次设备可发现站用变压器发生喷油、冒烟、着火或内部有炸裂声等故障现象。

注：如故障不在变压器本体，则在站用变压器单元内的断路器、隔离开关或引线上能够发现放电痕迹，该类型事故判定及处理见本教材断路器事故处理内容（见模块 ZY1300502002）。

（3）带有失压脱扣的馈路开关会因电压低动作跳闸。

2. 站用变压器事故的危害

（1）两台站用变压器同时故障跳闸的可能性很小。一台站用变压器在检修状态，只有一台站用变压器带全站交流负荷，一旦运行的站用变压器故障，将造成站用交流电失压。

（2）部分馈路因低压脱扣动作而断电。

二、站用 380V 母线故障失压事故判定及危害

1. 380V 母线故障失压事故判定

（1）监控人员将听到警铃和蜂鸣器均发声。检查监控报文可发现，站用变压器保护动作跳闸切除

故障 380V 母线进线断路器及 380V 母联断路器，另一段母线进线断路器由备用电源自动投入装置（简称备自投）动作投入运行带另一段 380V 母线。

（2）检查一次设备可发现一段 380V 母线上有短路放电、着火或炸裂声等故障现象。

（3）该段 380V 母线馈路开关会因失压脱扣动作跳闸。

（4）两段 380V 母线同时发生故障的可能性很小，但在一段母线故障时可能发生备自投投入失败而造成的两段 380V 母线全部失压。

2. 380V 母线故障失压事故的后果

（1）一段 380V 母线故障失压会造成该段馈路失去电源。但对于配有交流自动切换装置（简称 ATS）750kV 变电站，任一段交流 380V 母线电源失电后，ATS 自动切换至另一段交流 380V 母线供电。

注：对于采用就地小室模式布置的 750kV 变电站，各小室均辐射两路交流 380V 分支母线电源，分别来自站用室不同的 380V 母线，各馈路分别接于分支母线下。两路交流 380V 分支母线电源间通过实现自动相互切换。正常运行时 ATS 设置为“AUTO（自动）”模式，默认切至“R（I 段）”或“L（II 段）”用电。任一交流 380V 分支母线电源失电后，ATS 自动切换至另一段交流 380V 分支母线供电。

（2）380V 两段母线同时失压会造成全部站用负荷失去电源，此时，需要启动备用站用电源。

（3）如果长时间失压有可能影响一次设备正常运行，如主变压器冷却器保护误动、操动机构失去电源[详见变压器异常分析及处理和断路器异常分析及处理（见模块 ZY1300401005 和 ZY1300402006）]，站用直流系统失去充电电源。

三、馈路故障越级引起的 380V 母线失压

一般情况下馈路故障仅造成该馈路空气开关跳闸，但在该空气开关未能正常跳闸情况下，故障将越级，引起站用变压器低压侧断路器跳闸或 380V 母联断路器跳闸，造成 380V 母线失压。

1. 馈路故障越级引起的 380V 母线失压事故判定

馈路故障越级引起的 380V 母线失压事故现象与一般的 380V 母线故障失压事故现象类似，但还有以下现象：

（1）故障馈路过电流保护动作。

（2）检查站用系统可发现馈路空气开关有发烫、冒烟现象或能闻到烧煳味道。

（3）用绝缘电阻表测量可发现故障馈路绝缘很小或接近零值。

2. 馈路故障越级引起的 380V 母线失压事故的后果

馈路故障越级引起的 380V 母线失压事故后果与一般的 380V 母线故障失压事故现象类似，并有故障馈路空气开关损坏或电缆绝缘破坏等后果。

四、直流事故

在目前的 750kV 变电站内，直流系统配置完整，故障不会直接造成事故，其引起的异常分析处理见模块 ZY1300406001“直流系统异常处理”中已详细介绍。

【思考与练习】

1. 750kV 变电站交流系统事故有哪些？

2. 站用系统的 ATS 指什么？

模块 2 站用交、直流系统事故处理（ZY1300505002）

【模块描述】本模块介绍站用交、直流系统一般事故原因、事故类型和故障点的位置、事故处理方法等。通过故障分析讲解、案例介绍，掌握各类较复杂的站用交、直流系统事故处理方法。

【正文】

站用交流系统发生事故后，运行人员应及时分析和处理，防止事故扩大，造成主设备故障或影响其正常运行。

一、站用交流系统全部失电事故处理

站用变压器单元故障、380V 母线故障和馈路越级引起的 380V 母线失压都可能扩大为站用系统全部失电。

站用交流系统全部失电会造成直流系统的交流充电电源失电，直流系统由浮充状态改变为直供直流负荷状态，可靠性降低。如不及时处理，可能引发严重的事故，应尽快处理，恢复站用交流供电。

强油循环风冷和强油循环水冷变压器，当冷却系统故障切除全部冷却器时，允许带额定负载运行20min。如20min后顶层油温尚未达到75℃，则允许上升到75℃，但在这种状态下运行的最长时间不得超过1h。

（1）断路器或GIS（气体绝缘组合电器）储能电动机电源停电，弹簧机构交流储能电源失去，应尽快检查机构压力，压力降低至“闭锁重合闸”以下时的运行断路器应尽早向调度申请转热备用。

（2）变压器调压机构电源停电，无法进行远方和就地电动调压操作，需要调压时可将调压方式开关切换至“手动”和“就地”。

（3）站用交流全停后，首先隔离故障单元，然后按单元将站用变压器各侧开关、380V母联开关拉开。

（4）恢复时，应从高压侧向低压侧逐步供电，禁止反向充电。首先恢复未故障的站用变压器，如本站电源永久故障，有外接电源站用变压器，可以向调度申请将外接电源站用变压器供电。注意站用变压器保护应按规定正确投入；站用变压器恢复后，用站用变压器向其中一段完好的380V母线段充电，充电前应再次检查380V母线确无短路接地；向该段380V母线段充电正常后，恢复该段母线所带馈路。

（5）母线充电正常后，检查各馈路供电情况：

1）主变压器通风交流电源；

2）断路器操动机构交流电源；

3）隔离开关操作电源；

4）直流系统的交流充电电源；

5）蓄电池进入均衡充电状态；

6）UPS交流电源；

7）厂房通风装置电源；

8）交流照明电源；

9）主变压器调压机构电源；

10）户外检修电源；

11）其他交流负荷。

（6）如配有应急发电机，各站用变压器又均不能恢复，应急发电机应投入。

（7）站用变压器不得并列运行，因此如各站用变压器均恢复运行时，380V母联开关应断开，各环路供电的馈路应将中间的联络开关断开。

（8）熔断器熔断，当查明原因消除故障后，更换相同规格的熔断器，不得自行改变熔断器规格。

二、站用变压器事故处理

（1）站用变压器单元故障，需要隔离故障单元，将故障单元的站用变压器各侧断路器断开，并拉开断路器两侧隔离开关。站用变压器单元抢修工作，应提前做好安全措施，履行许可手续后方可进行。

（2）两台站用变压器单元中的一个单元故障通常不影响全站交流用电。故障单元站用变压器跳闸后，备用变压器联络开关将自动投入，带原故障单元所带的380V母线运行。

（3）750kV变电站运行初期没有备用站用变压器，一台站用变压器故障跳闸后，故障站用变压器所带380V母线失压，其馈路自动切换至另一段运行母线用电，运行站用变压器将带全部站用负荷，应检查是否过负荷。如过负荷，应将部分馈路断开，将所用负荷降至运行站用变压器额定容量以下。其顺序如下：

1）施工电源；

2）户外检修电源；

3）非生产交流负荷；

4）主变压器调压机构电源；

5）交流照明电源；

6）厂房通风装置电源。

通常不应断开：直流系统的交流充电电源、主变压器通风交流电源、开关类设备操动机构交流电源。

三、站用 380V 母线故障失压事故处理

380V 母线发生失压事故，该段母线及站用变压器不能恢复。故障段母线上所带馈路应自动切换至另一段母线，对不能自动切换的馈路尽可能手动恢复至另一运行的 380V 母线上，馈路恢复的顺序与前述相同。

处理原则：先断开故障段母线上所带馈路空气开关和隔离开关，再检查运行段母线所带相应馈路空气开关和隔离开关确已合上，防止向故障母线反充电；检查环路开关确已合好，馈路负荷已全部带上。

故障点在馈路空气开关母线侧的，将各馈路空气开关和隔离开关断开后，注意将故障空气开关隔离。先恢复母线，然后逐路恢复馈路，空气开关故障的馈路可通过转供方式恢复。

四、馈路故障越级引起的 380V 母线失压处理

380V 馈路故障越级，故障馈路空气开关不跳闸，由上一级空气开关跳闸切除故障。应手动将故障空气开关隔离。然后合上上一级空气开关，最后逐路检查其他馈路恢复情况。

如无上一级空气开关，对应段的站用变压器低压过电流保护动作，380V 侧开关跳闸切除整段 380V 母线。应手动将故障空气开关隔离。其后恢复步骤与主变压器单元故障（不带备自投）恢复步骤相同。

【思考与练习】

1. 站用交流系统失压恢复馈路的顺序是什么？
2. 单台站用变压器带全部站用变压器过负荷时，断开馈路的顺序是什么？
3. 380V 母线发生失压事故处理原则是什么？

模块 3　站用交、直流系统事故处理危险点预控分析（ZY1300505003）

【模块描述】本模块介绍站用交、直流系统事故处理过程中存在的危险点及控制措施。通过列表分析讲解，能够根据事故暴露出的运行或设备缺陷提出技术改造方案，并掌握制定事故预案和反事故措施的方法。

【正文】

站用交直流系统发生事故，在处理过程中存在安全风险，如交流系统低压人身触电、站用系统并列、交流接地和短路、直流系统的人身触电、直流短路造成的熔断器熔断（空气开关跳闸）、直流接地等，需要提前做好防范措施，防止人身伤害和设备故障扩大。具体分析及防范措施见表 ZY1300505003-1 和表 ZY1300505003-2。

表 ZY1300505003-1　　站用交流系统事故处理危险点及预控措施

序号	危　险　点	预　控　措　施
1	处理事故时发生低压人身触电	（1）严格遵守《国家电网公司电力安全工作规程（变电部分）》相关规定，处理前做好安全措施。 （2）任何操作、检查工作必须两人及以上进行，其中一人作为专职监护人。 （3）处理交流故障时，应戴绝缘手套，使用的工器具应有绝缘包扎。 （4）装、取熔断器时，必须戴绝缘手套，戴护目眼镜，使用绝缘夹钳。 （5）处理过程中接触设备人员应始终戴棉线手套。 （6）高压设备发生接地时，室内不得接近故障点 4m 以内，室外不得靠近故障点 8m 以内，进入上述范围人员必须穿绝缘靴，接触设备的外壳和构架时，必须戴绝缘手套。 （7）站用系统设备应接地良好，并定期检查设备接地电阻。 （8）人员接触导体部分前，必须做好停电、验电、装设接地线的安全措施。 （9）将带电部分与停电部分之间用绝缘隔板隔离。 （10）人员使用近电报警的工器具或安全辅助工具。 （11）人员在工作过程中必须穿绝缘鞋。 （12）监护人不得进行任何其他工作，工作人员的一举一动均在监护人监视范围内

续表

序号	危险点	预控措施
2	处理时造成站用变压器非同期并列	（1）不能并列运行的站用变压器，在变电站现场运行规程中进行明确规定，并作为重点部位在变电站年度反事故措施计划中列出防范措施。 （2）不能并列运行的站用变压器在变电站五防闭锁程序中应采用机械闭锁。 （3）所用系统倒闸操作时严格执行操作监护制度
3	处理时造成交流接地、短路	（1）处理过程严格遵守《国家电网公司电力安全工作规程（变电部分）》，提前准备好相关的安全措施。 （2）使用表计检查回路时，应使用相应测量范围并合格的表计。使用万用表测量时一定要先选择正确的测量对象及量程。 （3）更换回路中的元件时，必须将该回路停电。 （4）检查处理时使用的工器具必须经绝缘包敷处理

表 ZY1300505003-2 站用直流系统事故处理危险点及预控措施

序号	危险点	预控措施
1	处理时造成直流人身触电	（1）严格遵守《国家电网公司电力安全工作规程（变电部分）》相关规定，处理前做好安全措施。 （2）任何操作、检查工作必须两人及以上进行，其中一人作为专职监护人。 （3）直流系统进行倒闸操作前，必须戴绝缘手套。 （4）装、取熔断器时，必须戴绝缘手套，戴护目眼镜，使用绝缘夹钳。 （5）处理过程中接触设备人员始终戴棉线手套。 （6）人员接触导体部分前，必须将该回路停电，并使用万用表或验电笔对所接触部分进行验电，严禁直流回路带电接触导体。 （7）将带电部分与停电部分之间用绝缘隔板隔离。 （8）人员在工作过程中必须穿绝缘鞋。 （9）监护人不得进行任何其他工作，工作人员的一举一动均在监护人视线范围
2	处理过程造成直流短路，熔断器熔断（空气开关跳闸）	（1）处理前应填写二次回路安全措施票，经值班负责人许可后才能工作。 （2）工作人员使用的接触导体部分的螺丝刀、钳子、表笔等工具金属部分应进行绝缘包敷处理。 （3）在工作前应按照正确的图纸进行回路检查，对所要工作的回路熟悉后才能进行处理工作，严禁盲目动手。 （4）不得任意使用搭接线短接回路中的两点。 （5）处理过程拆下的线头应立即进行绝缘包扎。 （6）拆卸元件、螺钉、插件时应事先固定好，防止器件掉落。 （7）对回路进行拆线、短接、拆除回路中的元件时，无可靠安全措施时应申请对该回路进行停电，再行处理。 （8）高处作业时，人员必须使用安全可靠的登高工具并系安全带
3	处理过程造成直流接地或处理直流接地时造成另一点接地	（1）处理前应填写二次回路安全措施票，经值班负责人许可后才能工作。 （2）在发生直流接地时，除查找接地点的工作外，不得进行其他二次回路工作。 （3）工作人员使用的接触导体部分的螺丝刀、钳子、表笔等工具金属部分应进行绝缘包敷处理。 （4）发生直流接地时，如果其中受影响的保护装置同时发出异常信号，应申请将该保护退出。 （5）严禁使用通灯在带电的回路中查线。工作人员测量电压时使用的电压表内阻必须合格（大于2000Ω/V）。 （6）为防止在查找直流故障时引起保护误动，必要时在断操作直流电源前，解除可能误动的保护，操作电源正常后再投入保护

【思考与练习】

1. 处理事故时发生低压人身触电应如何处理？
2. 如何防止处理站用交直流系统事故时造成站用变压器非同期并列？

第四十四章　二次设备事故处理

模块1　二次设备事故简单分析（ZY1300506001）

【模块描述】本模块介绍继电保护、自动装置二次设备、系统通信和自动化设备常见的事故类型、事故发生的原因等。通过分析，掌握简单二次设备事故处理方法及注意事项，达到运行人员能方法简单的处理二次设备事故的目的。

以下还介绍了二次设备事故的现象。

【正文】

变电站二次设备事故一般是由于继电保护装置拒动或误动、二次回路误接线、人员误碰等引起。二次回路接线复杂，因此，二次设备发生故障造成的事故也较为多见。当二次设备发生事故时，值班人员首先应根据事故现象做简单的分析，本模块重点介绍二次设备常见事故类型及简单原因分析以及二次设备事故现象。

一、二次设备常见事故类型及简单分析

（一）继电保护装置故障

继电保护装置的故障应尽快进行处理，否则将有可能引起保护误动或拒动，其原因有保护装置插件故障、保护定值整定错误、保护通道故障等。

（1）保护装置插件故障。保护运行中，若保护功能插件出错，造成部分保护功能失效，不及时退出，将可能引起该部分保护误动或拒动；若电源插件出错，未及时发现进行处理，将造成保护拒动，故障越级，造成事故扩大。

（2）保护定值整定错误。若保护定值计算错误或设置错误，将造成保护装置的不正确动作。这就需要值班员在定值设置或更改完成后，现场打印，与调度下发的定值单进行核对，必要时需要和有关调度进行电话核对，确认无误后，方可投运。

（3）保护通道故障。闭锁式高频保护，区外故障时，若通道异常，收不到对方闭锁信号，高频保护将误动；允许式高频保护，区内故障时，若通道异常，两侧装置收不到对侧发来的允许跳闸信号，将造成拒动。光纤差动保护通道异常，装置告警，两侧装置收不到对侧跳闸信号，保护拒动。

（二）二次回路故障

二次回路的常见故障主要有接线错误、直流电源消失、保护交流回路异常。其中直流电源消失、保护交流回路异常通常会发出信号，但接线错误难以发现，往往在发生事故后才能反映出来。

（1）接线错误。常见的接线错误有电流互感器、电压互感器极性接反，控制回路触点接错或存在寄生回路。若电压互感器没有核相，极性错误，将造成短路。若电流互感器没有进行极性测试，差动保护没有进行六角图测试，极性错误，电流增大时，将造成保护误动。控制回路触点接错或存在寄生回路在运行中有可能导致保护误动或拒动。

（2）直流电源消失。若断路器控制回路电源消失，没有及时进行处理，将造成断路器拒动，事故扩大。

（3）保护交流回路异常。电压二次回路断线，与电压有关的保护装置闭锁，保护功能失效；电压二次回路波形畸变、异常产生高压或缺相，变压器过励磁保护将误动。电流二次回路开路，有可能造成保护误动或拒动。

（三）人员误碰、误投退连接片

调试人员在继电保护装置上工作时，误入间隔，误碰运行的二次回路，可能造成保护误动；调试

人员在二次回路上工作时，没有做好相关的隔离措施，误通流至运行的二次回路上，造成保护误动。运行人员在倒换运行方式操作时，误投退保护连接片，造成保护相关误动或拒动。

二、二次设备事故现象

（一）继电保护装置故障

继电保护装置故障就不能正确判断系统内发生的事故，在系统不正常方式运行时发生误动或拒动现象。

装置插件主要有电源插件、CPU插件、逻辑插件和定置插件，其故障现象各不相同。

（1）电源插件故障。装置“运行灯”和某“电源指示灯”不亮，“装置异常”灯亮，装置发出“总告警”和电源故障信号。此时，保护失去应有的功能，系统发生异常时，保护就会误动作或者拒动。

（2）CPU插件故障。“总告警”灯亮，“装置异常”灯亮，“CPU故障”灯亮，此时，对系统异常无任何反应。

（3）逻辑插件故障。“总告警”灯亮，“装置异常”灯亮，液晶显示器上显示某逻辑回路故障。

（4）定置插件故障或定置错误。液晶显示“定置错误”。

（二）二次回路故障

所谓二次回路故障，就是电流、电压二次回路故障和直流电源故障。

（1）电流二次回路故障。装置“总告警”灯亮，“装置异常”灯亮，“TA断线”灯亮。液晶显示三相电流相位或数值不正确。此时，保护装置可能会误动作。

（2）电压二次回路故障。装置“总告警”灯亮，“装置异常”灯亮，“TV断线”灯亮。液晶显示三相电压相位或数值不正确。此时，保护装置可能会误动作。

（3）直流电源故障。如果总直流消失，全部装置发不出任何故障信息，指示灯全灭，只在监控系统显示“直流消失”或“直流电源故障”信息。如果只是控制电源消失，而装置电源正常，测控装置会发出装置“总告警”、“装置异常”等信号。

直流电源故障还要注意直流两点接地故障造成的事故，其主要现象就是在事故前会有直流接地信号存在。

（三）人员误碰、误投退连接片

人为造成的保护装置误动一般发生在有人工作时或进行操作后发生，事故发生前没有什么现象，保护调试人员的误接线，是造成保护误动事故的根源，但是运行人员一般都很难发现，只能在事故发生后通过测试才能发现。

【思考与练习】

1. 简单分析高频通道故障的原因？
2. 二次接线故障的原因有哪些？
3. 分析二次设备故障的原则是什么？

模块2 二次设备事故常规分析（ZY1300506002）

【模块描述】本模块介绍继电保护、自动装置二次设备、系统通信和自动化设备常见的事故分析处理方法以及对故障报告的分析等。通过分析原则讲解、举例分析、案例介绍，能够正确分析处理二次设备事故。

【正文】

二次设备发生故障后，运行人员应及时应用正确的方法分析判断，并按照二次设备事故处理原则正确处理。本模块主要针对二次设备常见故障进行定性分析，并通过大量案例进行分析和处理。

一、二次设备事故的常规分析

二次设备常见事故，一般由保护装置故障、二次回路故障及调试人员误碰、误接线或运行人员误投退保护连接片所致。其中最常见的就是误接线和误投退保护连接片。

（一）继电保护装置故障

继电保护装置故障的原因有保护装置插件故障、重合闸装置故障和保护通道故障等。

1. 保护装置插件故障

保护正常运行中，装置面板“运行灯”亮，相关电源指示灯亮，“告警”和“异常”灯全灭。当保护装置某插件发生故障时，“告警”和“装置异常”灯亮，其原因是：

（1）保护功能插件出错。此时部分保护功能自动退出，后台监控机发出故障预告信息，提示运行人员进行检查处理，装置面板相应“告警”灯和“CPU 故障”灯亮，液晶面板显示故障信息，保护装置开出、开入量发生错误或程序紊乱。

（2）电源插件出错。保护装置面板不同电压输出灯全部不亮或部分不亮，如 24、−15、15、5V 全部灭，液晶显示屏出现黑屏，运行监视灯和电源指示灯不亮。此时，在系统发生故障时，保护将拒动，造成越级跳闸，使事故扩大。

保护插件内部方向元件损坏：保护将失去闭锁功能，造成保护不正确动作。

（3）保护定值整定错误。其两种情况，一种是定值计算错误，正常运行保护中，运行人员难以发现，只有在事故后经过重新核对计算才能发现；另一种是定值设置错误，有定值错误和字符错误，运行人员可通过打印实际定值和字符并与调度下发的定值单进行核对即可发现。

2. 保护通道故障

高频保护通道是指输电线路两端的阻波器、耦合电容器、结合滤波器、高频电缆和收发信机等组成的高频信号传输通道。运行中的高频保护通过高频通道正常地交换信号，线路故障时正确传递信号，判断故障点，以确定高频保护是否应该动作。为了保证高频信号的正确传输，高频收发信机要保证足够的功率，使发信电平除保证两端正确接收外，考虑到信号传输中的衰耗，还要保证有足够的裕度电平。影响高频通道异常的因素很多，如高频加工设备（包括耦合电容器、结合滤波器、高频电缆、高频收发信机等）故障、干扰信号、气候变化、高频信号衰减至异常值等，可能造成高频保护误动。

高频保护通道故障基本特征是：能收信而不能发信、能发信而不能收信、通道中断。通道故障对闭锁式高频保护而言，区外故障时，收不到对侧闭锁信号，高频保护将误动；通道故障对允许式光纤保护而言，区内故障时，两侧装置收不到对侧跳闸信号，保护拒动。

3. 重合闸装置故障

重合闸装置常见故障有二次接线回路存在缺陷、重合闸方式切换开关不在对应位置或重合闸连接片未投入、断路器压力异常降低、重合闸被闭锁等。重合闸装置故障时，当系统发生瞬间故障，断路器跳闸后不能重合，造成事故。

（1）二次接线回路存在缺陷。一般为设计遗留缺陷或运行调试中发现的缺陷，得不到及时处理。

（2）重合闸方式切换开关不在对应位置或重合闸连接片未投入。一般为运行人员漏投保护连接片所致。

（3）断路器压力异常降低，重合闸被闭锁。当断路器发出操作压力或 SF_6 压力降低时，后台监控发出压力异常信息，第一时限闭锁重合闸，运行人员应及时处理，否则，当系统发生瞬间故障，断路器跳闸后不能重合，造成事故。

（二）二次回路故障

二次回路的常见故障主要有接线错误、直流电源故障、保护交流回路故障等。

1. 接线错误

二次回路接线错误的事故时有发生，但一般都比较隐蔽，运行人员不容易发现，只有在事故发生后运行人员才得以发现。原因分析参见本模块案例 3。

2. 直流电源故障

直流电源故障导致的事故也比较常见，如直流两点接地将引起断路器拒动或误动，直流电源消失可能引起保护装置的误动或拒动，交直流串线引起保护装置误动等。原因分析参见本模块案例 4。

3. 保护交流回路故障

主要特征有：电压互感器二次回路断线、电压互感器二次回路波形畸变、异常产生高压或缺相引起变压器过励磁保护动作；电流互感器二次回路开路或极性错误，会造成差动保护动作。

（1）电压互感器二次回路故障。断线、缺相、空气开关跳闸或系统干扰，电压就会出现异常波动，甚至可能引起谐波分量增加或频率降低，可能会引起变压器过励磁保护动作。而且没有断线闭锁功能的保护将会误动作。或者在恢复二次电压时，保护装置突然上电，由于保护装置电压元件受突然来电冲击而损坏，也可能发生保护误动事故。

（2）电流互感器二次回路故障。导致差动电流回路电流失去平衡，电流二次回路故障多发生在调试人员工作中的误动、误碰或误接线。

（三）人员误碰、误投退连接片

人员误碰包括调试人员在继电保护装置上工作时的误接线、误封电流端子等引起的事故；误投退连接片包括调试人员对保护装置软连接片的误投退和运行人员硬连接片的误投退引起的事故。原因分析参见本模块案例 5。

二、二次设备分析处理的基本原则

（1）应按照符合实际的图纸进行分析。

（2）需要停用继电保护和自动装置，须经主管调度同意。

（3）在电压互感器二次回路上查找故障时，必须考虑对继电保护及自动装置的影响，防止误动。

（4）进行传动试验时，事先应查明是否与其他设备有关。若有关联则断开联跳其他设备的连接，然后才允许进行试验。

（5）查找故障时需使用高内阻电压表，防止误动跳闸。

（6）防止电流互感器二次开路，电压互感器二次短路、接地。

（7）应结合二次回路事故原因分析，提出技术改进意见。

（8）查找事故根源，结合二次设备事故的主要特征，即监控后台机发出事故告警、推出事故预警信息、保护装置发出的事故信息和断路器跳闸情况等，进行综合分析。找出导致事故的根源。

（9）针对事故现象和造成的后果，分析事故的正确性，即保护是正确动作或者是误动。

（10）事故分析时要考虑与其他相关回路的联系。若事故影响到其他回路，要尽快进行隔离，以防事故扩大。

三、案例

案例 1：闭锁式纵联方向保护保护插件内部方向元件损坏。

1. 闭锁式纵联方向保护正确动作情况

纵联方向保护是由线路两侧的方向元件分别对故障的方向做出判断，一般规定从母线指向线路的方向为正方向，从线路指向母线的方向为反方向，然后对两侧的故障方向进行比较以决定是否跳闸。当保护区内故障时，两侧方向元件都判定是正方向，不发闭锁信号，两侧收发信机收不到闭锁信号，保护动作跳开两侧断路器。当保护区外故障时，近故障侧方向元件判定为反方向，近故障侧发闭锁信号，将本侧和对侧保护闭锁。系统故障时，方向的变化及闭锁信号的作用如图 ZY1300506002-1 所示。

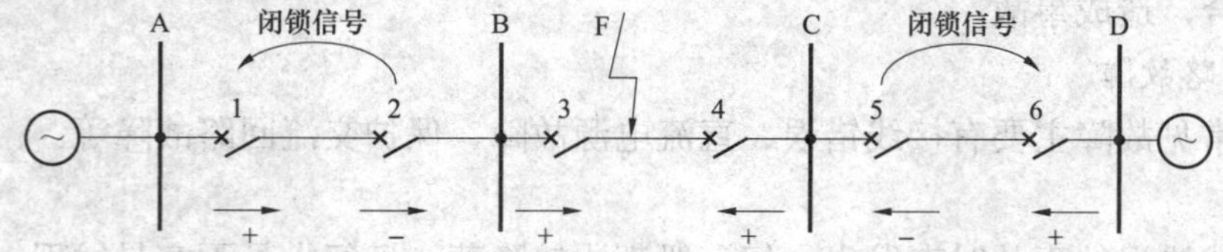

图 ZY1300506002-1 闭锁式纵联方向保护动作情况分析图

2. 闭锁式纵联方向保护动作逻辑

闭锁式纵联方向保护动作逻辑如图 ZY1300506002-2 所示。

保护区内故障时，两侧启动元件动作，经或门 H6 至与门 Y9 首先发信，此时与门 Y7 没有输出。两侧收信机收到信号，通过或门 H2 经 t_2 延时，与门 Y4 输出。区内故障正方向元件 D+动作，D−不动，与门 Y3 有输出，与门 Y7 有输出，两侧停止发信，通道内无信号，与门 Y5 闭锁信号消失，与门 Y8

输出断路器跳闸信号，线路两侧断路器跳闸，故障点隔离。保护区内故障时，远距离侧启动元件动作，正方向元件 D+动作，反方向元件 D–不动作，保护短时发信后停信。近故障侧启动元件动作，启动发信，正方向元件 D+不动作，反方向元件 D–动作，与门 Y7 没有输出，故障侧长时间发信。两侧保护收到信号，将与门 Y5 闭锁，与门 Y8 不会有输出，保护不会动作跳闸。

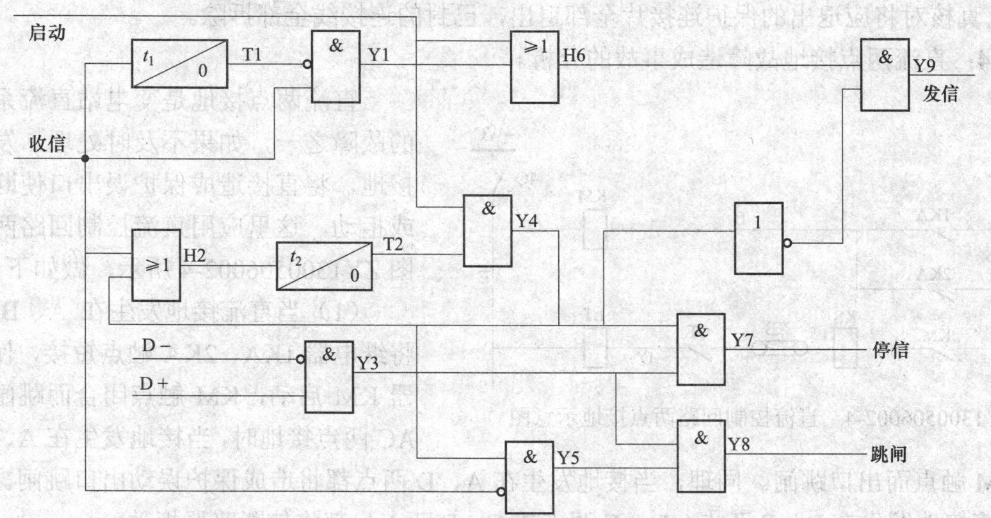

图 ZY1300506002-2　闭锁式纵联方向保护动作逻辑图

当闭锁元件故障时，区内故障时保护不发信，正方向元件不会动作，而反方向元件动作，造成保护不正确动作。而区外故障时，将导致越级跳闸。

案例 2：330kV 甲乙线 CSI121A 重合闸拒动原因分析。

某日，甲乙线距甲变电站 3.15km 处 611 号杆，因污闪造成 B 相接地。乙变电站两套高频保护动作单跳，重合闸动作成功。甲变电站两套高频保护、零序Ⅰ段、接地距离Ⅰ段均动作单跳，但因 CSI121A 单相重合闸拒动，造成三相断路器永跳。事后，由专业人员多次进行检查、分析，结果是 CSI121A 保护装置重合闸二次回路接线设计错误所致。

由于电气主接线为 3/2 断路器接线方式，CSI121A 装置重合闸单跳启动回路分别设Ⅰ线和Ⅱ线，两路单跳启动重合闸开关量输入回路。对同一条线路的保护而言，其单跳启动重合闸开出量只能接上述 CSI121A 装置两个单跳启动重合闸开出量中的一个。如果保护的两个开出量同时接入单跳启动重合闸中，则 CSI121A 装置将误判为两条不同的线路保护同时启动，其重合闸逻辑将直接沟通三跳回路。

而此次甲乙线 CSI121A 重合闸拒动，正是由于设计中将同一线路的两套保护单跳启动重合闸开出量，分别接至 CSI121A 装置的Ⅰ、Ⅱ线单跳启动重合闸开入量回路所致。在保护带开关做传动试验时，一般是单套装置分别做，并未能发现这种接线错误，只有在审图中掌握原理、认真检查，才能够发现，防止事件的发生。

案例 3：保护接线错误使 330kV 主变压器差动保护误动作事故分析过程。

某日，某 330kV 变电站，继电保护工作人员在进行主变压器 WBZ-500 差动保护定置工作时，差动保护动作，该变压器中压侧断路器跳闸。

（1）事故主要原因分析。当时在进行保护检验时，仅投入了差动保护连接片，分别将该保护跳主变压器三侧的出口连接片打开后对该保护回路进行了核对检查，在实际接线中有一根连线与主变压器跳中压侧断路器的出口跳闸连接片短接。工作时虽然打开了该连接片，但跳闸出口连接片的短接线将连接片短接，如图 ZY1300506002-3 所示。

图 ZY1300506002-3 中虚线为错误短接线，设计图纸上并无此线。事故跳闸后，运行值班人员和保护人员一道用电位法对回路进行了检查，发现短接线将中压侧跳闸出口连接片短接，拆除了短接线，立即向调度汇报了断路器跳闸情况，并申请将中压侧断路器合

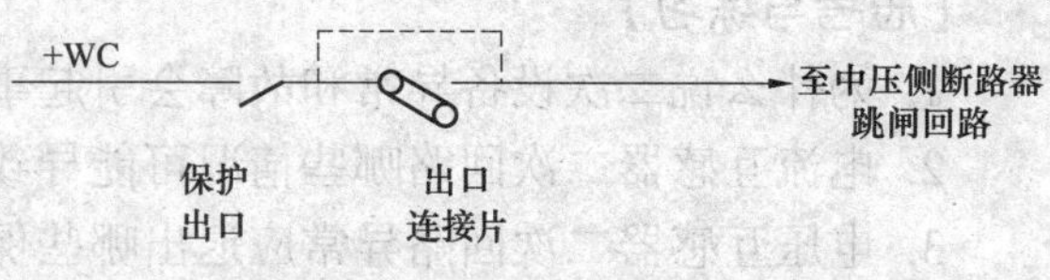

图 ZY1300506002-3　保护出口回路示意图

闸送电，恢复正常运行。

（2）事故防范措施。

1）保护工作时加强监护。

2）在保护传动试验或通流试验前，通知运行人员和调试人员共同认真核对检查二次接线的正确性。

3）认真核对将应退出的保护连接片全部退出，已封的连接线全部拆除。

案例 4：直流两点接地故障造成事故的分析。

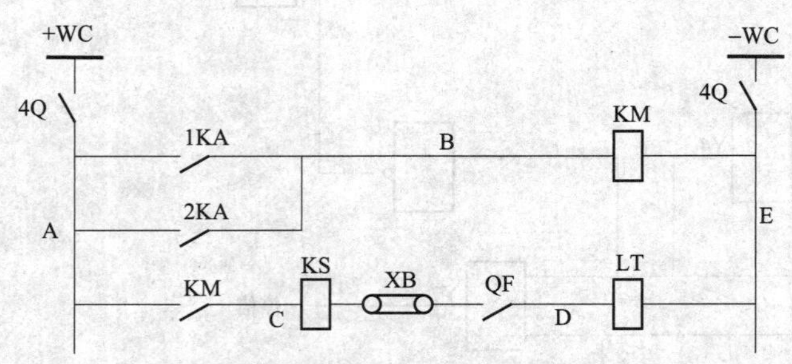

图 ZY1300506002-4 直流控制回路两点接地示意图

直流两点接地是变电站直流系统最常见的故障之一，如果不及时处理，发展为两点接地，将直接造成保护误出口使断路器跳闸或拒动，这里应用直流控制回路两点接地如图 ZY1300506002-4 所示，做如下分析：

（1）当直流接地发生在 A、B 两点时，将继电器 1KA、2KA 触点短接，使中间继电器 KM 启动，KM 触点闭合而跳闸。当发生 AC 两点接地时，当接地发生在 A、C 两点时，因短接 KM 触点而出口跳闸。同理，当接地发生在 A、D 两点都将造成保护误动出口跳闸。

当直流接地发生在 B、E 两点、D、E 两点或 C、E 两点，都将使断路器拒动。

（2）当直流接地发生在 A、E 两点，将装置短接造成短路，使 4Q 空气开关跳闸，保护装置失去电源造成拒动。

（3）当接地发生在 B、E 或 C、E 两点，保护动作时，不但断路器拒动，而且会使 4Q 空气开关跳闸。

当直流两点接地，线路故障后断路器拒跳时，有保护动作信号、直流接地信号、失灵保护启动信号，造成越级跳闸。

当直流两点接地，断路器误跳闸时，有直流接地信号，没有保护装置动作信号，断路器 A、B、C 跳灯亮，可以判定线路无故障。

案例 5：误短接保护电流端子造成 3 号主变压器保护动作，经原因分析后是由于调试工作人员的工作需要对有关电流端子进行短接，不慎将保护工作电流端子误短接造成保护误动作。

（1）某变电站在 3 号主变压器扩建安装时，中压侧 TA 二次电流回路的分配未按照设计进行，中压侧故障录波器的电流回路错误取了 TA 第二绕组，3 号主变压器保护 B 柜差动中压侧的电流回路错误取了 TA 第三绕组，而且在中压侧故障录波器屏内未将该电流回路端子命名为 A4121、B4121、C4121、N4121，与中压侧故障录波器屏、主变压器保护 B 柜内的中压侧电流回路编号 A4131、B4131、C4131、N4131 不一致。特别是接入中压侧故障录波器电缆两侧编号不一致，开关端子箱内编号为 A4121、B4121、C4121、N4121，而在故障录波器内回路编号为 A4131、B4131、C4131、N4131，造成故障录波器改造时保护人员对二次电流回路误判断，认为中压侧故障录波器电流回路即为 ABCN 4131，在封接故障录波器电流回路时误短接 3 号主变压器保护 B 柜中压侧差动回路 A4131、B4131、C4131、N4131 电流端子，是 3 号主变压器保护 B 柜差动保护误动作的原因之一。

（2）保护调试人员在进行中压侧故障录波器更换前期准备工作不充分，只是依据施工图纸（竣工图）、中压侧故障录波器、开关端子箱二次接线及二次电流回路编号进行了简单地回路核对，未对间隔 TA 所有二次电流回路进行仔细核对，未及时发现故障录波器屏、主变压器保护 B 柜内的电流回路编号均为 A4131、B4131、C4131、N4131 的缺陷，是此次 3 号主变压器保护 B 柜差动保护误动作的原因之二。

【思考与练习】

1. 为什么说二次设备异常和故障会引起事故？
2. 电流互感器二次回路哪些情况可能导致差动保护误动？
3. 电压互感器二次回路异常应退出哪些保护装置？
4. 直流两点接地为什么会造成保护拒动或误动？

模块3　二次设备事故处理及危险点预控分析（ZY1300506003）

【模块描述】本模块介绍继电保护、自动装置二次设备、系统通信和自动化设备事故处理过程中存在的危险源及控制措施。通过处理方法讲解、列表说明、案例分析，掌握二次设备事故规律，提出技术改造方案，能够进行危险点预控及分析，并能制定防范措施。

【正文】

变电站二次设备接线复杂、技术要求高，二次设备事故对电力系统运行影响更大，往往由于二次设备故障引起保护误动或拒动造成越级跳闸，造成事故扩大或大面积停电，其处理过程更为复杂。

本模块是在掌握二次设备常见故障处理的基础上，重点通过二次设备故障造成事故的案例进行介绍，使运行人员能根据现场事故现象，正确组织、分析和处理二次设备事故。

一、二次设备事故处理的基本原则

（1）退出和投入保护自动装置必须按照调度命令执行。

（2）停止所有回路工作，工作人员全部撤离现场。

（3）根据监控信息、测控信息和设备状况综合分析，制定合理处理方案。

（4）隔离故障点，消除事故根源。

（5）限制事故发展、缩小故障范围。

（6）采取防止继电保护误动作的措施，根据情况停用有关保护及自动装置，防止事故扩大。

二、二次设备常见事故处理

针对二次设备常见故障，如保护装置本身故障、装置直流电源故障、电流电压二次回路故障及人员责任造成的误接线、误碰等事故，应按下列方法进行处理。

（一）继电保护及自动装置本身故障的事故处理

继电保护及自动装置自身故障造成事故时，运行人员根据事故现象和实际设备进行综合分析，确定故障性质。立即汇报调度，然后进行处理。有两套保护装置的设备应退出已故障的保护装置，检查另一套保护装置正常的情况下，该设备可以继续运行。若两套保护装置均故障，应立即汇报调度和主管部门，由专业人员尽快对已故障的装置进行处理，在专业人员未处理之前，加强设备的运行监视或申请调度将该设备停止运行，因为电气设备不得无保护运行。

（二）直流电源故障的处理

当直流电压消失时，将直接导致控制回路失灵、保护及自动装置失灵，在操作或系统发生故障时，一是由于控制回路失灵，该回路断路器不能跳闸，造成系统故障不能从系统中有效切除；二是保护失去直流电源而不能正确动作。无论哪种情况，都会造成越级跳闸，使事故扩大。当直流电源故障已造成事故扩大时，应按下列步骤进行处理。

1. 直流电压消失的处理

（1）根据事故推出信息，如直流电源指示灯灭、直流电源消失、控制回路断线、保护直流电源消失或保护装置异常等，确定故障范围、性质。立即汇报调度：故障发生的时间、范围和性质。

（2）根据故障性质，运行人员在短时间内及时进行处理。运行人员不能处理或超出运行人员处理范围的，及时联系专业人员前来处理。如果根据故障性质保护可能发生误动或拒动者，应申请调度将故障范围内的线路、母线或变压器停止运行，防止事故扩大。330～750kV 线路保护均采用双重化配置，如一套保护电源故障短时不能恢复，另一套保护正常时，可退出已故障的保护装置，一次设备继续保持运行。

（3）由于直流电源故障已经造成设备越级跳闸，应按下列方法进行处理。

1）如图 ZY1300506003-1 所示，X1 线路故障，保护正常动作出口，中断路器 7550 跳闸，边断路器 7551 因直流电源故障而拒动。

越级跳闸情况：边断路器失灵保护启动，接于拒动断路器侧母线的全部断路器跳闸。

处理：恢复事故音响—抄录保护动作信号—检查设备—判断事故原因；向调度汇报事故发生的时

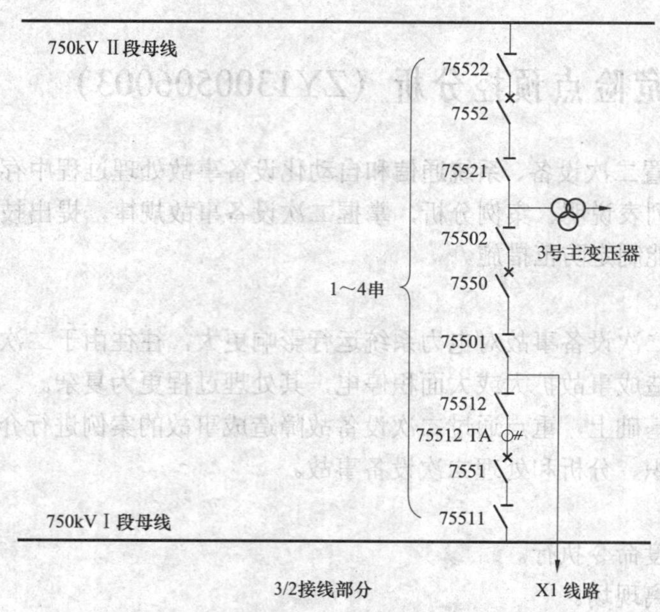

图 ZY1300506003-1 750kV 电气主接线图

间、保护动作情况、断路器跳闸情况；如图 ZY1300506003-1 所示，申请调度将拒动断路器进行隔离并退出其失灵跳闸出口连接片，并将停电母线恢复供电。

2）图 ZY1300506003-1 中，如果 3 号主变压器故障，保护正常动作出口，7552 断路器跳闸，而 7550 断路器因直流故障而拒动。

越级跳闸情况：一种是 7550 断路器失灵保护启动，作用于 7552、7551 断路器跳闸。此时由于 7550 断路器未断开，X1 线路继续输送故障电流，因此，X1 线路失灵远跳装置启动，使对侧断路器跳闸。另一种是 X1 线路故障，保护正常动作出口，7551 断路器跳闸，7550 断路器拒动。如图 ZY1300506003-1 所示，此时 3 号主变压器通过低压侧继续向故障点输送故障电流，只能靠 3 号主变压器高压侧后备保护启动，作用于变压器三侧，三侧断路器跳闸，才能将故障隔离。

处理：恢复事故音响—抄录保护动作信号—检查设备—判断事故原因；向调度汇报事故发生的时间、保护动作情况、断路器跳闸情况；申请调度将 7550 断路器两侧隔离开关断开，使拒动断路器从系统中隔离，并退出 7550 断路器失灵跳闸出口连接片；申请调度恢复 X1 线路或 3 号主变压器供电。

应注意：断开拒动断路器两侧隔离开关时要进行验电，因为相邻线路和变压器对侧是否断开，这里是看不到的，有可能造成带负荷拉隔离开关。

3）保护直流电源故障。目前，330～750kV 系统设备均按双重化保护原则进行配置，当某保护直流电源故障、断路器控制电源正常的情况下，只要有一套保护正确动作，就能作用于断路器跳闸，有效切除故障。故障切除后，按照一次设备事故进行处理。

而对于二次回路来说，在故障线路恢复供电前，应将拒动保护失灵出口和保护出口连接片全部退出运行，等直流恢复正常后再投入保护出口连接片，以防保护误动。

4）全部直流失压，线路故障情况下，如图 ZY1300506003-1 所示，两台断路器拒动、两套保护均不能动作，将造成大面积停电，情况特别复杂，也很少见，这里不做介绍。

2. 直流故障造成的事故处理

（1）分合闸回路绝缘损坏。

1）合闸回路绝缘击穿或直流接地引起断路器误合，在未排除故障以前不能切开断路器，因为由于故障点的存在，断路器切开以后还会再合上。如果故障不能立即排除，应申请相关调度，将该断路器停电后再进行处理。

2）分闸回路绝缘击穿或直流接地引起断路器误分，在未排除故障以前也不能手动合上断路器，因为由于故障点的存在，断路器合上以后也还会再跳开。应排除故障以后再恢复断路器送电。如果故障不能立即排除，应汇报调度，并排除故障后再恢复正常运行方式。

（2）直流两点接地造成拒动或误动。

1）拒动。当直流两点在保护出口启动继电器回路时，在故障存在的情况下，装置直流电源快分开关跳闸，失去直流电源而拒动，当因直流两点接地已引起拒动时，会造成越级使事故扩大，参照前面越级跳闸事故处理。

2）误动。当直流两点在保护出口开关输出回路时，在无故障存在的情况下，保护直接出口，使断路器跳闸，此时，在故障未排除前，不得进行断路器合闸，因为断路器合不上或者合上还会再跳。应汇报调度进行直流接地故障的处理，运行人员不能处理时，应汇报主管部门进行专业检修。

（三）互感器二次回路故障造成的事故处理

电压互感器二次回路事故的主要现象是，监控主屏发出“电压二次回路故障”、“某某保护装置动作”信号，对应跳闸断路器闪烁，线路电流、电压为零，该保护屏发出“电压二次回路故障”、“电压断线闭锁”信号，跳闸信号指示灯亮，运行人员可根据上述情况判断为电压二次回路故障，保护未能闭锁所致。应立即汇报调度、上级主管部门，通知专业人员到现场处理。在专业人员未到之前，运行人员应根据故障情况判断，将已故障的保护装置退出运行，保证另一套保护装置完好的情况下，申请调度，将已停电的设备投入运行。

1. 电压互感器二次设备故障造成事故处理

电压互感器二次回路断线或空气开关跳闸，都可能使相关保护装置失去交流电压而误动作，可能误动作的保护有线路距离保护、变压器阻抗保护、负荷电压闭锁的过电流保护，因此，当上述保护失去交流电压应立即申请调度退出该保护出口，防止保护误动，若因故，已经造成保护误动时，应做以下处理：

（1）记录事故信息，恢复事故信号。

（2）向调度汇报事故发生的时间、断路器跳闸情况、保护动作情况。

（3）对保护范围内一次设备进行全面检查，对二次设备动作情况进行分析。

（4）参照事故录波信息，确定事故性质。如果判断确定是由于交流电压失电造成保护误动作，应申请调度将线路距离保护部分退出，失灵远跳装置根据现场规程和管理单位规定执行。

2. 电流互感器二次设备故障造成事故处理

电流互感器二次回路开路或误接线，会造成保护误动作，可能误动作的保护有差动保护（含线路纵差、横差、母线差动、变压器差动等）、阻抗保护（含线路阻抗、变压器阻抗）、过电流保护等，因此，当上述保护失去交流电流时应立即申请调度退出该保护出口，防止保护误动，若已经造成保护误动时，应做以下处理：

（1）记录事故信息，恢复事故信号。

（2）向调度汇报事故发生的时间、断路器跳闸情况、保护动作情况。

（3）对保护范围内一次设备进行全面检查，对二次设备动作情况进行分析。

（4）参照事故录波信息，确定事故性质。如果判断确定是由于交流电流二次故障造成保护误动作，应申请调度将该差动保护退出运行，如果设备无其他主保护，应申请将该设备停止运行，并汇报主管部门进行专业检修。

3. 变压器过励磁保护误动作的处理

当由于电压互感器二次回路故障（断线、缺相、空气开关跳闸）或系统干扰，电压就会出现异常波动，甚至可能造成谐波分量增加、频率降低，变压器过励磁保护可能动作，变压器三侧断路器跳闸，应按下列步骤进行处理：

（1）记录事故信息，恢复事故信号。

（2）向调度汇报事故发生的时间、断路器跳闸情况、保护动作情况。

（3）检查另一台变压器的负荷情况，大型变压器不宜过负荷运行，如果变压器有过负荷现象，应按现场运行规程进行处理。

（4）申请调度退出变压器过励磁保护跳闸连接片，将已停电的变压器恢复供电。

（四）保护通信通道故障造成的事故处理

运行人员发现高频通道异常时，应立即汇报调度，并申请将已发出异常信号的该套保护高频部分保护退出运行，退出出口跳闸连接片，因为高频保护是靠两侧高频设备构成的保护，一侧异常另一侧运行高频保护则将可能出现误动。当由于高频通道故障已引起保护误动事故时，运行人员应按下列程序处理：

（1）恢复、记录事故信号。

（2）汇报调度：事故发生的时间、断路器跳闸情况、保护动作情况。

（3）检查本侧一次设备、二次回路，确定是线路故障保护正确动作还是误动作，运行人员可根据两套保护通道的对比，监控信息和保护信息进行判断，当判明是属于高频通道故障导致的误动作，应退出线路两侧保护装置的高频部分。申请调度对已停电的线路恢复供电。若系线路故障，保护正确动作，应按设备事故处理程序进行。通道因系统冲击或电压波动而告警，检查收发信机电源指示是否正常，装置本身有无异音、异味和明显故障特征。如果装置电源正常，无明显故障特征，应按下"复归"按钮恢复告警信号加强监视，保持继续运行。

（五）接线错误或误触端子的事故处理

1. 接线错误

二次回路接线错误一般为保护调试人员所致，如电流互感器、电压互感器极性接反，控制回路触点接错或存在寄生回路。

当二次回路接线错误已发生事故时，运行人员应按照事故处理原则进行处理，立即汇报调度及上级主管部门，通知专业人员前来处理，在专业人员未到之前，要积极采取隔离措施，防止事故进一步扩大，如退出相关保护、停用有关设备等。

2. 误触端子

由于调试工作人员或变电站值班人员的工作需要对有关电流端子进行短接，不慎将保护工作电流端子误短接，那么，在负荷较大或系统干扰情况下，可能造成保护误动作。这种情况，运行人员和调试工作人员认真分析检查，确认后，拆除已封端子，申请调度，对已停电的线路恢复供电。

（六）监控系统故障误合误分断路器的事故处理

1. 事故现象

（1）无人为操作断路器自动分闸，有监控系统断路器分闸的告警信息，无保护动作的信息和信号指示，故障录波器不动作。在后台机再次合上断路器时，断路器又自动分闸。

（2）无人为操作断路器自动合闸，有监控系统断路器合闸的告警信息，在后台机再次断开断路器时，断路器不再自动合闸（防跳回路起作用）。

2. 处理原则

（1）在发生误分误合故障的断路器测控装置间隔上，将操作转换开关切至"就地"位置，申请调度试合（试分）断路器。

（2）如果试合（试分）无效，在发生误分误合故障的断路器测控装置间隔上，断开监控系统电源（控制直流电源），再重新投入，再试合（试分）断路器。

（3）如果试合（试分）仍然无效，到断路器现场将操作转换开关切至"就地"，再试合（试分）断路器。

（4）如果试合（试分）还是无效，应通知专业人员前来查找处理。

三、二次设备事故处理危险点及预控措施

二次设备事故处理危险点及预控措施见表 ZY1300506003-1。

表 ZY1300506003-1 二次设备事故处理危险点及预控措施

事故类型	危险点	预控措施
继电保护及自动装置本身故障的事故处理	（1）损坏设备； （2）扩大事故； （3）误拉误合	（1）加强监护，认真进行综合分析，做出正确的处理方案。 （2）已故障的保护装置不得投入运行。 （3）退出已故障的保护，如果仍有正常保护，不得将一次设备退出运行。 （4）认真核对编号，在监护下进行操作处理
直流电源故障的处理	（1）直流短路电弧灼伤； （2）直流消失扩大事故	（1）加强监护，使用合格的绝缘工具，防止直流短路或多点接地。 （2）当直流电源消失时，应立即恢复
互感器二次回路故障造成的事故处理	（1）误碰造成运行回路故障； （2）二次损坏设备； （3）电压二次回路再次短路； （4）高压触电	（1）加强监护，认真进行综合分析，找准故障回路。 （2）处理故障时，对运行设备采取安全隔离措施。 （3）在高压一次设备为停电并做好安全措施前不得触及，保持安全距离
保护通信通道故障造成的事故处理	（1）通道设备损坏； （2）误动、误碰； （3）走错位置	（1）加强监护，工作时必须两人进行。 （2）不分析清楚，心中无数，不得进行试验。 （3）没有专业人员指导，不得对装置进行调试
接线错误或误触端子的事故处理	（1）重复事故或事故扩大； （2）误动、误碰	（1）认真分析研究，对照图纸和资料，准确分析其原因后，才能进行处理。 （2）加强现场监护，防止误碰到运行设备，必要时采取隔离措施

四、案例

案例 1：接线错误造成的事故及处理。

1. 事故现象

某日 9:18，A 变电站监控主屏发出事故总告警，微机故障录波器装置动作，3 号主变压器“保护动作”、“1QF 保护跳闸出口”光字牌，3 号主变压器三侧断路器跳闸。3 号主变压器保护 A 屏分相双跳操作箱“跳闸位置 A”、“跳闸位置 B”、“跳闸位置 C”、“Ⅰ跳闸启动”、“保护Ⅰ跳闸启动”、“Ⅱ跳闸启动”、“保护Ⅱ跳闸启动” 信号灯亮。保护 B 屏中压侧操作箱“跳闸位置”、“跳闸启动”信号灯亮；“合闸位置”信号灯灭；变压器保护装置：“保护动作”信号灯亮；报文信息：00ms 差动保护启动 CPU1、01ms 后备保护启动 CPU3、31ms 差动保护出口 CPU1、电流 0.615A，3 号主变压器三侧断路器跳闸。

2. 原因分析

在 3 号主变压器扩建安装时，将故障录波器电流端子与 3 号主变压器差动保护中压侧电流端子编号接反，工作人员工作（处理故障录波器缺陷）时，将对应的端子编号（其实是 3 号主变压器差动保护电流端子编号）短接，造成 3 号主变压器差动保护动作，三侧断路器跳闸。

3. 处理方法

（1）运行人员立即停止工作班工作，所有工作人员撤离工作现场。

（2）记录事故信息，恢复事故信号。监控系统发出。

（3）检查 3 号主变压器差动保护范围内一次设备无明显特征。

（4）运行人员和工作人员一道对 3 号主变压器差动回路进行检查，并对已封的电流端子进行核对，发现电流端子封错。

（5）向调度和上级主管部门进行汇报。

（6）经分析后拆除所封端子，申请调度恢复 3 号主变压器供电。

4. 预控及防范措施

（1）从现场技术方案审查、作业行为规范、现场安全管理等方面查找管理漏洞和安全隐患。

（2）利用秋检和停电机会认真组织开展继电保护和自动装置二次接线回路“六复核”的排查治理工作，对查出的问题和隐患及时落实整改。要求利用停电机会对各变电站主变压器的二次电流回路依据设计图纸对二次电缆两侧回路编号、电缆挂牌、TA 回路分配进行一次彻查，对存在的问题进行整改或采取相应的措施。

（3）要加强工作现场的安全管理和现场管控，作业前必须从现场勘察、“三措一案”的制定、危险点分析预控、工器具材料的准备、作业人员的调配等方面进行充分准备。特别是对在继电保护、自动装置二次电流回路开展的工作，作业前对相关设计图纸、技术资料、调试大纲进行熟悉。在作业前必须熟悉现场环境，对涉及工作范围的所有设备及二次回路进行仔细核查，制定翔实、符合现场实际、具有可操作性的施工方案及安全措施。

（4）对二次回路的施工、验收、定检等环节制定具体的工作措施和要求。进一步规范工程管理及设备验收工作，严把工程设计、施工、验收等环节，杜绝出现图实不符或编号错误等缺陷的再次发生。

（5）全面开展标准化作业，规范作业行为，对工程技术图纸审核交底、现场勘察、施工方案编制及两票三制执行、现场管控等全过程进行规范，开展保护专业人员尤其是新人员二次回路知识的集中培训，对二次回路工作及保护人员作业行为进行规范。

案例 2：保护电流二次回路故障的事故分析处理。

某 750kV 变电站，750kV 侧接线方式为 3/2 断路器接线，现有完全两串，一串为线一线串，另一串为线变串，第一串 7511、7512、7510 断路器运行，XL1、XL2 两条线路运行；第二串 7521 断路器运行带 XL3 线路运行，7522 断路器运行带 2 号主变压器运行，7520 断路器停电检修。

1. 事故简要情况

修试人员在 7520 GIS 检修时，没有从端子箱拆掉相关保护的电流端子，检修工作人员没有检查二次回路安全措施，就盲目进行检修，在拆除电流端子时没有进行包扎，结果造成 2 号主变压器差动保

模块 3 ZY1300506003

护的一根电流互感器电缆端头搭铁接地，与汇控柜工作接地点构成回路，在主变压器差动保护中产生不平衡电流，造成2号主变压器差动保护动作，7522断路器及三侧断路器跳闸事故。

2. 事故处理经过

运行人员立即停止现场工作，全部人员撤离现场，并向调度和上级主管部门做了汇报，后经专业人员现场调查分析，确定故障地点和性质，对修试人员已打开的电缆头进行处理包扎，并从端子箱拆除了该回路电流端子后，并对2号主变压器差动回路进行了核对检查无误，立即汇报调度，申请将2号主变压器投入运行。

3. 预控措施

（1）组织人员学习和落实有关规范、规定。

（2）在电流互感器有加压试验工作时，必须断开其二次通往主控的回路。

（3）断开的线头应进行绝缘包扎，防止短路接地。

案例3：保护试验，造成主变压器保护误动跳闸的分析处理

1. 事故现象

某日，某变电站1号主变压器RCS-978保护中压侧零序过电流保护动作跳开1号主变压器三侧断路器。

2. 事故处理经过

首先停止试验工作，询问和检查二次回路接线已全部断开，判断是由于保护调试引起的保护动作，立即汇报调度，申请退出1号主变压器RCS-978保护中压侧零序过电流保护，并将1号主变压器投入运行。

3. 检查分析

经检查分析，主变压器跳闸时，继保人员正在1号联络变压器ABB保护过负荷处理继电器告警缺陷，由于过负荷回路所在TA二次回路后级上接有1号主变压器RCS-978保护的330kV侧零序过电流保护，所以在试验前将该TA进行过负荷保护电流回路短接，并将其经过负荷回路的试验连接片断开。试验时从ABB保护屏上的330kV过负荷继电器背板加入试验电流。由于ABB保护屏上220kV侧过负荷回路的B相电流中间连接片爆裂，连接片中间固定螺钉卡在里面，目测已断开，但实际连接片内层没有脱开，造成上下端子间未完全隔离。当做过负荷试验通入电流时，试验电流通过连接片内层导通而引入到后级的RCS-978保护回路，造成1号主变压器RCS-978保护的330kV侧零序过电流保护动作。

【思考与练习】

1. 电流互感器二次回路开路如何判断处理？
2. 电压互感器二次回路短路有何危害，如何判断处理？
3. 保护装置直流电源故障有什么现象，如何进行处理？
4. 保护通道异常有什么危害，应如何处理？

第四十五章　复杂事故处理

模块 1　复杂事故一般分析（ZY1300507001）

【模块描述】本模块介绍变电站全站停电等复杂事故处理。通过类型介绍、原因分析、处理方法讲解、案例介绍，掌握准确判断故障点的方法和复杂事故的处理方法。

【正文】

在变电站发生的事故中，由于系统事故、输变电设备重发性事故等多种原因，有时候事故现象不是单一的某条线路或某一元件故障跳闸，运行值班人员经常会遇到复杂事故的处理。出现复杂事故时，往往造成的现象不是单一的，容易给运行值班人员事故处理造成一定的难度和困难。出现复杂事故后，要求运行人员通过各种现象综合分析、判断，并在调度的指挥下进行迅速正确的处理。

一、复杂事故常见类型

变电站常见的复杂事故有变电站全停事故、越级跳闸事故、重复性事故、保护重叠区内发生事故等。

（一）变电站全停事故

变电站全站停电是指该变电站各级电压母线转供负荷（不包括站用电）均降到零。

变电站发生全站停电时，应根据保护及自动装置的动作情况，监控主机信号，断路器动作情况，各电压、电流、有功、无功值的显示以及其他事故现象，如火光、爆炸声等进行综合分析判断，并采取相应的措施，不能以个别现象误判断为变电站全停。

（二）重复性事故

重复性事故是指线路发生单相接地故障，故障相断路器跳闸，重合闸动作，跳闸相断路器重合成功，在较短的时间内又发生单相故障的事故。

重复性事故按两次事故的时间可分为以下两种情况：

（1）两次事故时间小于重合闸充电时间（一般为15s）。

（2）两次事故时间大于重合闸充电时间。

（三）越级跳闸事故

越级跳闸事故是指当一次设备发生短路或其他故障时，由于断路器拒动或保护拒动，造成本级断路器不动作，而上级断路器跳闸，使停电范围扩大，故障影响范围扩大，从而造成更大的经济损失和影响范围。越级跳闸事故按照性质又可分为以下三种类型。

1. 线路故障越级

输电线路发生故障后，越级跳闸有两种情况：一种情况是若保护动作，断路器本身由于机构问题、压力低闭锁等原因断路器拒动，此时断路器失灵保护动作，跳开拒动断路器相邻的所有断路器；另一种情况是由于线路保护拒动，造成越级，相邻主变压器和线路保护动作，跳开相邻的主变压器和线路。

2. 母线故障越级

母线故障发生越级跳闸时，如果装有母线保护，母差保护拒动或断路器拒动，将引起上级断路器跳闸，一般由电源线对侧或者变压器后备保护动作跳闸。若母线未装设母线保护，在母线故障时，由变压器后备保护或电源线对侧跳闸，属于正确动作，不属于越级跳闸。

3. 主变压器故障越级

主变压器发生故障时，主保护拒动或断路器拒动，后备保护或上一级电源线路的后备保护动作切除故障。

（四）保护重叠区内发生事故

为了在设备发生故障时提高保护动作的可靠性，避免死区，对于3/2断路器接线的设备从保护范围上考虑有重叠区，在重叠区内设备故障时，一般由两种保护同时动作，将故障设备从系统中切除。

二、复杂事故常见现象

（一）发生变电站全停事故的现象

（1）主控室警铃、喇叭响，监控主机推出事故画面，有大量的报警信息出现，如各保护动作信息，断路器跳闸信息，交、直流系统异常等。

（2）各母线电压显示为零，各线路及变压器电流、电压、有功、无功均为零。

（3）全站照明灯熄灭。

（4）同一电压等级或不同电压等级的多台断路器同时跳闸。

（二）发生重复性事故的现象

（1）警铃、喇叭响，监控主机推出事故画面，跳闸断路器绿灯闪光，监控主机显示保护动作、断路器跳闸、故障录波器动作等信息。跳闸设备的电压、电流、有功、无功显示值为零。

（2）保护动作，故障录波器动作。

（3）若两次事故时间小于重合闸充电时间，则故障线路断路器在跳闸位置；若两次事故时间大于重合闸充电时间，则故障线路断路器在合闸位置，但保护动作两次。

（三）发生越级跳闸事故的现象

（1）主控室警铃、喇叭响。监控主机推出事故画面，跳闸断路器绿灯闪光，监控主机显示保护动作、断路器跳闸、故障录波器动作等信息。跳闸线路电压、电流、有功、无功指示为零，跳闸母线电压显示为零。

（2）保护动作，故障录波器动作。

（3）断路器跳闸。

（四）保护重叠区发生事故的现象

（1）主控室警铃、喇叭响。监控主机推出事故画面，跳闸断路器绿灯闪光，监控主机显示保护动作、断路器跳闸、故障录波器动作等信息。跳闸线路电压、电流、有功、无功指示为零，跳闸母线电压显示为零。

（2）母线保护和线路保护同时动作或同一串的两条线路保护同时动作，故障录波器动作。

（3）断路器跳闸。

三、复杂事故常见原因

（一）发生变电站全停事故的常见原因

（1）母线故障或断路器拒动造成变电站全停。

（2）继电保护误动造成变电站全停。

（3）系统发生事故造成变电站全停。

（4）运行人员操作不当或误操作造成变电站全停。

（5）严重的雷击事故及外力破坏造成变电站全停。

（6）外部电源消失造成变电站全停。

（7）变电站直流系统故障造成变电站全停。

（二）发生重复性事故的常见原因

（1）大风等原因引起线路故障。

（2）树枝搭接线路引起的线路故障。

（3）鸟粪、绝缘子脏污等引起的线路故障。

（三）发生越级跳闸事故的常见原因

1. 断路器拒跳

如断路器机械故障、控制回路故障、分闸线圈烧损、气体压力降低闭锁分闸、直流两点接地、断路器辅助触点接触不良等原因引起断路器拒跳。

2. 保护拒动

如保护装置内部故障、交流电压回路故障、直流回路故障等原因引起的保护拒动。

3. 保护定值不匹配

如上级保护整定值小或整定时小于本保护等引起保护越级动作跳闸。

（四）保护重叠区发生事故的常见原因

保护重叠区发生事故的常见原因为保护重叠区内的断路器内部故障。

四、复杂事故处理

（一）变电站全停事故的分析判断及处理

（1）发生变电站全停事故时，首先记录时间、现象，并将简要情况汇报调度及有关部门。在判断时不能单凭站用电源消失或照明全停而误认为变电站全停。发生变电站全停事故后，在有站用备用电源（如外接电源、站内柴油发电机等）的情况下，首先恢复站用电，如在夜间，应准备应急灯，开启事故照明，恢复站内照明，然后进行检查处理。

（2）检查直流电源是否正常。

（3）检查保护及自动装置动作情况，检查各母线、线路、变压器、电抗器等设备的电压、电流、功率等指示情况。

（4）检查全站一次设备动作情况，并将失压母线上的断路器断开。

（5）若经检查本站设备未发现异常情况，可能是系统发生事故所致，及时汇报调度，根据调度命令进行恢复供电。

（6）若经检查发现站内设备有故障，故障点可以隔离时，应立即进行隔离。隔离后，在调度命令下，进行无故障设备恢复供电的操作。

（7）多电源的变电站发生全停事故时，应立即将各电源间可能联系的断路器断开。双母线应优先断开母联断路器。

（8）当变电站有备用电源时，在判明不是本站设备故障引起的，经调度同意后可恢复备用电源供电。

（9）单电源的变电站全停时，应立即检查全站设备。确认不是本站事故时不得将主受断路器断开，应加强监视，当来电时立即恢复供电。

（10）无论多电源或单电源供电的变电站全停时，所有向用户供电的线路（线路末端无电源的），当保护没有动作的不应断开其断路器。除另有规定外（如停电后需经联系送电的线路）。

（11）多电源供电的变电站全部停电时，应注意防止各电源突然来电造成非同期合闸。

（12）变电站全部停电时，应在每组母线上均保留一个主要电源线路的断路器在合闸状态，以便判明是否来电。

（13）整理事故现象，并填写事故报告。

（二）重复性事故的分析判断和处理

当线路发生重复性故障时，值班人员应根据保护动作和断路器动作情况综合判断分析。处理线路重复性故障时的现象和线路发生单相永久性故障的现象从表面上看是一致的，因为断路器动作的现象是一样的，都是线路单相跳闸、单相重合、三相跳闸。在处理过程中一定要注意分析故障录波报告。当发生单相永久故障时，故障录波为1次报告，而发生重复性故障时，故障录波为2次。对于两次故障时间大于重合闸充电时间的重复性故障比较容易判断，因为，第二次故障重合闸仍会动作。发生重复性事故时，运行人员应按照以下步骤进行检查处理：

（1）立即将断路器跳闸情况及保护、自动装置动作情况准确无误地汇报调度，并派运行人员分别检查一次设备及保护、自动装置动作情况，经综合分析判断后将详细情况汇报调度，包括事故发生的时间、跳闸断路器的名称及编号、事故现象、保护装置及自动装置动作情况、负荷的转移情况、潮流变化、对周围其他设备的影响等。

（2）复归事故音响及闪光。检查保护、自动装置动作情况，经两人确认并做好记录，值班长允许后复归信号。

（3）检查站内其他运行线路的负荷情况。

（4）检查跳闸线路间隔内设备有无短路、闪络、爆炸、放电痕迹，有无导线断线、小动物爬入引起短路等明显故障现象，检查断路器、隔离开关、避雷器、绝缘子、引线上有无异物。

（5）根据检查结果进行分析判断：

1）如果故障录波为 1 次报告，且有保护后加速动作信息时，一般情况下属于线路单相永久性事故，按照单相永久性接地事故的处理方法进行处理。

2）如果故障录波为 2 次报告，同时断路器事故跳闸后重合成功，相隔几秒后再次故障，断路器三相跳闸，这种情况下属于线路重复性事故，应及时汇报调度后，进行隔离，等待专业人员检查处理后方可恢复供电。

3）如果故障录波为 2 次，且断路器在合闸状态，从动作信息中可以看出断路器单相跳闸，重合成功，相隔 15s 以后再次发生单相跳闸，重合成功，一般情况下属于重复性事故，但两次故障时间大于重合闸充电时间，此时应及时汇报调度，并检查站内设备，加强对站内设备和线路进行监视。

（6）将分析结果汇报调度和有关部门。

（7）应根据调度指令进行隔离或试送电的相关操作。

（8）事故后，值班长编写事故分析报告。

（三）越级跳闸事故的分析判断及处理

（1）将断路器跳闸及保护动作的简要情况汇报调度。

（2）立即派人检查一、二次设备动作情况，将保护及自动装置动作情况做好记录，并经两人确认后复归信号。

（3）经检查若属于保护动作，断路器拒动时，根据保护动作情况判断出故障线路或故障变压器，对相应故障设备进行仔细检查，进一步检查断路器拒跳的原因。重点检查断路器液压、气压值是否正常，断路器分闸线圈有无烧损痕迹、直流系统是否有接地等。

（4）经检查若无保护动作信号，应对所有母线和主变压器进行一次全面检查，根据事故现象判明故障的可能范围和原因。将失压母线上断路器全部断开，给失压母线充电正常后依次进行试送电，查出故障线路后进行隔离。

（5）将事故现象和检查结果详细汇报调度及有关部门。

（6）隔离拒跳断路器，拉开拒跳断路器两侧的隔离开关。

（7）恢复正常线路的供电。

（四）保护重叠区内发生事故的分析判断和处理

（1）立即将断路器跳闸情况及保护、自动装置动作情况准确无误地汇报调度，并派运行值班人员分别检查一次设备及保护、自动装置动作情况，经综合分析判断后将详细情况汇报调度，包括事故发生的时间、跳闸断路器的名称及编号、事故现象、保护装置及自动装置动作情况、负荷的转移情况、潮流变化、对周围其他设备的影响等。

（2）复归事故音响及闪光。检查保护、自动装置动作情况，经两人确认并做好记录，值班长允许后复归信号。

（3）检查站内其他运行线路的负荷情况。

（4）检查跳闸线路间隔内设备有无短路、闪络、爆炸、放电痕迹，有无导线断线、小动物爬入引起短路等明显故障现象，检查断路器、隔离开关、避雷器、绝缘子、引线上有无异物。

（5）根据检查结果进行分析判断。对于 3/2 断路器接线，如果某条线路保护动作出口的同时母线保护也动作出口，一般情况下属于母线侧断路器内部故障，对于完整串，若同一串的两条线路保护同时动作出口，一般情况下属于中间断路器内部故障所致。

（6）将分析结果汇报调度和有关部门。

（7）应根据调度指令进行将故障断路器从系统中隔离后，尽快恢复无故障设备的供电。

（8）事故后，值班长编写事故分析报告。

五、案例

案例 1：某 330kV 线路 A 相发生单相接地故障，监控主机发出线路保护动作、线路断路器 A 相跳闸、重合闸装置动作、重合成功的信息，经过 6s 后，线路 A 相再次发生单相接地故障，监控主机又一次发出线路保护动作、断路器三相跳闸的信息。经检查一、二次设备时发现线路两侧断路器三相均在跳闸位置，前后两次故障时线路保护均正确动作，故障录波器动作，故障测距和故障类型也一致，经综合判断分析，此次线路故障原因为重复性故障，在第一次线路发生 A 相单相故障，断路器 A 相跳闸后，重合闸动作 A 相重合成功，紧接着经过 6s 以后，线路又一次发生同样的故障，线路保护动作，A 相断路器跳闸，由于两次故障时间仅隔 6s，此时重合闸还没有充好电（一般需要 15s），重合闸不具备动作条件，直接进行三相跳闸。

案例 2：2008 年，某变电站在系统调试过程中，由于母线侧断路器内部故障，变压器保护和母线差动保护同时动作，造成母线失压、变压器三侧断路器跳闸。（接线图见图 ZY1300101001-6）

1. 系统接线及保护配置

（1）750kV 为 3/2 断路器接线，1 号主变压器运行，主变压器三侧断路器分别为 7512、7510、3321、3320、6601，750kV Ⅰ、Ⅱ母运行，750kV Ⅱ母上接有 7512、7522、7532 断路器。

（2）1 号主变压器配置 SGT752、RCS-978 主保护，750kV Ⅱ母配置 WMH-800A、RCS-915E 母线差动保护。

2. 事故现象

（1）警铃、喇叭响。

（2）监控主机打出 1 号主变压器 SGT752 差动保护动作出口，RCS-978 差动保护动作出口，750kV Ⅱ母 WMH-800A 母线差动保护动作出口，RCS-915E 母线差动保护动作出口，7512、7510、7522、7532、3321、3320、6601 断路器跳闸的信息。

（3）1 号主变压器 SGT752 差动保护动作出口，RCS-978 差动保护动作出口，750kV Ⅱ母 WMH-800A 母线差动保护动作出口，RCS-915E 母线差动保护动作出口。故障录波器动作。

（4）7512、7510、7522、7532、3321、3320、6601 断路器跳闸。

（5）主变压器故障录波器动作，故障测距为 0km。系统冲击，站内其他故障录波器均启动。

3. 事故处理过程

（1）恢复音响，汇报调度 1 号主变压器 SGT752 差动保护动作出口，RCS-978 差动保护动作出口，750kV Ⅱ母 WMH-800A 母线差动保护动作出口，RCS-915E 母线差动保护动作出口，7512、7510、7522、7532、3321、3320、6601 断路器跳闸。详细情况待检查后详细汇报。

（2）立即派人分别检查一次设备及保护动作情况。1 号主变压器 SGT752 差动保护液晶显示差动保护动作出口，RCS-978 差动保护显示差动保护动作出口，750kV Ⅱ母 WMH-800A 母线差动保护显示差动保护动作出口，RCS-915E 母线差动保护显示差动保护动作出口。主变压器故障录波器动作，故障测距为 0km，故障相别为 AN。一次设备：7512、7510、7522、7532、3321、3320、6601 断路器跳闸，其他设备均正常。

（3）从保护范围可以看出，Ⅱ母母线差动保护与主变压器差动保护同时动作，两者重叠的保护范围为 7512 断路器两侧 TA，由此可以判断故障点在 7512 断路器内部。并将以上详细情况汇报调度和有关部门。

（4）做好记录，经两人确认后恢复所有信号。

（5）根据调令将 7512 断路器转为检修。

（6）恢复 750kV Ⅱ母及 1 号主变压器正常运行。

（7）经专业人员检查分析，故障原因为 7512 断路器 A 相内部屏蔽罩对外壳放电造成。经更换后恢复正常供电。

【思考与练习】

1. 变电站发生全停事故的常见原因有哪些？

2. 变电站发生全停事故的现象是什么？

3. 如何判断重复性事故和单相永久性事故？

4. 发生越级跳闸事故的原因有哪些？如何处理？

模块2 复杂事故处理注意事项及危险点预控分析（ZY1300507002）

【模块描述】本模块介绍各种复杂事故处理过程中的注意事项、危险点及防范措施。通过要点归纳讲解、列表分析，掌握复杂事故处理及危险点预控分析，掌握针对不同问题制定事故预案和反事故措施的方法。

【正文】

在变电运行值班工作中，发生复杂事故的概率并不是很高，一旦发生复杂事故，将会引起大面积停电，后果也非常严重，发生复杂事故时，运行值班人员应及时组织进行正确处理，同时要掌握好处理复杂事故的关键点和注意事项，并做好危险点分析和预控工作，保证及时迅速、准确无误的处理好复杂事故。

一、复杂事故处理过程中的注意事项

（一）发生复杂事故时保证站用电源

变电站发生复杂事故时，应首先设法保证站用电源的正常供电。若失去站用电源，可能导致失去操作电源、通信调度电源、变压器冷却系统电源，将使事故处理更加困难，若不能及时恢复站用电源，会使事故范围扩大，甚至损坏设备，所以，应首先保证站用电源的正常供电。

（二）根据事故现象准确判断事故性质和故障范围

（1）发生复杂事故时，往往伴随着多种事故现象，要做出准确判断，必须抓住各种事故现象的特征，运行人员要通过监控主机事故报文、光字、保护及自动装置动作情况、一次设备的动作情况全面分析、综合判断出事故性质和故障范围，防止因漏看事故现象而造成误判断，扩大事故或延误恢复供电。

（2）运行人员应熟悉本站设备健康状况，熟悉保护配置、保护范围及动作后果，当发生复杂事故时应根据现象和保护范围及时准确的判断出故障性质和位置。

（3）发生复杂事故后，为了及时、准确地作出判断，应立即派两组人员分别检查一、二次设备，每组人员派两人进行，将事故报文、装置面板灯等信号检查记录齐全，经两人确认无误后方可复归事故信号。

（4）事故处理过程中，运行人员应保持良好的心理状态和清醒的头脑，应沉着冷静，防止误判断或误操作造成扩大事故。

（5）发生复杂事故后无论断路器重合与否，必须到现场逐一检查一次设备的状态，不能单凭监控主机断路器变位信息作出断路器分合状态的判断，必须以实际检查状态为准。

（三）限制事故发展和扩大

（1）发生事故后，若发现对人身或设备安全有直接威胁的设备时，可不待调度命令，直接将威胁人身或设备安全的设备停电。

（2）事故紧急处理的操作，应注意防止系统解列或非同期并列。

（3）通过事故现象判断出故障点后，应尽快将故障点隔离。

（4）对于两台变压器或双回路，在其中一台变压器事故跳闸或一条线路事故跳闸后，应及时检查另一台变压器或另一条线路的负荷情况，防止因过负荷造成事故扩大。

（四）事故处理及恢复供电过程中防止误操作

（1）事故处理过程中防止误入间隔或误拉、合断路器。在发生复杂事故时，运行值班人员往往由于处理设备较多，心里慌乱，容易误拉、合断路器等设备，应在操作前简单列出操作步骤进行操作，防止凭记忆或判断操作而造成误操作。

（2）一次设备发生跳闸后，对应二次设备的操作（如退出重合闸、复归操作把手等）及复归信号等操作必须在两人确认无误后进行。

（3）故障设备隔离后恢复供电的操作属于正常操作，运行值班人员必须在值班调度员的命令下持正规的操作票进行，不得无票操作。

（4）运行值班人员在恢复供电操作时要分清故障设备的影响范围，对于经判断无故障的设备，有条不紊地依次恢复供电，对故障范围内的设备，先隔离故障，然后恢复供电，防止故障处理过程中的误操作导致事故范围扩大。

二、复杂事故处理的危险点及预控措施

复杂事故处理的危险点及预控措施见表ZY1300507002-1。

表ZY1300507002-1　　复杂事故处理的危险点及预控措施

序号	危险点	预控措施
1	误动、误碰运行设备	（1）事故跳闸后值班长应派熟悉设备、有经验的值班员进行检查设备。 （2）事故处理过程进行检查、倒闸操作时，必须两人及以上进行，其中一人监护。 （3）检查人员应正确着装，带齐所需工器具。 （4）设备事故跳闸后，不得将设备无电压作为设备停电的依据，不得接触设备导电部分，不得误动其他运行设备
2	人身触电	（1）检查设备时，不得进行其他工作，不得移开、越过、拆除遮栏进行工作。 （2）没有做好安全措施以前，人员不得触及停电设备，以防突然来电造成人员伤亡。 （3）检查设备时应与带电设备保持足够的安全距离，66kV—1.5m，330kV—4.0m，750kV—7.2m
3	发生事故时，单人处理或未及时汇报	（1）发生设备事故时，应及时汇报。 （2）处理复杂事故时，应在调度指挥下进行，采取相应措施，不得擅自处理。 （3）检查、处理复杂事故时应由两人同时进行
4	擅自改变设备状态	（1）禁止擅自改变设备状态。 （2）事故处理过程中，非特殊情况下的重要操作必须得到值班调度员的同意后方可进行
5	登高检查设备，如登上断路器机构平台检查设备时，感应电使人员失去平衡，造成人员碰伤、摔伤	检查应由两人进行，并互相关心、提醒
6	夜间检查，造成人员碰伤、摔伤、踩空	夜间事故处理应打开事故照明灯、户外照明灯
7	事故处理时对故障设备再次送电，造成损坏设备或扩大事故	（1）发生事故后必须对事故范围内的设备进行认真巡视检查，包括保护范围内的全部一次设备、引线、断路器的实际位置、故障设备及波及范围内的设备等。 （2）发生设备事故时，在未查清故障原因和故障点前不得进行合闸送电。 （3）发现有故障的设备应首先进行隔离。 （4）故障设备隔离后的每一步处理过程应申请调度同意。 （5）发生越级跳闸，故障点不明确时，对停电设备送电应从上至下逐级试送，送电过程有异常时立即停止，再次对设备进行检查。 （6）试送电时发现故障设备，应对故障点进行隔离后再进行送电
8	随意动用设备解锁钥匙	事故处理过程中使用解锁钥匙时，严格按照解锁钥匙使用规定履行手续，并在双重监护下进行解锁操作
9	事故处理中出现谐振过电压损坏设备	应避免用带断口电容器的断路器切带电磁式电压互感器的空载母线
10	拖延执行值班调度命令造成事故扩大或停电时间延长	处理事故时，值班人员应迅速执行值班调度的命令。如有异议应及时提出，若值班调度人员坚持，应立即按照调度命令执行
11	交、接班过程中发生事故时现场混乱	（1）交接班期间若发生事故时，则应由交班人员负责处理，由接班人员协助。 （2）处理事故时，交班值班长有权召集当班人员或接班人员到现场协助处理事故，被召集的人员不得拖延或拒绝。 （3）处理事故时与事故处理无关的工作人员，不应进入发生事故的地点和主控室内，已进入的，值班人员有权令其退出
12	误判断	（1）不能单凭变电站站用电源消失或全站照明全停而误认为变电站全停。 （2）线路发生重复性事故时的现象和线路发生单相永久性事故的现象从表面上看是一致的，都是线路单相跳闸、单相重合、三相跳闸。当发生单相永久故障时，故障录波为1次报告，而发生重复性故障时，故障录波为2次

【思考与练习】

1. 复杂事故处理过程中的注意事项有哪些？
2. 复杂事故处理过程中的危险点是什么？应如何防范？

第八部分

班组管理

第四十六章　变电站安全管理

模块1　变电站安全目标及各级人员安全责任制（ZY1300601001）

【模块描述】本模块介绍变电站安全目标管理的概念，实施步骤及要求。通过概念描述、管理步骤详细介绍、要点讲解，了解如何结合目标管理对各级人员安全责任进行层层分解，确立各级人员安全责任，树立岗位安全责任理念。

【正文】

变电站安全目标管理即变电站围绕企业全年安全目标，制定变电站年度安全目标，并结合各级人员安全责任职责，对安全目标层层分解，各级人员围绕本层目标，做好实施计划并定期检查评估，完成好各岗位安全目标，从而保证变电站整体安全目标的实现，所以变电站安全目标管理与各级人员安全责任制是相辅相成的，是变电站安全管理有效的方法及手段。

一、变电站安全目标管理

（一）安全目标管理的概念

目标管理是电力企业推行的一种现代化管理方法，安全目标管理就是其在安全工作中的具体应用。电力生产企业安全目标管理就是首先调动全体员工共同将一定时期内应该完成的安全工作任务转化为安全总目标，然后将其分解到各部门、各工区、变电站各班组和各层级职工的分目标，以明确彼此的安全责任、职责及工作成果，企业员工每个人应根据既定的目标自我控制、自觉工作，管理者依靠这些目标体系来计划、指导、协调和控制安全工作，定期进行检查评价，并及时对安全目标执行情况信息反馈，从而确保企业安全总目标的实现。实行安全目标管理，是为了充分启发、激励、调动全体职工在安全生产中的责任感和创造力，深刻体现安全生产纵向到底横向到边全方位管理理念，有效地提高企业及变电站整体安全管理水平，保障变电站长期稳定运行。

对于变电站，站长是安全第一责任人，对本站的安全生产工作和安全生产目标全面负责。各运行班、运行值班员应对照自己的安全职责，做到责任分担，并实行下级对上级的安全生产逐级负责。

（二）安全目标管理的步骤和要求

安全目标管理遵循闭环原则，用螺旋上升的计划、实施、检查和总结4个步骤（即PDCA）循环进行，见表ZY1300601001-1。

表ZY1300601001-1　安全目标管理执行表

P（计划）			D（实施）					C（检查）					A（总结）
编号	目标	目标值	序号	措施	负责者		要求完成日期	检查时间（季）				检查者	总结要求
					责任者	配合者		一	二	三	四		

1. 计划（P阶段）

企业年度安全管理的总目标是制定变电站安全管理目标的基本依据，即变电站安全目标管理的分目标必须服从企业安全管理的总目标。

确定的变电站安全目标要符合实际，要注重目标的先进性、可比性、综合性并与相应措施协调。

一般应突出重大事故、事故异常障碍频率、合格率等方面指标。在保证重点目标的基础上，还应做到次要目标对重点目标的有效配合。

在变电站安全总目标的基础上，各班组及员工对目标进行层层分解，班组成员应根据每个成员实际情况，如安全意识、业务技术水平、制度熟悉情况、所管辖设备的实际状况等制定出自己的年度安全目标和措施。

变电站安全目标的内容主要包括：

（1）变电站总安全目标。

（2）员工个人安全工作目标。

（3）事故、障碍、异常控制目标。

（4）劳动环境与劳动条件治理后作业场所达标率提高目标。

（5）事故隐患整改完成率目标。

（6）现代化科学管理方法应用目标。

（7）安全标准化班组达标率目标。

（8）安全性评价目标。

（9）各项具体工作的安全目标等。

安全目标管理体系及安全管理网络如图 ZY1300601001-1 所示。

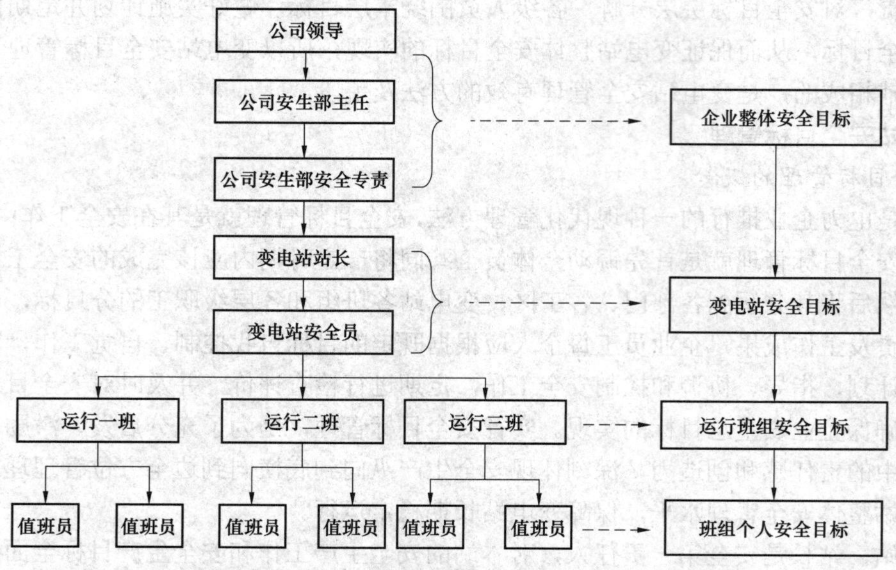

图 ZY1300601001-1 安全目标管理体系及安全管理网络示意图

2. 实施（D 阶段）

要保证安全管理目标的实现，必须有相应的实施措施计划，即提出问题和解决问题。措施体系是安全目标落实的保证，措施体系就是安全措施（包括组织保证措施、技术保证措施、管理保证措施等）的具体化、系统化。

措施的主要方面有：

（1）落实各级安全生产责任制。

（2）安排和组织全员安全培训，提高职工安全技术素质。

（3）编制、修订各类安全管理制度。

（4）在年度设备检修、操作等工作中落实安全技术措施项目。

（5）定期进行各类安全检查，及时消除事故隐患。

（6）开展事故预测，提高防事故能力。

（7）确定危险岗位，管理危险设备。

（8）完善各种安全措施等。

保证措施的落实在整个目标管理中的作用很大，关系到目标管理的最后结果。所以，措施的制订要越往下越具体，要有质量、时间等方面的要求，并尽可能做到定量化、细分化。

安全目标体系与措施体系的关系，就是所制定的目标要有具体的安全对策来保证，并要做到目标自上而下层层分解，措施自下而上层层保证。把企业及变电站内部上一层次管理目标细分和上一层次保证措施具体化，便形成下一管理层次的目标，直至形成个人目标，见图 ZY1300601001-2。例如：公司全年安全目标其中有不发生人员责任事故，结合到变电站层面可以制定为不发生误操作事故（作为不发生人员责任事故的一种），运行班组可细化为杜绝误操作，具体到值班人员可制定为不发生操作违章。

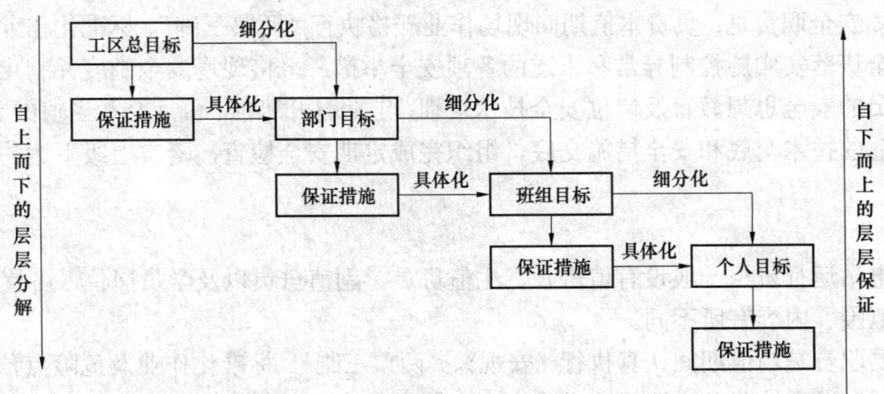

图 ZY1300601001-2　安全保证体系

3. 检查（C 阶段）

目标实施中应定期或不定期进行自我检查和指导性检查，畅通信息反馈渠道，及时纠正不当措施，协调工作接口关系，必要时可按规定提出修正目标方案等具体做法，对实现目标的过程加以控制，确保目标的最终实现。

4. 总结（A 阶段）

这是目标管理的最后阶段，应该依据管理初期上级批准颁发的目标，对变电站、班组及其成员实现的目标进行全面检查、比较、分析、总结，找出经验，找出不足，将成功的经验和惨痛的教训都纳入规程或规范中，使经验标准化、制度化，以便在下一轮循环中改进。与此同时，还要把安全管理目标执行情况与奖惩挂钩，更好地激励变电站全体成员参与安全目标管理，不断提高变电站安全管理水平。

二、变电站岗位安全生产职责

岗位安全生产职责就是把安全生产责任按不同职务级别、不同工作岗位落到实处的具体行动规则，具体体现“安全生产，人人有责”。

1. 站长

变电站安全生产的好坏关键在站长。站长既要组织全站人员完成生产任务，又要保障本站全体人员在生产过程中的安全。站长不仅要有高度的安全责任意识，熟练掌握生产技术，以身作则，模范遵守安全规章制度，还要团结教育全站人员牢固树立“安全第一”的思想，认真贯彻安全生产责任制，形成人人注意安全、个个关心安全的局面。

站长是变电站的安全第一责任人。其主要安全职责是：根据上级年度安全目标组织制订本站年度安全目标计划措施，控制轻伤和障碍、控制异常和未遂，层层落实安全责任，确保全年安全目标的实现；负责组织实施上级下达的“两措”计划实施，组织开展安全性评价、安全检查及重要或大型作业项目安全措施的制订，落实现场各项规章制度的执行；每月定期组织召开安全分析会，做好岗位安全技术培训及年度《国家电网公司电力安全工作规程》（简称《安规》）考试工作；负责安全检查活动的落实及奖励处罚，分析本站发生事故及事故整改落实等。

2. 安全员

750kV 变电站设有专职安全员（有些站安全员与技术员也即运行专责合二为一，称技安员），安全员是站长在安全方面的助手，也具有与站长相似的职责权力。

专职安全员安全职责是：在站长领导下负责变电站安全管理工作，具体负责变电站现场安全监督管理，提出和编制年度“两措”计划，督促检查班组开展安全活动；协助站长开展季节性安全检查、月度安全分析，监督安全教育培训计划落实及组织《安规》考试，负责检查本站“两票”及“三措”、危险点分析预控执行及督促班组做好本站安全用具、消防、交通、特别作业人员、重大危险源、特种设备的安全管理等。

3. 值班长

值班长是运行当值期间安全第一责任人，负责当值期间生产现场人身和设备安全责任，责任重大。

值班长具体安全职责是：负责本值期间现场作业严格执行“两票三制”、标准化作业及危险点预控等措施，组织全班落实实施控制异常和未遂的各项安全举措，严格现场安全制度并制止违章违纪；负责做好全班人员的安全思想教育及岗位安全技术培训，定期召开班前、班后会和当值的班组安全活动，负责现场作业前的技术交底和安全措施交底，组织完成定期安全检查，落实上级下达的各项反事故技术措施等。

4. 值班员

750kV 变电站运行班组一般设有值班长、主值班员、副值班员以及学员岗位，各岗位安全职责根据其岗位职责范围、内容有所不同。

值班员主要职责是当值期间认真执行《安规》、“两票三制”、标准化作业及危险点预控，认真执行设备巡回检查制度发现缺陷及时汇报，完成好变电站安全检查所分配的工作等。

【思考与练习】

试述岗位安全职责和全年安全目标责任制的关系。

模块2 变电站季节性安全检查及日常安全管理 (ZY1300601002)

【模块描述】本模块介绍现行的春季、冬季（秋季）安全大检查及班组日常安全活动的检查内容、方法及要求。通过综合描述、要点讲解，掌握班组安全大检查内容、方法及要求，做好班组日常安全管理。

【正文】

季节性安全大检查是为了保证人身和设备安全，减少季节性事故，保障电网安全而开展的变电站综合性安全检查，是全年安全目标管理实施过程中检查阶段的一个重要环节。

常规的安全大检查有春季安全大检查和冬季（秋季）安全大检查。班组中还有日常安全检查。

一、季节性安全检查

春季安全检查和冬季（秋季）安全检查，目前已成为国家电网公司安全管理的一项常态工作，每年定期进行。

1. 安全大检查方法

季节性安全大检查作为电网企业一年当中的重大安全活动，上级部门会根据企业内外的安全形势及季节特点，明确企业年度季节安全检查的主题、内容等，并自上而下层层动员在企业内部全面开展。

变电站应结合上级要求及本站实际，制订相应的自查计划。自查计划应详尽安排自查的项目及内容，要分工明确、责任到人并限定完成时间。针对查出的隐患能整改的应立即安排整改，对一时无法完成整改的，应组织制订详细的防范措施及反事故预案，并同时积极协调汇报上级部门抓紧安排整改。

2. 安全大检查内容

安全大检查的主要内容是以查思想、查规章制度、查设备、查安全教育及“两措”落实等为主，具体内容企业会根据整体安全形势进行安排，每年主题会有不同侧重。

查思想主要以检查各级人员安全生产意识为重点，检查员工工作责任心有无明显下降、现场是否存有违章等。

查规程制度执行情况主要查《国家电网公司电力安全工作规程》（简称《安规》）、“两票三制”等规程规定的执行情况，监察评价规章制度是否有效执行等。

查设备主要是检查生产设备和设施安全运行情况和安全工器具使用管理等。

查安全教育方面主要有检查各级人员《安规》考试情况，查新进人员、实习人员、调岗人员三级教育及合同工、临时工的安全教育是否进行等。

春季安全检查内容除上述几方面外，还应结合迎峰度夏特点，查防雷、防暑降温、防电气绝缘受潮、防洪、防汛、防台风，查低频减载、“五防”闭锁装置投入等。冬季（秋季）安全大检查内容除上述内容外还应结合季节特点，查防火、防小动物措施落实情况，查设备设施防寒防冻、防滑跌、防卷轧、防污染事故，查外力破坏情况等。

二、日常安全检查

为做好安全检查，变电站可以在日常安全检查中按上述内容滚动检查。

1. 安全日活动

安全日活动是变电站班组安全管理的一项重点工作，它不仅是变电站安全工作的有机组成部分，也是班组开展安全分析的基本形式。活动内容主要是学习上级各类安全文件、安全工作规程及相关安全规章制度，检查本班组“两票三制”执行、现场违章情况并根据查出的问题及时安排整改等。

2. 班前班后会

班前会是运行班组上班前对本值工作进行安排的一个会议，在安排工作任务的同时，班组长会根据当天的工作任务，结合本班组的人员状况、设备运行条件、现场环境及天气情况等强调安全注意事项。班后会是在下班后由班组长主持召开的一次班组工作小结会，以讲评的方式，在总结、检查生产任务完成情况的同时，总结、检查安全工作，并提出改进意见。

【思考与练习】

1. 试述春季安全检查和冬季（秋季）安全检查内容有何差异？

2. 在班组日常安全管理中，为实现“安全生产，人人有责”，如何结合岗位职责做好安全管理工作？

模块3　变电站“两票”管理（ZY1300601003）

【模块描述】本模块介绍变电站操作票、工作票管理办法。通过概念描述、管理流程介绍、要点归纳讲解，掌握变电站“两票”填写、审核、签发、许可、执行、结束、评审、归档及分析等各环节要求，做好变电站“两票”管理。

【正文】

变电站工作票、操作票俗称“两票”。“两票”管理应遵守《国家电网公司电力安全工作规程（发电厂和变电站电气部分）》（简称《安规》）和《国家电网公司变电站运行管理规范》中的有关规定。

一、“两票”管理的一般要求

（1）工作票是电力企业在变电站现场进行工作的一项保障安全的组织措施。按工作管理组织要求，有工作票签发人、工作票许可人以及工作负责人。

（2）操作票制度是变电站现场倒闸操作设备的一种制度，按要求有操作人、监护人、发布操作命令的调度职责角色之分。

（3）工作票签发人、工作负责人（监护人）、工作许可人及操作人、监护人名单应每年由变电站上报本单位安全监察部门审查并以文件形式公布。调度员由调度下文公布。

（4）“两票”管理首先要把好执行前的审核关，考核重点应放在执行过程中，严禁无票作业、无票操作。

（5）“两票”的保存期至少为1年。

二、工作票管理

（1）工作票必须按《安规》相关规定进行严格管理，必须使用《安规》规定的统一格式，使用前第一、二种工作票分别按顺序、按月编号，一个年度内不能有重复编号，例如：××变电站 2007 年 9 月第一张票编为××变 200709001。

（2）第一种工作票应事先（最迟前一天）通过传真、网络传送到变电站，但传真的工作票许可应待正式工作票到达后履行。第二种工作票和带电作业工作票可在进行工作的当天预先交给工作许可人。

（3）变电站运行人员接到工作票后，应根据工作任务和现场设备实际运行情况，认真审核工作票上所填安全措施是否正确、完善并符合现场条件，如不合格，应返回工作票签发人，不受理该工作票。

（4）运行人员审核工作票合格后，核实现场情况，完成施工现场的安全措施，并在工作票“补充工作地点保留带电部分和安全措施”栏和“备注”栏内填写相应内容，经核对无误后，方能办理工作许可手续。

（5）工作许可人应按以下要求办理工作许可手续：

1）会同工作负责人到现场再次检查所做的安全措施，核对设备实际位置，对具体的设备指明实际的隔离措施、接地措施，证明检修设备确无电压。

2）对工作负责人指明带电设备的位置和工作过程中的注意事项。

3）和工作负责人在工作票上分别确认、签名。

4）完成上述许可手续后，工作班方可开始工作。

（6）工作间断时，工作班人员应从工作现场撤出，所有安全措施保持不动，工作票仍由工作负责人执存。间断后继续工作，无须通过工作许可人。每日收工，应清扫工作地点，开放已封闭的道路，并将工作票交回值班人员。次日复工时，应征得工作许可人的许可，取回工作票，工作负责人必须事前重新认真检查安全措施是否符合工作票的要求后方可工作。若无工作负责人或监护人带领，工作人员不得进入工作地点。

（7）工作票执行中，运行人员有权对照工作票所列安全要求对现场进行抽查，发现问题有权向工作负责人提出令其改进，必要时可以令其停止工作。

（8）工作票执行后加盖“已执行”章。

（9）已执行的工作票一份由变电站保存，每月由专人统一整理、统计、收存，另一份由作业单位收存。已执行的工作票一般要保存 1 年，对于引发安全事故的错误工作票应长期保存。

（10）对每月执行的工作票，安全员应利用月度安全生产会对全体运行人员进行分析，并提出改进意见，隔一段时间集中将工作票执行中存在的问题反馈上级部门，便于上级安检部门协调检修单位共同改进，不断提高工作票管理水平。

三、操作票管理

（1）操作票必须按《安规》相关规定进行严格管理。倒闸操作必须由两人进行，一人监护、一人操作。

（2）除事故处理、拉合开关的单一操作、拉开或拆除全站唯一的一组接地开关或一组接地线外的倒闸操作，均应使用操作票。事故处理后的恢复操作应使用操作票。

（3）倒闸操作票使用前统一按月、按页编号，每个变电站在一个年度内不得使用重复号，操作票按编号顺序使用。

（4）操作票应根据值班调度员或值班负责人下达的操作指令填写。调度下达操作指令时，应准确、清晰，必须使用双重名称（设备名称和编号）。发令人和受令人应先互报单位和姓名，变电站值班长接令时应认真进行复诵，发布和受令的全过程双方都要录音并做好记录，操作人员（包括监护人和操作人）应了解操作目的和操作顺序。对指令有疑问时应向发令人询问清楚，无误后执行。

（5）变电站根据调度下达的操作任务填写操作票时，操作任务及指令号应明确。

（6）操作票规定由操作人填写。特殊情况下，要使用前一班值班人员填写的操作票时，接班的操作人员必须认真、细致地对填写好的操作票进行审查，确认无误后，由操作人、监护人、站长签字后执行。大型或复杂操作（如倒母线、旁代出线、主变压器停送电等），上一级生产管理人员必须认真审核操作票并到现场进行操作监护。

（7）操作票字迹应清楚，票面应整洁，不得涂改。倒闸操作票按《安规》统一格式执行。

(8) 操作票内必须填明发令人、受令人、发令时间，调度及调令号必须核对无误、填写清楚。

(9) 操作票在执行中应认真执行规范化操作，不得颠倒顺序，也不能增减步骤、跳项操作，操作人在操作过程中不得有任何未经监护人同意的操作行为。

(10) 执行后的操作票应统一收存，按月进行整理、统计、审查，审查人将审查情况填写在操作票封皮上并签名。

(11) 一份操作票只准填写一个操作任务。

【思考与练习】

试述“两票”管理流程。

模块4　变电站作业危险点分析及安全性评价 (ZY1300601004)

【模块描述】本模块介绍安全性评价及作业危险点分析的概念，危险点分析控制方法及防范措施等内容。通过概念描述、要点归纳讲解、示例介绍，掌握安全性评价的基本方法和过程。

【正文】

危险点分析预控是通过对电力作业中的危险点进行分析，查找出作业危险源，并依据相关安全法规制度，研究、制订可靠的防范控制措施并落实在具体的作业当中，从而使得各类电力作业达到安全可控、在控的一种手段。

安全性评价是综合运用安全系统工程的方法对电力系统中的生产设备、劳动安全与作业环境、安全生产管理三大系统的安全性进行度量和预测，对系统存在的危险性进行定性和定量分析，确认其发生危险的可能性及严重程度，从而提出必要的措施，实现系统事故率最低、事故损失最小和安全投资效益最优目标的一种管理方法。

本模块对变电站开展的危险点预控分析及安全性评价予以介绍。

一、危险点分析与控制

（一）基本要求和步骤

1. 基本要求

危险点分析预控是一种对作业危险点进行提前预测和预防的理性思维方法。基本要求有以下五点：

(1) 点清源明，把握正确。首先要了解设备结构功能及运行情况，并且明确作业任务、维护项目或操作目的，以各种安全规程及各类标准为指南，分析辨识危险点。对分析出的危险点位置应具体，范围清晰，危险等级及发展趋势正确。

(2) 善于总结，加强预见。把分析的对象指向即将开始的作业，通过分析，分清危险点的主次，切入关键点，加大管理力度或投入可靠的设施，使主要危险点得到控制，次要危险点得到监视。

(3) 认真辨识，区别同异。在开展危险点分析活动时，做到具体情况具体分析。特别要注意分析同类作业或相同操作的危险点，要分析和把握有可能出现的新的危险因素。根据现场环境、人员等条件的不同，在同类作业或相同操作中考虑这些差异。

(4) 循规蹈矩，切实可行。控制危险点必须在安全制度指导下，遵循危险点控制原则，提出符合规定、满足目标要求及切实可行的控制措施。

(5) 突出各类安全工作规程的指导和指南作用。安全工作规程是前人血和生命教训及事故经验的总结，各类设备的技术标准及上级部门发布的反事故措施条例等也是指导现场各类作业、防止发生设备事故进行危险点预控分析的依据。

2. 基本步骤

(1) 根据过去的经验教训，以及本次作业任务、人、物、环境等实际情况，应用安全系统工程学方法，绘制事故树或鱼刺图、危险分析预测图等分析、预测、辨识危险点。

(2) 查清危险源，找全危险因素。

（3）识别转化条件，即研究危险因素转变为危险状态的触发条件和危险状态转变为事故的必要条件。

（4）划分危险等级，排列出先后顺序和重点，以便突出重点、照顾一般地加以分级控制。

（5）制订作业危险点控制对策表，制订控制事故预防措施，确定负责落实控制措施的单位和人员，并且必须监督到位，做到有的放矢。

（6）作业中按照作业危险点分析控制情况进行客观地总结，以便正确掌握和不断完善。

（二）原则及常用措施

1. 原则

在对作业进行危险点分析预控时应遵循以下原则：

（1）本质安全原则。本质安全是指设备、设施或技术工艺含有内在的能够从根本上防止发生事故功能的安全。它通常是设备、设施和技术工艺本身固有的，是在设计、选型、制造、安装、验收各个环节中采用各种技术手段来实现的。对于本质安全方面存在的危险点，应结合技术改造彻底消除。如多氯联苯电容器有剧毒，则可以更换改用别的无毒电容器；防误闭锁装置不完善，则加装微机防误装置等，以彻底根除危险点。

（2）屏护、屏蔽原则。屏护是指采用绝缘材料，设置现场警告牌，加装围栏、隔离挡板、遮栏等方法，把危险点与外界隔绝开来，以防止人体触及或接近而造成危害。如安全帽便是运用屏蔽安全防护技术原理制作的。

（3）降低危害程度原则。对于无法隔离的危险点，又无法采用其他方法预防时，应设法使危险点产生的危害程度降低到可以接受的水平。如在有毒有害物质泄漏的场所工作时，除了增加必要的通风设施外，工作人员都应戴防毒面具和呼吸器。

（4）取代、停用原则。对于一些从技术上难以改造或从经济上考虑不值得改造的危险点，可以采用自动控制机器人代替取代操作，或者停用设备来加以防范。

（5）以人为本原则。实施控制危险点时必须高度重视人的因素，坚持以人为本。应根据员工的生理、心理、素质、技能等实际情况，在生产作业中合理安排，防止由于人员分配不当，在施工中产生危险点。如对于急速、比较复杂或难度较大的工作必须由能胜任的人员担任。

（6）提高执行力原则。据统计，电力系统90%以上的事故是违章造成的。因此，提高法规制度的执行力是预控危险点成功与否的关键之一。在变电站现场各类作业中要严格执行《安规》和“两票三制”。对在施工或操作过程中可能产生工作人员行为不当的危险点，必须以安全法规制度为指南和依据，从强化执行力着手加以防止。

（7）补充防护的原则。对于一些短时间尚未改造和消除的危险点，在开工前应根据现场实际情况采取切实可靠的安全措施。如施工现场照明不足，应加装临时照明设施；通风不良，应增加临时通风设施等。

（8）能量控制、释放原则。所谓控制能量，就是通过规定和实施极限量，把能量的增长或释放控制在允许的安全范围内，以避免造成伤害。如在具有易爆气体的场所，应该使用密闭防爆型照明灯，其电压不应超过安全电压，工作行灯不应超过12V。

释放能量，就是采取一定的技术手段，把能量的增长或释放控制在允许的安全范围内，以避免造成伤害的过程。比如电能有通过人体流入大地而使人遭受电击的潜在危险，为此人们经常采用保护接地等措施，来进行保护。

2. 常用措施

（1）技术措施。预控危险点的技术措施有围板、栅栏、护罩、隔离、遥控、自动装置、安全闭锁装置、紧急停止、夹具、非手动装置、双手操作、断路、绝缘、接地、增加强度、遮光、改造、加固、变更、防护用品、警告标志、通风换气、照明、封堵等。

（2）管理措施。预控危险点的管理措施有：强化现场监督，建立安全流动岗哨，严格执行安全规程制度，认真落实安全责任制，坚持安全呼应确认制如“操作前确认”、“开工前确认”、“危险作业安全确认”，积极实行标准化作业，对事故责任者实行心理治疗和强化技能培训，奖优罚劣，加大安全技能、事故演习训练力度，积极开展安全教育培训活动等。

（3）教育措施。预控危险点的教育措施是积极开展全员参与的辨识与预控危险点活动。具体要求如下：

1）集中作业班组全体员工智慧，人人动脑、动手，要求班组每位成员都必须明确作业中有哪些危险点，以及如何消除和控制这些危险点的措施。

2）培养全体人员自觉地遵守安全规程、现场运行规程等标准的良好习惯，提高班组成员辨识、控制和排除危险点的整体能力。

3）组织全体人员学习辨识、控制和排除危险点的基础知识。

4）建立变电站正常的作业危险点分析预控制度，使危险点分析预控作为变电站所有作业工作中的一个必要程序、关键环节坚持常态开展。

5）为开展好这一活动，上级单位应定期对变电站班组长和班组安全员进行培训，结合本站实际情况，将常规作业中常规危险点及预控方法建立卡片写入标准化作业指导书中。

（三）危险点分析预控中应注意事项

（1）对作业展开危险点分析及预控，目的是弥补现行工作票、操作票制度中所列安全措施在作业全过程各个环节的不足以及满足作业中动态变化的安全要求，是现行工作票、操作票制度必要的补充和加强，不能忽视。

（2）为达到控制作业中危险因素的目的，应熟悉和掌握作业项目危险点的分析方法并正确分析，做到危险点分析准确，措施严密，职责明确，并不断提高现场作业标准化、规范化的管理水平。

（3）针对作业中的危险点制订的预控措施，必须符合现场实际，做到针对性和可操作性强，并符合安全规程、专业技术工艺规程及反事故措施等有关规定。

（4）为使作业危险因素控制措施能认真贯彻执行，防止走过场，与作业相关的各级人员都必须认真履行安全职责，做到责任到位，以确保作业全过程安全地进行。

（5）个人在作业前、作业中应针对危险点预控随时做好自我安全检查、自我安全思考及应急思考，通过以下自我提问思考的方式，随时保持安全警觉，从而保障个人自身安全。

1）自我提问思考之一。作业过程中，危险点在哪里？比如什么物会发生移动、回转、弹起、坠落、滑落、折断、可能来电、倾斜、倒塌、燃烧、泄漏等。

2）自我提问思考之二。作业过程中，危险点被控制情况如何？它们会不会使自已被夹住、烫伤、辐射、被卷入、被物打击、坠落、反弹、掩埋、跌倒、刺伤、触电、压伤、烧伤、窒息、中毒、倾覆等而受到伤害。

3）自我提问思考之三。万一发生危险点转变为事故时，应思考“应该怎样做”“应该这样做……”，做好危险应急对策，提高应变能力。

（6）参加作业的人员应持有安全资格证，实习人员和临时工必须经安全教育和《安规》学习考试合格，否则不得参加作业。对实习人员、临时工的现场作业要加强监护和指导。

（四）具体示例

变电站设备巡视、倒闸操作及设备维护作业中常见的危险点示例如表 ZY1300601004-1 所示。

表 ZY1300601004-1　　变电站常见危险点示例

序号	危险点及其后果	预控措施
一、设备巡视中危险点		
1	误碰、误动、误登运行设备，造成触电及保护开关误动	两人巡视，建立巡视设备制度，加强运行人员对巡视制度的学习及执行力（在巡视制度及安全规程中明文规定，巡视设备时严禁工作。现场任何工作都应严格执行工作票制度）
2	擅自打开设备网门，擅自移动临时安全围栏，擅自跨越设备固定围栏，造成触电或改变工作范围	
3	发现缺陷及异常时未及时汇报，造成处理不及时	提高运行人员业务素质及工作责任心
4	擅自改变检修设备状态、变更工作地点安全措施，造成检修现场人员、设备伤害	严格履行“两票三制”及变电站安全工作规程，加强现场监督，施行现场安全监督流动哨
5	登高检查设备，如登上开关机构平台检查设备时，感应电使人员失去平衡，造成人员碰伤、摔伤	两人巡视，对所有机构平台进行普查，对普遍隐患安排整治。对所有机构外壳接地进行检查

续表

序号	危险点及其后果	预 控 措 施
6	检查设备机构气泵、油泵等部件时，电机突然启动，转动装置伤人	制定设备机构内部检查作业指导书，规范此类工作。检查时视情况断开电机电源
7	高压设备发生接地时，保持距离不够，造成人员伤害	两人巡视，巡视应遵循着装要求，着绝缘靴并带对讲机。运行人员掌握跨步电压概念，会自行处理。不接地系统巡视应严格走巡视小道
8	在继电室使用移动通信工具，造成保护误动	保护室张贴禁用移动通信工具标示。保护屏柜门（屏蔽门）关好，进入小室应交出移动通信工具
9	雷雨天气，靠近避雷器和避雷针，造成人员伤亡	雷雨天气应穿绝缘靴，雷雨天原则上禁止巡视；若有必要，应由有经验的运行人员进行。避雷器、避雷针附近可作安全提醒
二、倒 闸 操 作		
1	线路或主设备由停电检修转热备用或运行时，断路器控制熔断器及保护装置电源未上电即行操作，发生误操作使误操作事故失去保护	严格执行操作票流程，典型操作票及微机“五防”闭锁中流程上将此两项操作置前，并将此项操作写入操作票内
2	高频保护投入运行时，未检查装置，装置通信选择在“调试”而不在“运行”位置，可能造成高频保护发生误动或拒动	操作二次前后应对装置进行检查，确认装置完好且各旋钮位置正确，并应两侧进行通道测试无误后方可继续下一步操作。并将此操作项完善到典型操作票中
3	隔离开关操作失灵时，未检查相关闭锁回路设备状态，强行操作，可能造成带负荷拉合隔离开关	熟悉“五防”及电气闭锁原理，发生隔离开关失灵时，检查闭锁回路状态，确认该回路断路器确已断开（无电流且断路器实际位置在分）后，再拉合隔离开关并做好事故预想
4	隔离开关瓷柱根部裂纹，操作时瓷柱断裂，就地操作时设备掉落伤人	注意操作站位，执行规范化操作
5	保护装置校验后需要做传动的二次工作，因疏忽，传动时误投入启动公共回路保护压板，造成传动时公共保护动作运行设备跳闸	在检修开关失灵保护或启动母线差动压板退出并摘下时做必要的红色提示
6	保护装置或自动装置在进行复归时，该复归按钮复位时可能引起装置误动作	在装置复位钮旁贴有醒目的说明并有防误碰的措施
7	“五防”锁因检修后，挂锁混乱	应在安全活动中定期对所有挂锁定期进行检查。挂锁上应有设备编号
8	使用不合格或不合适的验电器造成人员伤亡	（1）操作前认真检查验电器的电压等级、试验日期及蜂鸣器等，确保验电器合格。 （2）严禁随意沿地平放验电器，以免使验电器受潮。 （3）对验电器进行定期烘干，进行防潮维护。 （4）操作前检查验电器完好后用清洁干燥的软抹布将操作杆擦干净，以防止闪络、爬电等现象。 （5）验电器应存放在阴凉、通风、干燥处，若长期不使用，应将电池取出
三、设备维护作业中危险点		
1	主变压器通风电源切换，操作不当引起跳闸	制定主变压器通风切换作业指导书，经审核后，作业时参照执行
2	蓄电池充放电隔离操作时，造成直流失电	将直流系统倒换操作各种方式列入典型操作票内，按操作票要求进行管理；充放电步骤应写详细的作业指导书，并经审核批准参照执行
3	清扫二次线引起保护误动	编制清扫二次线作业指导书，并针对具体作业要有应急措施或预案
4	断路器机构加热维护（或放水打压等维护工作）时，误动其他元件（如三相不一致强跳继电器等元件）造成断路器跳闸或分合闸闭锁	机构内重要元件应贴警示。此类维护工作应严格执行作业指导书制度
5	更换小室照明，措施不力，造成人员摔跌撞击保护引起跳闸（或工具等掉落屏顶端接小母线引起跳闸）	此类作业应严格执行作业指导书制度，对梯子展放、作业人员工具袋等应针对下部保护屏柜位置有专门要求，必要时应在屏柜顶部用绝缘隔板覆盖
四、工作票许可、验收工作危险点		
1	装设有双接地开关的隔离开关，当单台断路器检修而线路运行时，由于操动机构布置距离很近，容易发生误操作	对线路侧地刀与断路器侧地刀采用不同的标示，警示操作及检修人员注意
2	站用变压器检修时误合低压侧进线隔离开关对检修变压器返送电，威胁检修人员安全	低压进线开关及隔离开关处悬挂“禁止合闸，有人工作”标示牌，在进线隔离开关断口间放置绝缘隔板
3	当联络线停电检修工作结束，而除本变电站有工作外，线路及对侧变电站也有工作，在未得到调度明确情况下，在本站工作结束后即拉开所有地刀（包括线路地刀），使线路工作或对侧工作失去安全技术保护甚至供电造成人员伤亡	对检修工作任务必须明确，在线路地刀及线路供电开关悬挂“禁止合闸，线路有人工作”标示牌。此类工作应明确在现场规程中，变电站站内所有停电检修工作应在工作申请、许可、结束阶段，必须征得调度的同意。联络线上有工作的，工作许可及工作结束应以调度下令为准

续表

序号	危险点及其后果	预 控 措 施
4	设备检修后验收项目不全，有重要项目漏项	执行标准化验收卡制度，按卡验收
5	新装或更换后的电流互感器上部一次接线端子朝向不正确，产生保护死区极性问题	新装或更换后的电流互感器应注意其上部一次接线端子朝向，严格按说明书及相关标准要求进行验收检查
6	新装或更换后的电容式电压互感器（CVT）δ端子悬浮，造成CVT损坏。应检查其二次端子盒内末屏接地，对于不通信或保护载波设备的CVT，应根据说明书要求检查不接载波设备的端子必须连接并接地	新装或更换后的电容式电压互感器应检查其二次端子盒内末屏接地，对于不通信或保护载波设备的CVT，应根据说明书要求检查不接载波设备的端子必须连接并接地
7	对于110kV及以上采用电容式结构油纸绝缘的套管，末屏未接地，悬浮致使套管损坏（包括主变压器套管）。试验后的互感器二次接线恢复错误，造成变比错误或开路等	对于110kV及以上采用电容式结构绝缘的（包括主变压器套管），必须检查其末屏接地。试验后的互感器应注意检查二次接线恢复情况

二、安全性评价

1. 简述

安全性评价是应用系统工程的思想，将企业分成生产设备系统、劳动安全与作业环境、安全生产管理三大系统及子系统并进行细分对照标准及技术规范查评打分，对三方面通过打分并进行评价，对安全管理进行全过程的预防管理。

评价推进工作的基本方式和周期是要求企业结合安全生产实际，以2～3年为一个周期，按照“评价、分析、评估、整改”的过程循环推进，即按照该标准开展自评价和专家评价，对评价过程中发现的问题进行定性和定量的原因分析、评价及预测，并根据评价结论对问题采取综合安全措施予以整改和控制，然后在此基础上进行新一轮的循环。

企业开展安全性评价时，变电站要积极参加、配合，发现的问题及早整改。

2. 示例

由于安全性评价的具体内容篇幅较多，本模块将评价中变电一次设备中主变压器“生产性设备安全评价”标准分值样例表列于表ZY1300601004-2中，其他不作过多介绍。

表 ZY1300601004-2　变电站安全评价样表

序号	评 价 项 目	标准分	查评方法	评分标准及办法	得分
2	生产设备安全性评价	6300			
2.1	变电一次设备	1610			
2.1.1	主变压器和高压并联电抗器	310			
（1）	油的色谱分析是否合格；220kV级及以上油中含水量是否合格；330kV及以上油中含气量是否合格	35	查出厂、交接和预防性试验报告	超周期半年、微水及含气量超出注意值扣分20%～50%；色谱超出注意值未查明原因不得分；严重超出加扣2.1.1分的30%	
（2）	油的电气试验（包括击穿电压、90℃的介质损耗）	10	查阅试验报告	超周期扣分20%～50%，任一项不合格不得分	
…					
2.1.2	整体运行工况	90			
（1）	上层油温是否超出规定值；温度计及远方测温装置是否准确、齐全，并定期校验	15	查最大负荷及最高运行环境温度下运行记录；现场检查	温度计不准，无远方测温装置扣分10%～20%；油温超出规定值不得分，并加扣2.1.2分的10%～20%	
（2）	套管引线接头处是否进行远红外测温	15	查红外测试记录（或查示温蜡片融化情况）	超温未处理不得分，并加扣2.1.2分的30%	
…					
2.1.3	主要部件技术规范	70			
（1）	铁芯是否存在多点接地现象；绕组有无变形	15	查阅有关试验记录报告，大修记录总结	任一缺陷不消除不得分；问题严重加扣2.1.3分的10%～30%	
…					
2.1.4	专业管理及技术资料	50			

续表

序号	评 价 项 目	标准分	查评方法	评分标准及办法	得分
(1)	每年是否有变压器运行分析专业总结	10	查报告	无报告不得分	
(2)	交接出厂试验报告及有关图纸是否规范、齐全、完整，有无突发性短路试验报告及短路能力计算报告	10	查阅有关资料	不规范扣分 20%～50%；严重短缺、不完整、不齐全不得分	
…					

【思考与练习】

1. 预控危险点个人采取的措施有哪些？自我应急思考有哪些好处？
2. 简述供电企业安全性评价工作开展周期及工作。

模块 5 变电站“两措”计划（ZY1300601005）

【模块描述】本模块介绍“两措”概念、编制依据及执行的方法。通过概念描述、编制依据及方法讲解，能够结合变电站实际编制执行“两措”计划。

【正文】

“两措”是指反事故措施和安全技术劳动保护措施，是电力企业集中力量解决安全生产中重大安全隐患的一个重要手段。“两措”计划的项目必须是以反事故为目的，有具体行之有效的措施，经济上可行的重点项目，不能泛泛地把一切安全工作都归入“两措”计划。“两措”计划一定要针对性强，抓住重点，关键是要抓好反事故措施落实工作。通过“两措”计划的编制执行，可以实现有计划、有重点、有系统地组织开展反事故斗争，提高安全生产水平。变电站每年应编制上报反事故措施计划和安全技术劳动保护措施计划。

一、“两措”计划的作用

电力企业通过“两措”计划的编制执行，可以有以下几方面的作用：

（1）有利于各级领导针对安全生产中的薄弱环节，抓住其关键问题，组织各方面力量，以解决影响设备安全、人身安全的缺陷和隐患。

（2）有利于促进上级各职能部门及各车间、班组人员认真分析不安全情况，研究、掌握事故规律和安全生产上的主要薄弱环节，防止特大、重大和频发性事故发生。

（3）有利于各级领导和安全监察人员对重点反事故工作的监督和实行群众监督。

二、编制依据

“两措”计划的编制依据主要有：

（1）国家颁布的劳动保护法令、规章、标准以及国家电网公司颁发的《电力工业技术管理法规》、《国家电网公司电力安全工作规程》、《国家电网公司十八项反事故措施》、各种反事故指示和安全生产通报等。

（2）本企业及外企业人身伤亡事故报告、设备事故报告中的预防事故重复发生的对策和障碍报告提出的预防措施。

（3）本单位的安全分析、日常检查及安全大检查中运行、生产、检修、修造、安装工作中为保证安全生产的总结材料。

（4）本单位安全性评价发现的问题及整改措施。

（5）设计、制造单位提供的改进建议和同类型设备的事故教训。

（6）各种试验报告及其他有关反事故技术资料。

（7）国内外在安全生产上的先进经验、各级劳动部门颁发的反事故措施对本单位反事故工作有实际意义的措施。

三、编制方法

各变电站及运行公司应在编制年度大修、更新改造工作计划之前，由企业总工组织安监、生技部门会同各工区、变电站及保线站提出年度“两措”计划的重点，然后由工区、变电站领导按照重点要求，再组织本单位的班组长提出本单位的年度“两措”计划，经企业的安监部门会同生技部门汇总，由总工程师平衡，经公司领导批准后执行。

四、“两措”计划的主要内容

1. 反事故措施计划主要内容

（1）上级颁发的反事故技术措施和要求完成的反事故措施。

（2）有关本单位事故、障碍、异常情况的防止对策。

（3）设计制造单位的改进建议和同类型设备的事故对策。

（4）生产设备上存在的重大缺陷和隐患，由于某种原因不能消除需采取特殊措施处理及设备老化需更新的措施。

（5）为增强安全生产可靠性，采取新技术装备，或对设备系统改进需增装备用设备和联锁装置等。

（6）编制、修改规程制度及举办的专业技术学习班和特殊工种训练班等，群众提出的有关安全生产方面的合理化建议等。

2. 安全技术劳动保护措施计划内容

（1）防止人身伤亡事故的技术保险项目，如增装防护装置、信号装置、保险装置等。

（2）防止职业病和职业中毒所采取的措施项目，如排尘、降温、降低噪声和振动等。

（3）增加和补充安全工器具，如安全带、验电笔、行灯、绝缘杆及检修工作票中使用的各种警告牌、地线和链锁等。

（4）改变危险工作和改善繁重劳动的机械化、自动设备装置项目。

（5）有关工业卫生方面的房屋建筑和设施项目，如现场淋浴室、女工卫生室、热饭室、更衣室。

【思考与练习】

简述编制反事故措施和安全技术劳保措施计划的依据。

模块6　变电站防误闭锁管理（ZY1300601006）

【模块描述】本模块介绍变电站防误闭锁装置配置原则及要求，运行维护方法及正确操作。通过选用及配置原则介绍、管理方法详细讲解，使值班人员能定期对变电站防误装置正确维护。

【正文】

防误操作闭锁管理装置（简称防误装置）应实现防止误分、误合断路器（或隔离开关），防止带负荷拉、合隔离开关（或手车开关），防止带电（挂）合接地线（接地开关），防止带接地线合断路器（隔离开关），防止误入带电间隔（高压开关柜或间隔式配电装置有网门，柜门或网门应带有闭锁）的要求，简称“五防”。

凡有可能引起误操作的高压电气设备，均应装设防误装置，装置的性能和质量应符合产品标准和有关文件规定。新设计的配电装置必须具有性能和质量符合要求的防误装置，对不符合要求或设计的，在设计审核时应及时提出。新设计的变电工程中采用的防误装置和操作程序，必须经运行单位审查并做到与主设备同时投运。

本模块就防误装置选用、配置及运行维护等予以介绍。

一、防误装置的选用

（1）防误装置机构应简单、可靠，操作维护方便，尽可能不增加正常操作和事故处理的复杂性。

（2）成套的高压开关设备防误装置，应具有机械联锁或电气闭锁。

（3）防误装置应满足所有配电设备的操作要求并与所配用设备的操作位置相对应。

（4）防误装置应不影响断路器、隔离开关等设备的主要技术性能（如合闸时间、分闸时间、速度、操作传动方向角度等）。

（5）防误装置所用的直流电源应与继电保护、控制回路的电源分开，使用的交流电源应是不间断供电电源。

（6）防误装置应做到防尘、防异物、防锈、不卡涩，户外的防误装置还应具备防水、耐低温性能。

（7）防误装置应有专用钥匙进行解锁。

（8）“五防”功能中可采用语言或者信号等提示性方式。

（9）变电装置改造加装防误装置时，应优先采用电气闭锁方式。

（10）对使用常规闭锁技术无法满足防误要求的设备（或场合），宜加装带电显示闭锁装置达到防误要求。如GIS设备，750、500kV出线无法直接验电的设备。

（11）采用计算机监控系统时，远方、就地操作均应具有电气“五防”闭锁功能。断路器和隔离开关电气闭锁回路，直接用断路器和隔离开关的辅助触点上传信号。

二、防误装置的配置

（1）回路有网门时，应设“防误入带电间隔的闭锁”。

（2）回路无网门时，可不设“防误入带电间隔”闭锁。

（3）无网门又无接地开关时，可只设“防止误拉合断路器（隔离开关）闭锁”及“防止带负荷拉、合隔离开关闭锁”。

（4）高压开关柜，间隔式的进出线回路应满足五种防止电器误操作功能，户外间隔不考虑误入带电间隔。

（5）站用变压器、电压互感器和避雷器的隔离开关应与网门联锁，电容（抗）器室的网门与断路器和隔离开关应有联锁，没有联锁的应挂机械锁。

（6）配电装置有电显示装置是实现防止带电误合线路侧（或主变压器侧、母线侧）接地开关（接地线）的有效措施，应予以使用。有电显示闪光器作为高压有电的提示性装置，亦应纳入防误装置范畴内管理。

三、防误装置的运行管理

（1）“五防”装置必须与变电站一次设备同步投入运行，严禁变电站设备无“五防”闭锁装置运行。新、改、扩建变电站必须在初设审查、施工交底、竣工验收等阶段，同步检查“五防”设计、安装是否完善，以确保设备带“五防”闭锁同步投入运行。

（2）已运行的变电站应根据其设备接线和布置情况，对已有的“五防”闭锁装置制订完善计划或方案，报上级安监部门、总工程师批准实施。

（3）所有运行人员应熟悉防误装置的相关管理规定及实施细则，要求掌握防误装置的原理、性能、结构，对闭锁装置应做到会操作、会维护，定期技能培训及考试应有防误装置方面的内容。新上岗的运行人员必须进行使用防误装置的培训，并经考试合格。

（4）防误装置的设备主人为变电站运行人员，运行人员应负责巡视、验收及日常维护工作。一般每月一次，春、秋大检查工作结束后检查一次。

（5）在倒闸操作中，闭锁装置发生故障无法操作时，应立即停止操作，并及时报告变电站内运行值班负责人或站长。在用万用钥匙解锁时，应按相关管理规定要求履行手续，在变电站安全员或站长的监护下解锁，并作好记录。变电站管理人员或主管部门应不定期地督促检查变电站内防误装置管理规定的执行情况。

（6）防误装置的维护、检修工作应列入设备的检修项目中，防误装置在维护、检修工作结束时运行人员同样应验收合格才能投入运行，故障的防误装置必须修复后才能投运。

（7）防误装置整体停运必须经由运行公司总工程师批准并报有关部门备案，方能退出，同时，要采取相应的防止电气误操作的有效措施，并加强操作监护。

（8）防误装置的缺陷管理应与主设备的缺陷管理同等对待。当防误装置失灵时，应立即用机械锁代替，严禁主设备无任何防误措施运行。

（9）防误装置主机不能和办公自动化系统合用，严禁与因特网互联，网络安全要求等同于电网二次系统实时监控系统。

（10）防误装置的解锁工具（钥匙）或备用工具（钥匙）应有保管制度，电磁、电脑“五防”的解锁钥匙必须按规定封存，由运行人员妥善保管，不准外借。

（11）当“五防”装置确因故障处理和检修工作需要，必须使用解锁工具（钥匙）时，应遵守解锁规定，并加强监护，做好相应的安全措施，在专人监护下使用，并作好记录。

（12）变电站应按要求设立变电站内的防误装置台账，每年检查变电站内防误装置状况，并书面上报“五防”完善计划。

（13）变电站内应按规定的要求和现场情况，制定现场“五防”装置运行规程及解锁细则，并及时对“五防”装置使用情况及缺陷在月安全活动中定期分析。

四、万用钥匙解锁的管理

（1）运行中电气设备的各种闭锁装置任何人不得擅自解锁。操作中“五防”闭锁发生故障需要解锁时，应经站长同意，并将开封使用人、同意人、原因、时间、地点等登记在“五防”闭锁记录簿上，方可开启钥匙箱领取解锁钥匙，使用后交站长继续封存。

（2）运行人员不准随身携带解锁钥匙。解锁钥匙应放在专用箱内封存好保管，作为每次交接班内容之一，按值移交。

（3）操作中必须解锁操作时应做到以下几点：

1）操作人、监护人发现防误装置失灵，应停止操作并立即向安全员或站长汇报，经安全员或站长会同操作人、监护人，检查断路器实际位置及与此操作设备有联锁、闭锁关系的设备实际状态，确认解除装置不会发生误操作，才可向站长申请使用防误解锁钥匙进行操作。

2）当站长同意使用防误解锁钥匙进行操作时，值班长应在解锁操作记录簿上作好记录。

3）操作人和监护人使用防误解锁钥匙进行操作时，应再次检查设备实际位置，认真核对铭牌，防止发生走错间隔及未经确认设备状态而发生误操作事故。解锁操作只允许在站长批准的设备范围上进行。

（4）操作结束后监护人将防误解锁钥匙交还值班长，值班长应将防误解锁钥匙装入专用箱内封好，按值移交，并将防误装置缺陷输入变电站缺陷库，汇报运行主管部门。

【思考与练习】

使用万用钥匙解锁有何管理要求？

模块7 变电站安全工器具管理（ZY1300601007）

【模块描述】本模块介绍变电站安全工器具的管理、配置标准、试验检验、保管存放以及使用要求。通过概念描述、列表说明、要点归纳讲解，掌握在实际生产中安全工器具的使用。

【正文】

变电站安全工器具是在变电站现场开展带电或停电状态下各类作业的重要辅助工具，其先进程度是保证企业安全生产、提高生产效率的一个重要因素。安全工器具的质量还关系到劳动者生命安全和设备安全。因此，强化安全工器具管理是变电站安全管理工作中的一个重要内容。

变电站应遵照《国家电网公司安全生产工作规定》的要求，配足电力安全工器具，并应制定电力安全工器具的管理细则，明确分工，落实责任。

一、安全工器具的管理

对变电站的电力安全工器具从购置、保管、使用到报废应实施全过程管理；变电站应建立电力安全工器具管理台账，要做到账、卡、物相符，试验报告、检查记录齐全；运行人员应定期做好安全工器具的日常检查、维护、保养及定期试验工作，变电站应对站内运行人员进行有关安全工器具使用技能的培训，运行人员应能正确使用安全工器具并严格执行相关规定；电力安全工器具应根据其试验周期，定期送交有资格的测试单位进行试验。

二、安全工器具的配置

变电站各类安全工器具的配置应以变电站设备电压等级、站内设备类型及数量等，以不影响站内工作且有一定裕度（可轮试）的原则考虑配置。具体配置可参考表ZY1300601007-1。

表 ZY1300601007-1　　　　变电站安全工器具配置

序号	工具名称（单位）	750kV 变电站			330kV 变电站			110kV 变电站			35kV 变电站	
		750kV	330kV	66kV	330kV	110kV	35kV	110kV	35kV	10kV	35kV	10kV
1	绝缘手套（双）	4			3			3			2	
2	绝缘靴（双）	4			3			3			2	
3	绝缘操作杆（套）		2	2	2	2		2	2		2	
4	验电器（只）		2	2	2	2		2	2		2	
5	接地线（组）	6	8	6	6	8	6	8	6		6	4
6	工具柜（个）	4（智能、普通各 2）			3（智能 1、普通 2）			1（普通）			1（普通）	
7	安全带（副）	10			8			6			6	
8	安全帽（顶）	10			10			8			6	
9	绝缘梯（架）	4（人字、平梯各 2）			4（人字、平梯各 2）			3（人字 1、平梯 2）			2（人字、平梯各 1）	
10	防毒面具（套）	4			4			3			2	
11	登高板（副）	2			2			2			2	
12	SF_6 气体检漏仪（套）	1（GIS 站和室内有 SF_6 开关站）			1（GIS 站和室内有 SF_6 开关站）			1（GIS 站和室内有 SF_6 开关站）				
13	接地线架（套）	1（20 格）			1（20 格）			1（14 格）			1（10 格）	
14	标示牌（禁止合闸，有人工作！）（块）	20			15			15			10	
15	标示牌（禁止攀登，高压危险！）（块）	30			20			15			10	
16	标示牌（止步，高压危险！）（块）	30			20			10			10	
17	标示牌（在此工作！）（块）	20			15			15			10	
18	标示牌（禁止合闸，线路有人工作！）（块）	20			15			15			10	
19	红布幔（块）	10（2.4m×0.8m）			8（2.4m×0.8m）			6（2.4m×0.8m）			4（2.4m×0.8m）	

三、安全工器具的试验及检验

（1）各类安全工器具必须进行国家和行业规定的型式试验、出厂试验和使用中的周期性试验，并作好记录。

（2）应进行试验的安全工器具如下：

1）规程要求进行试验的安全工器具。

2）新购置和自制的安全工器具。

3）检修后或关键零部件经过更换的安全工器具。

4）对安全工器具的机械、绝缘性能发生疑问或发现缺陷时。

5）对同批安全工器具出了质量问题的安全工器具。

（3）试验及检验周期、标准及要求应符合原《电力安全工器具预防性试验规程（试行）》,《国家电网公司电力安全工作规程（变电站和发电厂电气部分）（试行）》,《国家电网公司电力安全工作规程（电力线路部分）（试行）》等。

（4）试验或检验后，在合格的安全工器具上（不妨碍绝缘性能且醒目的部位）粘贴试验或检验合格标签，注明试验或检验人员、日期及有效期限。

（5）安全工器具的电气试验和机械试验应委托有资质的试验机构进行。

四、安全工器具的存放

（1）绝缘安全工器具具备条件时应存放在能保持温度−15～35℃，相对湿度 50%～80%的智能型安全工器具柜内。安全工器具应分类统一编号，定置存放。

（2）绝缘杆应垂直存放，架在支架上或悬挂起来，但不得贴墙放置。

（3）绝缘挡板应放置在干燥通风的地方或垂直放在专用的支架上。

（4）绝缘罩使用后应用干燥清洁的棉布擦拭干净，装入包装袋内，放置于清洁、干燥的架子上或专用柜内。

（5）验电器应存放在防潮盒内，置于安全工器具柜。

（6）核相器应存放在干燥通风的专用支架上或者专用包装盒内。

（7）脚扣应存放在干燥通风和无腐蚀的室内。

（8）橡胶类绝缘安全工器具应存放在封闭的柜内，上面不得堆压任何物件，更不得接触酸、碱、油品、化学药品或在太阳下暴晒，并应保持干燥、清洁。

（9）防毒面具的过滤剂有一定的使用时间，一般为30～100min。过滤剂失去过滤作用（面具内有特殊气味）时，应及时更换。

（10）正压式空气呼吸器压力降低时，应及时充气。

（11）遮栏绳、网应保持完整、清洁无污垢，成捆整齐存放在安全工具柜内，不得出现严重磨损、断裂、霉变、连接部位松脱等，遮栏杆外观醒目，无弯曲、无锈蚀，排放整齐。

（12）带电作业工器具应存放于通风良好、清洁干燥的专用工具房或自动烘干的智能型安全工器具柜内。工具房门窗应密闭严实，地面、墙面及顶面应采用不起尘、阻燃材料制作。室内的相对湿度应保持在50%～70%。室内温度应略高于室外，且不宜低于0℃。

（13）带电工具房应配置湿度计、温度计，抽湿机，辐射均匀的加热器，足够的工具摆放架、吊架和灭火器等。

（14）带电工具房进行室内通风时，应在干燥的天气进行，并且室外的相对湿度不得高于75%。通风结束后，应立即检查室内的相对湿度，并加以调控。

（15）有缺陷的带电作业工具应及时修复，不合格的应予以报废，严禁继续使用。

（16）屏蔽服存放要用专用箱子。洗涤时不得揉搓，避免断丝。

五、安全工器具的使用

1. 安全帽

（1）安全帽的使用期，从产品制造完成之日起计算，塑料帽不超过两年半，玻璃钢（维纶钢）橡胶帽不超过三年半。

（2）使用安全帽前必须进行外观检查，检查安全帽的帽壳、帽箍、下颌带、后扣（或帽箍扣）等附件必须完好无损，帽壳与帽箍顶部垂直距离调整到25～50mm。

（3）安全帽戴好后，必须将后扣拧到合适位置（或将帽箍扣调整到合适的位置），锁好下颌带，防止工作中前倾后仰或其他原因造成滑落。

（4）高压静电报警安全帽使用前必须检查其音响部分是否良好，但不得作为无电的依据。

2. 安全带

安全带使用期一般为3～5年，发现异常应提前报废。

（1）安全带的腰带和保险带、绳应有足够的机械强度，材质应有较强的耐磨性，卡环（钩）应具有保险装置，操作应灵活。保险带、绳使用长度在3m以上的应加缓冲器。

（2）使用安全带前必须进行外观检查，安全带应无破损、断裂、变质等缺陷，附件齐全完好，功能可靠。

（3）安全带必须系在牢固的物体上，禁止系挂在移动或不牢固的物件上，不得系在棱角锋利处。安全带要高挂和平行拴挂，严禁低挂高用。

（4）使用安全带时其闭锁必须有效。

（5）在杆塔上工作时，应将安全带后备保护绳系在安全牢固的构件上（带电作业视其具体任务决定是否系后备安全绳），不得失去后备保护。

3. 绝缘手套

（1）绝缘手套每次使用前必须进行外观检查。如发现有发黏、裂纹、破口（漏气）、气泡、发脆等现象时禁止使用。

（2）进行设备验电，倒闸操作，装拆接地线等工作必须戴绝缘手套。

（3）使用绝缘手套时应将上衣袖口套入手套筒口内。

4. 绝缘操作杆

（1）使用绝缘操作杆时必须戴绝缘手套、穿绝缘靴。

（2）使用绝缘操作杆时人体应与带电设备保持足够的安全距离，并注意防止绝缘杆被人体或设备短接，以保持有效的绝缘长度。

（3）雨天在户外操作电气设备时，操作杆的绝缘部分应有防雨罩。防雨罩的上口必须和绝缘部分紧密结合，无渗漏现象。

5. 绝缘挡板和绝缘罩

（1）绝缘挡板只允许在35kV及以下电压等级的电气设备上使用，并应有足够的绝缘和机械强度。用于10kV电压等级时，绝缘挡板的厚度不应小于3mm，用于35kV电压等级时不应小于4mm。

（2）绝缘挡板和绝缘罩使用前应检查，表面应洁净，端面不得有分层或开裂，绝缘罩还应内外整洁、无裂纹、无损伤。使用前必须用干燥的布擦拭干净。

（3）现场带电安放绝缘挡板及绝缘罩时，应戴绝缘手套、使用绝缘操作杆，使用时必须与带电设备保持足够的安全距离。

（4）绝缘挡板在放置和使用中要防止脱落，必要时可用绝缘绳索将其固定。

6. 高压验电器

因敞开式750kV设备带电部位位置比较高，不建议使用绝缘杆装设验电头的验电器进行验电。

（1）如遇雷、雨、雪、雾、大风等恶劣天气，禁止在室外使用高压验电器。

（2）高压验电器上应标有电压等级、制造厂和出厂编号。对110kV及以上验电器还须标有配用的绝缘杆节数。高压验电器的工作电压应与被测设备的电压相同。

（3）使用前首先应进行外观检查，完整无损后，用检验装置进行检查，语言告警、灯光显示正确，并符合电压等级的要求。

（4）使用高压验电器时，操作人必须戴绝缘手套，穿绝缘靴（鞋），手握在护环下侧握柄部分。人体与带电部分距离应符合《国家电网公司电力安全工作规程》（简称《安规》）规定的安全距离要求。

（5）使用抽拉式高压验电器时，绝缘杆必须完全拉开。

（6）验电前，应先在有电设备上进行试验，确认验电器良好，无法在有电设备上进行试验时可用高压发生器等确证验电器良好。如在木杆、木梯或木架上验电，不接地不能指示者，经运行值班负责人或工作负责人同意后，可在验电器绝缘杆尾部接上接地线。

7. 核相器

（1）核相器应按照使用说明书的要求正确使用。

（2）核相器绝缘杆部分的使用与绝缘操作杆、测量杆有关要求相同。

8. 绝缘靴

（1）绝缘靴使用前应进行检查，不得有外伤、裂纹、漏洞、气泡、毛刺、划痕等缺陷。如发现有以上缺陷，应立即停止使用并及时更换。

（2）使用绝缘靴时，应将裤管套入靴筒内，并要避免接触尖锐的物体，避免接触高温或腐蚀性物质，防止受到损伤。严禁将绝缘靴挪作他用。

（3）雷雨天气或一次系统有接地时，巡视室内、外高压设备必须穿绝缘靴。

9. 绝缘胶垫

绝缘胶垫应保持完好，出现割裂、破损、厚度减薄而不足以保证绝缘性能等情况时，应及时更换。

10. 接地线

（1）接地线应用多股软铜线，其截面应符合短路电流的要求，但不得小于25mm^2；长度应满足工作现场需要；接地线必须有透明绝缘外护层，护层厚度大于1mm。个人保安接地线截面积不得小于

$16mm^2$。

（2）接地线的两端夹应保证接地线与导体和接地装置都能接触良好，拆装方便，有足够的机械强度，并在大短路电流通过时不致松动。

（3）接地线使用前，应进行外观检查，不得有铜线断股，压接部分和螺钉连接部分不得有松动现象。携带型接地线使用前应检查是否完好，如发现绞线松股、断股、护套严重破损、夹具断裂松动等不得使用。

（4）挂拆接地线必须由两人进行，一人操作，一人监护。

（5）装设接地线，应先装设接地线接地端，验电证实无电后，应立即接导体端，并保证接触良好。拆接地线的顺序与此相反。接地线严禁用缠绕的方法进行连接。

（6）挂接地线时，工作人员和接地线与带电设备应保持足够的安全距离。注意防止装拆过程中地线弹起造成接地短路事故。

（7）设备检修时模拟盘上所挂地线的数量、位置和地线编号，应与工作票和操作票所列内容一致，与现场所装接的接地线一致。

（8）个人保安接地线仅作为预防感应电使用，不得以此代替《安规》规定的工作接地线。只有在工作接地线挂好后，方可在工作相上挂个人保安接地线。

（9）个人保安接地线由工作人员自行携带，凡在110kV及以上同杆塔并架或相邻的平行有感应电的线路上停电工作，必须在工作相上使用，并不准采用搭连虚接的方法接地。工作结束时，工作人员应拆除所挂的个人保安接地线。

11. 梯子

（1）梯子须能承受工作人员携带工具攀登时的总质量。

（2）梯子不得接长或垫高使用。如必须接长时，应用铁卡子或绳索切实卡住或绑牢并加设支撑。梯子放置必须稳固，梯脚要有防滑装置。使用前，应先进行试登，确认可靠后方可使用。有人员在梯子上工作时，梯子应有人扶持和监护。

（3）梯子与地面的夹角应为60°左右，工作人员必须在距梯顶不少于2档的梯蹬上工作。

（4）人字梯应具有坚固的铰链和限制开度的拉链。

（5）靠在管子上、导线上使用梯子时，其上端须用挂钩挂住或用绳索绑牢。

（6）在通道上使用梯子时，应设监护人或设置临时围栏。梯子不准放在门前使用，必要时应采取防止门突然开启的措施。

（7）严禁人在梯子上时移动梯子，严禁上下抛递工具、材料。

（8）在变电站或高压室内应使用绝缘梯子，搬动梯子时应放倒两人搬运，并与带电部分保持足够的安全距离。

12. 过滤式防毒面具（简称防毒面具）

（1）使用防毒面具时，空气中氧气浓度不得低于18%，温度为–30～45℃，不能用于槽、罐等密闭容器环境。

（2）使用者应根据其面型尺寸选配适宜的面罩号码。

（3）使用前应检查面具的完整性和气密性，面罩密合框应与佩戴者颜面密合，无明显压痛感。

（4）使用中应注意有无泄漏和滤毒罐失效的情况。

（5）防毒面具的过滤剂有一定的使用时间，一般为30～100min。过滤剂失去过滤作用（面具内有特殊气味）时，应及时更换。

六、安全工器具的报废

符合下列条件之一者，即予以报废：

（1）电力安全工器具经试验或检验不符合国家或行业标准。

（2）超过有效使用期限，不能达到有效防护功能指标。

报废的电力安全工器具应及时清理，不得与合格的电力安全工器具存放在一起，更不得使用报废的电力安全工器具。报废的电力安全工器具应及时统计上报到上级安全部门备案。

【思考与练习】

1. 变电站安全工器具试验和检验有哪些要求？

2. 对高压验电器的使用有哪些安全要求？

模块8 变电站改扩建安全管理（ZY1300601008）

【模块描述】本模块介绍变电站改扩建施工安全管理的一般要求及各类作业的具体要求。通过要点归纳讲解，掌握变电站改扩建安全管理要求并落实到生产实际。

【正文】

随着电网与电力技术的飞速发展，变电站经常遇到改扩建、大修、技改等与更新改造的工程，如何保证运行变电站在基建扩建与更新改造过程中的安全管理，确保工程顺利完成，成为变电站安全管理的又一重要课题。

一、基本要求

（1）工程开工前，施工单位应按工程管理规定准备施工方案，方案应明确施工作业的组织措施、技术措施以及安全措施，方案应经运行上级主管部门审核批准并应交变电站审核留底，工作人员名单报变电站备案，以方便检查核对施工人员。

（2）安全措施须得到变电站的同意，如施工项目、工作内容有危及运行设备的可能，或者施工方递交的工程施工安全措施有不符合现场要求和违反《国家电网公司电力安全工作规程》的，变电站有权要求施工部门根据站内实际情况进行修改。

（3）施工方递交的工程施工方案须列出施工回路、名称、施工范围、计划工作时间、工作负责人、施工设备、明确有无动火工作。

（4）施工单位如有外来人员，须出具由电力企业签发的安全资质证明。

（5）变电站应根据施工范围、工作内容、工程进度及施工范围周边设备的实际情况，按照《国家电网公司电力安全工作规程》（变电站和发电厂电气部分）和《电力建设安全工作规程》要求进行管理。

（6）施工前变电站应对施工单位进行专项安全交底，详细交代工程建设工作地点安全注意事项。

二、现场管理

（1）施工单位进入变电站进行改扩建施工时，必须办理工作票，并严格执行工作票制度。变电站应针对工作票上所列工作人员，管理好现场的施工人员进出，严禁无关人员随意进入变电站。

（2）基建设备与运行设备应有明显的断开点，严防误动、误碰和误跳运行设备。有条件时，应用安全围栏对设备作业区与运行设备区进行隔离围护，并做好进出通道，施工人员应按规定通道进入施工作业区。

（3）施工作业时，未经允许施工人员不得进入运行区域，不得穿越运行区域。

（4）基建施工电源宜使用与站用电源分开的独立电源，若必须使用站用电源，运行人员必须合理安排站用电的运行方式，严防主变压器冷却系统、刀闸操作、开关储能及直流充电电源失电。

（5）施工作业时应严格保持与运行设备的带电距离，750kV 带电部位安全净距不得小于 8m，330kV 带电部位安全净距不得小于 4m，66kV 带电部位安全净距不得小于 1.5m。施工中大型机具作业时应设专人监护。工器具材料等进入现场时，应放倒搬运。

（6）材料进出和垃圾运出，车辆应走变电站内指定的路线，不得私自改道，以防压坏电缆盖板或非承重区域路面。进出车辆还必须遵守限高规定，装运的物件不得宽于路幅。大型机具、车辆应按要求在指定地点停放。

（7）施工材料应堆放在变电站内指定的地方，且不许堵塞站内主要通道。运行设备附近严禁存放易燃易爆物品。施工垃圾也应集中堆放并及时清理，特别要注意随时清理受风飘起物（如塑料纸、带等），防止飘起物飞起影响安全。

（8）在控制室、继保室内工作严禁使用移动电话，变电站内通信设备未经允许施工人员不准使用。

（9）高空作业时，应遵守以下规定：

1）在高空作业时，抽放电缆及工器具等上下吊运，尽可能在空间隔进行。为防止物件在吊运过程中发生晃动引起安全距离不够，现场做好必要的安全防范措施，如上下物件都要用绝缘绳子加以固定等。若需要高空作业，必须系好保险带，防止高空坠落。

2）高层与高空作业必须做好防止物件坠落的措施，小型轻质的工器具必须固定（如扳手、漆刷可用绳套在手上），严禁抛、丢工器具材料及杂物。

3）在高空上施放电缆或电源线，应逐步放出并做到每 2m 用夹具固定，以防电缆或电源线滑落造成运行中设备短路。

（10）动火工作时应遵守以下规定：

1）在变电站内进行电焊、气割等工作属三级动火的工作，施工队应隔天提出申请，在得到变电站内同意后才能动火并应使用动火工作票。

2）施工队必须做好防范措施，现场可燃物必须清除并配置灭火器材，电缆沟盖板缝隙以湿的石棉或板覆盖，以防引燃电缆，动火区域四周或下部草坪应用水浇湿。在高层进行电焊、气割工作，对气焊管路等也要用固定夹每 2m 进行固定，以防跌落。

3）氧气瓶、乙炔瓶在搬运、使用、储存中不得混放，不得受到冲击、振动、高温、暴晒。

（11）土建开挖时应遵守以下规定：

1）在施工开挖时，如果发现有电缆、接地网扁铁、管道等物不得私自开断，应得到变电站内或有关部门认可后才可处理。开挖中，挖出的金属、铁丝等严禁抛扔，以防危及运行设备。

2）主要通道上开挖的沟、坑应采取遮拦隔离措施，横贯车道的沟、坑应覆盖钢板保证车辆能通行。

3）土建开挖工作不得危及运行中的设备和建筑物、电缆沟的稳固与安全，如开挖振动较大可能对运行设备的安全带来危害的，应增挖防振沟，有可能引起建筑物和电缆沟附近土层塌方的还必须先打钢板桩。

（12）电缆沟工作时应遵守以下规定：

1）在电缆沟施工时，电缆沟支架和二次电缆上严禁施工人员站立在上面，以防支架、电缆绝缘损坏。电缆沟盖板当天翻开，当天完工必须盖好，方便值班人员巡视检查。

2）施工中搬运电缆盖板要防止盖板滑落，以防压坏一、二次电缆。需要明火作业要隔天申请，并使用动火工作票，在动火前必须做好防火措施等，现场配备相应的灭火器并有专人监护。在运行电缆沟动火，要用湿石棉布或湿铁板等作隔热处理，以防烧坏电缆。

3）电缆沟进行清洗工作时，水枪出水口必须朝下，严禁水枪朝上，以防喷到有电设备上，水冲时要有专人监护。

（13）设备油漆工作作时应遵守以下规定：

1）如在运行中隔离开关机构箱、断路器机构箱、端子箱、380V 电源箱外壳进行敲铲油漆，运行人员应检查锁具均已锁牢，施工敲铲过程中应防止振动。

2）施工用的油漆应定点放置，统一管理，设禁火标志和灭火器材。

3）在油漆工作中，要防止油漆滴落在运行设备的瓷套、绝缘子上。停电设备的油漆工作，对绝缘子、示油管、温度计上的油漆必须及时清擦干净。

4）油漆完毕后，应检查设备上无遗留物。

5）油漆用剩后应存放有专人保管的安全地点及专用铁箱内。

（14）控制室、继电器室、配电装置室施工作时应遵守以下规定：

1）控制室、继保室内设备都在运行中，施工人员不许乱动乱碰。施工人员严禁在继电器室内使用移动电话。

2）运行人员应做好控制盘、保护盘的防尘处理工作。

3）保护盘附近工作要注意防振动，施工人员在继保室内工作时对材料、工器具要轻拿轻放，以防造成继电器误动作，跳断路器。

4）在控制室、继电器室施工时，工器具的搬运要防止碰撞设备或设施，特别是较小的材料、工器具应注意不得超越网门的网眼。注意对带电部位保持足够的安全距离。

5）使用的梯子、跳板等要固定扎牢，以防止倒下撞击设备或跌落有电区域。梯子、跳板上人不能超过跳板和梯子的承重度。

6）为便于操作巡视或事故处理，控制室、继电器室、配电室内通道不许堆放材料以保持道路畅通，施工垃圾应及时清理，每天收工前应把使用的工器具放在变电站内规定区域，清除垃圾，使继保室保持相对的整洁。

7）建筑物的铝合金、塑料窗户强度小，为防止窗户脱落造成人员跌落，施工人员不得以铝合金、塑料窗户为受力点或防高空摔跌的固定点，因此施工前必须做好相应的安全措施。

8）室外的设备都在运行中，施工人员不得向窗外抛扔任何东西，以免碰碎绝缘子或造成意想不到的后果。

9）配电装置室内粉刷，不得使用长柄滚筒刷，工具长度均应控制好，保持对带电部位的安全距离，并做好绝缘防范措施，一人施工、一人监护，不得多人同时开工，以防止造成失去监护。

（15）施工现场以及变电站内严禁流动吸烟，着装应符合安全规程有关要求。

【思考与练习】

变电站改扩建现场施工安全管理基本要求有哪些？

国家电网公司
生产技能人员职业能力培训专用教材

第四十七章 变电站运行管理

模块 1 变电站值班和交接班管理（ZY1300602001）

【模块描述】本模块介绍变电站值班和交接班管理的相关内容。通过概念描述、交接内容介绍、要点归纳讲解，掌握变电站交接班、运行值班内容以及值班工作要求。

【正文】

运行值班及交接班是变电站日常基本工作，要做好变电站的运行管理工作，需要全站运行人员认真执行好值班及交接班制度，使变电站运行规范，保证各项工作有序进行。

一、值班管理

变电站运行值班是变电站最基础的工作，同时，当班期间设备运行的首要直接负责人是当班值班班组。为搞好值班工作，完成变电站生产任务，运行人员应严格执行此项制度。

对变电站运行值班期间工作行为进行规范的制度就是《变电站运行值班管理制度》，它主要是对值班人员上岗条件、倒班方式、值班期间注意事项等进行规范。各单位、各变电站在具体形式上有所区别，但大体上都应有以下几方面内容。

（1）变电站运行人员必须按有关规定进行培训、学习，经考试合格以后方能上岗值班。

（2）变电站运行人员要不断提高工作责任心，工作积极负责，坚守岗位，搞好安全经济运行。

（3）值班期间，运行人员应穿符合现场要求的工作服、佩戴值班岗位标志，不得进行与工作无关的活动及不得占用生产电话联系与工作无关的事情。

（4）运行人员在当班期间，要服从指挥，完成当班期间的运行、维护、倒闸操作等工作。值班期间进行的各项工作，都要填写到相关记录中。

（5）正常情况下，控制室应不少于两人值班。在执行倒闸操作、设备巡视等任务时，控制室可以由一人值班。

（6）值班方式和交接班时间不得擅自变更。值班方式的变更应由变电站提出，上级主管生产部门批准后执行。

（7）每次操作联系、处理事故及与用户调整负荷等联系，均应启用录音设备。

（8）当值运行人员除进行正常值班工作外，还应完成变电站固定维护工作安排表上的各项任务。

（9）当值运行人员不许离开工作岗位，如有必要离开时，应取得当值值班长和站长同意。

二、交接班管理

交接班是变电站运行管理当中的重要一环，如交接不当、交接双方衔接不好，重点交接事项未交代清楚，接班一方忽视重点事项可能引发人员责任事故，所以认真执行好交接班制度是保证变电站不发生人员责任事故的有力保障。

交接班应遵守以下规定：

（1）运行值班人员应按照变电站交接班制度的规定进行交接。交班人员交班前应作好必要的交班准备。交接班应在主控室进行，无特殊情况下应整点交班。

（2）交班时应做到全面交接、对口检查。交接班时原则上不得进行其他工作，在处理事故或倒闸操作时，不得进行交接班。交接班时发生事故，应停止交接班，交班人员负责处理事故，接班人员在交班值班长指挥下协助工作。

（3）变电站值班人员应按上级部门批准的值班方式及站长批准的值班轮值表进行交接班，不得擅自更改。

（4）站长必须参加交接班，对存在的问题予以解决或纠正，并安排好上下班的各项工作及活动。

（5）设备发生异常或其他特殊原因，而交接班时间已到问题尚未解决，是否进行交接班由站长决定。

（6）交接班应列队进行，交、接班人员统一着装，佩戴值班标志，各列一队，面对面站立。

交接班后接班的一方，应组织召开本班班前会，根据本值工作任务、运行方式、设备情况等，布置安排本值工作；对本值倒闸操作进行分工，对上一值预开的操作票进行审核；对设备存在的薄弱环节、重要缺陷及重负荷回路进行必要的分析，安排加强监视并做好事故预想；对本轮工作进行重点强调，或者结合实际进行安全活动等。

【思考与练习】

1. 交接班交接的内容有哪些？
2. 变电站运行值班工作一般有哪些要求？

模块2 变电站定期巡视及运行维护管理（ZY1300602002）

【模块描述】本模块介绍变电站设备定期巡视和设备定期维护等内容。通过要点归纳讲解，掌握设备定期巡视和定期维护的周期及内容，做好设备的巡视维护工作。

【正文】

设备巡视检查是保证变电站安全生产、保障电网系统稳定的一个重要运行管理手段，变电站运行人员必须认真贯彻执行。同时，结合季节特点、设备负荷情况等对变电站设备、设施进行定期维护也是变电站日常运行管理的一个重要工作，变电站运行人员应按维护项目要求，认真做好运行维护工作，确保变电站安全运行。

一、设备定期巡视

为做好变电站设备的定期巡视工作，变电站应制定相关的设备定期巡视检查制度，应明确巡视设备检查的项目及内容、周期和巡视路线等。变电站定期设备巡视检查一般作以下要求：

（1）值班人员应按规定认真巡视检查设备，提高巡视质量，及时发现异常和缺陷，及时汇报调度和上级部门，杜绝事故发生。

（2）凡是热备用、冷备用或停运的设备，不论是否带有电压，都应同运行设备一样进行定期巡视和维护。

（3）值班人员进行巡视后，应将巡视范围，异常情况记录在值班记录中，发现的设备缺陷记录在缺陷记录中。

（4）变电站的设备巡视检查，一般分为正常巡视（含交接班巡视）、全面巡视、熄灯巡视和特殊巡视。

（5）变电站正常巡视次数、巡视时间、内容应在现场规程中明确规定。

（6）全面巡视可每周进行一次，内容主要是对设备整体巡视检查，对已有的设备缺陷发展情况作出鉴定，同时对变电站防火、防小动物及防误闭锁设施等进行全面检查，发现漏洞及时整改。

（7）熄灯巡视一般每周进行一次，内容是检查设备有无电晕、放电，接头有无过热现象。

（8）特殊巡视检查的内容，按变电站现场运行规程规定执行。遇有以下情况，一般应进行特殊巡视：

1）大风后的巡视；

2）雷雨后的巡视；

3）雪天、冰雹、雾天的巡视；

4）设备变动后的巡视；

5）设备新投入运行后的巡视；

6）设备经过检修、改造或长期停运后重新投入系统运行后的巡视；

7）异常情况下的巡视，主要是指过负荷或负荷剧增、超温、设备发热、系统冲击、跳闸、有接地故障情况等，应加强巡视，必要时应派专人监视；

8）设备缺陷近期有发展时、法定节假日、上级通知有重要供电任务时，应加强巡视。

二、设备定期维护

变电站设备除按有关专业规程的规定进行试验和检修外，运行人员还应对变电站设备、设施等进行定期维护。定期维护的主要内容为：

（1）变电站应定期对主变压器（电抗器）冷却器电源进行切换试验，对各组冷却器的工作状态进行切换检查。

（2）遇有变压器停电时，每年应保证对分接开关在最高和最低分接间操作几个循环，以减少分接开关触头接触电阻。

（3）对有条件的变电站，备用变压器与运行变压器应定期轮换运行。

（4）变电站应每日对监控系统的各种信息画面进行切换检查，对事故及预告音响报警进行试验。

（5）变电站应定期对站用系统备用电源自动投入装置进行切换试验，以检查站用系统备用电源自动投入装置及备用变压器应正常。长期不运行的站用变压器每年应带电运行一段时间（如4～6h）。

（6）对低压侧无功补偿装置有条件时应定期进行切换试验，各组无功补偿装置的投切次数及运行时间应趋于平衡。对长期不投入运行的无功补偿装置，每季度应在保证电压合格的情况下，投入一定时间带电运行。

（7）定期对配电室通风设备、全站事故照明回路及设施等进行试验，以保证附属设施及事故照明随时完好。

（8）变电站应对站用直流系统单体蓄电池电压每月轮测一次。当电池电压超限时，应分析原因及时采取措施。应按周期做好蓄电池充放电，以保持电池活性及容量满足输出要求。

（9）按相关规程要求，做好安全工器具及常用携带型仪表的定检、维护及试验。

（10）定期对消防器材及设施进行检查，有条件时应进行试验（如水喷雾系统可利用主变压器停电检修后进行试验）。

（11）汛期前应全面检查防汛设施及设备应完好，必要时进行清理维修。

（12）对变电站电缆夹层、电缆室定期清扫，对端子箱及二次线清扫、排潮。对控制室、继电保护小室、端子箱、电缆沟等处防小动物措施检查和完善。

（13）变电站可根据设备情况及自身条件定期做好设备普遍测温、重点测温工作。计划普测可每季不少于一次。重点测温，可根据设备负荷变化、新设备投入运行后及特殊运行方式下等对重点设备进行测温。

（14）定期对“五防”闭锁装置检查、维护，可每季对装置的闭锁关系、编码、锁具等进行全面检查。

（15）对于气动机构的开关应定期进行放水，并检查空气压缩机润滑油的油位及计时器的定值。

（16）电气设备的驱潮电热装置应在每年雨季前检查一次，可用钳形电流表测量回路电流的方法进行验证。

（17）设备的取暖装置应在每年入冬前全面检查一次。对装有温控器的加热装置应进行带电试验或用测量回路电阻的方法验证有无断线，当气温低于0℃时应复查电热装置是否正常投入。

（18）雷雨季节前，应检查防雷设施是否完好。

（19）定期做好设备防污检查工作，对设备积污放电情况进行记录并分析，便于停电时安排清扫。

（20）对保护压板定期核对检查，做好微机闭锁机械锁、户外锁具和端子箱、机构箱门轴定期检查加油等维护工作。

【思考与练习】

1. 变电站巡视管理制度一般都有哪些要求？

2. 变电站都有哪些维护工作？通过什么管理方式落实？

模块 3 变电站运行分析（ZY1300602003）

【模块描述】本模块介绍变电站综合运行分析、专题运行分析内容及要求。通过概念描述、要点归纳讲解，了解运行分析意义，掌握具体分析内容及分析方法。

【正文】

运行分析分为综合分析和专题分析两种，综合分析一般每月一次，专题分析视变电站设备运行情况（如发生事故、设备紧急或重大缺陷等）适时开展。每月一次的综合分析，应对本月运行方式、负荷及电压、设备运行情况（主要是缺陷、异常及事故等）、安全情况及生产“两票”等方面进行综合分析，找出影响变电站安全、经济运行的主要因素，针对存在的问题，提出具体整改措施，切实保障变电站安全、经济运行。

一、综合分析

1. 运行方式

结合月度主接线及各线路运行情况，针对站内设备停电或备用情况，分析设备、线路可靠性及有无过负荷情况发生，并针对存在的薄弱环节制订事故预想，做好反事故演习。对自管的站用交直流系统，包括各馈线、各类主设备的附属设施电源等运行方式进行分析，发现隐患及时调整。

分析主变压器和各线路负荷的变化情况，总结规律，预测发展趋势做好大负荷情况时的保电对策；分析母线电压质量、无功设备（如电容器、并联电抗器、调相机）出力运行情况及投切状况，总结经验。

2. 继电保护、自动装置及仪表

对继电保护及自动装置指示信号、仪表指示等是否正确进行分析；继电保护及自动装置若动作，分析其动作及指示是否正确；当发现异常时，应作出分析判断并进行处理，对今后运行提出对策等。

3. 设备缺陷

分析设备运行异常现象及缺陷产生的原因、发展规律等，针对现存缺陷进行跟踪、整改安排及做好事故预想等。

4. 安全生产

分析“两票三制”及规程制度的执行情况，重点是防止误操作和人身事故。对当月的所有操作票、工作票进行分析，分析在“两票”执行的各环节存在的问题并提出整改措施，切实提高安全生产管理水平。

5. 事故及异常

发生事故或异常后，对事故和异常处理情况的过程及有关操作、保护装置动作等情况进行回头分析，反思并总结在事故异常处理中各方面的经验教训，从“四不放过”的原则出发采取相应的对策，提高反事故能力。

6. 技术监督

对设备绝缘、油、SF_6 气体等的试验数据进行分析比较，对试验数据超标的设备在运行管理上应采取的监督对策。作好设备防污闪监督，对环境污染情况及绝缘子脏污等及时分析，保证防污工作处于掌控之中。

7. 其他外部因素

对来自外部可能对变电站安全运行带来负面影响或威胁的各类因素进行分析，将分析结论报上级主管部门。

二、专题分析

1. 专题分析的题目

结合变电站发生的事故异常或存在的隐患，由站长和技术员拟订好专题分析的题目，题目选择应具有代表性、时效性，对变电站发生的各类事故、重大异常等应及时组织分析，找出变电站运行中存在的重大问题并及时专项整改，切实加强变电站安全运行。

2. 事故或异常发生时间、现象及当时的处理措施等详尽描述

为分析准确及将来查阅事故方便，对需进行专题分析的事故、异常等，应详尽记录时间、地点、

天气状况以及设备动作、损坏及其他现象，详尽记录保护自动装置动作情况，各动作信号指示及监控显示的事故前后潮流、电压，对保护装置及故障录波等报告动作情况进行记录（并将录波报告附在记录后方便查阅）。

认真记录事故或（异常）处理时运行人员采取的步骤，要求有时间、有步骤及处理后的设备运行情况及调度联系记录等。

3. 事故或异常造成的损失

对事故停电少送电量及设备损失情况进行记录。

4. 事故或异常原因分析

对事故（异常）原因进行分析，对事故处理的正确性进行分析。分析环节应参照比对设备试验情况、继电保护动作情况及事故处理的各环节，由全站人员参与讨论，找出事故（异常）原因。

5. 存在的问题及整改措施

结合事故原因分析及事故处理的整体过程，找出在设备管理、运行管理、技术监督、人员技术素质等方面存在的问题，抓住关键因素，制订整改措施。措施要有针对性，要限定时间、界定范围、落实责任以及整改后的评估等，切实通过分析、整改达到提高变电运行管理水平的目的。

【思考与练习】

简述变电站开展运行分析的意义。

模块 4 变电站技术培训管理（ZY1300602004）

【模块描述】本模块介绍一线员工在岗培训的方式和方法。通过一般规定讲解、培训目标介绍、培训内容阐述，掌握结合岗位工作实际开展一线员工在岗培训的基本方法。

【正文】

变电站作为企业的细胞，其培训管理是企业职工培训、人力资源开发的重要组成部分，也是企业变电技能人才成长、企业劳动生产率提高的主要途径。

一、一般规定

变电站应坚持开展以“三熟”、“三能”为主要内容的日常培训工作。“三熟”指熟悉本岗位的规程制度和本岗位职责，熟悉变电站内各种运行方式，熟悉设备及保护原理和运行知识。“三能”指能熟练地判断各种异常情况，能熟练正确地处理各种运行事故，能看懂图纸。

变电运行人员必须经过培训上岗考试和审批，方可担任正式值班工作。

有权与调度联系工作的站长和值班长，必须经过调度机构组织的培训并通过考试，方能履行相关职责。

因工作调动或其他原因离岗三个月以上者，必须经过培训并履行考试和审批手续，方可上岗正式担任值班工作。

二、培训目标

变电站运行人员应通过培训达到以下目标。

1. 熟练掌握设备运行情况

（1）掌握站内设备结构、原理、性能、技术参数和设备布置情况，以及设备的运行、维护和注意事项。

（2）熟练掌握倒闸操作技术。掌握各种设备的操作要领和相应的操作程序，熟知每一项操作的目的。能正确执行操作程序，迅速、正确地完成各项倒闸操作任务。

（3）熟练掌握本站一、二次设备的接线和相应的运行方式。

（4）能审核设备检修、试验、检测记录，并能根据设备运行情况和巡视结果，分析设备健康状况，掌握设备缺陷和运行薄弱环节。

（5）发生事故和异常时能根据仪表、信号指示、继电保护和设备异常状况，正确判断故障范围，并能做到迅速、正确地处理事故。

（6）熟练使用微机“五防”闭锁系统打印操作票和正确使用解锁钥匙进行操作。

（7）熟练使用安全生产管理系统。

（8）掌握综合自动化知识，能通过监控系统熟练的进行监盘、操作和事故处理。

2. 能正确执行规程制度

（1）掌握调度、运行、安全规程和运行管理制度的有关规定，以及检修、试验、继电保护规程的有关内容，正确执行各种规程制度。

（2）熟练掌握本站现场运行规程。遇有扩建工程或设备变更时，能及时修改和补充变电站现场运行规程，保证倒闸操作、事故处理正确。

三、培训内容

1. 规程学习

（1）变电站应定期安排运行人员进行安全规程、调度规程、运行规程、现场运行规程的学习。

（2）每年进行一次“三规”考试（安规、运规及调规，即安全工作规程、现场运行规程及各级调度运行规程，简称“三规”）。

2. 反事故演习

每月进行一次反事故演习，其中每年至少组织一次变电站全停的反事故演习。

变电站站长应根据近期下发的事故通报、上级制订的反事故技术措施计划及本站当月运行方式、设备运行状况（缺陷）等拟订演习题目，题目应有针对性、全面性且不可事先告诉参加演习人员。对拟订的题目应将其真实发生时应有的声、光信号及跳闸开关、保护动作信号应逐一标示清楚无遗漏，事故演习应做好组织及监督工作，可增设一名演习调度及演习监督，对演习进行时间控制及提出安全要求，演习后应向演习人员公布演习题目及正确答案，并对照演习结果对参加演习班组及人员表现进行打分。最后，对演习进行总结，并对演习题目进行讨论分析，找出存在的问题，为下一次提升演习水平做好总结。

3. 事故预想

变电站一般每月应进行至少一次事故预想。

运行班组应根据设备特殊运行方式、设备存在的缺陷、特殊运行环境等作出有针对性的事故假想，由运行人员对可能发生的现象、保护及设备动作情况、可能产生的后果及正确的处理方法进行预想。由班长组织全班人员对预想进行分析讨论，预想研讨后站长应作出点评，班组将事故预想整个结论认真填写到事故预想记录中。

4. 技术问答与技术讲课

变电站应组织进行每月一次的技术讲课和每人每月一题的技术问答。

5. 现场考问

现场考问的内容要结合实际设备，以干什么学什么为主，考问运行维护技术、倒闸操作技能以及故障分析处理等方面的内容。

四、新进人员的培训

（1）新人员首先应进行上岗培训。

（2）一般学习半年至一年并经考试合格后，方可担任正式值班员。

（3）变电站应指定专人负责新人员的培训，并应签订“师徒合同”。

（4）新人员必须建立自己的绘图册，应有所辖变电站的相关主要图纸。

（5）对新进人员培训应进行必要的培训绩效考核。

五、培训资料管理

（1）变电站应建立全站人员的技术培训档案，将各种培训资料存入个人培训档案。个人培训档案内应有个人历年考试成绩登记表、“三规”考试试卷等。

（2）变电站培训资料由资料员负责建档保管，存放于资料室内。

【思考与练习】

解释什么是培训工作中所谓的“三熟”、“三能”。

国家电网公司
生产技能人员职业能力培训专用教材

第四十八章　变电站设备管理

模块1　变电站设备缺陷管理（ZY1300603001）

【模块描述】本模块介绍设备缺陷管理流程、各类设备缺陷等级分类。通过定义讲解、列表说明，掌握设备缺陷定性分类，从而做好设备缺陷管理，保障设备健康水平。

【正文】

设备缺陷管理的目的是全面掌握设备的健康状况，及时发现设备缺陷，认真分析缺陷产生的原因，尽快消除设备隐患，保证设备经常处于良好状态。

一、设备缺陷的定义和分类

设备缺陷是指运行设备或备用设备发生了降低健康水平、影响设备载荷能力或寿命、影响设备动作或造成电能质量不合格等异常情况，虽能继续运行，但影响安全运行，故称为“缺陷”。设备零缺陷运行是指设备缺陷在规定的时限内处理完毕，使设备处于正常运行状况。

按变电设备缺陷对安全的威胁程度，设备缺陷可分为危急缺陷、严重缺陷和一般缺陷。

（1）危急缺陷。设备或建筑物发生了直接威胁安全运行并需立即处理的缺陷，否则随时可能造成设备损坏、人身伤亡、大面积停电和火灾等事故。

（2）严重缺陷。对人身或设备有严重威胁，暂时尚能坚持运行但需尽快处理的缺陷。

（3）一般缺陷。上述危急、严重缺陷以外的设备缺陷，指性质一般，情况较轻，对安全影响不大的缺陷。

具体设备缺陷定性分类应有不同的标准，表ZY1300603001-1是变压器类设备缺陷定性评价的样表。

表 ZY1300603001-1　　变压器类设备缺陷定性评价样表

设备名称		危急缺陷	严重缺陷	一般缺陷
变压器类	套管（油位）、支柱绝缘子	（1）有断裂、裂纹或严重破损。 （2）闪络放电。 （3）套管冒胶。 （4）油位无指示。 （5）油位计破碎	（1）套管有损伤。 （2）油位过高或过低。 （3）油位计裂纹渗油严重。 （4）严重积污。 （5）雨雾天放电严重	（1）积灰较严重。 （2）套管轻微损伤。 （3）油位计外观模糊不清
	导线、接线桩头等	（1）过热严重。 （2）线夹松脱损坏	（1）过热、温度偏高。 （2）断股、松股面积达7%，但小于25%。 （3）有异物悬挂。 （4）线夹与导线不配套	（1）电晕严重。 （2）振动或摆动幅度大。 （3）断股、松股面积低于7%
	设备超期修试、项目情况	（1）设备修试、保护定校超周期半年以上。 （2）主要试验项目不合格	（1）超周期不过半年。 （2）仪表检验超周期过半年。 （3）试验项目超标但不影响运行	超周期不过3个月
	储油柜（油位）	假油位	油位指示与温度严重不对应	油过高或过低
	压力释放阀	（1）喷油。 （2）释放阀渗油	保护膜破裂	
	呼吸器	堵塞	（1）矽胶饱和全变色。 （2）矽胶桶破裂	矽胶变色达3/4以上
	气体继电器	监视孔破裂		（1）监视孔模糊不清。 （2）无防雨罩或脱落
	冷却器	（1）风扇故障全停。 （2）潜油泵、冷却器故障停运一半及以上。 （3）散热器管破裂。 （4）散热器阀门打不开或未打开	（1）有一组冷却器故障。 （2）潜油泵内部有异常声响或故障。 （3）冷却器两组工作电源不能自动切换	（1）风扇振动异音很响。 （2）散热器管变形影响散热效果

续表

设备名称		危急缺陷	严重缺陷	一般缺陷
变压器类	测温装置	测温装置全失灵	误发信号	（1）远方测温失灵。 （2）外壳破损
	有载调压开关	（1）油耐压不合格。 （2）操作次数超过规定值。 （3）分接头位置指示错误	（1）开关不能调节操作。 （2）远方分头指示错误	（1）计数器计数不正常。 （2）分接头位置指示偏位
	无载调压装置	接触不良	卡死不能调节	

二、设备缺陷管理要求

设备缺陷管理应坚持“及时发现、应消必消，消必消好”的指导思想，提倡利用先进技术及早发现和处理缺陷。设备缺陷的定性还应综合考虑设备所供负荷的性质、天气等。紧急缺陷经处理后未能彻底消除，但性质减轻，可降为重要缺陷或一般缺陷。对缺陷管理应坚持以下要求：

（1）变电站运行人员应对缺陷的发现、汇报、跟踪、监视、所采取的措施、缺陷分类等记录完整并由缺陷专责负责审核。各级缺陷专责对缺陷应督促及时处理，负责做好设备缺陷管理工作。

（2）部门缺陷专责负责对变电站上报的缺陷进行最终定性，填写对缺陷的处理意见。核对缺陷库缺陷，及时纠正变电站内缺陷管理中存在的问题。分析缺陷对设备安全运行的影响，督促公司抓紧对缺陷的处理，要将消缺与设备修试计划有机结合起来，及时检查缺陷库中的情况反馈、更新缺陷数据库，定期维护好缺陷库并存档以备查询。

（3）当值值班长对严重、危急缺陷，在缺陷消除或检修人员未到达前应安排运行人员加强监视，必要时采取临时应急措施或对策。站长对班内发现的重要、紧急缺陷，应进行复查、分析、分类。

（4）缺陷消除时间应严格掌握，应严格按本单位规定的时间进行处理，危急缺陷消除时间自发现通常不应超过24h。严重缺陷消除时间自发现之日起通常不应超过1月，超过1月时应有本单位生技部门主管领导的批准。一般缺陷消除时间自发现之日起通常不应超过1年。

（5）变电站内缺陷管理工作应做到缺陷记录本记录完整、正确（要统计每月发现、处理、留存的缺陷数，做到发现缺陷与消除不遗漏）。站长负责督促检查变电站内缺陷管理工作情况。

（6）对缺陷要进行追踪，经常对缺陷进行分析。对重要缺陷应加强监视，缺陷如有发展或影响设备安全运行时应重新将缺陷分类并向有关主管部门汇报，要求安排处理。

（7）当值期间发现又在当值期间处理的缺陷、在检修中发现并消除的缺陷，事后应补填入MIS系统缺陷库（并同时注销）。

（8）变电站每月缺陷分析不得少于一次，应不定期对缺陷进行复查分析。

【思考与练习】

设备缺陷定性分为哪三类？不同的类别处理时限有何要求？

模块2 变电站设备评价（ZY1300603002）

【模块描述】本模块介绍输变电设备评价原则、内容。通过要点归纳讲解，了解设备评价原则，掌握设备评价内容。

【正文】

国家电网公司颁布有一套输变电设备评价标准，变电站具体评价设备时应采用该标准进行。

一、评价原则

设备评价主要按照设备历史和当前状态，按照设备巡视、停电和带电（包括在线）检测以及维护检修等结果，对照国家有关标准和规范，从设备的安全性、负荷能力、噪声环保适应性和经济性方面进行评价。评价分为“新设备投运前性能评价”、“设备运行维护情况评价”、“设备检修情况评价”、“设备技术监督情况评价”和“设备技术改造规划制订、执行及效果情况评价”五个部分内容进行当前状况的评价。结合评价打分，评价设备状态为“完好”、“较好”及“注意”三类，在设备整体评价报告内除对该设备状况给出定性的评价结果外，还应给出评价扣分原因的综合性描述，并应提出设备存在的问题及有针对性的分析、处理意见。

对评价结果为“注意”的设备应采取切实有效的整改措施避免故障的发生，同时对评价结果为“完好”、“较好”的输变电设备也应密切注意设备状态的变化。在开展输变电设备评价工作时，应坚持以客观数据和性能指标为依据，以实时跟踪评价为基础，部分评价和整体评价相结合，实时跟踪，动态评价，持续完善。

二、评价内容

输变电设备评价工作分为五个部分：

（1）设备投运前性能评价。设备投产前各方面性能、状况的综合评价，应从设备设计、选型、监造、安装调试、交接验收等环节，按照设备质量、工艺、试验项目的要求和关键指标、重要参数进行评价。

（2）设备运行维护情况评价。主要针对设备的日常运行情况，依据设备运行巡视、日常维护、预防性试验和设备缺陷、隐患的跟踪处理等情况，综合考虑设备性能与运行环境，电网发展的适应性，技术资料、档案的完整性、准确性对设备的当前状态进行评价。

（3）设备检修情况评价。依据检修规程、导则、规范等，结合检修项目、工艺、质量、试验结果等方面的情况，对设备检修过程和设备性能恢复情况进行评价。

（4）设备技术监督情况评价。对设备全过程技术管理工作质量的评价，包括：设备预防事故措施的制订及执行情况评价；设备预防性试验、故障设备跟踪处理情况评价；对故障设备的缺陷、隐患诊断水平和测试手段的评价；在线监测、状态诊断等新技术手段应用及效果情况评价；设备检修、技术改造开展情况评价等。

（5）设备技术改造计划制订、执行及效果评价。结合设备技术改造工作，对技术改造依据、原则、方向及技改效果的全面评价。

从 2006 年开始，国家电网公司逐步开始推广设备状态检修，为做好设备状态性检修工作，广大运行人员应掌握状态检修试验规程，以及设备状态评价、设备风险评估、各类输变电设备状态检修策略等相关标准，重点做好设备初评、资料信息收集、设备不良工况记录、家族性缺陷认定及设备带电监测及巡视检查等工作，使设备运行始终处于可控、在控状态。

【思考与练习】

输变电设备评价内容有哪五方面内容？

模块 3 变电站设备检修管理（ZY1300603003）

【模块描述】本模块介绍设备状态检修的概念及基本流程。通过概念描述、基本流程介绍，掌握状态检修的七个环节，保障设备应修必修，修必修好。

【正文】

设备检修及试验是变电站生产管理工作的重要组成部分，对提高设备健康水平，保证电网安全、可靠运行具有重要意义。我国电网现行的设备检修及试验管理模式主要有定期检修（Time Based Maintenance，TBM）和状态检修（Condition Based Maintenance，CBM）两种模式。目前电网系统有条件的地区和设备，已逐步转变到状态检修模式上来，部分运行情况较差的设备或老旧设备，仍以定期检修为主。

对于基于传统的周期检修及试验模式的变电站，应按照输变电设备预防性试验规程及相关检修导则要求，对各类主设备按照定检、小修及大修周期进行监督，对到期设备及时上报生产管理部门，安排在年度检修计划中，检修时对所检设备的检修及试验项目进行审核，对检修试验后的设备及时更新履历，切实做好设备检修试验管理工作。

对于状态检修模式的变电站，应做好变电站设备日常巡视、在线及离线监测、缺陷及运行工况的录入等工作，按相关要求定期做好设备状态评价、检修策略执行情况的监督等工作，在例行试验检查和诊断试验中对照相关标准做好检修试验项目审核及检修后评价及风险评估等工作，切实保障设备随时处于良好状态，保证变电站及电网安全可靠运行。

本模块就变电站设备状态检修的基本概念及基本流程予以简要介绍。

一、状态检修的基本概念

状态检修是企业以安全、环境、效益等为基础，通过设备的状态评价、风险分析、检修决策等手段开展设备检修工作，达到设备运行安全可靠、检修成本合理的一种设备检修策略。其中安全是指由于各种原因可能导致的人身伤害、设备损坏、运行可靠性下降、电网稳定破坏等危及电网安全、可靠运行的情况；环境是指电网运行对社会、国民经济、环境保护等产生的影响；效益是指企业成本、收益以及事故情况下可能造成的直接、间接经济损失等经济效益。

状态检修工作的核心是确定设备的状态，依据设备的状态开展相应的试验、检修工作。开展状态检修工作是将设备检修管理工作的重点由修理转移到管理上来，通过加强对设备状态的检测和监视及状态评价，实施有效的针对性检修，及时消除设备事故隐患，有效降低设备陪试、陪修率，提高设备可用率。

二、状态检修的基本流程

状态检修的基本流程主要包括设备信息收集、设备状态评价、设备风险评估、制定设备检修策略、制订设备检修计划、设备检修的实施及绩效评价七个环节。

1. 设备信息收集

设备信息收集是开展状态检修的基础，是在设备制造、投运、运行、维护、检修、试验等全过程中，对投运前设备基础信息、运行信息、试验检测数据、历次检修报告和记录、同类型设备的参考信息等特征参量进行收集、汇总，为开展设备状态评价奠定基础。

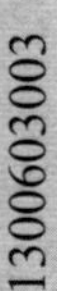

2. 设备状态评价

依据《国家电网公司输变电设备状态检修试验规程》、《国家电网公司输变电设备状态评价导则》等技术标准，依据收集到的各类设备信息，确定设备状态和发展趋势。设备状态评价是开展状态检修工作的基础，评价工作必须通过持续、规范的设备跟踪管理，综合离线、在线等各种分析结果，才能够准确掌握设备运行状态和健康水平，为下一步设备风险评估、制定设备检修策略等工作打好基础。

设备状态评价实行动态管理，每年至少一次。状态评价结果有正常状态、注意状态、异常状态及严重状态四个等级。

3. 设备风险评估

设备风险评估是开展状态检修工作的重要环节。其目的是按照《国家电网公司输变电设备风险评价导则》的要求，利用设备状态评价结果，综合考虑安全、环境和效益三个方面的风险，确定设备运行存在的风险程度，为检修策略和应急预案的制订提供依据。

具体评估方法是按照《国家电网公司输变电设备风险评价导则》，利用设备状态评价结果，综合计算设备安全性、经济性和社会影响三个方面的风险值并相加，得出风险值后，同类设备按照风险值大小排序，作为输变电设备状态检修的决策依据。设备风险评估每年至少一次。

4. 制定设备检修策略

以设备状态评价结果为基础，参考风险评估结果，在充分考虑电网发展、技术进步等情况下，对设备检修的必要性和紧迫性进行排序，并依据《国家电网公司输变电设备状态检修导则》等技术标准确定检修方式、内容，并制订具体检修方案。

检修策略依据设备不同，一般分为4～5种策略。

5. 制订设备检修计划

设备检修计划依据设备检修策略制订，包括设备寿命周期内的长期计划、5 年计划、3 年滚动计划和年度计划。

设备检修计划主要分为两个部分：① 覆盖整个设备寿命周期内的长期检修、维护计划，用于指导设备全寿命周期内的检修、维护工作；② 与公司资金计划相对应的年度检修计划和多年滚动计划、规划，用于指导年度检修工作的开展，以及未来一定时期内检修工作安排和资金需求。

6. 设备检修的实施

应依据《国家电网公司输变电设备状态检修导则》等技术标准和年度检修计划进行。现场实施应严格执行标准化作业相关要求，设备检修后应对其进行评价，并将检修各种信息及时录入。

7. 绩效评估

状态检修绩效评估是依据《国家电网公司输变电设备状态检修绩效评估标准》，对工作体系有效性、策略适应性、目标实现程度进行评估，从而确定状态检修工作取得的成效，查找工作中存在的问题，提出持续改进的措施和建议。状态检修绩效评估每年一次。

【思考与练习】

设备状态检修的概念及基本流程是什么？

第四十九章　变电站技术管理

模块1　变电站运行技术资料管理（ZY1300604001）

【模块描述】本模块介绍变电站各类规程制度管理、设备出厂资料图纸以及台账管理，各种修试报告、履历管理，以及资料借阅制度等。通过一般规定介绍、管理方法讲解，掌握变电站及运行班组技术资料管理工作。

【正文】

变电站的技术资料管理可分为规程标准管理、图纸管理、设备基础资料管理、设备履历管理、指示性图表管理等。

随着网络计算机技术的发展和变电站管理水平的不断提高，变电站运行技术资料管理将逐步纳入信息化管理。

一、一般规定

（1）变电站应建立资料室，由资料员（可兼职）负责对资料建立、存放、保管。

（2）变电站所有资料均应有目录和清册，并进行统一编号，所有资料要做到存放整齐，查阅方便。

（3）各种规程标准、技术资料等均应建立借阅登记簿，对借阅的各种资料和书籍应及时登记，并要求借阅人签名，归还后及时注销。资料员应定期对资料的借阅与归还情况进行检查清点。

（4）技术资料应无损坏遗失，应分类分项建立，出厂资料、安装调试资料、检修试验资料应齐全，新建、扩建、改建过程中要及时收集设备相关资料，并进行归档。

（5）图纸资料应妥善保管，不允许个人私自挪用，避免破损、丢失、脏污。

（6）变电站常用图纸应实现电子化，由于设备变动或接线修改引起的图纸不符合实际，应与有关单位联系进行修改或重新绘制。

（7）变电站资料不允许外借，非变电站内人员，未经许可不得进入资料室进行查看资料，特殊情况应由变电站站长批准。

（8）资料室严禁吸烟，应按防火要求进行管理。资料室内应保持整洁，废弃物应及时清理。

二、管理方法

变电站资料可分为规程标准类、图纸类、设备类、指示性图表等几大部分，可按类别进行管理。

（一）规程标准类资料管理

规程标准管理应按以下原则进行分类，统一保存。

（1）国家、行业颁布的有关设备运行管理标准、规程及本单位制定的相关标准细则及管理制度等。

（2）变电站事故预案和各级应急预案、变电站现场运行规程、变电站典型操作票、变电站设备手册及变电站设备定级结果。状态检修的变电站应包含变电站设备状态评价、风险评估及检修策略报告等。

（二）图纸类资料管理

资料员应建立变电站图纸、资料清册，每年对图纸进行一次全面检查，保证图纸齐全完整、图实相符。图纸应实现电子化，方便浏览、查阅。

（三）设备类资料管理

设备类资料可按投运前、后进行管理。

1. 投运前设备类资料管理

投运前的资料主要是由施工单位移交的设备基础资料，主要有：一、二次设备使用说明书，出厂试验报告及设备合格证，设备采购技术协议及安装记录、设计变更等资料，二次设备安装调试报告（包括二次设备相量报告）等。

投运前的设备类资料，施工单位已经按国家电网公司工程档案资料管理的要求归档装订，整体移交变电站。为便于管理，变电站应在设备安装调试阶段，安排资料员提前介入资料收集工作，交接资料时保证设备资料全面完整。

2. 运行后设备类资料管理

设备投入运行后的资料管理，与投运前管理有所不同，主要目的是服务于运行生产，设备的相关资料按实际设备间隔进行分类，以履历的形式对设备运行中发生的异常、检修、试验、事故及过负荷情况等进行整理存档，便于设备运行情况的纵向比较。

（1）设备履历的划分。为做好设备运行后的资料管理工作，对设备可按照单元建立设备履历，设备单元可按以下方式进行划分：

1）主变压器单元。包括主变压器及三侧断路器、隔离开关、电流互感器、避雷器、电压互感器等。

2）母线单元。包括母线电压互感器、避雷器、支柱绝缘子、母线及母线筒等。

3）出线单元。包括出线断路器、隔离开关、线路并联电抗器、电流互感器、阻波器、耦合电容器（电压互感器）、线路避雷器、电力电缆等，3/2 断路器接线的边断路器及两侧隔离开关设备属线路单元。

4）3/2 断路器接线的中断路器单元。包括中间断路器及其两侧隔离开关设备。

5）角形接线的每台断路器为一个单元，包括断路器、隔离开关、电流互感器。角形接线的每回出线、每台主变压器各为一个单元，包括出线（主变压器）隔离开关等设备。

6）低压侧无功补偿装置单元。包括调相机、并联电抗器组、并联电容器组等。

7）站用变压器单元。包括站用变压器回路断路器、隔离开关、电流互感器、电缆、站用变压器、接地变压器、消弧线圈、接地电阻等。

8）站用直流单元。包括充电机、蓄电池、直流屏。

9）公用单元。继电保护随相应的一次设备为同一单元，全站其余的公用继电保护、自动、控制、信号装置为公用单元。

10）微机监控系统为一个单元（包括后台监控机、变送装置）。

11）防误闭锁装置单元。

12）防雷接地单元。包括所有避雷针和接地装置。

13）土建单元。包括除设备构架外的全站土建房屋、场地、电缆沟道（包括全站照明、防盗报警、消防报警装置等）。

（2）设备履历内应含的资料。

1）本单元一次系统单线图、设备双重编号。

2）设备参数、设备投运、变更记录。

3）设备修试情况统计表。

4）开关跳闸记录表（设备跳闸时间、原因）。

5）重大及紧急缺陷记录表（重大、紧急缺陷消除情况）。

6）事故及重大异常运行记录表（主要说明设备异常运行的时间、状态）。

7）设备大修（技改）记录表（主要说明大修、技改的时间及大修情况）。

8）修试报告（包括大修、预试、油化、色谱、微水报告及二次设备相量报告）。

（四）指示性图表类资料管理

1. 变电站应具备的指示性图表

（1）电网接线图及变电站一次系统接线图（模拟图或微机电子图表）。

（2）站用电系统图及直流系统图。

（3）变电站设备参数表及各回路设备最大载流及线路最大允许负荷表。

（4）开关事故跳闸统计表。

（5）变电站交、直流熔断器配置明细表及变电站交、直流网络图（熔断器、空气断路器级差配合图）。

（6）变电站污秽等级划分表。

（7）变电站保护及自动装置压板投退说明表。

（8）继电保护及自动装置定值单。

（9）紧急事故拉闸序位表（若有，按调度文件）。

（10）设备周期性检修、试验监督表（对于状态检修的变电站应有设备状态表、例行试验检修执行情况表等）。

（11）变电站值班轮值表及设备巡视路线图。

（12）变电站年、季、月、周、日固定维护工作安排。

（13）有权发布操作命令的各级调度人员名单，有权单独巡视高压设备、有权签发工作票、有权担任工作负责人的人员名单，有权担任工作许可人的人员名单。

2. 变电站指示性图表的管理

（1）各种指示性图表，应统一收存，可根据实际情况存入计算机。

（2）设备移动或新建、改建、扩建后的相关图表应及时进行相应的变更，每年应全面检查、修订一次图表。

（3）设备周期性检修、试验监督表、开关事故跳闸统计表每年统计一次，及时更新，便于监督设备检修试验情况。

（4）变电站图表应统一存放在变电站主控室内，以方便运行人员查看。

【思考与练习】

1. 变电站指示性图表如何管理？

2. 管理好指示性图表对运行工作有什么意义？

模块 2　变电站典型操作票与典型工作票管理（ZY1300604002）

【模块描述】本模块介绍典型“两票”编制依据、周期及审核要求。通过概念描述、编制过程的详细介绍，掌握典型“两票”在生产实际中的指导作用。

【正文】

变电站典型操作票及典型工作票是针对变电站典型操作及典型工作现场编制的倒闸操作及现场检修工作的一个标准范例，典型“两票”是经过上级部门的严格审查，具有指导变电站日常操作及现场工作许可示范作用，是变电站技术管理的一项重要工作。典型“两票”应随现场设备增加及时修订或每年定期进行修订。

一、典型操作票

1. 典型操作票任务的提出

典型操作票的操作任务和任务顺序由负责设备调度管理的调度部门提出，或者变电站与调度协商后由调度单位提出，但两种方法提出的任务和任务顺序均必须经调度部门技术负责人审定合格。

2. 典型操作票的编写依据

（1）根据调度规程中批准的操作任务和顺序。

（2）根据变电站设备所属各级调度的调度规程中相关操作规程以及调度术语说明等。

（3）根据变电站现场运行规程和变电站电气主接线图。

（4）根据变电站实际设备、继电保护定值单、保护装置运行说明书以及图纸等其他相关资料内容。

3. 典型操作票审核批准

（1）典型操作票编写完成后，交由站长、技术员审核，审核无误后，装订成册，编写人签名，装订成册后交上级管理部门审核批准。

（2）变电站初审成稿后的典型操作票应交由上级生产管理部门运行专责审核，最后交由主任工程师审定批准。批准盖章后执行。自批准之日起，典型操作票有效。

（3）经批准的变电站典型操作票电子版交运行主管部门备案。有关调度需要可将电子版交付。经批准后的典型操作票，一份交由调度部门存档，另一份站内留存。

4. 典型操作票的编写规定

（1）典型操作票票面应清楚整洁，不得涂改。

（2）典型操作票应有目录、编号。同一任务有连续多张的操作票，在其操作票左下角打印或写上“转下页”（最后一页除外），同一任务有连续多张的典型操作票应对其分别编号，如可编为“编号——序数号”（1，2，3…）。

（3）典型操作票的编写格式应符合《国家电网公司变电站管理规范》相关规定。

（4）典型操作票必须使用调度操作标准术语和设备双重名称（设备名称和编号），使用的设备双重名称必须经调度批准且与实际设备运行标志相符。

（5）凡在操作过程中，使用的操作任务名称相同，但操作目的不同，其操作步骤必须与操作目的相符，分别编制操作票。

（6）同一变电站中相同性质的回路，若其设备配置完全相同、操作步骤一致，可以相互套用，并在备注栏中写明该典型操作票适用的回路名称。否则，就必须分别编写，不能相互套用。

（7）旁路代各线路（包括代主变压器回路）的典型操作票必须分别编写。

（8）操作步骤内容与顺序必须与操作任务的内容与顺序相对应，操作步骤内容与顺序不得颠倒或跳跃。

（9）如操作任务或步骤有特殊要求的，应在典型操作票中详细说明，或填写注意事项，且被说明的步骤应打“*”号。

（10）变电站内自动化遥控操作（压板）的“停用”或“用”应编写入相应的步骤中，调度不发令。

（11）编写典型操作票时应注意操作步骤内容中操作动作“动词”的选用。如操作断路器、隔离开关（包括二次小开关、小刀开关）可用“拉开”、“合上”；操作保护连接片可用“投入”、“退出”，对可切换连接片可用“从××接至××”；操作电流端子可用“拆除”、“接通”、“短接”等。

（12）以下内容应填入典型操作票：

1）应拉合的断路器和隔离开关名称、编号。

2）检查断路器和隔离开关的位置。

3）用验电器检查应停电的导电部分是否确无电压。

4）检查接地线是否拆除。

5）检查负荷分配。

6）装拆接地线。

7）合上或拉开控制回路或电压互感器的熔断器（熔丝、小开关）。

8）切换保护回路等。

二、典型工作票

变电站的典型工作票是规范运行人员在实施具体检修工作现场安全措施布置，对防止安全措施不到位或安全措施遗漏情况的发生，以及确保检修工作的安全起着至关重要的作用。

1. 典型工作票任务的提出和编写

（1）典型工作票中检修工作的任务应结合变电站内设备实际、主接线方式来编制，可参照历年的工作票检修任务加以完善。由于安全措施受接线及设备检修状态的影响，因此典型工作票中检修工作的任务必须有相应的设备停役状态与之对应。

（2）典型工作票由变电站站长或站长指定的运行人员（正值以上）编制。编写实际检修工作安全措施必须结合变电站内设备实际情况、历年来设备检修情况、特殊检修方式、各类规程制度、现场运行注意事项及有关图纸进行。

（3）典型工作票填写应执行《国家电网公司电力安全工作规程》及上级有关管理部门的相关规定。

（4）典型工作票必须使用调度操作标准术语和设备双重名称（设备名称和编号），使用的设备双重名称必须经调度批准且与实际设备铭牌相符。

（5）典型工作票工作任务栏内（工作地点工作内容）应填写变电站站名和设备的双重名称编号（以调度批准的设备铭牌为准）及工作设备范围、实施工作地点和工作内容。

（6）典型工作票中工作地点要写具体，不允许笼统地写××站内、控制室、继电保护室内等，应写明××线路或回路、××保护屏或控制屏，若某一电压等级全部停电且全部有工作，可填写“在××设备区”。

（7）典型工作票中保护校验工作，应将校验装置所停用的出口跳闸连接片、功能连接片、交直流小开关、熔丝均写入安全措施栏内。

（8）典型工作票中任务或安全措施有特殊要求应在典型工作票中详细说明，或填写注意事项。

2. 典型工作票审核

（1）典型工作票编写完成后，由变电站站内全体运行人员审核合格并由正值、值长在编写栏内签名，然后交技术员、安全员审核，正确无误后签名。审核人员对典型工作票内容和任务的正确性负责，审核后的典型工作票应交由上级主管部门审批。

（2）典型工作票审核时应注意以下几点：

1）设备停役检修状态是否满足检修工作要求；工作票所列安全措施是否正确完备，是否与现场实际设备相符。

2）对典型工作票中所列内容即使发生很小疑问，也必须认真讨论分析，必要时应重新编制或作详细补充。

3. 典型工作票批准

变电站典型工作票经运行主管部门安全专职或安全主管审核批准，自批准之日起，典型工作票生效。

三、典型“两票”的管理

（1）典型操作票、工作票票面应清楚整洁，每份票均应编号，并装订成册。

（2）典型操作票、工作票应有目录，并有年度修订、增订记录，专栏内应附加与实际一致的一次接线图和各电压等级屏柜及设备布置图。

（3）变电站内典型操作票、工作票，应由安全员负责，其职责是要始终保持站内典型操作票、工作票正确完好并与现场实际设备保持一致。

（4）现场设备情况如有变更时，变电站应及时（在变动设备投运前完成）修改相应的典型操作票、工作票，并履行审核批准手续。原典型操作票、工作票作废，作废的典型操作票、工作票应销毁。

（5）在新建、扩建的回路设备正式投运前，应制订典型操作票、工作票，作为生产准备工作的重要内容之一。

（6）典型操作票、工作票应定期进行全面修订。

【思考与练习】

简述典型“两票”的管理。

模块3 变电站现场运行规程管理（ZY1300604003）

【模块描述】本模块介绍现场运行规程编制依据、编写内容、更新及审核周期要求。通过概念描述、编制要求讲解、编制内容现象介绍，能做好现场运行规程管理的相关工作。

【正文】

变电站现场运行规程是指导运行人员做好本站运行管理工作的一个很实用的技术规程。它涵盖了变电站设备运行管理的技术通用标准及设备或装置的特性要求，对指导现场运行有很强的技术支持作用，是变电站搞好运行管理的一个核心，有非常重要的作用。

一、现场运行规程的编写要求

（1）变电站应根据上级单位颁发的规程、制度、反事故措施、继电保护及自动装置定值单、图纸和设备厂商的说明书等编制变电站现场运行规程，经履行审核和批准程序后执行。

（2）变电站在投运前必须建立现场运行规程。

（3）变电站现场运行规程的编写，由站长及技术负责人组织编写，上一级主管领导审核批准后执行。

（4）变电站内现场设备、系统接线变动后在投运前，站长及技术负责人应负责落实完成新设备规程的制定及相关的修订工作。

（5）当上级颁发新的规程和反事故技术措施与变电站现场运行规程有出入时，变电站应对现场运行规程及时修改。

（6）变电站每年应对现场运行规程进行一次复查、修订，每次修订完应有修订人、审核人签名，并写明修订时间，不需修订的也应写明“可以继续执行”的字样。

（7）现场运行规程应每 3～5 年进行一次全面的修订、审定并印发。变电站如有较大项目的改造、扩建工程，应及时对现场运行规程进行全面修订、补充。

（8）现场运行规程的补充或修订，应严格履行审批程序。

二、变电站的现场运行规程可包含内容

1. 变电站简介

包括变电站的投运时间、设备概况、在电网中的作用等。

2. 变电站一次设备规程

（1）接线方式、主要设备特点、变电站设备调度管辖范围划分。

（2）应按设备类型分类编写，如按主变压器、断路器、隔离开关、母线、电容器、电抗器、电流互感器、电压互感器、避雷器、站用系统及直流系统进行分类编写。

3. 变电站二次设备规程

（1）二次设备应按保护、自动装置、监控系统（综合自动化）、直流、监测和计量仪表进行分类编写。

（2）编写时应按主变压器保护、各级母线及线路保护（电压由高向低）、自动装置、监控系统（综合自动化）、直流、监测和计量仪表的顺序进行。

（3）同一型号保护、自动装置应有以下内容：

1）保护、自动装置的组成部分；

2）保护范围；

3）巡视及维护要点；

4）正常运行操作方法及注意事项；

5）异常及事故处理方法；

6）异常及保护动作信息对照说明；

7）分析故障调取及打印报告的方法等；

8）上级部门对该保护、自动装置的特殊规定；

9）设备验收项目。

（4）监控系统（综合自动化）应有以下内容：系统介绍及构成、网络连接、后台机功能、系统运行操作方法及注意事项，以及异常处理方法等。

（5）直流系统应有系统介绍及构成、正常运维操作方法及注意事项、异常处理方法、蓄电池充放电的步骤及方法等内容。

（6）监测和计量仪表应包括运行、巡视、维护注意事项及异常处理方法等。

4. 运行规程

运行规程还应包含“两票三制”、“五防”闭锁、防盗报警、消防报警、视频监控、PDA 巡检系统等内容。主要写清楚系统的运行管理规定，使用方法及巡视、维护、异常处理要点。

【思考与练习】

简述变电站现场运行规程的编制依据及要求。

模块 4 变电站电压及无功管理、技术监督管理（ZY1300604004）

【模块描述】本模块介绍变电站无功管理及绝缘技术监督内容。通过要点归纳讲解，掌握变电站无功调压手段及方法、技术监督工作要求，做好无功调压及技术监督工作。

【正文】

变电站无功设备及绝缘监督管理是变电站配合调度及上级生产部门应主动做好的两项基本工作。无功设备事关系统电压及潮流，关系变电站母线电压，运行人员应有主动意识，积极利用好变电站无功容量，结合调度部门下发的电压曲线随时投切无功设备，保证变电站电压质量。

在绝缘技术监督方面，变电站应定期对各类输变电设备进行监测分析，对例行试验结果进行分析比对，变电站应建立绝缘台账并定期按变电站所属的污区等级核对设备绝缘比距，发现问题及时汇报上级技术监督专工，切实保障变电站安全运行。

下面对变电站无功及电压管理、技术监督管理予以简单介绍。

一、电压无功管理

变电站无功设备的投切应严格按照调度部门下发的电压曲线进行，以保证合格的电压质量。

电容器一般为日投夜切，并联电抗器一般为日切夜投。

负荷高峰时段应尽量使电压保持靠上限运行，在负荷低谷时段应尽量使电压靠下限运行。

有载调压主变压器分接头的调整，应按照调度部门颁发的电压曲线，在得到调度命令后进行，操作前后应记录母线电压值。

二、绝缘监督

变电站层面的技术监督工作主要有输变电设备定期红外、紫外监测及超声局部放电测试，在线监测装置巡检数据收集分析以及设备历次试验报告收集分析等工作。对红外、紫外测试出的异常及时分析并报相关专责。

为做好设备例行试验监督，运行人员应对全站设备例行试验时间及诊断试验时间、项目列表张贴，便于检查设备有无超期试验；对设备试验项目及数据进行审核，对照标准及历史数据进行初步分析；收集好各类设备电试、油务等报告，对设备评价结果及相应实施的检修策略全面掌握，与主管部门绝缘专责一道定期分析设备绝缘方面的薄弱环节和设备绝缘状况，掌握绝缘缺陷变化趋势。

变电站应根据当地环境条件的改变，提醒相关部门做好污区环境检测，并根据下发的污区分布图，校核变电站设备外绝缘，对不满足变电站所在污区等级要求的，应及时向运行主管部门提交报告。变电站应建立站内设备绝缘台账，对设备外绝缘、悬式以及耐张绝缘子等建立详细的台账。

【思考与练习】

1. 变电站无功电压是如何管理的？
2. 变电站绝缘技术监督应做哪些工作？

模块 5 电力系统调度规程（ZY2700601001）

【模块描述】本模块介绍典型调度规程编写的意义、约束对象、主要内容和调度规程实例。通过条文解释和案例学习，掌握《电力系统调度规程》内容，并能认真执行调度规程。

【正文】

一、调度规程编写的意义

电网的所有发电、供电（输电、变电、配电）、用电设施和为保证这些设施正常运行所需的保护和安全自动装置、计量装置、电力通信设施、电网自动化设施等是一个紧密联系的整体。电网调度系统包括各级电网调度机构和网内厂站的运行值班单位等。根据《中华人民共和国电力法》、《电网调度管理条例》及有关规程、规定，为了加强电网调度管理，保障电网安全、优质和经济运行，保护用户利益，按照统一调度、分级管理的原则，结合各级电网实际情况，制定本调度机构的电力系统调度规程。

电网调度机构是电网运行的组织、指挥、指导和协调机构。国家电网公司的调度机构分为五级，依次为：国家电网调度机构（即国家电力调度通信中心，简称国调），跨省、自治区、直辖市电网调度机构（简称网调），省、自治区、直辖市级电网调度机构（简称省调），省辖市级电网调度机构（简称地调），县级电网调度机构（简称县调）。调度规程的编写，不仅确立了各级调度机构在电网调度业务活动中是上下级关系，下级调度机构必须服从上级调度机构的调度；也明确了调度规程适用于本电网及并入本电网的所有发电、供电、用电等单位，网内各发电、供电、用电单位的有关领导、调度系统运行值班人员，以及相关专业技术人员，均应熟悉并遵守网内规程，服从调度管辖范围内调度机构的调度。

《全国互联电网调度管理规程（试行）》适用于全国互联电网的调度运行、电网操作、事故处理和调度业务联系等涉及调度运行相关的各专业的活动。各电力生产运行单位颁发的有关电网调度的规程、规定等，均不得与本规程相抵触。与全国互联电网运行有关的各电网调度机构和国调直调的发、输、变电等单位的运行、管理人员均须遵守本规程；非电网调度系统人员凡涉及全国互联电网调度运行的有关活动也均须遵守本规程。

二、调度规程的约束对象

调度规程是组织、指挥、指导和协调电网的运行，基本要求就是：使电网安全运行和连续可靠供电（供热），电能质量符合国家规定的标准；按最大范围优化配置资源的原则，实现优化调度，充分发挥网内发电、供电设备能力，最大限度地满足社会和人民生活用电的需要；依据有关合同、协议或规定，保护发电、供电、用电等各方的合法权益。因此，调度规程的约束对象包括国调、网调、省调、地调和县调，各级调度除受本级调度规程的约束外，还受上级调度部门的约束。各级调度机构的主要职责如下。

1. 国调的主要职责

（1）对全国互联电网调度系统实施专业管理和技术监督。

（2）依据年度计划编制并下达管辖系统的月度发电及送受电计划和日电力电量计划。

（3）编制并执行管辖系统的年、月、日运行方式和特殊日、节日运行方式。

（4）负责跨大区电网间即期交易的组织实施和电力电量交换的考核结算。

（5）编制管辖设备的检修计划，受理并批复管辖及许可范围内设备的检修申请。

（6）负责指挥管辖范围内设备的运行、操作。

（7）指挥管辖系统事故处理，分析电网事故，制订提高电网安全稳定运行水平的措施并组织实施。

（8）指挥互联电网的频率调整，管辖电网电压调整及管辖联络线送受功率控制。

（9）负责管辖范围内的继电保护、安全自动装置、调度自动化设备的运行管理和通信设备运行协调。

（10）参与全国互联电网的远景规划、工程设计的审查。

（11）受理并批复新建或改建管辖设备投入运行申请，编制新设备启动调试调度方案并组织实施。

（12）参与签订管辖系统并网协议，负责编制、签订相应并网调度协议，并严格执行。

（13）编制管辖水电站水库发电调度方案，参与协调水电站发电与防洪、航运和供水等方面的关系。

（14）负责全国互联电网调度系统值班人员的考核工作。

2. 网调、独立省调的主要职责

（1）接受国调的调度指挥。

（2）负责对所辖电网实施专业管理和技术监督。

（3）负责指挥所辖电网的运行、操作和事故处理。

（4）负责本网电力市场即期交易的组织实施和电力电量的考核结算。

（5）负责指挥所辖电网调频、调峰及电压调整。

（6）负责组织编制和执行所辖电网年、月、日运行方式。核准下级电网与主网互联部分的电网运行方式，执行国调下达的跨大区电网联络线运行和检修方式。

（7）负责编制所辖电网月、日发供电调度计划，并下达执行；监督发、供电计划执行情况，并负责督促、调整、检查、考核；执行国调下达的跨大区联络线月、日送受电计划。

（8）负责所辖电网的安全稳定运行及管理，组织稳定计算，编制所辖电网安全稳定控制方案，参与事故分析，提出改善安全稳定的措施，并督促实施。

（9）负责电网经济调度管理及管辖范围内的网损管理，编制经济调度方案，提出降损措施，并督促实施。

（10）负责所辖电网的继电保护、安全自动装置、通信和自动化设备的运行管理。

（11）负责调度管辖的水电站水库发电调度工作，编制水库调度方案，及时提出调整发电计划的意见；参与协调主要水电站的发电与防洪、灌溉、航运和供水等方面的关系。

（12）受理并批复新建或改建管辖设备投入运行申请，编制新设备启动调试调度方案并组织实施。

（13）参与所辖电网的远景规划、工程设计的审查。

（14）参与签订所辖电网的并网协议，负责编制、签订相应并网调度协议，并严格执行。

（15）行使上级电网管理部门及国调授予的其他职责。

3. 省调的主要职责

（1）负责省网的安全、优质、经济运行及调度管理工作。

（2）组织编制和执行电网的年、月、日调度计划（运行方式）。

（3）指挥调度管辖范围内设备的操作。

（4）根据网调的指令调峰、调频或控制联络线潮流及负责所辖范围内无功电压的运行和管理。

（5）指挥省网事故处理，负责进行电网事故分析，制订并组织实施提高电网安全运行水平的措施。

（6）参与编制调度管辖范围内设备的年度检修计划，并根据年度检修计划安排月、日检修计划。

（7）负责对省网继电保护和安全自动装置、电网调度自动化和电力通信系统进行专业管理，并对下级调度机构管辖的上述设备和装置的配置进行技术指导。

（8）参与省网规划编制工作及电网工程项目的可行性研究和设计审查工作；批准新建、扩建和改建工程接入电网运行；参与工程项目的验收，负责制订新设备投运、试验方案。

（9）参与电力生产年度计划的编制，依据年度及年度分月计划并结合电网实际，组织编制和实施月、日调度生产计划，负责实时调度中相关指标的统计考核。

（10）负责指挥省网的经济运行及管辖范围内的高压网损管理。

（11）负责制订事故和超计划用电限电序位表，报省人民政府的有关部门批准后执行。

（12）组织调度系统有关人员的业务培训和召开有关调度会议。

（13）统一协调水电厂水库的合理运用。

（14）负责与有关单位签订并网调度协议。

（15）协调有关所辖电网运行的其他关系。

（16）行使本电网管理部门或者上级调度机构批准（或者授予）的其他职权。

4. 地调的主要职责

（1）负责本地区（市）电网的调度管理，执行上级调度机构发布的调度指令；执行上级调度机构及上级有关部门制定的有关标准和规定；负责制定本地区（市）电网运行的有关规章制度和对县调调度管理的考核办法，并报省调备案。

（2）参与制订本地区（市）电网运行技术措施、规定。

（3）维护本地区（市）电网的安全、优质、经济运行，按计划和合同规定发电、供电，并按省调要求上报电网运行信息。

（4）组织编制和执行本地区（市）电网的运行方式，运行方式中涉及上级调度管辖设备的要报该级调度核准。

（5）根据省调下达的日供电调度计划制订、下达和调整本地区（市）电网日发、供电调度计划，监督计划执行情况；批准调度管辖范围内设备的检修。

（6）根据省调的指令进行调峰、调频或控制联络线潮流。指挥实施并考核本地区（市）电网的调峰和调压。

（7）负责指挥调度管辖范围内的运行操作和事故处理。

（8）负责划分本地区（市）所辖县（市）级电网调度机构的调度管辖范围。

（9）负责制订本地区（市）电网超计划限电序位表和事故限电序位表，经本级人民政府批准后执行。

（10）参与本地区（市）电网规划编制工作，批准新建、扩建和改建工程接入电网运行，参与工程项目的验收，负责制订新设备投运、试验方案。

（11）负责本地区（市）和所辖县（市）电网继电保护及安全自动装置、电力通信、电网调度自动化系统规划的制订及运行管理和技术管理。

（12）负责与有关单位签订所辖范围内的并网调度协议。

（13）负责本地区（市）电网调度系统值班人员的业务培训，负责所辖县（市）电网调度值班人员的业务指导技术培训。

（14）行使上级电网管理部门或上级调度机构授予的其他职权。

5. 县调的主要职责

（1）负责本县（市）电网的调度管理，执行上级调度及有关部门制定的有关规定；负责制定本县（市）电网运行的有关规章制度。

（2）维护本县（市）电网的安全、优质、经济运行，按计划和合同规定发电、供电，并按上级调度要求上报电网运行信息。

（3）负责根据地调下达的日供电调度计划制订、下达和调整本县（市）电网日发、供电调度计划，监督计划执行情况；批准调度管辖范围内设备的检修；运行方式中涉及上级调度管辖设备的要报上级调度核准。

（4）根据上级调度的指令进行调峰、调频或控制联络线潮流。指挥实施并考核本县（市）电网的调峰和调压。

（5）负责指挥调度管辖范围内的运行操作和事故处理。

（6）参与本县（市）电网继电保护及安全自动装置、电力通信、电网调度自动化系统规划的制订并负责其运行管理和技术管理。

（7）负责本县（市）电网调度系统值班人员的业务指导和培训。

三、调度规程应包括的主要内容

调度规程是组织、指挥、指导和协调电网运行的规范性文件，由于各级调度机构的职能和所辖范围的不同，调度规程所涉及内容也不尽相同，但为确保电网安全、优质、经济运行，调度规程一般应包括以下主要内容。

1. 总则

总则包括调度规程的制定依据和目的，以及管理原则、机构设置、管理范围和约束对象等。

2. 调度管理

调度管理包括：调度管理任务，所辖各级调度的主要职责和调度管辖范围划分原则；调度管理制度，电网运行方式的编制要求，电网稳定管理的主要任务和内容，检修管理方法，电能质量管理要求和方式方法，电网频率与无功调整的管理规定；负荷管理的任务与预测要求，电网经济运行管理原则和分工及主要工作，水库调度管理的原则和方法，同期并列装置管理；新设备投产的调度管理，并网管理要求，继电保护和安全自动装置的运行管理、调度通信的管理、电网调度自动化的管理规定等。

3. 调度操作

调度操作包括：操作管理与基本操作制度，并解列操作、线路停送电操作、变压器运行及操作、母线操作规定；事故处理的基本原则，指出异常频率、异常电压、线路跳闸事故、变压器事故、联络线过负荷、开关异常、母线失压、发电机跳闸、电网解列、设备过负荷（过热）、系统振荡事故的处理方法，电网黑启动方法和失去通信时的规定等。

4. 附录

附录包括：电力调度中心调度管辖设备，电网电压考核点，典型操作的原则步骤，违反调度指令考核与处罚细则，电力系统异常及事故汇报制度，新设备投产前应报送的相关资料清单，相关法律、法规、规定及行业标准，设备命名及编号规定，电网调度术语等。

四、调度规程实例

《全国互联电网调度管理规程（试行）》作为全国互联电网调度系统实施专业管理和技术监督规程，

从总则、调度管辖范围及职责、调度管理制度、运行方式的编制和管理、新设备投运的管理等17个方面，对调度运行的各方面工作都给出了翔实的规定和具体要求，认真学习该规程，对于保障电力系统的安全稳定运行具有重要的指导意义。

（1）总则部分。指出了规程的制定依据、调度原则和适用范围。

（2）调度管辖范围及职责部分。规定了国调、网调的调度管辖范围和主要职责。

（3）调度管理制度部分。规定了上、下级调度和厂站运行值班员的调度业务要求，相关调度通报要求，以及对拒绝执行调度指令、破坏调度纪律的行为处理办法。

（4）运行方式的编制和管理部分。规定了年度、月度和次日运行方式的下达时间和内容。

（5）设备的检修管理部分。规定了电网设备的检修分类，明确了计划检修和临时检修的概念，着重强调了计划检修、临时检修的管理规定，以及检修申请应包括的内容。

（6）新设备投运的管理部分。规定了新建、扩建和改建的发、输、变电设备，启动前必须向国调提供的相关资料和投运申请要求，着重强调了新设备启动前必须具备的条件，以及对有关人员的技术要求等。

（7）电网频率调整及调度管理部分。规定了电网的频率标准，有关网、省调值班调度员在电网频率调整及调度方面的具体要求。

（8）电网电压调整和无功管理管理部分。规定了电网的无功补偿原则，着重强调了500kV电网的电压管理的内容，以及各厂、站电压调整的主要方法。

（9）电网稳定的管理部分。规定了电网稳定的分级负责原则，提出了有关网、省调和运行单位主网架结构变化，或大电源接入时的具体要求。

（10）调度操作规定部分。规定了电网倒闸操作的调度原则，明确了不用填写操作指令票的操作项目，对于操作指令票制度操作前应考虑的问题，计划操作应尽量避免的时间，并列条件，解、合环操作，500kV线路停送电操作，开关操作，刀闸操作，变压器操作，零起升压操作，直流输电系统操作等，都提出了非常具体的规定，并指出了500kV串联补偿装置的投退原则。

（11）事故处理规定部分。规定了管辖系统事故处理的权限、责任和要求，着重强调了频率异常、电压异常、线路事故、发电机事故、变压器及高压电抗器事故、母线事故、开关故障、串联补偿装置故障、电网振荡事故、直流输电系统事故的处理方法。

（12）继电保护及安全自动装置的调度管理部分。规定了继电保护整定计算和运行操作所辖范围和管理、维护与检验要求。

（13）调度自动化设备的运行管理部分。规定了调度自动化设备包括的内容，以及相应的管理要求。

（14）电力通信运行管理部分。规定了联网通信电路管理部门的职责和管理原则，着重强调了正常检修与故障处理方法。

（15）水电站水库的调度管理部分。规定了水库的调度管理的总则，明确了水库运用参数和资料管理要求，着重强调了水文气象情报及预报、洪水调度、发电及经济调度和水库调度管理要求。

（16）电力市场运营调度管理部分。规定了国调、网调和独立省调在电力市场运营调度管理的主要任务。

（17）电网运行情况汇报部分。给出了电力生产、运行情况汇报规定，重大事件汇报规定，以及其他有关电网调度运行工作汇报规定。

【思考与练习】

1. 地调的主要职责是什么？
2. 调度规程应包括哪些主要内容？
3. 电网频率的标准是什么？
4. 线路事故的处理方法是什么？
5. 变压器事故的处理方法是什么？

附录 A 《变电运行（750kV）》培训模块教材各等级引用关系表

部分名称	章	模块名称（模块编码）	模 块 描 述	等级		
				I	II	III
数字化变电站	数字化变电站的概念与应用	数字化变电站介绍（GYBD00101001）	本模块主要介绍了数字化变电站的情况。通过要点归纳介绍，掌握数字化变电站发展的基本背景、基本概念和特征，了解数字化变电站的主要优势	√		
		数字化变电站的系统架构及技术特征（GYBD00101002）	本模块主要介绍了数字化变电站的基本结构和主要技术特征。通过对比讲解、图例展示，掌握数字化变电站的系统构成和主要技术特征	√		
		数字化变电站的基本应用（GYBD00101003）	本模块介绍数字化变电站的技术实现基础和常规设备接入方案。通过归纳讲解、方案介绍，了解建设数字化变电站应注意的问题和常规设备的接入方式	√		
	数字化变电站的组成与实现	IEC 61850 标准综述（GYBD00102001）	本模块介绍 IEC 61850 标准的产生背景、标准的组成、主要术语及主要特点等内容。通过背景介绍、标准阐述、要点讲解，了解标准的概况，掌握标准的组成和特点		√	
		数字化变电站的通信网络（GYBD00102002）	本模块介绍了数字化变电站内数据流及其特点、采用的主要网络技术以及组网方案。通过要点分析、图例说明、方案介绍，了解数字化变电站系统核心通信的概况		√	
		电子式互感器基本原理及技术（GYBD00102003）	本模块介绍电子式互感器的基本原理、特点及构成等内容。通过结构分析、原理讲解、图片示意、应用举例，了解数字化变电站系统中一次设备的变化		√	
		智能化电器设备（GYBD00102004）	本模块主要介绍开关智能化的基本内容，智能化开关基本结构、特点、设备的应用模式以及和二次系统的连接。通过概念讲解、图片示意、实例介绍，了解智能化开关系统，掌握智能化开关控制的内容		√	
		数字化变电站的实现（GYBD00102005）	本模块介绍数字化变电站的信息应用模式，实现数字化变电站的几个关键因素、几种技术方案等内容。通过要点归纳讲解、图片示意、方案介绍，掌握数字化变电站的实现方式和信息应用		√	
电气试验	电气设备试验周期、标准及方法	电气试验标准（GYBD00701001）	本模块介绍电气设备交接试验和状态检修的意义和标准。通过概念解释、要点讲解和流程介绍，了解开展电气设备交接试验和状态检修的重要性，熟悉电气设备交接试验的标准，状态检修的概念，开展状态检修的原则、指导思想，掌握进行状态检修的基本流程	√		
		常规电气试验（GYBD00701002）	本模块介绍变电主要设备常规的电气试验项目。通过要点讲解，了解绝缘电阻、泄漏电流、介质损耗、工频耐压和绝缘放电等常规项目的试验目的、内容和方法		√	
		特殊电气试验（GYBD00701003）	本模块介绍设备特殊的电气试验项目及其目的。通过要点讲解，了解电力变压器特殊性试验、电流互感器特殊性试验、电容式电压互感器特殊性试验、氧化锌避雷器特殊性试验、六氟化硫断路器特殊性试验的试验项目内容和试验目的要求			√
		SF_6气体检漏、密度继电器校验（ZY1400803002）	本模块包含 SF_6气体检漏的意义、方法及密度继电器校验的主要操作步骤。通过要点讲解、计算举例、结构分析、操作技能训练，掌握 SF_6气体检漏原理、方法和密度继电器校验的步骤等操作技能及作业注意事项			√
		SF_6气体微水量测试（ZY1400803003）	本模块包含 SF_6气体微水量的测试方法、测试结果超标的原因分析和相应的处理工艺。通过知识要点的归纳讲解、操作技能训练，掌握 SF_6气体微水量测试的操作技能			√
		红外热成像的测试与分析（ZY1800303001）	本模块介绍红外热成像的测试与分析。通过测试工作流程的介绍，掌握红外热成像的原理，测试前的准备工作和相关安全、技术措施、测试方法、技术要求及测试数据分析判断		√	
	数据采集及分析	电气设备在线监测（GYBD00702001）	本模块介绍电气设备常用在线监测的原理和结构。通过要点讲解、分析，了解变压器油的在线监测、变压器局部放电在线监测、电力设备温度实时在线监测的内容、方法和装置原理，熟悉电气设备在线监测与预防性试验的关系	√		
		相关电气试验数据分析（GYBD00702002）	本模块介绍电气试验和在线监测运行数据综合分析。通过要点讲解、综合分析和应用示例，熟悉试验数据的分析方法，掌握试验结论和处置原则及设备状态评价方法			√

续表

部分名称	章	模块名称（模块编码）	模块描述	等级		
				Ⅰ	Ⅱ	Ⅲ
基本技能	常用仪器、仪表、安全工器具的使用及维护	常用仪器、仪表使用（GYBD00201001）	本模块介绍万用表、绝缘电阻表、接地电阻仪、钳形电流表、直流电桥的使用方法。通过使用方法介绍和注意事项讲解，掌握常用仪器和仪表的使用	√		
		安全工器具使用与维护（GYBD00201002）	本模块介绍电气安全用具分类、绝缘安全用具、一般防护用具、安全标识、安全用具等内容。通过结构描述、使用方法介绍和注意事项讲解，能正确使用电气安全工器具	√		
	变电站主接线及运行方式	750kV 变电站主接线（ZY1300101001）	本模块介绍 750kV 变电站各电压等级的各种接线及各种接线方式的优缺点。通过归纳讲解、图示分析、案例介绍，掌握 750kV 变电站各种主接线方式的特点	√		
		750kV 变电站设备的典型运行方式（ZY1300101002）	本模块包含 750kV 设备典型布置及运行方式的概述。通过实例分析介绍，熟悉 750kV 一次设备布置方式	√		
		设备编号和调度命名原则（ZY1300101003）	本模块介绍设备编号命名原则。通过对编号原则的解释，掌握设备编号原则和方法	√		
		设备运行状态的分类（ZY1300101004）	本模块介绍一、二次设备运行状态的分类。通过定义描述、状态转换列表说明，掌握一、二次设备运行状态的分类及各种状态之间的转换操作步骤	√		
	750kV 电气设备	750kV 电气距离（ZY1300102001）	本模块介绍 750kV 外绝缘的各种距离知识。通过分析讲解、计算举例，了解 750kV 电气距离基本概念，以及外绝缘的海拔修正	√		
		750kV 变压器（ZY1300102002）	本模块介绍 750kV 变压器。通过概念描述、图片示意、结构分析，掌握 750kV 变压器的原理和结构	√		
		750kV 高压电抗器（ZY1300102003）	本模块介绍 750kV 高压电抗器。通过概念描述、图片示意、结构分析，掌握 750kV 高压电抗器的原理和结构	√		
		750kV 断路器（ZY1300102004）	本模块介绍 750kV 断路器。通过概念描述、图片示意、结构分析，掌握 750kV 断路器的原理和结构	√		
		750kV 隔离开关、接地开关（ZY1300102005）	本模块介绍 750kV 隔离开关和接地开关基本结构、原理。通过图片示意、结构分析、原理讲解、实例介绍，掌握隔离开关运行维护的基础知识	√		
		750kV 快速接地开关（ZY1300102006）	本模块介绍 750kV 快速接地开关。通过概念描述、图片示意、结构分析，掌握 750kV 快速接地开关的原理和结构	√		
		750kV GIS 设备（ZY1300102007）	本模块介绍 750kV GIS。通过要点概述、原理讲解、图片示意、结构分析，掌握 750kV GIS 的原理和结构，了解 GIS 快速暂态过电压的产生机理	√		
		750kV 电压互感器（ZY1300102008）	本模块介绍 750kV 电压互感器。通过要点概述、原理讲解、图片示意、结构分析，掌握 750kV 电压互感器的原理和结构	√		
		750kV 避雷器（ZY1300102009）	本模块介绍 750kV 避雷器。通过要点归纳、图片介绍，了解避雷器在电力系统中的作用，掌握避雷器的原理、结构	√		
	750kV 变电站继电保护	继电保护配置原则（ZY1300103001）	本模块介绍超高压系统继电保护及自动装置双重化配置的意义和原则。通过分析讲解、要点介绍，掌握 750kV 系统继电保护双重化配置及二次回路特点	√		
		变压器保护（ZY1300103002）	本模块介绍变压器保护的配置和基本原理。通过概念描述、公式分析、原理讲解，掌握变压器保护的动作特性	√		
		电抗器保护（ZY1300103003）	本模块介绍 750kV 高抗及 66kV 电抗器保护的配置和基本原理。通过原理讲解、保护动作特性分析，掌握电抗器保护的动作特性和现场运行特点	√		

续表

部分名称	章	模块名称（模块编码）	模 块 描 述	等级		
				Ⅰ	Ⅱ	Ⅲ
基本技能	750kV变电站继电保护	母线保护（ZY1300103004）	本模块介绍母线保护和短引线的配置和基本原理，母线差动保护及短引线保护的保护范围。通过原理讲解、保护动作特性分析，掌握母线差动保护、短引线的用途和现场应用与运行操作注意事项	√		
		线路保护（ZY1300103005）	本模块介绍线路保护的配置和基本原理。通过原理讲解、特点介绍，掌握距离保护、零序保护、纵联保护、光纤保护的基本原理和动作特性	√		
		电容器保护（ZY1300103006）	本模块介绍电容器保护的配置和基本原理。通过要点归纳、原理讲解，掌握电容器保护的动作特性	√		
		断路器辅助保护（ZY1300103007）	本模块介绍断路器辅助保护的配置和基本原理。通过要点归纳、图形示意、原理讲解，掌握断路器失灵保护、三相不一致、重合闸、充电保护动作特性和运行中注意事项	√		
	750kV变电站继电保护的功能及保护范围	变压器保护（ZY1300104001）	本模块介绍变压器各保护的功能及保护范围，保护时限及动作行为。通过要点概述、图形示意、分析讲解，掌握变压器保护工作原理特性和运行中注意事项		√	
		电抗器保护（ZY1300104002）	本模块以WKB-801A型电抗器保护和CSC-330型电抗器保护为例，介绍750kV电抗器保护基本原理。通过要点概述、逻辑分析讲解，掌握电抗器保护工作原理特性和运行中注意事项		√	
		母线保护（ZY1300104003）	本模块以WMH-801A型母线保护和RCS-915E型母线保护为例，介绍750kV母线保护的基本原理。通过要点概述、原理分析讲解，掌握母线保护工作原理特性和运行中注意事项		√	
		线路保护（ZY1300104004）	本模块以CSC-103A型线路保护和RCS-931B型线路保护为例，介绍750kV线路保护基本原理。通过图解说明、原理分析讲解，掌握线路保护工作原理特性和运行中注意事项		√	
		断路器辅助保护（ZY1300104005）	本模块以CSC-121A型断路器辅助保护和PSL-632（C）型断路器辅助保护为例，介绍750kV断路器保护的基本原理。通过要点概述、原理分析讲解，掌握断路器保护工作原理特性和运行中注意事项		√	
		保护及故障录波报告的调用及分析（ZY1300104006）	本模块介绍保护及故障录波报告调用及分析。通过对报告调用及分析过程的详细介绍，能正确、熟练调用保护及故障录波信息，并能够分析事故性质、原因，保护是否正确动作		√	
	工作票、操作票执行	“两票”的基本要求（ZY1300106001）	本模块介绍使用“两票”的基本要求和规定、变电站工作票分类及使用范围、工作票所列人员基本条件及安全职责以及关于微机开票的说明等内容。通过概念讲解、列表说明、原则介绍，掌握“两票”使用和管理基本要求	√		
		工作票填写标准及执行程序（ZY1300106002）	本模块介绍变电站第一、二种工作票填写要求及执行程序。通过概念描述、列表说明、流程讲解、案例介绍，掌握工作票填写要求和执行程序	√		
		操作票填写标准及执行程序（ZY1300106003）	本模块介绍操作票填写原则和执行基本要求，调度标准操作指令和术语的规定，设备状态的界定等内容。通过归纳讲解、列表说明、概念描述、案例介绍，掌握操作票填写原则和执行要求	√		
		“两票”检查与考核内容及合格率统计（ZY1300106004）	本模块介绍“两票”检查与考核内容，“两票”合格率、作废率计算方法，“两票”常见错误的分析与“两票”管理。通过要点归纳讲解、案例介绍，掌握“两票”管理方法		√	
		规范化操作（ZY1300106005）	本模块介绍规范化操作的意义、规范化操作要求及组织。通过流程介绍、归纳讲解、举例分析，掌握规范化操作的程序		√	
		安全措施规范化设置（ZY1300106006）	本模块介绍现场安全措施规范化设置意义，现场安全措施规范化设置的要求及组织实施。通过归纳讲解、列表说明、案例介绍，掌握现场安全措施规范化设置		√	
	生产管理及信息系统使用	SG186生产管理系统构成模块、功能、操作方法（ZY1300105001）	本模块介绍SG186生产管理系统构成及各模块的功能，使用及操作方法。通过功能介绍、列表说明、图片示意、举例讲解，掌握各记录的填写及管理方法，正确填写各种记录	√		

续表

部分名称	章	模块名称（模块编码）	模 块 描 述	等级		
				Ⅰ	Ⅱ	Ⅲ
监视、巡视与维护	运行监视	运行工况监视（ZY1300201001）	本模块介绍综合自动化变电站运行工况监视的内容、方法及重点。通过要点介绍、归纳讲解，掌握运行工况监视技能	√		
		电能计量装置监视（ZY1300201002）	本模块介绍电能计量装置的监视和电能量计量系统的组成及抄录表计、调用电能数据的方法。通过要点讲解、方法介绍、图示说明，掌握电能计量装置监视的技能	√		
		电压、电流、频率分析判断（ZY1300201003）	本模块介绍电压、电流、频率异常及分析判断的相关内容。通过异常现象描述、分析判断讲解，掌握电压、电流、频率异常的规定及分析、判断方法		√	
		电能计量装置分析判断（ZY1300201004）	本模块讲述了对电能计量装置的分析判断、母线电量不平衡率的计算方法及规定等内容。通过原因分析、计算举例，能够对电能计量装置指示数据的异常作出相应的分析判断		√	
		电压、电流、频率异常处理（ZY1300201005）	本模块介绍电压、电流、频率异常的处理方法。通过要点讲解、处理方法介绍，能够对电压、电流、频率的异常作出相应处理			√
		电能计量装置异常处理（ZY1300201006）	本模块讲述了电能计量装置异常的处理。通过列表说明、处理方法讲解，能根据表计、采集装置等的异常现象，进行相应的处理			√
		运行工况监视系统常见异常处理（ZY1300201007）	本模块讲述综合自动化系统在日常监视过程中可能出现的各种异常，如何发现、分析、判断、处理。通过现象描述、处理方法讲解、实例分析，能够对系统运行工况进行综合分析			√
	一次设备巡视	一次设备巡视要求及规定（ZY1300202001）	本模块介绍设备巡视的一般规定、巡视流程及危险点分析等内容。通过归纳讲解、图解说明、案例分析，掌握一次设备巡视技能	√		
		一次设备交接班巡视（ZY1300202002）	本模块介绍一次设备交接班巡视的内容、规定及要点。通过目的讲解、内容解释、重点归纳，掌握一次设备的交接班巡视要求及相关规定	√		
		一次设备正常巡视（ZY1300202003）	本模块介绍一次设备正常巡视的内容、规定及要点。通过目的讲解、内容介绍、图形举例、重点归纳，掌握一次设备巡视技能	√		
		一次设备特殊巡视（ZY1300202004）	本模块介绍一次设备特殊巡视的内容、规定及要求。通过概念描述、项目介绍、归纳讲解，掌握一次设备特殊巡视技能	√		
		一次设备全面巡视（ZY1300202005）	本模块重点讲述防火、防小动物、防误闭锁有无漏洞及接地网及引线是否完好的检查。通过概念描述、目的讲解、内容介绍、重点归纳，掌握一次设备全面巡视技能	√		
		一次设备缺陷的分类标准（ZY1300202006）	本模块介绍一次设备缺陷的分类标准。通过概念描述、定义讲解和流程介绍，能够对发现的缺陷进行定性，并按照缺陷流程进行上报		√	
		一次设备公用部分异常分析（ZY1300202007）	本模块讲述一次设备公用部分的异常分析。通过异常种类介绍和异常分析，能对一次设备巡视中发现的异常进行正确分析			√
		一次设备特殊巡视要求（ZY1300202008）	本模块介绍重要供电任务保电、迎峰过冬、迎峰度夏的特殊巡视要求。通过归纳讲解，掌握不同情况下的特殊巡视要求			√
	二次设备巡视	二次设备巡视项目及要求（ZY1300203001）	本模块介绍二次设备的巡视项目及要求。通过概念描述、项目内容介绍、案例介绍，掌握二次设备的巡视项目及相关规定	√		
		二次设备缺陷的分类标准（ZY1300203002）	本模块包含二次设备缺陷的分类标准。通过定性讲解，掌握危急缺陷、严重缺陷、一般缺陷的分类标准		√	

续表

部分名称	章	模块名称 （模块编码）	模 块 描 述	等级		
				Ⅰ	Ⅱ	Ⅲ
监视、巡视与维护	二次设备巡视	二次设备巡视中发现的异常分析 （ZY1300203003）	本模块介绍二次设备巡视中发现的异常分析。通过异常介绍、要点讲解，能对二次设备巡视中发现的异常进行正确分析			√
	站用交、直流系统巡视及维护	站用交流系统的巡视项目及要求 （ZY1300204001）	本模块介绍站用交流系统的巡视项目及要求，站用交流系统主接线和备用电源接线等内容。通过概念描述、要点讲解、图例介绍，掌握站用交流系统巡视项目及相关规定	√		
		UPS不间断电源巡视项目及要求 （ZY1300204002）	本模块介绍UPS不间断电源的巡视项目、要求、操作与运行维护等内容。通过对操作过程的详细介绍和重点讲解，掌握UPS不间断电源的巡视项目及相关规定，掌握UPS不间断电源的操作与运行维护	√		
		柴油发电机的巡视及维护 （ZY1300204003）	本模块介绍柴油发动机的巡视项目及运行维护。通过要点讲解和举例介绍，掌握柴油发电机的巡视、维护项目及相关规定	√		
		直流系统、蓄电池、充电机的巡视及维护 （ZY1300204004）	本模块介绍直流系统、蓄电池及充电机的巡视及维护项目。通过图形示意、结构分析、要点讲解、案例介绍，掌握直流系统、蓄电池及充电机的巡视及蓄电池充放电等维护项目和相关规定	√		
		站用交、直流系统常见的一般缺陷 （ZY1300204005）	本模块介绍站用交、直流系统常见的一般缺陷。通过概念描述、缺陷介绍、归纳讲解，能够在巡视中发现缺陷，并能正确描述缺陷	√		
		站用交、直流设备缺陷的分类标准 （ZY1300204006）	本模块介绍站用交、直流系统常见设备缺陷的分类标准。通过定性讲解，掌握危急缺陷、严重缺陷、一般缺陷的分类标准，并能按照缺陷流程进行上报		√	
		站用交、直流系统维护作业指导书 （ZY1300204007）	本模块介绍站用交、直流系统维护工作作业指导书。通过归纳讲解、案例介绍，能够编写站用交、直流系统维护工作作业指导书，能够按照作业指导书的要求进行相应的设备维护		√	
		站用交、直流系统巡视中发现的缺陷及异常分析 （ZY1300204008）	本模块介绍站用交、直流系统巡视中发现缺陷及异常的分析。通过缺陷介绍、原因分析、归纳讲解，能对站用交、直流系统巡视中发现的缺陷及异常进行正确分析			√
	防误装置基本原理及巡视	基本原理、巡视内容及要求 （ZY1300205001）	本模块介绍防误装置的基本原理。通过原理讲解、图形示意、操作流程介绍，掌握各种防误装置的基本原理、功能和巡视项目	√		
		微机防误装置常见故障原因分析及处理 （ZY1300205002）	本模块介绍防误装置的常见故障处理及日常的运行维护等内容。通过列表说明、归纳讲解，能够处理防误装置的常见故障，并能够正确维护防误装置		√	
		“五防”闭锁装置的检修 （ZY1400901002）	本模块包含“五防”闭锁装置的维护及检修的作业流程及工艺要求。通过结构分析、图例展示、要点讲解、操作技能训练，掌握“五防”闭锁装置的基本结构、修前准备、危险点预控、作业步骤、工艺要求及质量标准等操作技能			√
	辅助设施的巡视与维护	辅助设施的巡视项目及要求 （ZY1300206001）	本模块主要讲述变电站辅助设施的巡视检查项目与维护。通过概念描述、巡视项目介绍、维护要求讲解，掌握辅助设施的巡视检查项目、运行和维护的基本技能	√		
		消防、生活水系统巡视项目及要求 （ZY1300206002）	本模块介绍消防、生活水系统巡视项目及要求。通过要点介绍、归纳讲解，掌握消防、生活水系统的巡视项目及相关规定	√		
	变电站设备的定期试验与轮换及其分析	变电站设备的定期试验与轮换 （GYBD00301001）	本模块介绍变电站设备的定期试验与轮换制度的要求及内容等。通过要点归纳讲解、试验方法详细介绍，掌握变电站设备的定期试验与轮换的要求及内容	√		
		变电站设备的定期试验与轮换分析 （GYBD00301002）	本模块介绍变电站设备的定期试验与轮换的程序和方法。通过要点讲解、试验方法介绍，掌握变电站设备的定期试验与轮换及注意事项		√	

续表

部分名称	章	模块名称 （模块编码）	模 块 描 述	等级 I	等级 II	等级 III
倒闸操作	倒闸操作基础知识	倒闸操作基本概念及操作原则 （GYBD00401001）	本模块介绍倒闸操作的基本概念、操作原则和注意事项。通过归纳讲解一般典型操作程序，掌握倒闸操作的基本方法	√		
	高压开关类设备、线路停送电	GIS、断路器一般停送电 （ZY1300301001）	本模块介绍 GIS、断路器、隔离开关停送电操作的基本原则及注意事项，750kV 接地开关操作注意事项，以及相关的二次操作。通过概念描述、要点讲解、案例介绍，能够正确填写 GIS、断路器、隔离开关停、送电操作票，能进行标准化倒闸操作	√		
		高压开关操作中的危险点源分析及异常处理 （ZY1300301002）	本模块介绍 GIS、断路器、隔离开关、750kV 接地开关操作中的危险点源分析控制措施，及操作中出现异常时操作注意事项。通过异常介绍、注意事项讲解、列表说明、案例分析，掌握 GIS、断路器、隔离开关操作危险点源分析、控制措施及异常时操作方法		√	
		线路一般停送电 （ZY1300301003）	本模块介绍线路、750kV 线路带高抗停送电操作的基本原则及注意事项。通过归纳讲解、列表说明、案例介绍，能够正确填写线路、750kV 线路带高抗停送电操作票，能进行标准化倒闸操作	√		
		线路操作中的危险点源分析及异常处理 （ZY1300301004）	本模块介绍线路、750kV 线路带高抗操作中的危险点源分析及控制措施，以及操作中出现异常时操作注意事项。通过异常介绍、注意事项讲解、列表说明、案例分析，能正确掌握线路、750kV 线路带高抗操作危险点源分析、控制措施以及异常时操作方法		√	
	变压器（高压电抗器）停送电	变压器停送电 （ZY1300302001）	本模块介绍变压器停送电的操作原则和注意事项。通过要点归纳讲解、列表介绍、案例分析，能正确填写变压器停送电操作票并能进行标准化倒闸操作	√		
		变压器操作中危险点源分析及异常处理 （ZY1300302002）	本模块介绍变压器停送电操作中的危险点源分析、控制措施及操作中出现异常时操作注意事项。通过异常介绍、注意事项讲解、列表说明、案例分析，能正确进行危险点源分析预控、优化处理方案并组织实施		√	
		高压电抗器停送电 （ZY1300302003）	本模块介绍高压电抗器停送电的操作原则和注意事项。通过归纳讲解、列表说明、案例介绍，能正确填写高压电抗器停送电操作票，能进行标准化倒闸操作	√		
		高压电抗器操作中危险点源分析及异常处理 （ZY1300302004）	本模块介绍高压电抗器停送电操作中的危险点源分析及控制措施，操作中出现异常时操作注意事项。通过要点讲解和案例介绍，能正确进行危险点源分析预控、优化处理方案并组织实施		√	
	母线停送电	母线一般停送电 （ZY1300303001）	本模块介绍母线停送电操作的基本原则及注意事项，母线操作前的准备以及母线操作的标准、基本步骤等内容。通过要点讲解、列表说明、案例分析，能够正确填写母线停送电操作票并能进行母线停送电操作	√		
		母线操作中的危险点源分析及异常处理 （ZY1300303002）	本模块介绍母线操作中的危险点源分析及预控措施，操作中出现异常时的操作注意事项等内容。通过异常介绍、注意事项讲解、列表说明、案例分析，能正确进行危险点源分析预控、优化处理方案并组织实施		√	
	补偿装置停送电	电容器、电抗器一般停送电 （GYBD00402001）	本模块介绍电容器、电抗器的一般停送电的操作原则和注意事项、电容器和电抗器一般停送电操作中的异常、调度规程中对电容器和电抗器操作的相关规定。通过要点讲解和案例介绍，掌握电容器、电抗器一般停送电的操作规定和操作方法，能发现操作中的异常	√		
		电容器、电抗器操作异常分析处理及危险点源分析 （GYBD00402002）	本模块介绍电容器、并联电抗器操作中的异常处理、操作中的危险点分析与控制。通过要点讲解和列表对照分析，能正确处理和判断异常，掌握补偿装置停送电的危险点源分析控制方法		√	

续表

部分名称	章	模块名称（模块编码）	模块描述	等级 I	II	III
倒闸操作	电压互感器停送电	电压互感器一般停送电（ZY1300304001）	本模块介绍750kV变电站电压互感器的典型配置、电压互感器停送电操作、二次并列操作的原则和注意事项等内容。通过要点讲解、列表说明、案例分析，掌握电压互感器停送电操作技能	√		
		电压互感器操作中危险点源分析及异常处理（ZY1300304002）	本模块包含电压互感器停送电操作中危险点源分析及预控措施，操作中出现异常时的操作注意事项等内容。通过要点讲解、列表分析、案例介绍，达到掌握电压互感器操作危险点分析、控制措施及异常时操作方法的目的		√	
	站用交、直流系统停送电	站用交、直流系统一般停送电（ZY1300305001）	本模块介绍站用交、直流系统停送电操作的原则和注意事项，柴油发电机操作、高频充电机切换及蓄电池组充放电操作的注意事项。通过概念描述、注意事项讲解、图示分析、案例介绍，掌握站用交、直流系统的一般停送电操作方法	√		
		站用交、直流操作中危险点源分析及异常处理（ZY1300305002）	本模块介绍站用交、直流系统停送电操作中危险点源分析控制措施，柴油发电机操作、高频充电机切换及蓄电池组充放电操作的危险点源分析。通过概念描述、注意事项讲解、要点分析、案例介绍，掌握站用交、直流系统操作危险点源分析、控制措施及异常时操作方法		√	
	大型复杂操作	大型复杂综合操作（ZY1300306001）	本模块介绍大型复杂操作原则和注意事项，同期操作的方法、注意事项及步骤，新设备投运操作的步骤和注意事项。通过概念描述、要点归纳讲解、案例介绍，正确掌握大型复杂操作、同期操作、新设备投运操作技能	√		
		大型复杂操作中的危险点源分析及异常处理（ZY1300306002）	本模块介绍大型复杂操作、同期操作、新设备投运操作中的危险点源分析及控制措施，操作中出现异常时操作注意事项。通过要点归纳讲解、列表说明、案例介绍，掌握大型复杂操作、同期操作、新设备投运操作危险点源分析、控制措施及异常时操作方法		√	
	二次操作	二次设备操作（ZY1300307001）	本模块介绍继电保护、自动化监控系统及安全自动装置等二次设备的操作原则和注意事项，二次设备状态分类、保护操作的典型操作任务及二次设备操作方法等内容。通过概念描述、要点归纳讲解、列表说明、案例介绍，掌握二次设备分类及操作方法	√		
		二次设备操作中危险点源分析及异常处理（ZY1300307002）	本模块介绍继电保护、自动化监控系统及安全自动装置等二次设备的操作中危险点源分析及预控措施，操作中出现异常时的操作注意事项等内容。通过概念描述、举例讲解、列表说明、案例介绍，掌握二次设备操作中危险点源分析及异常操作方法		√	
	设备运行验收与投运	设备验收项目及要求（GYBD00403001）	本模块介绍变电站设备验收项目及要求。通过对变电站设备验收项目及要求的介绍，掌握变电站设备验收项目，能参与设备验收	√		
		新设备投运与操作（GYBD00403002）	本模块介绍新设备投运必须具备的条件和调度操作规定与注意事项。通过对新设备投运条件和操作注意事项的介绍，能熟练组织、监护、指挥新设备改、扩、建设备投运启动操作		√	
		新设备投运方案编制与投运操作危险点源控制（GYBD00403003）	本模块介绍新设备投运方案的编制与投运操作危险点源控制。通过对新设备投运方案编制原则和投运操作危险点源控制的介绍，熟悉新设备投运方案的编制原则，掌握新设备投运操作危险点源控制方法，能制定相应的控制措施			√
异常处理	变压器异常处理	变压器（电抗器）常见异常（ZY1300401001）	本模块介绍变压器声音、油位、油温、冷却系统等的常见异常及异常象征。通过概念描述、各种异常现象介绍，能正确地判断变压器运行状况	√		
		变压器灭火装置常见异常（ZY1300401002）	本模块介绍变压器常见灭火装置的结构、原理及异常象征。通过系统构成介绍、原理讲解、异常分析，了解变压器灭火原理和运行中常见的异常	√		

续表

部分名称	章	模块名称 （模块编码）	模块描述	等级		
				Ⅰ	Ⅱ	Ⅲ
异常处理	变压器异常处理	变压器（电抗器）异常原因分析（ZY1300401003）	本模块介绍变压器声音、油位、油温、冷却系统等的异常原因分析。通过异常原因综合分析、案例介绍，能正确分析异常类型、位置、原因，并能及时汇报和简单处理		√	
		变压器灭火装置异常原因分析（ZY1300401004）	本模块介绍变压器灭火装置异常原因分析。通过逐项分析、归纳讲解，能正确分析变压器灭火装置异常类型、位置、原因，并能及时汇报和简单处理		√	
		变压器（电抗器）异常处理（ZY1300401005）	本模块介绍变压器（电抗器）异常处理原则、方法和处理过程中的危险点分析预控措施。通过处理方法详细介绍、列表说明、案例分析，能正确组织、处理异常，并能够制定处理异常时的危险点预控措施			√
		变压器灭火装置异常处理（ZY1300401006）	本模块介绍变压器灭火装置异常处理。通过归纳讲解，能够正确组织、处理异常，并能够制定处理异常时的危险点预控措施			√
	高压开关类电气设备异常处理	高压断路器（GIS）常见异常（ZY1300402001）	本模块介绍了高压断路器（GIS）设备及气压、液压、控制回路等常见异常及异常象征。通过异常现象分析、案例介绍，能正确地判断高压开关类设备运行异常	√		
		隔离开关、接地开关常见异常（ZY1300402002）	本模块介绍高压隔离开关、接地开关设备本体、控制回路等常见异常及异常象征。通过异常现象具体讲解，能正确地判断高压开关类设备运行异常	√		
		高压断路器（GIS）异常原因分析（ZY1300402003）	本模块介绍高压断路器（GIS）设备异常原因分析。通过详细分析、案例介绍，能正确分析异常类型、位置、原因，并能及时汇报和简单处理		√	
		隔离开关、接地开关异常原因分析（ZY1300402004）	本模块介绍高压隔离开关、接地开关设备异常分析。通过详细分析、图形示意、案例介绍，能正确分析异常类型、位置、原因，并能及时汇报和简单处理		√	
		高压断路器（GIS）隔离开关、接地开关的二次回路异常处理及注意事项（ZY1300402005）	本模块介绍高压断路器（GIS）隔离开关、接地开关的二次回路异常处理及注意事项。通过归纳讲解、案例介绍，能正确分析异常类型、位置、原因，并能及时汇报和简单处理，掌握处理注意事项		√	
		高压断路器（GIS）电气设备异常处理（ZY1300402006）	本模块介绍高压断路器（GIS）电气设备异常处理方法。通过处理方法详细讲解、列表说明、案例介绍，能够正确组织、处理异常，并能够制定处理异常时的危险点预控措施			√
		高压隔离开关、接地开关异常处理（ZY1300402007）	本模块介绍高压隔离开关、接地开关设备异常处理方法。通过处理方法详细讲解、列表说明、案例介绍，能够正确组织处理异常，并能够制定处理异常时的危险点预控措施			√
	补偿装置异常及缺陷处理	补偿装置异常现象及分析（GYBD00501001）	本模块介绍了补偿装置的常见异常。通过原理讲解、要点归纳，了解电容器、电抗器常见异常现象和产生的原因	√		
		补偿装置异常处理（GYBD00501002）	本模块介绍了补偿装置常见异常的处理。通过案例介绍，掌握电容器、电抗器异常的处理方法		√	
		补偿装置异常处理危险点源分析（GYBD00501003）	本模块对补偿装置异常处理中的危险点源进行了分析。通过要点讲解，能够制定相应的预控措施			√
	互感器异常处理	电压、电流互感器常见异常（ZY1300403001）	本模块主要介绍电压、电流互感器一、二次设备及回路常见的异常及故障特征。通过异常现象分析、归纳讲解，掌握电压、电流互感器异常现象和故障的特征	√		
		电压、电流互感器异常分析（ZY1300403002）	本模块主要介绍电压、电流互感器一、二次设备及回路常见的异常及故障的原因分析。通过详细讲解、案例分析，能正确分析异常及故障的类型、位置、原因，并及时汇报和进行一些简单处理		√	
		电压、电流互感器异常处理（ZY1300403003）	本模块主要介绍电压、电流互感器一、二次设备及回路常见的异常及故障的处理方法。通过处理方法讲解、列表说明、案例分析，能正确处理异常及正确进行危险点分析预控			√

续表

部分名称	章	模块名称 （模块编码）	模 块 描 述	等级		
				Ⅰ	Ⅱ	Ⅲ
异常处理	防雷设备异常及处理	防雷设备常见异常 （ZY1300404001）	本模块介绍防雷设备常见异常及异常象征。通过异常现象分析、归纳讲解，能够正确判断防雷设备运行异常情况	√		
		防雷设备异常分析 （ZY1300404002）	本模块介绍防雷设备异常原因分析。通过详细讲解、案例分析，能正确分析异常类型、位置、原因，并能及时汇报和简单处理		√	
		防雷设备异常处理 （ZY1300404003）	本模块介绍防雷设备异常处理方法。通过处理方法讲解、列表说明、案例分析，能够正确组织、处理异常，并能制定处理异常时的危险点预控措施			√
	二次设备异常处理	继电保护及自动装置常见异常 （ZY1300405001）	本模块介绍继电保护及自动装置设备常见异常及故障特征。通过综合概述、异常现象分析讲解，掌握继电保护及自动装置异常及故障特征	√		
		通信系统和自动化设备常见异常 （ZY1300405002）	本模块介绍通信系统和自动化设备常见异常及故障特征。通过综合概述、异常分析方法讲解，掌握通信系统和自动化设备异常及故障特征	√		
		继电保护及自动装置的异常分析 （ZY1300405003）	本模块介绍继电保护及自动装置常见异常及故障的原因分析。通过分析方法讲解、要点归纳，能够正确分析异常类型、位置及原因，并能及时汇报和简单处理		√	
		通信系统和自动化设备常见异常分析 （ZY1300405004）	本模块介绍通信系统和自动化设备常见异常故障特征。通过分析方法讲解、列表说明、要点归纳，能够正确判断通信系统和自动化设备常见异常，并能及时汇报和简单处理		√	
		继电保护及自动装置设备异常的处理 （ZY1300405005）	本模块介绍继电保护及自动装置设备异常分析处理方法。通过异常处理方法讲解、列表分析、案例介绍，能够正确组织、处理异常，并能进行危险点源预控			√
		通信系统和自动化设备异常的处理 （ZY1300405006）	本模块介绍通信系统和自动化设备常见异常处理方法。通过异常处理方法讲解、列表分析、案例介绍，能正确组织分析、处理异常，并进行危险点源预控			√
	交、直流系统异常处理	直流系统常见异常 （ZY1300406001）	本模块介绍直流系统常见异常及异常象征。通过综合概述、异常现象分析讲解，能正确判断直流系统运行异常	√		
		站用交流系统的常见异常 （ZY1300406002）	本模块介绍交流系统常见异常及异常象征。通过综合概述、异常现象分析讲解，能正确判断交流系统运行异常	√		
		直流系统的异常分析及处理 （ZY1300406003）	本模块介绍直流系统异常原因、异常处理方法。通过要点归纳讲解、案例分析，能正确分析异常类型、位置、原因，并能及时组织处理和汇报		√	
		站用交流系统的异常分析及处理 （ZY1300406004）	本模块介绍交流系统异常原因、异常处理方法。通过处理方法讲解、案例分析，能正确分析异常类型、位置、原因，并能及时组织处理和汇报		√	
	小电流接地系统异常分析及处理	小电流接地系统异常现象及分析 （GYBD00502001）	本模块介绍了小电流接地系统常见异常。通过现象描述、原理讲解，了解小电流接地系统常见异常现象和产生的原因	√		
		小电流接地系统异常处理 （GYBD00502002）	本模块介绍了小电流接地系统常见异常的处理。通过案例介绍，掌握小电流接地系统单相接地、缺相运行等异常的处理的方法		√	
		小电流接地系统异常处理危险点源分析 （GYBD00502003）	本模块对小电流接地系统单相接地、缺相运行处理过程中的危险点源进行了分析。通过要点讲解，能够制定相应的预控措施			√
		人工转移接地点操作 （GYBD00502004）	本模块介绍了小电流接地系统人工转移接地点的方法。通过案例介绍，掌握通过人工转移接地点，消除接地故障的方法			√
事故处理	事故处理基础知识	事故处理基本原则及步骤 （GYBD00601001）	本模块介绍事故处理的主要任务、基本原则和有关规定。通过要点讲解，掌握电力系统产生事故的主要原因、事故处理的主要任务、事故处理的一般步骤、基本原则、要求、有关规定和注意事项	√		

续表

部分名称	章	模块名称（模块编码）	模块描述	等级 I	等级 II	等级 III
事故处理	母线事故处理	母线上发生的简单事故处理（ZY1300501001）	本模块介绍常见的母线事故类型、现象，通过事故跳闸判定、原因和故障范围分析、案例介绍，掌握简单母线事故的处理方法	√		
		母线上发生的常规事故处理（ZY1300501002）	本模块介绍常规母线故障的处理方法。通过原因分析、处理原则讲解、案例介绍，掌握母线常规事故处理、隔离、恢复送电方法		√	
		母线事故处理危险点预控分析（ZY1300501003）	本模块介绍母线较复杂事故原因、类型及事故处理危险点预控等内容。通过要点讲解、案例分析，掌握正确组织、处理复杂母线事故的方法，并能制定母线事故处理过程中的危险点预控措施			√
	高压开关类设备事故处理	高压开关类设备上发生的简单事故处理（ZY1300502001）	本模块介绍高压开关简单事故的原因、类型和故障点位置。通过综合概述、要点归纳讲解，熟悉简单高压开关事故类型及现象	√		
		高压开关类设备上发生的常规事故处理（ZY1300502002）	本模块介绍一般高压开关故障及处理过程，通过原因分析、处理原则讲解、案例介绍，掌握高压开关事故的分析判断及处理方法		√	
		高压开关类设备事故处理危险点预控分析（ZY1300502003）	本模块介绍高压开关设备较复杂故障原因、类型、事故处理危险点预控，通过要点讲解、列表说明、案例分析，掌握正确组织、处理高压开关复杂事故方法			√
	变压器事故处理	变压器上发生的简单事故处理（ZY1300503001）	本模块介绍简单分析变压器常见故障原因、类型、现象、事故处理注意事项，通过要点归纳讲解、图形示意、案例分析，掌握变压器事故简单分析、处理方法	√		
		变压器上发生的常规事故处理（ZY1300503002）	本模块介绍一般判断、分析及处理变压器事故的方法、步骤。通过原因分析、处理原则及方法讲解、案例介绍，掌握正确监视、组织变压器事故一般的分析、处理方法		√	
		变压器事故处理注意事项及危险点预控分析（ZY1300503003）	本模块包含变压器事故处理过程中的注意事项、危险点及防范措施。通过要点讲解、列表分析，掌握正确制定变压器事故处理中的危险点及防范措施的方法			√
	线路事故处理	线路上发生的简单事故处理（ZY1300504001）	本模块介绍线路简单故障的类型、特征及现象。通过综合概述、要点归纳讲解、案例分析，掌握线路发生事故时的各种特征和现象	√		
		线路上发生的常规事故处理（ZY1300504002）	本模块介绍线路一般事故及处理过程。通过原因分析、处理原则及方法讲解、案例介绍，掌握线路事故的分析判断、处理方法		√	
		线路事故处理注意事项及危险点预控分析（ZY1300504003）	本模块介绍线路较复杂故障的原因、类型、事故处理危险点预控。通过原因分析、注意事项讲解、列表说明，掌握正确组织、处理线路复杂事故的方法			√
	补偿装置事故分析及处理	补偿装置简单事故处理（GYBD00602001）	本模块介绍电容器、电抗器故障跳闸事故的一般概念。通过要点讲解和案例分析，熟悉电容器、电抗器事故跳闸的征象，掌握并联电容器跳闸和并联电抗器跳闸事故处理的原则	√		
		补偿装置事故处理（GYBD00602002）	本模块介绍电容器、电抗器故障跳闸事故的原因和处理方法。通过原因分析、要点讲解和案例分析，掌握电容器、电抗器事故跳闸原因、处理跳闸事故的方法和步骤		√	
		补偿装置事故处理危险点预控分析（GYBD00602003）	本模块介绍补偿装置事故处理的危险点分析和预控。通过预案分析和案例介绍，掌握补偿装置事故处理的危险点分析方法，并能根据补偿装置事故暴露出的运行或设备缺陷提出技改方案、制定相应预控措施和事故预案			√
	站用交、直流系统事故处理	站用交、直流系统简单事故处理（ZY1300505001）	本模块介绍站用交、直流系统常见简单事故类型、事故原因及事故处理注意事项。通过要点归纳讲解、图形示意、案例分析，掌握简单站用交、直流系统事故的处理方法	√		

续表

部分名称	章	模块名称（模块编码）	模 块 描 述	等级		
				Ⅰ	Ⅱ	Ⅲ
事故处理	站用交、直流系统事故处理	站用交、直流系统事故处理（ZY1300505002）	本模块介绍站用交、直流系统一般事故原因、事故类型和故障点的位置、事故处理方法等。通过故障分析讲解、案例介绍，掌握各类较复杂的站用交、直流系统事故处理方法		√	
		站用交、直流系统事故处理危险点预控分析（ZY1300505003）	本模块介绍站用交、直流系统事故处理过程中存在的危险点及控制措施。通过列表分析讲解，能够根据事故暴露出的运行或设备缺陷提出技术改造方案，并掌握制定事故预案和反事故措施的方法			√
	二次设备事故处理	二次设备事故简单分析（ZY1300506001）	本模块介绍继电保护、自动装置二次设备、系统通信和自动化设备常见的事故类型、事故发生的原因等。通过分析，掌握简单二次设备事故处理方法及注意事项，达到运行人员能方法简单的处理二次设备事故的目的	√		
		二次设备事故常规分析（ZY1300506002）	本模块介绍继电保护、自动装置二次设备、系统通信和自动化设备常见的事故分析处理方法以及对故障报告的分析等。通过分析原则讲解、举例分析、案例介绍，能够正确分析处理二次设备事故		√	
		二次设备事故处理及危险点预控分析（ZY1300506003）	本模块介绍继电保护、自动装置二次设备、系统通信和自动化设备事故处理过程中存在的危险源及控制措施。通过处理方法讲解、列表说明、案例分析，掌握二次设备事故规律，提出技术改造方案，能够进行危险点预控及分析，并能制定防范措施			√
	复杂事故处理	复杂事故一般分析（ZY1300507001）	本模块介绍变电站全站停电等复杂事故处理。通过类型介绍、原因分析、处理方法讲解、案例介绍，掌握准确判断故障点的方法和复杂事故的处理方法		√	
		复杂事故处理注意事项及危险点预控分析（ZY1300507002）	本模块介绍各种复杂事故处理过程中的注意事项、危险点及防范措施。通过要点归纳讲解、列表分析，掌握复杂事故处理及危险点预控分析，掌握针对不同问题制定事故预案和反事故措施的方法			√
班组管理	变电站安全管理	变电站安全目标及各级人员安全责任制（ZY1300601001）	本模块介绍变电站安全目标管理的概念，实施步骤及要求。通过概念描述、管理步骤详细介绍、要点讲解，了解如何结合目标管理对各级人员安全责任进行层层分解，确立各级人员安全责任，树立岗位安全责任理念		√	
		变电站季节性安全检查及日常安全管理（ZY1300601002）	本模块介绍现行的春季、冬季（秋季）安全大检查及班组日常安全活动的检查内容、方法及要求。通过综合描述、要点讲解，掌握班组安全大检查内容、方法及要求，做好班组日常安全管理		√	
		变电站“两票”管理（ZY1300601003）	本模块介绍变电站操作票、工作票管理办法。通过概念描述、管理流程介绍、要点归纳讲解，掌握变电站“两票”填写、审核、签发、许可、执行、结束、评审、归档及分析等各环节要求，做好变电站“两票”管理		√	
		变电站作业危险点分析及安全性评价（ZY1300601004）	本模块介绍安全性评价及作业危险点分析的概念，危险点分析控制方法及防范措施等内容。通过概念描述、要点归纳讲解、示例介绍，掌握安全性评价的基本方法和过程		√	
		变电站“两措”计划（ZY1300601005）	本模块介绍“两措”概念、编制依据及执行的方法。通过概念描述、编制依据及方法讲解，能够结合变电站实际编制执行“两措”计划		√	
		变电站防误闭锁管理（ZY1300601006）	本模块介绍变电站防误闭锁装置配置原则及要求，运行维护方法及正确操作。通过选用及配置原则介绍、管理方法详细讲解，使值班人员能定期对变电站防误装置正确维护		√	
		变电站安全工器具管理（ZY1300601007）	本模块介绍变电站安全工器具的管理、配置标准、试验检验、保管存放以及使用要求。通过概念描述、列表说明、要点归纳讲解，掌握在实际生产中安全工器具的使用		√	
		变电站改扩建安全管理（ZY1300601008）	本模块介绍变电站改扩建施工安全管理的一般要求及各类作业的具体要求。通过要点归纳讲解，掌握变电站改扩建安全管理要求并落实到生产实际		√	

续表

部分名称	章	模块名称（模块编码）	模块描述	等级 I	等级 II	等级 III
班组管理	变电站运行管理	变电站值班和交接班管理（ZY1300602001）	本模块介绍变电站值班和交接班管理的相关内容。通过概念描述、交接内容介绍、要点归纳讲解，掌握变电站交接班、运行值班内容以及值班工作要求		√	
		变电站定期巡视及运行维护管理（ZY1300602002）	本模块介绍变电站设备定期巡视和设备定期维护等内容。通过要点归纳讲解，掌握设备定期巡视和定期维护的周期及内容，做好设备的巡视维护工作		√	
		变电站运行分析（ZY1300602003）	本模块介绍变电站综合运行分析、专题运行分析内容及要求。通过概念描述、要点归纳讲解，了解运行分析意义，掌握具体分析内容及分析方法		√	
		变电站技术培训管理（ZY1300602004）	本模块介绍一线员工在岗培训的方式和方法。通过一般规定讲解、培训目标介绍、培训内容阐述，掌握结合岗位工作实际开展一线员工在岗培训的基本方法		√	
	变电站设备管理	变电站设备缺陷管理（ZY1300603001）	本模块介绍设备缺陷管理流程、各类设备缺陷等级分类。通过定义讲解、列表说明，掌握设备缺陷定性分类，从而做好设备缺陷管理，保障设备健康水平		√	
		变电站设备评价（ZY1300603002）	本模块介绍输变电设备评价原则、内容。通过要点归纳讲解，了解设备评价原则，掌握设备评价内容		√	
		变电站设备检修管理（ZY1300603003）	本模块介绍设备状态检修的概念及基本流程。通过概念描述、基本流程介绍，掌握状态检修的七个环节，保障设备应修必修，修必修好		√	
	变电站技术管理	变电站运行技术资料管理（ZY1300604001）	本模块介绍变电站各类规程制度管理、设备出厂资料图纸以及台账管理，各种修试报告、履历管理，以及资料借阅制度等。通过一般规定介绍、管理方法讲解，掌握变电站及运行班组技术资料管理工作		√	
		变电站典型操作票与典型工作票管理（ZY1300604002）	本模块介绍典型“两票”编制依据、周期及审核要求。通过概念描述、编制过程的详细介绍，掌握典型“两票”在生产实际中的指导作用		√	
		变电站现场运行规程管理（ZY1300604003）	本模块介绍现场运行规程编制依据、编写内容、更新及审核周期要求。通过概念描述、编制要求讲解、编制内容现象介绍，能做好现场运行规程管理的相关工作		√	
		变电站电压及无功管理、技术监督管理（ZY1300604004）	本模块介绍变电站无功管理及绝缘技术监督内容。通过要点归纳讲解，掌握变电站无功调压手段及方法、技术监督工作要求，做好无功调压及技术监督工作		√	
		电力系统调度规程（ZY2700601001）	本模块介绍典型调度规程编写的意义、约束对象、主要内容和调度规程实例。通过条文解释和案例学习，掌握《电力系统调度规程》内容，并能认真执行调度规程	√		

参考文献

[1] 上海超高压输变电公司. 超高压输变电操作技能培训教材 [M]. 北京：中国电力出版社，2005.
[2] 张全元. 变电运行现场技术问答 [M]. 北京：中国电力出版社，2003.
[3] 全国电力工人技术教育供电委员会. 变电运行岗位技能培训教材（500kV）[M]. 北京：中国电力出版社，1997.
[4] 孙成宝. 变配电运行 [M]. 北京：中国电力出版社，2007.
[5] 天津市电力公司. 变电运行现场操作技术 [M]. 北京：中国电力出版社，2006.
[6] 曹建忠. 倒闸操作电力安全技术 [M]. 北京：中国电力出版社，2007.
[7] 国家电网公司. 750kV 输变电示范工程建设总结 [M]. 北京：中国电力出版社，2006.
[8] 李坚. 变电运行及生产管理技术问答 [M]. 北京：中国电力出版社，2008.
[9] 李坚，郭建文. 变电运行及设备管理技术问答 [M]. 北京：中国电力出版社，2006.
[10] 戈东方. 电力工程电气设计手册（电气一次部分）[M]. 北京：中国电力出版社，1989.
[11] 上海超高压输变电公司. 变电运行 [M]. 北京：中国电力出版社，2005.
[12] 张全元. 变电站现场事故处理及典型案例分析（一）[M]. 北京：中国电力出版社，2008.
[13] 陈化钢，张开贤，程玉兰. 电力设备异常运行及事故处理 [M]. 北京：中国水利电力出版社，2006.
[14] 陈家斌. 电气设备运行维护及故障处理 [M]. 北京：中国水利水电出版社，2006.
[15] 上海超高压输变电公司. 变电运行操作技能必读 [M]. 北京：中国电力出版社，2001.
[16] 上海超高压输变电公司. 继电保护 [M]. 北京：中国电力出版社，2007.
[17] 贺家李，宋从矩. 电力系统继电保护（增订版）[M]. 北京：中国电力出版社，2007.
[18] 毛锦庆. 电力系统继电保护实用技术问答 [M]. 2 版. 北京：中国电力出版社，2002.
[19] 王远璋. 变电站综合自动化现场技术与运行维护 [M]. 北京：中国电力出版社，2008.
[20] 刘元津，吴涛，李志文，等. 变电运行与事故处理——基本技能及实例仿真 [M]. 北京：中国水利水电出版社，2002.
[21] 国家电网公司. 国家电网公司 750kV 输变电示范工程建设总结　科研分册 [M]. 北京：中国电力出版社，2006.
[22] 国家电网公司. 110（66）kV～500kV 油浸式变压器（电抗器）管理规范 [S]. 北京：中国电力出版社，2006.
[23] 国家电网公司. 防止电气误操作装置管理规定 [S]. 北京：中国电力出版社，2003.
[24] 国家电网公司. 高压开关设备运行管理规范 [S]. 北京：中国电力出版社，2005.
[25] 国家电网公司. 直流电源管理规范 [S]. 北京：中国电力出版社，2006.
[26] 国家电网公司. 110（66）kV～500kV 互感器运行规范 [S]. 北京：中国电力出版社，2005.
[27] 国家电网公司. 10kV～66kV 干式电抗器运行规范 [S]. 北京：中国电力出版社，2005.
[28] 国家电网公司. 110（66）kV～750kV 避雷器运行规范 [S]. 北京：中国电力出版社，2005.
[29] 柳泽荣. 变压器安装与运行 [J]. 变压器，2008，45（5）：1-10.
[30] 陈化钢. 电力设备事故处理手册 [K]. 北京：中国科学技术出版社，2004.
[31] 张亚婷，高博，贾磊，等. 800kV 分体结构 GIS 母线外壳环流特性的研究. 电瓷避雷器，2008（6）：31-35.
[32] 刘志平. 变压器储油柜的发展与应用 [J]. 变压器，2008，45（5）：59-61.
[33] 柳泽荣. 变压器安装与运行（6）[J]. 变压器，2008，44（8）：66-70.